Taschenbuch der Hochfrequenztechnik
Studienausgabe Band 1

Meinke · Gundlach

Taschenbuch der Hochfrequenztechnik

Vierte, völlig neubearbeitete Auflage

Herausgegeben von
K. Lange und K.-H. Löcherer

Band 1: Grundlagen

Mit 388 Abbildungen

Springer-Verlag
Berlin Heidelberg New York Tokyo 1986

Professor Dr.-Ing. **Klaus Lange**

Theoretische Elektrotechnik
Universität der Bundeswehr München
Werner-Heisenberg-Weg 39
8014 Neubiberg

Professor Dr.-Ing. **Karl-Heinz Löcherer**

Institut für Hochfrequenztechnik
Universität Hannover (vorm. TH)
Callinstraße 32
3000 Hannover

ISBN 3-540-15394-2 Springer-Verlag Berlin Heidelberg New York Tokyo
ISBN 0-387-15394-2 Springer-Verlag New York Heidelberg Berlin Tokyo

Satz: Daten- und Lichtsatz-Service, Würzburg
Druck: H. Heenemann, Berlin, Bindearbeiten: Lüderitz & Bauer GmbH, Berlin
2160/3020-5432

Mitarbeiterverzeichnis

Wegen der durch die Hochschulgesetzgebung der Bundesländer vorliegenden unterschiedlichen Regelungen zur Titelgebung werden die Professorentitel der Autoren undifferenziert angegeben.

Adelseck, Bernd, Dipl.-Ing., AEG Aktiengesellschaft, Ulm
Blum, Alfons, Dr. rer. nat, Prof., Univ. d. Saarlandes, Saarbrücken
Bretting, Jork, Dr.-Ing., AEG Aktiengesellschaft, Ulm
Büchs, Just-Dietrich, Dr.-Ing., ANT Nachrichtentechnik GmbH, Backnang
Dalichau, Harald, Dr.-Ing., Dr.-Ing. habil., Universität der Bundeswehr, München
Damboldt, Thomas, Dr. rer. nat., Forschungsinstitut der Dt. Bundespost, Darmstadt
Demmel, Enzio, Dipl.-Ing., Valvo RHW der Philips GmbH, Hamburg
Detlefsen, Jürgen Dr.-Ing., Prof., Technische Universität München
Dintelmann, Friedrich, Dr. rer. nat., Forschungsinstitut der Dt. Bundespost, Darmstadt
Döring, Herbert, Dr.-Ing. o. Prof., Technische Hochschule Aachen
Dombeck, Karl-Peter, Dr.-Ing., Forschungsinstitut der Dt. Bundespost, Darmstadt
Eden, Hermann, Dipl.-Ing., Institut für Rundfunktechnik GmbH, München
Entenmann, Walter, Dr.-Ing. habil., Prof., Technische Universität München
Esprester, Ralf, Dr.-Ing., AEG, Ulm
Feldmann, Jürgen, Dr.-Ing., Forschungsinstitut der DBP, Berlin
Fliege, Hans-Joachim, Dipl.-Ing., AEG Aktiengesellschaft, Ulm
Gier, Matthias, Dipl.-Ing., Standard Elektrik Lorenz AG, Pforzheim
Gloger, Manfred, Dr.-Ing., Technische Universität München
Groll, Horst, Dr.-Ing., Prof., Technische Universität München
Gundlach, Friedrich-Wilhelm, Dr.-Ing., Prof., Technische Universität Berlin
Heckel, Claus, Ing. (grad.), Standard Elektrik Lorenz AG, Stuttgart
Hoffmann, Michael, Dr. rer. nat., Univ. d. Saarlandes, Saarbrücken
Hollmann, Heinrich, Dipl.-Ing., Forschungsinstitut der Dt. Bundespost, Darmstadt
Hombach, Volker, Dr.-Ing., Forschungsinstitut der Dt. Bundespost, Darmstadt
Horninger, Karl-Heinrich, Dr. techn., Siemens AG, München
Humann, Klaus, Dipl.-Ing., AEG, Ulm
Janzen, Gerd, Dr.-Ing., Universität Stuttgart
Kleinschmidt, Peter, Dipl.-Phys., Siemens AG, München
Krumpholz, Oskar, Dr.-Ing., AEG-Forschungsinstitut, Ulm
Kügler, Eberhard, Dipl.-Ing., Siemens AG, München
Kühn, Eberhard, Dr.-Ing., Forschungsinstitut der Dt. Bundespost, Darmstadt
Landstorfer, Friedrich, Dr.-Ing., Prof., Technische Universität München
Lange, Klaus, Dr.-Ing., Prof., Universität der Bundeswehr, München
Lange, Wolf Dietrich, Dipl.-Ing., AEG, Ulm
Lindenmeier, Heinz, Dr.-Ing., Prof., Universität der Bundeswehr, München
Lingenauber, Gerhard, Dipl.-Ing., AEG, Ulm
Löcherer, Karl-Heinz, Dr.-Ing., Prof., Univ. Hannover (vorm. TH)
Lorenz, Rudolf W., Dr.-Ing., Forschungsinstitut der Dt. Bundespost, Darmstadt
Lüke, Hans Dieter, Prof. Dr.-Ing., RWTH Aachen
Lustig, Helmut, Dipl.-Ing., AEG Aktiengesellschaft, Ulm
Mahner, Helmut, Dipl.-Ing., Siemens AG, München
Maurer, Robert Martin, o. Prof. Dr.-Ing., Univ. d. Saarlandes Saarbrücken 11
Mehner, Manfred, Dipl.-Ing. (FH), Siemens AG, München
Ochs, Alfred, Dipl.-Phys., Forschungsinstitut der Dt. Bundespost, Darmstadt
Peterknecht, Klaus, Dipl.-Ing., Siemens AG, München

Petermann, Klaus, Dr.-Ing., Prof., Technische Universität Berlin
Petry, Hans-Peter, Dr. rer. nat., ANT Nachrichtentechnik, Backnang
Pfleiderer, Hans-Jörg, Dr.-Ing., Siemens AG, München
Pötzl, Friedrich, Dipl.-Ing., Valvo BHW
Reiche, Jürgen, Dipl.-Ing., Brown Boveri & Cie AG, Mannheim
Renkert, Viktor, Dipl.-Ing., AEG Aktiengesellschaft, Ulm
Reutter, Jörg, Dipl.-Ing. (FH), Standard Elektrik Lorenz AG, Stuttgart
Röschmann, Peter, Dipl.-Ing., Philips GmbH, Forschungslaboratorium Hamburg
Rücker, Friedrich, Dipl.-Phys., Forschungsinstitut der Dt. Bundespost, Darmstadt
Russer, Peter, Dr. techn., Prof., Technische Universität München
Siegl, Johann, Dr.-Ing., Prof., Fachhochschule Nürnberg
Söllner, Helmut, Dipl.-Ing., AEG Ulm
Spatz, Jürgen, Dipl.-Ing., Siemens AG, Neustadt b. Coburg
Supritz, Hans, Dipl.-Ing. (FH), AEG Ulm
Schaller, Wolfgang, Dr.-Ing., AEG Ulm
Scheffer, Hans, Dipl.-Ing., Forschungsinstitut der Dt. Bundespost, Darmstadt
Schmid, Wolfgang, Dipl.-Ing. (FH), Standard Elektrik Lorenz AG, Stuttgart
Schmidt, Lorenz-Peter, Dr.-Ing., AEG Aktiengesellschaft, Ulm
Schmoll, Siegfried, Dipl.-Ing., Standard Elektrik Lorenz AG, Stuttgart
Schöffel, Helmut, Dipl.-Ing., AEG, Ulm
Schrenk, Hartmut, Dr. rer. nat., Siemens AG, München
Schuster, Harald, Dipl.-Ing., AEG, Ulm
Stocker, Helmut, Dr. techn., Siemens AG, München
Thielen, Herbert, Dipl.-Phys., Forschungsinstitut der Dt. Bundespost, Darmstadt
Treczka, Leo, Spinner GmbH, München
Tschiesche, Hugo, Dipl.-Ing., Standard Elektrik Lorenz AG, Stuttgart
Uhlmann, Manfred, Dipl.-Ing. (FH), AEG Aktiengesellschaft, Ulm
Valentin, Rolf, Dr. rer. nat., Forschungsinstitut der Dt. Bundespost, Darmstadt
Wieder, Armin, Dr.-Ing., Siemens AG, München
Wolfram, Gisbert, Dr. rer. nat., Siemens AG, München
Wysocki, Bodo, Dipl.-Ing., RIAS Berlin
Zimmermann, Peter, Dr. rer. nat., Universität Köln
Zschauer, Karl-Heinz, Dr. rer. nat., Prof., Universität Erlangen

Vorwort zur 4. Auflage

Das von H. Meinke und F. W. Gundlach im Jahre 1955 erstmals herausgegebene ‚Taschenbuch der Hochfrequenztechnik‘ erschien in einer Zeit, in der nur wenige Fachbücher über dieses Gebiet vorlagen. Es wurde daher bald, auch in seinen beiden folgenden Auflagen (1961, 1967) für viele auf diesem Gebiet Tätigen unverzichtbar als Nachschlagewerk und Ratgeber. Derzeit gibt es zwar eine Vielzahl ausgezeichneter aktueller Lehr- und Sachbücher über alle Teilgebiete der Hochfrequenztechnik. Dennoch wird es derjenige, der sich über verschiedene Teilbereiche grundlegend informieren will, begrüßen, geeignete Informationen in knapper und konzentrierter Form in die Hand zu bekommen.

Der Initiative von F. W. Gundlach ist es zu danken, daß eine Neuauflage des ‚Taschenbuchs der Hochfrequenztechnik‘ begonnen werden konnte. Erste Pläne konnten noch mit H. Meinke besprochen werden, leider wurde seinem Schaffen zu früh ein Ende gesetzt. Als langjährige Mitarbeiter der früheren Herausgeber möchten wir ihr Werk fortsetzen.

Seit dem Erscheinen der 3. Auflage hat sich die Entwicklung auf einigen Teilgebieten als nahezu abgeschlossen erwiesen; auf anderen Gebieten sind die in der Hochfrequenz-Technik verwendeten Komponenten, Verfahren und die damit ausgestatteten Systeme entscheidend weiterentwickelt worden. Als Beispiele seien der weitgehende Ersatz von Elektronenröhren durch Halbleiter-Bauelemente und die teilweise Ablösung analoger Technik durch die digitale genannt; auch die Anwendung elektrooptischer oder elektromechanischer Wechselwirkungen ergab in vielen Fällen zusätzliche Anwendungsgebiete, deren weitere Entwicklung ständig neue Perspektiven eröffnet.

Die vorliegende, nach Inhalt und Form neu gestaltete 4. Auflage versucht, dieser Entwicklung und absehbaren Tendenzen Rechnung zu tragen und dabei den seit drei Jahrzehnten bewährten Charakter dieses Werkes zu erhalten: Der Benutzer soll darin Informationen über grundlegende Eigenschaften und Zusammenhänge, über Einsatzmöglichkeiten und, soweit möglich, Dimensionierungshinweise finden. Die Darstellung der einzelnen Gebiete ist knapp, da aus Kostengründen der Umfang des Werkes erheblich verringert werden mußte, andererseits viele neue Gebiete zu berücksichtigen waren. Am Ende der Kapitel findet der Leser jedoch eine Zusammenstellung ‚Spezieller Literatur‘, in der Detailprobleme behandelt werden, auf die im Text nur hingewiesen werden konnte. – Das Werk ist also kein Lehrbuch; die vorausgesetzten Grundkenntnisse können ggf. aus der am Anfang jedes Kapitels aufgeführten ‚Allgemeinen Literatur‘ erworben werden. –

Das Buch ist aus Kostengründen erstmals auch in drei Teilbänden mit den Themenbereichen

1. Grundlagen (Teile A bis I),
2. Komponenten (Teile K bis N),
3. Systeme (Teile O bis S)

erhältlich. Durch diese Aufteilung ist die Möglichkeit gegeben, das Taschenbuch schrittweise zu erwerben. Das ausführliche Sachregister der Gesamtausgabe, das die Benutzung erleichtern soll, ist auch in jedem Teilband enthalten.

Die Herausgeber sind allen am Entstehen der 4. Auflage Beteiligten zu Dank verpflichtet: Allen Autoren für die Kooperationsbereitschaft bei der Abfassung ihrer Beiträge unter Beachtung des knappen verfügbaren Umfangs und der erforderlichen Abstimmung mit thematisch benachbarten Teilgebieten, den Mitarbeitern des Springer-Verlages für die sorgfältige Bearbeitung des Satzes und der Bildvorlagen.

Wir wünschen allen Benutzern des Meinke/Gundlach in der neuen Fassung den erhofften Nutzen und Erfolg in ihrer fachlichen Arbeit und danken im voraus für alle Anregungen und konstruktive Kritik.

München und Hannover, im Dezember 1985 K. Lange K.-H. Löcherer

Inhaltsverzeichnis

A Einleitung
Gundlach

1 Hinweise zur Benutzung des Taschenbuchs . . . . A 1

2 Physikalische Größen, ihre Einheiten und Formelzeichen . . . . A 1

3 Schreibweise physikalischer Gleichungen . . . . A 3

4 Frequenzzuordnungen . . . . A 4

B Elektromagnetische Felder und Wellen
Lange

1 Grundlagen . . . . B 1

1.1 Koordinatensysteme . . . . B 1
1.2 Differentialoperatoren . . . . B 1
1.3 Maxwellsche Gleichungen . . . . B 3

2 Wellenausbreitung in homogenen Medien . . . . B 3

2.1 Ebene Welle im verlustlosen Medium . . . . B 3
2.2 Ebene Welle im verlustbehafteten Medium . . . . B 4
2.3 Leitendes Gas . . . . B 5
2.4 Anisotropes Medium . . . . B 5
2.5 Gyrotropes Medium . . . . B 6

3 Polarisation . . . . B 7

3.1 Lineare Polarisation . . . . B 7
3.2 Zirkulare Polarisation . . . . B 7

4 Wellen an Grenzflächen . . . . B 8

4.1 Senkrechter Einfall . . . . B 8
4.2 Schräger Einfall . . . . B 9
4.3 Oberflächenwellen . . . . B 12

5 Skineffekt . . . . B 13

6 Oberflächenstromdichte . . . . B 16

C Grundlagen über elektrische Netzwerke, Leitungstheorie
Entenmann (1 bis 4); Lange (5, 6); Siegl (7)

1 Netzwerkelement und komplexe Frequenz . . . . C 1

1.1 Klassifizierung elektrischer Netzwerke . . . . C 1
1.2 Spannung, Strom, komplexe Frequenz, Leistung . . . . C 1
1.3 Netzwerkelemente . . . . C 3
1.4 Normierung . . . . C 5

2 Netzwerkanalyse . . . . C 6

2.1 Kirchhoffsche Gesetze . . . . C 6
2.2 Knotenpotentialanalyse . . . . C 7

3 Mehrpolige Netzwerke . . . . C 10

3.1 Zweipole (Eintore) . . . . C 10
3.2 Mehrpole, Mehrtore . . . . C 12
3.3 Zweitore . . . . C 14

4 Zweitorbeschreibung durch Wellengrößen . . . . C 19

4.1 Wellengrößen . . . . C 19
4.2 Wellenmatrizen . . . . C 20
4.3 Umrechnung der Wellenmatrizen . . . . C 20
4.4 Betriebsverhalten von Zweitoren . . . . C 21

5 Impedanzebene . . . . C 23

6 Theorie der Leitungen . . . . C 29

6.1 Leitungskenngrößen . . . . C 29
6.2 Verlustlose Leitungen . . . . C 32
6.3 Gedämpfte Leitung . . . . C 36

7 Theorie der gekoppelten Leitungen . . . . C 37

D Grundbegriffe der Nachrichtenübertragung

Löcherer (3); Lüke (1, 2, 4, 5)

1 Nachrichtenübertragungssysteme . . . . D 1

2 Signale und Systeme . . . . D 2

2.1 Signale und Signalklassen . . . . D 2
2.2 Lineare, zeitinvariante Systeme und die Faltung . . . . D 3
2.3 Fourier-Transformation . . . . D 4
2.4 Tiefpaß- und Bandpaßsysteme . . . . D 6
2.5 Diskrete Signale und Digitalfilter . . . . D 9

3 Grundbegriffe der statistischen Signalbeschreibung und des elektronischen Rauschens . . . . D 11

3.1 Einführung . . . . D 12
3.2 Mathematische Verfahren zur Beschreibung von Zufallssignalen . . . D 12
3.3 Rauschquellen und ihre Ersatzschaltungen . . . . D 18
3.4 Rauschende lineare Vierpole . . . . D 21
3.5 Übertragung von Rauschen durch nichtlineare Netzwerke . . . . . . D 26

4 Signalarten und Übertragungsanforderungen . . . . D 28

4.1 Fernsprech- und Tonsignale . . . . D 28
4.2 Bildsignale . . . . D 30

5 Begriffe der Informationstheorie . . . . D 32

5.1 Diskrete Nachrichtenquellen und Kanäle . . . . D 33
5.2 Kontinuierliche Nachrichtenquellen und Kanäle . . . . D 35

E Materialeigenschaften und konzentrierte passive Bauelemente

Kleinschmidt (7, 8); Lange (1 bis 6, 9, 10)

1 Leiter . . . . E 1

2 Dielektrische Werkstoffe . . . . E 1

2.1 Allgemeine Werte . . . . E 1

2.2 Substratmaterialien . . . . E 3
2.3 Sonstige Materialien . . . . E 3

3 Magnetische Werkstoffe . . . . E 4

4 Wirkwiderstände . . . . E 5

5 Kondensatoren . . . . E 9

5.1 Kapazität . . . . E 9
5.2 Anwendungsfälle . . . . E 9
5.3 Kondensatortypen . . . . E 10
5.4 Bauformen für die Hochfrequenztechnik . . . . E 11
5.5 Belastungsgrenzen . . . . E 12

6 Induktivitäten . . . . E 13

6.1 Induktivität gerader Leiter . . . . E 13
6.2 Induktivität von ebenen Leiterschleifen . . . . E 13
6.3 Gegeninduktivität . . . . E 14
6.4 Spulen . . . . E 14

7 Piezoelektrische Werkstoffe und Bauelemente . . . . E 16

7.1 Allgemeines . . . . E 16
7.2 Piezoelektrischer Effekt . . . . E 16
7.3 Piezoelektrische Wandler . . . . E 17
7.4 Piezoresonatoren . . . . E 19
7.5 Materialien . . . . E 20

8 Magnetostriktive Werkstoffe und Bauelemente . . . . E 22

8.1 Allgemeines . . . . E 22
8.2 Materialeigenschaften . . . . E 23
8.3 Charakteristische Größen . . . . E 23
8.4 Schwinger . . . . E 23

9 HF-Durchführungsfilter . . . . E 25

10 Absorber . . . . E 25

F Lineare Netzwerke mit passiven und aktiven Elementen

Entenmann (1); Gloger (2)

1 Filter . . . . F 1

1.1 Einführende Bemerkungen über Filter . . . . F 1
1.2 Betriebsanordnung und Betriebsverhalten . . . . F 1
1.3 Bauformen von Filtern . . . . F 4
1.4 Filtercharakteristiken normierter Standard-Tiefpässe . . . . F 6
1.5 Reaktanzfilterschaltungen . . . . F 9
1.6 Allpässe und Gruppenlaufzeitausgleich . . . . F 12
1.7 Leitungsfilterschaltungen . . . . F 14

2 Verstärkerschaltungen . . . . F 22

2.1 Verstärkung niederfrequenter Signale . . . . F 23
2.2 Rückkopplung . . . . F 30
2.3 Frequenzabhängigkeit der Verstärkung . . . . F 36

G Netzwerke mit nichtlinearen passiven und aktiven Bauelementen

Blum (3, 4); Hoffmann (2); Maurer (1.1 bis 1.4); Petry (1.5 bis 1.7)

1 Mischung und Frequenzvervielfachung . . . . G 1

1.1 Kombinationsfrequenzen . . . . G 2
1.2 Auf- und Abwärtsmischung. Gleich- und Kehrlage . . . . G 2

1.3 Mischung mit Halbleiterdiode als nichtlinearem Strom-Spannungs-Bauelement . . . G 4
1.4 Mischung mit Halbleiterdiode als nichtlinearem Spannungs-Ladungs-Bauelement . . . G 12
1.5 Mischung mit Transistoren . . . G 18
1.6 Rauschmessungen an Mischern . . . G 21
1.7 Frequenzvervielfachung und Frequenzteilung . . . G 22

2 Begrenzung und Gleichrichtung . . . G 27

2.1 Kennlinien . . . G 27
2.2 Begrenzer . . . G 28
2.3 Gleichrichter . . . G 30
2.4 Übertragung von verrauschten Signalen durch Begrenzer und Gleichrichter . . . G 33

3 Leistungsverstärkung . . . G 33

3.1 Kenngrößen von Leistungsverstärkern . . . G 33
3.2 Betriebsarten, Wirkungsgrad und Ausgangsleistung . . . G 34
3.3 Verzerrungen, Verzerrungs- und Störminderung durch Gegenkopplung . G 37
3.4 Praktische Ausführung von Leistungsverstärkern . . . G 37
3.5 Schutzmaßnahmen gegen Überlastung . . . G 38

4 Oszillatoren . . . G 39

4.1 Analysemethoden für harmonische Oszillatoren . . . G 40
4.2 Zweipoloszillatoren . . . G 42
4.3 Dreipol- und Vierpoloszillatoren . . . G 42
4.4 Nichtlineare Beschreibung. Ermittlung und Stabilisierung der Schwingungsamplitude . . . G 45
4.5 Langzeit- und Kurzzeitstabilität. Rauschen . . . G 46
4.6 Funktions- und Impulsgeneratoren . . . G 46

H Wellenausbreitung im Raum

Damboldt (3.3, 4, 6.1, 6.2, 7); Dintelmann (2, 3.4); Kühn (2); Lorenz (1, 3.1, 5, 6.3); Ochs (7); Rücker (6.4); Valentin (3.2, 5, 6.4)

1 Grundlagen . . . H 1

1.1 Begriffe . . . H 1
1.2 Statistische Auswertung von Meßergebnissen . . . H 1
1.3 Theoretische Amplitudenverteilungen . . . H 2

2 Ausbreitungserscheinungen . . . H 4

2.1 Freiraumausbreitung . . . H 4
2.2 Brechung . . . H 4
2.3 Reflexion . . . H 5
2.4 Dämpfung . . . H 5
2.5 Streuung . . . H 5
2.6 Ausbreitung entlang ebener Erde . . . H 6
2.7 Beugung . . . H 7

3 Ausbreitungsmedien . . . H 9

3.1 Erde . . . H 10
3.2 Troposphäre . . . H 11
3.3 Ionosphäre . . . H 13
3.4 Weltraum . . . H 15

4 Funkrauschen . . . H 16

4.1 Atmosphärisches Rauschen unterhalb etwa 20 MHz . . . H 16
4.2 Galaktisches und kosmisches Rauschen . . . H 17

4.3 Atmosphärisches Rauschen oberhalb etwa 1 GHz . . . . H 17
4.4 Industrielle Störungen . . . . H 17

5 Frequenzselektiver und zeitvarianter Schwund . . . . H 18

5.1 Das Modell für zwei Ausbreitungswege . . . . H 18
5.2 Mehrwegeausbreitung . . . . H 19
5.3 Funkkanalsimulation . . . . H 21

6 Planungsunterlagen für die Nutzung der Frequenzbereiche . . . . H 22

6.1 Frequenzen unter 1600 kHz (Längstwellen, Langwellen, Mittelwellen) . H 23
6.2 Frequenzen zwischen 1,6 und 30 MHz (Kurzwellen) . . . . H 24
6.3 Frequenzen zwischen 30 und 1000 MHz (Ultrakurzwellen) . . . . H 25
6.4 Frequenzen über 1 GHz (Mikrowellen) . . . . H 28

7 Störungen in benachbarten Bändern durch Ausbreitungseffekte . . . . . . H 35

7.1 Störungen durch ionosphärische Effekte . . . . H 36
7.2 Störungen durch troposphärische Effekte . . . . H 36

I Hochfrequenzmeßtechnik

Dalichau

1 Messung von Spannung, Strom und Phase . . . . I 1

1.1 Übersicht: Spannungsmessung . . . . I 1
1.2 Überlagerte Gleichspannung . . . . I 2
1.3 Diodengleichrichter . . . . I 2
1.4 HF-Voltmeter . . . . I 2
1.5 Vektorvoltmeter . . . . I 3
1.6 Oszilloskop . . . . I 3
1.7 Tastköpfe . . . . I 4
1.8 Strommessung . . . . I 5
1.9 Phasenmessung . . . . I 6

2 Leistungsmessung . . . . I 7

2.1 Leistungsmessung mit Bolometer . . . . I 7
2.2 Leistungsmessung mit Thermoelement . . . . I 7
2.3 Leistungsmessung mit Halbleiterdioden . . . . I 7
2.4 Ablauf der Messung, Meßfehler . . . . I 8
2.5 Pulsleistungsmessung . . . . I 9
2.6 Kalorimetrische Leistungsmessung . . . . I 9

3 Netzwerkanalyse: Transmissionsfaktor . . . . I 9

3.1 Meßgrößen der Netzwerkanalyse . . . . I 9
3.2 Direkte Leistungsmessung . . . . I 10
3.3 Messung mit Richtkoppler oder Leistungsteiler . . . . I 11
3.4 Empfänger . . . . I 11
3.5 Substitutionsverfahren . . . . I 12
3.6 Meßfehler durch Fehlanpassung . . . . I 13
3.7 Meßfehler durch Nebenwellen des Generators . . . . I 14
3.8 Meßfehler durch Rauschen und Frequenzinstabilität . . . . I 14
3.9 Meßfehler durch äußere Verkopplungen . . . . I 15
3.10 Gruppenlaufzeit . . . . I 15

4 Netzwerkanalyse: Reflexionsfaktor . . . . I 16

4.1 Richtkoppler . . . . I 16
4.2 Fehlerkorrektur bei der Messung von Betrag und Phase . . . . I 17
4.3 Eichmessungen . . . . I 17
4.4 Reflexionsfaktorbrücke . . . . I 18
4.5 Fehlerkorrektur bei Betragsmessungen . . . . I 18
4.6 Meßleitung . . . . I 19

4.7 Sechstor-Reflektometer . . . . I 20
4.8 Netzwerkanalyse mit zwei Reflektometern . . . . I 21
4.9 Umrechnung vom Frequenzbereich in den Zeitbereich . . . . I 22

5 Spektrumanalyse . . . . I 22

5.1 Grundschaltungen . . . . I 22
5.2 Automatischer Spektrumanalysator . . . . I 23
5.3 Formfaktor des ZF-Filters . . . . I 23
5.4 Einschwingzeit des ZF-Filters . . . . I 23
5.5 Stabilität des Überlagerungsoszillators . . . . I 24
5.6 Eigenrauschen . . . . I 24
5.7 Lineare Verzerrungen . . . . I 24
5.8 Nichtlineare Verzerrungen . . . . I 24
5.9 Oberwellenmischung . . . . I 25
5.10 Festabgestimmter AM-Empfänger . . . . I 25
5.11 Modulierte Eingangssignale . . . . I 25
5.12 Gepulste Hochfrequenzsignale . . . . I 26

6 Frequenz- und Zeitmessung . . . . I 26

6.1 Digitale Frequenzmessung . . . . I 26
6.2 Digitale Zeitmessung . . . . I 28
6.3 Analoge Frequenzmessung . . . . I 28

7 Rauschmessung . . . . I 29

7.1 Rauschzahl, Rauschtemperatur, Rauschbandbreite . . . . I 29
7.2 Meßprinzip . . . . I 30
7.3 Rauschgeneratoren . . . . I 30
7.4 Meßfehler . . . . I 31
7.5 Tangentiale Empfindlichkeit . . . . I 32

8 Spezielle Gebiete der Hochfrequenzmeßtechnik . . . . I 32

8.1 Messungen an diskreten Bauelementen . . . . I 32
8.2 Impulsreflektometer . . . . I 33
8.3 Feldstärkemessung . . . . I 35
8.4 Messungen an Antennen . . . . I 36
8.5 Messungen an Resonatoren . . . . I 37
8.6 Messungen an Signalquellen . . . . I 39

9 Hochfrequenzmeßtechnik in speziellen Technologiebereichen . . . . . I 42

9.1 Microstripmeßtechnik . . . . I 42
9.2 Hohlleitermeßtechnik . . . . I 43
9.3 Lichtwellenleiter-Meßtechnik . . . . I 44

Inhaltsverzeichnis zu Band 2

K Hochfrequenz-Wellenleiter

Bretting (6); Dalichau (1, 2, 7); Groll (4); Petermann (5); Siegl (3)

1 Zweidrahtleitungen . . . . K 1

1.1 Feldberechnung . . . . K 1
1.2 Bauformen . . . . K 2
1.3 Leitungswellenwiderstände . . . . K 2

2 Koaxialleitungen . . . . K 3

2.1 Feldberechnung . . . . K 3
2.2 Leitungswellenwiderstände . . . . K 4
2.3 Bauformen . . . . K 4
2.4 Betriebsdaten . . . . K 5

3 Mikrowellenleitungen . . . . K 7

3.1 Anwendung und Realisierung von planaren Mikrowellenleitungen . . . K 7
3.2 Mikrostreifenleitung . . . . K 8
3.3 Gekoppelte Mikrostreifenleitungen . . . . K 13
3.4 Koplanare Streifenleitung und Schlitzleitung . . . . K 14
3.5 Koplanarleitung und gekoppelte Schlitzleitungen . . . . K 16
3.6 Übergänge und Leitungsdiskontinuitäten . . . . K 18

4 Hohlleiter . . . . K 20

4.1 Allgemeines über Wellen und Hohlleiter . . . . K 20
4.2 Felder unterhalb der kritischen Frequenz . . . . K 22
4.3 Wellenausbreitung oberhalb der kritischen Frequenz . . . . K 23
4.4 Die magnetische Grundwelle . . . . K 24
4.5 Andere magnetische Wellentypen . . . . K 25
4.6 Elektrische Hohlleiterwellentypen . . . . K 28
4.7 Technische Formen für die H_{10}-Welle . . . . K 29
4.8 Hohlleiter besonderer Form . . . . K 31
4.9 Hohlleiterwellen der Koaxialleitung . . . . K 34

5 Dielektrische Wellenleiter, Glasfaser . . . . K 36

5.1 Der dielektrische Draht . . . . K 36
5.2 Optische Fasern . . . . K 37
5.3 Schichtwellenleiter . . . . K 39

6 Wellenleiter mit periodischer Struktur . . . . K 41

6.1 Allgemeine Eigenschaften . . . . K 41
6.2 Wellenausbreitung in Leitungen mit periodischer Struktur . . . . . . K 42
6.3 Wendelleitung . . . . K 43
6.4 Leitungen mit gekoppelten Kreisen . . . . K 44

7 Offene Wellenleiter . . . . K 46

7.1 Nicht-abstrahlende Wellenleiter . . . . K 46
7.2 Leckwellenleiter . . . . K 48

L Schaltungskomponenten aus passiven Bauelementen

Dalichau (2 bis 4); Kleinschmidt (11); Lange (9.1 bis 9.6, 10); Pötzl (8); Röschmann (9.8); Siegl (7.1, 7.3); Stocker (12); Treczka (1, 5, 6, 7.2, 7.4); Wolfram (9.7)

1 Transformations- und Anpassungsglieder . . . . L 1

1.1 Verlustbehaftete Widerstandsanpassungsglieder . . . . L 1
1.2 Transformation mit konzentrierten Blindwiderständen . . . . L 1
1.3 Leitungslängen mit unterschiedlichem Wellenwiderstand . . . . L 3
1.4 Inhomogene verlustfreie Leitungen . . . . L 5
1.5 Transformation bei einer Festfrequenz . . . . L 8

2 Stecker und Übergänge . . . . L 9

2.1 Koaxiale Steckverbindungen . . . . L 9
2.2 Übergänge zwischen gleichen Leitungen mit unterschiedlichem Querschnitt . . . . L 10
2.3 Konusleitung, Konusübergang . . . . L 11
2.4 Übergang zwischen Koaxial- und Zweidrahtleitung . . . . L 12
2.5 Übergang zwischen Koaxial- und Microstripleitung . . . . L 14
2.6 Übergang zwischen Koaxialleitung und Hohlleiter . . . . L 14

3 Reflexionsarme Abschlußwiderstände . . . . L 16

4 Dämpfungsglieder . . . . L 18

4.1 Allgemeines . . . . L 18

4.2 Festdämpfungsglieder . . . L 19
4.3 Veränderbare Dämpfungsglieder . . . L 20
4.4 Hohlleiterdämpfungsglieder . . . L 21

5 Verzweigungen . . . L 22

5.1 Angepaßte Verzweigung mit Widerständen . . . L 22
5.2 Leistungsverzweigungen . . . L 22
5.3 Verzweigungen mit $\lambda/4$-Leitungen und gleichen Leistungen . . . L 23
5.4 Verzweigung mit Richtkoppler . . . L 23

6 Phasenschieber . . . L 24

6.1 Phasenschiebung durch Serienwiderstand . . . L 24
6.2 Phasenschiebung durch Parallelwiderstand . . . L 25
6.3 Nichttransformierende Phasenschieber . . . L 25
6.4 Phasenschiebung durch Ausziehleitung . . . L 26
6.5 Phasenschiebung durch Richtkoppler . . . L 26

7 Richtkoppler . . . L 27

7.1 Wirkungsweise und Anwendung . . . L 27
7.2 Richtkoppler mit Koaxialleitungen . . . L 28
7.3 Richtkoppler mit planaren Leitungen . . . L 30
7.4 Hohlleiterrichtkoppler . . . L 33

8 Zirkulatoren und Einwegleitungen . . . L 35

8.1 Zirkulatoren . . . L 35
8.2 Einwegleitungen (Richtleitung) . . . L 41

9 Resonatoren . . . L 43

9.1 Schwingkreise . . . L 43
9.2 Leitungsresonatoren . . . L 44
9.3 Hohlraumresonatoren . . . L 44
9.4 Abstimmung von Hohlraumresonatoren . . . L 47
9.5 Ankopplung an Hohlraumresonatoren . . . L 48
9.6 Fabry-Perot-Resonator . . . L 48
9.7 Dielektrische Resonatoren . . . L 48
9.8 Ferrimagnetische Resonatoren . . . L 50

10 Kurzschlußschieber . . . L 53

11 Elektromechanische Resonatoren und Filter . . . L 55

11.1 Allgemeines . . . L 55
11.2 Resonatoren . . . L 55
11.3 Filter . . . L 56
11.4 Elektromechanische Verzögerungsleitungen . . . L 62

12 Akustische Oberflächenwellen-Bauelemente . . . L 63

12.1 Übersicht . . . L 63
12.2 Interdigitalwandler . . . L 63
12.3 Reflektoren, Koppler und Wellenleiter . . . L 65
12.4 Filter . . . L 66
12.5 Resonatoren und Reflektorfilter . . . L 68
12.6 Konvolver und Korrelatoren . . . L 70

M Aktive Bauelemente

Bretting (4.1 bis 4.10); Döring (4.11); Horninger (1.3); Pfleiderer (1.3); Russer (3); Schrenk (1.2); Wieder (1.1, 1.3); Zschauer (2)

1 Aktive Halbleiterbauelemente . . . M 1

1.1 Physikalische Grundlagen für Halbleitermaterialien . . . M 1

1.2 Diskrete Halbleiterbauelemente . . . . . M 11
1.3 Integrierte Schaltungen . . . . . M 18

2 Optoelektronische Halbleiterbauelemente . . . . . M 46

2.1 Einleitung . . . . . M 46
2.2 Lichtemission und -absorption in Halbleitern . . . . . M 46
2.3 Werkstoffe und Technologie . . . . . M 47
2.4 Lichtemittierende Dioden (LED) . . . . . M 48
2.5 Halbleiterlaser . . . . . M 50
2.6 Photodioden . . . . . M 53

3 Quantenphysikalische Bauelemente . . . . . M 56

3.1 Physikalische Grundlagen . . . . . M 56
3.2 Der Laser . . . . . M 58
3.3 Der Maser . . . . . M 61
3.4 Nichtlineare Optik . . . . . M 62
3.5 SIS-Tunnelelemente . . . . . M 63
3.6 Josephson-Elemente . . . . . M 63

4 Elektronenröhren . . . . . M 66

4.1 Elektronenemission . . . . . M 66
4.2 Glühkathoden . . . . . M 67
4.3 Grundgesetze der Bewegung von Elektronen in elektrischen und magnetischen Feldern . . . . . M 68
4.4 Röhrentechnologie . . . . . M 69
4.5 Gittergesteuerte Röhren für hohe Leistungen . . . . . M 71
4.6 Laufzeitröhren für hohe Frequenzen . . . . . M 72
4.7 Klystrons . . . . . M 73
4.8 Wanderfeldröhren . . . . . M 75
4.9 Rückwärtswellenröhren vom O-Typ . . . . . M 78
4.10 Kreuzfeldröhren . . . . . M 79
4.11 Gyrotrons . . . . . M 82

N Antennen

Adelseck (10.2); Dombek (13.1, 15); Hollmann (14.2); Hombach (12.2, 13.2); Kühn (12.1); Landstorfer (1 bis 3, 8); Lange (4, 5, 7); Lindenmeier (11); Reiche (6); Scheffer (12.2); Schmidt (10.1); Thielen (14.1); Uhlmann (9)

1 Grundlagen über Strahlungsfelder und Wellentypwandler . . . . . N 1

2 Elementare Strahlungsquellen . . . . . N 3

2.1 Isotroper Kugelstrahler . . . . . N 3
2.2 Hertzscher Dipol . . . . . N 3
2.3 Magnetischer Elementardipol . . . . . N 4
2.4 Huygenssche Elementarquelle . . . . . N 5

3 Kenngrößen von Antennen . . . . . N 6

3.1 Leistungsgrößen, Strahlungswiderstand, Verlustwiderstand . . . . . N 6
3.2 Kenngrößen des Strahlungsfeldes . . . . . N 7
3.3 Richtfaktor und Gewinn . . . . . N 9
3.4 Wirksame Fläche, wirksame Länge . . . . . N 10

4 Einfache Antennen . . . . . N 11

4.1 Stabantennen und Dipole . . . . . N 11
4.2 Langdrahtantennen . . . . . N 14
4.3 Rahmenantennen . . . . . N 14
4.4 Schlitzantennen . . . . . N 15
4.5 Zusammenstellung wichtiger Eigenschaften . . . . . N 17

5 Grundlagen über Richtantennen . . . . N 17
5.1 Systeme mit zwei Strahlern . . . . N 17
5.2 Strahlende Linie . . . . N 19

6 Rundfunk- und Fernsehantennen . . . . N 20

7 Planare Antennen . . . . N 24

8 Yagi-Uda-Antennen . . . . N 25

9 Logarithmisch-periodische Antennen . . . . N 28
9.1 Einführung . . . . N 28
9.2 Dimensionierung . . . . N 29
9.3 Weitere Ausführungsformen von logarithmisch-periodischen Antennen . N 31

10 Spiral- und Wendelantennen . . . . N 33
10.1 Spiralantennen . . . . N 33
10.2 Wendelantennen . . . . N 35

11 Aktive Empfangsantennen . . . . N 36

12 Hohlleiter- und Hornstrahler . . . . N 40
12.1 In der Grundwelle erregte Hohlleiter- und Hornstrahler . . . . . . N 40
12.2 Strahler mit höheren Wellentypen . . . . N 43
12.3 Hybridwellenstrahler . . . . N 44

13 Dielektrische Antennen . . . . N 46
13.1 Stielstrahler . . . . N 47
13.2 Nahfeldlinsenantennen . . . . N 48

14 Reflektor- und Linsenantennen . . . . N 49
14.1 Reflektorantennen . . . . N 49
14.2 Linsenantennen . . . . N 53

15 Gruppenantennen . . . . N 55
15.1 Prinzipieller Aufbau und Anwendungsgebiete . . . . N 55
15.2 Strahlungseigenschaften . . . . N 57
15.3 Verkopplung . . . . N 61
15.4 Speisenetzwerk . . . . N 62

Inhaltsverzeichnis zu Band 3

O Modulation und Demodulation

Gier (1); Heckel (5.2, 5.3, 5.5); Reutter (3); Schmid (4); Schmoll (2); Tschieche (5.1, 5.4)

1 Analoge Modulationsverfahren . . . . O 1
1.1 Amplitudenmodulation (AM) . . . . O 1
1.2 Frequenzmodulation (FM) . . . . O 7
1.3 Phasenmodulation (PM) . . . . O 13
1.4 Vergleich der analogen Modulationsverfahren . . . . O 14

2 Modulation digitaler Signale . . . . O 15
2.1 Einführung . . . . O 15
2.2 Amplitudenmodulation . . . . O 16
2.3 Frequenzumtastung (FSK) . . . . O 17
2.4 Phasenumtastung (PSK) . . . . O 19
2.5 Trägerrückgewinnung . . . . O 25
2.6 Taktableitung . . . . O 27
2.7 Vergleich der verschiedenen Verfahren . . . . O 28

3 Digitale Signalaufbereitung . . . . O 28
3.1 Einführung . . . . O 29

M Aktive Bauelemente

Bretting (4.1 bis 4.10); Döring (4.11); Horninger (1.3); Pfleiderer (1.3); Russer (3); Schrenk (1.2); Wieder (1.1, 1.3); Zschauer (2)

N Antennen

Adelseck (10.2); Dombek (13.1, 15); Hollmann (14.2); Hombach (12.2, 13.2); Kühn (12.1); Landstorfer (1 bis 3, 8); Lange (4, 5, 7); Lindenmeier (11); Reiche (6); Scheffer (12.2); Schmidt (10.1); Thielen (14.1); Uhlmann (9)

1.4 Kohärentes Pulsradar . . . . S 5
1.5 Verfolgungsradar . . . . S 6
1.6 Radarsignaltheorie . . . . S 7
1.7 Seitensichtradar . . . . S 8
1.8 Sekundärradar . . . . S 8

2 Funkortungssysteme . . . . S 9

2.1 Funkpeilverfahren . . . . S 9
2.2 Richtsendeverfahren . . . . S 13
2.3 Satellitennavigationsverfahren . . . . S 15
2.4 Hyperbelnavigationsverfahren . . . . S 16

3 Technische Plasmen . . . . S 17

3.1 Hochfrequenzanwendungen bei Plasmen . . . . S 17
3.2 Elektromagnetische Wellen in Plasmen . . . . S 18

4 Radioastronomie . . . . S 22

4.1 Frequenzbereiche und Strahlungsquellen . . . . S 22
4.2 Antennensysteme der Radioastronomie . . . . S 24
4.3 Empfangsanlagen . . . . S 27

Sachverzeichnis

A Einleitung
Introduction

F.W. Gundlach

1 Hinweise zur Benutzung des Taschenbuchs
Directions for the use of the book

Zum Suchen kann man entweder das ausführliche Inhaltsverzeichnis am Anfang des Buches oder das alphabetische Sachverzeichnis am Ende des Buches verwenden.
Das Buch gliedert sich in Teile, die mit Großbuchstaben gekennzeichnet sind. Jeder Teil ist in Kapitel gegliedert, die mit arabischen Ziffern numeriert sind. Falls erforderlich, sind die Kapitel in Abschnitte unterteilt. Auf jeder linken Buchseite sind oben Kennbuchstabe und Überschrift des Teils und auf jeder rechten Buchseite ist oben ein Stichwort aus der Überschrift des Kapitels oder Abschnitts angegeben.
Alle Gleichungen tragen am rechten Rand der Buchseite eine Zahlenbezeichnung, z. B. (14). Diese Zahl ist die laufende Nummer der Gleichung in dem betreffenden Kapitel. Auch die Numerierung der Bilder und Tabellen erfolgt fortlaufend innerhalb eines Kapitels. Wird im Text auf eine Gleichung oder ein Bild innerhalb des gleichen Kapitels verwiesen, so ist nur die Nummer der Gleichung oder des Bildes angegeben.
Beispiel: Gl. (14), Bild 7, Tab. 8.
Bei Verweisen auf Gleichungen, Bilder und Tabellen in einem anderen Kapitel innerhalb des gleichen Teils oder in einem anderen Teil stehen vor der entsprechenden Nummer zusätzlich der Buchstabe des Teils und die Nummer des Kapitels.
Beispiele: s. Gl. K 3 (16), s. Bild C 2.3, s. Tab. H 5.14.

Am Anfang eines jeden Kapitels oder mancher Teile finden sich Hinweise auf Literatur, die zur allgemeinen Information des Lesers dient. Spezielle Literaturangaben (im laufenden Text durch Zahlen in eckigen Klammern gekennzeichnet) stehen am Ende eines Kapitels oder Teils. Die Zahlen in eckigen Klammern beziehen sich stets nur auf das Literaturverzeichnis des gleichen Kapitels; wird ein Literaturzitat in mehreren Kapiteln benötigt, so wird seine Angabe entsprechend wiederholt.

2 Physikalische Größen, ihre Einheiten und Formelzeichen
Physical quantities, units and symbols

Allgemeine Literatur: DIN Taschenbuch 22: Einheiten und Begriffe für physikalische Größen (Normen, AEF-Taschenbuch 1), DIN Taschenbuch 202: Formelzeichen, Formelsatz, Mathematische Zeichen und Begriffe (Normen, AEF-Taschenbuch 2), Berlin: Beuth 1984. *German, S.; Drath, P.*: Handbuch der SI-Einheiten. Braunschweig: Vieweg 1979.

Im Taschenbuch der Hochfrequenztechnik werden alle physikalischen Erscheinungen (Körper, Vorgänge, Zustände) mit Hilfe von *physikalischen Größen* beschrieben, die im folgenden kurz *Größen* genannt werden (vgl. DIN 1313 und DIN 1301 [1]). Diese Größen können Skalare, Vektoren oder Tensoren sein; sie beschreiben meßbare Eigenschaften. Jeder spezielle Wert einer Größe, der *Größenwert*, läßt sich durch das Produkt ausdrücken:

$$\text{Größenwert} = \text{Zahlenwert} \cdot \text{Einheit.} \tag{1}$$

Beispiele:

$I = 3\ \mathrm{A}$	spezieller Wert einer elektr. Stromstärke,
$E = 0{,}6\ \mathrm{V/m}$	spezieller Wert einer elektr. Feldstärke,
$P = 3\ \mathrm{W}$	spezieller Wert einer Leistung,
$h_{11} = 9\ \Omega$	spezieller Wert für den Eingangswiderstand eines Transistors.

Das Produkt aus Zahlenwert und Einheit wird beim Auswerten von Größengleichungen (s. A 3) anstelle des Formelzeichens eingesetzt; sonst wird immer mit dem Formelzeichen für den Größenwert gerechnet, da ja das Produkt aus Zahlenwert und Einheit keine Aussage über den Sachbezug enthält.
Beispiel:
Die Angabe 9 Ω ist für sich allein sinnlos, dagegen enthält das Formelzeichen h_{11} den Hinweis, daß es sich um den Eingangswiderstand eines Transistors handelt.

Spezielle Literatur Seite A 3

Der Größenwert ist unabhängig von einem Wechsel der Einheit; Zahlenwert und Einheit verhalten sich gegenläufig, nämlich wie die Faktoren eines konstanten Produkts.
Beispiel: $I = 0{,}03\ \mathrm{A} = 30\ \mathrm{mA}$.
Die *Einheiten* physikalischer Größen sind spezielle Werte von diesen Größen, die durch Normung festgelegt sind. Maßgeblich für die Anwendung in Naturwissenschaft und Technik ist das weltweit eingeführte Internationale Einheitensystem (Système International, Kurzzeichen SI); es wurde im Jahre 1960 von der 11. Generalkonferenz für Maß und Gewicht verabschiedet [2], ist in die Deutsche Gesetzgebung übernommen [3] und in den Normenwerken aller internationalen und nationalen Normenorganisationen enthalten [1, 4, 5]. Im SI sind sieben *Basiseinheiten* für die Basisgrößen Länge, Masse, Zeit, elektrische Stromstärke, thermodynamische Temperatur, Stoffmenge und Lichtstärke festgelegt. Innerhalb dieses Buches sind die Basisgrößen Stoffmenge und Lichtstärke ohne besondere Bedeutung; die übrigen Basisgrößen sind mit ihren Einheiten und Einheitenformelzeichen in Tab. 1 zusammengestellt; die Formelbuchstaben für die Einheiten werden in senkrechter Schrift dargestellt im Gegensatz zu den in kursiver Schrift gedruckten Formelzeichen für die physikalischen Größen (vgl. DIN 1338 [1]).

Abgeleitete SI-Einheiten werden gebildet durch Produkte oder Quotienten der Basiseinheiten (z. B. m/s, A/m), durch Potenzen der Basiseinheiten mit positivem oder negativem Exponenten oder auch durch Produkte solcher Potenzen (z. B. $\mathrm{m\,s^{-2}}$). Bei komplizierten Ausdrücken dieser Art hat man besondere Namen für die abgeleiteten SI-Einheiten eingeführt; soweit diese Einheiten für die Hochfrequenztechnik von Interesse sind, sind sie in Tab. 1 aufgenommen. Die Darstellung der abgeleiteten SI-Einheiten durch die Potenzprodukte der Basiseinheiten ist gerade für die Anwendung in der Hochfrequenztechnik recht unübersichtlich, da die Einheit der Masse, das Kilogramm, in den Gleichungen kaum vorkommt. Wesentlich übersichtlicher wird die Darstellung, wenn man statt des Kilogramm die Einheit der elektrischen Spannung, das Volt, einführt und die abgeleiteten Einheiten durch Potenzprodukte der Einheiten V, A, s, m ausdrückt, wie dies in der letzten Spalte der Tab. 1 angegeben ist. Wenn man abgeleitete Einheiten mit besonderen Namen und besonderen Einheitenzeichen einführt, gibt es selbstverständlich verschiedene Darstellungsmöglichkeiten für die gleiche Einheit;
Beispiel:
$1\ \mathrm{J} = 1\ \mathrm{Ws} = 1\ \mathrm{VAs} = 1\ \mathrm{VC} = 1\ \mathrm{Wb\,A} = 1\ \mathrm{Nm}$.
Die zweckmäßige Auswahl der Darstellungsart

Tabelle 1. SI-Basiseinheiten und abgeleitete Einheiten mit besonderem Namen

	Größe	Einheitenzeichen	Name	Ausgedrückt in Basiseinheiten	Ausgedrückt in Einheiten V, A, s, m
Basiseinheiten	Länge	m	Meter	–	–
	Masse	kg	Kilogramm	–	$1\ \mathrm{kg} = 1\ \mathrm{VAs^3/m^2}$
	Zeit	s	Sekunde	–	–
	elektr. Stromstärke	A	Ampere	–	–
	thermodyn. Temperatur	K	Kelvin	–	–
abgeleitete Einheiten mit besonderem Namen	Frequenz	Hz	Hertz	$\mathrm{s^{-1}}$	1 Hz = 1/s
	Kraft	N	Newton	$\mathrm{m\,kg\,s^{-2}}$	1 N = 1 VAs/m = 1 J/m
	Druck	Pa	Pascal	$\mathrm{m^{-1}\,kg\,s^{-2}}$	$1\ \mathrm{Pa} = 1\ \mathrm{N/m^2}$
	Energie, Arbeit	J	Joule	$\mathrm{m^2\,kg\,s^{-2}}$	1 J = 1 Ws = 1 Nm
	Leistung	W	Watt	$\mathrm{m^2\,kg\,s^{-3}}$	1 W = 1 VA
	elektr. Ladung	C	Coulomb	sA	1 C = 1 As
	elektr. Spannung	V	Volt	$\mathrm{m^2\,kg\,s^{-3}\,A^{-1}}$	–
	elektr. Kapazität	F	Farad	$\mathrm{m^{-2}\,kg^{-1}\,s^4\,A^2}$	1 F = 1 C/V
	elektr. Widerstand	Ω	Ohm	$\mathrm{m^2\,kg\,s^{-3}\,A^{-2}}$	1 Ω = 1 V/A
	elektr. Leitwert	S	Siemens	$\mathrm{m^{-2}\,kg^{-1}\,s^3\,A^2}$	1 S = 1 A/V
	magn. Fluß	Wb	Weber	$\mathrm{m^2\,kg\,s^{-2}\,A^{-1}}$	1 Wb = 1 Vs
	magn. Flußdichte	T	Tesla	$\mathrm{kg\,s^{-2}\,A^{-1}}$	$1\ \mathrm{T} = 1\ \mathrm{Wb/m^2}$
	Induktivität	H	Henry	$\mathrm{m^2\,kg\,s^{-2}\,A^{-2}}$	1 H = 1 Wb/A
ergänzende Einheiten	ebener Winkel		Radiant	$\mathrm{m \cdot m^{-1}}$	kann durch 1 ersetzt werden
	räumlicher Winkel		Steradiant	$\mathrm{m^2 \cdot m^{-2}}$	

ergibt sich aus dem jeweils betrachteten Problem.

Anmerkung: Bei den Größen magn. Fluß, magn. Flußdichte und magn. Feldstärke sind bedauerlicherweise die früher üblichen elektromagnetischen CGS-Einheiten Maxwell (Einheitenzeichen M), Gauß (G) und Oerstedt (Oe) aus dem Schrifttum noch nicht völlig verschwunden; sie sind wie folgt umzurechnen (vgl. DIN 1301, Teil 3 [1]):

$$1\,\mathrm{M} \mathrel{\hat{=}} 10^{-8}\,\mathrm{Wb}, \qquad 1\,\mathrm{G} \mathrel{\hat{=}} 10^{-4}\,\mathrm{T},$$
$$1\,\mathrm{Oe} \mathrel{\hat{=}} 79{,}577\,\mathrm{A/m}.$$

Bei der Bildung von abgeleiteten Einheiten ergeben sich des öfteren Brüche, in deren Zähler und Nenner die gleiche Einheit steht;
Beispiel:
Leistungsverstärkungsfaktor = Ausgangsleistung/Eingangsleistung = $10\,\mathrm{W}/2\,\mathrm{W} = 5\,\mathrm{W/W} = 5\,\mathrm{WW}^{-1} = 5$;
abgeleitete Größen dieser Art heißen Größenverhältnisse, das Einheitenverhältnis kann durch 1 ersetzt werden. Bei den physikalischen Größen *ebener Winkel* und *räumlicher Winkel* haben diese Größenverhältnisse die besonderen Namen Radiant und Steradiant und werden als *ergänzende SI-Einheiten* bezeichnet (vgl. die beiden letzten Zeilen in Tab. 1).
Für dezimale *Vielfache* und *Teile von Einheiten* werden Vorsätze verwendet, die zusammen mit ihren Kurzzeichen in Tab. 2 zusammengestellt sind. Das Vorsatzzeichen bildet zusammen mit dem Einheitenzeichen das Zeichen einer eigenen Einheit; ein positiver oder negativer Exponent gilt somit für das Vorsatzzeichen mit.
Beispiel: $1\,\mathrm{mm}^2 = 1\,(10^{-3}\,\mathrm{m})^2 = 10^{-6}\,\mathrm{m}^2$.
Die Vorsatzzeichen sind so auszuwählen, daß einfache und leicht einprägsame Zahlenwerte entstehen.
Beispiel: $f = 2{,}4$ GHz und nicht $f = 2400$ MHz.
Die Mehrzahl der physikalischen Größen verändern sich mit der Zeit; es kann sich dabei um periodisch zeitabhängige Größen, um Übergangsgrößen oder um Zufallsgrößen handeln (vgl. DIN 5483 [1]).
Bei Größen mit *sinusförmiger Zeitabhängigkeit* (kurz Sinusgrößen genannt) bietet die komplexe Rechnung besondere Vereinfachungen; man führt hier Größen mit komplexen Zahlenwerten (kurz *komplexe Größen* genannt) ein. Zur Kennzeichnung der komplexen Größen werden die Formelbuchstaben unterstrichen; diese Kennzeichnung wird zum Zwecke klarer Verständlichkeit in diesem Buch einheitlich durchgeführt; es wird somit zwischen Größen mit reellen und mit komplexen Zahlenwerten klar unterschieden.
Das Formelzeichen $\underline{E} = E \exp(\mathrm{j}\,\varphi)$ gibt beispielsweise die komplexe Amplitude an, während E der Betrag der Amplitude ist. Effektivwerte sind durch einen Index (E_{eff}) gekennzeichnet.
Falls ausdrücklich betont werden soll, daß der Augenblickswert einer Größe gemeint ist, so wird der Buchstabe t in Klammern hinzugefügt, also z. B. $E(t)$ und $v(t)$.

Tabelle 2. Vorsätze für dezimale Teile und Vielfache von SI-Einheiten

Faktor, mit dem die Einheit multipliziert wird	Vorsatz	Vorsatzzeichen
10^{-18}	Atto	a
10^{-15}	Femto	f
10^{-12}	Piko	p
10^{-9}	Nano	n
10^{-6}	Mikro	µ
10^{-3}	Milli	m
10^{-2}	Zenti	c
10^{-1}	Dezi	d
10^{1}	Deka	da
10^{2}	Hekto	h
10^{3}	Kilo	k
10^{6}	Mega	M
10^{9}	Giga	G
10^{12}	Tera	T
10^{15}	Peta	P
10^{18}	Exa	E

Spezielle Literatur: [1] DIN Taschenbuch 22: Einheiten und Begriffe für physikalische Größen (Normen, AEF-Taschenbuch 1), DIN Taschenbuch 202: Formelzeichen, Formelsatz, Mathematische Zeichen und Begriffe (Normen, AEF-Taschenbuch 2), Berlin: Beuth 1984. – [2] Internationales Büro für Maß und Gewicht: Le Système International d'Unités (SI), Braunschweig: Vieweg 1977. – [3] Gesetz über Einheiten im Meßwesen (Einheitengesetz) vom 2. Juli 1969, BGBl. I (1969) 709 mit Änderungen vom 6. Juli 1973, 2. März 1974 und 25. Juli 1978. – [4] International Organization for Standardization: ISO standards handbook 2: Units of measurement. Genf: ISO Central Secretariat 1979. – [5] *IEC Publication 27-1:* Letter symbols to be used in electrical technology, time dependent quantities, 5th edn. Genf: Bureau Central de la Commission Électrotechnique Internationale 1971.

3 Schreibweise physikalischer Gleichungen

Physical equations, methods of writing

Normenausschuß Einheiten und Formelgrößen (AEF) im DIN Deutsches Institut für Normung: DIN 1313 Physikalische Größen und Gleichungen, Begriffe und Schreibweisen, Ausgabe April 1978, Berlin: Beuth (das Normblatt ist enthalten im DIN-Taschenbuch 22. Berlin: Beuth 1984).

Die im Taschenbuch der Hochfrequenztechnik angegebenen physikalischen Gleichungen sind ausschließlich Größengleichungen, d. h. sie geben Beziehungen zwischen physikalischen Größen an, und die verwendeten Formelzeichen bedeuten physikalische Größenwerte entsprechend Gl. A 2 (1). Die Größengleichungen sind unabhängig von den jeweils verwendeten Einheiten gültig.

Bei der numerischen Auswertung von Größengleichungen sind die Formelzeichen der Größenwerte durch die Produkte aus Zahlenwert und Einheit zu ersetzen; Zahlenwerte und Einheiten werden dann durch Multiplikation und Division zusammengefaßt; dabei werden die Zusammenhänge zwischen den verschiedenen Einheiten und ihren Vielfachen und Teilen (vgl. Tab. A 2.1 und Tab. A 2.2) berücksichtigt.

Beispiel:

Größengleichung für die Resonanzfrequenz eines Schwingkreises:

$$f = 1/(2\pi\sqrt{LC}), \tag{1}$$

vorgegebene Größenwerte:

$$L = 2\,\text{mH}, \quad C = 200\,\text{pF}.$$

Auswertung:

$$\begin{aligned} f &= 1/(2\pi\sqrt{2\,\text{mH}\cdot 200\,\text{pF}}) \\ &= 1\Big/\left(2\pi\sqrt{2\cdot 10^{-3}\frac{\text{Vs}}{\text{A}}\cdot 200\cdot 10^{-12}\frac{\text{As}}{\text{V}}}\right) \\ &= 1/(2\pi\sqrt{2\cdot 200\cdot 10^{-15}\,\text{s}^2}) = 0{,}2516\cdot 10^6\,\text{s}^{-1} \\ &= 0{,}2516\,\text{MHz} = 251{,}6\,\text{kHz}. \end{aligned}$$

Wenn zahlenmäßige Auswertungen einer Größengleichung sich häufig wiederholen, z. B. bei der Berechnung von Tabellen, ist es zweckmäßig, die Gleichungen auf die zu verwendenden Einheiten *zuzuschneiden*; man formt zu diesem Zweck die Gleichung derart um, daß jede Größe durch die ihr zugeordnete Einheit dividiert auftritt; auch in diesen *zugeschnittenen Größengleichungen* bedeuten die Formelbuchstaben stets physikalische Größen. Auch diese Art von Gleichungen ist im vorliegenden Buch häufig angewandt.

Beispiel:

In Gl. (1) sollen für die Größen *f*, *L* und *C* die Einheiten kHz, mH und pF benutzt werden; Umformung der Gleichung (2)

$$\begin{aligned} \frac{f}{\text{kHz}}\cdot\text{kHz} &= 1\Big/\left(2\pi\sqrt{\frac{L}{\text{mH}}\cdot\text{mH}\cdot\frac{C}{\text{pF}}\cdot\text{pF}}\right), \\ \frac{f}{\text{kHz}}\cdot 10^3\,\text{s}^{-1} &= 1\Big/\left(2\pi\sqrt{\frac{L}{\text{mH}}\cdot 10^{-3}\frac{\text{Vs}}{\text{A}}\cdot\frac{C}{\text{pF}}\cdot 10^{-12}\frac{\text{As}}{\text{V}}}\right), \\ \frac{f}{\text{kHz}} &= 1\Big/\left(2\pi\cdot 10^3\sqrt{10^{-3}\cdot 10^{-12}}\cdot\text{s}^{-1}\sqrt{\frac{\text{Vs}}{\text{A}}\cdot\frac{\text{As}}{\text{V}}}\cdot\sqrt{\frac{L}{\text{mH}}\cdot\frac{C}{\text{pF}}}\right), \\ \frac{f}{\text{kHz}} &= 5033\Big/\sqrt{\frac{L}{\text{mH}}\cdot\frac{C}{\text{pF}}}. \end{aligned} \tag{2}$$

4 Frequenzzuordnungen
Allocations of frequency bands

In Tab. 1 sind die allgemeinen Bezeichnungen von Frequenzbereichen angegeben. Dabei erstreckt sich der Bereich des Bandes Nr. *n* jeweils von $0{,}3\cdot 10^n$ Hz bis $3\cdot 10^n$ Hz. Die obere Grenze ist jeweils eingeschlossen, die untere Grenze ist ausgeschlossen. Die Abkürzungen sind abgeleitet von den englischen Ausdrücken: *very low frequency – low frequency – medium frequency – high frequency – very high frequency – ultra high frequency – super high frequency – extremely high frequency*.

Vielfach werden Frequenzbänder mit Buchstaben angegeben. Die Bezeichnungen sind nicht international genormt und nicht einheitlich. In Tab. 2 sind die gebräuchlichsten Zuordnungen von Frequenzbereichen und Buchstaben aufgeführt. Die ungefähre Zuordnung entsprechend den Frequenzen ist aus Bild 1 zu entnehmen.

Für Frequenzen oberhalb 9 kHz bestehen aufgrund internationaler Vereinbarungen Zuweisungen von Frequenzbereichen für bestimmte Zwecke. Meistens handelt es sich um feste oder bewegliche Funkdienste oder um Ortungsanwendungen. Daneben gibt es Rundfunk- und Amateurfunkfrequenzen sowie Frequenzen für industrielle oder medizinische Anwendungen. In Tab. 3 sind einige Frequenzzuweisungen zusammengestellt. Nähere Angaben über innerhalb Deutschlands zulässige Frequenzen und Leistungen erhält man über das Fernmeldetechnische Zentralamt der Deutschen Bundespost in Darmstadt. Über weltweite Frequenzzuweisungen (Region 1: Europa, Rußland, Afrika; Region 2: Nord- und Südamerika; Region 3: Südasien, Australien, Japan) sind Publikationen erhältlich bei: Int. Telecommunication Union, General Secretariat-Sales Section, Place des Nations, Ch-1211, Genève 20, Schweiz.

Tabelle 1. Benennungen der Frequenz- und Wellenlängen-Bereiche nach der Vollzugsordnung für den Funkdienst (VO Funk) und nach DIN 40015

Bereichs-ziffer	Frequenz-bereich	Wellen-länge	Benennung	Kurz-bezeichnung
4	3 ... 30 kHz	100 ... 10 km	Myriameterwellen (Längstwellen)	VLF
5	30 ... 300 kHz	10 ... 1 km	Kilometerwellen (Langwellen)	LF
6	300 ... 3000 kHz	1 ... 0,1 km	Hektometerwellen (Mittelwellen)	MF
7	3 ... 30 MHz	100 ... 10 m	Dekameterwellen (Kurzwellen)	HF
8	30 ... 300 MHz	10 ... 1 m	Meterwellen (Ultrakurzwellen)	VHF
9	300 ... 3000 MHz	1 ... 0,1 m	Dezimeterwellen (Ultrakurzwellen)	UHF
10	3 ... 30 GHz	10 ... 1 cm	Zentimeterwellen (Mikrowellen)	SHF
11	30 ... 300 GHz	1 ... 0,1 cm	Millimeterwellen	EHF
12	300 ... 3000 GHz	1 ... 0,1 mm	Mikrometerwellen	–

Tabelle 2. Buchstabenbezeichnung der Frequenzbereiche, Frequenzangaben in GHz

Bandbezeichnung		A	B	C	D	E	F	G	H	I	J	K
Radarfrequenzbereiche	von			4		60						18
	bis			8		90						27
Rechteckhohlleiter	von			4	110	60	90	140				18
	bis			6	170	90	140	220				26,5
US-Firmen	von							3,95			5,85	18
	bis							5,85			8,2	26,5
Elektronische Kampfführung (USA)	von	0,1	0,25	0,5	1	2	3	4	6	8	10	20
	bis	0,25	0,5	1	2	3	4	6	8	10	20	40
frühere Einteilung	von			3,9								10,9
	bis			6,2								36

Bandbezeichnung		Ka	Ku	L	M	P	Q	R	S	V	W	X
Radarfrequenzbereiche	von	27	12	1					2		80	8
	bis	40	18	2					4		110	12
Rechteckhohlleiter	von	26,5	12,4				33		2,6	50	75	8,2
	bis	40	18				50		4	75	110	12,4
US-Firmen	von					12,4		26,5	2,6			8,2
	bis					18		40	3,95			12,4
Elektronische Kampfführung (USA)	von			40	60							
	bis			60	100							
frühere Einteilung	von	26	12,4	0,39		0,225	36		1,55	46	56	5,2
	bis	40	18	1,55		0,39	46		5,20	56	100	10,9

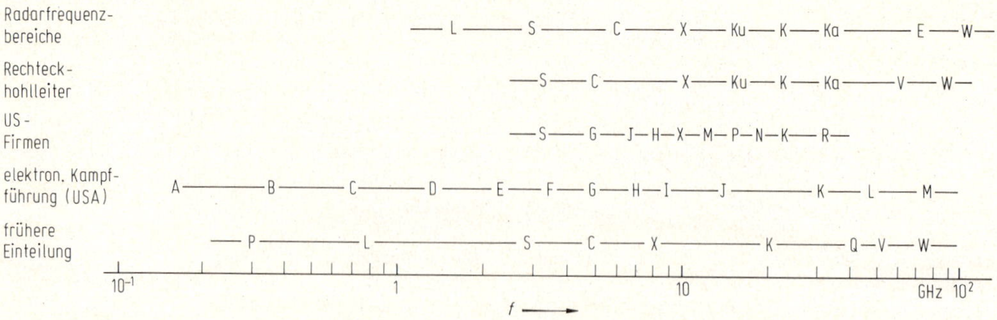

Bild 1. Bezeichnung der Frequenzbereiche mit Buchstaben, Frequenzangaben in Tab. 2

Tabelle 3. Frequenzzuweisungen

Rundfunk

	Frequenz
Langwelle	150 ... 285 kHz
Mittelwelle	526,5 ... 1606,5 kHz
KW, 80-m-Band	3,5 ... 3,8 MHz
49-m-Band	5,95 ... 6,2 MHz
41-m-Band	7,1 ... 7,3 MHz
31-m-Band	9,5 ... 9,775 MHz
25-m-Band	11,7 ... 11,975 MHz
19-m-Band	15,1 ... 15,4 MHz
16-m-Band	17,7 ... 17,9 MHz
13-m-Band	21,45 ... 21,75 MHz
11-m-Band	25,67 ... 26,1 MHz
UKW	88 ... 108 MHz

Fernsehen

	Frequenz
Band I	47 ... 68 MHz
Band III (VHF)	174 ... 223 MHz
Band IV–V (UHF)	470 ... 790 MHz

Normalfrequenz, Zeitzeichen

Frequenz
19,95 ... 20,05 kHz
2,498 ... 2,502 MHz
4,995 ... 5,005 MHz
9,995 ... 10,005 MHz
14,99 ... 15,01 MHz
19,99 ... 20,01 MHz
24,99 ... 25,01 MHz
400,05 ... 400,15 MHz

Ruffrequenzen

	Frequenz
drahtloser Personenruf	70,31 kHz
int. Anruf und Notruf	500,0 kHz
Seefunk-Notfrequenz	2,182 MHz
Weltraum-Notruf-Frequenz	20,007 MHz
Eurosignal	87,3 ... 87,5 MHz
Rufanlagen (5 W)	468,75 MHz ± 0,2%

Amateurfunk

	Frequenz
160-m-Band	1,715 ... 2,0 MHz
80-m-Band	3,5 ... 3,8 MHz
Satelliten	7,0 ... 7,10 MHz
Satelliten	14,00 ... 14,25 MHz
20-m-Band	14,25 ... 14,35 MHz
Satelliten	18,068 ... 18,168 MHz
Satelliten	21,00 ... 21,45 MHz
Satelliten	24,99 ... 25,01 MHz
10-m-Band (Sat)	28,0 ... 29,7 MHz
2-m-Band (Sat)	144 ... 146 MHz
70-cm-Band	430 ... 440 MHz
24-cm-Band	1,24 ... 1,25 GHz
8-cm-Band	3,30 ... 3,50 GHz
	5,65 ... 5,80 GHz
Satelliten	10,45 ... 10,5 GHz
Satelliten	24 ... 24,25 GHz
Satelliten	47 ... 47,2 GHz

HF-Generatoren

Frequenz
13,56 MHz ± 0,05%
27,12 MHz ± 0,6%
40,68 MHz ± 0,05%
461,04 MHz ± 0,2%
2,45 GHz ± 0,05%
5,80 ± 0,075 GHz
22,125 ± 0,125 GHz

Fernsteuerung und Fernmeßtechnik (Industrie und Gewerbe)

Frequenzgruppe		Leistung	Kanalabstand	Frequenz
A		0,5 W		13,56 MHz
G		10 mW	10 kHz	36,62 ... 37,99 MHz
E		0,5 W	10 kHz	40,665 ... 40,695 MHz
C		0,1 W		151,09 MHz
B, D		1 W	20 kHz	169,41 ... 169,53 MHz
F		1 W	25 kHz	433,10 ... 434,75 MHz
B, D		1 W	40 kHz	456,21 ... 456,33 MHz
B, D		1 W	40 kHz	466,21 ... 466,33 MHz
H	Richt-	1 W	2,5 MHz	2,40125 ... 2,49875 GHz
J	antennen	1 W	5 MHz	5727,5 ... 5872,5 GHz
K	zulässig	1 W	25 MHz	24,0125 ... 24,2375 GHz

Tabelle 3. Fortsetzung

Allgemeine Nutzung

	Frequenz
Sprechfunk kleiner Leistung	27,005 ... 27,135 MHz
drahtlose Mikrophone (1 mW)	37,1 MHz ± 90 kHz
Sprechfunk (1 W)	467,7 MHz ± 0,01 %

Ortung und Navigation

	Frequenz
Omega	10,2 ... 13,6 kHz
Decca	70 ... 130 kHz
Loran C	90 ... 110 kHz
VOR	108 ... 118 kHz
ILS, Einflugzeichen	75 MHz
Landekurs	108 ... 112 MHz
Gleitweg	329 ... 335 MHz
Transit	150 MHz, 400 MHz
Tacan	960 ... 1215 MHz
SSR	1030 MHz, 1090 MHz
Navstar, GPS	1,228 GHz, 1,575 GHz
MLS	5,03 ... 5,09 GHz

B Elektromagnetische Felder und Wellen
Electromagnetic fields and waves

K. Lange

1 Grundlagen
Fundamental relations

Allgemeine Literatur: *Moon, P.; Spencer, D.:* Field theory handbook. Berlin: Springer 1971.

1.1 Koordinatensysteme
Coordinate systems

Berechnungen elektromagnetischer Felder und Wellen erfolgen zweckmäßigerweise in einem den physikalischen Gegebenheiten angepaßten Koordinatensystem. Vereinfachte, aber am ehesten verständliche Lösungen erhält man für ebene Wellen, also Felder, bei denen alle Größen nur von einer Koordinate abhängen. Dieses ist die Ausbreitungsrichtung der Welle. Felder, für langgestreckte, kreiszylindrische Strukturen beschreibt man mathematisch am einfachsten mit Zylinderkoordinaten. Für Felder, die ihren Ursprung näherungsweise in einem Punkt oder auf einer Kugeloberfläche haben, wendet man zweckmäßigerweise ein Kugelkoordinatensystem an. Für große Entfernungen vom beliebigen Anregungsort (Entfernung r viel größer als Ausdehnung der Quelle) können praktisch alle Probleme in Kugelkoordinaten oder für bestimmte Teilbereiche in kartesischen Koordinaten vereinfacht dargestellt werden.

Die allgemeinsten Gleichungen für elektromagnetische Felder und Wellen ergeben sich bei Anwendung der Operatoren Rotation (rot), Divergenz (div), Gradient (grad) und des Laplaceschen Operators Δ der feldtheoretischen Vektorrechnung. Diese Beziehung, in denen die Maxwellschen Gleichungen in differentieller Form geschrieben werden, gelten unabhängig vom Koordinatensystem und erlauben grundsätzliche Berechnungen und Aussagen. Für praxisbezogene Anwendungen muß man die Komponentendarstellung im jeweils geeigneten Koordinatensystem benutzen.

Bild 1 zeigt die Zuordnungen bei den drei gebräuchlichsten rechtshändigen Koordinatensystemen. Bei Drehung von x nach y auf dem kürzesten Weg (90°) wird eine Rechtsschraube in z-Richtung bewegt. x, y und z sind in dieser Reihenfolge zyklisch vertauschbar. Die entsprechende Folge für Zylinderkoordinaten ist r, φ und z bzw. für Kugelkoordinaten r, ϑ und φ.

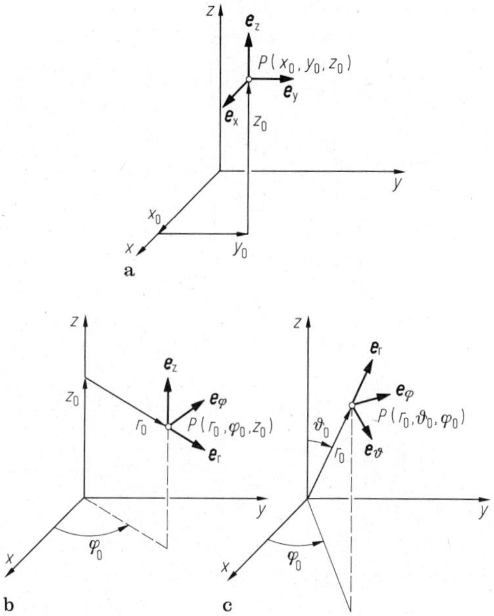

Bild 1. Koordinatensysteme. **a** kartesische Koordinaten; **b** Zylinderkoordinaten; **c** Kugelkoordinaten

1.2 Differentialoperatoren
Differential operators

Die wichtigsten Beziehungen der Vektoranalysis sind nachfolgend für die drei meistverwendeten Koordinatensysteme für eine vektorielle Funktion A bzw. für eine skalare Funktion B angegeben.

Kartesische Koordinaten

$$\operatorname{rot} \boldsymbol{A} = \left(\frac{\partial A_z}{\partial y} - \frac{\partial A_y}{\partial z}\right) \boldsymbol{e}_x + \left(\frac{\partial A_x}{\partial z} - \frac{\partial A_z}{\partial x}\right) \boldsymbol{e}_y + \left(\frac{\partial A_y}{\partial x} - \frac{\partial A_x}{\partial y}\right) \boldsymbol{e}_z, \tag{1}$$

$$\operatorname{div} \boldsymbol{A} = \frac{\partial A_x}{\partial x} + \frac{\partial A_y}{\partial y} + \frac{\partial A_z}{\partial z}, \tag{2}$$

$$\operatorname{grad} B = \frac{\partial B}{\partial x} \boldsymbol{e}_x + \frac{\partial B}{\partial y} \boldsymbol{e}_y + \frac{\partial B}{\partial z} \boldsymbol{e}_z. \tag{3}$$

Für den Laplaceschen Operator Δ, angewandt auf eine skalare Größe zur Lösung von Potentialproblemen gilt:

$$\Delta B = \frac{\partial^2 B}{\partial x^2} + \frac{\partial^2 B}{\partial y^2} + \frac{\partial^2 B}{\partial z^2}. \tag{4}$$

Die Anwendung des Laplaceschen Operators auf eine vektorielle Größe kann zurückgeführt werden auf die skalare Anwendung bezüglich der einzelnen Komponenten des Vektors.

$$\Delta \boldsymbol{A} = \Delta A_x \boldsymbol{e}_x + \Delta A_y \boldsymbol{e}_y + \Delta A_z \boldsymbol{e}_z. \tag{5}$$

Zylinderkoordinaten

$$\operatorname{rot} \boldsymbol{A} = \left(\frac{1}{r} \frac{\partial A_z}{\partial \varphi} - \frac{\partial A_\varphi}{\partial_z}\right) \boldsymbol{e}_r + \left(\frac{\partial A_r}{\partial z} - \frac{\partial A_z}{\partial r}\right) \boldsymbol{e}_\varphi + \frac{1}{r}\left(\frac{\partial (r A_\varphi)}{\partial r} - \frac{\partial A_r}{\partial \varphi}\right) \boldsymbol{e}_z, \tag{6}$$

$$\operatorname{div} \boldsymbol{A} = \frac{1}{r} \frac{\partial (r A_r)}{\partial r} + \frac{1}{r} \frac{\partial A_\varphi}{\partial \varphi} + \frac{\partial A_z}{\partial z}, \tag{7}$$

$$\operatorname{grad} B = \frac{\partial B}{\partial r} \boldsymbol{e}_r + \frac{1}{r} \frac{\partial B}{\partial \varphi} \boldsymbol{e}_\varphi + \frac{\partial B}{\partial z} \boldsymbol{e}_z, \tag{8}$$

$$\Delta B = \frac{1}{r} \frac{\partial}{\partial r}\left(r \frac{\partial B}{\partial r}\right) + \frac{1}{r^2} \frac{\partial^2 B}{\partial \varphi^2} + \frac{\partial^2 B}{\partial z^2}, \tag{9}$$

$$\Delta \boldsymbol{A} = \left(\Delta A_r - \frac{2}{r^2} \frac{\partial A_\varphi}{\partial \varphi} - \frac{A_r}{r^2}\right) \boldsymbol{e}_r + \left(\Delta A_\varphi + \frac{2}{r^2} \frac{\partial A_r}{\partial \varphi} - \frac{A_\varphi}{r^2}\right) \boldsymbol{e}_\varphi - \Delta A_z \boldsymbol{e}_z. \tag{10}$$

ΔA_r, ΔA_φ und ΔA_z sind entsprechend Gl. (9) zu bilden.

Kugelkoordinaten

$$\operatorname{rot} \boldsymbol{A} = \frac{1}{r \sin \vartheta}\left(\frac{\partial (A_\varphi \sin \vartheta)}{\partial \vartheta} - \frac{\partial A_\vartheta}{\partial \varphi}\right) \boldsymbol{e}_r + \frac{1}{r}\left(\frac{1}{\sin \vartheta} \frac{\partial A_r}{\partial \varphi} - \frac{\partial (r A_\varphi)}{\partial r}\right) \boldsymbol{e}_\vartheta + \frac{1}{r}\left(\frac{\partial (r A_\vartheta)}{\partial r} - \frac{\partial A_r}{\partial \vartheta}\right) \boldsymbol{e}_\varphi, \tag{11}$$

$$\operatorname{div} \boldsymbol{A} = \frac{1}{r^2} \frac{\partial (r^2 A_r)}{\partial r} + \frac{1}{r \sin \vartheta}\left(\frac{\partial (\sin \vartheta A_\vartheta)}{\partial \vartheta} + \frac{\partial A_\varphi}{\partial \varphi}\right), \tag{12}$$

$$\operatorname{grad} B = \frac{\partial B}{\partial r} \boldsymbol{e}_r + \frac{1}{r} \frac{\partial B}{\partial \vartheta} \boldsymbol{e}_\vartheta + \frac{1}{r \sin \vartheta} \frac{\partial B}{\partial \varphi} \boldsymbol{e}_\varphi, \tag{13}$$

$$\Delta B = \frac{1}{r^2} \frac{\partial}{\partial r}\left(r^2 \frac{\partial B}{\partial r}\right) + \frac{1}{r^2 \sin \vartheta} \frac{\partial}{\partial \vartheta}\left(\sin \vartheta \frac{\partial B}{\partial \vartheta}\right) + \frac{1}{r^2 \sin^2 \vartheta} \frac{\partial^2 B}{\partial \varphi^2}, \tag{14}$$

$$\begin{aligned} \Delta \boldsymbol{A} = {} & \left(\Delta A_r - \frac{2}{r^2}\left(A_r + \cot \vartheta A_\vartheta + \csc \vartheta \frac{\partial A_\varphi}{\partial \varphi} + \frac{\partial A_\vartheta}{\partial \vartheta}\right)\right] \boldsymbol{e}_r \\ & + \left(\Delta A_\vartheta - \frac{1}{r^2}\left(\csc^2 \vartheta A_\vartheta - 2 \frac{\partial A_r}{\partial \vartheta} + 2 \cot \vartheta \csc \vartheta \frac{\partial A_\varphi}{\partial \varphi}\right)\right] \boldsymbol{e}_\vartheta \\ & + \left[\Delta A_\varphi - \frac{1}{r^2}\left(\csc^2 \vartheta A_\varphi - 2 \csc \vartheta \frac{\partial A_r}{\partial \varphi} - 2 \cot \vartheta \csc \vartheta \frac{\partial A_\vartheta}{\partial \varphi}\right)\right] \boldsymbol{e}_\varphi. \end{aligned} \tag{15}$$

ΔA_r, ΔA_ϑ und ΔA_φ sind entsprechend Gl. (14) zu berechnen.

1.3 Maxwellsche Gleichungen
Maxwell's equations

Die Maxwellschen Gleichungen lauten in Differentialform

$$\operatorname{rot} \boldsymbol{H} = \boldsymbol{J} + \frac{\partial \boldsymbol{D}}{\partial t}, \tag{16}$$

$$\operatorname{rot} \boldsymbol{E} = -\frac{\partial \boldsymbol{B}}{\partial t}, \tag{17}$$

$$\operatorname{div} \boldsymbol{D} = \varrho, \tag{18}$$

$$\operatorname{div} \boldsymbol{B} = 0. \tag{19}$$

Dabei ist $\boldsymbol{H}$ die magnetische Feldstärke in A/m, $\boldsymbol{J}$ die Stromdichte in leitenden Materialien in $\mathrm{A/m^2}$, $\boldsymbol{D}$ die elektrische Flußdichte (Verschiebung) in As/m, $\boldsymbol{E}$ die elektrische Feldstärke in V/m, $\boldsymbol{B}$ die magnetische Flußdichte (Induktion) in $\mathrm{Vs/m^2}$ oder T (Tesla). ϱ ist die Raumladungsdichte in $\mathrm{As/m^3}$. Diese Gleichungen sind die Berechnungsbasis für elektromagnetische Felder und Wellen in ruhenden Koordinatensystemen. In Sonderfällen können erweiternde Annahmen gemacht werden.

Das Zusammenwirken mit der Materie, die eine spezifische elektrische Leitfähigkeit κ in S/m, eine Permittivität ε und eine Permeabilität μ aufweist, ist durch die Beziehungen gegeben:

$$\boldsymbol{J} = \kappa \boldsymbol{E}$$

$$\boldsymbol{D} = \varepsilon \boldsymbol{E}$$

$$\boldsymbol{B} = \mu \boldsymbol{H}.$$

Dabei ist $\mu = \mu_0 \mu_r$ und $\varepsilon = \varepsilon_0 \varepsilon_r$, wobei $\mu_0 = 4\pi \cdot 10^{-7}\,\mathrm{Vs/Am} = 1{,}26 \cdot 10^{-6}\,\mathrm{Vs/Am}$ die Permeabilität und $\varepsilon_0 = 10^{-9}/(36\pi)\,\mathrm{As/Vm} = 8{,}854 \cdot 10^{-12}\,\mathrm{As/Vm}$ die Permittivität des leeren Raums sind. Statt der spezifischen Leitfähigkeit κ wird auch der spezifische Widerstand ϱ in Ωm verwendet. Dieser darf wegen des gleichen Symbols nicht mit der Raumladungsdichte verwechselt werden.

Für technisch verwendete Materialien kann i. allg. vorausgesetzt werden, daß sie isotrop sind, also keine Vorzugsrichtung aufweisen. κ, μ und ε sind dann einfache Zahlen. $\boldsymbol{B}$ und $\boldsymbol{H}$ haben dann gleiche Richtung, ebenso $\boldsymbol{D}$ und $\boldsymbol{E}$ bzw. $\boldsymbol{J}$ und $\boldsymbol{E}$. Bei Anisotropie müssen κ, μ und ε als Tensoren angesetzt werden.

2 Wellenausbreitung in homogenen Medien
Wave propagation in homogeneous media

Allgemeine Literatur: *Piefke, G.:* Feldtheorie I–III. Mannheim: Bibliograph. Inst. 1977. – *Ramo, S.; Whinnery, J.; van Duzer, T.:* Fields and waves in communication electronics. New York: Wiley 1965. – *Unger, H.G.:* Elektromagnetische Theorie für die Hochfrequenztechnik I, II, Heidelberg: Hüthig 1981. – *Wolff, I.:* Felder und Wellen in gyrotropen Medien. Braunschweig: Vieweg 1973.

Elektromagnetische Wellen sind eine sich ausbreitende Wechselwirkung zwischen elektrischen und magnetischen Feldanteilen. Es handelt sich dabei meist um eine Transversalwelle, bei der die Ausbreitungsrichtung senkrecht auf der Ebene von $\boldsymbol{E}$ und $\boldsymbol{H}$ steht. Wellenfelder mit Längskomponenten können infolge entsprechender Randbedingungen von Wellenleitern auch angeregt werden.

In vielen Fällen ist es zweckmäßig, die orts- und zeitabhängige Lösungsfunktion für ein elektromagnetisches Wellenfeld von einem retardierten Vektorpotential $\boldsymbol{A}$ mit $\boldsymbol{B} = \operatorname{rot} \boldsymbol{A}$ abzuleiten. Für dieses Vektorpotential gilt die allgemeine Wellengleichung

$$\Delta \boldsymbol{A} - \frac{1}{c^2} \frac{\partial^2 \boldsymbol{A}}{\partial t^2} = 0, \tag{1}$$

wobei c die Ausbreitungsgeschwindigkeit der Welle ist. Näheres über retardierte Potentiale in Verbindung mit Antennen in N 1.

Eine Welle, die sich in Richtung des Einheitsvektors $\boldsymbol{e}_r$ ausbreitet, kann man mathematisch beschreiben durch

$$\underline{\boldsymbol{A}}(r, t) = \boldsymbol{A} \exp(\mathrm{j}\omega t - \boldsymbol{k} \cdot \boldsymbol{r}), \tag{2}$$

wobei die vektorielle Größe $\boldsymbol{k} = (2\pi/\lambda)\,\boldsymbol{e}_k$ in Ausbreitungsrichtung $\boldsymbol{e}_r$ zeigt. Für praktische Berechnungen muß das Skalarprodukt $\boldsymbol{k} \cdot \boldsymbol{r}$ in geeignete Komponenten zerlegt werden. Beispiele dafür in B 4.2.

Für die Praxis wichtig ist der einfachste in kartesischen Koordinaten zu beschreibende Wellentyp, die ebene Welle. An ihrem Beispiel sollen die für die Hochfrequenz wichtigen Eigenschaften elektromagnetischer Wellen beschrieben werden.

2.1 Ebene Welle im verlustlosen Medium
Plane wave in lossless medium

Eine ebene Welle, die sich in z-Richtung ausbreitet (Bild 1), besteht beispielsweise aus einer elektrischen Komponente E_x und einer magnetischen Komponente H_y. Beide stehen quer zur Ausbreitungsrichtung und sind entsprechend der Definition für eine ebene Welle nur Funktionen von z. Unter der Annahme, daß beide Komponenten mit der Frequenz f periodisch sind, gilt mit $\omega = 2\pi f$ nach den Regeln der komplexen Rechnung für die Ausbreitung im verlustlosen Medium

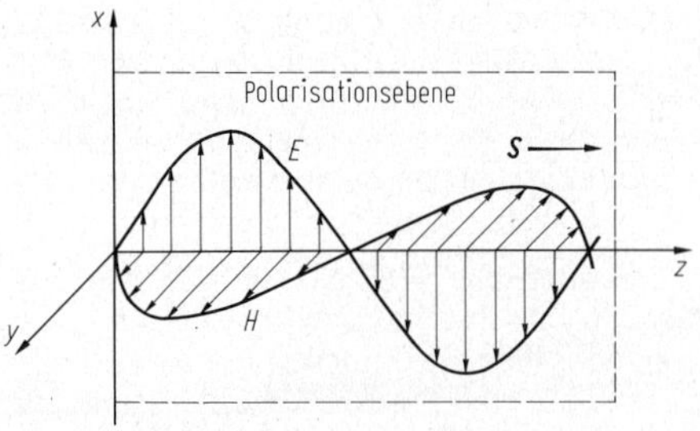

Bild 1. Ortsabhängigkeit von E und H bei ebener Welle, die sich in z-Richtung ausbreitet

$$\underline{E}_x(z,t) = \underline{E}\,\exp j(\omega t - kz),$$
$$\underline{H}_y(z,t) = \underline{H}\,\exp j(\omega t - kz). \qquad (3)$$

Dabei ist $k = \omega\sqrt{\mu\varepsilon} = 2\pi/\lambda$. Diese Größe wird meist als Wellenzahl bezeichnet. Besser ist in Anlehnung an das Dämpfungsmaß α und Phasenmaß β der Name Wellenmaß für k. Die Dimension von k ist 1/Länge. Die relle Größe k ist identisch mit β. Ein komplexer Ansatz von $\underline{k}$ erlaubt jedoch die Berücksichtigung von Verlusten. Die Ausbreitungsgeschwindigkeit der Welle ist

$$c = 1/\sqrt{\mu\varepsilon}. \qquad (4)$$

Für den leeren Raum ergibt sich die Lichtgeschwindigkeit c_0

$$c_0 = \frac{1}{\sqrt{\mu_0\varepsilon_0}} \approx 3\cdot 10^8\ \text{m/s}; \qquad \lambda_0 = c_0/f.$$

E und H sind gleichphasig. Bei einer elektromagnetischen Welle treten die Nullstellen bzw. die Maxima gleichzeitig auf. Das Verhältnis von elektrischer und magnetischer Feldstärke ist immer bestimmt durch den Feldwellenwiderstand

$$\underline{E}/\underline{H} = Z_F = \sqrt{\mu/\varepsilon}. \qquad (5)$$

Dies ist durch die Tatsache bedingt, daß die elektrische Energiedichte $\varepsilon E^2/2$ und die magnetische Energiedichte $\mu H^2/2$ in jedem Volumenelement gleich groß sein müssen. Für den leeren Raum ist

$$\frac{\underline{E}}{\underline{H}} = Z_{F0} = \sqrt{\frac{\mu_0}{\varepsilon_0}} = 120\,\pi\Omega = 377\ \Omega. \qquad (6)$$

Z_{F0} nennt man den Feldwellenwiderstand des freien Raums.
Mit der Welle ist ein in Ausbreitungsrichtung wandernder Leistungsfluß verbunden. Allgemein berechnet man den Momentanwert der Leistungsdichte (Poynting-Vektor) $\boldsymbol{S}$ aus

$$\boldsymbol{S} = \boldsymbol{E}\times\boldsymbol{H}. \qquad (7)$$

Für komplexe Größen ist der zeitliche Mittelwert $\boldsymbol{S}_m$.

$$\boldsymbol{S}_m = \tfrac{1}{2}\,(\underline{\boldsymbol{E}}\times\underline{\boldsymbol{H}}^*), \qquad (8)$$

wobei zahlenmäßig für E und H die Amplituden einzusetzen sind. Für den Fall der ebenen Welle mit gleichphasigem $\underline{E}$ und $\underline{H}$, die aufeinander senkrecht stehen, gilt im Medium mit Z_F

$$S_m = \frac{1}{2}EH = \frac{1}{2}\frac{E^2}{Z_F} = \frac{1}{2}H^2 Z_F. \qquad (9)$$

2.2 Ebene Welle im verlustbehafteten Medium

Plane wave in lossy medium

Verlustbehaftete Medien können durch komplexe Permittivität $\underline{\varepsilon}_r$ bzw. Permeabilität $\underline{\mu}_r$ beschrieben werden.

$$\underline{\varepsilon}_r = \varepsilon_r' - j\varepsilon_r'' = \varepsilon_r - j\frac{\kappa}{\omega\varepsilon_0}$$
$$= \varepsilon_r\left(1 - j\frac{\kappa}{\omega\varepsilon_0\varepsilon_r}\right) = \varepsilon_r(1 - j d_\varepsilon) \qquad (10)$$
$$\underline{\mu}_r = \mu_r' - j\mu_r'' = \mu_r(1 - j d_\mu).$$

ε_r' bzw. μ_r' entsprechen dabei der Dielektrizitätszahl ε_r bzw. der Permeabilitätszahl μ_r des verlustlosen Materials. Die Leitfähigkeit oder andere Verlustmechanismen werden durch $\varepsilon_r'' = \varepsilon_r \tan\delta_\varepsilon = \varepsilon_r d_\varepsilon$ und durch $\mu_r'' = \mu_r \tan\delta_\mu = \mu_r d_\mu$ berücksichtigt.
Die Wellenzahl $\underline{k}$ wird dann komplex.

$$\underline{k} = k' - jk'' = \omega\sqrt{\varepsilon_0\underline{\varepsilon}_r\mu_0\underline{\mu}_r}. \qquad (11)$$

Bei den Ansätzen für $\underline{E}(z,t)$ und $\underline{H}(z,t)$ tritt dann ein Dämpfungsterm $\exp(-k''z) = \exp(-\alpha z)$ auf. Für die elektrische Feldkomponente einer Welle wird dann

$$\underline{E}(z,t) = \underline{E}\,\exp j(\omega t - \underline{k}z)$$
$$= \underline{E}\,\exp(-k''z)\exp j(\omega t - k'z).$$

k'' hat die Dimension 1/Länge und entspricht dem Dämpfungsmaß α für den Ansatz mit $\underline{\gamma} = \alpha + j\beta$.
Es besteht der Zusammenhang $\underline{\gamma}^2 = -\underline{k}^2$.
Fast alle Isolierstoffe verursachen nur dielektrische Verluste ($d_\mu \approx 0$). Durch die Verluste wird die Wellenlänge zusätzlich zur verkürzenden Wirkung des Dielektrikums verkleinert. Dies wirkt sich jedoch in der Praxis nur für $d_\varepsilon = \tan\delta_\varepsilon > 0{,}1$ aus. Allgemein gilt für verlustbehaftete Dielektrika

$$\underline{k} = \omega\sqrt{\mu_0\varepsilon_0\underline{\varepsilon}_r} = \frac{2\pi}{\lambda_0}\sqrt{\varepsilon_r}\sqrt{1 + j d_\varepsilon}. \qquad (12)$$

Dabei ist

$$k' = k = \beta = \frac{2\pi}{\lambda_\varepsilon}\,\mathrm{Re}\{\sqrt{1 + j d_\varepsilon}\}$$

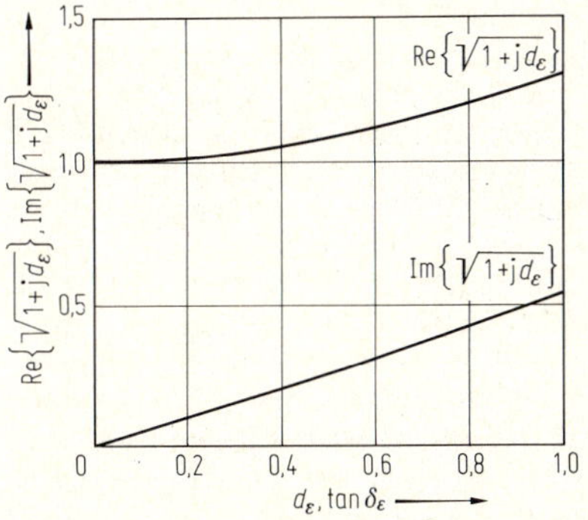

Bild 2. Abhängigkeit des Phasenmaßes (Realteil) und des Dämpfungsmaßes (Imaginärteil) vom Verlustfaktor

und

$$k'' = \alpha = \frac{2\pi}{\lambda_\varepsilon}\,\text{Im}\{\sqrt{1+\text{j}d_\varepsilon}\} \quad \text{mit}$$

$$\lambda_\varepsilon = \lambda_0/\sqrt{\varepsilon_\text{r}}.$$

Die Abhängigkeiten des Realteils und des Imaginarteils von $\sqrt{1+\text{j}d_\varepsilon}$ sind in Bild 2 dargestellt.

Die wirkliche Wellenlänge λ_ε in einem verlustbehafteten Dielektrikum ist also

$$\lambda_\varepsilon = \frac{\lambda_0}{\sqrt{\varepsilon_\text{r}}\;\text{Re}\{\sqrt{1+\text{j}d_\varepsilon}\}}.$$

Für Verlustfaktoren $d \leqq 0{,}1$ kann näherungsweise $\sqrt{1+\text{j}d_\varepsilon} \approx 1 + \text{j}d_\varepsilon/2$ gesetzt werden.

In diesem Fall erhält man für das Phasenmaß

$$k = \beta \approx \omega\sqrt{\mu_0\varepsilon_0\varepsilon_\text{r}} = \frac{2\pi}{\lambda_0}\sqrt{\varepsilon_\text{r}} = \frac{2\pi}{\lambda_\varepsilon}$$

und für das Dämpfungsmaß

$$\alpha = \omega\sqrt{\mu_0\varepsilon_0\varepsilon_\text{r}}\,\frac{d_\varepsilon}{2} = \frac{2\pi}{\lambda_0}\sqrt{\varepsilon_\text{r}}\,\frac{d_\varepsilon}{2}.$$

Der Feldwellenwiderstand wird bei verlustbehafteten Medien komplex

$$\underline{Z}_\text{F} = \sqrt{\frac{\mu_0\underline{\mu}_\text{r}}{\varepsilon_0\underline{\varepsilon}_\text{r}}} = Z_0\sqrt{\frac{\underline{\mu}_\text{r}}{\underline{\varepsilon}_\text{r}}} = Z_0\sqrt{\frac{\mu_\text{r}(1-\text{j}d_\mu)}{\varepsilon_\text{r}(1-\text{j}d_\varepsilon)}},$$

sofern nicht dielektrischer und magnetischer Verlustfaktor gleich groß sind. E und H sind also bei gedämpften Wellen nicht mehr gleichphasig.

2.3 Leitendes Gas. Plasma

Dieser Fall tritt beispielsweise in der Ionosphäre (vgl. H 3.3 und S 3) und bei Messungen in Verbindung mit Kernfusion auf. Neben der Verschiebungsstromdichte $\partial\underline{\boldsymbol{D}}/\partial t$ ist die Leitungsstromdichte zu berücksichtigen, weil freie Ladungsträger vom Wellenfeld beschleunigt werden. Wegen der geringeren Masse erreichen die Elektronen höhere Geschwindigkeiten als die Atomkerne, es braucht daher meist nur die Elektronenstromdichte berücksichtigt zu werden. Die Wirkung der magnetischen Feldstärke der Welle kann neben der des E-Feldes ebenfalls vernachlässigt werden.

Während bei Leitern wegen der häufigen Kollision der Elektronen mit dem Atomgitter die Elektronen nur sehr geringe Geschwindigkeiten erreichen und somit allen Feldänderungen unmittelbar folgen können, werden infolge der größeren freien Weglängen zwischen den Kollisionen die Elektronen vom E-Feld beschleunigt und erreichen den Größtwert ihrer Geschwindigkeit erst beim Nulldurchgang von $\underline{E}$. Stromdichte $\underline{J}$ und Feldstärke $\underline{E}$ sind also um 90° phasenverschoben. Wegen der negativen Ladung der Elektronen haben Verschiebungsstromdichte und Leitungsstromdichte entgegengesetztes Vorzeichen. Für dünne Plasmen mit geringer Kollisionswahrscheinlichkeit (Verluste) gilt die Maxwellsche Gleichung

$$\text{rot}\,\boldsymbol{H} = \frac{\partial\boldsymbol{D}}{\partial t} + \underline{\boldsymbol{J}} = \text{j}\omega\varepsilon_0\underline{\boldsymbol{E}}\left(1 - \frac{e^2N}{\omega^2\varepsilon_0 m}\right).$$

Dabei ist N die Ladungsträgerdichte in $1/\text{m}^3$, e der Betrag der Elementarladung und m die Elektronenmasse.

Setzt man

$$e^2N/(4\pi^2\varepsilon_0 m) = f_\text{p}^2, \left(f_\text{p}/\text{Hz} \approx 9\sqrt{N\Big/\frac{1}{\text{m}^3}}\right),$$

(Plasmafrequenz), so erhält man eine fiktive Dielektrizitätszahl ε_rp für das Plasma

$$\varepsilon_\text{rp} = 1 - (f_\text{p}/f)^2.$$

Diese Permittivität ist für tiefe Frequenzen negativ, wird Null und strebt für hohe Frequenzen gegen 1. Für die Ionosphäre liegt N_max bei $10^{13}\,\text{m}^{-3}$. Damit wird die Plasmafrequenz $f_\text{p} \approx 28$ MHz. Höhere Frequenzen können die Ionosphäre durchdringen, für tiefere wird ε_rp negativ, die Welle wird daher reflektiert und im Bereich der Ionosphäre aperiodisch gedämpft; vgl. H 3.3 und S 3.

2.4 Anisotropes Medium

Anisotropic medium

Anisotrope Medien haben richtungsabhängige Materialeigenschaften. Diese Eigenschaft findet sich vorwiegend bei Kristallen oder Stoffen, die durch äußere Einflüsse (mechanische oder elektrische Wirkungen) eine Vorzugsrichtung ausbilden [4]. Im allgemeinen Fall müssen ε_r bzw. μ_r als Tensor mit jeweils neun Komponenten geschrie-

ben werden. Ist das Material nicht gyrotrop, dann gilt $\varepsilon_{\mathrm{r}ij} = \varepsilon_{\mathrm{r}ji}$ bzw. $\mu_{\mathrm{r}ij} = \mu_{\mathrm{r}ji}$.
Bei Materialien mit einer Vorzugsrichtung kann dadurch, daß diese Vorzugsrichtung parallel zu einer Koordinatenachse angeordnet wird, der Tensor auf die Hauptdiagonale reduziert werden.

$$(\varepsilon_{\mathrm{r}}) = \begin{pmatrix} \varepsilon_{\mathrm{r}11} & 0 & 0 \\ 0 & \varepsilon_{\mathrm{r}22} & 0 \\ 0 & 0 & \varepsilon_{\mathrm{r}33} \end{pmatrix}.$$

Zwei der ε_{r}-Werte sind dann gleich groß. Für eine in z-Richtung laufende Welle wirkt sich das die x-Richtung betreffende $\varepsilon_{\mathrm{r}11}$ nur auf E_{x} aus. Für die Ausbreitungsgeschwindigkeit einer entsprechenden Welle gilt daher $v_1 = c_0/\sqrt{\varepsilon_{\mathrm{r}11}}$. Die dazu senkrecht polarisierte Welle mit E_{y} hat die Geschwindigkeit $v_2 = c_0/\sqrt{\varepsilon_{\mathrm{r}22}}$.
Hat die im Medium laufende Welle beide Komponenten, dann ändert sich längs der Ausbreitung die Polarisation. Mit derartigen Platten läßt sich zirkulare Polarisation in lineare Polarisation verwandeln oder umgekehrt. Der E-Vektor der linear polarisierten Welle liegt dabei so, daß seine x- und y-Komponente gleich groß ist. Die Dicke einer für diesen Zweck geeigneten Platte muß dabei so gewählt werden, daß infolge der unterschiedlichen Geschwindigkeiten für die Polarisation in x- und y-Richtung die elektrischen Längen der Platte für beide Polarisationen um eine Viertelwellenlänge verschieden sind ($\lambda/4$-Platte).
Bei Mikrowellen lassen sich derartige Platten dadurch realisieren, daß Blechstreifen im Abstand a parallel zueinander angeordnet werden (Bild 3). Bei einer Welle, die sich in Richtung des Poynting-Vektors $\boldsymbol{S}$ ausbreitet, wird der Anteil mit E_{x} und H_{y} die Wellenlänge λ_0 haben, der Anteil mit E_{y} und $-H_{\mathrm{x}}$ jedoch wie in einem Hohlleiter mit vergrößerter Phasengeschwindigkeit und $\lambda_{\mathrm{H}} = \lambda_0/\sqrt{1-(\lambda_0/2a)^2}$ laufen. Entsprechend der für Wellenausbreitung in Hohlleitern geltenden Regeln, muß $a > \lambda_0/2$ sein und sollte für praktische Anwendungen bei $0{,}75\,\lambda_0$ liegen. Die Länge l der Anordnung muß dann gleich dem Abstand a sein, damit sie für die Welle mit E_{x} gerade eine volle Wellenlänge, für diejenige mit E_{y} jedoch nur 0,75 Wellenlängen lang ist. Die Anordnung wirkt also wie ein anisotropes Medium.

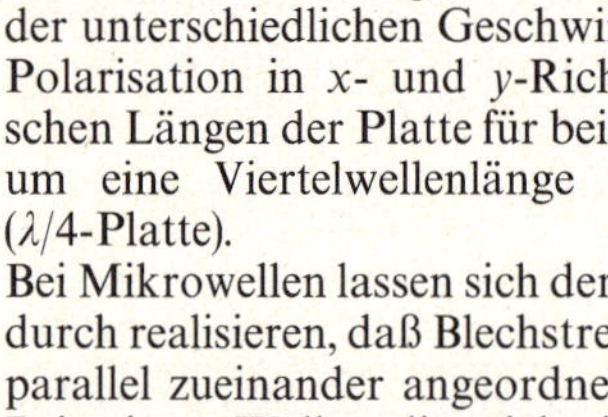

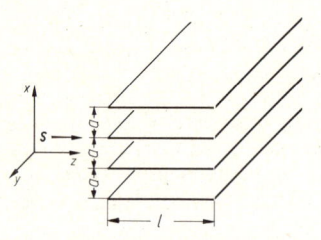

Bild 3. Anisotropes Medium aus Metallplatten zur Polarisationsänderung bei Mikrowellen

Trifft eine Welle auf ein anisotropes Medium auf, dessen Vorzugsrichtung schräg zur Ausbreitungsrichtung steht, dann tritt Doppelbrechung auf. Je nach Polarisation der einfallenden Welle läuft sie als ordentlicher Strahl bei senkrechtem Einfall auf die Grenzschicht in gleicher Richtung weiter oder wird als außerordentlicher Strahl gebrochen. Die Phasenfronten beider Strahlen bleiben parallel. Dabei gilt, daß der Poynting-Vektor $\boldsymbol{S}$ stets senkrecht auf $\boldsymbol{E}$ und $\boldsymbol{H}$, das vektorielle Wellenmaß $\boldsymbol{k}$ jedoch senkrecht auf $\boldsymbol{D}$ und $\boldsymbol{H}$ steht.

2.5 Gyrotropes Medium
Gyrotropic medium

Medien, für deren tensorielles (ε) oder $(\boldsymbol{\mu})$ die Beziehung $\varepsilon_{ij} = -\varepsilon_{ji}$ oder $\mu_{ij} = -\mu_{ji}$ gilt, nennt man gyrotrop. Diese Eigenschaft liegt beispielsweise beim Plasma vor, wenn es von einem magnetischen Gleichfeld durchflutet ist. Dabei ergeben sich durch die Kräfte auf die durch das Wellenfeld bewegten Elektronen Eigenschaften, die durch ein gyrotropes $(\varepsilon_{\mathrm{r}})$ beschrieben werden. Auch bei Wellen in der Ionosphäre sind diese Effekte vorhanden (vgl. S 3).
Ferrite haben ausgeprägte magnetische Eigenschaften, aber nur geringe Leitfähigkeit, so daß in ihnen eine Wellenausbreitung möglich ist. Wenn sie in z-Richtung stark vormagnetisiert sind, läßt sich ihre Permeabilität durch einen Tensor beschreiben:

$$(\boldsymbol{\mu}_{\mathrm{r}}) = \begin{pmatrix} \mu_{\mathrm{r}1} & -\mathrm{j}\mu_{\mathrm{r}2} & 0 \\ \mathrm{j}\mu_{\mathrm{r}2} & \mu_{\mathrm{r}1} & 0 \\ 0 & 0 & 1 \end{pmatrix}$$

$\mu_{\mathrm{r}2}$ wird häufig auch κ genannt. Es sollte jedoch nicht mit der ebenso bezeichneten spezifischen Leitfähigkeit verwechselt werden. $\mu_{\mathrm{r}1}$ und $\mu_{\mathrm{r}2}$ berechnen sich aus

$$\mu_{\mathrm{r}1} = 1 + \frac{\mu_0^2\gamma^2 M_{\mathrm{s}} H_0}{\mu_0^2\gamma^2 H_0^2 - \omega^2} = 1 + \frac{f_0 f_{\mathrm{M}}}{f_0^2 - f^2}$$

$$\mu_{\mathrm{r}2} = \frac{\mu_0\omega\gamma M_{\mathrm{s}}}{\mu_0^2\gamma^2 H_0^2 - \omega^2} = \frac{f f_{\mathrm{M}}}{f_0^2 - f^2}.$$

Dabei ist $\gamma = \dfrac{e}{m}\dfrac{g}{2} = -8{,}8 \cdot 10^{10}\,\mathrm{g\,m^2/Vs^2}$, wobei g der Lande-Faktor ist, der den Einfluß des Kristallfeldes angibt und bei Mikrowellenferriten zwischen 1,5 und 2,5 liegt. M_{s} ist die Sättigungsmagnetisierung und H_0 die Vormagnetisierungsfeldstärke. f_0 ist die Resonanzfrequenz

$$\omega_0 = -\mu_0\gamma H_0; \quad f_0/H_{\mathrm{z}} \approx 3{,}5 \cdot 10^4\, H_0 \Big/ \frac{\mathrm{A}}{\mathrm{m}}.$$

f_M ist eine Bezugsfrequenz $\omega_M = -\gamma \mu_0 M_s$; $f_M/\text{Hz} \approx 3{,}5 \cdot 10^4 M_s\,\text{A/m}$. Charakteristisch ist das Auftreten der gyromagnetischen Resonanz, bei der μ_{r1} und μ_{r2} sehr groß werden. In der Umgebung der Resonanz tritt starke Dämpfung auf. Daneben gibt es einen Frequenzbereich, in dem keine Ausbreitung der Welle erfolgen kann.

Für Vormagnetisierung in Ausbreitungsrichtung der Welle ergibt sich als einfachster Lösungsansatz derjenige für zirkular polarisierte Wellen. Durch das gyrotrope Material sind die Ausbreitungsgeschwindigkeiten für beide Drehrichtungen unterschiedlich. Die Polarisationsebene einer linear polarisierten Welle wird dabei nichtreziprok gedreht (Faraday-Rotation). Quer zur Ausbreitungsrichtung vormagnetisierte Ferrite finden beim Aufbau von Zirkulatoren und Richtungsleitungen Verwendung. Bei Richtungsleitungen ist dann das gyrotrope Material im Hohlleiter im Bereich des zirkular umlaufenden Magnetfeldes angeordnet. Je nach Laufrichtung der Welle ändert sich der Drehsinn und regt damit im Ferrit starke oder schwache Resonanzeffekte an, die zu unterschiedlichen Dämpfungen führen. Ferritzirkulatoren für tiefe Frequenzen sind kaum herstellbar, weil diese eine niedrige Resonanzfrequenz und damit schwache Vormagnetisierungsfelder erfordern. Diese schwachen Felder reichen jedoch nicht zur Sättigung aus. Die in jedem magnetischen Material vorhandenen remanenten Teilfelder stören die gewünschten Wirkungen.

3 **Polarisation.** Polarisation

3.1 **Lineare Polarisation**
Linear polarization

Eine Welle, bei welcher der elektrische Feldstärkevektor immer in einer Ebene, der Polarisationsebene (Bild B 2.1) liegt, wird linear polarisiert genannt. Diese Polarisationsebene wird aufgespannt von dem elektrischen Feldstärkevektor und dem Poynting-Vektor. H schwingt dan in einer dazu senkrechten Ebene. Die Polarisation ist von der abstrahlenden Antenne vorgegeben, kann aber durch Wechselwirkung der Welle mit Leitern (Reflektoren, Ionosphäre) verändert werden.

Bei Hochfrequenzwellenfeldern wird der elektrische Feldstärkevektor zur Definition der Polarisation benutzt. Hat eine Welle, die in beliebiger Richtung fortschreitet, nur eine horizontale E-Komponente, so nennt man die Welle horizontal polarisiert. Steht die Polarisationsebene lotrecht, wird die Welle als vertikal polarisiert bezeichnet. Jede beliebige linear polarisierte Welle kann in

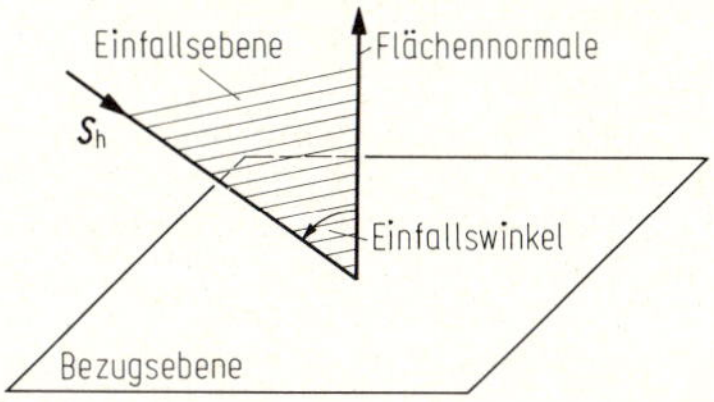

Bild 1. Definition der Einfallsebene

diese beiden Teilwellen, die phasengleich sind, zerlegt werden. Für das Gesamtwellenfeld sowie für die horizontal und vertikal polarisierten Komponenten gilt jeweils $\underline{E}/\underline{H} = Z_F$.

Bei der Berechnung von Reflexionen an Ebenen, die nicht parallel zur Erdoberfläche liegen, muß das Wellenfeld in zwei geeignete Teilwellen zerlegt werden. Man definiert eine Einfallsebene, die von der Flächennormalen und dem Poynting-Vektor aufgespannt wird (Bild 1). Liegen Polarisationsebene und Einfallsebene parallel, dann nennt man die Welle parallel polarisiert. Steht die Polarisationsebene auf der Einfallsebene senkrecht, nennt man die Welle senkrecht polarisiert. Für eine waagerechte Bezugsebene nach Bild 2 entsprechen sich also die Begriffe horizontal und senkrecht polarisiert bzw. vertikale und parallele Polarisation.

3.2 **Zirkulare Polarisation**
Circular polarization

Bei der zirkularen Polarisation schraubt sich der elektrische Feldstärkevektor in einer Spirale mit Kreisquerschnitt entlang der Ausbreitungsrichtung. H steht überall senkrecht auf E und ist durch $\underline{E}/\underline{H} = Z_F$ festgelegt. Im Gegensatz zur linearen Polarisation ist also sowohl E als auch H zu keiner Zeit und an keinem Ort Null. Ein Spiralumlauf ist nach der Wellenlänge λ vollendet. Die Schraubenlinie kann rechtsgängig oder linksgängig sein. Die Definition der rechtsdrehenden oder linksdrehenden Zirkularpolarisation richtet sich nach dem Drehsinn der Feldstärkevektoren in einer ortsfesten Ebene quer zur Ausbreitungsrichtung. Bei einer im Uhrzeigersinn drehenden Polarisation sind die in einer Ebene $z = \text{const}$ nacheinander auftretenden Feldstärkevektoren gemäß Bild 2 durch die Folge 1, 2, 3 ... gegeben, wenn man die Ebene in Richtung der einfallenden Welle betrachtet. Die räumliche Zuordnung der Feldstärkeendpunkte entspricht dabei einer Linksschraube.

Mathematisch ist eine im Uhrzeigersinn (Index i) in z-Richtung laufende Welle beschrieben durch

$$\begin{aligned} \underline{\boldsymbol{E}}_i(z,t) &= \underline{E}(\boldsymbol{e}_x - \mathrm{j}\boldsymbol{e}_y)\exp\mathrm{j}(\omega t - kz) \\ \underline{\boldsymbol{H}}_i(z,t) &= \underline{H}(\mathrm{j}\boldsymbol{e}_x + \boldsymbol{e}_y)\exp\mathrm{j}(\omega t - kz). \end{aligned} \qquad (1)$$

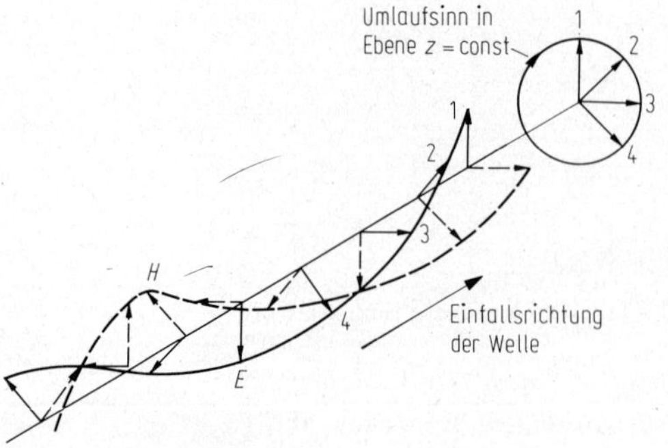

Bild 2. Rechtsdrehende zirkular polarisierte Welle

Für die gegen den Uhrzeigersinn drehende Welle (Index g) gilt:

$$\begin{aligned} \boldsymbol{E}_{\mathrm{g}}(z,t) &= \underline{E}(\boldsymbol{e}_{\mathrm{x}} + \mathrm{j}\boldsymbol{e}_{\mathrm{y}}) \exp \mathrm{j}(\omega t - kz) \\ \underline{\boldsymbol{H}}_{\mathrm{g}}(z,t) &= \underline{H}(-\mathrm{j}\boldsymbol{e}_{\mathrm{x}} + \boldsymbol{e}_{\mathrm{y}}) \exp \mathrm{j}(\omega t - kz). \end{aligned} \quad (2)$$

$\underline{E}$ und $\underline{H}$ sind dabei für verlustlose Medien gleichphasig. Jede linear polarisierte Welle läßt sich in zwei gegenläufige zirkulare Wellen gleicher Amplitude aufspalten. Jede zirkular polarisierte Wellen kann in zwei linear polarisierte Wellen gleicher Amplitude zerlegt werden, deren Polarisationsebenen senkrecht zueinander stehen und die gegeneinander um 90° phasenverschoben sind.
Allgemein gibt die Summe zweier Wellen mit gleicher Wellenlänge und Ausbreitungsrichtung, aber mit beliebigen Polarisationsebenen eine Welle mit elliptischer Polarisation.

4 Wellen an Grenzflächen
Waves at boundaries

Allgemeine Literatur: *Meinke, H.H.*: Einführung in die Elektrotechnik höherer Frequenzen, Bd. 2. Berlin: Springer 1965.

Ebene Wellen, die auf Körper auftreffen, die sich vom umgebenden Medium durch ε_r, μ_r oder κ unterscheiden, treten teilweise in das Medium ein (Transmission) oder werden reflektiert. An den Berandungen der Körper treten Beugungserscheinungen auf. Die Berechnung des entstehenden Gesamtfeldes ist schwierig und nur für bestimmte geometrische Formen analytisch möglich. Die Berechnungsmethoden hängen vom Verhältnis der Größe des Objekts zur Wellenlänge ab. Für kurze Wellenlängen eignen sich strahlenoptische Ansätze. Im allgemeinen muß die Oberfläche leitender Objekte in ebene Einzelelemente zerlegt werden und aus den als Sekundärstrahlern wirkenden Oberflächenstrombelegungen das resultierende Wellenfeld in den verschiedenen Richtungen, in denen das Rückstreuverhalten von Interesse ist, berechnet werden.
In diesem Abschnitt sollen die Feldverhältnisse für den Einfall auf Ebenen berechnet werden, die groß gegen die Wellenlänge sind. Beugungseffekte werden nicht betrachtet.

4.1 Senkrechter Einfall
Normal incidence

Trifft eine Welle auf die Grenzschicht zu einem Medium mit anderen Materialeigenschaften, dann wird ein Teil der Leistung reflektiert, der übrige Teil dringt in das Medium ein. Haben hinlaufende und reflektierte Welle entgegengesetzte Richtung, dann ist das Gesamtwellenfeld beschrieben durch

$$\begin{aligned} \underline{E}(z) &= \underline{E}_{\mathrm{h}} \exp(-\mathrm{j}kz) + \underline{E}_{\mathrm{r}} \exp \mathrm{j}kz, \\ \underline{H}(z) &= \underline{H}_{\mathrm{h}} \exp(-\mathrm{j}kz) + \underline{H}_{\mathrm{r}} \exp \mathrm{j}kz. \end{aligned}$$

Die Zeitabhängigkeit ist für alle Komponenten durch Multiplikation mit $\exp \mathrm{j}\omega t$ zu berücksichtigen. $\underline{E}_{\mathrm{h}}$ und $\underline{H}_{\mathrm{h}}$ sind die dem jeweils angewandten Koordinatensystem zugeordneten, aufeinander senkrecht stehenden Komponenten. Für die Feldwellenwiderstände gilt entsprechend der Richtung des Poynting-Vektors:

$$\underline{E}_{\mathrm{h}}/\underline{H}_{\mathrm{h}} = \underline{Z}_{\mathrm{F}} \quad \text{und} \quad \underline{E}_{\mathrm{r}}/\underline{H}_{\mathrm{r}} = -\underline{Z}_{\mathrm{F}}.$$

Läuft die hinlaufende Welle entsprechend Bild 1 in einem Medium 1 mit $\underline{Z}_{\mathrm{F}1} = Z_0 \sqrt{\underline{\mu}_{\mathrm{r}1}/\varepsilon_{\mathrm{r}1}}$ auf eine zur Ausbreitungsrichtung senkrechte Grenzfläche zu einem Medium 2 mit $\underline{Z}_{\mathrm{F}2} = Z_0 \sqrt{\underline{\mu}_{\mathrm{r}2}/\underline{\varepsilon}_{\mathrm{r}2}}$, dann ergibt sich ein Reflexionsfaktor $\underline{r}$

$$\underline{r} = \frac{\underline{E}_{\mathrm{r}}(z=0)}{\underline{E}_{\mathrm{h}}(z=0)} = \frac{\underline{Z}_{\mathrm{F}2} - \underline{Z}_{\mathrm{F}1}}{\underline{Z}_{\mathrm{F}2} + \underline{Z}_{\mathrm{F}1}}. \quad (1)$$

$\underline{E}_{\mathrm{r}}(z=0)$ und $\underline{E}_{\mathrm{h}}(z=0)$ sind dabei die Feldstärken in der Ebene der Grenzschicht.

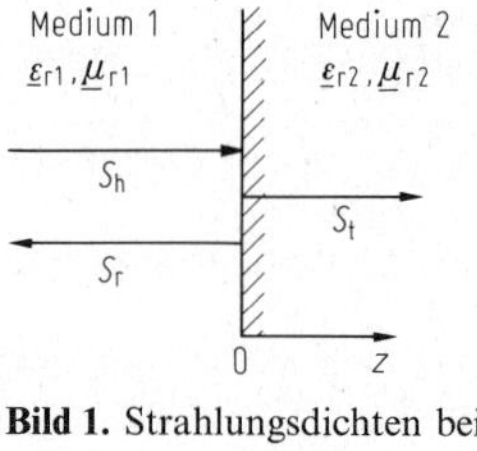

Bild 1. Strahlungsdichten bei senkrechtem Einfall

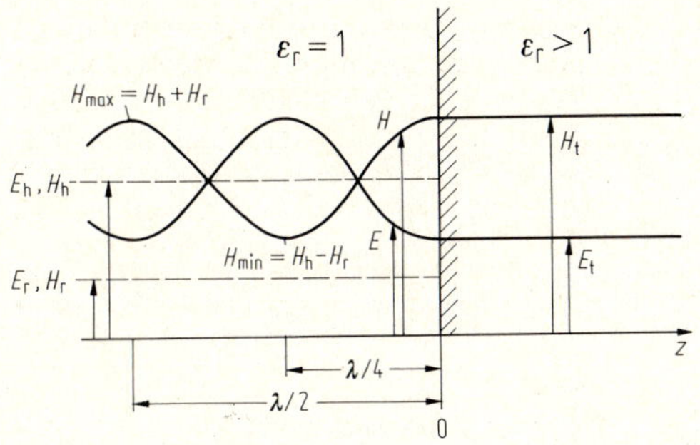

Bild 2. Entstehung von stehenden Wellen vor einer Grenzschicht

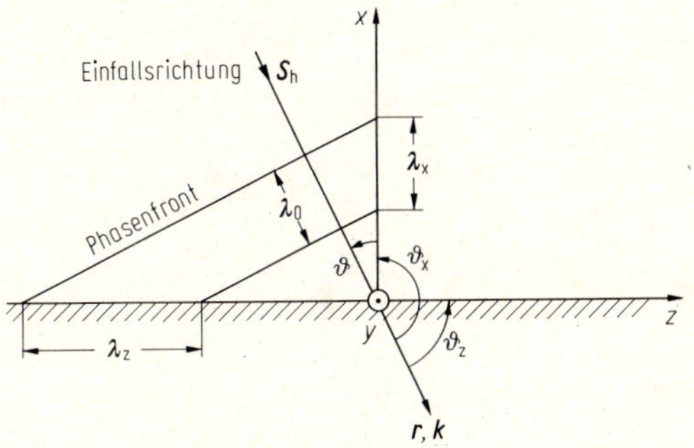

Bild 3. Schräger Einfall auf Grenzschicht

Die in das Medium 2 eintretende Welle hat die Strahlungsdichte S_t und die Komponenten $\underline{E}_t$ und H_t. Hinlaufende und eintretende Welle sind durch den Transmissionsfaktor $\underline{t}$ verknüpft.

$$\underline{t} = \frac{\underline{E}_t(z=0)}{\underline{E}_h(z=0)} = \frac{2\underline{Z}_{F\,2}}{\underline{Z}_{F\,2} + \underline{Z}_{F\,1}}. \qquad (2)$$

Für verlustlose Dielektrika ist r und t reell

$$r = \frac{1 - \sqrt{\varepsilon_{r\,2}/\varepsilon_{r\,1}}}{1 + \sqrt{\varepsilon_{r\,2}/\varepsilon_{r\,1}}}, \qquad t = \frac{2}{1 + \sqrt{\varepsilon_{r\,2}/\varepsilon_{r\,1}}}.$$

Beim Übergang einer Welle aus der Luft in ein Material mit ε_r vereinfacht sich dies zu $r = (1 - \sqrt{\varepsilon_r})/(1 + \sqrt{\varepsilon_r})$ und $t = 2/(1 + \sqrt{\varepsilon_r})$, der Reflexionsfaktor ist dabei negativ. Die reflektierte elektrische Feldstärke wird an der Grenzschicht um 180° gedreht. Für Reflexion an einer metallischen Wand ist $r \approx -1$ und $t \approx 0$. Genaueres über Wandströme in B 6.

Vor der Grenzschicht entstehen durch Überlagerung der hinlaufenden und reflektierten Welle Feldstärkemaxima $E_{max} = E_h(1 + |\underline{r}|)$ bzw. $H_{max} = H_h(1 + |\underline{r}|)$ und Minima $E_{min} = E_h(1 - |\underline{r}|)$ bzw. $H_{min}(1 - |\underline{r}|)$. Die Extrema von E bzw. H treten periodisch im Abstand $\lambda/2$ auf, wobei die Maxima von E gegenüber denen von H um $\lambda/4$ versetzt sind (Bild 2). Bei Totalreflexion (Betrag des Reflexionsfaktors gleich 1) werden die Minima gleich Null, die Maxima haben die doppelte Feldstärke der hinlaufenden Welle.

Für die praktische Berechnung von senkrecht zu Grenzschichten auftretenden Wellen nutzt man die Analogie zu Wellen auf Leitungen. E entspricht dann U, H entspricht I und die Feldwellenwiderstände entsprechen den Leitungswellenwiderständen. Näheres in C 6.

4.2 Schräger Einfall. Oblique incidence

Für die Berechnung von Reflexion und Berechnung einer ebenen Welle, die aus einem Medium 1 kommend unter dem Einfallswinkel schräg auf die Grenzfläche (y- z-Ebene) zu einem anderen Medium auftrifft (Bild 3), zerlegt man das vektorielle Wellenmaß $\boldsymbol{k}$ und den Ausbreitungsvektor $\boldsymbol{r}$ zweckmäßigerweise in Komponenten bezüglich des zur Grenzfläche passenden kartesischen Koordinatensystems. Aus dem allgemeinen Ansatz gemäß Gl. B 2 (2) erhält man mit

$$\boldsymbol{k} = k(\cos\vartheta_x \boldsymbol{e}_x + \cos\vartheta_y \boldsymbol{e}_y + \cos\vartheta_z \boldsymbol{e}_z)$$

und

$$\boldsymbol{r} = r(\cos\vartheta_x \boldsymbol{e}_x + \cos\vartheta_y \boldsymbol{e}_y + \cos\vartheta_z \boldsymbol{e}_z)$$
$$= x\boldsymbol{e}_x + y\boldsymbol{e}_y + z\boldsymbol{e}_z,$$

wobei ϑ_x, ϑ_y und ϑ_z die Winkel sind, welche die Einfallsrichtung $\boldsymbol{e}_r$ mit den Koordinatenachsen einschließen, den Ausdruck $\boldsymbol{k} \cdot \boldsymbol{r} = k_x x + k_y y + k_z z$. Dabei ist $k_x = k\cos\vartheta_x = (2\pi/\lambda)\cos\vartheta_x = 2\pi/\lambda_x$ mit $\lambda_x = \lambda/\cos\vartheta_x$. Entsprechendes gilt für y und z. Die Wellenmaße k_x, k_y und k_z werden gegenüber demjenigen in Ausbreitungsrichtung verkleinert, wobei $k_x^2 + k_y^2 + k_z^2 = k^2 = (2\pi/\lambda)^2$ gilt. Die entlang den Koordinatenachsen meßbaren Abstände der Phasenfronten sind die Wellenlängen λ_x, λ_y bzw. λ_z. Für diese gilt $1/\lambda_x^2 + 1/\lambda_y^2 + 1/\lambda_z^2 = 1/\lambda^2$, wobei λ die Wellenlänge im Medium 1 ist.

Eine Welle, deren Poynting-Vektor in der x- z-Ebene liegt, und die entsprechend Bild 3 unter dem Einfallswinkel ϑ gegen die Flächennormale auftritt, kann mit

$$k_x = (2\pi/\lambda)\cos\vartheta_x = (2\pi/\lambda)(-\cos\vartheta)$$

und

$$k_z = (2\pi/\lambda)\cos\vartheta_z = (2\pi/\lambda)\sin\vartheta$$

beschrieben werden durch

$$\underline{\boldsymbol{E}}(x,z) = \underline{\boldsymbol{E}}\exp\mathrm{j}(2\pi x/\lambda_x - 2\pi z/\lambda_z).$$

Hierbei sind die durch die Winkelfunktionen vorgegebenen Vorzeichen im Exponenten bereits

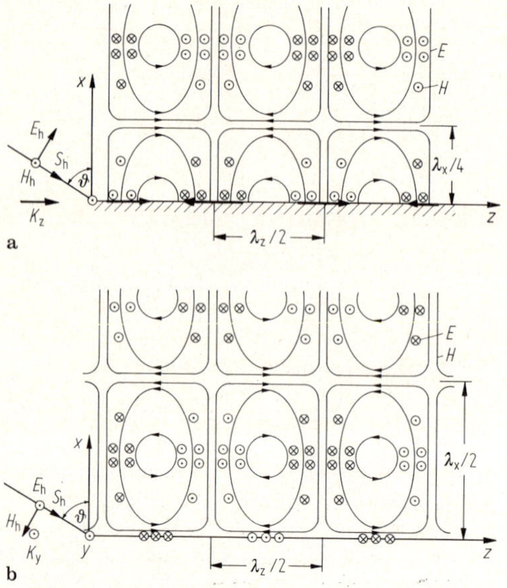

Bild 4. Feldlinien und Wandströme bei schrägem Einfall auf eine leitende Ebene für **a** vertikale (parallele) Polarisation; **b** horizontale (senkrechte) Polarisation

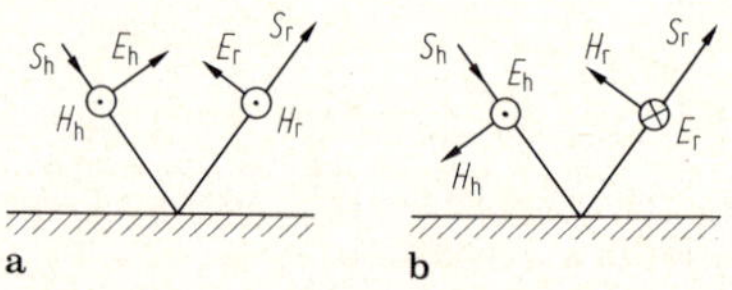

Bild 5. Physikalische Richtungen der einfallenden und reflektierten Feldkomponenten in unmittelbarer Nähe einer leitenden Ebene für (**a**) vertikale (parallele) Polarisation und (**b**) horizontale (senkrechte) Polarisation

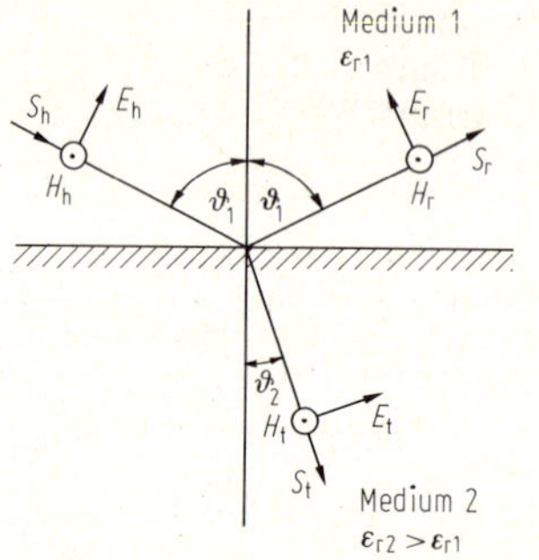

Bild 6. Brechung bei schrägem Einfall auf dielektrische Grenzschicht (vertikale Polarisation)

berücksichtigt. λ_x und λ_z sind also positiv einzusetzen. Das positive Vorzeichen bei der x-Abhängigkeit und das negative bezüglich z kennzeichnet, daß Ausbreitung der Welle eine Komponente in z-Richtung, aber gegen die x-Richtung aufweist.

Bei schrägem Einfall auf eine leitende Ebene liegt der Poynting-Vektor der reflektierten Welle in der Einfallsebene. Der Austrittswinkel ϑ_r des Poynting-Vektors gegen die Normale der reflektierenden Fläche ist gleich dem Einfallswinkel. Das Gesamtwellenfeld ist die Summe aus hinlaufendem und reflektiertem Wellenfeld, wobei sich parallel zur leitenden Ebene Energieausbreitung einstellt, die durch die Terme $\exp \mathrm{j}(k_y y + k_z z)$ gekennzeichnet ist, bei der die einander zugeordneten Komponenten von E und H gleichphasig sind.

Senkrecht zur Fläche bildet sich eine stehende Welle aus mit einer Phasenverschiebung hinsichtlich der Zeit und dem Abstand von der Oberfläche von 90°. An der Oberfläche ist stets $E_y = E_z = 0$ und $E_x = E_{x,\max} = 2E_{xh}$ sowie $H_x = 0$ und $H_{\tan,\max} = 2\sqrt{H_{yh}^2 + H_{zh}^2}$ (Bild 4). Im Abstand $\lambda_x/4$ über der Oberfläche bildet sich $E_{\tan,\max} = 2\sqrt{E_{yh}^2 + E_{zh}^2}$ aus, während $H_{\tan} = 0$ ist. Die Polarisationsebene der reflektierten Welle ist nur bei horizontaler (senkrechter) oder vertikaler (paralleler) Polarisation gleich der der einfallenden Welle. Wegen der unterschiedlichen Randbedingungen (Bild 5) für die beiden Polarisationen ändert sich die Neigung der Polarisationsebene der reflektierten Welle (Spiegelung des Winkels der Polarisationsebene bezüglich der leitenden Ebene). Bei zirkularer Polarisation vertauscht sich bei Reflexion an einer leitenden Ebene der Umlaufsinn.

Wandströme. Bei ausgeprägtem Skineffekt entsteht auf der leitenden Oberfläche ein Strombelag K (Oberflächenstromdichte), der gleich der tangentialen magnetischen Gesamtfeldstärke ist.

$$\boldsymbol{e}_n \times \boldsymbol{H}_{\tan} = \boldsymbol{K}. \tag{3}$$

K hat die Einheit A/m, gibt also an, welcher Strom in einem Oberflächenstreifen bestimmter Breite fließt. Bei einer vertikal polarisierten Welle, die entsprechend Bild 4a schräg mit einer Einfallsebene parallel zur x- z-Ebene auf eine leitende Ebene trifft, sind die Strombeläge größer $(2H_h)$ und haben eine Richtung parallel zum Energietransport der Welle, während sie bei einer horizontal polarisierten Welle (Bild 4b), die unter dem gleichen Winkel einfällt, kleiner sind $(2H_h \cos\vartheta)$ und senkrecht zum Energietransport verlaufen.

Dielektrische Grenzschicht. Beim schrägen Einfall einer ebenen Welle auf ein Dielektrikum wird ein Teil der Welle reflektiert. Der Ausfallswinkel ist gleich dem Einfallswinkel. Ein anderer Teil tritt in das Medium ein. Beim Eintritt in das Medium mit höherer Dielektrizitätszahl wird die Ausbreitungsrichtung (Poynting-Vektor) zur Flächennormalen hin gebrochen (Bild 6).

$$\frac{\sin\vartheta_2}{\sin\vartheta_1} = \sqrt{\frac{\mu_{r1}\varepsilon_{r1}}{\mu_{r2}\varepsilon_{r2}}} \tag{4}$$

gilt für verlustlose und verlustarme Dielektrika. Allgemein kann das Verhältnis von Eintritts- zu Austrittswinkel aus der Forderung abgeleitet werden, daß die Phasenfronten unmittelbar oberhalb und unterhalb der Grenzschicht identisch sein müssen, also $k_{y1}^2 + k_{z1}^2 = k_{y2}^2 + k_{z2}^2$ gilt.

Für die Berechnung des Reflexionsfaktors und des Transmissionsfaktors muß man die verschiedenen Polarisationsfälle unterscheiden. Bei vertikaler (paralleler) Polarisation gilt mit den Richtungen von E nach Bild 6.

$$\underline{r}(x=0) = \frac{\underline{E}_r(x=0)}{\underline{E}_h(x=0)} = \frac{\sqrt{\underline{\varepsilon}_{r2}/\underline{\varepsilon}_{r1}} - \cos\vartheta_2/\cos\vartheta_1}{\sqrt{\underline{\varepsilon}_{r2}/\underline{\varepsilon}_{r1}} + \cos\vartheta_2/\cos\vartheta_1}. \tag{5}$$

Der Transmissionsfaktor $\underline{t}$ ist entsprechend

$$\underline{t} = \underline{E}_t/\underline{E}_h = 2/(\sqrt{\underline{\varepsilon}_{r2}/\underline{\varepsilon}_{r1}} + \cos\vartheta_2/\cos\vartheta_1). \tag{6}$$

Bei $\vartheta_B = \arctan\sqrt{\varepsilon_{r2}/\varepsilon_{r1}}$ wird der Reflexionsfaktor bei verlustlosen Medien gleich Null die gesamte Strahlungsleistung tritt in das Medium 2 ein. Man nennt ϑ_B Brewster-Winkel. Bei verlustbehafteten Materialien verschwindet die Reflexion nicht völlig, wird jedoch minimal. Im Fall des Brewster-Winkels schließen die Ausbreitungsrichtung der gebrochenen Welle und diejenige der reflektierten Welle einen Winkel von 90° ein. Für Wasser ($\varepsilon_r = 81$ bei $f < 1$ GHz) ist der Betrag des Reflexionsfaktors $r(\vartheta_1)$ und $\vartheta_2(\vartheta_1)$ in Bild 7 dargestellt. Bild 8 gibt $\vartheta_B(\varepsilon_r)$ für Wellen an, die aus einem Medium 1 mit $\varepsilon_r = 1$ (z.B. Luft) kommen und auf ein Medium 2 mit ε_r zwischen 0 und 20 auftreffen. Beim Brewster-Winkel kehrt $\underline{r}$ sein Vorzeichen um. Für Wellen, deren Einfallswinkel kleiner als ϑ_B ist, hat E_2 bezüglich E_1 die in Bild 6 gezeigte Orientierung. Für größere Einfallswinkel ist $\underline{r}$ negativ, E_2 ist also in Wirklichkeit entgegengesetzt gerichtet.

Für horizontale (senkrechte) Polarisation gilt mit Bild 9 für den Reflexionsfaktor $\underline{r}$ und den Transmissionsfaktor $\underline{t}$

$$\underline{r} = \frac{\underline{E}_r}{\underline{E}_h} = \frac{\cos\vartheta_1/\cos\vartheta_2 - \sqrt{\underline{\varepsilon}_{r1}/\underline{\varepsilon}_{r2}}}{\cos\vartheta_1/\cos\vartheta_2 + \sqrt{\underline{\varepsilon}_{r1}/\underline{\varepsilon}_{r2}}}, \tag{7}$$

$$\underline{t} = \frac{\underline{E}_t}{\underline{E}_h} = 2/(\sqrt{\varepsilon_{r2}/\varepsilon_{r1}} + \cos\vartheta_2/\cos\vartheta_1). \tag{8}$$

Bei dieser Polarisation tritt E nur parallel zur Grenzschicht auf. Wegen der Stetigkeit von E auf beiden Seiten der Grenzschicht gilt für horizontale Polarisation $\underline{E}_h + \underline{E}_r = \underline{E}_t$ oder $1 + \underline{r} = \underline{t}$. Der Reflexionsfaktor ist also hier stets negativ.

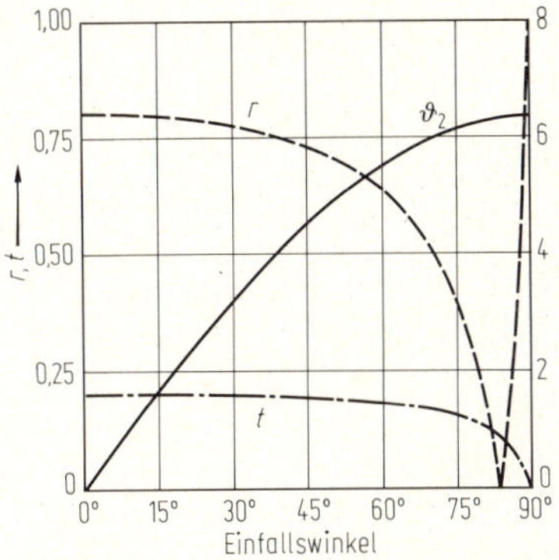

Bild 7. Reflexionsfaktor r, Transmissionsfaktor t und Austrittswinkel ϑ_2 für Übergang von Luft in Wasser ($\varepsilon_r = 81$) bei schrägem Einfall (vertikale Polarisation)

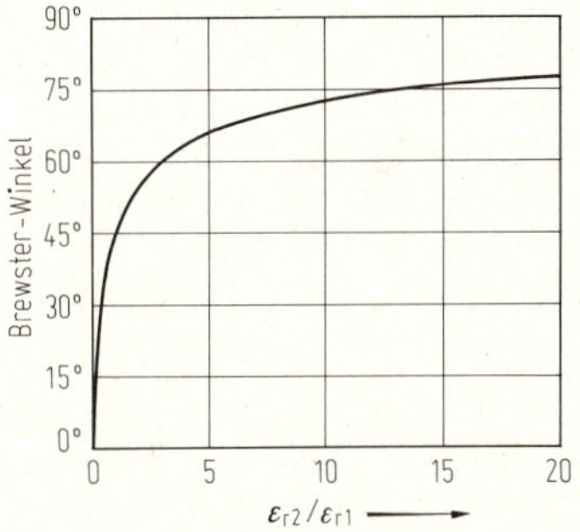

Bild 8. Brewster-Winkel bei Grenzschicht zwischen ε_{r1} und ε_{r2}

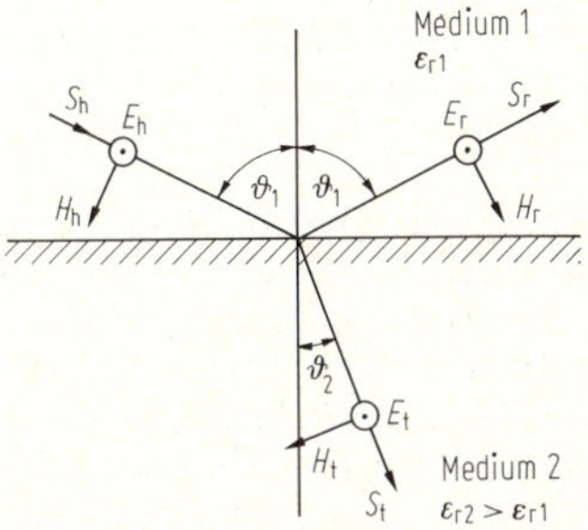

Bild 9. Schräger Einfall auf dielektrische Grenzschicht (horizontale Polarisation)

Bild 10 gibt analog zu Bild 7 die Werte von r, t und ϑ_2 für den Übergang Luft/Wasser im Fall der horizontalen Polarisation an.

Totalreflexion. Eine Welle, die aus einem Medium 1 mit größerem ε_r schräg gegen die Grenzschicht zu einem Medium 2 mit kleinerem ε_r läuft, kann nur bei spitzem Einfallswinkel $\vartheta_1 < \vartheta_{g1}$ in das Medium 2 übertreten. ϑ_{g1} ist der Grenzwinkel der Totalreflexion. Für $\vartheta_1 > \vartheta_{g1}$ würde im Medium 2 die Wellenlänge parallel zur

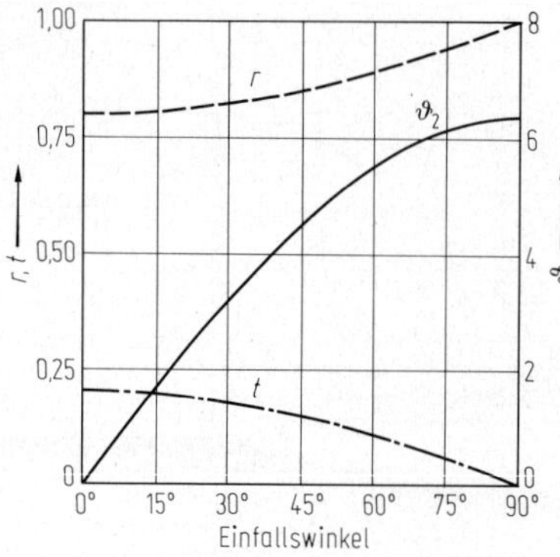

Bild 10. Werte analog Bild 7 für horizontale Polarisation

Grenzschicht kleiner werden als durch Ausbreitungsgeschwindigkeit und Frequenz in diesem Medium vorgegeben ist. Dies ist physikalisch nicht möglich. Alle auf ein zur Ausbreitungsrichtung schräg stehendes Koordinatensystem bezogenen Wellenlängen müssen größer als die Wellenlänge in Ausbreitungsrichtung sein. Der Grenzwinkel der Totalreflexion ist

$$\vartheta_{g1} = \arcsin \sqrt{\varepsilon_{r2}/\varepsilon_{r1}}. \tag{9}$$

Für Einfallswinkel größer als ϑ_{g1} wird alle Energie unter einem Austrittswinkel, der gleich dem Einfallswinkel ist, in das Medium 1 reflektiert. Im Medium 2 kann wegen der Stetigkeitsbedingungen das Feld nicht abrupt verschwinden. Es bildet sich eine Oberflächenwelle (s. B 4.3), die für extrem dünne Spalte ($d \ll \lambda$) zwischen zwei Schichten mit höherem ε_r ein stark gedämpftes Übertreten der Welle ermöglicht.

4.3 Oberflächenwellen. Surface waves

Der Anschaulichkeit wegen sollen hier Oberflächenwellen an ebenen Grenzschichten behandelt werden. Oberflächen auf runden Leitern sind in K 5 beschrieben.

Eine Welle, die parallel zur x-z-Ebene unter flachem Winkel aus einem Dielektrikum mit größerem ε_{r1} gegen eine Grenzschicht zu einem Medium mit kleinerem ε_{r2} läuft (Bild 11), hat an der Grenzschicht die tangentiale Wellenlänge $\lambda_z = (\lambda_0 \cos\vartheta)/\sqrt{\varepsilon_{r1}}$. Ist der Einfallswinkel $\vartheta > \vartheta_g$ (Grenzwinkel der Totalreflexion), dann wird $\lambda_z < \lambda_0/\sqrt{\varepsilon_{r2}}$. Eine Lösung der Wellengleichung ist im Medium 2 nur mit dem Ansatz für E bzw. H mit $A(x, z) = A \exp(-\alpha x) \exp(\mathrm{j} k_2 z)$ möglich. Daraus erhält man

$$\alpha = \frac{\omega}{c_0} \sqrt{\frac{\varepsilon_{r1}}{\cos^2 \vartheta_1} - \varepsilon_{r2}}. \tag{10}$$

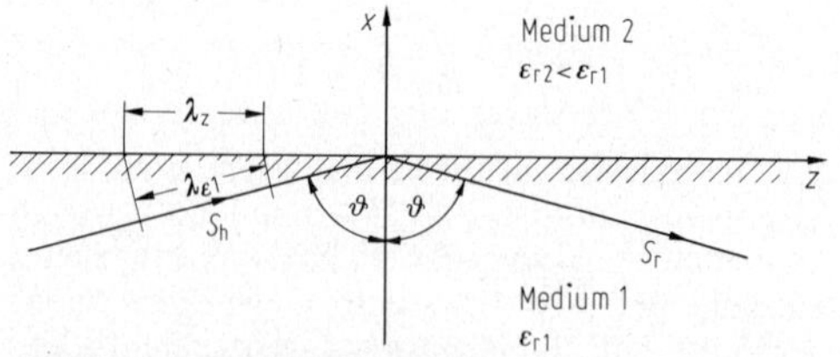

Bild 11. Totalreflexion an Grenzschicht zum dünneren Medium

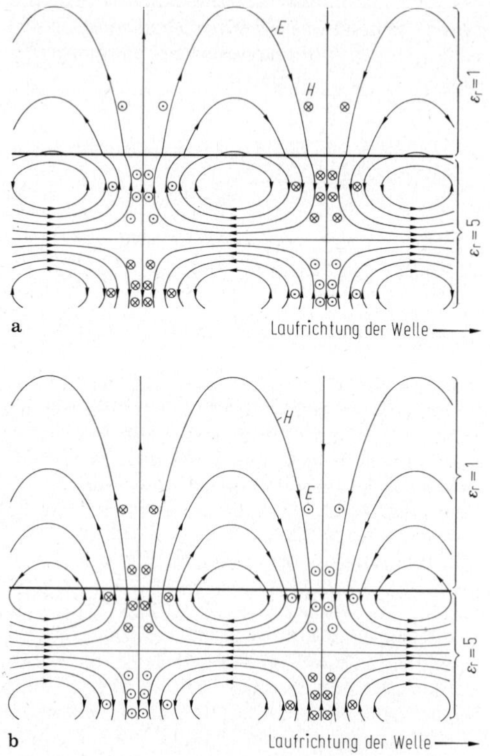

Bild 12. Oberflächenwellen. **a** vertikale (parallele) Polarisation; **b** horizontale (senkrechte) Polarisation

Innerhalb des Mediums 1 setzt sich das Wellenfeld aus der zur Grenzschicht hinlaufenden und der reflektierten Welle gleicher Amplitude zusammen und kann durch eine Welle mit stehender Charakteristik in Richtung senkrecht zur Grenzschicht und Ausbreitung parallel zur Grenzschicht beschrieben werden. Je nach Polarisation ergeben sich Feldlinien nach einem der Bilder 12 a oder b.

Die Feldstärken klingen im weniger dichten Medium verhältnismäßig stark ab. Für eine Welle, die im Medium 1 im wesentlichen parallel zur Grenzfläche läuft, ist das Abklingmaß x_0, also der Abstand von der Grenzschicht, innerhalb dessen die Amplituden auf $1/\mathrm{e}$ abgenommen haben

$$x_0 = 1/\alpha = \lambda_0/(2\pi\sqrt{\varepsilon_{r1} - \varepsilon_{r2}}). \qquad (11)$$

Für eine Differenz der Dielektrizitätszahlen von 0,5 sind die Amplituden im Abstand einer Freiraumwellenlänge von der Grenzschicht auf etwa 1% der Grenzschichtwerte abgesunken. Dieser Effekt wird beispielsweise zur Wellenführung in dielektrischen Stäben genutzt, wobei keine Verluste wie bei leitenden Feldbegrenzungen auftreten, (s. K 5). Bei Lichtwellenleitern können durch Überziehen der eigentlichen Lichtleitfaser mit Material geringerer Brechzahl die Fasern von der Umgebung isoliert werden. Im Überzug tritt dann das stark abnehmende Feld der Oberflächenwelle auf.

5 **Skineffekt.** Skin effect

Allgemeine Literatur: *Feldtkeller, E.:* Dielektrische und magnetische Materialeigenschaften I, II. Mannheim: Bibliograph. Inst. 1973. – *Kaden, H.:* Wirbelströme und Schirmung in der Nachrichtentechnik. Berlin: Springer 1959.

Gleichstrom durchsetzt den gesamten verfügbaren Leiterquerschnitt, Wechselströme können dagegen nur in die Außenbereiche einer Leiterstruktur eindringen. Die Stromdichten konzentrieren sich dabei auf diejenigen Bereiche, an denen bei Gleichstrom die größten magnetischen Felder auftreten.

Die Berechnung des Skineffekts erfolgt mit Gl. B 2 (10), wenn man den Verschiebungsstromanteil gleich Null setzt und $\underline{\varepsilon}_r = -j\kappa/\omega\varepsilon_0$ ansetzt. Man erhält dann

$$\underline{k} = \sqrt{-j\omega\mu_0\mu_r\kappa} = \sqrt{\omega\mu_0\mu_r\kappa/2}\,(1+j). \qquad (1)$$

Die in das leitende Material eindringende Welle hat ein Dämpfungsmaß $\alpha = 1/\delta$ und ein Phasenmaß gleicher Größe. Für die Stromdichte J gilt

$$\underline{J}(x) = \underline{J}(x=0)\exp(-x\sqrt{\omega\mu_0\mu_r\kappa/2}) \cdot \exp(-j\,x\sqrt{\omega\mu_0\mu_r\kappa/2})$$

$$|\underline{J}(x)| = |\underline{J}(x=0)|\,\exp(-x/\delta).$$

In einer Tiefe

$$\delta = \sqrt{2/(\omega\mu_0\mu_r\kappa)} \qquad (2)$$

sind alle Felder auf 1/e = 37% der an der Oberfläche vorhandenen Feldstärke abgesunken. δ nennt man Eindringmaß oder äquivalente Leichtschichtdicke. Mit wachsender Tiefe dreht sich die Phase linear. Diese Nacheilung ist in der Tiefe δ bereits 57,3° (entspricht dem Wert 1 im Bogenmaß), bei $\pi\delta$ erreicht die Phasendrehung 180°. Die Stromdichte ist dort gegenphasig zu der an der Oberfläche. Die Felder werden nach jeweils 2, 3δ um 10 dB geschwächt.

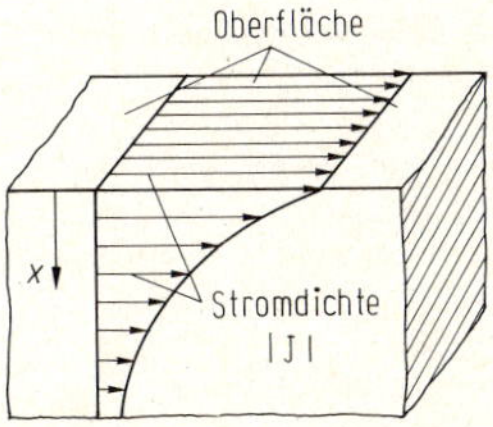

Bild 1. Skineffekt bei einem ebenen Leiter

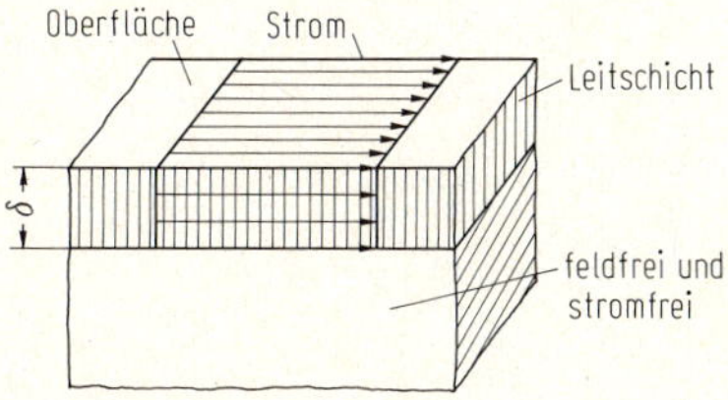

Bild 2. Zweischichtenleiter

Die Amplitudenabnahme ist in Bild 1 dargestellt. Für die Praxis kann man bei allen flachen Leitern, bei denen die Dicke $D > 10\delta$ ist oder bei runden Leitern, bei denen diese Beziehung für den Durchmesser gilt, annehmen, daß der Strom gleichmäßig verteilt in einer Oberflächenschicht der Dicke δ fließt und der darunter liegende Bereich stromlos ist (Bild 2). Man erhält mit dieser Annahme die richtigen Widerstandswerte. In Wirklichkeit sind die Felder unterhalb dieser Grenze vorhanden. Leitende Schichten auf isolierenden Trägern sollten also mindestens 5δ dick sein. Der ohmsche Widerstand langgestreckten runden Drahtes ist somit

$$R = l/(\kappa\delta D\pi),$$

wobei D der Durchmesser ist. $D\pi$ ist der Umfang, $\delta D\pi$ also näherungsweise der stromdurchflossene Querschnitt. Diese Berechnung ist um so genauer, je kleiner δ/d ist. Für alle anderen Querschnittsformen gilt entsprechend

$$R = l/\kappa\delta s,$$

wobei s der Umfang des Querschnitts ist.

Wegen der Phasenverschiebung der innenfließenden Stromteile hat die Gesamtimpedanz eines Leitungsstücks mit Skineffekt einen induktiven Anteil $j\omega L_i$, der gleich dem ohmschen Widerstand ist, $\underline{Z} = R + j\omega L_i = R(1+j)$. Zu diesem $j\omega L_i$ muß noch der durch äußere Magnetfelder bestimmte äußere induktive Widerstand $j\omega L_a$ addiert werden.

Zur Abschätzung der äquivalenten Leitschichtdicke δ kann Tab. 1 dienen. Für die Praxis berechnet man δ aus

$$\delta/\mu m = 64\,k_1/\sqrt{f/\text{MHz}}.$$

Tabelle 1. Flächenwiderstand R_F und Leitschichtdicke δ bei Silber. Für andere Materialien sind R_F und δ mit k_1 aus Tab. 2 zu multiplizieren

f	λ_0	δ in µm	R_F in mΩ
100 kHz	3 km	200	0,08
1 MHz	300 m	64	0,25
10 MHz	30 m	20	0,8
100 MHz	3 m	6,4	2,5
1 GHz	30 cm	2	8
10 GHz	3 cm	0,64	25
100 GHz	3 mm	0,2	80

Für Silber ist $k_1 = 1$. Die Faktoren für andere Materialien $(k_1 = \sqrt{\kappa_{\text{Silber}}/\kappa_{\text{Werkstoff}}})$ sind für 20 °C aus Tab. 2 zu entnehmen.

Tabelle 2. $k_1 = \kappa_{\text{Silber}}/\kappa_{\text{Werkstoff}}$ für einige Metalle

Metall	k_1 (bei 20 °C)
Silber	1
Kupfer	1,03
Gold	1,2
Aluminium	1,35
Zink	1,95
Messing	2,2
Platin	2,6
Zinn	2,7
Tantal	2,9
Konstantan	5,6
rostfreier Stahl	6,7
Kohle	≈ 50

Für Verlustberechnungen wird der ohmsche Hochfrequenzwiderstand eines Oberflächenstücks der Breite b und der Länge l benötigt. Dieser ist

$$R = \frac{1}{\kappa\delta}\,\frac{l}{b} = R_F\,\frac{l}{b}.$$

$R = 1/\kappa\delta$ hat die Einheit Ω und wird als Oberflächenwiderstand bezeichnet. Richtwerte sind in Tab. 1 gegeben. Die in ihm in Wärme umgesetzte Leistung beträgt in einem Flächenelement mit Länge l und Breite b

$$P = K^2 R_F\, lb/2, \tag{3}$$

wobei $K = H_{\tan}$ der gleichmäßig in der Leitschicht verteilte Strombelag (Scheitelwert) ist und $H_{\tan}$ die an der Oberfläche vorhandene magnetische Feldstärke. Für praxisnahe Berechnungen muß jedoch die Stromwegvergrößerung durch Oberflächenrauhigkeit berücksichtigt werden. Im Mikrowellenbereich oberhalb 1 GHz sind meist 3 bis 10% größere Werte für R_F zu erwarten.

Skineffekt bei Drähten. Für die genaue Berechnung des Skineffekts bei kreiszylindrischen Querschnitten sind Bessel-Funktionen nötig. Näherungsweise können jedoch die in den Gln. (4) bis (7) gegebenen Formeln verwendet werden. Dabei ist jeweils zunächst für die gegebene Frequenz und das Material die äquivalente Leitschichtdicke δ zu berechnen und dann mit dem Durchmesser D die geeignete Gleichung auszuwählen. R_0 ist der Gleichstromwiderstand eines runden, massiven Leiters mit dem Durchmesser D und der Länge l.

$$R_0 = 4l/(\pi\kappa D^2)$$

$$\text{für } D/\delta < 2 \text{ gilt:}\quad R = R_0, \tag{4}$$

$$2 < D/\delta < 4:\quad R = R_0\left[1 + \left(\frac{D}{5{,}3\,\delta}\right)^4\right], \tag{5}$$

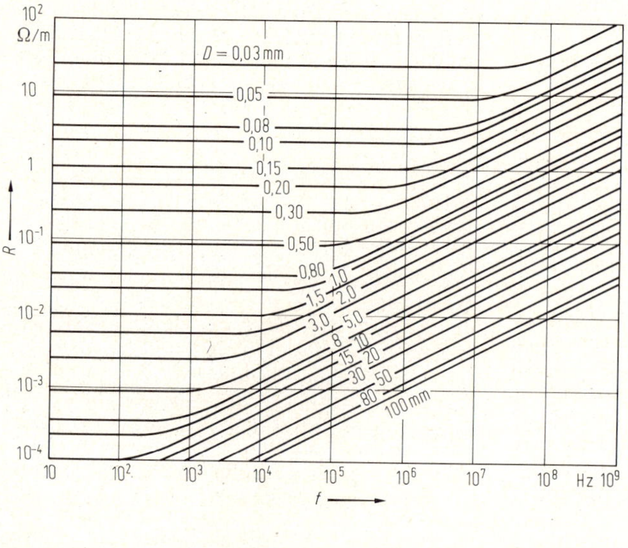

Bild 3. Widerstand runder Kupferdrähte

$$4 < D/\delta < 10\colon\ R = R_0\left(0{,}25 + \frac{D}{4\delta}\right), \quad (6)$$

$$D/\delta > 10\colon\ R = R_0\frac{D}{4\delta} = \frac{l}{\pi\kappa\delta D}. \quad (7)$$

Zum Abschätzen des Widerstands pro Meter Länge und zum Erkennen, ob der Skineffekt wirksam ist (Anstieg des Widerstands mit der Frequenz) dient Bild 3. Die dort angegebenen Kurven gelten für Kupfer und näherungsweise auch für versilberte Oberflächen. Skineffekt bei Rohren: Ist w die Wandstärke des Rohrs, so kann für $w/\delta < 1$ mit dem Gleichstromwiderstand gerechnet werden. Der Fehler bleibt dann unter 10%. Für $w/\delta > 2{,}5$ ist der Widerstand nur noch von der Leitschichtdicke bestimmt. Der Widerstand ist dann $R = l/(\kappa\delta D\pi)$, wobei D der Rohraußendruckmesser ist. Im Übergangsbereich wird der Widerstand des Rohrs bei $w/\delta = 1{,}6$ kleiner (etwa 90%) als der Widerstand eines massiven Drahts bei gleicher Frequenz. Dies ist dadurch erklärbar, daß beim massiven Draht in tieferen Schichten gegenphasige Ströme fließen, welche den Gesamtstrom verringern, die Verluste aber steigern.

Skineffekt in Bandleitern. Bei flachen Leitern, wie beispielsweise Blechen oder Bändern mit der Dicke s und der Breite b kann bei $s/\delta < 0{,}5$ mit dem Gleichstromwiderstand gerechnet werden (Fehler maximal 10%). Für $s/\delta > 5$ ist der Wechselstromwiderstand voll vom Skineffekt bestimmt, man rechnet also mit einer Querschnittfläche, die δ mal Umfang ist. Der Widerstand ergibt sich daraus näherungsweise zu $R = l/(2\kappa\delta b)$. Eine zusätzliche Widerstandserhöhung tritt durch Stromdichtekonzentration an den Querschnittsecken auf, wie in Bild 4 dargestellt. Dort ist die Konzentration des Magnetfeldes am größten. Je schärfer die Ecken sind, desto ausgeprägter ist die Wirkung. Bei Streifenleitungen ist darauf zu achten, daß nicht durch ausgefranste seitliche Begrenzungen Stromumwege auftreten, welche die Verluste vergrößern. Für ein gegebenes δ gibt es, ähnlich wie bei Rohren, eine optimale Blechdicke, die minimalen Widerstand bewirkt. Bei Blechen großer Dicke wirkt sich der Skineffekt voll aus. Das Innere ist stromlos und der Widerstand habe den Wert R_1. Bei Blechen, deren Dicke bezogen auf δ sehr klein ist ($s/\delta < 0{,}5$), wirkt sich der Skineffekt nicht aus, dafür ist aber die leitende Fläche klein und der Widerstand wesentlich größer als der Grenzwert R_1 für dicke Bleche ($s/\delta > 5$). Dazwischen liegt bei $s/\delta = \pi$ ein Minimum des Widerstands $R/R_1 = 0{,}9$, bei dem gegenphasige Ströme im Innern vermieden und damit die Verluste am kleinsten werden. Bild 5 stellt diesen Zusammenhang dar und ermöglicht für beliebige Materialien quantitative Aussagen. Diese Optimierung

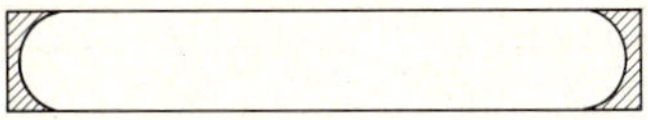

Bild 4. Stromkonzentration an Ecken

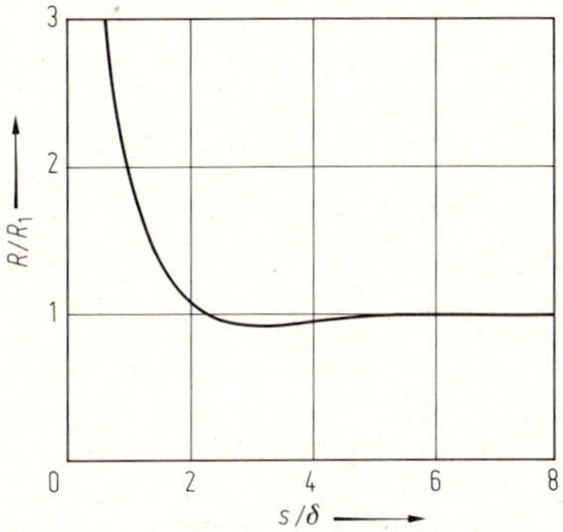

Bild 5. Widerstandsminimum bei Blechen

ist beispielsweise wichtig für die Gestaltung von Sammelschienen bei der induktiven Erwärmung.

Zweischichtenleiter. Dünne Schichten gutleitenden Materials auf schlechter leitendem Untergrund verhalten sich bei hohen Frequenzen, bei denen die Dicke der Schicht größer oder gleich dem für diese Material geltenden Eindringmaß δ ist, so, als ob der Gesamtkörper aus dem Oberflächenmaterial bestünde. Für Schichten mit einer Dicke $w = 1{,}6\,\delta$ erhält man eine geringfügige Verringerung des Widerstands gegenüber dem Wert, der sich für einen massiven Leiter aus dem Oberflächenmaterial ergäbe. Dieser Effekt entspricht dem Fall von rohrförmigen Leitern und ist um so weniger ausgeprägt, je weniger sich die Leitfähigkeit der Oberfläche von der des Grundmaterials unterscheidet.

Hochfrequenzlitze. Diese besteht aus mehreren voneinander isolierten dünnen Drähten, die so miteinander verflochten sind, daß jeder Einzeldraht innerhalb einer gewissen Länge jeden Ort innerhalb des Querschnitts mit gleicher Wahrscheinlichkeit einnimmt. Man erhält damit eine gleichmäßigere Stromdichteverteilung als bei Volldraht. Üblich sind Einzeldrahtdurchmesser im Bereich 0,04 bis 0,1 mm. Die Anzahl der parallelen Einzeldrähte liegt zwischen 20 und mehreren Tausend. Je dicker der benötigte Gesamtquerschnitt ist, desto niedriger ist die Frequenz, von der ab die Anwendung von HF-Litze sinnvoll ist. Bei Spulen und Übertragern für kleine Leistungen kann man im Bereich 1 bis 10 MHz die Verluste durch HF-Litze wesentlich verringern. Für höhere Frequenzen konzentriert sich die Stromdichte wegen der kapazitiven Verkopplung der Drähte über die dünnen Lackschichten wieder auf der Außenfläche der Gesamtstruktur.

Diese kapazitiven Effekte erhöhen die Verluste zusätzlich, so daß oberhalb 10 MHz die Anwendung relativ dicker Drähte günstiger ist, bei denen der Skineffekt wirksam ist, der große Umfang des Leiters aber die Verluste klein hält.

Leitende Wände, Abschirmungen. Jede leitende Wand in einem Hochfrequenzfeld, also auch in der Nähe eines von hochfrequentem Strom durchflossenen Leiters, zwingt die magnetischen Feldlinien, in Wandnähe parallel zur Wand zu verlaufen. Dabei werden Wandströme erzeugt, deren Strombelag K der Größe der magnetischen Stärke an der Wandoberfläche gleich ist, sofern ausgeprägter Skineffekt gegeben ist. Die Richtung von K ergibt sich aus $\boldsymbol{H} \times \boldsymbol{K} = \boldsymbol{e}_n$, wobei $\boldsymbol{e}_n$ die Flächennormale ist. Jede leitende Wand in der Nähe eines wechselstromdurchflossenen Leiters setzt elektrische Energie in Wärme um und erhöht so die Gesamtverluste. Schirmungen sollten also immer einen möglichst großen Abstand vom zu schirmenden Bauteil haben. Dabei ist jedoch zu beachten, daß störende Hohlraumresonanzen auftreten können und damit Maximalgrößen von Abschirmgehäusen vorgegeben sind.
Die Wanddicke muß wesentlich größer als das Eindringmaß δ bei der zu schirmenden Frequenz sein, damit bei Gehäusen die an der Außenwand auftretenden Felder hinreichend gedämpft sind. Für eine Zunahme der Wandstärke um jeweils 2, 3δ nimmt die Schirmdämpfung um 10 dB zu. Mehrere ineinanderliegende, voneinander isolierte Schirme wirken stärker als Einzelwände mit gleicher Gesamtdicke. Dies ergibt sich aus der Tatsache, daß in der Wand eine stark gedämpfte Welle senkrecht zur Wandoberfläche läuft, die an Grenzflächen reflektiert wird. Jeder Übergang Metall-Isolation bewirkt einen hohen Reflexionsfaktor. Bei tiefen Frequenzen und der dadurch bedingten großen Leitschichtdicken werden zweckmäßig Materialien mit großem μ_r verwendet.
Alle Öffnungen in Abschirmgehäusen können als Hohlleiter betrachtet werden, die von einer Grenzfrequenz $f_k = c_0/2a$ für Wellenfelder durchlässig sind. a ist die größte Querabmessung einer schlitzförmigen Öffnung. Die Schlitzhöhe ist dabei ohne Belang. Näheres in K 4.

6 Oberflächenstromdichte
Surface current density

Bei Leitungen mit L-Wellen (TEM-Wellen) sind nur Längsströme auf den Leitern vorhanden. Infolge des Skineffekts fließen diese Ströme als Strombelag K nur in der oberflächennächsten Schicht. Für Koaxialleitungen ergibt sich $K = I/\pi D$, wobei D der Durchmesser des betrachteten Leiters ist. Auf dem Außenleiter ist K entsprechend dem Durchmesserverhältnis D_i/D_a kleiner als auf dem Innenleiter. Die Verluste in einem Oberflächenelement berechnet man mit Gl. B 5 (3).
Bei homogenen Leitungen mit beliebigem Querschnitt kann die örtliche Verteilung von K aus der Feldverteilung ermittelt werden. Für einfache Leitungsquerschnitte (Zweidrahtleitung, Draht über leitender Ebene) können exakte Formeln aus der Theorie der konformen Abbildung [1] gewonnen werden. Bei beliebigen Querschnitten muß das statische elektrische Feldlinienbild für den Querschnitt ermittelt werden, dieses gilt auch für das Hochfrequenzfeld bei ausgeprägtem Skineffekt. Die Feldberechnung kann mit der Relaxationsmethode iterativ erfolgen oder auch durch Messungen mittels elektrolytischem Trog oder Graphitpapier. Eine einfache Methode ist das Einzeichnen von krummlinigen Quadraten, also Vierecken, bei denen die Winkel jeweils 90° und die Diagonalen gleich lang sind. Im Wellenfeld gilt an jedem Ort $E/H = Z_F$, wobei $Z_F = 377\,\Omega/\sqrt{\varepsilon_r}$ ist. Das durch das eingezeichnete Koordinatensystem gewonnene Bild stellt also die elektrischen und magnetischen Feldlinien dar. Orte mit großer elektrischer Feldstärke (große Feldliniendichte) entsprechen Orten großer magnetischer Feldstärke. An Leiteroberflächen ist der Strombelag K betragsgleich mit der dort auftretenden H. Kleine Abstände zwischen den an den Leitern auftreffenden E-Linien bedeuten somit großes K. Bild 1 a zeigt eine koaxiale Leitung mit flachem Innenleiter und eingezeichneten Feldlinien. Bild 1 b gibt die Abwicklungen der Leiter mit Strombelagpfeilen, die umgekehrt proportional zu den durch die Feldlinienabstände bestimmten Oberflächenabschnitten sind. In einem Streifen der Breite s ist der Strombelag proportional dem Wert $1/s$. Der Teilstrom in jedem Streifen ist also gleich. Bei n Streifen in Umfangrichtung erhält man daher für den i-ten Streifen als Strombelag

$$K_i = I/n s_i,$$

wobei I der Gesamtstrom und s_i die wahre Streifenbreite im realen Leitersystem ist. Die Verlustleistung P' pro Längeneinheit ist für den i-ten Streifen

$$P_i' = \frac{1}{2}\, K_i^2 R_F s_i = \frac{I^2 R_F}{2 n^2 s_i}.$$

Damit ergibt sich für die Gesamtverlustleistung P' eines Leiters pro Längeneinheit

$$P' = \frac{I^2 R_F}{2 n^2} \sum_1^n \frac{1}{s_i}.$$

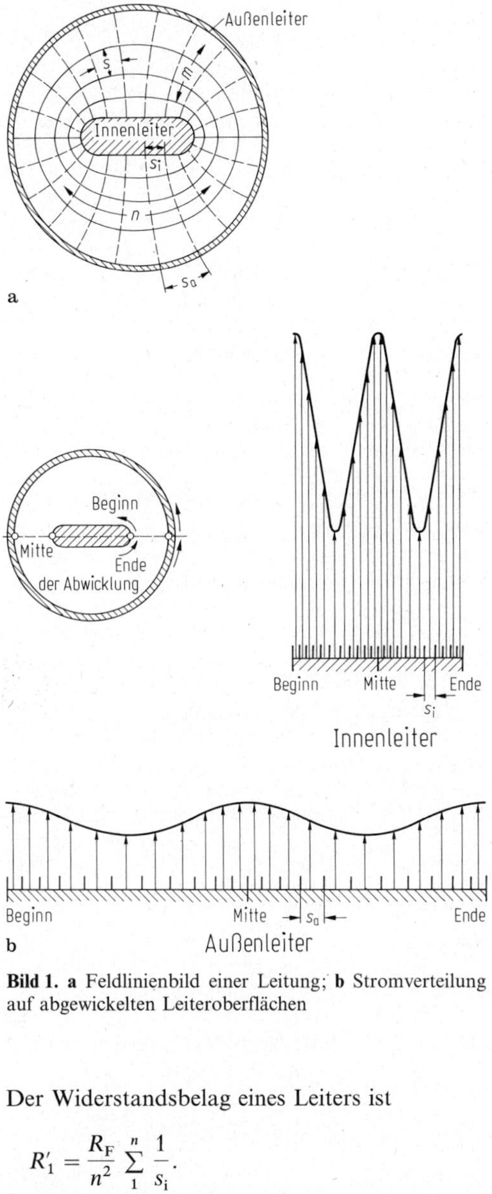

Bild 1. **a** Feldlinienbild einer Leitung; **b** Stromverteilung auf abgewickelten Leiteroberflächen

Der Widerstandsbelag eines Leiters ist

$$R_1' = \frac{R_F}{n^2} \sum_1^n \frac{1}{s_i}.$$

Der Widerstandsbelag R' der Gesamtleitung ist die Summe aus den Belägen von Hin- und Rückleitung.

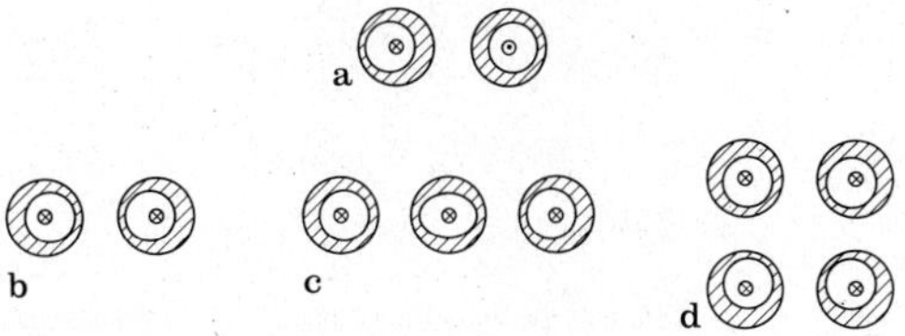

Bild 2. Stromverteilung bei parallelen Leitungen. **a** gegenläufige Stromrichtung; **b** bis **d** gleiche Stromrichtung

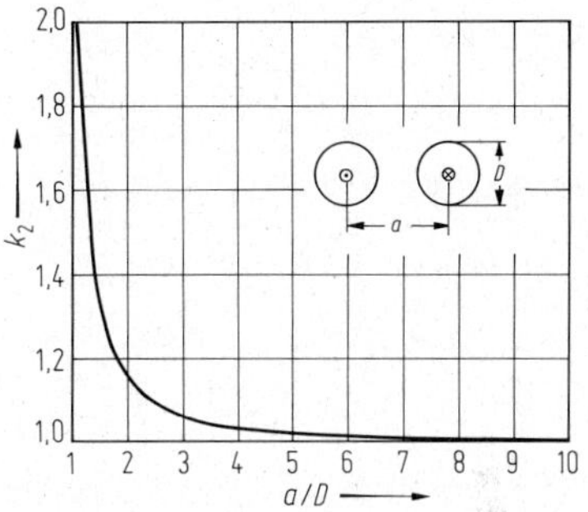

Bild 3. Widerstandserhöhung durch Proximityeffekt bei gegenläufigen Strömen

Proximityeffekt. Benachbarte Leiter beeinflussen sich gegenseitig. Bei in Längsrichtung inhomogenen Leiterstrukturen sind genaue Angaben über die Stromdichteverteilung meistens nicht möglich. Allgemein gilt jedoch, daß maximale Stromdichte an den Stellen maximaler Feldkonzentration auftritt. Es ergibt sich bei entgegengesetzter Stromrichtung (Hin- und Rückleiter einer Zweidrahtleitung) eine Stromverteilung nach Bild 2a. Die Widerstandserhöhung für jeden der beiden Drähte gegenüber dem Fall gleichmäßiger Feldverteilung am Umfang berechnet sich für ausgeprägten Skineffekt durch Multiplikation mit dem Faktor $k_2 = 1/\sqrt{1 - D^2/a^2}$, wobei D der Drahtdurchmesser und a der Abstand der Drahtmittelachsen ist. Diesen Zusammenhang zeigt Bild 3.

Bei gleichlaufenden Stromrichtungen konzentriert sich die Stromdichte auf den einander abgewandten Seiten (Bild 2b). Bei mehreren parallel laufenden Drähten mit gleicher Stromrichtung treten Konzentrationen an den Orten des stärksten Gesamtmagnetfeldes auf (Bild 2c und d).

C Grundlagen über elektrische Netzwerke, Leitungstheorie
Fundamentals on networks, transmission line theory

W. Entenmann (1 bis 4); **K. Lange** (5, 6); **J. Siegl** (7)

1 Netzwerkelemente und komplexe Frequenz
Network elements and complex frequency

Allgemeine Literatur: *Feldtkeller, R.:* Einführung in die Vierpoltheorie der elektrischen Nachrichtentechnik. Stuttgart: Hirzel 1962. – *Klein, W.:* Vierpoltheorie. Mannheim: B.I.-Hochschultaschenbücher 1971. – *Marko, H.:* Theorie linearer Zweipole, Vierpole und Mehrtore. Stuttgart: Hirzel 1971. – *Schüßler, H.W.:* Netzwerke, Signale und Systeme, I, II. Berlin: Springer 1981, 1984. – *Steinbuch, K.; Rupprecht, W.:* Nachrichtentechnik, 3. Aufl. Bd. I–III. Berlin: Springer 1982. – *Unbehauen, R.:* Elektrische Netzwerke. München: Oldenbourg 1981.

1.1 Klassifizierung elektrischer Netzwerke
Classes of electrical networks

Ein elektrisches Netzwerk besteht aus einer beliebigen Zusammenschaltung von Netzwerkelementen. Das elektrische Verhalten wird durch die an den Netzwerkelementen aufgrund der Erregung durch die Quellen auftretenden Ströme und Spannungen beschrieben. Elektrische Netzwerke sind Modelle für technische Schaltungen aus realen Bauelementen. Letztere können jedoch innerhalb bestimmter Bereiche der Ströme und Spannungen mit für praktische Anwendungen genügender Genauigkeit durch Ersatzschaltungen aus idealen Netzwerkelementen angenähert werden, wenn die geometrischen Abmessungen klein gegen die Wellenlänge sind, so daß die örtliche Ausbreitung der elektromagnetischen Felder nicht berücksichtigt werden muß.

Überlagerungsprinzip. Lineare Systeme, die das Überlagerungsprinzip erfüllen, werden durch lineare Differentialgleichungen beschrieben. Dies hat wiederum folgende wichtige Eigenschaft zur Folge. Erregt man ein lineares Netzwerk mit sinusförmigen Wechselgrößen einer bestimmten Frequenz f_0, sind im eingeschwungenen (stationären) Zustand alle auftretenden Ströme und Spannungen ebenfalls sinusförmige Wechselgrößen der gleichen Frequenz f_0. Dies schließt für $f_0 = 0$ das Gleichstromverhalten als Spezialfall mit ein.

Wird ein Netzwerk durch ein nichtsinusförmiges aber periodisches Signal erregt, entwickelt man dieses in eine Fourier-Reihe und erregt das Netzwerk mit jeder Signalkomponente einzeln. Nach dem Überlagerungsprinzip erhält man die Gesamtwirkung durch Summation der beobachteten Einzelwirkungen.

Die Untersuchung linearer Netzwerke im eingeschwungenen Zustand bei sinusförmiger Erregung ist von fundamentaler Bedeutung. Zum einen läßt sich damit das Frequenzverhalten (Gleich- und Wechselstromverhalten) einer Schaltung, das auch gemessen werden kann, berechnen, zum andern erhält man aus dem Frequenzverhalten durch Übergang vom reellen auf den komplexen Frequenzbereich mit den Methoden der Systemtheorie (Laplace-Transformation) auch das Zeitverhalten bei beliebiger Erregung (Einschwingvorgänge) [1].

1.2 Spannung, Strom, komplexe Frequenz, Leistung
Voltage, current, complex frequency, power

Spannung und Strom in Abhängigkeit von der Zeit t (Augenblickswerte) sind mit $u(t)$ bzw. $i(t)$ bezeichnet, Gleichgrößen mit U und I. Für die Wechselgrößen gilt

$$u(t) = U\cos(\omega t + \varphi_U) = \sqrt{2}\,U_{eff}\cos(\omega t + \varphi_U), \quad (1\,a)$$

$$i(t) = I\cos(\omega t + \varphi_I) = \sqrt{2}\,I_{eff}\cos(\omega t + \varphi_I), \quad (1\,b)$$

wobei U, I die Scheitelwerte und U_{eff}, I_{eff} die Effektivwerte der Spannung und des Stroms sind. Bild 1 zeigt als Beispiel den Verlauf der Spannung nach Gl. (1 a).

Spezielle Literatur Seite C 6

Komplexe Zeigergrößen. Für die Berechnung des Wechselstromverhaltens eines Netzwerks ist es zweckmäßig, die Beziehungen in Gl. (1) mit Hilfe der Eulerschen Formel

$$\exp(\mathrm{j}x) = \cos x + \mathrm{j}\sin x = \mathrm{Re}\{\exp(\mathrm{j}x)\} + j\,\mathrm{Im}\{\exp(\mathrm{j}x)\} \quad (2)$$

($\mathrm{j} = \sqrt{-1}$, Einheit der imaginären Zahlen) als Realteil komplexer Größen auszudrücken gemäß

$$u(t) = \mathrm{Re}\{U\exp[\mathrm{j}(\omega t + \varphi_\mathrm{U})]\} = \mathrm{Re}\{\sqrt{2}\,U_\mathrm{eff}\exp(\mathrm{j}\varphi_\mathrm{U})\exp(\mathrm{j}\omega t)\}, \quad (3\,\mathrm{a})$$

$$i(t) = \mathrm{Re}\{I\exp[\mathrm{j}(\omega t + \varphi_\mathrm{I})]\} = \mathrm{Re}\{\sqrt{2}\,I_\mathrm{eff}\exp(\mathrm{j}\varphi_\mathrm{I})\exp(\mathrm{j}\omega t)\}, \quad (3\,\mathrm{b})$$

$$\underline{U} = U\exp(\mathrm{j}\varphi_\mathrm{U}) \quad \text{und} \quad \underline{I} = I\exp(\mathrm{j}\varphi_\mathrm{I}) \quad (4)$$

als komplexe Zeigergrößen und

$$\underline{u}(t) = \underline{U}\exp(\mathrm{j}\omega t) \quad \text{und} \quad \underline{i}(t) = \underline{I}\exp(\mathrm{j}\omega t) \quad (5)$$

als komplexe Augenblickswerte. Damit läßt sich Gl. (3) auch schreiben als

$$u(t) = \mathrm{Re}\{\underline{u}(t)\} \quad \text{und} \quad i(t) = \mathrm{Re}\{\underline{i}(t)\}. \quad (6)$$

Bild 1 veranschaulicht die durch die Gln. (4) und (5) definierten Größen. $\underline{u}(t)$ ist ein in der komplexen Ebene mit der Winkelgeschwindigkeit ω im Gegenuhrzeigersinn umlaufender Zeiger. Die Spannung $u(t)$ nach Gl. (1) ergibt sich daraus als Projektion des Zeigers $\underline{u}(t)$ auf die Waagrechte (reelle Achse).

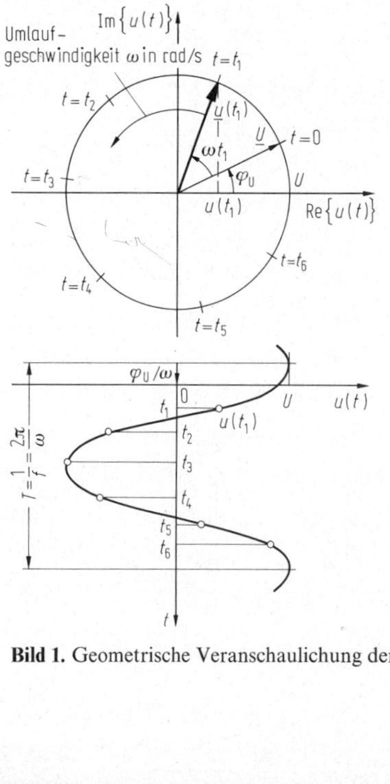

Bild 1. Geometrische Veranschaulichung der Zeigergrößen

Komplexe Frequenz. Man ersetzt den in den Gln. (3) und (5) auftretenden Ausdruck $\mathrm{j}\omega$ durch die komplexe Variable

$$\underline{p} = \sigma + \mathrm{j}\omega, \quad (7)$$

die man als komplexe Frequenz bezeichnet und die man in einer komplexen Ebene (Gaußsche Zahlenebene) gemäß Bild 2 darstellen kann. Die

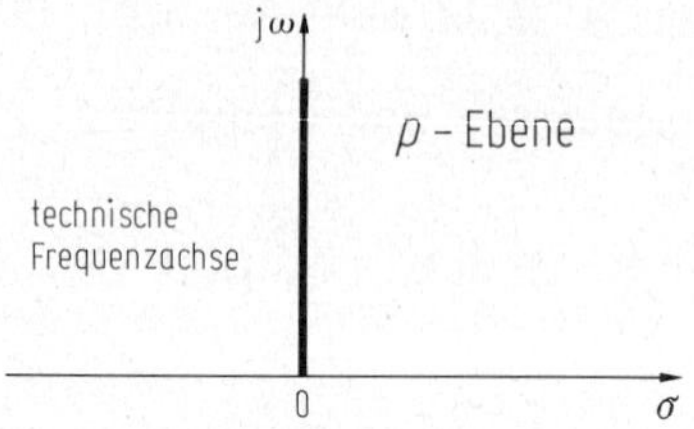

Bild 2. Komplexe Frequenzebene

imaginäre Achse ($\mathrm{j}\omega$-Achse) ist dann der geometrische Ort der (reellen) technischen Frequenzen. Die Einführung der komplexen Frequenz hat folgenden Sinn:

Alle bei linearen elektrischen Netzwerken auftretenden Zeitverläufe der Ströme und Spannungen sind damit einheitlich von der Form $\exp(\underline{p}t)$, wobei man für

$\underline{p} = 0$	Gleichgrößen,
$\underline{p} = \mathrm{j}\omega$	Wechselgrößen,
$\underline{p} = \sigma, \sigma \gtrless 0$ monoton	an-/ab-kling. Zeitfunktionen,
$\underline{p} = \sigma + \mathrm{j}\omega, \sigma \gtrless 0$	an-/ab-kling. Wechselgrößen

erhält [2].

Der Übergang von der imaginären Achse (technische Frequenzen) auf die gesamte komplexe $\underline{p}$-Ebene, erschließt erst in vollem Umfang die Eigenschaften der ein Netzwerk beschreibenden Funktionen. Man erhält dann reelle, rationale Funktionen von $\underline{p}$, die zu der einfachsten mathematischen Funktionsklasse gehören und die durch die Lage ihrer Pole und Nullstellen in der komplexen $\underline{p}$-Ebene eindeutig charakterisiert sind [3].

Wie bereits erwähnt, können nur auf die in der ganzen $\underline{p}$-Ebene definierten Netzwerkfunktionen die wirkungsvollen Hilfsmittel der Funktionentheorie angewandt werden. Dies ermöglicht u.a. die Berechnung des Zeitverhaltens mit der Laplace-Transformation, die Formulierung von Realisierbarkeitsbedingungen und die Aufstellung exakter Methoden zur Netzwerksynthese (s. F) [4].

Praktisch führt man daher alle Netzwerkberechnungen mit der komplexen Frequenzvariablen $\underline{p}$ durch und setzt erst bei der Auswertung der Ergebnisse für technische Frequenzen $\underline{p} = \mathrm{j}\omega$.

Leistung. Die in jedem Augenblick t verbrauchte Leistung wird als Augenblicksleistung bezeichnet und ist definiert als

$$P(t) = u(t)\, i(t)\,. \tag{8}$$

Bei Gleichgrößen ergibt sich für die verbrauchte Leistung ein konstanter Wert

$$P = U I, \tag{9}$$

der als Wirkleistung bezeichnet wird. Für zeitlich veränderliche Spannungen und Ströme ist die Wirkleistung definiert als der zeitliche Mittelwert von $p(t)$ gemäß

$$P = \lim_{t_0 \to \infty} \frac{1}{t_0} \int_0^{t_0} u(t)\, i(t)\, \mathrm{d}t. \tag{10}$$

Daraus folgt für die Wirkleistung bei Wechselgrößen mit Gl. (3) durch Integration über eine Periode

$$P = U_{\mathrm{eff}} I_{\mathrm{eff}} \cos\varphi. \tag{11}$$

Dabei ist $\varphi = \varphi_{\mathrm{U}} - \varphi_{\mathrm{I}}$ der Winkel zwischen den Zeigergrößen $\underline{U}$ und $\underline{I}$. Die Größe

$$P_{\mathrm{B}} = U_{\mathrm{eff}} I_{\mathrm{eff}} \sin\varphi \tag{12}$$

wird als Blindleistung und

$$P_{\mathrm{s}} = U_{\mathrm{eff}} I_{\mathrm{eff}} \tag{13}$$

als Scheinleistung bezeichnet. Wirk- und Blindleistung nach den Gln. (11) und (12) kann man formal auch als Real- und Imaginärteil einer komplexen Wechselleistung

$$\begin{aligned} \underline{P}_{\mathrm{s}} &= P + \mathrm{j} P_{\mathrm{B}} = U_{\mathrm{eff}} I_{\mathrm{eff}} (\cos\varphi + \mathrm{j} \sin\varphi) \\ &= U_{\mathrm{eff}} I_{\mathrm{eff}} \exp(\mathrm{j}\varphi)\, U_{\mathrm{eff}} \exp(\mathrm{j}\varphi_{\mathrm{U}})\, I_{\mathrm{eff}} \exp(\mathrm{j}\varphi_{\mathrm{I}}) \\ P &= \mathrm{Re}\{\underline{U}\, \underline{I}^*\}/2 \end{aligned} \tag{14}$$

interpretieren. Dabei bedeutet $\underline{I}^*$ die zu $\underline{I}$ konjugiert komplexe Zeigergröße $\underline{I}^* = I \exp(-\mathrm{j}\varphi_{\mathrm{I}})$. Die Scheinleistung nach Gl. (13) ist dann gleich dem Betrag der komplexen Wechselleistung

$$P_{\mathrm{s}} = |\underline{P}_{\mathrm{s}}| = \sqrt{P^2 + P_{\mathrm{B}}^2}\,. \tag{15}$$

1.3 Netzwerkelemente

Network elements

Tabelle 1 zeigt eine Zusammenstellung von Netzwerkelementen. Diese sind durch die jeweils angegebenen Strom-Spannungs-Beziehungen definiert. Die Herleitung der Beziehungen für die Zeigergrößen soll am Beispiel der Kapazität kurz erläutert werden. Aus

$$i(t) = C\, \mathrm{d}u(t)/\mathrm{d}t \tag{16}$$

Tabelle 1. Netzwerkelemente

Bezeichnung	Schaltbild	Definitionsgleichungen im Zeit- und Frequenzbereich	
Widerstand, Leitwert	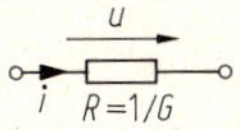	$u(t) = R i(t)$	$\underline{U} = R\underline{I}$
Induktivität	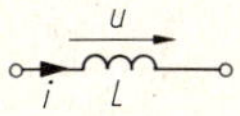	$u(t) = L \dfrac{\mathrm{d}i(t)}{\mathrm{d}t}$	$\underline{U} = \underline{p} L \underline{I}$
Kapazität	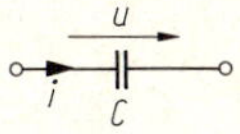	$i(t) = C \dfrac{\mathrm{d}u(t)}{\mathrm{d}t}$	$\underline{I} = \underline{p} C \underline{U}$
ideale Spannungsquelle	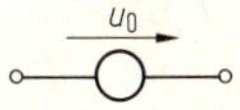	$u_0(t)$	$\underline{U}_0$
ideale Stromquelle	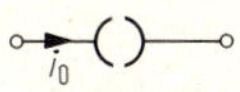	$i_0(t)$	$\underline{I}_0$
spannungsgesteuerte Spannungsquelle	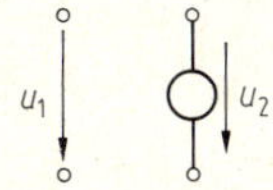	$u_2(t) = v u_1(t)$	$\underline{U}_2 = v \underline{U}_1$
stromgesteuerte Spannungsquelle	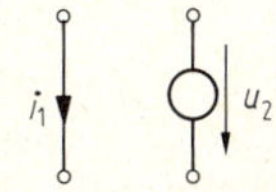	$u_2(t) = r i_1(t)$	$\underline{U}_2 = r \underline{I}_1$
spannungsgesteuerte Stromquelle	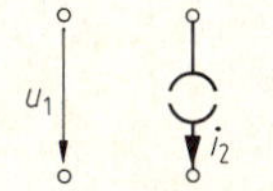	$i_2(t) = g u_1(t)$	$\underline{I}_2 = g \underline{U}_1$
stromgesteuerte Stromquelle	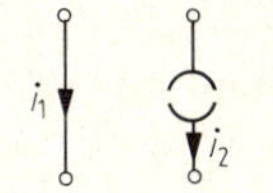	$i_2(t) = \beta i_1(t)$	$\underline{I}_2 = \beta \underline{I}_1$
idealer Übertrager	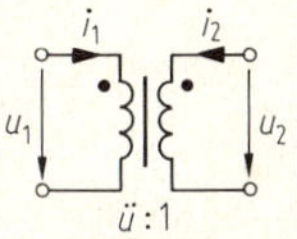	$u_1(t) = \ddot{u} u_2(t)$ $i_1(t) = -\dfrac{i_2(t)}{\ddot{u}}$	$\underline{U}_1 = \ddot{u} \underline{U}_2$ $\underline{I}_1 = -\dfrac{\underline{I}_2}{\ddot{u}}$
Gyrator	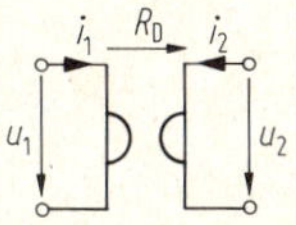	$u_1(t) = -R_{\mathrm{D}} i_2(t)$ $i_1(t) = \dfrac{u_2(t)}{R_{\mathrm{D}}}$	$\underline{U}_1 = -R_{\mathrm{D}} \underline{I}_2$ $\underline{I}_1 = \dfrac{\underline{U}_2}{R_{\mathrm{D}}}$
Nullator	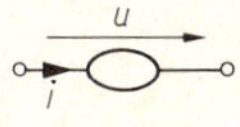	$u(t) = 0$ $i(t) = 0$	$\underline{U} = 0$ $\underline{I} = 0$
Norator	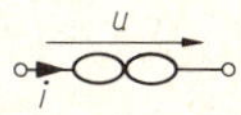	$u(t)$, $\underline{U}$ beliebig $i(t)$, $\underline{I}$ beliebig	
verlustlose Leitung	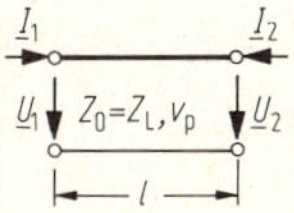	$\underline{I}_1 = -\mathrm{j} Y_0 \cot\vartheta\, \underline{U}_1 + \mathrm{j} \dfrac{Y_0}{\sin\vartheta} \underline{U}_2$ $\underline{I}_2 = \mathrm{j} \dfrac{Y_0}{\sin\vartheta} \underline{U}_1 - \mathrm{j} Y_0 \cot\vartheta\, \underline{U}_2$ $\vartheta = \dfrac{\omega l}{v_{\mathrm{p}}} = \dfrac{2\pi}{\lambda} l$	

folgt mit Gl. (6)

$$\underline{i}(t) = C\,\mathrm{d}\underline{u}(t)/\mathrm{d}t$$

und mit Gl. (5) durch Differentiation nach t

$$\underline{I} = \underline{p}C\underline{U}. \qquad (17)$$

Zählpfeile. Zur Festlegung der Zählpfeile in Tab. 1 ist zu bemerken, daß diese prinzipiell beliebig gewählt werden können, wenn man dies in der zugehörigen Formel für die Strom-Spannungs-Beziehung entsprechend berücksichtigt. Dreht man z. B. die Richtung des Zählpfeils der Spannung um, muß man das Vorzeichen der Spannungsvariablen gemäß Bild 3 ebenfalls ändern.

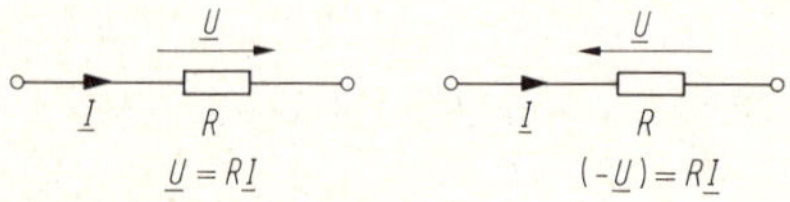

Bild 3. Zählpfeilfestlegung

Widerstand, Kapazität und Induktivität. R, C und L sind die gebräuchlichsten Netzwerkelemente. Den Verlauf des induktiven und kapazitiven Reaktanzwiderstands

$$X_\mathrm{L}(\omega) = \omega L \quad \text{und} \quad X_\mathrm{C}(\omega) = 1/(\omega C)$$

zeigt Bild 4 in doppelt logarithmischer Darstellung mit L und C als Parameter. Dem Diagramm kann man auch im Schnittpunkt der entsprechenden Geraden die Resonanzfrequenz

$$f_0 = 1/(2\pi\sqrt{LC})$$

von LC-Serien- oder Parallelschwingkreisen sowie die Grenzfrequenz

$$f_\mathrm{g} = 1/(2\pi RC) \quad \text{oder} \quad f_\mathrm{g} = L/(2\pi R)$$

von RC- bzw. RL-Gliedern entnehmen.

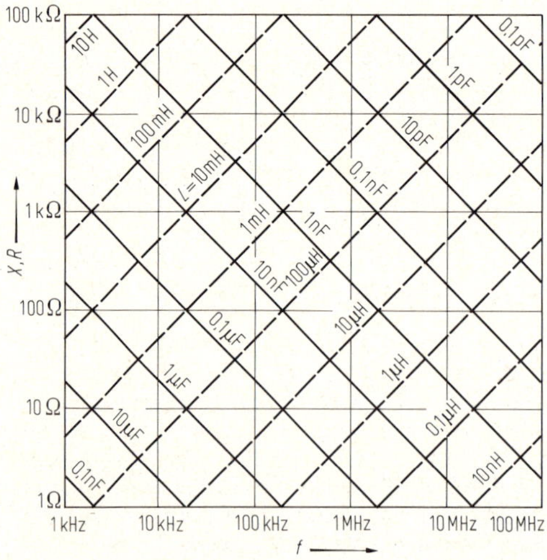

Bild 4. Reaktanzwiderstand von Spule und Kondensator als Funktion der Frequenz. (Ablesebeispiele: $C = 1\ \mu\mathrm{F}$, $f = 10\ \mathrm{kHz} \to X = 16\ \mathrm{k\Omega}$; $L = 10\ \mathrm{mH}$, $C = 10\ \mathrm{pF} \to f_0 = 600\ \mathrm{kHz}$; $R = 100\ \Omega$, $C = 1\ \mu\mathrm{F} \to f_\mathrm{g} = 1{,}6\ \mathrm{kHz}$)

Ideale Quellen. Die ideale Stromquelle prägt einen Strom I_0 ein, der Innenwiderstand ist unendlich groß, für $I_0 = 0$ stellt die Quelle einen Leerlauf dar, die Spannung an der Stromquelle kann beliebige Werte annehmen.
Die ideale Spannungsquelle prägt eine Spannung U_0 ein, der Innenwiderstand ist Null, für $U_0 = 0$ stellt die Quelle einen Kurzschluß dar, der Strom durch die Spannungsquelle kann beliebige Werte annehmen.

Gesteuerte Quellen. Die vier Arten von gesteuerten Quellen dienen z. B. zur einfachen Beschreibung von verstärkenden Bauelementen wie Röhren und Transistoren.

Gekoppelte Induktivitäten, Übertrager. Befinden sich zwei Spulen auf einem gemeinsamen Eisenkern gemäß Bild 5, werden sie vom gleichen magnetischen Fluß durchflossen. Sie sind damit magnetisch gekoppelt, so daß für die Ströme und Spannungen nach dem Induktionsgesetz im Zeit- und Frequenzbereich gilt

$$\begin{aligned}
u_1(t) &= L_{11}\frac{\mathrm{d}i_1(t)}{\mathrm{d}t} + L_{12}\frac{\mathrm{d}i_2(t)}{\mathrm{d}t}, \\
\underline{U}_1 &= \underline{p}L_{11}\underline{I}_1 + \underline{p}L_{12}\underline{I}_2 \\
u_2(t) &= L_{12}\frac{\mathrm{d}i_1(t)}{\mathrm{d}t} + L_{22}\frac{\mathrm{d}i_2(t)}{\mathrm{d}t}, \\
\underline{U}_2 &= \underline{p}L_{12}\underline{I}_1 + \underline{p}L_{22}\underline{I}_2
\end{aligned} \qquad (18)$$

dabei sind L_{11} und L_{22} die primäre und sekundäre Hauptinduktivität mit den Windungszah-

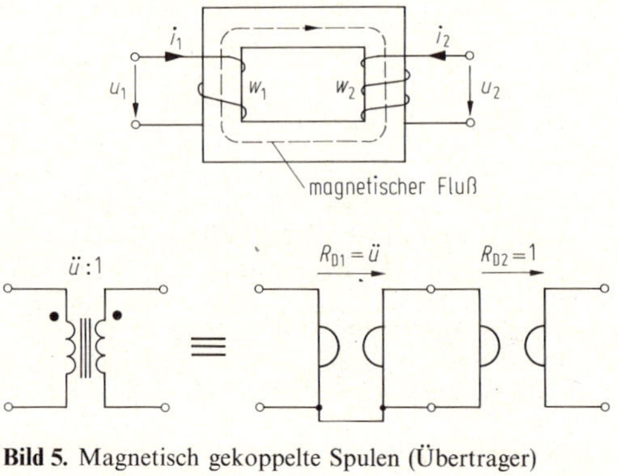

Bild 5. Magnetisch gekoppelte Spulen (Übertrager)

len w_1 bzw. w_2 und L_{12} ist die Gegeninduktivität oder Koppelinduktivität

$$L_{12} = k\sqrt{L_{11}L_{22}} \quad \text{mit} \quad 0 \leqq |k| \leqq 1. \tag{19}$$

Ist der Kopplungsfaktor $k = 0$, sind die Induktivitäten L_{11} und L_{22} nicht gekoppelt. Den Fall $|k| < 1$ bezeichnet man als lose und $|k| = 1$ als feste Kopplung. Das Vorzeichen von k ist positiv, wenn die Ströme i_1 und i_2 gleichsinnig gerichtete magnetische Flüsse erzeugen.

Gyrator. Beim Gyrator ist die Eingangsimpedanz dual zur Abschlußimpedanz bezüglich seines Dualitätswiderstands R_D

$$\underline{Z}_1 = R_D^2/\underline{Z}_2. \tag{20}$$

Der Gyrator ist ein Dualwandler, der bei der Analyse (s. C 2) und Synthese (s. I) von Schaltungen eine wichtige Rolle spielt [5]. Bild 6 zeigt eine für die Analyse von elektrischen Netzwerken wichtige Ersatzschaltung mit zwei spannungsgesteuerten Stromquellen.

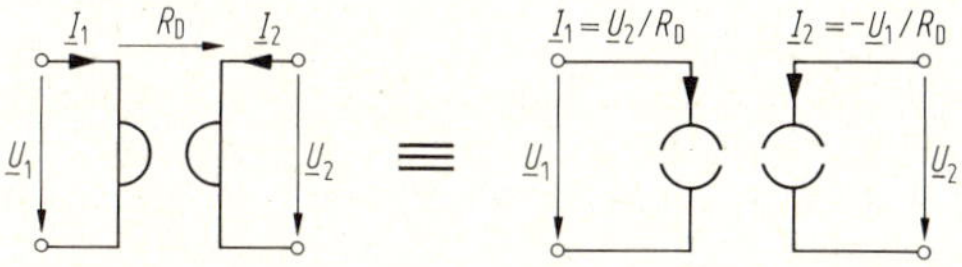

Bild 6. Ersatzschaltung für Gyrator

Nullator, Norator, Nullor. Die entarteten Elemente Nullator und Norator dienen u.a. zur Beschreibung des elektrischen Verhaltens von idealen Operationsverstärkern, die durch folgende Eigenschaften definiert sind (s. Bild 7):
Eingangswiderstand $R_1 = \infty$, d.h. $I_1 = 0$
Spannungsverstärkung $v_0 = \infty$, d.h. $U_1 = 0$ und $U_2 = v_0 U_1 =$ beliebig.
Innenwiderstand der Spannungsquelle am Ausgang $R_2 = 0$, d.h. $I_2 =$ beliebig.

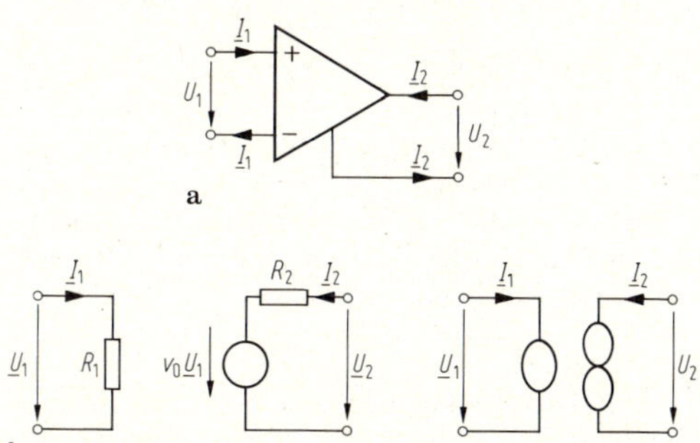

Bild 7. Idealer Operationsverstärker: **a** Schaltbild; **b** Ersatzschaltung mit $R_1 = \infty$, $R_2 = 0$, $v_0 = \infty$; **c** Nullor-Ersatzschaltung

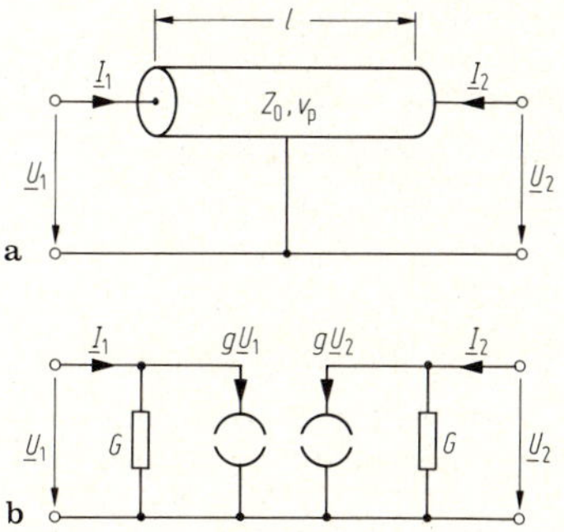

Bild 8. a Leitung; **b** Ersatzschaltung

Wenn U_2 und I_2 beliebig sein können, bedeutet dies, daß diese Größen nicht durch die Eigenschaften des Operationsverstärkers, sondern durch die äußere Beschaltung bestimmt werden. Ein Nullator-Norator-Paar bezeichnet man auch als Nullor. Die Zahl der Nullatoren und Noratoren ist in einem Netzwerk stets gleich groß [6].

Leitungen. Eine verlustlose homogene Leitung der Länge l mit dem Wellenwiderstand $Z_0 = 1/Y_0$ und der Phasengeschwindigkeit v_p gemäß Bild 8a kann z.B. durch die Ersatzschaltung aus zwei Leitwerten und zwei spannungsgesteuerten Stromquellen gemäß Bild 8b beschrieben werden. Für die frequenzabhängigen Leitwerte gilt

$$G = -\mathrm{j}\,Y_0 \cot\vartheta, \qquad g = \mathrm{j}\,Y_0/\sin\vartheta \quad \text{mit}$$
$$\vartheta = \omega l/v_p. \tag{21}$$

Diese Ersatzschaltung wird bei der Analyse benötigt (s. C 2).

Grundelemente. Es sei noch erwähnt, daß man zur Beschreibung beliebiger linearer Netzwerke im Prinzip nur fünf Netzwerkelemente benötigt: Widerstand, Kapazität, ideale Stromquelle, Nullator und Norator. Alle anderen Elemente können durch Ersatzschaltungen aus diesen dargestellt werden [6–8].

1.4 Normierung. Normalization

Für die numerische Berechnung von Schaltungseigenschaften ist es zweckmäßig, die technischen dimensionsbehafteten Größen auf geeignete Bezugsgrößen zu normieren. Diese sollten so gewählt werden, daß die sich ergebenden dimensionslosen Zahlenwerte bei Eins liegen, da dies die Mitte des Gleitkomma-Zahlenbereichs des Digitalrechners ist. Mit der Wahl

einer Bezugsfrequenz f_B[Hz] ($\omega_B = 2\pi f_B$[1/s]),
eines Bezugswiderstands R_B[Ω] und
einer Bezugsspannung U_B[V]

erhält man die abgeleiteten Bezugsgrößen

Bezugsinduktivität $L_B = R_B/(2\pi f_B)$ [H],
Bezugskapazität $C_B = 1/(2\pi f_B R_B)$ [F],
Bezugszeit und Bezugslaufzeit $T_B = 1/(2\pi f_B)$ [s],
Bezugsstromstärke $I_B = U_B/R_B$ [A],
Bezugslänge $l_B = c_0 \cdot T_B$ [m]
(c_0 Lichtgeschwindigkeit im Vakuum)

und daraus durch Division der technischen Größen durch die Bezugsgrößen die normierten Größen

$$\omega_n = \omega/\omega_B = f/f_B,$$
$$R_n = R/R_B,$$
$$L_n = L/L_B,$$
$$C_n = C/C_B,$$
$$t_n = t/T_B, \quad \tau_{gn} = \tau_g/T_B,$$
$$u_n = u/U_B,$$
$$i_n = i/I_B,$$
$$l_n = l/l_B,$$
$$v_{pn} = v_p/c_0.$$

Umgekehrt erhält man durch Entnormierung die technischen Größen aus den normierten Größen, indem man diese mit den entsprechenden Bezugsgrößen multipliziert. Im folgenden werden alle Größen normiert angenommen und zur Vereinfachung der Schreibweise der Index n weggelassen.

Spezielle Literatur: [1] *Unbehauen, R.:* Systemtheorie. München: Oldenbourg 1980. – [2] *Steinbuch, K.; Rupprecht, W.:* Nachrichtentechnik, Bd. I: Schaltungstechnik. Berlin: Springer 1982. – [3] *Schüßler, H. W.:* Netzwerke, Signale und Systeme, Bd. I. Berlin: Springer 1981. – [4] *Unbehauen, R.:* Synthese elektrischer Netzwerke. München: Oldenbourg 1972. – [5] *Tellegen, B. D. H.:* The gyrator, a new electric element. Philips Res. Rep. 3 (1948) 81–101. – [6] *Carlin, H. J.:* Singular network elements. IEEE Trans. CT-11 (1967) 67. – [7] *Carlin, H. J.; Youla, D. C.:* Network synthesis with negative resistors. Proc. IRE 49 (1961) 907–920. – [8] *Bruton, L. T.:* RC-active circuits. Englewood Cliffs: Prentice Hall 1980.

2 Netzwerkanalyse
Network analysis

Allgemeine Literatur s. unter C 1.

Die Netzwerkanalyse dient zur Berechnung sämtlicher Ströme und Spannungen eines Netzwerks, das aus einer beliebigen Zusammenschaltung der in C 1.3 behandelten Netzwerkelemente besteht. Die Punkte, an denen die Netzwerkelemente miteinander verbunden sind, werden als Knoten und die Verbindungen zwischen den Knoten als Kanten bezeichnet. Dadurch ist die Struktur eines Netzwerks festgelegt.

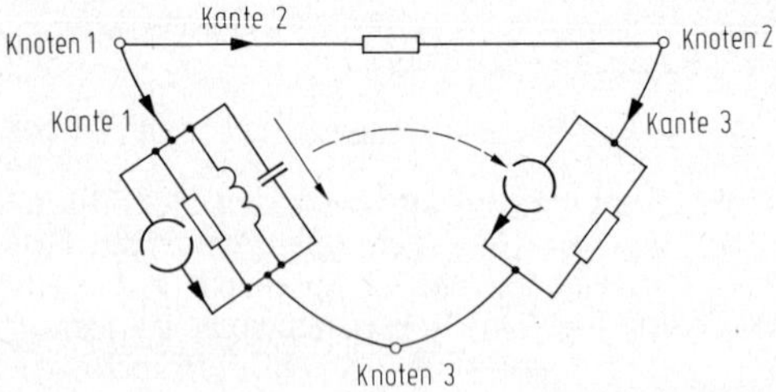

Bild 1. Netzwerkbeispiel

Die n Knoten und b Kanten eines Netzwerks numeriert man fortlaufend jeweils mit 1 beginnend durch. Bild 1 zeigt ein Beispiel. Die Kanten werden zweckmäßigerweise jeweils zum Knoten mit der höheren Knotennummer hin orientiert. Durch diese Kantenorientierung liegt die Richtung der Zählpfeile von Strom und Spannung für jede Kante fest. Die Beziehungen zwischen Strom und Spannung nach dem Ohmschen Gesetz sind für alle Netzwerkelemente in Tab. C 1.1 zusammengestellt.

2.1 Kirchhoffsche Gesetze
Kirchhoff's laws

Die Kirchhoffschen Gesetze dienen zur Formulierung der durch die Struktur des Netzwerks festgelegten Beziehungen zwischen den Kantenströmen einerseits und den Kantenspannungen andererseits.

Kirchhoffsches Stromgesetz (Knotenregel). Die Summe der in einen Knoten einfließenden Ströme ist gleich Null, d. h. am Knoten ξ gilt

$$\sum_{\mu} \underline{I}_{\mu} = 0. \tag{1}$$

Dabei wird der Strom $\underline{I}_{\mu}$ positiv gezählt, wenn er aus dem Knoten herausfließt, sonst negativ. Der Index μ läuft über alle Nummern der Kanten, die am Knoten ξ anstoßen. Zum Beispiel gilt für den Knoten 2 der Schaltung in Bild 1 nach Gl. (1) Knoten 2: $-\underline{I}_2 + \underline{I}_3 = 0$.

Kirchhoffsches Spannungsgesetz (Maschenregel). Die Summe aller Spannungen längs eines geschlossenen Weges ist gleich Null, d. h.

$$\sum_{\mu} \underline{U}_{\mu} = 0. \tag{2}$$

Spezielle Literatur Seite C 10

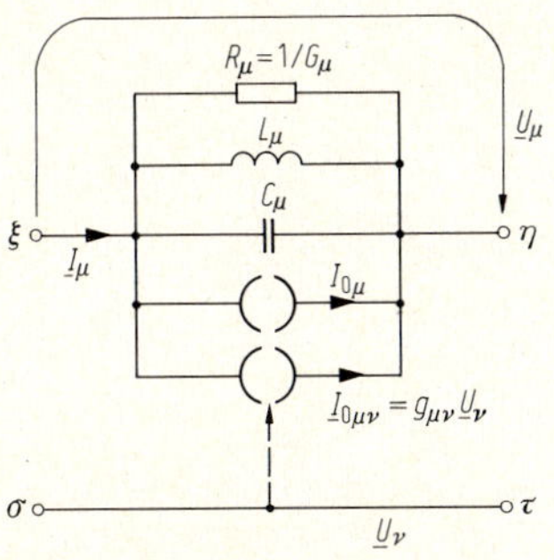

Bild 2. Kantendefinition

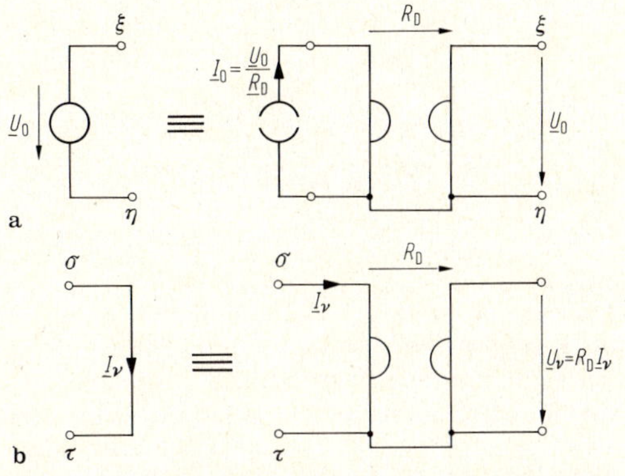

Bild 3. Ersatzschaltung für (**a**) Spannungsquelle; **b** steuerenden Kurzschlußstrom

Dabei wird die Spannung positiv gezählt, wenn ihr Zählpfeil in Umlaufrichtung zeigt, sonst negativ. Der Index μ läuft über alle Nummern der Kanten, die auf dem Weg liegen. Zum Beispiel gilt für die Schleife über die Kanten 1, 2 und 3 der Schaltung in Bild 1 nach Gl. (2)

$$-\underline{U}_1 + \underline{U}_2 + \underline{U}_3 = 0.$$

2.2 Knotenpotentialanalyse
Nodal analysis

Von den verschiedenen Analyseverfahren wie Schnittmengenanalyse, Knotenpotentialanalyse, Schleifenstromanalyse, Maschenstromanalyse, Tableaumethode, Zustandsanalyse u. a. ist die Knotenpotentialanalyse das einfachste und in der Praxis am häufigsten verwendete Verfahren. Es liegt auch den meisten Programmen zur Netzwerkanalyse zugrunde und soll daher im folgenden näher erläutert werden [1, 2].

Kantendefinition und Koordinatenwahl. Für die Knotenpotentialanalyse legen wir die Knoten und damit auch die Kanten des Netzwerks so fest, daß eine Kante μ zwischen den Knoten ξ und η aus der Parallelschaltung von mindestens einem der Elemente Widerstand, Kondensator, Spule, ideale Stromquelle und spannungsgesteuerte Stromquelle gemäß Bild 2 besteht. Alle Netzwerkelemente in Tab. C 1.1, die durch diese Kantendefinition nicht erfaßt sind, können beispielsweise gemäß Bild C 1.6 durch entsprechende Ersatzschaltungen auf diese zurückgeführt werden. Ideale und gesteuerte Spannungsquellen können mit Hilfe des Gyrators gemäß Bild 3 a durch entsprechende Stromquellen ersetzt werden. Ebenso kann man einen steuerenden Strom $\underline{I}_\nu$ in einer Kurzschlußkante, wie er bei stromgesteuerten Quellen auftritt, gemäß Bild 3 b auf eine steuerende Leerlaufspannung $\underline{U}_\nu = R_D \underline{I}_\nu$ am Ausgang des Gyrators zurückführen. Lediglich ideale Operationsverstärker erfordern gemäß Bild C 1.7 als zusätzliche Kantenelemente noch den Nullator und Norator, deren Behandlung jedoch zunächst zurückgestellt wird.

Als beschreibende Koordinaten ordnet man jedem Knoten ξ ein Knotenpotential $\underline{V}_\xi$ $(\xi = 1, 2, \ldots, n)$ zu, so daß jede Kantenspannung $\underline{U}_\mu$ als Differenz der beiden zugehörigen Knotenpotentiale ausgedrückt werden kann gemäß

$$\underline{U}_\mu = \underline{V}_\xi - \underline{V}_\eta. \tag{3}$$

Kantenbeziehungen (Ohmsches Gesetz). Die Strom-Spannungs-Beziehung nach dem Ohmschen Gesetz lautet für die Kante μ in Bild 2

$$\underline{I}_\mu = \left(G_\mu + \underline{p} C_\mu + \frac{1}{\underline{p} L_\mu}\right) \underline{U}_\mu + \underline{I}_{0\mu} + g_{\mu\nu} \underline{U}_\nu \quad (\mu = 1, 2, \ldots, b). \tag{4}$$

Für das Netzwerkbeispiel in Bild 1 erhält man nach Gl. (4)

$$\underline{I}_1 = \left(G_1 + \underline{p} C_1 + \frac{1}{\underline{p} L_1}\right) \underline{U}_1 + \underline{I}_{01} \qquad \underline{I}_2 = G_2 \underline{U}_2 \qquad \underline{I}_3 = G_3 \underline{U}_3 + g_{31} \underline{U}_1$$

oder s. Gl. (4) oder kürzer in Matrixschreibweise

$$\begin{pmatrix} \underline{I}_1 \\ \underline{I}_2 \\ \underline{I}_3 \end{pmatrix} = \begin{pmatrix} G_1 + \underline{p} C_1 + \frac{1}{\underline{p} L_1} & 0 & 0 \\ 0 & G_2 & 0 \\ g_{31} & 0 & G_3 \end{pmatrix} \begin{pmatrix} \underline{U}_1 \\ \underline{U}_2 \\ \underline{U}_3 \end{pmatrix} + \begin{pmatrix} \underline{I}_{01} \\ 0 \\ 0 \end{pmatrix}, \tag{5a}$$

$$\underline{I}_{(b)} = \underline{Y}_{e(b,b)}\,\underline{U}_{(b)} + \underline{I}_{0(b)}\,. \qquad (5b)$$

$$\underline{Y}_{e(b,b)} = \begin{pmatrix} & \text{Spalte } \mu & & \text{Spalte } \nu & \\ & \vdots & & \vdots & \\ \cdots & G_\mu + \underline{p}C_\mu + \dfrac{1}{\underline{p}L_\mu} & \cdots\cdots & g_{\mu\nu} & \cdots \\ & \vdots & & \vdots & \end{pmatrix} \text{Zeile } \mu. \qquad (5c)$$

Dabei ist $\underline{Y}_e$ die Kantenleitwertmatrix, $\underline{I}$ und $\underline{U}$ der Kantenstrom- bzw. -spannungsvektor und $\underline{I}_0$ der Kantenquellenstromvektor. Allgemein hat $\underline{Y}_e$ die in Gl. (5c) angegebene Gestalt. Ohne gesteuerte Quellen ist $\underline{Y}_e$ eine Diagonalmatrix. Alle nicht besetzten Positionen sind gleich Null.

Knotenbeziehungen (Kirchhoffsches Stromgesetz). Als nächstes stellt man für alle Knoten das Kirchhoffsche Stromgesetz nach Gl. (1) auf. Für das Beispiel in Bild 1 erhält man

Kante ⟶

	$\mu =$ 1	2	3		(6a)
Knoten $\xi =$ 1	$\underline{I}_1$	$\underline{I}_2$		$= 0$	
↓ 2		$-\underline{I}_2$	$\underline{I}_3$	$= 0$	
3	$-\underline{I}_1$		$-\underline{I}_3$	$= 0$	

oder

$$\begin{pmatrix} 1 & 1 & 0 \\ 0 & -1 & 1 \\ -1 & 0 & -1 \end{pmatrix} \begin{pmatrix} \underline{I}_1 \\ \underline{I}_2 \\ \underline{I}_3 \end{pmatrix} = \begin{pmatrix} 0 \\ 0 \\ 0 \end{pmatrix}, \qquad (6b)$$

oder kürzer in Matrixschreibweise

$$\underline{A}'_{(n,b)}\,\underline{I}_{(b)} = \mathbf{0}. \qquad (6c)$$

$\underline{A}'$ ist die vollständige oder indefinite Verknüpfungsmatrix. Man erhält sie sehr einfach, indem man in ein Schema gemäß Gl. (6a) für jede Kante μ in der entsprechenden Spalte die Nummern des Anfangs- und Endknotens in den Zeilen ξ und η durch $+1$ bzw. -1 markiert.

Koordinatenbeziehungen (Knotenpotentiale). Im folgenden Schritt drücken wir die Kantenspannungen gemäß Gl. (3) durch die Knotenpotentiale aus. Für das Beispiel in Bild 1 erhält man

$$\begin{aligned} \underline{U}_1 &= \underline{V}_1 - \underline{V}_3 \\ \underline{U}_2 &= \underline{V}_1 - \underline{V}_2 \quad \text{oder} \\ \underline{U}_3 &= \underline{V}_2 - \underline{V}_3 \end{aligned} \qquad (7a)$$

$$\begin{pmatrix} \underline{U}_1 \\ \underline{U}_2 \\ \underline{U}_3 \end{pmatrix} = \begin{pmatrix} 1 & 0 & -1 \\ 1 & -1 & 0 \\ 0 & 1 & -1 \end{pmatrix} \begin{pmatrix} \underline{V}_1 \\ \underline{V}_2 \\ \underline{V}_3 \end{pmatrix} \qquad (7b)$$

oder kürzer in Matrixschreibweise

$$\underline{U}_{(b)} = \underline{A}'^{\mathrm{T}}_{(b,n)}\,\underline{V}'_{(n)}\,. \qquad (7c)$$

$\underline{A}'^{\mathrm{T}}$ ist die transponierte Verknüpfungsmatrix.

Knotenpotentialgleichungssystem. Setzt man Gl. (5) in Gl. (6) ein, erhält man mit Gl. (7) für das Beispiel in Bild 1 das Knotenpotentialgleichungssystem (s. Gl. (8a) oder Gl. (8b))

$$\begin{aligned} \left(G_1 + G_2 + \underline{p}C_1 + \frac{1}{\underline{p}L_1}\right)\underline{V}_1 - G_2\underline{V}_2 - \left(G_1 + \underline{p}C_1 + \frac{1}{\underline{p}L_1}\right)\underline{V}_3 &= -\underline{I}_{01} \\ (-G_2 + g_{31})\,\underline{V}_1 + (G_2 + G_3)\,\underline{V}_2 - (G_3 + g_{31})\,\underline{V}_3 &= 0 \\ -\left(G_1 + \underline{p}C_1 + \frac{1}{\underline{p}L_1} + g_{31}\right)\underline{V}_1 - G_3\underline{V}_2 + \left(G_1 + G_3 + \underline{p}C_1 + \frac{1}{\underline{p}L_1} + g_{31}\right)\underline{V}_3 &= \underline{I}_{01} \end{aligned} \qquad (8a)$$

oder

$$\begin{pmatrix} G_1 + G_2 + \underline{p}C_1 + \dfrac{1}{\underline{p}L_1} & -G_2 & -G_1 - \underline{p}C_1 - \dfrac{1}{\underline{p}L_1} \\ -G_2 + g_{31} & G_2 + G_3 & -G_3 - g_{31} \\ -G_1 - \underline{p}C_1 - \dfrac{1}{\underline{p}L_1} - g_{31} & -G_3 & G_1 + G_3 + \underline{p}C_1 + \dfrac{1}{\underline{p}L_1} + g_{31} \end{pmatrix} \begin{pmatrix} \underline{V}_1 \\ \underline{V}_2 \\ \underline{V}_3 \end{pmatrix} = \begin{pmatrix} -\underline{I}_{01} \\ 0 \\ \underline{I}_{01} \end{pmatrix} \qquad (8b)$$

oder kürzer in Matrixschreibweise

$$\underline{Y}'_{(n,n)}\,\underline{V}'_{(n)} = \underline{J}'_{(n)} \tag{8c}$$

mit der (vollständigen oder indefiniten) Knotenleitwertmatrix

$$\underline{Y}'_{(n,n)} = \underline{A}'_{(n,b)}\,\underline{Y}_{e(b,b)}\,\underline{A}'^{T}_{(b,n)}\,. \tag{8d}$$

und dem Knotenquellenstromvektor

$$\underline{J}'_{(n)} = -\,\underline{A}'_{(n,b)}\,\underline{I}_{0(b)}\,. \tag{8e}$$

Das Gleichungssystem (8a–c) ist singulär, da die Summe der Elemente in jeder Zeile oder Spalte gleich Null ist und damit z. B. die Summe aller Zeilen eine Nullzeile ergibt. Ferner ist bemerkenswert, daß die Matrix $\underline{Y}'$ symmetrisch ist, wenn das Netzwerk keine gesteuerten Quellen enthält. Aus Gl. (8) erhält man nun ein nichtsinguläres Gleichungssystem, das eindeutig nach den gesuchten Knotenpotentialen aufgelöst werden kann, indem man z. B. das Knotenpotential $\underline{V}_n = 0$ wählt und die letzte Zeile und Spalte des Gleichungssystems (8) sowie die letzte Zeile der Verknüpfungsmatrix $\underline{A}'$ streicht. Für das Beispiel ergibt dies

$$\begin{pmatrix} G_1 + G_2 + \underline{p}C_1 + \dfrac{1}{\underline{p}L_1} & -G_2 \\ -G_2 + g_{31} & G_2 + G_3 \end{pmatrix} \begin{pmatrix} \underline{V}_1 \\ \underline{V}_2 \end{pmatrix} = \begin{pmatrix} -\underline{I}_{01} \\ 0 \end{pmatrix} \tag{9a}$$

oder kürzer in Matrixschreibweise allgemein statt Gln. (8c–e)

$$\underline{Y}_{(n-1,n-1)}\,\underline{V}_{(n-1)} = \underline{J}_{(n-1)} \tag{9b}$$

mit

$$\underline{Y}_{(n-1,n-1)} = \underline{A}_{(n-1,b)}\,\underline{Y}_{e(b,b)}\,\underline{A}^{T}_{(b,n-1)}\,, \tag{9c}$$

$$\underline{J}_{(n-1)} = -\,\underline{A}_{(n-1,b)}\,\underline{I}_{0(b)}\,. \tag{9d}$$

Dabei sind $\underline{Y}$ und $\underline{A}$ die unvollständige oder definite Knotenleitwertmatrix bzw. Verknüpfungsmatrix.
Da das Knotenpotentialgleichungssystem (9), wie das Beispiel zeigt, sehr einfach aufgebaut ist, kann es formal auch direkt anhand des Schaltbildes wie folgt aufgestellt werden.

Direkte Aufstellung des Knotenpotentialgleichungssystems. Man verwendet dazu am zweckmäßigsten ein Rechenschema gemäß Bild 4 als Repräsentation der Gl. (9b) und besetzt zunächst alle Positionen mit dem Wert Null vor. Dann werden nacheinander für jede Kante μ zwischen den Knoten ξ und η die Werte der Kantenelemente gemäß dem Muster in Bild 5 zeilen- und spaltenrichtig auf die schon vorhandenen Eintragungen in Bild 4 aufaddiert.

Nullatoren, Noratoren. Die eingangs zurückgestellte Berücksichtigung von Nullator- und Noratorkanten bei der Knotenanalyse soll nun nachgeholt werden. Ein Norator (Nullator) zwischen den Knoten ξ und η wird zum Schluß, wenn alle anderen Kanten berücksichtigt sind, in das Schema in Bild 4 dadurch eingebaut, daß man die Zeile (Spalte) ξ auf die Zeile (Spalte) η aufaddiert und die Zeile (Spalte) ξ streicht (Bild 5). Ist $\eta = n$, entfällt die Zeilen-(Spalten)-Addition und man muß nur die Zeile (Spalte) ξ streichen [3]. Bild 6 zeigt ein einfaches Beispiel hierzu.

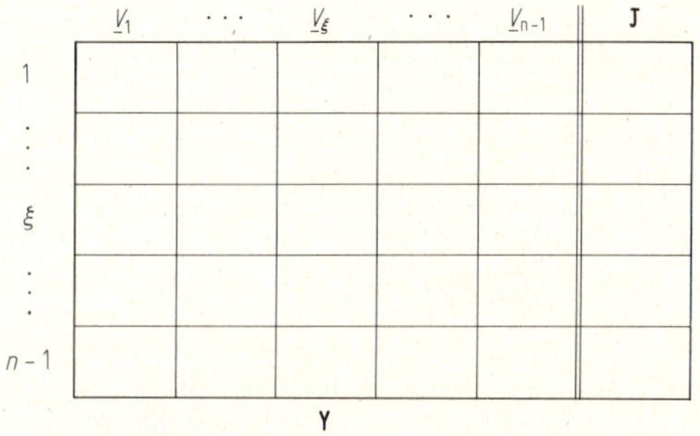

Bild 4. Rechenschema zur Aufstellung des Knotenpotentialgleichungssystems

	ξ	η	σ	τ	
ξ	$+g_\mu$	$-g_\mu$	$+g_{\mu\nu}$	$-g_{\mu\nu}$	$-\underline{I}_{0\mu}$
η	$-g_\mu$	$+g_\mu$	$-g_{\mu\nu}$	$+g_{\mu\nu}$	$+\underline{I}_{0\mu}$

mit $g_\mu = G_\mu + \underline{p}C_\mu + \dfrac{1}{\underline{p}L_\mu}$

Bild 5. Eintragungen für die Kante in das Rechenschema in Bild 4

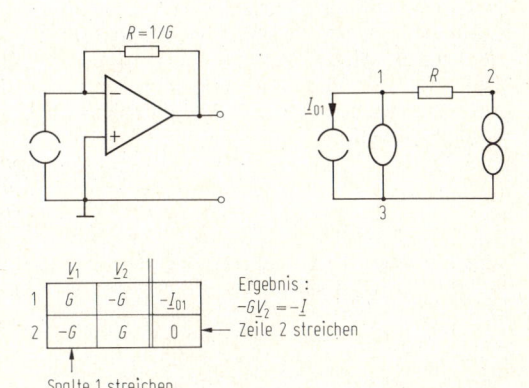

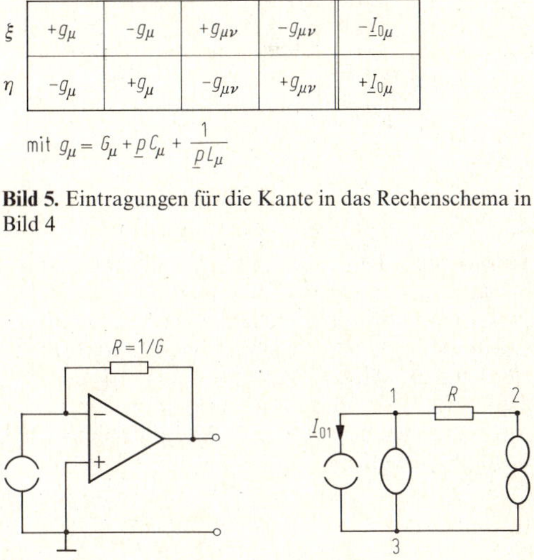

	$\underline{V}_1$	$\underline{V}_2$	
1	G	$-G$	$-\underline{I}_{01}$
2	$-G$	G	0

Ergebnis: $-G\underline{V}_2 = -\underline{I}$

Zeile 2 streichen

Spalte 1 streichen

Bild 6. Netzwerkbeispiel mit idealem Operationsverstärker

Lösungsverfahren. Zur Auflösung des Gleichungssystems (9) nach den gesuchten Knotenpotentialen $\underline{V}_1, \underline{V}_2, \dots, \underline{V}_{n-1}, \underline{V}_n = 0$ gibt es drei Möglichkeiten [4]:
a) In der Schreibweise der Matrizenrechnung lautet die formale Lösung des Knotenpotentialgleichungssystems (9 b)

$$\underline{V} = \underline{Y}^{-1} \underline{J}, \tag{10}$$

wobei $\underline{Y}^{-1}$ die zu $\underline{Y}$ inverse Matrix (Umkehrmatrix) ist.
b) Mit Hilfe der Determinantenrechnung erhält man nach der Cramerschen Regel die expliziten Lösungen

$$\underline{V}_\xi = \frac{\sum_{\nu=1}^{n-1} (-1)^{\xi+\nu} \cdot \det \underline{Y}_{\nu\xi} \cdot \underline{J}_\nu}{\det \underline{Y}}$$

$$(\xi = 1, 2, \dots, n-1). \tag{11}$$

Dabei ist $\det \underline{Y}_{\nu\xi}$ eine Unterdeterminante der Knotenleitwertmatrix $\underline{Y}$, bei der die Zeile ν und die Spalte ξ gestrichen sind.
c) Für die praktische numerische Lösung von Gl. (9 b) eignet sich am besten der Gauß-Algorithmus. Dazu setzt man in Gl. (9 b) $\underline{p} = \mathrm{j}\omega$ als Zahlenwert ein und löst das komplexwertige Gleichungssystem für jeden gewünschten Frequenzpunkt ω nach den komplexen Knotenpotentialen (Zeigergrößen) $\underline{V}_\xi$ auf [5].
Für das Beispiel in Bild 1 erhält man mit den normierten Elementewerten $G_1 = G_2 = C_1 = L_1 = 1$, $g_{31} = -2$, $I_{01} = -1$ aus Gl. (9 a) nach Gl. (11) für das Knotenpotential $\underline{V}_2$ beispielsweise

$$\underline{V}_2 = \frac{\begin{vmatrix} 2 + \underline{p} + 1/\underline{p} & 1 \\ -3 & 0 \end{vmatrix}}{\begin{vmatrix} 2 + \underline{p} + 1/\underline{p} & -1 \\ -3 & 2 \end{vmatrix}} = \frac{3/2}{\underline{p}^2 + \underline{p}/2 + 1}.$$

Programme. Bei allen Lösungsmethoden ist zu beachten, daß der Rechenaufwand bereits bei Netzwerken mit mehr als drei Knoten von Hand kaum mehr zu bewältigen ist. Es stehen aber inzwischen erprobte Programmsysteme [6] wie z. B. SPICE 2 [7] zur Verfügung, mit deren Hilfe auch große Netzwerke mit z. B. 100 Knoten berechnet werden können.

Spezielle Literatur: [1] *Unbehauen, R.*: Elektrische Netzwerke. München: Oldenbourg 1981. – [2] *Calahan, D. A.*: Rechnergestützter Schaltungsentwurf. München: Oldenbourg 1973. – [3] *Davies, A. C.*: The significance of nullators, norators and nullors in active-network theory. Radio Electron. Eng. 29 (1967) 259–267. – [4] *Zermühl, R.*: Matrizen und ihre technische Anwendung, 4. Aufl. Berlin: Springer 1964. – [5] *Kremer, H.*: Numerische Berechnung linearer Netzwerke und Systeme. Berlin: Springer 1978. – [6] *Kaplan, G.*: Computer-aided design. IEEE Spectrum 12 (1975) 40–47. – [7] *Nagel, L. W.*: SPICE 2, a computer program to simulate semiconductor circuits (Memorandum No ERL-M 520), Berkeley: College of Engineering, Univ. of California 1975.

3 Mehrpolige Netzwerke
Multipole networks

Allgemeine Literatur s. unter C 1.

Wird ein Netzwerk, wie es bei Anwendungen häufig der Fall ist, als Teilsystem z. B. in ein Übertragungssystem eingefügt, benötigt man zur Berechnung des Systemverhaltens nur die Beziehungen zwischen jenen Strömen und Spannungen des Netzwerks, die an seinen äußeren Klemmen auftreten, über die es mit dem übrigen System verbunden ist. Die Ströme und Spannungen im Innern des Netzwerks interessieren dabei nicht. Der Vorteil einer derartigen Mehrpol- oder Mehrtorbeschreibung gegenüber einer vollständigen Analyse des Netzwerks besteht in der wesentlich geringeren Zahl erforderlicher Gleichungen, die nur durch die Zahl der äußeren Klemmen bzw. Tore gegeben ist. Für die Anwendungen von besonderer Bedeutung sind Zweipole (Eintore), z. B. Quellen, Impedanzen und Zweitore, z. B. Filter, Entzerrer, Verstärker. Eine Tiefpaß-Hochpaß-Weiche ist ein Dreitor. Gabelschaltung, Zirkulator und Richtkoppler sind Beispiele für Viertore.

3.1 Zweipole (Eintore). One-ports

Der einfachste Mehrpol ist der Zweipol mit nur zwei nach außen zugänglichen Klemmen gemäß Bild 1. Da nach dem Kirchhoffschen Stromgesetz (Gl. C 2 (1)) $\underline{I}_2 = -\underline{I}_1$ gelten muß, ist der an dem Klemmenpaar ein- und ausfließende Strom gleich groß. Ein Klemmenpaar mit diesen Eigenschaften wird als *Tor* bezeichnet. Ein Zweipol ist daher auch ein Eintor.

Passiver Zweipol. Ein passiver Zweipol enthält im Innern keine Erregungen (ideale Quellen). Seine Eigenschaften ergeben sich durch Analyse. Dazu numeriert man z. B. die beiden äußeren Knoten mit 1 und n gemäß Bild 1 und die Knoten des Netzwerks im Innern des Zweipols mit $2, 3, \dots, n-1$ und erregt den Zweipol mit einer äußeren Stromquelle $\underline{I}_{01} = -\underline{I}_1$. Dann erhält man mit Hilfe der Knotenpotentialanalyse nach den Gln. C 2 (9) und C 2 (11)

$$\underline{U}_1 = (\det \underline{Y}_{11} / \det \underline{Y})\, \underline{I}_1. \tag{1}$$

Spezielle Literatur Seite C 19

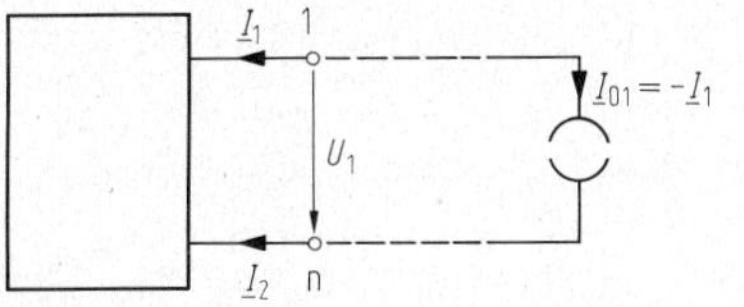

Bild 1. Zweipol

Das elektrische Verhalten eines passiven Zweipols ist somit durch seine Admittanz $\underline{Y}(\underline{p})$ oder seine Impedanz

$$\underline{Z}(\underline{p}) = 1/\underline{Y}(\underline{p}) = \det \underline{Y}_{11}/\det \underline{Y} = \underline{Q}(\underline{p})/\underline{N}(\underline{p}) \qquad (2)$$

vollständig charakterisiert.

Für RLCü-Zweipole ist $\underline{Z}(\underline{p})$ eine für reelle p reelle rationale Funktion der komplexen Frequenz $\underline{p}$ mit folgenden Eigenschaften:

- Alle Nullstellen der Polynome $\underline{Q}(\underline{p})$ und $\underline{N}(\underline{p})$ liegen in der offenen linken $\underline{p}$-Halbebene.
- $\underline{Z}(\underline{p})$ ist eine positive Funktion mit $\mathrm{Re}\{\underline{Z}(\mathrm{j}\omega)\} \geqq 0$ für alle Frequenzen ω.

Tabelle 1. Serien- und Parallelschwingkreis

	Serienschwingkreis	Parallelschwingkreis
	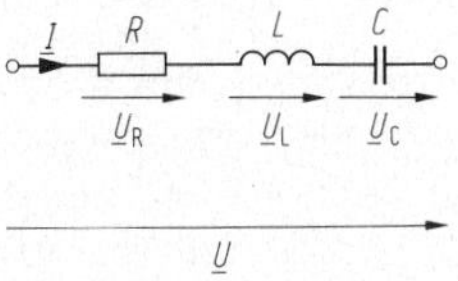	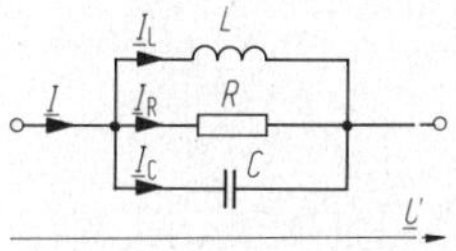
komplexer Widerstand bzw. Leitwert	$\underline{Z}(\mathrm{j}\omega) = R + \mathrm{j}\left(\omega L - \frac{1}{\omega C}\right)$	$\underline{Y}(\mathrm{j}\omega) = G + \mathrm{j}\left(\omega C - \frac{1}{\omega L}\right)$
Impedanz- bzw. Admittanzfunktion	$\underline{Z}(\underline{p}) = R + \underline{p}L + \frac{1}{\underline{p}C}$	$\underline{Y}(\underline{p}) = G + \underline{p}C + \frac{1}{\underline{p}L}$
bezogene Funktionen	$F = \begin{cases} \underline{Z}/R \\ \underline{Y}/G \end{cases} = \frac{Q}{\omega_0} \frac{\underline{p}^2 + \frac{\omega_0}{Q}\underline{p} + \omega_0^2}{\underline{p}} = Q \frac{\underline{p}'^2 + \frac{\underline{p}'}{Q} + 1}{\underline{p}'} = 1 + \tilde{\underline{p}}$	
Resonanzfrequenz	$f_0 = 1/(2\pi\sqrt{LC});\ \omega_0 = 1/\sqrt{LC}$	
bezogene Frequenz	$\underline{p}' = \underline{p}/\omega_0$	
charakteristische Impedanz bzw. Admittanz	$\left.\begin{matrix} Z_0 \\ 1/Y_0 \end{matrix}\right\} = \sqrt{\frac{L}{C}}$	
Güte	$Q = \frac{\omega_0 L}{R} = \frac{Z_0}{R}$, $\quad Q = \frac{\omega_0}{(-2\alpha)}$,	$Q = \frac{\omega_0 C}{G} = \frac{Y_0}{G}$
Verlustfaktor	$d = 1/Q$	
Bandbreite	$B = f_0/Q$	
Referenzfrequenz	$\tilde{\underline{p}} = Q\left(\underline{p}' + \frac{1}{\underline{p}'}\right)$, $\tilde{\underline{p}} = \mathrm{j}\tilde{\omega}$	
Verstimmung	$v = \tilde{\omega}/Q = \omega' - \frac{1}{\omega'} = \frac{\omega}{\omega_0} - \frac{\omega_0}{\omega}$	
Phasenwinkel	$\tan\varphi = \tilde{\omega} = Qv = Q\left(\omega' - \frac{1}{\omega'}\right) = Q\left(\frac{\omega}{\omega_0} - \frac{\omega_0}{\omega}\right)$	
Betrag von Z' bzw. Y'	$F = \sqrt{1 + \tilde{\omega}^2} = \sqrt{1 + Q^2 v^2} = \sqrt{1 + \left(\omega' - \frac{1}{\omega'}\right)^2} = \sqrt{1 + \left(\frac{\omega}{\omega_0} - \frac{\omega_0}{\omega}\right)^2}$	
Nullstellen von $\underline{Z}(p)$ bzw. $\underline{Y}(p)$	Für $Q \geqq \frac{1}{2}$: $\quad (-\alpha) = \frac{\omega_0}{2Q}$, $\beta = \pm\,\omega_0\sqrt{1 - \frac{1}{4Q^2}}$ Für $Q < \frac{1}{2}$: $\quad (-\alpha_{1,2}) = \frac{\omega_0}{2Q}(1 \pm \sqrt{1 - 4Q^2})$	

Die *Reaktanzen* oder LC-Zweipole sind ein wichtiger Spezialfall des allgemeinen passiven Zweipols. Sie enthalten keine Widerstände und sind daher verlustlose Schaltungen. Bezüglich weiterer Eigenschaften wird auf die Spezialliteratur über Netzwerksynthese verwiesen.

Schwingkreis. In Tab. 1 sind einige wichtige Beziehungen für Serien- und Parallelschwingkreise zusammengestellt [1]. Bild 2 zeigt das Zeigerdiagramm für die Spannungen und Ströme des Serienschwingkreises. Für den Parallelschwingkreis sind Ströme und Spannungen entsprechend zu vertauschen (Angaben in Klammern).

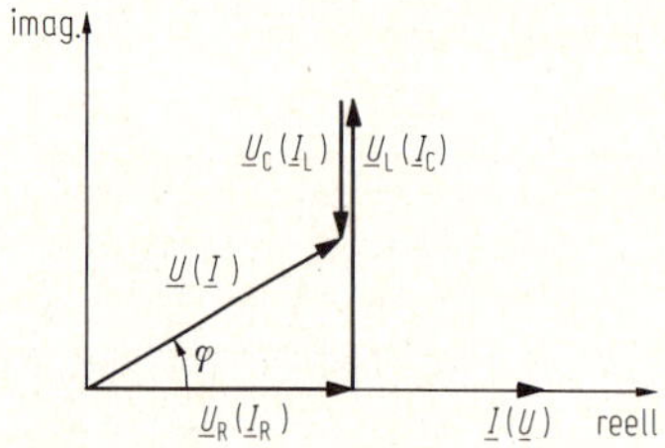

Bild 2. Zeigerdiagramm des Serienschwingkreises (Parallelschwingkreises)

Aktiver Zweipol. Enthält der Zweipol im Innern Quellen (Bild 3), ergibt die Knotenpotentialanalyse

$$\underline{U}_1 = -(\det \underline{Y}_{11}/\det \underline{Y})\,\underline{I}_1 - (\det \underline{Y}_{21}/\det \underline{Y})\,\underline{J}_2 + \ldots + (-1)^n(\det \underline{Y}_{n-1,1}/\det \underline{Y})\,\underline{J}_{n-1},$$

oder durch Zusammenfassen der Anteile der inneren Erregungen

$$\underline{U}_1 = -\underline{Z}_1\,\underline{U}_1 + \underline{U}_0, \tag{3a}$$

oder nach $\underline{I}_1$ aufgelöst;

$$\underline{I}_1 = -\underline{Y}_1\,\underline{U}_1 + \underline{I}_0 \quad \text{mit} \quad \underline{Y}_1 = 1/\underline{Z}_1 \quad \text{und} \quad \underline{I}_0 = \underline{U}_0/\underline{Z}_1. \tag{3b}$$

$\underline{Z}_1 = 1/\underline{Y}_1$ ist der Klemmenwiderstand, den man mißt, wenn alle inneren idealen Quellen zu Null gesetzt werden. $\underline{U}_0$ ist die an den Klemmen auftretende Leerlaufspannung und $\underline{I}_0$ der bei Kurzschluß fließende Strom.

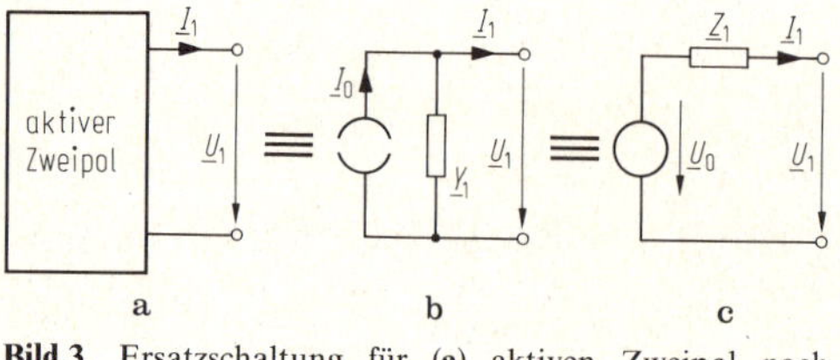

a b c

Bild 3. Ersatzschaltung für (**a**) aktiven Zweipol nach (**b**) Helmholtz und (**c**) Mayer

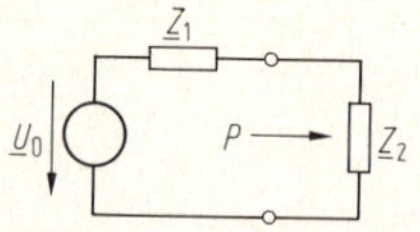

Bild 4. Quelle mit Innenwiderstand und Lastimpedanz. Wirkleistungsanpassung

Wirkleistungsanpassung. Eine Spannungsquelle $\underline{U}_0$ mit dem Innenwiderstand $\underline{Z}_1$ gemäß Bild 4 gibt an einen Lastwiderstand $\underline{Z}_2$ die maximale Wirkleistung

$$P_0 = |\underline{U}_0|^2/(8\,\mathrm{Re}\{\underline{Z}_1(\mathrm{j}\omega)\}) \tag{4}$$

ab, wenn der Lastwiderstand gleich dem konjugiert komplexen Innenwiderstand ist, d. h.

$$\underline{Z}_2 = \underline{Z}_1^*. \tag{5}$$

Dies ist aus physikalischen Gründen nicht für alle Frequenzen sondern allenfalls für einzelne Frequenzpunkte erfüllbar.

3.2 Mehrpole, Mehrtore. Multiports

Mehrpole. Bild 5 zeigt einen Mehrpol mit m nach außen zugänglichen Klemmen mit den einfließenden Klemmenströmen $\underline{I}_1, \underline{I}_2, \ldots, \underline{I}_m$ und den auf einen beliebigen Nullpunkt bezogenen Klemmenspannungen $\underline{U}_1, \underline{U}_2, \ldots, \underline{U}_m$. Enthält der Mehrpol im Innern keine Erregungen (ideale Quellen), kann man die Beziehungen zwischen den äußeren Variablen mit Hilfe der Knotenpotentialanalyse berechnen, indem man die inneren Knoten mit $m+1, \ldots, n$ numeriert und den m-Pol an jedem äußeren Knoten $1, \ldots, m$ gegenüber dem Bezugspunkt mit einer Stromquelle $\underline{I}_{0\mu} = -\underline{I}_\mu$ $(\mu = 1, \ldots, m)$ erregt. Eliminiert man in dem entstehenden vollständigen Knotenpotentialgleichungssystem nach Gl. C 2 (8c)

$$\begin{array}{c} \\ 1 \\ \vdots \\ m \\ \hline m+1 \\ \vdots \\ n \end{array}
\begin{pmatrix} \begin{array}{c|c} 1 \ldots m & m+1 \ldots m \\ \underline{\mathbf{Y}}_{aa} & \underline{\mathbf{Y}}_{ai} \\ \hline \underline{\mathbf{Y}}_{ia} & \underline{\mathbf{Y}}_{ii} \end{array} \end{pmatrix}
\begin{pmatrix} \underline{U}_1 \\ \vdots \\ \underline{U}_m \\ \hline \underline{V}_{m+1} \\ \vdots \\ \underline{V}_n \end{pmatrix}
=
\begin{pmatrix} \underline{I}_1 \\ \vdots \\ \underline{I}_m \\ \hline 0 \\ \vdots \\ 0 \end{pmatrix}$$

oder ausmultipliziert (6)

$$\underline{\mathbf{Y}}_{aa}\,\underline{\mathbf{U}} + \underline{\mathbf{Y}}_{ai}\,\underline{\mathbf{V}} = \underline{\mathbf{I}}, \qquad \underline{\mathbf{Y}}_{ia}\,\underline{\mathbf{U}} + \underline{\mathbf{Y}}_{ii}\,\underline{\mathbf{V}} = \mathbf{0}$$

die inneren Knotenpotentiale $\underline{V}_\mu$ $(\mu = m+1, \ldots, n)$, erhält man das vollständige (definite) Polleitwertgleichungssystem

$$(\underline{\mathbf{Y}}_{aa} - \underline{\mathbf{Y}}_{ai}\,\underline{\mathbf{Y}}_{ii}^{-1}\,\underline{\mathbf{Y}}_{ia})\,\underline{\mathbf{U}} = \underline{\mathbf{I}} \quad \text{oder kürzer} \quad \underline{\mathbf{Y}}_{(m,m)}\,\underline{\mathbf{U}}_{(m)} = \underline{\mathbf{I}}_{(m)}. \tag{7}$$

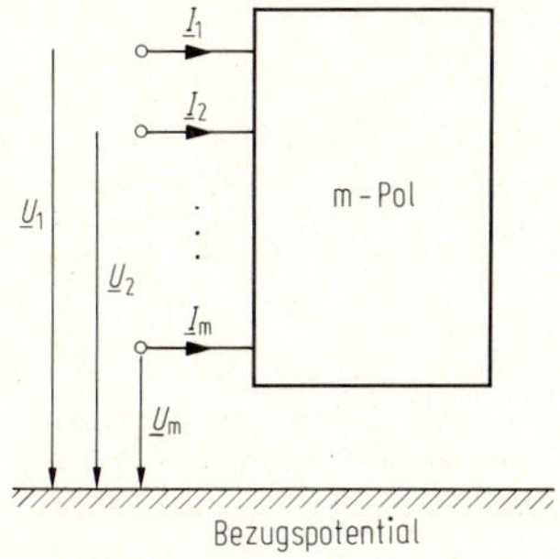

Bild 5. Mehrpol

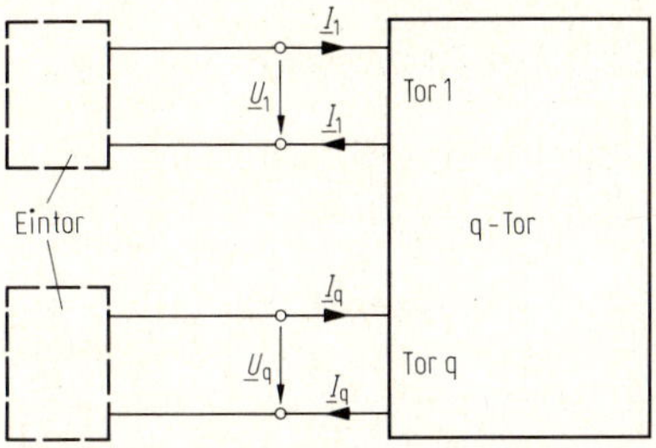

Bild 6. Mit Eintoren beschaltetes Mehrtor

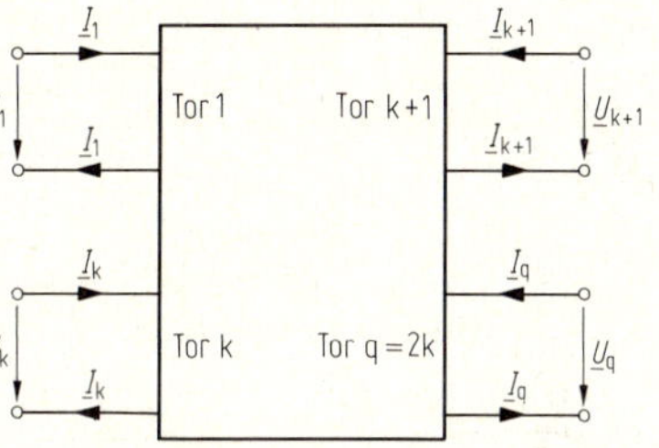

Bild 7. Torzahlsymmetrisches Mehrtor

Wie in Gl. C 2 (8c) ist auch hier die Summe der Elemente in jeder Zeile und Spalte gleich Null. Wählt man als Bezugspunkt einen der äußeren Knoten, z. B. die Klemme m mit $\underline{U}_{\mathrm{m}} = 0$, folgt aus Gl. (7) durch Streichen der letzten Zeile und Spalte das nichtsinguläre definite Gleichungssystem

$$\underline{\boldsymbol{Y}}_{(\mathrm{m}-1,\,\mathrm{m}-1)}\,\underline{\boldsymbol{U}}_{(\mathrm{m}-1)} = \underline{\boldsymbol{I}}_{(\mathrm{m}-1)} \tag{8}$$

mit der Polleitwertmatrix $\underline{\boldsymbol{Y}}$ und dem Klemmenspannungs(-strom)vektor $\underline{\boldsymbol{U}}\,(\underline{\boldsymbol{I}})$.

Mehrtore. Betreibt man einen Mehrpol, indem man seine äußeren Klemmen paarweise durch äußere Eintore gemäß Bild 6 beschaltet, so daß die pro Klemmenpaar einfließenden Ströme entgegengesetzt gleich sind, erhält man ein Mehrtor mit den Torströmen $\underline{I}_1, \ldots, \underline{I}_{\mathrm{q}}$ und den Torspannungen $\underline{U}_1, \ldots, \underline{U}_{\mathrm{q}}$. Diese sind über die Torleitwertgleichungen

$$\underline{\boldsymbol{Y}}_{(\mathrm{q},\mathrm{l})}\,\underline{\boldsymbol{U}}_{(\mathrm{q})} = \underline{\boldsymbol{I}}_{(\mathrm{q})} \tag{9}$$

miteinander verknüpft. $\underline{\boldsymbol{Y}}$ ist die Torleitwertmatrix und $\underline{\boldsymbol{U}}\,(\underline{\boldsymbol{I}})$ ist der Torspannungs(-strom)-vektor.

Gl. (9) erhält man aus den vollständigen Polleitwertgleichungen $\underline{\boldsymbol{Y}}'_{(\mathrm{m},\mathrm{m})}\underline{\boldsymbol{U}}'_{(\mathrm{m})} = \underline{\boldsymbol{I}}'_{(\mathrm{m})}$ in Gl. (7) der Dimension $m = 2q$ durch folgende Substitutionen

$$\begin{array}{lll}
\underline{U}'_1 - \underline{U}'_2 = \underline{U}_1, & \underline{I}'_1 = \underline{I}_1, & \underline{I}'_2 = -\underline{I}_1, \\
\underline{U}'_3 - \underline{U}'_4 = \underline{U}_2, & \underline{I}'_3 = \underline{I}_2, & \underline{I}'_4 = -\underline{I}_2, \\
\vdots & \vdots & \vdots \\
\underline{U}'_{2\mathrm{q}-1} - \underline{U}'_{2\mathrm{q}} = \underline{U}_{\mathrm{q}}, & \underline{I}'_{2\mathrm{q}-1} = \underline{I}_{\mathrm{q}}, & \underline{I}'_{2\mathrm{q}} = -\underline{I}_{\mathrm{q}}, \\
\underline{U}'_{2\mathrm{q}} = 0. & &
\end{array}$$

und anschließende Elimination der Größen $\underline{U}'_2, \underline{U}'_4, \ldots, \underline{U}'_{2\mathrm{q}-2}$ analog Gl. (6) und (7).

Löst man Gl. (9) nach dem Vektor $\underline{\boldsymbol{U}}$ auf, erhält man zur Beschreibung des Mehrtors die Gleichungen in der Widerstandsform

$$\underline{\boldsymbol{Z}}_{(\mathrm{q},\mathrm{q})}\,\underline{\boldsymbol{I}}_{(\mathrm{q})} = \underline{\boldsymbol{U}}_{(\mathrm{q})} \quad \text{mit} \quad \underline{\boldsymbol{Z}} = \underline{\boldsymbol{Y}}^{-1}. \tag{10}$$

Drückt man einen Teil der Torspannungen und -ströme in den jeweils verbleibenden Größen aus, erhält man eine *Hybridbeschreibung*. Von besonderer Bedeutung ist dabei die *Kettenform*, die für torzahlsymmetrische Mehrtore gemäß Bild 7 mit $q = 2k$ Toren angegeben werden kann, indem man diese je in k Ein- und Ausgangstore aufteilt und die Eingangsgrößen

$$\underline{\boldsymbol{U}}_{1\,(\mathrm{k})} = [\underline{U}_1, \underline{U}_2, \ldots, \underline{U}_{\mathrm{k}}]^{\mathrm{T}} \quad \text{und}$$

$$\underline{\boldsymbol{I}}_{1\,(\mathrm{k})} = [\underline{I}_1, \underline{I}_2, \ldots, \underline{I}_{\mathrm{k}}]^{\mathrm{T}}$$

in den Ausgangsgrößen

$$\underline{\boldsymbol{U}}_{2\,(\mathrm{k})} = [\underline{U}_{\mathrm{k}+1}, \underline{U}_{\mathrm{k}+2}, \ldots, \underline{U}_{\mathrm{q}}]^{\mathrm{T}} \quad \text{und}$$

$$\underline{\boldsymbol{I}}_{2\,(\mathrm{k})} = [\underline{I}_{\mathrm{k}+1}, \underline{I}_{\mathrm{k}+2}, \ldots, \underline{I}_{\mathrm{q}}]^{\mathrm{T}}$$

ausdrückt gemäß

$$\begin{pmatrix} \underline{\boldsymbol{U}}_1 \\ \underline{\boldsymbol{I}}_1 \end{pmatrix} = \begin{pmatrix} \underline{\boldsymbol{A}}_{11\,(\mathrm{k},\mathrm{k})} & \underline{\boldsymbol{A}}_{12\,(\mathrm{k},\mathrm{k})} \\ \underline{\boldsymbol{A}}_{21\,(\mathrm{k},\mathrm{k})} & \underline{\boldsymbol{A}}_{22\,(\mathrm{k},\mathrm{k})} \end{pmatrix} \begin{pmatrix} \underline{\boldsymbol{U}}_2 \\ -\underline{\boldsymbol{I}}_2 \end{pmatrix} = \underline{\boldsymbol{A}}_{(\mathrm{q},\mathrm{q})} \begin{pmatrix} \underline{\boldsymbol{U}}_2 \\ -\underline{\boldsymbol{I}}_2 \end{pmatrix}. \tag{11}$$

Schaltet man zwei torzahlsymmetrische q-Tore mit den Kettenmatrizen $\underline{\boldsymbol{A}}'$ und $\underline{\boldsymbol{A}}''$ nach Gl. (11) in Kette, ergibt sich die Kettenmatrix der Gesamtschaltung durch Multiplikation gemäß

$$\underline{\boldsymbol{A}}_{(\mathrm{q},\mathrm{q})} = \underline{\boldsymbol{A}}'_{(\mathrm{q},\mathrm{q})}\,\underline{\boldsymbol{A}}''_{(\mathrm{q},\mathrm{q})}. \tag{12}$$

Schließlich sei noch bemerkt, daß es mit Ausnahme des Dreipols i. allg. nicht möglich ist, aus der Torbeschreibung nach Gl. (9), (10) oder (11) die Polbeschreibung nach Gl. (8) zurückzugewinnen, da beim Mehrtor die Information über die Spannungen zwischen den einzelnen Toren beim Übergang von Gl. (7) auf Gl. (9) eliminiert wurde.

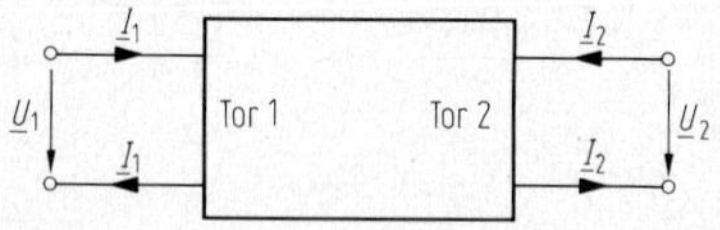

Bild 8. Zweitor mit symmetrischen Zählpfeilen

3.3 Zweitore. Two-ports

Strom-Spannungs-Beziehungen. Ein für die Anwendungen in der Übertragungstechnik besonders wichtiges Mehrtor ist das Zweitor [2–7] gemäß Bild 8, das entsprechend den Gln. (9) bis (11) insgesamt durch sechs verschiedene Strom-Spannungs-Beziehungen beschrieben werden kann, indem man jeweils zwei der vier Größen $\underline{U}_1$, $\underline{U}_2$, $\underline{I}_1$ und $\underline{I}_2$ in den verbleibenden beiden ausdrückt und dabei die Reihenfolge Index 1 vor

Tabelle 2. Umrechnung von Zweitormatrizen

	$\underline{Z}$	$\underline{Y}$	$\underline{H}$
$\underline{Z}$	$\begin{pmatrix} \underline{Z}_{11} & \underline{Z}_{12} \\ \underline{Z}_{21} & \underline{Z}_{22} \end{pmatrix}$	$\frac{1}{\det \underline{Y}}\begin{pmatrix} \underline{Y}_{22} & -\underline{Y}_{12} \\ -\underline{Y}_{21} & \underline{Y}_{11} \end{pmatrix}$	$\frac{1}{\underline{H}_{22}}\begin{pmatrix} \det \underline{H} & \underline{H}_{12} \\ -\underline{H}_{21} & 1 \end{pmatrix}$
$\underline{Y}$	$\frac{1}{\det \underline{Z}}\begin{pmatrix} \underline{Z}_{22} & -\underline{Z}_{12} \\ -\underline{Z}_{21} & \underline{Z}_{11} \end{pmatrix}$	$\begin{pmatrix} \underline{Y}_{11} & \underline{Y}_{12} \\ \underline{Y}_{21} & \underline{Y}_{22} \end{pmatrix}$	$\frac{1}{\underline{H}_{11}}\begin{pmatrix} 1 & -\underline{H}_{12} \\ \underline{H}_{21} & \det \underline{H} \end{pmatrix}$
$\underline{H}$	$\frac{1}{\underline{Z}_{22}}\begin{pmatrix} \det \underline{Z} & \underline{Z}_{12} \\ -\underline{Z}_{21} & 1 \end{pmatrix}$	$\frac{1}{\underline{Y}_{11}}\begin{pmatrix} 1 & -\underline{Y}_{12} \\ \underline{Y}_{21} & \det \underline{Y} \end{pmatrix}$	$\begin{pmatrix} \underline{H}_{11} & \underline{H}_{12} \\ \underline{H}_{21} & \underline{H}_{22} \end{pmatrix}$
$\underline{G}$	$\frac{1}{\underline{Z}_{11}}\begin{pmatrix} 1 & -\underline{Z}_{12} \\ \underline{Z}_{21} & \det \underline{Z} \end{pmatrix}$	$\frac{1}{\underline{Y}_{22}}\begin{pmatrix} \det \underline{Y} & \underline{Y}_{12} \\ -\underline{Y}_{21} & 1 \end{pmatrix}$	$\frac{1}{\det \underline{H}}\begin{pmatrix} \underline{H}_{22} & -\underline{H}_{12} \\ -\underline{H}_{21} & \underline{H}_{11} \end{pmatrix}$
$\underline{A}$	$\frac{1}{\underline{Z}_{21}}\begin{pmatrix} \underline{Z}_{11} & \det \underline{Z} \\ 1 & \underline{Z}_{22} \end{pmatrix}$	$\frac{1}{\underline{Y}_{21}}\begin{pmatrix} -\underline{Y}_{22} & -1 \\ -\det \underline{Y} & -\underline{Y}_{11} \end{pmatrix}$	$\frac{1}{\underline{H}_{21}}\begin{pmatrix} -\det \underline{H} & -\underline{H}_{11} \\ -\underline{H}_{22} & -1 \end{pmatrix}$
$\underline{B}$	$\frac{1}{\underline{Z}_{12}}\begin{pmatrix} \underline{Z}_{22} & -\det \underline{Z} \\ -1 & \underline{Z}_{11} \end{pmatrix}$	$\frac{1}{\underline{Y}_{12}}\begin{pmatrix} -\underline{Y}_{11} & 1 \\ \det \underline{Y} & -\underline{Y}_{22} \end{pmatrix}$	$\frac{1}{\underline{H}_{12}}\begin{pmatrix} 1 & -\underline{H}_{11} \\ -\underline{H}_{22} & \det \underline{H} \end{pmatrix}$

	$\underline{G}$	$\underline{A}$	$\underline{B}$
$\underline{Z}$	$\frac{1}{\underline{G}_{11}}\begin{pmatrix} 1 & -\underline{G}_{12} \\ \underline{G}_{21} & \det \underline{G} \end{pmatrix}$	$\frac{1}{\underline{A}_{21}}\begin{pmatrix} \underline{A}_{11} & \det \underline{A} \\ 1 & \underline{A}_{22} \end{pmatrix}$	$\frac{1}{\underline{B}_{21}}\begin{pmatrix} -\underline{B}_{22} & -1 \\ -\det \underline{B} & -\underline{B}_{11} \end{pmatrix}$
$\underline{Y}$	$\frac{1}{\underline{G}_{22}}\begin{pmatrix} \det \underline{G} & \underline{G}_{12} \\ -\underline{G}_{21} & 1 \end{pmatrix}$	$\frac{1}{\underline{A}_{12}}\begin{pmatrix} \underline{A}_{22} & -\det \underline{A} \\ -1 & \underline{A}_{11} \end{pmatrix}$	$\frac{1}{\underline{B}_{12}}\begin{pmatrix} -\underline{B}_{11} & 1 \\ \det \underline{B} & -\underline{B}_{22} \end{pmatrix}$
$\underline{H}$	$\frac{1}{\det \underline{G}}\begin{pmatrix} \underline{G}_{22} & -\underline{G}_{12} \\ -\underline{G}_{21} & \underline{G}_{11} \end{pmatrix}$	$\frac{1}{\underline{A}_{22}}\begin{pmatrix} \underline{A}_{12} & \det \underline{A} \\ -1 & \underline{A}_{21} \end{pmatrix}$	$\frac{1}{\underline{B}_{11}}\begin{pmatrix} -\underline{B}_{12} & 1 \\ -\det \underline{B} & -\underline{B}_{21} \end{pmatrix}$
$\underline{G}$	$\begin{pmatrix} \underline{G}_{11} & \underline{G}_{12} \\ \underline{G}_{21} & \underline{G}_{22} \end{pmatrix}$	$\frac{1}{\underline{A}_{11}}\begin{pmatrix} \underline{A}_{21} & -\det \underline{A} \\ 1 & \underline{A}_{12} \end{pmatrix}$	$\frac{1}{\underline{B}_{22}}\begin{pmatrix} -\underline{B}_{21} & -1 \\ \det \underline{B} & -\underline{B}_{12} \end{pmatrix}$
$\underline{A}$	$\frac{1}{\underline{G}_{21}}\begin{pmatrix} 1 & \underline{G}_{22} \\ \underline{G}_{11} & \det \underline{G} \end{pmatrix}$	$\begin{pmatrix} \underline{A}_{11} & \underline{A}_{12} \\ \underline{A}_{21} & \underline{A}_{22} \end{pmatrix}$	$\frac{1}{\det \underline{B}}\begin{pmatrix} \underline{B}_{22} & -\underline{B}_{12} \\ -\underline{B}_{21} & \underline{B}_{11} \end{pmatrix}$
$\underline{B}$	$\frac{1}{\underline{G}_{12}}\begin{pmatrix} -\det \underline{G} & \underline{G}_{22} \\ \underline{G}_{11} & -1 \end{pmatrix}$	$\frac{1}{\det \underline{A}}\begin{pmatrix} \underline{A}_{22} & -\underline{A}_{12} \\ -\underline{A}_{21} & \underline{A}_{11} \end{pmatrix}$	$\begin{pmatrix} \underline{B}_{11} & \underline{B}_{12} \\ \underline{B}_{21} & \underline{B}_{22} \end{pmatrix}$

2 und bei gleichem Index $\underline{U}$ vor $\underline{I}$ beachtet. Man erhält:

Widerstandsform:

$$\begin{pmatrix}\underline{U}_1\\ \underline{U}_2\end{pmatrix}=\begin{pmatrix}\underline{Z}_{11} & \underline{Z}_{12}\\ \underline{Z}_{21} & \underline{Z}_{22}\end{pmatrix}\begin{pmatrix}\underline{I}_1\\ \underline{I}_2\end{pmatrix}, \tag{13}$$

Leitwertform:

$$\begin{pmatrix}\underline{I}_1\\ \underline{I}_2\end{pmatrix}=\begin{pmatrix}\underline{Y}_{11} & \underline{Y}_{12}\\ \underline{Y}_{21} & \underline{Y}_{22}\end{pmatrix}\begin{pmatrix}\underline{U}_1\\ \underline{U}_2\end{pmatrix}, \tag{14}$$

Hybridform:

$$\begin{pmatrix}\underline{U}_1\\ \underline{I}_2\end{pmatrix}=\begin{pmatrix}\underline{H}_{11} & \underline{H}_{12}\\ \underline{H}_{21} & \underline{H}_{22}\end{pmatrix}\begin{pmatrix}\underline{I}_1\\ \underline{U}_2\end{pmatrix}, \tag{15}$$

Inverse Hybridform:

$$\begin{pmatrix}\underline{I}_1\\ \underline{U}_2\end{pmatrix}=\begin{pmatrix}\underline{G}_{11} & \underline{G}_{12}\\ \underline{G}_{21} & \underline{G}_{22}\end{pmatrix}\begin{pmatrix}\underline{U}_1\\ \underline{I}_2\end{pmatrix}, \tag{16}$$

Kettenform:

$$\begin{pmatrix}\underline{U}_1\\ \underline{I}_1\end{pmatrix}=\begin{pmatrix}\underline{A}_{11} & \underline{A}_{12}\\ \underline{A}_{21} & \underline{A}_{22}\end{pmatrix}\begin{pmatrix}\underline{U}_2\\ -\underline{I}_2\end{pmatrix}, \tag{17}$$

Inverse Kettenform:

$$\begin{pmatrix}\underline{U}_2\\ -\underline{I}_2\end{pmatrix}=\begin{pmatrix}\underline{B}_{11} & \underline{B}_{12}\\ \underline{B}_{21} & \underline{B}_{22}\end{pmatrix}\begin{pmatrix}\underline{U}_1\\ \underline{I}_1\end{pmatrix}. \tag{18}$$

Umrechnung der Matrizen. Zwischen den Matrizen bestehen folgende Beziehungen [1]:

$$\underline{\boldsymbol{Y}}=\underline{\boldsymbol{Z}}^{-1},\ \underline{\boldsymbol{Z}}=\underline{\boldsymbol{Y}}^{-1},\ \underline{\boldsymbol{G}}=\underline{\boldsymbol{H}}^{-1},\ \underline{\boldsymbol{H}}=\underline{\boldsymbol{G}}^{-1},$$
$$\underline{\boldsymbol{B}}=\underline{\boldsymbol{A}}^{-1},\ \underline{\boldsymbol{A}}=\underline{\boldsymbol{B}}^{-1}. \tag{19}$$

Die entsprechenden Umrechnungsformeln für die Matrixelemente sind in Tab. 2 angegeben. Dabei bedeutet $\det X = X_{11}X_{22} - X_{12}X_{21}$.

Bedeutung der Matrixelemente. Die Elemente der Zweitormatrizen können auch physikalisch interpretiert und meßtechnisch bestimmt werden. Die Meßanordnungen und die Bedeutung der Elemente sind in Tab. 3 zusammengestellt.

Matrizen einfacher Zweitore. In Tab. 4 sind die $\underline{Z}$-, $\underline{Y}$- und $\underline{A}$-Matrix für einige häufig verwendete Zweitore angegeben.

Zusammenschaltung von Zweitoren. Zwei Zweitore können durch Parallel- oder Reihenschaltung ihrer Tore oder durch Kettenschaltung miteinander verbunden werden. Schaltet man z.B. die Zweitore N′ und N″ beidseitig parallel, gilt $\underline{I}_1 = \underline{I}_1' + \underline{I}_1''$, $\underline{I}_2 = \underline{I}_2' + \underline{I}_2''$, $\underline{U}_1 = \underline{U}_1' = \underline{U}_1''$ und $\underline{U}_2 = \underline{U}_2' = \underline{U}_2''$. In diesem Fall verwendet man zur Beschreibung der Zweitore am zweckmäßigsten die Leitwertform, da sich dann die Leitwert-

Tabelle 3. Bedeutung der Elemente der Zweitormatrizen

Matrixelement	Meßanordnung	Bezeichnung
$\underline{Z}_{11}=\frac{1}{\underline{G}_{11}}=\frac{\underline{U}_1}{\underline{I}_1}\Big\vert_{\underline{I}_2=0}$	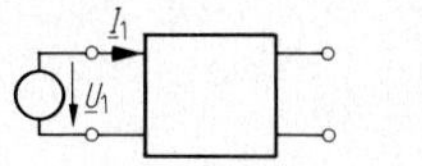	Leerlauf-Eingangswiderstand
$\underline{Y}_{11}=\frac{1}{\underline{H}_{11}}=\frac{\underline{I}_1}{\underline{U}_1}\Big\vert_{\underline{U}_2=0}$	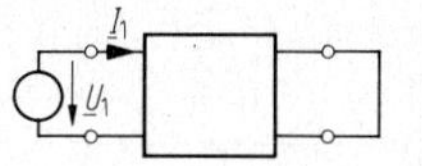	Kurzschluß-Eingangsleitwert
$\underline{Z}_{22}=\frac{1}{\underline{H}_{22}}=\frac{\underline{U}_2}{\underline{I}_2}\Big\vert_{\underline{I}_1=0}$	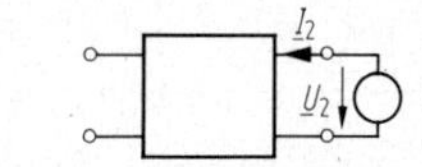	Leerlauf-Ausgangswiderstand
$\underline{Y}_{22}=\frac{1}{\underline{G}_{22}}=\frac{\underline{I}_2}{\underline{U}_2}\Big\vert_{\underline{U}_1=0}$	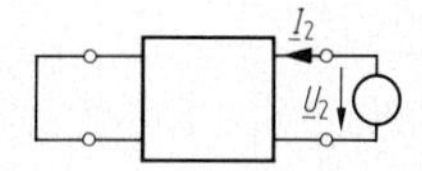	Kurzschluß-Ausgangsleitwert
$\underline{Z}_{21}=\frac{1}{\underline{A}_{21}}=\frac{\underline{U}_2}{\underline{I}_1}\Big\vert_{\underline{I}_2=0}$	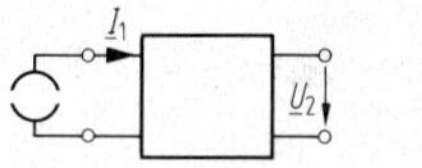	Leerlauf-Übertragungswiderstand
$\underline{Y}_{21}=\frac{-1}{\underline{A}_{12}}=\frac{\underline{I}_2}{\underline{U}_1}\Big\vert_{\underline{U}_2=0}$	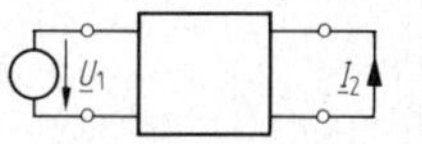	Kurzschluß-Übertragungsleitwert
$\underline{H}_{21}=\frac{-1}{\underline{A}_{22}}=\frac{\underline{I}_2}{\underline{I}_1}\Big\vert_{\underline{U}_2=0}$	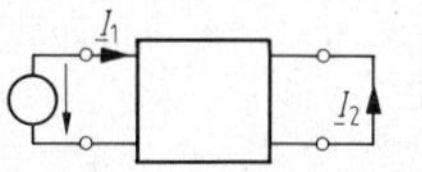	Kurzschluß-Stromübertragung
$\underline{G}_{21}=\frac{1}{\underline{A}_{11}}=\frac{\underline{U}_2}{\underline{U}_1}\Big\vert_{\underline{I}_2=0}$	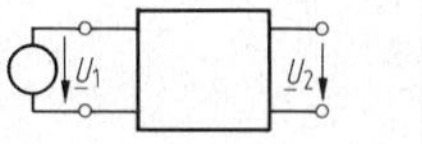	Leerlauf-Spannungsübertragung
$\underline{Z}_{12}=\frac{-1}{\underline{B}_{21}}=\frac{\underline{U}_1}{\underline{I}_2}\Big\vert_{\underline{I}_1=0}$	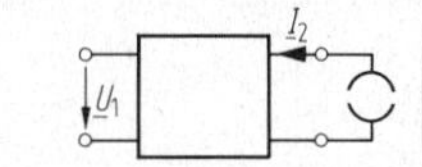	Leerlauf-Rückwirkungswiderstand
$\underline{Y}_{12}=\frac{1}{\underline{B}_{12}}=\frac{\underline{I}_1}{\underline{U}_2}\Big\vert_{\underline{U}_1=0}$	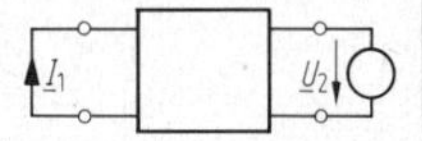	Kurzschluß-Rückwirkungsleitwert
$\underline{H}_{12}=\frac{1}{\underline{B}_{11}}=\frac{\underline{U}_1}{\underline{U}_2}\Big\vert_{\underline{I}_1=0}$	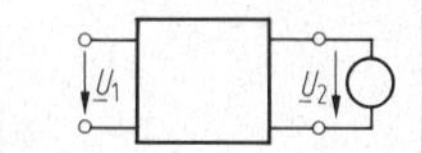	Leerlauf-Spannungsrückwirkung
$\underline{G}_{12}=\frac{-1}{\underline{B}_{22}}=\frac{\underline{I}_1}{\underline{I}_2}\Big\vert_{\underline{U}_1=0}$	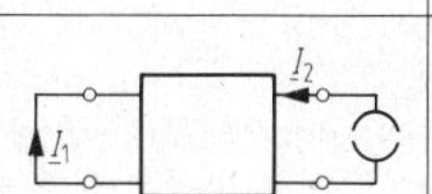	Kurzschluß-Stromrückwirkung

Tabelle 4. Matrizen einfacher Zweitore

	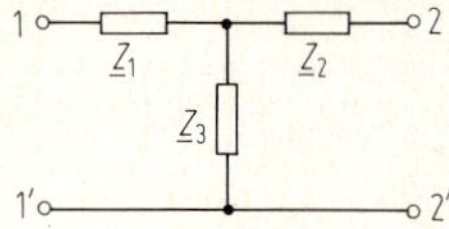 T-Schaltung	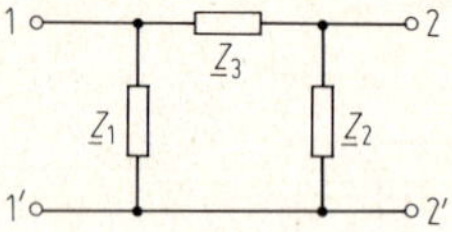 π-Schaltung
$\underline{Z}$	$\begin{pmatrix} Z_1+Z_3 & Z_3 \\ Z_3 & Z_3+Z_2 \end{pmatrix}$	$\frac{1}{Z_1+Z_2+Z_3}\begin{pmatrix} Z_1Z_2+Z_1Z_3 & Z_1Z_2 \\ Z_1Z_2 & Z_2Z_3+Z_1Z_2 \end{pmatrix}$
$\underline{Y}$	$\frac{1}{Y_1+Y_2+Y_3}\begin{pmatrix} Y_1Y_2+Y_1Y_3 & -Y_1Y_2 \\ -Y_1Y_2 & Y_2Y_3+Y_1Y_2 \end{pmatrix}$	$\begin{pmatrix} Y_1+Y_3 & -Y_3 \\ -Y_3 & Y_3+Y_2 \end{pmatrix}$
$\underline{A}$	$\begin{pmatrix} Z_1Y_3+1 & Z_1+Z_2+Z_1Z_2Y_3 \\ Y_3 & Z_2Y_3+1 \end{pmatrix}$	$\begin{pmatrix} Y_2Z_3+1 & Z_3 \\ Y_1+Y_2+Y_1Y_2Z_3 & Y_1Z_3+1 \end{pmatrix}$
	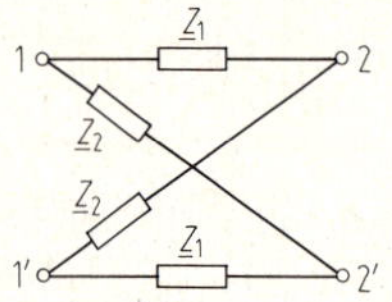 symmetr. Brückenschaltung	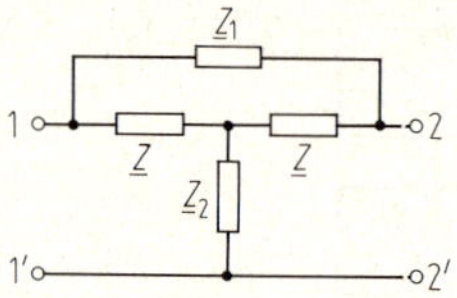 symmetr. überbrückte T-Schaltung
	$\frac{1}{2}\begin{pmatrix} Z_2+Z_1 & Z_2-Z_1 \\ Z_2-Z_1 & Z_2+Z_1 \end{pmatrix}$	$\begin{pmatrix} \frac{Z^2+ZZ_1}{2Z+Z_1}+Z_2 & \frac{Z^2}{2Z+Z_1}+Z_2 \\ \frac{Z^2}{2Z+Z_1}+Z_2 & \frac{Z^2+ZZ_1}{2Z+Z_1}+Z_2 \end{pmatrix}$
	$\frac{1}{2}\begin{pmatrix} Y_2+Y_1 & Y_2-Y_1 \\ Y_2-Y_1 & Y_2+Y_1 \end{pmatrix}$	$\begin{pmatrix} \frac{Y^2+YY_2}{2Y+Y_2}+Y_1 & -\frac{Y^2}{2Y+Y_2}-Y_1 \\ -\frac{Y^2}{2Y+Y_2}-Y_1 & \frac{Y^2+YY_2}{2Y+Y_2}+Y_1 \end{pmatrix}$
	$\frac{1}{Z_2-Z_1}\begin{pmatrix} Z_2+Z_1 & 2Z_2Z_1 \\ 2 & Z_2+Z_1 \end{pmatrix}$	$\begin{pmatrix} \frac{ZZ_1}{Z^2+Z_2(2Z+Z_1)}+1 & \frac{ZZ_1(Z+2Z_2)}{Z^2+Z_2(2Z+Z_1)} \\ \frac{2Z+Z_1}{Z^2+Z_2(2Z+Z_1)} & \frac{ZZ_1}{Z^2+Z_2(2Z+Z_1)}+1 \end{pmatrix}$

matrizen einfach addieren gemäß

$$\underline{I} = \begin{pmatrix} I_1 \\ I_2 \end{pmatrix} = \begin{pmatrix} I_1' + I_1'' \\ I_2' + I_2'' \end{pmatrix} = \begin{pmatrix} Y_{11}' + Y_{11}'' & Y_{12}' + Y_{12}'' \\ Y_{21}' + Y_{21}'' & Y_{22}' + Y_{22}'' \end{pmatrix} \begin{pmatrix} U_1 \\ U_2 \end{pmatrix} = (\underline{Y}_1 + \underline{Y}_2)\,\underline{U} = \underline{Y}\,\underline{U}. \qquad (20)$$

Die verschiedenen Möglichkeiten der Zusammenschaltung sind in Tab. 5 angegeben. Mit Ausnahme der Kettenschaltung gelten die Beziehungen in Tab. 5 nur, wenn primärer und sekundärer Stromkreis der Teilzweitore bei der Zusammenschaltung erhalten bleiben. Ist dies nicht der Fall, muß am Ein- oder Ausgang eines der beiden Zweitore zur Potentialtrennung ein idealer Übertrager mit dem Übersetzungsverhältnis $ü = 1$ eingefügt werden.

Ersatzschaltungen für Zweitore. Durch Interpretation der Definitionsgleichungen (13) bis (18) erhält man die Zweitor-Ersatzschaltungen mit zwei gesteuerten Quellen in Tab. 6. Für die Widerstands- und Leitwertform existieren auch Ersatzschaltungen mit nur einer gesteuerten Quelle gemäß Tab. 7, die z.B. als Transistor-Ersatzschaltungen Verwendung finden (s. F).

Tabelle 5. Zusammenschaltung von Zweitoren

Art	Schaltung	Beziehung
Reihen-schaltung	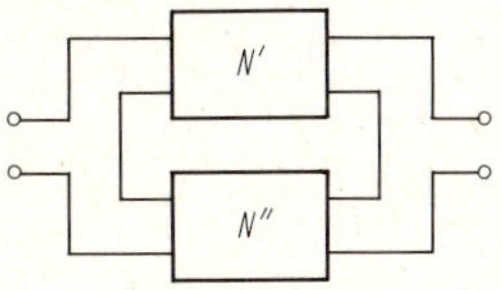	$\underline{Z} = \underline{Z}' + \underline{Z}''$
Parallel-schaltung	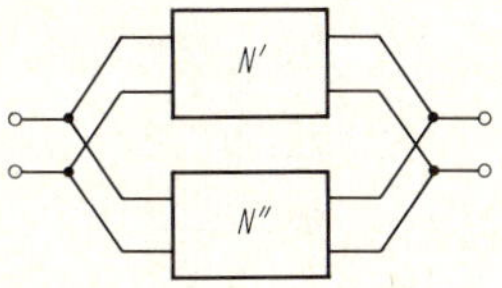	$\underline{Y} = \underline{Y}' + \underline{Y}''$
Reihen/Parallel-schaltung	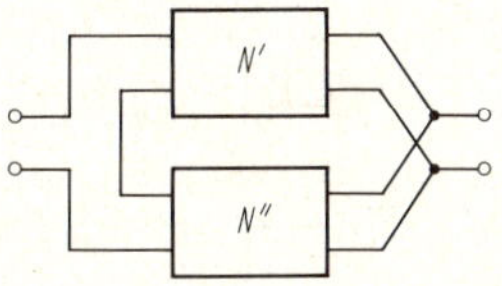	$\underline{H} = \underline{H}' + \underline{H}''$
Parallel/Reihen-schaltung	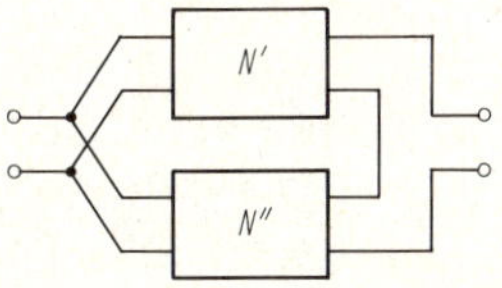	$\underline{G} = \underline{G}' + \underline{G}''$
Ketten-schaltung	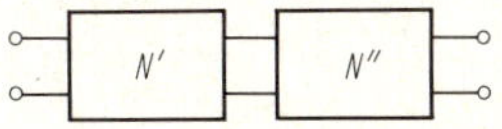	$\underline{A} = \underline{A}' \cdot \underline{A}''$ $\underline{B} = \underline{B}' \cdot \underline{B}''$

Gesteuerte Quellen. Tabelle 8 zeigt für die vier Arten von gesteuerten Quellen gemäß Tab. C 1.1 die zugehörigen Kettenmatrizen, die jeweils nur ein von Null verschiedenes Element enthalten.

Impedanztransformatoren. Tabelle 9 gibt einen Überblick über die verschiedenen Arten von Impedanztransformatoren, die zur Schaltungsumwandlung z. B. beim Entwurf von aktiven RC-, Leitungs- und mechanischen Filtern eine wichtige Rolle spielen (s. F). Ihre Kettenmatrizen enthalten in der Haupt- oder Nebendiagonalen Nullelemente. Man unterscheidet strom- oder spannungsinvertierende Positiv- und Negativ-Impedanz-Konverter und -Inverter. Strom- bzw. spannungsinvertierend bedeutet, daß der Strom bzw. die Spannung an einem der beiden Tore die Richtung ändert.

Schließt man einen Positiv- oder Negativ-Impedanz-Konverter oder -Inverter am Ausgang mit einer Impedanz $\underline{Z}_2$ ab, berechnet sich der

Tabelle 6. Zweitor-Ersatzschaltungen mit zwei gesteuerten Quellen

$\underline{Z}$	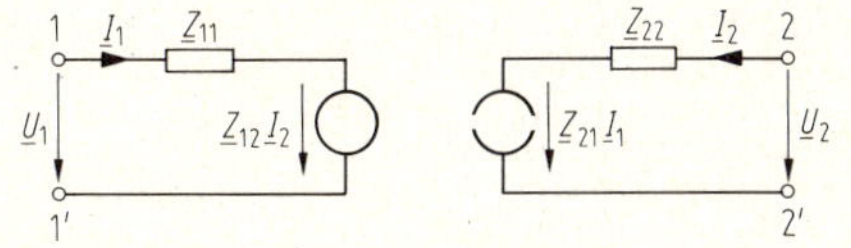
$\underline{Y}$	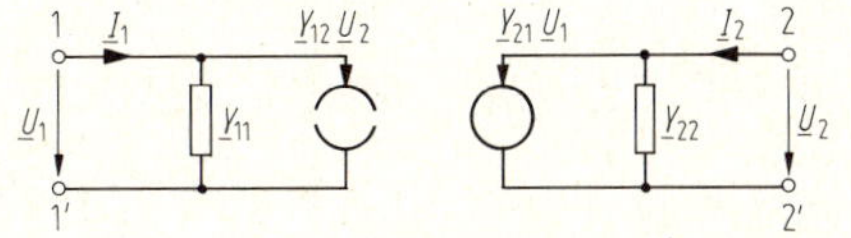
$\underline{H}$	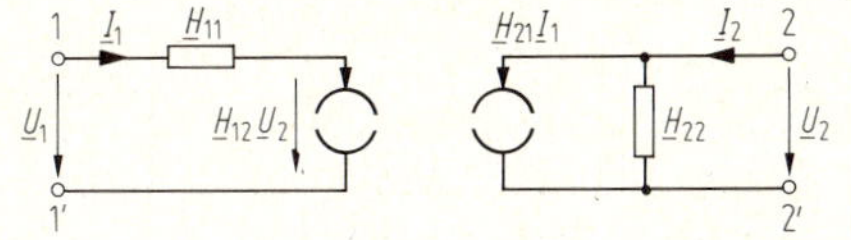
$\underline{G}$	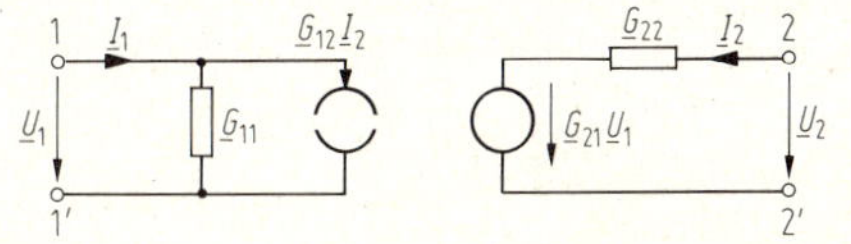

Tabelle 7. Zweitor-Ersatzschaltungen mit einer gesteuerten Quelle

$\underline{Z}$	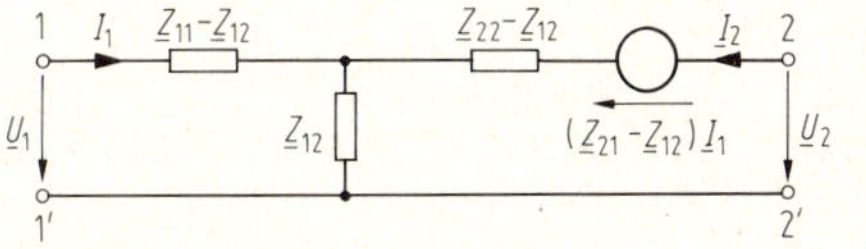
$\underline{Y}$	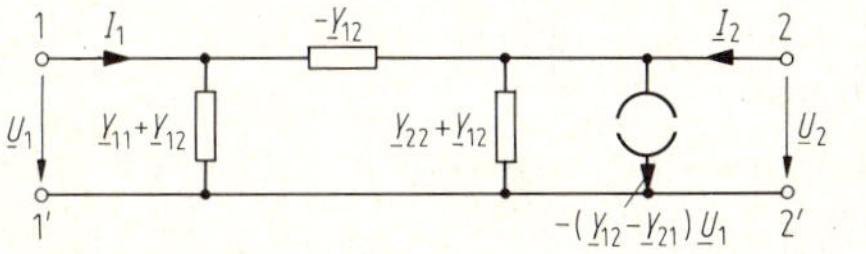

Tabelle 8. Gesteuerte Quellen

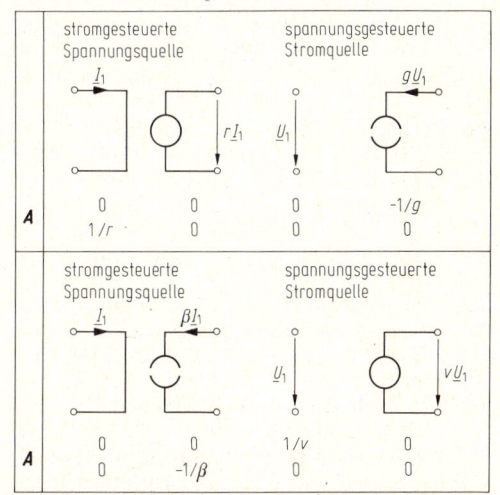

	stromgesteuerte Spannungsquelle		spannungsgesteuerte Stromquelle	
	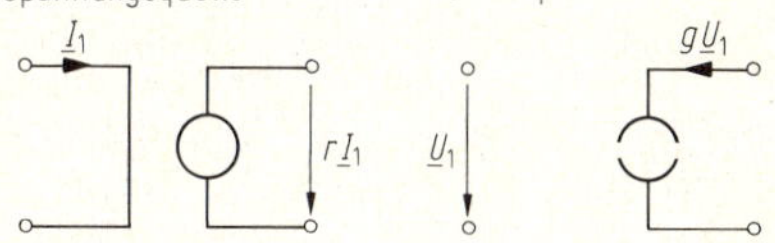			
$\underline{A}$	0	0	0	-1/g
	1/r	0	0	0
	stromgesteuerte Spannungsquelle		**spannungsgesteuerte Stromquelle**	
	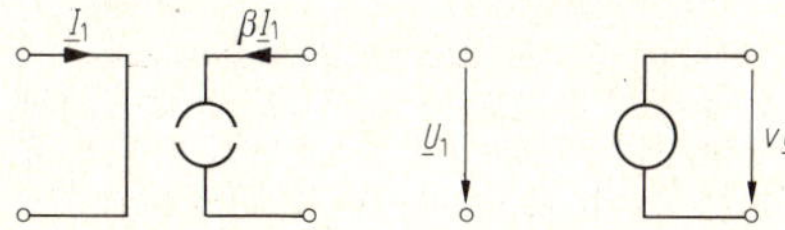			
$\underline{A}$	0	0	1/v	0
	0	-1/β	0	0

Tabelle 9. Kettenmatrizen der Impedanztransformatoren, oberes (unteres) Vorzeichen strom-(spannungs-)invertierend *I*-Typ (*U*-Typ)

	Impedanz-Konverter	Impedanz-Inverter
	PIK	PII
Positiv-	$\underline{A} = \begin{pmatrix} \pm k_1 & 0 \\ 0 & \pm 1/k_2 \end{pmatrix}$	$\underline{A} = \begin{pmatrix} 0 & \pm r_1 \\ \pm 1/r_2 & 0 \end{pmatrix}$
	NIK	NII
Negativ-	$\underline{A} = \begin{pmatrix} \pm k_1 & 0 \\ 0 & \mp 1/k_2 \end{pmatrix}$	$\underline{A} = \begin{pmatrix} 0 & \pm r_1 \\ \mp 1/r_2 & 0 \end{pmatrix}$

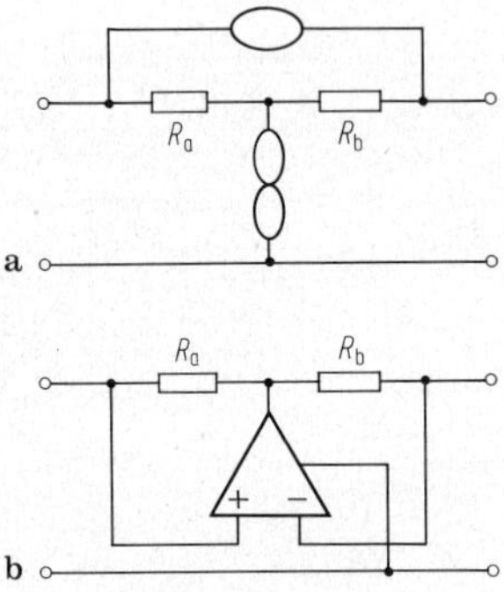

Bild 9. a Ersatzschaltung und (**b**) Realisierung eines strominvertierenden Negativ-Impedanz-Konverters (INIK) mit einem Operationsverstärker

Eingangswiderstand zu

$$\underline{W}_1 = \pm k_1 k_2 \cdot \underline{Z}_2 \quad \text{bzw.}$$
$$\underline{W}_1 = \pm r_1 r_2 / \underline{Z}_2. \qquad (21\,\text{a, b})$$

Beispiel 1: Der ideale Übertrager in Tab. C 1.1 ist ein Beispiel für einen strom-spannungs-invertierenden Positiv-Impedanz-Konverter mit $\pm k_1 = \pm k_2 = \pm \ddot{u}$.

Beispiel 2: Der Gyrator in Tab. C 1.1 ist ein strom-spannungs-invertierender Positiv-Impedanz-Inverter mit $\pm r_1 = \pm r_2 = \pm R_D$.

Beispiel 3: Mit Hilfe eines Negativ-Impedanz-Konverters kann man gemäß Gl. (21 a) aus einem positiven Abschlußwiderstand R_2 einen negativen Widerstand erzeugen. Bild 9 zeigt eine Ersatzschaltung und eine mögliche Realisierung für einen strominvertierenden Negativ-Impedanz-Konverter (INIK) mit $k_1 = 1$, $k_2 = R_a/R_b$ und $W_1 = -R_2 R_a/R_b$.

Ersatzschaltungen für Impedanztransformatoren. Bild 10 zeigt einige Ersatzschaltungen für Ne-

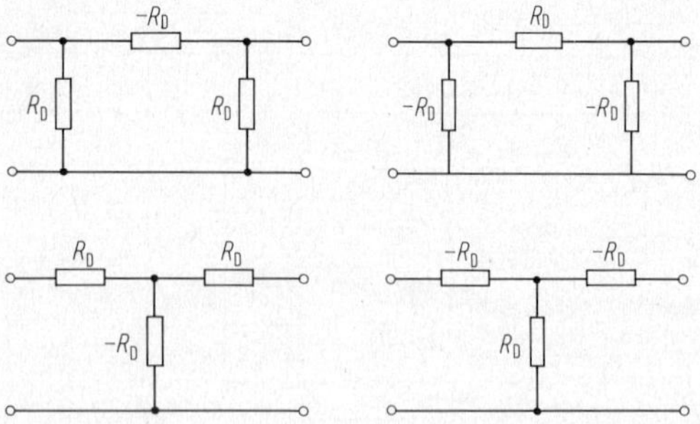

Bild 10. Ersatzschaltung für einen Negativ-Impedanz-Inverter (NII) mit $r_1 = r_2 = R_D$

gativ-Impedanz-Inverter mit einem oder zwei negativen Widerständen.

Schmalbandige Ersatzschaltungen. Bild 11 zeigt einige Ersatzschaltungen für Positiv-Impedanz-Inverter mit einer oder zwei negativen Reaktanzen, die bei der Frequenz ω_0 die Dualitätskonstante $r_1 = r_2 = \omega_0 L$ bzw. $1/(\omega_0 C)$ besitzen. Die Schaltungen in Bild 12 sind Realisierungen für Positiv-Impedanz-Inverter, die bei der Frequenz $\omega_0 = 1/\sqrt{LC}$ die Dualitätskonstante $R_D = \sqrt{L/C}$ aufweisen. Auch eine bei der Frequenz ω_0 $\lambda/4$-lange homogene verlustlose Lei-

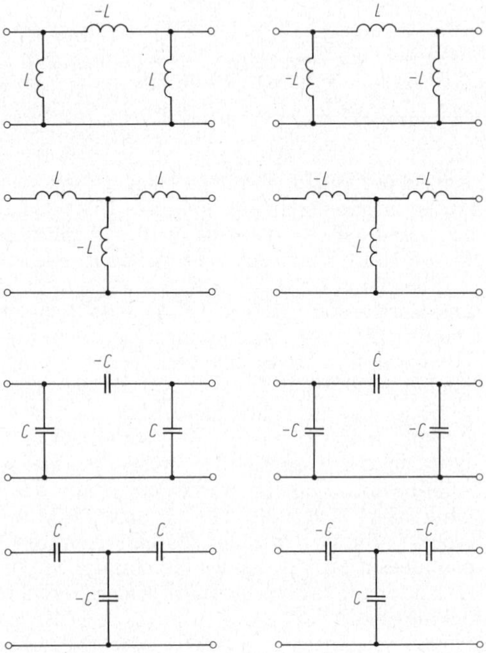

Bild 11. Schmalbandige Ersatzschaltungen für Positiv-Impedanz-Inverter (PII)

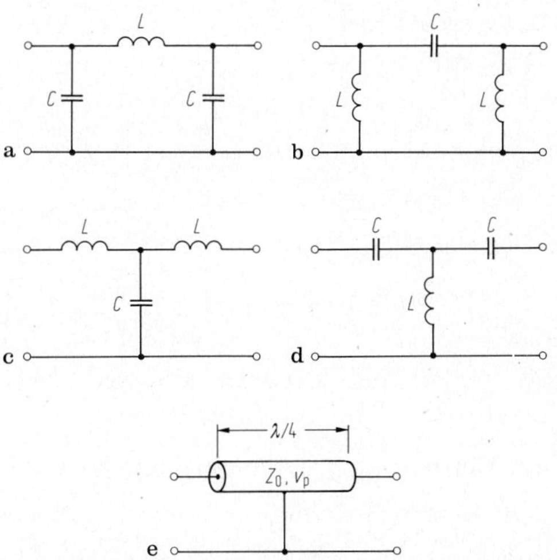

Bild 12. Schmalbandige Realisierungen für Positiv-Impedanz-Inverter (PII): **a** bis **d** LC-Schaltungen; **e** „Leitungsinverter"

tung, der sog. „Leitungsinverter" mit $R_D = Z_0$ ist eine schmalbandige Realisierung eines Dualwandlers.

Norton-Transformation. Die allgemeine Form der Norton-Transformation ermöglicht die Umwandlung einer Quer- oder Längsimpedanz in ein T- bzw. Π-Glied mit einem zusätzlichen idealen Überträger gemäß Tab. 10, wobei eines der drei Elemente stets negativ ist. Das Übersetzungsverhältnis $ü$ des idealen Übertragers kann dabei beliebig gewählt werden.
Die speziellen Formen in Tab. 11 ergeben stets positive Elementewerte. Diese Äquivalenztransformationen finden Anwendung z. B. beim Filterentwurf zur Variation des Impedanzniveaus, der Elementewerte und des Abschlußwiderstands (s. F).

Tabelle 10. Allgemeine Norton-Transformation

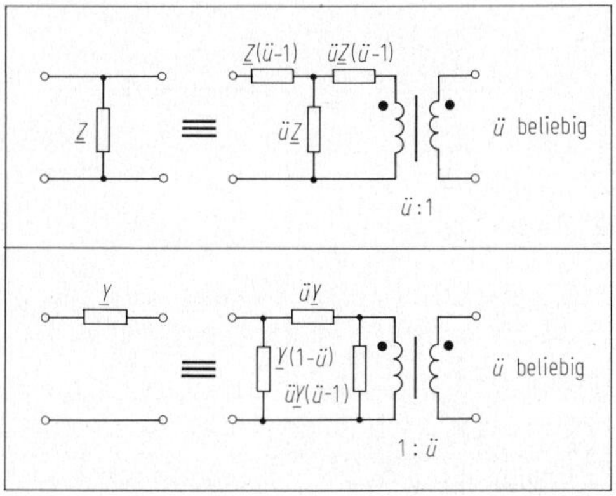

Tabelle 11. Spezielle Norton-Transformation

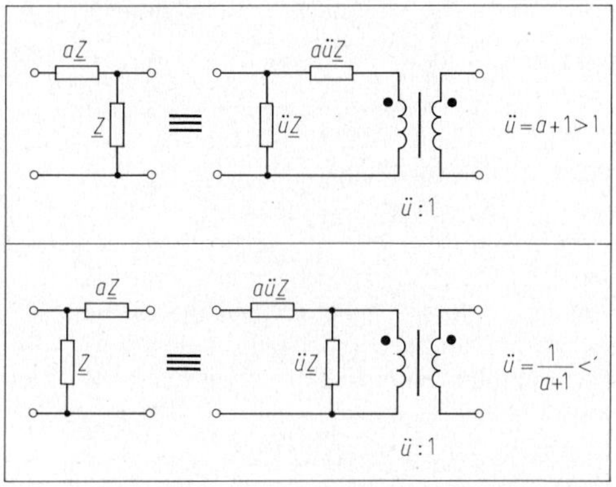

Spezielle Literatur: [1] *Steinbuch, K.; Rupprecht, W.*: Nachrichtentechnik, Bd. I: Schaltungstechnik. Berlin: Springer 1982. – [2] *Feldtkeller, R.*: Einführung in die Vierpoltheorie der elektrischen Nachrichtentechnik. Stuttgart: Hirzel 1962. – [3] *Klein, W.*: Vierpoltheorie. Mannheim: B.I.-Hochschultaschenbücher 1972. – [4] *Marko, H.*: Theorie linearer Zweipole, Vierpole und Mehrtore. Stuttgart: Hirzel 1971. – [5] *Kretz, W.*: Formelsammlung zur Vierpoltheorie. München: Oldenbourg 1967. – [6] *Wunsch, G.*: Theorie und Anwendung linearer Netzwerke, Teil I u. II: Leipzig: Akad. Verlagsges. Geest & Portig 1964. – [7] *von Weiß, A.*: Übersicht über die theoretische Elektrotechnik, Teil I. Füssen: Wintersche Verlagshandlung 1959.

4 Zweitorbeschreibung durch Wellengrößen

Scattering description of networks

Allgemeine Literatur s. unter C 1.

4.1 Wellengrößen. Waves

Das elektrische Verhalten eines Zweitors läßt sich nicht nur gemäß C 3 durch Beziehungen zwischen den Torströmen und -spannungen beschreiben, sondern auch durch Größen, die in umkehrbar eindeutiger Weise aus diesen durch Linearkombination gebildet werden können. Von besonderer Bedeutung sind in der Hochfrequenztechnik die Wellengrößen, die mit den Torströmen und -spannungen durch folgende Variablentransformation zusammenhängen [1–3]

$$a_v = \frac{U_v + Z_{0v} I_v}{2\sqrt{|R_{0v}|}} \qquad U_v = \frac{Z_{0v}^* a_v + Z_{0v} b_v}{\sqrt{|R_{0v}|}} \tag{1}$$

$$b_v = \frac{U_v - Z_{0v}^* I_v}{2\sqrt{|R_{0v}|}} \qquad I_v = \frac{a_v - b_v}{\sqrt{|R_{0v}|}} \quad (v = 1, 2).$$

Spezielle Literatur Seite C 23

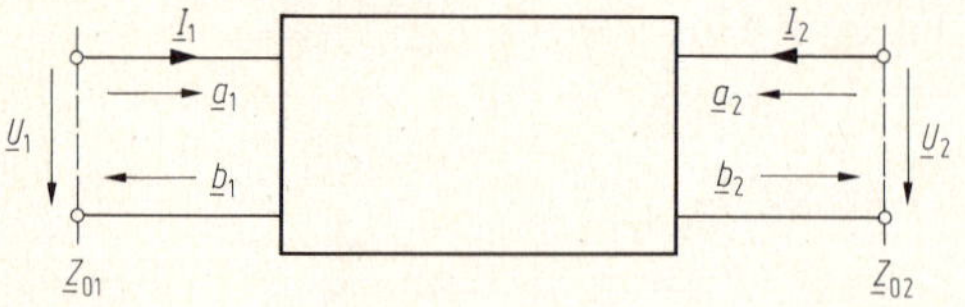

Bild 1. Zweitor mit Wellengrößen

mit $R_{0\nu} = \mathrm{Re}\{\underline{Z}_0\}$. Dabei sind die Größen $Z_{0\nu}$ beliebig wählbare Torbezugswiderstände. Berechnet man die in ein Tor ν eingespeiste Wirkleistung

$$P = \mathrm{Re}\{\underline{P}\} = \mathrm{Re}\{\underline{U}_\nu \underline{I}_\nu^*\}/2$$
$$= (|a_\nu|^2 - |b_\nu|^2)/2, \qquad (2)$$

erkennt man, daß die Betragsquadrate der Wellengrößen a_ν und b_ν die am Tor ν ein- und ausfließenden Wirkleistungen darstellen (s. Bild 1). Die Wellengrößen haben die Dimension $\sqrt{\text{Leistung}}$ und können, was für die Praxis wichtig ist, im Gegensatz zu Strömen und Spannungen auch bei hohen Frequenzen direkt gemessen werden. Diese Beziehungen vereinfachen sich wesentlich, wenn man alle Torbezugswiderstände reell und gleich groß wählt. In der Praxis ist dies der Leitungswellenstand.

4.2 Wellenmatrizen. Wave matrices

Von den sechs möglichen Beziehungen zwischen den Wellengrößen sind nur die beiden folgenden Formen in Analogie zu den Gln. C 3 (13) und C 3 (17) gebräuchlich:

Streuform:

$$\begin{pmatrix} \underline{b}_1 \\ \underline{b}_2 \end{pmatrix} = \begin{pmatrix} \underline{S}_{11} & \underline{S}_{12} \\ \underline{S}_{21} & \underline{S}_{22} \end{pmatrix} \begin{pmatrix} \underline{a}_1 \\ \underline{a}_2 \end{pmatrix} \quad \text{oder} \quad \underline{\boldsymbol{b}} = \underline{\boldsymbol{S}}\,\underline{\boldsymbol{a}} \qquad (3)$$

$\underline{\boldsymbol{S}}$ wird als Streumatrix bezeichnet;

Kettenform:

$$\begin{pmatrix} \underline{b}_1 \\ \underline{a}_1 \end{pmatrix} = \underline{\boldsymbol{T}} \begin{pmatrix} \underline{a}_2 \\ \underline{b}_2 \end{pmatrix} \quad \text{mit} \quad \underline{\boldsymbol{T}} = \begin{pmatrix} \underline{T}_{11} & \underline{T}_{12} \\ \underline{T}_{21} & \underline{T}_{22} \end{pmatrix} \qquad (4)$$

als Transfer- oder Transmissionsmatrix.

4.3 Umrechnung der Wellenmatrizen
Matrix relationships

Analog der Umrechnung der Widerstands- in die Kettenmatrix gemäß Tab. C 3.2 gilt hier

$$\underline{\boldsymbol{S}} = \frac{1}{\underline{T}_{22}} \begin{pmatrix} \underline{T}_{12} & \det \underline{\boldsymbol{T}} \\ 1 & -\underline{T}_{21} \end{pmatrix}, \qquad (5)$$

$$\underline{\boldsymbol{T}} = \frac{1}{\underline{S}_{21}} \begin{pmatrix} -\det \underline{\boldsymbol{S}} & \underline{S}_{11} \\ -\underline{S}_{22} & 1 \end{pmatrix}. \qquad (6)$$

Da ein Zweitor gleichwertig durch Strom-Spannungs-Matrizen oder Wellenmatrizen beschrieben werden kann, lassen sich die Darstellungen ineinander umrechnen [4]. Für auf 1 normierte Torbezugswiderstände erhält man z. B. zur Umrechnung der Transfer- in die Kettenmatrix die folgenden Beziehungen (s. Gl. (7a, b)) und zur Umrechnung der Streumatrix in die Widerstands-, Leitwert- und Hybridmatrix (s. Gln. (8a–f)).

$$\begin{aligned}
\underline{T}_{11} &= \tfrac{1}{2}(\underline{A}_{11} - \underline{A}_{12} - \underline{A}_{21} + \underline{A}_{22}), & \underline{A}_{11} &= \tfrac{1}{2}(\ \ \underline{T}_{11} + \underline{T}_{12} + \underline{T}_{21} + \underline{T}_{22})\\
\underline{T}_{12} &= \tfrac{1}{2}(\underline{A}_{11} + \underline{A}_{12} - \underline{A}_{21} - \underline{A}_{22}), & \underline{A}_{12} &= \tfrac{1}{2}(-\underline{T}_{11} + \underline{T}_{12} - \underline{T}_{21} + \underline{T}_{22})\\
\underline{T}_{21} &= \tfrac{1}{2}(\underline{A}_{11} - \underline{A}_{12} + \underline{A}_{21} - \underline{A}_{22}), & \underline{A}_{21} &= \tfrac{1}{2}(-\underline{T}_{11} - \underline{T}_{12} + \underline{T}_{21} + \underline{T}_{22})\\
\underline{T}_{22} &= \tfrac{1}{2}(\underline{A}_{11} + \underline{A}_{12} + \underline{A}_{21} + \underline{A}_{22}), & \underline{A}_{22} &= \tfrac{1}{2}(\ \ \underline{T}_{11} - \underline{T}_{12} - \underline{T}_{21} + \underline{T}_{22})
\end{aligned} \qquad (7\text{a, b})$$

$$\begin{aligned}
\underline{N}_1 &= (1 + \underline{Z}_{11})(1 + \underline{Z}_{22}) - \underline{Z}_{12}\underline{Z}_{21}, & \underline{N}_2 &= (1 - \underline{S}_{11})(1 - \underline{S}_{22}) - \underline{S}_{12}\underline{S}_{21}\\
\underline{S}_{11} &= -[(1 - \underline{Z}_{11})(1 + \underline{Z}_{22}) + \underline{Z}_{12}\underline{Z}_{21}]/\underline{N}_1, & \underline{Z}_{11} &= [(1 + \underline{S}_{11})(1 - \underline{S}_{22}) + \underline{S}_{12}\underline{S}_{21}]/\underline{N}_2\\
\underline{S}_{12} &= 2\underline{Z}_{12}/\underline{N}_1, & \underline{Z}_{12} &= 2\underline{S}_{12}/\underline{N}_2\\
\underline{S}_{21} &= 2\underline{Z}_{21}/\underline{N}_1, & \underline{Z}_{21} &= 2\underline{S}_{21}/\underline{N}_2\\
\underline{S}_{22} &= -[(1 + \underline{Z}_{11})(1 - \underline{Z}_{22}) + \underline{Z}_{12}\underline{Z}_{21}]/\underline{N}_1, & \underline{Z}_{22} &= [(1 - \underline{S}_{11})(1 + \underline{S}_{22}) + \underline{S}_{12}\underline{S}_{21}]/\underline{N}_2
\end{aligned} \qquad (8\text{a, b})$$

$$\begin{aligned}
\underline{N}_3 &= (1 + \underline{Y}_{11})(1 + \underline{Y}_{22}) - \underline{Y}_{12}\underline{Y}_{21}, & \underline{N}_4 &= (1 + \underline{S}_{11})(1 + \underline{S}_{22}) - \underline{S}_{12}\underline{S}_{21}\\
\underline{S}_{11} &= [(1 - \underline{Y}_{11})(1 + \underline{Y}_{22}) + \underline{Y}_{12}\underline{Y}_{21}]/\underline{N}_3, & \underline{Y}_{11} &= [(1 - \underline{S}_{11})(1 + \underline{S}_{22}) + \underline{S}_{12}\underline{S}_{21}]/\underline{N}_4\\
\underline{S}_{12} &= -2\underline{Y}_{12}/\underline{N}_3, & \underline{Y}_{12} &= -2\underline{S}_{12}/\underline{N}_4\\
\underline{S}_{21} &= -2\underline{Y}_{21}/\underline{N}_3, & \underline{Y}_{21} &= -2\underline{S}_{21}/\underline{N}_4\\
\underline{S}_{22} &= [(1 + \underline{Y}_{11})(1 - \underline{Y}_{22}) + \underline{Y}_{12}\underline{Y}_{21}]/\underline{N}_3, & \underline{Y}_{22} &= [(1 + \underline{S}_{11})(1 - \underline{S}_{22}) + \underline{S}_{12}\underline{S}_{21}]/\underline{N}_4
\end{aligned} \qquad (8\text{c, d})$$

$$\begin{aligned}
\underline{N}_5 &= (1+\underline{H}_{11})(1+\underline{H}_{22}) - \underline{H}_{12}\underline{H}_{21}, & \underline{N}_6 &= (1-\underline{S}_{11})(1+\underline{S}_{22}) + \underline{S}_{12}\underline{S}_{21}\\
\underline{S}_{11} &= -[(1-\underline{H}_{11})(1+\underline{H}_{22}) + \underline{H}_{12}\underline{H}_{21}]/\underline{N}_5, & \underline{H}_{11} &= [(1+\underline{S}_{11})(1+\underline{S}_{22}) - \underline{S}_{12}\underline{S}_{21}]/\underline{N}_6\\
\underline{S}_{12} &= 2\underline{H}_{12}/\underline{N}_5, & \underline{H}_{12} &= 2\underline{S}_{12}/\underline{N}_6 \qquad (8\,\mathrm{e, f})\\
\underline{S}_{21} &= -2\underline{H}_{21}/\underline{N}_5, & \underline{H}_{21} &= -2\underline{S}_{21}/\underline{N}_6\\
\underline{S}_{22} &= [(1+\underline{H}_{11})(1-\underline{H}_{22}) + \underline{H}_{12}\underline{H}_{21}]/\underline{N}_5, & \underline{H}_{22} &= [(1-\underline{S}_{11})(1-\underline{S}_{22}) - \underline{S}_{12}\underline{S}_{21}]/\underline{N}_6.
\end{aligned}$$

4.4 Betriebsverhalten von Zweitoren
Transmission properties of two-ports

Unter dem Betriebsverhalten versteht man die elektrischen Eigenschaften eines Zweitors bei beidseitiger Beschaltung durch ein aktives und ein passives Eintor.

Betriebsanordnung. Schließt man ein Zweitor, das durch seine Streumatrix $\underline{\boldsymbol{S}}$ bezüglich der Torbezugswiderstände $\underline{Z}_{01}$ und $\underline{Z}_{02}$ beschrieben wird, gemäß Bild 2 primär mit einem aktiven Eintor bestehend aus Spannungsquelle $\underline{U}_{01}$ und Innenwiderstand $\underline{Z}_1$ und sekundär mit einem Lastwiderstand $\underline{Z}_2$ ab, folgt aus den Strom-Spannungs-Beziehungen am Ein- und Ausgang

$$\underline{U}_{01} = \underline{Z}_1\underline{I}_1 + \underline{U}_1, \qquad \underline{U}_2 = -\underline{Z}_2\underline{I}_2 \tag{9}$$

mit Gl. (1)

$$\underline{a}_1 = \underline{b}_{01} + \underline{r}_1\underline{b}_1, \qquad \underline{a}_2 = \underline{r}_2\underline{b}_2, \tag{10}$$

wobei gilt

$$\begin{aligned}
\underline{r}_\nu &= (\underline{Z}_\nu - \underline{Z}_{0\nu})/(\underline{Z}_\nu + \underline{Z}^*_{0\nu})\ (\nu = 1, 2),\\
\underline{b}_{01} &= \frac{\underline{U}_{01}\sqrt{R_{01}}}{\underline{Z}_1 + \underline{Z}^*_{01}}.
\end{aligned} \tag{11}$$

$|\underline{b}_{01}|^2$ ist die von der Quelle verfügbare Wirkleistung. Schließt man das Zweitor sekundär durch eine Spannungsquelle $\underline{U}_{02}$ mit dem Innenwiderstand $\underline{Z}_2$ ab, gilt analog Gl. (10), (11)

$$\begin{aligned}
\underline{a}_2 &= \underline{b}_{02} + \underline{r}_2\underline{b}_2,\\
\underline{b}_{02} &= \underline{U}_{02}\sqrt{R_{02}}/(\underline{Z}_2 + \underline{Z}^*_{02}).
\end{aligned} \tag{12}$$

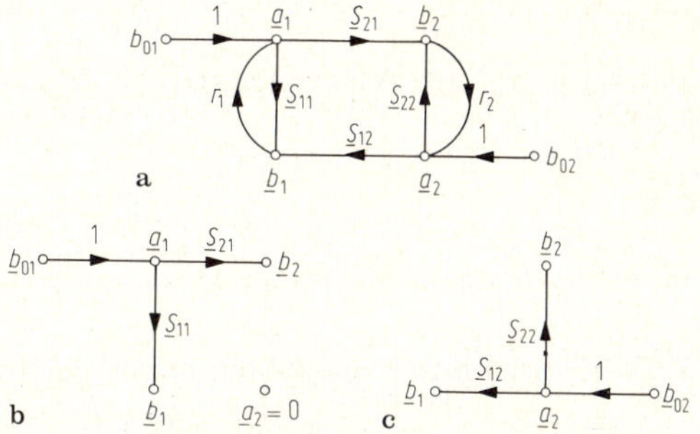

Bild 3. Signalflußgraph der Wellengrößen eines Zweitors. **a** mit beliebigen Abschlußwiderständen; **b** mit Abschlußwiderständen gleich Torbezugswiderständen bei Vorwärts- und (**c**) Rückwärtsbetrieb

Die Beziehungen in den Gln. (10), (12) und (3) können gemäß Bild 3a als Signalflußgraph anschaulich dargestellt werden. Wählt man die Torbezugswiderstände gleich den Abschlußwiderständen ($\underline{Z}_\nu = \underline{Z}_{0\nu}$), $\underline{r}_\nu = 0$), vereinfachen sich die Gln. (10) und (12) gemäß

$$\begin{aligned}
&\underline{b}_{02} = 0,\ \underline{a}_2 = 0,\\
&\underline{a}_1 = \underline{b}_{01} = \underline{U}_{01}/(2\sqrt{2}\sqrt{R_1}),\\
&\underline{b}_2 = \underline{S}_{21}\underline{a}_1, \qquad \underline{b}_1 = \underline{S}_{11}\underline{a}_1,
\end{aligned} \tag{13}$$

$$\begin{aligned}
&\underline{b}_{01} = 0,\ \underline{a}_1 = 0,\\
&\underline{a}_2 = \underline{b}_{02} = \underline{U}_{02}/(2\sqrt{2}\sqrt{R_2}),\\
&\underline{b}_1 = \underline{S}_{22}\underline{a}_2, \qquad \underline{b}_2 = \underline{S}_{22}\underline{a}_2.
\end{aligned} \tag{14}$$

Die zugehörigen Signalflußgraphen zeigen die Bilder 3b und c. Dabei ist $|\underline{b}_{01}|^2/2$ bzw. $|\underline{b}_{02}|^2/2$ gemäß Gl. C 3 (4) die von den Quellen maximal abgebbare Wirkleistung.

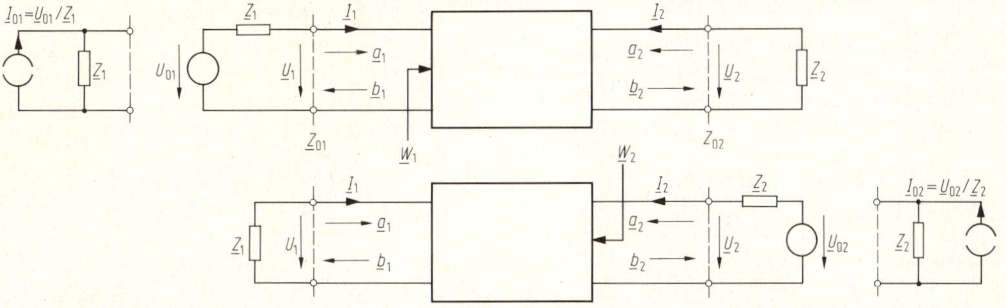

Bild 2. Beidseitig beschaltetes Zweitor bei Übertragung in Vorwärts- und Rückwärtsrichtung

Betriebsgrößen. Das Betriebsverhalten eines beidseitig beschalteten Zweitors wird durch Betriebsgrößen beschrieben, die als Wirkleistungsverhältnisse im Sinne von Wirkung zu Ursache gemäß Bild 3b und c wie folgt definiert sind:

Betriebsübertragungs- und Betriebsdämpfungsfunktion vorwärts. Aus dem Wirkleistungsverhältnis

$$\frac{\text{am Tor 2 an den Lastwiderstand } \underline{Z}_2 \text{ abgegebene Wirkleistung}}{\text{am Tor 1 von der Quelle maximal abgebbare Wirkleistung}} = \frac{P_2}{P_{01}} = \left.\frac{|\underline{b}_2|^2}{|\underline{a}_1|^2}\right|_{\underline{a}_2=0} = |\underline{S}_{21}|^2 \tag{15a}$$

gewinnt man durch Aufspaltung gemäß $|\underline{S}(\mathrm{j}\omega)|^2 = \underline{S}(\mathrm{j}\omega)\,\underline{S}(\mathrm{j}\omega)^*$ die Betriebsübertragungsfunktion vorwärts

$$\underline{S}_{21} = \left.\frac{\underline{b}_2}{\underline{a}_1}\right|_{\underline{a}_2=0} = \frac{(\underline{U}_2 - \underline{Z}_2^*\underline{I}_2)/(\sqrt{2}\sqrt{R_2})}{(\underline{U}_1 + \underline{Z}_1\underline{I}_1)/(\sqrt{2}\sqrt{R_1})} = \frac{2\underline{U}_2}{\underline{U}_{01}}\sqrt{\frac{R_1}{R_2}}\frac{R_2}{\underline{Z}_2} = \frac{1}{\underline{H}_1} \tag{15b}$$

$\underline{H}_1$ ist die Betriebsdämpfungsfunktion vorwärts.

Primärer Betriebsreflexionsfaktor und Betriebswiderstand. Aus

$$\frac{\text{am Tor 1 reflektierte Wirkleistung}}{\text{am Tor 1 von der Quelle maximal abgebbare Wirkleistung}} = \frac{P_{r1}}{P_{01}} = \left.\frac{|\underline{b}_1|^2}{|\underline{a}_1|^2}\right|_{\underline{a}_2=0} = |\underline{S}_{11}|^2 \tag{16a}$$

folgt der primäre Betriebsreflexionsfaktor

$$\underline{S}_{11} = \left.\frac{\underline{b}_1}{\underline{a}_1}\right|_{\underline{a}_2=0} = \frac{\underline{U}_1 - \underline{Z}_1^*\underline{I}_1}{\underline{U}_1 + \underline{Z}_1\underline{I}_1} = \frac{\underline{W}_1 - \underline{Z}_1^*}{\underline{W}_1 + \underline{Z}_1} = \underline{r}_{b1}. \tag{16b}$$

$$\underline{W}_1 = \frac{\underline{U}_1}{\underline{I}_1} = \underline{Z}_1\,\frac{\underline{Z}_1^*/\underline{Z}_1 + \underline{r}_{b1}}{1 - \underline{r}_{b1}} \tag{16c}$$

ist der primäre Betriebswiderstand.

Betriebsübertragungs- und Betriebsdämpfungsfunktion rückwärts. Aus

$$\frac{\text{am Tor 1 an den Lastwiderstand } \underline{Z}_1 \text{ abgegebene Wirkleistung}}{\text{am Tor 2 von der Quelle maximal abgebbare Wirkleistung}} = \frac{P_1}{P_{02}} = \left.\frac{|\underline{b}_1|^2}{|\underline{a}_2|^2}\right|_{\underline{a}_1=0} = |\underline{S}_{12}|^2 \tag{17a}$$

folgt die Betriebsübertragungsfunktion rückwärts

$$\underline{S}_{12} = \left.\frac{\underline{b}_1}{\underline{a}_2}\right|_{\underline{a}_1=0} = \frac{2\underline{U}_1}{\underline{U}_{02}}\sqrt{\frac{R_2}{R_1}}\frac{R_1}{\underline{Z}_1} = \frac{1}{\underline{H}_2}. \tag{17b}$$

$\underline{H}_2$ ist die Betriebsdämpfungsfunktion vorwärts.

Sekundärer Betriebsreflexionsfaktor und Betriebswiderstand. Aus

$$\frac{\text{am Tor 2 reflektierte Wirkleistung}}{\text{am Tor 2 von der Quelle maximal abgebbare Wirkleistung}} = \frac{P_{r2}}{P_{02}} = \left.\frac{|\underline{b}_2|^2}{|\underline{a}_2|^2}\right|_{\underline{a}_1=0} = |\underline{S}_{22}|^2 \tag{18a}$$

folgt der sekundäre Betriebsreflexionsfaktor

$$\underline{S}_{22} = \left.\frac{\underline{b}_2}{\underline{a}_2}\right|_{\underline{a}_1=0} = \frac{\underline{W}_2 - \underline{Z}_2^*}{\underline{W}_2 + \underline{Z}_2} = \underline{r}_{b2}. \tag{16b}$$

$$\underline{W}_2 = \frac{\underline{U}_2}{\underline{I}_2} = \underline{Z}_2\,\frac{\underline{Z}_2^*/\underline{Z}_2 + \underline{r}_{b2}}{1 - \underline{r}_{b2}} \tag{18c}$$

ist der sekundäre Betriebswiderstand.

Die Elemente der Streumatrix sind damit direkt die Betriebsgrößen des beiseitig beschalteten Zweitors bei Vorwärts- und Rückwärtsbetrieb.

Logarithmische Betriebsmaße. Zu den Betriebsgrößen in den Gln. (15) bis (18) definiert man folgende logarithmische Maße:

Betriebsdämpfungsmaß

$$\underline{g}_b(j\omega) = a_b(\omega) + j\,b_b(\omega) = \ln|\underline{H}(j\omega)| \quad (19)$$

mit der Betriebsdämpfung

$$\begin{aligned} a_b(\omega) &= \ln|\underline{H}(j\omega)|\ \text{Np} \quad \text{oder} \\ a_b(\omega) &= 20\log|\underline{H}(j\omega)|\ \text{dB}, \end{aligned} \quad (20)$$

wobei 1 Np = (20/ln 10) dB = 8,686 dB ist, und den Betriebsphasenwinkel im Bogenmaß

$$\begin{aligned} b_b(\omega) &= \arg\{\underline{H}(j\omega)\} \\ &= \arctan(\operatorname{Im}\underline{H}(j\omega)/\operatorname{Re}\underline{H}(j\omega))\ \text{rad} \end{aligned} \quad (21)$$

oder im Gradmaß

$$b_b/\text{Grad} = \frac{180}{\pi}\, b_b/\text{rad} = 57{,}3\, b_b/\text{rad}. \quad (22)$$

Zum Betriebsphasenwinkel definiert man als Gruppenlaufzeit

$$\begin{aligned} \tau_g(\omega) &= \mathrm{d}b_b(\omega)/\mathrm{d}\omega \\ &= \operatorname{Re}\left\{ \left. \frac{\mathrm{d}\underline{H}(p)/\mathrm{d}\underline{p}}{\underline{H}(p)} \right|_{p=j\omega} \right\}. \end{aligned} \quad (23)$$

Die Echo- oder Reflexionsdämpfung ist das logarithmische Maß für den Reflexionsfaktor

$$\begin{aligned} a_r(\omega) &= -\ln|\underline{r}_b(j\omega)|\ \text{Np} \quad \text{oder} \\ a_r(\omega) &= -20\log|\underline{r}_b(j\omega)|\ \text{dB}. \end{aligned} \quad (24)$$

Für den in der Praxis besonders wichtigen Fall verlustloser reziproker Zweitore gelten die folgenden fundamentalen Beziehungen:

$$P_2 = P_{01} - P_{r1} = P_{01}(1 - |\underline{r}_{b1}|^2), \quad (25)$$

$$\exp(-2a_b) + \exp(-2a_r) = 1 \quad \text{(Feldtkeller-Beziehung)}, \quad (26)$$

$$\underline{H}_1 = \underline{H}_2, \quad (27)$$

$$|\underline{r}_{b1}| = |\underline{r}_{b2}|. \quad (28)$$

Spezielle Literatur: [1] *Carlin, H.*: The scattering matrix in network theory. IRE Trans. CT-3 (1956) 88–97. – [2] *Kurokawa, K.*: Power waves and the scattering matrix. IEEE Trans. MTT-13 (1965) 194–202. – [3] *Youla, D. C.*: On scattering matrices normalized to complex port numbers. Proc. IRE 49 (1961) 1221. – [4] *Chen, W.-K.*: Relationships between scattering matrix and other matrix representations of linear two-port networks. Int. J. Electron. 38 (1975) 433–441.

5 Impedanzebene, Admittanzebene
Impedance-plane, admittance plane

Allgemeine Literatur: *Meinke, H.H.*: Einführung in die Elektrotechnik höherer Frequenzen, Bd. 1. Berlin: Springer 1965.

Beim Aufbau von einfachen Schaltungen, die aus wenigen Blind- und Wirkelementen bestehen, sind geeignete Ersatzschaltungen und graphische Verfahren oft hilfreich, um den gewünschten Zweck (Anpassung, minimaler Frequenzgang) ohne zu großen Rechenaufwand zu erreichen. Dabei ist häufig die Umrechnung Widerstand-Leitwert nötig. Jeder Serienschaltung aus Blind- und Wirkwiderstand entspricht bei einer gegebenen Frequenz eine Parallelschaltung aus einem Blind- und Wirkleitwert.

$$\begin{aligned} \underline{Z} &= R + jX = |\underline{Z}|\exp(j\varphi) \\ |\underline{Z}| &= \sqrt{R^2 + X^2}; \qquad \varphi = \arctan(X/R) \\ \underline{Y} &= G + jB = |\underline{Y}|\exp(j\psi) \\ |\underline{Y}| &= \sqrt{G^2 + B^2}; \qquad \psi = \arctan(B/G). \end{aligned}$$

Für $\underline{Z} = 1/\underline{Y}$ ist $\varphi = -\psi$.
In der Praxis wird auch bei Parallelschaltungen mit Widerstandswerten R_p und $X_p = \omega L_p = 1/\omega C_p$ gerechnet (Bild 1).
Dann ist $R_p = R_s + X_s^2/R_s$; $X_p = X_s + R_s^2/X_s$;

$$R_s = \frac{R_p}{1 + (R_p/X_p)^2}; \qquad X_s = \frac{X_p}{1 + (X_p/R_p)^2}. \quad (1)$$

Dabei können folgende Näherungen angewandt werden:
Widerstand mit kleinem Serienblindanteil ($R_s > 10\,|X_s|$):

$$R_p \approx R_s; \qquad X_p \approx R_s^2/X_s. \quad (2)$$

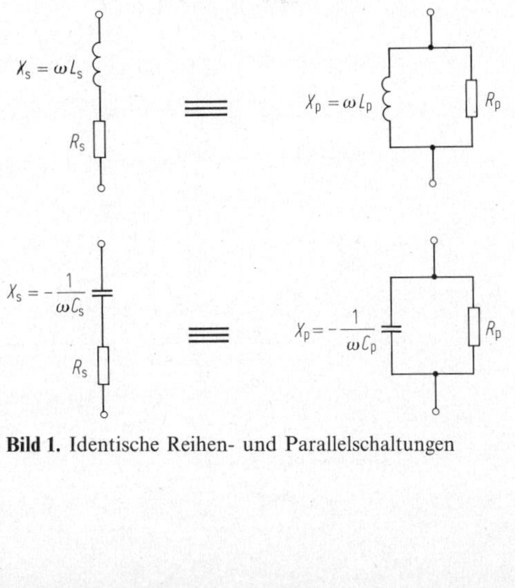

Bild 1. Identische Reihen- und Parallelschaltungen

Blindelement mit kleinem Serienverlustwiderstand ($|X_s| > 10\,R_s$):

$$R_p \approx X_s^2/R_s; \quad X_p \approx X_s. \tag{3}$$

Wirkwiderstand mit geringer Parallelblindstörung ($|X_p| > 10\,R_p$):

$$R_s \approx R_p; \quad X_s \approx R_p^2/X_p. \tag{4}$$

Blindelement mit großem Parallelwiderstand ($R_p > 10\,|X_p|$):

$$R_s \approx X_p^2/R_p; \quad X_s \approx X_p. \tag{5}$$

Allgemein bleibt bei der Umwandlung einer Parallelschaltung in eine Serienschaltung oder umgekehrt immer der physikalische Charakter der Bauelemente erhalten. Eine Serienschaltung aus R und L muß also in der äquivalenten Parallelschaltung eine Induktivität aufweisen.

Ist $\underline{Z}$ ein reiner Wirkwiderstand R, dann ist $\underline{Y}$ ein reiner Wirkleitwert $\underline{Y} = G = 1/R$. Für einen reinen Blindwiderstand $\underline{Z} = \mathrm{j}X$ gilt $\underline{Y} = \mathrm{j}B = -\mathrm{j}1/X$.

Für beliebige Kombinationen von Wirk- und Blindelementen gelten geometrische Zusammenhänge, welche die Umrechnung erleichtern und Beurteilungen des frequenzabhängigen Verhaltens ermöglichen.

Umrechnung Serienschaltung in Parallelschaltung. In Bild 2 ist in der Widerstandsebene der Ort $\underline{Z} = R_s + \mathrm{j}X_s$ für die gegebene Serienschaltung aufgetragen. Durch diesen Punkt $\underline{Z}$ laufen zwei Kreise, von denen einer (I) seinen Mittelpunkt auf der reellen Achse hat. Der Mittelpunkt des zweiten Kreises (II) liegt auf der imaginären Achse. Beide Kreise schneiden sich im Ursprung des Koordinatensystems. Der Schnittpunkt des Kreises I mit der reellen Achse liegt bei $R_p = 1/G_p$, der Schnittpunkt des Kreises II mit der imaginären Achse ist bei $X_p = -1/B$. G_p und B_p sind die gesuchten Größen für $\underline{Y} = G_p + \mathrm{j}B_p$. Alle Werte $\underline{Z}$, die auf dem Kreis I liegen, haben den gleichen Wirkleitwert bei der äquivalenten Parallelschaltung. Man nennt Kreis I daher Kreis konstanten Wirkleitwerts G_p. Entsprechend heißt Kreis II Kreis konstanten Blindleitwerts $B_p = -1/X_p$.

Ähnliche Beziehungen gelten nach Bild 3 für die Leitwertebene. Trägt man dort den Punkt $\underline{Y} = G + \mathrm{j}B$ einer Parallelschaltung ein, können die Kreise I und II gezeichnet werden, die bei $G_s = 1/R_s$ und bei $B_s = -1/X_s$ schneiden. Kreis I heißt Kreis konstanten Wirkwiderstands R_s und Kreis II wird Kreis konstanten Blindwiderstands X_s genannt.

Inversionsdiagramm. Das in Bild 4 wiedergegebene Diagramm stellt die komplexe Ebene mit neutralen Koordinaten $a_r + \mathrm{j}a_i$ dar sowie eine Kreisschar mit Mittelpunkten auf der reellen Achse, die den Parameter $b_r = 1/a_{rs}$ (a_{rs} = Schnittpunkt des Kreises mit der reellen Achse) trägt. Je eine weitere Kreisschar hat die Mittelpunkte auf der imaginären Achse und liegt symmetrisch zur reellen Achse. An diesen Kreisen stehen die Parameter $b_i = -1/a_{is}$, wobei a_{is} die Kreisschnittpunkte mit der imaginären Achse sind. Alle Kreise schneiden sich außerdem im Koordinatenursprung.

Aus dem Kreisdiagramm kann man zu einer komplexen Zahl $\underline{a} = a_r + \mathrm{j}a_i$ den Reziprokwert $\underline{b} = 1/\underline{a} = b_r + \mathrm{j}b_i$ ablesen, indem man $\underline{a}$ im kartesischen System aufsucht und bei den dort durchlaufenden Kreisen b_r und b_i abliest. Dieses

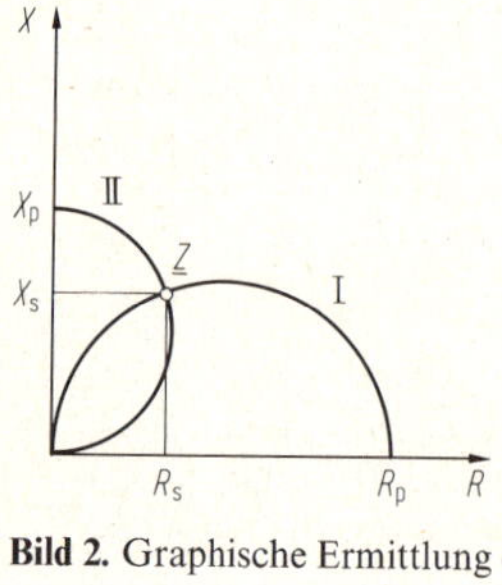

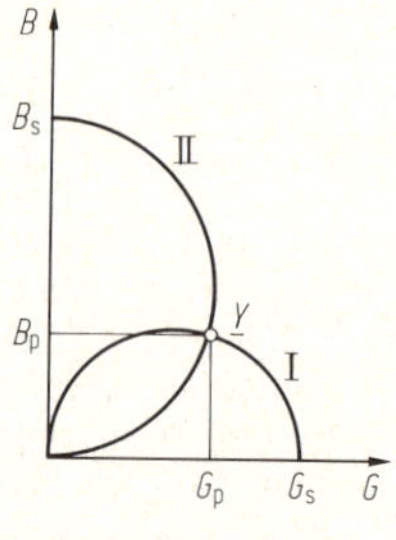

Bild 2. Graphische Ermittlung der äquivalenten Admittanz

Bild 3. Graphische Ermittlung der äquivalenten Impedanz

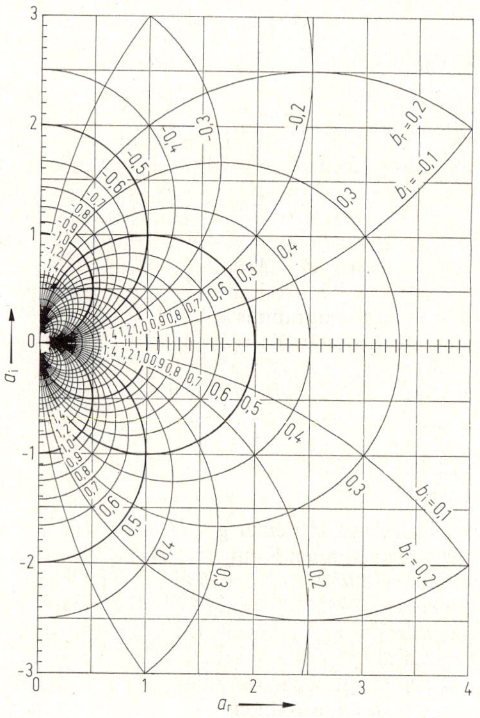

Bild 4. Inversionsdiagramm

Diagramm kann sowohl zur Umrechnung Widerstand-Leitwert als auch zur Umkehrung verwendet werden, je nachdem welcher Kurvenschar Widerstände bzw. Leitwerte zugeordnet werden.
Wenn das gegebene $\underline{Z}$ oder $\underline{Y}$ zahlenmäßig größer als der Bereich des Diagramms ist, dann müssen die Größen durch eine geeignete Zahl N geteilt werden.

$$\underline{a} = \frac{\underline{Z}}{N} = \frac{R}{N} + \mathrm{j}\frac{X}{N}; \quad a_\mathrm{r} = \frac{R}{N}; \quad a_\mathrm{i} = \frac{X}{N}.$$

Als N eignen sich besonders Zehnerpotenzen, gegebene Leitungswellenwiderstände oder allgemein ganze Zahlen. Die abgelesenen Leitwerte $\underline{b}$ müssen anschließend umgerechnet werden, um zu den wirklichen Zahlenwerten zu führen.

$$\underline{b} = \frac{1}{\underline{a}} = \frac{N}{\underline{Z}} = b_\mathrm{r} + \mathrm{j}b_\mathrm{i} = N\underline{Y} = NG + \mathrm{j}NB.$$

Daraus folgt

$$\underline{Y} = \frac{r_\mathrm{r}}{N} + \mathrm{j}\frac{b_\mathrm{i}}{N}; \quad G = \frac{b_\mathrm{r}}{N}; \quad B = \frac{b_\mathrm{i}}{N}.$$

Entsprechendes gilt für Leitwerte, die in Impedanzen umgewandelt werden sollen. Hier wird meist N als Bruchteil von 1 (beispielsweise 1/10 oder 1/1000) gewählt werden, so daß mit $M = 1/N$ für den Gebrauch des Diagramms gilt:

$$\underline{Y}M = GM + \mathrm{j}BM = \underline{b}; \quad b_\mathrm{r} = GM; \quad b_\mathrm{i} = BM.$$

Die abgelesenen normierten Impedanzwerte $\underline{a}$ müssen umgerechnet werden mit

$$\underline{a} = a_\mathrm{r} + \mathrm{j}a_\mathrm{i} = \frac{1}{\underline{b}} = \frac{1}{\underline{Y}M} = \frac{\underline{Z}}{M} = \frac{R}{M} + \mathrm{j}\frac{X}{M}.$$

Damit wird $\underline{Z} = Ma_\mathrm{r} + \mathrm{j}Ma_\mathrm{i}$; $R = Ma_\mathrm{r}$; $X = Ma_\mathrm{i}$. Das kartesische Koordinatensystem des Inversionsdiagramms kann also entweder als komplexe Widerstandsebene $\underline{Z} = R + \mathrm{j}X$ für die Werte $\underline{a} = a_\mathrm{r} + \mathrm{j}a_\mathrm{i}$ verwendet werden oder als komplexe Leitwertebene $\underline{Y} = G + \mathrm{j}B$ für die Werte $\underline{b} = b_\mathrm{r} + \mathrm{j}b_\mathrm{i}$. Die Kreisscharen tragen als Parameter jeweils die Werte der reziproken Funktion.

Impedanzebene. Zu einer gegebenen normierten Impedanz $\underline{a}$ können Komponenten in Serie oder parallel geschaltet werden. Die entsprechenden Ortskurven sind in Bild 5 zusammengestellt. Ausgehend vom Ort $\underline{a}_1$ erreicht man für die Serienschaltung von Komponenten den Ort a, welcher der Gesamtschaltung entspricht, dadurch, daß man von $\underline{a}_1$ aus für ein Serien-R nach rechts, für ein Serien-L nach oben und für ein Serien-C nach unten fortschreitet. Die Transformation verläuft jeweils auf geraden Linien, deren Länge a_r bzw. a_i dem normierten Wirk- bzw. Blindwiderstandswert entspricht. Um die Frequenzabhängigkeit einer Gesamtschaltung zu erkennen, muß man den Schaltungsteil, der $\underline{a}_1$ bestimmt, in seine Grundkomponenten auflösen und $\underline{a}_1$ als Funktion der Frequenz ermitteln oder $\underline{a}_1$ abhängig von der Frequenz meßtechnisch erfassen. Kapazitive Serienelemente sind durch senkrechte Wege darstellbar, die mit wachsender Frequenz abnehmen, induktiven Komponenten entsprechen Wege, die mit der Frequenz zunehmen.

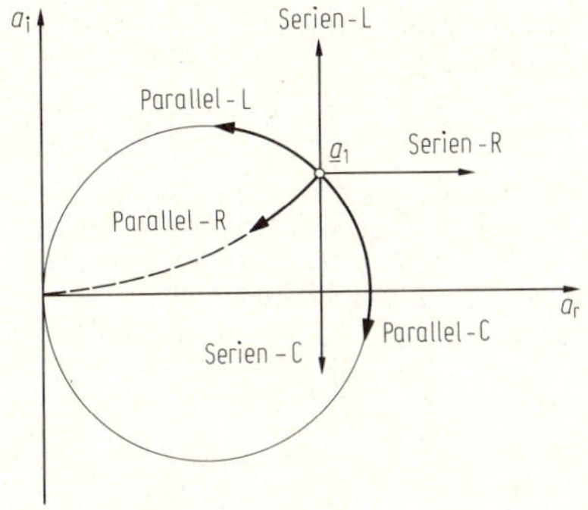

Bild 5. Transformationswege in der Impedanzebene

Bei der Serienschaltung von mehreren Komponenten ist das Ergebnis unabhängig davon, welche Komponente zuerst berücksichtigt wurde. Der Endpunkt im Diagramm entspricht immer der zu $\underline{a}_1$ addierten Summe der Einzelwege.
Für die Parallelschaltung von Komponenten zu $\underline{a}_1$ muß man auf den entsprechenden Kreisscharen fortschreiten. Dazu liest man die Parameter der Kreise ab, die durch $\underline{a}_1$ laufen oder ermittelt die entsprechenden Werte durch Interpolation. Man bestimmt also $\underline{b}_1 = 1/\underline{a}_1 = b_{\mathrm{r}1} + \mathrm{j}b_{\mathrm{i}1}$. Ein parallelgeschaltetes Blindelement ändert nur den Imaginärteil von $\underline{b}_1$. Die Änderung muß sich daher auf einem Kreis konstanten Wirkleitwerts auswirken. Die Parallelschaltung eines L verläuft dementsprechend auf dem Kreis, der den Mittelpunkt auf der reellen Achse hat, gegen den Uhrzeigersinn. Ein parallelgeschaltetes C entspricht einem Fortschreiten auf diesem Kreis im Uhrzeigersinn. Die Weglänge ist durch die Größe des normierten b_i des jeweiligen Elements bestimmt. Man ermittelt $b_{\mathrm{i}2} = b_{\mathrm{i}1} + b_\mathrm{i}$ und sucht den Punkt auf in dem der Kreis auf dem der Transformationsweg verläuft, von dem der anderen Schar zugehörigen Kreis mit dem Parameter $b_{\mathrm{i}2}$ geschnitten wird. Große Blindleitwerte, also große Kondensatoren bei hohen Frequenzen oder kleine Induktivitäten bei niedrigen Frequenzen bewirken lange Transformationswege.
Parallelgeschaltete Wirkleitwerte verändern den Blindleitwert $b_{\mathrm{r}1}$ nicht. Der Transformationsweg

verläuft daher auf einem Kreis konstanten Blindleitwerts. Dieser Weg ist in Bild 5 mit Parallel-R gekennzeichnet. Mit gleichem Recht könnte man als Bezeichnung Parallel-G wählen. Man läuft von $\underline{a}_1$ aus auf einem Kreis, dessen Mittelpunkt auf der imaginären Achse liegt, auf den Ursprung des Koordinatensystems zu. Dabei berechnet man zunächst das dem Widerstand entsprechende normierte b_r und ermittelt den Endwert der Transformation $b_{r2} = b_{r1} + b_r$. Der Endpunkt der Transformation liegt da, wo der Kreis mit Mittelpunkt auf der reellen Achse und mit dem Parameter b_{r2} den durch $\underline{a}_1$ laufenden Kreis konstanten Wirkleitwerts, auf dem der Transformationsweg verläuft, schneidet.

In allen Fällen liest man am Endpunkt der Transformation $\underline{a}_2 = a_{r2} + \mathrm{j}a_{i2}$ oder $\underline{b}_2 = b_{r2} + \mathrm{j}b_{i2}$ ab und erhält nach der Rücknormierung die Impedanz oder Admittanz der Gesamtschaltung. Der Koordinatenursprung stellt eine absolute Barriere dar, die von keiner Transformation überwunden werden kann. Parallelschalten beliebig großer Wirk- oder Blindleitwerte bedeutet im Grenzfall $\underline{a}_2 = 0$ bzw. $\underline{b}_2 = \infty$, also Kurzschluß.

Admittanzebene. Bei einer gegebenen, normierten Admittanz $\underline{a}$ können graphisch entsprechend Bild 6 die Ortskurven für Parallel- oder Serienschaltung von Bauelementen dargestellt werden. Das kartesische System gilt nun für die normierten Admittanzen, an den Kreisen kann man die normierten Impedanzen $\underline{b} = b_r + \mathrm{j}b_i$ ablesen. Ausgehend von der Admittanz $\underline{a}_1$ bewirkt die Parallelschaltung eines normierten Wirkleitwerts a_r eine geradlinige Transformation nach rechts. Ein Parallel-C transformiert senkrecht nach oben, ein Parallel-L senkrecht nach unten. Um den Endpunkt der Transformation zu bestimmen, ist zu $\underline{a}_1 = a_{r1} + \mathrm{j}a_{i1}$ jeweils der normierte Leitwert a_r bzw. a_i des Elements zu addieren, um den Gesamtwert $\underline{a}_2$ zu erhalten. Große Wirkleitwerte, also niederohmige Parallelwiderstände bewirken große Verschiebungen nach rechts. Große Kondensatoren bei hohen Frequenzen bzw. kleine Induktivitäten bei niedrigen Frequenzen ergeben lange senkrechte Transformationswege.

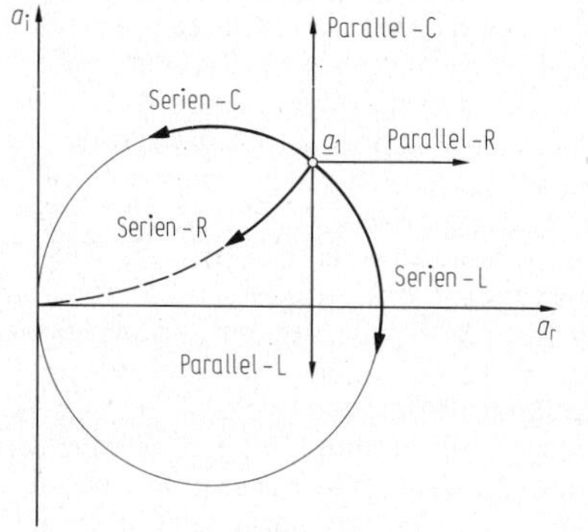

Bild 6. Transformationswege in der Admittanzebene

Bei der Serienschaltung von Komponenten ergeben sich Kreise als Transformationswege. Man liest zunächst die Werte $\underline{b}_1 = b_{r1} + \mathrm{j}b_{i1}$ der normierten Impedanz ab. Diese Werte ergeben sich als Parameter der Kreise die durch $\underline{a}_1$ laufen. Der Kreis für b_{r1} hat dabei seinen Mittelpunkt auf der reellen Achse. Der Wert b_{r1} wird durch eine Serienschaltung von L oder C nicht verändert. Auf diesem Kreis transformiert ein Serien-L im Uhrzeigersinn, ein Serien-C entgegen dem Uhrzeigersinn. Der Endpunkt des Transformationsweges erhält man durch Addition des normierten Blindwiderstandes b_i des Schaltelements zum Blindwiderstand b_{i1} der Ausgangsschaltung. Dieser Wert ist als Parameter des Kreises abzulesen, der durch $\underline{a}_1$ geht und dessen Mittelpunkt auf der imaginären Achse liegt. In dieser Kreisschar sucht man nun den Parameter $b_{i2} = b_{i1} + b_i$.

Für Betrachtungen bezüglich der Frequenzabhängigkeit ist wieder zu berücksichtigen, daß bereits der Wert $\underline{a}_1$ der ursprünglichen Schaltung eine Frequenzabhängigkeit aufweist.

Für die Serienschaltung eines Widerstandes berechnet man den normierten Widerstandswert b_r des Elements und ermittelt $b_{r2} = b_{r1} + b_r$. Der Transformationsweg liegt auf einem Kreis konstanten Blindwiderstands und führt stets zum Koordinatenursprung hin. Der gesuchte Ort für diese Schaltung ist beim Schnittpunkt der Kreise mit den Parametern $\underline{b}_2 = b_{r2} + \mathrm{j}b_{i2}$ mit $b_{i2} = b_{i1}$. Im kartesischen Koordinatensystem kann man auch die zugehörigen Werte $\underline{a}_2 = a_{r2} + \mathrm{j}a_{i2}$ ablesen. Durch Rücknormierung ergibt sich aus $\underline{a}_2$ der komplexe Leitwert $\underline{Y}_2$ der Gesamtschaltung und mit $\underline{b}_2$ die Eingangsimpedanz $\underline{Z}_2$.

Transformationsschaltungen. Durch Anwendung dieses Diagramms können Transformationsaufgaben in einfacher Weise gelöst werden. Soll beispielsweise eine normierte Impedanz $\underline{Z}_1 = a_{r1} + \mathrm{j}a_{i1}$ durch eine geeignete Schaltung aus zwei Blindelementen in einen vorgegebenen Wert $\underline{Z}_2 = a_{r2} + \mathrm{j}a_{i2}$ transformiert werden, so sind immer mindestens zwei, maximal vier Kombinationen geeigneter Elemente möglich. Bild 7 erläutert ein Beispiel. Hier sind alle vier Möglichkeiten gegeben. Weg 1: Parallel-L, Serien-C; Weg 2: Parallel-C, Serien-L; Weg 3 und 4 jeweils Serien-C, Parallel-L mit unterschiedlich großen Werten für L und C. Nur zwei Lösungen existieren, wenn $\underline{Z}_1$ rechts vom Schnittpunkt des kleineren Kreises mit der reellen Achse liegt.

Kürzestmögliche Transformationswege ergeben die kleinste Frequenzabhängigkeit der Transformation (Abweichung der erzielten Eingangsim-

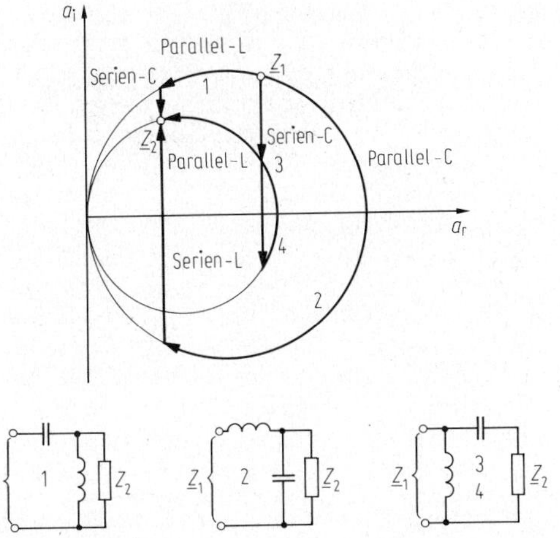

Bild 7. Transformationsschaltungen für eine feste Frequenz

pedanz vom gewünschten Wert). Kurze Transformationswege entsprechen meist auch kleinen zusätzlichen Verlusten, die durch die unvermeidlichen Verlustfaktoren der transformierenden Bauelemente verursacht werden. Welche Schaltung zweckmäßig ist, hängt jedoch vom Anwendungsfall (Gleichstromdurchgang, Tiefpaßverhalten usw.) ab.

Ortskurven lassen sich als Funktion der Frequenz oder als Funktion der Größe von Bauelementen darstellen. Es können Impedanz- bzw. Admittanzortskurven oder auch solche bezüglich des Übertragungsverhaltens von Mehrtoren angefertigt werden. Impedanz- und Admittanzortskurven werden als Funktion der Frequenz im Uhrzeigersinn durchlaufen.

In den meisten Fällen interessieren Ortskurven nur in eingeschränkten Bereichen, meistens um einen speziellen Impedanzwert herum, bei dem eine Anpassung erreicht werden soll. Durch geeignete Zuschaltung von Blindelementen können Impedanzkurven erreicht werden, die den angestrebten Wert in unmittelbarer Nähe mehrfach umschlingen. Je weiter die erreichte Impedanz vom Anpassungspunkt abweicht, desto größer ist die Fehlanpassung und um so kleiner wird das Verhältnis P/P_{max}. P ist die dem Verbraucher zugeführte Leistung, $P_{max} = U_0^2/(8\,R_i)$ die maximale Leistung, die eine Quelle mit Leerlaufspannung U_0 und Innenwiderstand R_i an einen Verbraucher abgeben kann. In Bild 8 sind die Grenzkreise dargestellt, innerhalb derer die Eingangsimpedanz liegen muß, um einen bestimmten Anteil der Maximalleistung aufzunehmen. Quantitative Angaben sind in Tab. 1 zusammengestellt.

Ortskurven mit ausgeprägtem Resonanzverhalten können den Bereich des kartesischen Koordinatensystems nach Bild 4 überschreiten. Den Gesamtbereich der komplexen Impedanz- bzw.

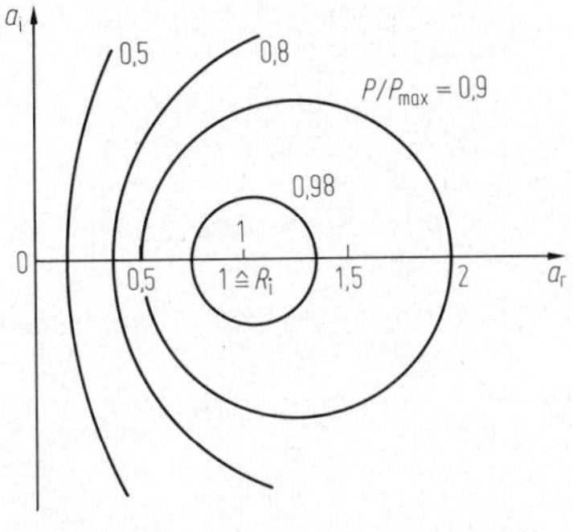

Bild 8. Kreise konstanter Wirkleistung in der Impedanzebene

Tabelle 1. Wirkleistungsverminderung bei Fehlanpassung

Verlust in dB	0	0,1	0,5	1	2	3	∞
P/P_{max}	1	0,98	0,89	0,79	0,63	0,5	0
U/U_{max}	1	0,99	0,94	0,89	0,79	0,71	0
Kreis schneidet							
bei R_{min}	1	0,74	0,5	0,38	0,24	0,17	0
bei R_{max}	1	1,36	2	2,7	4,1	5,8	∞
Radius im Smith-Diagramm	0	0,15	0,33	0,45	0,61	0,71	1

Admittanzebene kann man mit der Transformation $\underline{a} = (\underline{a}_1 - 1)/(\underline{a}_1 + 1)$ erfassen. Jeder Punkt $\underline{a}_1$, der einem Wert $\underline{a}$ bzw. $\underline{b} = 1/\underline{a}$ in der Ebene aus Bild 4 entspricht, wird mit dieser Beziehung transformiert.

$\underline{a}$ und $\underline{b}$ sind dann umgerechnete Werte, die wieder in einer komplexen Ebene dargestellt werden können. Alle $\underline{a}$ und $\underline{b}$ liegen innerhalb des Einheitskreises. Bild 9 zeigt diese als Smith-Diagramm bezeichnete Darstellung. Der Wert $\underline{a} = 0$, $\underline{b} = \infty$ also Kurzschluß, entspricht dem äußersten linken Punkt, ganz rechts liegt der Leerlaufpunkt $\underline{a} = \infty$, $\underline{b} = 0$. Die Umrandung entspricht der imaginären Achse. Im Diagramm sind einige der hier kreisförmigen Orte konstanter Wirk- und Blindwiderstände a_r und a_i, welche dem kartesischen Koordinatensystem in Bild 4 entsprechen, sowie Kreise konstanter Wirk- und Blindleitwerte b_r und b_i eingetragen.

Für die Praxis normiert man alle zu betrachtenden Impedanzen so, daß der anzustrebende Anpassungspunkt im Zentrum des Diagramms liegt. Bei Leitungsschaltungen ist dies der Wellenwiderstand. Parallel bzw. Serienschaltungen ergeben Wege auf den entsprechenden Kreisen. Die Vorgehensweise ist entsprechend der, die für das Inversionsdiagramm vorher beschrieben wurde.

Die Kreise P/P_{max} = const, die denjenigen in Bild 8 entsprechen sind im Smith-Diagramm konzentrische Kreise um den Anpassungspunkt $a_r = 1$, $a_i = 0$. Bild 10 zeigt die kreisförmigen Ge-

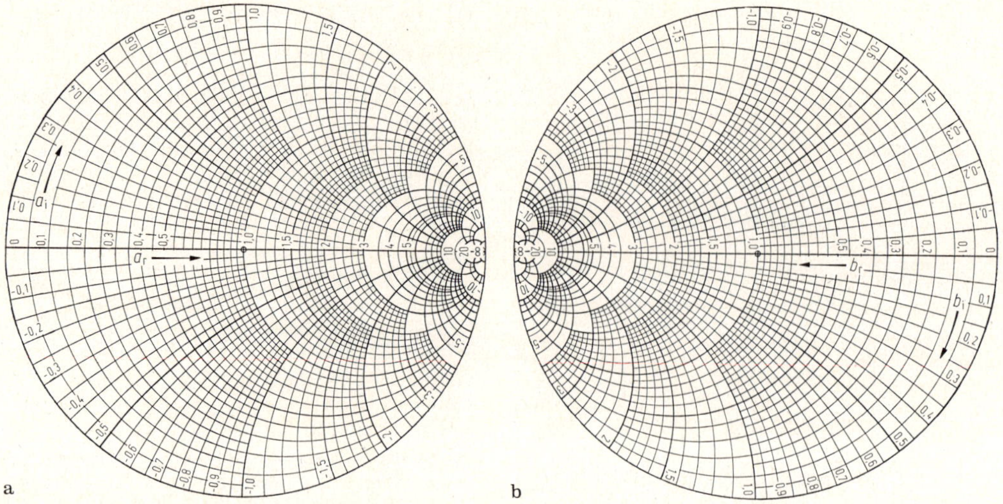

Bild 9. Transformierte Impedanzebene (Smith-Diagramm). Aus Gründen der Übersichtlichkeit sind die sonst übereinanderliegenden Kreisscharen nebeneinander dargestellt. **a** Kreise konstanten Wirkwiderstands a_r und Blindwiderstands a_i; **b** Kreise konstanten Wirkleitwerts b_r und konstanten Blindleitwerts b_i

Bild 10. Kreise konstanter Wirkleistung im Smith-Diagramm

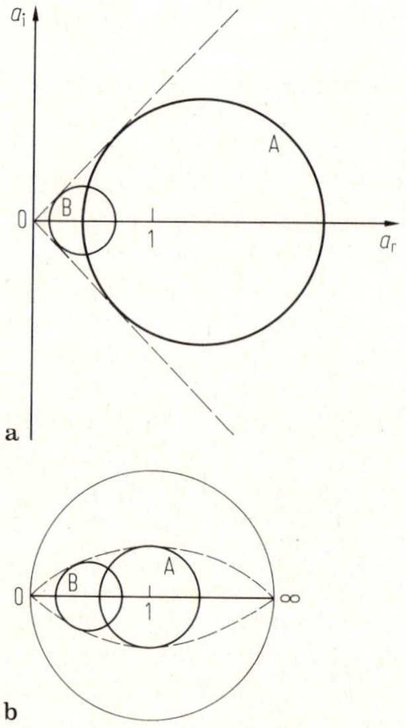

Bild 11. Transformationsbereiche A und B, innerhalb derer eine Ortskurve vor und nach einer Transformation mittels Blindwiderständen liegen kann. **a** in der Impedanzebene; **b** im Smith-Diagramm

biete, in denen die Ortskurven liegen müssen, wenn bestimmte Forderungen hinsichtlich P/P_{max} am Verbraucher erfüllt sein müssen.

Für alle Transformationen in der Impedanz- oder Admittanzebene gilt sowohl in Inversions- als auch im Smith-Diagramm, daß kreisförmige Ortskurven durch Parallel- oder Serienschaltung eines Elements wieder in kreisförmige Ortskurven übergehen. Nur durch eine Vielzahl von geeigneten Parallel- und Serienschaltung von Blindelementen kann in einem begrenzten Frequenzbereich durch Schleifenbildung der Ortskurve um den gewünschten Anpassungspunkt herum die Wirkleistungsaufnahme gleichmäßiger gestaltet werden. In den Bereichen größerer Frequenzabweichung wird der Leistungsabfall dafür umso ausgeprägter. Ein kreisförmiger Umlauf in der Impedanzebene, wie er sich beispielsweise als frequenzabhängige Eingangsimpedanz einer Leitung, deren Abschluß nicht gleich dem Wellenwiderstand ist, ergibt, kann durch eine geeignete Schaltung aus zwei Blindelementen wieder in einen Kreis mit Mittelpunkt auf der reellen Achse transformiert werden. Der Mittelpunkt kann bei einem höher- oder niederohmigen Wert

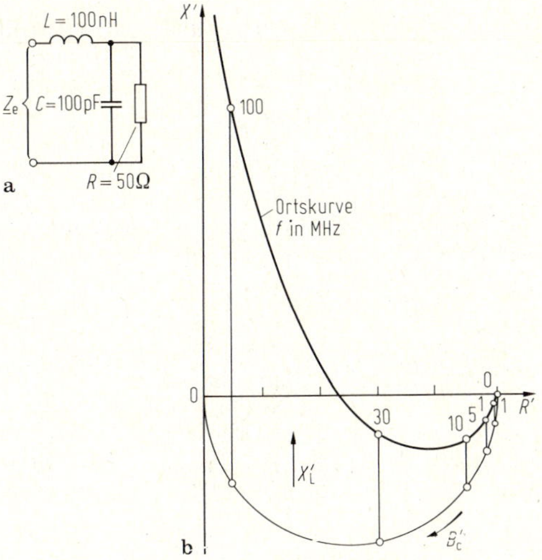

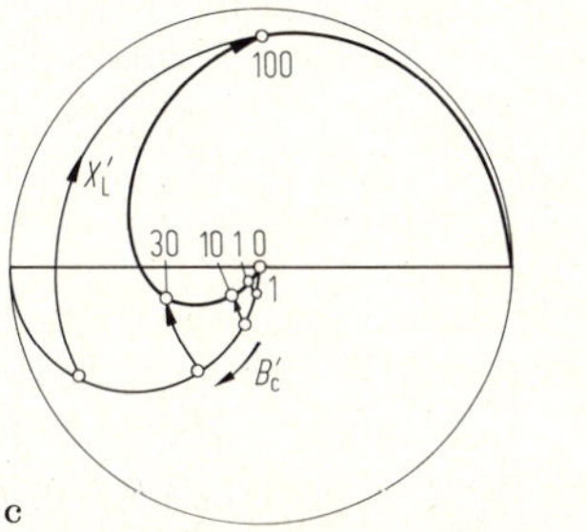

f in MHz	B'_C in S	X'_L in Ω
1	0,03	0,013
5	0,16	0,063
10	0,31	0,13
30	0,94	0,38
100	3,14	1,26

Bild 12. Ortskurve der Eingangsimpedanz. **a** Schaltung; **b** Darstellung in der Impedanzebene; **c** Darstellung im Smith-Diagramm

als beim Ausgangskreis liegen. Die Schar der erzielbaren Ortskurven liegt dann im Inversionsdiagramm, wie Bild 11 a zeigt, in einem durch den ursprünglichen Kreis vorgegebenen Öffnungswinkel.
Bild 11 b gibt die entsprechende Kreisschar im Smith-Diagramm wieder.

Beispiel: Die Ortskurve der Eingangsimpedanz der Schaltung nach Bild 12 soll dargestellt werden. Dabei sind die Werte gegeben $R = 50\ \Omega$, $C = 100$ pF, $L = 100$ nH. Die Werte werden als Längen in die Kreisdiagramme Bild 4 bzw. Bild 9 eingetragen. Die Verbindung der Endpunkte ist dann die Ortskurve der Eingangsimpedanz $\underline{Z}_e$.

6 Theorie der Leitungen
Transmission line theory

Allgemeine Literatur: *Meinke, H. H.*: Einführung in die Elektrotechnik höherer Frequenzen. Bd. 1. Berlin: Springer 1965. – *Unger, H.-G.*: Elektromagnetische Wellen auf Leitungen. Heidelberg: Hüthig 1980.

6.1 Leitungskenngrößen
Line parameters

Leitungen bestehen aus einem Hin- und einem Rückleiter. l ist die Koordinate längs der Leitung, wobei $l = 0$ das Leitungsende bildet, an dem eine Abschlußimpedanz $\underline{Z}_2$ angeschlossen ist (Bild 1). Mit wachsendem l nähert man sich der Quelle. Zwischen beiden Leitern ist ein elektrisches Feld vorhanden, dem die Spannung $\underline{U}(l)$ entspricht. Ein Magnetfeld erfüllt den Raum zwischen den Leitern bzw. die Umgebung. Diesem entsprechen die Leitungsströme $\underline{I}(l)$, die in den beiden Leitern entgegengesetzt gerichtet, sonst aber gleich sind. Spannungen und Ströme an beliebigen Leitungsorten l können als Summe von Spannungen bzw. Strömen je einer vom Generator zum Verbraucher hinlaufenden Welle $\underline{U}_h(l, t)$, $\underline{I}_h(l, t)$ und einer zum Generator zurücklaufenden (reflektierten) Welle $\underline{U}_r(l, t)$, $\underline{I}_r(l, t)$ dargestellt werden.

$$\underline{U}(l, t) = \underline{U}_h \exp(j\omega t + \underline{\gamma} l) + \underline{U}_r \exp(j\omega t - \underline{\gamma} l), \tag{1}$$

$$\underline{I}(l, t) = \underline{I}_h \exp(j\omega t + \underline{\gamma} l) + \underline{I}_r \exp(j\omega t - \underline{\gamma} l). \tag{2}$$

Meist liegt die Aufgabe vor, bei gegebener Abschlußimpedanz die Eingangsimpedanz in Generatornähe zu berechnen. Dazu ist die Kenntnis der Leitungsparameter (Ausbreitungsmaße, Wellenwiderstand) erforderlich. Nähere Hinweise für Impedanzberechnungen in 6.2 und 6.3. Alle elektrischen Eigenschaften werden durch die Leitungsbeläge gekennzeichnet (Bild 2).
Der *Widerstandsbelag* R' (in Ω/m) faßt die Leitungswiderstände pro Längeneinheit in einem Wert zusammen. Diese Größe ist wegen des Skineffekts frequenzabhängig und steigt bei Frequenzen, bei denen die äquivalente Leitschichtdicke wesentlich kleiner als die Leiterdicke ist,

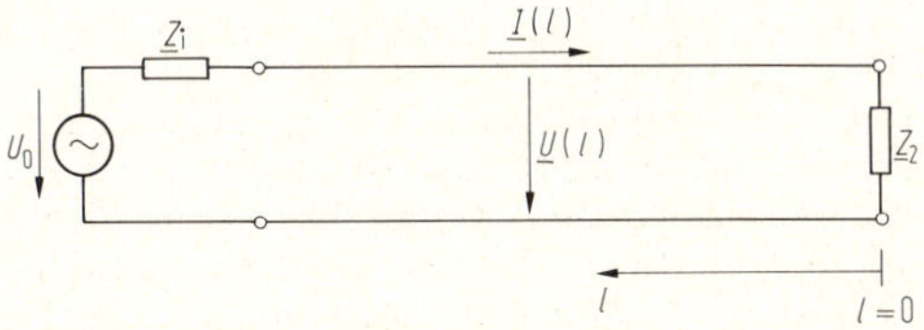

Bild 1. Strom und Spannung auf einer Leitung

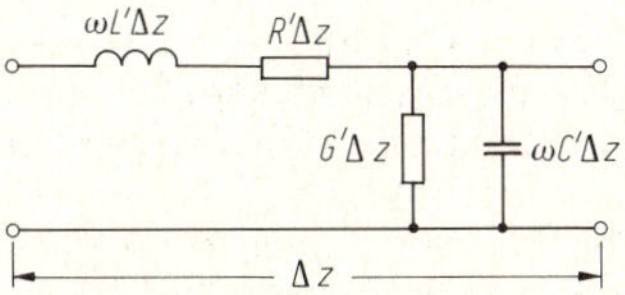

Bild 2. Ersatzschaltbild eines Leitungsstücks

proportional zur Wurzel aus der Frequenz an. Bei Koaxialleitungen mit kreiszylindrischem Querschnitt ist R' einfach zu berechnen. Bei anderen Formen müssen die am Leiterumfang unterschiedlichen Stromdichten berücksichtigt werden. An Orten höchster Stromdichte (Seitenkanten bei Streifenleitungen) treten erhöhte Verluste auf. Quantitative Aussagen können aus Feldbildern für die Querschnittebene gewonnen werden (vgl. B 6). Wenn das Isolationsmaterial zwischen den Leitern magnetisch wirksam ist und einen Verlustfaktor $\tan\delta_\mu = d_\mu$ aufweist, vergrößert sich der Widerstandsbelag um R'_m

$$R'_m = \omega L' d_\mu.$$

Als *Längsdämpfung* einer Leitung bezeichnet man die Größe d_1

$$d_1 = R'/\omega L'.$$

Der *Ableitungsbelag* G' (in S/m) ist ein Maß für die Verluste des Dielektrikums pro Längeneinheit. Bei tiefen Frequenzen ist G' meist vernachlässigbar klein, steigt jedoch oberhalb einiger MHz an.

$$G' = \omega C' d_\varepsilon = \omega C' \tan\delta_\varepsilon.$$

Als *Querdämpfung* einer Leitung bezeichnet man die Größe d_2

$$d_2 = G'/\omega C' = d_\varepsilon = \tan\delta_\varepsilon.$$

Der *Induktionsbelag* L' (in H/m) gibt die Induktivität pro Längeneinheit an. Bei tiefen Frequenzen muß auch das Magnetfeld in den Leitern berücksichtigt werden. Mit wachsender Frequenz wird das Feld aus den Leitern verdrängt und existiert nur noch außerhalb. Bei hohen Frequenzen ist daher L' frequenzunabhängig, sofern das Isoliermaterial unmagnetisch ist. Mit dem Wellenwiderstand Z_L und der Lichtgeschwindigkeit $c_0 = 3 \cdot 10^8$ m/s ergibt sich

$$L' = Z_L \sqrt{\varepsilon_r}/c_0; \qquad L' \bigg/ \frac{\text{nH}}{\text{cm}} = \frac{\sqrt{\varepsilon_r} Z_L/\Omega}{30}. \tag{3}$$

Der *Kapazitätsbelag* C' (in F/m) gibt die Kapazität pro Längeneinheit an. Für Leitungen, bei denen das elektrische Feld ausschließlich in einem homogenen Dielektrikum verläuft (z. B. Koaxialkabel) ist C' frequenzunabhängig. Verläuft das Feld in Bereichen mit verschiedenem ε_r, dann treten besonders bei höheren Frequenzen Wellentypen mit Längskomponenten auf, die von den einfachen Transversalwellen (L-Welle, TEM-Welle) abweichen. Das Feld konzentriert sich mit wachsender Frequenz in den Bereichen mit größerem ε_r. Das wirksame $\varepsilon_{r,\text{eff}}$ nimmt daher mit wachsender Frequenz zu und nähert sich beispielsweise bei Microstrip-Leitungen der Dielektrizitätszahl des Substrats immer mehr an.

Für Leitungen mit homogenem Dielektrikum gilt

$$C' = \frac{\sqrt{\varepsilon_r}}{c_0 Z_L}; \qquad C' \bigg/ \frac{\text{pF}}{\text{cm}} = \frac{33{,}3\sqrt{\varepsilon_r}}{Z_L/\Omega}. \tag{4}$$

Die *Ausbreitungsgeschwindigkeit* v ist für verlustlose Leitungen mit Luft als Isolation gleich der Lichtgeschwindigkeit c_0. Für Leitungen mit Isolierstoffen gilt

$$v = \frac{c_0}{\sqrt{\varepsilon_r}}; \qquad v \bigg/ \frac{\text{m}}{\text{s}} = \frac{3 \cdot 10^8}{\sqrt{\varepsilon_r}}.$$

Bei vollständiger Füllung des Raums zwischen den Leitern ist ε_r gleich der Dielektrizitätszahl des Isoliermaterials. Bei teilweiser Füllung ist ein Mischwert der Dielektrika wirksam. Dieser kann aus L' und C' bestimmt werden. Damit erhält man

$$v = \frac{1}{\sqrt{L'C'}} = \frac{\omega}{\beta}; \qquad \varepsilon_{r,\text{eff}} = L'C'c_0^2. \tag{5}$$

L' und C' können durch Berechnung oder Messung bestimmt werden.
Die *Laufzeit* τ einer Leitung der Länge l ist

$$\tau = l/v = \beta l/\omega. \tag{6}$$

Das *Phasenmaß* β gibt die Phasendrehung einer Welle pro Längeneinheit der Leitung im Bogenmaß an

$$\beta = \omega\sqrt{L'C'} = 2\pi/\lambda = 360°/\lambda. \tag{7}$$

Die *Wellenlänge* λ ist

$$\lambda = \frac{v}{f} = \frac{1}{f\sqrt{L'C'}} = \frac{c_0}{f\sqrt{\varepsilon_r}}, \tag{8}$$

wobei der letztgenannte Ausdruck für Füllung mit homogenem Dielektrikum gilt. Sonst kann eine effektive Dielektrizitätszahl bei teilweiser Füllung mit Gl. (5) berechnet werden. λ_0 nennt man die Wellenlänge im freien Raum.
Für verlustbehaftete Leitungen können sich Phasengeschwindigkeit v_p und Gruppengeschwindigkeit v_g unterscheiden. Die Gruppengeschwindigkeit gibt an, wie schnell sich die durch Modulation erzeugten Signale (Energie) ausbreiten. Während Phasengeschwindigkeiten auch größer als c_0 werden können, ist die Gruppengeschwindigkeit stets kleiner oder höchstens gleich der Lichtgeschwindigkeit c_0.
Die Phasengeschwindigkeit ist als $v_p = \omega/\beta$ definiert, für die Gruppengeschwindigkeit gilt $v_g = 1/(\mathrm{d}\beta/\mathrm{d}\omega)$. Bei Hochfrequenzleitungen oberhalb einiger MHz ist L' praktisch frequenzunabhängig und damit $v_g = v_p$.
Für Leitungen ohne Querdämpfung d_2 und kleiner Längsdämpfung d_1 ist näherungsweise

$$v_p \approx \frac{1}{\sqrt{L'C'}}\left(1 - \frac{R'}{2\omega L'}\right). \tag{9}$$

L' ist hierbei und in den folgenden Gleichungen der Induktivitätsbelag der verlustfreien Leitung ohne Berücksichtigung der inneren Induktivität. Für v_g gilt näherungsweise

$$v_g \approx \frac{1}{\sqrt{L'C'}}\left(1 - \frac{1}{2L'}\frac{dR'}{d\omega}\right). \tag{10}$$

Allgemein ist bei Leitungen mit bekannten Größen der Leitungsbeläge das komplexe Ausbreitungsmaß $\underline{\gamma}$

$$\underline{\gamma} = \alpha + j\beta = \sqrt{(R' + j\omega L')(G' + j\omega C')}. \tag{11}$$

Mit den Werten $d_1 = R'/\omega L'$ und $d_2 = G'/\omega C'$ wird

$$\underline{\gamma} = j\beta_0 \sqrt{(1 - jd_1)(1 - jd_2)}.$$

β_0 ist die Phasenkonstante der verlustlosen Leitung. Für kleine Verluste (d_1 bzw. $d_2 < 0{,}1$) ergibt eine Reihenentwicklung näherungsweise

$$\begin{aligned}\beta &\approx \beta_0(1 - d_1 d_2/4)\\ \alpha &\approx \beta_0(d_1 + d_2)/2 = R'/(2Z_L) + G'Z_L/2,\end{aligned} \tag{12}$$

wobei Z_L der reelle Wellenwiderstand der verlustlosen Leitung ist. Für reine Längsdämpfung ($d_2 = 0$) gilt näherungsweise ($d_1 < 0{,}1$)

$$\alpha \approx \beta_0 d_1/2; \qquad \beta \approx \beta_0(1 - d_1/2).$$

Der *Wellenwiderstand* Z_L einer verlustlosen Leitung ist die reelle Größe, die hin- bzw. rücklaufende Spannungs- und Stromamplitude nach Gl. (1) und (2) verknüpft.

$$Z_L = \sqrt{\frac{L'}{C'}} = \frac{\underline{U}_h}{\underline{I}_h} = -\frac{\underline{U}_r}{\underline{I}_r}. \tag{13}$$

Allgemein gilt

$$\begin{aligned}\underline{Z}_L &= \sqrt{\frac{R' + j\omega L'}{G' + j\omega C'}} = Z_L\sqrt{\frac{1 - jd_1}{1 - jd_2}}\\ &= R_L + jX_L.\end{aligned} \tag{14}$$

(Z_L = Wellenwiderstand der verlustlosen Leitung).
Bei Leitungen, bei denen Verluste fast ausschließlich durch Längsdämpfung verursacht werden, ist

$$\underline{Z}_L \approx Z_L\left(1 + \frac{d_1}{2}(1 - j)\right).$$

Die Phase des Wellenwiderstands ist dann geringfügig kapazitiv. Bild 3 gibt den qualitativen Verlauf des Realteils R_L und des Imaginärteils X_L des Wellenwiderstands für eine Leitung mit Verlusten durch Längsdämpfung wieder. Mit steigender Frequenz nähert sich $\underline{Z}_L$ dem reellen Wert einer verlustlosen Leitung an.

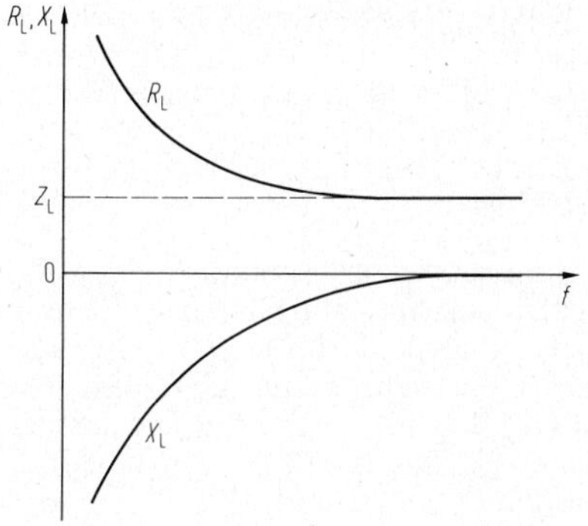

Bild 3. Verlauf des Realteils R_L und des Blindanteils X_L des Leitungswellenwiderstands in Abhängigkeit von der Frequenz

Die physikalische Bedeutung des Wellenwiderstands ist folgende:
a) Der Wellenwiderstand gibt den ortsunabhängigen Quotienten $\underline{U}_h/\underline{I}_h = \underline{Z}_L$ bzw. $\underline{U}_r/\underline{I}_r = -\underline{Z}_L$ für die hin- bzw. rücklaufende Welle an. Wegen der Definition von $\underline{U}$ und $\underline{I}$ in Bild 1, bei denen Energie für positives $\underline{U}$ und $\underline{I}$ in negativer l-Richtung transportiert wird, muß für die reflektierte Welle (Energietransport in positiver l-Richtung) entweder $\underline{U}$ oder $\underline{I}$ gegenphasig sein, was sich im negativen Vorzeichen bei $\underline{Z}_L$ äußert.
b) Der Wellenwiderstand ist diejenige Abschlußimpedanz, mit der die Leitung reflexionsfrei abgeschlossen wird.
c) Der Wellenwiderstand ist diejenige Abschlußimpedanz, die von der Leitung bei beliebiger Länge immer in den gleichen Wert transformiert wird.
Der Reflexionsfaktor $\underline{r}$ ist definiert als

$$\underline{r} = \frac{\underline{U}_r}{\underline{U}_h}, \tag{15}$$

wobei $\underline{r}(0)$ der Reflexionsfaktor am Abschluß ($l = 0$) *ist.*

$$\underline{r}(0) = \frac{\underline{Z}_2 - \underline{Z}_L}{\underline{Z}_2 + \underline{Z}_L}. \tag{16}$$

Der Betrag des Reflexionsfaktors liegt zwischen 0 (Anpassung) und 1 (Totalreflexion). Bei verlustlosen Leitungen ist der Betrag des Reflexionsfaktors r unabhängig vom Ort. Bei Leitungen mit Verlusten nimmt r mit wachsender Leitungslänge ab.
Der Welligkeitsfaktor s, auch als vswr (voltage standing wave ratio) bezeichnet, ist mit $r = |\underline{r}|$:

$$s = \frac{1 + r}{1 - r} = \frac{U_{max}}{U_{min}} = \frac{I_{max}}{I_{min}} = \frac{1}{m}; \quad (1 \leqq s \leqq \infty). \tag{17}$$

s und der Anpassungsfaktor m

$$m = \frac{1-r}{1+r} = \frac{U_{\min}}{U_{\max}} = \frac{I_{\min}}{I_{\max}} = \frac{1}{s}; \quad (0 \leqq m \leqq 1). \tag{18}$$

verknüpfen maximale bzw. minimale Amplituden von Strom und Spannung auf einer Leitung mit dem Betrag des Reflexionsfaktors. Beispiele in 6.2 und 6.3. Bei verlustarmen Leitungen sind die Orte von $U_{\max}$ und $I_{\max}$ um $\lambda/4$ gegeneinander verschoben. $U_{\max}$ und $I_{\min}$ bzw. $I_{\max}$ und $U_{\min}$ liegen aber jeweils am gleichen Ort.

6.2 Verlustlose Leitungen
Lossless transmission lines

Leitung mit reflexionsfreiem Abschluß (Anpassung). Bei einem Abschluß mit einem Widerstand, der gleich dem Wellenwiderstand der Leitung nach Gl. (13) ist, wird keine Leistung reflektiert. Die Leitung kann beliebig lang sein und hat immer die Eingangsimpedanz Z_L. Längs der Leitung ändern sich die Phasen von $\underline{U}_h$ und $\underline{I}_h$ gleichmäßig. Beide sind an jedem Ort gleichphasig. 360° Phasendrehung erfolgen auf einer Wellenlänge λ. In der Praxis ist es bei Schaltbildern üblich, den Generator links und den Verbraucher rechts darzustellen. Die Welle läuft damit in negativer l-Richtung. Zweckmäßigerweise ordnet man dem Ort des Verbrauchers an dem man Spannung oder Strom kennt, den Ort $l = 0$ zu, weil damit die Berechnungen einfacher werden.
Man führt damit positive Längen l von Verbraucher zum Generator hin ein. Damit ist

$$\begin{aligned} \underline{U}(l) &= \underline{U}_2 \exp(\mathrm{j}\beta l), \\ \underline{I}(l) &= \underline{I}_2 \exp(\mathrm{j}\beta l) = (\underline{U}_2/Z_L) \exp(\mathrm{j}\beta l). \end{aligned} \tag{19}$$

$\underline{U}_2$ und $\underline{I}_2$ sind die Werte, die am Verbraucher gemessen werden können. λ folgt aus Gl. (8), Z_L aus Gl. (13).
In reeller Schreibweise ist damit

$$\begin{aligned} U(l,t) &= U_2 \cos(\omega t + \beta l + \varphi_0), \\ I(l,t) &= I_2 \cos(\omega t + \beta l + \varphi_0). \end{aligned} \tag{20}$$

φ_0 ist der Nullphasenwinkel von Spannung und Strom am Abschluß, den man zweckmäßigerweise gleich Null setzt. Bei Reflexionsfreiheit wird die gesamte in die Leitung eingespeiste Leistung $P_{\max}$ dem Verbraucher zugeführt.

$$P_{\max} = U_1^2/(2Z_L). \tag{21}$$

U_1 ist die Spannungsamplitude am Leitungseingang. Für eine Quelle mit der Leerlaufamplitude U_0 und der Innenimpedanz $\underline{Z}_i = R_i + \mathrm{j}X_i$ ist

$$U_1 = U_0 \frac{Z_L}{\sqrt{(R_i + Z_L)^2 + X_i^2}}. \tag{22}$$

Kurzschluß am Ende. Die Längskoordinate wird wie vorher so gewählt, daß der Kurzschluß bei $l = 0$ liegt und positives l zum Generator führt. Am Ende muß für jede Zeit $\underline{U}_2 = \underline{U}_h(0) + \underline{U}_r(0) = 0$ sein. Daraus folgt $\underline{U}_r(0) = -\underline{U}_h(0)$ den Beziehungen für Z_L; aus Gl. (13) erhält man $\underline{I}_2 = 2\underline{I}_h(0)$. Die Spannungs- und Stromverteilung längs der Leitung ist dann in komplexer Schreibweise

$$\begin{aligned} \underline{U}(l,t) &= \mathrm{j}\underline{I}_2 Z_L \sin(2\pi l/\lambda) \exp(\mathrm{j}\omega t), \\ \underline{I}(l,t) &= \underline{I}_2 \cos(2\pi l/\lambda) \exp(\mathrm{j}\omega t). \end{aligned} \tag{23}$$

λ folgt aus Gl. (8), wobei Wellenlängenverkürzungen durch das Dielektrikum zu berücksichtigen sind.
Die reellen orts- und zeitabhängigen Werte sind

$$\begin{aligned} U(l,t) &= -I_2 Z_L \sin(2\pi l/\lambda) \sin(\omega t + \varphi_0), \\ I(l,t) &= I_2 \cos(2\pi l/\lambda) \cos(\omega t + \varphi_0). \end{aligned} \tag{24}$$

Es bildet sich eine stehende Welle aus, bei der die Knoten von Strom und Spannung um $\lambda/4$ gegeneinander versetzt sind. Es gibt Zeiten, zu denen auf der gesamten Leitung kein Strom fließt. Eine Viertelperiode später, wenn der Strom maximal ist, tritt nirgends Spannung auf. Im Gegensatz zur laufenden Welle bei reflexionsfreiem Abschluß, bei der das Spannungs- bzw. Strommaximum an jedem Ort der Leitung innerhalb einer Periode einmal positiv und einmal negativ auftritt, bleibt hier die sin-förmige Spannungs- und Stromverteilung ortsfest und ändert nur zeitabhängig die Amplitude (Bild 4). Die Eingangsimpedanz $\underline{Z}_1$ einer am Ende kurzgeschlossenen Leitung der Länge l ist

$$\underline{Z}_1(l) = \underline{U}(l)/\underline{I}(l) = \mathrm{j}Z_L \tan(2\pi l/\lambda). \tag{25}$$

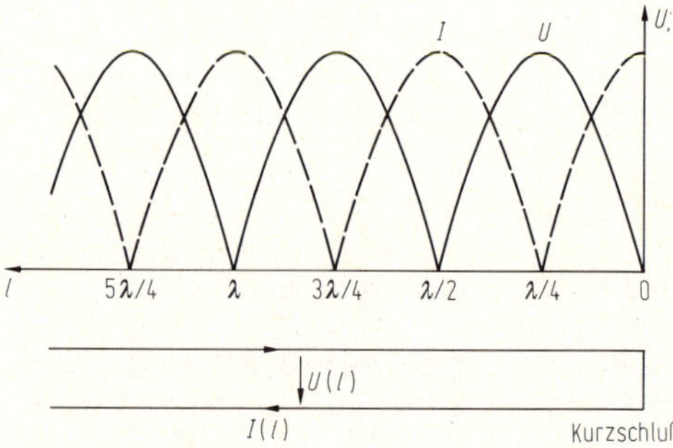

Bild 4. Strom- und Spannungsamplitudenverlauf bei kurzgeschlossener verlustloser Leitung

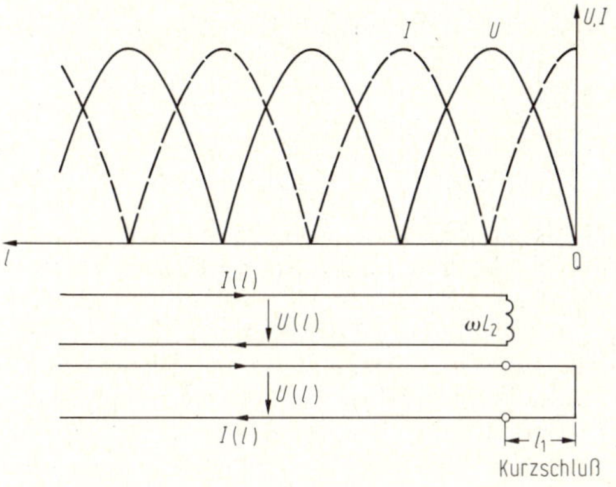

Bild 5. Strom- und Spannungsverlauf bei Leitung mit Blindabschluß und äquivalenter Kurzschluß

Eine kurzgeschlossene Leitung mit $l < \lambda/4$ hat einen induktiven Eingangswiderstand, im Bereich $\lambda/4 < l < \lambda/2$ ist er kapazitiv. Mit $\lambda/2$ sind die Impedanzwerte periodisch.

Für die um $\lambda/4$ versetzten Maxima von Strom und Spannung gilt nach Gl. (24) $U_{\max} = I_{\max} Z_L = I_2 Z_L$.

Offenes Leitungsende. In diesem Fall ist der Strom $\underline{I}_2$ am Ende immer Null. Strom- und Spannungsverteilung in Abhängigkeit von l ($l = 0$ am offenen Ende, l zum Generator hin positiv) sind

$$\underline{U}(l, t) = \underline{U}_2 \cos(2\pi l/\lambda) \exp(j\omega t),$$
$$\underline{I}(l, t) = j(\underline{U}_2/Z_L) \sin(2\pi l/\lambda) \exp(j\omega t). \tag{26}$$

Die reellen Momentanwerte sind

$$U(l, t) = U_2 \cos(2\pi l/\lambda) \cos(\omega t + \varphi_0),$$
$$I(l, t) = -(\underline{U}_2/Z_L) \cos(2\pi l/\lambda) \sin(\omega t + \varphi_0). \tag{27}$$

Die Eingangsimpedanz $\underline{Z}_1$ eines Leitungsstücks der Länge l ist

$$\underline{Z}_1 = -j Z_L \operatorname{cotan}(2\pi l/\lambda). \tag{28}$$

Das Verhalten einer am Ende offenen Leitung hinsichtlich der Strom- und Spannungsverteilung sowie der Eingangsimpedanz ist identisch mit den Ergebnissen für eine am Ende kurzgeschlossene Leitung, die jedoch um $\lambda/4$ verlängert wurde.

Beliebiger Blindabschluß. Für gegebenen Wellenwiderstand kann das Blindelement für eine bestimmte Frequenz durch eine am Ende kurzgeschlossene Leitung mit gleichem Wellenwiderstand ersetzt werden. Die Länge l_1 erhält man mit Gl. (25) zu

$$l_1 = (\lambda/2\pi) \arctan(X/Z_L).$$

Die arctan-Funktion ist hier im Bogenmaß zu berechnen. X ist der Blindwiderstand des Abschlusses. Bei kapazitiven Abschluß (negatives X) erhält man negative Längen l_1, weil der Definitionsbereich der arctan-Funktion $-\pi/2$ bis $\pi/2$ umfaßt. Für diesen Fall ist zum gefundenen negativen l_1 die Länge $\lambda/2$ zu addieren, da alle Werte mit dieser Länge periodisch sind. Die Eingangsimpedanz sowie Strom- und Spannungsverteilung erhält man, wenn man eine am Ende kurzgeschlossene Leitung betrachtet, welche die Länge $l_1 + l$ hat, wobei das l_1 lange Stück das Abschlußblindelement substitutiert. Bild 5 zeigt die Vorgehensweise. Für eine am Ende offene Leitung ist $l_1 = \lambda/4$, bei induktivem Abschluß ist $l_1 < \lambda/4$, bei kapazitivem Abschluß gilt $\lambda/4 < l_1 < \lambda/2$. Bei jedem Blindabschluß bilden sich stehende Wellen aus mit örtlichen Nullstellen von Strom und Spannung. Die Strom- und Spannungsverteilung berechnet man mit Gl. (23) wobei man dort $l = l_1$ setzt und $\underline{U}(l_1, t)$ oder $\underline{I}(l_1, t)$ dann die Größen am Abschlußblindelement sind. $\underline{I}_2$ ist der im Kurzschluß der äquivalenten Leitung fließende Strom. Ausgehend von diesem fiktiven Kurzschlußstrom können nun mit Gl. (23) oder (24) die Spannungen und Ströme an den Orten $l + l_1$ berechnet werden, wobei diese Längen in die Gleichungen einzusetzen sind.

Beliebiger Abschluß. Für eine Leitung mit dem Wellenwiderstand Z_L, gilt bei beliebigem Abschluß $\underline{Z}_2$:

$$\underline{U}(l) = \underline{U}_2 \cos(2\pi l/\lambda) + j\underline{I}_2 Z_L \sin(2\pi l/\lambda),$$
$$\underline{I}(l) = \underline{I}_2 \cos(2\pi l/\lambda) + j(\underline{U}_2/Z_L) \sin(2\pi l/\lambda); \tag{29}$$

oder

$$\underline{U}(l) = \underline{U}_2[\cos(2\pi l/\lambda) + j(Z_L/\underline{Z}_2) \sin(2\pi l/\lambda)],$$
$$\underline{I}(l) = \underline{I}_2[\cos(2\pi l/\lambda) + j(\underline{Z}_2/Z_L) \sin(2\pi l/\lambda)]. \tag{30}$$

Für die Zeitabhängigkeit sind diese Gleichungen mit $\exp(j\omega t)$ zu multiplizieren. Der Index 2 bedeutet, daß der Wert sich auf den Ort des Abschlusses bezieht. $l = 0$ liegt am Abschluß, positive Längen l weisen zum Generator hin.

Die Eingangsimpedanz $\underline{Z}_1$ ist zweckmäßigerweise ebenso wie $\underline{Z}_2$ auf den Wellenwiderstand zu beziehen

$$\frac{\underline{Z}_1}{Z_L} = \frac{\underline{Z}_2/Z_2 + j\tan(2\pi l/\lambda)}{1 + j(\underline{Z}_2/Z_L)\tan(2\pi l/\lambda)}. \tag{31}$$

Eine Leitung der Länge $l = \lambda/4$ transformiert den Wert $\underline{Z}_1/Z_L$ in den Reziprokwert $Z_L/\underline{Z}_1 = \underline{Y}_1 Z_L$, dies ist der auf Z_L normierte komplexe Eingangsleitwert.

Bei allen Abschlüssen die von Z_L abweichen, tritt eine reflektierte Welle auf. An jedem Leitungsort sind $\underline{U}(l)$ und $\underline{I}(l)$ die Summen aus hinlaufenden und reflektierten Anteilen. Bei gegebenen Strom-

oder Spannungswerten am Abschluß $\underline{Z}_2$ ergeben sich die am Leitungsende ($l = 0$) auftretenden Größen

$$\begin{aligned} \underline{U}_h(0) &= \underline{I}_h(0)\, Z_L = \underline{I}_2 Z_L (1 + \underline{Z}_2/Z_L)/2, \\ \underline{U}_r(0) &= -\,\underline{I}_r(0)\, Z_L = \underline{I}_2 Z_L (\underline{Z}_2/Z_L - 1)/2. \end{aligned} \tag{32}$$

Die hinlaufenden Komponenten sind für den Ort l mit $\exp(j2\pi l/\lambda)$ die reflektierten mit $\exp(-j2\pi l/\lambda)$ zu multiplizieren um vor der Addition die wirklichen Phasenlagen zu ermitteln. Die Amplituden der reflektierten Komponenten sind bei passivem Abschluß stets kleiner oder bei Blindabschluß höchstens gleich groß wie die hinlaufenden Anteile. Wegen der gegenläufigen Phasendrehung von hinlaufenden und reflektierten Anteilen ergeben sich Orte von Gleichphasigkeit, dort tritt U_{max} bzw. I_{max} auf. Demgegenüber jeweils $\lambda/4$ verschoben tritt Gegenphasigkeit mit entsprechendem U_{min} bzw. I_{min} auf. Es gilt also

$$\begin{aligned} U_{max} &= U_h + U_r; \quad & U_{min} &= U_h - U_r, \\ I_{max} &= I_h + I_r; \quad & I_{min} &= I_h - I_r. \end{aligned} \tag{33}$$

Eine wichtige Größe zur Berechnung von Leitungsschaltungen ist der Reflexionsfaktor $\underline{r}$ nach den Gln. (15) und (16), der das komplexe Verhältnis der reflektierten zur hinlaufenden Spannung angibt. Die Phase von $\underline{r}$ ist ortsabhängig, sein Betrag bei verlustlosen Leitungen konstant, weil die Amplituden beider Wellen ungedämpft sind.

Bei verlustlosen Leitungen ist

$$\begin{aligned} \underline{r}(l) &= \frac{\underline{U}_r(l)}{\underline{U}_h(l)} = \frac{\underline{U}_r(0)\exp(-j2\pi l/\lambda)}{\underline{U}_h(0)\exp(j2\pi l/\lambda)} \\ &= \underline{r}(0)\exp(-j4\pi l/\lambda). \end{aligned} \tag{34}$$

In der komplexen Ebene ist der Reflexionsfaktor eine Größe, deren Betrag zwischen 0 (Anpassung) und 1 (Totalreflexion) liegt und dessen Phase mit verschiedenem l längenproportional im Uhrzeigersinn gedreht wird. Nach jeweils $\lambda/2$ hat er einen ganzen Umlauf vollendet. Der Anfangswert $\underline{r}(0)$ ist nach Gl. (16), die hier auf den reellen Wert Z_L normiert ist,

$$\underline{r}(0) = \frac{(\underline{Z}_2/Z_L) - 1}{(\underline{Z}_2/Z_L) + 1}. \tag{35}$$

Dies ist die gleiche Beziehung, die auch bei der Umrechnung des kartesischen Koordinatensystems in das Smith-Diagramm gilt. Die Größen $\underline{r}$ können daher als Betrag und Winkel direkt aus dem Smith-Diagramm abgelesen werden. Bild 6 gibt ein solches Smith-Diagramm für Widerstandswerte bei Leitungsschaltungen wieder. Man sucht die auf den Wellenwiderstand normierte Impedanz $\underline{Z}_2/Z_L$ im Diagramm auf und verbindet den Mittelpunkt des Diagramms mit diesem Wert. Diese Linie entspricht $\underline{r}(0)$ nach Betrag und Phase, wenn der Radius des Gesamtdiagramms dem Betrag $r = 1$ gleichgesetzt wird.

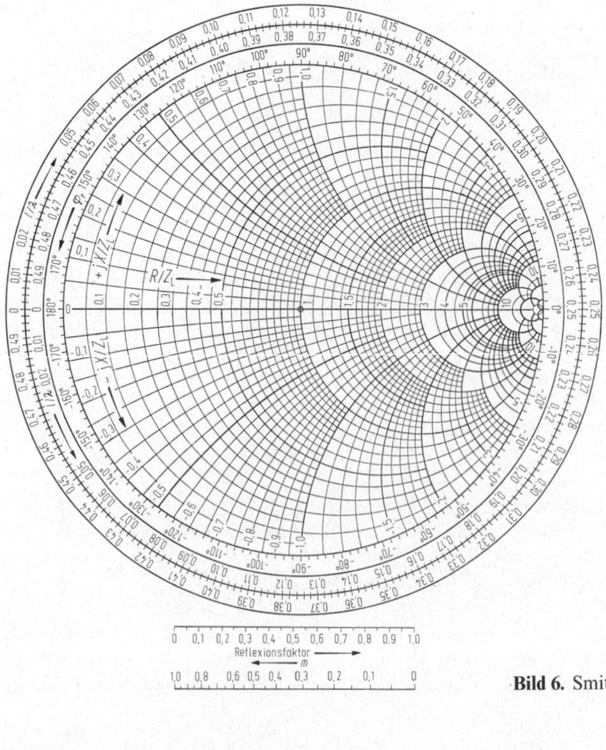

Bild 6. Smith-Diagramm

Aus Gl. (35) folgt beispielsweise für $\underline{Z}_2/Z_L = \infty$ der Wert $\underline{r}(0) = 1$. $\underline{Z}_2/Z_L = 0$ (Kurzschluß) ergibt mit Gl. (35) $\underline{r}(0) = -1 = 1\,\exp(\mathrm{j}\,180°)$. Dies entspricht in Bild 6 dem äußersten linken Punkt. Für $\underline{Z}_2/Z_L = 1$ wird $\underline{r}(0) = 0$, dieser Wert ergibt sich als Mittelpunkt des Diagramms. Auf dem Außenrand des Diagramms sind die Phasenwinkel des Reflexionsfaktors ablesbar. Mit einer unter dem Diagramm angebrachten Skala können Beträge von $\underline{r}$ ermittelt werden. Eine weitere Skala am Rand gibt l/λ-Werte von 0 bis 0,5 an, wobei 0 und 0,5 am Kurzschlußpunkt liegen und 0,25 am Leerlaufpunkt. Für einen Blindabschluß kann bei einer gegebenen Wellenlänge das Element auf eine äquivalente am Ende kurzgeschlossene Leitung mit der Länge l_1 zurückgeführt werden. Dieser Länge entspricht der l/λ-Wert im Diagramm. Für einen gegebenen Blindabschluß berechnet man $\mathrm{j}X_2/Z_L$, sucht diesen Punkt im Diagramm auf und findet dort den entsprechenden Reflexionsfaktor $\underline{r}(0)$, welcher den Betrag 1 und einen Winkel φ ergibt. Diesem Wert ist auf dem Umfang des Diagramms ein zwischen 0 und 0,5 liegender Wert zugeordnet, welcher die auf λ bezogene Länge l_1 der äquivalenten kurzgeschlossenen Leitung angibt. Durch eine vorgeschaltete Leitung der Länge l_2 dreht sich der Reflexionsfaktor vom abgelesenen l/λ-Wert aus im Uhrzeigersinn weiter. Man berechnet $l/\lambda = (l_1 + l_2)/\lambda$ und findet beim neuen l/λ-Wert die Eingangsimpedanz der Gesamtleitung.

Für beliebige komplexe Abschlüsse geht man in gleicher Weise vor. Während jedoch ein Blindwiderstand als Abschluß stets einen Umlauf auf dem Diagrammumfang (imaginäre Achse) ergibt, ist bei beliebigem Abschluß der Betrag r des Reflexionsfaktors kleiner als 1. Die Leitung transformiert auf einem konzentrischen Kreis um den Mittelpunkt des Diagramms. Wie beim Blindabschluß das Element auf eine kurzgeschlossene Leitung zurückgeführt wurde, kann im Fall des beliebigen Abschlusses dieser auf eine Leitung der Länge l_1 mit niederohmigen, reellen Abschlußwiderstand zurückgeführt werden. Der für $\underline{r}(0)$ am Rand abgelesene Wert l_1/λ gibt diese Länge als normierten Wert an. Jede vorgeschaltete Leitung entspricht einem Umlaufen im Uhrzeigersinn, wobei der durch $\underline{r}(0)$ bestimmte Radius beibehalten wird und die normierte Leitungslänge l_2/λ zu l_1/λ addiert wird. Wo der Radius, der dem so gewonnenen z/λ entspricht, den durch r vorgegebenen Kreis schneidet, kann die normierte Eingangsimpedanz $\underline{Z}_1/Z_L$ abgelesen werden.

Amplitudenverläufe. Je nach der Größe von r ergeben sich längs der Leitung mehr oder weniger ausgeprägte Amplitudenschwankungen. Bild 7 zeigt dies für unterschiedliche Reflexionsfaktoren. Vielfach wird zur Beschreibung der Fehlanpassung s nach Gl. (17) oder m nach Gl. (18) verwendet. Maximale Spannungen und minimale Ströme liegen dort, wo bei Anwendung des Smith-Diagramms die reelle Achse rechts vom Mittelpunkt des Diagramms geschnitten wird (reell, hochohmig). Orte minimaler Spannungen und maximaler Ströme entsprechen den Schnittpunkten links vom Diagrammzentrum (reell, niederohmig).

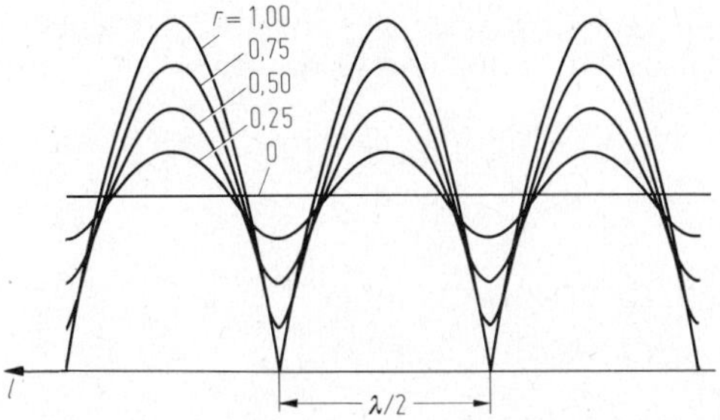

Bild 7. Amplitudenverteilung von U bzw. I (mit Versatz um $\lambda/4$) bei verschiedenen Reflexionsfaktoren

Diese Maximal- und Minimalwerte lassen sich leicht bestimmen, wenn man die dem Abschluß zugeführte Wirkleistung kennt. Für den Fall, daß der Generatorinnenwiderstand $R_i = Z_L$ ist, wird $P_{max} = U_0^2/(8\,Z_L)$. U_0 ist der Scheitelwert der Leerlaufspannung. Es gilt

$$P_h = P_{max} = U_h I_h/2 = U_h^2/(2\,Z_L) = I_h^2 Z_L/2. \quad (36)$$

Die reflektierte Leistung ist

$$P_r = U_r I_r/2 = U_r^2/(2\,Z_L) = I_r^2 Z_L/2. \quad (37)$$

Im Abschluß wird die Leistung verbraucht.

$$P_2 = P_h - P_r = P_{max}(1 - r^2) = P_{max}\,4m/(1 + m)^2. \quad (38)$$

Bei unveränderter Eingangsimpedanz $\underline{Z}_1$ könnte die Leitung auch nicht mit $\underline{Z}_2$ sondern bei anderen Längen mit R_{min} oder R_{max} abgeschlossen sein. R_{min}/Z_L und R_{max}/Z_L sind die im Smith-Diagramm abzulesenden Werte, bei denen der Kreis des Reflexionsfaktorradius die reelle, horizontal verlaufende Achse des Diagramms schneidet. An den Werten R_{min} bzw. R_{max} muß dann die gleiche Wirkleistung P_2 wie in $\underline{Z}_2$ verbraucht werden. Weil U_{min} und I_{max} an R_{min} auftreten, gilt

$$U_{min} = \sqrt{2 P_2 R_{min}}; \qquad I_{max} = \sqrt{2 P_2/R_{min}}.$$

Entsprechend folgt für

$$U_{max} = \sqrt{2 P_2 R_{max}}; \qquad I_{min} = \sqrt{2 P_2/R_{max}}.$$

An jedem beliebigen Ort der Leitung lassen sich $U(l)$ und $I(l)$ aus den dort mittels des Smith-Diagramms zu ermittelnden Wirkanteilen der

Impedanz $\underline{Z}(l) = R(l) + \mathrm{j}X(l)$ bzw. der Admittanz $\underline{Y}(l) = G(l) + \mathrm{j}B(l)$ berechnen.

$$U(l) = \sqrt{2P_2/G(l)}; \quad I(l) = \sqrt{2P_2/R(l)}. \quad (39)$$

6.3 Gedämpfte Leitung
Lossy transmission lines

Für Leitungen mit Verlusten ist das Dämpfungsmaß α nach Gl. (11) oder näherungsweise nach Gl. (12) zu berechnen. Bei kleiner Dämpfung wird β bzw. λ praktisch nicht gegenüber den Werten für die verlustlose Leitung verändert. Auch der Wellenwiderstand ist dann näherungsweise reell. Für Spannungs- und Stromabhängigkeiten gelten Gleichungen mit Hyperbelfunktionen

$$\begin{aligned}\underline{U}(l) &= \underline{U}_2 \cosh\gamma l + \underline{I}_2 \underline{Z}_\mathrm{L} \sinh\gamma l,\\ \underline{I}(l) &= \underline{I}_2 \cosh\gamma l + (\underline{U}_2/\underline{Z}_\mathrm{L}) \sinh\gamma l.\end{aligned} \quad (40)$$

$\underline{U}_2$ und $\underline{I}_2 = \underline{U}_2/\underline{Z}_2$ sind die Werte am Abschluß. Die ortsunabhängige Impedanz ist

$$\frac{\underline{Z}}{\underline{Z}_\mathrm{L}} = \frac{\underline{Z}_2/\underline{Z}_\mathrm{L} + \tanh\gamma l}{1 + (\underline{Z}_2/\underline{Z}_\mathrm{L})\tanh\gamma l}. \quad (41)$$

Der Reflexionsfaktor am Abschluß ($r = 0$) ist wie bei der verlustlosen Leitung unter Berücksichtigung des komplexen $\underline{Z}_\mathrm{L}$

$$\underline{r}(0) = \frac{(\underline{Z}_2/\underline{Z}_\mathrm{L}) - 1}{(\underline{Z}_2/\underline{Z}_\mathrm{L}) + 1}. \quad (42)$$

Die Abhängigkeit von l ergibt sich zu

$$\underline{r}(z) = \underline{r}(0)\exp(-2\alpha l)\exp(-\mathrm{j}4\pi l/\lambda). \quad (43)$$

Dies entspricht mit Ausnahme des Terms $\exp(-2\alpha l)$ der Abhängigkeit im Fall der verlustlosen Leitung. Mit wachsender Länge l wird bei der gedämpften Leitung der Betrag von r exponentiell kleiner. Für sehr lange Leitungen verschwindet am Eingang die reflektierte Welle und am Eingang erhält man Anpassung. Für die Ermittlung der Eingangsimpedanz gedämpfter Leitungen bestimmt man wie im verlustlosen Fall $\underline{r}(0)$. Danach berechnet man aus dem bei l_1/λ abgelesenen l_1/λ und dem l_2/λ der Leitung den Eingangswert l/λ. Den entsprechenden Radius bringt man zum Schnitt mit dem am Eingang gültigen Betrag des Reflexionsfaktors $r_1 = |\underline{r}(0)|\exp(-2\alpha l_2)$.
Dieser Kreis hat einen kleineren Radius als der für $r(0)$. Der so gefundene Schnittpunkt ergibt die normierte Eingangsimpedanz $\underline{Z}_1/\underline{Z}_\mathrm{L}$. Eine entsprechende Darstellung zeigt Bild 8. Die Amplitudenverteilung berechnet man zweckmäßig aus der Summe von hinlaufenden und reflektierten Größen, die am Abschluß aus Gl. (32) ermittelt werden können. Am Ort l ist dann neben der Phasendrehung auch die Amplitudenveränderung zu berücksichtigen.

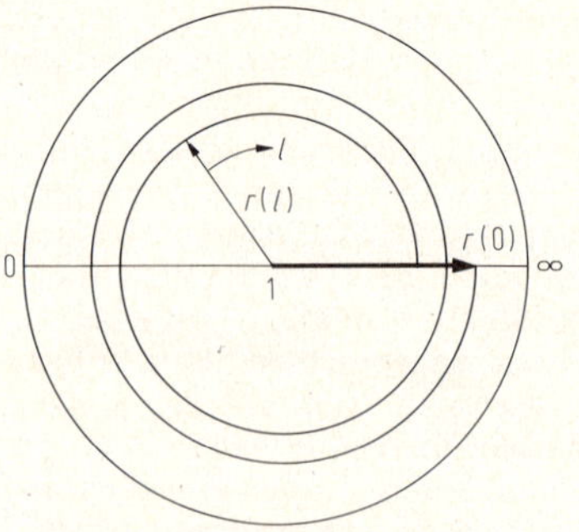

Bild 8. Reflexionsfaktor bei Leitung mit Verlusten

$$\begin{aligned}\underline{U}_\mathrm{h}(l) &= \underline{U}_\mathrm{h}(0)\exp(\alpha l)\exp(\mathrm{j}2\pi l/\lambda),\\ \underline{I}_\mathrm{h}(l) &= \underline{I}_\mathrm{h}(0)\exp(\alpha l)\exp(\mathrm{j}2\pi l/\lambda),\\ \underline{U}_\mathrm{r}(l) &= \underline{U}_\mathrm{r}(0)\exp(-\alpha l)\exp(-\mathrm{j}2\pi l/\lambda),\\ \underline{I}_\mathrm{r}(l) &= \underline{I}_\mathrm{r}(0)\exp(-\alpha l)\exp(-\mathrm{j}2\pi l/\lambda).\end{aligned} \quad (44)$$

Die Addition dieser Werte nach Betrag und Phase liefert erfahrungsgemäß infolge der Kenntnis der Amplituden mehr Information über die am Ort l vorhandene Welligkeit und übersichtlichere Ergebnisse als eine Auswertung von Gl. (40).

Näherung für elektrisch kurze Leitungen. Eine Leitung ist elektrisch kurz, wenn sie keine Eigenschaften zeigt, die nicht durch einen Vierpol nach Bild 2 beschrieben werden können. Die Leitung muß sehr kurz gegen eine Wellenlänge sein ($l/\lambda < 1/50$). Man kann dann $\cosh\gamma l$ durch 1 und $\sinh\gamma l$ durch γl ersetzen und erhält

$$\begin{aligned}\underline{U}(l) &\approx \underline{U}_2 + \underline{I}_2(R' + \mathrm{j}\omega L')\,l,\\ \underline{I}(l) &\approx \underline{I}_2 + \underline{U}_2(G' + \mathrm{j}\omega C')\,l.\end{aligned} \quad (45)$$

Näherung für elektrisch sehr lange Leitungen. Dieser Fall liegt vor, wenn $\exp(\alpha l) \gg 1$ ist. Die reflektierte Welle ist am Eingang nicht mehr meßbar. Unter dieser Annahme gilt $\cosh\gamma l \approx \sinh\gamma l \approx (\exp\gamma l)/2$. Damit ist

$$\begin{aligned}\underline{U}(l) &\approx \tfrac{1}{2}(\underline{U}_2 + \underline{I}_2\underline{Z}_\mathrm{L})\exp\gamma l,\\ \underline{I}(l) &= \tfrac{1}{2}(\underline{I}_2 + \underline{U}_2/\underline{Z}_\mathrm{L})\exp\gamma l,\\ \underline{Z}(l) &= \underline{Z}_\mathrm{L}.\end{aligned} \quad (46)$$

Näherung bei sehr niedrigen Frequenzen. Hier ist R' durch den Gleichstromwiderstand gegeben, eventuell muß eine Korrektur wegen des Skineffekts erfolgen. G' ist vernachlässigbar. $\omega L'$ ist viel kleiner als R' und kann damit unberücksichtigt bleiben. Der kapazitive Blindleitwert $\mathrm{j}\omega C'$

ist ebenfalls klein, muß aber bei den Gleichungen eingesetzt werden, damit das Produkt und der Quotient berechenbar sind. Es gilt

$$\underline{\gamma} \approx \sqrt{R'\mathrm{j}\omega C'} = \sqrt{R'\omega C'/2}\,(1+\mathrm{j});$$
$$\alpha \approx \beta \approx \sqrt{R'\omega C'/2} \qquad (47)$$
$$\underline{Z}_{\mathrm{L}} \approx \sqrt{R'/(\mathrm{j}\omega C')} = \sqrt{R'/(2\omega C')}\,(1-\mathrm{j}).$$

Der Wellenwiderstand hat einen kapazitiven Phasenwinkel von 45°.

Vernachlässigung von G'. Im Mittelfrequenzbereich bei einigen MHz kann in vielen Fällen die Querdämpfung vernachlässigt werden. Dann erhält man analog zu Gl. (12) für $R'/\omega L' = d_{\mathrm{L}} < 0{,}1$

$$\alpha \approx \omega\sqrt{L'C'}\,d_{\mathrm{L}}/2, \qquad \beta \approx \beta_0 = \omega\sqrt{L'C'}.$$

Das Phasenmaß bleibt dann unverändert.
Der Wellenwiderstand ist

$$\underline{Z}_{\mathrm{L}} = Z_{\mathrm{L}}(1 - \mathrm{j}\,d_{\mathrm{L}}/2).$$

$Z_{\mathrm{L}} = \sqrt{L'/C'}$ ist der Wellenwiderstand der verlustlosen Leitung.

Näherung für hohe Frequenzen. Mit wachsender Frequenz wachsen $\omega L'$ und $\omega C'$ linear mit der Frequenz. R' wächst wegen des Skineffekts proportional zu $\sqrt{f}$. Der kapazitive Verlustfaktor d_{c} liegt für gute Isolierstoffe bei 0,001. Damit kann G' gegen $\omega C'$ und R' gegen $\omega L'$ vernachlässigt werden. Es ergeben sich damit die Beziehungen für verlustlose Leitungen.
Die Berechnungen können mit den Formeln für verlustlose Leitungen erfolgen, wenn der Betrag des Reflexionsfaktors durch die immer vorhandene Dämpfung wegen der geringen Leitungslänge nahezu konstant bleibt. Dies gilt bei Hochfrequenzleitungen für den Bereich bis zu einigen Wellenlängen, wenn also die Transformation mehrfache Umläufe im Smith-Diagramm bewirkt, der Kreis des Abschlußreflexionsfaktors aber als Umlaufweg erhalten bleibt.

7 Theorie gekoppelter Leitungen
Theory of coupled lines

Allgemeine Literatur: *Young, L.:* Parallel coupled lines and directional couplers. Dedham, Mass., USA: Artech House 1972.

Mehrere gekoppelte Leitungen. Ein verlustloses gekoppeltes längshomogenes Mehrleitersystem mit TEM-Wellen, deren Zeitabhängigkeit und Ortsabhängigkeit in Ausbreitungsrichtung z durch den Faktor $\exp[\mathrm{j}(\omega t - \beta z)]$ ausgedrückt wird, läßt sich mit einem System gekoppelter Differentialgleichungen beschreiben [1–7]:

$$\frac{\mathrm{d}\underline{\boldsymbol{U}}(z)}{\mathrm{d}z} + \mathrm{j}\omega\boldsymbol{L}'\cdot\underline{\boldsymbol{I}}(z) = 0,$$
$$\frac{\mathrm{d}\underline{\boldsymbol{I}}(z)}{\mathrm{d}z} + \mathrm{j}\omega\boldsymbol{K}'\cdot\underline{\boldsymbol{U}}(z) = 0. \qquad (1)$$

Bild 1a zeigt die N Komponenten des Spannungsvektors $\underline{\boldsymbol{U}}(z)$ und des Stromvektors $\underline{\boldsymbol{I}}(z)$ eines gekoppelten Mehrleitersystems, bestehend aus N Einzelleitungen über einer leitenden Grundplatte. In Bild 1b sind die Teilbeläge der Induktivitätsbelagsmatrix $\boldsymbol{L}'$ und der Kapazitätsbelagsmatrix $\boldsymbol{C}'$ skizziert. Für die Kapazitätsbeläge gilt:

$$C_{\mathrm{ij}} = \begin{cases} \sum\limits_{n=1}^{N} K'_{in}; & i = \mathrm{j}, \\ -K'_{\mathrm{ij}}; & i \neq \mathrm{j}. \end{cases} \qquad (2)$$

In diesem Mehrleitersystem existieren N verschiedene Eigenwellen. Die ν-te Eigenwelle wird durch den Spannungseigenvektor $\underline{\boldsymbol{U}}_\nu(z) = \underline{\boldsymbol{U}}_\nu(0)\exp(-\mathrm{j}\beta_\nu z)$ und durch den Stromeigenvektor $\underline{\boldsymbol{I}}_\nu(z) = \underline{\boldsymbol{I}}_\nu(0)\exp(-\mathrm{j}\beta_\nu z)$ mit der Phasenkonstanten β_ν als Eigenwert charakterisiert. Für die Gesamtheit aller Eigenwellen läßt sich Gl. (1) als Eigenwertproblem formulieren ($\boldsymbol{E}$ = Einheitsmatrix):

$$(\boldsymbol{v}^2\cdot\boldsymbol{L}'\cdot\boldsymbol{K}' - \boldsymbol{E})\cdot\boldsymbol{M}_{\mathrm{U}} = \boldsymbol{0}, \qquad (3)$$

mit $\boldsymbol{v}^2 = \mathrm{diag}(\omega/\beta_\nu)^2$; $\nu = 1, 2, \ldots, N$.
Bei bekannter Selbstkapazitätsbelagsmatrix $\boldsymbol{K}'$ (Beispiel eines Berechnungsverfahrens für planare Mehrleitersysteme in [8]) erhält man mit $\boldsymbol{L}' = \varepsilon_0\mu_0\boldsymbol{K}_\mathrm{v}'^{-1}$ ($\boldsymbol{K}'_\mathrm{v}$ = Kapazitätsbelagsmatrix bei $\varepsilon_\mathrm{r} = 1$) nach Lösung von Gl. (3) die Modalmatrix $\boldsymbol{M}_{\mathrm{U}}$ und die Phasenkonstanten β_ν. Die Spalte ν der Modalmatrix $\boldsymbol{M}_{\mathrm{U}}$ ist der Eigenvektor $\underline{\boldsymbol{U}}_\nu$. Die Diagonalmatrix $\boldsymbol{v}$ enthält die Phasengeschwindigkeiten der Eigenwellen. Weiterhin ergibt sich aus der Lösung von Gl. (3) die Modalmatrix der Ströme:

$$\boldsymbol{M}_{\mathrm{I}} = \boldsymbol{K}'\cdot\boldsymbol{M}_{\mathrm{U}}\cdot\boldsymbol{v}. \qquad (4)$$

Daraus läßt sich die charakteristische Leitungsadmittanzmatrix ermitteln:

$$\boldsymbol{Y}_{\mathrm{L}} = \boldsymbol{M}_{\mathrm{I}}\cdot\boldsymbol{M}_{\mathrm{U}}^{-1}. \qquad (5)$$

Das in Bild 1a vorliegende 2N-Tor kann mit der $\underline{\boldsymbol{Y}}$-Matrix beschrieben werden (mit $\beta_0 = \omega\sqrt{\varepsilon_0\mu_0}$):

Spezielle Literatur Seite C 40

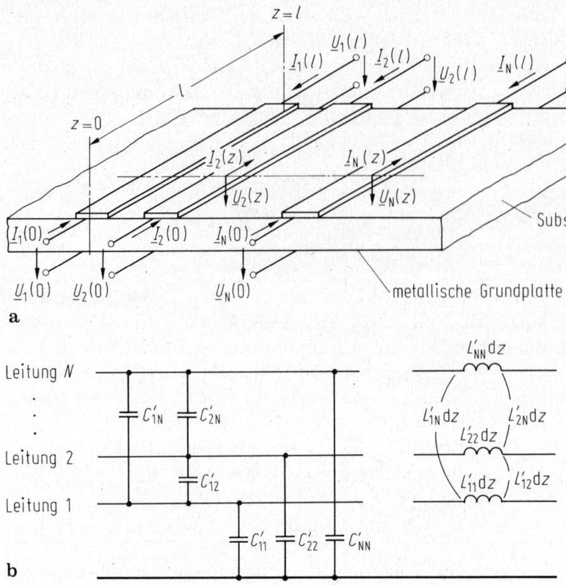

Bild 1. System von N gekoppelten Leitungen über einer leitenden Grundplatte. **a**) Anordnung mit Zählpfeilrichtungen der Spannungen und Ströme; **b**) Ersatzschaltung mit den Leitungsbelägen

$$\begin{pmatrix} \underline{\boldsymbol{I}}(0) \\ \underline{\boldsymbol{I}}(l) \end{pmatrix} = \underbrace{\begin{pmatrix} \boldsymbol{M}_\mathrm{I} \cdot \underline{\boldsymbol{D}}^{(\mathrm{c})} \cdot \boldsymbol{M}_\mathrm{U}^{-1} & \boldsymbol{M}_\mathrm{I} \cdot \underline{\boldsymbol{D}}^{(\mathrm{S})} \cdot \boldsymbol{M}_\mathrm{U}^{-1} \\ \boldsymbol{M}_\mathrm{I} \cdot \underline{\boldsymbol{D}}^{(\mathrm{S})} \cdot \boldsymbol{M}_\mathrm{U}^{-1} & \boldsymbol{M}_\mathrm{I} \cdot \underline{\boldsymbol{D}}^{(\mathrm{C})} \cdot \boldsymbol{M}_\mathrm{U}^{-1} \end{pmatrix}}_{= \underline{\boldsymbol{Y}}} \cdot \begin{pmatrix} \underline{\boldsymbol{U}}(0) \\ \underline{\boldsymbol{U}}(l) \end{pmatrix} \quad \text{mit} \tag{6}$$

$$\underline{\boldsymbol{D}}^{(\mathrm{C})} = \mathrm{diag}\,(-\mathrm{j}\cot \beta_\nu l);$$

$$\underline{\boldsymbol{D}}^{(\mathrm{S})} = \mathrm{diag}\,(\mathrm{j}/\sin \beta_\nu l); \quad \nu = 1, 2, \ldots, N.$$

Allgemein erhält man aus der $\underline{\boldsymbol{Y}}$-Matrix auch die $\underline{\boldsymbol{S}}$-Matrix für den Bezugswellenwiderstand Z_L:

$$\underline{\boldsymbol{S}} = (\boldsymbol{E}/Z_\mathrm{L} + \underline{\boldsymbol{Y}})^{-1} \cdot (\boldsymbol{E}/Z_\mathrm{L} - \underline{\boldsymbol{Y}}). \tag{7}$$

Zwei gekoppelte Leitungen. Bei zwei gekoppelten Leitungen (Bild 2) gilt entsprechend Gl. (1):

$$\frac{\mathrm{d}}{\mathrm{d}z}\begin{pmatrix} \underline{U}_1 \\ \underline{U}_2 \\ \underline{I}_1 \\ \underline{I}_2 \end{pmatrix} + \mathrm{j}\omega \begin{pmatrix} 0 & 0 & L'_1 & L'_\mathrm{m} \\ 0 & 0 & L'_\mathrm{m} & L'_2 \\ K'_1 & -C'_\mathrm{m} & 0 & 0 \\ -C'_\mathrm{m} & K'_2 & 0 & 0 \end{pmatrix} \cdot \begin{pmatrix} \underline{U}_1 \\ \underline{U}_2 \\ \underline{I}_1 \\ \underline{I}_2 \end{pmatrix} = 0. \tag{8}$$

L'_i und K'_i sind die Selbstinduktivitäten und Selbstkapazitäten der Leitungen ($i = 1, 2$) unter Berücksichtigung der Verkopplung. Für die Phasenkonstante $\overline{\beta}_\mathrm{i}$ und den Leitungswellenwiderstand Z_Li der Einzelleitung gilt:

$$\overline{\beta}_\mathrm{i} = \omega\sqrt{L'_\mathrm{i} K'_\mathrm{i}} \quad \text{und} \quad Z_\mathrm{Li} = \sqrt{L'_\mathrm{i}/K'_\mathrm{i}}. \tag{9}$$

Zur Beschreibung der induktiven Verkopplung und der kapazitiven Verkopplung werden die beiden Faktoren

$$k_\mathrm{L} = L'_\mathrm{m}/\sqrt{L'_1 L'_2} \quad \text{und} \quad k_\mathrm{C} = C'_\mathrm{m}/\sqrt{K'_1 K'_2}$$

eingeführt.

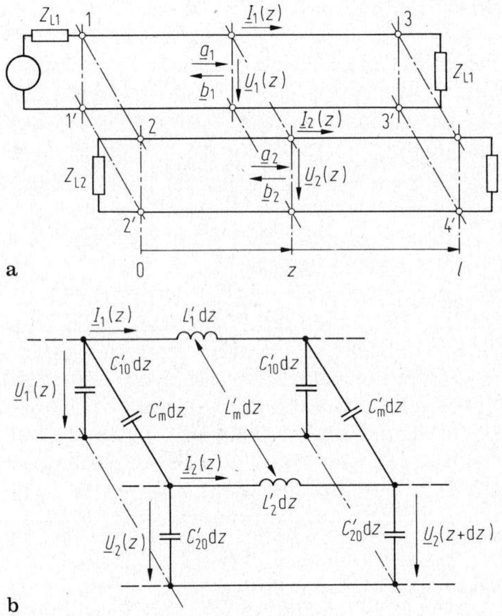

Bild 2. Zwei gekoppelte Leitungen. **a**) Anordnung mit Torbezeichnung und Zählpfeilrichtungen der Spannungen und Ströme; **b**) Ersatzschaltung mit den Leitungsbelägen

Die Lösung von Gl. (1) zweier gekoppelter Leitungen wird durch die beiden Eigenwellen (Gleichtaktwelle (e) und Gegentaktwelle (o)) mit den Eigenwerten $\beta^{(e,o)}$ charakterisiert. Bei Symmetrie ($L'_1 = L'_2 = L'$ und $K'_1 = K'_2 = K'$) ist:

$$\begin{aligned} \beta^{(e)} &= \bar{\beta}\sqrt{1+k_L}\sqrt{1-k_C}, \\ \beta^{(o)} &= \bar{\beta}\sqrt{1-k_L}\sqrt{1+k_C}. \end{aligned} \tag{10}$$

Die Modalmatrix $\boldsymbol{M}_U$ enthält die Spannungseigenvektoren der Gleichtakt- und Gegentaktwelle in normierter Form:

$$\boldsymbol{M}_U = \begin{pmatrix} 1 & 1 \\ 1 & -1 \end{pmatrix}. \tag{11}$$

Die Modalmatrix der Ströme ergibt sich dann aus Gl. (4):

$$\boldsymbol{M}_I = \begin{pmatrix} \sqrt{\dfrac{K'-C'_m}{L'+L'_m}} & \sqrt{\dfrac{K'+C'_m}{L'-L'_m}} \\ \sqrt{\dfrac{K'+C'_m}{L'+L'_m}} & -\sqrt{\dfrac{K'+C'_m}{L'-L'_m}} \end{pmatrix}. \tag{12}$$

Nach Einführung der Leitungswellenwiderstände $Z_L^{(e,o)}$

$$\begin{aligned} Z_L^{(e)} &= \sqrt{\frac{L'+L'_m}{K'-C'_m}} = Z_L\sqrt{\frac{1+k_L}{1-k_C}}, \\ Z_L^{(o)} &= \sqrt{\frac{L'-L'_m}{K'+C'_m}} = Z_L\sqrt{\frac{1-k_L}{1+k_C}}, \end{aligned} \tag{13}$$

erhält man mit der Normierung in Gl. (11):

$$\boldsymbol{M}_I = \begin{pmatrix} Y_L^{(e)} & Y_L^{(o)} \\ Y_L^{(e)} & -Y_L^{(o)} \end{pmatrix}. \tag{14}$$

Streumatrix von Richtkopplern. Nach Substitution der Spannungen und Ströme durch die Wellengrößen

$$\underline{U}_i = (\underline{a}_i + \underline{b}_i)\sqrt{Z_{Li}}, \quad \underline{I}_i = (\underline{a}_i - \underline{b}_i)/\sqrt{Z_{Li}}, \tag{15}$$

wird aus Gl. (8) [9, 10]: (Gleichung (16).
mit $k_v = (k_L - k_C)/2$ und $k_r = (k_L + k_C)/2$.

Dabei ist k_v ein Maß für die Verkopplung der beiden Wellengrößen $\underline{a}_1$ und $\underline{a}_2$ in Ausbreitungsrichtung, während k_r die Verdopplung von $\underline{a}_1$ mit der in Rückwärtsrichtung laufenden Wellengröße $\underline{b}_2$ angibt. Aus den Gln. (6) und (7) erhält man für Richtkoppler mit zwei gekoppelten symmetrischen Leitungen ($\bar{\beta}_1 = \bar{\beta}_2 = \bar{\beta}$) folgende Koeffizienten der Streumatrix:

Reflexionsfaktor:

$$\underline{S}_{11} = (r^{(e)}\underline{A}^{(e)} + r^{(o)}\underline{A}^{(o)})/2;$$

Transmissionsfaktor der Hauptleitung:

$$\underline{S}_{31} = (\underline{B}^{(e)}\exp(-\mathrm{j}\vartheta^{(e)}) + \underline{B}^{(o)}\exp(-\mathrm{j}\vartheta^{(o)})/2;$$

Transmissionsfaktoren der Nebenleitung:

$$\begin{aligned} \underline{S}_{21} &= (r^{(e)}\underline{A}^{(e)} - r^{(o)}\underline{A}^{(o)})/2; \\ \underline{S}_{41} &= (\underline{B}^{(e)}\exp(-\mathrm{j}\vartheta^{(e)}) - \underline{B}^{(o)}\exp(-\mathrm{j}\vartheta^{(o)})/2; \quad \text{mit} \end{aligned} \tag{17}$$

$$\begin{aligned} \vartheta^{(e,o)} &= \beta^{(e,o)} l; \\ r^{(e,o)} &= (Z_L^{(e,o)} - Z_L)/(Z_L^{(e,o)} + Z_L); \\ \underline{A}^{(e,o)} &= (1 - \exp(-\mathrm{j}2\vartheta^{(e,o)}))/ (1 - r^{(e,o)^2}\exp(-\mathrm{j}2\vartheta^{(e,o)})); \\ \underline{B}^{(e,o)} &= (1 - r^{(e,o)^2})/ (1 - r^{(e,o)^2}\exp(-\mathrm{j}2\vartheta^{(e,o)})). \end{aligned}$$

Vorwärtskoppler. Beim idealen Vorwärtskoppler ($k_r = 0$) sind nur die beiden gleichsinnig gerichteten Wellengrößen $\underline{a}_1$ und $\underline{a}_2$ bzw. $\underline{b}_1$ und $\underline{b}_2$ miteinander verkoppelt. Die Bedingungen für ein Richtkopplerverhalten sind in Tab. 1 aufgelistet. Bei $Z_L = Z_L^{(e)} = Z_L^{(o)}$ ist $r^{(e,o)} = 0$, folglich wird $\underline{S}_{ii} = 0$ und $\underline{S}_{21} = 0$. Die beiden Eigenwerte $\beta^{(e,o)}$ ergeben sich aus Gl. (10) mit $k_L = -k_C = k_v$

$$\beta^{(e)} = \bar{\beta}(1 + k_v); \quad \beta^{(o)} = \bar{\beta}(1 - k_v). \tag{18}$$

Damit erhält man für den Transmissionsfaktor $\underline{S}_{31}$ und für den Koppelfaktor $\underline{S}_{41}$:

$$\begin{aligned} \underline{S}_{31} &= \exp(-\mathrm{j}\bar{\beta}l)\cos(\bar{\beta}k_v l), \\ \underline{S}_{41} &= -\exp(-\mathrm{j}\bar{\beta}l)\,\mathrm{j}\sin(\bar{\beta}k_v l). \end{aligned} \tag{19}$$

Bei $\bar{\beta}k_v l = \pi/2$ wird die gesamte eingespeiste Leistung P_1 übergekoppelt nach Tor 4.

$$\frac{\mathrm{d}}{\mathrm{d}z}\begin{pmatrix} \underline{a}_1 \\ \underline{b}_1 \\ \underline{a}_2 \\ \underline{b}_2 \end{pmatrix} + \mathrm{j}\begin{pmatrix} \bar{\beta}_1 & 0 & \sqrt{\bar{\beta}_1\bar{\beta}_2}\,k_v & -\sqrt{\bar{\beta}_1\bar{\beta}_2}\,k_r \\ 0 & -\bar{\beta}_1 & \sqrt{\bar{\beta}_1\bar{\beta}_2}\,k_r & -\sqrt{\bar{\beta}_1\bar{\beta}_2}\,k_v \\ \sqrt{\bar{\beta}_1\bar{\beta}_2}\,k_v & -\sqrt{\bar{\beta}_1\bar{\beta}_2}\,k_r & \bar{\beta}_2 & 0 \\ \sqrt{\bar{\beta}_1\bar{\beta}_2}\,k_r & -\sqrt{\bar{\beta}_1\bar{\beta}_2}\,k_v & 0 & -\bar{\beta}_2 \end{pmatrix}\begin{pmatrix} \underline{a}_1 \\ \underline{b}_1 \\ \underline{a}_2 \\ \underline{b}_2 \end{pmatrix} = 0, \tag{16}$$

Tabelle 1. Bedingungen für den idealen Rückwärtskoppler ($k = k_r$) und den idealen Vorwärtskoppler ($k = \sin(\bar{\beta} k_v l)$)

Rückwärtskoppler	Vorwärtskoppler
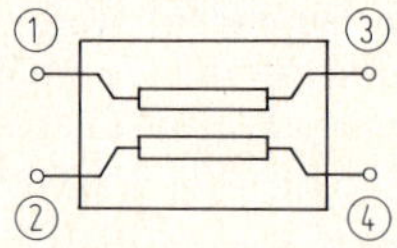	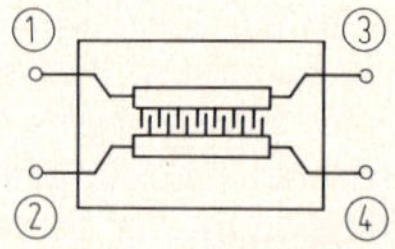
$S_{41} = 0$ $S_{21} = k$; $S_{31} = \sqrt{1-k^2}$	$S_{21} = 0$ $S_{41} = k$; $S_{31} = \sqrt{1-k^2}$
Bedingungen : ① $v^{(e)} = v^{(o)}$ ② $Z_L^2 = Z_L^{(e)} \cdot Z_L^{(o)}$	Bedingungen : ① $v^{(e)} \neq v^{(o)}$ ② $Z_L = Z_L^{(e)} = Z_L^{(o)}$

Rückwärtskoppler. Beim Rückwärtskoppler ($k_v = 0$) sind die beiden gegensinnig gerichteten Wellengrößen $\underline{a}_1$ und $\underline{b}_2$ bzw. $\underline{a}_2$ und $\underline{b}_1$ miteinander verkoppelt. Dies erreicht man bei $r^{(e,o)} \neq 0$. Damit die Reflexionsfaktoren $\underline{S}_{ii}$ verschwinden und sich ein ideales Richtkopplerverhalten ($S_{41} = 0$) einstellt muß $\beta^{(e)} = \beta^{(o)}$ und $r^{(e)} = -r^{(o)}$ sein. Bei $k_L = k_C = k_r$ ist:

$$\beta^{(e)} = \beta^{(o)} = \bar{\beta}\sqrt{1 - k_r^2} \tag{20}$$

und

$$Z_L^{(e)} = Z_L\sqrt{(1 + k_r)/(1 - k_r)};$$
$$Z_L^{(o)} = Z_L\sqrt{(1 - k_r)/(1 + k_r)}. \tag{20}$$

Für den Transmissionsfaktor und für den Koppelfaktor erhält man aus Gl. (17) mit $r^{(e)} = -r^{(o)} = r$:

$$\underline{S}_{31} = \exp(-\mathrm{j}\beta^{(e)} l)(1 - r^2)/(1 - r^2\exp(-\mathrm{j}2\beta^{(e)} l)),$$
$$\underline{S}_{21} = \exp(-\mathrm{j}\beta^{(e)} l)\,\mathrm{j}\sin(\beta^{(e)} l)\,2r/(1 - r^2\exp(-\mathrm{j}2\beta^{(e)} l)). \tag{21}$$

Bei $\beta^{(e)} l \approx \pi/2$ ist dann

$$\underline{S}_{31} = \exp(-\mathrm{j}\beta^{(e)} l)\sqrt{1 - k_r^2},$$
$$\underline{S}_{21} = \exp(-\mathrm{j}\beta^{(e)} l)\,\mathrm{j}k_r. \tag{22}$$

In Bild 3 sind die Richtungspfeile der Ströme aufgrund der induktiven Verkopplung ($\underline{I}_L$) und der kapazitiven Verkopplung ($\underline{I}_C$) skizziert. Bei geeigneter Dimensionierung heben sich am fernen Ende der verkoppelten Leitung die Ströme auf, während sie sich am nahen Ende addieren. Gleiches Verhalten erzielt man mit diskreten Elementen, die entsprechend Bild 4 in einer Brückenschaltung zusammengefügt sind. Mit $k = \omega L/Z_L = \omega C Z_L$ wird $\underline{U}_2/\underline{U}_1 = \mathrm{j}k/(1 + \mathrm{j}k)$ und $\underline{U}_3/\underline{U}_1 = 1/(1 + \mathrm{j}k)$, während $\underline{U}_4/\underline{U}_1 = 0$ ist.

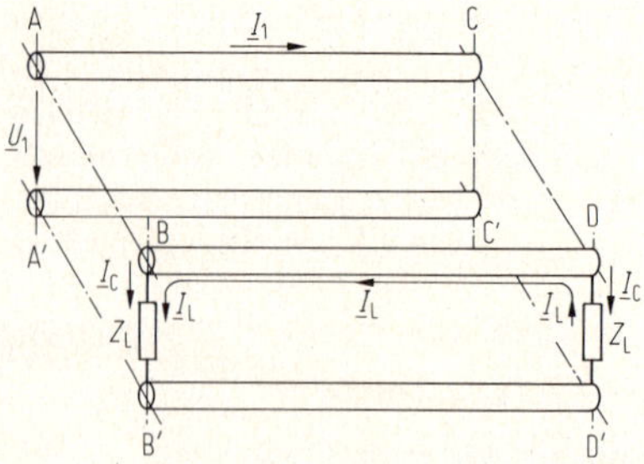

Bild 3. Leitungselement zweier gekoppelter Leitungen

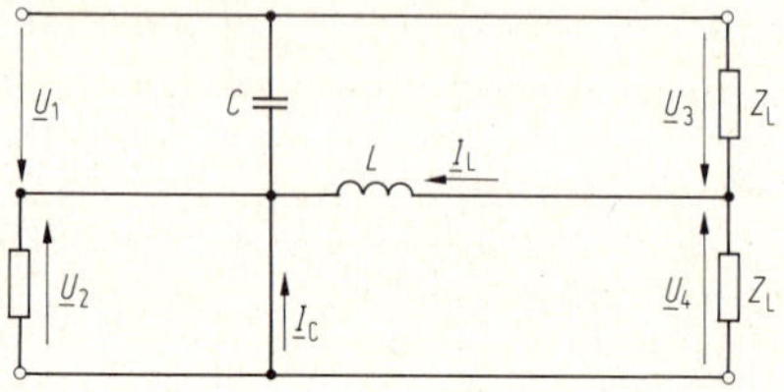

Bild 4. Brückenschaltung mit konzentrierten Elementen

Spezielle Literatur: [1] *Scanlan, J. O.:* Theory of microwave coupled-line networks. Proc. IEEE 68 (1980) 209–231. – [2] *Marx, K. D.:* Propagation modes, equivalent circuits and characteristic terminations for multiconductor transmission lines with inhomogeneous dielectrics. IEEE Trans. MTT-21 (1973) 450–457. – [3] *Sun, Y. Y.:* Comments on "Propagation modes, equivalent circuits ...", IEEE Trans. MTT-26 (1978) 915–918. – [4] *Dalby, A. B.:* Interdigital microstrip circuit parameters using empirical formulas and simplified model. IEEE Trans. MTT-27 (1979) 744–752. – [5] *Wenzel, R. J.:* Theoretical and practical applications of capacitance matrix transformations to TEM network design. IEEE Trans. MTT-14 (1966) 635–647. – [6] *Briechle, R.:* Übertragungseigenschaften gekoppelter, verlustbehafteter Mehrleitersysteme mit geschichtetem Dielektrikum. Frequenz 19 (1975) 69–79. – [7] *Bergandt, H. G.; Pregla, R.:* Microstrip interdigital filters. AEÜ 30 (1976) 333–337. – [8] *Siegl, J.; Tulaja, V.; Hoffmann, R.:* General analysis of interdigitated microstrip couplers. Siemens Forsch.- u. Entw.-Ber. 10 (1981) 228–236. – [9] *Krage, M. K.; Haddad, G. I.:* Characteristics of coupled microstrip transmission lines – I: Coupled mode formulation of inhomogeneous lines. IEEE Trans. MTT-18 (1970) 217–222. – [10] *Gunton, D. J.; Paige, E. G. S.:* An analysis of the general asymmetric directional coupler with non-mode-converting terminations. Microwaves, Optics and Acoustics 2 (1978) 31–36.

D Grundbegriffe der Nachrichtenübertragung
Elements of communication engineering

K.-H. Löcherer (3) und **H.D. Lüke** (1, 2, 4, 5)

1 Nachrichtenübertragungssysteme
Communication systems

Das allgemeine Schema eines elementaren elektrischen Nachrichtenübertragungssystems zeigt Bild 1. Signale einer beliebigen *Nachrichtenquelle* werden i. allg. zunächst in einem Aufnahmewandler in elektrische Zeitfunktionen abgebildet. Ein *Sender* erzeugt dann in einer zweiten Abbildung ein Sendesignal, welches durch geeignete Form und hinreichenden Energieinhalt an den durch Übertragungseigenschaften und Störungen charakterisierten *Übertragungskanal* angepaßt ist. Am Ausgang des Kanals übernimmt ein *Empfänger* die Aufgabe, das Ausgangssignal des Aufnahmewandlers möglichst gut zu rekonstruieren. Der Wiedergabewandler bildet dieses Signal dann schließlich in eine für die *Nachrichtensenke* geeignete Form ab. Prinzipiell gilt das Schema Bild 1 auch beispielsweise für Nachrichtenspeicher, bei denen der Kanal dann das Speichermedium darstellt. Es läßt sich weiter ausdehnen auf Meß- oder Radarsysteme, bei denen Sender und Empfänger häufig am gleichen Ort lokalisiert sind und Informationen über Eigenschaften des Kanals gesucht werden.

Besonders bei *digitalen Übertragungssystemen* wird die Abbildung in das Sendesignal allgemein in Quellen-, Kanal- und Leitungscodierung aufgeteilt (Bild 2). Die diskrete Nachrichtenquelle, die z. B. mit dem Aufnahmewandler von Bild 1 identisch sein kann, erzeugt hier digitale (d. h. zeit- und wertdiskrete) Signale und zwar i. allg. in Form einer Binärimpulsfolge. Bei analogen Quellensignalen geschieht dies durch eine Digitalisierung, die die Vorgänge Abtastung und Quantisierung umfaßt (s. D 2.1).
Die folgenden Codierungsstufen haben die Aufgabe, dieses digitale Signal so aufzubereiten, daß es über einen gegebenen nichtidealen Kanal bei möglichst hoher Übertragungsgeschwindigkeit mit möglichst geringen Übertragungsfehlern übertragen und an die Nachrichtensenke abgegeben werden kann (s. D 5). Der *Quellencodierer* nutzt statistische Bindungen im Quellensignal und fehlertolerierende Eigenschaften der Senke (wie sinnesphysiologische Eigenschaften des Hör- und Gesichtssinns), um das Quellensignal von im statistischen Sinn überflüssigen (redundanten) Anteilen zu befreien, sowie von Anteilen, deren Fehlen zu nicht wahrnehmbaren oder zu tolerierbaren Fehlern führen (irrelevante Anteile). Der *Kanalcodierer* fügt dem Signal Zusatz-

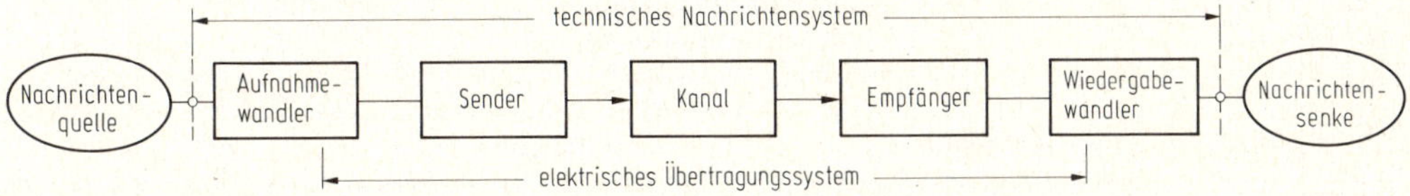

Bild 1. Allgemeines Schema einer Nachrichtenübertragung

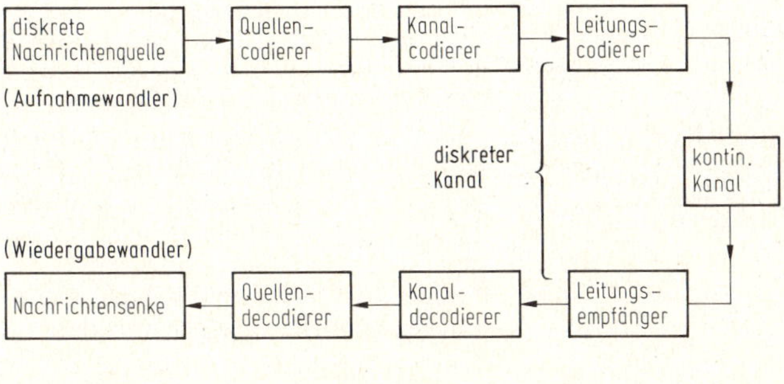

Bild 2. Schema eines digitalen Übertragungssystems

informationen hinzu, z. B. in Form einer fehlerkorrigierenden Codierung, die den Einfluß von Übertragungsfehlern vermindern. Der *Leitungscodierer* schließlich bildet das digitale Signal in eine Form ab, die für die Übertragung gut geeignet ist und z. B. eine einfache Taktrückgewinnung (s. O 2.6) ermöglicht. Im Empfänger werden in entsprechenden Stufen diese Vorgänge rückgängig gemacht und das ursprüngliche Signal möglichst gut rekonstruiert. Bei einfachen digitalen Übertragungssystemen wird auf eine Quellen- und/oder Kanalcodierung oft verzichtet.

2 Signale und Systeme
Signals and systems

Allgemeine Literatur: *Franks, L.E.*: Signal theory. Englewood Cliffs: Prentice Hall 1969. – *Fritzsche, G.*: Theoretische Grundlagen der Nachrichtentechnik. Stuttgart: Vlg. Dokumentation 1973. – *Hölzler, E.*; *Holzwarth, H.*: Pulstechnik, Bd. I u. II. Berlin: Springer 1982/1984. – *Küpfmüller, K.*: Systemtheorie der elektrischen Nachrichtentechnik. Stuttgart: Hirzel 1968. – *Lücker, R.*: Grundlagen digitaler Filter. Berlin: Springer 1980. – *Lüke, H.D.*: Signalübertragung. Berlin: Springer 1985. – *Marko, H.*: Methoden der Systemtheorie, 2. Aufl. Berlin: Springer 1982. – *Oppenheim, A.*; *Schafer, R.*: Digital signal processing. New York: Prentice Hall 1975. – *Papoulis, A.*: The Fourier integral. New York: McGraw-Hill 1962. – *Pierce, J.R.*; *Posner, E.C.*: Introduction to communication science and systems. New York: Plenum 1980. – *Schüßler, W.*: Digitale Systeme zur Signalverarbeitung. Berlin: Springer 1973. – *Stark, H.*; *Tuteur, F.B.*: Modern electrical communications. Englewood Cliffs: Prentice Hall 1979. – *Stearns, S.*: Digitale Verarbeitung analoger Signale. München: Oldenbourg 1979. – *Steinbuch, K.*; *Rupprecht, W.*: Nachrichtentechnik, 3. Aufl. Bde. I bis III. Berlin: Springer 1982. – *Wozencraft, J.M.*; *Jacobs, I.W.*: Principles of communication engineering. New York: Wiley 1965. – *DIN 40 146*: Begriffe der Nachrichtenübertragung. – *DIN 40 148*: Übertragungssysteme und Vierpole.

2.1 Signale und Signalklassen
Signals and classification of signals

Ein *Signal* ist die Darstellung einer Nachricht durch geeignete physikalische Größen, wie z. B. elektrische Spannungen. Zur Nachrichtenübertragung werden insbesonders Zeitfunktionen $s(t)$ solcher Größen benutzt. Die Beschreibung und Einteilung von Signalen richten sich nach verschiedenen Gesichtspunkten. Einige wichtige Begriffe werden im folgenden zusammengestellt. Zur Vermeidung mathematischer Schwierigkeiten wird hier vereinfachend stets angenommen, daß die betrachteten Signalfunktionen $s(t)$ physikalisch wenigstens näherungsweise realisierbar sein sollen.

Spezielle Literatur Seite D 11

Analoge, diskrete und digitale Signale. Ein Signal kann sowohl in Bezug auf seinen Wertebereich als auch in Bezug auf seinen Definitionsbereich auf der Zeitachse kontinuierlich (nicht abzählbar) oder diskret (abzählbar) sein. Entsprechend wird ein Signal wertkontinuierlich genannt, wenn seine Amplitude oder auch ein anderer relevanter Signalparameter (wie z. B. der Kurzzeiteffektivwert oder die Augenblicksfrequenz) beliebige Werte annehmen kann. Im anderen Fall ist das Signal wertdiskret. In gleicher Weise ist ein Signal zeitkontinuierlich, wenn die Kenntnis seines Wertes zu jedem beliebigen Zeitpunkt erforderlich ist. Bei einem zeitdiskreten Signal ist diese Kenntnis nur zu bestimmten Zeitpunkten notwendig.

Gebräuchlich sind in diesem Zusammenhang auch die Bezeichnungen analoges und digitales Signal. Ein *analoges Signal* bildet einen wert- und zeitkontinuierlichen Vorgang kontinuierlich ab, häufig wird diese Bezeichnung aber auch zur Bezeichnung eines beliebigen wert- und zeitkontinuierlichen Signals gebraucht. Ein *digitales Signal* beschreibt die Zeichen eines endlichen Zeichenvorrates in einem stellenwertigen Code, bezeichnet aber auch allgemein ein beliebiges wert- und zeitdiskretes Signal.

Beispiele für die verschiedenen Möglichkeiten, Signale in dieser Art zu klassifizieren und ineinander umzuwandeln, zeigt Bild 1.

Energie- und Leistungssignale, Korrelationsfunktionen. In der Signal- und Systemtheorie ist es üblich, mit dimensionslosen Größen zu rechnen, also beispielsweise Zeitgrößen auf 1 s und Spannungsgrößen auf 1 V zu normieren. Dadurch werden Größengleichungen zu einfacheren Zahlenwertgleichungen, allerdings geht die Möglichkeit der Dimensionskontrolle verloren. In diesem Sinn ergeben sich Energie E und Leistung P reeller Signale als

$$E = \int_{-\infty}^{\infty} s^2(t)\,\mathrm{d}t, \qquad P = \lim_{T\to\infty} \frac{1}{2T} \int_{-T}^{T} s^2(t)\,\mathrm{d}t.$$

Hat ein Signal eine endliche, von Null verschiedene Leistung, dann wird es als *Leistungssignal* bezeichnet, seine Energie ist unendlich. Leistungssignale mit endlichem Amplitudenbereich sind zeitlich unendlich ausgedehnt, sie können periodisch oder nichtperiodisch sein.

Ein *Energiesignal* besitzt dagegen eine endliche Energie, es muß daher zumindest näherungsweise zeitbegrenzt, also impulsförmig sein.

Die Korrelationsfunktionen stellen eine Erweiterung des Energie- und Leistungsbegriffs dar.

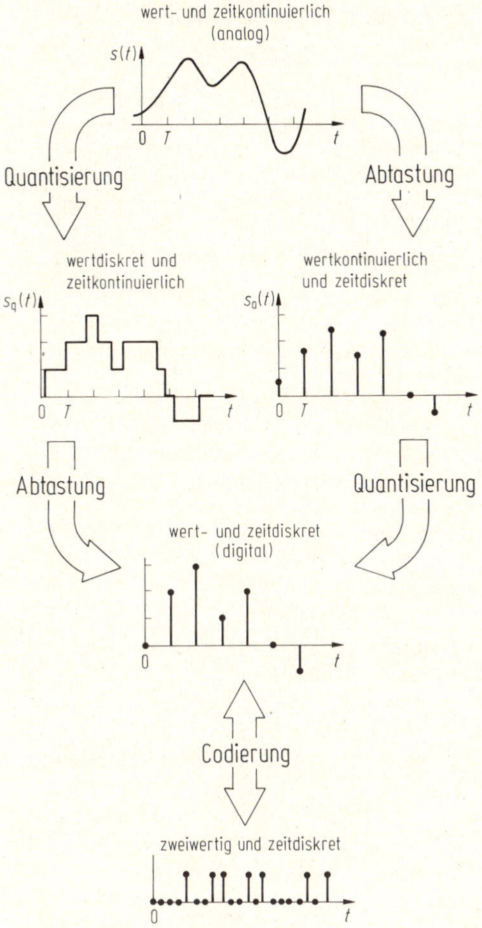

Bild 1. Klassifizierung von Signalen. Nach [2]

Die *Autokorrelationsfunktion* eines reellen Energiesignals lautet

$$\varphi_{ss}^{E}(\tau) = \int_{-\infty}^{\infty} s(t)\, s(t+\tau)\, dt, \qquad (1)$$

entsprechend gilt für Leistungssignale

$$\varphi_{ss}^{L}(\tau) = \lim_{T\to\infty} \frac{1}{2T} \int_{-T}^{T} s(t)\, s(t+\tau)\, dt. \qquad (2)$$

Die Energie bzw. Leistung eines Signals läßt sich aus dem bei $\tau = 0$ liegenden Maximum der Autokorrelationsfunktion entnehmen.
Verallgemeinert läßt sich für zwei Energiesignale als *Kreuzkorrelationsfunktion* definieren

$$\varphi_{sg}^{E}(\tau) = \int_{-\infty}^{\infty} s(t)\, g(t+\tau)\, dt. \qquad (3)$$

Zwei Signale mit der Eigenschaft $\varphi_{sg}^{E}(0) = 0$ nennt man orthogonal.

Dirac-Stoß und Dirac-Stoßfolge. Der *Dirac-Stoß* $\delta(t)$ zählt zu den verallgemeinerten Funktionen der Distributionstheorie, er ist durch das folgende Integral definiert

$$s(t) = \int_{-\infty}^{\infty} \delta(\tau)\, s(t-\tau)\, d\tau, \qquad (4)$$

wobei $s(t)$ eine beliebige Signalfunktion ist. Einige Eigenschaften des Dirac-Stoßes sind

(a) $a_1\,\delta(t) + a_2\,\delta(t) = (a_1 + a_2)\,\delta(t).$ (5)

(b) $\int_{-\infty}^{t} \delta(\tau)\, d\tau = \varepsilon(t) \equiv \begin{cases} 0 & \text{für } t < 0 \\ 1 & \text{für } t \geqq 0; \end{cases}$ (6)
die laufende Integration über den Dirac-Stoß ergibt die *Sprungfunktion* $\varepsilon(t)$. Mit $t > 0$ bedeutet dies auch, daß die Fläche unter dem Dirac-Stoß gleich 1 ist.

(c) $s(t)\,\delta(t) = s(0)\,\delta(t);$ (7)
das Produkt eines Dirac-Stoßes mit einer Signalfunktion „siebt" einen Wert der Funktion heraus. Diese Eigenschaft ermöglicht z. B. eine idealisierte Beschreibung des Abtastvorgangs.

Meßtechnisch (und anschaulich) läßt sich der Dirac-Stoß $a\,\delta(t)$ z. B. durch einen sehr schmalen Rechteckimpuls der Fläche a annähern.

Die *periodische Dirac-Stoßfolge* $\sum_{n=-\infty}^{\infty} \delta(t - nT)$ ist für die Beschreibung abgetasteter und periodischer Signale nützlich.
Weitere wichtige Begriffe der Signaltheorie sind die verschiedenen Arten der Signalspektren und der *bandbegrenzten Signale*, die in 2.3 und 2.4 behandelt werden. Auf die Beschreibung nichtdeterminierter oder *Zufallssignale* durch Mittelwerte und Verteilungsfunktionen wird in D 3 eingegangen.

2.2 Lineare, zeitinvariante Systeme und die Faltung

Linear, time-invariant systems and the convolution

Ein System ist definiert durch die eindeutige Zuordnung eines Ausgangssignals $g(t)$ zu einem beliebigen Eingangssignal $s(t)$, also durch eine Transformation(sgleichung) $g(t) = F\{s(t)\}$.
Die *Systemtheorie* betrachtet vorzugsweise Systeme mit idealisierten, einfachen Systemfunktionen $F\{\cdot\}$, mit denen sich das Verhalten der i. allg. komplizierten realen Systeme leichter durchschauen läßt [1].
Hier sollen nur Systeme behandelt werden, die linearen, zeitunabhängigen Schaltungen mit ei-

nem Eingangs- und einem Ausgangstor entsprechen. In diesem Fall läßt sich das System durch eine eindimensionale Funktion, z. B. die Stoßantwort $h(t)$ oder ihre Fourier-Transformierte, die Übertragungsfunktion $\underline{H}(f)$ vollständig beschreiben (s. 2.3). Systeme der hier betrachteten Art sind

(a) linear

$$F\{a_1 s_1(t) + a_2 s_2(t)\} = a_1 g_1(t) + a_2 g_2(t)$$
$$\text{mit} \quad F\{s_i(t)\} = g_i(t), \tag{8}$$

(b) zeitinvariant

$$F\{s(t-T)\} = g(t-T). \tag{9}$$

Mit diesen Eigenschaften läßt sich die Antwort eines solchen *LTI-Systems* (Linear, Time-Invariant System) auf ein beliebiges Eingangssignal sofort berechnen. Aus $g(t) = F\{s(t)\}$ wird mit Gl. (4): $g(t) = F\left\{\int_{-\infty}^{\infty} \delta(\tau)\, s(t-\tau)\, \mathrm{d}\tau\right\}$ und mit der Linearitätseigenschaft Gl. (8) (verallgemeinert auf Integrale) folgt

$$g(t) = \int_{-\infty}^{\infty} s(t-\tau)\, F\{\delta(\tau)\}\, \mathrm{d}\tau .$$

Hierin ist $F\{\delta(\tau)\} = h(\tau)$ die Antwort des Systems auf einen Dirac-Stoß.

Mit dieser *Stoßantwort* und mit der Zeitinvarianzeigenschaft Gl. (9) folgt als Ergebnis

$$g(t) = \int_{-\infty}^{\infty} h(\tau)\, s(t-\tau)\, \mathrm{d}\tau, \tag{10}$$

das *Faltungsintegral* zur Berechnung des Ausgangssignals $g(t)$ aus dem Eingangssignal $s(t)$ und der Stoßantwort $h(t)$.

Bei *kausalen Systemen* mit der Eigenschaft $h(t) = 0$ für $t < 0$ kann die untere Integrationsgrenze in Gl. (10) zu Null gesetzt werden.

Die Stoßantwort eines Systems läßt sich wegen Gl. (6) auch aus der Antwort auf eine Sprungfunktion (Sprungantwort) durch zeitliche Ableitung gewinnen.

Faltungsalgebra. Das Faltungsintegral Gl. (10) wird in symbolischer Schreibweise als Faltungsprodukt geschrieben $g(t) = s(t) * h(t)$. Das Faltungsprodukt ist wie das algebraische Produkt kommutativ, assoziativ und distributiv zur Addition. In dieser Schreibweise lautet Gl. (4)

$$s(t) * \delta(t) = s(t). \tag{11}$$

Mit Hilfe des Faltungsprodukts läßt sich auch das Korrelationsintegral in Gl. (1) und (3) vereinfacht schreiben:

$$\begin{aligned} \varphi_{ss}^{E}(\tau) &= s(-\tau) * s(\tau), \\ \varphi_{sg}^{E}(\tau) &= s(-\tau) * g(\tau). \end{aligned} \tag{12}$$

2.3 Fourier-Transformation

The Fourier transform

Das Faltungsintegral Gl. (10) beschreibt die Antwort eines LTI-Systems über die Stoßantwort. In ähnlicher Weise läßt sich statt der Antwort auf den Dirac-Stoß auch die Antwort auf Sinusfunktionen oder allgemeiner auf komplexe Exponentialfunktionen $s(t) = \exp(\mathrm{j}\,2\pi f t)$ verwenden. Damit folgt aus Gl. (10)

$$\begin{aligned} g(t) &= h(t) * \exp(\mathrm{j}\,2\pi f t) \\ &= \int_{-\infty}^{\infty} h(\tau) \exp[\mathrm{j}\,2\pi f (t-\tau)]\, \mathrm{d}\tau \\ &= \underline{H}(f) \exp(\mathrm{j}\,2\pi f t) \end{aligned}$$

mit

$$\underline{H}(f) = \int_{-\infty}^{\infty} h(\tau) \exp(-\mathrm{j}\,2\pi f \tau)\, \mathrm{d}\tau . \tag{13}$$

Die Antwort auf eine komplexe Exponentialfunktion ist also für beliebige Frequenzen f ebenfalls eine komplexe Exponentialfunktion mit dem frequenzabhängigen Faktor $\underline{H}(f)$. Man bezeichnet $\underline{H}(f)$ als die *Übertragungsfunktion* des Systems und das Integral Gl. (13) zu seiner Berechnung als *Fourier-Integral.* Schaltet man zwei LTI-Systeme mit den Stoßantworten $h_1(t)$ und $h_2(t)$ in Kette, so ergibt sich in gleicher Rechnung als Antwort auf die komplexe Exponentialfunktion

$$\begin{aligned} &[\exp(\mathrm{j}\,2\pi f t) * h_1(t)] * h_2(t) \\ &\quad = [\underline{H}_1(f) \exp(\mathrm{j}\,2\pi f t)] * h_2(t) \\ &\quad = \underline{H}_1(f)\, \underline{H}_2(f) \exp(\mathrm{j}\,2\pi f t). \end{aligned}$$

Dieser Zusammenhang zeigt die wichtigste Eigenschaft der Fourier-Transformation: das Faltungsprodukt zweier Zeitfunktionen geht in das algebraische Produkt ihrer Übertragungsfunktionen oder Frequenzfunktionen über.

Da sich umgekehrt bei Kenntnis der Frequenzfunktion die Zeitfunktion aus dem *Fourier-Umkehrintegral* ergibt

$$h(t) = \int_{-\infty}^{\infty} \underline{H}(f) \exp(\mathrm{j}\,2\pi f t)\, \mathrm{d}f, \tag{14}$$

stellt die Fourier-Transformation ein mathematisches Hilfsmittel dar, mit der sich die Berechnung eines Faltungsprodukts häufig beträchtlich vereinfachen läßt.

Diese Zusammenhänge sind für den Fall der Übertragung eines Signals $s(t)$ mit dem Amplitudendichtespektrum $\underline{S}(f)$ über ein LTI-System mit der Stoßantwort $h(t)$ und der Übertragungsfunktion $\underline{H}(f)$ noch einmal übersichtlich in folgendem Schema zusammengefaßt.

$$\begin{aligned} \text{Zeitbereich:} \quad & s(t) * h(t) = g(t) \\ \text{Frequenzbereich:} \quad & \underline{S}(f)\, \underline{H}(f) = \underline{G}(f). \end{aligned}$$

Theoreme der Fourier-Transformation. Der Umgang mit den Integralen der Fourier-Transformation kann durch eine Anzahl von Theoremen erleichert werden, wie sie in Tab. 1 zusammengestellt sind. Weiter zeigt Tab. 2 eine Auswahl von Zeitfunktionen (Signalfunktionen bzw. Stoßantworten) mit den zugehörigen Frequenzfunktionen (Amplitudendichtespektren bzw. Übertragungsfunktionen). Das Betragsspektrum $|\underline{S}(f)|$ ist nach dem Verschiebungstheorem (Tab. 1) unabhängig von einer Verschiebung des Signals auf der Zeitachse, diese Eigenschaft ist eine der wichtigen Charakteristiken der Fourier-Transformation [2, 3].

Energie- und Leistungsbeziehungen. Die Fourier-Transformation der Autokorrelationsfunktion eines Energiesignals ergibt über Gl. (12) mit den Theoremen für Faltung und Zeitspiegelung

$$\varphi_{ss}^{E}(\tau) \circ\!\!-\!\!\bullet \Phi_{ss}^{E}(f) = \underline{S}^*(f)\,\underline{S}(f) = |\underline{S}(f)|^2.$$

$\Phi_{ss}^{E}(f) = |\underline{S}(f)|^2$ wird *Energiedichtespektrum* des Signals $s(t)$ genannt. Damit läßt sich die Energie eines Signals über Gl. (1) auch aus dem Spektrum berechnen (Parsevalsches Theorem)

$$E = \varphi_{ss}^{E}(0) = \int_{-\infty}^{\infty} |\underline{S}(f)|^2 \,\mathrm{d}f.$$

In entsprechender Beziehung erhält man durch Fourier-Transformation der Autokorrelationsfunktion Gl. (2) eines Leistungssignals (z. B. elektronisches Rauschen, s. D 3.2) das *Leistungsdichtespektrum* $\varphi_{ss}^{L}(\tau) \circ\!\!-\!\!\bullet \Phi_{ss}^{L}(f)$ und ebenso auch die Leistung $\varphi_{ss}^{L}(0)$ als Fläche unter dem Leistungsdichtespektrum.

Tabelle 1. Theoreme zur Fourier-Transformation

Theorem	$s(t)$	$\underline{S}(f)$
Fourier-Transformation	$s(t)$	$\underline{S}(f) = \int_{-\infty}^{+\infty} s(t)\,\mathrm{e}^{-\mathrm{j}2\pi ft}\,\mathrm{d}t$
inverse Fourier-Transformation	$\int_{-\infty}^{+\infty} \underline{S}(f)\,\mathrm{e}^{\mathrm{j}2\pi ft}\,\mathrm{d}f$	$\underline{S}(f)$
Zerlegung reeller Zeitfunktionen	$s(t) = s_g(t) + s_u(t)$	$\underline{S}(f) = \mathrm{Re}\{\underline{S}(f)\} + \mathrm{j}\,\mathrm{Im}\{\underline{S}(f)\}$
mit	$s_g(t) = \frac{1}{2}s(t) + \frac{1}{2}s(-t)$ $s_u(t) = \frac{1}{2}s(t) - \frac{1}{2}s(-t)$	$\mathrm{Re}\{\underline{S}(f)\}$ gerade! $= \int_{-\infty}^{+\infty} s_g(t)\cos(2\pi ft)\,\mathrm{d}t$ $+\mathrm{j}\,\mathrm{Im}\{\underline{S}(f)\}$ ungerade! $= -\mathrm{j}\int_{-\infty}^{+\infty} s_u(t)\sin(2\pi ft)\,\mathrm{d}t$
Zeitspiegelung	$\underline{s}(-t)$	$\underline{S}(-f)$, bei reellen Zeitfunktionen auch $\underline{S}^*(f)$
konjugiert komplexe Zeitfunktionen	$\underline{s}^*(t)$	$\underline{S}^*(-f)$
Symmetrie	$\underline{S}(t)$	$\underline{s}(-f)$
Faltung	$s_1(t) * s_2(t)$	$\underline{S}_1(f)\,\underline{S}_2(f)$
Multiplikation	$s_1(t)\,s_2(t)$	$\underline{S}_1(f) * \underline{S}_2(f)$
Superposition	$\sum_i a_i s_i(t)$	$\sum_i a_i \underline{S}_i(f)$
Ähnlichkeit (Maßstabsänderung)	$s(bt)$	$\frac{1}{\lvert b\rvert}\underline{S}\left(\frac{f}{b}\right)$
Verschiebung	$s(t-t_0)$	$\underline{S}(f)\,\mathrm{e}^{-\mathrm{j}2\pi ft_0}$
Differentiation	$\frac{\mathrm{d}^n}{\mathrm{d}t^n}s(t)$	$(\mathrm{j}2\pi f)^n\,\underline{S}(f)$
Integration	$\int_{-\infty}^{t} s(\tau)\,\mathrm{d}\tau$	$\frac{\underline{S}(f)}{\mathrm{j}2\pi f} + \frac{1}{2}\underline{S}(0)\,\delta(f)$

Tabelle 2. Beispiele zu Zeit- und Frequenzfunktionen

$s(t)$		$\underline{S}(f)$	$\vert\underline{S}(f)\vert$
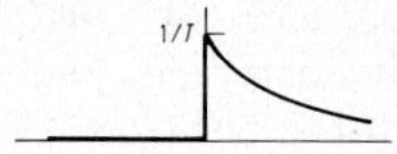	$1/T \cdot \varepsilon(t) \cdot e^{-t/T}$ $(T>0)$ Exponentialimpuls	$\frac{1}{1+j2\pi Tf}$	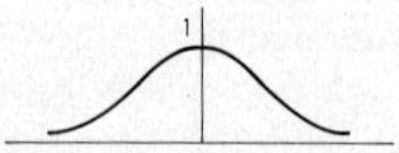
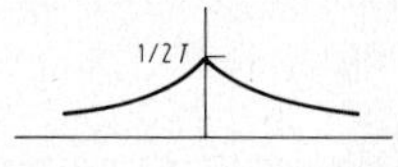	$1/2T \cdot e^{-\vert t\vert/T}$ $(T>0)$ Doppelexponentialimpuls	$\frac{1}{1+(2\pi Tf)^2}$	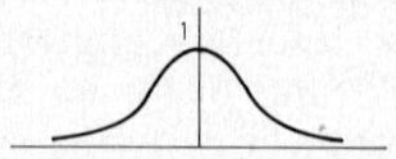
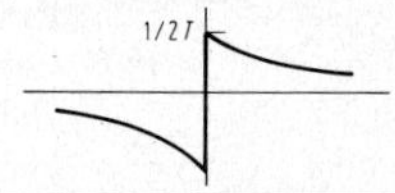	$1/2T \cdot \mathrm{sgn}(t) \cdot e^{-\vert t\vert/T}$	$-j\frac{2\pi Tf}{1+(2\pi Tf)^2}$	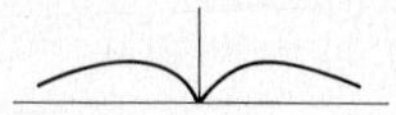
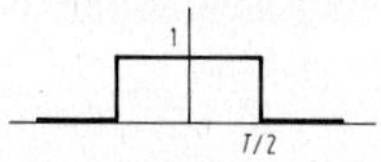	$\mathrm{rect}(t/T)$ Rechteckimpuls	$T\,\mathrm{si}(\pi Tf)$	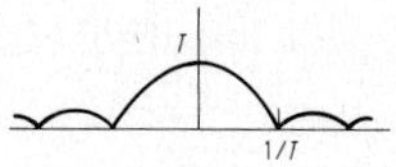
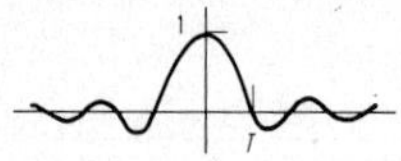	$\mathrm{si}(\pi t/T) = \frac{\sin(\pi t/T)}{\pi t/T}$ si-Funktion	$T\,\mathrm{rect}(Tf)$	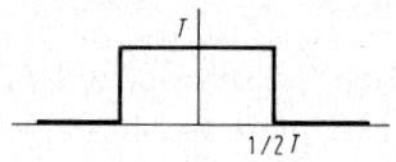
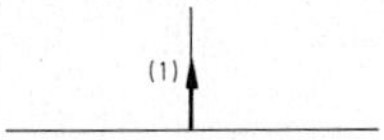	$\delta(t)$ Dirac-Stoß	1	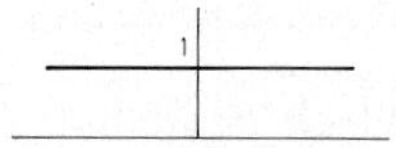
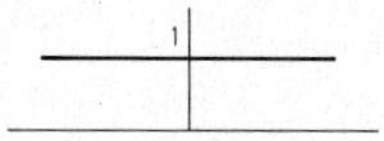	1 Konstante (Gleichstrom)	$\delta(f)$	
	$\sum_{n=-\infty}^{\infty} \delta(t-nT)$ Dirac-Stoßfolge	$\longleftrightarrow$ $1/T \sum_{n=-\infty}^{\infty} \delta(f-n/T)$	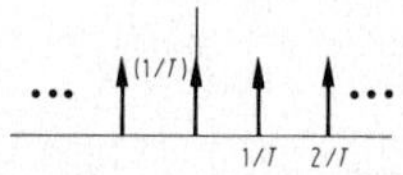
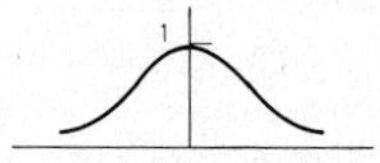	$e^{-\pi t^2}$ Gauß-Impuls	$\longleftrightarrow$ $e^{-\pi f^2}$	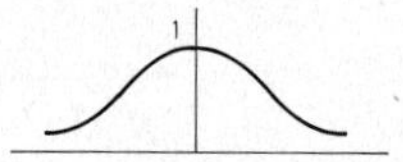
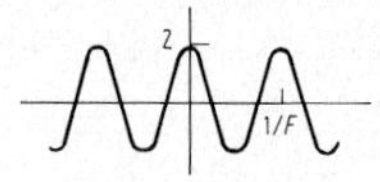	$2\cos(2\pi Ft)$ cos-Funktion	$\delta(f+F)+\delta(f-F)$	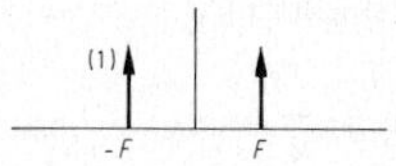
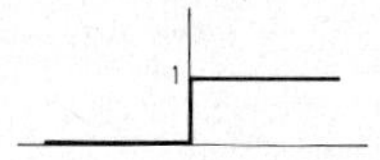	$\varepsilon(t)$ Sprungfunktion	$\frac{1}{2}\,\delta(f) - j\,\frac{1}{2\pi f}$	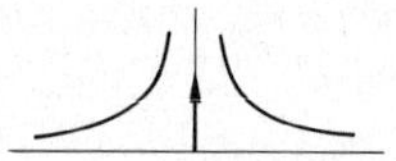
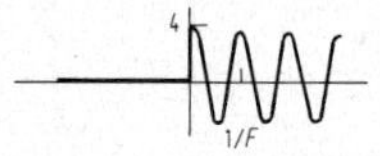	$4\,\varepsilon(t) \cdot \cos(2\pi Ft)$ geschaltete cos-Funktion	$\delta(f+F)+\delta(f-F)$ $-\frac{j}{\pi}\,\frac{2f}{f^2-F^2}$	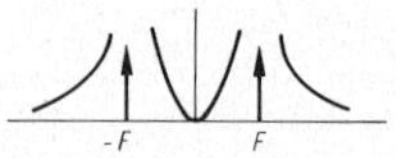

2.4 Tiefpaß- und Bandpaßsysteme
Low-pass and band-pass systems

Ideale Systeme. Lineare, zeitinvariante Systeme sind durch ihre Stoß- oder Sprungantwort (s. 2.2) bzw. ihre Übertragungsfunktion (s. 2.3) beschreibbar. Das ideal *verzerrungsfreie System* überträgt beliebige Signale formgetreu; dabei sind Amplitudenfaktoren und Laufzeiten zugelassen. Stoßantwort und Übertragungsfunktion

System	Übertragungsfunktion $\underline{H}(f)$	Stoßantwort $h(t)$
All-paß	$\underline{H}(f) = 1$	$h(t) = \delta(t)$
Tief-paß	$\underline{H}_{TP}(f) = \text{rect}\dfrac{f}{2f_g}$	$h_{TP}(t) = 2f_g \operatorname{si} \pi\, 2 f_g t$
Hoch-paß	$1 - \underline{H}_{TP}(f)$	$\delta(t) - h_{TP}(t)$
Band-paß	$\underline{H}_{BP}(f) = \text{rect}\dfrac{f - f_0}{f_\Delta} + \text{rect}\dfrac{f + f_0}{f_\Delta}$	$h_{BP}(t) = 2 f_\Delta \operatorname{si} \pi f_\Delta t \cdot \cos 2\pi f_0 t$
Band-sperre	$1 - \underline{H}_{BP}(f)$	$\delta(t) - h_{BP}(t)$

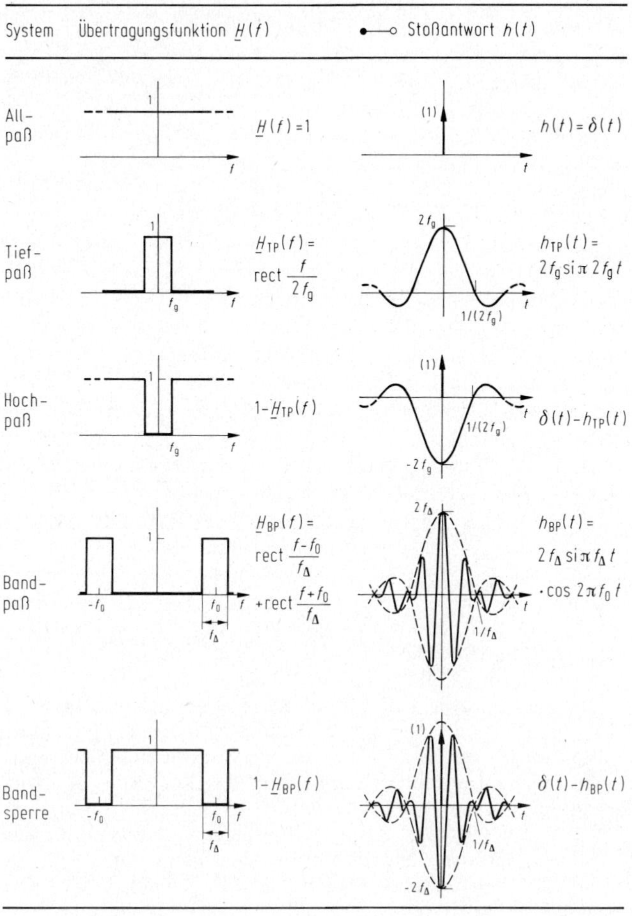

Bild 2. Übertragungsfunktionen und Stoßantworten idealisierter Systeme (zu rect(f) s. Tab. 2)

lauten dann, vgl. Gl. (11)

$$h(t) = a\,\delta(t - t_0),$$

$$\underline{H}(f) = |\underline{H}(f)| \exp[j\varphi(f)]$$
$$= a \exp(-j 2\pi t_0 f).$$

Das verzerrungsfreie System ist also definiert durch konstanten Betrag $|\underline{H}(f)|$ und linear verlaufende Phase $\varphi(f)$ der Übertragungsfunktion. Abgeleitete Größen zur Systembeschreibung sind das *Dämpfungsmaß* $a(f) = -20 \lg |\underline{H}(f)|$ dB und die *Gruppenlaufzeit* $t_g = -[\mathrm{d}\varphi(f)/\mathrm{d}f]/2\pi$. Auch diese Größen sind bei einem ideal verzerrungsfreien System frequenzunabhängig. Bei Abweichungen von $|\underline{H}(f)| = \text{const}$ treten Amplituden- oder Dämpfungsverzerrungen und bei entsprechenden Abweichungen von $\varphi(f) \sim f$ Phasen- oder Laufzeitverzerrungen auf. (Bei Anwendung der Gruppenlaufzeit muß man beachten, daß auch verzerrende Phasenverläufe der Form f + const auf konstante Gruppenlaufzeiten führen.)
Zumeist genügt es, die Eigenschaften des verzerrungsfreien Systems in bestimmten Frequenzbereichen anzunähern. Im Sinne der Systemtheorie werden daher auch die in Bild 2 zusammengestellten schematisierten Systeme als ideal bezeichnet [1].
Die hierbei nicht erfüllte Kausalitätsbedingung $h(t) = 0$ für $t < 0$ läßt sich stets näherungsweise durch hinreichend große Zeitverschiebung der Stoßantwort erreichen; dies ist bei den folgenden Beispielen berücksichtigt.

Tiefpaßsysteme. Abweichungen von der Übertragungsfunktion des idealen Tiefpasses führen zu typischen Veränderungen im Zeitverhalten dieser Systeme. Bild 3 zeigt das Verhalten bei Systemen ohne Laufzeitverzerrungen.
Durch einen sanfteren Abfall der Betragsübertragungsfunktion läßt sich das Überschwingen von Stoß- und Sprungantwort vermindern, durch

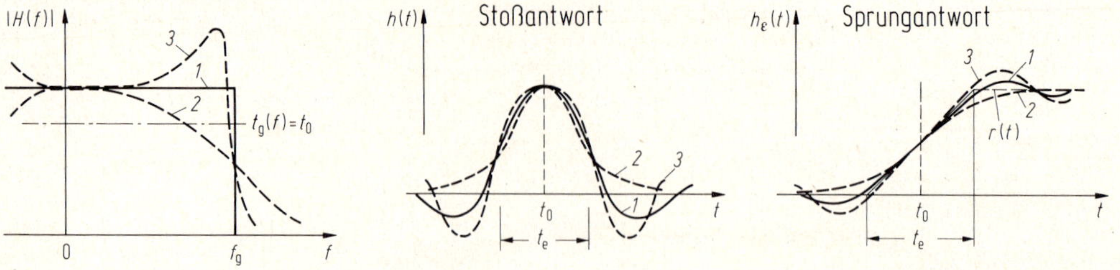

Bild 3. Tiefpaßsysteme ohne Laufzeitverzerrungen

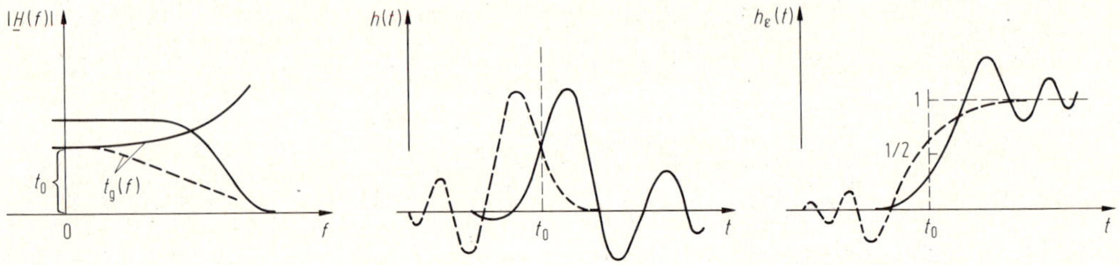

Bild 4. Tiefpaßsysteme mit Laufzeitverzerrungen

eine zur Grenzfrequenz hin steigende Übertragungsfunktion dagegen verstärken. Die Einschwingzeit t_e wird durch die Rampenfunktion $r(t)$ (in Bild 3 rechts) definiert, die gleiche Steigung wie die Sprungantworten zur Zeit t_0 hat. Hier gilt allgemein

$$t_e = \underline{H}(0) \Big/ \left[2 \int_0^\infty |\underline{H}(f)| \, \mathrm{d}f \right] \approx 1/(2 f_g).$$

Laufzeitverzerrungen eines Tiefpasses werden deutlich störend, wenn die Schwankungen der Gruppenlaufzeit größer als die Einschwingzeit t_e sind. Es tritt dann ein stärker unsymmetrisches Überschwingen (Bild 4) auf. Steigt die Laufzeit mit der Frequenz, so verstärkt sich das Überschwingen am Ende des Einschwingvorganges und wird höherfrequent, bei fallender Laufzeit zeigt sich das umgekehrte Verhalten [1, 3].

Bandpaßsysteme und Bandpaßsignale. Die Übertragungsfunktion des idealen Bandpasses und seine Stoßantwort sind in Bild 2 dargestellt. Ein Vergleich mit dem idealen Tiefpaß zeigt, daß dessen Stoßantwort der Einhüllenden der Stoßantwort des Bandpasses gleicht. Dies deutet an, daß Bandpaßsysteme und Bandpaßsignale mit Vorteil durch Tiefpaßsysteme und Tiefpaßsignale beschrieben werden können. Die komplexe Wechselstromrechnung ist nichts anderes als der monofrequente Sonderfall dieses Zusammenhanges. Ein allgemeines Spektrum eines reellen Bandpaßsignals zeigt Bild 5 a.

Nach Tab. 1 muß $\mathrm{Re}\,\underline{S}(f)$ gerade und $\mathrm{Im}\,\underline{S}(f)$ ungerade sein. Schneidet man aus $\underline{S}(f)$ den Anteil für $f > 0$ heraus und verdoppelt seine Amplitude, dann erhält man das Spektrum des sog. *analytischen Signals* $\underline{S}^+(f)$. Durch Verschieben um eine geeignete Frequenz f_0 läßt sich daraus eine Tiefpaßfunktion, das Spektrum $\underline{S}_T(f)$ des *äquivalenten Tiefpaßsignals*, gewinnen. $\underline{S}_T(f)$ ist also von der Wahl der sog. *Trägerfrequenz* f_0 abhängig, und das zugehörige äquivalente Tiefpaßsignal ist i. allg. komplex. Bandpaßsysteme bzw. Signale, die bei geeigneter Wahl der Trägerfrequenz f_0 durch *reelle* äquivalente Tiefpaßsignale beschrieben werden können, nennt man *symmetrisch*. Der umgekehrte Übergang von der Tiefpaß- zur Bandpaßschreibweise lautet

$$\begin{aligned} \underline{S}(f) &= \tfrac{1}{2}\,\underline{S}_T(f - f_0) + \tfrac{1}{2}\,\underline{S}_T^*(-f - f_0) \\ &\bullet\!\!-\!\!\circ \\ s(t) &= \mathrm{Re}[\underline{s}_T(t) \exp(\mathrm{j}\,2\pi f_0 t)], \end{aligned}$$

dabei wird $\underline{s}_T(t)$ die *komplexe Hüllkurve* und ihr Betrag $|\underline{s}_T(t)|$ die *Einhüllende* des Bandpaßsignals genannt, während $\mathrm{Re}\{\underline{s}_T(t)\}$ und $\mathrm{Im}\{\underline{s}_T(t)\}$ seine *Quadraturkomponenten* sind.

Die Übertragung eines Bandpaßsignals über ein Bandpaßsystem läßt sich jetzt auch im Tiefpaßbereich berechnen, wenn die Übertragungsfunktion des Bandpasses $\underline{H}(f)$ entsprechend durch die *äquivalente Tiefpaßübertragungsfunktion* $\underline{H}_T(f)$ bzw. die *äquivalente Tiefpaßstoßantwort* $\underline{h}_T(t)$ dargestellt wird. Unter Voraussetzung gleicher Trägerfrequenzen f_0 gilt dann für die

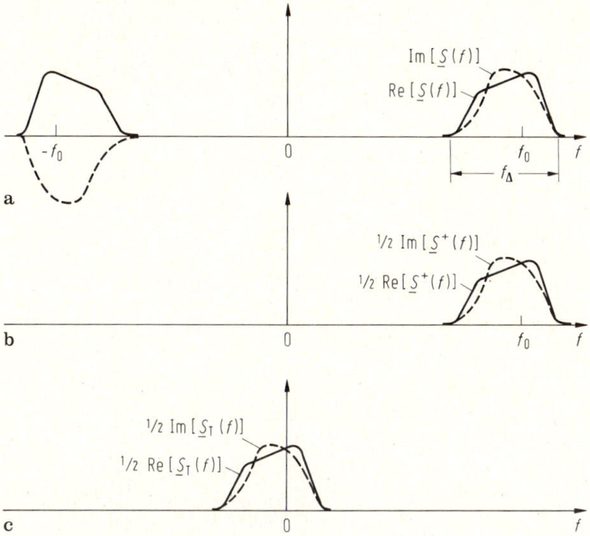

Bild 5. Spektren eines Bandpaßsignals (**a**), des zugehörigen analytischen Bandpaßsignals (**b**) und des äquivalenten Tiefpaßsignals (**c**)

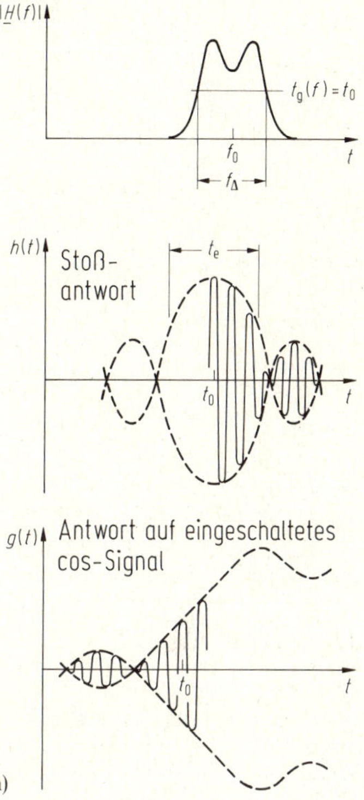

Bild 6. Bandpaßsystem (ohne Laufzeitverzerrungen)

komplexe Hüllkurve $\underline{g}_T(t)$ bzw. $\underline{G}_T(f)$

$$\underline{g}_T(t) = \tfrac{1}{2}\,[\underline{s}_T(t) * \underline{h}_T(t)]$$

$$\circ\!\!-\!\!\bullet$$

$$\underline{G}_T(f) = \tfrac{1}{2}\,[\underline{S}_T(f)\,\underline{H}_T(f)].$$

Mit diesen Überlegungen lassen sich die Eigenschaften nichtidealer Tiefpaßsysteme (s. o.) sofort auf Bandpaßsysteme übertragen. Als Beispiel hierzu ist in Bild 6 die Stoßantwort $h(t)$ eines Bandpaßsystems mit zu den Bandgrenzen ansteigender Übertragungsfunktion dargestellt (vgl. die Einhüllende mit Bild 3).

Weiter zeigt Bild 6 die Antwort $g(t)$ auf ein zur Zeit $t = 0$ eingeschaltetes cos-Signal. Die Einhüllende der Antwort $g(t)$ entspricht der zugehörigen Sprungantwort in Bild 3 [1–3].

2.5 Diskrete Signale und Digitalfilter

Discrete signals and digital filters

In der Nachrichtentechnik werden Verfahren der digitalen Signalübertragung und -verarbeitung immer wichtiger. Die Verarbeitung analoger Signale mit diesen Techniken setzt ihre Digitalisierung voraus (s. 2.1). Ein wichtiger Schritt hierzu ist die Abtastung, die quantitativ durch Abtasttheoreme beschrieben wird.

Abtasttheorem. In Bild 7 ist zur Veranschaulichung des Abtasttheorems ein analoges, auf den Frequenzbereich $|f| < f_g$ beschränktes Signal $s(t)$ zusammen mit seinen „natürlichen" und idealisierten Abtastwerten dargestellt.

Das idealisiert abgetastete Signal $s_a(t)$ ist eine Folge äquidistanter Dirac-Stöße mit den Gewichten $s(nT)$. Damit gilt im Zeit- und Frequenzbereich mit Gl. (7) und der Transformation der Dirac-Stoßfolge nach Tab. 2

$$\begin{aligned} s_a(t) &= s(t) \sum_{n=-\infty}^{\infty} \delta(t - nT) \\ &= \sum_{n=-\infty}^{\infty} s(nT)\,\delta(t - nT), \end{aligned}$$

$$\circ\!\!-\!\!\bullet \qquad (15)$$

$$\begin{aligned} \underline{S}_a(f) &= \underline{S}(f) * \sum_{n=-\infty}^{\infty} \frac{1}{T}\,\delta\!\left(f - \frac{n}{T}\right) \\ &= \frac{1}{T} \sum_{n=-\infty}^{\infty} \underline{S}\!\left(f - \frac{n}{T}\right). \end{aligned}$$

Im Spektrum des abgetasteten Signals wird also das Originalspektrum periodisch im Abstand der

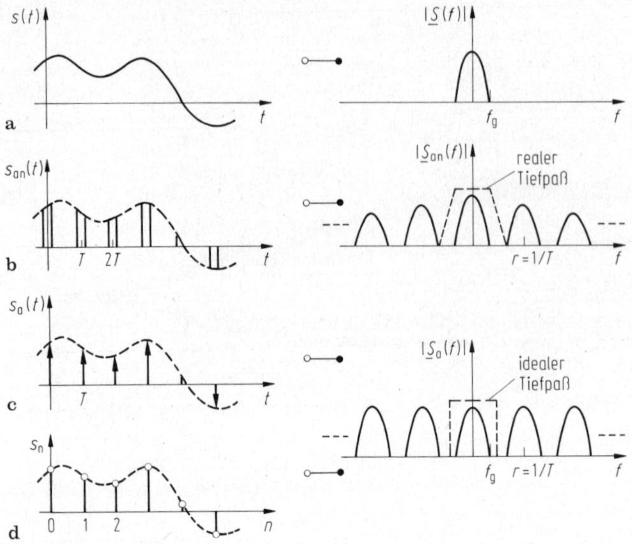

Bild 7. Bandbegrenztes Signal (**a**), natürliche (**b**) und idealisierte (**c**) Abtastwerte sowie zugehöriges diskretes Signal (**d**)

Abtastrate $r = 1/T$ wiederholt (Bild 7c). Bei der der Praxis angemessenen natürlichen Abtastung ergibt sich ebenfalls eine Wiederholung des Originalspektrums, aber mit si-förmig abfallenden Amplitudenfaktoren der einzelnen Spektren (Bild 7b).

Die Aussage des Abtasttheorems ist nun sofort einsichtig: Wird ein Tiefpaßsignal der Grenzfrequenz f_g mit einer Abtastrate $r > 2f_g$ idealisiert oder natürlich abgetastet, dann überlappen sich die periodischen Anteile im Frequenzbereich nicht mehr, und das ursprüngliche Signal kann durch Tiefpaßfilterung zurückgewonnen werden.

Die Anforderungen an die Flankensteilheit dieses Tiefpasses sind dabei um so geringer, je größer die Abtastrate r gewählt wird. Bei idealisierter Abtastung und Rückgewinnung mit dem idealen Tiefpaß erhält man als einfache Interpolationsformel (aus Gl. (15) mit Hilfe der Stoßantwort des idealen Tiefpasses)

$$s(t) = \sum_{n=-\infty}^{\infty} s(nT)\,\mathrm{si}[\pi(t - nT)/T].$$

Abtastverfahren lassen sich ebenfalls auf Bandpaßsignale anwenden. Hier kann man entweder durch Wahl einer geeigneten Abtastrate dafür sorgen, daß sich die periodisch wiederholten Bandpaßspektren nicht überlappen, oder man transformiert das Bandpaßsignal zunächst in den Tiefpaßbereich und tastet dann die beiden Quadraturkomponenten seiner komplexen Hüllkurve getrennt ab [2].

Diskretes Signal – diskrete Faltung. Die Folge der abgetasteten Signalwerte $s(nT)$, wie sie in Bild 7d symbolisch dargestellt ist, stellt ein zeitdiskretes oder, kürzer, *diskretes Signal* dar.

Ist das Abtasttheorem erfüllt, dann beschreibt $s(nT)$ das analoge Signal $s(t)$ vollständig. Ebenso kann die Faltung zweier Tiefpaßsignale mit Hilfe der *diskreten Faltung* der zugehörigen diskreten Signale berechnet werden. Wird z. B. ein Tiefpaßsignal $s(t)$ über einen Tiefpaß mit der Stoßantwort $h(t)$ übertragen, so ergeben sich die Abtastwerte $g(nT)$ des Ausgangssignals $g(t)$ durch diskrete Faltung aus den Abtastwerten $s(nT)$ und $h(nT)$ zu

$$g(nT) = s(nT) * h(nT) = \sum_{m=-\infty}^{\infty} h(mT)\,s(nT - mT).$$

Einem diskreten Signal $s(nT)$ kann formal das periodische Fourier-Spektrum des abgetasteten Signals $s_a(t)$ zugeordnet werden (vgl. Bild 7c, d). Es gilt dann als Hin- und Rücktransformation

$$\underline{S}_a(f) = \sum_{n=-\infty}^{\infty} s(nT)\exp(-\mathrm{j}2\pi nTf)$$

$$\bullet\!\!-\!\!\circ$$

$$s(nT) = T \int_{-1/2T}^{1/2T} \underline{S}_a(f)\exp(\mathrm{j}2\pi nTf)\,\mathrm{d}f. \qquad (16)$$

Hiermit läßt sich die diskrete Faltung im Frequenzbereich durch eine algebraische Multiplikation ersetzen

$$g(nT) = s(nT) * h(nT)$$

$$\bullet\!\!-\!\!\circ$$

$$\underline{G}_a(f) = \underline{S}_a(f)\,\underline{H}_a(f).$$

In gleicher Weise gelten auch die übrigen Theoreme der Fourier-Transformation.

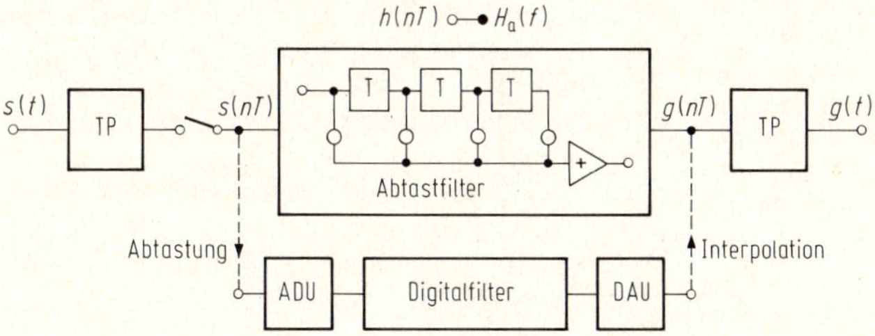

Bild 8. Filterung analoger Signale mit Abtast- oder Digitalfilter

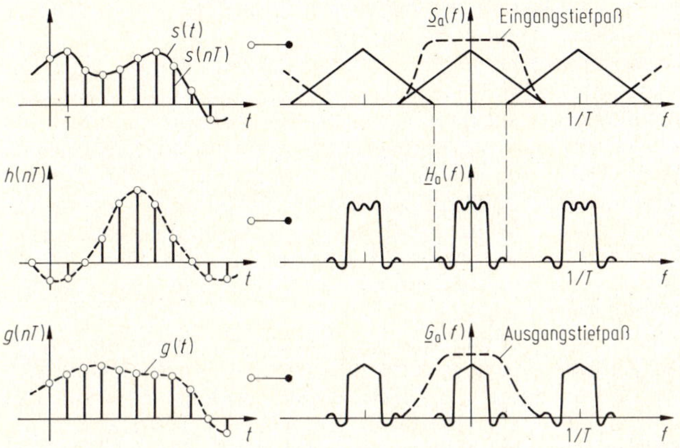

Bild 9. Tiefpaßfilterung mit einem Abtastfilter

Abtastfilter und Digitalfilter. Ein Filter mit zeitdiskreter Stoßantwort, das zur Verarbeitung von Abtastwerten benutzt werden kann, wird *Abtastfilter* genannt. Bild 8 stellt dar, wie ein Abtastfilter zur Filterung von Analogsignalen benutzt wird.

Ein als digitaler Prozessor aufgebautes Abtastfilter, das in der gleichen Anordnung dann zwischen einem Analog-Digital- und einem Digital-Analog-Umsetzer betrieben wird, nennt man auch *Digitalfilter*.

Die Vorgänge in einer Filteranordnung nach Bild 8 werden im Zeit- und Frequenzbereich für das Beispiel einer Tiefpaßfilterung in Bild 9 gezeigt.

In diesem Beispiel sind Abtastwerte und Grenzfrequenz des Eingangstiefpasses so gewählt, daß zwar Überlappungen im periodisch wiederholten Eingangsspektrum $\underline{S}_a(f)$ auftreten, nicht aber in den Durchlaßbereichen des Abtasttiefpasses. Damit ist das Abtasttheorem in Bezug auf das Ausgangssignal wieder erfüllt.

Die Stoßantwort des idealen Abtasttiefpasses $h(nT)$ besteht aus Abtastwerten der si-Funktion; durch Verschieben um t_0 und Begrenzen auf eine Breite $2t_0$ entsteht die in Bild 9 links dargestellte kausale und damit realisierbare Stoßantwort $h(nT)$ des realen Abtasttiefpasses. Die dann nicht mehr ideale Übertragungsfunktion zeigt Dämpfungsschwankungen im Durchlaßbereich und endliche Dämpfungswerte im Sperrbereich. Dieses nichtideale Verhalten läßt sich durch eine sanftere Begrenzung der Stoßantwort (z. B. mit einer dreiecks- oder $\cos^2$-förmigen Gewichtsfunktion) verbessern. Zum Aufbau von Abtastfiltern und Digitalfiltern s. z. B. [4, 5].

Spezielle Literatur: [1] *Küpfmüller, K.*: Systemtheorie der elektrischen Nachrichtentechnik. Stuttgart: Hirzel 1968. – [2] *Lüke, H.D.*: Signalübertragung. Berlin: Springer 1985. – [3] *Papoulis, A.*: The Fourier integral. New York: McGraw-Hill 1962. – [4] *Oppenheim, A.*; *Schafer, R.*: Digital signal processing. New York: Prentice Hall 1975. – [5] *Schüßler, W.*: Digitale Systeme zur Signalverarbeitung. Berlin: Springer 1973.

3 Grundbegriffe der statistischen Signalbeschreibung und des elektronischen Rauschens

Fundamentals of random signals and electronic noise

Allgemeine Literatur: *Bittel, H.*; *Storm, L.*: Rauschen. Berlin: Springer 1971. – *Davenport, W.B.*; *Root, W.L.*: An introduction to the theory of random signals and noise. New

Spezielle Literatur Seite D 27

York: McGraw-Hill 1958. – *Lüke, H.D.*: Signalübertragung, 2. Aufl. Berlin: Springer 1983. – *Middleton, D.*: An introduction to statistical communication theory. New York: McGraw-Hill 1960. – *Motchenbacher, C.D.; Fitchen, F.C.*: Low-noise electronic design. New York: Wiley 1973. – *Müller, R.*: Rauschen. Berlin: Springer 1979. – *Thomas, J.B.*: An introduction to statistical communication theory. New York: McGraw-Hill 1960.

3.1 Einführung
Introduction

Dieses Kapitel behandelt Zufallssignale. Diese können einerseits Nutzsignale sein, deren Information in ihrem dem Empfänger unbekannten Verlauf enthalten ist; sie können andererseits Störsignale sein, die die Qualität eines Nachrichtenübertragungssystems beeinträchtigen. Dem Hauptinteresse des Hochfrequenztechnikers an diesen Fragestellungen gemäß wird hier insbesonders die Beschreibung von Störsignalen (Rauschen) in den Vordergrund gestellt. Das Wort „Rauschen" bedeutet in der Umgangssprache einen unverständlichen akustischen Eindruck. Die Unverständlichkeit ist eine Folge des Zusammenwirkens einer Vielzahl von akustischen Einzelereignissen, die in keinem regelmäßigen Zusammenhang miteinander stehen. Daher lassen sich auch über die Funktionswerte des Zufallssignals zu einer bestimmten Zeit keine sicheren Aussagen machen; wohl aber lassen sich *sichere* Aussagen über zeitliche bzw. Scharmittelwerte machen (s. 3.2).

Da die statistischen Störungen in Nachrichtenübertragungssystemen i. allg. mit der Bewegung von Elektronen verknüpft sind, spricht man mitunter von „elektronischem Rauschen", oft aber auch nur vom „Rauschen". So wie die nichtlinearen Kennlinien elektronischer Bauelemente die originalgetreue Übertragung und Verarbeitung von Nachrichten nach großen Strom- bzw. Spannungswerten hin begrenzen, setzt das Rauschen eine untere Grenze.

3.2 Mathematische Verfahren zur Beschreibung von Zufallssignalen
Mathematical methods for characterizing random signals

Den Ingenieur interessieren z. B. folgende Fragen: Wie groß ist die Wahrscheinlichkeit dafür, daß ein Zufallssignal einen gegebenen Schwellwert überschreitet? Welche Leistung steckt in einem Zufallssignal – z. B. hervorgerufen durch eine an *einem* bestimmten Widerstand abfallende Rauschspannung –, und wie ist diese Leistung spektral verteilt?

Dem gegenüber steht eine andere Betrachtungsweise, wonach gleichzeitig an einer sehr großen Zahl makroskopisch identischer Systeme (z. B. ohmsche Widerstände gleicher Temperatur und Widerstandswertes) eine entsprechend große Zahl von Zufallssignalen beobachtet wird. Diese Schar von Beobachtungswerten $s^{(k)}(t_1)$ (mit $k \to \infty$) zu einem *bestimmten* Zeitpunkt t_1 heißt Zufallsvariable, die Schar der Zeitfunktionen $s^{(k)}(t)$ zusammen mit ihrer vollständigen statistischen Beschreibung nennt man einen Zufallsprozeß. $s^{(k)}(t)$ ist eine Musterfunktion (oder Realisation) des Zufallsprozesses, $s^{(k)}(t_1)$ die Realisation der Zufallsvariablen.

Der Schar- (oder Ensemble-) Standpunkt trifft zwar nicht die Situation in einer realen Schaltung mit ihren einzelnen Widerständen, Transistoren o. ä., er empfiehlt sich jedoch von der Theorie her, da aufgrund von Modellvorstellungen über den Zufallsprozeß Aussagen über das *mittlere Verhalten* des Ensembles gemacht werden können. Hier stehen also Mittelwerte über eine Schar – zu einer bestimmten Zeit – im Vordergrund der Beschreibung.

Die Ensemble-Betrachtungsweise ist für den Ingenieur nur dann nützlich, wenn die Scharmittelwerte in einem engen Zusammenhang mit den von ihm meßbaren zeitlichen Mittelwerten stehen, welche er an dem einen oder den wenigen Exemplaren in seiner Schaltung bestimmen kann. Dies ist bei den sog. ergodischen Prozessen der Fall, dort gilt: „Die zeitlichen Mittelwerte bei der Beobachtung an *einem* Exemplar der Gesamtheit während einer gegen unendlich gehenden Zeitdauer sind für fast alle Exemplare gleich den statistischen Mittelwerten" [1, S. 1235]. Das Verhalten (fast) eines jeden Elements der Schar ist in seinem zeitlichen Mittel also repräsentativ für das Verhalten der ganzen Schar.

Nach Ausweis der Erfahrung sind viele der im Bereich der HF-Technik maßgeblichen Zufallsprozesse ergodisch. Für diese können wir die primär für Scharmittelwerte geltenden theoretischen Aussagen auch auf einzelne Realisationen eines Zufallsprozesses anwenden.

Wahrscheinlichkeitsdichte- und Verteilungsfunktionen. Scharmittelwerte. Im allgemeinen handelt es sich bei den Zufallsvariablen um kontinuierliche Variable (Spannungen, Ströme). Für die Wahrscheinlichkeit, daß die Zufallsvariable x in einem Intervall $x \dots x + \mathrm{d}x$ liegt, schreibt man

$$W(x)\,\mathrm{d}x \qquad (1)$$

und nennt $W(x)$ die Wahrscheinlichkeitsdichte. $W(x)\,\mathrm{d}x$ ist der Prozentsatz der Elemente der Schar, bei dem der Zahlenwert der Zufallsvariablen x im Intervall $x \dots x + \mathrm{d}x$ liegt.

Wenn $W(x)$ und alle höheren Verbunddichten (s. unten) unabhängig von einer Verschiebung aller Beobachtungszeiten um eine beliebige Zeit t_0 sind, nennt man den Schwankungsprozeß stationär, anderenfalls instationär. Ein ergodischer Zufallsprozeß ist stets stationär, ein stationärer muß nicht notwendig ergodisch sein. Die Wahrscheinlichkeit dafür, daß x irgendeinen Wert hat, der die Größe x_0 nicht überschreitet, ist nach Gl. (1)

$$D(x_0) = \int_{-\infty}^{x_0} W(x)\,dx; \tag{2}$$

$D(x_0)$ wird als Verteilungsfunktion bezeichnet. Es gilt

$$D(-\infty) = 0 \leqq D(x) \leqq 1 = D(+\infty).$$

Der *Erwartungswert* (oder Scharmittel) einer Funktion $f(x)$ der Zufallsvariablen x ist

$$\overline{f(x)} = \int_{-\infty}^{\infty} f(x)\,W(x)\,dx. \tag{3}$$

Von besonderem Interesse sind die sog. Momente

$$\overline{x^n} = \int_{-\infty}^{\infty} x^n\,W(x)\,dx, \quad \text{z.B.} \begin{cases} \overline{x} = \text{linearer Mittelwert} \\ \overline{x^2} = \text{quadratischer Mittelwert} \end{cases} \tag{4}$$

und die sog. zentralen Momente

$$\overline{(x-\bar{x})^n} = \int_{-\infty}^{\infty} (x-\bar{x})^n\,W(x)\,dx \tag{5}$$

z.B. die sog. Varianz

$$\overline{(x-\bar{x})^2} = \int_{-\infty}^{\infty} (x-\bar{x})^2\,W(x)\,dx = \overline{x^2} - (\bar{x})^2 = \sigma^2 \tag{6}$$

(σ = Standardabweichung).

Aus der Wahrscheinlichkeitsdichte $W(x)$ der Zufallsvariablen x erhält man für die Zufallsvariable $y = f(x)$ die Dichte

$$W_2(y) = \sum_\nu W(x_\nu) \left| \left(\frac{dx}{df}\right)_{x = x_\nu} \right|. \tag{7}$$

Hierin sind die x_ν die sämtlichen Lösungen der Gleichung $f(x_\nu) = y$.

Beispiel: Für ein Ensemble von Oszillatoren gleicher Frequenz und Amplitude, aber mit statistisch gleichverteilter Phase, d.h.

$$y(x) = A\cos(\omega t + x),$$
$$W(x) = \begin{cases} 1/2\pi & 0 < \varphi \leqq 2\pi \\ 0 & \text{sonst} \end{cases}$$

gilt

$$W_2(y) = 1/(\pi\sqrt{A^2 - y^2}) \quad \text{für } |y| < A,$$
$$\text{sonst } W_2(y) = 0.$$

Beispiele für Wahrscheinlichkeitsverteilungen von diskreten, z.B. ganzzahligen, Zufallsvariablen sind

die Binominalverteilung:
Sie beschreibt die Wahrscheinlichkeit $W(m, n)$ dafür, daß bei m Versuchen, die sämtlich unter denselben Bedingungen durchgeführt werden, n Erfolge sind; die Wahrscheinlichkeit dafür, daß das gewünschte Ergebnis (Erfolg) bei *einem* Experiment auftritt, sei W:

$$W(m,n) = \binom{m}{n} W^n (1-W)^{m-n}, \quad \bar{n} = mW,$$
$$\sigma^2 = \bar{n}(1-W). \tag{8}$$

Für $m \to \infty$, $W \to 0$, so daß $mW = \bar{n}$ gilt, geht Gl. (8) über in die

Poisson-Verteilung:

$$W(n) = (\bar{n}^n/n!)\exp(-\bar{n}), \quad \sigma^2 = \bar{n}. \tag{9}$$

Sie kann auch dann angewendet werden, wenn die Größen m und W nicht bekannt sind, sondern nur der Mittelwert $\bar{n}$, wie z.B. beim Schrotrauschen (s. 3.3). Wenn $\bar{n} \gg 1$ ist, vereinfacht sich $W(n)$ nach Gl. (9) in der Umgebung von $\bar{n}$ zur

Laplace- (oder Normal-) Verteilung:

$$W(n) = \exp\left(-\frac{(n-\bar{n})^2}{2\sigma^2}\right) \Big/ \sqrt{2\pi}\,\sigma, \quad \sigma^2 = \bar{n}. \tag{10}$$

Beim Übergang von der diskreten Zufallsvariablen n zur kontinuierlichen Variablen x wird hieraus die

Gauß-Verteilung (Bild 1)
mit

$$\left.\begin{aligned} W(x) &= \exp\left(-\frac{(x-\bar{x})^2}{2\sigma^2}\right) \Big/ \sqrt{2\pi}\,\sigma, \\ D(x_0) &= \frac{1}{2}\left(1 + \Phi\left(\frac{x_0 - \bar{x}}{\sigma\sqrt{2}}\right)\right), \\ \Phi(z) &= 2/\sqrt{\pi} \int_0^z \exp(-u^2)\,du \\ &= \text{Gaußsches Fehlerintegral.} \end{aligned}\right\} \tag{11}$$

Diese erfüllt auch für $\sigma^2 \neq \bar{x}$ (vgl. Gl. (9)) die Normierungsbedingung $\int_{-\infty}^{\infty} W(x)\,dx = 1$.

Der Gauß-Verteilung kommt in der Natur eine große Bedeutung zu: Unter sehr allgemeinen Bedingungen gilt, daß sich die Wahrscheinlich-

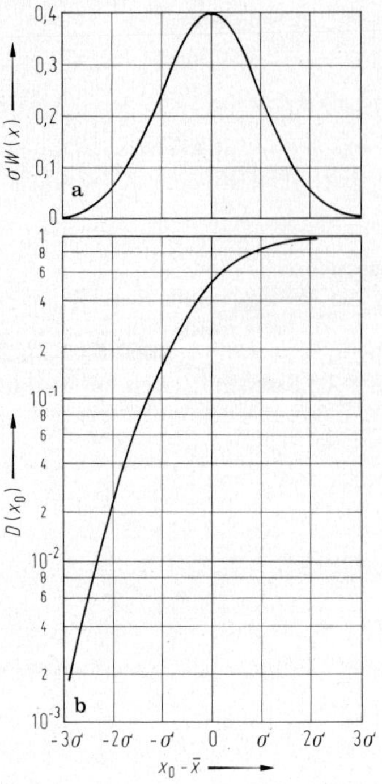

Bild 1. Gauß-Verteilung. **a** $\sigma W(x)$; **b** $D(x_0)$

keitsdichte der Summe von sehr vielen, voneinander unabhängigen Variablen einer Gauß-Kurve nähert, *unabhängig* von den Wahrscheinlichkeitsdichten der einzelnen Variablen (sog. zentraler Grenzwertsatz der Statistik [2]. Beispiele hierfür sind das thermische Rauschen und das Schrotrauschen (s. 3.3), welche beide durch die Überlagerung einer sehr großen Anzahl voneinander unabhängiger Impulse entstehen. Eine augenfällige Demonstration ist auch ein Würfelspiel: Ein einziger Würfel liefert für die möglichen Augenzahlen eine Gleichverteilung, bei zwei Würfeln liegt für die Augensumme eine Dreiecksverteilung vor; bereits bei drei Würfeln ergibt sich nahezu eine Gauß-Verteilung (mit $\bar{x} = 10{,}5$ und $\sigma^2 = 8{,}75$). Außerdem hat Shannon gezeigt, daß die Gaußsche Verteilung die größte Entropie (d.h. thermodynamische Wahrscheinlichkeit) aller sonst noch denkbaren Schwankungsvorgänge mit gleicher Streuung σ hat [3].

Weitere gelegentlich vorkommende Verteilungen sind die Weibull-, die Nakagami-*m* sowie die Rayleigh-Verteilung (s. Gl. (28)); letztere ist als Sonderfall in jeder der beiden anderen enthalten. Diese Verteilungen spielen für die Beschreibung von Mehrwege-Schwundprozessen beim beweglichen Funk eine Rolle; die Größe x ($0 \leqq x \leqq \infty$) hat dort die Bedeutung der elektrischen Empfangsfeldstärke [4]. Die Weibull-Verteilung kommt außerdem bei der Zuverlässigkeitsanalyse der Produktion elektronischer Bauelemente vor [5]. Die Rayleigh-Verteilung ist für die Radartechnik von Bedeutung und beschreibt auch die Einhüllende des Ausgangssignals eines Schmalbandfilters, an dessen Eingang ein gaußverteiltes Rauschen anliegt [6, S. 149–151].

Die voranstehenden Betrachtungen können sinngemäß auf zwei (und mehrere) Zufallsvariable ausgedehnt werden: Die (Verbund-)Wahrscheinlichkeit dafür, daß x bzw. y im Intervall $x \ldots x + \mathrm{d}x$ bzw. $y \ldots y + \mathrm{d}y$ liegt, ist

$$W(x, y)\,\mathrm{d}x\,\mathrm{d}y \quad \text{mit} \quad \iint_{-\infty}^{\infty} W(x, y)\,\mathrm{d}x\,\mathrm{d}y = 1.$$

Hieraus folgt für die Einzelwahrscheinlichkeitsdichten

$$W_1(x) = \int_{-\infty}^{\infty} W(x, y)\,\mathrm{d}y,$$

$$W_2(y) = \int_{-\infty}^{\infty} W(x, y)\,\mathrm{d}x. \tag{12}$$

Für statistisch unabhängige Variable x, y gilt

$$W(x, y) = W_1(x)\,W_2(y), \tag{13}$$

insbesondere für zwei gaußverteilte Variable

$$W(x, y) = \exp\left[-\frac{(x-\bar{x})^2}{2\sigma_x^2} - \frac{(y-\bar{y})^2}{2\sigma_y^2}\right] \Big/ 2\pi\sigma_x\sigma_y; \tag{14}$$

bei Vorhandensein einer statistischen Abhängigkeit (Korrelation) zwischen x und y gilt statt Gl. (14)

$$W(x, y) = \exp\left[-\frac{1}{2(1-p^2)} \cdot \left(\frac{(x-\bar{x})^2}{\sigma_x^2} + \frac{(y-\bar{y})^2}{\sigma_y^2} - 2\varrho\frac{(x-\bar{x})(y-\bar{y})}{\sigma_x\sigma_y}\right)\right] \Big/ 2\pi\sigma_x\sigma_y(1-\varrho^2) \tag{15}$$

mit dem sog. Korrelationskoeffizienten

$$\varrho = (\overline{xy} - \bar{x}\bar{y})/\sigma_x\sigma_y \quad \text{mit} \quad -1 \leqq \varrho \leqq 1. \tag{16}$$

Dieser ist allgemein ein Maß für die gegenseitige Abhängigkeit zweier Zufallsvariablen x und y. Wenn beide Variable voneinander unabhängig (unkorreliert) sind, gilt $\varrho = 0$; $|\varrho| = 1$ bedeutet vollständige Abhängigkeit, z.B. für $y = ax + b$. Achtung: Aus $\varrho = 0$ darf man umgekehrt i.allg. nicht auf die statistische Unabhängigkeit schließen [7]; eine Ausnahme bildet der Gauß-Prozeß.

Einen vertieften Einblick in die Korrelation zweier Zufallsprozesse x, y gewährt die Kreuzkorrelationsfunktion (KKF)

$$\varrho_{x,y}(t_1,t_2) = \iint x_1 y_2 W(x_1, y_2, t_1, t_2)\,dx_1\,dy_2 = \overline{x(t_1)\,y(t_2)};\ x_1 = x(t_1),\ y_2 = y(t_2). \quad (17)$$

Für stationäre Prozesse sind W und $\varrho_{x,y}(t_1,t_2)$ nur von der Differenz $t_1 - t_2 = \tau$ abhängig, d.h.

$$\varrho_{x,y}(\tau) = \iint x_1 y_2 W(x_1, y_2, \tau)\,dx_1\,dy_2 = \overline{x(t_0)\,y(t_0+\tau)}. \quad (18)$$

Die Fourier-Transformierte

$$w_{x,y}(f) = \int_{-\infty}^{\infty} \varrho_{x,y}(\tau)\exp(-j2\pi f\tau)\,d\tau \quad (19)$$

heißt Kreuzleistungs-Spektraldichte; sie spielt z.B. bei der Beschreibung von Netzwerken mit mehreren Rauschquellen eine Rolle (s. z.B. Gl. (36)). Sie wird zur Identifizierung von Nachrichtensignalen bei Überlagerung im gleichen Frequenzbereich und zur Ortung von Signalquellen ausgenutzt: Demzufolge unterscheidet man KK-Empfang und KK-Peilung [8–10].

Für $x = y$ geht die KKF über in die Autokorrelationsfunktion (AKF), d.h. für stationäre Prozesse nach Gl. (18)

$$\varrho_x(\tau) = \iint x_1 x_2 W(x_1, x_2, \tau)\,dx_1\,dx_2 = \overline{x(t_0)\,x(t_0+\tau)}. \quad (20)$$

Entsprechend folgt aus Gl. (19)

$$w_{xx}(f) = \int_{-\infty}^{\infty} \varrho_x(\tau)\exp(-j2\pi f\tau)\,d\tau \quad (21)$$

und hieraus durch Umkehr

$$\varrho_x(\tau) = \int_{-\infty}^{\infty} w_{xx}(f)\exp(j2\pi f\tau)\,df \quad (22)$$

bzw. in reeller Schreibweise mit $w_x(f) = 2w_{xx}(f)$

$$w_x(f) = 4\int_0^{\infty} \varrho_x(\tau)\cos 2\pi f\tau\,d\tau;\qquad \varrho_x(\tau) = \int_0^{\infty} w_x(f)\cos 2\pi f\tau\,df. \quad (23)$$

(Wiener-Khintchine-Relationen). Die AKF eines stationären Prozesses hat folgende Eigenschaften:

1) $\varrho_x(0) = \overline{x(t_0)^2} = \int_0^{\infty} w_x(f)\,df$

(Parsevalsches Theorem)
$=$ gesamter Leistungsinhalt des Zufallssignals.

2) $|\varrho_x(\tau)| \leqq \varrho_x(0)$.

3) $\varrho_x(-\tau) = \varrho_x(\tau)$.

4) $\varrho_x(\pm\infty) = (\bar{x})^2$.

5) Wenn die Funktionswerte $x(t)$ und $x(t+\tau_1)$ für beliebiges t statistisch unabhängig sind, so ist $\varrho_x(\tau_1) = 0$.

Drei AKF-Beispiele:

1) Poissonverteilte Impulsfolge [8].
Dieser Fall liegt z.B. bei einem regellosen Telegraphiesignal $x(t)$ vor, das zwischen den Werten $\pm A$ schwankt, falls im zeitlichen Mittel μ Zeichenwechsel pro Zeiteinheit stattfinden. Außerdem beschreibt dieses Modell das Generations-Rekombinations-Rauschen in Halbleitern; dort ist μ die im zeitlichen Mittel pro Zeiteinheit stattfindende Zahl von Generations-Rekombinations-Prozessen [11, S. 140ff.]. Es gilt

$$\varrho_x(\tau) = A^2\exp(-2\mu|\tau|),\qquad w_x(f) = (2A^2/\mu)/[1 + (\pi f/\mu)^2]. \quad (24)$$

2) Äquidistante Impulsfolge (z.B. getaktetes Datensignal) [8].
Hierbei tritt in gleichen Zeitabständen T_0 entweder der Wert $+A$ oder $-A$ auf. Es gilt

$$\varrho_x(\tau) = \begin{cases} A^2(1 - |\tau|/T_0) & 0 < |\tau| < T_0 \\ 0 & |\tau| > T_0 \end{cases}\qquad w_x(f) = 2A^2 T_0[\sin(\pi f T_0)/(\pi f T_0)]^2. \quad (25)$$

3) Carsons Theorem [12].
Ein stationäres Zufallssignal $y(t)$ sei die Summe einer großen Zahl voneinander unabhängiger Zufallsereignisse $z(t - t_\nu)$, die mit einer mittleren Rate λ eintreffen, so daß

$$y(t) = \sum_\nu z(t - t_\nu)$$

mit $z(t - t_\nu) = 0$ für $t < t_\nu$ (t_ν ist der Beginn des Ereignisses Nr. ν). Dann hat $y(t)$ die Spektraldichte

$$w_y(f) = 2\lambda|\psi(f)|^2,\quad \text{worin}\quad \psi(f) = \int_{-\infty}^{\infty} z(t - t_\nu)\exp(-j\omega t)\,dt \quad (26)$$

die Fourier-Transformierte von $z(t - t_\nu)$ ist. Wenn die Einzelereignisse verschiedene Zeitfunktionen besitzen (z.B. infolge der thermischen Geschwindigkeitsverteilung von Ladungsträgern), so ist Gl. (26) zu ersetzen durch

$$w_y(f) = 2\lambda\overline{|\psi(f)|^2},$$

wobei über die Wahrscheinlichkeitsverteilung der verschiedenen Funktionen zu mitteln ist.

Wenn insbesondere jedem Einzelereignis eine Zeitkonstante zukommt (z.B. Laufzeit eines Ladungsträgers durch den Entladungszeitraum), so gilt

$$w_y(f) = 2\lambda \int_{-\infty}^{\infty} |\psi_\tau(f)|^2 g(\tau)\,d\tau,$$

wobei $g(\tau)$ $\left(\text{mit } \int_0^\infty g(\tau)\,d\tau = 1\right)$ die Verteilungsdichte der Zeitkonstanten τ ist. Eine Anwendung dieses Ergebnisses bietet das Schrotrauschen ([1, S. 1244–1246]).
Die Verbundwahrscheinlichkeitsdichte $W(\zeta, \eta)$ für die beiden Zufallsvariablen

$$\zeta = \zeta(x, y), \qquad \eta = \eta(x, y)$$

errechnet sich aus derjenigen $W_1(x, y)$ für x, y wie folgt

$$W(\zeta, \eta) = \left\| \begin{matrix} \dfrac{\partial x}{\partial \zeta} & \dfrac{\partial x}{\partial \eta} \\ \dfrac{\partial y}{\partial \zeta} & \dfrac{\partial y}{\partial \eta} \end{matrix} \right\| W_1(x, y), \tag{27}$$

sofern der Zusammenhang Gl. (16) umkehrbar eindeutig ist.

Beispiel: Übergang von kartesischen auf Polarkoordinaten (bzw. von Real- und Imaginärteil auf Betrag und Phase):

$$\zeta = \sqrt{x^2 + y^2}, \quad \eta = \arctan\frac{y}{x},$$

$$W(x, y) = \exp\left(-\frac{x^2 + y^2}{2\sigma^2}\right)\Big/ 2\pi\sigma^2,$$

$$W(\zeta, \eta) = \zeta\, W(x, y) = \zeta \exp\left(-\frac{\zeta^2}{2\sigma^2}\right)\Big/ 2\pi\sigma^2.$$

Damit gilt nach Gl. (12) für ζ (Hüllkurve)

$$\left.\begin{aligned} &W_1(\zeta) = \frac{2\zeta}{\overline{\zeta^2}} \cdot \exp\left(-\frac{\zeta^2}{\overline{\zeta^2}}\right), \\ &\overline{\zeta^2} = 2\sigma^2 \quad 0 \leqq \zeta \leqq \infty \\ &\text{(Rayleigh-Verteilung, vgl. Gl. (11)) und} \\ &\text{für } \eta \text{ (Phase)} \\ &W_2(\eta) = 1/2\pi \quad \text{für } 0 \leqq \eta \leqq 2\pi, \\ &\quad \text{sonst } W_2(\eta = 0) \quad \text{(Gleichverteilung).} \end{aligned}\right\} \tag{28}$$

Bei einer Summe statistisch unabhängiger Variabler wird die Gesamtverteilungsdichtefunktion durch die Faltung der einzelnen Wahrscheinlichkeitsdichten gebildet. Insbesondere hat die Summe S von n statistisch unabhängigen gaußverteilten Variablen x eine Gauß-Verteilung mit

$$\bar{S} = \sum_\nu \bar{x}_\nu \quad \text{und} \quad \sigma^2 = \sum_\nu \sigma_\nu^2.$$

Zeitliche Mittelwerte und Spektren. Der HF-Techniker interessiert sich hauptsächlich dafür, wie sich das Rauschen innerhalb der vom Nutzsignal beanspruchten Bandbreite leistungsmäßig auswirkt. Die spektrale Leistungsdichte $w_{xx}^{(k)}(f)$ der Musterfunktion $x^{(k)}(t)$ des Zufallsprozesses $x(t)$ steht in engem Zusammenhang mit ihrer zeitlichen AKF:

$$\begin{aligned} \varrho_x^{(k)}(\tau) &= \lim_{t_0 \to \infty} \frac{1}{2t_0} \int_{-t_0}^{t_0} x^{(k)}(t)\, x^{(k)}(t + \tau)\, dt \\ &= \langle x^{(k)}(t)\, x^{(k)}(t + \tau) \rangle. \end{aligned} \tag{29}$$

Auch $w_{xx}^{(k)}(f)$ und $\varrho_x^{(k)}(\tau)$ bilden ein Paar von Fourier-Transformierten, d.h. es gilt – entsprechend zu den Gl. (21) bis (23) –

$$\left.\begin{aligned} &w_{xx}^{(k)}(f) = \int_{-\infty}^{\infty} \varrho_x^{(k)}(\tau)\, e^{-j2\pi f\tau} d\tau, \\ &\varrho_x^{(k)}(\tau) = \int_{-\infty}^{\infty} w_{xx}^{(k)}(f)\, e^{j2\pi f\tau} df, \\ &\text{bzw. in reeller Darstellung mit} \\ &w_x^{(k)}(f) = 2 w_{xx}^{(k)}(f) \\ &w_x^{(k)}(f) = 4 \int_0^\infty \varrho_x^{(k)}(\tau) \cos 2\pi f\tau\, d\tau, \\ &\varrho_x^{(k)}(\tau) = \int_0^\infty w_x^{(k)}(f) \cos 2\pi f\tau\, df. \end{aligned}\right\} \tag{30}$$

Für ergodische Prozesse haben $\varrho_x^{(k)}(\tau)$ und $w_x(f)$ für jede Musterfunktion denselben Wert und stimmen mit den entsprechenden Scharmittelwerten nach den Gln. (20) bis (23) überein. Die aus Gl. (29) und (30) folgende Beziehung

$$\varrho_x(0) = \langle x(t)^2 \rangle = \int_0^\infty w_x(f)\, df \tag{31}$$

(Parsevalsche Gleichung) rechtfertigt die Bezeichnung „spektrale Leistungsdichte" für $w_x(f)$.
Die *Wiener-Khintchine-Relationen* Gln. (21) bis (23) bzw. (30) haben zum einen eine theoretische Bedeutung, da man oftmals $\varrho_x(\tau)$ aufgrund von Modellvorstellungen über einen Zufallsprozeß einfach bestimmen und damit dann auf das eigentlich interessierende Leistungsspektrum schließen kann. Die praktische Bedeutung der AKF liegt darin, daß man $\varrho_x(\tau)$ entsprechend der Definitionsgleichung (29) messen kann (Bild 2): Dazu wird die Zeitfunktion $x(t)$ einem Multiplizierer (Mischer) einmal direkt und einmal nach Passieren eines Verzögerungsgliedes (τ) zugeführt. Am Ausgang eines Integrators, der eine zeitliche Mittelung durchführt, erscheint dann $\varrho_x(\tau)$. – Die Mittelung kann natürlich nur über ein endliches Zeitintervall $-t_0 \ldots +t_0$ durchgeführt werden; die in der Praxis zur Verfügung

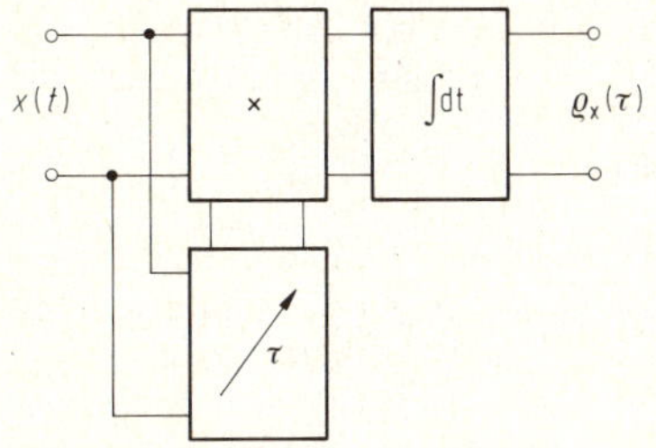

Bild 2. Prinzipschaltung zur Messung der AKF. Nach [16]

stehenden Beobachtungszeiten reichen i. allg. aus. –

Vier AKF-Beispiele:
1) Die AKF einer *periodischen Funktion* $x(t) = \sum_{n=0}^{\infty} c_n \cos(n\omega_0 t + \varphi_n)$ ist

$$\varrho_x(\tau) = c_0^2 + \sum_{n=1}^{\infty} (c_n^2/2) \cos n\omega_0 \tau;$$

sie hat also dieselbe Periodizität wie die Originalfunktion, jedoch sind alle Phaseninformationen verschwunden. Insbesondere gilt

$$\varrho_x(0) = c_0^2 + \sum_{n=1}^{\infty} c_n^2/2$$

(Parsevalsche Gleichung).

(Die obigen Eigenschaften 4) und 5) gelten hier nicht.)
2) Die Summe aus einer *periodischen- und einer Rauschfunktion*

$$x(t) = p(t) + n(t)$$

hat die AKF

$$\varrho_x(\tau) = \varrho_p(\tau) + \varrho_n(\tau) + 2\overline{p(t)\, n(t+\tau)}$$

bzw. wegen der statistischen Unabhängigkeit von $p(t)$ und $n(t)$

$$\varrho_x(\tau) = \varrho_p(\tau) + \varrho_n(\tau) + 2\overline{p(t)}\; \overline{n(t+\tau)}.$$

Wenn $\overline{p(t)}$ und/oder $\overline{n(t+\tau)}$ verschwinden, gilt

$$\varrho_x(\tau) = \varrho_p(\tau) + \varrho_n(\tau).$$

Wegen $\lim_{\tau \to \infty} \varrho_n(\tau) = 0$ (s. obige Eigenschaft 5)) enthüllt sich in der gesamten AKF für große Werte von τ der periodische Anteil (z. B. Nutzsignal). Hiervon wird beim sog. Korrelationsempfang Gebrauch gemacht [8].
3) Ein *Gaußsches Rauschen* $n(t)$ kann in einem endlichen Zeitintervall $0 \leqq t \leqq t_0$ durch eine Fourier-Reihe

$$n(t) = \sum_{n=0}^{\infty} \left(a_n \cos \frac{2\pi n t}{t_0} + b_n \sin \frac{2\pi n t}{t_0} \right)$$

$$= \sum_{n=-\infty}^{\infty} \underline{c}_n \exp(\mathrm{j}\, 2\pi n t/t_0) \tag{32}$$

dargestellt werden, wobei die Koeffizienten a_n, b_n gaußverteilt sind (s. Gl. (10)) und $\bar{a}_n = 0$, $\bar{b}_n = 0$ gilt; für große t_0 werden sie unkorreliert. Für den Betrag $|\underline{c}_n| = \sqrt{a_n^2 + b_n^2}$ und die Phase $\varphi_n = \arctan b_n/a_n$ gilt Gl. (28) [1, S. 1241].
4) Für ein bandbegrenztes weißes Rauschen $w(f) = w_0$ (für $|f_1| \leqq f \leqq |f_2|$, sonst Null) gilt

$$\varrho_x(\tau) = w_0 (f_2 - f_1) \frac{\sin \pi (f_2 - f_1) \tau}{\pi (f_2 - f_1) \tau} \cdot \cos \pi (f_2 + f_1) \tau .$$

$\varrho_x(\tau)$ ist nur innerhalb der Einschwingzeit ($\tau \leqq 1/2(f_2 - f_1)$) des jeweiligen Filters von nennenswerter Größe. (Für $f_1 = 0$ liegt ein Tiefpaßrauschen vor.)

Stochastische Differentiation. Die Funktion $\dot{x} = \mathrm{d}x/\mathrm{d}t$ hat die AKF [13]

$$R_{\dot{x}}(\tau) = - \frac{\mathrm{d}^2 R_x(\tau)}{\mathrm{d}\tau^2}$$

und die Spektraldichte

$$w_{\dot{x}}(f) = \omega^2 w_x(f). \tag{33}$$

Allgemein gilt für $\mathrm{d}^n x/\mathrm{d}t^n = x^{(n)}$

$$R_{x^{(n)}}(\tau) = - \frac{\mathrm{d}^{2n} R_x(\tau)}{\mathrm{d}\tau^{2n}}, \quad w_{x^{(n)}}(f) = \omega^{2n} w_x(f).$$

Entsprechend gilt für die KKF

$$R_{x^{(n)} y^{(m)}}(\tau) = (-1)^{n+m} \frac{\mathrm{d}^{n+m} R_{xy}(\tau)}{\mathrm{d}\tau^{n+m}}. \tag{34}$$

Insbesondere gilt: Ableitung und Integration eines Gauß-Prozesses sind wieder gaußisch.
Entsprechend Gl. (29) vermittelt die zeitliche *Kreuzkorrelationsfunktion* (KKF)

$$\varrho_{xy}^{(k)}(\tau) = \lim_{t_0 \to \infty} \frac{1}{2t_0} \int_{-t_0}^{t_0} x^{(k)}(t)\, y^{(k)}(t+\tau)\, \mathrm{d}t \tag{35}$$

einen Zusammenhang zwischen Musterfunktionen $x^{(k)}(t)$, $y^{(k)}(t)$ zweier stationärer Prozesse im zeitlichen Abstand τ. Für sie gelten die erweiterten Wiener-Khintchine-Relationen

$$\varrho_{xy}^{(k)}(\tau) = \int_{-\infty}^{\infty} w_{xy}^{(k)}(f) \exp(\mathrm{j}\, 2\pi f \tau)\, \mathrm{d}f,$$
$$w_{xy}^{(k)}(f) = \int_{-\infty}^{\infty} \varrho_{xy}^{(k)}(\tau) \exp(-\mathrm{j}\, 2\pi f \tau)\, \mathrm{d}\tau, \tag{36}$$

die bei ergodischen Prozessen von k unabhängig sind und mit den entsprechenden Gln. (18), (19) übereinstimmen.
Eine am Eingang eines *linearen*, zeitinvarianten, rauschfreien Netzwerks anliegende stochastische

Zeitfunktion $x_e(t)$ eines stationären Prozesses mit der spektralen Leistungsdichte $w_e(f)$ erzeugt am Ausgang die stochastische Veränderliche

$$x_a(t) = \int_{-\infty}^{\infty} h(t-s)\, x_e(s)\, ds = h(t) * x_e(t)$$

($h(t)$ = Stoßantwort des Netzwerks), ihre spektrale Leistungsdichte ist

$$w_a(f) = w_e(f)\, |\underline{H}(f)|^2 \qquad (37)$$

(*Wiener-Lee-Theorem*). Hierin ist

$$\underline{H}(f) = \int_{-\infty}^{\infty} h(t) \exp(-j2\pi f t)\, dt$$

die Übertragungsfunktion des Netzwerks.
Nach Gl. (37) dürfen wir also die Übertragung einer Rauschleistung im Intervall Δf durch ein lineares, rauschfreies Netzwerk hindurch so beschreiben, als ob es sich um ein harmonisches Signal mit dem Effektivwert $n_{eff} = \sqrt{w(f)\,\Delta f}$ handeln würde; hiervon wird bei der Beschreibung rauschender Vierpole Gebrauch gemacht (s. 3.4). – Wenn das Eingangsrauschen gaußisch ist, so ist es auch das Ausgangsrauschen. Dieser Erhalt des Charakters der Verteilungsfunktion gilt nur für Gauß-Verteilungen. – Das Ergebnis Gl. (37) kann leicht auf den Fall ausgedehnt werden, daß zwei (oder mehrere) Rauschquellen auf i. allg. unterschiedlichen Wegen $\underline{H}_1(f)$ bzw. $\underline{H}_2(f)$ zu $w_a(f)$ beitragen. Es gilt dann

$$w_a(f) = |\underline{H}_1(f)|^2 w_{e1}(f) + |\underline{H}_2(f)|^2 \cdot w_{e2}(f) + 2\,\mathrm{Re}[\underline{H}_1(f)\, \underline{H}_2^*(f)\, \underline{w}_{e1,e2}(f)] \qquad (38)$$

($\underline{w}_{e1,e2}(f)$ = Fourier-Transformierte der KKF $\varrho_{e1,e2}(\tau)$). Von dem Ergebnis Gl. (38) wird in 3.4 Gebrauch gemacht (z. B. Gl. (59)). Die Größe

$$\underline{\gamma}(f) = \underline{w}_{e1,e2}(f) / \sqrt{w_{e1}(f)\, w_{e2}(f)} \qquad (39)$$

wird als Kreuzkorrelationskoeffizient bezeichnet. Das Ergebnis Gl. (38) entspricht der für harmonische Signale geltenden Beziehung

$$|\underline{U}_a|^2 = |\underline{H}_1(f)|^2\, |\underline{U}_{e1}|^2 + |\underline{H}_2(f)|^2\, |\underline{U}_{e2}|^2 + 2\,\mathrm{Re}[\underline{H}_1(f)\, \underline{H}_2^*(f)\, \underline{U}_{e1}\, \underline{U}_{e2}^*].$$

3.3 Rauschquellen und ihre Ersatzschaltungen

Noise sources and their equivalent circuits

Thermisches Rauschen. Die quasifreien Ladungsträger in einem Leiter (Elektronen in einem Metall bzw. Elektronen und Defektelektronen in einem Halbleiter), der sich auf der absoluten Temperatur $T > 0$ befindet, führen eine Wimmelbewegung ähnlich der Brownschen Bewegung von Gaspartikeln aus. Als Folge davon entsteht zwischen den offenen Enden eines Leiters mit dem Widerstand R (bzw. Leitwert G) eine zeitlich statistisch schwankende Leerlauf-Rausch-Spannung $u_L(t)$; bei Kurzschluß fließt entsprechend ein statistisch schwankender Rauschstrom $i_K(t)$ durch den Leiter. Da für die Ladungsträgerbewegung alle Raumrichtungen gleich wahrscheinlich sind, gilt sowohl $\langle u_L(t) \rangle = 0$ als auch $\langle i_K(t) \rangle = 0$. Dagegen sind $\langle u_L(t)^2 \rangle$, $\langle i_K(t)^2 \rangle$ von Null verschieden, d. h. der ohmsche Widerstand R (bzw. Leitwert $G = 1/R$) auf der Temperatur T stellt einen Generator für thermische Rauschleistung dar. Seine verfügbare Leistung beträgt nach den Grundgesetzen der Elektrotechnik

$$P_v = \langle u_L(t)^2 \rangle / 4R \quad \text{bzw.} \quad P_v = \langle i_K(t)^2 \rangle / 4G. \qquad (40)$$

Die spektrale Zerlegung dieser Leistung führt wegen des statistischen Charakters von $u_L(t)$ bzw. $i_K(t)$ auf ein Kontinuum, d. h. $P_v = \int_0^{\infty} w(f)\, df$ und entsprechend Gl. (38) auf

$$\langle u_L(t)^2 \rangle = \int_0^{\infty} u_{eff}(f)^2\, df \quad \text{bzw.}$$

$$\langle i_K(t)^2 \rangle = \int_0^{\infty} i_{eff}(f)^2\, df$$

mit der spektralen Dichte

$$u_{eff}(f) = \sqrt{4Rw(f)} \quad \text{bzw.} \qquad i_{eff}(f) = \sqrt{4Gw(f)}. \qquad (41)$$

Bild 3 zeigt die beiden zugehörigen äquivalenten Ersatzschaltungen für das Frequenzintervall $f \ldots f + \Delta f$.
Aus der statistischen Thermodynamik folgt [14, 15]

$$w(f) = hf \Big/ \left(\exp\left(\frac{hf}{kT}\right) - 1 \right) \qquad (42)$$

($k = 1{,}38 \cdot 10^{-23}$ Ws/K = Boltzmann-Konstante, $h = 6{,}63 \cdot 10^{-34}$ Ws^2 = Plancksches Wirkungsquantum). Für fast alle derzeitigen technischen Anwendungsfälle gilt $hf \ll kT$, d. h.

$$f \ll kT/h = 20{,}8\ T/\mathrm{K} \quad \text{in} \quad \mathrm{GHz} \qquad (43)$$

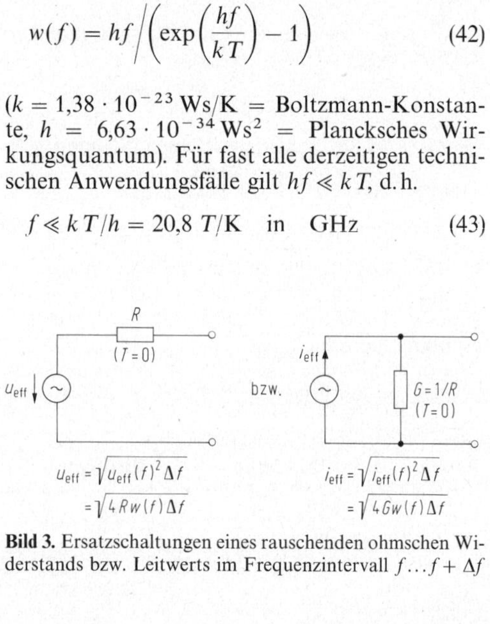

Bild 3. Ersatzschaltungen eines rauschenden ohmschen Widerstands bzw. Leitwerts im Frequenzintervall $f \ldots f + \Delta f$

und damit in sehr guter Näherung

$$w(f) = kT = w_0 = \text{const bzg. } f \qquad (44)$$

(sog. weißes Rauschen). Für $f < 0{,}1\ \mathrm{kT/h} = 2{,}08\ T/\mathrm{K}$ in GHz bleibt der Fehler unter 5%. – Die spektrale Verteilung der verfügbaren thermischen Rauschleistung ist zuerst experimentell von Johnson [17] ermittelt und unmittelbar danach von Nyquist theoretisch begründet worden [18]; man nennt daher das thermische Rauschen auch Johnson- oder Nyquist-Rauschen. – Mit Gl. (44) folgt aus Gl. (41) für das Frequenzintervall $f \ldots f + \Delta f$

$$\left.\begin{aligned} u_{\text{eff}} &= \sqrt{u_{\text{eff}}(f)^2 \Delta f} = \sqrt{4kTR\Delta f} \\ &= 4\sqrt{R/\mathrm{k\Omega}\,\Delta f/\mathrm{MHz}\,T/290\,\mathrm{K}} \text{ in } \mu\mathrm{V} \\ &\text{bzw.} \\ i_{\text{eff}} &= \sqrt{i_{\text{eff}}(f)^2 \Delta f} = \sqrt{4kTG\Delta f} \\ &= 4\sqrt{G/mS\,\Delta f/\mathrm{MHz}\,T/290\,\mathrm{K}} \text{ in nA.} \end{aligned}\right\} \quad (45)$$

Wenn mehrere ohmsche Widerstände R_ν (mit der jeweiligen Temperatur T_ν) *in Serie geschaltet* sind, gilt wegen der statistischen Unabhängigkeit der einzelnen Leerlauf-Rausch-Spannungen in Erweiterung von Gl. (41)

$$\left.\begin{aligned} &u_{\text{eff}}(f)^2 = 4k\sum_\nu R_\nu T_\nu = 4kT_{\text{äq}}\sum_\nu R_\nu \\ &\text{mit} \\ &T_{\text{äq}} = \sum_\nu R_\nu T_\nu / \sum_\nu R_\nu = \text{äquiv. Rauschtemperatur von } \sum_\nu R_\nu . \end{aligned}\right\} \quad (46)$$

Entsprechend gilt für die *Parallelschaltung* mehrerer Leitwerte G_ν (jeweilige Temperatur T_ν)

$$i_{\text{eff}}(f)^2 = 4k\sum_\nu G_\nu T_\nu = 4kT_{\text{äq}}\sum_\nu G_\nu$$

mit (47)

$$T_{\text{äq}} = \sum_\nu G_\nu T_\nu / \sum_\nu G_\nu .$$

Für einen Zweipol mit der Impedanz $\underline{Z}$ (bzw. Admittanz $\underline{Y} = 1/\underline{Z}$), der sich auf einer einheitlichen Temperatur T befindet, gilt in Erweiterung von Gl. (41) [11]

$$\left.\begin{aligned} u_{\text{eff}}(f)^2 &= 4w(f)\,\mathrm{Re}\,\underline{Z} \quad \text{bzw.} \\ i_{\text{eff}}(f)^2 &= 4w(f)\,\mathrm{Re}\,\underline{Y} \end{aligned}\right\} \quad (48)$$

(s. das Beispiel in Bild 4).
Aus Gl. (48) folgt insbesondere, daß Blindwiderstände thermisch nicht rauschen.
Thermische Rauschstörungen können durch Kühlung des Widerstands reduziert werden. Von dieser Möglichkeit kann in all denjenigen Schaltungen Gebrauch gemacht werden, welche ausschließlich oder überwiegend thermische Rauschquellen enthalten, z. B. parametrische Schaltungen (s. G 1.4) und Feldeffekttransistoren [19].

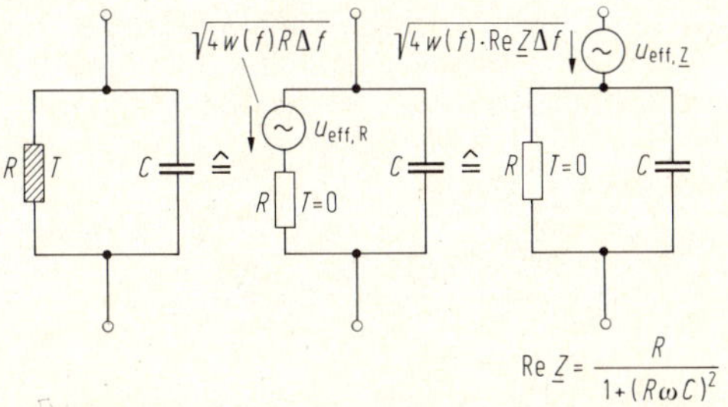

Bild 4. Komplexer Widerstand mit thermischer Rauschquelle

Schrotrauschen. Während das thermische Rauschen bereits ohne makroskopische Bewegung von Ladungsträgern in einem Leiter auftritt, entsteht das Schrotrauschen erst in Verbindung mit einem makroskopischen Stromfluß $i(t)$, und zwar immer dann, wenn Ladungsträger in statistischer Weise Grenzflächen zwischen 2 Medien überschreiten. Beispiele hierfür sind die Emission von Elektronen aus einer geheizten Kathode in das Vakuum hinein sowie das Passieren von pn-Übergängen durch Elektronen und Defektelektronen in Halbleiterdioden bzw. -transistoren. Der erste Effekt hat dieser Rauschursache ihren Namen gegeben: Das durch die unregelmäßige Emission bewirkte unregelmäßige Auftreffen der Elektronen auf die Anode einer Elektronenröhre hat Ähnlichkeiten mit dem Aufprall von Schrotkugeln auf ein Ziel.
Hier ist $\langle i(t)\rangle = I \neq 0$ (Bild 5). Die spektrale Zerlegung des Rauschanteils $i_R(t) = i(t) - I$ folgt aus der „Leistungsbilanz"

$$\langle i_R(t)^2\rangle = \int_0^\infty i_{\text{eff}}(f)^2\,\mathrm{d}f.$$

Da bei den Ladungsträgerübergängen (in Elektronenröhren im Sättigungs- und Anlaufgebiet sowie bei HL-Dioden und Bipolartransistoren) die Voraussetzungen des Theorems von Carson gegeben sind, gilt nach Gl. (26)

$$i_{\text{eff}}(f)^2 = 2eI\,|\psi(f)/\psi(0)|^2 \qquad (49)$$

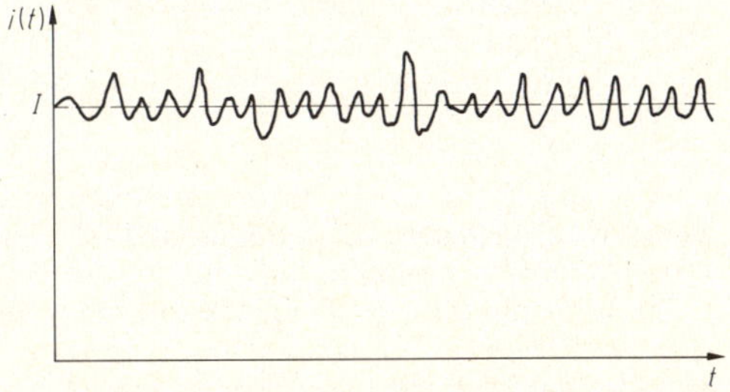

Bild 5. Mit Schrotrauschen behafteter Strom, schematisch

und für niedrige Frequenzen $f \ll 1/2\pi\tau_L$ (τ_L = Laufzeit der Ladungsträger im Entladungsraum) vereinfacht (Schottkys Theorem [20])

$$i_{\text{eff}}(f)^2 = 2eI,$$

$$\sqrt{i_{\text{eff}}(f)^2 \Delta f} = 5{,}64 \cdot 10^{-4} \sqrt{\frac{I}{\text{mA}}} \sqrt{\frac{\Delta f}{k\text{Hz}}} \quad \text{in} \quad \mu\text{A}. \tag{50}$$

Das Schrotrauschen ist eine unvermeidbare Rauschquelle bei konventionellen Verstärkern und Mischern mit Sperrschicht-Steuerstrecken. Denn die dort verwendeten Schottky- und Tunneldioden sowie Bipolartransistoren müssen stets in Arbeitspunkten mit $I \neq 0$ betrieben werden, da die zur Verstärkung eines HF-Signals erforderliche Leistung aus diesem Gleichstrom entnommen wird. Falls im Arbeitspunkt ein vernachlässigbar kleiner Gleichstrom fließt, ist das Schrotrauschen von untergeordneter Bedeutung (z.B. in den parametrischen Schaltungen, s. G 1.4). Das gilt auch beim FET, da über die Steuerstrecke nur ein vernachlässigbar kleiner Sperrstrom fließt.

1/*f*-Rauschen. Bei einer Vielzahl von physikalischen und technischen Systemen treten Schwankungsvorgänge mit einer spektralen Leistungsdichte auf, welche bei tiefen Frequenzen $\sim 1/f^{\alpha}$ mit $\alpha \approx 1$ ist. Man spricht daher – unabhängig von der physikalischen Ursache – von $1/f$-Rauschen bzw. von Funkel-Rauschen, da dieser Effekt zuerst in Verbindung mit der unregelmäßigen Emission von Oxydkathoden beobachtet worden ist.

Als Ursache des $1/f$-Rauschens kommen Oberflächen- und Volumeneffekte in Betracht, und zwar sowohl bei *Elektronenröhren* [1, S. 1252] als auch bei *Halbleitern* [21, 22]. Trotz zahlreicher theoretischer und experimenteller Arbeiten im Anschluß an die ersten Untersuchungen von Johnson [23] und Schottky [24] gibt es bis heute noch keine einheitliche Theorie des $1/f$-Rauschens, was aufgrund der verschiedenen möglichen Modellvorstellungen verständlich ist.

Allgemeine Kennzeichen dieses Rauschens, das bis zu Frequenzen von typisch 1 bis 10 kHz vorhanden ist, darüber aber von dem meist gleichzeitig vorhandenen thermischen oder Schrotrauschen überdeckt wird, sind [25]:

- Es kann als stationärer Gauß-Prozeß aufgefaßt werden.
- Die gemessene spektrale Leistungsdichte $w_x(f)$ genügt in einem großen Frequenzbereich (in Einzelfällen bis herunter zu 10^{-6} Hz) dem Gesetz $f^{-\alpha}$ mit $\alpha \approx 1$.
- Für die Stromabhängigkeit gilt $w_x(f) \sim I^{\gamma}$ mit $1 < \gamma \leqq 2$.
- In vielen Fällen wird die Temperaturabhängigkeit nur durch die I-Abhängigkeit bestimmt. Da es auch Ausnahmen hiervon gibt, kann von einem verbesserten Verständnis der T-Abhängigkeit des $1/f$-Rauschens ein tieferer Einblick in den Mechanismus dieses Rauschens erwartet werden.

Neuere ausführliche zusammenfassende Darstellungen von Theorie und Praxis findet man in [25–27].

Empfangsrauschen. Hierunter versteht man diejenigen Störungen, welche bereits von der Antenne neben dem Nutzsignal aufgenommen werden. Sie können bzgl. ihrer Entstehung in verschiedene Gruppen eingeteilt werden [28]:

1. Kosmos (galaktisches Rauschen, Sonne, Sterne, interstellare Materie). Diese Störungen stellen in der Radioastronomie (s. S 4) das Nutzsignal dar [29].
2. Atmosphäre (Absorption und Wiederausstrahlung in der Ionosphäre, Heaviside-Schicht, $O_2 - H_2O$-Absorption in der Atmosphäre, troposphärische Störungen, Gewitter).
3. Erde (terrestrische Störungen, elektrische Geräte [14].

Wegen des für quantenphysikalische Bauelemente wichtigen Quantenrauschens wird auf M 3 verwiesen, wegen seltener auftretender Störungen wie Isolations-, Kontakt- und Ummagnetisierungsrauschen auf [11, 14 I]. Das Rauschen gittergesteuerter Elektronenröhren ist nur noch von historischem Interesse [1, S. 1246–1255].

Äquivalenter Rauschwiderstand bzw. -leitwert und äquivalente Rauschtemperatur eines Zweipols. Ein Zweipol habe die Impedanz $\underline{Z}$ (bzw. Admittanz $\underline{Y} = 1/\underline{Z}$) und enthalte beliebige innere Rauschquellen, welche einer verfügbaren spektralen Leistungsdichte $w(f)$ entsprechen, d.h. nach Gl. (47)

$$u_{\text{eff}}(f)^2 = 4w(f)\,\text{Re}\,\underline{Z} \quad \text{bzw.} \quad i_{\text{eff}}(f)^2 = 4w(f)\,\text{Re}\,\underline{Y}. \tag{51}$$

Diese Angaben können numerisch gleichwertig durch den sog. äquivalenten Rauschwiderstand $R_{\text{äq}}$ bzw. Rauschleitwert $G_{\text{äq}}$ beschrieben werden, der sich auf einer (willkürlich definierten) Bezugstemperatur T_0 (i.allg. 290 K) befindet und thermisch rauscht. Aus der Äquivalenzforderung

$$u_{\text{eff}}(f)^2 = 4kT_0R_{\text{äq}} \quad \text{bzw.} \quad i_{\text{eff}}(f)^2 = 4kT_0G_{\text{äq}}$$

folgt durch Vergleich mit Gl. (51)

$$R_{\text{äq}} = \text{Re}\,\underline{Z}(w(f)/kT_0) \quad \text{bzw.} \quad G_{\text{äq}} = \text{Re}\,\underline{Y}(w(f)/kT_0) \tag{52}$$

($kT_0 = 4 \cdot 10^{-23}$ Ws für $T_0 = 290$ K). Es ist $R_{\text{äq}}/G_{\text{äq}} = |\underline{Z}|^2$.

Die *äquivalente Rauschtemperatur* T_r des Zweipols ist diejenige Temperatur, auf die ein thermisch rauschender Widerstand der Größe $\text{Re}\,\underline{Z}$

aufgeheizt werden muß, damit er dieselbe verfügbare spektrale Rauschleistungsdichte $w(f)$ liefert wie der vorgegebene Zweipol, d.h. $kT_r = w(f)$; hieraus folgt

$$T_r = w(f)/k. \tag{53}$$

T_r ist eine reine Rechengröße, die von der tatsächlichen Temperatur des Zweipols i.allg. verschieden ist. Sie ermöglicht einen einfachen Vergleich des Rauschverhaltens verschiedener Zweipole trotz physikalisch verschiedenartiger Rauschursachen. – So wird z.B. die spektrale Rauschtemperatur einer Antenne (s. Teil N sowie R 4, S 4) durch die obengenannten Ursachen 1. und 2. bestimmt.
Der Vergleich von Gl. (52) mit Gl. (53) liefert

$$\begin{aligned} R_{äq} &= \operatorname{Re} \underline{Z}(T_r/T_0) \quad \text{bzw.} \\ G_{äq} &= \operatorname{Re} \underline{Y}(T_r/T_0). \end{aligned} \tag{54}$$

Beispiel: Für eine Halbleiterdiode (s. M 1.2) mit

$$I = I_s(\exp(U/U_T) - 1),$$
$$\mathrm{d}I/\mathrm{d}U = G = (I + I_s)/U_T$$

($U_T = kT/e$ = Temperaturspannung) und $i^2_{\text{eff}}(f) = 2e(I + 2I_s)$ gilt nach den Gln. (51) bis (54)

$$G_{äq} = (I + 2I_s)/2\,U_{T_0},$$
$$T_r = [(I + 2I_s)/(I + I_s)]\;T/2.$$

Tief im Flußgebiet ($I \gg I_s$) ist $T_r \approx T/2$; die Diode rauscht halbthermisch. Für $I = 0$ ist $T_r = T$, da die Diode sich dann im thermodynamischen Gleichgewicht befindet.

3.4 Rauschende lineare Vierpole
Linear noisy fourpoles

Vierpolgleichungen, Ersatzschaltungen. Da es sich bei den inneren Rauschquellen eines Vierpols um kleine Ströme bzw. Spannungen handelt, kann ihr Einfluß auf das Vierpolverhalten durch modifizierte lineare Vierpolgleichungen erfaßt werden [11, 30] (s. hierzu Bild 6):

$$\begin{aligned} \underline{I}_1 &= \underline{Y}_{11}\underline{U}_1 + \underline{Y}_{12}\underline{U}_2 + \underline{I}_{K1} \\ \underline{I}_2 &= \underline{Y}_{21}\underline{U}_1 + \underline{Y}_{22}\underline{U}_2 + \underline{I}_{K2} \end{aligned} \tag{55}$$

$$\begin{aligned} \underline{U}_1 &= \underline{Z}_{11}\underline{I}_1 + \underline{Z}_{12}\underline{I}_2 + \underline{U}_{L1} \\ \underline{U}_2 &= \underline{Z}_{21}\underline{I}_1 + \underline{Z}_{22}\underline{I}_2 + \underline{U}_{L2}. \end{aligned} \tag{56}$$

Hierbei wird die Wirkung der tatsächlich vorhandenen inneren Rauschquellen formal durch äquivalente äußere (Kurzschluß-) Strom- bzw. (Leerlauf-) Spannungs-Rauschquellen beschrieben, so daß der Vierpol als rauschfrei betrachtet werden kann. Neben den obigen Darstellungen ist u.a. noch die sog. Kettenform üblich (Bild 7).

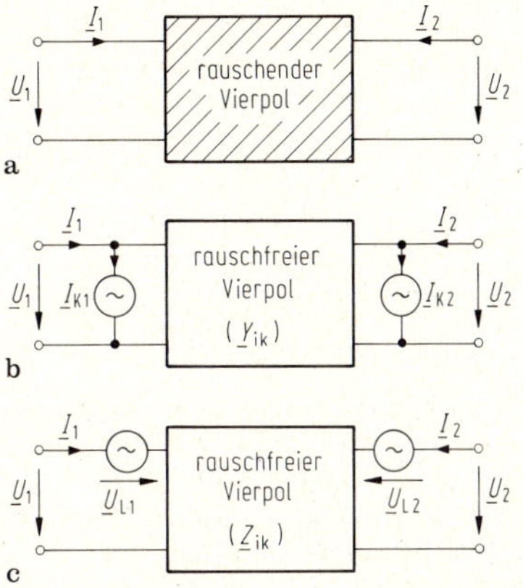

Bild 6. Rauschender linearer Vierpol. **a** allgemein; **b** Leitwertform; **c** Widerstandsform

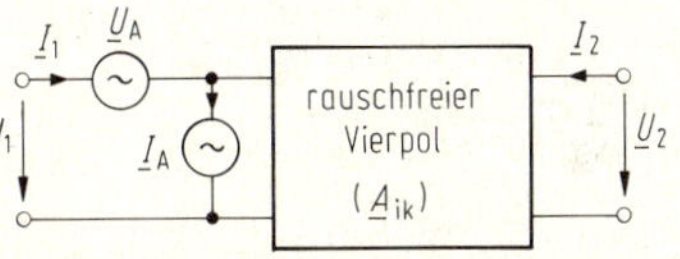

Bild 7. Kettenform des linearen rauschenden Vierpols

Dafür gilt

$$\begin{aligned} \underline{U}_1 &= \underline{A}_{11}\underline{U}_2 + \underline{A}_{12}\underline{I}_2 + \underline{U}_A \\ \underline{I}_1 &= \underline{A}_{21}\underline{U}_2 + \underline{A}_{22}\underline{I}_2 + \underline{I}_A \\ &\text{mit} \\ \underline{U}_A &= -\,\underline{I}_{K2}/\underline{Y}_{21} = \underline{U}_{L1} - \underline{U}_{L2}\underline{Z}_{11}/\underline{Z}_{21} \\ \underline{I}_A &= \underline{I}_{K1} - \underline{I}_{K2}\underline{Y}_{11}/\underline{Y}_{21} = -\,\underline{U}_{L2}/\underline{Z}_{21}. \end{aligned} \tag{57}$$

Diese Darstellung ist besonders für theoretische Überlegungen nützlich; sie ist u.a. der Tatsache angepaßt, daß die Rauschtemperatur eines Vierpols (s. Gl. (79)) eine auf seinen *Eingang* bezogene Größe ist.
Es ist i.allg. nur eine Frage der Zweckmäßigkeit, welche der drei Darstellungen (oder eine andere äquivalente) man benutzt, vorausgesetzt, daß die Koeffizientendeterminante nicht verschwindet.
Im Mikrowellengebiet werden zur Beschreibung von Netzwerken i.allg. Wellen und dementsprechend Reflektionsfaktoren statt Impedanzen bzw. Admittanzen benutzt. – Bei einem Hohlleiter kann man Ströme und Spannungen sogar gar nicht mehr eindeutig definieren (s. K 4), wohl aber Wellenamplituden; diese lassen sich (bei einmodigem Betrieb) auch experimentell mit Hilfe von Richtkopplern trennen und komponentenweise messen (s. I 12). – Für eine zweitorige Leitungsstruktur besteht bei Kleinsignalbetrieb ein linearer Zusammenhang zwi-

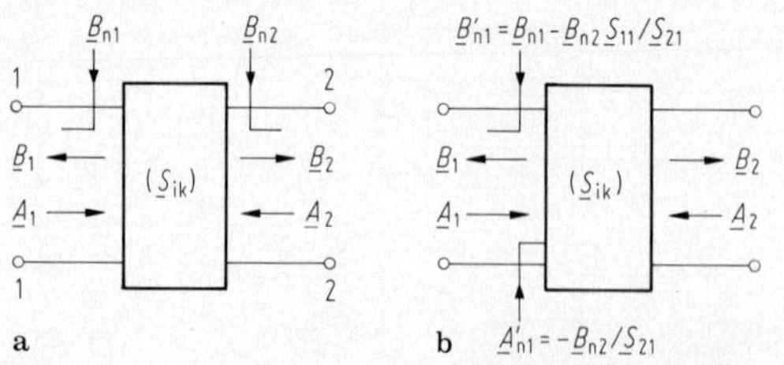

Bild 8. Zwei äquivalente Wellendarstellungen eines rauschenden Vierpols

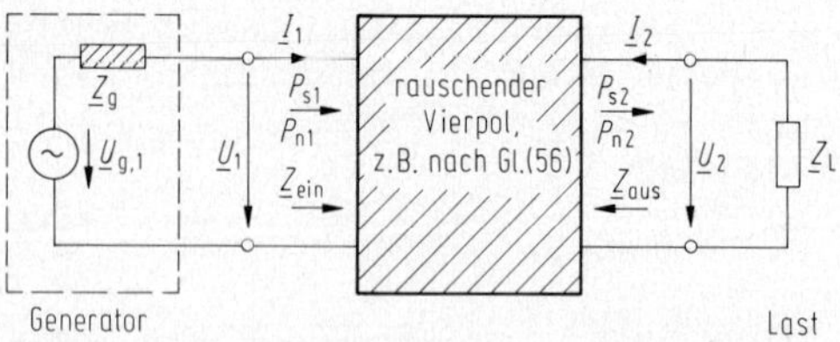

Bild 9. Beschaltung eines rauschenden Vierpols mit Generator und Last

schen den Wellenamplituden $\underline{B}$, $\underline{A}$ an beiden Toren (s. hierzu Bild 8):

$$\begin{pmatrix} \underline{B}_1 \\ \underline{B}_2 \end{pmatrix} = \begin{pmatrix} \underline{S}_{11} & \underline{S}_{12} \\ \underline{S}_{21} & \underline{S}_{22} \end{pmatrix} \begin{pmatrix} \underline{A}_1 \\ \underline{A}_2 \end{pmatrix} + \begin{pmatrix} \underline{B}_{n1} \\ \underline{B}_{n2} \end{pmatrix}. \quad (58)$$

Bei einem Vierpol, welcher sowohl die Definition von Strömen und Spannungen als auch von Wellen zuläßt, gilt der Zusammenhang

$$\underline{A} = (\underline{U} + \underline{Z}\,\underline{I})/\sqrt{8\,\mathrm{Re}\,\underline{Z}},$$
$$\underline{B} = (\underline{U} - \underline{Z}^*\underline{I})/\sqrt{8\,\mathrm{Re}\,\underline{Z}}$$

und damit, unabhängig vom Wert des Wellenwiderstandes $\underline{Z}$,

$$|\underline{A}|^2 - |\underline{B}|^2 = \mathrm{Re}(\underline{U}\,\underline{I}^*)/2.$$

Die in jeder der vorangehenden Darstellungen auftretenden beiden Rausch-Ersatzquellen sind wegen ihres (zumindest teilweise) gemeinsamen Ursprungs miteinander korreliert. Durch geeignete Transformation ist es möglich, sie formal unkorreliert zu machen. So sind z.B. im Falle von Bild 8b $\underline{A}'_{n1}$ und $\underline{B}'_{n1}$ dann unkorreliert, wenn $\underline{Z} = \underline{Z}_{opt}$ mit

$$\left.\begin{aligned} &|\underline{Z}_{opt}| = \sqrt{|\underline{U}_A|^2/|\underline{I}_A|^2}, \\ &\mathrm{Im}\,\underline{Z}_{opt} = |\underline{Z}_{opt}|\,\mathrm{Im}\,\underline{\varrho} \\ &\text{gewählt wird, wobei} \\ &\underline{\varrho} = \overline{\underline{I}_A \underline{U}_A^*}/\sqrt{\overline{|\underline{U}_A|^2}\;\overline{|\underline{I}_A|^2}} \end{aligned}\right\} \quad (59)$$

der Korrelationskoeffizient zwischen $\underline{I}_A$ und $\underline{U}_A$ ist.
Die allgemeine Beschreibung linearer rauschender n-Tore erfolgt – in Erweiterung der vorstehenden Ergebnisse – mit Hilfe von Auto- und Kreuzkorrelationsspektren, die in einer Korrelationsmatrix zusammengefaßt werden [31].

Spektrale Rauschzahl und -temperatur. Rauschkenngrößen. Die spektrale Rauschzahl eines linearen Vierpols ist nach Fränz [32] bzw. Friis [33] definiert als:

$$F = \frac{P_{s1}/P_{n1}}{P_{s2}/P_{n2}} = \frac{\text{Signal-Rausch-Abstand am Eingang}}{\text{Signal-Rausch-Abstand am Ausgang}} \quad (60)$$

(Bild 9; dort ist die Beschreibung durch die Widerstandsform der Vierpolgleichungen gewählt.) Hierin ist P_{s1} bzw. P_{n1} die Signal- bzw. Rauschleistung, welche im Intervall $f_1 - \Delta f/2 \dots f_1 + \Delta f/2$ in den Vierpol eintritt; entsprechend treten die Signal- bzw. Rauschleistung P_{s2}, P_{n2} im Intervall $f_2 - \Delta f/2 \dots f_2 + \Delta f/2$ aus dem Vierpol aus und werden an die Last $\underline{Z}_L$ abgegeben. Im Fall $f_1 = f_2$ liegt eine Geradeausschaltung vor (z.B. Vorverstärker in einem Empfänger), im Fall $f_1 \neq f_2$ ein Mischer. (Letzterer kann, obwohl er prinzipiell ein nichtlineares Netzwerk ist, bei Kleinsignalbetrieb als linearisierte, aber zeitvariante Schaltung betrachtet und durch Vierpolgleichungen der Art (55) bis (58) beschrieben werden.)
In Gl. (60) gehen die im tatsächlich vorliegenden Betriebszustand vorhandenen Leistungen P_{s1}, P_{n1} in der Eingangs- bzw. Ausgangsebene ein. Da sich das Leistungs*verhältnis* am Ausgang (Eingang) bei Variation des Abschlußwiderstands $\underline{Z}_L$ (Eingangswiderstands $\underline{Z}_{ein}$) nicht ändert, können in Gl. (60) auch die verfügbaren Leistungen P_v eingesetzt werden, welche nur im Anpassungszustand $\underline{Z}_L = \underline{Z}^*_{aus}$ (am Ausgang) bzw. $\underline{Z}_{ein} = \underline{Z}^*_g$ (am Eingang) tatsächlich vorliegen; dies hat insbesondere für die Berechnung von F Vorteile. Nun ist

$$P_{n2,v} = P_{n1,v} L_{v,n} + P_{i,v}$$

($P_{i,v}$ = verfügbare Eigenrauschleistung des Vierpols aufgrund seiner internen Rauschquellen, L_v = verfügbarer Leistungsgewinn), d.h.

$$F = (1 + P_{i,v}/L_{v,n} P_{n1,v})\, L_{v,n}/L_{v,s}. \quad (61)$$

Sofern $L_{v,n} = L_{v,s} (= L_v)$ (was i.allg. zutrifft), gilt

$$\begin{aligned} F = P_{n2,v}/L_v P_{n1,v} &= 1 + P_{i,v}/L_v P_{n1,v} \\ &= 1 + F_z \end{aligned} \quad (62)$$

(F_z = zusätzliche Rauschzahl). Dabei ist nach Gl. (53)

$$P_{n1,v} = k\, T_{g,s} \Delta f \quad (63)$$

($T_{g,s}$ = Rauschtemperatur des am Vierpoleingang liegenden Generators).

Die Schreibweise von Gl. (62) läßt für F die folgenden Deutungen zu:

a) $$F = \frac{\text{(verfügbare) Rauschleistung am Ausgang des rauschenden Vierpols}}{\text{(verfügbare) Rauschleistung am Ausgang des rauschfrei gedachten Vierpols}} \qquad (64)$$

Diese Interpretation ist für die explizite Berechnung von F aus den Signal- und Rauschparametern besonders geeignet.

b) $$F = \frac{P_{n\,2,v}/\Delta f}{k\,T_{g,s}\,L_v} = \frac{\text{Rauschleistungsdichte am Ausgang}}{k\,T_{g,s}\,L_v},$$

c) $$F = \frac{P_{n\,2,v}/L_v}{k\,T_{g,s}} = \frac{\text{auf den Eingang bezogene spektrale Rauschleistungsdichte}}{k\,T_{g,s}},$$

d) $$F = \frac{P_{s\,1,v}\,(P_{n\,2}/P_{s\,2})_v}{k\,T_{g,s}} = \frac{\text{verfügbare Signalleistung eines Generators, die am Ausgang zu dem Störabstand 1 führt}}{k\,T_{g,s}}.$$

Diese Deutung liegt dem Prinzip der Rauschzahlmessung zugrunde (s. I 3; dort wird allerdings als Nutzsignal ein Rauschspektrum verwendet).

Die Anwendung der Definitionsgleichung (60) auf z. B. Gl. (57) liefert

$$\begin{aligned} F &= 1 + |\underline{U}_A + \underline{Z}_g \underline{I}_A|^2 / 8\,k\,T_{g,s}\,\Delta f\ \mathrm{Re}\,\underline{Z}_g \\ &= F_{\min} + |\underline{I}|^2\,|\underline{Z}_g - \underline{Z}_{\mathrm{opt}}|^2 / 8\,k\,T_{g,s}\,\Delta f\ \mathrm{Re}\,\underline{Z}_g \\ &= F_{\min} + |\underline{U}_A|^2\,|\underline{Y}_g - \underline{Y}_{\mathrm{opt}}|^2 / 8\,k\,T_{g,s}\,\Delta f\ \mathrm{Re}\,\underline{Y}_g . \end{aligned}$$

Für $\underline{Z}_g = \underline{Z}_{g,\mathrm{opt}} = \underline{Z}_{\mathrm{opt}}$ (nach Gl. (59)) $= \underline{Y}_{\mathrm{opt}}^{-1}$ wird die bzgl. $\underline{Z}_g = \underline{Y}_g^{-1}$ minimale Rauschzahl

$$F_{\min} = 1 + \sqrt{|\underline{U}_A|^2\,|\underline{I}_A|^2} \cdot (\mathrm{Re}\,\underline{\varrho} + \sqrt{1 - (\mathrm{Im}\,\underline{\varrho})^2})/4\,k\,T_{g,s}\,\Delta f \qquad (65)$$

angenommen, d. h.

$$\mathrm{Re}\,\underline{Z}_{g,\mathrm{opt}} = \sqrt{1 - (\mathrm{Im}\,\underline{\varrho})^2}\ \sqrt{|\underline{U}_A|^2 / |\underline{I}_A|^2} \quad \text{Rauschanpassung}$$

und $\qquad (66)$

$$\mathrm{Im}\,\underline{Z}_{g,\mathrm{opt}} = \mathrm{Im}\,\underline{\varrho}\ \sqrt{|\underline{U}_A|^2 / |\underline{I}_A|^2} \quad \text{Rauschabstimmung.}$$

Diese Einstellung ist begrifflich und i. allg. auch numerisch von der Leistungsanpassung $\underline{Z}_g = \underline{Z}^*_{\mathrm{ein}} = [\underline{Z}_{11} - \underline{Z}_{12}\underline{Z}_{21}/(\underline{Z}_{22} + \underline{Z}_L)]^*$ verschieden. Anstelle der vier Rauschkenngrößen $|\underline{U}_A|^2$, $|\underline{I}_A|^2$ und $\underline{\varrho}$ werden auch die äquivalenten Größen

$$\begin{aligned} R_n &= |\underline{U}_A|^2 / 8\,k\,T_0\,\Delta f, \\ G_n &= |\underline{I}_A|^2\,(1 - |\underline{\varrho}|^2)) / 8\,k\,T_0\,\Delta f, \\ \underline{Y}_{\mathrm{cor}} &= \underline{\varrho}\,\sqrt{|\underline{I}_A|^2 / |\underline{U}_A|^2} = G_{\mathrm{cor}+j}\,B_{\mathrm{cor}} \end{aligned} \qquad (67)$$

verwendet; damit gilt

$$\left.\begin{aligned} F &= 1 + \frac{G_n + R_n\,|\underline{Y}_g + \underline{Y}_{\mathrm{cor}}|^2}{\mathrm{Re}\,\underline{Y}_g}\,\frac{T_0}{T_{g,s}}, \\ F_{\min} &= 1 + 2\,R_n(G_{\mathrm{cor}} + \sqrt{G_{\mathrm{cor}}^2 + G_n/R_n}) \cdot T_0/T_{g,s} \\ \mathrm{Re}\,\underline{Y}_{g,\mathrm{opt}} &= \mathrm{Re}\,\underline{Z}_{\mathrm{opt}} / |\underline{Z}_{\mathrm{opt}}|^2 \\ &= \sqrt{G_{\mathrm{cor}}^2 + G_n/R_n}, \\ \mathrm{Im}\,\underline{Y}_{g,\mathrm{opt}} &= -\,\mathrm{Im}\,\underline{Z}_{\mathrm{opt}} / |\underline{Z}_{\mathrm{opt}}|^2 = -\,B_{\mathrm{cor}} . \end{aligned}\right\} \qquad (68)$$

Wenn nur Rauschabstimmung (s. Gl. (66)) vorgenommen wird, gilt

$$F = 1 + \left[\frac{G_n + R_n\,G_{\mathrm{cor}}^2}{\mathrm{Re}\,\underline{Y}_g} + 2\,R_n\,G_{\mathrm{cor}} + R_n\,\mathrm{Re}\,\underline{Y}_g\right]\frac{T_0}{T_{g,s}} \qquad (69)$$

(s. Bild 10; eine Abhängigkeit gleichen Charakters zeigt F bei Transistoren bez. des Kollektorstroms [28] bzw. des Drainstroms [21, S. 159]).

Die Anwendung der Definitionsgleichung (60) auf Gl. (58) liefert [28, 34, 36, 37]

$$F = F_{\min} + (F_0 - F_{\min})\,\frac{|\underline{r} - \underline{r}_{\mathrm{opt}}|^2}{(1 - |\underline{r}|^2)\,|\underline{r}_{\mathrm{opt}}|^2} \qquad (70)$$

mit dem Generator-Reflexionsfaktor

$$\underline{r} = (\underline{Z}_g - \underline{Z})/(\underline{Z}_g + \underline{Z}^*)$$

und

$$\begin{aligned} F_0 &= F(\underline{r} = 0) \\ &= F_{\min} + \frac{|\underline{A}'_{n\,1} - \underline{B}'_{n\,1}|^2}{k\,T_{g,s}\,\Delta f}\,\frac{|\underline{r}_{\mathrm{opt}}|^2}{|1 - \underline{r}_{\mathrm{opt}}|^2}. \end{aligned}$$

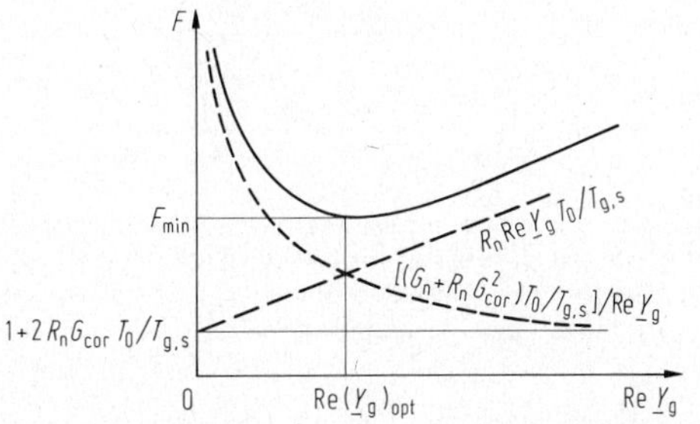

Bild 10. Rauschzahl eines Vierpols in Abhängigkeit von der Generatoradmittanz $\underline{Y}_g = 1/\underline{Z}_g$

Wenn insbesondere $\underline{Z} = Z_{opt} = \underline{Z}_{g,opt}$ (nach Gl. (59) bzw. (66)) gewählt wird, ist $\underline{r}_{opt} = 0$ und

$$|\underline{A}'_{n1} - \underline{B}'_{n1}|^2 = 4kT_0\sqrt{R_n G_n}\,\Delta f \cdot \sqrt{[1 - (\mathrm{Im}\,\underline{\varrho})^2]/(1 - |\underline{\varrho}|^2)}$$

$$F = F_{min} + \frac{4\sqrt{R_n G_n}}{\dfrac{1}{|\underline{r}|^2} - 1}\sqrt{\frac{1 - (\mathrm{Im}\,\underline{\varrho})^2}{1 - |\underline{\varrho}|^2}}\,\frac{T_0}{T_{g,s}}. \quad (71)$$

Danach ist längs der Kurven konstanter Rauschzahl (F = const) auch $|\underline{r}|$ = const; die zugehörigen Generatorimpedanzen $\underline{Z}_g$ liegen sowohl in der $\underline{Z}_g$-Ebene als auch in der $\underline{r}$-Ebene (Smith-Chart für $\underline{Z}_g$) auf Kreisen (Bild 11 [34, 35]). Da dies ebenfalls für den verfügbaren Leistungsgewinn $L_v(\underline{Z}_g)$ = const gilt, läßt sich aus dieser Darstellung der Einfluß einer Fehlanpassung auf das Signal- und Rauschverhalten eines Vierpols gleichzeitig und einfach erkennen.

Wenn die Bauelemente des Vierpols, ihre Arbeitspunkte sowie die Temperatur vorgegeben sind, hängt der Wert von F noch wesentlich von der Frequenz ab, man spricht daher auch von der spektralen Rauschzahl – zum Unterschied von der integralen (oder Band-)Rauschzahl $\bar{F}$ (s. Gl. (81)) –. Die schematische Darstellung in Bild 12 gilt sowohl für Bipolar – als auch für FE-Transistoren.

Anwendungen der vorstehenden Ergebnisse auf Transistoren findet man z.B. in [21, 28].

F bzw. F_z beschreibt das Rauschverhalten des Vierpols einschließlich des im Betrieb benutzten Generators. Wenn man die Rauscheigenschaften

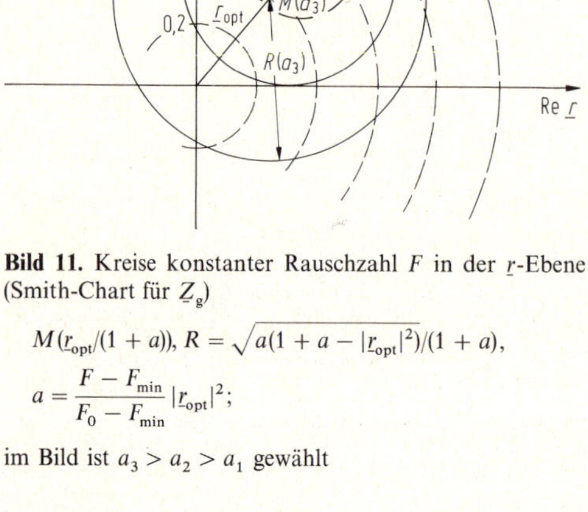

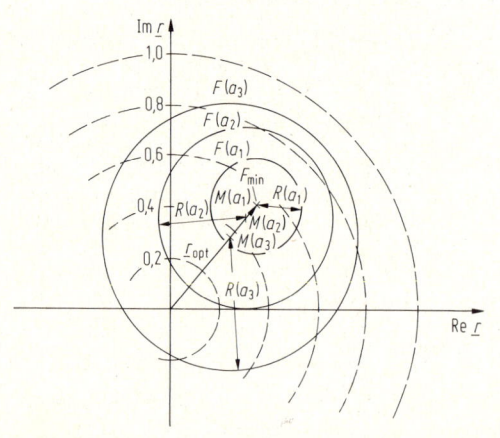

Bild 11. Kreise konstanter Rauschzahl F in der $\underline{r}$-Ebene (Smith-Chart für $\underline{Z}_g$)

$M(\underline{r}_{opt}/(1 + a))$, $R = \sqrt{a(1 + a - |\underline{r}_{opt}|^2)}/(1 + a)$,

$a = \dfrac{F - F_{min}}{F_0 - F_{min}}|\underline{r}_{opt}|^2$;

im Bild ist $a_3 > a_2 > a_1$ gewählt

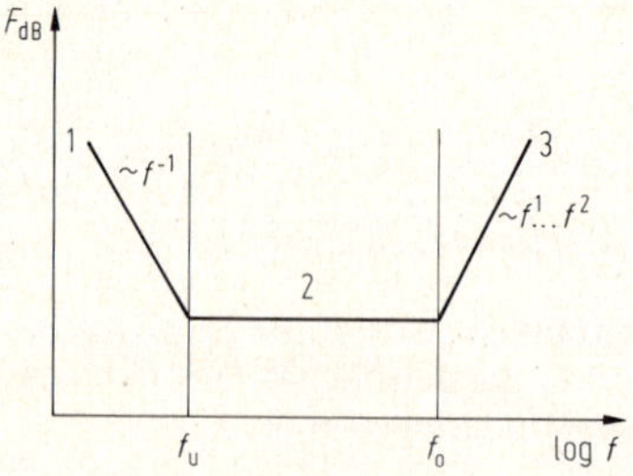

Bild 12. Frequenzabhängigkeit der Rauschzahl F von Transistoren, schematisch: *1* $1/f$-Rauschen; *2* weißes Rauschen; *3* Laufzeitbereich (L_v fällt rascher als $P_{i,v}$)

des Vierpols allein kennzeichnen will, so kann man sich ihn mit einem Generator verbunden denken, der sich auf einer zwar willkürlich wählbaren, aber fest vereinbarten Standard-Rauschtemperatur (üblicherweise T_0 = 290 K) befindet. Die damit definierte Größe

$$F_0 = 1 + F_{z,0} \quad \text{mit} \quad F_{z,0} = P_{n,2,v}/L_v k T_0 \quad (72)$$

heißt *Standard*-Rauschzahl, sie wird z.B. für Transistoren üblicherweise von den Herstellern im Datenblatt angegeben. Sie steht mit der im tatsächlichen Betriebszustand wirksamen Rauschzahl F in dem einfachen Zusammenhang

$$(F - 1)\,T_{g,s} = (F_0 - 1)\,T_0 \quad (73)$$

und gestattet die entsprechenden Interpretationen a) bis d). Anstelle des numerischen Wertes von F bzw. F_0 wird oft auch der Wert

$$F_{dB} = 10 \cdot \log F\,[\mathrm{dB}] \quad \text{bzw.}$$
$$F_{0,dB} = 10 \cdot \log F_0\,[\mathrm{dB}] \quad (74)$$

angegeben; danach sind z.B. die Aussagen „$F = 4$" und „$F_{dB} = 6$ dB" gleichwertig. Die Angabe nach Gl. (74) wird in der Literatur häufig *Rauschmaß* genannt; dieser Begriff ist allerdings auch noch für eine ganz anders definierte Größe geprägt worden (s. Gl. (77)).

Zur Kennzeichnung des rauschenden Vierpols allein ist anstelle der Standard-Rauschzahl F_0 auch die sog. *äquivalente Rauschtemperatur* T_v geeignet. Das ist diejenige Temperatur, um die man formal die tatsächliche Rauschtemperatur $T_{g,s}$ des Signalgenerators erhöhen muß, damit am Ausgang des rauschfrei gedachten Vierpols dieselbe verfügbare Rauschleistung auftritt wie am Ausgang des realen, rauschenden Vierpols, d.h. $(kT_v\Delta f)\,L_v = P_{i,v}$ bzw.

$$T_v = P_{i,v}/L_v k \Delta f. \quad (75)$$

Nach den Gln. (62), (73) und (75) besteht der Zusammenhang

$$T_v = F_z T_{g,s} = F_{z,0} T_0, \quad (76)$$

woraus die Unabhängigkeit von der tatsächlichen Generator-Rauschtemperatur besonders deutlich hervorgeht.

Die bisherigen Betrachtungen beziehen sich sämtlich auf einkanaligen Betrieb, d.h. die ausgangsseitig im Intervall $f_{\text{aus}} \ldots f_{\text{aus}} + \Delta f$ auftretenden Signal- und Rauschgrößen stammen nur aus *einem* entsprechenden eingangsseitigen Kanal $f_{\text{ein}} \ldots f_{\text{ein}} + \Delta f$. Das ist in der Praxis nicht immer der Fall; so werden z.B. Diodenmischer mit gesteuertem Wirk- oder Blindleitwert sowohl unter Berücksichtigung als auch unter Vernachlässigung der Spiegelfrequenz betrieben; dies gilt auch für den parametrischen Geradeausverstärker, sofern dieser im quasi-degenerierten Betrieb ($f_p \approx 2f_s$) arbeitet und Signal- und Hilfsfrequenz innerhalb der Eingangsbandbreite liegen (s. G 1.4, [37, S. 180–183], [38]).

Von manchen Vierpolen wird gleichzeitig Leistungsverstärkung und kleines Rauschen verlangt (z.B. Vor- und ZF-Verstärker, s. Q 1.3 unter „Empfindlichkeit"). Eine Kenngröße, welche beide Aspekte berücksichtigt, ist die von Rothe und Dahlke [39] als Rausch-Güteziffer eingeführte, später von Haus und Adler [40 a] als Rauschmaß bezeichnete Größe

$$M = F_z/(1 - 1/L_v). \tag{77}$$

Sie kann ebenso wie die Rauschzahl F durch Einbettung in ein verlustloses Netzwerk verändert werden. Insbesondere existiert bei optimaler Wahl dieses Netzwerks ein Minimum von M, welches nur von den Eigenschaften des Vierpols abhängt; es ist dies der kleinste positive Eigenwert der charakteristischen Rauschmatrix des ursprünglichen Vierpols [40 b, c].

Bei digitaler Nachrichtenübertragung tritt an die Stelle der Rauschzahl die Bit- oder Schritt-Fehlerwahrscheinlichkeit als Kenngröße [16] (s. O 2.7).

Kettenschaltung rauschender Vierpole. Eine Kette aus n Vierpolen mit den Rauschzahlen F_v und den verfügbaren Leistungsgewinnen $L_{v,v}$ hat die Rauschzahl

$$F_{\text{Kette}} = 1 + F_{z,\text{Kette}} \quad \text{mit}$$

$$F_{z,\text{Kette}} = F_{z1} + \frac{F_{z2}}{L_{v1}} + \frac{F_{z3}}{L_{v1} \cdot L_{v2}} + \ldots + \frac{F_{z,n}}{L_{v1} L_{v2} \cdot \ldots \cdot L_{v,n-1}} \tag{78}$$

bzw. die Rauschtemperatur

$$T_{\text{Kette}} = T_1 + \frac{T_2}{L_{v1}} + \frac{T_3}{L_{v1} L_{v2}} + \ldots + \frac{T_n}{L_{v1} L_{v2} \cdot \ldots \cdot L_{v,n-1}} \tag{79}$$

(Formel vom Friis [33]). Hier ist $F_{z,v}$ derjenige Wert der zusätzlichen Rauschzahl des Vierpols Nr. v, welche sich für eine „Generator"-Impedanz $\underline{Z}_{\text{aus}}^{(v-1)}$ (= Ausgangsimpedanz des Vierpols Nr. $v - 1$) ergibt, wobei deren Realteil $R_{\text{aus}}^{(v-1)}$ die Rauschtemperatur T_s des am Ketten*eingang* liegenden Generators aufweist. Wenn man dagegen dem Widerstand $R_{\text{aus}}^{(v-1)}$ die tatsächliche Rauschtemperatur $T_{\text{aus}}^{(v-1)}$ am Ausgang des Vierpols Nr. $v - 1$ zuordnet, so gilt

$$F_{\text{Kette}} = F_1 \prod_{m=2}^{n} \tilde{F}_m \quad \text{mit}$$

$$\tilde{F}_m = F_m(\underline{Z}_{\text{aus}}^{(m-1)}, T_{\text{aus}}^{(m-1)}). \tag{80}$$

Die Anwendung dieser Darstellungsweise bietet jedoch meßtechnisch Schwierigkeiten, da die Rauschtemperatur $T_{\text{aus}}^{(m-1)}$ vom Rausch- und Signalverhalten aller vorangehenden Kettenglieder sowie vom Generator abhängt [37, S. 187/188].

Integrale oder Band-Rauschzahl. Äquivalente Rauschbandbreite. Nach Gl. (60) ist

$$\begin{aligned} P_{n2}(f) &= F(f)\, P_{n1}(f)/(P_{s2}(f)/P_{n1,v}(f)) \\ &= F(f)\, w_1(f)/L_{ü}(f). \end{aligned} \tag{81}$$

In Erweiterung hiervon wird als pauschale Kenngröße für den gesamten Übertragungsbereich eines Vierpols die integrale oder *Band-Rauschzahl*

$$\begin{aligned} \bar{F} &= P_{n2,\text{ges}} \Big/ \int_0^\infty w_1(f)\, L_{ü}(f)\, df \\ &= \int_0^\infty F(f)\, w_1(f)\, L_{ü}(f)\, df \Big/ \int_0^\infty w_1(f)\, L_{ü}(f)\, df \end{aligned} \tag{82}$$

definiert. Falls $L_{ü}(f)$ oder $w_1(f)$ lediglich in einer sehr kleinen Umgebung einer Frequenz f_m sehr große Werte hat, gilt nach Gl. (82) $\bar{F} \approx F(f_m)$.

Die *äquivalente Rauschbandbreite* ergibt sich aus folgender Überlegung: $L_{ü}(f)$ habe für $f = f_0$ sein Maximum $L_{ü}(f_0) = L_{ü,\max}$. Wir denken uns nun einen rauschfreien Vierpol mit Rechteckcharakteristik und mit eben dieser Verstärkung und einer solchen Bandbreite B_n symmetrisch zu f_0, daß an seinem Ausgang dieselbe Rauschleistung wie am Ausgang des tatsächlichen rauschenden Vierpols auftritt, d.h.

$$\int_0^\infty w_1(f)\, L_{ü}(f)\, df = L_{ü,\max} \int_{f_m - \frac{B_n}{2}}^{f_m + \frac{B_n}{2}} w_1(f)\, df. \tag{83}$$

Nach dieser (impliziten) Bestimmungsgleichung ist B_n bei einem gefärbten Eingangsrauschen außer von der „Signaleigenschaft $L_{ü}(f)$" des Vierpols auch von der Form $w_1(f)$ des Eingangsrauschens abhängig. – Entsprechendes gilt für $\bar{F}$ nach Gl. (82). – Für ein weißes Eingangsrauschen ($w_1(f) = w_1(f_m) = \text{const}$) gilt nach den Gln. (82) bzw. (83)

$$\bar{F} = \int_0^\infty F(f)\, L_ü(f)\, df \Big/ \int_0^\infty L_ü(f)\, df \qquad (84)$$

$$B_n = \int_0^\infty (L_ü(f)/L_ü(f_m))\, df \qquad (85)$$

Jetzt werden F und B_n nur durch die Signaleigenschaft $L_ü(f)$ bestimmt, und Gl. (82) nimmt die Form an

$$\bar{F} = P_{n2,\text{ges}}/L_ü(f_m)\, w_1(f_m)\, B_n. \qquad (86)$$

Danach spielt B_n für die Berechnung der Band-Rauschzahl $\bar{F}$ die entsprechende Rolle wie das Frequenzintervall Δf für die Berechnung der spektralen Rauschzahl F (vgl. Gl. (81)).
Der Zusammenhang zwischen B_n und der 3-dB-Signalbandbreite B_{sig} ist für verschiedene Übertragungscharakteristiken in [29, S. 265] zusammengestellt; danach gilt z. B. für einen einfachen Resonanzkreis $B_n = B_{\text{sig}}\, \pi/2$.

3.5 Übertragung von Rauschen durch nichtlineare Netzwerke

Transmission of noise through nonlinear networks

Die mathematische Behandlung solcher Fälle (z. B. AM-Demodulatoren, Gleichrichter, Begrenzer) ist i. allg. sehr mühsam, geschlossene Lösungen für das Ausgangsspektrum sind nur in Sonderfällen möglich.
Nach Gl. (7) wird die Wahrscheinlichkeitsdichte der Amplitudenverteilung der Rauschgrößen verändert – Entsprechendes gilt für das Leistungsspektrum –, und zwar durch Bildung von Kombinationsfrequenzen zwischen Rauschkomponenten bzw. zwischen Rausch- und Signalkomponenten. Quantitativ hängt dies von der Form der nichtlinearen Charakteristik, von der Statistik und dem Spektrum der Eingangsrausch- und Signalgröße ab. Dies wird in [8, 41, 42] ausführlich dargestellt; hier wollen wir uns auf einen kurzen Abriß beschränken. Bei der mathematischen Behandlung wird üblicherweise davon ausgegangen, daß

a) das nichtlineare Bauelement gedächtnislos ist, d. h. der Wert $x_a(t)$ der Ausgangsgröße ist nur vom Wert $x_e(t)$ der Eingangsgröße zum *selben* Zeitpunkt t abhängig;
b) das Eigenrauschen des nichtlinearen Bauelements vernachlässigt werden kann, so daß es nur als Übertrager des Eingangsrauschens und -signals dient;
c) das Eingangsrauschen gaußisch ist;

darüber hinaus wird oft

d) das Eingangsrauschen als bandbegrenzt-weiß angenommen.

Zur Berechnung der ausgangsseitigen Leistungsdichte $w_a(f)$ geht man bei Potenzkennlinien $x_a = a x_e^n$ von einer Fourier-Darstellung gemäß Gl. (32) aus, die wegen der Annahme d) nur endlich viele Reihenglieder enthält.
Bei einer zweiten Methode wird zunächst die AKF $\varrho_a(\tau)$ der Ausgangsgröße $x_a(t)$ als Funktion der AKF $\varrho_e(\tau)$ der Eingangsgröße $x_e(t)$ bestimmt („Korrelationskennlinie"). Die gesuchte Spektraldichte $w_a(f)$ kann dann nach Gl. (23) aus $\varrho_a(\tau)$ ermittelt werden. Dieses Rechenverfahren geschieht nach einer der beiden folgenden Methoden:
Bei der *ersten Methode* wird $\varrho_a(\tau)$ gemäß

$$\varrho_a(\tau) = \iint_{-\infty}^{\infty} g(x_1)\, g(x_2)\, W(x_1, x_2, \tau)\, dx_1\, dx_2,$$
$$x_1 = x(t_1),\ x_2 = x(t_2),\ t_2 - t_1 = \tau \qquad (87)$$

berechnet, wobei man von den statistischen Eigenschaften des Eingangssignals in Form von $W(x_1, x_2, \tau)$ Gebrauch machen muß. Diese Methode läßt sich relativ einfach bei Charakteristiken der Form $x_a = A x_e^v$ anwenden. Insbesondere gilt für $v = 2$ bei Gaußschem Rauschen

$$\varrho_a(\tau) = \varrho_e^2(0) + 2\varrho_e^2(\tau). \qquad (88)$$

Die *zweite Methode* kann auch noch bei nichtlinearen Charakteristiken angewendet werden, bei denen die erste Methode zu große analytische Schwierigkeiten bringt. Hierbei benutzt man anstelle der Charakteristik $x_a = g(x_e)$ (mit $g(x_e) = 0$ für $x_e < 0$) die L-Transformierte [41, 42]:

$$F(\underline{p}) = \int_{-\infty}^{\infty} g(x_e)\, e^{-\underline{p} x_e}\, dx_e,$$
$$g(x_e) = \frac{1}{2\pi j} \int_{-j\infty}^{j\infty} F(\underline{p})\, e^{\underline{p} x_e}\, d\underline{p}. \qquad (89)$$

Dadurch läßt sich z. B. die geknickt-geradlinige Gleichrichter-Kennlinie

$$g(x_e) = \begin{cases} x_e & \text{für } x_e \geqq 0 \\ 0 & \text{für } x_e < 0 \end{cases}$$

durch den geschlossenen analytischen Ausdruck $F(\underline{p}) = 1/\underline{p}^2$ beschreiben.
Die gesuchte AKF am Ausgang ist dann

$$\varrho_a(\tau) = \lim_{T \to \infty} \frac{1}{2T} \int_{-T}^{T} g(x_e(t))\, g(x_e(t+\tau))\, dt$$
$$= \frac{1}{(2\pi j)^2} \iint F(\underline{p})\, F(\underline{q}) \left[\lim_{T \to \infty} \frac{1}{2T} \cdot \int_{-T}^{T} e^{\underline{p} x_e(t) + \underline{q} x_e(t+\tau)}\, dt \right] d\underline{p}\, d\underline{q}. \qquad (90)$$

Für Signale und Gaußsches Rauschen gilt

$$\varrho_a(\tau) = \frac{1}{(2\pi j)^2} \iint F(p)\, F(q) \cdot e^{\left(\frac{1}{2}(p^2+q^2)\varrho_e(0) + pq\varrho_e(\tau)\right)} g_s(p,q)\, dp\, dq. \quad (91)$$

Hierin ist

$$g_s(p,q) = \lim_{T\to\infty} \frac{1}{2T} \int_{-T}^{T} e^{pu_s(t) + qu_s(t+\tau)} dt \quad (92)$$

eine von der Form des Nutzsignals abhängige Größe; bei fehlendem Nutzsignal ist $g_s = 1$, für $u_s(t) = u_0 \cos\omega_0 t$ gilt

$$g_s(p,q) = J_0\left(\frac{u_0}{j}\sqrt{p^2+q^2+2pq\cos\omega_0\tau}\right). \quad (93)$$

Mit Gl. (91) ist die gestellte Aufgabe gelöst, $\varrho_a(\tau)$ als Funktion von $\varrho_e(\tau)$ bzw. $\varrho_e(0)$ darzustellen. Wenn die analytische Berechnung des Doppelintegrals Gl. (90) nicht möglich ist, bietet sich als Ausweg eine Reihenentwicklung an; wenn am Eingang nur Rauschen vorhanden ist (d.h. $g_s = 1$), gilt

$$\varrho_a(\tau) = \sum_{\nu=0}^{\infty} \frac{\varrho_e^{\nu}(\tau)}{\nu!} \cdot \left[\frac{1}{2\pi j} \int_{-j\infty}^{j\infty} F(p)\, p^{\nu} e^{\frac{1}{2}p^2\varrho_e(0)} dp\right]^2. \quad (94)$$

Bei gleichzeitiger Anwesenheit eines Nutzsignals wird der Zusammenhang wesentlich komplizierter.

Da die Zusammenhänge der Gln. (91) bis (94) i. allg. schon recht kompliziert sind, verzichtet man meist auf die Berechnung von $w_a(f)$ und deutet das Ausgangsrauschen und -signal in der (ϱ, τ)-Ebene anhand der „Korrelationscharakteristik" $\varrho_a(\tau) = \text{Funktion}\,(\varrho_e(\tau))$.

Über die Anwendung der AKF zur Beschreibung von zeit*varianten* linearen Netzwerken wird auf die Originalliteratur verwiesen [43].

Spezielle Literatur: [1] *Kleen, W.*: Rauschen. In: *Meinke, H.*; *Gundlach, W.F.* (Hrsg.): Taschenbuch der Hochfrequenztechnik, 3. Aufl., Teil T. Berlin: Springer 1968. – [2] *Gnedenko, B.V.*; *Kolmogoroff, A.N.*: Limit distributions for sums of independent random variables (translated by K.L. Chung). Reading/Mass.: Addison-Wesley 1954. – [3] *Shannon, C.E.*: A mathematical theory of communication. Bell Syst. Tech. J. 27 (1948) 379–424, 623–657. – [4] *Lorenz, R.W.*: Theoretische Verteilungsfunktionen von Mehrwegeschwundprozessen im beweglichen Funk und die Bestimmung ihrer Parameter aus Messungen. Tech. Ber. 455 TBr 66, Forschungsinstitut der Deutschen Bundespost. März 1979. – [5] *Boge, H.-Chr.*: Beschreibung des Lebensdauerverhaltens von Bauelementen mit Weibull-Verteilung und Arrhenius-Gleichung. ntz Arch. 5 (1983) 242–244. – [6] *Lüke, H.D.*: Signalübertragung, 2. Aufl. Berlin: Springer 1983. – [7] *Middleton, D.*: An introduction to statistical communication theory. New York: McGraw-Hill 1960. – [8] *Lange, F.H.*: Korrelationselektronik 2. Aufl. Berlin: VEB Verlag Technik 1959. – [9] *Di Franco, J.V.*; *Rubin, W.L.*: Radar detection. Englewood Cliffs: Prentice-Hall 1968. – [10] *Schroeder, H.*; *Rommel, G.*: Elektrische Nachrichtentechnik, 10. Aufl., Bd. 1a. Eigenschaften und Darstellung von Signalen. Heidelberg u. München: Hüthig u. Pflaum, 1978. – [11] *Bittel, H.*; *Storm, L.*: Rauschen: Berlin: Springer 1971. – [12] *v.d. Ziel, A.*: Noise – sources, characterization, measurement. Englewood Cliffs: Prentice-Hall 1970. – [13] *Taub, H.*; *Schilling, D.L.*: Principles of communication systems. New York: McGraw-Hill, Kogakusha 1971. – [14] *Pfeifer, H.*: Elektronisches Rauschen. Teil I Rauschquellen 1959. Teil II Spezielle rauscharme Verstärker 1968. Leipzig: Teubner – [15] *Whalen, A.D.*: Detection of signals in noise. New York: Academic Press 1971. – [16] *Landstorfer, F.*; *Graf, H.*: Rauschprobleme der Nachrichtentechnik. München: Oldenbourg 1981. – [17] *Johnson, J.B.*: Thermal agitation of electricity in conductors. Phys. Rev. 32 (1928) 97–109. – [18] *Nyquist, H.*: Thermal agitation of electric charge in conductors. Phys. Rev. 32 (1928) 110–113. – [19] *Liechti, C.A.*: GaAs FET technology: A look into the future. Microwaves 17 (1978) 44–49. – [20] *Schottky, W.*: Über spontane Stromschwankungen in verschiedenen Elektrizitätsleitern: Ann. Phys. 57 (1918) 541–567. – [21] *Müller, R.*: Rauschen. Berlin: Springer 1979. – [22] *Jäntsch, O.*: A theory of 1/*f* noise at semiconductor surfaces. Solid State Electron. 11 (1968) 267–272. – [23] *Johnson, J.B.*: The Schottky effect in low frequency circuits. Phys. Rev. 26 (1925) 71–85. – [24] *Schottky, W.*: Small-shot-effect and flicker effect. Phys. Rev. 28 (1926) 75–103. – [25] *Wolf, D.* (Ed.): Noise in physical systems. Proc. 5th Int. Conf. on Noise. Bad Nauheim, March 13–16, 1978. Berlin: Springer 1978. – [26] Proc. Symp. on 1/*f* Fluctuations. Tokyo 1977. – [27] *Gupta, M.S.* (Ed.): Electrical noise: Fundamentals and sources. New York: IEEE Press 1977. – [28] *Beneking, H.*: Praxis des elektronischen Rauschens. Mannheim: Bibliogr. Inst. 1971. – [29] *Kraus, J.D.*: Radio astronomy, Chap. 8. New York: McGraw-Hill 1966. – [30] *Rothe, H.*: Theorie rauschender Vierpole und deren Anwendung. Telefunken-Röhre, Heft 33 (1966) bzw. Heft 33a (1960). – [31] *Russer, P.*; *Hillbrand, H.*: Rauschanalyse von linearen Netzwerken. Wiss. Ber. AEG-Telefunken 49 (1976) 127–135. – [32] *Fränz, K.*: a) Über die Empfindlichkeitsgrenze beim Empfang elektrischer Wellen und ihre Erreichbarkeit. Elektr. Nachr. Tech. 16 (1939) 92–96; b) Messung der Empfängerempfindlichkeit bei kurzen elektrischen Wellen. Hochfrequenzt. u. Elektroakustik 59 (1942) 105–112, 143–144; c) Empfängerempfindlichkeit, in Fortschr. Hochfrequenztechnik 2 (1943) 685–712, Leipzig: Akad. Verl. Ges. – [33] *Friis, H.T.*: Noise figure of radio receivers. Proc. IRE 32 (1944) 419–423. Proc. IRE 33 (1945) 125–126. – [34] *Bächtold, W.*; *Strutt, M.J.O.*: Darstellung der Rauschzahl und der verfügbaren Verstärkung in der Ebene des komplexen Quellenreflexionsfaktors. AEÜ 21 (1967) 631–633. – [35] *Lindenmeier, H.*: Einige Beispiele rauscharmer transistorierter Empfangsantennen. NTZ 22 (1969) 381–389. – [36] *Geißler, R.*: a) Rechnergesteuerter Rauschoptimierungsmeßplatz für das mm-Wellengebiet. Frequenz 37 (1983) 71–78; b) Meß- und Auswerteverfahren zur Fehlerminimierung bei der Rauschparameterbestimmung im mm-Wellengebiet Frequenz 37 (1983) 269–273. – [37] *Löcherer, K.H.*; *Brand, K.-D.*: Parametric electronics. Springer Series in Electrophysics 6. Berlin: Springer 1982. – [38] *Geißler, R.*: Ein- und Zweiseitenband-Rauschzahl von Meßobjekten im Mikro- und Millimeter-Wellengebiet. NTZ 37 (1984) 14–17. – [39] *Rothe, H.; Dahlke, W.*: a) Theorie rauschender Vierpole. AEÜ 9 (1955) 117–121; b) Theory of Noisy Fourpoles. Proc. IRE 44 (1956) 811–818. – [40] *Haus, H.A.; Adler, R.B.*: a) Invariants of linear networks 1956, IRE Convention Record, pt. 2, 53–67; b) Optimum noise performance of linear amplifiers. Proc. IRE 46 (1958) 1517–1533. c) Circuit theory of linear noisy networks. New York: Wiley 1959. – [41] *Rice, S.O.*: A mathematical analysis of random noise. Bell Syst. Tech. J. 23 (1944) 282–333; 24 (1945) 46–156. – [42] *Bosse, G.*: Das Rechnen mit Rauschspannungen. Frequenz 9 (1955) 258–264, 407–413. – [43] *Zadeh, L.A.*: a) Frequency analysis of variable networks. Proc. IRE 38 (1950) 291–299; b) Correlation functions and power spectra in variable networks. Proc. IRE 38 (1950) 1342–1345; c) Correlation functions and spectra of phase and delaymodulated signals. Proc. IRE 39 (1951) 425–428.

4 Signalarten und Übertragungsanforderungen

Signals in communications and transmission requirements

Allgemeine Literatur: *Carl, H.*: Richtfunkverbindungen. Stuttgart: Kohlhammer 1972. – *Freeman, R.L.*: Telecommunication transmission handbook. New York: Wiley 1981. – *Hamsher, D.H.* (Ed.): Communication system engineering handbook. New York: McGraw-Hill 1967. – *Hölzler, E.; Thierbach, D.*: Nachrichtenübertragung. Berlin: Springer 1966. – *Phillipow, E.* (Hrsg.): Taschenbuch Elektrotechnik, Bd. 4: Systeme der Informationstechnik. München: Hanser 1979. – *CCITT-Recommendations*: Orange book, Vol. III. Genf: ITU 1976. Yellow book, Vol. III. Genf: ITU 1980.

Die optimale Auslegung eines Nachrichtenübertragungssystems setzt neben der Kenntnis des Übertragungskanals auch hinreichendes Wissen über die Eigenschaften der Quellensignale und der Nachrichtensenke voraus. Dies gilt im besonderen Maße bei der Auslegung eines Quellencodierungsverfahrens (s. D 5). Besonders anspruchsvoll ist dabei die Beschreibung der Empfangseigenschaften der menschlichen Sinnesorgane Auge und Ohr.

Spezielle Literatur Seite D 32

4.1 Fernsprech- und Tonsignale

Telephone and audio-frequency signals

Eigenschaften des Gehörs. Das Außenohr hat mit Ohrmuschel und Ohrkanal unter Einbeziehen der Kopfform die Eigenschaften eines richtungsabhängigen Kammfilters, welches in Kombination mit dem beidohrigen Hören Voraussetzung für ein dreidimensionales Richtungshörvermögen ist. Das *Mittelohr* übernimmt Aufgaben der Dynamikregelung und Impedanzanpassung an das Innenohr. Im *Innenohr* schließlich erfolgt in einer Anordnung von 24 000 Haarzellen – sehr vereinfacht dargestellt – eine mechanische Kurzzeitspektralanalyse, deren Ergebnisse über Energiedetektoren in Nervensignale umgesetzt werden. Bei einohrigem Hören oder einkanaliger Schallübertragung bleiben Phasenbeziehungen des empfangenen Signals weitgehend unberücksichtigt, solange sie sich nicht innerhalb schmalbandiger Bereiche, den Frequenzgruppen, auswirken. Der Frequenz- und Dynamikbereich, in dem Schallsignale gehört werden können, und der psychophysikalisch ermittelte Zusammenhang zwischen *Schalldruck* und subjektivem *Lautstärkeempfinden* wird in der *Hörflächen*darstellung (Bild 1) zusammengefaßt. Im günstigsten Fall können noch Frequenzänderungen von 2 Hz und Schalldruckänderungen von 0,5 dB wahrgenommen werden. Bild 1 gilt in dieser Form nur für sin-förmige Signale. Bei zwei in der Frequenz benachbarten sin- oder schmalbandi-

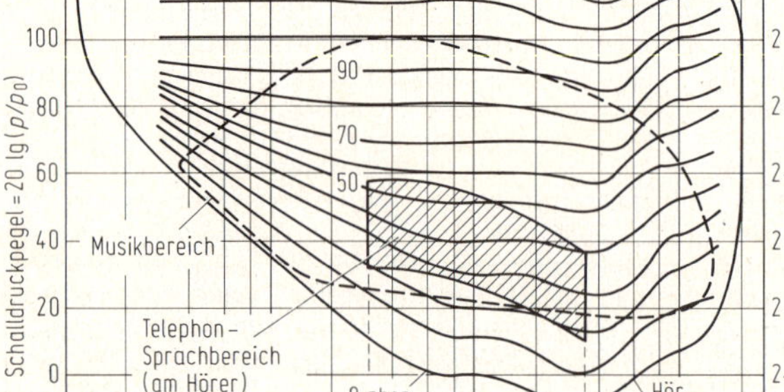

Bild 1. Hörfläche, Kurven gleicher Lautstärke und Bereiche von Tonsignalen

gen Signalen wird das schwächere durch das stärkere „verdeckt“, d.h. die Hörschwelle wird durch das stärkere Signal angehoben. Diese Verdeckung spielt insbesondere für die Verständlichkeit gestörter Sprache eine Rolle.

Der kleinere Bereich der Musiksignale, der bei einer auf hohe Übertragungstreue ausgelegten Übertragung zu berücksichtigen wäre, ist in Bild 1 gestrichelt eingezeichnet. Für eine natürliche Übertragung von nur Sprachsignalen genügt der Frequenzbereich von 200 bis 6000 Hz. Verzeichtet man auf eine natürlich klingende Wiedergabe und beschränkt sich, wie in der Telephonie, auf das Kriterium der *Verständlichkeit*, dann reicht es aus, den in Bild 1 schraffierten Bereich zu berücksichtigen, der, nach oben und unten, durch die über viele Sprecher gemittelten Leistungsdichtespektren von leiser und lauter Sprache begrenzt ist [1, 2].

Verständlichkeit der Sprache. Das gebräuchlichste Maß für die Güte eines verzerrten und/oder gestörten Sprachsignals ist die *Silbenverständlichkeit.* Diese gibt an, welcher Anteil einer Anzahl ausgesuchter, sinnloser Silben („Logatome“) von einer größeren Anzahl von Versuchspersonen unter vorgegebenen Versuchsbedingungen richtig verstanden werden [1, 3]. Für Sprachkanäle sollte die Silbenverständlichkeit mindestens 80% erreichen; dem entsprechen etwa eine Wortverständlichkeit von 90% und eine Satzverständlichkeit von 97%.

In vielen Fällen kann die umständliche und nur im praktischen Versuch mögliche Messung der Silbenverständlichkeit durch die numerische Bestimmung des *Artikulationsindex* ersetzt werden [4]. Etwas vereinfacht beschrieben berechnet man hierzu die Verformung und Verschiebung der schraffierten Fläche in Bild 1 durch lineare Verzerrungen und Verstärkungsfaktoren des Übertragungssystems in 20 festgelegten Frequenzbändern. Weiter wird ggf. in das Diagramm noch der Schalldruckpegelverlauf von additiven Rauschstörungen eingetragen. Solange dann die schraffierte (verformte) Sprachbereichsfläche oberhalb von Hörschwelle und Rauschpegelverlauf sowie unterhalb von 95 phon (Übersteuerungsgrenze des Gehörs) liegt, beträgt der Artikulationsindex 100%. Liegen dagegen Teile der Sprachbereichsfläche unterhalb der Hörschwelle oder unterhalb des Rauschpegelverlaufs oder oberhalb 95 phon, dann wird der Artikulationsindex um diese Flächenanteile vermindert. Zwischen Artikulationsindex, Silben- und Satzverständlichkeit bestehen etwa folgende Zusammenhänge:

Artikulationsindex	%	100	90	80	70	60	50	40	30
Silbenverständlichkeit	%	98	96	92	88	81	70	53	31
Satzverständlichkeit	%	100	99	98,5	98	97,5	97	95	92

Übertragungsanforderungen für Ton- und Fernsprechsignale. Das Comité Consultatif International Télégraphique et Téléphonique (CCITT) arbeitet ständig an einem umfangreichen Vorschriftenwerk, das einen Mindeststandard der Übertragungsqualität bei internationalen Nachrichtenverbindungen gewährleisten soll. Eine pauschale Auswahl dieser Randbedingungen für lineare und nichtlineare Verzerrungen sowie Störabstände ist im folgenden für Fernsprech- und 15-kHz-Tonsignale zusammengestellt. Diese Angaben gelten für einen fiktiven Bezugskreis von 2500 km Länge bei analoger und gemischt analog-digitaler Übertragungstechnik; sie können aber ohne genauere Vorschriften über Meßverfahren und Meßort nur einer groben Orientierung dienen [5, 6].

Lineare Verzerrungen. In Bild 2 sind die zulässigen Dämpfungstoleranzen für beide Signalarten aufgetragen. Bei Fernsprechsignalen zeigt sich deutlich die hohe Toleranz der Verständlichkeit gegenüber schmalbandigen und zu den Bandgrenzen stark abfallenden Übertragungssystemen.

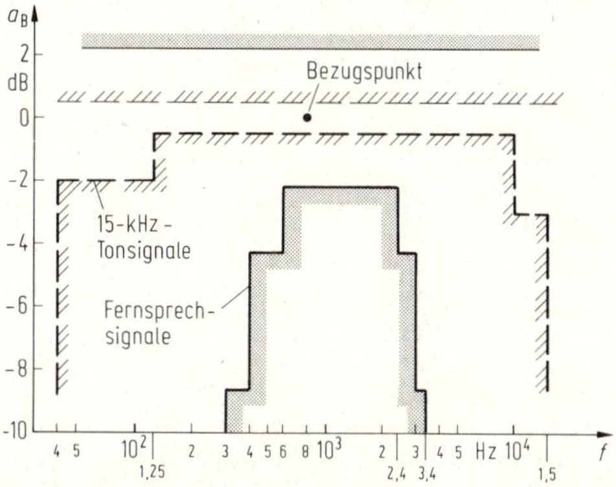

Bild 2. Betriebsdämpfungstoleranzen für Fernsprech- und 15-kHz-Tonübertragungssysteme

Bei stereophoner Übertragung soll die Dämpfungsdifferenz zwischen beiden Kanälen im Bereich von 0,125 bis 10 kHz unterhalb 0,8 dB liegen; sie darf nach unten bis 40 Hz bzw. nach oben bis 14 kHz den Wert von 1,5 dB und bis 15 kHz von 3 dB nicht überschreiten.

Gruppenlaufzeitverzerrungen. Gegenüber Phasen- bzw. Gruppenlaufzeitverzerrungen von Tonsignalen ist das Ohr recht unempfindlich. Laut CCITT-Empfehlung sind für 15-kHz-Rundfunkleitungen bzw. Fernsprechleitungen als maximale Abweichung Δt_g von der minimalen Gruppenlaufzeit im mittleren Frequenzbereich zulässig:

f_g/Hz	40	75	300	3400	14000	15000	
15-kHz-Kanal	55	24			8	12	Δt_g / ms
Fernsprechkanal			60	30			Δt_g / ms

Bei stereophoner Übertragung sollen Phasendifferenzen zwischen beiden Kanälen im Bereich von 0,2 bis 4 kHz unterhalb 15° liegen; sie dürfen nach unten bis 40 Hz bei logarithmischer Frequenzskalierung linear auf 30° ansteigen, entsprechend nach oben bis 14 kHz auf 30° und bis 15 kHz auf 40°.

Laufzeit. Da eine zu große absolute Laufzeit den Sprachfluß bei einem Ferngespräch stört, sind bei internationalen Verbindungen höchstens 400 ms in einer Richtung zugelassen, wobei für Laufzeiten > 150 ms spezielle Echodämpfungsmaßnahmen notwendig werden [6]. Für Tonsignale, die Fernsehsendungen begleiten, darf die Laufzeitdifferenz zum Bildsignal 50 ms nicht überschreiten.

Nichtlineare Verzerrungen. Hörbarkeit von und Störung durch nichtlineare Verzerrungen sind u.a. stark von der Signalbandbreite abhängig. Einen groben Überblick über diesen im einzelnen komplizierten Zusammenhang gibt die folgende Zusammenstellung [7]:

Bandbreite/kHz	15	10	5	3	
hörbar	0,7	1	1,2	1,4	Gesamtklirrfaktor/%
unangenehm	2,6	4	8	18...20	Gesamtklirrfaktor/%

Störabstand. Aufgrund der frequenzabhängigen Empfindlichkeit des Gehörs wirken sich Störgeräusche in verschiedenen Frequenzbereichen unterschiedlich stark aus. Man mißt daher als *Geräuschleistung* die dem Nutzsignal überlagerte Störleistung nach Filterung mit den in Bild 3 aufgetragenen Bewertungsfilterfunktionen.

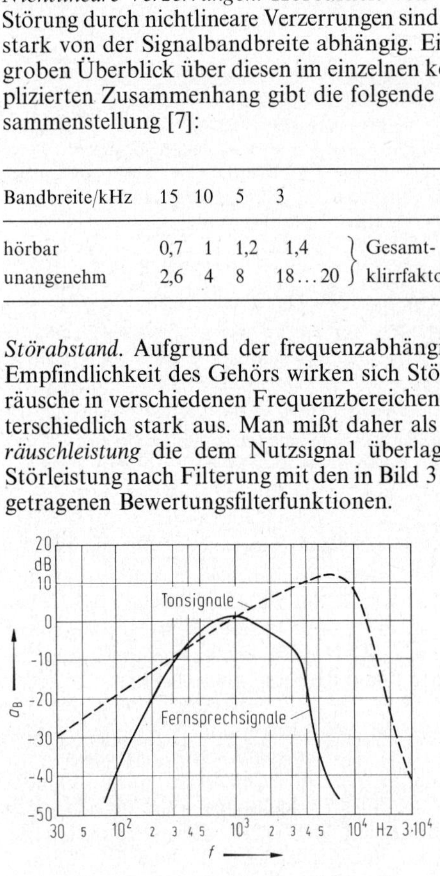

Bild 3. Geräuschbewertungsfilterkurven (Psophometerkurven) für 15-kHz-Ton- und Fernsprechsignale

Bei einer Tonübertragung soll dann der Abstand zwischen Geräuschleistung und Spitzensignalleistung mindestens 56 dB betragen. Bei der Fernsprechübertragung wird für diesen Abstand 50 dB gefordert. Die Silbenverständlichkeit nimmt bei einem Abstand von 40 dB um etwa 2% ab, bei 30 dB um 5% und bei 20 dB um 15%. Bei dieser Festlegung versteht man unter der Spitzenleistung die Leistung eines sin-Signals, dessen Amplitude gleich der Spitzenspannung des betrachteten Signals ist [8].

4.2 Bildsignale. Video signals

Eigenschaften des Auges. Im Auge werden Lichtsignale nach einer schnellen Dynamikregelung durch die einstellbare Pupillenfläche vom optischen Apparat auf die *Netzhaut* abgebildet und dort in Nervensignale umgesetzt. Die Netzhaut (Retina) enthält zwei Rezeptorsysteme, die insgesamt einen Wellenlängenbereich von 400 bis 740 nm überdecken. Die etwa 120 Millionen *Stäbchen* mit einem hohen Empfindlichkeitsmaximum im grünen Bereich (555 nm) vermitteln nur Helligkeitsinformationen. Die 6 Millionen *Zapfen* sind unempfindlicher (Tagessehen). Ein farbiges Sehen ist durch drei Arten von Zapfen möglich, deren Empfindlichkeitsmaxima im Blauen (440 nm), Grünen (535 nm) bzw. Roten (565 nm) liegen. Die Rezeptoren stehen um den Ort des schärfsten Sehens im Zentrum der Retina besonders dicht und enthalten dort auch einen besonders hohen Anteil an Zapfen. Dieser Zentralbereich (gelber Fleck, Fovea) ermöglicht daher in einem Raumwinkelbereich von 1° bis 2° sowohl hohe Auflösung als auch gutes Farbensehen.
Durch Ändern der Netzhautempfindlichkeit, das durch Umlagern von Farbstoffen geschieht, ist eine weitere langsame Dynamikregelung (Adaption) möglich. Das Auge hat sowohl im Orts- wie im Zeitbereich Bandpaßeigenschaften. Dies wird durch die beiden Modulationsübertragungsfunktionen in Bild 4 verdeutlicht. Aufgetragen ist für die ortsabhängige Messung die gerade noch wahrnehmbare relative Helligkeitsänderung (Modulation m) hervorgerufen durch ein einfarbiges, unbewegtes Sinusgitter in Abhängigkeit von der Ortsfrequenz f_x. Für die zeitabhängige Messung ist entsprechend die gerade noch wahrnehmbare Modulation eines zeitlich sinusförmig flickernden Gleichfeldes in Abhängigkeit von der Flicker-Frequenz f_t dargestellt.
Bedingt durch obere Grenzfrequenzen von etwas über 50 Perioden/Grad und 50 Hz können bei der Bildspeicherung und Übertragung die örtliche Auflösung und die Bildwechselzahl beschränkt werden.
Weiter sind, wie auch im Hörbereich, Rauschstörungen und Verzerrungen im hohen und niede-

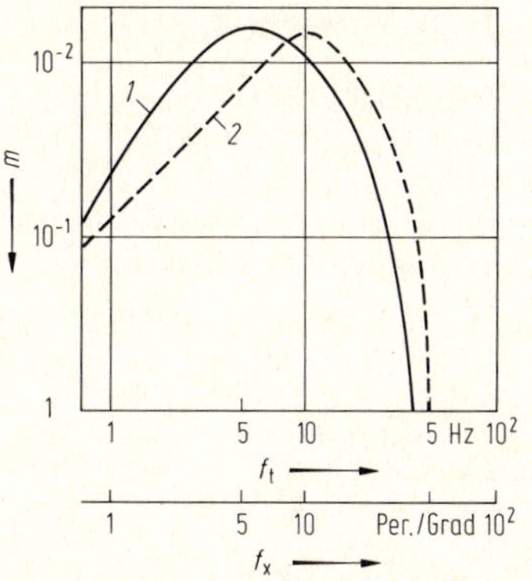

Bild 4. Modulationsübertragungsfunktion bei mittlerer Helligkeit für sinusförmige (*1*) Orts- und (*2*) Zeitmuster

ren Frequenzbereich weniger störend; das gleiche gilt im Bereich hoher Helligkeit. In Zusammenhang damit sind Verzerrungen und Störungen ebenfalls im Bereich von Helligkeitskanten und von Szenenwechseln weniger sichtbar, sie werden „maskiert" [9, 10].

Bildfeldzerlegung. Zur Übertragung wird das Einzelbild zunächst in horizontale Zeilen und, bei digitalen Verfahren, diese noch in einzelne Bildpunkte zerlegt. Damit diese Zeilenstruktur nicht mehr sichtbar ist, muß ihre Ortsfrequenz nach Bild 4 mindestens 40 bis 50 Perioden/Grad betragen. Die Mindestzeilenzahl ergibt sich dann aus dem Betrachtungswinkel, mit dem die Bildhöhe erscheint. Beim heutigen *Fernsehstandard* wird als Betrachtungswinkel 10° bis 15° (Abstand ≈ 4 bis $5 \cdot$ Bildhöhe) angenommen, damit sind $Z \approx 15$ Grad $\cdot$ 40 Perioden/Grad = 600 Zeilen erforderlich. Für die *Bildtelegraphie* (Pressebilder) und in etwa auch für ein zukünftiges hochauflösendes Fernsehsystem ist als Betrachtungswinkel etwa 25° (Abstand $\approx 2 \ldots 2{,}3 \cdot$ Bildhöhe) vorgesehen, als Zeilenzahl ergibt sich $Z \approx 1000$. Das Spektrum eines Bildsignals erhält durch die Bildfeldzerlegung eine ausgeprägte periodische Struktur. Eine Verallgemeinerung des Abtasttheorems sagt aus, daß bei der Zerlegung eines bewegten Bildes in Einzelbilder im Abstand $t_B = 1/f_B$, in Zeilen im Abstand $t_Z = 1/f_Z$ und in einzelne Bildpunkte im Abstand $t_P = 1/f_P$ (Bild 5a) das Spektrum sich aus drei zueinander periodischen Anteilen mit den Perioden der Bildpunktfrequenz f_P, der Zeilenfrequenz f_Z und der Bildfrequenz f_B zusammensetzt (s. Bild 5b).
Eine fehlerfreie Rekonstruktion des abgetasteten Bildes setzt auch hier entsprechende Tiefpaßbegrenzungen des Bildsignals in der Ortsebene und der Zeitrichtung voraus. (Das ist bei heutigen Fernsehsystemen nur unvollkommen erfüllt.) In diesem Fall treten, wie im Spektrum Bild 5b auch dargestellt, keine Überlappungen der einzelnen Anteile auf [10].
Bei der analogen *Fernsehübertragung* ist das Zeilensignal zeitkontinuierlich, das Spektrum ist auf $f_P/2$ begrenzt. Diese Bandbreite berechnet sich bei der in Mitteleuropa geltenden Fernsehnorm aus der Vollbildfrequenz $f_B = 25$ Hz, der Zeilenzahl $Z = 625$, einem Bildformat (unter Berücksichtigung der Austastlücken) von $\frac{4}{3} \cdot \frac{0{,}92}{0{,}82}$ und der Annahme gleicher Bildpunktabstände in horizontaler wie vertikaler Richtung zu

$$\frac{f_P}{2} = \frac{1}{2} Z^2 \frac{4}{3} \cdot \frac{0{,}92}{0{,}82} \cdot f_B = 7{,}3 \text{ MHz.}$$

Wegen der unvollkommenen Tiefpaßbegrenzung in vertikaler Richtung ist die Auflösung für vertikale Strukturen um einen Faktor 0,42 bis 0,85 geringer. Um diesen empirisch ermittelten „Kell-Faktor" kann dann auch die Horizontalauflösung verringert werden. Als Videobandbreite ist daher genormt

$$f_g = 0{,}68 \cdot f_p/2 = 5 \text{ MHz.}$$

Bei der *Farbfernsehtechnik* werden außer dem Leuchtdichtesignal (Luminanzsignal) noch zwei weitere Farbartsignale (Chrominanzsignale) übertragen. Bedingt durch die für Farbinformationen zulässige geringere Bandbreite im Ortsfrequenzbereich genügt für beide Farbartsignale eine Videobandbreite von etwa 1,3 MHz (PAL-System). Diese beiden Signalanteile können daher bei der Übertragung in dem periodisch auftretenden Bereichen geringer Spektraldichte des

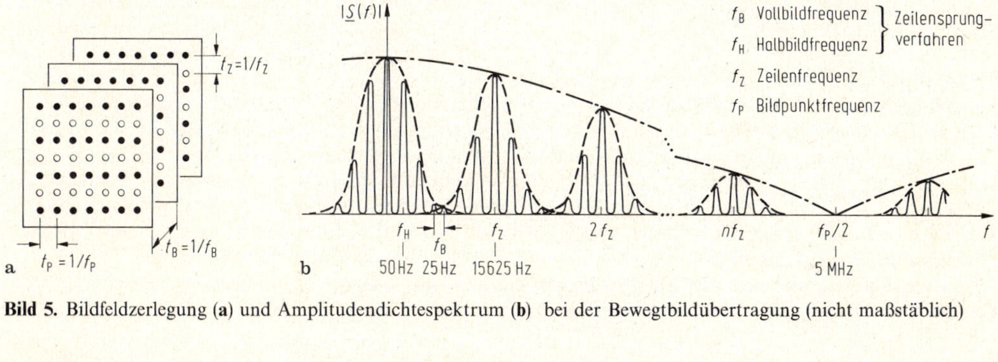

Bild 5. Bildfeldzerlegung (**a**) und Amplitudendichtespektrum (**b**) bei der Bewegtbildübertragung (nicht maßstäblich)

oberen Frequenzbereichs des Videospektrums um die Farbhilfsträgerfrequenz von 4,43 MHz mit übertragen werden. Gegenseitige Störungen sind dabei aber unvermeidbar.
Für die Übertragung von *Festbildern* gelten entsprechende Überlegungen. Einfache Faksimilegeräte tasten eine DIN-A4 Seite mit 3,8 Zeilen/mm ab. Zur Übertragung über einen Telefoniekanal wird dann ohne Quellcodierungsmaßnahmen eine Zeit von etwa 6 min gebraucht.

Übertragungsanforderungen für Fernsehbildsignale. Über die Eigenschaften von Fernsehübertragungsstrecken (fiktive Bezugsverbindung von 2500 km Länge) existieren umfangreiche Vorschriften [5]. Hier werden daher nur wenige Hinweise für die 5-MHz-Norm (Gerber-Norm) gegeben. Bei der endgültigen Beurteilung eines Übertragungssystems kann aber letztlich nicht auf eine subjektive Beurteilung verzichtet werden [11].

Lineare Verzerrungen. Gute Bildqualität verlangt, daß der Dämpfungsverlauf im Videobereich (50 Hz bis 5 MHz) um nicht mehr als ± 0,5 dB schwankt, zugelassen sind für Übertragungsstrecken bei 1 MHz ± 1 dB, und bei 4 MHz ± 2 dB (bezogen auf die Dämpfung bei 0,2 MHz). Die Gruppenlaufzeit sollte für gute Qualität im Durchlaßbereich nur um die Dauer eines halben Bildelements (± 35 ns) variieren. Zugelassen sind (bezogen auf die Laufzeit bei 0,2 MHz) Abweichungen von ± 0,1 µs bei 1 MHz und ± 0,35 µs bei 4,5 MHz. Aussagekräftiger ist häufig die Messung der linearen Verzerrungen im Zeitbereich, wo sich subjektiv besonders bemerkbare Bildfehler, wie Kantenunschärfe, Überschwingen und Reflexionen, direkt erkennen lassen. Hierzu werden Toleranzschemata für das Einschwingverhalten vorgegebener Meßimpulse benutzt [5].

Nichtlineare Verzerrungen. Die Steigung der Aussteuerungskennlinie des gesamten Übertragungssystems darf innerhalb des Aussteuerbereichs höchstens 20% vom Maximalwert abweichen. Bei Farbfernsehübertragung ist nichtlineares Verhalten besonders bei der Frequenz des Farbhilfsträgers (4,43 MHz) störend.

Störabstand. Aufgrund der unterschiedlichen Sichtbarkeit werden drei Störkomponenten betrachtet. Breitbandige Störungen mit Zufallscharakter sollen im Bereich ab 10 kHz einen (bewertet gemessenen) Effektivwert nicht überschreiten, der zur Spitzenamplitude des Videosignals (gemessen zwischen Weißwert und Austastwert) einen Abstand von 52 dB einhält.
Bei selten auftretenden impulsförmigen Störungen soll der Abstand ihrer Spitzenamplitude zur Spitzenamplitude des Videosignals mindestens 25 dB betragen.
Schließlich soll gegenüber 50-Hz-Netzstörungen und monofrequenten Störsignalen über 1 MHz der Abstand der Spitzenamplituden mindestens 30 dB, bei monofrequenten Störern zwischen 1 kHz und 1 MHz mindestens 50 dB erreichen [5].

Spezielle Literatur: [1] *Flanagan, J.L.*: Speech analysis, synthesis and perception. Berlin: Springer 1965. – [2] *Zwicker, E.*; *Feldtkeller, R.*: Das Ohr als Nachrichtenempfänger. Stuttgart: Hirzel 1967. – [3] *Sotscheck, J.*: Methoden zur Messung der Sprachgüte. Der Fernmelde-Ingenieur 30 (1976) Heft 10 u. 12. – [4] *Kryter, K.D.*: Methods for calculating and use of the Articulation Index. JASA 34 (1962) 1689–1702. – [5] *CCITT-Recommendation*: Orange book, Vol. III. ITU Genf 1976. – [6] *CCITT-Recommendation*: Yellow book, Vol. III. ITU Genf 1980. – [7] *Hamsher, D.H.* (Ed.): Communication system engineering handbook. New York: McGraw-Hill 1967. – [8] *DIN 40 146*: Begriffe der Nachrichtentechnik. – [9] *Marko, H.* u.a.: Das Auge als Nachrichtenempfänger. AEÜ 35 (1981) 20–26. – [10] *Pearson, D.E.*: Transmission and display of pictorial information. London Pentech Press 1975. – [11] *CCIR-Recommendation*: Method for subjective assessment of the quality of television pictures. Recommendation 500-1 (1978).

5 Begriffe der Informationstheorie
Elements of information theory

Allgemeine Literatur: *Berger, T.*: Rate distortion theory. Englewood Cliffs: Prentice Hall 1971. – *Fano, R.M.*: Informationsübertragung. München: Oldenbourg 1966. – *Gallager, R.G.*: Information theory and reliable communication. New York: Wiley 1968. – *Hamming, R.W.*: Coding and information theory. Englewood Cliffs: Prentice Hall 1980. – *NTG 0102:* Informationstheorie – Begriffe. NTZ 32 (1966) 231–234. – *NTG 0104:* Codierung, Grundbegriffe. NTZ 35 (1982) 59–66. – *Shannon, C.E.*: Communication in the presence of noise. Proc. IRE 37 (1949) 10–21. – *Swoboda, J.*: Codierung zur Fehlerkorrektur und Fehlererkennung. München: Oldenbourg 1973.

Claude Elwood Shannon hat in seiner 1948 veröffentlichten Informationstheorie [1] den Begriff der Information als statistisch definiertes Maß in die Nachrichtentechnik eingeführt. Die Elemente eines Nachrichtenübertragungssystems – Quelle, Kanal und Senke – werden in der Informationstheorie abstrahiert von ihrer technischen Realisierung durch informationstheoretische Modelle beschrieben (s. D 1). Aus dieser Betrachtungsweise lassen sich insbesonders Grenzen für Nachrichtenübertragungs- und Speichersysteme ableiten, die auch bei beliebigem technischen Aufwand nicht überschreitbar sind.

Spezielle Literatur Seite D 38

5.1 Diskrete Nachrichtenquellen und Kanäle

Discrete information sources and channels

Eine diskrete Quelle (s. Bild D 1.2) erzeugt eine Folge diskreter Zeichen, d. h. ein wert- und zeitdiskretes Signal. Die Menge möglicher Werte mit dem endlichen Umfang M wird Quellenalphabet genannt. Beispiele sind binäre Quellen mit $M = 2$, Dezimalzahlen mit $M = 10$ oder alphabetische Texte mit $M = 27$.

Es sei angenommen, daß zwischen den einzelnen erzeugten Zeichen statistische Bindungen bestehen, die sich jeweils über L aufeinanderfolgende Zeichen erstrecken. Weiter sei bekannt, daß die i-te Zeichenfolge aus den insgesamt möglichen M^L unterschiedlichen Folgen der Länge L mit der Wahrscheinlichkeit p_i erzeugt wird. Als *Informationsgehalt* I_i des Ereignisses, daß die i-te Folge erzeugt wird, bezeichnet man die Größe $I_i = \mathrm{lb}\,(1/p_i) = -\,\mathrm{lb}\,p_i$ bit.

Die Pseudoeinheit bit (Binärzeichen, „binary digit") weist auf die Verwendung des binären Logarithmus hin.

Die *Entropie H* eines Zeichens in dieser Folge ist dann der mittlere Informationsgehalt pro Zeichen

$$H = -\frac{1}{L}\sum_{i=1}^{M^L} p_i\,\mathrm{lb}\,p_i \quad \text{bit/Zeichen.} \qquad (1)$$

Es gilt stets $H \geqq 0$. Die Entropie erreicht ihr Maximum $H_0 = \mathrm{lb}\,M$, wenn die einzelnen Zeichen der Quelle statistisch unabhängig ($L = 1$) und gleichwahrscheinlich ($p_i = 1/M$) sind. Dieses Maximum ist der *Entscheidungsgehalt* der Quelle. Die Bedeutung des mittleren Informationsgehalts wird durch den *Satz von der Entropie* beschrieben: Es ist möglich, beliebige Folgen von Zeichen einer Quelle fehlerfrei so in Binärzeichen zu codieren, daß die mittlere Zahl an Binärzeichen pro Zeichen die Entropie annähert; die Annäherung strebt mit wachsender Folgenlänge gegen die Gleichheit.

Als einfaches Beispiel wird die *gedächtnislose Binärquelle* betrachtet, die statistisch unabhängig die Zeichen „1" mit der Wahrscheinlichkeit p und „0" mit $1-p$ erzeugt. Mit $L = 1$ und $M = 2$ in Gl. (1) ergibt sich die nur von p abhängige Entropie zu

$$H = -\sum_{i=1}^{2} p_i\,\mathrm{lb}\,p_i = -p\,\mathrm{lb}\,p - (1-p)\,\mathrm{lb}(1-p)\ \text{bit/Zeichen.}$$

Den Verlauf dieser Entropie über p zeigt Bild 1. Das Maximum der Entropie von $H_0 = 1$ bit/Zeichen wird für gleichwahrscheinlich erzeugte Zeichen ($p = 0{,}5$) erreicht. Die Abweichung $R = H_0 - H$ ist die absolute *Redundanz* der Quelle; sie gibt den Gewinn an, der mit einer fehlerfreien Quellencodierung zu erzielen ist.

Ein weiteres Beispiel ist die Codierung alphabetischer Texte. In Bild 2 ist die Häufigkeit aufgetragen, mit der Buchstaben in deutschsprachigen Texten auftreten.

Unter der zunächst betrachteten vereinfachten Annahme, daß ein Schrifttext eine gedächtnislose Quelle mit statistisch unabhängigen Zeichen ist, ergibt sich mit $L = 1$ und $M = 27$ eine Entropie von $H = -\sum_{i=1}^{27} p_i\,\mathrm{lb}\,p_i = 4{,}04$ bit/Buchstabe. In Bild 2 sind weiter drei Binärcodierungen für die Buchstaben des Alphabets und die mit ihnen erreichbaren mittleren Werte H_c an Binärzeichen pro Buchstabe angegeben. Der auf diesen Wert hin optimierte Huffman-Code [2] unterscheidet sich also nur noch um 2,3 % von einem optima-

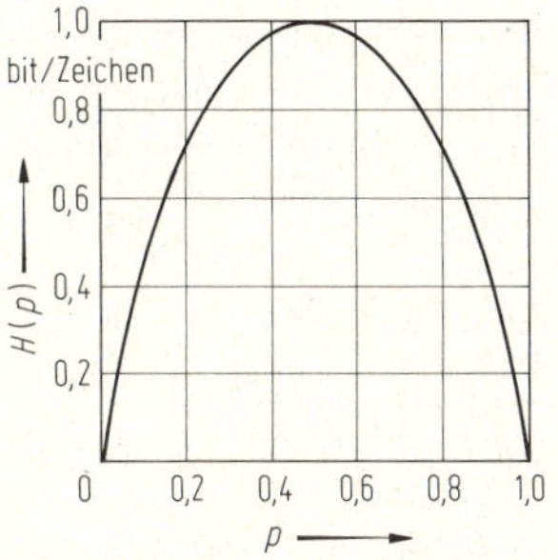

Bild 1. Entropie der gedächtnislosen Binärquelle („Shannon-Funktion")

Buchstabe	Häufigkeit p_i in %	Bacon 1623 Baudot 1874	Morse 1844	Huffman 1952
␣	14,42	00100	00	000
E	14 40	10000	100	001
N	8,65	00110	01100	010
S	6,46	10100	11100	0110
I	6,28	01100	1100	0111
R	6,22	01010	101100	1000
⋮				
M	1,72	00111	010100	111010
⋮				
X	0,08	10111	01110100	1111111110
Q	0,05	11101	010110100	11111111110
H_c in bit/Buchstabe:		5	4,79	4,13

Bild 2. Binärcodes für alphabetische Texte

len Quellencode. (Der Huffmann-Code ist „kommafrei", d.h. kein kürzeres Codewort tritt als Anfang eines längeren Wortes auf. Damit ist auch ohne Trennzeichen eine eindeutige Decodierung möglich.) Berücksichtigt man aber die statistischen Bindungen in normalen Schrifttexten, dann läßt sich deren Entropie etwa auf 1,3 bit/Buchstaben schätzen [3, 4]. Ein Quellencode, der dieser Entropie nahe kommen soll, müßte allerdings nicht den einzelnen Buchstaben, sondern möglichst langen Textfolgen aufgrund der für sie geltenden Wahrscheinlichkeiten jeweils optimale Codewörter zuordnen. Der hierzu notwendige Aufwand stößt sehr schnell an technisch realisierbare Grenzen.

Diskrete Übertragungskanäle. Ein diskreter Übertragungskanal ordnet bei jedem Übertragungsvorgang einem Zeichen x_i, das aus einem Eingangsalphabet X mit dem endlichen Umfang M entnommen wird, ein Zeichen y_j aus einem Ausgangsalphabet Y des Umfangs M' zu. Ein technischer Kanal dieser Art enthält zumeist als eigentliches Übertragungsmedium einen kontinuierlichen Kanal, (s. Bild D 1.2). Einfachstes Modell eines diskreten Kanals ist der gedächtnislose Kanal, bei dem die Zuordnung zwischen den Zeichen x_i und y_j unabhängig von vorher und nachher übertragenen Zeichen ist. Dieser Kanal wird vollständig durch die bedingten Wahrscheinlichkeiten $p(y_j \mid x_i)$ beschrieben, die angeben, mit welcher Wahrscheinlichkeit das Zeichen y_j empfangen wird, wenn das Zeichen x_i ausgesendet wurde.

Aus diesen bedingten Wahrscheinlichkeiten und den Wahrscheinlichkeiten $p(x_i)$, mit denen die Quelle die Zeichen x_i erzeugt, lassen sich die Verbundwahrscheinlichkeiten $p(x_i, y_j)$ berechnen, die aussagen, mit welcher Wahrscheinlichkeit ein Zeichenpaar x_i und y_j auftritt; es gilt (Formel von Bayes)

$$p(x_i, y_j) = p(y_j \mid x_i)\, p(x_i).$$

Damit ergeben sich auch die Wahrscheinlichkeiten $p(y_j)$ dafür, daß das Zeichen y_j empfangen wird, durch Summation über alle i zu $p(y_j) = \sum_{i=1}^{M} p(x_i, y_j)$.

Den Eingangs- und Ausgangssignalen können Entropien zugeordnet werden, die im einfachsten Fall einer gedächtnislosen Quelle die folgende Form haben.

$$H(X) = -\sum_{i=1}^{M} p(x_i)\,\mathrm{lb}\,p(x_i)\ \text{bit/Zeichen},$$

$$H(Y) = -\sum_{j=1}^{M'} p(y_j)\,\mathrm{lb}\,p(y_j)\ \text{bit/Zeichen}.$$

Zur näheren Beschreibung des Übertragungsvorgangs wird entsprechend auch für die Zeichenpaare x_i, y_j eine Entropie, die *Verbundentropie* definiert

$$H(X, Y) = -\sum_{i=1}^{M} \sum_{j=1}^{M'} p(x_i, y_j)\,\mathrm{lb}\,p(x_i, y_j)$$
$$\text{bit/Zeichen.}$$

Bei statistischer Unabhängigkeit der Ein- und Ausgangssignale, also mit $p(x_i, y_j) = p(x_i)\,p(y_j)$, erreicht die Verbundentropie ihren Maximalwert $H(X, Y)_{max} = H(X) + H(Y)$. In diesem Fall kommt keine Nachrichtenübertragung mehr zustande. Als Maß für die übertragene Information definiert die Informationstheorie daher die Differenz

$$T(X; Y) = H(X, Y)_{max} - H(X, Y) \qquad (2)$$
$$= H(X) + H(Y) - H(X, Y)\ \text{bit/Zeichen.}$$

Dieser Ausdruck, der mittlere *Transinformationsgehalt* oder die *Synentropie*, verschwindet also genau dann, wenn keine Übertragung stattfindet, in allen anderen Fällen ist er positiv.

Zur Deutung des Transinformationsgehalts läßt sich weiter aussagen, daß nach einer gestörten Übertragung im Mittel vom Empfänger noch $H(X) - T(X; Y)$ bit/Zeichen benötigt werden, um die Restunsicherheit darüber zu beseitigen, welches Zeichen gesendet wurde. Diese Größe wird *Äquivokation* $H(X \mid Y)$ genannt. Umgekehrt gilt vom Standpunkt des Senders, daß nach Aussenden eines Zeichens im Mittel noch eine Information der Größe $H(Y) - T(X; Y)$ benötigt wird, um aussagen zu können, welches Zeichen beim Empfänger angekommen ist. Hier wird die Differenz als *Irrelevanz* $H(Y \mid X)$ bezeichnet. Bei einem störfreien Übertragungskanal verschwinden Irrelevanz und Äquivokation; der Transinformationsgehalt erreicht sein Maximum $T(X; Y)_{max} = H(X) = H(Y)$. Diese Zusammenhänge zwischen den verschiedenen Entropien lassen sich schematisch in Form des Bildes 3 darstellen.

Von der Entropie der Quelle wird mit anderen Worten nur ein Teil von der Größe des Transinformationsgehalts zur Senke übertragen. Der Rest, die Äquivokation, geht durch den Einfluß

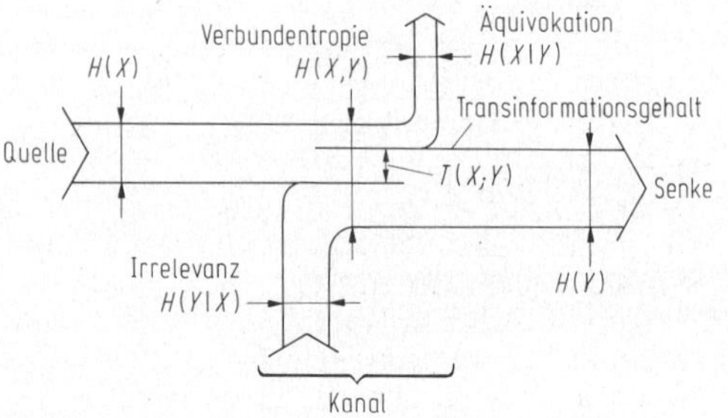

Bild 3. Entropiebegriffe bei einer gestörten Nachrichtenübertragung

der Störquelle verloren. Stattdessen liefert der gestörte Kanal sinnlose Informationen von der Größe der Irrelevanz zusätzlich zum Transinformationsgehalt zur Senke. Der Transinformationsgehalt $T(X; Y)$ ist außer von den Eigenschaften des Kanals noch von denen der Nachrichtenquelle abhängig. Um ein Maß für das Übertragungsvermögen des Kanals allein zu erhalten, wird das bei Variation über alle möglichen Eingangswahrscheinlichkeitsverteilungen erreichbare Maximum des Transinformationsgehalts als *Kanalkapazität C* definiert.

$$C = \max_{p(x_i)} [T(X; Y)] \text{ bit/Zeichen.} \qquad (3)$$

Die Berechnung dieser Größe ist im allgemeinen Fall recht schwierig, da alle beteiligten Entropien von der Eingangswahrscheinlichkeitsverteilung abhängen.

Für den einfachsten Fall des störfreien Kanals ergibt sich mit $T(X; Y) = H(X)$ als Kanalkapazität $C = H(X)_{\max} = H_0 = \operatorname{lb} M$ bit/Zeichen.

Die nachrichtentechnische Bedeutung dieses Begriffs wird durch den grundlegenden *Satz von der Kanalkapazität* charakterisiert, der (etwas vereinfacht) aussagt, daß über einen gestörten Kanal im Prinzip durch eine geeignete Codierung dann und nur dann eine Übertragung mit beliebig kleinem Fehler möglich ist, wenn die Entropie der zu übertragenen Signale nicht größer als die Kanalkapazität, also $H \leqq C$ ist. Eine Aufspaltung der notwendigen Codierung in eine Quellen- und eine Kanalcodierung (s. Bild D 1.2) bedeutet dabei unter sehr weiten Bedingungen keine Einschränkung.

Kapazität des symmetrischen, gedächtnislosen Binärkanals. Als Beispiel sei die Kanalkapazität des symmetrischen, gedächtnislosen Binärkanals betrachtet. Dieser Kanal überträgt binäre Zeichen 1 und 0 so, daß eine Verfälschung der 1 in die 0 und der 0 in die 1 mit der gleichen, von der Zeichenfolge unabhängigen Wahrscheinlichkeit p erfolgt. Dies ist schematisch in Bild 4 links dargestellt.

Berechnet man mit Gl. (3) die Kanalkapazität dieses Kanalmodells, dann ergibt sich

$$C = 1 + p \operatorname{lb} p + (1 - p) \operatorname{lb}(1 - p) \quad \text{bit/Zeichen.} \qquad (4)$$

Den Verlauf dieser Funktion zeigt Bild 4 rechts. Die fehlerfreie Übertragung über diesen Kanal verlangt eine Kanalcodierung (s. Bild D 1.2) mit einer Redundanz, die mindestens gleich dem in Bild 4 angegebenen, mit der Fehlerwahrscheinlichkeit wachsenden Wert R sein muß.

Die auf Shannon zurückgehende Ableitung des Satzes von der Kanalkapazität setzt voraus, daß man die durch die Redundanz beschriebenen, hinzuzufügenden Bindungen im Grenzfall über

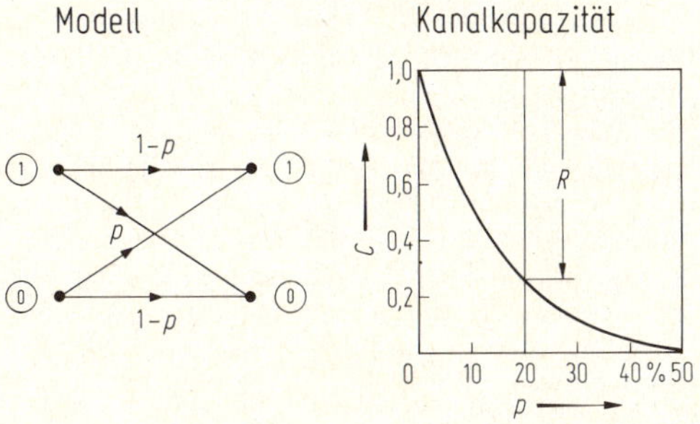

Bild 4. Gedächtnisloser, symmetrischer Binärkanal

unendlich lange Quellensignalfolgen ausdehnen muß, wobei allerdings die Fehlerwahrscheinlichkeit exponentiell mit der Bindungslänge abnimmt. Konkrete Hinweise für eine technisch geeignete Kanalcodierung dieser Art können aber von der Informationstheorie nicht gegeben werden. Hiermit beschäftigt sich die Theorie der fehlerkorrigierenden Codierung [5, 6].

Zeitbezogene Kanalkapazität und Informationsfluß. Die durch Gl. (3) definierte Kanalkapazität gibt die maximale Anzahl an Binärzeichen an, die pro Zeichen im Mittel übertragen werden können. Durch Multiplikation mit der Übertragungsrate r, also der Zahl der in der Zeiteinheit übertragbaren Zeichen, erhält man die zeitbezogene Kanalkapazität $C^* = rC$ bit/Zeiteinheit.

Multipliziert man entsprechend die Entropie H einer Quelle mit der Rate r, mit der die Quelle die Zeichen erzeugt, dann ergibt sich der *Informationsfluß* der Quelle $H^* = rH$ bit/Zeiteinheit.

Der Satz von der Kanalkapazität läßt sich dann auch mit diesen zeitbezogenen Größen als $H^* \leqq C^*$ formulieren.

5.2 Kontinuierliche Nachrichtenquellen und Kanäle

Continuous information sources and channels

Die Mehrzahl der Quellensignale der Nachrichtentechnik sind zeit- und wertkontinuierlich. Es ist prinzipiell nicht möglich, bei der Digitalisierung solcher Quellensignale einen Abtastwert fehlerfrei durch ein diskretes Signal mit endlicher Binärstellenzahl darzustellen. Die Entropie wertkontinuierlicher Quellen ist streng genommen also nicht endlich. Aufgrund des begrenzten Auflösungsvermögens unserer Sinnesorgane (s. D 4) und der unvermeidbaren Übertragungsstörungen darf aber stets ein endlicher Quantisierungsfehler zugelassen werden. Zusammen mit einer Fehlerangabe läßt sich dann auch eine konti-

nuierliche Quelle im Sinne der Informationstheorie als diskrete Quelle endlicher Entropie betrachten.
Ein einfaches Beispiel hierfür ist ein gleichverteiltes, tiefpaßbegrenztes Quellensignal der Grenzfrequenz f_g und der Leistung S. Tastet man dieses Signal mit der vom Abtasttheorem vorgeschriebenen Mindestrate $r = 2f_g$ ab und quantisiert die Abtastwerte so, daß das Verhältnis Signalleistung zu Quantisierungsfehlerleistung S/N_q beträgt, dann ist der Informationsfluß H^* dieser Quelle (für $S/N_q \gg 1$)

$$H^* = r \operatorname{lb} \sqrt{S/N_q} = f_g \operatorname{lb}(S/N_q) \text{ bit/Zeiteinheit.}$$

Die ebenfalls auf Shannon zurückreichende „rate distortion theory" behandelt allgemein das Problem, mit welcher minimalen Anzahl von Binärstellen pro Abtastwert oder pro Zeiteinheit ein kontinuierliches Quellensignal bei einem gegebenen Fehlerkriterium codiert werden kann [7].

Kontinuierliche Kanäle. In praktisch jedem Nachrichtenübertragungssystem sind die Signale im eigentlichen Übertragungsmedium kontinuierlicher Natur. Auf diese kontinuierlichen Nachrichtenkanäle lassen sich die Begriffe der Informationstheorie ebenfalls anwenden [1].
Hierzu wird der gedächtnislose Kanal betrachtet. Das aus einem Leitungscodierer (s. Bild D 1.2) kommende bandbegrenzte Eingangssignal $s(t)$ wird durch seine Abtastwerte $s(nT)$ mit einer Verteilungsdichtefunktion $W_s(x)$ dargestellt. Das Ausgangssignal $g(t)$ des Kanals wird entsprechend durch die Abtastwerte $g(nT)$ mit der Verteilungsdichtefunktion $W_g(y)$ beschrieben. Die Verknüpfung beider Signale läßt sich dann bei einem gedächtnislosen Kanal eindeutig durch die Verbundverteilungsdichtefunktion $W_{sg}(x, y)$ angegeben (s. D 3). Damit läßt sich entsprechend Gl. (2) ein mittlerer Transformationsgehalt definieren

$$T(X; Y) = H(X) + H(Y) - H(X, Y) \text{ bit/Abtastwert,}$$

mit der differentiellen Verbundentropie

$$H(X, Y) = -\int_{-\infty}^{\infty} \int_{-\infty}^{\infty} W_{sg}(x, y) \operatorname{lb} W_{sg}(x, y) \, dx \, dy$$

und den differentiellen Entropien von Eingangs- und Ausgangssignal, die im einfachsten Fall gedächtnisloser Quellen lauten

$$H(X) = -\int_{-\infty}^{\infty} W_s(x) \operatorname{lb} W_s(x) \, dx,$$

$$H(Y) = -\int_{-\infty}^{\infty} W_g(y) \operatorname{lb} W_g(y) \, dy.$$

(Die hier benutzten differentiellen Entropien sind Maße für Verteilungsdichtefunktionen, sie geben keine direkte Aussage über Informationsgehalte.)
Das bei Variationen über alle möglichen Eingangsverteilungen resultierende Maximum des Transinformationsgehalts ergibt dann die Kanalkapazität des kontinuierlichen, gedächtnislosen Kanals.
Der Satz von der Kanalkapazität sagt wieder aus, daß die Übertragung der Signale einer diskreten Quelle der Entropie H über einen gestörten kontinuierlichen Kanal der Kapazität C dann und nur dann mit beliebig kleinem Fehler möglich ist, wenn $H \leqq C$ ist. Das Erreichen dieser Grenze setzt ein geeignetes i. allg. beliebig aufwendiges Leitungscodierungsverfahren (Modulationsverfahren) voraus. Es gibt kein Modulationsverfahren, mit dem diese Grenze überschritten werden kann.

Die Kanalkapazität des Gauß-Kanals. Das Modell des Gauß-Kanals beschreibt einen idealen Tiefpaßkanal der Grenzfrequenz f_b oder einen idealen Bandpaßkanal der Bandbreite f_b der durch weißes, Gaußsches Rauschen der (einseitigen) Leistungsdichte w_0 am Kanaleingang gestört ist. Am Ausgang des Kanals ist die Störung dann bandbegrenztes, Gaußsches Rauschen der Leistung $N = f_b \cdot w_0$. Unter der Randbedingung einer auf S beschränkten mittleren Signalleistung am Kanalausgang hat dieser Kanal eine zeitbezogene Kanalkapazität von [8]

$$C^* = f_b \operatorname{lb}\left(1 + \frac{S}{N}\right) = f_b \operatorname{lb}\left(1 + \frac{S}{f_b w_0}\right) \text{ bit/Zeiteinheit.} \quad (5)$$

Digitale Übertragung und Shannon-Grenze. Im Gauß-Kanal kann nach Gl. (5) eine bestimmte Kanalkapazität durch verschiedene Kombinationen der Parameter f_b, S und w_0 erreicht werden. So darf, wie es z. B. bei Raumsonden extrem ausgenutzt wird, bei Erhöhung der Bandbreite eine Verringerung des S/N-Verhältnisses auf dem Kanal zugelassen werden. Das Übertragungsverfahren ist dabei entsprechend zu modifizieren. Im Grenzfall wird die zeitbezogene Kanalkapazität des nicht bandbegrenzten Gauß-Kanals mit Gl. (5)

$$C^*_\infty = \lim_{f_b \to \infty} C^* = \frac{S}{w_0} \operatorname{lb}(e) \text{ bit/Zeiteinheit.}$$

Da für die Übertragung *eines* Binärwerts bei dieser Kapazität im Mittel eine Energie E der minimalen Größe S/C^*_∞ verfügbar ist, ergibt sich als sog. Shannon-Grenze für das bei fehlerfreier Übertragung über den nicht bandbegrenzten

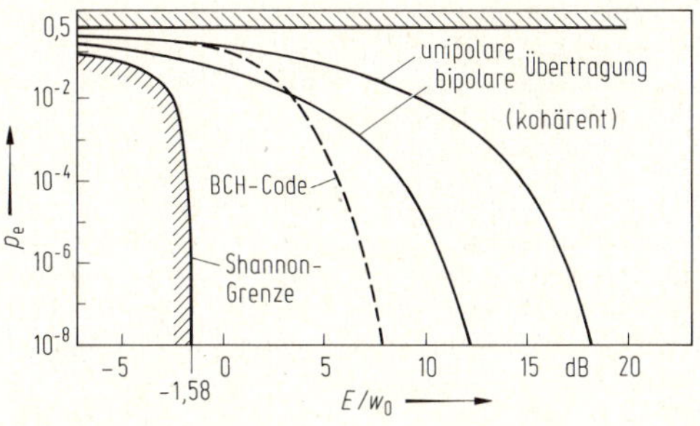

Bild 5. Fehlerwahrscheinlichkeit für Binärdatenübertragung im Gauß-Kanal

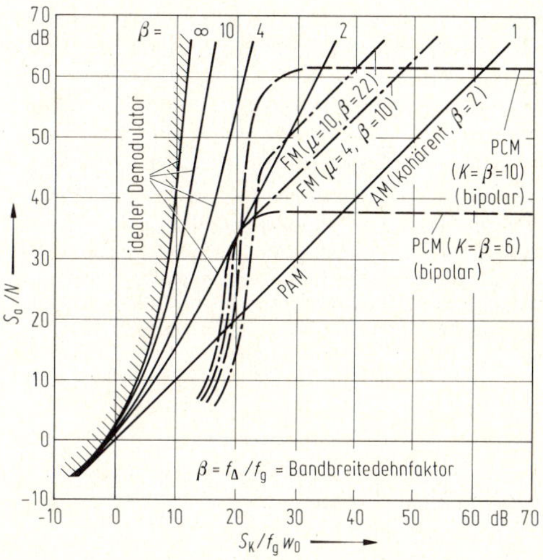

Bild 6. Störverhalten idealer und realer Modulationsverfahren im Gauß-Kanal. PCM: Pulscodemodulation mit K bit/Abtastwert, FM: Frequenzmodulation (Modulationsindex μ), AM: Zweiseitenbandamplitudenmodulation ohne Träger, PAM: Pulsamplitudenmodulation

Gauß-Kanal mindestens erforderliche E/w_0-Verhältnis $E/w_0|_{min} = 1/\text{lb}\, e \mathrel{\hat{=}} -1{,}58$ dB. (In der Literatur wird mit w_0 häufig auch die zweiseitige Leistungsdichte bezeichnet, damit ergibt sich ein um 3 dB höherer Wert).

In diese Gleichung kann man bei thermischem Rauschen $w_0 = kT$ (k = Boltzmann-Konstante) (s. D 3) bzw. bei Quantenrauschen $w_0 = hf$ (h = Planck-Konstante) einsetzen und damit die zur Übertragung pro Bit minimal benötigte Energie in einem durch thermisches bzw. Quantenrauschen gestörten Kanal berechnen. Verringert man das E/w_0-Verhältnis unter die Shannon-Grenze von $-1{,}58$ dB, dann muß die Fehlerwahrscheinlichkeit P_e auch bei informationstheoretisch idealer Übertragung sofort stark ansteigen [9]. Dieses Verhalten ist in Bild 5 dargestellt.

Zwischen dieser modifizierten Shannon-Grenze und dem bei Binärübertragung maximalen Fehler von 50% liegt der mögliche Bereich für das Fehlerverhalten realer Datenübertragungsverfahren, das für zwei Binärübertragungssysteme ebenfalls in Bild 5 eingetragen ist. Eine Möglichkeit zur besseren Annäherung an die Shannon-Grenze ist die fehlerkorrigierende Codierung. Ebenfalls eingetragen ist daher der Verlauf der Fehlerwahrscheinlichkeit bei Anwendung eines Blockcodierungsverfahrens. (Beispiel: BCH-Code der Länge 127, der einen Block von jeweils 92 Binärwerten durch 35 redundante Binärwerte schützt und mit dem bis zu fünf fehlerhafte Werte sicher korrigiert werden können) [5, 6].

Ideale Übertragungssysteme mit Bandbreitedehnung. In gleicher Weise wie der Begriff der Kanalkapazität Grenzen für die Übertragung digitaler Daten absteckt, ermöglicht er auch bei analogen Modulationsverfahren entsprechende Grenzaussagen und damit einen aussagekräftigen Vergleich solcher Modulationsverfahren untereinander und mit dem informationstheoretischen Idealverfahren.

Zur Ableitung dieser Grenze wird ein ideales Modulationsverfahren für Gauß-Kanäle angenommen, das einen derartigen Übertragungskanal der Kapazität C_1^* voll ausnutzt. C_1^* ist gegeben durch die Übertragungsbandbreite f_Δ, die Nutzleistung S_K und die Störleistung $N_K = f_\Delta w_0$. Das übertragene Signal wird von einem Empfänger demoduliert, d.h. in ein Empfangssignal der Bandbreite f_g mit dem Nutz-/Störleistungs-Verhältnis S_a/N umgewandelt. Der Empfänger ist dann ideal, wenn die diesen Werten zugeordnete Kanalkapazität C_2^* denselben Wert wie C_1^* erreicht. Mit $C_1^* = C_2^*$ folgt damit

$$f_\Delta \,\text{lb}\left(1 + \frac{S_K}{f_\Delta w_0}\right) = f_g \,\text{lb}\left(1 + \frac{S_a}{N}\right).$$

Führt man den Bandbreitedehnfaktor $\beta = f_\Delta / f_g$ des modulierten gegenüber dem unmodulierten Sendesignal ein und löst nach S_a/N auf, dann ergibt sich als bei idealer Demodulation erreichbares S_a/N-Verhältnis (s. Bild 6)

$$\frac{S_a}{N} = \left(1 + \frac{1}{\beta}\,\frac{S_K}{f_g w_0}\right)^{\beta} - 1\,.$$

Das Störverhalten idealer Modulationsverfahren verbessert sich also näherungsweise exponentiell mit der Bandbreitedehnung.

Das Ergebnis zeigt auch hier wieder die Austauschmöglichkeit zwischen Bandbreite und Nutz-/Störleistungs-Verhältnis, die durch bandbreitedehnende Modulationsverfahren wie Frequenz- und Pulscodemodulation praktisch genutzt wird. Einige typische Kennlinien dieser Modulationsverfahren sind daher ebenfalls in

Bild 6 eingetragen [10]. Auch hier wird der theoretisch nutzbare Bereich durch eine Schranke für $\beta \to \infty$ begrenzt.

Spezielle Literatur: [1] *Shannon, C.E.*: A mathematical theory of communication. Bell Syst. Tech. J. 27 (1948) 379, 623. – *Shannon, C.E.*: Communication in the presence of noise. Proc. IRE 37 (1949) 10–21. – [2] *Huffman, D.A.*: A method for the construction of minimum redundancy codes. Proc. IRE 40 (1952) 1098–1101. – [3] *Meyer-Eppler, W.*: Grundlagen und Anwendungen der Informationstheorie. Berlin: Springer 1959. – [4] *Küpfmüller, K.*: Die Entropie der deutschen Sprache. FTZ 7 (1954) 265–272. – [5] *Hamming, R.W.*: Coding and information theory. Englewood Cliffs: Prentice Hall 1980. – [6] *Peterson, W.W.*: Prüfbare und korrigierbare Codes München: Oldenbourg 1967. – [7] *Gallager, R.G.*: Information theory and reliable communication. New York: Wiley 1968. – [8] *Reza, F.M.*: An introduction to information theory. New York: McGraw-Hill 1961. – [9] *Berauer, G.*: Informationsübertragung über gestörte Kanäle. AEÜ 34 (1980) 345–349. – [10] *Hancock, J.C.*: On comparing the modulation systems. Proc. NEC 18 (1962) 45–50. – [11] *Lüke, H.D.*: Signalübertragung, 3. Aufl. Berlin: Springer 1985.

E Materialeigenschaften und konzentrierte passive Bauelemente
Material properties and concentrated passive components

P. Kleinschmidt (7, 8); **K. Lange** (1 bis 6, 9, 10)

Allgemeine Literatur: *Brinkmann, C.*: Die Isolierstoffe der Elektrotechnik. Berlin: Springer 1975. – *Feldtkeller, E.*: Dielektrische und magnetische Materialeigenschaften I, II. Mannheim: Bibliograph. Inst. 1973. – *Zinke, O.; Seither, H.*: Widerstände, Kondensatoren, Spulen und ihre Werkstoffe, 2. Aufl. Berlin: Springer 1982.

1 **Leiter.** Conductors

Tabelle 1 gibt die für die Elektrotechnik wichtigsten Werte für übliche Leitermaterialien an. An anderen Stellen wird die spezifische Leitfähigkeit κ oder der spezifische Widerstand ϱ von Leitermaterialien mit anderen Einheiten angegeben. Tabelle 2 gibt die Umrechnungsfaktoren zwischen den einzelnen Möglichkeiten an.

2 **Dielektrische Werkstoffe** Dielectric materials

Allgemeine Literatur s. unter E 1

2.1 **Allgemeine Werte.** General values

In der Hochfrequenztechnik werden an Isolierstoffe i. allg. keine besonderen Anforderungen hinsichtlich der Durchschlagfestigkeit gestellt. Vielmehr müssen die Materialien möglichst geringe Verlustfaktoren ($d = \tan\delta_\varepsilon = \varepsilon_r''/\varepsilon_r'$) und möglichst konstante Dielektrizitätszahlen aufweisen. Meistens werden auch Anforderungen hinsichtlich der mechanischen Bearbeitbarkeit, der Festigkeit und des Temperaturverhaltens gestellt. Beim Temperaturverhalten ist nicht nur auf die Temperaturkonstanz der elektrischen Werte zu achten, sondern auch auf die Wärmeleitfähigkeit und auf die temperaturabhängigen Längenänderungen, die bei ungünstigen Materialpaarungen infolge Zug- und Scherwirkungen

Tabelle 1. Eigenschaften von Leitern

Material	$\kappa_{20\,°C}$ 10^6 S/m	Temperaturkoeff. d. Leitfähigkeit 10^{-3}	Dichte kg/dm³	Schmelzpunkt °C	Thermischer Ausdehnungskoeffizient 10^{-6}	Wärmeleitfähigkeit W/(mK)	Spezifische Wärme kJ/(kg K)
Aluminium	30 ... 35	3,8	2,7	660	23	210	0,92
Blei	5	4	11,3	330	30	34	0,13
Chrom	7,7	21	7,2	1890	7,5	64	0,68
Eisen	7 ... 10	4,5	7,9	1530	12	50	0,46
Gold	41	4,1	19,3	1060	14	270	0,13
Graphit	0,12	−10	1,7	–	7,5	80	
Kupfer	58	3,9	8,9	1080	17	360	0,38
Magnesium	22	4,2	1,7	650	26	153	1,03
Messing	12 ... 15	1,6	8,4		18	90	
Nickel	9 ... 11	4,4	8,9	1450	13	57	0,44
Platin	10	3,9	21,4	1770	9	65	0,13
Quecksilber	1	0,9	13,6	−39	182	8,4	0,14
Silber	62	3,6	10,5	960	20	410	0,23
Tantal	7	3,5	16,6	2990	6,5	50	0,54
Titan	1,8	4,1	4,5	1700	9	16	0,47
V2A-Stahl	1,3					15	
Wolfram	18	4	19,3	3380	5	120	0,13
Zink	16	3,7	7,3	419	29	110	0,38
Zinn	7 ... 9	4,4	7,1	232	27	60	0,23

Tabelle 2. Umrechnungsfaktoren zwischen Leitwerten und Widerständen

gesuchte Werte:	Gegebene Werte: spezifischer Leitwert κ_a in $\frac{S}{m}, \frac{1}{\Omega m}$	κ_b in $\frac{S}{cm}, \frac{1}{\Omega cm}$	κ_c in $\frac{Sm}{mm^2}, \frac{m}{\Omega mm^2}$	spezifischer Widerstand ϱ_a in Ωm	ϱ_b in Ωcm	ϱ_c in $\frac{\Omega mm^2}{m}$
κ_a in $\frac{S}{m}, \frac{1}{\Omega m}$	κ_a	$10^2 \kappa_b$	$10^6 \kappa_c$	$\frac{1}{\varrho_a}$	$\frac{10^2}{\varrho_b}$	$\frac{10^6}{\varrho_c}$
κ_b in $\frac{S}{cm}, \frac{1}{\Omega cm}$	$10^{-2} \kappa_a$	κ_b	$10^4 \kappa_c$	$\frac{10^{-2}}{\varrho_a}$	$\frac{1}{\varrho_b}$	$\frac{10^4}{\varrho_c}$
κ_c in $\frac{Sm}{mm^2}, \frac{m}{\Omega mm^2}$	$10^{-6} \kappa_a$	$10^{-4} \kappa_b$	κ_c	$\frac{10^{-6}}{\varrho_a}$	$\frac{10^{-4}}{\varrho_b}$	$\frac{1}{\varrho_c}$
ϱ_a in Ωm	$\frac{1}{\kappa_a}$	$\frac{10^{-2}}{\kappa_b}$	$\frac{10^{-6}}{\kappa_c}$	ϱ_a	$10^{-2} \varrho_b$	$10^{-6} \varrho_c$
ϱ_b in Ωcm	$\frac{10^2}{\kappa_a}$	$\frac{1}{\kappa_b}$	$\frac{10^{-4}}{\kappa_c}$	$10^2 \varrho_a$	ϱ_b	$10^{-4} \varrho_c$
ϱ_c in $\frac{\Omega mm^2}{m}$	$\frac{10^6}{\kappa_a}$	$\frac{10^4}{\kappa_b}$	$\frac{1}{\kappa_c}$	$10^6 \varrho_a$	$10^4 \varrho_b$	ϱ_c

an Leiterbahnen Risse verursachen können. In den Tab. 1 bis 3 sind für Frequenzen um 1 MHz Materialeigenschaften angegeben. Bei Flüssigkeiten hängen die Verlustfaktoren stark von Verunreinigungen ab. Hier ist nur die Dielektrizitätszahl angegeben. Für Materialien, die bei hochfrequenztechnischen Anwendungen besondere Bedeutung haben, sind in 2.3 nähere Angaben gemacht.

In Tab. 4 sind Daten über das Wärmeleitvermögen von Materialien bei 20 °C zusammengestellt. Bei den gut wärmeleitenden Isolierstoffen nimmt das Wärmeleitvermögen mit wachsender Temperatur ab und hat bei 200 °C meist nur noch etwa 80% des angegebenen Wertes. Angaben über Wärmedehnungen sind, soweit vorhanden, den Beschreibungen in 2.2 zugeordnet.

Tabelle 1. Typische elektrische Eigenschaften anorganischer Isolierstoffe (1 MHz)

Material	ε_r	$\tan\delta$ ($\cdot 10^{-3}$)
Aluminiumoxid	9...10	0,05...1
Berylliumoxid	6,8	0,3
Bornitrid	4,15	0,2
Glas	4...7	10
Glimmer	5...8	0,1...0,4
Porzellan	6	5
Quarz	3,8	0,01
Saphir	9,4/11,6	< 0,1
Silikon	3,4...4,3	1...4

Tabelle 2. Typische elektrische Eigenschaften organischer Isolierstoffe (1 MHz)

Material	ε_r	$\tan\delta$ ($\cdot 10^{-3}$)
Epoxidharz	3,6	20
Fluorethylenpropylen (Teflon, FEP)	2,1	0,5...1
Hartgummi	3...4	7...30
Nylon	3,5...3,6	40
Plexiglas	2,6	15
Polyethylen (PE)	2,4...2,6	0,3...1
Polypropylen (PP)	2,2...2,3	0,2...2
Polystyrol (PS)	2,5...2,6	0,1...0,5
geschäumt	1,02...1,24	< 0,5
Polytetrafluorethylen (Teflon, PTFE)	2,1	0,1...0,3
Polyvinylchlorid	2,9	15

Tabelle 3. Typische Dielektrizitätszahlen von Flüssigkeiten

	ε_r
Azeton	21
Ethylalkohol	26
Ethyläther	4,4
Benzol	2,3
Mineralöl	2,6
Paraffinöl	2,2
Silikonöl	2,8
Wasser	81

Tabelle 4. Wärmeleitfähigkeit bei 20 °C in W/(Km)

Diamant	660
Silber	410
Kupfer	360
Berylliumoxid	165
Graphit	120...200
Aluminiumoxid	33
Porzellan	1,7
Epoxidharz	0,2...1,3
Glimmer	0,3...0,7
Polyethylen	0,33
Teflon	0,25
Schaumstoffe	0,003...0,04

2.2 Substratmaterialien
Substrate materials

Für Streifenleitungsschaltungen wird bei hohen Anforderungen meist Keramik (Aluminiumoxid, Al_2O_3) angewandt, welches in der gewünschten Dicke gebrannt (as fired) oder auf das genaue Maß geschliffen und poliert wurde. Die beim Ätzen der Leiterstrukturen erzielbare Genauigkeit hängt vom Grad der Oberflächenrauigkeit ab. Für besonders feine Strukturen bei höchsten Frequenzen wird auch Saphir (einkristallines Al_2O_3) oder Quarz verwendet, wobei wegen der Anisotropie eine genaue Schnittorientierung wichtig ist.
Für weniger hohe Anforderungen können bei Streifenleitungen keramikpulvergefüllte PTFE-Schichten verwendet werden, die je nach Füllmaterial mit Dielektrizitätszahlen zwischen 6 und 11 in geeigneten Dicken lieferbar sind (RT/duroid, Epsilam). Diese Substrate sind auch größerflächig als Keramik erhältlich und wegen ihrer Flexibilität und einfachen Schneidbarkeit leicht bearbeitbar.

Aluminiumoxidkeramik (Alumina, Al_2O_3). Übliche Substratgrößen sind beispielsweise 2″ × 2″ (ca. 5 cm × 5 cm) oder 2″ × 1″ (ca. 5 cm × 2,5 cm). Die Dicke ist meist 50 mil (1,27 mm), 25 mil (0,635 mm) oder 10 mil (0,25 mm). Das Material ist sehr hart und nur durch Brechen nach vorhergehendem Anritzen (auch mit Laser) und durch Schleifen zu bearbeiten. Alle Eigenschaften bleiben über einen großen Temperatur- und Frequenzbereich stabil. Unempfindlichkeit gegen chemische Einflüsse. Leiter können aufgedampft und galvanisch verstärkt oder durch Siebdruck aufgebracht werden. Geringste Verlustfaktroen ($d < 5 \cdot 10^{-5}$) erzielt man bei hoher Reinheit (> 99,5%). Bei Werten von 96% werden Verlustfaktoren von etwa $5 \cdot 10^{-4}$, bei 92% nur von 10^{-3} erreicht. Der lineare thermische Ausdehnungskoeffizient liegt bei $6{,}5 \cdot 10^{-6}$/K.

Berylliumoxidkeramik. Dieses Material zeichnet sich durch gute Wärmeleitfähigkeit und weitgehende Unempfindlichkeit gegen Temperaturschocks aus. Es hat gute mechanische Eigenschaften. BeO-Staub ist giftig. Die lineare Wärmedehnung liegt bei $7{,}5 \cdot 10^{-6}$/K.

Quarzglas (Fused quartz, SiO_2). Besonders kleine lineare Wärmedehnung ($0{,}5 \cdot 10^{-6}$/K) und geringe Wärmeleitfähigkeit (1 W/(Km)). Häufig angewandt bei dünnen Isolationsschichten (Sputtern) für mehrlagige Leiteranordnungen.

Glas. Für druckdichte Durchführungen mit großer mechanischer Stabilität kann Glas verwendet werden. Ungünstig ist sein relativ hoher Verlustfaktor, der mit wachsender Temperatur stark zunimmt.

Keramikgefülltes PTFE. Diese Materialien sind in beidseitig kupferkaschierten Platten mit Dikken von 0,25 mm, 0,635 mm, 1,27 mm, 1,9 mm und 2,5 mm erhältlich. Je nach Füllungsgrad mit Keramikpulver ergeben sich Werte von beispielsweise 10,5 (RT/duroid 6010), 10 (Epsilam 10) oder 6 (RT/duroid 6006). Die Verlustfaktoren liegen bei $3 \cdot 10^{-3}$ (5 GHz). Mit diesen Materialien lassen sich Mikrowellen-Streifenleitungen in gleicher Weise wie gedruckte Schaltungen durch Beschichten mit Photolack, Belichten und Ätzen herstellen.

Glasfasern in PTFE. Durch eine homogene Verteilung von Glasfasern können Substrate für Mikrowellen-Streifenleitungen hergestellt werden, die keine Vorzugsrichtungen und Strukturperiodizitäten aufweisen. Beispiele sind RT/duroid 5870 ($\varepsilon_r = 2{,}35$, $\tan\delta = 10^{-3}$ bei 3 GHz) oder RT/duroid 5880 ($\varepsilon_r = 2{,}23$, $\tan\delta = 7 \cdot 10^{-4}$ bei 3 GHz). Besonders temperaturunabhängiges Material (RT/duroid 5500) wird für Strukturen angeboten, die hohe Anforderungen hinsichtlich des Phasenmaßes (beispielsweise Planarantennen) stellen.
Für geringe Anforderungen kann auch in PTFE eingebettetes Glasgewebe ($\varepsilon_r = 2{,}53$, $\tan\delta \approx 2 \cdot 10^{-3}$) verwendet werden. Übliche Platinenmaterialien aus Epoxidharz mit Glasgewebe ($\varepsilon_r = 3{,}5-5$, $\tan\delta = 4-50 \cdot 10^{-3}$) sind wegen der schlechten Reproduzierbarkeit der Dielektrizitätszahl und der hohen Verluste für Mikrowellenanwendungen ungeeignet.

2.3 Sonstige Materialien
Other materials

Teflon. Sowohl PTFE als auch FEP (s. Tab. 2) werden als Teflon bezeichnet. Im Mikrowellenbereich weist PTFE hinsichtlich der Frequenzunabhängigkeit von ε_r und bezüglich der Verluste günstigere Werte auf. Bei PTFE hoher Dichte bleibt $\varepsilon_r = 2{,}1$ konstant, während bei FEP oberhalb 10 MHz ε_r zunächst 2,1 ist, dann aber kleiner wird und bei 10 GHz 2,05 erreicht. ε_r ist bei extrudiertem Teflon von der Dichte abhängig, Werte von 2,1 (Dichte 2,24) bis 2,0 (Dichte 2,14) sind möglich. Teflon kann amorph oder kristallin sein. Im allgemeinen liegen Mischzustände vor. Das Verlustverhalten ist von diesen Struktureigenschaften bestimmt. FEP hat sehr geringe Verluste bei niedrigen Frequenzen ($< 2 \cdot 10^{-4}$ bis ca. 100 kHz). Diese steigen bis zu einem Maximum von etwa 10^{-3} bei 3 GHz an und fallen bei höheren Frequenzen. PTFE zeigt ähnliches Verhalten mit einem maximalen Verlustfaktor bei etwa 0,5 GHz. Der Verlustfaktor überschreitet aber kaum $4 \cdot 10^{-4}$. Zwischen 10 und 20 °C können Kristallisationsumwandlungen temperaturabhängig geringe Schwankungen von ε_r bewirken, auch der Verlustfaktor zeigt in diesem Bereich Veränderungen. Teflon läßt sich mechanisch leicht bearbeiten, zeigt jedoch unter Druck Fließneigung. Es ist in einem weiten Temperaturbereich (−190 bis +260 °C bei PTFE und bis 200 °C bei FEP) einsetzbar. Gegen Umgebungseinflüsse und Alterung zeigt es hohe Beständigkeit. Kleben ist nur nach Aufrauhen möglich oder durch Pressen bei etwa 370 °C mit FEP-Folien.

Thermoplaste. Polyethylen (PE) wird als Hochdruckpolymerisat ($\varepsilon_r = 2{,}6$, $\tan\delta = 3 \cdot 10^{-4}$, lin. Wärmedehnung $250 \cdot 10^{-6}$/K) und als Niederdruckpolymerisat ($\varepsilon_r = 2{,}4$, $\tan\delta = 10^{-3}$, lin. Wärmedehnung $150 \cdot 10^{-6}$/K) gefertigt. Es weist gute Stabilität gegen Säuren, Fette, Öle und Lösungsmitel auf. Keine Klebmöglichkeit. Einsetzbar zwischen −70 und +80 °C. Bei Druck Möglichkeit des Fließens. PE ist nicht UV-beständig, versprödet im Freien, ist nicht wasserdampfdicht, nicht strahlungsbeständig und ist sauerstoffempfindlich. Es ist brennbar und tropft dann ab. Bei vernetztem PE werden Fadenmoleküle chemisch bzw. auch mittels Röntgen- oder Elektronenstrahlen vernetzt ($\varepsilon_r = 2{,}32$, $\tan\delta = 5 \cdot 10^{-4}$). Infolge der Vernetzung hat es verbesserte mechanische Eigenschaften (geringeres Kriechen, kein Schmelzen). Oberhalb 1 GHz sind die elektrischen Eigenschaften etwas schlechter als bei unvernetztem PE. Geschäumtes PE hat geschlossene Zellen und etwa halbe Dichte. ε_r liegt bei 1,5. Die Verluste liegen bei $3 \cdot 10^{-4}$.

Polypropylen hat ähnliche Eigenschaften wie PE. Polystyrol (Trolitul) hat einen besonders geringen Verlustfaktor. Die lineare Wärmedehnung ist gering ($90 \cdot 10^{-6}$/K). Der Temperaturbereich jedoch ist eingeschränkt (−70 °C bis 60 °C). Chemisch leicht lösbar. Wenig alterungsbeständig (Rißbildung, Sprünge) bei mechanischen Spannungen. Vernetztes Polystyrol ist mechanisch, chemisch und thermisch wesentlich stabiler, hat aber, je nach Vernetzungsgrad und -art wesentlich höhere Verlustfaktoren. Geschäumtes Polystyrol (Styropor) hat, je nach Dichte, unterschiedliche Dielektrizitätszahlen (1,02 bis 1,25). Die Verluste sind bis zu höchsten Frequenzen gering. Geringe Wärmeleitfähigkeit sowie thermische und chemische Stabilität.

Klebstoffe. Zum Fixieren von Probekörpern im Bereich von Mikrowellenfeldern zeigt UHU-por und UHU-Plast Polystyrol relativ geringe Verluste auch bei Frequenzen um 10 GHz. UHU Plus Endfest 300 ist auch bei 10 GHz noch brauchbar, wenn hohe Festigkeit nötig ist. Es hat geringere Verluste als schneller aushärtende Kombinationen. PVC-Kleber zeigen, ebenso wie PVC, relativ hohe Verlustfaktoren. Kontaktkleber wie Pattex oder Greenit weisen bei hohen Frequenzen relativ große Verlustfaktoren auf.

Wasser. Die Dielektrizitätszahl von Wasser ist temperaturabhängig. Bei 0 °C ist $\varepsilon_r = 87{,}8$. Mit wachsender Temperatur sinkt ε_r bis auf $\varepsilon_r = 55{,}7$ bei 100 °C ab. Eis hat $\varepsilon_r \approx 4{,}2$. Das Verhalten als Funktion der Frequenz zeigt Bild 1.

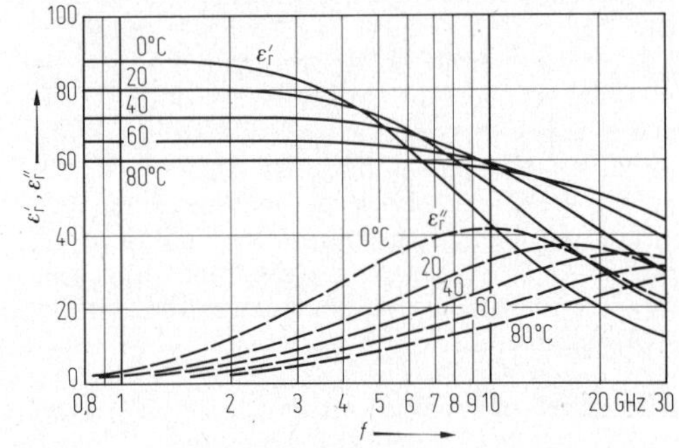

Bild 1. Dielektrische Eigenschaften von Wasser

3 Magnetische Werkstoffe
Magnetic materials

Allgemeine Literatur s. unter E 1

In der Hochfrequenztechnik können elektromagnetische Felder nur in die oberflächennahen Schichten eines Leiters eindringen. Die Schichtdicke, innerhalb der das Feld auf 1/e abgenommen hat, ist proportional $1/\sqrt{\mu_r \kappa}$. Wenn das magnetische Wechselfeld auch das Innere eines Körpers durchsetzen soll, muß das magnetisierbare Material eine möglichst geringe spezifische Leitfähigkeit κ aufweisen. Dies ist bei Ferriten und bei HF-Eisen der Fall. Für Sonderanwendung können auch Ringbandkerne aus hochpermeablen, nur wenige µm dicken, voneinander isolierten Blechstreifen verwendet werden. Weichmagnetische Ferrite haben eine Zusammensetzung, die durch die chemische Formel $MO \cdot Fe_2O_3$ beschrieben werden kann. M ist dabei das Symbol für ein zweifach ionisiertes Metall. Häufig werden Gemische solcher Metalle verwendet. Hochpermeable Mangan-Zink-Ferrite ($\mu_r \approx 2000$) können wegen ihrer Leitfähigkeit und der dadurch bedingten Wirbelstromverluste nur bei Frequenzen bis zu wenigen MHz angewandt werden. Oberhalb 1 MHz werden wegen der geringeren Leitfähigkeit Nickel-Zink-Ferrite eingesetzt, die aber auch eine geringere Permeabilitätszahl von etwa 100 aufweisen. Alle Ferrite sind keramikartig und müssen bei der Herstellung in Formen gepreßt und dann gesintert werden.

In der Mikrowellentechnik werden Ferrite mit verschiedensten Substitutionen und Yttriumeisengranate verwendet. Letztere sind oft Einkristalle mit besonders geringen Verlusten im Resonanzfall. Durch die unterschiedlichen Substitutionen bei Mikrowellenferriten wird die gewünschte Sättigungsinduktion erzielt. Besondere Beachtung muß der Curie-Temperatur gewidmet werden. Ferrite mit niedriger Sättigungsinduktion haben meistens einen tiefen Curie-Punkt bei nur wenigen Hundert Grad Celsius. Hier sind geeignete Maßnahmen zur Temperaturkompensation beispielsweise durch temperaturabhängige Änderung der Vormagnetisierung notwendig.

4 Wirkwiderstände. Resistors

Allgemeine Literatur s. unter E 1

Widerstände bestehen allgemein aus einem nichtleitenden Träger (meistens Keramik oder Glas) auf den eine Kohle- oder eine Metallschicht aufgebracht und an den Enden kontaktiert oder mit Anschlußdrähten versehen worden ist. Durch die Art der Widerstandsschicht sowie deren Länge und Querschnitt ist der Widerstandswert bestimmt. Widerstandswerte von Bruchteilen eines Ohms bis zu Gigaohm können als Schichtwiderstände hergestellt werden. Die zulässigen Verlustleistungen liegen im mW-Bereich bis zu einigen W und sind abhängig von der Größe des Widerstandskörpers sowie von der Umgebung und der durch diese bestimmten Wärmeableitung. Bei ruhender Luft kann pro cm^2 Oberfläche des Widerstands zwischen 0,5 und 1 W als zulässige Verlustleistung angenommen werden. Mit zunehmender Umgebungstemperatur nimmt die Belastbarkeit ab. Einen typischen Verlauf zeigt Bild 1. Die maximal zulässigen Widerstandstemperaturen liegen bei etwa 150 °C.

Die Langzeitstabilität von Schichtwiderständen ist stark von der Betriebstemperatur abhängig. Niedrige Widerstandswerte (unterhalb 1 kΩ) zeigen dabei wegen der größeren Schichtdicken weniger alterungsbedingte Abweichungen vom Sollwert als hohe Widerstandswerte. Diese Widerstandswertänderungen nehmen exponentiell mit der Temperaturerhöhung zu. Kohleschichtwiderstände haben einen negativen Temperaturkoeffizienten, der bei hochohmigen Widerständen größer ist als bei niedrigen Werten. Ein typischer Verlauf ist in Bild 2 dargestellt. Metallschichtwiderstände haben Temperaturkoeffizienten die innerhalb $\pm 1 \cdot 10^{-4}$ liegen. Kohleschichtwiderstände eignen sich für normale Betriebsbedingungen und Toleranz- sowie Stabilitätsanforderungen. Für höhere Anforderungen und extreme Betriebsverhältnisse werden Metallschichtwiderstände eingesetzt. Bei Dickschichtwiderständen werden leitende Pasten aufgetragen und dann eingebrannt. Eine Übersicht über charakteristische Eigenschaften gibt Tab. 1. Die Widerstandswerte üblicher Widerstände sind entsprechend der Toleranzen in geometrischen

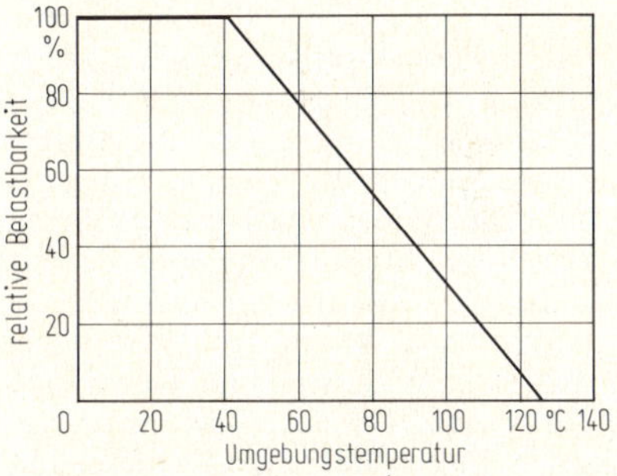

Bild 1. Relative Belastbarkeit von Kohleschichtwiderständen als Funktion der Umgebungstemperatur

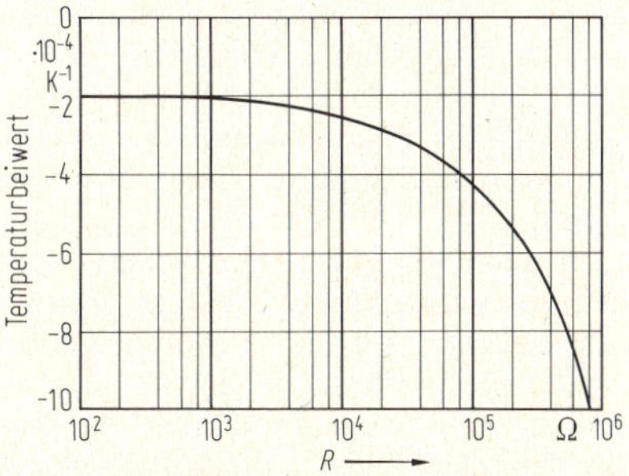

Bild 2. Temperaturbeiwert von Kohlewiderständen

Tabelle 1. Eigenschaften von Widerstandsschichten

		Kohle	Metall	Dickschicht
spez. Leitwert	S/m	$3 \cdot 10^4$	10^6	$10^4 \dots 10^6$
Schichtdicke	µm	0,01 ... 50	0,01 ... 0,1	ca. 100
Flächenwiderstand	Ω	1 ... 5000	20 ... 1000	20 ... 1000
Temperaturkoeffizient		$-2 \cdot 10^{-4}$ bis $-8 \cdot 10^{-4}$	$\pm 10^{-4}$	$\pm 2 \cdot 10^{-4}$
max. langzeitige Schichttemperatur	°C	125	170	150 ... 200
Stromrauschen und Nichtlinearität		klein	sehr klein	sehr klein
mögliche differentielle Thermospannung	µV/K	1 ... 3	3 ... 5	10 ... 30
Auswahlkriterien:				
sehr hohe Langzeitkonstanz			x	
kleiner Temperaturkoeffizient			x	
niedriges Stromrauschen			x	
Einzelimpulsbelastbarkeit		x		
integrierbare Bauform				x

Reihen gestuft. Für Widerstände mit Toleranzen von $\pm 20\%$ ist die Dekade in 6 Werte entsprechend einer geometrischen Reihe mit dem Multiplikator $\sqrt[x]{10}$ aufgeteilt. Die E-6-Reihe ($x = 6$) hat damit die Werte 1–1,5–2,2–3,3–4,7–6,8–10. Für engere Toleranzen von $\pm 10\%$ ist die E-12-Reihe mit $x = 12$ oder bei $\pm 5\%$ die E-24-Reihe mit $x = 24$ gültig, sie haben entsprechend mehr Zwischenwerte. Bei einer Vielzahl unterschiedlicher Widerstände einer Reihe kann davon ausgegangen werden, daß wegen der sich überlappenden Wertebereiche einer Toleranzreihe jeder gewünschte Widerstandswert gefunden werden kann. Bei Lieferungen größerer Mengen einer Herstellungscharge muß aber wegen der guten Reproduzierbarkeit der Herstellungsprozesse damit gerechnet werden, daß nahezu alle Einzelwiderstände innerhalb sehr geringer Streubreite den gleichen Wert haben, der innerhalb des Toleranzbereichs liegt. Widerstände mit größerem Toleranzbereich weisen i. allg. auch größere Abweichungen bei der Alterung auf und erzeugen ein höheres Rauschen. Neben dem thermischen Rauschen, das jeder Widerstand aufweisen muß, zeigen Schichtwiderstände ein spannungsabhängiges Rauschen. Insbesondere bei Kohleschichtwiderständen ergeben sich mit abnehmender Schichtdicke in zeitlich rasch wechselnder Folge geringfügige Veränderungen der Strombahnen. Damit unterliegt der Widerstandswert R einer zeitlichen Fluktuation ΔR. Diese ergibt bei einem Stromfluß I eine Wechselspannung $\Delta U = I \Delta R$. Wegen $I = U/R$ ist die entstehende Störspannung $\Delta U = U \Delta R / R$ proportional zur anliegenden Betriebsspannung. Diese Rauschspannung wird in µV/V oder in dB (bezogen auf 1 µV/V) angegeben. Sie steigt mit wachsendem Widerstandswert an. Höherbelastbarere, größere Widerstände haben wegen der dickeren Kohleschichten günstigere Werte als kleine Widerstände. Metallschichtwiderstände rauschen relativ wenig. Typische Werte für Schichtwiderstände zeigt Bild 3.

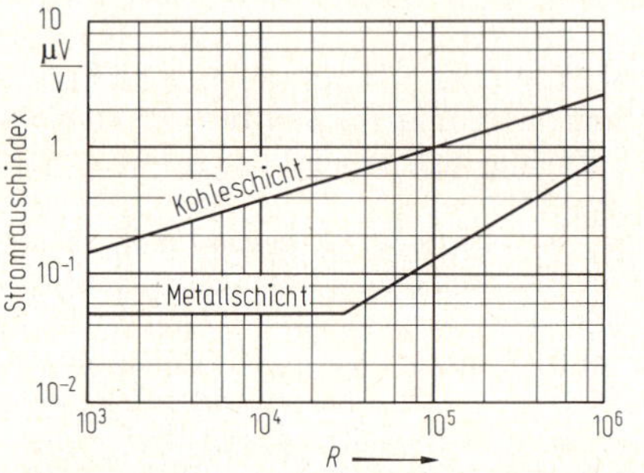

Bild 3. Stromrauschen von Schichtwiderständen

Parallelkapazität. Jeder Widerstand hat infolge seiner Anschlüsse eine Parallelkapazität, die zwischen 0,1 und 0,5 pF liegt. Metallkappen ergeben größere Werte als axial befestigte Drähte. Diese Kapazität muß insbesondere bei hohen Widerstandswerten und hohen Frequenzen berücksichtigt werden. Beispielsweise hat 1 pF bei 1 MHz den Blindwiderstand $-j\,160\,k\Omega$. Neben dieser Kapazität wirkt sich jedoch die kapazitive Feldaufteilung entlang der Widerstandsschicht aus und überbrückt insbesondere bei hohen Widerstandswerten und hohen Frequenzen Teile des Widerstandsbelags kapazitiv. Der Widerstandswert nimmt daher ab. Widerstände bis 1 kΩ können bis etwa 1 GHz verwendet werden. Bild 4 zeigt den charakteristischen Verlauf für verschiedene Werte in Abhängigkeit von der Frequenz. Der genaue Verlauf ist für die jeweiligen Typen vom Hersteller angegeben. Neben der Begrenzung der Betriebsspannung durch die zulässige Verlustleistung werden von den Herstellern maximale Spannungen angegeben, die, abhängig von der Bauform, angelegt werden dürfen. Insbesondere bei hochohmigen Widerständen oder bei Impulsbetrieb ist dies zu beachten. Widerstände mit Nennbelastungen von 0,1 W können mit Grenzspannungen von 100 V betrieben werden, bis zu 0,5 W sind meist 250 V zulässig. Bei 1 und 2 W steigen diese Werte auf 500 und 750 V an.

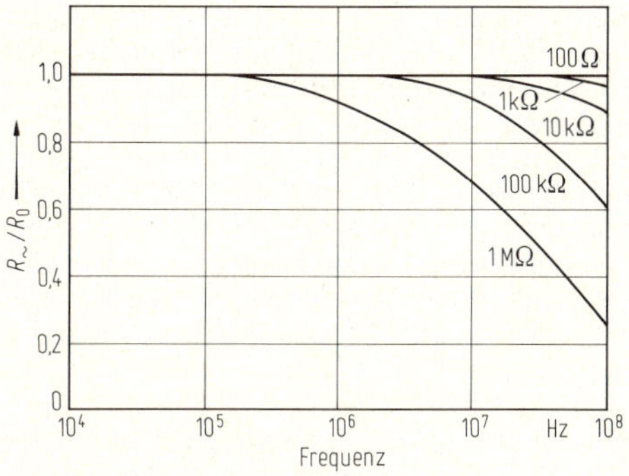

Bild 4. Frequenzabhängigkeit des Wechselstromwiderstands $R_\sim$ bezogen auf den Gleichstromwiderstand R_0 bei Schichtwiderständen

Impulsbelastbarkeit. Bei hochohmigen Schichtwiderständen sind für periodische Impulsfolgen, bei denen im Mittel die normale Belastbarkeit nicht überschrittten wird, Spitzenspannungen bis zum 3,5fachen der angegebenen Spannungsfestigkeit zulässig. Bei niederohmigen Widerständen darf i. allg. die Spitzenleistung den sechsfachen Leistungsnennwert des Widerstands nicht überschreiten. Für sehr kurzzeitige sporadische Stoßspannungen werden von den Herstellern keine genauen Angaben gemacht. Die Leistungen können im kW-Bereich liegen. Die Widerstandsschicht wird kurzfristig aufgeheizt, kann aber die Wärme innerhalb der Impulsdauer nicht an den Keramikträger oder die Umgebung abführen. Wegen der dickeren Widerstandsschichten sind Kohleschichten dabei etwa fünfmal belastbarer als Metallschichten.

Nichtlinearität. Schichtwiderstände weisen geringfügige Nichtlinearitäten auf. Maßtechnisch kann die 3. Harmonische einer angelegten Grundschwingung nachgewiesen werden. Üblich sind Werte, die besser als −100 dB sind. Zulässige Werte für Kohleschichtwiderstände bei einer Prüfmethode nach DIN 44 049 zeigt Bild 5. Zwischen der meßbaren Nichtlinearität und der Größe des Stromrauschens eines Schichtwiderstandes besteht ein Zusammenhang. Bei Zuverlässigkeitsuntersuchungen auf Risse in der Widerstandsschicht liefert die Messung des Klirrfaktors wichtige Aussagen, weil an Einschnürungen der Widerstandsbahn lokale Erwärmungen auftreten. Im Niederfrequenzbereich bewirken diese örtlichen Überhitzungen zeitabhängige, periodische Widerstandsvariationen, die wegen der Abhängigkeit vom Quadrat der Stromstärke besonders die 3. Harmonische der Betriebsfrequenz erzeugen. Widerstände mit hohem Klirrfaktor sind für Schaltungen mit hoher Zuverlässigkeit auszuscheiden.

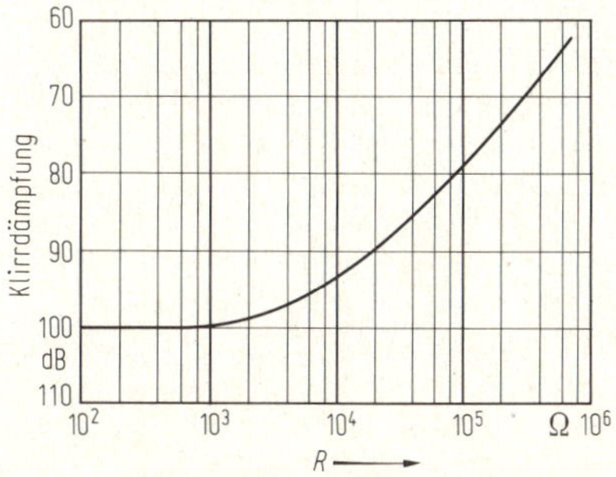

Bild 5. Zulässige Werte für Kohleschicht-Widerstände bei einer Prüfmethode nach DIN 44 049

Chip-Widerstände. Für Höchstfrequenzanwendungen sind Chip-Widerstände erhältlich, bei denen die Widerstandsschicht als Dünn- oder Dickschicht mit beiderseitiger metallischer Kontaktierung auf die eine Oberfläche eines meist rechteckigen, dünnen Aluminiumoxid-Trägerplättchens aufgebracht ist. Die Widerstandswerte reichen von 1 Ω bis 10 MΩ. Die Dicke des Trägers liegt zwischen 0,35 und 0,8 mm, die Größe minimal bei 0,8 mm × 0,5 mm (Grenzspannung ca. 15 V, Maximalleistung 40 mW) bis 6 mm × 4 mm (Grenzspannung 150 V, Maximalleistung 2 W). Für Leistungen bis einige hundert W werden größere Sonderausführungen auf Berylliumoxid mit Kühlungsflanschen gefertigt. Alle diese Widerstände sind extrem kapazitäts- und induktivitätsarm und für Streifenleitungsschaltungen im GHz-Bereich geeignet.

Drahtwiderstände. Für höhere Leistungen und für sehr niederohmige Werte können Widerstandsdrähte auf Trägerkörper gewickelt werden. Wegen des hohen spezifischen Widerstands spielt der Skineffekt bei Frequenzen im MHz-Bereich meist keine Rolle. Um induktive Wirkungen klein zu halten, sollten die Wicklungen bifilar ausgeführt werden. Dabei wird der aufzuwickelnde Draht bei halber Länge umgebogen, so daß die Anschlußenden nebeneinander liegen. Mit der umgebogenen Seite beginnnend werden die parallellaufenden Drähte auf den Träger aufgewickelt. Je besser beide Drähte parallel liegen, desto kleiner ist die Gesamtinduktivität. Die Drähte sind häufig mit einer thermisch stabilen Oxidschicht als Isolation überzogen, die beim Wickeln nicht verletzt werden darf.

Potentiometer. Veränderliche Widerstände werden in vielfältigen Ausführungen hergestellt. Man unterscheidet zwischen Trimmwiderständen, die zu Abgleichzwecken nachjustiert werden können und Potentiometern als Bedienungselement mit Drehknopf. Bei Trimmwiderständen ist meistens eine kreisförmige Kohlewiderstandsschicht auf einem Keramik- oder Pertinaxträger aufgebracht. Als Schleifkontakt wird ein Metallbügel oder ein Kohlekontakt verwendet. Widerstandswerte liegen zwischen 100 Ω und mehreren MΩ. Diese Trimmerart läßt sich leicht einstellen und erlaubt eine Sichtkontrolle der Stellung und des noch vorhandenen Variationsbereichs. Die Einstellung ist jedoch durch unbeabsichtigte mechanische Berührung veränderbar. Präzisionstrimmer werden daher entweder gekapselt oder als Drahtwiderstand hergestellt, auf dem die Position eines Schleifers mit einer Einstellschraube veränderbar ist. Für niedrige Widerstandswerte bis etwa 20kΩ werden drahtgewickelte Widerstände gefertigt, für höhere Werte wird als Widerstandsschicht eine Metallglasur verwendet. Die zulässigen Belastungen liegen zwischen 0,5 und 1 W. Potentiometer werden bei niedrigen Werten als Drahtwiderstände ausgeführt. Hier sind Nennlasten bis 100 W möglich. Für höhere Werte verwendet man Widerstandsschichten. Normale Poteniometer haben einen Drehwinkel von 270°. Für bessere Reproduzierbarkeit der Einstellung werden Präzisions-Wendelpotentiometer mit 3, 5, 10 oder 20 Gängen hergestellt. Der Widerstandsdraht ist dabei spiralig auf eine Wendel aufgewickelt, an der der Schleifer entlanggeführt wird. Widerstandswerte von 100 Ω bis einige hundert kΩ sind erhältlich. Durch Drehknöpfe mit geeigneten Anzeigevorrichtungen ist eine sehr gute Reproduzierbarkeit der Einstellungen möglich. Wegen ihrer von der Einstellung abhängigen Koppelkapazitäten sind Potentiometer für Hochfrequenzzwecke nur bedingt geeignet. Für veränderliche Spannungsteilungen bis in den GHz-Bereich sind Sonderformen erhältlich, bei denen die Widerstandsschicht nach Bild 6 aufgebaut ist. Durch die seitliche Kontaktierung ergibt sich ein exponentieller Spannungsabfall längs der Widerstandsbahn. Der Innenwiderstand am variablen Ausgang ist durch die Größe der Kontaktfläche des Schleifers bestimmt und unabhängig von der Schleiferstellung. Mit solchen Potentiometern läßt sich eine logarithmische Teilung in Abhängigkeit vom Drehwinkel erzielen. Dämpfungen bis zu 100 dB sind möglich.

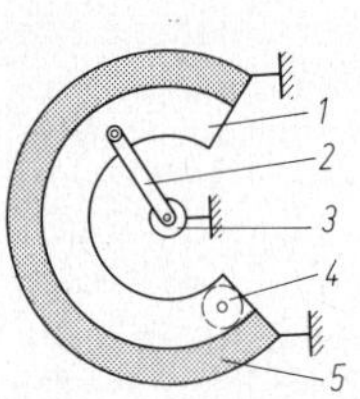

Bild 6. Schematischer Aufbau eines einstellbaren Hochfrequenz-Spannungsteilers mit logarithmischem Verlauf. *1* Widerstandschicht, *2* Schleifkontakt, *3* koaxialer Ausgang, *4* koaxialer Eingang, *5* Metallisierung

Photowiderstände. Cadmiumsulfid-Photowiderstände lassen sich durch unterschiedliche Beleuchtungsintensität im Bereich von etwa 100 Ω bis 100 MΩ verändern. Die Widerstandsveränderung hat bei großer Helligkeit (kleiner Widerstand) Zeitkonstanten im ms-Bereich. Bei hohen Widerstandswerten werden zum Errreichen des Widerstandswerts mehrere Sekunden benötigt. Die Parallelkapazitäten liegen bei wenigen pF, so daß der Einsatz als steuerbarer Widerstand bis zu einigen MHz möglich ist.

Heißleiter. Halbleiterwiderstände, deren Widerstandswerte mit steigender Temperatur abnehmen, nennt man Heißleiter oder NTC-Thermistor. Diese Widerstände werden als Stab, Scheibe oder Perle hergestellt und haben bei Normaltemperaturen Werte von wenigen Ω bis einige 100 kΩ. Der Widerstand folgt der Beziehung $R = R_N \exp[B(1/T - 1/T_N)]$ wobei R_N der Widerstand bei der Normaltemperatur T_N ist. B ist eine Materialkonstante mit der Einheit Kelvin und liegt meist zwischen 2000 und 5000 K. Heißleiter lassen sich sehr klein herstellen und werden dann zur Hochfrequenz-Leistungsmessung verwendet.

Feldplatten. Magnetisch steuerbare Widerstände werden unter Verwendung von Wismut hergestellt, welches eine nadelartige Leiterstruktur erzeugt. Durch Magnetfelder im Bereich 0,1 bis 1 T kann der Widerstandswert verändert werden. Übliche Werte liegen zwischen 10 Ω und 1 kΩ. Wegen der kapazitiven Kopplungen ist eine Anwendung nur bei nicht zu hohen Frequenzen möglich.

Spannungsabhängige Widerstände. VDR-Widerstände oder Varistoren aus Siliziumkarbid weisen eine Spannungsabhängigkeit nach Bild 7 auf. Sie haben besonders bei kleinen Spannungen eine ausgeprägte Frequenzabhängigkeit, die bei größeren Spannungen abnimmt. Sie werden in

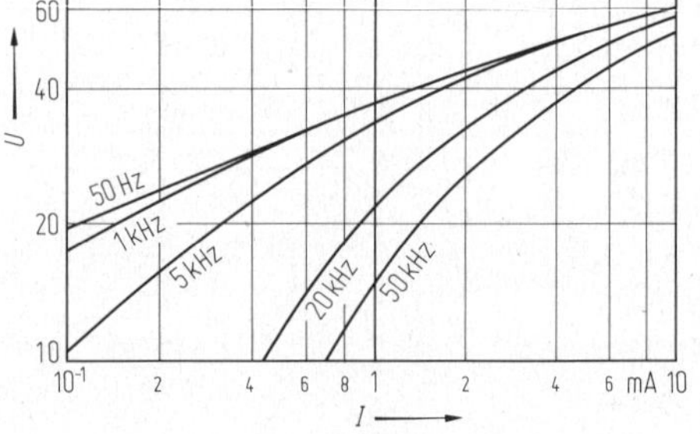

Bild 7. Spannungs- und Frequenzabhängigkeit bei spannungsabhängigen Widerständen

Scheiben oder als Stäbe hergestellt und dienen beispielsweise zur Begrenzung von Überspannungsspitzen oder zur Funkentstörung bei Motoren.

5 Kondensatoren. Capacitors

Allgemeine Literatur s. unter E 1

5.1 Kapazität. Capacity

Die Kapazität C ist definitionsgemäß

$$C = Q/U,$$

wobei Q die positive Ladung auf einem von zwei ungleichartig geladenen Körpern ist, zwischen denen die Spannung U besteht. Die Kapazität zwischen zwei Platten von jeweils der Fläche A, die sich im Abstand d gegenüberstehen und zwischen denen sich ein Material mit der Dielektrizitätszahl ε_r befindet, ist ohne Randeffekte

$$C = \varepsilon_0 \varepsilon_r A/d; \quad C/\mathrm{pF} = \frac{0{,}9\,\varepsilon_r A/\mathrm{cm}^2}{d/\mathrm{mm}}.$$

Für die Berücksichtigung des Streufeldes am Plattenrand ist die Querabmessung der Platten an jeder Seite um den halben Plattenabstand zu vergrößern. Zwei durch Luft getrennte Pfennigstücke im Abstand von 1 mm haben eine Kapazität von etwa 2 pF. Ein gerades Drahtstück, das parallel zu einer leitenden Ebene läuft, hat gegen diese eine Kapazität

$$C = \frac{2\pi \varepsilon_0 \varepsilon_r l}{\ln\left(\frac{2d}{D} + \sqrt{\left(\frac{2d}{D}\right)^2 - 1}\right)} \approx \frac{2\pi \varepsilon_0 \varepsilon_r l}{\ln(4d/D)}. \tag{1}$$

Dabei ist D der Drahtdurchmesser, d der Abstand von der Ebene zur Drahtachse, ε_r die Dielektrizitätszahl des den umgebenden Raum füllenden Isolationsmaterials und l die Drahtlänge. Die Näherung gilt für $d \gg D$. Eine Doppelleitung hat die Kapazität

$$C = \frac{2\pi \varepsilon_0 \varepsilon_r l}{\ln\left(\frac{a}{D} + \sqrt{\left(\frac{a}{D}\right)^2 - 1}\right)} \approx \frac{\pi \varepsilon_0 \varepsilon_r l}{\ln(2a/D)}. \tag{2}$$

Die Kapazität einer konzentrischen Koaxialleitung ist

$$C = \frac{2\pi \varepsilon_0 \varepsilon_r l}{\ln(D_a/D_i)}; \quad C/\mathrm{pF} = \frac{0{,}56\,\varepsilon_r\, l/\mathrm{cm}}{\ln(D_a/D_i)}.$$

D_a ist der Innendurchmesser des Außenleiters, D_i ist der Durchmesser des Innenleiters. Für Leitungen kann der Kapazitätsbelag allgemein aus dem Wellenwiderstand Z_L berechnet werden.

$$C' \bigg/ \frac{\mathrm{pF}}{\mathrm{cm}} = \frac{33\sqrt{\varepsilon_r}}{Z_L/\Omega}.$$

5.2 Anwendungsfälle. Applications

Kondensatoren werden bei Hochfrequenzschaltungen im wesentlichen bei drei Anwendungsfällen eingesetzt. Diese sind:

a) Trennung von Wechsel- und Gleichanteilen bei der Kopplung von Schaltungsteilen, beispielsweise bei Signal- und Versorgungsspannungen. Hier werden bestimmte Mindestanforderungen hinsichtlich der Spannungsfestigkeit, des Isolationswiderstands und des Blindwiderstandswerts im Übertragungsfrequenzbereich gestellt.

b) Kurzschluß von Wechselgrößen nach Masse. Dieser Anwendungsfall tritt bei der Entkopplung von Schaltungsteilen auf, die an einer gemeinsamen Versorgungsleitung liegen. Durch solche kapazitiven Kurzschlüsse können auch Mit- oder Gegenkopplungen vermieden werden. In diesem Anwendungsfall werden kaum Anforderungen hinsichtlich des Verlustfaktors oder der Einhaltung des Kapazitätswerts gestellt. Wichtig ist eine geringere Eigen- und Zuleitungsinduktivität des Bauelements, so daß bis zu möglichst hohen Frequenzen eine äußerst niederohmige Überbrückung für Wechselgrößen sichergestellt ist. Durch Einbeziehen der induktiven Eigenschaften kann dabei für einen engeren Frequenzbereich auch die Serienresonanz ausgenutzt werden.

c) Anwendung als kapazitives Schalt- oder Abstimmelement bei Filterschaltungen und Resonanzkreisen. In diesem Fall ist eine hohe Langzeitkonstanz des Kapazitätswerts und Verlustarmut wichtig. Für Kapazitätswerte über 100 pF werden die geforderten Werte meistens durch Parallelschaltungen verschiedener, engtolerierter Einzelkondensatoren zusammengesetzt. Für kleinere Werte werden einstellbare Trimmer verwendet. Zur Einstellung von oft veränderlichen Werten werden Drehkondensatoren eingesetzt oder Kapazitätsdioden, deren Sperrschichtkapazität von der Vorspannung abhängt. Durch geeignete positive oder negative Temperaturkoeffizienten von Keramikkondensatoren können bei Resonanzkreisen und Filtern temperaturabhängige Verstimmungen, die durch andere Bauteile vorgegeben sind, kompensiert werden.

5.3 Kondensatortypen
Types of capacitors

Metallisierte Kunststoffkondensatoren. Als Dielektrikum werden Folien verwendet, deren Oberfläche extrem dünn metallisiert sind. Bei Durchschlägen verdampft die Metallschicht in unmittelbarer Umgebung der Durchschlagstelle, so daß diese Kondensatoren selbstheilend sind. Als Folienmaterial wird Celluloseacetat, Polyethylenterephtalat, Polycarbonat, Polypropylen oder auch Polystyrol mit Lackschichten verwendet. Die Foliendicke geht, je nach geforderter Spannungsfestigkeit bis zu Werten von etwa 1 µm herunter. Die Kondensatoren werden als Wickel aufgebaut und sind infolge stirnseitiger Kontaktierung induktivitätsarm. Sie werden angewandt, wenn Kapazitäten im Bereich nF bis µF als Koppelkondensatoren oder als Überbrückungskondensator bei Spannungen bis zu einigen hundert V benötigt werden. Wegen der Selbstheilung sind kurzzeitige Spannungsüberlastungen unschädlich. Die meisten Typen sind auch impulsfest.

Styroflex-Wickelkondensatoren. Bei diesen sind Polystyrolfolien mit Metallfolien aufgewickelt. Diese Ausführung ist sehr verlustarm und wegen des Temperaturbeiwerts von $-1{,}5 \cdot 10^{-4}$ 1/K geeignet bei Resonanzkreisen mit Ferritspulen, deren Temperaturbeiwert zu kompensieren ist. Temperaturen über 70 °C sollten nicht überschritten werden, weil oberhalb die Temperaturabhängigkeit zunimmt. Die vorhergenannte Ausführung mit Polystyrol und metallbedampfter Lackschicht ist räumlich kleiner, so daß Kapazitätswerte von einigen µF gefertigt werden können.

Glimmerkondensatoren. Diese Ausführung besteht aus gespaltenen Naturglimmerscheiben, die metallisiert sind oder es werden Glimmer- und Metallplättchen gestapelt. Sie haben hohe Spannungsfestigkeit, sehr niedrige Verluste, einen kleinen Temperaturbeiwert von etwa $3 \cdot 10^{-5}$. Die Anwendung ist auch bei hohen Umgebungstemperaturen möglich. Kapazitätswerte liegen zwischen einigen pF und einigen nF.

NDK-Keramikkondensatoren. Als Dielektrikum werden Keramikmaterialien mit niedriger Dielektrizitätskonstante zwischen 10 und 500 verwendet. Durch das Mischungsverhältnis des Werkstoffs lassen sich entweder sehr geringe Temperaturbeiwerte erzielen oder sowohl positive als auch negative Temperaturbeiwerte geeigneter Größe in weiten Grenzen einstellen, mit denen bei Filterschaltungen Einflüsse anderer Bauelemente kompensiert werden können. Die Verlustfaktoren sind meist kleiner als 10^{-3}. Kapazitätswerte liegen im Bereich von pF und nF. Ausführungsformen sind Scheiben und Röhrchen.

HDK-Keramikkondensatoren. Hohe Dielektrizitätskonstanten zwischen 500 und 10 000 (in Sonderfällen größer als 50 000) werden beispielsweise durch Keramiken mit Titanaten erreicht. Diese Materialien haben Verlustfaktoren zwischen $5 \cdot 10^{-3}$ und 0,05 sowie einen beachtlichen, meist nichtlinearen negativen Temperaturkoeffizienten. Die Kapazitäten solcher meist scheiben- oder rohrförmigen Kondensatoren liegen trotz kleiner Baugrößen im nF-Bereich. Sie können spannungsabhängig sein.
HDK-Kondensatoren werden meistens wegen des induktivitätsarmen Aufbaus bei beachtlicher Kapazität als Abblockkondensatoren verwendet.

Elektrolytkondensatoren. Als Dielektrikum dient ein durch anodische Oxidation erzeugtes Aluminium- oder Tantaloxid geringer Dicke. Die Trägerelektrode ist meist aufgerauhtes Aluminium oder ein Tantal-Sinterkörper mit dadurch vergrößerter Oberfläche. Man erreicht so größtmögliche Kapazitätswerte bis zu mF. Die Verlustfaktoren sind groß. Bild 1 zeigt typische Scheinwiderstandsverläufe für Niedervolt-Elektrolytkondensatoren als Funktion der Frequenz. Bild 2 stellt für einen Kondensator mit nassem Elektrolyt die typische Abhängigkeit des Scheinwiderstands von der Temperatur dar. Zulässige Grenzspannung und Polarität sind zu beachten. Sie werden als Koppelkondensatoren im Niederfrequenzbereich und als Abblockkondensatoren für den Bereich bis 10 MHz eingesetzt.

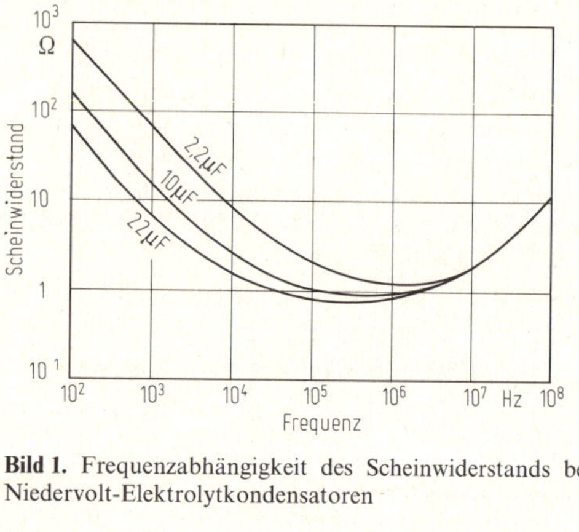

Bild 1. Frequenzabhängigkeit des Scheinwiderstands bei Niedervolt-Elektrolytkondensatoren

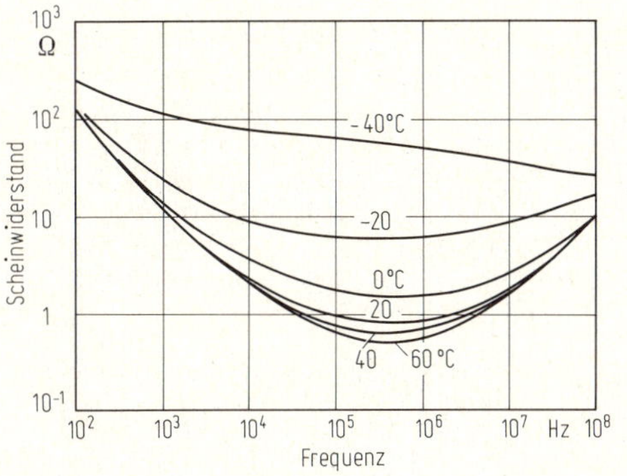

Bild 2. Temperaturabhängigkeit des Scheinwiderstands bei Niedervolt-Elektrolytkondensator (10 µF) mit nassem Elektrolyt

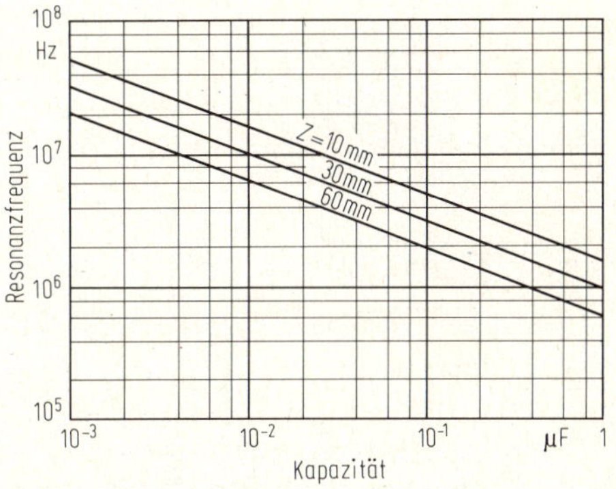

Bild 4. Typische Resonanzfrequenzen von Kunststoffolien-Wickelkondensatoren. Z ist die Gesamtlänge der Zuleitungsdrähte

5.4 Bauformen für die Hochfrequenztechnik

Capacitors for RF application

Wickelkondensatoren. Diese sollten stirnseitig kontaktiert sein, um die Eigeninduktivität möglichst klein zu halten. Einige nH Zuleitungsinduktivität sind unvermeidbar. Je nach der Größe des Kapazitätswerts ergibt sich daher eine Serienresonanzfrequenz. Oberhalb dieser Frequenz ist die Gesamtimpedanz induktiv und der Betrag des Scheinwiderstands steigt proportional zur Frequenz an. Typische Verläufe zeigt Bild 3 für Einbau mit kürzestmöglichen Anschlußdrähten. Für lange Anschlüsse zeigt Bild 4 typische Resonanzfrequenzen bei Wickelkondensatoren als Funktion von Kapazität und Zuleitungslänge.

Scheibenkondensatoren. Diese Kondensatoren werden je nach Kapazitätswert mit NDK- oder HDK-Keramik aufgebaut sein. Im allgemeinen sind an beiden Seiten der Platten, deren Fläche zwischen 0,1 und 2 cm^2 liegt, Anschlußdrähte angelötet und der Kondensator mit einer Schutzschicht umgeben. Beim Einbau ist auf kurze Zuleitungen zu achten. Kondensatoren mit Kapazitätswerten von 100 nF haben Serienresonanzen bei etwa 10 MHz, solche von 1 nF haben Resonanzen bei etwa 100 MHz. Scheibenkondensatoren mit blanken Kontaktflächen können direkt in vorgesehene Schlitze in Leiterplatinen bei gedruckten Schaltungen eingelötet werden und sind dann auch bei sehr hohen Frequenzen noch kapazitiv wirksam.

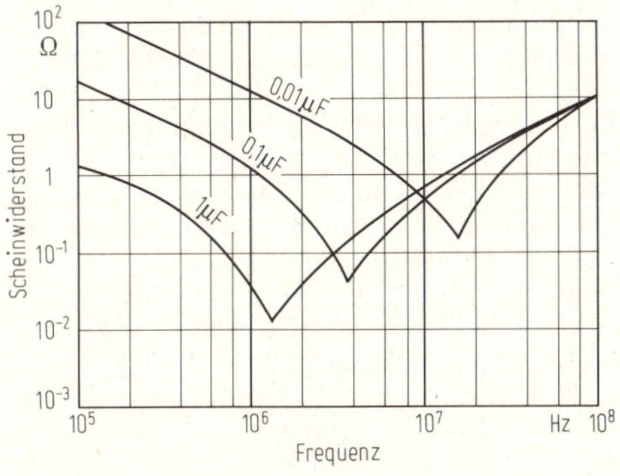

Bild 3. Scheinwiderstandsverläufe von Wickelkondensatoren bei kurzen Zuleitungsdrähten

Rohrkondensatoren. Diese Ausführungsform ist in gleicher Weise wie Scheibenkondensatoren anwendbar. Bei besonderem Aufbau sind hohe Betriebsspannungen von mehreren kV zulässig.

Durchführungskondensatoren. Dies ist eine Sonderform des Rohrkondensators, bei dem an der Außenmetallisierung ein Flansch angelötet ist, der durch ein Loch in der Gehäusewand gesteckt und durch Verschrauben mit dieser Wand leitend verbunden wird. Am Innenbelag wird ein durch das Rohr hindurchlaufender Draht angelötet, über den beispielsweise die Versorgungsspannung in das Gehäuse hineingeführt wird. Durch die induktivitätsarme Ausführung lassen sich bis zu höchsten Frequenzen wirksame Tiefpässe realisieren.

Vielschichtkondensatoren, Chip-Kondensatoren. Bei dieser Ausführung werden mehrere metallisierte Keramikschichten in Blockform zusammengefügt und parallelgeschaltet. Man erreicht so relativ große Kapazitätswerte von mehrerern nF bei kompakter Bauform. Andererseits können Kapazitäten im Bereich bis zu etwa 100 pF sehr klein (wenige mm^3) hergestellt werden. Die Stirnseiten sind metallisiert. Der Kondensator

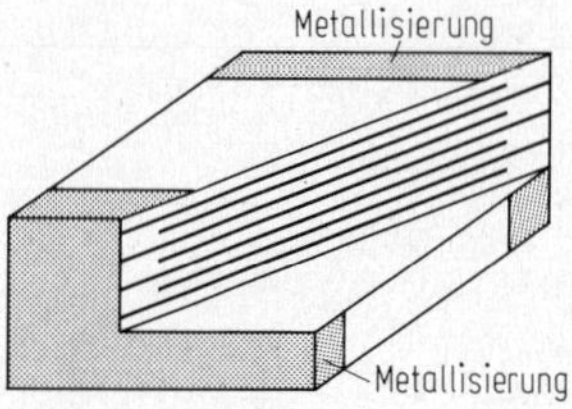

Bild 5. Schnittbild eines Vielschicht-Chipkondensators

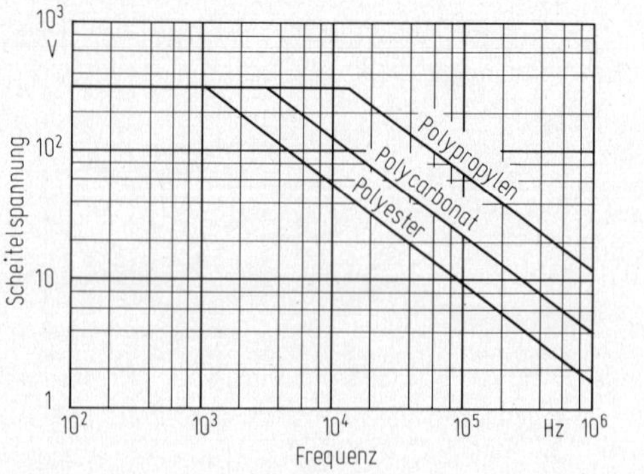

Bild 6. Typische Abhängigkeiten der zulässigen Scheitelwechselspannungen von der Frequenz für Kunststoffolienkondensatoren mit 0,1 μF für 400 V

wird in die Schaltung unmittelbar eingelötet und kann wegen seiner Kleinheit und geringen Eigeninduktivität bei Mikrowellen-Streifenleitungsschaltungen als Koppelelement oder Abblockkondensator verwendet werden (Bild 5).

Einstellbare Kondensatoren; Trimmer. Es gibt verschiedene Ausführungsformen. Lufttrimmer sind kleine Drehkondensatoreen, bei denen je nach Baugröße bis 100 pF erreichbar sind. Sie haben hohe Spannungsfestigkeit und minimale Verluste. Durch Schmetterlingsbauform können Schleifkontakte vermieden werden. Bei Kunststoffolientrimmern sind die Platten eines kleinen Drehkondensators durch Folien isoliert. Diese Konstruktion erlaubt bei kleiner Größe Kapazitäten bis 100 pF und ist für gedruckte Schaltungen geeignet. Für hohe Temperaturen werden als Isolation Glimmerschichten verwendet.
Bei keramischen Rohrtrimmern wird in ein Keramikrohr, das außen auf dem Rohr die eine Elektrode trägt, die andere Elektrode in das Rohr hineingeschraubt. Dieser Typ ist für Kapazitäten bis etwa 20 pF geeignet und erlaubt induktivitätsarmen Aufbau und hohe Einstellgenauigkeit wegen der mehreren nötigen Umdrehungen zum Durchlaufen des gesamten Einstellbereichs. Bei Keramik-Scheibentrimmern ist die eine Elektrode auf einer Keramikscheibe aufgebrannt, die sich drehbar auf einem Keramikkörper befindet, der die andere Elektrode trägt. Hier sind Kapazitätswerte bis 100 pF erreichbar. Wegen des dichten Aufeinanderliegens der beiden Platten ist die zeitliche Konstanz besser als bei Folientrimmern, bei denen zwischen den Elektroden immer ein gewisser Abstand vorhanden ist.

5.5 Belastungsgrenzen. Stress limits

Eine wesentliche Größe ist die zulässige Betriebsspannung. Besonders bei HDK-Keramikkondensatoren liegt sie häufig unterhalb 40 V. Daneben dürfen bestimmte Wechselströme nicht überschritten werden. Der Blindwiderstand eines Kondensators nimmt unterhalb der Serienresonanz mit $1/f$ ab. Das bedeutet, daß bei konstanter Amplitude der anliegenden Wechselspannung der Strom proportional zu f anwächst. Daneben erhöhen sich die Verlustwiderstände mit wachsender Frequenz infolge des Skineffekts und bei vielen Materialien auch die dielektrischen Verluste. Daraus folgt, daß oberhalb bestimmter Frequenzen die zulässige Wechselspannung kleiner wird. Bild 6 zeigt typische Kurven der zulässigen Wechselspannung für einen normalen Wickelkondensator mit Polyesterisolation, für einen Polycarbonatkondensator für erhöhte Anforderungen sowie für einen impulsfesten, verlustarmen Polypropylenkondensator.
Für kleinere Kapazitätswerte verschieben sich die Kurven jeweils zu höheren Frequenzen hin, wobei eine Verkleinerung der Kapazität um den Faktor 10 eine Verschiebung auf der Frequenzachse auf den etwa dreifachen Wert bewirkt. Für impulsartige Spannungsspitzen dürfen auch bei selbstheilenden Kondensatoren die regulären Grenzwerte in der Regel nicht überschritten werden. Zu beachten sind die für die einzelnen Typen zulässigen Impulssteilheiten. Bei üblichen Wikkelkondensatoren liegen diese, je nach Nennspannung und Baugröße, zwischen 1 V/μs und 10 V/μs. Für besonders impulsfeste Sicherheitskondensatoren sind Werte bis zu 10000 V/μs zulässig.
Für periodische Impulsspannungen geben die verschiedenen Hersteller Nomogramme oder Formeln an, mit denen man für die einzelnen Kondensatorarten die zulässigen Spannungswerte ermitteln kann, bei denen die Strombelastung der Kontaktierung nicht unzulässig groß wird und die Eigenerwärmung des Kondensators 10 °C nicht überschreitet.
Bei Frequenzen über 10 MHz sollten verlustarme Isolationsfolien aus Polystyrol oder Polypropylen verwendet werden, um bei Filterschaltungen ausreichende Kreisgüten zu erzielen oder um unzulässige Erwärmungen zu vermeiden.

6 Induktivitäten. Inductances

Allgemeine Literatur s. unter E 1

6.1 Induktivität gerader Leiter
Inductance of straight wires

Die Angabe der Induktivität eines Leiterabschnitts ist nur in Verbindung mit dem zugehörigen Rückleiter sinnvoll. Allgemein kann dann die Induktivität L aus der Beziehung

$$L = \Phi/I$$

berechnet werden, wobei Φ der vom Strom I erzeugte magnetische Fluß ist. Die von einem Wechselstrom induzierte Spannung ist

$$U = \frac{\mathrm{d}\Phi}{\mathrm{d}t} = L\,\frac{\mathrm{d}I}{\mathrm{d}t}.$$

Bei allen Leiterstrukturen ist wegen des Skineffekts die Induktivität bei hohen Frequenzen und ausgeprägter Stromverdrängung etwas kleiner als bei Gleichstrom, weil im Leiterinneren dann praktisch kein Magnetfeld vorhanden ist. Der Unterschied zwischen Hoch- und Niederfrequenzinduktivität ist um so ausgeprägter, je größer die Drahtdurchmesser sind und liegt meist zwischen 2 und 5%. Für Gleichstrom und tiefe Frequenzen (Eindringmaß $\delta \gg$ Drahtdurchmesser D) ist die durch das Magnetfeld im Leiterinnern bestimmte innere Induktivität eines Drahtes mit Kreisquerschnitt unabhängig vom Durchmesser D

$$L_\mathrm{i} = l\,\mu_0\,\mu_\mathrm{r}/(8\,\pi). \tag{1}$$

Für Leiter aus unmagnetischem Material ist damit

$$L_\mathrm{i}/\mathrm{nH} = 0{,}5\ l/\mathrm{cm}. \tag{2}$$

Bei hohen Frequenzen ($D \gg \delta$) geht die innere Induktivität gegen Null.

Induktivität eines geraden Drahtstücks. Wesentlich ist die Lage und Art des Rückleiters. Je weiter dieser entfernt ist und je dünner der Draht ist, desto größer ist die Induktivität. Die Induktivität ergibt sich für lange Drähte ($l \gg s$) aus

$$L = \frac{l\mu_0 \ln\left(\frac{2s}{D} + \sqrt{\left(\frac{2s}{D}\right)^2 - 1}\right)}{2\pi} \approx \frac{l\mu_0}{2\pi}\ln\left(\frac{4s}{D}\right). \tag{3}$$

Spezielle Literatur Seite E 16

Dabei ist s der Abstand zwischen Drahtachse und Ebene, D der Drahtdurchmesser und l die Drahtlänge. Die Näherung gilt für dünne Dräte ($s \gg D$).
Für Drahtdurchmesser zwischen 0,5 und 1 mm und für Abstände zur rückleitenden Fläche zwischen 10 und 100 mm liegen die Induktivitätswerte eines Drahtes, der lang bezüglich des Abstands zur Rückleiter ist, zwischen 7 und 15 nH pro cm Drahtlänge. Als Schätzwert kann also für Zuleitungsdrähte zu Bauelementen ein Wert $L/\mathrm{nH} \approx 10\ l/\mathrm{cm}$ angenommen werden.

Leitungen. Bei Leitungen kann der Induktivitätsbelag aus dem Wellenwiderstand bestimmt werden:

$$L'\bigg/\frac{\mathrm{nH}}{\mathrm{cm}} = \frac{\sqrt{\varepsilon_\mathrm{r}}\,Z_\mathrm{L}/\Omega}{30}. \tag{4}$$

Dabei ist wegen des Skineffekts nur das Magnetfeld zwischen den Leitern berücksichtigt. Für niedrige Frequenzen müssen gegebenenfalls die inneren Induktivitäten der Leiter addiert werden.

Doppelleitung. Für zwei parallele Drähte nach Bild 1 gilt

$$L/\mathrm{nH} = 4\,l\,\ln(4s/\sqrt{D_1 D_2}). \tag{5}$$

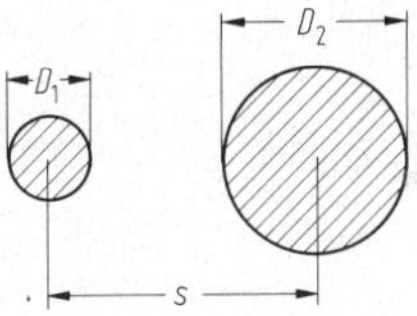

Bild 1. Zwei parallele runde Leiter

6.2 Induktivität von ebenen Leiterschleifen
Inductance of plane loops

Ebene Leiterschleifen mit einer oder mehreren Windungen werden zur induktiven Kopplung oder auch zur Richtungsbestimmung verwendet. Das Magnetfeld reicht weit über die Schleife hinaus. Die Feldstärke nimmt bei Entfernungen, die groß gegen die Spulenabmessung sind, proportional r^{-3} ab. Wird eine Koppelspule in konstantem, großem Abstand um das Zentrum der Schleife bewegt, so ist die induzierte Spannung bei gleichen Spulenachsen doppelt so groß wie im Fall gleicher Spulenebenen. Im Schleifeninnern tritt die größte Feldstärke in der Nähe der Wicklung auf.
Die genaue Induktivität ist wegen der Umgebungseinflüsse kaum berechenbar. In allen leitfähigen Körpern werden Wirbelströme induziert.

Die Induktivität wird dadurch kleiner. Nachfolgend sind Näherungsformeln für jeweils eine Windung angegeben. Bei n Windungen ist die Gesamtinduktivität höchstens um den Faktor n^2 größer als die Induktivität einer Windung. Dies gilt jedoch nur für sehr dicht parallel laufende Drähte mit dünner Isolation. In der Regel liegen die Werte bei $n^{1,5}$ bis $n^{1,8}$. Die Formeln gelten für hohe Frequenzen, bei denen das Leiterinnere feldfrei ist. Andernfalls ist die innere Induktivität nach Gl. (1) zu addieren.

Drahtschleife. Der Draht hat den Durchmesser d und die Länge $l > 50\,D$.

$$L/\text{nH} = 2l/\text{cm}\,\ln(l/D - K_2).$$

K_2 ist ein Korrekturfaktor, der die Schleifenform berücksichtigt.

Kreis	$K_2 = 1{,}07$,
Quadrat	$K_2 = 1{,}47$,
gleichseitiges Dreieck	$K_2 = 1{,}81$.

Rechteckige Drahtschleife. Die Seitenlängen sind l_1 und l_2. Die Diagonale ist $q = \sqrt{l_1^2 + l_2^2}$, der Drahtdurchmesser ist D.

$$L/\text{nH} = 4l_1/\text{cm}\left[\ln\frac{5l_1l_2}{D(l_1+q)} + \frac{l_2}{l_1}\ln\frac{5l_1l_2}{D(l_2+q)} + 2\left(\frac{q-l_2}{l_1} - 1\right)\right].$$

6.3 Gegeninduktivität
Mutual inductance

Sind mehrere Stromkreise vorhanden, so können sie sich gegenseitig induktiv beeinflussen. Induziert ein Strom I_2 des zweiten Kreises im ersten Kreis eine Spannung U_1, so ist

$$U_1 = \frac{\mathrm{d}\Phi_{12}}{\mathrm{d}t} = L_{12}\frac{\mathrm{d}I_2}{\mathrm{d}t}. \qquad (6)$$

Analog induziert der Strom I_1 des ersten Kreises im zweiten eine Spannung U_2. Dabei gilt stets $L_{12} = L_{21} = M$. Diese Größen nennt man Gegeninduktivitäten. Bei n Leiterschleifen gibt es $n-1$ Gegeninduktivitäten.

Bei parallel laufenden Leitungen kann die Gegeninduktivität pro Längeneinheit berechnet werden. Dabei ist zu berücksichtigen, welche Leitungen im geschlossenen Stromkreis als Hin- bzw. Rückleiter verwendet werden.

Zwei Doppelleitungen. Bei den in Bild 2 gezeigten Leitungen gehören die Drähte *1* und *2* zur einen, die Drähte *3* und *4* zur zweiten Doppelleitung. Für Drahtdurchmesser D, die klein gegen die

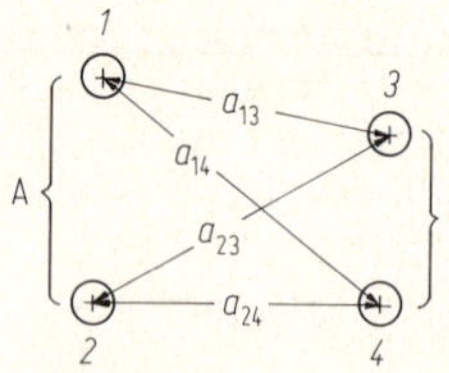

Bild 2. Zwei Doppelleitungen

Abstände a sind, gilt

$$M/\text{nH} = 2l/\text{cm}\,\ln\left(\frac{a_{14}a_{23}}{a_{13}a_{24}}\right).$$

Für zwei symmetrisch zueinander parallel laufende Leitungen ($a_{14} = a_{23}$ und $a_{13} = a_{24}$) ergibt sich der vereinfachte Ausdruck

$$M/\text{nH} = 4l/\text{cm}\,\ln(a_{14}/a_{13}).$$

Liegen die beiden Doppelleitungen senkrecht zueinander und sind die Drähte symmetrisch an den Eckpunkten einer Raute angeordnet ($a_{14} = a_{24}$ und $a_{13} = a_{23}$), so sind die Leitungen voneinander entkoppelt. Die Gegeninduktivität ist dann Null.

Gegeninduktivität von Spulen. Die Berechnung ist bei einigen Konfigurationen näherungsweise möglich. Formeln findet man in [1]. Genauere Ergebnisse, bei denen auch die Umgebungseinflüsse berücksichtigt sind, findet man durch Messungen. Dabei wird der einen Spule ein Wechselstrom der Amplitude I_2 eingeprägt und die in der anderen Spule induzierte Leerlaufspannung beispielsweise mit einem Oszilloskop gemessen. Resonanzen müssen vermieden werden. Dies kann dadurch sichergestellt werden, daß kleinere Frequenzänderungen keine größeren Änderungen der gemessenen Spannung bewirken. Für die induzierte Amplitude U_1 gilt dann $U_1 = \omega M I_2$. Durch Vertauschen von Speise- und Meßspule kann das Ergebnis überprüft werden. Es darf sich keine wesentliche Änderung des Spannungswerts ergeben. Allgemein ist M proportional dem Produkt der Windungszahlen von Primär- und Sekundärspule. Maximal ist $M = \sqrt{L_1 L_2}$, wenn alle Windungen unmittelbar nebeneinander angeordnet sind. In der Praxis kann dieser Wert näherungsweise nur mit Ferritkernen hoher Permeabilität ohne Luftspalt erreicht werden.

6.4 Spulen. Coils

Luftspulen. Für einlagige Zylinderspulen gilt unter der Bedingung $l > 0{,}3\,d$ und $a = D$

$$L/\text{nH} = \frac{22\,n^2\,d/\text{cm}}{1 + 2{,}2\,l/d}.$$

l ist die Spulenlänge, d der Spulendurchmesser, n die Windungszahl, a der lichte Abstand benachbarter Windungen und D der Drahtdurchmesser. Wird die Spule in die Länge gezogen, also $a/D > 1$, dann wird L etwas größer.
Für eine dichtbewickelte einlagige Zylinderspule (Länge $l >$ Durchmesser d), mit dem Drahtdurchmesser ist mit $l = nD$ näherungsweise

$$L/\text{nH} = 8\,d/\text{cm}\;n\;d/D.$$

Zu Abgleichzwecken können Ferrit- oder Hochfrequenzeisenkerne in den Spulenkörper eingeschraubt werden. Dies bewirkt eine Vergrößerung der Induktivität, allerdings auch der Spulenverluste. Oberhalb 100 MHz sind sog. Verdrängungskerne aus Aluminium oder Kupfer verlustärmer, die durch Wirbelströme die Induktivität verkleinern. Abschirmungen sollten mindestens den dreifachen Spulendurchmesser haben, damit die induzierten Wirbelströme vernachlässigbar geringen Einfluß auf Induktivität und Spulenverluste haben. Bei Luftspulen und Spulen mit Abgleichkern sind Gütewerte bei Verwendung üblicher lackisolierter Kupferdrähte zwischen 10 und 50 zu erwarten. Bei Verwendung von Hochfrequenzlitze können Werte zwischen 50 und 100 erreicht werden.

Spulen mit magnetischem Kern. Größere Induktivitäten bei relativ hohen Güten und feste Kopplung mehrerer Wicklungen bei Übertragern sind durch Verwendung von magnetisierbaren Kernen möglich. Durch die vorgegebene Führung des magnetischen Flusses sind diese Spulen weitgehend frei von äußeren Streufeldern. Besonders streuungsarm sind Toroidspulen mit Ringkernen ohne Luftspalt. Wegen der einfacheren Wicklung werden i. allg. Schalenkerne verwendet, E-Kerne nur in Sonderfällen für Übertrager. Wegen des fehlenden äußeren Streufeldes können Metallteile zur mechanischen Befestigung des Kerns oder zu Abschirmzwecken unmittelbar an der Außenwand des Kerns anliegen.
Ferrit als Kernmaterial hat eine Permeabilitätszahl zwischen 10 und 10000. Die elektrische Leitfähigkeit ist besonders bei Materialien mit kleiner Permeabilität sehr gering, diese Kerne sind bis zu Frequenzen oberhalb 100 MHz geeignet. Hochpermeable Kerne sind wegen der mit wachsender Frequenz ansteigenden Verluste nur für den Frequenzbereich bis 100 kHz zweckmäßig. Genauere Angaben findet man in den Datenbüchern der Hersteller. Bei optimaler Nutzung des Wickelraums lassen sich Spulengüten zwischen 100 und 300 erreichen. Luftspalte sind vorzusehen, um bei Spulen mit definierter Induktivität einen Abgleich durch Einschrauben eines Gewindekerns zu ermöglichen, der den Luftspalt teilweise überbrückt. Luftspalte verringern die Wirkung der Temperaturabhängigkeit der Permeabilität auf die Induktivität, weil ein wesentlicher Teil des gesamten magnetischen Widerstands vom Luftspalt gebildet wird. In gleicher Weise wirkt ein Luftspalt linearisierend hinsichtlich der Magnetisierungskurve des Kernmaterials. Ferrite haben meist Sättigungsflußdichten von etwa 300 mT bei Normaltemperatur. Bei 80 °C verringern sich diese Werte auf 200 mT. Werden diese Werte überschritten, treten ausgeprägte Nichtlinearitäten auf.
Der Zusammenhang zwischen Induktivität und Windungszahl wird für die einzelnen Kerne durch den A_L-Wert angegeben. Er ist der reziproke magnetische Widerstand. Auch bei Luftspalten kann angenommen werden, daß die Kopplung zwischen den einzelnen Windungen so fest ist, daß die Induktivität L proportional dem Quadrat der Windungszahl n anwächst. Wird der A_L-Wert in nH angegeben, dann ist

$$L/\text{nH} = A_L n^2.$$

Für Ringkerne oder Schalenkerne ohne Luftspalt liegen die A_L-Werte zwischen 1000 und 10000, je nach Kerngröße. Je größer die Luftspalte sind, desto kleiner ist der A_L-Wert, desto größer ist damit jedoch die Temperaturstabilität, der Abgleichbereich durch eingeschraubte Kerne und das zulässige Produkt aus Strom und Windungszahl, bevor Sättigung eintritt.
Liegen hinsichtlich der Eigenschaften eines Kerns keine näheren Angaben vor, dann wickelt man zweckmäßigerweise eine Probewicklung mit 10 Windungen auf und mißt die Induktivität im unteren Frequenzbereich $f < 100$ kHz, damit Resonanzen sicher vermieden werden. Aus der gemessenen Induktivität kann dann der A_L-Wert berechnet werden.
Für Schmalbandfilter oder Übertrager werden die Spulen vom Anwender i. allg. selbst auf geeignetes Kernmaterial gewickelt. Bei Tiefpaßschaltungen oder anderen Anwendungen, bei denen hinsichtlich der Toleranz und der Belastbarkeit keine besonderen Anforderungen gestellt werden, kann man konfektionierte Spulen verwenden, die von verschiedenen Herstellern angeboten werden. Diese Spulen sehen äußerlich oft wie ohmsche Widerstände aus und sind mit einer Induktivitätsangabe in Ziffern oder Farbcode versehen. Die Spule ist ein- oder mehrlagig auf einen Ferritstab gewickelt und hat damit ein äußeres Streufeld, das beim Einbau gegebenenfalls beachtet werden muß. Die Induktivitätswerte liegen zwischen 100 nH und 10 mH. Besonders kleine Ausführungen als Chip sind als Streifenleitungskomponenten erhältlich. Die Induktivitäten liegen zwischen 1 µH und 1 mH bei Gütefaktoren von 50. Fertige Spulen für Ströme von einigen Ampere werden als Funkentstördrosseln bezeichnet und tragen oft zwei getrennte Wick-

lungen, um Gleich- oder Gegentaktstörungen zu beeinflußen. Bei diesen Spulen sind die Wicklungen auf Ring- oder Rohrkernen oder auch in Mehrlochkernen angeordnet. Bei hohen Frequenzen wird bei solchen Rohrkernen weniger die induktive Wirkung als vielmehr die Dämpfungseigenschaft des Ferrits angestrebt.

Eigenkapazität. Jede Spule erzeugt neben dem Magnetfeld auch infolge der auftretenden Spannungen elektrische Felder, die kapazitive Wirkungen zeigen. Bei einer idealen Spule sollte der Blindwiderstand proportional zur Frequenz zunehmen. Infolge der Eigenkapazität, die parallel zu den Spulenenden wirkt, ergibt sich eine Parallelresonanzfrequenz. Oberhalb dieser Frequenz wirkt die Spule wie ein Kondensator.
Die Parallelkapazität zur Gesamtspule ergibt sich durch das transformatorische Zusammenwirken aller zwischen einzelnen Windungen oder Wicklungsteilen bestehenden Teilkapazitäten. Je mehr Windungen oder Wicklungslagen eine Spule hat, desto größer ist die resultierende Gesamtkapazität. In diesem Sinne besonders schädlich sind Leiter, die nach mehreren Windungen wieder benachbart verlaufen, im Extremfall also ein Nebeneinanderliegen der beiden Spulenzuleitungen. Diese Kapazität ist voll wirksam. Die Gesamtkapazität hat den kleinsten Wert, wenn die einzelnen Wicklungslagen durch Isolationszwischenlagen getrennt werden oder bei selbsttragenden Kreuzspulwicklungen.

Spezielle Literatur: [1] *Philippow, E.* (Hrsg.): Taschenbuch Elektrotechnik, Bd. 1. München: Hanser 1976, S. 95.

7 Piezoelektrische Werkstoffe und Bauelemente
Piezoelectric materials and components

Allgemeine Literatur: *Cady, W.G.:* Piezoelectricity. New York: Dover 1964.

7.1 Allgemeines. General

Piezoelektrische Werkstoffe sind durch eine ausgeprägte Wechselwirkung zwischen ihren elektrischen und mechanischen Eigenschaften gekennzeichnet.
Der piezoelektrische Effekt tritt bei Materialien auf, die in ihrer Kristallstruktur kein Symmetriezentrum besitzen.

Spezielle Literatur Seite E 22

Mechanischer Druck auf solche Materialien erzeugt elektrische Ladungen (direkter Piezoeffekt). Die Umwandlung von mechanischer in elektrischer Energie ist auch umkehrbar, d.h. durch Anlegen eines elektrischen Feldes können auch mechanische Verformungen hervorgerufen werden (reziproker Piezoeffekt). Heutzutage beruht auf dem Piezoeffekt eine bedeutende Anzahl von Sensoren, Aktoren, Resonatoren, Filtern, Verzögerungsleitungen und akustischen Echoloten [1].
In der Hochfrequenztechnik werden vor allem die hervorragenden akustischen Eigenschaften piezoelektrischer Materialien ausgenutzt.
Die hohe Konstanz der elastischen Eigenschaften, verbunden mit niedrigen Wirkverlusten, ermöglicht es, mit Volumenschwingern im Bereich von 100 kHz bis 100 MHz Resonatoren und Filter höchster Frequenzkonstanz und Polgüte zu realisieren, wie sie rein elektrisch bestenfalls mit Hohlleiteranordnungen zu erreichen sind.
Die gegenüber elektromagnetischen Wellen um den Faktor 10^5 geringere Ausbreitungsgeschwindigkeit akustischer Wellen ermöglicht die Realisierung von Laufzeitanordnungen mit Verzögerungen im µs-Bereich sowie akustische Interferenzfilter hoher Hordnung für Frequenzen von 10 MHz bis 1 GHz mit den Mitteln der Oberflächenwellentechnik [2].

7.2 Piezoelektrischer Effekt
Piezoelectric effect

Für das Zustandekommen des Piezoeffekts ist das Vorhandensein einer polaren Achse notwendig. Die meisten piezoelektrischen Materialien (z.B. alle Ferroelektrika) weisen ein makroskopisches Dipolmoment auf.
Nach außen tritt das Moment normalerweise nicht in Erscheinung, da es durch Oberflächenladungen kompensiert wird. Wird das innere Dipolmoment durch Druckeinwirkung in stärkerem Maße verändert als das von den Oberflächenladungen gebildete äußere Dipolmoment, ergibt sich der Piezoeffekt in Form einer abnehmbaren Nettoladung. Zum Piezoeffekt kommt bei diesen Materialien der sog. Pyroeffekt, d.h. auch Temperaturänderungen erzeugen einen Ladungsüberschuß.
Die Zusammenhänge zwischen den elektrischen Feldgrößen D und E und den mechanischen Größen Verzerrung S und mechanische Spannung T lassen sich als Paare linearer Gleichungen, als sog. piezoelektrische Grundgleichungen darstellen [3].
Für eine vereinfachte Betrachtung sollen hier bezüglich der Orientierung piezoelektrischer Anordnungen nur drei wichtige Spezialfälle betrachtet werden, der sog. Längs-, Quer- und

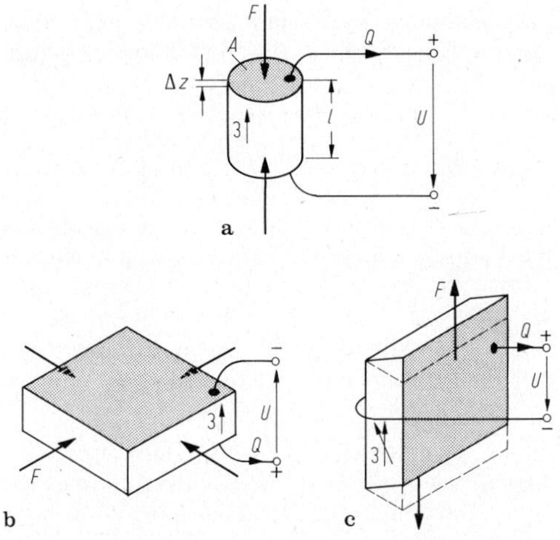

Bild 1. Piezoelektrische Effekte für die drei Hauptorientierungen des Wandlermaterials. **a**) Längseffekt; **b**) Quereffekt; **c**) Schereffekt

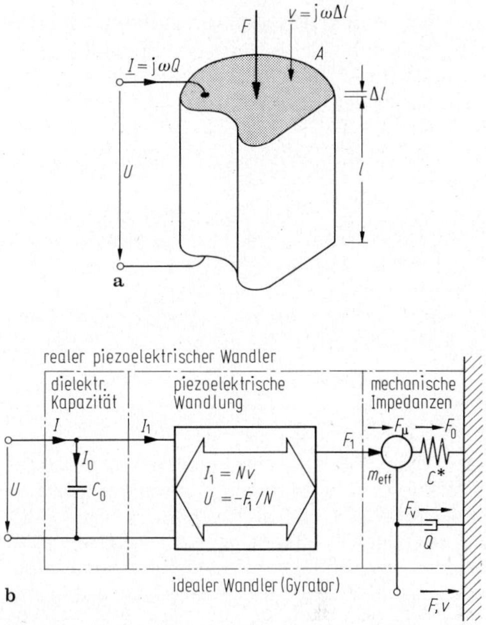

Bild 2. Skalare elektromechanische Beziehungen. **a**) elektrische und mechanische Beschreibungsgrößen; **b**) elektromechanische Analogie

Schereffekt (Bild 1). Bei ihnen stehen die mechanischen und elektrischen Größen parallel oder senkrecht zur Anisotropieachse. Qualitativ gelten diese Betrachtungen auch für andere Orientierungen. Druck oder Verzerrung gemäß den eingezeichneten Pfeilrichtungen erzeugt elektrische Ladung an den entsprechenden Belägen, umgekehrt können die piezoelektrischen Körper durch Anlegen einer elektrischen Spannung zu Bewegungen in (Gegen-)Richtung der Pfeile veranlaßt werden. Betreibt man die Körper in ihrer mechanischen Resonanz, spricht man gemäß Bild 1 a von Longitudinalschwingern bzw. Dickenschwingern, gemäß Bild 1 b von Transversal- bzw. bei runden Flachkörpern von Planarschwingern und gemäß Bild 1 c von Scherschwingern.

7.3 Piezoelektrische Wandler
Piezoelectric transducers

Kopplungsfaktor. Für die Beurteilung von Material- und Wandlereigenschaften ist es übersichtlicher, vom maximalen Energiewandlungsfaktor, dem sog. piezoelektrischen Kopplungsfaktor auszugehen und den Wandler durch seine elektrische und mechanische Impedanz zu charakterisieren [4].
Der Kopplungsfaktor gebräuchlicher Werkstoffe liegt zwischen $k^2 = 0{,}01$ (Quarz) und $k^2 = 0{,}5$ (PZT-Keramik).

Elektromechanische Analogien. Speziell für einen ausgedehnten Körper nach Bild 2 und periodische Vorgänge können die Vorgänge in Form eines elektromechanischen Ersatzschaltbildes (Bild 2) dargestellt werden. Auf der elektrischen Seite teilt sich der Strom in den dielektrischen Strom $\underline{I}_0$ und den piezoelektrisch gewandelten Strom $\underline{I}_1$ auf. Auf der mechanischen Seite teilt sich eine nach außen wirksame Kraft $\underline{F}$ in die elastische Deformationskraft $\underline{F}_0$ sowie in die Massen- und Reibungskräfte (in den Piezogleichungen nicht enthalten) und die piezoelektrisch gewandelte Kraft $\underline{F}_1$ auf.

$$\underline{I}_0 = \mathrm{j}\omega C_0 \underline{U}, \quad \underline{I}_1 = N \underline{v} \tag{1}$$

$$\underline{F}_0 = \frac{1}{\mathrm{j}\omega C_0^*}\underline{v}, \quad \underline{F}_1 = -N\underline{U}. \tag{2}$$

Die dielektrische (geklemmte) Kapazität ist

$$C_0 = \varepsilon_{33}^{\mathrm{S}} A/l$$

und die Kurzschlußnachgiebigkeit:

$$C_0^* = \frac{l}{A\, C_{33}^{\mathrm{E}}}.$$

Dabei ist $\varepsilon_{33}^{\mathrm{S}}$ die dielektrische Permittivität bei konstanter Verzerrung (mechanisch geklemmt) und C_{33}^{E} ist der Elastizitätsmodul bei konstantem Feld.
Der auf beliebige geometrische Anordnungen verallgemeinerbare Transformationsfaktor N gelegentlich auch mit $1/Y$ [2] oder mit A_0 [7] be-

zeichnet, nimmt für den Longitudinalwandler den Wert an:

$$N = \frac{A}{l} e_{33}$$

e_{33} ist der piezoelektrische Modul (Streßmodul).
Die Aufteilung in elektrische und mechanische Impedanzen sowie einen fiktiven idealen piezoelektrischen Wandler (Gyrator) führt direkt zu einem rein elektrischen Ersatzschaltbild.
Für die elektrische Eingangsimpedanzen des idealen Wandleranteils gilt gemäß Gln. (1) und (2):

$$\underline{Z}_{\text{el}\,1} = \frac{\underline{U}}{\underline{I}_1} = \frac{1}{N^2} \frac{\underline{F}_1}{\underline{v}} = \frac{\underline{Z}_{\text{m}}}{N^2}. \tag{3}$$

Der Quotient aus gewandelter, antreibender Kraft $\underline{F}_1$ und resultierender mechanischer Geschwindigkeit $\underline{v}$ wird als mechanische Impedanz $\underline{Z}_{\text{m}}$ bezeichnet. Bei einer Anordnung nach Bild 1 a oder Bild 2 wird die mechanische Impedanz $\underline{Z}_{\text{m}}$ über den piezoelektrischen Effekt mit dem Faktor $1/N^2 = (e_{33} A/l)^{-2}$ in eine elektrische Impedanz transformiert. Für Quer-, Scher- oder andere Effekte gilt prinzipiell die gleiche Überlegung mit entsprechend dem Problem angepaßtem Transformationsfaktor N.

Mechanische Impedanz. Die mechanische Impedanz wird von dem Federkräften $\underline{F}_{\text{F}}$, Massenkräften $\underline{F}_{\mu}$ und Reibungskräften $\underline{F}_{\text{v}}$ des mechanischen Schwingers sowie Kräften $\underline{F}$ angekoppelter mechanischer Lasten verursacht. Im folgenden wird angenommen, daß auf den Wandler keine äußeren Kräfte wirken und daß die Anregung periodisch mit ω erfolgt. Für die Kräfte gelten die Bewegungsgleichungen:

$$\underline{F}_{\text{F}} = \frac{1}{C^*_{\text{eff}}} x = \frac{1}{\text{j}\omega C^*_{\text{eff}}} \underline{v}, \tag{4}$$

$$\underline{F}_{\mu} = m_{\text{eff}} \frac{\text{d}\underline{v}}{\text{d}t} = \text{j}\omega m_{\text{eff}} \underline{v}, \tag{5}$$

$$\underline{F}_{\text{v}} = |\underline{F}_{\text{F}}| \tan\delta = \frac{\tan\delta}{\omega C^*_{\text{eff}}} \underline{v}. \tag{6}$$

Mit den Gln. (4), (5) und (6) erhält man für die mechanische Impedanz

$$\underline{Z}_{\text{m}} = \frac{\underline{F}_{\text{F}} + \underline{F}_{\mu} + \underline{F}_{\text{v}}}{\underline{v}} = \text{j}\left(\omega m_{\text{eff}} - \frac{1}{\omega C^*_{\text{eff}}}\right) + \frac{\tan\delta}{\omega C^*_{\text{eff}}}. \tag{7}$$

Für die Resonanzfrequenz ω_0 sind in Gl. (7) elastische Impedanz und Massenimpedanz betragsmäßig gleich groß. Die mechanische Energie wird zwischen beiden Impedanzen ausgetauscht. Dabei wird die mechanische Gesamtimpedanz des Wandlers reell und erreicht den Wert $\tan\delta/(\omega C^*_{\text{eff}})$. Für die Resonanzfrequenz ergibt sich

$$\omega_0^2 = \frac{1}{m_{\text{eff}} C^*_{\text{eff}}}, \quad f_0 = \frac{1}{2\pi \sqrt{m_{\text{eff}} C^*_{\text{eff}}}}. \tag{8}$$

m_{eff} und C^*_{eff} weichen infolge der inhomogenen mechanischen Spannungsverteilung von den statischen Werten für Masse und elastischer Nachgiebigkeit ab. Exakte Berechnungen finden sich in [7]. Bezeichnet man mit

$$v = \sqrt{C_{33}/\varrho}$$

die Schallgeschwindigkeit (für Kompressionswellen), so erhält man aus Gl. (8) mit einer die Inhomogenität beschreibenden Konstante K_{i}:

$$f_0 = K_{\text{i}} v/l = N_{\text{i}}/l.$$

Allgemein heißt N_{i} Frequenzkonstante für den entsprechenden Schwingungsmodus, wobei l die Frequenz bestimmende Abmessung darstellt.
Für die relative 3-dB-Bandbreite der Resonanz folgt aus Gl. (7)

$$\Delta f/f_0 = \tan\delta = 1/Q. \tag{9}$$

Q wird als Schwinggüte des Resonators bezeichnet und beinhaltet die mechanischen und dielektrischen Verluste Q_{m} und Q_{E}.

Elektrisches Ersatzschaltbild. Mit dem Gln. (2) und (7) erhält man für den piezoelektrisch transformierten Anteil der Impedanz

$$\underline{Z}_{\text{el}\,1} = \text{j}\left(\omega L_1 - \frac{1}{\omega C_1}\right) + R_1; \tag{10}$$

mit

$$L_1 = \frac{m_{\text{eff}}}{N^2_{\text{eff}}}, \; C_1 = N^2_{\text{eff}} C^*_{\text{eff}}, \; R_1 = \frac{1}{\omega_0 C_1 Q}. \tag{11}$$

Gl. (10) gibt die Impedanz eines elektrischen Serienschwingkreises in dem L_1 die Masse, C_1 die elastische Nachgiebigkeit und R_1 die Verluste repräsentiert. Der für den statischen Fall angegebene Wert für den Transformationsfaktor N ist im dynamischen Fall mit inhomogener Spannungsverteilung durch den Faktor N_{eff} zu ersetzen. Werte für N_{eff} bzw. A_0 für verschiedene Schwingungsmoden finden sich in [7].
Der gesamte piezoelektrische Wandler läßt sich gemäß Bild 2 als Parallelschaltung der Impedanz $\underline{Z}_{\text{el}\,1}$ mit der Kapazität C_0 auffassen. Bild 3 zeigt das komplette Ersatzschaltbild des Piezowandlers. Die entsprechenden Umrechnungen der Ersatzgrößen aus den mechanischen Daten sind durch die Gln. (10) und (11) gegeben. Interessant ist dabei der Zusammenhang mit dem piezoelektrischen Kopplungsfaktor.

$$C_0 = \varepsilon_{33}^S \frac{A}{d}$$

$$C_1 = \frac{k_{\text{eff}}^2}{1-k_{\text{eff}}^2} C_0$$

$$L_1 = \frac{1}{\omega_0^2 C_1}$$

$$R_1 = \frac{1}{\omega_0 C_1 Q}$$

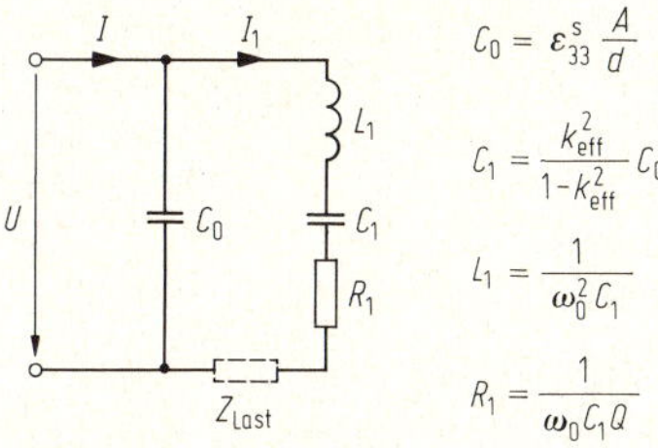

Bild 3. Elektrisches Ersatzschaltbild für piezoelektrische Wandler im Frequenzbereich bis zur ersten Resonanz

Bei Anlegen einer Gleichspannung U entsteht die gleiche Spannung an C_0 und C_1. Es gilt

$$k_{33}^2 = \frac{\omega_1}{\omega_1+\omega_2} = \frac{1/2\,C_1\,U^2}{1/2(C_1+C_0)\,U^2}$$

$$= \frac{C_1}{C_0+C_1} \qquad (12)$$

und damit

$$C_1 = \frac{k^2}{1-k^2} C_0. \qquad (13)$$

Mit dieser Definition von C_1 über den Kopplungsfaktor kann das Ersatzschaltbild auch auf beliebige geometrische Konfigurationen verallgemeinert werden. Das Ersatzschaltbild nach Bild 3 ist brauchbar für Frequenzen von Null bis zur ersten Resonanz und darüber hinaus in der näheren Umgebung ausgeprägter Oberschwingungen oder anderer piezoelektrisch angeregter Schwingungsmoden. Die Einwirkung äußerer Kräfte (Dämpfung, Massenbelastung, Halterungseffekte) kann durch die in Bild 3 unterbrochen eingezeichnete zusätzliche Impedanz Z_{Last} beschrieben werden.

7.4 Piezoresonatoren
Piezoelectric resonators

Impedanz. Bild 4 zeigt den typischen Frequenzgang der komplexen Impedanz und des komplexen Leitwerts eines piezoelektrischen Resonators. Die Darstellung Bild 4a von Betrag (log) und Phase (lin) über der Frequenz ist am gebräuchlichsten, während die Ortskurvendarstellung nach Bild 4b eine detailliertere Darstellung im Resonanzbereich ermöglicht. Die perspektivische Darstellung nach Bild 4c gibt eine anschauliche Repräsentation der Ortskurve über der Frequenzachse. Der Verlauf beider Kurven läßt sich direkt aus dem Ersatzschaltbild nach Bild 3 ableiten. Wesentlich ist das paarweise Auftreten einer Serienresonanz f_s, gebildet aus C_1, L_1 und

R_1 und einer benachbarten Parallelresonanz f_p, bei der die Impedanz sehr hochohmig wird.
Die Parallelresonanz f_p ist dadurch gekennzeichnet, daß die (induktive) Impedanz der Blindkomponenten des Serienkreises betragsmäßig gleich der kapazitiven Impedanz von C_0 wird. Damit gilt

$$f_s = \frac{1}{2\pi}\omega_0 = \frac{1}{2\pi}\frac{1}{\sqrt{L_1 C_1}}, \qquad (14)$$

$$f_p = f_s\sqrt{1+\frac{C_1}{C_0}} = f_s\sqrt{\frac{1}{1-k^2}}. \qquad (15)$$

Der Abstand der Parallel- von der Serienresonanzfrequenz wird vom elektromechanischen Kopplungsfaktor des Materials bestimmt: Aus den Gln. (13) und (15) folgt

$$k^2 = \frac{f_p^2-f_s^2}{f_p^2} \approx 2\,\frac{f_p-f_s}{f_p}. \qquad (16)$$

Die Werte für f_p und f_s treten in den Darstellungen Bild 4 nicht charakteristisch hervor. Deutlicher charakterisiert sind die Frequenzen für verschwindenden Imaginärteil (Resonanz f_R und Antiresonanz f_a) bzw. für maximalen Betrag des Leitwerts f_m und minimalen Betrag des Leitwerts f_n. In der Mehrzahl der Anwendungen ist die Schwinggüte Q so groß, daß man die Unterschiede zwischen f_m, f_s, f_R und zwischen f_a, f_p, f_n vernachlässigen bzw. durch Näherungsformeln [8, 9] korrigieren kann.

Maximale Bandbreite. Für den Einsatz von Resonatoren in elektromechanischen Filtern stellt sich die Frage nach der maximal möglichen Übertragungsbandbreite bei noch zu vernachlässigender Einfügungsdämpfung.
Das Energieübertragungsverhältnis außerhalb von Eigenresonanzen ist gemäß den Gln. (12) und (16) auf den Wert des elektromechanischen Kopplungsfaktors k^2 beschränkt. Dämpfungsarme Filter sind daher auf Resonanzeffekte angewiesen. Dabei muß die Resonanzüberhöhung Q mindestens die Kopplungsverluste kompensieren. Damit gilt für die Mindestgüte Q_M:

$$Q_M \geq 1/k^2. \qquad (17)$$

Gemäß Gl. (9) erhält man für die relative Bandbreite:

$$\Delta f/f \approx k^2. \qquad (18)$$

Breitbandfilter geringer Einfügungsdämpfung lassen sich nur mit Wandlern hoher elektromechanischer Kopplung verwirklichen. Dabei ist gemäß Gl. (16) die Bandbreite Δf auf das Doppelte des Frequenzabstands zwischen Parallel- und Serienresonanz beschränkt.

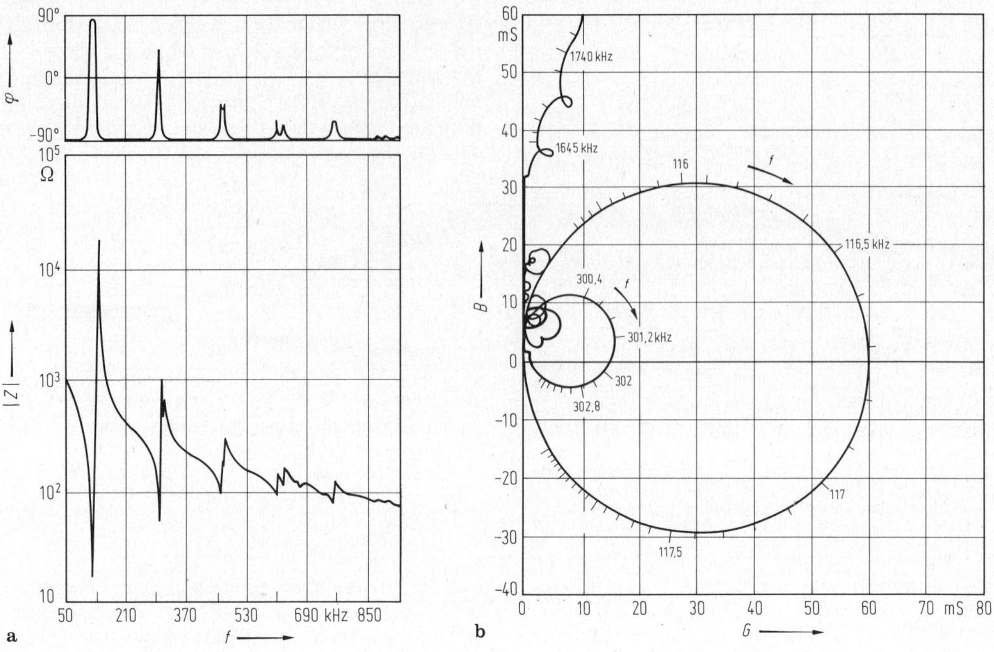

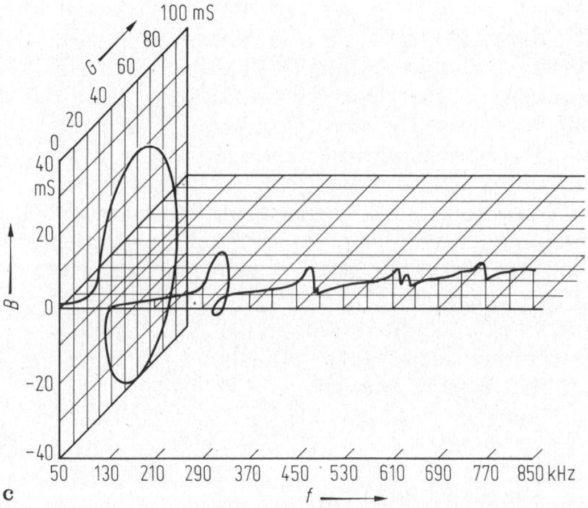

Bild 4. Frequenzgang von Impedanz und Leitwert eines piezoelektrischen Resonators (17 mm-Dmr.-Scheibe aus PZT-Keramik). **a** Impedanz nach Betrag und Phase; **b** Leitwert als Ortskurve; **c** Leitwert nach Re- und Im-Teil über Frequenz

7.5 Materialien. Materials

Tabelle 1 zeigt die wichtigsten Technologien zur Herstellung piezoelektrischer Bauelemente.

Einkristalle. Einkristalline Materialien zeichnen sich durch hervorragende Elastizitätseigenschaften und kleine innere Verluste aus.

Quarz (SiO_2) ist am bekanntesten. Seine Haupteinsatzgebiete sind Volumenresonatoren und Oberflächenwellensubstrate für Oszillatoren und Filter. Aufgrund seines relativ kleinen Kopplungsfaktors ($k_{11}^2 \approx 0{,}01$) eignet es sich nur für Schmalbandfilter.

Turmalin (Aluminiumsulfat) hat einen negativen Temperaturkoeffizienten der Schallgeschwindigkeit. Bei sonst ähnlichen Eigenschaften wie Quarz wird Turmalin daher kaum noch verwendet.

Seignettesalz (Na-K-Tartrat) weist in einem kleinen Temperaturbereich um die Zimmertemperatur extrem hohe piezoelektrische Kopplung auf. Da die Kristalle wasserlöslich und hygrosko-

Tabelle 1. Herstellungstechnologien für piezoelektrische Bauelemente

Materialklasse	Herstellung	Weiterverarbeitung	Beispiele
Einkristalle	Kristallisation aus wäßriger Lösung. Ziehen aus Schmelze	Sägen Läppen Metallisieren	Seignettesalz TGS Quarz, $LiTaO_3$
Keramiken	Formpressen u. Sintern. Folienziehen u. Sintern	Sägen, Brechen Metallisieren Polarisieren	PZT-Scheiben -Blöcke -Rohre -Folien
Polymere	Extrudieren Gießen	Metallisieren Polarisieren	PVDF-Folien
Schichten	Aufdampfen Sputtern	Metallisieren	CdS-Schichten ZnO-Schichten

pisch sind, ist Einsatz problematisch. Sie wurden vollständig durch keramische Werkstoffe ersetzt.
Ähnliches gilt für die verwandten Tastrate wie Kaliumditartrat (KDT) sowie wasserlösliche Phosphate (ADP und KDP).

Lithiumniobat und Lithiumtantalat weisen eine mehrfach höhere piezoelektrische Kopplung als Quarz auf ($k_{15}^2 = 0{,}41$ für $LiNbO_3$ und $k_{15}^2 = 0{,}17$ für $LiTaO_3$). Hauptanwendungsgebiete sind hochfrequente Resonatoren, breitbandige Filter sowie Oberflächenwellenbauelemente. Der Temperaturgang der Schallgeschwindigkeit ist bei $LiTaO_3$ günstiger als bei $LiNbO_3$. $LiTaO_3$- und $LiNbO_3$-Kristalle werden, wie auch Quarz, synthetisch hergestellt [10].

Schichten. Zur Anregung elastischer Wellen auf nichtpiezoelektrischen Substraten wie Glas oder auch Silizium werden aufgedampfte bzw. aufgesputterte Schichten vorwiegend aus den halbleitenden piezoelektrischen Materialien wie Cadmiumsulfid (CdS) und Zinkoxid (ZnO) verwendet [10].

Piezokeramik. Piezokeramik ist ein polykristalliner Sinterwerkstoff auf der Basis ferroelektrischer Materialien, wie Blei-Zirkonat-Titanat ($Pb(Zr_xTi_{1-x})O_3$, $x \approx 0{,}5$). Bariumtitanat hat nur noch historische Bedeutung. Aufgrund der spontanen Polarisation dieser ferroelektrischer Materialien treten unterhalb der sog. Curie-Temperatur in den Kristalliten zahlreiche Domänen auf, innerhalb derer jeweils ein konstanter Polarisationszustand P_s herrscht. Nach außen hebt sich die Summe der Polarisation auf (Bild 5), die Keramik ist noch nicht piezoelektrisch. Durch einmaliges Anlegen eines großen Feldes (z.B. 2 kV/mm) kann das Material in beliebiger Richtung polarisiert werden. Dabei orientiert sich die spontane Polarisation in jeder Domäne durch Umklappprozesse möglichst nahe in die Richtung des anlegten Feldes. Freie Formgebung, beliebige Richtung der remanenten Polarisation P_r, hoher Kopplungsfaktor ($k^2 \approx 0{,}5$) und hohe dielektrische Permittivität ($\varepsilon_r = 500 \ldots 3000$) favorisieren keramische Materialien dort, wo Verlustfaktor Frequenztoleranz und Temperaturkoeffizient nich im Vordergrund stehen. Bild 6 zeigt das Groß- und Kleinsignalverhalten (dunkle Fläche) einer typischen Piezokeramik. Durch „weichmachende" Zusätze wie z.B. Nd oder „hartmachende" Zusätze wie z.B. Mn können Keramiken mit unterschiedlichen elektromechanischen Eigenschaften gezüchtet werden [12].

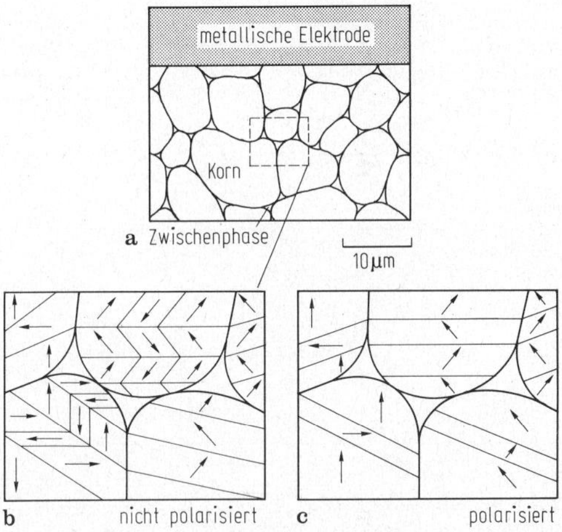

Bild 5. Piezokeramik. **a** polykristallines Sintergefüge; **b** statistisch verteilte ferroelektrische Domänen im nicht polarisierten Zustand; **c** Umordnung der Domänen bei Polarisieren

Polymere. In elektroakustischen Anwendungen sowie für Ultraschallecholote in der Medizin werden auch piezoelektrische Polymere eingesetzt. Dabei handelt es sich im wesentlichen um Polyvinylidendifluorid (PVDF). Es ist in einem

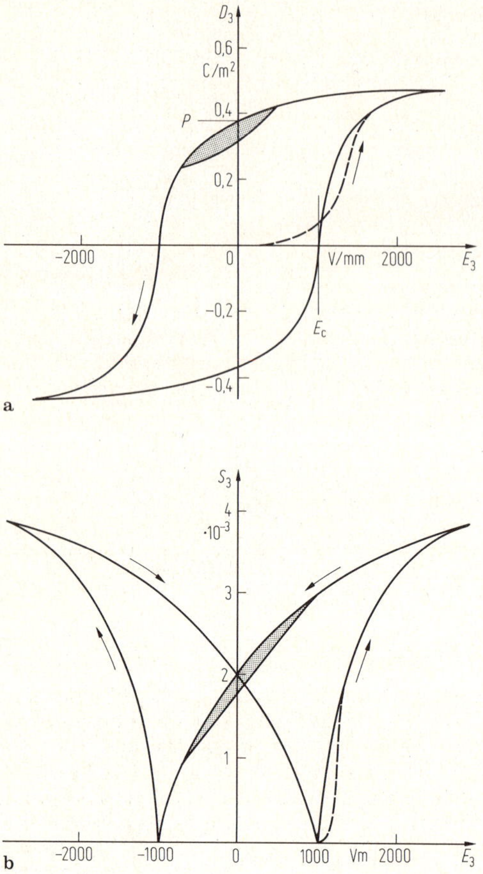

Bild 6. Elektrische (**a**) und mechanische (**b**) Hystereseschleifen einer typischen Piezokeramik. Die unterbrochenen Linien gehen von der nicht polarisierten Keramik aus. Der normale Betriebsbereich ist graugerastert

piezoelektrischen Effekt mit Quarz zu vergleichen, ist demgegenüber jedoch mechanisch um den Faktor 30 nachgiebiger und dadurch akustisch hervorragend an Flüssigkeiten angepaßt [13].

Spezielle Literatur: [1] *Pointon, A. I.*: Piezoelectric devices. IEE Proc. 129 Pt. A No. 5, July 1982. – [2] *Mason, W. P.*: Physical acoustics, 1 A. New York:; Academic Press 1964. – [3] *Tichy, I.; Gautschi, G.*: Piezoelektrische Meßtechnik. Berlin: Springer 1980. – [4] *Kleinschmidt, P.*: Piezo- und pyroelektrische Effekte, in „Sensorik". Heywang. W. (Hrsg.). Berlin: Springer 1984. – [5] *Mattiat, O. E.*: Ultrasonic transducer materials. New York: Plenum Press 1971. – [6] *Reichard, W.*: Grundlagen der Technischen Akustik. Leipzig 1968. – [7] *Kikuchi, Y.* (Ed.): Ultrasonic transducers. Tokyo: Corona 1969. – [8] *IRE Standard on Piezoelectric Crystals:* Measurement of piezoelectric ceramics, 1961; 61 IRE 14. S 1. – [9] *Cady, W. G.*: Piezoelectricity. New York: Dover 1964. – [10] *Landolt-Börnstein:* Zahlenwerte und Funktionen aus Naturwissenschaften und Technik. Neue Serie. Bd. III/11. Elastische, piezoelektrische, pyroelektrische, piezooptische, elektrooptische Konstanten und nichtlineare dielektrische Suszeptibilitäten von Kristallen. Neubearbeitung und Erweiterung der Bände III/1 und III/2. Berlin: Springer 1979. – [11] *Jaffe, B.; Cook, W. R.; Jaffe, H.*: Piezoelectric ceramics. London: Academic Press 1971. – [12] *Martin, H. J.*: Die Ferroelektrika. Leipzig: Akad. Verlagsges. 1976. – [13] *Sessler, G. M.*: Piezoelectricity in polyvinylidenefluoride. J. Acoust. Soc. Am. 70 (6) (1981).

8 Magnetostriktive Werkstoffe und Bauelemente
Magnetostrictive materials and components

Allgemeine Literatur: *Matauschek, J.*: Einführung in die Ultraschalltechnik. Berlin: VEB Verlag Technik 1962.

8.1 Allgemeines. General

Magnetisierbare Substanzen ändern ihre Form unter dem Einfluß eines magnetischen Feldes. Diese Eigenschaft, die sog. Magnetostriktion, tritt besonders stark bei ferromagnetischen Metallen und deren Legierungen sowie bei Ferriten auf. Die Richtung der Magnetostriktion ist unabhängig vom Vorzeichen der Magnetisierung. Der Betrag kann je nach Material Werte zwischen -10^{-4} bis $+10^{-4}$ annehmen [1, 2]. Bei einigen Eisen-Seltenerden-Legierungen wurden sogar Sättigungsmagnetostriktionen von $3 \cdot 10^{-3}$ erreicht; allerdings bei Feldstärken von 10^6 A/m [3].

Bei Transformatoren und Übertragern äußert sich der Effekt der Magnetostriktion in unerwünschter Weise in Form mechanischer Vibrationen und akustischer Schallabstrahlung. Andererseits wird der magnetostriktive Effekt dazu genutzt, hochfrequente mechanische Schwingungen in Festkörpern anzuregen. Die hohe mechanische Festigkeit magnetostriktiver Metallschwinger hat zu Leistungs-Ultraschallsendern für Unterwasser-Echolote, Materialbearbeitung und Ultraschall-Reinigungsbädern geführt. Leistungsdichten von 50 W/cm² lassen sich in Wasser einkoppeln [4].

Nachteilig ist, daß für hohe magnetische Flußdichten ein geschlossener magnetischer Kreis erforderlich ist und daß Spulen- und Wirbelstromverluste zu hohen thermischen Verlustleistungen führen. Da beim piezoelektrischen Effekt diese Nachteile nicht auftreten, sind die magnetostrik-

---

Spezielle Literatur Seite E 25

tiven Schwinger heutzutage größtenteils von piezoelektrischen Wandlern abgelöst worden. Im Bereich kleiner Leitungen wurden magnetostriktive Wandler vielfach zur Anregung mechanischer Filter eingesetzt. Probleme der magnetischen Beeinflussung von Filterparametern haben auch hier zu einer Bevorzugung piezoelektrischer Anregung geführt. Neue Aspekte ergaben sich durch amorphe magnetostriktive Materialien mit besonders geringen Verlusten und hervorragenden elastischen Eigenschaften [5].

8.2 Materialeigenschaften
Material properties

Bild 1 gibt schematisch die Magnetisierungskurve und die Magnetostriktionskurve eines typischen magnetostriktiven Materials über einen vollen Magnetisierungszyklus wieder. Um die Ummagnetisierungsverluste klein zu halten, bevorzugt man für magnetostriktive Wandler magnetisch weiche Materialien mit geringer Hysterese und geringen Blechdicken. Bei hohen magnetischen Feldstärken H tritt eine Sättigung

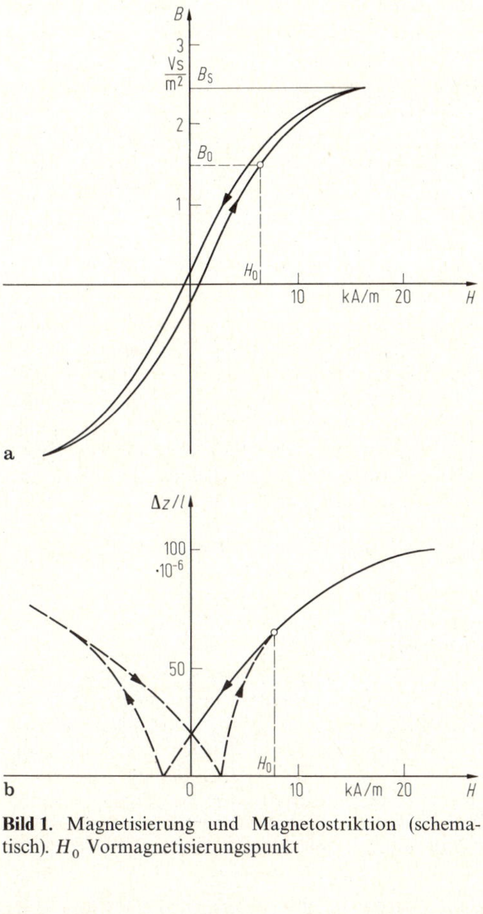

Bild 1. Magnetisierung und Magnetostriktion (schematisch). H_0 Vormagnetisierungspunkt

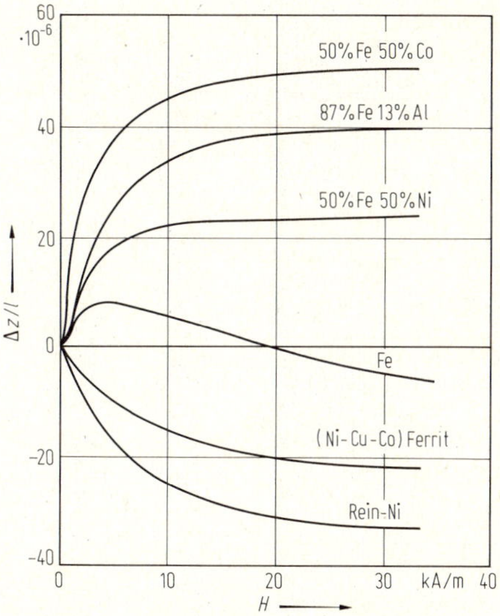

Bild 2. Magnetostriktion als Funktion der magnetischen Feldstärke für verschiedene Materialien

in der Flußdichte B ($B_s = 0{,}5-2{,}5$ Vs/m^2) und in der Magnetostriktion auf. Der in der schematischen Darstellung von Bild 1b durchgezogen gezeichnete Ast der Magnetostriktion ist in Bild 2 für verschiedene gebräuchliche Materialien quantitativ dargestellt. Bezüglich genauerer Charakterisierung der Materialien siehe [1] und [2].

8.3 Charakteristische Größen
Characteristic values

Für die praktische Anwendung wählt man zur Vermeidung des quadratischen Charakters der Magnetostriktion eine Vormagnetisierung bei etwa 2/3 der Sättigungsinduktion ($B_0 \approx 2/3\,B_s$; s. Bild 1). Für kleine überlagerte Wechselfeldstärken gelten dann, ähnlich wie für den piezoelektrischen Effekt, vier Paare magnetostriktiver Grundgleichungen.
Wichtige Materialien sind: Nickel, Nickel-Eisen (50% Fe, 50% Ni), Kobalt-Eisen (50% Fe, 50% Co), Alu-Eisen (87% Fe, 13% Al), Ni-Co-Cu-Ferrit (Ferrocube 7A1), Terbium-Eisen ($TbFe_2$).

8.4 Schwinger. Resonators

Für die Beschreibung der Resonatoreigenschaften magnetostriktiver Schwinger (Bild 3) ist es üblich, elektrische Ersatzschaltbilder analog zu den in E 7.3 dargestellten piezoelektrischen Wandlern anzugeben.

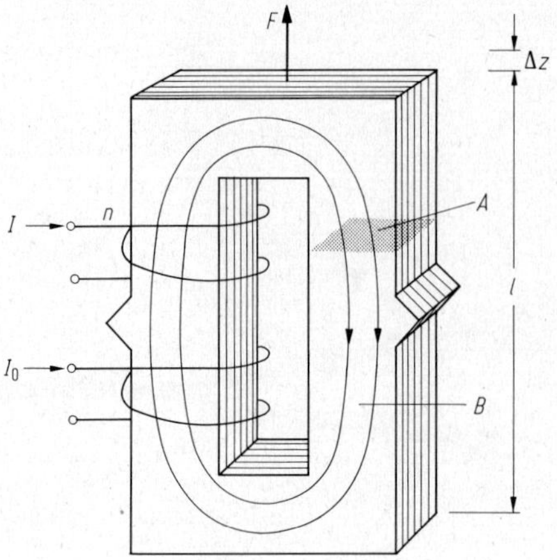

Bild 3. Longitudinaler magnetostriktiver Wandler

Im magnetischen Fall bevorzugt man die elektromechanische Analogie

$$F \sim I, \quad U \sim \frac{\mathrm{d}z}{\mathrm{d}t} = v.$$

Mit den magnetostriktiven Gleichungen unter Hinzunahme von Trägheits- und Reibungskräften erhält man in der vereinfachenden Darstellung mit effektiven Massen m_{eff} und effektiven Nachgiebigkeiten C_{eff} die Wandlerdarstellung und das elektrische Ersatzschaltbild nach Bild 4.

X bezeichnet analog N in E 7.3 die Wandlungskonstante des idealen magnetostriktiven Wand-

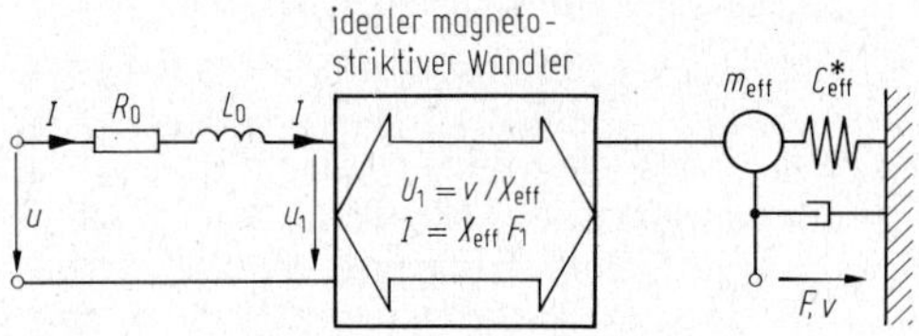

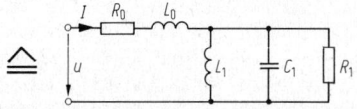

Bild 4. Elektromechanisches und elektrisches Ersatzschaltbild eines magnetostriktiven Wandlers. X_{eff} effektive magnetostriktive Wandlungskonstante, m_{eff} effektive Schwingermasse, C_{eff} effektive elastische Nachgiebigkeit, Q mechanische Schwinggüte, R_0 ohmscher Spulenwiderstand, L_0 rein elektrische Induktivität, L_1 nachgiebigkeitsäquivalente Induktivität, C_1 massenäquivalente Kapazität, R_1 Äquivalentwiderstand für mechanische Verluste

$$L_1 = L_0 \frac{k_{\mathrm{eff}}^2}{1 - k_{\mathrm{eff}}^2} \quad C_1 = \frac{1}{\omega_0^2 L_1} \quad R_1 = \omega_0 L_1 Q$$

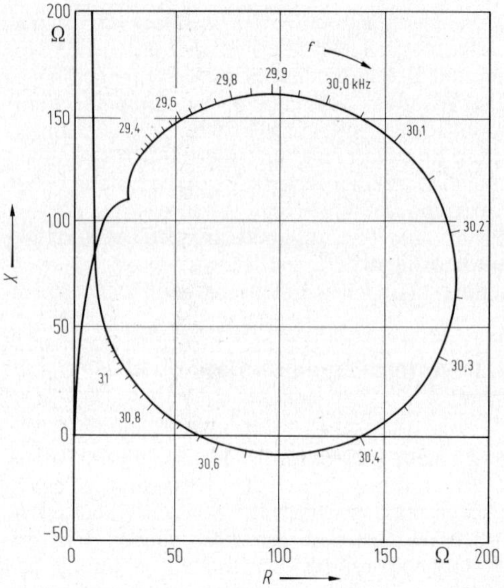

Bild 5. Ortskurve des Impedanzverlaufs eines magnetostriktiven Resonators

leranteils. Für die Wandlung der mechanischen Impedanzen Z_{mech} in die elektrische Eingangsimpedanz $Z_{\mathrm{el\,1}}$ des idealen Wandlers nach Bild 4 ergibt sich die Beziehung:

$$Z_{\mathrm{el\,1}} = 1/(X^2 Z_{\mathrm{mech}}). \tag{1}$$

Für einen vormagnetisierten Wandler der Länge l mit der Windungszahl n, dem magnetischen Querschnitt A ergibt sich mit dem magnetostriktiven Modul e_{33} eine statische Wandlungskonstante:

$$X = 2l/(A n e_{33}). \tag{2}$$

Für zeitlich dynamische Vorgänge ist eine kleinere, die inhomogenen Spannungsverläufe berücksichtigende Konstante X_{eff} zu verwenden.

Bild 5 zeigt analog zu Bild E 7.4 den Frequenzgang der elektrischen Impedanz magnetostriktiver Schwinger. Für den Zusammenhang zwischen charakteristischen Impedanzwerten und Schwingerdaten gilt:

$$L_1 = L_0 k^2/(1 - k^2), \tag{3}$$

$$f_{\mathrm{p}} = 1/(2\pi\sqrt{L_1 C_1}), \tag{4}$$

$$f_{\mathrm{s}} = f_{\mathrm{p}}\sqrt{1 - L_1/L_0} = f_{\mathrm{p}}/\sqrt{1 - k^2}. \tag{5}$$

Mit Gl. (5) folgt für den Wandlerkopplungsfaktor:

$$k_{\mathrm{eff}}^2 = \frac{f_{\mathrm{s}}^2 - f_{\mathrm{p}}^2}{f_{\mathrm{s}}^2} \approx 2\,\frac{f_{\mathrm{s}} - f_{\mathrm{p}}}{f_{\mathrm{s}}}. \tag{6}$$

Mit Gl. (6) läßt sich aus Serienresonanzfrequenz f_{s} und Parallelresonanzfrequenz f_{p} der effektive

Kopplungsfaktor k_{eff} des magnetostriktiven Wandlers bestimmen. Er ist stets kleiner als der Materialkopplungsfaktor.

Spezielle Literatur: [1] *Matauschek, J.*: Einführung in die Ultraschalltechnik. Berlin: VEB Verlag Technik 1962. – [2] *Boll, R.*: Weichmagnetische Werkstoffe. Firmenpublikation Vacuumschmelze Hanau. – [3] *Clark, A. E.*: Magnetic and magnetoelastic properties of highly magnetostriktive rare earth-iron Laves phase compounds. AIP Conf. Proc; (USA) Pt. 2 (1973) 18, 1015–1029. – [4] *Ganeva, L. I.; Golyamind, I. P.*: Amplitude dependence of the properties of magnetostrictive transducers and ultimate available power radiated into aliquid. Sov. Phys. Acoust. 20 (1974) No. 3. – [5] *Hilzinger, H. R.; Hillmann, H.; Mager, A.*: Magnetostriction measurements on Co-base amorphous alloys. Phys. Stat. Sol. (A) 55 (1979) 763–769.

9 HF-Durchführungsfilter
EMI/RFI-Filter

Zur Stromversorgung von Schaltungen in hochfrequenzdichten Gehäusen oder als Durchführung für Steuerleitungen werden Tiefpaßfilter benötigt, welche die unerwünschten Spektralanteile hinreichend stark dämpfen, für die niederfrequenten Ströme oder für Gleichstrom praktisch keinen Widerstand darstellen.
Die einfachste Möglichkeit ist der Durchführungskondensator. Seine Anwendung kann vorzugsweise die innerhalb des Abschirmgehäuses liegende Schaltung unabhängig von der äußeren Beschaltung machen, die Wirkung reicht jedoch in den meisten Fällen allein nicht aus, um unerwünschte Frequenzen außerhalb des Gehäuses auf zulässige Pegel abzusenken. Bei entsprechend hohen Anforderungen müssen daher Kombinationen von L und C zu Durchführungsfiltern kombiniert werden. Diese Filter ähneln äußerlich Durchführungskondensatoren. Sie bestehen aus einem zylindrischen Metallgehäuse, das auf der einen Seite axial ein Gewinde trägt. Mit diesem Gewinde wird das Filter in die Gehäusewand eingeschraubt. Der eine Anschluß ist isoliert durch den Gewindestutzen hindurchgeführt, der andere befindet sich isoliert auf der gegenüberliegenden Stirnseite des Metallzylinders.
Derartige Filter werden als L-, Pi- oder T-Schaltungen aufgebaut. Dabei sind die Serienglieder stets induktiv, die Parallelglieder immer Kondensatoren zum Gehäuse. Die Kondensatoren sind sehr induktivitätsarm aufgebaut. Die Induktivitäten können durch Drähte, die in Ferrit eingebettet sind, kapazitätsarm realisiert werden. Bei hohen Frequenzen wirkt dabei das Ferritmaterial vorwiegend durch seine Verluste dämpfend.

Die Wirkung von Durchführungsfiltern wird in der Praxis durch ihre Einfügungsdämpfung in einem koaxialen 50-Ω-System beschrieben. Bei tiefen Frequenzen unterhalb 10 kHz ist die Einfügungsdämpfung wenige dB. Je nach der Größe der Bauelemente, die vom zulässigen Gleichstrom (Spulensättigung, Erwärmung) und der maximalen Gleichspannung (Durchschlagfestigkeit der Kondensatoren) bestimmt werden, steigt die Dämpfung steil an, so daß zwischen 100 kHz und 10 MHz die Maximaldämpfung von 80 dB erreicht wird. Dieser Maximalwert wird dann im Bereich bis oberhalb 10 GHz nicht unterschritten. Eine genaue Angabe größerer Einfügungsdämpfungen ist nur schwierig realisierbar, weil Stecker, Verschraubungen und Kabel hinsichtlich ihrer Schirmdämpfungen bei ähnlichen Werten liegen.
Die Wahl der Filterart (T oder Pi) richtet sich nach der an den Anschlüssen vorhandenen Impedanzen. Es ist stets so zu verfahren, daß die Fehlanpassung zwischen Filter und Zuleitung möglichst groß wird. Bei Anschluß niederohmiger Schaltungskomponenten ist eine Längsinduktivität am Filtereingang zweckmäßig, deren Impedanz groß ist. Werden an das Filter Zuleitungsdrähte von einigen Zentimetern Länge angeschlossen, die selbst eine Induktivität darstellen, empfiehlt sich ein Pi-Filter mit kapazitivem Eingang.

10 Absorber. Absorbers

Allgemeine Literatur: *Jasik, H.* (ed.): Antenna engineering handbook. New York: McGraw-Hill 1961.

Dämpfungsmaterialien. Elektromagnetische Wellen können durch elektrische Leitfähigkeit des Materials, dielektrische und magnetische Verluste gedämpft werden. Bei Kunststoffen kann die elektrische Leitfähigkeit beispielsweise durch Beimengung von Ruß oder anderen schlechtleitenden Stoffen innerhalb weiter Grenzen verändert werden. Dielektrische Verluste sind ausgeprägt beim Wasser infolge seiner unsymmetrischen Molekülstruktur vorhanden. Oberhalb 1 GHz zeigt es ausgeprägte Dämpfung. Auch andere Stoffe zeigen wegen ihres molekularen Aufbaus in bestimmten Frequenzbereichen hohe Dämpfungen auf. Magnetische Verluste findet man besonders in Ferriten. Bei Frequenzen im Bereich oberhalb 100 MHz ist die Permeabilitätszahl kleiner als 10, bei 10 GHz kaum größer als 1. In Kunststoff eingebettetes Ferritpulver wird in diesem Frequenzbereich vorwiegend zu Dämpfungszwecken eingesetzt.
Anwendungsfälle für Dämpfungsmaterialien sind beispielsweise die Innenbelegung von Ge-

häuseteilen bei Höchstfrequenzschaltungen, um Gehäuseresonanzen zu vermeiden, sowie die Belegung von Gehäuseteilen oder Kabelmänteln, um unerwünschte Ströme zu vermeiden. Weitere Anwendugen sind Dämpfungsglieder und Abschlußwiderstände in Hohlleitern und reflexionsarme Belegung von Oberflächen, um reflexionsarme Räume für Meßzwecke zu erzielen oder die Tarnung von Objekten gegenüber Radar.

Dämpfung von Oberflächenströmen. Für diese Zwecke eignen sich vorzugsweise Ferritplatten, die auf die Metallwand des Gehäuses aufgeklebt, oder Rohrkerne, die über Kabelaußenmäntel geschoben werden. Je höher die zu bedämpfende Frequenz ist, desto dünner darf die Dämpfungsschicht sein. Im Mikrowellengebiet genügt bereits das Beschichten mit einem ferritpulverhaltigen Lack, um beachtliche Dämpfungswerte zu erzielen. Genaue quantitative Angaben sind bei den vielfältigen Leiterstrukturen kaum möglich. Durch Überschieben von Ferritröhrchen über Kabelmäntel lassen sich bei 3 mm Wandstärke des Röhrchens und 20 mm Länge im 100-MHz-Bereich Dämpfungen von ca. 10 dB erzielen. Bei höheren Frequenzen ergeben sich etwa gleiche Dämpfungswerte, wenn die Abmessungen im Verhältnis der Wellenlängen verkleinert werden. Eine andere Möglichkeit besteht im Aufkleben leitfähiger Schichten, die in Dicken zwischen 0,1 und 5 mm mit verschiedenartigsten spezifischen Leitfähigkeiten erhältlich sind. Auch rußhaltige Schaumstoffe können angewandt werden. Für brauchbare Wirkungen muß die spezifische Leitfähigkeit des Dämpfungsmaterials einige Zehnerpotenzen schlechter als die von Metallen sein, also bei etwa 1 S/m liegen. Zu hohe Leitfähigkeit erlaubt Stromfluß innerhalb der Dämpfungsschicht. Zu geringe Leitfähigkeit läßt das Material nur als Dielektrikum wirken. ε_r und μ_r des Materials sind bei diesem Anwendungsfall von geringem Interesse.

Absorber in Hohlleitern. Bei diesem Anwendungsfall ist das Dämpfungsmaterial im Bereich des Wellenfeldes, also nicht entlang einer leitenden Wand angeordnet. Die Einfügungsdämpfung soll nicht durch Reflexion sondern durch Absorption erfolgen. Reflexionen können vermieden werden, wenn entweder das Absorbermaterial einen Feldwellenwiderstand $Z_F = \sqrt{\mu/\varepsilon}$ aufweist wie der Wellentyp im Hohlleiter oder über eine Transformation Anpassung an die Ausbreitungsbedingungen im gedämpften Hohlleiterabschnitt erfolgt. Der erstgenannte Fall der Angleichung hinsichtlich des Feldwellenwiderstands ist kaum realisierbar, weil bei Mikrowellen Materialien mit genügend großer relativer Permeabilität von 5 bis 15 entsprechend der Dielektrizitätszahl der ferrithaltigen Substanzen nicht verfügbar sind. Als Breitbandabsorber werden daher meist mehrere Wellenlängen lange Pyramiden aus verlustbehaftetem Material vorgesehen. Andere Anschlüsse bestehen aus Ferritkörpern, die am Kurzschluß befestigt sind und durch geeignete Formgebung eine transformatorische Anpassung bewirken. Durchgangsdämpfungsglieder sind üblicherweise als dünne dielektrische Schichten ausgeführt, die einseitig mit einer dünnen Widerstandsschicht versehen in der E-Ebene des Hohlleiters angebracht sind.

Reflexionsarme Schichten. Breitbandabsorber haben meistens die Form von nebeneinanderstehenden spitzen Pyramiden aus rußhaltigem Schaumstoff, wobei die Pyramidenspitzen auf die einfallende Welle hinweisen. Die Dielektrizitätszahl des Schaumstoffs ist nur wenig größer als 1, der Reflexionsfaktor infolge der Grenzschicht zwischen Luft und Dielektrikum also gering. Für alle Frequenzen, bei denen die Pyramidenlänge groß gegen die Wellenlänge ist, heben sich im Fernfeld die Teilreflexionen wegen der verschiedenen Laufwege weitgehend auf. Unmittelbar am Ende der Pyramiden ist eine Metallwand, an der die bereits stark gedämpfte Welle total reflektiert wird und den Absorber nochmals durchläuft. Reflexionsminderungen um mindestens 30 dB gegenüber einer Totalreflexion erhält man für Frequenzen, deren Wellenlängen kleiner als die Pyramidenlänge ist. Für höhere Frequenzen liegt die erzielbare Reflexionsminderung zwischen 30 und 40 dB. Die Restreflexion tritt immer an den Übergängen zwischen Luft und Absorber auf und ist nicht durch das Dämpfungsverhalten des Materials bestimmt. Für Antennenmeßräume im 100-MHz-Bereich werden Pyramiden von mehreren Metern Länge benötigt.

Für geringere Anforderungen bei Breitbandabsorbern im cm-Wellengebiet können auch Matten aus mehreren verklebten Schaumstoffschichten mit verschieden starker Leitfähigkeit verwendet werden. Die am schwächsten dämpfende Schicht ist dabei der einfallenden Welle zugewandt. Hinter der letzten Schicht sollte eine Metallwand angebracht werden. Durch geeignete Abstufung der Materialeigenschaften kann innerhalb eines relativ breiten Frequenzbandes eine Refelexionsminderung um 20 dB erreicht werden. Schmalbandabsorber können relativ dünn realisiert werden. Die Rückwand einer derartigen Absorberstruktur ist eine Metallplatte. In unmittelbarer Nähe der Metalloberfläche ist praktisch keine elektrische Feldstärke vorhanden, leitfähige Materialien sind dort wirkungslos. Daher muß die Schicht unmittelbar vor der Metallplatte hohe Permittivität haben, damit die einfallende Wellenlänge möglichst stark verkürzt wird. Im Abstand einer Viertelwellenlägne vor der Metalloberfläche ist die elektrische Feldstärke maximal und daher eine Widerstandsschicht parallel zur Metalloberfläche besonders wirksam. Die davorliegenden Schichten sind bezüglich Permittivität, Verlustfaktor und Dicke so dimensioniert, daß sich bei der gewünschten Frequenz und senkrechtem Einfall der Welle Anpassung, also Reflexionsfreiheit ergibt. Mit Materialien, die eine Dielektrizitätszahl von 50 haben, läßt sich die Wellenlänge um den Faktor 7 verkürzen. Bei 3 cm Freiraumwellenlänge ist damit $\lambda/4$ etwa 1 mm. Wird die gleiche Schichtdicke noch einmal für Anpassungszwecke vorgesehen, so hat der Schmalbandabsorber eine gesamte Schichtdicke von nur 2 mm. Für eine Frequenz läßt sich damit volle Reflexionsfreiheit erzielen. Allerdings ist dabei das Frequenzband für Reflexionsminderungen von mehr als 20 dB nur wenige Prozent breit.

F Lineare Netzwerke mit passiven und aktiven Bauelementen
Linear circuits with passive and active devices

W. Entenmann (1); **M. Gloger** (2)

Allgemeine Literatur: *Ghausi, M.S.; Laker, K.R.:* Modern filter design. Englewood Cliffs: Prentice Hall 1981. – *Rupprecht, W.:* Netzwerksynthese. Berlin: Springer 1972. – *Temes, G.C.; La Patra, J.W.:* Circuit synthesis and design. New York: Wiley 1977. – *Unbehauen, R.:* Synthese elektrischer Netzwerke. München: Oldenbourg 1972. – *Van Valkenburg, M.E.:* Modern network synthesis. New York: Wiley 1967.

1 Filter
Filters

1.1 Einführende Bemerkungen über Filter
Introductory remarks on filter design

Filterschaltungen spielen bei allen Systemen der Übertragungs-, Meß- und Regelungstechnik eine wichtige Rolle. Sie dienen hauptsächlich zur Bandbegrenzung, Frequenzselektion und Kanaltrennung, zur Störunterdrückung, Signalerkennung im Rauschen, zur Breitbandanpassung und Widerstandstransformation, zur Phasenwinkel- und Gruppenlaufzeit-Korrektur, Signalverzögerung, Impulsformung, Korrelation, Faltung, Mittelwertbildung, Spektralanalyse, Signalspreizung und Impulskompression, Wellenbündelung und Peilung mit Array-Antennen.
Die folgenden Ausführungen sollen eine Antwort auf Fragen geben, die im Zusammenhang mit der Auswahl und den praktischen Entwurfsmöglichkeiten von Filterschaltungen stehen wie

- welche Filtercharakteristiken gibt es,
- welche Größen dienen zur Spezifikation eines Filters,
- welches prinzipielle Frequenz- und Zeitverhalten läßt sich mit Filterschaltungen realisieren,
- welche Filterbauformen gibt es,
- welche typischen Frequenz- und Gütebereiche sind damit erreichbar,
- welchen Einfluß haben endliche Gütewerte und Toleranzen der Bauelemente auf die Betriebseigenschaften von Filtern,
- welche Hilfsmittel stehen für den praktischen Entwurf zur Verfügung, und wie geht man dabei vor,
- welche Entwurfsmöglichkeiten gibt es für Leitungsfilter.

Spezielle Literatur Seite F 21

Es ist jedoch in diesem Rahmen nicht beabsichtigt und nicht möglich, die von der jeweiligen Bauform unabhängigen, allen Filterberechnungen zugrunde liegenden exakten Methoden der klassischen Filtersynthese [1–9] und die numerische Durchführung der sehr umfangreichen Rechenschritte [10] darzustellen. Filterschaltungen, die nicht mit Hilfe von Katalogen und Tabellen [11–15] berechnet werden können, sollte man Spezialisten überlassen, die auch über die erforderlichen Programmsysteme [16, 17] verfügen. Da es nichts Praktischeres gibt als eine gute Theorie (Küpfmüller), ist ein experimentelles Vorgehen nicht zweckmäßig und führt erfahrungsgemäß nicht zum gewünschten Erfolg.

1.2 Betriebsanordnung und Betriebsverhalten
Circuit configuration and transmission properties

Wir beschränken uns im folgenden auf die Behandlung des beidseitig mit Ohm-Widerständen beschalteten Filters. Einseitig beschaltete Filter sind in ihren Betriebseigenschaften wesentlich empfindlicher gegenüber Schaltelement-Toleranzen und werden daher möglichst vermieden. Man benötigt sie jedoch z. B. für Weichenfilter [18, 19].

Betriebsanordnung. Bild 1 zeigt die Betriebsanordnung eines beidseitig mit Ohm-Widerständen beschalteten Filters, das im Innern nur aus verlustlosen reziproken Schaltelementen bestehen soll (s. C 4.4).

Normierung. Bei Filterschaltungen hat eine Normierung gemäß C 1.4 außer einer Vereinfachung der Berechnungen den zusätzlichen Vorteil, daß aus einem normierten Prototypfilter technische Schaltungen für jeden gewünschten Frequenzbereich (Wahl einer Bezugsfrequenz f_B) und jedes beliebige Widerstandsniveau (Wahl eines Bezugswiderstands R_B) durch Entnormierung ge-

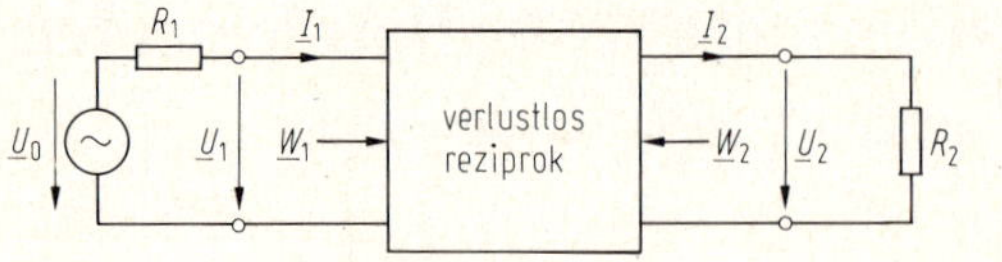

Bild 1. Betriebsanordnung

wonnen werden können. Als Bezugwiderstand $R_B\,[\Omega]$ wählt man den Innenwiderstand $R_1\,[\Omega]$ der Quelle und als Bezugsfrequenz $f_B\,[\mathrm{Hz}]$ bei Tief- und Hochpässen die Durchlaßgrenzfrequenz $f_D\,[\mathrm{Hz}]$ und bei Bandpässen und Bandsperren die Mittenfrequenz $f_0\,[\mathrm{Hz}]$. Im folgenden sind alle Größen normiert angenommen, so daß gilt

$$R_1 = 1, \; \omega_D = f_D/f_B = 1, \; \omega_0 = f_0/f_B = 1. \qquad (1)$$

Der Übergang von normierten auf technische Größen erfolgt durch Multiplikation mit den zugehörigen Bezugsgrößen.

Betriebseigenschaften. Das elektrische Verhalten eines Filters in der Betriebsanordnung nach Bild 1 wird gemäß C 4.4 durch die Betriebsdämpfungsfunktion $\underline{H}(\underline{p}) = \sqrt{R_2/R_1}\,\underline{U}_0/(2\underline{U}_2)$, den primären und sekundären Betriebswiderstand $\underline{W}_{1,2}(\underline{p})$ und die Reflexionsfaktoren $\underline{r}_{1,2}(\underline{p})$ sowie die folgenden daraus abgeleiteten Frequenzfunktionen beschrieben: Betriebsdämpfung $a_b(\omega) = \ln|\underline{H}(\mathrm{j}\omega)|$ in Np, Betriebsphasenwinkel $b_b(\omega) = \arg(\underline{H}(\mathrm{j}\omega))$ im Bogenmaß, normierte Gruppenlaufzeit $\tau_g(\omega) = \mathrm{d}b_b(\omega)/\mathrm{d}\omega$. Die Definitionen und Umrechnungsformeln für diese Größen sind in C 4.4 angegeben. Insbesondere gilt

$$|\underline{r}_1(\mathrm{j}\omega)| = |\underline{r}_2(\mathrm{j}\omega)| \quad \text{und}$$
$$|\underline{r}_{1,2}| = \sqrt{1 - \mathrm{e}^{-2a_b}}. \qquad (2)$$

Das Übertragungsverhalten der Filter ändert sich bei Umkehrung der Betriebsrichtung nicht.

Empfindlichkeit. Ändert man in einem Filter den Wert eines Schaltelements e_i um Δe_i, hat dies eine Änderung der Betriebsdämpfung um

$$\Delta a_b(\omega) \approx (\partial a_b(\omega)/\partial e_i)\,\Delta e_i \qquad (3)$$

zur Folge. Da nach C 4.4 die maximal abgebbare Leistung $P_0 = U_0^2/(8\,R_1)$ der Quelle stets größer ist als die im Abschlußwiderstand verbrauchte Leistung $P_2 = U_2^2/(2\,R_2)$ gilt $P_0 \geqq P_2$ und $a_b(\omega) \geqq 0$.

Daraus folgt an einer Dämpfungsnullstelle $\omega_{0\nu}$ mit $a_b(\omega_{0\nu}) = 0$ auch $\Delta a_b(\omega_{0\nu}) = \dfrac{\partial a_b(\omega_{0\nu})}{\partial e_i}\Delta e_i \geqq 0$, so daß wegen $\Delta e_i \gtrless 0$ die partielle Ableitung (= Empfindlichkeit $S_{e_i}^{a_b}(\omega)$ der Betriebsdämpfung a_b bezüglich des Schaltelements e_i) gleich *Null* ist. Dies ist der Grund für das besonders günstige Empfindlichkeitsverhalten verlustloser beidseitig beschalteter Filter im Durchlaßbereich [20]. Demnach haben Schaltelemente-Toleranzen nur einen sehr geringen Einfluß auf die Betriebseigenschaften eines Filters.

Filtercharakteristiken. Frequenzselektive Filter besitzen voneinander getrennte Durchlaß- und Sperr-Frequenzbereiche. Im Idealfall sollte die Dämpfung im Durchlaßbereich Null und im Sperrbereich unendlich groß sein, so daß Signale abhängig von der Frequenz unbeeinflußt übertragen bzw. vollständig unterdrückt werden. Bild 2 zeigt jeweils das Dämpfungstoleranzschema für die vier gebräuchlichsten Filtercharakteristiken Tiefpaß, Hochpaß, Bandpaß und Bandsperre mit den zugehörigen technischen und normierten Bezeichnungen für die Grenzfrequenzen und Dämpfungsschranken. In den Übergangsbereichen bestehen keine Forderungen. Zur *Spezifikation* eines Filters ist daher außer der Angabe des Innenwiderstands $R_1\,[\Omega]$ der Quelle erforderlich:

$f_{(\pm)D}$ $\begin{pmatrix}\text{obere}\\\text{untere}\end{pmatrix}$ Durchlaßfrequenzgrenze in Hz,

$f_{(\pm)S}$ $\begin{pmatrix}\text{obere}\\\text{untere}\end{pmatrix}$ Sperrfrequenzgrenze in Hz,

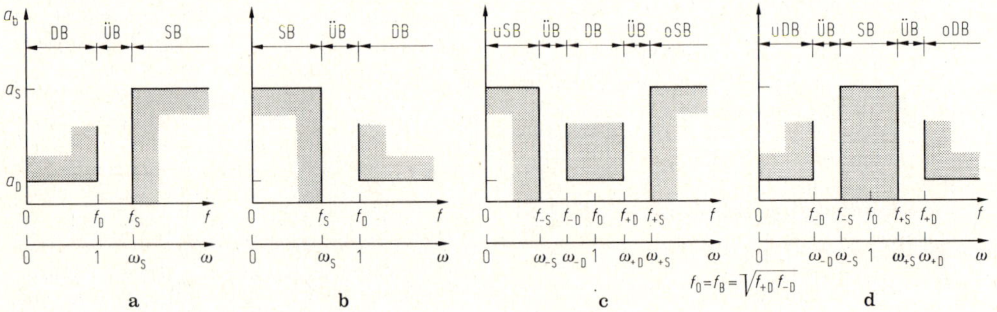

Bild 2. Dämpfungstoleranzschema für **a** Tief-, **b** Hoch- und **c** Bandpässe sowie für **d** Bandsperren. u unterer, o oberer DB Durchlaßbereich, SB Sperrbereich, ÜB Übergangsbereich

a_D maximale Durchlaßdämpfung in Np oder dB,

r maximaler Reflexionsfaktorbetrag im Durchlaßbereich,

a_S Mindestsperrdämpfung in Np oder dB.

Da sich Hochpässe, Bandpässe und Bandsperren durch Frequenztransformationen aus Tiefpässen berechnen lassen, kann man beim Filterentwurf von den Daten bestimmter normierter Standardtiefpässe als Prototypfilter ausgehen.

Systemtheoretische Eigenschaften von Filtern. Ein Filter überträgt Signale *verzerrungsfrei*, wenn das Eingangs- und Ausgangssignal gemäß Bild 3 bis auf eine konstante Verzögerung und einen Amplitudenfaktor übereinstimmen, d.h.

$$u_2(t) = \text{const} \cdot u_1(t - \tau_0) \quad (\text{z.B. const} = 1). \quad (4)$$

Daraus folgen im Frequenzbereich für die Betriebsdämpfung $a_b(\omega)$, den Betriebsphasenwinkel $b_b(\omega)$ und die Gruppenlaufzeit $\tau_g(\omega)$ die Bedingungen

$$\text{a)}\quad a_b(\omega) = \text{const} = 0, \quad (5\,\text{a})$$

$$\text{b)}\quad b_b(\omega) = \omega\,\tau_0 \quad \text{oder}$$

$$\text{c)}\quad \tau_g(\omega) = \text{const} = \tau_0. \quad (5\,\text{b, c})$$

Abweichungen hiervon stellen Verzerrungen der Dämpfung und des Phasenwinkels dar, die vor allem bei der Übertragung modulierter Signale Störungen verursachen. Phasenverzerrungen spielen bei Sprachübertragung im Basisband keine Rolle, wohl aber bei der Puls- oder Datenübertragung.

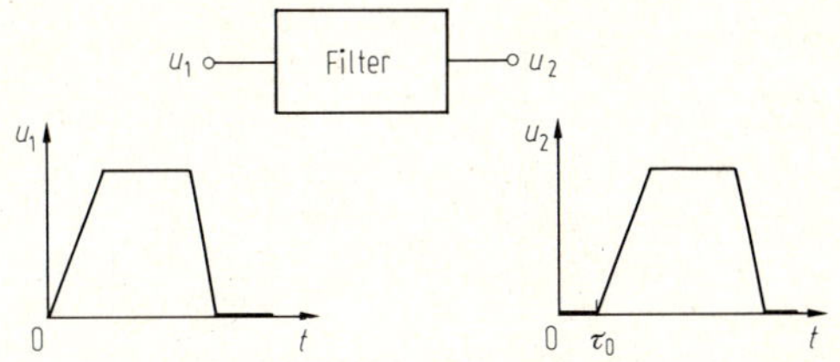

Bild 3. Verzerrungsfreie Übertragung

Bei *minimalphasigen* Filtern, die dadurch gekennzeichnet sind, daß außer den Nullstellen auch alle Polstellen der Betriebsdämpfungsfunktion $\underline{H}(\underline{p})$ in der linken $\underline{p}$-Halbebene liegen, sind der Dämpfungs- und Phasenwinkelverlauf über die Hilbert-Transformation [21] miteinander verknüpft. Daher weisen minimalphasige Filter mit nahezu konstanter Durchlaßdämpfung starke Phasenwinkel- und Gruppenlaufzeitverzerrungen auf, und Filter mit nahezu linearem Phasenwinkel oder konstanter Gruppenlaufzeit im Durchlaßbereich besitzen einen an der Durchlaßgrenze stark verrundeten Dämpfungsverlauf. Zur Verdeutlichung der Zusammenhänge zeigen die Bilder 4a bis c das Frequenz- und Zeitverhalten eines idealen Tiefpasses (Küpfmüller-Tiefpaß), eines minimalphasigen Tiefpasses mit konstanter Durchlaßdämpfung bzw. mit linearem Phasenwinkel. Diese Filter unterscheiden sich im Zeitbereich wesentlich durch die Größe des Überschwingens der Sprungantwort von 9, 18 bzw. 0%. Die Anstiegszeit beträgt bei allen Filtern nach dem Küpfmüllerschen Zeitbandbreite-

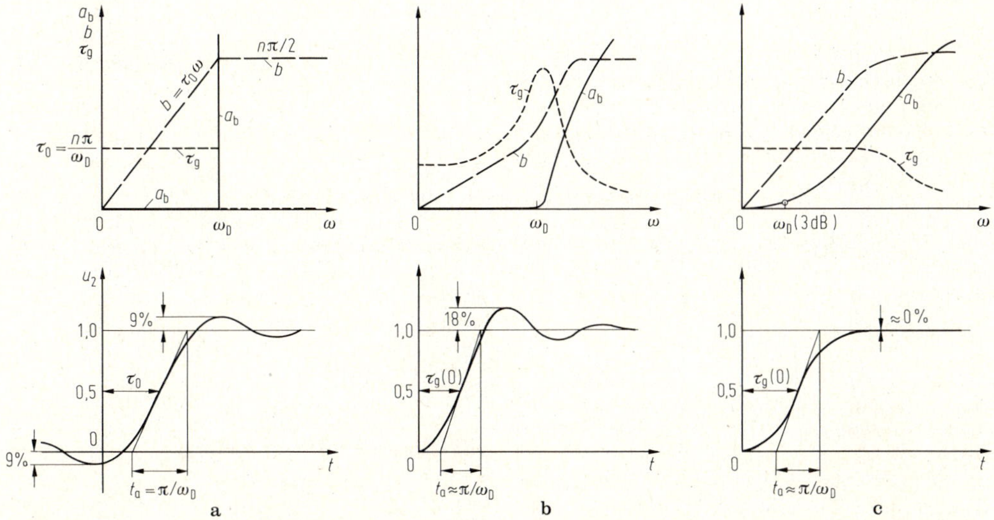

Bild 4. Frequenzverhalten und Sprungantwort **a** eines idealen Tiefpasses bzw. eines minimalphasigen Tiefpasses mit **b** konstanter Durchlaßdämpfung oder **c** mit linearem Phasenwinkelverlauf im Durchlaßbereich

produkt ungefähr

$$t_a = \pi/\omega_D. \tag{6}$$

Die Verzögerungszeit ist bei einem Filter vom Grad n näherungsweise

$$\tau_0 = \tau_g(0) = n\,\pi/\omega_D, \tag{7}$$

da der Endwert des Phasenwinkels $b_b(\infty) = n\,\pi/2$ beträgt.
Man kann das Verhalten des idealen Tiefpasses besser annähern, wenn man *nichtminimalphasige* oder allpaßhaltige Schaltungen verwendet, indem man z. B. einem minimalphasigen Tiefpaß mit nahezu konstanter Durchlaßdämpfung einen Allpaß in Kette schaltet. Dieser muß so dimensioniert sein, daß die Gruppenlaufzeit des Gesamtsystems nahezu konstant wird. Man erzielt durch diese Gruppenlaufzeitentzerrung eine Symmetrierung der Sprungantwort mit je 9% Unter- und Überschwingen wie beim idealen Tiefpaß. Fordert man ein geringes Überschwingen der Sprungantwort, muß in jedem Fall eine starke Dämpfungsverrundung im Durchlaßbereich in Kauf genommen werden.

Filtergüte und Verlusteinfluß. Den Einfluß gleicher endlicher Güten aller Bauelemente auf das Dämpfungsverhalten eines Filters kann man durch die Frequenztransformation

$$\underline{p} = \tilde{\underline{p}} + d \tag{8}$$

beschreiben. Dabei sind $\underline{p}$ und $\tilde{\underline{p}}$ die komplexe Frequenz des verlustlosen bzw. verlustbehafteten Filters. Die Größe d ist der Verlustfaktor der Bauelemente, der mit der unbelasteten Güte Q_e bei der Bezugsfrequenz $f_B\,(\omega = 1)$ zusammenhängt gemäß

$$d = 1/Q_e. \tag{9}$$

Zur Abschätzung des Verlusteinflusses auf das Betriebsdämpfungsverhalten entwickelt man das Betriebsdämpfungsmaß $\underline{g}_b(j\omega) = a_b(\omega) + j\,b_b(\omega)$ in eine Taylor-Reihe gemäß $\underline{g}_b(\tilde{\underline{p}} + d) = \underline{g}_b(\underline{p}) + \frac{d\underline{g}_b(\underline{p})}{d\underline{p}} \cdot d + \ldots$ und bildet davon den Realteil. Man erhält dann für die durch Verluste zusätzlich im Durchlaßbereich verursachte Dämpfung [22]

$$\Delta a_b(\omega)/\mathrm{Np} = d \cdot \tau_g(\omega). \tag{10}$$

Da diese direkt proportional zur Gruppenlaufzeit ist, weisen laufzeitgeebnete Filter auch entsprechend geringe Dämpfungsverzerrungen durch Verluste auf.
Für die praktische Realisierung von Filtern sind Angaben über die erforderliche Güte Q_e der Bauelemente von besonderem Interesse. Diese muß um so größer sein, je steiler die Dämpfungs-

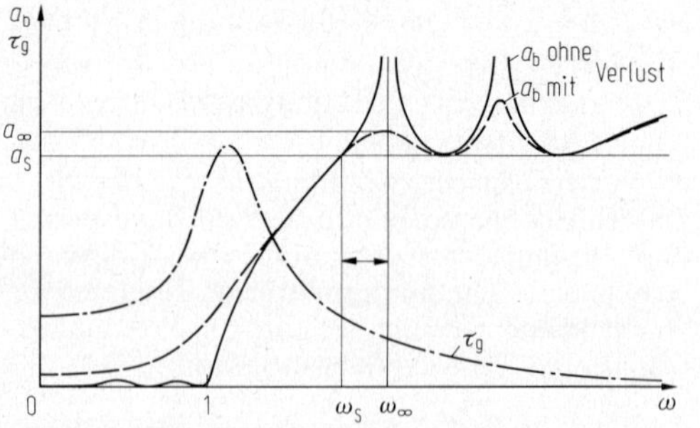

Bild 5. Betriebsdämpfungsverlauf eines verlustbehafteten Filters

flanken des Filters sind. Man definiert daher als Maßzahl für die *Güte eines Filters* in Anlehnung an die Definition der Schwingkreisgüte

$$Q = \omega_m/(2\,\alpha_m). \tag{11}$$

Dabei ist ω_m der Betrag und α_m der Realteilbetrag der kritischen, d. h. der imaginären Achse der p-Ebene zunächst gelegenen Nullstelle der Betriebsdämpfungsfunktion $\underline{H}(\underline{p})$.
Eine erste Abschätzung für die erforderliche Bauelementegüte Q_e ergibt sich aus der Forderung, daß an der der Filterflanke zunächst gelegenen Sperrstelle ω_∞ die Dämpfung a_∞ gemäß Bild 5 mindestens den Wert der Sperrdämpfung a_S erreichen muß. Da nach Gl. (8) die Verluste eine Verschiebung der Null- und Polstellen von $\underline{H}(\underline{p})$ um d in der $\underline{p}$-Ebene in negativ reeller Richtung zur Folge haben, muß gelten

$$d \ll \omega_\infty - \omega_S. \tag{12}$$

Des weiteren sollte die d-Verschiebung klein sein gegen den Realteilbetrag α_m der kritischen Nullstelle von $\underline{H}(\underline{p})$. Aus der Bedingung $d \ll \alpha_m$ folgt wegen $\omega_m \approx 1$ der wichtige Zusammenhang zwischen der Filtergüte $Q \approx 1/(2 \cdot \alpha_m)$ und der Bauelementegüte $Q_e = 1/d$:

$$Q_e \gg Q. \tag{13}$$

Als Faustregel sollte $Q_e \geqq 6Q$ sein.
Man beachte, daß Verluste in den Bauelementen eines Filters in erster Näherung keinen Einfluß auf den Reflexionsfaktor haben. Dagegen besitzen verlustkompensierte Filter [23, 24] einen sehr großen Reflexionsfaktorbetrag und sind daher aufgrund der Überlegungen unter „Betriebseigenschaften" sehr empfindlich bzgl. Bauelementetoleranzen.

1.3 Bauformen von Filtern

Filter technologies

Übersicht. Die meisten Filter im Frequenzbereich zwischen 100 Hz und 100 MHz sind konventionelle Reaktanzfilter aus Spulen und Kondensatoren in kopplungsfreier Kettenschaltung. Außer der einfachen Herstellung aus genormten Einzelbauelementen besitzen diese LC-Filter den Vorteil, daß sie auch für große Ströme und Spannungen und damit zur Übertragung größerer Leistungen geeignet sind. Filterschaltungen aus anderen Bauelementen als Spulen und Kondensatoren ermöglichen zum einen den Einsatz neuer Herstellungsverfahren, insbesondere der Dickschicht- und Dünnfilmtechnik und der Halbleitertechnik. Die dadurch erzielbare höhere *Integrierbarkeit* führt zu einer wesentlichen Steigerung der Zuverlässigkeit und zu einer Senkung der Kosten und des Raumbedarfs. Da Spulen in keiner dieser Technologien und Halbleiterwiderstände nur mit unzureichender Qualität hergestellt werden können, führte dies zur Entwicklung neuer Schaltungskonzepte für aktive RC-Filter [25–27], Schalter-Kondensator-Filter [26, 28, 29], Ladungstransferfilter [30–32], Digitalfilter [33–37], Mikrostreifenleitungs- und Oberflächenwellenfilter [38]. Zum andern kann der zu höheren Güten und tieferen und höheren Frequenzen hin begrenzte *Realisierbarkeitsbereich* von LC-Filtern wesentlich überschritten werden. Dies gelingt im mittleren Frequenzbereich insbesondere durch den Einsatz von *mechanischen* Schwingern wie Quarzen [39–41] und Metallresonatoren [41–43], die gegenüber elektrischen Bauelementen wesentlich höhere Gütewerte aufweisen. Im Mikrowellenbereich verwendet man statt konzentrierter Bauelemente *Leitungselemente* wie Koaxial-, Streifen- und Hohlleiter als Filterbausteine. Bei Digitalfiltern ist der Anwendungsbereich nur zu höheren Frequenzen hin durch die maximale Verarbeitungsgeschwindigkeit begrenzt. Zu tieferen Frequenzen und zu höheren Güten hin bestehen im Prinzip keine Grenzen.

Im Bereich des sichtbaren Lichts ist es möglich, Filter aus *optischen Schichten* herzustellen.

Klassifizierung und Anwendungsbereiche. Eine Übersicht über die verschiedenen Filterarten mit der verwendeten *Signalform* als Ordnungsprinzip zeigt Bild 6. Der Realisierbarkeitsbereich dieser Filterarten ist in Bild 7 dargestellt, wobei sich die Grenzen natürlich durch den technologischen Fortschritt im Laufe der Zeit verändern werden. So verwirrend das äußere Erscheinungsbild dieser zahlreichen Filterarten auch sein mag, vom theoretischen Standpunkt aus ist es bemerkenswert, daß die Berechnung all dieser Schaltungen durch geeignete Transformationen, Äquivalenzen und Ersatzschaltungen letztlich wieder auf den Entwurf von LC-Filtern zurückgeführt werden kann, für den die vollständige Theorie und die ausgereiften exakten Verfahren der Filtersynthese und zahlreiche Tafelwerke zur Verfügung stehen [44]. Wegen der hervorragenden Empfindlichkeitseigenschaften sowie der Passivität und

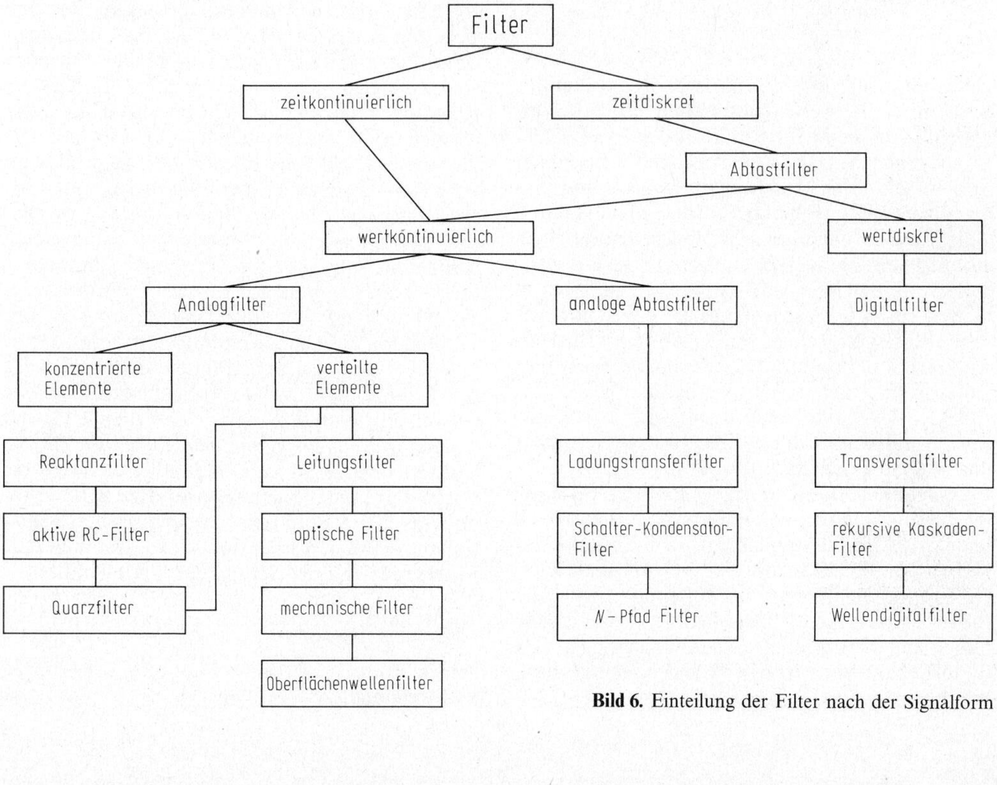

Bild 6. Einteilung der Filter nach der Signalform

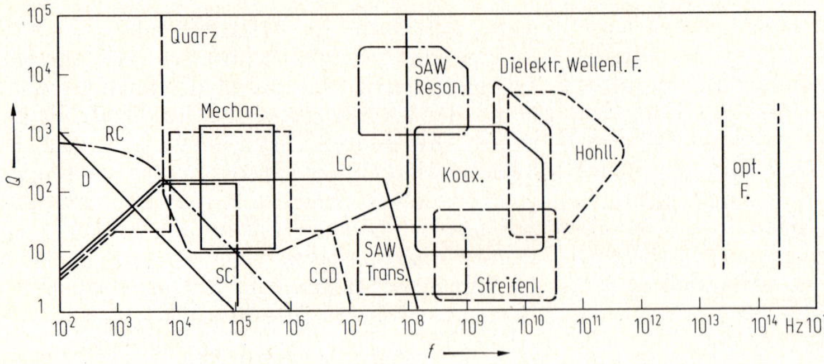

LC	Reaktanzfilter mit Spulen
RC	aktive RC-Filter
SAW-Trans.	transversale Oberflächenwellenfilter
SAW-Reson.	Resonator-Oberflächenwellenfilter
Quarz	Quarzfilter
Koax.	Koaxialleitungsfilter
Mechan.	mechanische Filter
Streifenl.	Streifenleitungsfilter
Hohll.	Hohlleiterfilter
SC	Schalter-Kondensator-Filter
CCD	transversale und rekursive Ladungstransfer-Filter
D	Digitalfilter

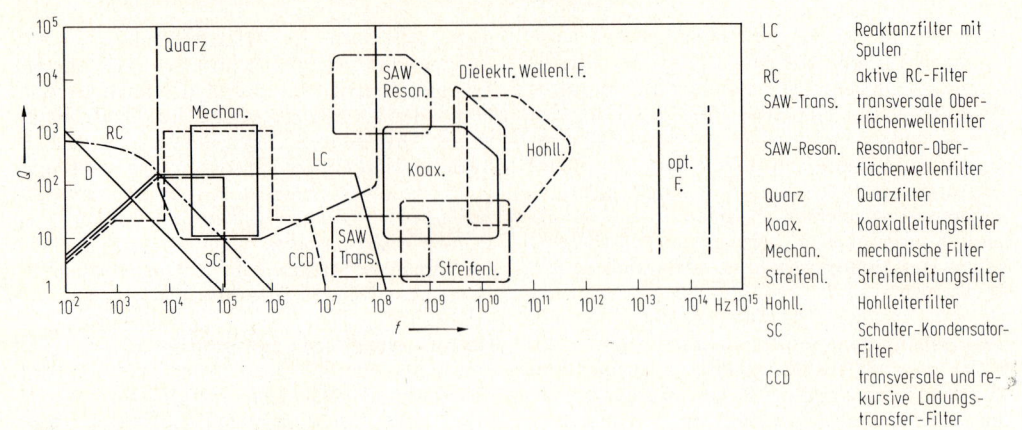

Bild 7. Filter-Realisierbarkeitsbereiche

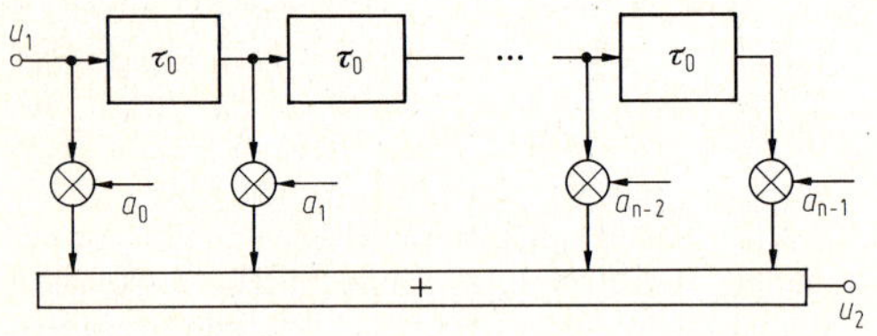

Bild 8. Transversalfilter

Stabilität beidseitig beschalteter Reaktanzfilter (s. 1.2 unter „Betriebseigenschaften") ist es besonders günstig, beim Entwurf von den klassischen LC-Filterstrukturen auszugehen. Lediglich *transversale* (nichtrekursive, finite impulse response (FIR)) Filterstrukturen gemäß Bild 8 [45], können nicht aus LC-Referenzfiltern gewonnen werden; hierfür existieren spezielle Entwurfsverfahren [46]. Als Besonderheit ist dabei zu bemerken, daß Transversalfilter bei symmetrischer Auslegung einen streng *linearen* Phasenwinkelverlauf besitzen, was ansonsten bei keiner anderen Filterart erreicht werden kann.
Eine spezielle Filterstruktur, die sich zur Realisierung schmalbandiger Filter gut eignet, stellt das N-Pfad-Filter dar [47–50].
Es ist hier nicht möglich, alle genannten Filterarten im einzelnen zu behandeln; einen Überblick bietet z. B. [51]. Lediglich auf den Entwurf der klassischen Reaktanzfilter als Grundlage jeglicher Filterberechnung und auf einige Entwurfsmöglichkeiten für Mikrowellenfilter wird in den folgenden Abschnitten näher eingegangen, da diese Schaltungen in der Hochfrequenztechnik von besonderem Interesse sind.

1.4 Filtercharakteristiken normierter Standardtiefpässe

Normalized prototype filters

Tiefpässe mit geebneter Durchlaßdämpfung. *Potenz-, Tschebyscheff- und Cauer-Parameter-Tiefpässe.* Das in Bild 2 a angegebene Toleranzschema läßt sich durch unterschiedliche Lösung des Approximationsproblems [52] auf verschiedene Art erfüllen. Unterscheidet man zwischen monoton ansteigendem und Tschebyscheffschem Dämpfungsverhalten im Durchlaß- und/oder Sperrbereich, ergeben sich z. B. die in Bild 9 dargestellten prinzipiellen Dämpfungsverläufe des Potenz- (P), Tschebyscheff- (T) und Cauer-Parameter-Tiefpasses (C). In Bild 10 sind zum Vergleich die Frequenzverläufe dieser drei Tiefpässe für gleiche Durchlaßdämpfung a_D und gleiche Sperrgrenze ω_S dargestellt. Die erreichte Sperrdämpfung a_S ist beim Cauer-Parameter-Tiefpaß am größten. Bei P- und T-Filtern steigt die Dämpfung im Sperrbereich ($\omega \gg 1$) mit n 6 dB/Okt. an. Der Dämpfungsunterschied zwischen T- und P-Filter beträgt dabei $(n-1)$ 6 dB. Zur Kennzeichnung der verschiedenen Tiefpässe verwendet man außer den Buchstaben P, T und C den Grad n, den maximalen Reflexionsfaktorbetrag r in Prozent im Durchlaßbereich und bei Cauer-Parameter-Tiefpässen zusätzlich den Modulwinkel ϑ der Jakobischen elliptischen Funktionen in Grad, wobei dieser z. B. für ungerade Filtergrade mit der Sperrgrenze ω_S gemäß

$$\vartheta = \frac{180°}{\pi} \arcsin \frac{1}{\omega_S} \tag{14}$$

zusammenhängt.

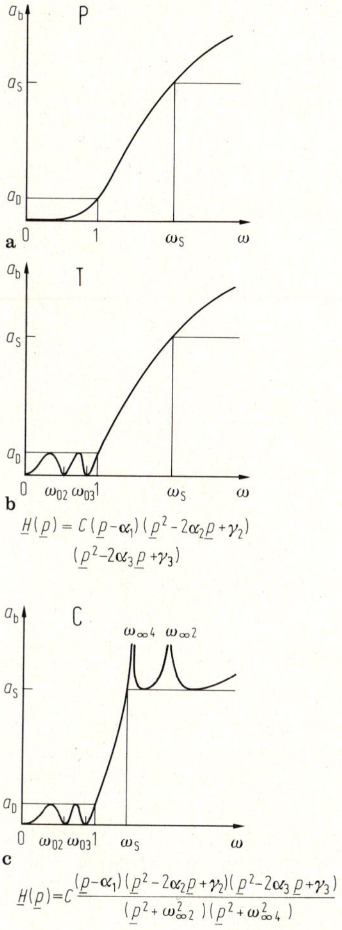

Bild 9. Betriebsdämpfungsverlauf und Betriebsdämpfungsfunktion der **a** Potenz- oder Butterworth- (P); **b** Tschebyscheff- (T) und **c** Cauer-Parameter- (C) Tiefpässe (elliptic low-pass) vom Grad $n = 5$.

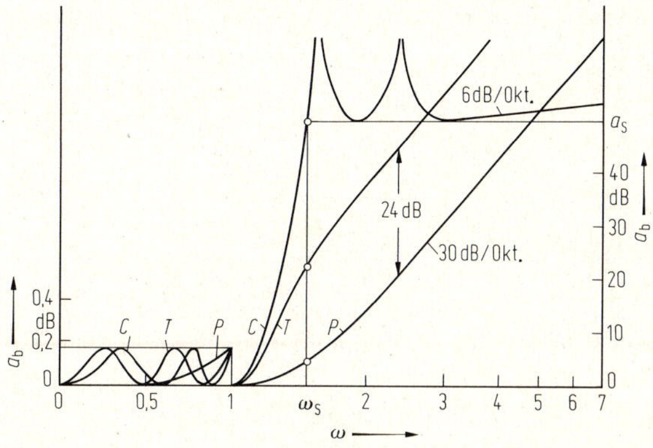

Bild 10. Vergleich der Dämpfungsverläufe von Potenz-, Tschebyscheff- und Cauer-Parameter-Tiefpässen

In der Praxis sind für diese Größen folgende Wertebereiche von Interesse:

Filtergrad n:	$1 \ldots \underline{10} \ldots 15$	(15)
Reflexionsfaktor r:	$1\,\% \ldots \underline{10\,\%} \ldots 50\,\%$	(16)
Sperrdämpfung a_S:	$30 \ldots \underline{50} \ldots 80$ dB	(17 a)
Sperrgrenze ω_S:	$> 1{,}01$	(17 b)

Die Filtergüte kann für die drei Filterarten näherungsweise nach folgenden Beziehungen abgeschätzt werden:

Potenztiefpaß $Q \approx n/\pi$, (18)

Tschebyscheff-Tiefpaß $Q \approx n^2/(\pi \ln(2/r))$, (19)

Cauer-Parameter-Tiefpaß $Q \approx n^2/(4\sqrt{\cos^3 \vartheta} \ln(2/r))$. (20)

Zeitverhalten. Da es sich bei den besprochenen Filtern um minimalphasige Schaltungen handelt, besitzt die zugehörige Sprungantwort das in Bild 4b gezeigte typische Verhalten mit ca. 18 % Überschwingen, einer Anstiegszeit $t_a \approx \pi$ und einer Verzögerungszeit $\tau_o = \tau_g(0)$.

Tiefpässe mit geebneter Gruppenlaufzeit und günstigem Einschwingverhalten. *Bessel-Thomson-Tiefpässe* sind minimalphasige Filter mit maximal flachem Gruppenlaufzeitverlauf und günstigem Einschwingverhalten [53]. Die Sprungantwort besitzt das in Bild 4c gezeigte typische Verhalten mit sehr kleinem Überschwingen. Die Betriebsdämpfungsfunktion dieser Filter lautet

$$\underline{H}(\underline{p}) = \underline{B}_n(\underline{p})/b_0, \quad \underline{B}_n(\underline{p}) = \sum_{\nu=0}^{n} b_\nu \underline{p}^\nu \qquad (21)$$

mit dem Bessel-Polynom n-ten Grades $\underline{B}_n(\underline{p})$. Den Verlauf der Gruppenlaufzeit und der Betriebsdämpfung eines Bessel-Thomson-Tiefpasses vom Grad $n = 5$ zeigt Bild 11 a. Tabellierte Daten findet man in [12].

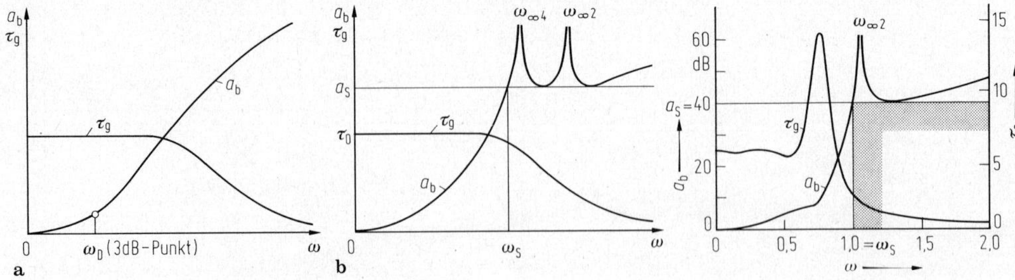

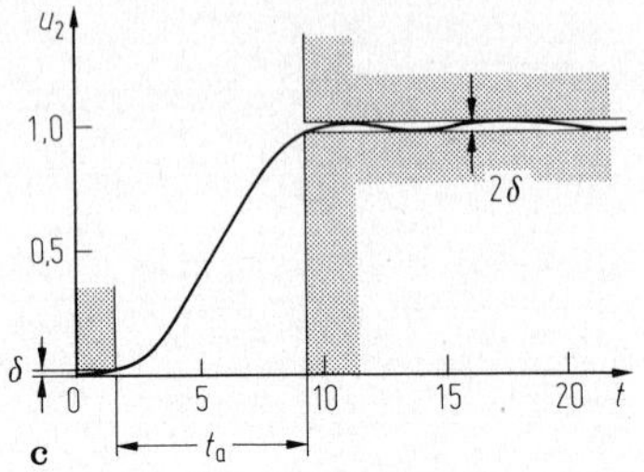

Bild 11. Dämpfungs- und Gruppenlaufzeitverlauf von (**a**) Bessel-Thomson-Tiefpässen

$$\underline{H}(\underline{p}) = C\underline{B}_5(\underline{p}) = b_5\underline{p}^5 + b_4\underline{p}^4 + b_3\underline{p}^3 + b_2\underline{p}^2 + b_1\underline{p} + 1;$$

b versteilerten Bessel-Filtern

$$\underline{H}(\underline{p}) = C\frac{\underline{B}_5(\underline{p})}{(\underline{p}^2 + \omega_{\infty 2}^2)(\underline{p}^2 + \omega_{\infty 4}^2)};$$

c Schüßler-Tiefpässen mit zugehöriger Sprungantwort $u_2(t)$. Filtergrad $n = 5$.

$$\underline{H}(\underline{p}) = C\frac{(\underline{p} - \alpha_1)(\underline{p}^2 - 2\alpha_2\underline{p} + \gamma_2)(\underline{p}^2 - 2\alpha_3\underline{p} + \gamma_3)}{(\underline{p}^2 + \omega_{\infty 2}^2)}$$

Versteilerte Bessel-Tiefpässe. In [54] sind minimalphasige Tiefpässe angegeben, deren Gruppenlaufzeitverlauf mit jenem der Bessel-Thomson-Tiefpässe übereinstimmt, deren Betriebsdämpfung jedoch im Sperrbereich steiler ansteigt und dort Tschebyscheffsches Verhalten gemäß Bild 11 b aufweist. Die Arbeit enthält auch umfangreiche Filtertabellen. Die Sprungantwort dieser Filter besitzt ebenfalls das in Bild 4 c gezeigte günstige Verhalten mit geringem Überschwingen.

Schüßler-Tiefpässe. Minimalphasige Tiefpässe mit minimalem Zeit-Bandbreite-Produkt, Tschebyscheffschem Verhalten der Dämpfung im Sperrbereich und kontrolliertem Überschwingen der Impuls- oder Sprungantwort sind in [55, 56] angegeben und teilweise in [57] tabelliert. Diese Filter sind besonders geeignet zur Impulsformung bei Datenübertragungssystemen. Bild 11 c zeigt typische Verläufe der Betriebsdämpfung, der Gruppenlaufzeit und der Sprungantwort eines Schüßler-Tiefpasses vom Grad 5 mit 2% Überschwingen und 40 dB Sperrdämpfung, dessen Zeitbandbreiteprodukt

$$M = \omega_S t_a/(2\pi) \tag{22}$$

für Sprungerregung zu $M = 1{,}19$ minimiert ist. Die Güte dieser Filter ist gering.

Frequenztransformierte Filter. *Hochpaß, Bandpaß, Bandsperre.* Mit Hilfe der Frequenztransformationen

$$\underline{p} = 1/\underline{\tilde{p}}, \tag{23}$$

$$\underline{p} = a(\underline{\tilde{p}} + 1/\underline{\tilde{p}}) \tag{24}$$

$$\underline{p} = \frac{1}{a(\underline{\tilde{p}} + 1/\underline{\tilde{p}})} \quad \text{mit}$$

$$a = \frac{1}{\tilde{\omega}_{+\mathrm{D}} - \tilde{\omega}_{-\mathrm{D}}} = \frac{1}{B} \tag{25}$$

kann man aus einem Tiefpaß als Referenzfilter Hochpässe, Bandpässe bzw. Bandsperren gewinnen. Dabei ist B die normierte relative Bandbreite des Bandpasses oder der Bandsperre. Die Betriebsdämpfungsfunktion $\underline{\tilde{H}}(\underline{\tilde{p}})$ des transformierten Filters ergibt sich aus $\underline{H}(\underline{p})$ des Referenzfilters durch Einsetzen der entsprechenden Transformation nach den Gln. (23) bis (25).

Beispiel: Referenztiefpaß: $\underline{\tilde{H}}(\underline{p}) = c_3\underline{p}^3 + c_2\underline{p}^2 + c_1\underline{p} + c_0$, Hochpaß: $\underline{\tilde{H}}(\underline{\tilde{p}}) = c_3/\underline{\tilde{p}}^3 + c_2/\underline{\tilde{p}}^2 + c_1/\underline{\tilde{p}} + c_0 = (c_0\underline{\tilde{p}}^3 + c_1\underline{\tilde{p}}^2 + c_2\underline{\tilde{p}} + c_3)/\underline{\tilde{p}}^3$.

Bild 12 zeigt am Beispiel eines aus einem Cauer-Parameter-Tiefpaß 5. Grades als Referenzfilter transformierten Hochpaß-, Bandpaß- und Bandsperrefilters die zugehörigen typischen zur Mittenfrequenz geometrisch-symmetrischen Betriebsdämpfungsverläufe.

Für die Umrechnung der Frequenzen (positive Werte) folgt aus den Gln. (23) bis (25) bei

$$\text{Hochpaß:} \quad \tilde{\omega} = 1/\omega, \tag{26}$$

$$\text{Bandpaß:} \quad \tilde{\omega}_{\pm} = \sqrt{\left(\frac{\omega}{2a}\right)^2 + 1} \pm \frac{\omega}{2a}, \tag{27}$$

$$\text{Bandsperre:} \quad \tilde{\omega}_{\pm} = \sqrt{\left(\frac{1}{2a\omega}\right)^2 + 1} \pm \frac{1}{2a\omega}. \tag{28}$$

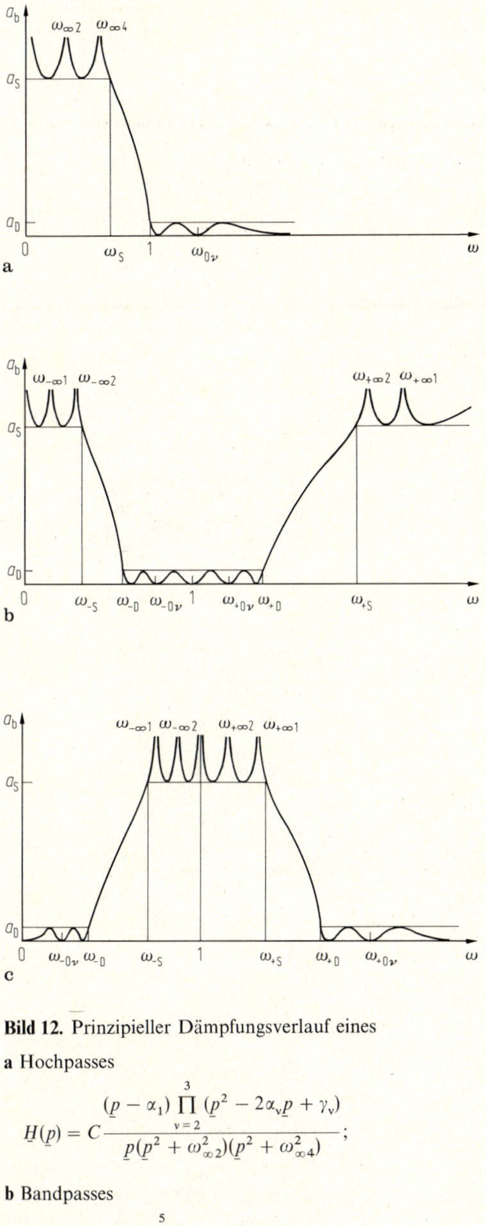

Bild 12. Prinzipieller Dämpfungsverlauf eines

a Hochpasses

$$\underline{H}(p) = C \frac{(\underline{p} - \alpha_1) \prod_{\nu=2}^{3} (\underline{p}^2 - 2\alpha_\nu \underline{p} + \gamma_\nu)}{\underline{p}(\underline{p}^2 + \omega_{\infty 2}^2)(\underline{p}^2 + \omega_{\infty 4}^2)};$$

b Bandpasses

$$\underline{H}(p) = C \frac{\prod_{\nu=1}^{5} (\underline{p}^2 - 2\alpha_\nu \underline{p} + \gamma_\nu)}{\underline{p} \prod_{\nu=1}^{2} (\underline{p}^2 + \omega_{-\infty\nu}^2)(\underline{p}^2 + \omega_{+\infty\nu}^2)};$$

c einer Bandsperre

$$\underline{H}(p) = C \frac{(\underline{p} - \alpha_1) \prod_{\nu=2}^{3} (\underline{p}^2 - 2\alpha_\nu \underline{p} + \gamma_\nu)}{(\underline{p}^2 + 1) \prod_{\nu=1}^{2} (\underline{p}^2 + \omega_{-\infty\nu}^2)(\underline{p}^2 + \omega_{+\infty\nu}^2)};$$

jeweils transformiert aus einem Cauer-Parameter-Tiefpaß 5. Grades

Insbesondere gilt für die Sperrgrenze des erforderlichen Referenztiefpasses bei

$$\text{Hochpaß:} \quad \omega_S = 1/\tilde{\omega}_S, \tag{29}$$

$$\text{Bandpaß:} \quad \omega_S = (\tilde{\omega}_{+S} - 1/\tilde{\omega}_{+S})/(\tilde{\omega}_{+D} - \tilde{\omega}_{-D}), \tag{30}$$

$$\text{Bandsperre:} \quad \omega_S = (\tilde{\omega}_{+D} - \tilde{\omega}_{-D})/(\tilde{\omega}_{+S} - 1/\tilde{\omega}_{+S}). \tag{31}$$

Für die Umrechnung der Gruppenlaufzeit des Referenztiefpasses $\tau_g(\omega)$ in jene des transformierten Filters gilt für

$$\text{Hochpaß:} \quad \tilde{\tau}_g(\tilde{\omega}) = \tau_g(\omega)/\tilde{\omega}^2, \tag{32}$$

$$\text{Bandpaß:} \quad \tilde{\tau}_g(\tilde{\omega}) = \tau_g(\omega)\, a(1 + 1/\tilde{\omega}^2), \tag{33}$$

$$\text{Bandsperre:} \quad \tilde{\tau}_g(\tilde{\omega}) = \tau_g(\omega)(\tilde{\omega}^2 + 1)/(a(\tilde{\omega}^2 - 1)^2). \tag{34}$$

Die Filtergüte ändert sich bei der Tiefpaß-Hochpaß-Transformation nicht. Für Bandpässe und Bandsperren gilt

$$\tilde{Q} = 2aQ = 2Q/B. \tag{35}$$

Die Filtergüte $\tilde{Q}$ nimmt insbesondere bei schmalbandigen Bandpässen hohe Werte an.

1.5 Reaktanzfilterschaltungen
LC-filters

Praktischer Entwurf mit Filterkatalogen. Die meisten in der Praxis auftretenden Filterprobleme können mit Hilfe von Filterkatalogen [11–15] gelöst werden. Die prinzipielle Vorgehensweise wird im folgenden anhand eines einfachen Beispiels unter Verwendung der in Tab. 1 auszugsweise abgedruckten Filtertabelle [11] erläutert.

Man entwerfe einen Tschebyscheff-Tiefpaß für folgende Forderungen: Durchlaßgrenzfrequenz $f_D = 10$ kHz, Sperrgrenzfrequenz $f_S = 25$ kHz, Reflexionsfaktor $r = 20\,\%$, Sperrdämpfung $a_S = 48$ dB, primärer Abschlußwiderstand $R_1 = 1$ kΩ.

Mit der Bezugsfrequenz $f_B = f_D = 10$ kHz ist die Sperrgrenze des erforderlichen Referenztiefpasses $\omega_S = f_S/f_B = 2{,}5$. Mit diesem Wert ermittelt man aus dem Aufwandsdiagramm für Tschebyscheff-Tiefpässe in Bild 13 für die geforderte Sperrdämpfung den erforderlichen Filtergrad n. Der Reflexionsfaktor wird dabei durch einen Zuschlag $a(r) = 13{,}9$ dB zur Sperrdämpfung gemäß $a_S + a(r) = 61{,}9$ dB berücksichtigt. Man ermittelt $n = 5$. Nun entnimmt man der Tab. 1 die normierten Elementewerte der Schaltung des Tschebyscheff-Tiefpasses T 05 20 in Zeilen 4 bis 6, Spalten 5 bis 7 (s. auch Bild 14). Zur Entnormierung gemäß C 1.4 berechnet man mit $f_B = 10$ kHz, $R_B = R_1 = 1$ kΩ die weiteren Be-

Tabelle 1. Filtertabelle (Auszug) [11]

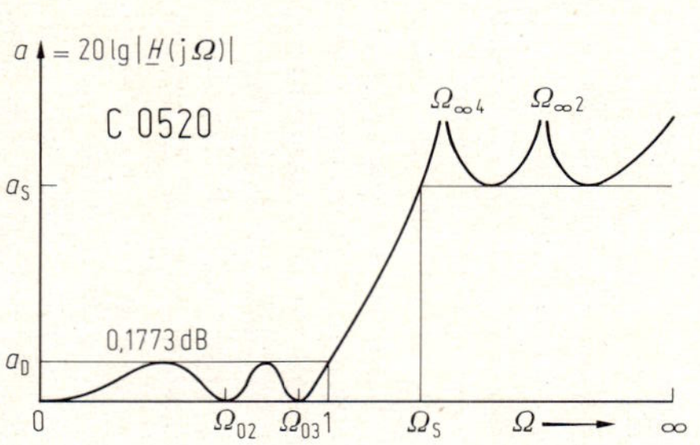

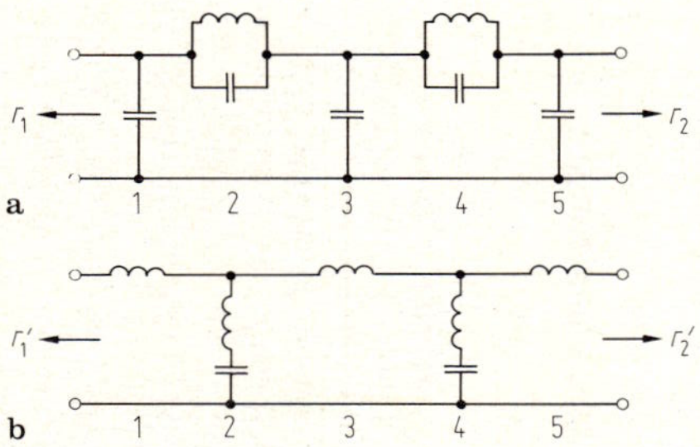

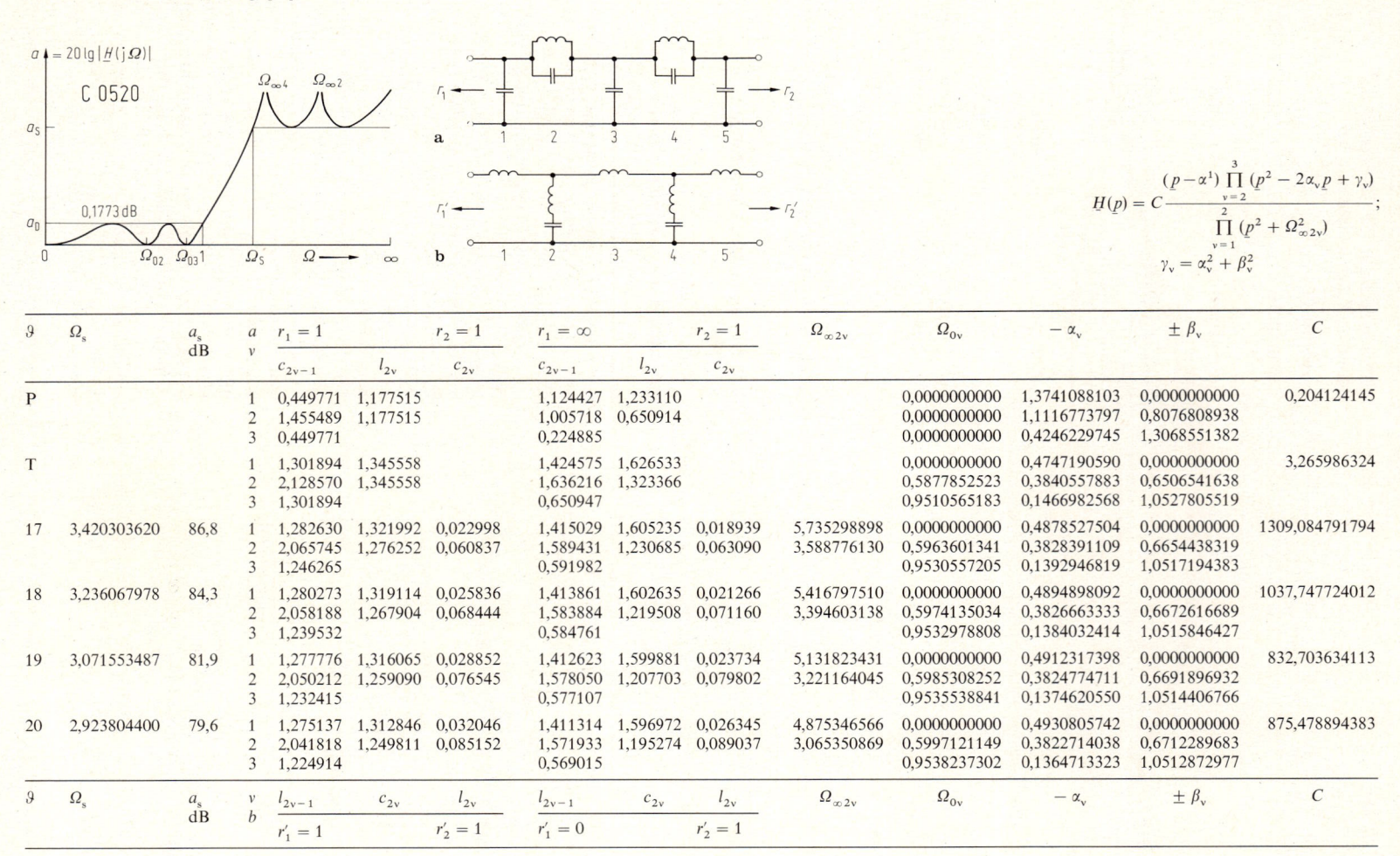

$$\underline{H}(\underline{p}) = C \frac{(\underline{p} - \alpha^1) \prod_{\nu=2}^{3} (\underline{p}^2 - 2\alpha_\nu \underline{p} + \gamma_\nu)}{\prod_{\nu=1}^{2} (\underline{p}^2 + \Omega^2_{\infty 2\nu})};$$

$$\gamma_\nu = \alpha_\nu^2 + \beta_\nu^2$$

ϑ	Ω_s	a_s dB	a ν	$r_1 = 1$ $c_{2\nu-1}$	$l_{2\nu}$	$r_2 = 1$ $c_{2\nu}$	$r_1 = \infty$ $c_{2\nu-1}$	$l_{2\nu}$	$r_2 = 1$ $c_{2\nu}$	$\Omega_{\infty 2\nu}$	$\Omega_{0\nu}$	$-\alpha_\nu$	$\pm\beta_\nu$	C
P			1	0,449771	1,177515		1,124427	1,233110			0,0000000000	1,3741088103	0,0000000000	0,204124145
			2	1,455489	1,177515		1,005718	0,650914			0,0000000000	1,1116773797	0,8076808938	
			3	0,449771			0,224885				0,0000000000	0,4246229745	1,3068551382	
T			1	1,301894	1,345558		1,424575	1,626533			0,0000000000	0,4747190590	0,0000000000	3,265986324
			2	2,128570	1,345558		1,636216	1,323366			0,5877852523	0,3840557883	0,6506541638	
			3	1,301894			0,650947				0,9510565183	0,1466982568	1,0527805519	
17	3,420303620	86,8	1	1,282630	1,321992	0,022998	1,415029	1,605235	0,018939	5,735298898	0,0000000000	0,4878527504	0,0000000000	1309,084791794
			2	2,065745	1,276252	0,060837	1,589431	1,230685	0,063090	3,588776130	0,5963601341	0,3828391109	0,6654438319	
			3	1,246265			0,591982				0,9530557205	0,1392946819	1,0517194383	
18	3,236067978	84,3	1	1,280273	1,319114	0,025836	1,413861	1,602635	0,021266	5,416797510	0,0000000000	0,4894898092	0,0000000000	1037,747724012
			2	2,058188	1,267904	0,068444	1,583884	1,219508	0,071160	3,394603138	0,5974135034	0,3826663333	0,6672616689	
			3	1,239532			0,584761				0,9532978808	0,1384032414	1,0515846427	
19	3,071553487	81,9	1	1,277776	1,316065	0,028852	1,412623	1,599881	0,023734	5,131823431	0,0000000000	0,4912317398	0,0000000000	832,703634113
			2	2,050212	1,259090	0,076545	1,578050	1,207703	0,079802	3,221164045	0,5985308252	0,3824774711	0,6691896932	
			3	1,232415			0,577107				0,9535538841	0,1374620550	1,0514406766	
20	2,923804400	79,6	1	1,275137	1,312846	0,032046	1,411314	1,596972	0,026345	4,875346566	0,0000000000	0,4930805742	0,0000000000	875,478894383
			2	2,041818	1,249811	0,085152	1,571933	1,195274	0,089037	3,065350869	0,5997121149	0,3822714038	0,6712289683	
			3	1,224914			0,569015				0,9538237302	0,1364713323	1,0512872977	
ϑ	Ω_s	a_s dB	ν b	$l_{2\nu-1}$ $r'_1 = 1$	$c_{2\nu}$	$l_{2\nu}$ $r'_2 = 1$	$l_{2\nu-1}$ $r'_1 = 0$	$c_{2\nu}$	$l_{2\nu}$ $r'_2 = 1$	$\Omega_{\infty 2\nu}$	$\Omega_{0\nu}$	$-\alpha_\nu$	$\pm\beta_\nu$	C

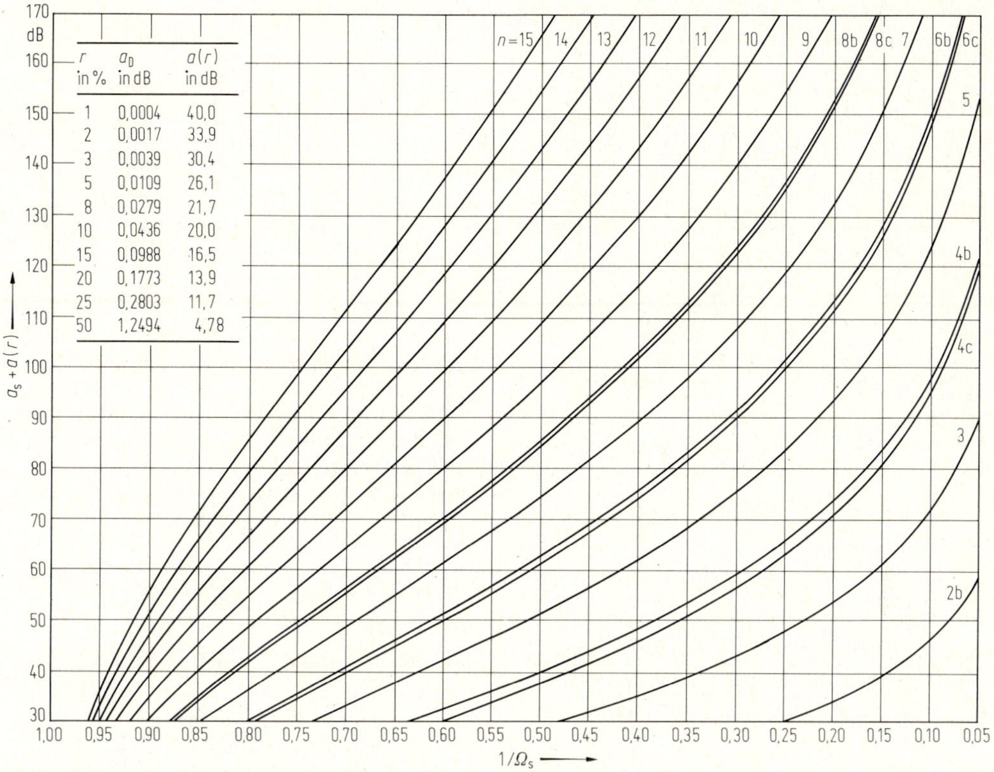

Bild 13. Diagramm zur Aufwandsabschätzung für Tschebyscheff-Tiefpässe

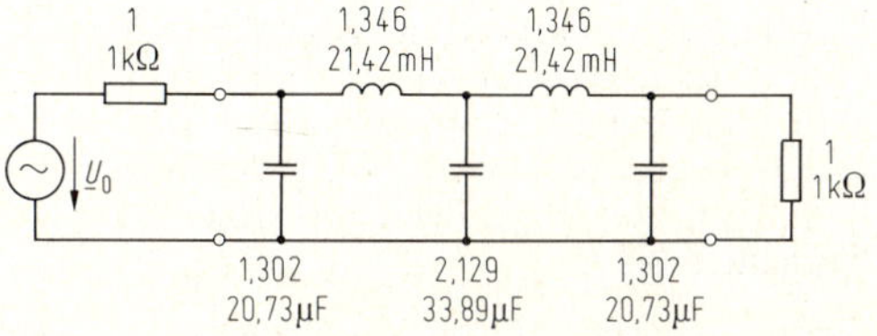

Bild 14. Tschebyscheff-Tiefpaß vom Grad $n = 5$ mit normierten und technischen Schaltelementewerten

zugsgrößen $L_B = R_B/(2\pi f_B) = 15{,}92$ mH und $C_B = 1/(2\pi f_B R_B) = 15{,}92$ nF und multipliziert damit die normierten Werte. Man erhält dann die ebenfalls in Bild 14 angegebenen technischen Elementewerte.

Zur eventuellen Berechnung des Frequenz- und Zeitverhaltens entnimmt man Tab. 1 ferner die Betriebsdämpfungsfunktion zu

$$\underline{H}(\underline{p}) = C(\underline{p} - \alpha_1) \prod_{\nu=2}^{3} (\underline{p}^2 - 2\alpha_\nu \underline{p} + \gamma_\nu)$$
$$= 3{,}266\,(\underline{p} + 0{,}475)\,(\underline{p}^2 + 0{,}768\underline{p} + 0{,}571)\,(\underline{p}^2 + 0{,}293\underline{p} + 1{,}13).$$

Die Filtergüte beträgt nach Gl. (11) $Q = 3{,}6$.

Frequenztransformierte Filterschaltungen. Da es sich bei den Frequenztransformationen in den Gln. (23) bis (25) um Reaktanzfunktionen handelt, können diese nicht nur auf die Netzwerkfunktionen sondern auch direkt auf jedes einzelne Schaltelement der dem Katalog entnommenen Referenztiefpaßschaltung angewandt werden. Die entsprechenden Umrechnungen sind in Tab. 2 angegeben.

Gekoppelte Bandfilter. Schmalbandige induktiv oder kapazitiv gekoppelte Bandfilter mit maximal flachem oder Tschebyscheffschem Dämpfungsverhalten im Durchlaßbereich können aus Potenz- bzw. Tschebyscheff-Tiefpässen als Referenzfilter näherungsweise berechnet werden. Der Fehler durch die Schmalbandnäherung ist um so geringer, je kleiner die normierte relative Bandbreite ist, und kann bis zu Bandbreiten von 10 bis 15 % vernachlässigt werden.

Die einzelnen Entwurfsschritte veranschaulicht Bild 15 am Beispiel eines induktiv gekoppelten zweikreisigen Bandfilters; die Erweiterung auf mehrkreisige Filter ist offensichtlich. Zunächst transformiert man mit Hilfe eines Positiv-Impedanz-Inverters (PII) (Dualwandler) mit dem

Tabelle 2. Schaltelemente-Transformation für Hochpässe, Bandpässe und Bandsperren

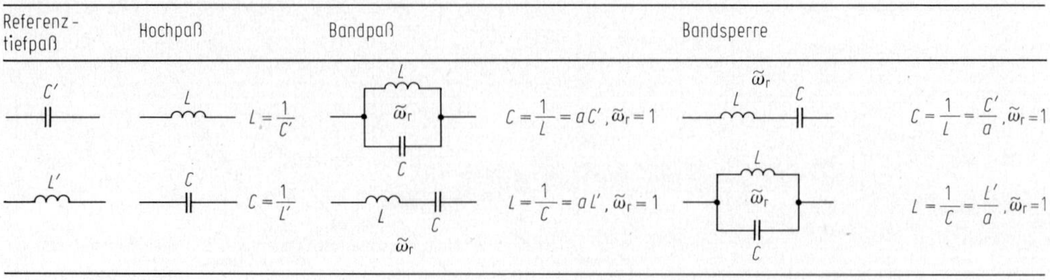
Referenz-tiefpaß
Hochpaß
Bandpaß
Bandsperre
C'
L
$L=\frac{1}{C'}$
$C=\frac{1}{L}=aC',\ \tilde{\omega}_r=1$
$C=\frac{1}{L}=\frac{C'}{a},\ \tilde{\omega}_r=1$
L'
C
$C=\frac{1}{L'}$
$L=\frac{1}{C}=aL',\ \tilde{\omega}_r=1$
$L=\frac{1}{C}=\frac{L'}{a},\ \tilde{\omega}_r=1$

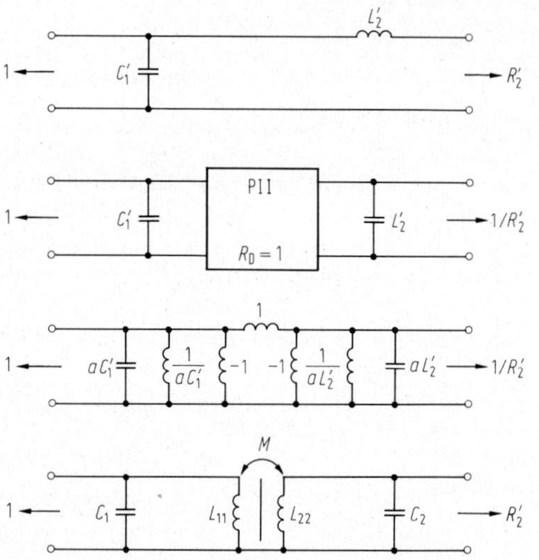

Bild 15. Induktiv gekoppeltes Bandfilter (Schmalbandnäherung)

Dualitätswiderstand $R_D = 1$ nach C 3.3 die Längsinduktivität L_2' in eine Querkapazität $C_2' = L_2'$ und den Abschlußwiderstand R_2' in $1/R_2'$. Nach Anwendung der Tiefpaß-Bandpaß-Transformation ersetzt man den PII durch die schmalbandige Ersatzschaltung in C 3.3 und faßt die parallelliegenden Induktivitäten zusammen. Die entstehende π-Schaltung aus drei Induktivitäten läßt sich nach C 1.3 durch einen lose gekoppelten Übertrager realisieren. Wünscht man für den Abschlußwiderstand einen bestimmten Wert $R_2 \neq 1/R_2'$, kann der Übertrager mit einem modifizierten Übersetzungsverhältnis versehen werden. Man erhält dann die Werte

$$C_1 = aC_1',\ L_{11} = aL_{12}/\sqrt{R_2' R_2},$$
$$L_{12} = \sqrt{R_2' R_2}/(a^2 C_1' L_2' - 1),$$
$$L_{22} = \sqrt{R_2' R_2}\, a C_1' L_{12},\ C_2 = aL_2'/(R_2' R_2). \quad (36)$$

Der Koppelfaktor des Übertragers ergibt sich zu $K = 1/(a\sqrt{C_1' L_2'})$. Ein kapazitiv gekoppeltes Bandfilter erhält man in analoger Weise, wenn man den PII durch ein π-Glied aus drei Kapazitäten gemäß C 3.3 ersetzt. Exakte Entwurfsverfahren für breitbandige gekoppelte Bandfilter für Hochfrequenzanwendungen werden in [58] behandelt; diese Arbeit enthält auch umfangreiche tabellierte Filterdaten. Als weitere Arbeiten über Bandfilter seien [59–61] genannt.

1.6 Allpässe und Gruppenlaufzeitausgleich

Allpass circuits and group-delay equalization

Allpässe sind nichtminimalphasige Schaltungen, die einen frequenzabhängigen Phasenwinkel- und Gruppenlaufzeitverlauf bei konstanter, frequenzunabhängiger im Idealfall verschwindender Dämpfung haben. Sie eignen sich daher zur Signalverzögerung und zur Phasenwinkel- und Gruppenlaufzeitkorrektur. Allpässe beliebigen Grades können als Kaskadenschaltung von Elementar-Allpaßschaltungen ersten und zweiten Grades realisiert werden. Daher genügt es im folgenden, nur diese Elementarschaltungen zu betrachten [62, 63].

Allpaß ersten Grades. Die Betriebsdämpfungsfunktion eines Allpasses ersten Grades lautet

$$\underline{H}(\underline{p}) = (\underline{p} + \alpha)/(-\underline{p} + \alpha) \quad \text{mit } \alpha > 0. \quad (37)$$

Den Betriebsphasenwinkelverlauf

$$b_b(\omega) = 2 \arctan(\omega/\alpha) \quad (38)$$

und den Gruppenlaufzeitverlauf

$$\tau_g(\omega) = 2\alpha/(\alpha^2 + \omega^2) \geqq 0 \quad (39)$$

zeigt Bild 16 a bzw b. Die Fläche unter der Gruppenlaufzeitkurve ist

$$A = \int_0^\infty \tau_g(\omega)\, d\omega = b(\infty) = \pi. \quad (40)$$

Zwei mögliche Realisierungen für Allpässe ersten Grades durch Reaktanzschaltungen und deren Dimensionierung sind in Tab. 3 angegeben. Die

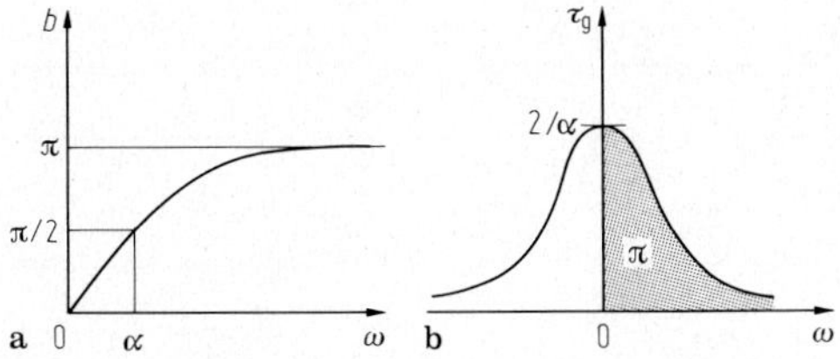

Bild 16. Allpaß ersten Grades. **a** Phasenwinkel- und **b** Gruppenlaufzeitverlauf

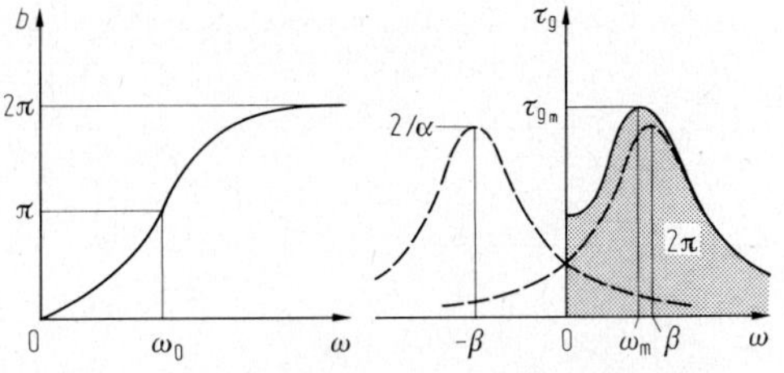

Bild 17. Allpaß zweiten Grades. **a** Phasenwinkel- und **b** Gruppenlaufzeitverlauf

Tabelle 3. Reaktanz-Allpaßschaltungen ersten Grades

Schaltung **a**	Schaltung **b**
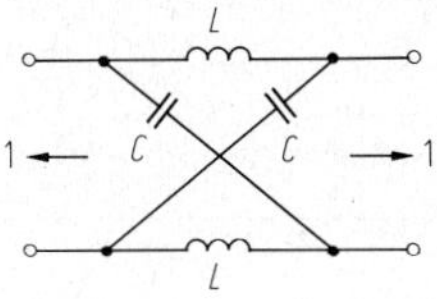	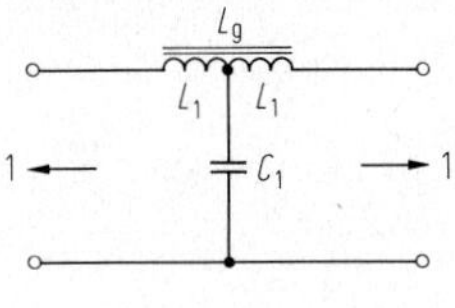
$L = 1/\alpha$ $C = 1/\alpha$	$L_g = 2/\alpha$, ═ feste Kopplung $C_1 = 2/\alpha$, $L_1 = 1/(2\alpha)$

Schaltung (b) benötigt einen festgekoppelten Übertrager mit den Teilinduktivitäten L_1 und der Gesamtinduktivität L_g.

Reaktanz-Allpaßschaltungen sind reflexionsfreie Schaltungen mit $\underline{W}_{1,2}(\mathrm{j}\omega) \equiv 1$ und $\underline{r}_{1,2}(\mathrm{j}\omega) \equiv 0$, die direkt in Kette geschaltet werden können. Da es sich bei Allpässen um nichtminimalphasige Schaltungen handelt, sind in der Schaltungsstruktur stets zwei Übertragungwege vom Ein- zum Ausgang erforderlich (Brückenstrukturen). Eine Realisierung als Leitungsschaltung muß daher entsprechende Überkopplungen enthalten.

Allpaß zweiten Grades. Die Betriebsdämpfungsfunktion eines Allpasses zweiten Grades lautet

$$\underline{H}(p) = \frac{\underline{p}^2 + 2\alpha\underline{p} + \omega_0^2}{\underline{p}^2 - 2\alpha\underline{p} + \omega_0^2}, \quad \alpha > 0,$$

$$\omega_0^2 = \alpha^2 + \beta^2. \tag{41}$$

Den zugehörigen Betriebsphasenwinkel- und Gruppenlaufzeitverlauf

$$b_b(\omega) = 2\arctan\frac{\omega - \beta}{2\alpha} + 2\arctan\frac{\omega + \beta}{2\alpha}, \tag{42}$$

$$\tau_g(\omega) = \frac{2\alpha}{\alpha^2 + (\omega - \beta)^2} + \frac{2\alpha}{\alpha^2 + (\omega + \beta)^2} \tag{43}$$

zeigt Bild 17a bzw b. Die Kurven entstehen durch Überlagerung der Elementarverläufe in Bild 16. Die Fläche unter der Gruppenlaufzeitkurve ist

$$A = \int_0^\infty \tau_g(\omega)\,\mathrm{d}\omega = b(\infty) = 2\pi. \tag{44}$$

Das Maximum des Gruppenlaufzeitverlaufs liegt für

$$\frac{2\beta}{\omega_0} \leqq 1 \quad (\varphi \leqq 30^\circ) \quad \text{bei} \quad \omega_m = 0:$$

$$\tau_{gm} = \tau_g(0) = \frac{4\alpha}{\omega_0^2},$$

für

$$\frac{2\beta}{\omega_0} > 1 \quad (\varphi > 30^\circ) \quad \text{bei} \quad \omega_m = \omega_0\sqrt{\frac{2\beta}{\omega_0} - 1}:$$

$$\tau_{gm} = \frac{\alpha}{\beta(\omega_0 - \beta)}, \tag{45}$$

wobei

$$\varphi = \arctan(\beta/\alpha) \tag{46}$$

ist. Drei mögliche Realisierungen durch Reaktanzschaltungen und deren Dimensionierung sind in Tab. 4 angegeben, wobei die Schaltung (c) nur für $60^\circ \leqq \varphi \leqq 90^\circ$ existiert.

Gruppenlaufzeitentzerrung. Zur Entzerrung der Gruppenlaufzeit $\tau_{gs}(\omega)$ eines Systems schaltet man diesem Allpässe in Kette, die so dimensioniert werden müssen, daß die Gesamtlaufzeit nahezu konstant gleich τ_0 wird. Bild 18 zeigt ein Beispiel. Die durch Allpässe aufzubringende Laufzeit τ_{gw} ergibt sich zu

$$\tau_{gw}(\omega) = \tau_0 - \tau_{gs}(\omega). \tag{47}$$

Verwendet man nur Allpässe zweiten Grades, kann man die erforderliche Anzahl N durch Berechnung der aufzufüllenden Fläche A nach Gl. (44) abschätzen zu

$$N \geqq A/(2\pi). \tag{48}$$

Tabelle 4. Reaktanz-Allpaßschaltungen zweiten Grades

Schaltung **a**	Schaltung **b**	Schaltung **c**
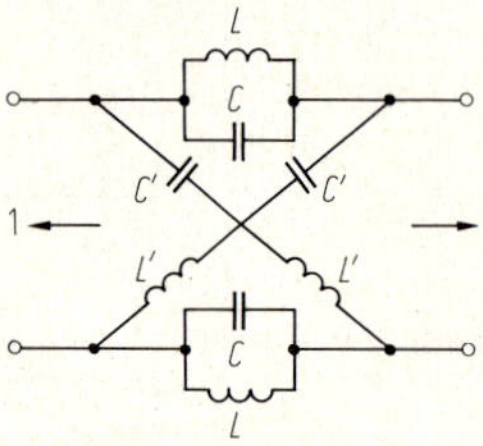	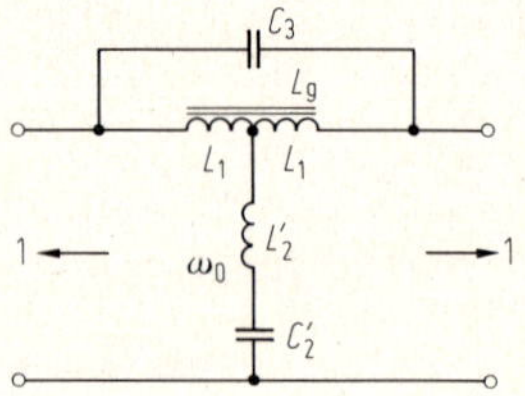	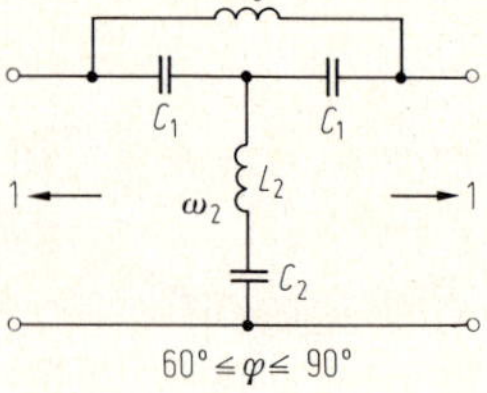
$L = 2\alpha/\omega_0^2$ $C = 1/(2\alpha)$ $L' = 1/(2\alpha)$ $C' = 2\alpha/\omega_0^2$	$L_g = 4\alpha/\omega_0^2$, ══ feste Kopplung $C_3 = 1/(4\alpha)$, $L_1 = \alpha/\omega_0^2$ $L_2' = 1/(4\alpha)$ $C_2' = 4\alpha/\omega_0^2$	$L_3 = 4\alpha/\omega_0^2$ $C_1 = 1/(2\alpha)$ $L_2 = 1/(4\alpha)$ $C_2 = \dfrac{1}{(\omega_0^2/4\alpha) - \alpha}$ $\omega_2 = \omega_0\sqrt{1 - 4\alpha^2/\omega_0^2}$

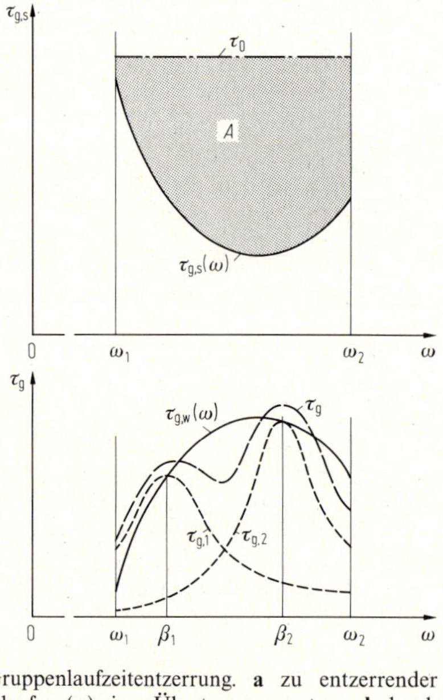

Bild 18. Gruppenlaufzeitentzerrung. **a** zu entzerrender Laufzeitverlauf $\tau_{gs}(\omega)$ eines Übertragungssystems; **b** durch Allpässe nachzubildende Laufzeit $\tau_{gw}(\omega)$

Die Parameter β_v $(v = 1, \ldots, N)$ der Allpässe wählt man näherungsweise äquidistant im Approximationsintervall $\omega_1 \leqq \omega \leqq \omega_2$, d.h.

$$\beta_v = \omega_1 + \frac{\omega_2 - \omega_1}{2N}(2v - 1) \quad (v = 1, \ldots, N) \tag{49}$$

und die zugehörigen Werte α_v entsprechend den Laufzeitwerten $\tau_{gw}(\beta_v) = \tau_v$ an diesen Stellen zu

$$\alpha_v = 2/\tau_v. \tag{50}$$

Durch Superposition der Teillaufzeitkurven $\tau_{gv}(\omega)$ der einzelnen Allpässe nach Gl. (43) entsteht die Summenlaufzeit $\tau_g(\omega)$, die gemäß Bild 18 den Wunschverlauf $\tau_{gw}(\omega)$ approximiert. Es ist empfehlenswert, die Lösung anschließend numerisch iterativ mit einem Optimierungsverfahren zu verbessern [64].

1.7 Leitungsfilterschaltungen
Transmission-line filters

Einleitung. Filter aus konzentrierten Bauelementen können nur bis zu einigen 100 MHz eingesetzt werden, da dann die Abmessungen der Bauelemente nicht mehr klein gegen die Wellenlänge sind und die zeitlich-örtliche Ausbreitung der elektromagnetischen Felder berücksichtigt werden muß. Man verwendet daher im Mikrowellenbereich ab etwa 300 MHz Filterelemente mit verteilten Parametern in Form von Leitungen unterschiedlicher Bauformen, wie Koaxial-, Streifen-, Mikrostreifen- und Hohl-Leiter [65]. Im Gegensatz zu Filtern aus konzentrierten Elementen ist der Frequenzgang von Leitungsfiltern *periodisch.*

Die Anwendung der Filtersynthese auf den Entwurf von Koaxial- und Streifenleitungsfiltern setzt voraus, daß nur die TEM-Welle ausbreitungsfähig ist. Dies ist bei Wellenwiderständen über 20 Ω bis über 10 GHz in guter Näherung der Fall. Bei Hohlleiterfiltern werden verschiedene Moden, zum Teil sogar mehrere gleichzeitig gezielt ausgenützt. Die erzielbaren Gütewerte Q_e

der Leitungsbauelemente sind bei Resonatoren aus Hohlleitern und dielektrischen Wellenleitern mit z. B. 25 000 am größten. Bei Koaxialleitungen erzielt man ca. 1000 und bei Streifenleitern 200 bis 400.

Beschreibungsgrößen. Eine verlustfreie homogene Leitung (s. C 6) in einem Medium mit der relativen Dielektrizitätskonstanten ε_r und der relativen Permeabilität $\mu_r = 1$ kann im TEM-Wellen-bereich durch den Wellenwiderstand Z und die Leitungslänge l oder alternativ durch den kapazitiven und induktiven Leitungsbelag C' und L' und die elektrische Länge l_e beschrieben werden. Zwischen diesen normierten Größen gelten folgende Beziehungen:

$$Z = \sqrt{L'/C'} = \sqrt{\varepsilon_r}/C' \tag{51}$$

da

$$L' = \varepsilon_r/C' \tag{52}$$

ist, und

$$\begin{aligned} l_e &= \beta\, l = \omega\sqrt{L'\,C'}\,l = \omega\sqrt{\varepsilon_r}\,l = \omega\, l/v_p \\ &= 2\pi\, l/\lambda, \end{aligned} \tag{53}$$

wobei $v_p = 1/\sqrt{\varepsilon_r}$ die auf die Lichtgeschwindigkeit $c_0 = 1/\sqrt{\varepsilon_0\mu_0} = 3 \cdot 10^8$ m/s als Bezugsgeschwindigkeit normierte Phasengeschwindigkeit, β die normierte Ausbreitungskonstante und

$$\lambda = 2\pi/(\sqrt{\varepsilon_r}\,\omega) \tag{54 a}$$

die normierte Wellenlänge ist. Die normierte Wellenlänge bei der Bezugsfrequenz $f = f_B$ ($\omega = 1$) wird im folgenden mit

$$\lambda_1 = 2\pi/\sqrt{\varepsilon_r} \tag{54 b}$$

bezeichnet. Eine Leitung der normierten Länge l mit dem normierten Wellenwiderstand Z besitzt folgende Kettenmatrix

$$A = \begin{bmatrix} \cos l_e & \mathrm{j}\, Z \sin l_e \\ \mathrm{j}\dfrac{1}{Z}\sin l_e & \cos l_e \end{bmatrix}. \tag{55}$$

Im folgenden werden alle Leitungsstücke durch Angabe der *normierten* Werte des Wellenwiderstands Z oder der Leitungsbeläge L', C' und der Leitungslänge l charakterisiert. Die technischen Werte erhält man nach C 1.4 durch Multiplikation mit den entsprechenden Bezugsgrößen $R_B = R_1$, $L'_B = L_B/l_B = R_B/c_0$, $C'_B = C_B/l_B = 1/(c_0 R_B)$ bzw. $l_B = c_0/(2\pi f_B)$.

Konstruktive Ausführung. Wie man aus diesen Angaben pro Leitungsstück die realen geometrischen Abmessungen einer ganz bestimmten Leitungsbauform erhält, ist für Koaxialleitungen in K 2, Streifen- und Mikrostreifenleitungen in K 3, YIG-Resonatoren in L 9.8, dielektrische Wellenleiter in K 5 und Hohlleiterresonatoren in K 4 angegeben.

Der Entwurfsprozeß für Leitungsfilter erfolgt unabhängig von der Bauform grundsätzlich in folgenden Schritten: Ausgehend von den Forderungen z. B. an das Betriebsdämpfungsverhalten des Leistungsfilters (z. B. f_D, f_S, r, a_S, R_1) ermittelt man nach Wahl einer geeigneten Bezugsfrequenz f_B und entsprechender Normierung mit Hilfe von Äquivalenz- und Transformationsbeziehungen einen geeigneten normierten Standardtiefpaß mit konzentrierten Elementen als Referenzfilter, dessen Daten einem Katalog entnommen werden können. Durch Rücktransformation in den Leitungsfilterbereich erhält man dann die Werte der Wellenwiderstände, Leitungsbeläge und Resonanzfrequenzen der einzelnen Leitungsstücke bzw. -resonatoren des Leitungsfilters.

Quasikonzentrierte Leitungsschaltungen. Eine näherungsweise Korrespondenz zwischen den konzentrierten Elementen eines LC-Referenzfilters und den verteilten Elementen einer Leitungsschaltung kann auf verschiedene Arten hergestellt werden:

a) Durch *örtliche Variation der Leitungsbeläge* L', C' und damit des Wellenwiderstands $Z = \sqrt{L'/C'}$ der Leitung zu Werten, die groß oder klein gegen den Abschlußwiderstand $R_1 = 1$ sind, erhält man Leitungsabschnitte mit den konstanten Wellenwiderstandswerten $Z_L \gg 1$ und $Z_C \ll 1$ zur Realisierung von konzentrierten Induktivitäten L_v bzw. Kapazitäten C_v. Bestimmte gewünschte Werte L_v, C_v erhält man dabei durch Wahl der Leitungslängen nach den Gln. (51) und (52) gemäß

$$l_{Lv} = L_v/L' = \frac{L_v}{\sqrt{\varepsilon_r}\,Z_L}, \tag{56 a}$$

$$l_{Cv} = C_v/C' = \frac{C_v Z_C}{\sqrt{\varepsilon_r}}. \tag{56 b}$$

Schaltungen dieser Art können bis ca. 1 GHz verwendet werden, solange die Leitungslängen l_v klein gegen $\lambda_1/4$ (z. B. $l_v \leqq \lambda_1/12$) sind.

Bild 19 zeigt als Beispiel die Realisierung des Filters in Bild 14 für $f_D = 1$ GHz und $R_1 = 50\,\Omega$ mit $\varepsilon_r = 1$. Für die Wellenwiderstände wird $200\,\Omega$ und $R_1^2/200 \approx 12\,\Omega$ gewählt, so daß $Z_L = 4$ und $Z_C = 0{,}24$ wird. Die Voraussetzung $l_v \leqq \lambda_1/12 = 0{,}52$ ist hier erfüllt.

b) Schmalbandnäherung. Für einseitig leerlaufende oder kurzgeschlossene Stichleitungen gelten in der Umgebung der Resonanzfrequenzen die in Tab. 5 angegebenen Korrespondenzen (s. z. B. [66]). Der Positiv-Impedanz-Inverter (PII,

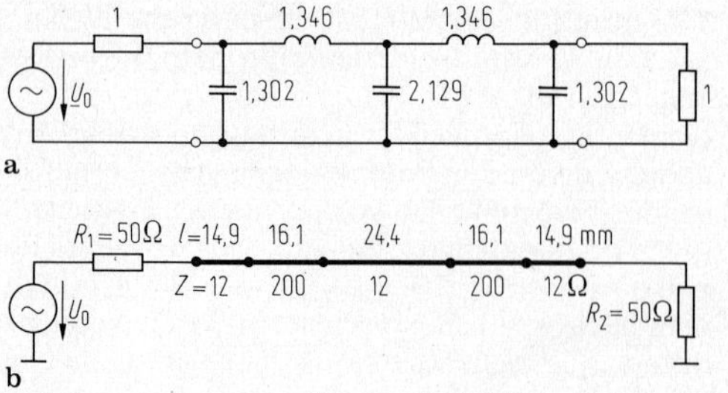

Bild 19. **a** Referenzfilter; **b** quasikonzentriertes Leitungsfilter

Tabelle 5. Leitungsersatzschaltungen (Schmalbandnäherung)

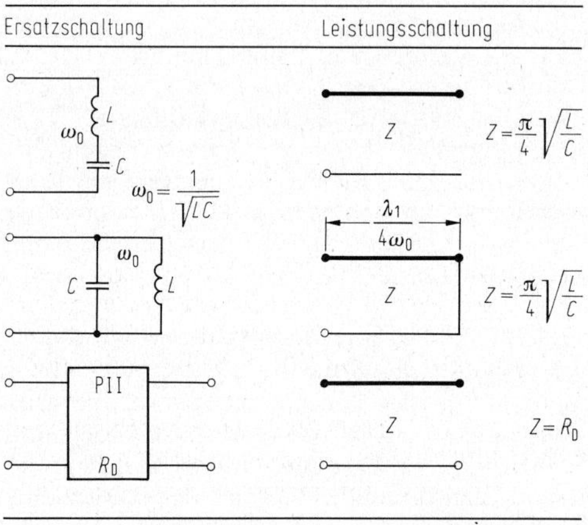

Dualwandler) mit dem Dualitätswiderstand R_D dient dabei zur Schaltungsumwandlung. Er wird auch als „Leitungsinverter" bezeichnet.

c) Soll ein bestimmter *C*- oder *L*-Wert nur an einem Frequenzpunkt ω_0 realisiert werden, wählt man den Wellenwiderstand *Z* und die Leitungslänge *l* einer kurzgeschlossenen bzw. leerlaufenden Stichleitung so, daß der Eingangswiderstand

$$\underline{W}_1 = -\frac{1}{jZ}\cot\text{an}(\omega_0\sqrt{\varepsilon_r}\,l) = 1/(j\omega_0 C)$$

bzw.

$$\underline{W}_1 = j\tan(\omega_0\sqrt{\varepsilon_r}\,l) = j\omega_0 L \qquad (57)$$

wird.

Beispiel: Bandpaß. Aus den technischen Forderungen $f_{+D}, f_{-D}, f_{+S}, f_{-S}, r, a_S, R_1$ ermittelt man nach 1.5 (1. Unterabschnitt) einen geeigneten Referenztiefpaß gemäß Bild 20a. Die Schaltungsumwandlung mit zwei PII ergibt die Schaltung in Bild 20b und nach der Tiefpaß-Bandpaß-Transformation jene in Bild 20c. Die Umsetzung in die Leitungsschaltung in Bild 20d erfolgt gemäß Tab. 5. Die technischen Werte für die Wellenwiderstände und die Leitungslängen erhält man durch Entnormierung nach C 1.4 mit $R_B = R_1, f_B = \sqrt{f_{+D}f_{-D}}$ und $l_B = c_0/(2\pi f_B)$.

Mehrkreisige gekoppelte Resonatorfilter. Filterstrukturen wie sie in 1.5 unter „Gekoppelte

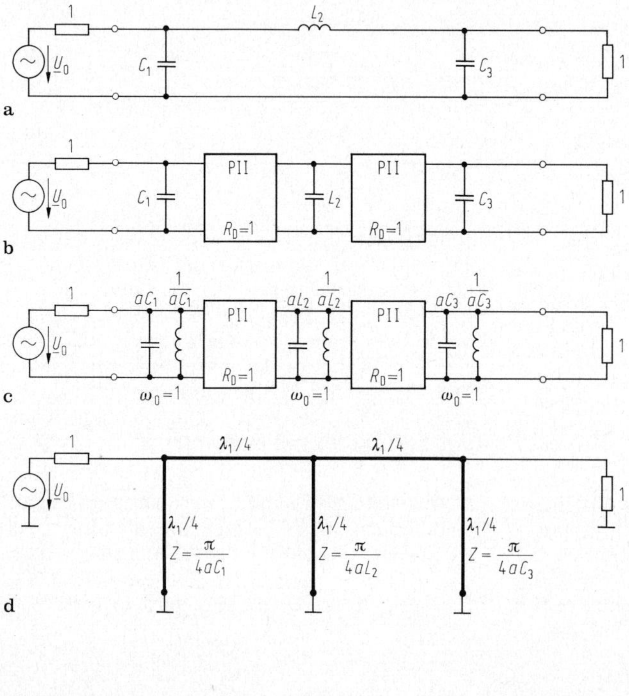

Bild 20. Schmalbandiges Bandpaßfilter und dessen Realisierung als Leitungsfilter

Bandfilter" für schmalbandige Bandpässe abgeleitet wurden, bestehen aus Schwingkreisen (Resonatoren), die induktiv und/oder kapazitiv gekoppelt sind. Diese Struktur ist für die Realisierung als Leitungsschaltung sehr geeignet, da Resonatoren in vielen Bauformen existieren und die erforderlichen Kopplungen zwischen je zwei benachbarten Resonatoren durch entsprechende Blenden eingestellt werden können. Bekannte Beispiele sind das zweikreisige Topfkreisfilter aus zwei $\lambda_1/4$ langen über einen Längsschlitz im Außenleiter magnetisch gekoppelten Koaxialleitungen, die Hohlleiterfilter und YIG-Filter.

Filterschaltungen aus Leitungsstücken gleicher Länge. Beschränkt man sich auf Schaltungen aus Leitungsstücken *gleicher* Länge $l_0 = \lambda_1/4$ (kommensurable Leitungen), läßt sich ein exaktes Berechnungsverfahren angeben, das von konzentrierten, mit den klassischen Methoden der Filtersynthese entworfenen LC-Referenzfiltern ausgeht. Der Übergang von der konzentrierten Referenzschaltung auf die Leitungsschaltung erfolgt mit der *Richards-Transformation* [67]

$$\underline{s} = \tanh\left(\frac{\pi}{2}\underline{p}\right), \tag{58}$$

die auch als Bilineartransformation

$$\underline{s} = (\underline{z} - 1)/(\underline{z} + 1) \quad \text{mit } \underline{z} = \exp(\pi\underline{p}) \tag{5.9}$$

geschrieben werden kann. In dieser Form wird die Transformation für den Entwurf von zeitdiskreten Filtern (Abtast-Analogfilter, Digitalfilter) verwendet. Dabei ist $\underline{p} = \sigma + j\omega$ die komplexe Frequenz des Leitungsfilters und $\underline{s} = u + jv$ jene des Referenzfilters. Nach Gl. (58) gilt für die Frequenzen der beiden Bereiche

$$v = \tan(\pi\omega/2). \tag{60}$$

Setzt man die Richards-Transformation mit

$$l_e = \pi\omega/2 = \pi\underline{p}/(2j) \tag{61}$$

in die Kettenmatrix einer Leitung nach Gl. (55) ein, erhält man die Kettenmatrix des *Einheitselements* (unit element UE)

$$A = \frac{1}{\sqrt{1-\underline{s}^2}}\begin{bmatrix} 1 & \underline{s}Z \\ \underline{s}/Z & 1 \end{bmatrix}. \tag{62}$$

Bei der Transformation in Gl. (58) ist angenommen, daß die technische Frequenz f [Hz] des Leitungsfilters auf eine im Prinzip frei wählbare Bezugsfrequenz f_B normiert ist gemäß $\omega = f/f_B$ und die für alle Leitungen gleiche normierte Länge l_0 ein Viertel der zur Bezugsfrequenz f_B ($\omega = 1$) gehörigen normierten Wellenlänge

$$\lambda_1 = 2\pi/\sqrt{\varepsilon_r} \tag{63}$$

Tabelle 6. Richards-Schaltelemente-Transformation

Richards-Ebene $s = jv$		Leitungsebene $p = j\omega$		
	C		Z	$Z = \frac{1}{C}$
	L		Z	$Z = L$
UE Z			Z	
			$\lambda_1/4$	

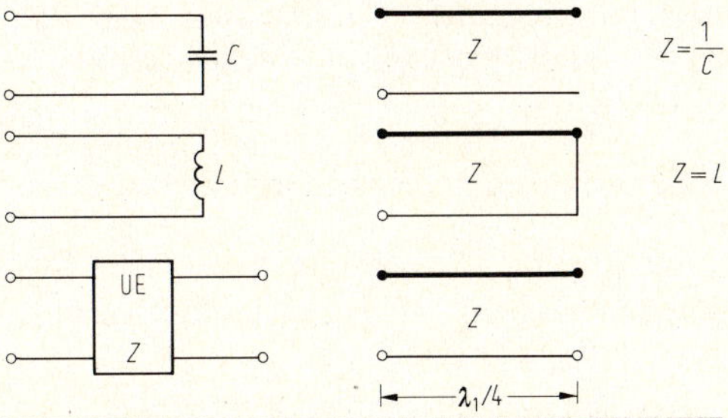

beträgt, d. h.

$$l_0 = \lambda_1/4 = \pi/(2\sqrt{\varepsilon_r}). \tag{64}$$

Der Eingangsbetriebswiderstand eines Einheitselements ist bei Abschluß mit R_2 nach C 4.4

$$\underline{W}_1 = (R_2 + \underline{s}Z)/(R_2\underline{s}/Z + 1). \tag{65}$$

Für sekundären Kurzschluß ($R_2 = 0$) und Leerlauf ($R_2 = \infty$) ist $\underline{W}_1$ die Impedanz einer Induktivität $L = Z$ bzw. einer Kapazität $C = 1/Z$. Diese Korrespondenzen sind in Tab. 6 zusammengestellt.

Bild 21 veranschaulicht die Eigenschaften der Richards-Transformation nach den Gln. (58) und (60) und dient im folgenden zur Erläuterung des praktischen *Entwurfsprozesses* anhand eines Tschebyscheff-Tiefpasses dritten Grades als Bei-

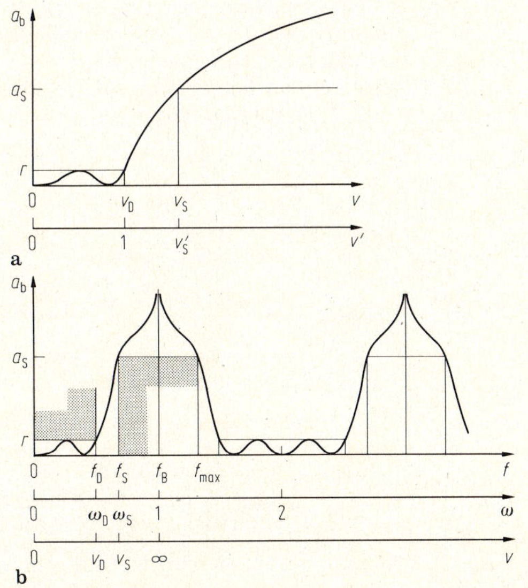

Bild 21. Entwurf von Leitungsfiltern mit der Richards-Transformation ($v = \tan(\pi\omega/2)$)

spiel. Man geht aus von den Forderungen an das Leitungsfilter: $f_D, f_S, r, a_S, f_{max}$ und R_1. Bild 21 b zeigt das geforderte Dämpfungstoleranzschema und den prinzipiellen periodischen Betriebsdämpfungsverlauf des Leitungsfilters. Nach Festlegung der Bezugsfrequenz, z. B. hier gemäß

$$f_B = (f_S + f_{max})/2\,, \tag{66}$$

erhält man die normierten Grenzfrequenzen

$$\omega_D = f_D/f_B \quad \text{und} \quad \omega_S = f_S/f_B \tag{67}$$

und daraus nach Gl. (60) jene des Referenzfilters zu

$$v_D = \tan(\pi\,\omega_D/2) \quad \text{und} \quad v_S = \tan(\pi\,\omega_S/2)\,. \tag{68}$$

Da die katalogisierten Tiefpässe auf die Durchlaßgrenze 1 normiert sind, muß man die Frequenz v noch mit v_D gemäß

$$v' = v/v_D \tag{69}$$

skalieren, so daß $v'_D = 1$ und die Sperrgrenze des Prototypfilters bei $v'_S = v_S/v_D$ liegt. Anhand dieses Wertes und der geforderten Sperrdämpfung a_S und des Reflexionsfaktors r wählt man nach 1.5 (1. Unterabschnitt) den Referenztiefpaß aus und skaliert die einem Katalog entnommenen Elementewerte zurück, indem man alle L- und C-Werte durch v_D dividiert. Damit liegt das Referenzfilter in der „Richards-Ebene" fest. Die zugehörige Leitungsschaltung und deren normierte Werte erhält man nach Tab. 6. Durch Entnormierung mit f_B, $R_B = R_1$ und $l_B = c_0/(2\pi f_B)$ nach C 1.4 ergeben sich daraus die technischen Werte der Wellenwiderstände und der Leitungslänge.

Macht man in der Richards-Ebene zusätzlich noch von den Frequenztransformationen in 1.4 (3. Unterabschnitt) und 1.5 (2. Unterabschnitt) Gebrauch, können auch Hochpässe, Bandpässe und Bandsperren entworfen werden. Wegen der Periodizität des Dämpfungsverlaufs der Leitungsfilter erhält man Bandsperren und Bandpässe aber auch direkt aus Referenztiefpässen bzw. -hochpässen, indem man die Bezugsfrequenz f_B gleich der vollen Periode wählt, wie in Bild 22 gezeigt.

Wie das Beispiel in Bild 22 zeigt, führt die direkte Anwendung des Verfahrens bei Standard-LC-Filtern als Referenzfilter zu Leitungsschaltungen, bei denen alle Stichleitungen an einem Punkt zusammengeschaltet sind. Für die praktische Realisierung sollten jedoch nicht mehr als zwei Stichleitungen zusammentreffen. Eine derartige räumliche Trennung erreicht man durch Hinzunahme von Einheitselementen. Dies kann auf zwei Arten erfolgen.

a) Redundante Einheitselemente. Das Betriebsdämpfungsverhalten eines Filters ändert sich nicht, wenn man am Ein- und/oder Ausgang Einheitselemente mit $Z = R_1$ bzw. $Z = R_2$ gemäß Bild 23 einfügt und diese mit Hilfe der *Kuroda-Äquivalenzen* [68] in Tab. 7 in die Schaltung hineintransformiert. Der Nachteil ist dabei nur der relativ hohe Schaltungsaufwand (fünf Leitungselemente für einen Tiefpaß dritten Grades), da die eingeführten Einheitselemente nichts zum Filtergrad beitragen.

b) Nichtredundante Einheitselemente. Das Einheitselement ist ein verlustloses Schaltelement vom Grad Eins, das in die klassische Filtersynthese gleichberechtigt neben den gewohnten Elementen L und C einbezogen werden kann [69]. Es ist unter Umständen sogar zweckmäßig, Filterschaltungen ausschließlich aus Einheitselementen zu entwerfen, wobei im Durchlaßbereich im Prinzip die gleichen Betriebsdämpfungsforderungen wie bei LC-Schaltungen erfüllt werden können. Lediglich im Sperrbereich ist zu beachten, daß die Dämpfung zwar große, aber stets nur endliche Werte erreicht (keine Sperrstellen bei technischen Frequenzen).

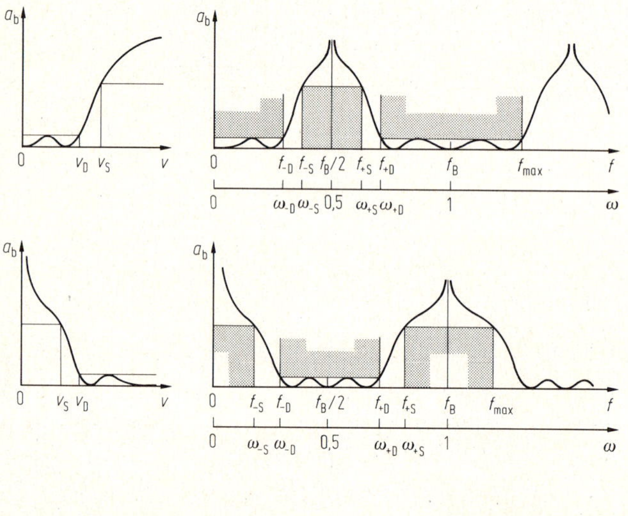

Bild 22. Bandsperre und Bandpaß aus Referenz-Tiefpaß bzw. Referenz-Hochpaß durch geeignete Wahl der Bezugsfrequenz f_B

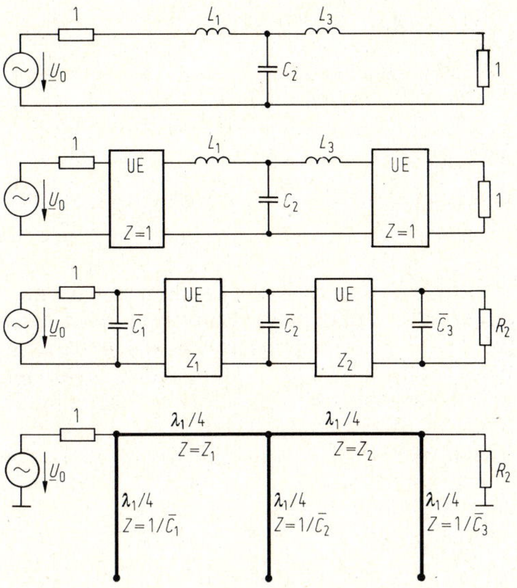

Bild 23. Anwendung der Kuroda-Transformation

Tabelle 7. Kuroda-Transformationen

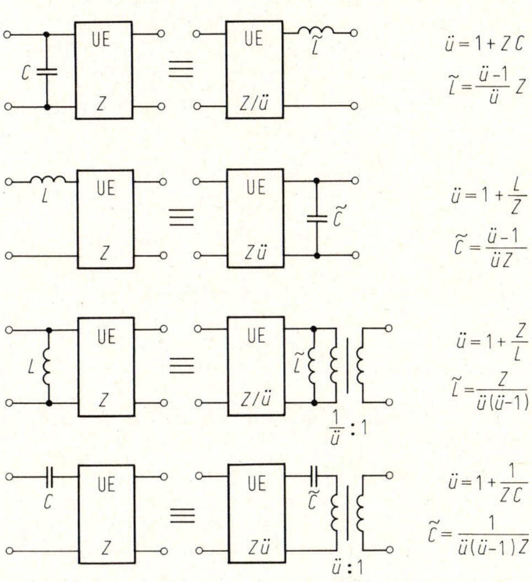

Beispiel 1: Anpassung zweier reeller Widerstände R_1 und R_2 an einem Frequenzpunkt $\omega_0 = 1$ durch ein Einheitselement mit dem Wellenwiderstand Z. Nach Gl. (58) entspricht der Frequenz $\underline{p} = \mathrm{j}\omega_0 = \mathrm{j}$ in der Richards-Ebene die Frequenz $\underline{s} = \infty$, so daß gemäß Gl. (65) aus

$$\underline{W}_1 = \left.\frac{R_2 + \underline{s}Z}{R_2\underline{s}/Z + 1}\right|_{\underline{s}=\infty} = R_1 = 1 \tag{70}$$

folgt

$$Z = \sqrt{R_2}\,. \tag{71}$$

Die Schaltung zeigt Bild 24.

Beispiel 2: Zur breitbandigen Anpassung von zwei reellen Widerständen R_1 und R_2 eignet sich eine Schaltung, die nur aus Einheitselementen besteht und als *Leitungstransformator* bezeichnet wird. Das Referenzfilter und die Realisierung als Leitungsfilter zeigt Bild 25 zusammen mit den entsprechenden Dämpfungsverläufen. Als Referenzfilter dient ein hochpaßartiges Filter, dessen Betriebsdämpfung bei $v' = 0$ entsprechend dem geforderten Widerstandsverhältnis $a_b(0)/\mathrm{Np} = \ln(\frac{1}{2}(\sqrt{R_2/R_1} + \sqrt{R_1/R_2}))$ beträgt [70].

Gekoppelte Leitungen. Weitere vielfältige Realisierungsmöglichkeiten für Leitungsschaltungen

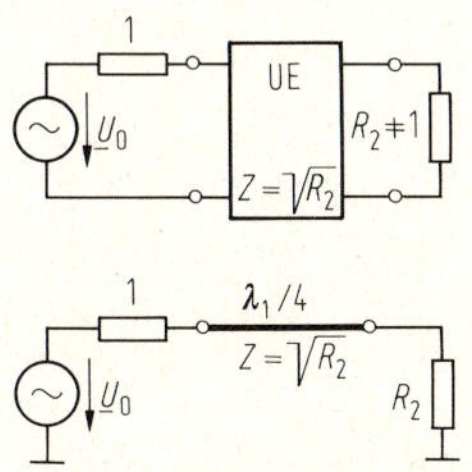

Bild 24. Anpassung reeller Widerstände an einem Frequenzpunkt mit einem Einheitselement

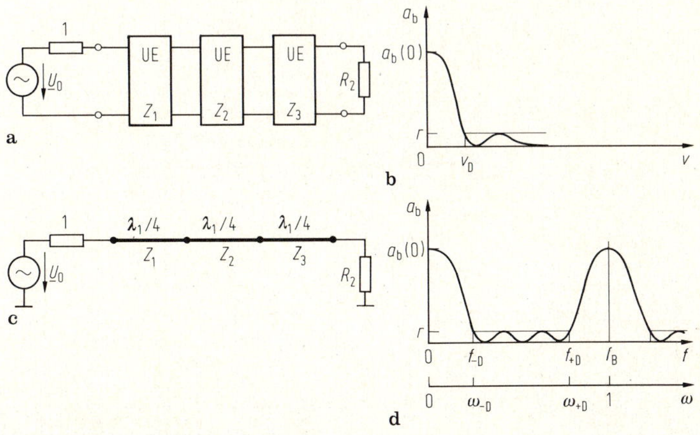

Bild 25. Leitungstransformator. **a** Referenzfilter und **b** dessen Betriebsdämpfungsverlauf; **c** Leitungsfilter und **d** dessen Betriebsdämpfungsverlauf

Tabelle 8. Gekoppelte Leitungsschaltungen

Richards-Netzwerk	Gekoppelte Leitungsschaltung	
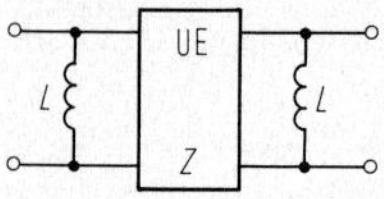	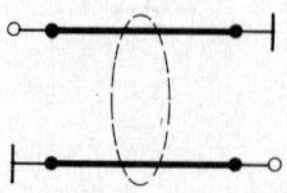	$Z_e = L$ $Z_0 = \frac{LZ}{Z+2L}$
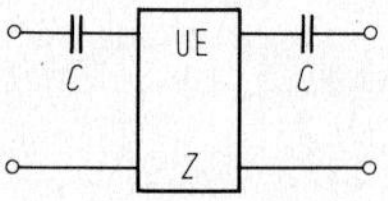	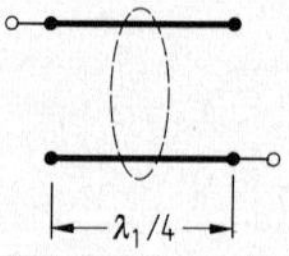	$Z_e = 2Z + \frac{1}{C}$ $Z_0 = \frac{1}{C}$

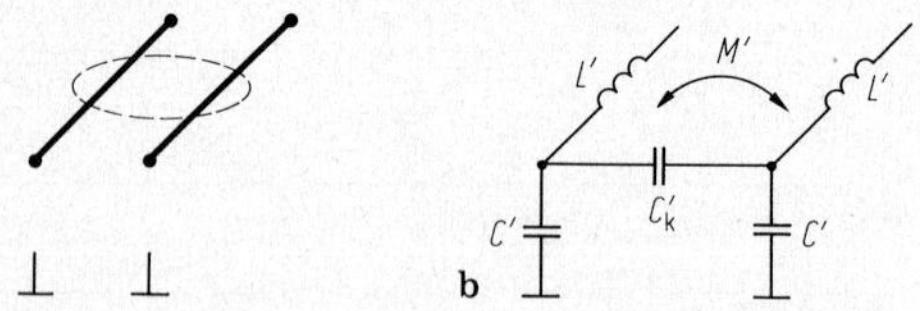

Bild 26. **a** Gekoppelte Leitungen und **b** deren Leitungsbeläge

ergeben sich durch die Verwendung miteinander gekoppelter Leitungen (uniformly coupled lines) [66, 71, 72]. In Tab. 8 sind zwei häufig verwendete Anordnungen aus zwei gekoppelten Leitungen und die zugehörigen Referenzschaltungen in der Richards-Ebene angegeben. Das elektrische Verhalten von gekoppelten Leitungen läßt sich

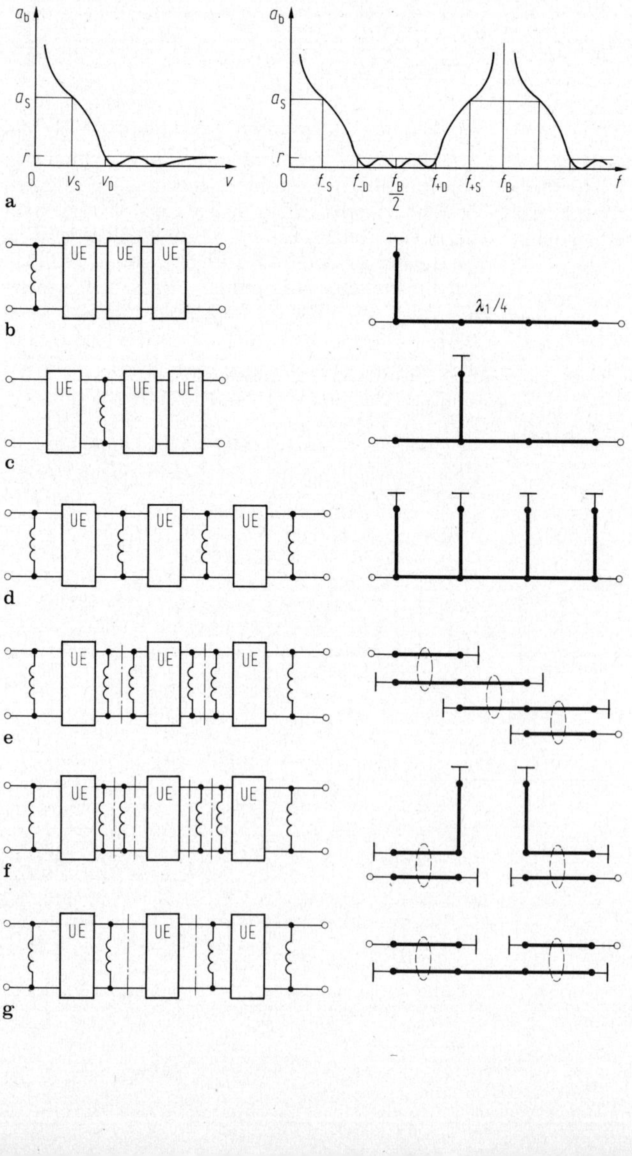

Bild 27. Äquivalente Realisierungen eines Bandpasses als Leitungsfilter

durch die Angabe von zwei Wellenwiderständen Z_e und Z_o für den Gleich- bzw. Gegentaktbetriebsfall beschreiben. Der Zusammenhang mit den Leitungsbelägen gemäß Bild 26 ist durch folgende Beziehungen gegeben

$$C' = \sqrt{\varepsilon_r}/Z_e, \qquad C_k' = \sqrt{\varepsilon_r}\left(\frac{1}{Z_o} - \frac{1}{Z_e}\right)\Big/2. \tag{72}$$

$$\begin{aligned} L' &= \sqrt{\varepsilon_r}(Z_e + Z_o)/2, \\ M' &= \sqrt{\varepsilon_r}(Z_e - Z_o)/2. \end{aligned} \tag{73}$$

Bild 27 zeigt am Beispiel eines aus einem Hochpaß vierten Grades gewonnenen Leitungsbandpasses die vielen äquivalenten Realisierungsmöglichkeiten [71]. Die Betrachtung äquivalenter Realisierungen hat den Zweck, Schaltungen zu finden, deren Elementewerte in dem technologisch meist recht eingeschränkten Realisierbarkeitsbereich liegen.

Interdigitalfilter. Aus der seitengekoppelten Schaltung in Bild 27e erhält man durch fortgesetzte Faltung der jeweils $\lambda_1/2$ langen beidseitig kurzgeschlossenen Leitungsstücke die bekannte Interdigitalstruktur in Bild 28 [73].

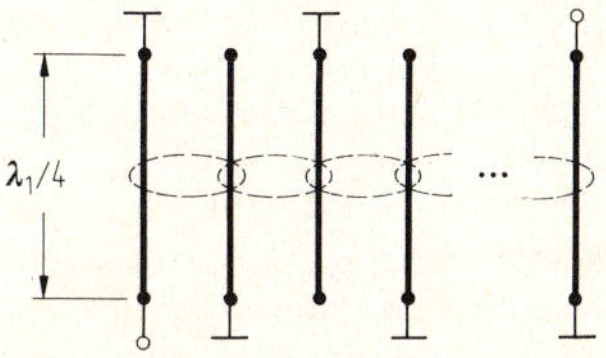

Bild 28. Interdigitalfilter

Optische Filter. Filter für die optische Übertragungstechnik können aus optischen Schichten unterschiedlicher Dicken d_i und Brechungszahlen n_i aufgebaut werden, die man z. B. direkt auf die Stirnseite einer Glasfaserleitung aufdampft. Das Übertragungsverhalten einer optischen Schicht läßt sich analog zu elektrischen Zweitor-Netzwerken durch die Kettenmatrix

$$A_i = \begin{bmatrix} \cos d_{opt,i} & j\dfrac{1}{n_i}\sin d_{opt,i} \\ jn_i \sin d_{opt,i} & \cos d_{opt,i} \end{bmatrix} \tag{74}$$

mit der optischen Dicke

$$d_{opt,i} = 2\pi n_i d_i/\lambda \tag{75}$$

beschreiben. Ein Vergleich mit Gl. (55) führt auf die Entsprechungen

$$Z_i \mathrel{\hat{=}} 1/n_i, \qquad l_i \mathrel{\hat{=}} n_i d_i. \tag{76}$$

Wählt man $n_i d_i$ = const entsprechend einer konstanten Leitungslänge $l_0 = \lambda_1/4$ und variiert nur die Brechungszahlen n_i, entspricht dem optischen Filter die Kettenschaltung von Leitungsstücken der gleichen Länge l_0 und der Wellenwiderstände Z_i oder nach Anwendung der Richards-Transformation nach Gl. (58) die Kettenschaltung von Einheitselementen, so daß im Prinzip auch hier die gleichen exakten Synthesemethoden wie im vorangehenden Unterabschnitt angewandt werden können [74, 75].

Spezielle Literatur: [1] *Cauer, W.:* Theorie der linearen Wechselstromschaltungen, 2. Aufl. Berlin: Akademie Verlag 1954. – [2] *Saal, R.; Ulbrich, E.:* On the design of filters by synthesis. IRE Trans. CT-5 (1958) 284–327. – [3] *Unbehauen, R.:* Synthese elektrischer Netzwerke. München: Oldenbourg 1972. – [4] *Rupprecht, W.:* Netzwerksynthese. Berlin: Springer 1972. – [5] *Van Valkenburg, M.E.:* Modern network synthesis. New York: Wiley 1967. – [6] *Temes, G.C.; LaPatra, J.W.:* Circuit synthesis and design. New York: Wiley 1977. – [7] *Wunsch, G.:* Elemente der Netzwerksynthese. Berlin: Verlag Technik 1969. – [8] *Temes, G.C.; Mitra, S.K.:* Modern filter theory and design. New York: Wiley 1973. – [9] *Weinberg, L.:* Network analysis and synthesis. New York: McGraw-Hill 1962. – [10] *Szentirmai, G.:* Computer-aided filter design. New York: IEEE Press 1973. – [11] *Saal, R.; Entenmann, W.:* Handbuch zum Filterentwurf. Heidelberg: Hüthig 1979. – [12] *Zverev, A.I.:* Handbook of filter synthesis. New York: Wiley 1967. – [13] *Skwirzynski, J.K.:* Design theory and data for electrical filters. London: Van Nostrand 1965. – [14] *Hoffmann, E.:* Der Entwurf linearer elektrischer Netzwerke, insbesondere elektrischer Filterschaltungen, mit Hilfe von Katalogen und Tabellen. Tech. Mitt. des RFZ 18 (1974) 18–22. – [15] *Hoffmann, E.:* Kataloge und Tabellen zum Entwurf von Filterschaltungen nach Laufzeit- oder Impulsverhalten. Tech. Mitt. des RFZ 19 (1975) 18–23. – [16] *Amstutz, P.:* Elliptic approximation and elliptic filter design on small computers. IEEE Trans. CAS-25 (1978) 1001–1011. – [17] *Szentirmai, G.:* FILSYN-A general purpose filter synthesis program. Proc. IEEE 65 (1977) 1443–1458. – [18] *Rumpelt, E.:* Über den Entwurf elektrischer Wellenfilter mit vorgeschriebenem Betriebsverhalten. Diss. TH München, 1947. – [19] *Kurth, C.:* Frequenzweichen mit Allsperrbereich. Frequenz 17 (1963) 113–122, 158–164, 189–202. – [20] *Orchard, J.:* Inductorless filters. El. Lett. 2 (1966) 224–225. – [21] *Unbehauen, R.:* Systemtheorie. München: Oldenbourg 1982. – [22] *Mayer, H.F.:* Über die Dämpfung von Siebketten im Durchlaßbereich. ENT 2 (1925) 335–338. – [23] *Bader, W.:* Polynomvierpole mit gegebenen Verlusten und vorgeschriebener Frequenzabhängigkeit. Arch. Elektrotech. 36 (1942) 97–114. – [24] *N.N.:* Katalog normierter Cauer-Parameter-Tiefpässe mit Berücksichtigung der Verluste. VEB Fernmeldewerk, Leipzig 1964. – [25] *Heinlein, W.E.; Holmes, W.H.:* Active filters for integrated circuits. München: Oldenbourg 1974. – [26] *Ghausi, M.S.; Laker, K.R.:* Modern filter design. Englewood Cliffs: Prentice Hall 1981. – [27] *Moschytz, G.S.; Horn, P.:* Active filter design handbook. New York: Wiley 1981. – [28] *Fettweis, A.:* Basic principles of switched-capacitor filters using voltage inverter switches. AEÜ 33 (1979) 13–19. – [29] *Fettweis, A.:* Basic principles of switched-capacitor filters using voltage inverter switches: Further design principles. AEÜ 33 (1979) 107–124. – [30] *Entenmann, W.:* CCD-Filter.

München: Oldenbourg 1980. – [31] *Klar, H.; Mauthe, M.; Pfleiderer, H.-J.; Ulbrich, W.*: Resonatoren für rekursive CCD-Filter. Frequenz 35 (1981) 74–80. – [32] *Schreiber, R.; Betzl, H.; Bardl, A.; Feil, M.*: Bandpässe mit CCD-Resonatoren. Frequenz 35 (1981) 81–86. – [33] *Schüßler, H.W.*: Digitale Systeme zur Signalverarbeitung. Berlin: Springer 1973. – [34] *Oppenheimer, A.V.; Schafer, R.W.*: Digital signal processing. Englewood Cliffs: Prentice Hall 1975. – [35] *Rabiner, L.R.; Gold, B.*: Theory and application of signal processing. Englewood Cliffs: Prentice Hall 1975. – [36] *Fettweis, A.*: Digital filter structures related to classical filter structures. AEÜ 25 (1971) 79–89. – [37] *Sedlmeyer, A.; Fettweis, A.*: Digital filters with true ladder configuration. Int. J. Circuit Theory Appl. 1 (1973) 5–10. – [38] *Matthews, H.*: Surface wave filters. New York: Wiley 1977. – [39] *Poschenrieder, W.*: Steile Quarzfilter großer Bandbreite in Abzweigschaltung. NTZ 9 (1956) 561–565. – [40] *Herzog, W.*: Siebschaltungen mit Schwingkristallen. Braunschweig: Vieweg 1962. – [41] *Sheahan, D.F.; Johnson, R.A.*: Modern cristal and mechanical filters. New York: IEEE Press 1977. – [42] *Hälsig, C.*: Moderne mechanische Frequenzselektion. Berlin: Verlag Technik 1970. – [43] *Johnson, R.A.*: Mechanical filters in electronics. New York: Wiley 1983. – [44] *Entenmann, W.*: Monolithisch integrierbare Filter – Ein Überblick. Frequenz 35 (1981) 54–66. – [45] *Kallmann, H.E.*: Transversal filters. Proc. IRE 28 (1940) 302–311. – [46] *McClellan, J.H.; Parks, T.W.; Rabiner, L.R.*: A computer program for designing optimum FIR linear phase digital filters. IEEE Trans. AU-21 (1973) 506–526. – [47] *Franks, L.E.; Sandberg, I.W.*: An alternative approach to the realization of network transfer functions: The *N*-path filter. Bell Syst. Tech. J. 39 (1960) 1321–1350. – [48] *Langer, E.*: Spulenlose Hochfrequenzfilter. Siemens AG, München, 1969. – [49] *Fettweis, A.*: Theory of stop-go *N*-path filters. AEÜ 25 (1971) 173–180. – [50] *Wuppter, H.*: A modified *N*-path filter suited for practical implementation. IEEE Trans. CAS-21 (1974) 449–456. [51] *Rienecker, W.*: Elektrische Filtertechnik. München: Oldenbourg 1981. – [52] *Daniels, R.W.*: Approximation methods for electronic filter design. New York: McGraw-Hill 1974. – [53] *Thomson, W.A.*: Networks with maximally-flat delay. Wireless Eng. 29 (1952) 256–263. – [54] *Feistel, K.H.; Unbehauen, R.*: Tiefpässe mit Tschebyscheff-Charakter der Betriebsdämpfung im Sperrbereich und maximal geebneter Laufzeit. Frequenz 19 (1965) 265–282. – [55] *Jess, J.; Schüßler, W.*: Über Filter mit günstigem Einschwingverhalten. AEÜ 16 (1962) 117–128. – [56] *Jess, J.; Schüßler, W.*: On the design of pulse-forming networks. IEEE Trans. CT-12 (1965) 393–400. – [57] *Jess, J.*: Katalog normierter Tiefpaßübertragungsfunktionen mit Tschebyscheff-Verhalten der Impulsantwort und Dämpfung. Köln: Westdeutscher Verlag 1964. – [58] *Gleißner, E.*: Zum Entwurf von Hochfrequenz-Bandfiltern mit konzentrierten Elementen. Diss. TU München, 1978. – [59] *Feldtkeller, R.*: Einführung in die Theorie der Hochfrequenz-Bandfilter. Stuttgart: Hirzel 1953. – [60] *Oberbeck, H.*: Beitrag zur exakten Berechnung von breitbandigen zweikreisigen Bandfiltern. AEÜ 18 (1964) 189–196. – [61] *Oberbeck, H.*: Beitrag zur exakten Berechnung von breitbandigen zweikreisigen Bandfiltern mit ungleich abgestimmten Kreisen. AEÜ 19 (1965) 134–140. – [62] *Saal, R.; Antreich, K.*: Zur Realisierung von Reaktanz-Allpaß-Schaltungen. Frequenz 16 (1962) 469–477; 17 (1963) 14–22. – [63] *Blinchikoff, H.J.; Zverev, A.I.*: Filtering in the time and frequency domains. New York, Wiley 1976. – [64] *Entenmann, W.*: Optimierungsverfahren. Heidelberg: Hüthig 1976. – [65] *Matthaei, G.L.; Young, L.; Jones, E.M.T.*: Microwave filters, impedance matching networks, and coupling structures. New York: McGraw-Hill 1964. – [66] *Fechner, H.*: Gekoppelte Mikrostreifenleitungen. München: Oldenbourg 1981. – [67] *Richards, P.J.*: Resistor-transmission-line circuits. Proc. IEEE 36 (1948) 217–220. – [68] *Kuroda, K.*: Derivation methods of distributed constant filters from lumped constant filters. Text for Lectures at Joint Meeting of Kansai Branch of Inst. of Elec. Commun. of Elec. a. of Illumin. Eng. of Japan, Oct. 1952. – [69] *Matsumoto, A.*: Microwave filters and circuits: Contributions from Japan. New York: Academic Press 1970. – [70] *Mayer, K.*: Mehrstufige $\lambda/4$-Transformatoren. AEÜ 21 (1967) 131–139. – [71] *Burger, D.; Gleißner, E.*: Zum Entwurf von Filtern aus Leitungsstücken gleicher Länge. AEÜ 26 (1972) 31–44. – [72] *Scanlan, J.O.*: Theory of coupled-line networks. Proc. IEEE 68 (1980) 209–231. – [73] *Pfitzenmaier, G.*: Tabellenbuch Mikrowellenbandpässe. Siemens AG, Berlin, München, 1972. – [74] *Macleod, H.A.*: Thin film optical filters. London: Hilger 1969. – [75] *Knittl, Z.*: Optics of thin films. New York: Wiley 1976.

2 Verstärkerschaltungen. Amplifiers

Allgemeine Literatur: *Giacoletto, L.J.* (Ed.): Electronics designers' handbook. New York: McGraw-Hill 1977. – *Kirschbaum, H.-D.*: Transistorverstärker, Bd. 1, 2 u. 3. Stuttgart: Teubner 1975. – *Meinke, H.H.; Gundlach, F.W.* (Hrsg.): Taschenbuch der Hochfrequenztechnik, 3. Aufl. Berlin: Springer 1968. – *Seifart, M.*: Analoge Schaltungen und Schaltkreise. Berlin: Verlag Technik 1980. – *Shea, R.F.*: Amplifier handbook. New York: McGraw-Hill 1966. – *Tietze, U.; Schenk, Ch.*: Halbleiterschaltungstechnik, 6. Aufl. Berlin: Springer 1983.

Verstärker sollen elektrische Signale formgetreu bezüglich ihres zeitlichen Amplitudenverlaufs und mit möglichst geringer zeitlicher Verzögerung im Sinne der gesteuerten Quellen verstärken. Das verstärkte Signal enthält neben dem Nutzsignal auch Störsignale, von denen einige vom Eingangssignal abhängig sind (z. B. Klirren), andere nicht (z. B. Rauschen). Das verstärkte Signal (z. B. Leistung) kann nur einen bestimmten maximalen Wert erreichen. Da in allen bekannten Verstärkerelementen durch einen Steuermechanismus (z. B. elektrisches Feld) massebehaftete Teilchen (meist Elektronen) bewegt werden müssen, haben alle diese Verstärkerelemente grundsätzlich Tiefpaßcharakter (bzw. Bandpaßcharakter). Die Verstärkereigenschaften müssen deshalb auch hinsichtlich ihrer Frequenzabhängigkeit betrachtet werden, besonders, wenn Rückkopplungen angewendet werden. Der Übersicht halber werden im folgenden die Themen Schaltungen, Frequenzabhängigkeit und Rückkopplungen getrennt behandelt. Als Verstärkerelemente dienen elektronisch gesteuerte Elemente, wobei die nötige Leistung einer Gleichstromquelle entnommen wird; die Ver-

Spezielle Literatur Seite F 40

stärkung erfolgt hierbei direkt. Andere Prinzipien, die z. B. auf einer Frequenzumsetzung beruhen, werden nicht betrachtet (s. hierzu G 1.4).

2.1 Verstärkung niederfrequenter Signale
Low frequency amplifiers

Anhand des bipolaren Transistors als beispielhaftes Verstärkerelement sollen die Eigenschaften der wichtigsten Grundschaltungen für niederfrequente Signale, d. h. für $f \to 0$, aufgezeigt werden. Für andere Verstärkerelemente haben diese Grundschaltungen im Prinzip die gleichen Eigenschaften.

Kennlinienfeld. Die Spannungs- und Stromverstärkung eines Transistors kann prinzipiell aus seinem Kennlinienfeld $I_C = I_C(U_{CE}, U_{BE})$ bzw. $I_C = I_C(U_{CE}, I_B)$ graphisch ermittelt werden (Bild 1). An den Transistor werden dabei durch die äußere Beschaltung (Bild 2) die Gleichspannungen U_{BE} und U_{CE} angelegt, so daß sich die Ströme I_B und I_C einstellen. Der Schnittpunkt der statischen Arbeitsgeraden (Neigung $1/R_C$)

$$I_C = (U_B - U_{CE})/R_C \qquad (1)$$

mit einer Kennlinie für ein bestimmtes $U_{BE} = U_{BE,A}$

$$I_C = I_C(U_{CE}, U_{BE,A})$$

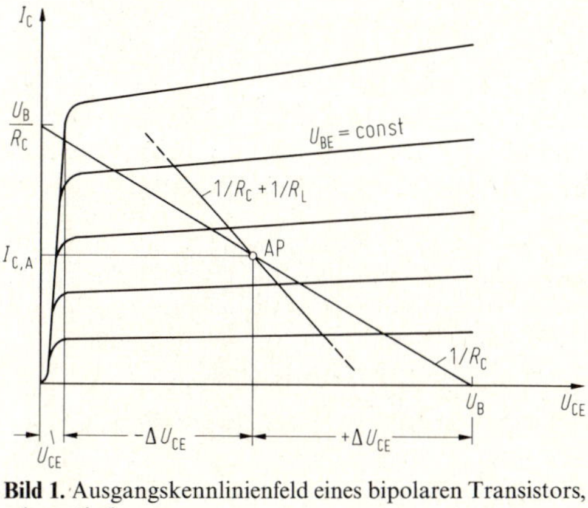

Bild 1. Ausgangskennlinienfeld eines bipolaren Transistors, schematisch

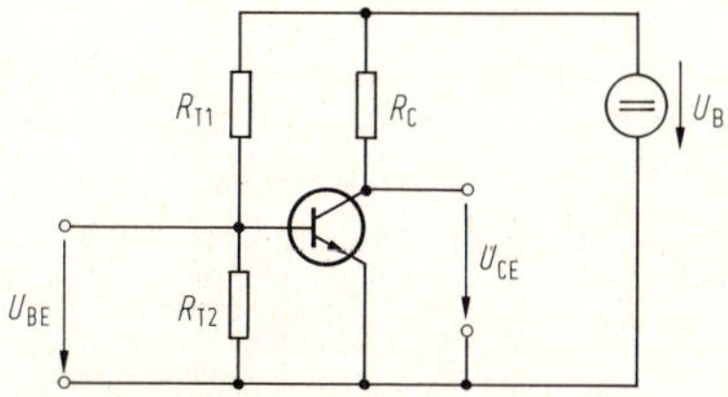

Bild 2. Emitterschaltung mit Widerständen zur Stromversorgung

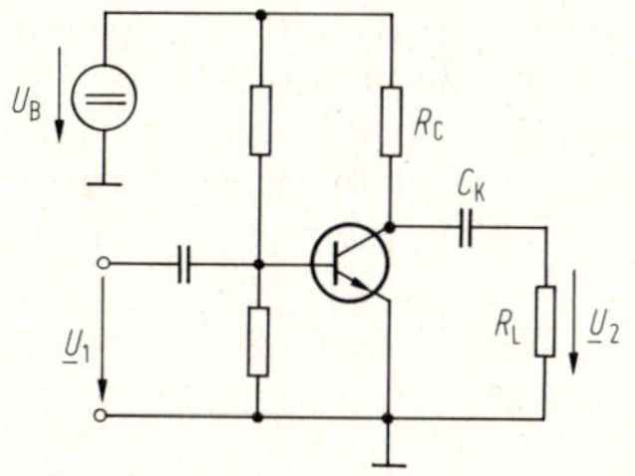

Bild 3. Emitterschaltung als Wechselspannungsverstärker

stellt die Lösung $U_{CE,A}, I_{C,A}$ für die Eingangsspannung $U_{BE,A}$ und den Eingangsstrom $I_{B,A}$ dar. Dieser Schnittpunkt heißt Arbeitspunkt AP. Für bestimmte Änderungen ΔU_{BE} ergeben sich andere Lösungen U_{CE} und I_C, die sämtlich auf der Arbeitsgeraden liegen und z. B. graphisch ermittelt werden können. Die maximalen Werte $\pm \Delta U_{CE}$, die Aussteuerungsgrenzen, sind durch die Grenzdaten des Transistors und die Batteriespannung U_B bestimmt und können aus dem Kennlinienfeld entnommen werden.

Häufig wird die verstärkte Signalleistung über einen Koppelkondensator C_k an den Verbraucher R_L geführt (Bild 3). Die resultierende Arbeitsgerade hat dann für Signalfrequenzen $f \gg 1/2\pi(R_C + R_L) C_k$ die Neigung $1/R_C + 1/R_L$. Um möglichst große symmetrische (z. B. sinusförmige) Wechselspannungen verarbeiten zu können, ist der Arbeitspunkt in die Mitte des Aussteuerungsbereichs zu legen. Wenn der Verbraucher R_L, die maximal geforderte Wechselspannung $\hat{U}_2$ an R_L und die Batteriespannung U_B gegeben sind, ist der Kollektorwiderstand R_C für maximale Aussteuerung bei Vernachlässigung einer Restspannung U'_{CE} (s. Bild 1, [1])

$$R_C = R_L(U_B - 2\hat{U}_2)/\hat{U}_2$$

Führt man den Gleichstrom I_C statt über den ohmschen Widerstand R_C über eine Drossel oder einen Übertrager mit vernachlässigbarem Gleichstromwiderstand zu, verläuft die Arbeitsgerade von U_B aus senkrecht nach oben, und es ist $U_{CE,A} = U_B$ (Bild 4). Kann der Transistor nicht bis zur Spannung $U_{CE} = 0$ durchgesteuert

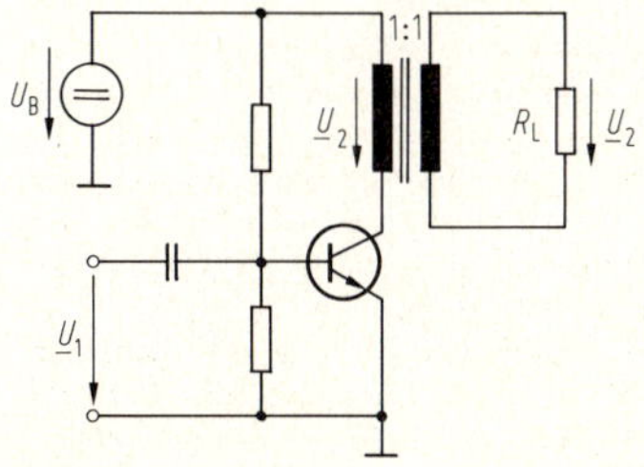

Bild 4. Emitterschaltung mit fester (II) Transformatorkopplung

werden, – z. B. wegen $U'_{CE} \neq 0$ oder weil ein Teil der Batteriespannung für die Arbeitspunktstabilisierung verbraucht wird – ist $U_{CE,A}$ und ggf. auch U_B entsprechend größer zu wählen [1]. Für einen komplexen Belastungswiderstand am Kollektor beschreiben die zeitlichen sinusförmigen Änderungen im Ausgangskennlinienfeld keine (Arbeits-)Gerade, sondern eine Ellipse, die im Fall kapazitiver (induktiver) Last entgegen (mit) dem Uhrzeigersinn durchlaufen wird.

Leistungsbeziehungen. Da in einem Verstärkerelement bestimmte Feldstärken und Temperaturen nicht überschritten werden dürfen, ergeben sich für den Arbeitspunkt und die Aussteuerung Einschränkungen, die im wesentlichen durch Grenzwerte für U_{CE}, I_C und die Verlustleistung P_V charakterisiert sind [2].
Je nach Lage des Arbeitspunkts unterscheidet man folgende Betriebsarten (s. Bild 5):
Beim *A-Betrieb* liegt der Arbeitspunkt etwa in der Mitte des Aussteuerungsbereichs, es fließt ständig ein Kollektorstrom I_C. Beim *B-Betrieb* fließt ein Kollektorstrom nur in der Zeit, in der die Signalamplitude positiv oder negativ ist; die Halbwellen der anderen Polarität werden unterdrückt; der Stromflußwinkel Θ beträgt $\pi/2$. Wird nur ein Teil der Halbwellen unterdrückt, spricht man vom AB-Betrieb; für den Stromflußwinkel gilt $\pi/2 \leqq \Theta \leqq \pi$. Diese Betriebsarten werden vor allem in Gegentaktschaltungen angewendet, bei denen die beiden Halbwellen wieder zeitlich richtig zusammengesetzt werden, so daß quasilinearer Betrieb möglich ist. Beim *C-Betrieb* fließt nur ein Strom, wenn die positive (oder negative) Amplitude einen bestimmten Schwellenwert überschreitet; der Stromflußwinkel beträgt $0 < \Theta \leqq \pi/2$. Beim *D-Betrieb* wird der Strom durch das Verstärkerelement zwischen dem Maximalwert und Null geschaltet, je nach Polarität des Eingangssignals (Schaltverstärker). Beim maximalen Strom ist im Idealfall die Spannung am Verstärkerelement Null.

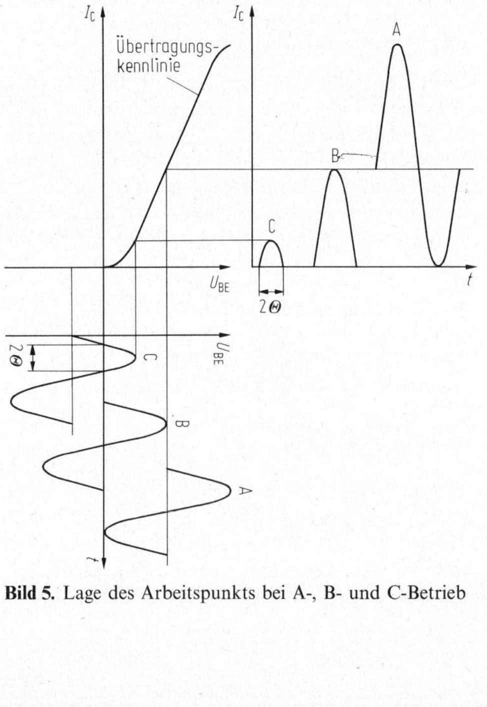

Bild 5. Lage des Arbeitspunkts bei A-, B- und C-Betrieb

Die mittlere Verlustleistung des Verstärkerelements bei Aussteuerung mit Signalen der Periode T ist

$$P_V = \frac{1}{T}\int_0^T U_{CE}(t)\, I_C(t)\, dt\,.$$

Die Signalleistung P_S bei der Frequenz $f = \omega/2\pi$ (sinusförmige Signale) beträgt

$$P_S = \hat{U}_{CE}\, \hat{I}_C/2\,.$$

Ist das Kennlinienfeld voll aussteuerbar, d. h. bis $U_{CE} = 0$ und $I_C = 0$, wird die Signalleistung maximal:

$$P_{S,\max} = U^2_{CE,A}/2R_L\,.$$

Die gesamte zugeführte Leistung ist

$$P_{tot} = U_b \frac{1}{T}\int_0^T I_C(t)\, dt\,.$$

Für A-Betrieb gilt bei ohmscher Last und sinusförmiger Aussteuerung mit beliebiger Phasenlage

$$U_{CE}(t) = U_{CE,A} - \hat{U}_{CE}\sin(\omega t + \varphi),$$
$$I_C(t) \;= I_{C,A} + \hat{I}_C \sin(\omega t + \varphi).$$

Da eine Phasenverschiebung φ die Ergebnisse nicht beeinflußt, wird sie im folgenden weggelassen.
Für den B- und C-Betrieb gilt:

$$U_{CE}(t) = U_{CE,A} - \hat{U}_{CE}\sin\omega t$$
$$I_C(t) = \hat{I}_C \sin\omega t$$
$$\text{für } 0 \leqq \omega t \leqq \pi \text{ bei B-Betrieb}$$
$$\text{für } \frac{\pi}{2} - \Theta \leqq \omega t \leqq \frac{\pi}{2} + \Theta \text{ bei C-Betrieb}$$

$$U_{CE}(t) = U_{CE,A}$$
$$I_C(t) = 0$$
$$\text{für } \pi \leqq \omega t \leqq 2\pi \text{ bei B-Betrieb}$$
$$\text{für } \frac{\pi}{2} + \Theta \leqq \omega t \leqq 2{,}5\pi - \Theta \text{ bei C-Betrieb}\,.$$

Beim D-Betrieb ist im Fall des idealen Verstärkerelements die Verlustleistung immer Null, da entweder $I_C = 0$ oder $U_{CE} = 0$ ist. Durch Restströme und Restspannungen, mehr noch durch die endliche Zeitdauer des Umschaltvorgangs, entstehen jedoch Verluste, so daß der Wirkungsgrad $\eta = 1$ nicht erreicht werden kann.

Tabelle 1. A-, B- und C-Betrieb

Betriebsart	A	B	C
Verlust-leistung P_V	$U_{CE,A} I_{C,A} - \hat{U}_{CE} \hat{I}_C/2$	$\frac{1}{\pi} U_{CE,A} \hat{I}_C - \frac{1}{4} \hat{U}_{CE} \hat{I}_C$ [a]	$\hat{I}_C [U_{CE,A} \cdot 4 \sin\Theta - \hat{U}_{CE}(2\Theta + \sin 2\Theta)]/4\pi$
Signal-leistung P_S	$\hat{U}_{CE} \hat{I}_C/2$	$\hat{U}_{CE} \hat{I}_C/4$	$\frac{2\Theta + \sin 2\Theta}{4\pi} \hat{U}_{CE} \hat{I}_C$ [d]
maximale Signal-leistung	$U^2_{CE,A}/2R_L$	$U^2_{CE,A}/4R_L$	$\frac{U^2_{CE,A}(2\Theta + \sin 2\Theta)}{4\pi R_L}$
zugeführte Leistung P_{tot}	$U_{CE,A} I_{C,A}$ [b] $2 U_{CE,A} I_{C,A}$ [c]	$U_{CE,A} \hat{I}_C/\pi$	$\sin\Theta\, U_{CE,A} \hat{I}_C/\pi$
Wirkungs-grad $\eta = \frac{P_S}{P_{tot}}$	0,5 [b] 0,25 [c]	$\frac{\pi}{4}$	$\frac{2\Theta + \sin 2\Theta}{4 \sin\Theta}$

[a] Die Verlustleistung P_V hat bei der Aussteuerung $\hat{U}_{CE} = \frac{2}{\pi} U_{CE,A} < U_{CE,A}$, d.h. nicht bei Vollaussteuerung, ein Maximum: $P_{VB,max} = U^2_{CE,A}/(\pi^2 R_L)$.

[b] Gilt nur, wenn im Lastwiderstand R_L keine Gleichstromleistung verbraucht wird, d.h. es ist $U_{CE,A} = U_B$ (transformatorische oder induktive Kopplung).

[c] Gilt nur, wenn der Gleichstrom über einen Widerstand (z.B. R_C) zugeführt wird und $U_{CE,A} = U_B/2$ ist (Widerstandskopplung, Arbeitspunkt in der Mitte).

[d] Beinhaltet die gesamte entstehende Signalleistung, d.h. auch die mit der Grundquelle entstehenden Harmonischen.

Für den A-, B- und C-Betrieb sind die Verlust- und die Signalleistung sowie der Wirkungsgrad der Tab. 1 zu entnehmen.

Linearisierung, Kleinsignal-Ersatzschaltbild. Wenn nur die Wechselstromeigenschaften eines Verstärkerelements bei kleinen Aussteuerungen interessieren, genügt es, die Kennlinien im Arbeitspunkt durch ihre Tangenten zu ersetzen. Die in dieser Weise linearisierten Eigenschaften können in einem Ersatzschaltbild mit aussteuerungsunabhängigen Elementen zusammengefaßt werden. Mit einem Ersatzschaltbild entsprechender Komplexität wird auch die Frequenzabhängigkeit der Verstärkungseigenschaften genügend genau modelliert. Für bipolare Transistoren z.B. ist eine Ersatzschaltung nach Bild 6 für Berechnungen bis etwa zur halben Transitfrequenz ausreichend. Die Elemente des Ersatzschaltbildes [3–6] hängen vom Arbeitspunkt ($U_{CE,A}$,$I_{C,A}$) und von der Temperatur ab und unterliegen (z.T. beträchtlichen) Exemplarstreuungen.

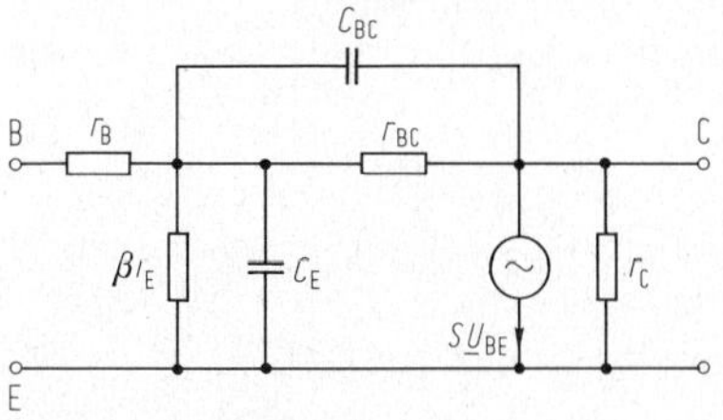

Bild 6. Einfaches Ersatzschaltbild des bipolaren Transistors nach Giacoletto

Arbeitspunktstabilisierung. Da überlagerte Wechselspannungen kleiner Amplitude den Arbeitspunkt nicht beeinflussen, interessiert hierfür die Wechselspannungsersatzschaltung nicht. Man kann daher jeden Transistor so betrachten, als sei er in Emitterschaltung betrieben (FET: in Sourceschaltung). Die zwischen Basis (Gate) und Emitter (Source) wirksame Gleichspannung bestimmt wesentlich den gewünschten Arbeitspunkt und muß über eine geeignete Quelle angelegt werden (Spannungsteiler, separate Strom- oder Spannungsquelle oder vorhandene Gleichspannung der Vorstufe). Diese Spannung wird zweckmäßig als ein Signal betrachtet, dessen (langsame) Änderungen u.a. den Kollektorstrom ändern. Damit ändern sich die Verstärkungseigenschaften, die Verlustleistung und vor allem die Aussteuerungsgrenzen [3–6]. Es muß daher vor allem der Kollektorstrom möglichst konstant gehalten werden. Hierzu betrachtet man den „Temperaturdurchgriff"

$$D_T = (\partial U_{BE}/\partial T)|_{I_C = \text{const}}.$$

Für bipolare Transistoren ist $D_T = -2{,}0 \ldots -2{,}5$ mV/K.

Der Kollektorstrom bleibt also konstant, wenn die Basisspannung (z.B. mit temperaturabhängigen Widerständen oder Halbleiterbauelementen) um 2 bis 2,5 mV/K verkleinert wird.

Eine andere Möglichkeit bieten geeignete Gegenkopplungen, die einer Erhöhung des Kollektorstroms entgegenwirken [3].

Emitter-, Basis- und Kollektorschaltung. Im Ersatzschaltbild des bipolaren Transistors können für Niederfrequenzanwendungen alle Kapazitäten weggelassen und meist folgende Näherungen benützt werden:

$$\beta \gg 1; \quad r_{BC} \gg r_E; \quad (1+\beta) r_E \gg r_B.$$

Damit erhält man für den Transistor in *Emitterschaltung* (Bild 7) die Leitwertmatrix

$$(Y_E) \approx \begin{bmatrix} 1/\beta r_E & 0 \\ 1/r_E & 0 \end{bmatrix}.$$

Bei bipolaren Transistoren ist die fast lineare Abhängigkeit der Leitwertparameter vom Kollektorstrom I_C im aktiven Bereich von besonderer Bedeutung, da mit I_C auch die Verstärkung in einfacher Weise geregelt werden kann. Die Steilheit (Vorwirkungsleitwert) Y_{21E} ist:

$$Y_{21E} \approx 1/r_E \approx I_C/U_T \tag{2}$$

($U_T = nkT/e = n\,26$ mV (Temperaturspannung); k = Boltzmannkonstante; T = absolute Temperatur; e = Elementarladung; $n = 1 \ldots 2$ je nach Dotierungsprofil)
Dagegen hängen die Leitwertparameter von U_{CE} nur wenig ab, solange $U_{CE} \gg U_T$, in praktischen Fällen erfahrungsgemäß $U_{CE} > 1$ V ist.
Die Spannungsverstärkung beträgt allgemein

$$\frac{\underline{U}_2}{\underline{U}_1} = \frac{-Y_{21E}}{Y_{22E} + 1/R_L} \tag{3}$$

und für bipolare Transistoren näherungsweise, da meist $R_L \ll 1/Y_{22E}$ ist (s. Bild 7):

$$\frac{\underline{U}_2}{\underline{U}_1} \approx -\frac{R_L}{r_E}. \tag{4}$$

Die Leerlaufspannungsverstärkung

$$-Y_{21E}/Y_{22E} = -1000 \ldots -10\,000$$

ist nur zu erreichen, wenn eine Gleichstromquelle mit einem Innenwiderstand $\gg 1/Y_{22E}$ zur Verfügung steht.
Bei ohmscher Belastung hängt die erzielbare Spannungsverstärkung wesentlich nur von der Batteriespannung U_B ab. Legt man den Arbeitspunkt in die Mitte der Arbeitsgeraden, so ist bei Widerstandskopplung $U_{CE,A} = U_B/2$ und mit den Gln. (1) und (2) die erzielbare Spannungsverstärkung

$$\underline{U}_2/\underline{U}_1 = -Y_{21E} R_C = -U_B/2U_T.$$

Zum Beispiel wird für $U_B = 26$ V und $U_T = 26$ mV die Spannungsverstärkung höchstens -500.
Die Stromverstärkung beträgt allgemein

$$\frac{\underline{I}_2}{\underline{I}_1} = H_{21E} \frac{G_L}{H_{22E} + G_L}.$$

Da meist $G_L \gg H_{22E}$, wird $\underline{I}_2/\underline{I}_1$ gleich der in den Datenblättern angegebenen Kurzschlußstromverstärkung β.
Die maximale Leistungsverstärkung $V_{P,max}$ erzielt man bei Anpassung am Eingang (Basis) und Ausgang (Kollektor)

$$V_{P,max} = \left(\frac{H_{21E}}{\sqrt{\det H_E} + \sqrt{H_{11E} H_{22E}}} \right)^2$$

mit $\det H_E = H_{11E} H_{22E} - H_{12E} H_{21E}$.
Der Generatorwiderstand R_Q und der Lastwiderstand R_L haben dabei die Werte [6]

$$R_L = \sqrt{\frac{Z_{22E}}{Y_{22E}}}; \quad R_Q = \sqrt{H_{11E} Z_{11E}}.$$

Die maximale Leistungsverstärkung ist – ähnlich wie die Leerlaufspannungsverstärkung – höchstens bei sehr kleinen Bandbreiten zu erreichen; um große Bandbreiten zu erzielen, muß man große Fehlanpassung verwenden („Kurzschließen" der Kapazitäten).
Der Eingangsbetriebswiderstand $\underline{Z}_1$ beträgt, da meist $R_L \ll 1/Y_{22E}$

$$\underline{Z}_1 \approx H_{11E} = 1/Y_{11E}.$$

Wird die Gleichspannung U_{BE} zur Einstellung des Arbeitspunkts durch einen Spannungsteiler bereitgestellt (R_{T1} und R_{T2} in Bild 2), so wird $\underline{Z}_1$ durch die parallel liegenden Widerstände wesentlich mitbestimmt und zwar erniedrigt.
Der Ausgangsbetriebswiderstand $\underline{Z}_2$ beträgt bei Verwendung eines Kollektorwiderstands R_C zur

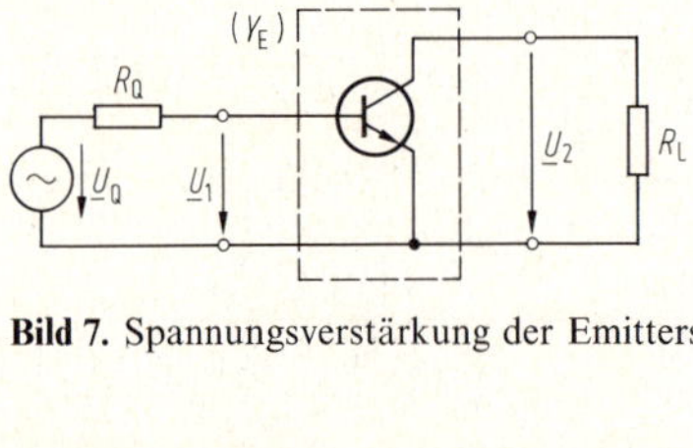

Bild 7. Spannungsverstärkung der Emitterschaltung

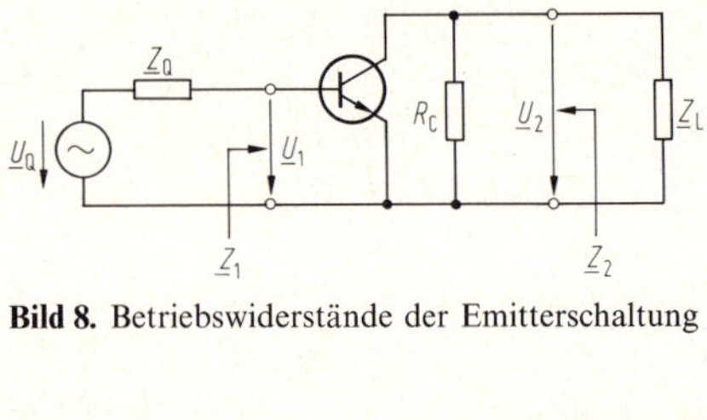

Bild 8. Betriebswiderstände der Emitterschaltung

Gleichstromzuführung (s. Bilder 2 und 8)

$$\frac{1}{\underline{Z}_2} = G_C + Y_{22E} - \frac{Y_{12E}\,Y_{21E}}{Y_{11E} + \underline{Y}_Q}.$$

Da zur Erzielung großer Bandbreiten G_Q verhältnismäßig groß gemacht werden muß ($|\underline{Y}_Q| > Y_{11E}$) und $G_C \gg Y_{22E}$ ist, erhält man als gute Näherung:

$$\underline{Z}_2 \approx R_C \qquad (5)$$

Basisschaltung. Sie entsteht aus der Emitterschaltung durch Parallel/Reihen-Rückkopplung (s. 2.2) und Überkreuzen der Eingangsklemmen. Da der gesamte Ausgangsstrom zurückgekoppelt wird, kann die Stromverstärkung höchstens eins betragen. Gleichzeitig erhöht sich, abhängig von der äußeren Beschaltung ($\underline{Z}_Q$ und $\underline{Z}_L$), der Eingangsleitwert $\underline{Y}_{1B}$ und der Ausgangswiderstand $\underline{Z}_{2B}$. Nach Gl. (14) ergeben sich die neuen Eigenschaften der in dieser Weise rückgekoppelten Schaltung in Bild 9 gemäß Tab. 2. Der Ausgangsbetriebswiderstand $\underline{Z}_{2B}$ hat bei Stromspeisung ($|\underline{Z}_Q| \to \infty$) den größten Wert. Beim Entwurf von Stromquellenschaltungen ist also darauf zu achten, daß der Emitter aus einer Quelle mit großem Innenwiderstand ($|\underline{Z}_Q| \gg 1/Y_{21E}$) angesteuert wird. Der Eingangsbetriebswiderstand ist gleich dem Kehrwert der Steilheit Y_{21E} und damit sehr klein. Die Spannungsverstärkung ist betragsmäßig gleich groß wie die in Emitterschaltung, hat jedoch umgekehrtes Vorzeichen, d.h. sie ist positiv.

Kollektorschaltung. Sie entsteht aus der Emitterschaltung durch Reihen/Parallel-Rückkopplung und Überkreuzen der Ausgangsklemmen. Da die gesamte Ausgangsspannung zurückgekoppelt wird, beträgt die Spannungsverstärkung höchstens eins. Gleichzeitig erhöht sich, abhängig von

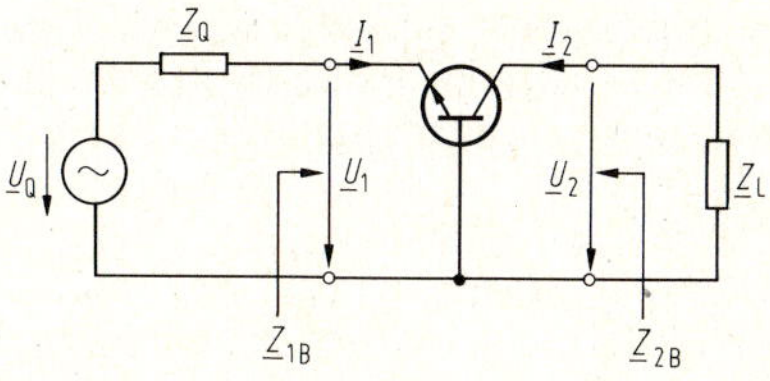

Bild 9. Basisschaltung

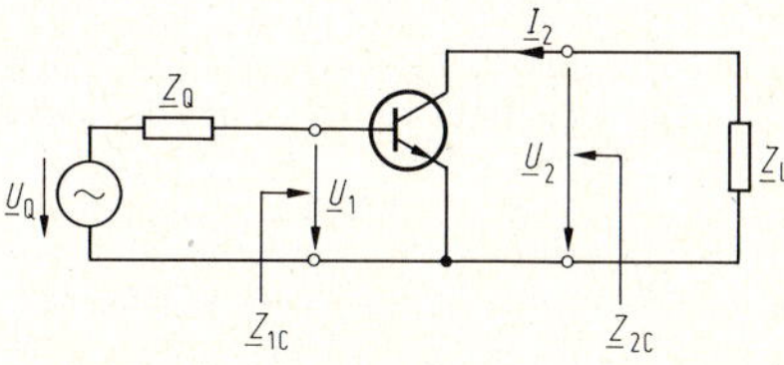

Bild 10. Kollektorschaltung

der äußeren Beschaltung ($\underline{Z}_Q, \underline{Z}_L$), der Eingangsbetriebswiderstand $\underline{Z}_{1C}$ und der Ausgangsbetriebsleitwert $\underline{Y}_{2C}$. Nach Gl. (11) ergeben sich die Eigenschaften der in dieser Weise rückgekoppelten Schaltung (Bild 10). Bemerkenswert ist die oft übersehene Abhängigkeit des Ausgangsbetriebswiderstandes von $\underline{Z}_Q$: Fordert man einen besonders kleinen Wert für $\underline{Z}_{2C}$, z.B. bei Netzgeräten, ist nicht nur auf einen großen Wert der Steilheit Y_{21E} zu achten, sondern auch auf große Stromverstärkung H_{21E}.

Umrechnung der drei Grundschaltungen. Aus der allgemeinen Leitwertmatrix Gl. (6) für den Transistor, dessen Bezugselektrode O in Bild 11 noch nicht festgelegt ist, gewinnt man Umrechnungsformeln für die Leitwertmatrizen der Basis- und Kollektorschaltung. Durch Verbinden einer Transistorelektrode mit dem Bezugspotential entsteht die gewünschte Grundschaltung. Wegen

Tabelle 2. Grundschaltungen

Grundschaltung	Emitter-	Basis-	Kollektor-
Art der Rückkopplung	keine	Parallel/Reihen	Reihen/Parallel
Spannungsverstärkung	$-Y_{21E}\underline{Z}_L$	$+Y_{21E}\underline{Z}_L$	$\frac{\underline{Z}_L}{\underline{Z}_L + 1/Y_{21E}} \approx 1$
Stromverstärkung	H_{21E}	≈ 1	$-H_{21E} - 1$
Steilheit	Y_{21E}	$-Y_{21E}$	$-Y_{21E}$
$\underline{Z}_1$ (für $\|\underline{Z}_L\| \ll 1/Y_{22E}$)	H_{11E}	$1/Y_{21E} + 1/Y_{11E}$	$H_{11E} + H_{21E}\underline{Z}_L$
$\underline{Z}_2 = \underline{Z}_2(\underline{Z}_Q)$	s. Gl. (5)	$\frac{1}{Y_{22E}}\left(1 + \frac{Y_{21E}}{Y_{11E} + \underline{Y}_Q}\right)$	$\frac{1}{Y_{21E}} + \frac{\underline{Z}_Q}{H_{21E}}$

der Kirchhoffschen Gesetze ergeben sich die Elemente der dritten Zeile und Spalte als die negativen Summen der ersten und zweiten Zeilen bzw. Spalten (s. Gl. (6)).

renzsignale $U_{B1} - U_{B2}$ Änderungen der Kollektorströme. Für $Y_{12E}(T_1) = Y_{12E}(T_2) = 0$ und $R_{EE} \to \infty$ ist innerhalb des zulässigen Aussteuerungsbereichs das Eingangstor 1–1′ erdfrei.

$$\begin{pmatrix} \underline{I}_B \\ \underline{I}_C \\ \underline{I}_E \end{pmatrix} = \begin{pmatrix} \underline{Y}_{11E} & \underline{Y}_{12E} & -\underline{Y}_{11E} - \underline{Y}_{12E} \\ \underline{Y}_{21E} & \underline{Y}_{22E} & -\underline{Y}_{21E} - \underline{Y}_{22E} \\ -\underline{Y}_{11E} - \underline{Y}_{21E} & -\underline{Y}_{12E} - \underline{Y}_{22E} & \underline{Y}_{11E} + \underline{Y}_{12E} + \underline{Y}_{21E} + \underline{Y}_{22E} \end{pmatrix} \cdot \begin{pmatrix} \underline{U}_{BO} \\ \underline{U}_{CO} \\ \underline{U}_{EO} \end{pmatrix} \qquad (6)$$

Durch Streichen der
3. / 2. / 1. Zeile und Spalte erhält man die Leitwertmatrix der
Emitterschaltung / Basisschaltung / Kollektorschaltung.

Bei der Leitwertmatrix der Basisschaltung ist zu beachten, daß die gewohnte Reihenfolge der Zeilen und Spalten (Eingang vor Ausgang) vertauscht ist.

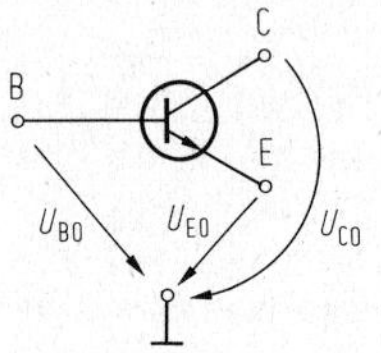

Bild 11. Umrechnung der drei Grundschaltungen

Differenzverstärker. Schaltet man die Steuerstrecken zweier Transistoren in Reihe und erzwingt, daß der gesteuerte Wechselstrom in beiden Elementen gleich ist, erhält man einen Differenzverstärker (s. Bild 12, [7–9]). Die beiden Transistoren können auch in Basis- oder Kollektorschaltung betrieben werden. Entscheidend ist, daß durch den gemeinsamen Innenwiderstand R_{EE} der Gleichstromquelle kein Nebenschluß zum Bezugspotential erfolgt; es genügt hierzu in erster Näherung, daß für beide Transistoren $Y_{21E} \gg 1/R_{EE}$ ist. Dadurch erzeugen nur Diffe-

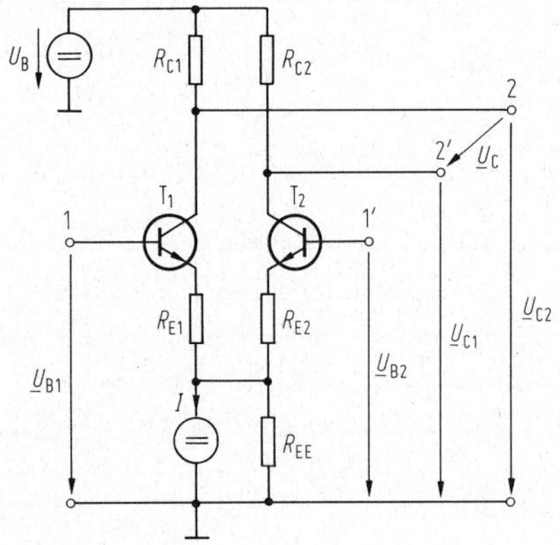

Bild 12. Differenzverstärkerschaltung

Die Differenzspannungsverstärkung (Leerlauf an Tor 2–2′) beträgt allgemein

$$\underline{V}_D = \frac{\underline{U}_C}{\underline{U}_{B1} - \underline{U}_{B2}} = \frac{-(R_{C1} + R_{C2})}{1/Y_{21E}(T_1) + R_{E1} + R_{E2} + 1/Y_{21E}(T_2)}. \qquad (7)$$

Hierbei kann ein Basisanschluß auf Bezugspotential liegen. Die Symmetrie der Eigenschaften der beiden Transistoren ist nicht erforderlich. Für $R_{C1} = R_{C2}$ ist die Ausgangsspannung erdsymmetrisch, aber nicht erdfrei. Wird nur ein Kollektor als Ausgang verwendet, ist in Gl. (7) unter Berücksichtigung der Zählpfeile der unbenutzte Kollektorwiderstand im Zähler wegzulassen; der Nenner bleibt unverändert.
Die Gleichtaktspannungsverstärkung

$$\underline{V}_M = \frac{\underline{U}_C}{(\underline{U}_{B1} + \underline{U}_{B2})/2} \approx \frac{R_{C2} - R_{C1}}{2R_{EE}}$$

ist bei völliger Symmetrie Null. Bei rückwirkungsfreien Transistoren und $R_{EE} \to \infty$ ist $\underline{V}_M$ auch bei einseitigem Abgriff Null. Das Verhältnis $\underline{V}_D/\underline{V}_M$, die Gleichtaktunterdrückung (common mode rejection ratio) ist ein Gütemaß für den Differenzverstärker.
Der Eingangsbetriebswiderstand am Tor 1–1′ beträgt, solange $R_{C1,2} \ll 1/Y_{22E}(T_{1,2})$:

$$Z_{D1} = H_{21E}(R_{E1} + R_{E2} + 1/Y_{21E}(T_1) + 1/Y_{21E}(T_2)).$$

Der Gleichtakteingangswiderstand zwischen den beiden (als kurzgeschlossen gedachten) Basisanschlüssen und dem Bezugspotential ist im Idealfall unendlich groß und hängt, auch für $R_{EE} \to \infty$, bei praktischen Schaltungen vor allem von den Rückwirkungsleitwerten der beiden Transistoren ab.
Der Ausgangswiderstand am Tor 2–2′ beträgt wegen Gl. (5)

$$\underline{Z}_{D2} \approx R_{C1} + R_{C2}.$$

Bei einseitigem Abgriff ist er so groß wie bei einer Emitterschaltung entsprechend Gl. (5).

Gegentaktschaltungen. Zur Erhöhung der erzielbaren Ausgangsleistung verwendet man in Endstufen häufig Gegentaktschaltungen. Hierbei können die Ausgangsspannungen (Bild 13) oder die Ausgangsströme (Bilder 14 und 15) addiert werden. Die beiden Transistoren sind gleichstrommäßig im ersten Fall parallel, im zweiten Fall in Reihe geschaltet.
Für die Addition der Spannungen benötigt man i.allg. einen Übertrager mit Mittelanzapfung. Die Transistoren müssen hierbei gegenphasig (z.B. aus einem Differenzverstärker) angesteuert werden. Durch die gegenphasige Ansteuerung werden die Signale der beiden Einzeltransistoren zeitrichtig addiert, so vor allem auch die bei B-Betrieb entstehenden Halbwellen. Die Schaltung in Bild 15 ist besonders einfach zu realisieren; durch die Verwendung von komplementären Transistoren genügt eine einphasige Ansteuerung.
Die Gleichspannungsversorgung kann aus einer einzigen ($U_{B1} + U_{B2}$) oder aus zwei gleich großen Quellen erfolgen (Der Schalter in Bild 15 soll diese beiden Möglichkeiten andeuten). Für einen „echten" Gleichspannungsverstärker, der beide Polaritäten verarbeitet, *muß* die Spannungsversorgung aufgeteilt werden. In allen drei Schaltungen muß eine geeignete Vorspannung für die Arbeitspunkteinstellung der beiden Transistoren bereitgestellt werden.

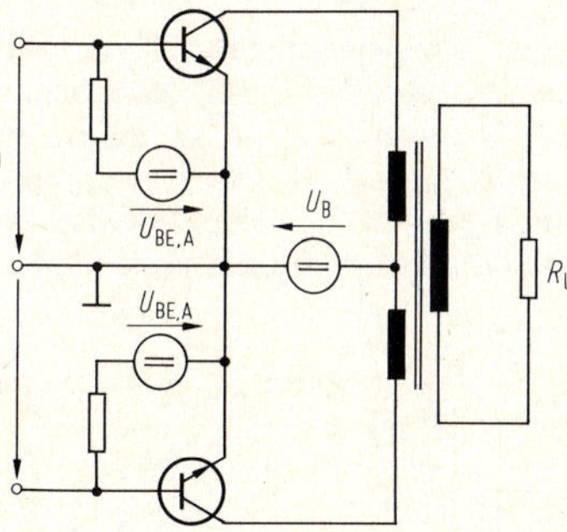

Bild 13. Gegentaktschaltung, gleichstrommäßig parallel

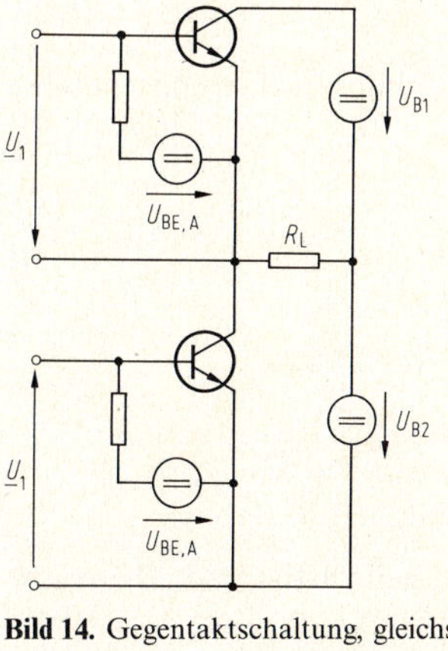

Bild 14. Gegentaktschaltung, gleichstrommäßig in Reihe

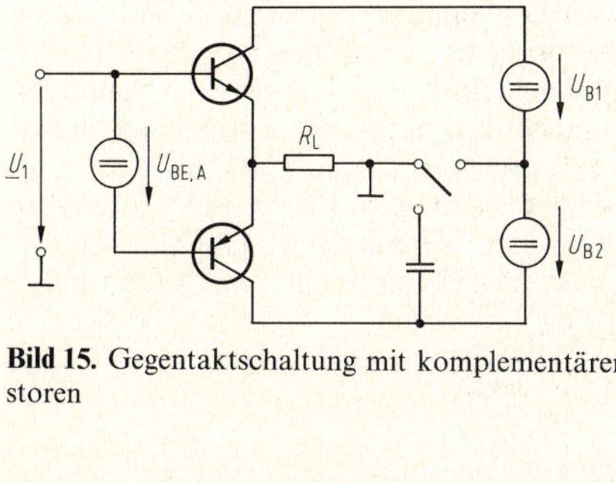

Bild 15. Gegentaktschaltung mit komplementären Transistoren

Darlington-Schaltungen. Zur Erhöhung der Stromverstärkung in einer Verstärkerstufe verwendet man häufig Darlington-Schaltungen gemäß den Bildern 16 und 17, die als neue Transistoren mit den Elektroden E′, B′ und C′ aufgefaßt werden können. Bei der normalen Darlington-Schaltung (Bild 16) muß für eine bestimmte Kollektorstromänderung $\Delta I'_C$ die Steuerspannung $\Delta U_{BE}(T_1) + \Delta U_{BE}(T_2)$ am Eingang aufgebracht werden. Nach Gl. (2) sind diese beiden Anteile gleich groß, und deshalb ist die Steilheit dieser Schaltung nur halb so groß wie die des zweiten Transistors allein:

$$\frac{\underline{I}_{C,Da}}{\underline{U}_{BE,Da}} = \underline{Y}_{21,Da} \approx \frac{1}{2}\,\underline{Y}_{21E}(T_2).$$

Bei der Pseudo-Darlington-Schaltung aus komplementären Transistoren (Bild 17) genügt für

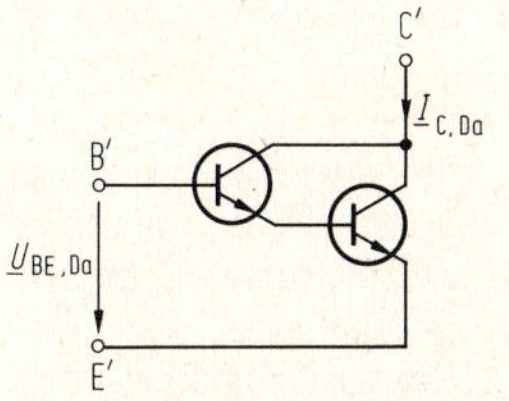

Bild 16. Darlington-Schaltung, normal

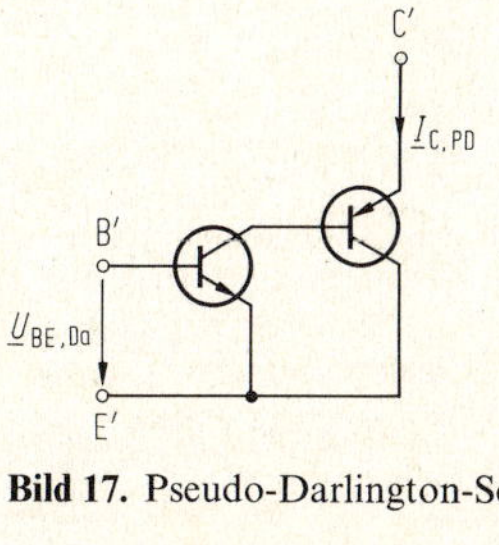

Bild 17. Pseudo-Darlington-Schaltung

die gleiche Kollektorstromänderung die Steuerspannung $\Delta \underline{U}_{BE}(T_1)$, deshalb ist die Steilheit dieser Schaltung so groß wie die des zweiten Transistors:

$$\frac{\underline{I}_{C,PD}}{\underline{U}_{BE,PD}} = \underline{Y}_{21,PD} \approx \underline{Y}_{21E}(T_2).$$

Man beachte, daß bei beiden Schaltungen die Bezeichnung der Anschlußklemmen des „neuen Transistors“ durch den ersten Transistor bestimmt wird.

Die Stromverstärkung ist in beiden Schaltungen etwa gleich:

$$H_{21,Da} \approx H_{21,PD} \approx H_{21E}(T_1) H_{21E}(T_2). \quad (8)$$

Mit diesen zwei Schaltungen bietet sich die Möglichkeit, in einer Gegentakt-Leistungsendstufe zwei Leistungstransistoren gleichen Typs (z.B. npn-Typ) zu verwenden, jedoch durch einen kleineren, d.h. leistungsschwächeren Komplementärtransistor (z.B. pnp-Typ) aus einer Darlington- und einer Pseudo-Darlington-Schaltung eine komplette Komplementär-Gegentaktschaltung zusammenzusetzen. In diesem Fall sollte die Steilheit der Pseudo-Darlington-Stufe halbiert werden, um bei B-Betrieb Verzerrungen zu vermeiden. Dies kann z.B. durch eine in Durchlaßrichtung betriebene Diode (pn-Übergang gleicher Eigenschaften wie der der Basis-Emitter-Diode von T_1) in Reihe zum Emitter von T_1 geschehen.

Bei B-Betrieb stellen während der Sperrphase bei beiden Darlington-Schaltungen die Eingangstransistoren einen Leerlauf für die Basis des zweiten Transistors dar; dies ist sowohl für die Spannungsfestigkeit während der Sperrphase als auch für die Arbeitsgeschwindigkeit (Umladung der Diffusionskapazitäten C_E in Bild 6) schädlich. Ein Widerstand zwischen Basis und Emitter von T_2 schafft auf Kosten der Stromverstärkung eine gewisse Verbesserung.

Kaskodeschaltung. Die Kaskodeschaltung vermeidet die verhältnismäßig starke (kapazitive) Rückwirkung der einfachen Emitterschaltung (s. Bild 18).

Die Wirkung der Rückwirkungskapazität (Miller-Effekt) wird in 2.3 erläutert. Der Eingangswiderstand von T_2 ist etwa genauso groß wie der Kehrwert der Steilheit von T_1, da $\underline{I}_C(T_1) = \underline{I}_C(T_2)$. Somit beträgt die Spannungsverstärkung des ersten Transistors nur $\underline{U}_{E2}/\underline{U}_1 \approx -1$ und die Rückwirkung bleibt klein. Erst der zweite in Basisschaltung betriebene Transistor erbringt den eigentlichen Betrag der Spannungsverstärkung. Die gesamte Spannungsverstärkung ist praktisch genauso groß wie die einer einfachen Emitterschaltung:

$$\frac{\underline{U}_{C2}}{\underline{U}_1} \approx - \underline{Y}_{21E}(T_1) \underline{Z}_L.$$

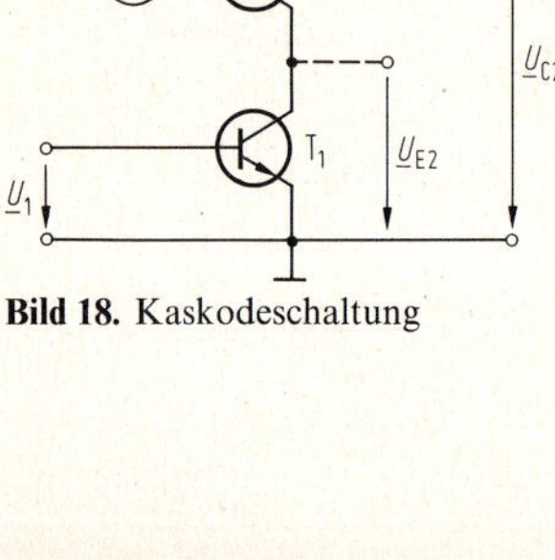

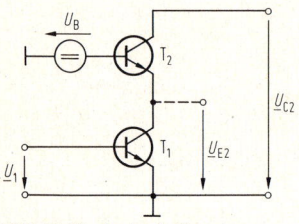

Bild 18. Kaskodeschaltung

2.2 Rückkopplung. Feedback

Wird ein Teil des Ausgangssignals (Strom oder Spannung oder beides) eines Verstärkers über ein (meist passives) Netzwerk auf den Eingang zurückgeführt, spricht man von Rückkopplung (RK). Die grundlegenden Eigenschaften der RK lassen sich am Signalflußparagraphen in Bild 19 erkennen. Die Verstärkung der Gesamtschaltung ist

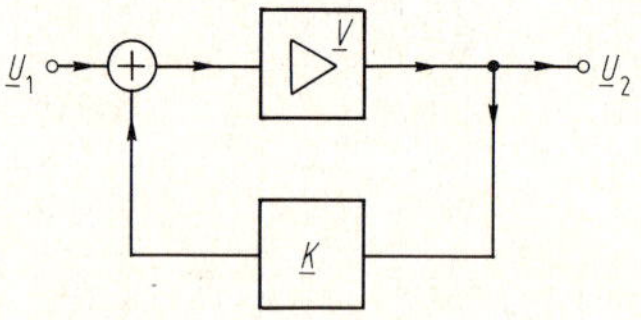

Bild 19. Prinzip der Rückkopplung

$$\underline{V}_r = \frac{\underline{U}_2}{\underline{U}_1} = \frac{\underline{V}}{1 - \underline{K}\,\underline{V}}. \quad (9)$$

Dabei bedeuten:

$\underline{U}_1$	Eingangs-	Amplitude,
$\underline{U}_2$	Ausgangs-	
$\underline{V}_r$	Verstärkungs-	mit RK
$\underline{V}$	faktor	ohne RK
$\underline{K}$	Rückkopplungsfaktor.	

Die Größe $1 - \underline{K}\,\underline{V}$ heißt RK-Grad. Die neuen Eigenschaften des rückgekoppelten Verstärkers werden sämtlich durch diesen RK-Grad modifiziert. Die Größe $\underline{K}\,\underline{V}$ heißt Kreisverstärkung (auch Schleifenverstärkung, loop gain). Wird durch die RK die Verstärkung betragsmäßig kleiner (größer), d.h. $|1 - \underline{K}\,\underline{V}| > 1$ (<1) spricht man von Gegenkopplung (Mitkopplung). Durch Gegenkopplung (GK), besonders durch starke GK (d.h. $|\underline{K}\,\underline{V}| \gg 1$), wird die Verstärkung zwar kleiner, bzw. sehr viel kleiner, aber praktisch unabhängig von $\underline{V}$ und nur noch durch $\underline{K}$ bestimmt:

$$\underline{V}_r|_{|\underline{V}| \to \infty} = -\frac{1}{\underline{K}}. \quad (10)$$

Auf diese Weise können Verstärkungsfaktoren von sehr großer Genauigkeit und Konstanz realisiert werden. Störungen, die im Verstärkerelement entstehen (z. B. Klirren), werden ebenfalls um den Gegenkopplungsgrad vermindert. Um eine möglichst große Kreisverstärkung und damit eine gute Stabilisierung zu erzielen, soll die RK über alle Verstärkerstufen wirken. Eine obere Grenze für $|\underline{K}\,\underline{V}|$ ist jedoch durch die nötige Stabilität gegen Schwingen gegeben (s. unter 2.3).

Die vier Grundrückkopplungsarten. In einer RK-Schaltung wird das Verstärkerzweitor mit dem RK-Zweitor durch ein Einkopplungs- und Auskopplungsnetzwerk verknüpft. Die einfachsten Verknüpfungen sind eine Masche oder ein Knoten, mit denen die Tore in Reihe oder parallel geschaltet werden. Die vier möglichen Verknüpfungen nennt man Grundrückkopplungsarten. Formal entsprechen sie der Addition der ***H***-, ***Z***-, ***Y***- und ***G***-Teilmatrizen des Verstärker- und des

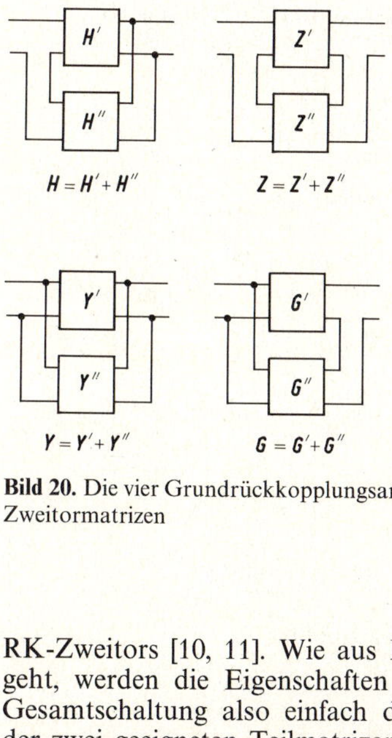

Bild 20. Die vier Grundrückkopplungsarten – Addition der Zweitormatrizen

RK-Zweitors [10, 11]. Wie aus Bild 20 hervorgeht, werden die Eigenschaften der jeweiligen Gesamtschaltung also einfach durch Addition der zwei geeigneten Teilmatrizen ermittelt. Für die Beschreibung der Reihen/Parallel-RK ist die Hybridmatrix, für die Reihen-RK ist die Widerstandsmatrix, für die Parallel-RK ist die Leitwertmatrix und für die Parallel/Reihen-RK ist die inverse Hybridmatrix (***G***-Matrix) geeignet. Die Eigenschaften des (gegengekoppelten) Gesamtzweitors sind besser zu erkennen, wenn man die durch Addition gewonnene Matrix invertiert. Durch eine Grund-RK-Art wird – außer den Betriebswiderständen – nur *ein* bestimmter Vorwirkungsparameter (Matrixelement mit dem Index 21) wesentlich beeinflußt (bei GK: stabilisiert). Dies ist der Vorwirkungsparameter der Matrix, die durch die Inversion nach der Addition entsteht.

Von den vier Matrixelementen des RK-Netzwerks ist nur der Rückwirkungsparameter (Indexfolge 12) wesentlich, die anderen drei können bei der Addition oft vernachlässigt werden. Es muß jedoch im konkreten Fall geprüft werden, ob dies im Rahmen der gewünschten Genauigkeit zulässig ist.

Bei der Addition kann auch der Einfluß der Abschlußimpedanzen ($\underline{Z}_Q = 1/\underline{Y}_Q$ und $\underline{Z}_L = 1/\underline{Y}_L$) durch einfache Addition bei den Elementen der Hauptdiagonale berücksichtigt werden.

Formeln für die vier Grundrückkopplungsarten. Mit der Addition der Teilmatrizen und nachfolgender Inversion ergeben sich die im folgenden zusammengestellten Formeln [11]. Dabei ist angenommen, daß die gesamte Rückwirkung – auch die parasitäre des Verstärkers – in dem Rückwirkungsparameter enthalten ist. Gemäß Bild 20 sind die Parameter des Vorwirkungszweitors (Verstärker) mit dem Index ′ und die des RK-Zweitors mit dem Index ″ versehen; der Index r bezeichnet die durch RK veränderten Größen. Die Indizes 21 und 12 der Übertragungsgrößen werden entsprechend der Definition der Zweitormatrizen nur für den Fall der extremen äußeren Abschlüsse (Kurzschluß bzw. Leerlauf) verwendet. Analog hierzu wird statt des Index 2 der Index L gesetzt, wenn bei der Übertragungsgröße der Lastwiderstand $\underline{Z}_L$ berücksichtigt ist, und ebenso wird statt des Index 1 der Index Q gesetzt, wenn die durch den Innenwiderstand $\underline{Z}_Q$ der Quelle verursachte (Strom- oder Spannungs-)Teilung berücksichtigt ist. Diese Indexschreibweise anstelle entsprechender Teilerfaktoren berücksichtigt den Einfluß der äußeren Beschaltung in den dann immer gleichartig aufgebauten Formeln. Der signifikante Rückwirkungsparameter bleibt jedoch immer gleich. Deshalb ist für den Fall großer Kreisverstärkung die Vorwirkung mit GK gleich dem Kehrwert der Rückwirkung gemäß Gl. (10). Für überschlägige Berechnungen ist daher nur zu prüfen, ob $|\underline{K}\,\underline{V}| \gg 1$. Hierbei ist $\underline{K}\,\underline{V}$ gleich dem negativen Produkt aus der Vorwirkungsgröße unter entsprechender Berücksichtigung von $\underline{Z}_Q$ und $\underline{Z}_L$ und der Rückwirkungsgröße. Das negative Vorzeichen ergibt sich aufgrund der symmetrischen Vorzeichenregelung der verwendeten Zweitormatrizen.

a) Formeln für die Reihen/Parallel-RK (Bild 21)
Wesentlich beeinflußte Vorwirkung: Spannungsverstärkung.

Spannungsverstärkung ohne RK:

$$\underline{G}'_{21} = \frac{-(\underline{H}'_{21} + \underline{H}''_{21})}{(\underline{H}'_{11} + \underline{H}''_{11})(\underline{H}'_{22} + \underline{H}''_{22})}.$$

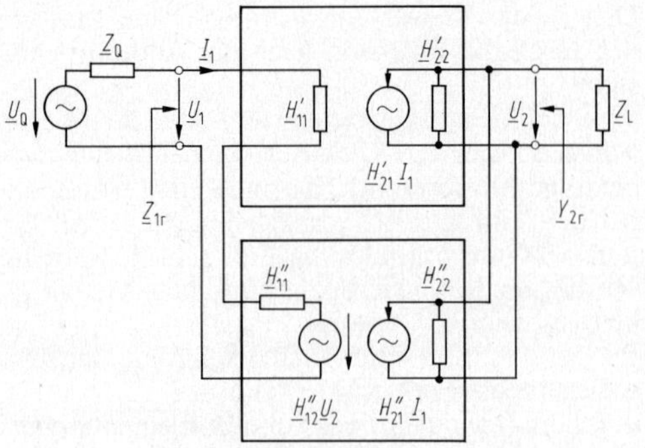

Bild 21. Reihen/Parallel-Rückkopplung, schematisch

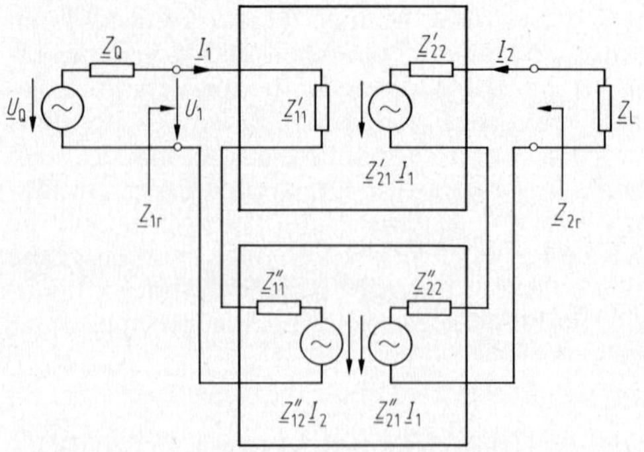

Bild 23. Reihen-Rückkopplung, schematisch

Spannungsverstärkung mit RK und Lastwiderstand $\underline{Z}_L$:

$$\frac{\underline{U}_2}{\underline{U}_1} = \underline{G}_{L1r} = \frac{\underline{G}'_{L1}}{1 + \underline{H}''_{12}\underline{G}'_{L1}} \quad \text{mit}$$

$$\underline{G}'_{L1} = \underline{G}'_{21}\,\frac{\underline{H}'_{22} + \underline{H}''_{22}}{\underline{Y}_L + \underline{H}'_{22} + \underline{H}''_{22}}. \qquad (11)$$

Betriebsspannungsverstärkung:

$$\frac{\underline{U}_2}{\underline{U}_Q} = \underline{G}_{LQr} = \frac{\underline{G}'_{LQ}}{1 + \underline{H}''_{12}\underline{G}'_{LQ}} \quad \text{mit}$$

$$\underline{G}'_{LQ} = \underline{G}'_{L1}\,\frac{\underline{H}'_{11} + \underline{H}''_{11}}{\underline{Z}_Q + \underline{H}'_{11} + \underline{H}''_{11}}.$$

Betriebswiderstände:

$$\underline{Z}_{1r} = (\underline{H}'_{11} + \underline{H}''_{11})(1 + \underline{H}''_{12}\underline{G}'_{L1})$$

$$\underline{Y}_{2r} = (\underline{H}'_{22} + \underline{H}''_{22})(1 + \underline{H}''_{12}\underline{G}'_{2Q}) \quad \text{mit}$$

$$\underline{G}'_{2Q} = \underline{G}'_{21}\,\frac{\underline{H}'_{11} + \underline{H}''_{11}}{\underline{H}'_{11} + \underline{H}''_{11} + \underline{Z}_Q}.$$

Kreisverstärkung: $\underline{K}\,\underline{V} = -\,\underline{H}''_{12}\underline{G}'_{LQ}$.

Beispiel (Bild 22):

$$\underline{H}''_{12} = \frac{R_1}{R_1 + R_2};$$

$$\underline{G}_{L1r} \approx (R_1 + R_2)/R_1 \quad \text{für } |\underline{K}\,\underline{V}| \gg 1.$$

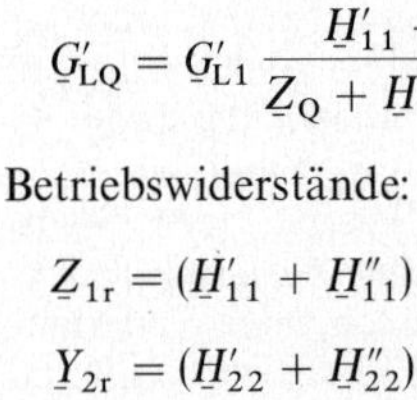

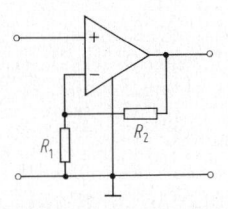

Bild 22. Beispiel einer Reihen/Parallel-Rückkopplung

b) Formeln für die Reihen-RK (Bild 23)

Wesentlich beeinflußte Vorwirkung: Steilheit.

Steilheit ohne RK:

$$\underline{Y}'_{21} = \frac{-\,(\underline{Z}'_{21} + \underline{Z}''_{21})}{(\underline{Z}'_{11} + \underline{Z}''_{11})(\underline{Z}'_{22} + \underline{Z}''_{22})}.$$

Steilheit mit RK und Lastwiderstand $\underline{Z}_L$:

$$\frac{\underline{I}_2}{\underline{U}_1} = \underline{Y}_{L1r} = \frac{\underline{Y}'_{L1}}{1 + \underline{Z}''_{12}\,\underline{Y}'_{L1}} \quad \text{mit}$$

$$\underline{Y}'_{L1} = \underline{Y}'_{21}\,\frac{\underline{Z}'_{22} + \underline{Z}''_{22}}{\underline{Z}_L + \underline{Z}'_{22} + \underline{Z}''_{22}}. \qquad (12)$$

Betriebssteilheit:

$$\frac{\underline{I}_2}{\underline{U}_Q} = \underline{Y}_{LQr} = \frac{\underline{Y}'_{LQ}}{1 + \underline{Z}''_{12}\,\underline{Y}'_{LQ}} \quad \text{mit}$$

$$\underline{Y}'_{LQ} = \underline{Y}'_{L1}\,\frac{\underline{Z}'_{11} + \underline{Z}''_{11}}{\underline{Z}_Q + \underline{Z}'_{11} + \underline{Z}''_{11}}.$$

Betriebswiderstände:

$$\underline{Z}_{1r} = (\underline{Z}'_{11} + \underline{Z}''_{11})(1 + \underline{Z}''_{12}\,\underline{Y}'_{L1})$$

$$\underline{Z}_{2r} = (\underline{Z}'_{22} + \underline{Z}''_{22})(1 + \underline{Z}''_{12}\,\underline{Y}'_{2Q}) \quad \text{mit}$$

$$\underline{Y}'_{2Q} = \underline{Y}'_{21}\,\frac{\underline{Z}'_{11} + \underline{Z}''_{11}}{\underline{Z}'_{11} + \underline{Z}''_{11} + \underline{Z}_Q}.$$

Kreisverstärkung:

$$\underline{K}\,\underline{V} = -\,\underline{Z}''_{12}\,\underline{Y}'_{LQ}.$$

Beispiel (Bild 24):

$$\underline{Z}''_{12} = R_E; \quad \underline{Y}_{L1r} \approx 1/R_E \quad \text{für } |\underline{K}\,\underline{V}| \gg 1.$$

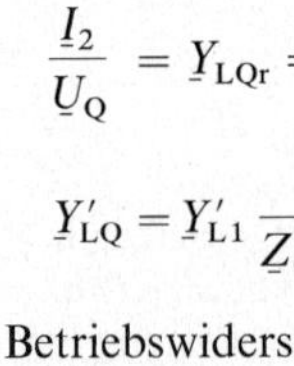

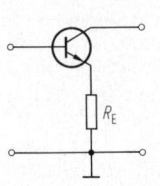

Bild 24. Beispiel einer Reihen-Rückkopplun

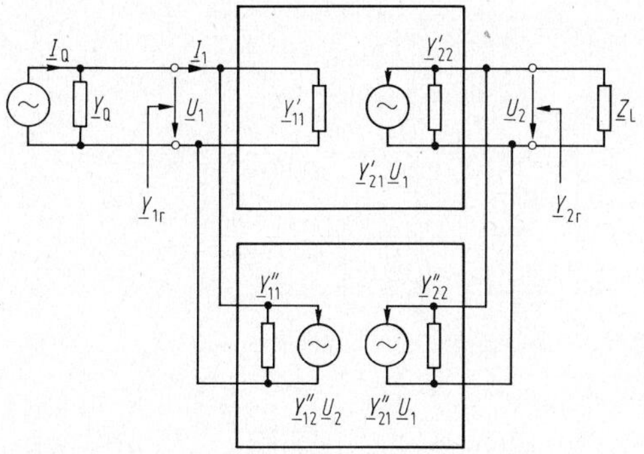

Bild 25. Parallel-Rückkopplung, schematisch

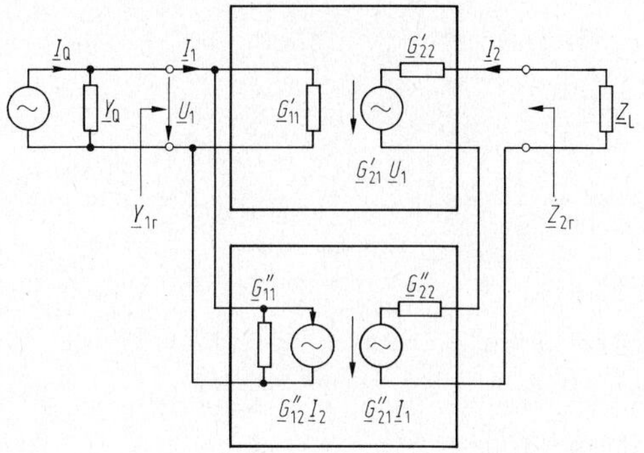

Bild 27. Parallel/Reihen-Rückkopplung, schematisch

c) Formeln für die Parallel-RK (Bild 25)
Wesentlich beeinflußte Vorwirkung: Vorwirkungswiderstand.
Vorwirkungswiderstand ohne RK:

$$\underline{Z}'_{21}=\frac{-(\underline{Y}'_{21}+\underline{Y}''_{21})}{(\underline{Y}'_{11}+\underline{Y}''_{11})(\underline{Y}'_{22}+\underline{Y}''_{22})}.$$

Vorwirkungswiderstand mit RK und Lastwiderstand $1/\underline{Y}_L$:

$$\frac{\underline{U}_2}{\underline{I}_1}=\underline{Z}_{L1r}=\frac{\underline{Z}'_{L1}}{1+\underline{Y}''_{12}\underline{Z}''_{L1}}\quad\text{mit}$$

$$\underline{Z}'_{L1}=\underline{Z}'_{21}\frac{\underline{Y}'_{22}+\underline{Y}''_{22}}{\underline{Y}_L+\underline{Y}'_{22}+\underline{Y}''_{22}}. \qquad (13)$$

Betriebsvorwirkungswiderstand:

$$\frac{\underline{U}_2}{\underline{I}_Q}=\underline{Z}_{LQr}=\frac{\underline{Z}'_{LQ}}{1+\underline{Y}''_{12}\underline{Z}'_{LQ}}\quad\text{mit}$$

$$\underline{Z}'_{LQ}=\underline{Z}'_{L1}\frac{\underline{Y}'_{11}+\underline{Y}''_{11}}{\underline{Y}_Q+\underline{Y}'_{11}+\underline{Y}''_{11}}.$$

Betriebswiderstände:

$$\underline{Y}_{1r}=(\underline{Y}'_{11}+\underline{Y}''_{11})(1+\underline{Y}''_{12}\underline{Z}'_{L1})$$

$$\underline{Y}_{2r}=(\underline{Y}'_{22}+\underline{Y}''_{22})(1+\underline{Y}''_{12}\underline{Z}'_{2Q})\quad\text{mit}$$

$$\underline{Z}'_{2Q}=\underline{Z}'_{21}\frac{\underline{Y}'_{11}+\underline{Y}''_{11}}{\underline{Y}'_{11}+\underline{Y}''_{11}+\underline{Y}_Q}.$$

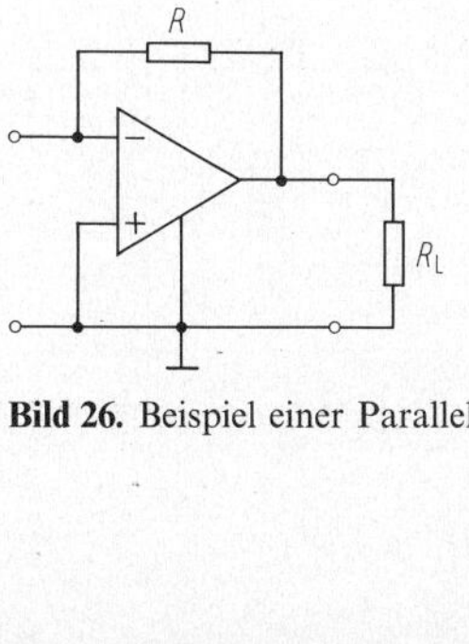

Bild 26. Beispiel einer Parallel-Rückkopplung

Kreisverstärkung: $\underline{K}\,\underline{V}=-\underline{Y}''_{12}\underline{Z}'_{LQ}$.
Beispiel (Bild 26):

$$\underline{Y}''_{12}=-\frac{1}{R};\qquad \underline{Z}_{21r}\approx -R\quad\text{für}\quad|\underline{K}\,\underline{V}|\gg 1.$$

d) Formeln für die Parallel/Reihen-RK (Bild 27)
Wesentlich beeinflußte Vorwirkung: Stromverstärkung.
Stromverstärkung ohne RK:

$$\underline{H}'_{21}=\frac{-(\underline{G}'_{21}+\underline{G}''_{21})}{(\underline{G}'_{11}+\underline{G}''_{11})(\underline{G}'_{22}+\underline{G}''_{22})}.$$

Stromverstärkung mit RK und Lastwiderstand $\underline{Z}_L$:

$$\frac{\underline{I}_2}{\underline{I}_1}=\underline{H}_{L1r}=\frac{\underline{H}'_{L1}}{1+\underline{G}''_{12}\underline{H}'_{L1}}\quad\text{mit}$$

$$\underline{H}'_{L1}=\underline{H}'_{21}\frac{\underline{G}'_{22}+\underline{G}''_{22}}{\underline{Z}_L+\underline{G}'_{22}+\underline{G}''_{22}}. \qquad (14)$$

Betriebsstromverstärkung:

$$\frac{\underline{I}_2}{\underline{I}_Q}=\underline{H}_{LQr}=\frac{\underline{H}'_{LQ}}{1+\underline{G}''_{12}\underline{H}'_{LQ}}\quad\text{mit}$$

$$\underline{H}'_{LQ}=\underline{H}'_{L1}\frac{\underline{G}'_{22}+\underline{G}''_{22}}{\underline{Y}_Q+\underline{G}'_{11}+\underline{G}''_{11}}.$$

Betriebswiderstände:

$$\underline{Y}_{1r}=(\underline{G}'_{11}+\underline{G}''_{11})(1+\underline{G}''_{12}\underline{H}'_{L1})$$

$$\underline{Z}_{2r}=(\underline{G}'_{22}+\underline{G}''_{22})(1+\underline{G}''_{12}\underline{H}'_{2Q})\quad\text{mit}$$

$$\underline{H}'_{2Q}=\underline{H}'_{21}\frac{\underline{G}'_{11}+\underline{G}''_{11}}{\underline{G}'_{11}+\underline{G}''_{11}+\underline{Y}_Q}.$$

Kreisverstärkung: $\underline{K}\,\underline{V}=-\underline{G}''_{12}\underline{H}'_{LQ}$.

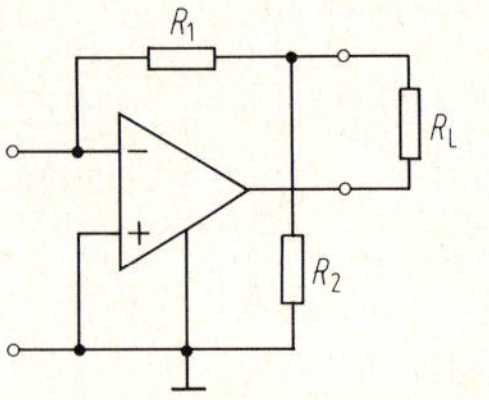

Bild 28. Beispiel einer Parallel/Reihen-Rückkopplung

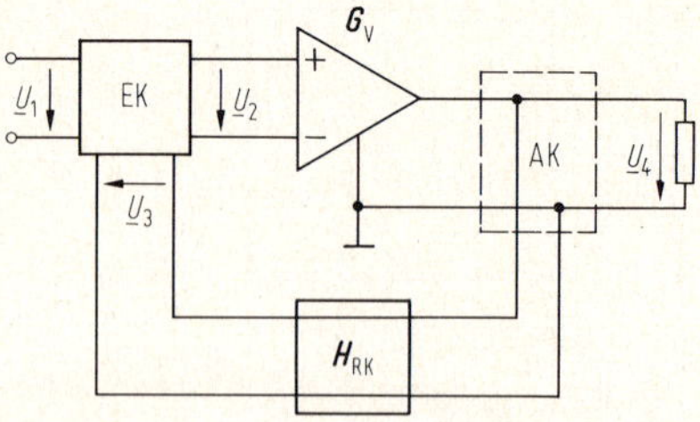

Bild 30. Allgemeine Einkopplung am Eingang

Beispiel (Bild 28):

$$\underline{G}''_{12} = \frac{R_2}{R_1 + R_2}; \quad \underline{H}_{L1r} \approx \frac{R_1 + R_2}{R_2}$$

für $|\underline{K}\,\underline{V}| \gg 1$.

Gemischte Rückkopplungen. Durch geeignete Koppelnetzwerke, z. B. angezapfte ideale Übertrager gemäß Bild 29, können zwei bis vier Grund-RK-Arten kombiniert werden. Durch die zusätzlichen Rückkopplungen können, außer der Verstärkung, der Ein- und Ausgangswiderstand oder beide auf einen bestimmten Wert eingestellt werden [12].

Allgemeine Rückkopplung. Außer den genannten RK-Arten werden noch allgemeinere Schaltungen angewendet, bei denen das Ein- oder das Auskopplungsdreitor aus komplizierteren Netzwerken bestehen (z. B. bei aktiven RC-Filtern). Hierbei erscheint die Übertragungsfunktion der Gesamtschaltung multipliziert mit den Übertragungsfunktionen die durch die Ein- und Auskopplungsnetzwerke in Vorwärtsrichtung gegeben sind. Die Spannungsübertragungsfunktion der Schaltung in Bild 30 beträgt demnach:

$$\frac{\underline{U}_4}{\underline{U}_1} = \underline{k}_{21} \frac{\underline{V}}{1 - \underline{k}_{23}\underline{V}} \tag{15}$$

mit den Spannungsübertragungsfaktoren

$$\underline{k}_{21} - \underline{U}_2/\underline{U}_1|_{\underline{U}_3=0} \quad \text{und} \quad \underline{k}_{23} = \underline{U}_2/\underline{U}_3|_{\underline{U}_1=0}.$$

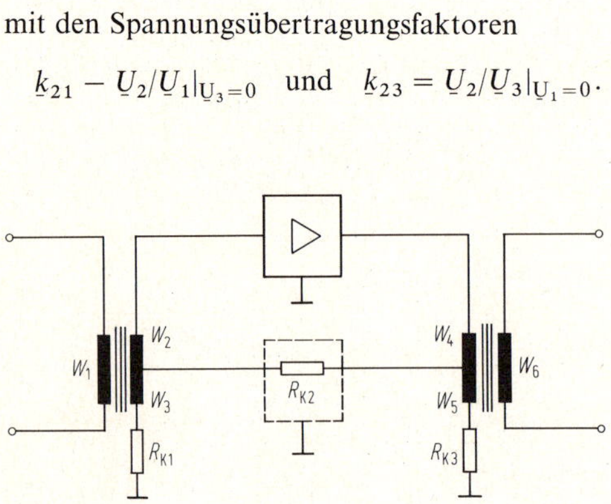

Bild 29. Beispiel für die Kombination aller vier Grundrückkopplungsarten (||| idealer Übertrager)

Für den Operationsverstärker und das RK-Netzwerk gelte:

$$\boldsymbol{G}_V = \begin{bmatrix} 0 & 0 \\ \underline{V} & 0 \end{bmatrix}; \quad \boldsymbol{H}_{RK} = \begin{bmatrix} 0 & -1 \\ -1 & 0 \end{bmatrix}. \tag{16}$$

Durch die Annahme einer idealen gesteuerten Quelle am Ausgang des Operationsverstärkers mit dem Innenwiderstand Null wird die passive Vorwirkung kurzgeschlossen und braucht nicht betrachtet zu werden. Die übrigen idealisierenden Annahmen für $\boldsymbol{G}_V$ und $\boldsymbol{H}_{RK}$ in Gl. (16) schränken die Allgemeingültigkeit des Ergebnisses von Gl. (15) nicht ein, da deren von Null abweichende Elemente als Bestandteile des Einkopplungsnetzwerks gedacht werden können.
Für die allgemeinere Anordnung in Bild 31 ergibt sich unter Vernachlässigung der passiven Vorwirkung über das RK-Netzwerk und $\boldsymbol{G}_V$ und $\boldsymbol{H}_{RK}$ gemäß Gl. (16):

$$\frac{\underline{U}_5}{\underline{U}_1} \approx \underline{k}_{21} \frac{\underline{V}}{1 - \underline{k}_{23}\underline{k}_{64}\underline{V}} \underline{k}_{54}$$

mit den Spannungsübertragungsfaktoren

$$\underline{k}_{21} = \left.\frac{\underline{U}_2}{\underline{U}_1}\right|_{\underline{U}_3=0}; \quad \underline{k}_{23} = \left.\frac{\underline{U}_3}{\underline{U}_2}\right|_{\underline{U}_1=0};$$

$$\underline{k}_{54} = \left.\frac{\underline{U}_5}{\underline{U}_4}\right|_{\underline{U}_6=0}; \quad \underline{k}_{64} = \left.\frac{\underline{U}_6}{\underline{U}_4}\right|_{\underline{U}_5=0}.$$

Demnach ist die Kreisverstärkung $\underline{k}_{23}\underline{k}_{64}\underline{V}$ das Produkt der inneren Verstärkung $\underline{V}$ und den in der RK-Schleife wirksamen Spannungsübertragungsfaktoren. Die Spannungsübertragungsfaktoren $\underline{k}_{21}$ und $\underline{k}_{54}$ werden durch die RK nicht beeinflußt.

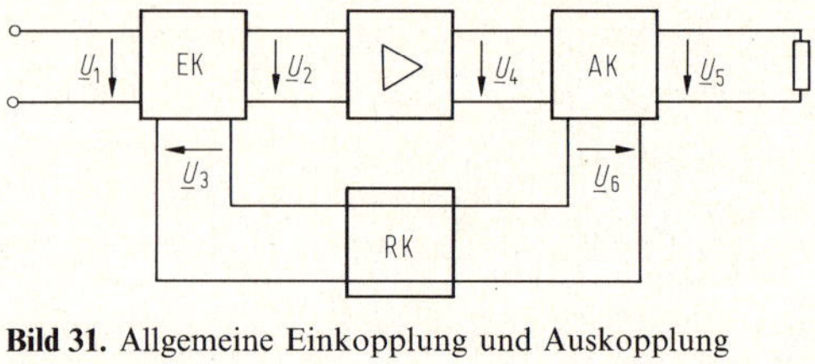

Bild 31. Allgemeine Einkopplung und Auskopplung

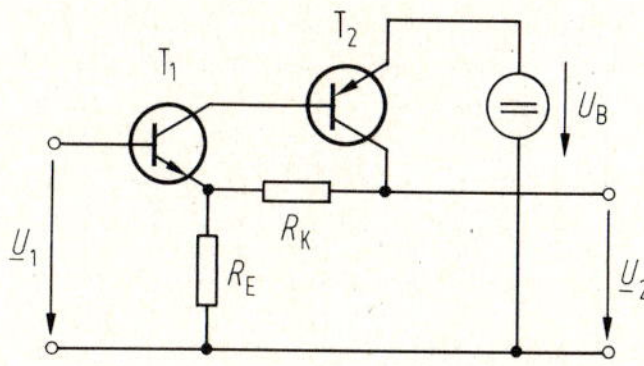

Bild 32. Transistor als Einkopplungsdreitor

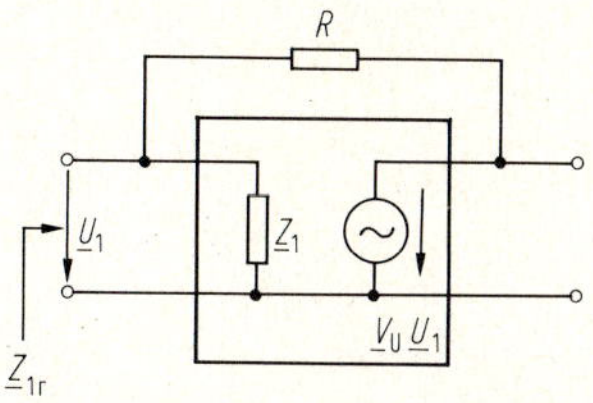

Bild 33. Prinzip der Bootstrapschaltung

Transistor als Einkopplungsdreitor. Für RK-Schaltungen mit seriellen Ein- oder Auskopplungen benötigt man i.allg. Übertrager, wenn der Lastwiderstand mit einer Elektrode auf Bezugspotential liegen soll. Um ohne Übertrager auszukommen, verwendet man Transistoren als Koppelnetzwerke. Hierbei nützt man die Tatsache aus, daß bei Transistoren der Kollektorstrom (fast) genauso groß ist wie der Emitterstrom und so an einem Emitterwiderstand ein Teil des Ausgangssignals ein- oder ausgekoppelt werden kann. In der häufig benutzten Schaltung nach Bild 32 dient der Transistor T_1 als Eingangstransistor und gleichzeitig zur seriellen Einkopplung der Ausgangsspannung. Solange die Stromverstärkung des zweiten Transistors $|\underline{H}_{21}(T_2)| \gg 1$, wirkt die über den Spannungsteiler R_E und R_K zurückgeführte Spannung wie in Reihe eingeführt, und es ist mit Gl. (11) annähernd:

$$\frac{\underline{U}_2}{\underline{U}_1} = \frac{\underline{G}'_{L1}}{1 + (\underline{G}'_{L1}(R_E/(R_E + R_K))}\bigg|_{|\underline{G}'_{L1} R_E/(R_E+R_K)| \gg 1}$$

$$\approx \frac{R_E + R_K}{R_E} \quad \text{mit}$$

$$\underline{G}'_{L1} \approx (R_E + R_K) \cdot \underline{Y}_{21E}(T_1)\, \underline{H}_{21E}(T_2)\, (\underline{Z}_L/(\underline{Z}_L + R_E + R_K)).$$

Bootstrapping. Wird ein besonders großer dynamischer Eingangswiderstand benötigt, kann man den Eingangsstrombedarf durch eine parallel eingeführte Mitkopplung herabsetzen. Da dadurch auch das Eingangsrauschen erhöht wird, soll diese Maßnahme bei Vorstufen nicht angewendet werden. Die Kreisverstärkung (unter Berücksichtigung der äußeren Beschaltung) darf aus Stabilitätsgründen den Wert eins nicht übersteigen. Eine solche Mitkopplung (Bootstrapping) findet man deshalb häufig bei Kollektorschaltungen, deren Spannungsverstärkung höchstens eins wird. Für die Anordnung in Bild 33 ergibt sich:

$$\underline{Z}_{1r} = \frac{\underline{Z}_1 R}{\underline{Z}_1 + R} \cdot \frac{1}{1 - \underline{Z}_1 \underline{V}_U/(\underline{Z}_1 + R)}\bigg|_{\underline{V}_U = 1 + R/\underline{Z}_1} \to \infty.$$

Stabilität ist für alle Betriebsfälle (am kritischsten ist beidseitiger Leerlauf) nur gewährleistet, solange $|\underline{V}_U| < |1 + R/\underline{Z}_1|$.

Neutralisation. Die Kompensation der Rückwirkung eines Verstärkers durch eine entgegengesetzt gleiche Wirkung heißt Neutralisation. Bei vollständiger Neutralisation liegt die Steuerelektrode wechselspannungsmäßig auch dann auf Bezugspotential, wenn am Ausgang ein Signal angelegt wird. Ein so neutralisierter Verstärker ist also rückwirkungsfrei. Das Neutralisationsnetzwerk ist jedoch – wie jedes andere RK-Netzwerk auch – an beiden Toren als Belastung wirksam.

Entsprechend den vier Grund-RK-Arten gibt es vier Grund-Neutralisationsarten [13]; wie dort gibt es zahlreiche Kombinationsmöglichkeiten.

Bei Verstärkerstufen mit Bandfilterkopplung wird sehr häufig die Parallel-Neutralisation angewendet, da mit einer zweiten oder angezapften Wicklung des Bandfilters (bei genügend fester Kopplung!) die nötige Vorzeichenumkehr leicht bewirkt werden kann (Bild 34). Die Neutralisationsbedingung lautet:

$$\underline{Z}_R = (w_2/w_1)/\underline{Y}_{12E}.$$

Eine gewisse Schwierigkeit besteht darin, den Neutralisationswiderstand $\underline{Z}_R$ in einem breiteren Frequenzband der inneren Rückwirkung proportional nachzubilden. Ungünstig ist, daß der Übertrager einen zusätzlichen Phasenwinkel bewirkt, wodurch eine genaue Neutralisation über ein breites Frequenzband weiter erschwert wird. Bei solchen Breitbandanwendungen benützt man vorteilhaft z.B. die Reihen/Parallel-Neu-

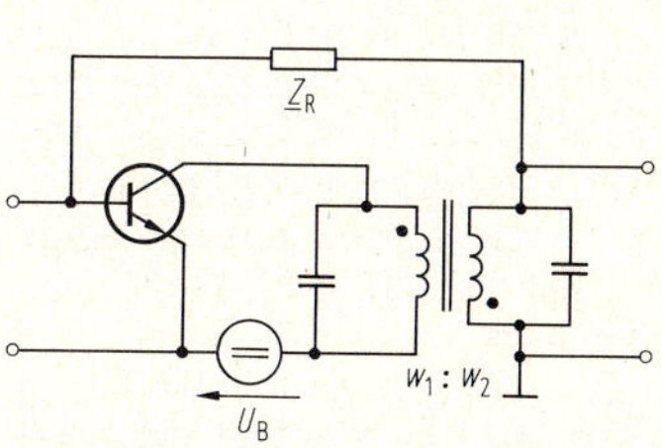

Bild 34. Parallel-Neutralisation

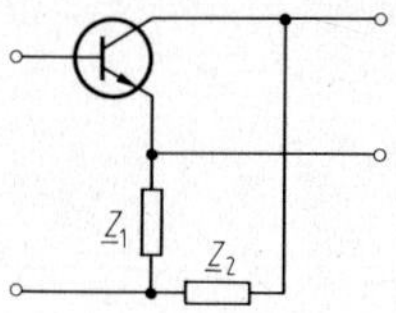

Bild 35. Reihen/Parallel-Neutralisation

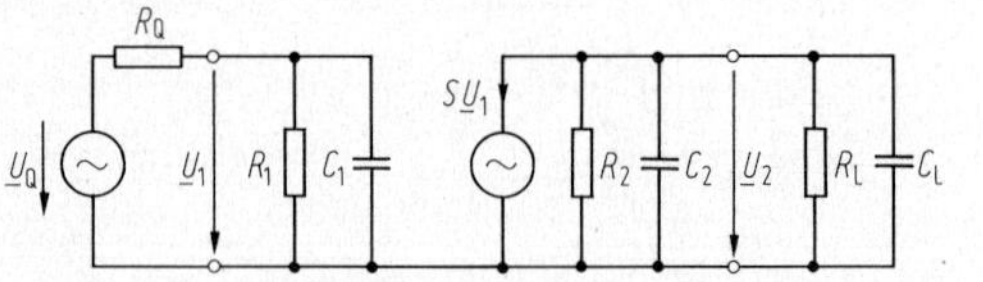

Bild 36. Verstärkerstufe mit Parallelkapazitäten

tralisation nach Bild 35. Die Neutralisationsbedingung lautet

$$\underline{Z}_3/(\underline{Z}_3 + \underline{Z}_4) = \underline{H}_{12E}.$$

Diese Schaltung kommt ohne Übertrager im RK-Weg aus und kann daher leichter über ein breites Frequenzband realisiert werden. Ein Übertrager wird zwar dann benötigt, wenn der Potentialversatz zwischen Ein- und Ausgang nicht erlaubt ist; dieser liegt aber nicht im Übertragungsweg der RK-Schleife [13, 14].

2.3 Frequenzabhängigkeit der Verstärkung

Frequency response

Meist soll die Verstärkung im Nutzfrequenzband einen konstanten Wert haben; davon abweichende Amplitudengänge werden i. allg. mit zusätzlichen Netzwerken (Entzerrer, Filter) realisiert. Durch die Trägheit des Steuerungs- und Verstärkungsmechanismus in einem aktiven Bauelement (die z. B. durch die Kapazitäten in der Ersatzschaltung in Bild 6 beschrieben sind) sowie durch andere Blindelemente (z. B. parasitäre Kapazitäten oder Zuleitungsinduktivitäten) sinkt die Verstärkung nach höheren Frequenzen hin ab. Andererseits bewirken Koppelkapazitäten einen Abfall nach tieferen Frequenzen.
Zur Beschreibung des Übertragungsverhaltens genügt meist folgende Funktion ($\underline{p} = j\omega$, komplexe Frequenz):

$$\underline{V}_U(p) = \frac{\underline{U}_2(\underline{p})}{\underline{U}_1} = V_U(\underline{p} = 0)\,\underline{p}^n \prod_{\mu=1}^{m} \frac{1}{1 - \underline{p}/\underline{p}_\mu}$$

$$\text{mit} \quad \mathrm{Re}(\underline{p}_\mu) < 0; \quad \mathrm{Im}(\underline{p}_\mu) = 0; \quad m > n. \quad (17)$$

Es ist also ausreichend, die Pole auf der negativ reellen Achse der komplexen $\underline{p}$-Ebene zu betrachten; sie können in den Ersatzschaltbildern durch einfache RC-Glieder berücksichtigt werden. Für den Betrag von $\underline{V}_U(\underline{p})$ spielt das betragsmäßig kleinste $\underline{p}_\mu$ (erste „Grenzfrequenz") die größte Rolle, und es genügt häufig die Näherung, nur dieses zu betrachten.
Durch n Kapazitive Kopplungen entstehen n Nullstellen bei $f = 0$. Die unteren Grenzfrequenzen sind eine Eigenschaft der Koppelelemente und damit der Gesamtschaltung, aber nicht der Verstärkerelemente.

Bandbegrenzung durch Kapazitäten. *Kapazitäten parallel* zu den Toren verursachen einfache Pole (auf der negativ reellen Achse der p-Ebene). Komplexe Pole entstehen i. allg. erst im Zusammenwirken mit äußeren Schaltelementen. Für die typische Ersatzschaltung in Bild 36 lautet die Spannungsübertragungsfunktion:

$$\frac{\underline{U}_2}{\underline{U}_1} = \frac{-S(R_2 \,\|\, R_L)}{1 + j\omega(C_2 + C_L)(R_2 R_L)}$$

$$= -V_U(0)\frac{1}{1 + j\omega/\omega_2} \quad \text{mit} \quad (18)$$

$$V_U(0) = S(R_2 \,\|\, R_L),$$

$$\omega_2 = \frac{1}{(C_2 + C_L)(R_2 \,\|\, R_L)}.$$

Die Betriebsspannungsübertragungsfunktion lautet

$$\frac{\underline{U}_2}{\underline{U}_Q} = -\frac{R_1}{R_Q + R_1}\frac{1}{1 + j\omega C_1(R_Q \,\|\, R_1)}$$

$$\cdot V_U(0)\frac{1}{1 + j\omega/\omega_2}. \quad (19)$$

Es ergeben sich also zwei Pole. Sind mehrere solcher Stufen in Kette geschaltet, muß das Produkt der Übertragungsfunktionen gebildet werden. Bei Stufen nach Bild 36 erhöht sich die Anzahl der Pole nur um eins je zusätzlicher Stufe. Durch das Parallelschalten eines Eingangstors mit einem Ausgangstor ändert sich nur das RC-Produkt, d. h. die Lage des Pols, es entsteht aber kein neuer.
Technisch wichtig ist die kleinste Polfrequenz (größtes RC-Produkt), und es genügt oft, nur diese zu betrachten, wenn der Nutzfrequenzbereich unterhalb liegt. Bei Gegenkopplung ist das meist nicht der Fall, hier muß insbesondere auch der Phasenverlauf berücksichtigt werden. Im konkreten Fall muß jedoch geprüft werden, welches RC-Produkt das größte ist. Aus den Gln. (18) und (19) läßt sich nur ableiten, daß (bei vorgegebenen Kapazitäten) die Widerstände $R_1 \,\|\, R_Q$ und $R_2 \,\|\, R_L$ klein gemacht werden müssen; dadurch sinkt jedoch die Spannungsverstärkung.

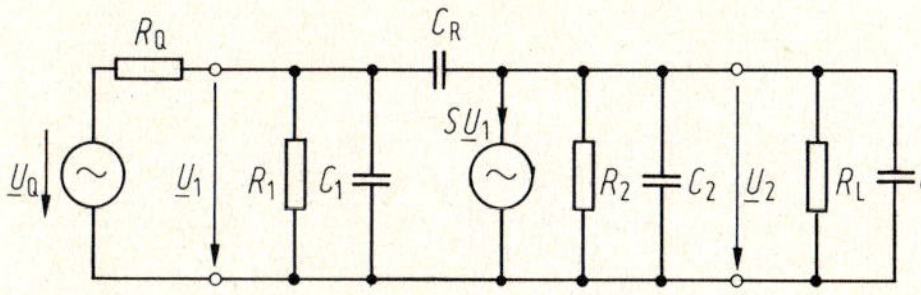

Bild 37. Verstärkerstufe mit Rückwirkungskapazität

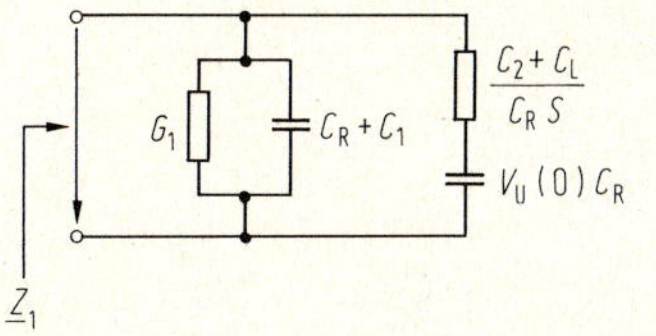

Bild 38. Eingangsbetriebswiderstand, Ersatzschaltung

Bei höheren Frequenzen muß die Steilheit (im Gegensatz zu den Bildern 6, 36, 37 und 39) als frequenzabhängig angenommen werden. Bei bipolaren Transistoren wird das durch die Berücksichtigung eines Basisbahnwiderstandes erreicht. In den Gln. (18) und (19) ist dann zusätzlich eine Polfrequenz der Steilheit zu berücksichtigen:

$$\underline{S}(p) = S(0)\frac{1}{1 + \underline{p}/\omega_S}.$$

Für bipolare Transistoren ist $\omega_S = \omega_T(r_E + r_B/\beta)/r_B$; $\omega_T/2\pi$ = Transitfrequenz.

Rückwirkungskapazitäten. Durch eine zusätzlich vorhandene Rückwirkungskapazität C_R (s. Bild 37) ändert sich die Spannungsübertragungsfunktion formal nur wenig. Die meist kleine Kapazität C_R ist als Belastung an beiden Toren wirksam und verursacht mit dem Term $(1 - \underline{p}\,C_R/S)$ im Zähler von Gl. (20) ein Allpaßverhalten, das im Nutzfrequenzbereich nicht ins Gewicht fällt, solange $S \gg \omega C_R$ gilt.

$$\frac{\underline{U}_2}{\underline{U}_1} = \underline{V}_U = \frac{-S(R_2 \| R_L)(1 - \underline{p}C_R/S)}{1 + \underline{p}(C_L + C_2 + C_R)(R_2 \| R_L)}$$

$$= -V_U(0)\frac{1 - \underline{p}/\omega_{CR}}{1 + \underline{p}/\omega_2} \quad \text{mit} \qquad (20)$$

$$V_U(0) = S\,R_2 \| R_L; \quad \omega_{CR} = S/C_R;$$
$$\omega_2 = 1/(C_L + C_2 + C_R)(R_2 \| R_L)$$

Die Kapazität C_R wirkt als RK und ändert auch den Eingangsbetriebswiderstand:

$$\underline{Z}_1 = 1/(G_1 + \underline{p}\,C_1 + \underline{p}C_R(1 - \underline{V}_U)) \quad \text{mit}$$

$\underline{V}_U$ nach Gl. (20).

Für tiefe Frequenzen ($\omega \ll \omega_2$) genügt die Näherung

$$\underline{Z}_1 = 1/G_1 + \mathrm{j}\omega(C_1 + C_R + V_U(0)C_R)).$$

Bild 38 zeigt eine Ersatzschaltung von $\underline{Z}_1$. Die am Eingang wirksame Kapazität ist also um $-\underline{V}_U C_R$ erhöht; diese Erhöhung wird auch Miller-Kapazität genannt. Mit $\underline{Z}_1$ ändert sich auch die Betriebsspannungsverstärkung:

$$\frac{\underline{U}_2}{\underline{U}_Q} = \frac{\underline{Z}_1}{\underline{Z}_1 + R_Q}\underline{V}_U.$$

Unter der Voraussetzung, daß die durch den Miller-Effekt verursachte Polfrequenz viel kleiner ist als die übrigen, ergibt sich

$$\frac{\underline{U}_2}{\underline{U}_Q} = -\frac{R_1}{R_1 + R_Q}\underline{V}_U(0)\frac{1}{1 + \mathrm{j}\,\omega/\omega_M} \quad \text{mit}$$

$$\omega_M \approx 1/((C_1 + C_R(1 + \underline{V}_U(0))(R_1 \| R_Q)$$
$$+ (C_2 + C_L + C_R)(R_2 \| R_L)).$$

Um große Bandbreiten zu erzielen, muß also der Innenwiderstand der speisenden Quelle oder die Spannungsverstärkung der betreffenden Stufe klein gemacht werden (Kaskodestufe).

Rückwirkung beim Schmalbandverstärker. Ist eine Verstärkerstufe mit einem Bandfilter kleiner Bandbreite belastet, kann in der Umgebung der Bandmittenfrequenz ein Ersatzschaltbild gemäß Bild 39 angenommen werden. Die Spannungsübertragungsfunktion lautet dann:

$$\frac{\underline{U}_2}{\underline{U}_1} = \underline{V}_U = -\underline{V}_U(0)\frac{\underline{p}L}{R'_L + \underline{p}L + \underline{p}^2 LC'_L R'_L}$$

mit

$$R'_L = R_L \| R_2; \qquad C'_L = C_2 + C_R + C_L;$$
$$\underline{V}_U(0) = S\,R'_L.$$

Der Eingangsbetriebsleitwert kann – in Bild 40 angedeutet – bei Frequenzen $f < f_0 = 1/2\pi\sqrt{LC'_L}$ einen negativen Realteil haben:

$$\underline{Y}_1 = G_1 + \underline{p}(C_1 + C_R)$$
$$+ \underline{p}\,C_R\frac{\underline{V}_U(0)}{R'_L/\underline{p}L + 1 + \underline{p}C'_L R'_L}.$$

Die Ortskurve des Leitwertes $\underline{Y}_1$ durchläuft ein Minimum des Realteils, das unter der Voraussetzung hoher Schwingkreisgüte $Q = R'_L/2\pi f_0 L \gg 1$ (d.h. kreisförmiger Verlauf der Ortskurve) etwa

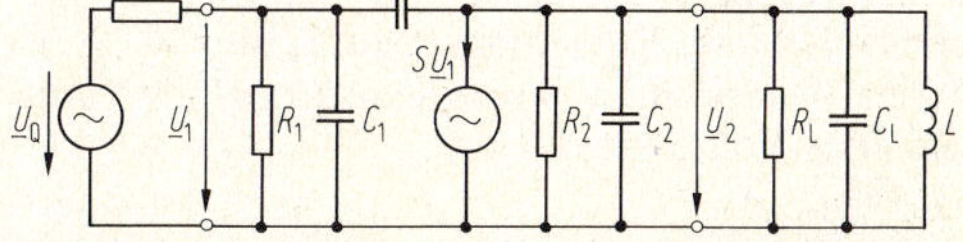

Bild 39. Verstärkerstufe mit Parallelschwingkreis als Last

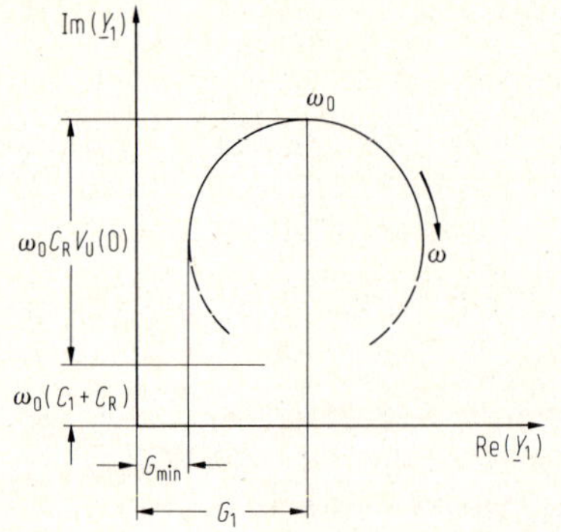

Bild 40. Verlauf des Eingangs-Betriebsleitwerts

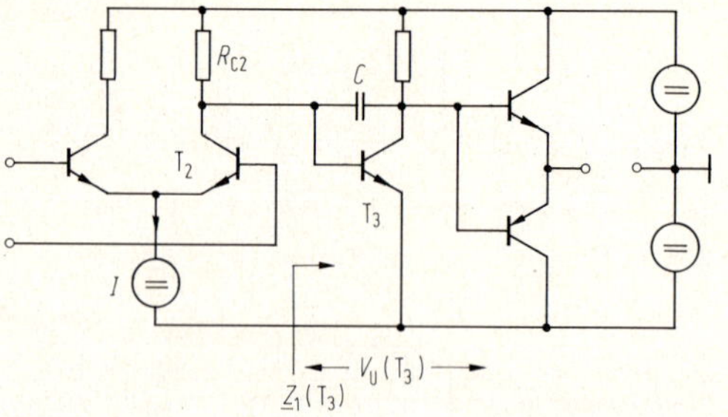

Bild 41. Operationsverstärker, Prinzip der Bandbegrenzung

die Größe

$$G_{min} \approx \frac{1}{R_1} - \frac{1}{2}\omega_0 C_R \underline{V}_U(0)$$

hat. Die Verstärkerstufe ist stabil (schwingt nicht), wenn die Bedingung

$$\frac{1}{R_1} + \frac{1}{R_Q} > \frac{1}{2}\omega_0 C_R \underline{V}_U(0)$$

erfüllt ist.
Durch Umstellen erhält man die maximal zulässige Spannungsverstärkung

$$[V_U(0)]_{max} = \frac{2}{\omega_0 C_R}\left(\frac{1}{R_1} + \frac{1}{R_Q}\right).$$

Eine gewisse Entdämpfung ist auch für $V_U(0) < [V_U(0)]_{max}$ noch wirksam und verformt den Durchlaßbereich der angeschlossenen Filter; deshalb muß $V_U(0)$ viel kleiner gemacht werden als $[V_U(0)]_{max}$ [15].

Grenzfrequenz von Operationsverstärkern. Bei (integrierten) Operationsverstärkern sind außer der Spannungsverstärkung $V_{U,ges}(0)$ deren erste Polfrequenz (etwa gleich der 3-dB-Grenzfrequenz), die minimale Anstiegszeit, und die Aussteuerungsgrenzen von Interesse. Die Schaltung solcher Verstärker [7, 8, 16] besteht typisch aus drei Teilen (Bild 41), einer Differenzverstärkerstufe, einem Spannungsverstärker (auch mehrstufig) und einem Stromverstärker (meist in Kollektorschaltung als Gegentaktendstufe). Um den Anwender nicht einzuschränken, wird Stabilität auch bei beliebig starker Gegenkopplung gefordert. Daher muß der Frequenzgang der Verstärkung so gestaltet werden, daß die gesamte Leerlauf-Spannungsverstärkung $\underline{V}_{U,ges}$ als Kreisverstärkung wirksam sein darf. Hierzu muß die erste Polfrequenz

$$f_0 = \frac{1}{2\pi \underline{V}_U(T_3)(R_{C2} \| Z_1(T_3))C}$$

der Spannungsverstärkung des Transistors T_3 unter Ausnutzung des Miller-Effekts mit dem Kondensator C um den Faktor $\underline{V}_{U,ges}$ kleiner gemacht werden als die nächst größere Polfrequenz. Legt man an den Eingang ein Sprungsignal, kann der Kondensator C maximal mit dem Strom I der Stromquelle aufgeladen werden. Die maximale Anstiegsgeschwindigkeit der Ausgangsspannung (slew rate) beträgt I/C. Demnach können sinusförmige Signale nur bis zu der Amplitude $\hat{U}_A = I/\omega C$ verzerrungsfrei verstärkt werden. Mit dem im Datenblatt angegebenen Wert $U_{A,max}$ (für tiefe Frequenzen) erhält man eine „Grenzfrequenz der Aussteuerung" $f_{U,A\,max} = I/2\pi\,\hat{U}_{A,max} C$.

Kettenverstärker. Er diente der Verstärkung von Frequenzbändern, die breiter sind als das S/C-Verhältnis der verwendeten Röhren. In ihm sind mehrere Röhren über LC-Kettenleiter in der Weise parallelgeschaltet, daß die Gitter- und die Anodenkapazitäten die Querkapazitäten bilden. Auf diese Weise kann die Verstärkung der einzelnen Röhren addiert werden [17, 18].

Stabilität bei Rückkopplung. Wegen der Frequenzabhängigkeit der Kreisverstärkung $\underline{K}\,\underline{V}$ kann eine Verstärkerschaltung – besonders bei starker RK, d.h. $|\underline{K}\,\underline{V}| \gg 1$ – instabil sein („schwingen"). Nach dem Stabilitätskriterium von Nyquist darf die Ortskurve von $\underline{K}\,\underline{V}$ in der komplexen p-Ebene beim Durchlaufen des gesamten Frequenzbereichs $(-\infty < \omega < +\infty)$ den Punkt (1, j0) nicht rechts umschließen. Bild 42 zeigt eine typische Ortskurve von $\underline{K}\,\underline{V}$ für eine stabile Schaltung. Maßgeblich für die Stabilität ist nicht die Art der RK, sondern nur der komplexe Wert der Kreisverstärkung $\underline{K}\,\underline{V}$ bzw. der RK-Grad $1 - \underline{K}\,\underline{V}$. Ein gleichwertiges Stabilitätskriterium lautet, daß der Zähler des RK-Grades nur Nullstellen in der linken p-Halbebene haben darf. Auch wenn die Schaltung stabil arbeitet, gibt es möglicherweise einen Frequenzbereich, in dem wegen der Phase von $\underline{K}\,\underline{V}$ Mitkopplung

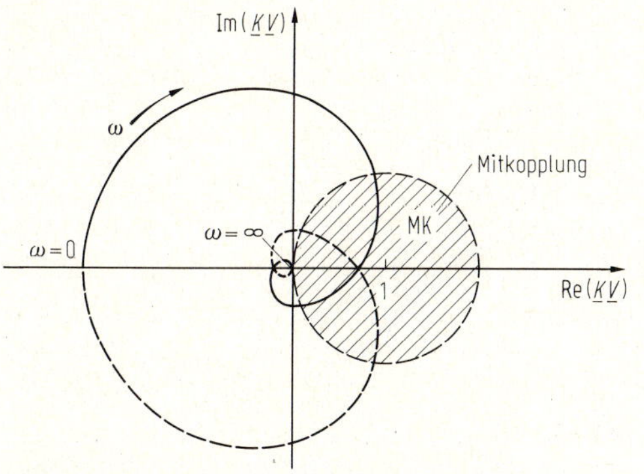

Bild 42. Typischer Verlauf der Kreisverstärkung

herrscht, d.h. es ist hier $|\underline{V}_r| > |\underline{V}|$. Je näher die Ortskurve dem Punkt (1, j0) kommt, d.h. je kleiner der Betrag des Nenners in Gl. (9) wird, desto ausgeprägter wird sich ein (unerwünschtes) Maximum von $|\underline{V}_r|$ ergeben. Deshalb und weil die Kreisverstärkung von der (eventuell wechselnden) Beschaltung abhängt, wird eine Stabilitätsreserve y gefordert. Diese Reserve definiert man z.B. durch die Phase von $\underline{K}\,\underline{V}$ bei der Frequenz, für die $|\underline{K}\,\underline{V}| = 1$ ist (Bild 43); typische Werte sind $y = 30° \ldots 90°$. Die Kreisverstärkung kann auch meßtechnisch gemäß Bild 44 durch Ermittlung der komplexen Spannungsübertragungsfunktion bestimmt werden. Hierzu muß die Rückkopplungsschleife an einer an sich beliebigen Stelle aufgetrennt werden; dabei müssen die

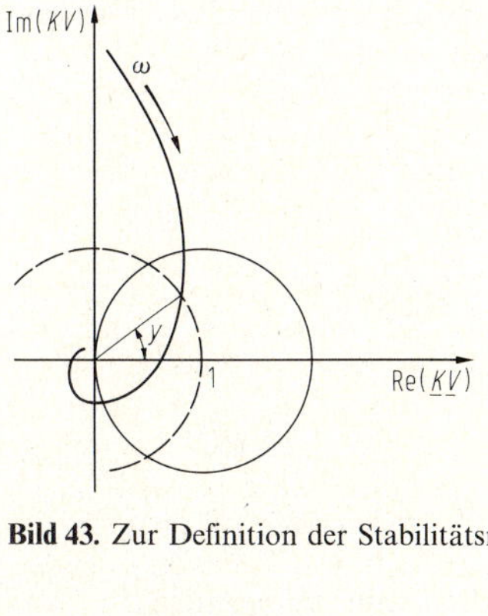

Bild 43. Zur Definition der Stabilitätsreserve

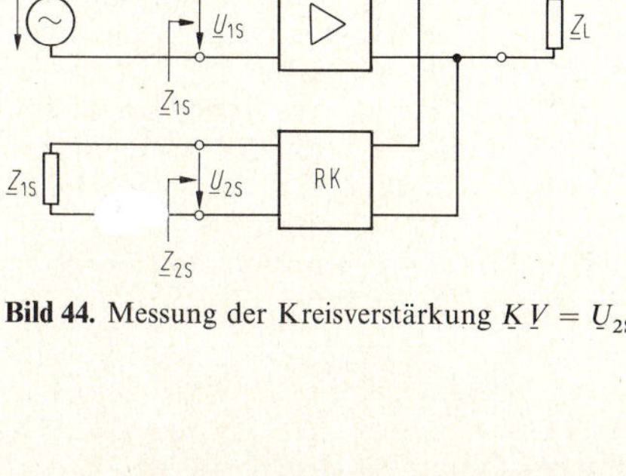

Bild 44. Messung der Kreisverstärkung $\underline{K}\,\underline{V} = \underline{U}_{2S}/\underline{U}_{1S}$

durch den Schnitt entstandenen Tore mit den (komplexen) Widerständen abgeschlossen werden, die bei der geschlossenen Schleife wirksam sind. Um diesen Nachbildungsaufwand klein zu halten bzw. ganz zu sparen, wählt man die Schnittstelle am Ort der größten Fehlanpassung (z.B. am „hochohmigen" Verstärkereingang). Läßt sich eine geeignete Schnittstelle nicht ermitteln, kann z.B. auch durch eine Messung der S-Parameter die Kreisverstärkung bestimmt werden [19].

Da bei minimalphasigen Netzwerken zwischen Betrag und Phase der Übertragungsfunktion ein eindeutiger Zusammenhang besteht, kann ein Verlauf im Sinne einer optimalen Stabilität (auch mit Reserve) angegeben werden [20]. Durch zusätzliche, stabilisierende Netzwerke kann die zunächst gegebene Kreisverstärkung an diesen optimalen Verlauf ausreichend angenähert werden. Ist eine Phasensicherheit von $y \approx 45°$ ausreichend, kann auf Kosten der Bandbreite mit einem RC-Netzwerk die Stabilität sichergestellt werden. Die Kreisverstärkung sei mit

$$\underline{K}\,\underline{V} = \frac{K(0)\,V(0)}{(1 + \underline{p}/\omega_1)(1 + \underline{p}/\omega_2)(1 + \underline{p}/\omega_3)(\ldots)}$$

beschrieben (Tiefpaßverhalten) und die Werte von $K(0)\,V(0)$, ω_1 und ω_2 (z.B. meßtechnisch) ermittelt. Außerdem sei $\omega_3 \gg \omega_2$ (z.B. $\omega_3 > 5\omega_2$), da andernfalls die angestrebte Stabilitätsreserve deutlich kleiner wird. Bei der Frequenz $\omega_2/2\pi$ beträgt dann die Phase von $\underline{K}\,\underline{V}$: $\varphi_K \approx y = 45°$. Bei dieser Frequenz soll also gelten: $|\underline{K}\,\underline{V}| = 1$. Durch ein RC-Glied (Bild 45), das in die RK-Schleife zunächst an beliebiger Stelle eingefügt werden kann, läßt sich die Bedingung $|\underline{K}\,\underline{V}| = 1$ einhalten, da das RC-Glied im kritischen Frequenzbereich um ω_2 herum $|\underline{K}\,\underline{V}|$ herabsetzt, die Phase aber nicht vergrößert, da nach Gl. (21) der erste Pol von ω_1 nach dem tieferen Wert $1/C_2(R_1 + R_2)$ verschoben wurde. Die neue Kreisverstärkung $(\underline{K}\,\underline{V})'$ (Bild 46) ergibt sich (die eventuelle Belastung durch das RC-Glied sei berücksichtigt) mit der angegebenen Dimensionierung des RC-Gliedes:

$$\frac{\underline{U}_2}{\underline{U}_1} = \frac{1 + \underline{p}R_2C_2}{1 + \underline{p}C_2(R_1 + R_2)} \quad \text{mit}$$

$$\omega_1 = \frac{1}{R_2C_2}; \qquad \frac{R_2}{R_1 + R_2} = \frac{1}{|\underline{K}(\omega_2)\,\underline{V}(\omega_2)|} \quad \text{zu}$$

$$(\underline{K}\,\underline{V})' = \frac{K(0)\,V(0)}{(1 + \underline{p}C_2(R_1 + R_2))(1 + \underline{p}/\omega_2)(\ldots)}. \tag{21}$$

Das stabilisierende RC-Netzwerk darf jedoch i.allg. nicht im RK-Netzwerk eingebaut werden,

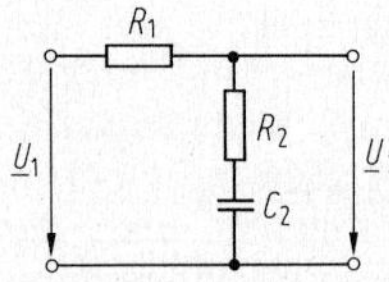

Bild 45. RC-Glied mit Gegenhalt

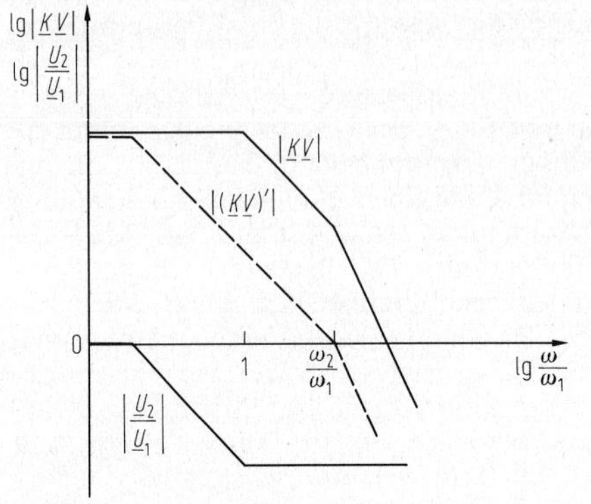

Bild 46. Beispiel einer Stabilisierung: Frequenzunabhängige Dämpfung der Kreisverstärkung $\underline{K}\,\underline{V}$ für $\omega > \omega_1$

da dadurch die Verstärkung $\underline{V}_r$ entsprechend der jetzt geänderten RK (in unerwünschter Weise) zusätzlich frequenzabhängig wird. Es muß deshalb in den Verstärkerzweig eingefügt werden. Das Einfügen am Eingang vergrößert wegen der Dämpfung oberhalb von $1/(2\pi C_2(R_1 + R_2))$ das Rauschen, und das Einfügen am Ausgang verringert die entnehmbare Leistung. Man fügt daher solche Netzwerke möglichst zwischen die Verstärkerstufen ein.

Spezielle Literatur: [1] *Stoll, D.*: Einführung in die Nachrichtentechnik. Berlin, Frankfurt: AEG-Telefunken 1979. – [2] *Wüstehube, J.*: SOAR, Sicherer Arbeitsbereich für Transistoren. Valvo-Ber. XIX (1975) 171–222. – [3] *Giacoletto*, (Ed.): Electronics designers' handbook. New York: McGraw-Hill 1977. – [4] *Gray, P.E.; Dewitt, D.; Boothroyd, A.R.; Gibbons, J.F.*: Physical Electronics and circuits models of transistors. SEEC Vol. 2. New York: Wiley 1964. – [5] *Getreu, J.*: Modelling the bipolar transistor. Tektronix 1976. – [6] *Shea, R.F.*: Transistor circuit engineering. New York: Wiley 1957. – [7] *Gray, P.R.; Mayer, R.G.*: Analysis and design of analog integrated circuits. New York: Wiley 1977. – [8] *Graeme, J.G.; Tobey, G.E.; Huelsman, L.P.*: Operational amplifiers. New York: McGraw-Hill 1971. – [9] *Klein, G.; Zaalberg van Zelst, J.J.*: Schaltungen für Differenzverstärker. Philips Tech. Rdsch. 23 (1961/62) 69–78, 121–130. – [10] *Benz, W.*: Grundlagen für die rechnerische Behandlung von Transistorverstärkern mit Reihen- und Parallelrückkopplung. Telefunken-Ztg. 28 (1955) 95–107. – [11] *Gottwald, A.*: Eine einheitliche Beschreibung der Grundschaltungen rückgekoppelter Verstärkerzweitore. ntz Arch. 2 (1980) 71–75. – [12] *Benz, W.*: Die Möglichkeit der Innenwiderstandseinstellung und die Änderung der Verstärkung bei Verstärkern mit kombinierter Strom- und Spannungsgegenkopplung. FTZ 7 (1954) 362–370. – [13] *Gohm, L.*: Neutralisation über breite Frequenzbänder bei Transistorverstärkern. Elektronik 9 (1960) 149–152, 203–206. – [14] *Hetterscheid, W.Th.*: Transistor bandpass amplifiers. Philips Technical Library, Eindhoven, 1964. – [15] *Carson, R.S.*: High-frequency amplifiers. New York: Wiley 1982. – [16] *Leidich, A.J.*: Grundsätzliche Schaltungskonzepte monolithisch integrierter Linearschaltungen. Funk-Technik 30 (1975) 278–284, 308–311. – [17] *Ginzton, E.L.; Hewlett, W.R.; Jasberg, J.H.; Noe, J.D.*: Distributed amplification. Proc. IRE 36 (1948) 956–969. – [18] *Moser, A.*: 140-MHz-Kettenverstärker mit Feldeffekttransistoren. Int. Elektron. Rdsch. 21 (1967) 109–115. – [19] *MacLean, D.J.H.*: Broadband feedback amplifier. Chichester, New York: Research Studies Press (Wiley) 1982. – [20] *Bode, H.W.*: Network analysis and feedback amplifier design, 14th edn. Toronto: Van Nostrand 1964.

G Netzwerke mit nichtlinearen passiven und aktiven Bauelementen

Circuits with nonlinear passive and active devices

A. Blum (3, 4); **M.H.W. Hoffmann** (2); **R.M. Maurer** (1.1 bis 1.4); **H.P. Petry** (1.5 bis 1.7)

Für die Funktionsfähigkeit eines Senders entsprechend Bild 1 sind die nichtlinearen Eigenschaften passiver und aktiver Bauelemente bei der Sendeleistungsverstärkung, der Frequenzvervielfachung, der Modulation sowie der Stabilisierung der Amplitude des Sendeoszillators erforderlich. Bei einem Überlagerungsempfänger entsprechend Bild 2 sind für die Frequenzumsetzung (Mischung) aus der HF-Ebene in die konstante ZF-Ebene sowie für die Begrenzung und Demodulation ebenfalls Netzwerke mit nichtlinearen passiven und aktiven Bauelementen notwendig.

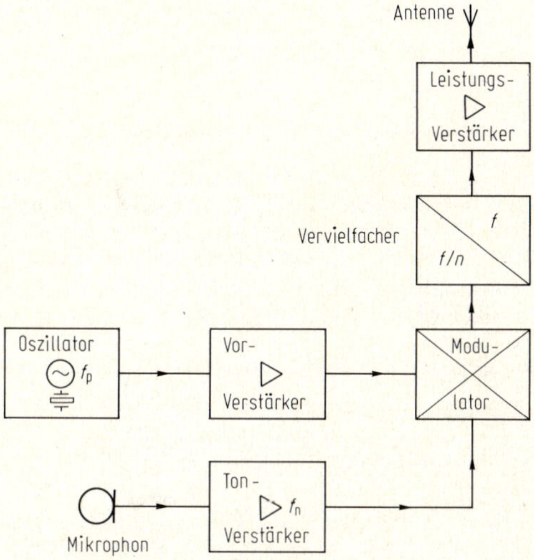

Bild 1. Blockschaltbild eines Senders

1 Mischung und Frequenzvervielfachung

Mixing and frequency multiplication

Allgemeine Literatur: *Blackwell, L.A.*; *Kotzebue, K.L.*: Semiconductor-diode parametric amplifiers. Englewood Cliffs: Prentice Hall 1961. – *Decroly, J.C.*; *Laurent, L.*; *Lienard, J.C.*; *Marechal, G.*; *Voroßeitchik, J.*: Parametric amplifiers. Philips Technical Library, London: Macmillan Press 1973. – *Penfield, P.Jr.*: Frequency-power formulas. New York: Wiley 1960. – *Penfield, P.Jr.*; *Rafuse, R.P.*: Varactor applications. New York: MIT Press 1962. – *Phillippow, E.*: Nichtlineare Elektrotechnik, 2. Aufl. Leipzig: Akad. Verlagsges. 1971. – *Schleifer, W.D.*: Hochfrequenz- und Mikrowellenmeßtechnik in der Praxis. Heidelberg: Hüthig 1981. – *Steiner, K.H.*; *Pungs, L.*: Parametrische Systeme. Stuttgart: Hirzel 1965. – *Stern, T.E.*: Theory of nonlinear networks and systems. An introduction. Reading: Addison-Wesley 1965. – *v.d. Ziel, A.*: Noise. New York: Prentice Hall 1955.

Die nichtlinearen Eigenschaften passiver und aktiver Bauelemente (Dioden, Varistoren, Transistoren, Röhren u.a.) werden unterhalb des Laufzeitgebietes durch die nichtlinearen eindeutigen (d.h. hysteresefreien) Funktionen

$$i = i(u); \qquad q = q(u) \tag{1}$$

oder deren Umkehrfunktionen

$$u = u(i); \qquad u = u(q) \tag{2}$$

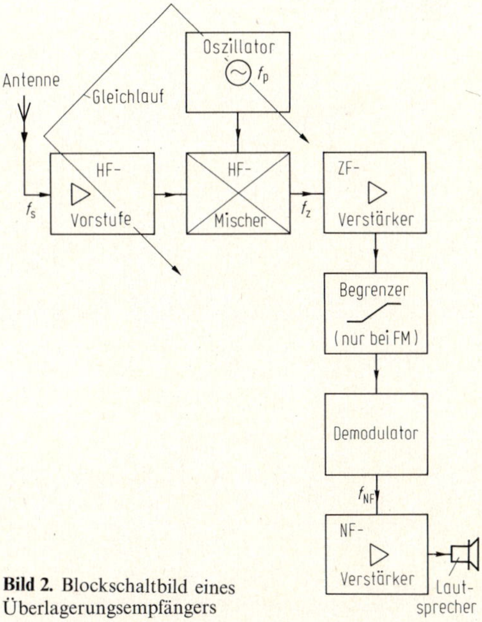

Bild 2. Blockschaltbild eines Überlagerungsempfängers

Spezielle Literatur Seite G 26

beschrieben. Diese Nichtlinearitäten können für die Mischung von Signalen verschiedener Frequenz und die Frequenzvervielfachung ausgenutzt werden.

1.1 Kombinationsfrequenzen

Combination frequencies

Ist der nichtlineare Zusammenhang eines dieser Bauelemente durch die Potenzreihe

$$y = a_0 + a_1 x + a_2 x^2 + a_3 x^3 + \ldots + a_l x^l \quad (3)$$

gegeben und wird das Bauelement mit dem Eingangssignal

$$x(t) = \hat{x}_s \cos(st + \varphi_s) + \hat{x}_p \cos(pt + \varphi_p)$$

als Summe aus dem Nutzsignal $\hat{x}_s \cos(st + \varphi_s)$ der Kreisfrequenz $s = 2\pi f_s$ und dem Oszillator bzw. Pumpsignal $\hat{x}_p \cos(pt + \varphi_p)$ der Kreisfrequenz $p = 2\pi f_p$ ausgesteuert, so entsteht das Ausgangssignal $y(t)$ mit den Spektralanteilen bei den Kombinationsfrequenzen

$$f_K = |\pm \nu f_s \pm \mu f_p| \quad \text{mit} \quad \nu, \mu = 0, 1, 2, 3. \quad (4)$$

Für den Fall $\nu = 0$ bzw. $\mu = 0$ erhält man die Oszillatorfrequenz bzw. die Signalfrequenz und deren Oberschwingungen (Frequenzvervielfachung).

Für $\nu, \mu \neq 0$ ergeben sich Kombinationsfrequenzen, welche zur Modulation (s. L 1.1) und Mischung verwendet werden können. Die „Frequenzpyramide“ [1] in Bild 3 zeigt, welche Koeffizienten a_l der Potenzreihe nach Gl. (3) die Amplitude der Kombinationsfrequenzen nach Gl. (4) bestimmen und wie diese den Vielfachen von Signal- und Oszillatorfrequenzen zugeordnet sind. Das Frequenzspektrum nach Gl. (4) ist für $f_p \gg f_s$ und $\hat{x}_s \approx \hat{x}_p$ in Bild 4 dargestellt. Die Amplituden der Kombinationsfrequenzen sind durch $\hat{x}_s$, $\hat{x}_p$ und a_i bestimmt.

1.2 Auf- und Abwärtsmischung, Gleich- und Kehrlage.

Up- and down converter, inverting and noninverting case

Betrachten wir die Kombinationsfrequenzen nach Gl. (4) nicht nur bei einer Signalschwingung der Frequenz f_s, sondern lassen ein Frequenzspektrum zu, so müssen bezüglich der Lage des entstehenden Frequenzspektrums Unterscheidungen getroffen werden. Die Mischung in Überlagerungsempfängern hat die Aufgabe, das Spektrum schwacher Nutzsignale aus der HF-Ebene in die ZF-Ebene umzusetzen. Die Kombinationsfrequenzen (Mischfrequenzen) im Kleinsignalfall $\hat{x}_s \ll \hat{x}_p$ sind nach Gl. (4) für $\nu = 1$ zu

$$f_z = |\pm f_s \pm \mu f_p| \quad \text{mit} \quad \mu = 0, 1, 2, 3, \ldots \quad (5)$$

gegeben. Nur in diesem Falle ist eine verzerrungsfreie Frequenzumsetzung der modulierten Signale möglich. Grundsätzlich gibt es drei ver-

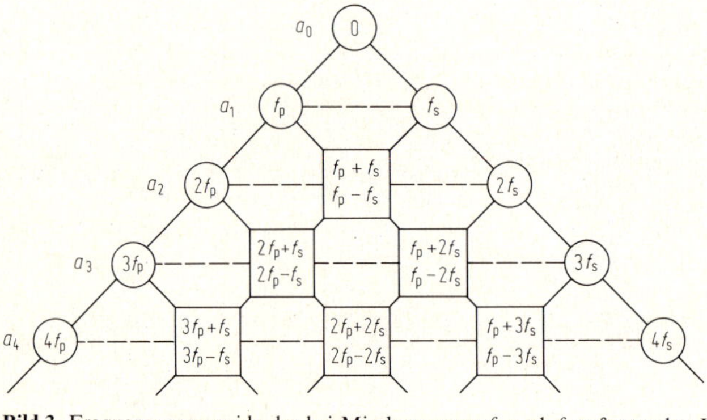

Bild 3. Frequenzenpyramide der bei Mischung von f_p und f_s auftretenden Kombinationsfrequenzen

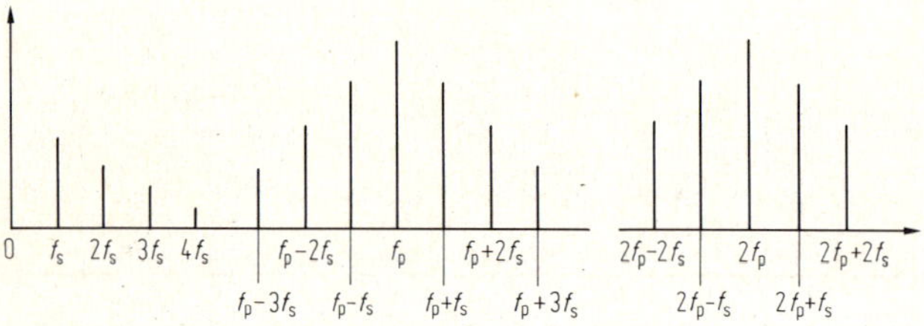

Bild 4. Frequenzspektrum bei einer Frequenzumsetzung für $f_p \gg f_s$ und $\hat{x}_s \approx \hat{x}_p$

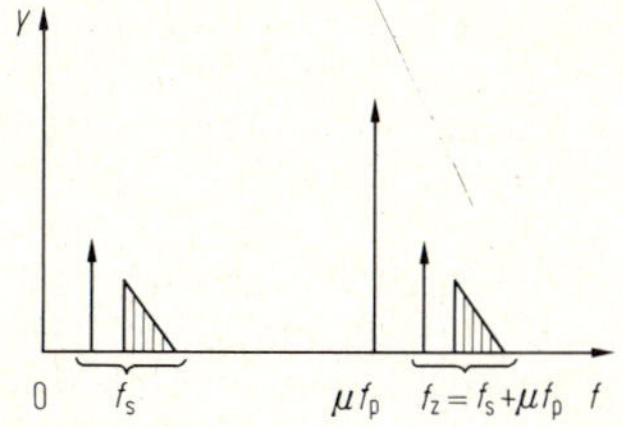

Bild 5. Frequenzspektrum der Aufwärtsmischung in Frequenzengleichlage

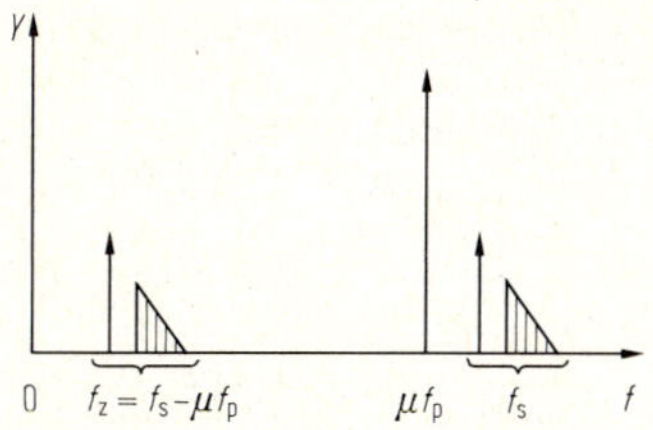

Bild 6. Frequenzenspektrum der Abwärtsmischung in Frequenzengleichlage

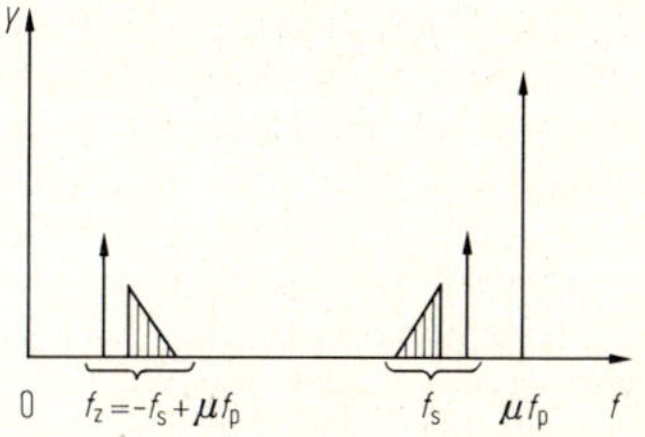

Bild 7. Frequenzspektrum der Abwärtsmischung in Frequenzenkehrlage

schiedene Möglichkeiten zur Bildung des Zwischenfrequenzspektrums:

1. Die Aufwärtsmischung in Frequenzengleichlage mit $f_z > f_s$ folgt aus Gl. (5) zu

$$f_z = f_s + \mu f_p$$

und dem Spektrum nach Bild 5.

2. Die Abwärtsmischung in Frequenzengleichlage mit $f_z < f_s$ folgt aus Gl. (5) zu

$$f_z = f_s - \mu f_p$$

und dem Spektrum nach Bild 6.

3. Die Aufwärts- bzw. Abwärtsmischung in Frequenzenkehrlage mit $f_z \gtrless f_s$ folgt aus Gl. (5) zu

$$f_z = -f_s + \mu f_p$$

mit der Unterteilung

Aufwärtsmischung für $\mu f_p/2 > f_s$

Abwärtsmischung für $\mu f_p/2 < f_s < \mu f_p$

(Bild 7).

Kleinsignaltheorie der Mischung. Die Kleinsignaltheorie der Mischung behandelt das Signal- und Rauschverhalten nichtlinearer Netzwerke bei schwachen Stör- und Nutzsignalen durch die sog. „Theorie kleiner Störungen" oder kurz „Kleinsignaltheorie" [1–10]. Die nichtlinearen Eigenschaften der verwendeten aktiven oder passiven Bauelemente werden wieder durch die eindeutigen (d.h. hysteresefreien) nichtlinearen Funktionen der Gln. (1) und (2) beschrieben. Die übrige Schaltung soll nur lineare und zeitlich konstante Elemente enthalten. Die Prinzipschaltung zum Betrieb eines Bauelements mit nichtlinearem Zusammenhang

$$y = y(x) \tag{6}$$

zeigt Bild 8. Das nichtlineare Bauelement wird von Generatoren mit inneren Strom- oder Spannungsquellen gespeist. Die Oszillator- bzw. Pumpkreisfrequenz ist mit $p = 2\pi f_p$, die Signalkreisfrequenz mit $s = 2\pi f_s$ bezeichnet. Die Generatorströme bzw. -spannungen werden als harmonische Funktionen in pt bzw. st vorausgesetzt. Damit sind auch y und x in Gl. (6) harmonische Funktionen in pt bzw. st und können in bekannter Weise in doppelte Fourier-Reihen entwickelt werden [1–10]. Zur Erläuterung dieser Verhältnisse betrachten wir den in Bild 9 dargestellten nichtlinearen Zusammenhang $y = y(x)$ bei der Aussteuerung mit den harmonischen Funktionen der inneren Generatoren. Im unteren Teil des Bildes 9 ist die Zeitabhängigkeit $x(t)$ am nichtlinearen Bauelement dargestellt. Bei fehlendem Signal Δx wird $x(t)$ durch die ausgezogene Kurve beschrieben, deren Verlauf in pt harmonisch ist und im folgenden stets als

$$x_p = x(pt) = x_0 + \hat{x}_p \cos(pt)$$

vorausgesetzt wird. Bei schwachen Signalen ist

$$\Delta x = x(pt, st) - x(pt),$$

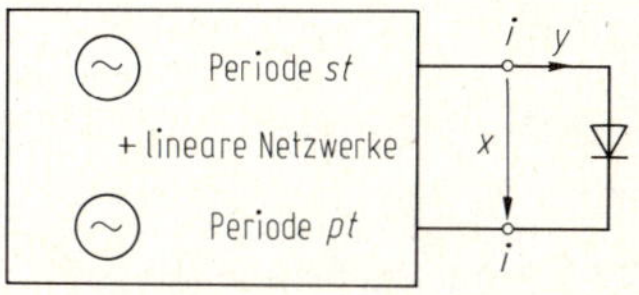

Bild 8. Prinzipschaltung zur Steuerung eines Bauelements mit nichtlinearer Kennlinie

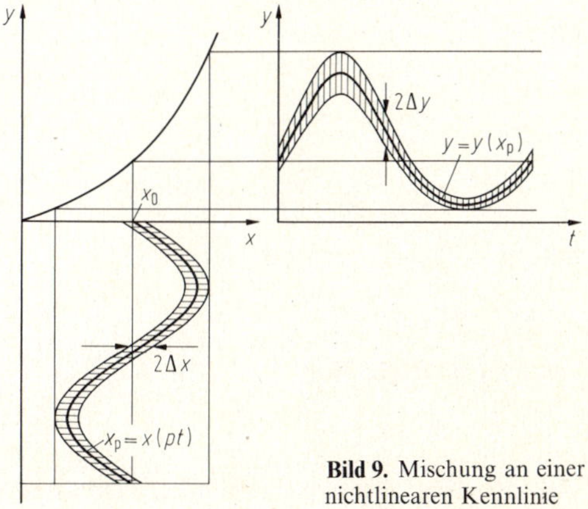

Bild 9. Mischung an einer nichtlinearen Kennlinie

so daß $x(pt, st)$ innerhalb des schmalen, schraffierten Streifens in Bild 9 verläuft. In Bild 9 rechts ist der zeitliche Verlauf von y dargestellt, der sich aus der Kennlinie $y = y(x)$ für $x = x(pt, st)$ ergibt. Die ausgezogene Kurve $y = y(x_p) = y[x(pt)]$ in Bild 9 rechts gilt wiederum bei fehlendem Signal. Die durch das Signal hervorgerufene kleine Änderung

$$\Delta y = y[x(pt) + \Delta x] - y[x(pt)]$$

liegt in dem schmalen schraffierten Bereich des Bildes 9 rechts. Aus Gl. (6) erhalten wir durch Taylor-Reihenentwicklung in linearer Näherung die Beziehung

$$\Delta y = \left[\frac{\mathrm{d}y(x)}{\mathrm{d}x}\right]_{x_p} \Delta x = A(pt)\,\Delta x. \qquad (7)$$

Die Ableitung $A(pt)$ kann als Fourier-Reihe

$$A(pt) = \sum_{n=-\infty}^{\infty} \underline{A}^{(n)}\,\mathrm{e}^{\mathrm{j}npt} \qquad (8)$$

dargestellt werden, wobei die Fourier-Komponenten durch die Beziehung

$$\underline{A}^{(n)} = \frac{\mathrm{e}^{\mathrm{j}n\varphi_p}}{2\pi} \int_{-\pi}^{\pi} A(pt)\,\mathrm{e}^{-\mathrm{j}npt}\,\mathrm{d}(pt) \qquad (9)$$

mit

$$\underline{A}^{(-n)} = \underline{A}^{(n)*}$$

gegeben sind [4]. Es ist zu beachten, daß $A(pt)$ jeweils die Dimension hat, welche sich aus der Ableitung der nichtlinearen Funktionen nach den Gln. (1) und (2) ergibt und dementsprechend einen gesteuerten Wirkleitwert oder eine gesteuerte Kapazität bzw. gesteuerten Wirkwiderstand oder Elastanz darstellt. Wenn wir für die Kleinsignalanteile die doppelten Fourier-Reihen

$$\Delta x = \frac{1}{2} \sum_{\nu=\pm 1} \sum_{\mu=-\infty}^{\infty} \underline{X}_{\nu s+\mu p}\,\mathrm{e}^{\mathrm{j}(\nu s+\mu p)t}$$

mit

$$\underline{X}_{-(\nu s+\mu p)} = \underline{X}^*_{\nu s+\mu p} \qquad (10)$$

und

$$\Delta y = \frac{1}{2} \sum_{\nu=\pm 1} \sum_{\mu=-\infty}^{\infty} \underline{Y}_{\nu s+\mu p}\,\mathrm{e}^{\mathrm{j}(\nu s+\mu p)t}$$

mit

$$\underline{Y}_{-(\nu s+\mu p)} = \underline{Y}^*_{\nu s+\mu p}$$

ansetzen, so folgen mit

$$\mu = k + n \qquad (11)$$

aus den Gln. (7) bis (10) die Konversionsgleichungen (1–7, 10)

$$\underline{Y}_{\nu s+\mu p} = \sum_{k=-\infty}^{\infty} \underline{A}^{(\nu-k)}\,\underline{X}_{\nu s+kp}. \qquad (12)$$

Im Falle des nichtlinearen Zusammenhangs $q = q(u)$ bzw. $u = u(q)$ erhalten wir aus den Ladungen die Ströme nach der Beziehung [1, 2, 4, 5, 7, 10]

$$\underline{I}_{\nu s+\mu p} = \mathrm{j}(\nu s + \mu p)\,\underline{Q}_{\nu s+\mu p}.$$

1.3 Mischung mit Halbleiterdiode als nichtlinearem Strom-Spannungs-Bauelement

Mixing with a semiconductor diode as a nonlinear current voltage device

Das Ersatzschaltbild der Halbleiterdiode, welches für die Mischung zugrunde gelegt werden muß [1, 7] ist in Bild 10 dargestellt. Im Durchlaßbereich ist die Sperrschichtkapazität $C_s(u)$ wesentlich kleiner als die hier konstant angenommene Diffusionskapazität C_i, so daß für die Mischung mit einer Halbleiterdiode im Durchlaßbereich nur der differentielle Diffusionsleitwert $G(u) = \mathrm{d}i/\mathrm{d}u$ genutzt werden kann. Der Bahnwiderstand R_i berücksichtigt die ohmschen Verluste der Bahngebiete der Diode; die Zuleitungsinduktivität L_i und die Gehäusekapazität C_g beeinflussen das Verhalten der Diode besonders bei hohen Frequenzen [5, 7, 11–14]. Im Hinblick auf die Wirkung der Diffusionskapazität C_j ist die unterschiedliche Größenordnung zwischen Schottky-Barrier- und pn-Diode zu beachten [7].

Die Schaltung eines Diodeneintaktmischers mit Spiegelfrequenzabschlußleitwert $\underline{Y}'_{p-z}$ für den Betrieb im Durchlaßbereich der Halbleiterdiode ist in Bild 11 dargestellt. In diesem Betriebsfall bewirkt der nichtlineare Zusammenhang $i = i(u)$ die Frequenzumsetzung von der HF-Ebene mit der Kreisfrequenz $p + z = 2\pi(f_p + f_z)$ in die ZF-Ebene der Kreisfrequenz $z = 2\pi f_z$. Wir erhalten damit aus den Gln. (7) bis (9) einen gesteuerten Wirkleitwert

$$G(pt) = \left[\frac{\mathrm{d}i(u)}{\mathrm{d}u}\right]_{u_p} = \sum_{n=-\infty}^{\infty} \underline{G}^{(n)}\,\mathrm{e}^{\mathrm{j}npt} \qquad (13)$$

für die Halbleiterdiode im Durchlaßbereich bei

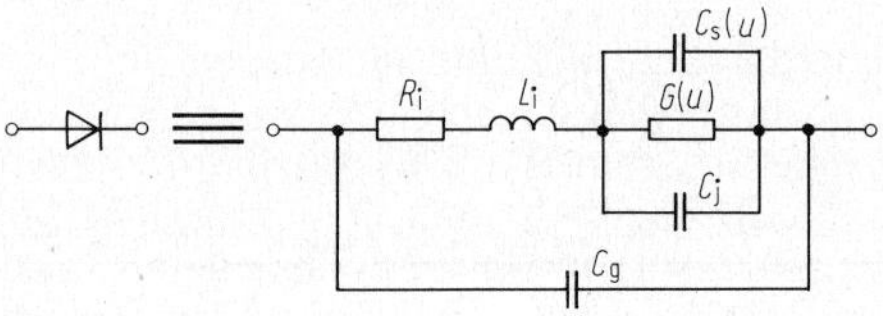

Bild 10. Ersatzschaltbild der realen Halbleiterdiode

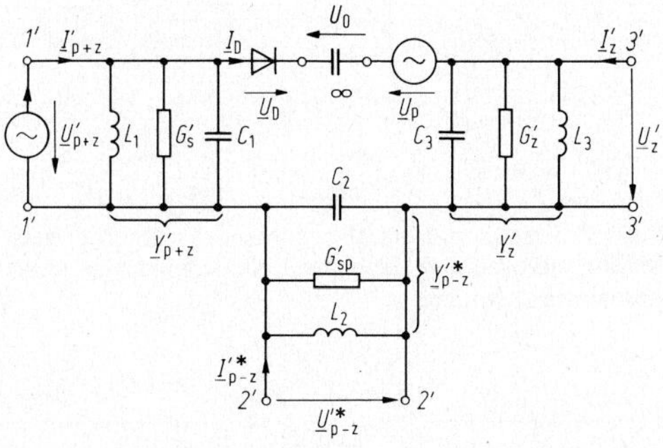

Bild 11. Schaltung des Diodeneintaktmischers mit Spiegelfrequenzabschluß

Spannungssteuerung, wie in Bild 11 vorausgesetzt.

Mit dem Ersatzschaltbild der Diode nach Bild 10 und dem gesteuerten Wirkleitwert nach Gl. (13) folgt für den Diodeneintaktmischer das Kleinsignal-Ersatzbild entsprechend der Schaltung nach Bild 12. Gehen wir in Bild 12 davon aus, daß die Resonatoren mit den komplexen Leitwerten $\underline{Y}'_{p\pm z}$ und $\underline{Y}'_z$ außerhalb ihrer Resonanzkreisfrequenzen einen Kurzschluß darstellen, so müssen bei der Anwendung der Konversionsgleichungen (12) auf die ideale Halbleiterdiode mit $\underline{Y}_{vs+\mu p} = \underline{I}_{vs+\mu p}$ und $\underline{X}_{vs+kp} = \underline{U}_{vs+kp}$ entsprechend der in diesem Fall verwendeten Nichtlinearität $i = i(u)$ nach Gl. (1) die parasitären Diodenelemente R_i, L_i, C_j und C_g getrennt bei den Kreisfrequenzen $p \pm z$ und z berücksichtigt werden [6, 7, 14]. Wir erhalten damit für die weiteren Rechnungen die Ersatzschaltung nach Bild 13. Die Stromquellen, die Innen- und Lastleitwerte sowie die Verlustwiderstände der äußeren linearen Netzwerke in Bild 13 können stets auf die inneren Klemmpaare umgerechnet werden.

Die Schaltung nach Bild 14 kann somit durch die Ersatzschaltung nach Bild 15 ersetzt werden.

Für den Verlustleitwert $G_{v,n}$ in Bild 15 erhalten wir nach [14] die einfache Beziehung

$$G_{v,n} = R_i(\omega C_j)^2. \tag{14}$$

In entsprechender Weise kann für Kurzschluß zwischen den inneren Klemmen nn die Einströ-

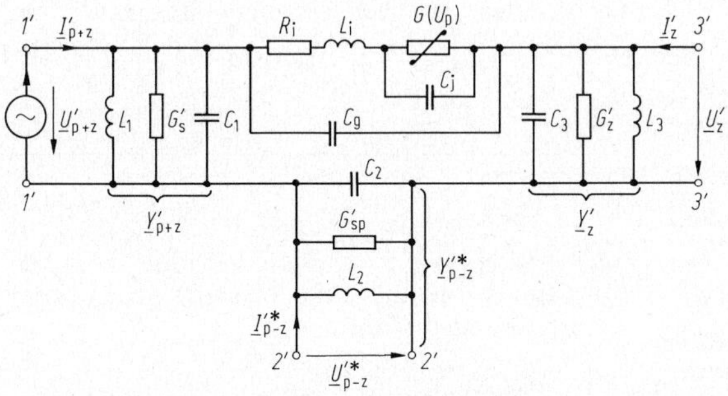

Bild 12. Schaltung des Eintaktmischers mit realer Halbleiterdiode

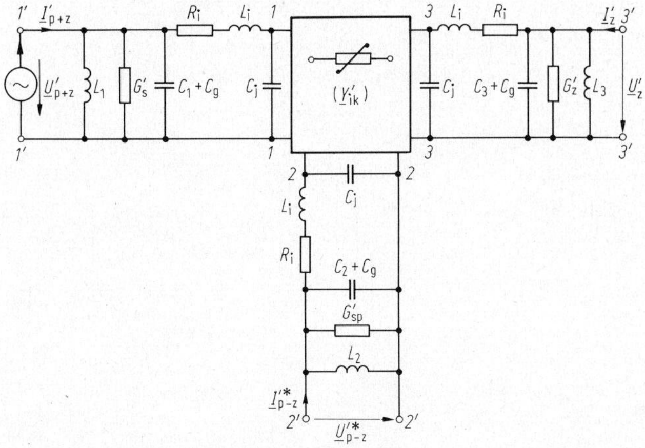

Bild 13. Ersatzschaltung des Eintaktmischers unter getrennter Berücksichtigung der parasitären Diodenelemente R_i, L_i, C_j und C_g bei den Kreisfrequenzen $p \pm z$ und z

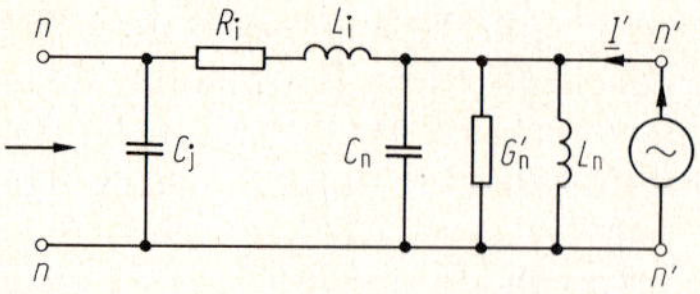

Bild 14. Grundschaltung der äußeren linearen Netzwerke der Schaltung nach Bild 13

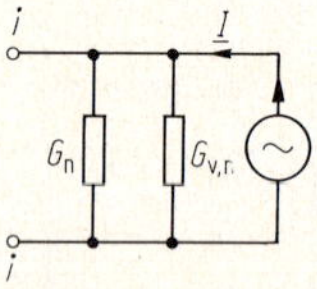

Bild 15. Ersatzschaltung der linearen Netzwerke nach Bild 14, bezogen auf die inneren Klemmenpaare *ii* bei Resonanzabstimmung

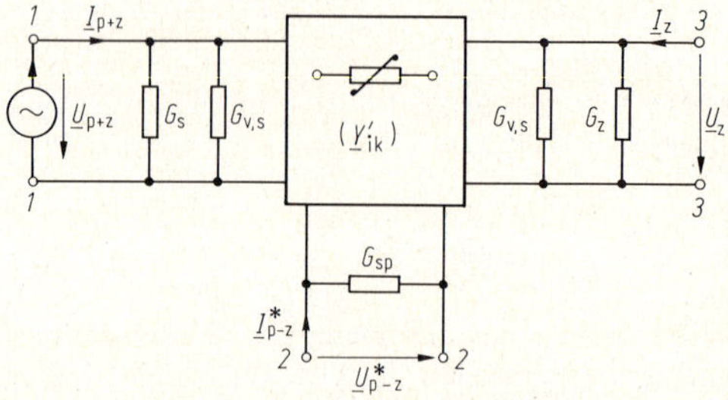

Bild 16. Ersatzschaltung des Eintaktmischers bei Resonanzabstimmung mit transformierten Stromquellen und Wirkleitwerten

mung I' in die Einströmung I umgerechnet werden. Als Ersatzschaltung des Eintaktmischers bei Resonanzabstimmung kann damit die Schaltung nach Bild 16 zugrunde gelegt werden. Die Konversionsmatrix nach Gl. (12) für die ideale Halbleiterdiode ist nun in der Hauptdiagonalen durch die Verlust- und Lastleitwerte zu ergänzen. Es folgt somit aus Gl. (12) für die Schaltung nach Bild 16

$$\begin{pmatrix} I_{p+z} \\ I^*_{p-z} \\ I_z \end{pmatrix} = \begin{pmatrix} G_s + G_{v,s} + G^{(0)} & G^{(2)} & -G^{(1)} \\ G^{(2)*} & G^{(0)} + G_{sp} & -G^{(1)*} \\ -G^{(1)*} & -G^{(1)} & G^{(0)} + G_{v,z} + G_z \end{pmatrix} \cdot \begin{pmatrix} U_{p+z} \\ U^*_{p-z} \\ U_z \end{pmatrix} = (Y'_{ik}) \cdot \begin{pmatrix} U_{p+z} \\ U^*_{p-z} \\ U_z \end{pmatrix}, \tag{15}$$

wobei entsprechend Gl. (14)

$$G_{v,s} = R_i (s C_j)^2 \quad \text{und} \quad G_{v,z} = R_i (z C_j)^2$$

gilt.

Die Signaleigenschaften des Abwärtsmischers in Frequenzgleichlage. Die Signaleigenschaften des Abwärtsmischers in Frequenzgleichlage erhalten wir, wenn wir davon ausgehen, daß in der Schaltung nach Bild 16 bei der Spiegelkreisfrequenz am Klemmenpaar *2 2* keine Einströmung erfolgt, so daß $I^*_{p-z} = 0$ ist. Aus der zweiten Zeile der Gl. (15) folgt dann

$$U^*_{p-z} = -\frac{G^{(2)*} U_{p+z} - G^{(1)*} U_z}{G^{(0)} + G_{sp}}$$

und damit aus Gl. (15) für die Konversionsgleichungen des Abwärtsmischers in Frequenzgleichlage

$$\begin{pmatrix} I_{p+z} \\ I_z \end{pmatrix} = (Y_{ik}) \cdot \begin{pmatrix} U_{p+z} \\ U_z \end{pmatrix} \tag{16}$$

mit

$$(Y_{ik}) = \begin{pmatrix} G_s + G_{v,s} + G^{(0)} - \dfrac{|G^{(2)}|^2}{G^{(0)} + G_{sp}} & -G^{(1)} + \dfrac{G^{(1)*} G^{(2)}}{G^{(0)} + G_{sp}} \\ -G^{(1)*} + \dfrac{G^{(1)} G^{(2)*}}{G^{(0)} + G_{sp}} & G_z + G_{v,z} + G^{(0)} - \dfrac{|G^{(1)}|^2}{G^{(0)} + G_{sp}} \end{pmatrix}. \tag{17}$$

Der verfügbare Konversionsgewinn des Mischers folgt mit den Elementen der Matrix Y_{ik} nach den Gln. (16) und (17) zu

$$L_{v,m} = \left| \frac{Y_{21}}{Y_{11}} \right|^2 \cdot \frac{G_s}{G_z}. \tag{18}$$

Bei Leistungsanpassung am Eingang und Ausgang des Mischers gilt außerdem [14]

$$G_z = G_{z,opt} = \left[G_{v,z} + G^{(0)} - \frac{|G^{(1)}|^2}{G^{(0)} + G_{sp}} \right] \sqrt{1 - \gamma^2}$$
$$G_s = G_{s,opt} = \left[G_{v,s} + G^{(0)} - \frac{|G^{(2)}|^2}{G^{(0)} + G_{sp}} \right] \sqrt{1 - \gamma^2} \tag{19}$$

mit

$$\gamma^2 = \frac{\left[-|\underline{G}^{(1)}| + \dfrac{|\underline{G}^{(1)}|\,|\underline{G}^{(2)}|}{G^{(0)} + G_{\mathrm{sp}}}\right]^2}{\left[G_{\mathrm{v,s}} + G^{(0)} - \dfrac{|\underline{G}^{(2)}|^2}{G^{(0)} + G_{\mathrm{sp}}}\right]\left[G_{\mathrm{v,z}} + G^{(0)} - \dfrac{|\underline{G}^{(1)}|^2}{G^{(0)} + G_{\mathrm{sp}}}\right]}. \tag{20}$$

Für den verfügbaren Konversionsgewinn des Mischers nach Gl. (18) ergibt sich dann

$$L_{\mathrm{v,m}} = \frac{G_{\mathrm{v,s}} + G^{(0)} - \dfrac{|\underline{G}^{(2)}|^2}{G^{(0)} + G_{\mathrm{sp}}} - G_{\mathrm{s,opt}}}{G_{\mathrm{v,s}} + G^{(0)} - \dfrac{|\underline{G}^{(2)}|^2}{G^{(0)} + G_{\mathrm{sp}}} + G_{\mathrm{s,opt}}}$$

bzw. mit Gl. (19) und γ^2 nach Gl. (20)

$$L_{\mathrm{v,m}} = \frac{1 - \sqrt{1-\gamma^2}}{1 + \sqrt{1-\gamma^2}}. \tag{21}$$

Für die numerische Berechnung des Signalverhaltens ist es sinnvoll, die Leitwerte in Gl. (20) zu normieren. Wenn wir als Normierungsgröße den Leitwert $G^{(0)}$ verwenden, so folgt mit

$$g_1 = \frac{|\underline{G}^{(1)}|}{G^{(0)}},\quad g_2 = \frac{|\underline{G}^{(2)}|}{G^{(0)}},\quad g_{\mathrm{sp}} = \frac{G_{\mathrm{sp}}}{G^{(0)}},$$

$$g_{\mathrm{v,s}} = \frac{G_{\mathrm{v,s}}}{G^{(0)}},\quad g_{\mathrm{v,z}} = \frac{G_{\mathrm{v,z}}}{G^{(0)}}$$

für γ^2 nach Gl. (20)

$$\gamma^2 = \frac{\left(-g_1 + \dfrac{g_1 g_2}{1 + g_{\mathrm{sp}}}\right)^2}{\left(1 + g_{\mathrm{v,s}} - \dfrac{g_2^2}{1 + g_{\mathrm{sp}}}\right)\left(1 + g_{\mathrm{v,z}} - \dfrac{g_1^2}{1 + g_{\mathrm{sp}}}\right)}. \tag{22}$$

Bei einer Halbleiterdiode mit einer $i(u_{\mathrm{s}}) = (I_{\mathrm{D,0}} + I_{\mathrm{s}})\exp(u_{\mathrm{s}}/m\,U_{\mathrm{T}}) - I_{\mathrm{s}}$ Kennlinie sind die Konversionsleitwerte $G^{(0)}$, $\underline{G}^{(1)}$ und $\underline{G}^{(2)}$ Funktionen der modifizierten Bessel-Funktionen $I_{\mathrm{n}}(\hat{u}_{\mathrm{p}}/m\,U_{\mathrm{T}})$, in deren Argument die Pumpamplitude enthalten ist. Es gilt dann

$$g_1 = \frac{I_1(\hat{u}_{\mathrm{p}}/\mathrm{m}\,U_{\mathrm{T}})}{I_0(\hat{u}_{\mathrm{p}}/m\,U_{\mathrm{T}})} \quad \text{und} \quad g_2 = \frac{I_2(\hat{u}_{\mathrm{p}}/m\,U_{\mathrm{T}})}{I_0(\hat{u}_{\mathrm{p}}/m\,U_{\mathrm{T}})}.$$

Als Funktion von $\hat{u}_{\mathrm{p}}$ können g_1 und g_2 den Wertebereich zwischen 0 und 1 durchlaufen, wobei für genügende Aussteuerung $g_1 = g_2 = 1$ werden kann.

Der verfügbare Konversionsverlust

$$D_{\mathrm{v,m}} = 1/L_{\mathrm{v,m}} \tag{23}$$

ist in den Bildern 17 bis 19 als Funktion von g_1 für den Fall des Spiegelfrequenzkurzschlusses ($g_{\mathrm{sp}} = \infty$), des Spiegelfrequenzleerlaufs, ($g_{\mathrm{sp}} = 0$)

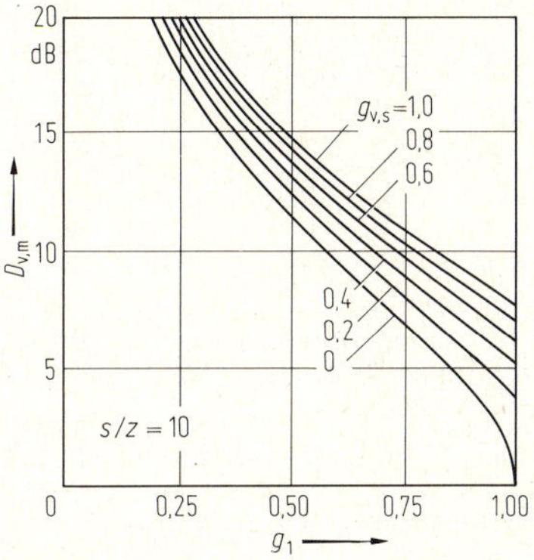

Bild 17. Verfügbarer Konversionsverlust bei Spiegelfrequenzkurzschluß als Funktion der Grundwellenaussteuerung

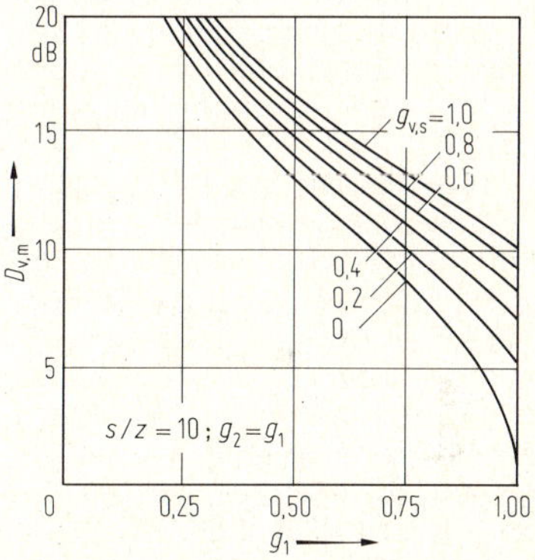

Bild 18. Verfügbarer Konversionsverlust für den Breitbandfall als Funktion der Grund- und Oberwellenaussteuerung

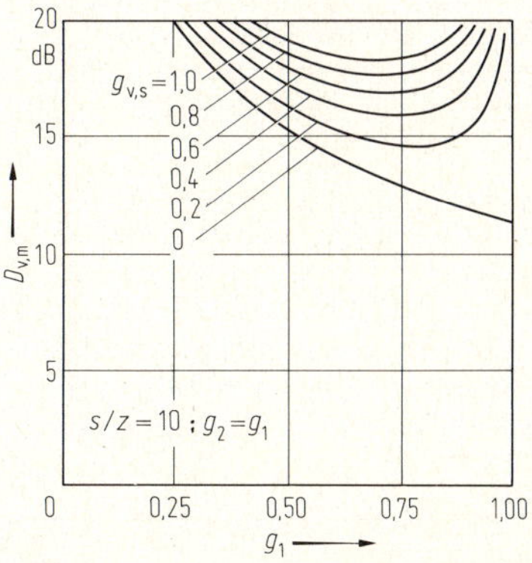

Bild 19. Verfügbarer Konversionsverlust bei Spiegelfrequenzleerlauf als Funktion der Grund- und Oberwellenaussteuerung

und des Breitbandfalls mit der Festlegung ($g_{sp} = 1$) dargestellt. Als Parameter der Kurven ist der normierte Verlustleitwert

$$g_{v,s} = \frac{R_i(sC_j)^2}{\frac{(I_{D,0} + I_s)}{mU_T} I_0(\hat{u}_p/mU_T)}$$

zwischen 0,2 und 1,0 verändert worden. Mit $s/z = 10$ folgt wegen

$$g_{v,z} = (z/s)^2 g_{v,s}$$

ein um den Faktor 100 geringerer Verlustleitwert auf der Zwischenfrequenzseite. Für den Breitbandfall und bei Spiegelfrequenzleerlauf wurde $g_1 = g_2$ gesetzt. Der Leitwert $g_2 = 0$ tritt bei einer Halbleiterdiode mit exponentieller $i(u)$-Kennlinie nicht auf. Wir erkennen, daß unter den hier gemachten Voraussetzungen der Konversionsverlust bei Spiegelfrequenzkurzschluß am geringsten ist.

In entsprechender Weise erhalten wir die Signaleigenschaften des Abwärtsmischers in Frequenzkehrlage, wenn an das Klemmenpaar *2' 2'* der Schaltung nach Bild 12 ein Signalgenerator der Kreisfrequenz $p - z$ angeschlossen wird. Das Klemmenpaar *1' 1'* stellt dann den Spiegelfrequenzabschluß dar.

Im Fall der Aufwärtsmischung in Frequenzengleich- oder Frequenzenkehrlage wird an die Schaltung nach Bild 12 ein Generator an das Klemmenpaar *3' 3'* angeschlossen. Die Wirkleistung wird dann bei der Aufwärtsmischung von z nach $p + z$ am Lastleitwert G_{p+z} zwischen dem Klemmenpaar *1' 1'* abgenommen. Entsprechendes gilt für die Aufwärtsmischung von z nach $p - z$. Wird der gesteuerte Wirkleitwert zur Modulation verwendet (s. L 1.1), so kann z. B. bei der Zweiseitenband-Modulation die Umsetzung von der ZF- oder NF-Ebene auf das obere und untere Seitenband erfolgen. Dann sind Wirkleistungen an den Last-Leitwerten $G_{p\pm z}$ an den Klemmenpaaren *1' 1'* und *2' 2'* zu entnehmen. Ist der differentielle Wirkleitwert der nichtlinearen Strom-Spannungs-Kennlinie für alle Werte von u nicht negativ, d. h.

$$\frac{\mathrm{d}i(u)}{\mathrm{d}u} \geqq 0,$$

so gilt für die Wirkleistungsverteilung am idealen nichtlinearen Element bei den Kombinationskreisfrequenzen $\mu p + \nu s$ nach Penfield [15]

$$\sum_{\mu=-\infty}^{\mu=+\infty} \sum_{\nu=-\infty}^{\nu=+\infty} P_{\mu,\nu}(\mu p + \nu s)^2 \geqq 0. \tag{24}$$

Anstelle dieser frequenzabhängigen Beziehungen erhält man die frequenzunabhängigen *Leistungsbeziehungen von Pantell* [16]

$$\sum_{\mu=0}^{\mu=\infty} \sum_{\nu=-\infty}^{\infty} \mu^2 P_{\mu,\nu} \geqq 0, \tag{25}$$

bzw.

$$\sum_{\mu=-\infty}^{\infty} \sum_{\nu=0}^{\infty} \nu^2 P_{\mu,\nu} \geqq 0. \tag{26}$$

Der Wertebereich des Parameters μ ist in Gl. (25) auf $0 \leqq \mu \leqq +\infty$ gegenüber $-\infty \leqq \mu \leqq +\infty$ in Gl. (26) eingeschränkt, da sich bei $\mu p + \nu s$ und bei $-\mu p - \nu s$ gleich große Wirkleistungen $P_{\mu,\nu} = P_{-\mu,\nu}$ ergeben. Dies gilt ebenso für den Parameter ν in Gl. (25). Werden bei den Kreisfrequenzen s und p dem idealen nichtlinearen Element $i(u)$ die Wirkleistungen $P_{1,0}$ bzw. $P_{0,1}$ zugeführt und wird nur bei einer Kombinationskreisfrequenz $\omega_K = \mu_1 p + \nu_1 s$ die Wirkleistung $-P_K$ abgegeben, so beträgt der hierbei maximal erreichbare Wirkungsgrad [17]

$$\eta_{max} = \frac{-P_K}{P_{1,0} + P_{0,1}} = \frac{1}{[|\mu_1| + |\nu_1|]^2}. \tag{27}$$

Für die Frequenzen des Kleinsignalspektrums mit $\nu = 1$ lautet Gl. (26)

$$\sum_{\mu=-\infty}^{\infty} P_{\mu,1} \geqq 0.$$

Die maximal verfügbare Leistungsverstärkung aller Frequenzumsetzer mit positivem differentiellen Wirkleitwert ist damit [18]

$$L_{v,max} \leqq 1.$$

Bei einem Frequenzvervielfacher gilt nach Page [19] für $f_\mu = \mu f_p$

$$P_1 = P_0 + \sum_{\mu=2}^{\infty} P_\mu \geqq \sum_{\mu=2}^{\infty} \mu^2 P_\mu. \tag{28}$$

P_1 ist darin die bei der Grundfrequenz zugeführte Wirkleistung, P_0 die abgegebene Gleichleistung, P_μ die bei der Oberschwingung μf_p abgegebene Wirkleistung. Aus Gl. (28) folgt

$$P_\mu \leqq \frac{P_1}{\mu^2} \tag{29}$$

und

$$P_0 \geqq (\mu^2 - 1) P_\mu. \tag{30}$$

Der Wirkungsgrad eines Vervielfachers mit positivem differentiellen Wirkleitwert ist stets kleiner als

$$\eta \leqq \eta_{max} \leqq 1/\mu^2. \tag{31}$$

Gleichzeitig erkennen wir aus Gl. (30), daß für $P_0 = 0$, d. h. ohne Gleichleistung, keine Frequenzvervielfachung möglich ist. Kann der diffe-

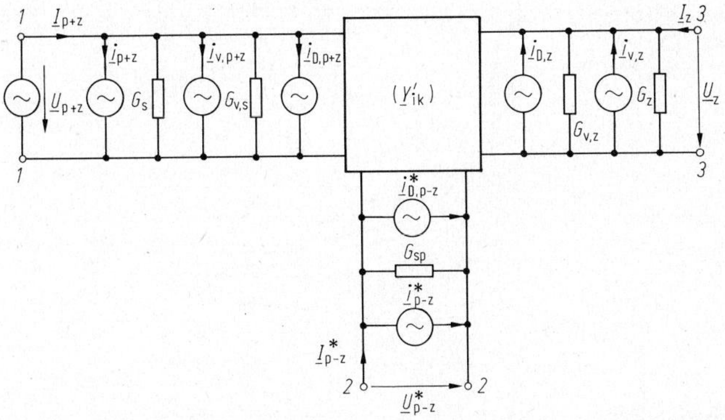

Bild 20. Ersatzschaltung des Diodeneintaktmischers mit Rauschstromquellen zur Berechnung des Rauschverhaltens

rentielle Wirkleitwert negative Werte annehmen, wie z. B. bei der Verwendung einer Tunneldiode, so ist Konversionsgewinn möglich, jedoch ist eine gleichzeitige Anpassung des Mischers an den Generatorinnenleitwert und den Lastleitwert nicht mehr möglich [20, 21].

Das Rauschverhalten des Abwärtsmischers in Frequenzgleichlage. Das Rauschverhalten des Abwärtsmischers in Frequenzengleichlage können wir berechnen, wenn in der Schaltung nach Bild 16 alle Rauschstromquellen berücksichtigt werden, welche vom thermischen Rauschen der Verlustleitwerte $G_{v,s}$, $G_{v,z}$, des Leitwertes G_{sp}, des Innenleitwertes G_s der Signalquelle sowie von den Schrotrauschquellen des Diodenstroms bei der Signal-, Spiegel- und Zwischenkreisfrequenz herrühren. Mit diesen Rauschstromquellen erhalten wir aus Bild 16 die Ersatzschaltung nach Bild 20 zur Berechnung des Rauschverhaltens. Bei der Festlegung der Stromrichtung der Schrotrauschquellen ist zu beachten, daß sie von einer gemeinsamen Ursache, dem Diodenstrom, herrühren und demnach untereinander korreliert sind. Alle anderen Rauschquellen thermischen Ursprungs in Bild 20 sind nicht miteinander korreliert. Für die vollständigen Konversionsgleichungen einschließlich aller Rauschquellen nach Bild 20 erhalten wir dann mit Gl. (15) die Beziehungen

$$\begin{pmatrix} \underline{I}_{p+z} \\ \underline{I}^*_{p-z} \\ \underline{I}_z \end{pmatrix} = \begin{pmatrix} G_s + G_{v,s} + G^{(0)} & \underline{G}^{(2)} & -\underline{G}^{(1)} \\ \underline{G}^{(2)*} & G^{(0)} + G_{sp} & -\underline{G}^{(1)*} \\ -\underline{G}^{(1)*} & -\underline{G}^{(1)} & G_z + G_{v,z} + G^{(0)} \end{pmatrix} \cdot \begin{pmatrix} \underline{U}_{p+z} \\ \underline{U}^*_{p-z} \\ \underline{U}_z \end{pmatrix} + \begin{pmatrix} \underline{i}_{p+z} + \underline{i}_{v,p+z} + \underline{i}_{D,p+z} \\ \underline{i}^*_{p-z} + \underline{i}^*_{D,p-z} \\ -\underline{i}_{v,z} - \underline{i}_{D,z} \end{pmatrix} \tag{32}$$

bzw. mit $\underline{I}^*_{p-z} = 0$ aus der zweiten Zeile der Gl. (32)

$$\underline{U}^*_{p-z} = \frac{-\underline{i}^*_{p-z} - \underline{i}^*_{D,p-z} + \underline{G}^{(1)*}\underline{U}_z - \underline{G}^{(2)*}\underline{U}_{p+z}}{G^{(0)} + G_{sp}}$$

und $(\underline{Y}_{ik})$ nach Gl. (17)

$$\begin{pmatrix} \underline{I}_{p+z} - \underline{i}_{p+z} \\ \underline{I}_z \end{pmatrix} = (\underline{Y}_{ik}) \cdot \begin{pmatrix} \underline{U}_{p+z} \\ \underline{U}_z \end{pmatrix} + \begin{pmatrix} \underline{i}_{v,p+z} + \underline{i}_{D,p+z} - \dfrac{\underline{G}^{(2)}}{G^{(0)} + G_{sp}} (\underline{i}^*_{p-z} + \underline{i}^*_{D,p-z}) \\ -\underline{i}_{v,z} - \underline{i}_{D,z} + \dfrac{\underline{G}^{(1)}}{G^{(0)} + G_{sp}} (\underline{i}^*_{p-z} + \underline{i}^*_{D,p-z}) \end{pmatrix}. \tag{33}$$

Für den totalen Rauschstrom am Eingang des Mischers

$$\underline{i}_{tot} = \underline{I}_{p+z}|_{\underline{I}_z = 0,\, \underline{U}_z = 0}$$

ergibt sich dann aus Gl. (33)

$$\underline{i}_{tot} = \underline{i}_{p+z} + \underline{i}_{v,p+z} + \underline{i}_{D,p+z} + \underline{k}_1(\underline{i}_{D,z} + \underline{i}_{v,z}) + \underline{k}_2(\underline{i}^*_{p-z} + \underline{i}^*_{D,p-z}) \tag{34}$$

mit den Kurzschlußstromübersetzungen

$$\underline{k}_1 = k_1\,e^{j\varphi_p} = -\frac{(1 + g_{v,s} + g_s)(1 + g_{sp}) - g_2^2}{g_1(1 + g_{sp} - g_2)}\,e^{j\varphi_p},$$

$$\underline{k}_2 = k_2\,e^{j2\varphi_p} = \frac{1 + g_{v,s} + g_s - g_2}{1 + g_{sp} - g_2}\,e^{j2\varphi_p}.$$

Den Erwartungswert des totalen Rauschstroms $\langle \underline{i}_{\text{tot}} \underline{i}^*_{\text{tot}} \rangle$ erhalten wir durch Ausmultiplizieren und Ordnen der Gl. (34) zu

$$
\begin{aligned}
\langle \underline{i}_{\text{tot}} \underline{i}^*_{\text{tot}} \rangle &= \langle \underline{i}_{\text{p+z}} \underline{i}^*_{\text{p+z}} \rangle + \langle \underline{i}_{\text{v,p+z}} \underline{i}^*_{\text{v,p+z}} \rangle \\
&+ \langle \underline{i}_{\text{D,p+z}} \underline{i}^*_{\text{D,p+z}} \rangle \\
&+ k_1^2 (\langle \underline{i}_{\text{D,z}} \underline{i}^*_{\text{D,z}} \rangle + \langle \underline{i}_{\text{v,z}} \underline{i}^*_{\text{v,z}} \rangle) \\
&+ k_2^2 (\langle \underline{i}^*_{\text{D,p-z}} \underline{i}_{\text{D,p-z}} \rangle + \langle \underline{i}^*_{\text{v,p-z}} \underline{i}_{\text{v,p-z}} \rangle) \\
&+ 2 \operatorname{Re}(\underline{k}_1 \langle \underline{i}^*_{\text{D,z}} \underline{i}_{\text{D,p+z}} \rangle) \\
&+ 2 \operatorname{Re}(\underline{k}_2^* \langle \underline{i}_{\text{D,p-z}} \underline{i}_{\text{D,p+z}} \rangle) \\
&+ 2 \operatorname{Re}(\underline{k}_1 \underline{k}_2^* \langle \underline{i}_{\text{D,z}} \underline{i}_{\text{D,p-z}} \rangle).
\end{aligned}
$$

Nach Nyquist gilt für die termisch rauschenden Wirkleitwerte

$$
\begin{aligned}
\tfrac{1}{2} \langle \underline{i}_{\text{p+z}} \underline{i}^*_{\text{p+z}} \rangle &= 4\,k\,T_0\,G_{\text{s}}\,\Delta f, \\
\tfrac{1}{2} \langle \underline{i}_{\text{v,p+z}} \underline{i}^*_{\text{v,p+z}} \rangle &= 4\,k\,T\,G_{\text{v,s}}\,\Delta f, \\
\tfrac{1}{2} \langle \underline{i}_{\text{v,z}} \underline{i}^*_{\text{v,z}} \rangle &= 4\,k\,T\,G_{\text{v,z}}\,\Delta f, \\
\tfrac{1}{2} \langle \underline{i}^*_{\text{p-z}} \underline{i}_{\text{p-z}} \rangle &= 4\,k\,T\,G_{\text{sp}}\,\Delta f,
\end{aligned}
\qquad (35)
$$

ferner für die unkorrelierten Schrotrauschanteile des Diodenstroms [1, 3, 6, 7, 9, 14, 22–29]

$$
\begin{aligned}
\tfrac{1}{2} \langle \underline{i}_{\text{D,p+z}} \underline{i}^*_{\text{D,p+z}} \rangle &= \tfrac{1}{2} \langle \underline{i}_{\text{D,z}} \underline{i}^*_{\text{D,z}} \rangle \\
&= \tfrac{1}{2} \langle \underline{i}^*_{\text{D,p-z}} \underline{i}_{\text{D,p-z}} \rangle = 4\,n\,k\,T_{\text{D}}\,G^{(0)}\,\Delta f. \qquad (36)
\end{aligned}
$$

Die Erwartungswerte der korrelierten Schrotrauschanteile des Diodenstroms [1, 3, 6, 7, 9, 14] erhalten wir zu

$$
\begin{aligned}
\tfrac{1}{2} \langle \underline{i}^*_{\text{D,z}} \underline{i}_{\text{D,p+z}} \rangle &= 4nkT_{\text{D}}\,|\underline{G}^{(1)}|\,\Delta f, \\
\tfrac{1}{2} \langle \underline{i}_{\text{D,p-z}} \underline{i}_{\text{D,p+z}} \rangle &= 4nkT_{\text{D}}\,|\underline{G}^{(2)}|\,\Delta f, \\
\tfrac{1}{2} \langle \underline{i}_{\text{D,z}} \underline{i}_{\text{D,p-z}} \rangle &= 4nkT_{\text{D}}\,|\underline{G}^{(1)}|\,\Delta f.
\end{aligned}
\qquad (37)
$$

Für die Einseitenband-Rauschzahl des Abwärtsmischers in Frequenzengleichlage erhalten wir dann mit den Gln. (33) bis (37) [1, 3, 7, 9, 14]

$$
\begin{aligned}
F_{\text{ssB}} = \frac{\langle \underline{i}_{\text{tot}} \underline{i}^*_{\text{tot}} \rangle}{\langle \underline{i}_{\text{p+z}} \underline{i}^*_{\text{p+z}} \rangle} &= 1 \\
&+ \left(\frac{g_{\text{v,s}}}{g_{\text{s}}} + k_1^2 \frac{g_{\text{v,z}}}{g_{\text{s}}} + k_2^2 \frac{g_{\text{sp}}}{g_2} \right) \frac{T}{T_0} \\
&+ n \frac{T_{\text{D}}}{T_0} \frac{(1 + k_1^2 + k_2^2)}{g_{\text{s}}} \\
&+ n \frac{T_{\text{D}}}{T_0} \frac{(2k_1 g_1 + 2k_2 g_2 + 2k_1 k_2 g_1)}{g_{\text{s}}}.
\end{aligned}
\qquad (38)
$$

Der Faktor n in Gl. (38) ist für Schottky-Dioden stets 1/2. Bei Dioden mit pn-Übergang ist $n = 1$. Außerdem gilt stets $n = m/2$.
In den Bildern 21 bis 26 ist F_{ssB} nach Gl. (38) bei Zimmertemperatur ($T = T_{\text{D}} = T_0 = 290$ K), unterschiedlichen Spiegelfrequenzleitwerten ($g_{\text{sp}} = 0, 1, \infty$) und Diodenverlusten ($g_{\text{v,s}} = 0 \ldots 1$) für die Schottky-Diode ($n = 1/2$) und pn-Diode ($n = 1$) als Funktion des Generatorinnenleitwer-

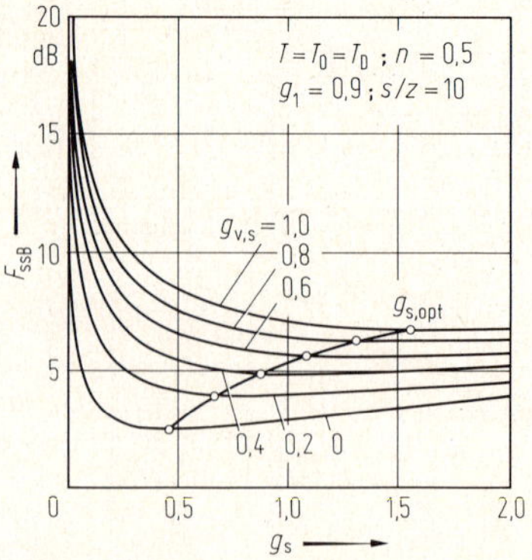

Bild 21. Einseitenband-Rauschzahl als Funktion des Generatorinnenleitwerts bei Spiegelfrequenzkurzschluß der Schottky-Diode

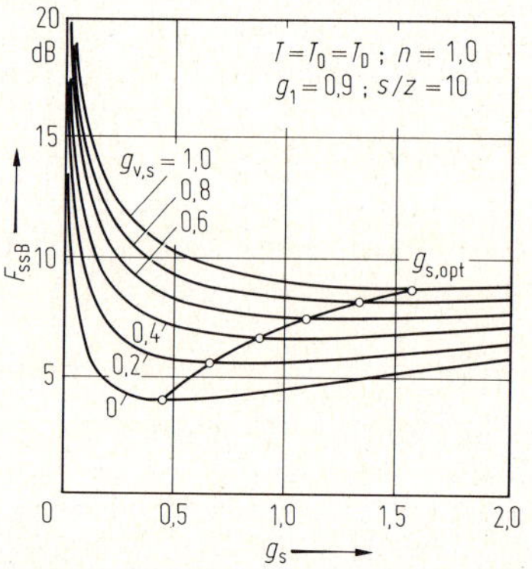

Bild 22. Einseitenband-Rauschzahl als Funktion des Generatorinnenleitwerts bei Spiegelfrequenzkurzschluß der pn-Diode

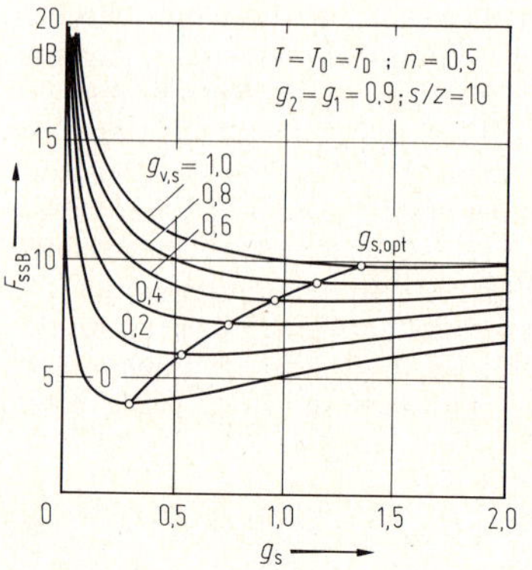

Bild 23. Einseitenband-Rauschzahl als Funktion des Generatorinnenleitwerts für den Breitbandfall der Schottky-Diode

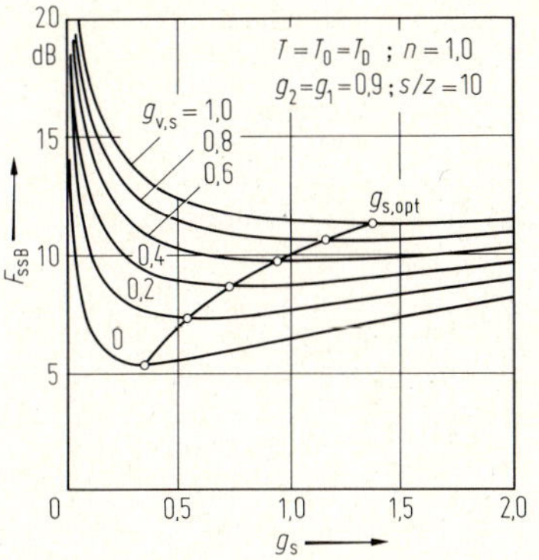

Bild 24. Einseitenband-Rauschzahl als Funktion des Generatorinnenleitwerts für den Breitbandfall der pn-Diode

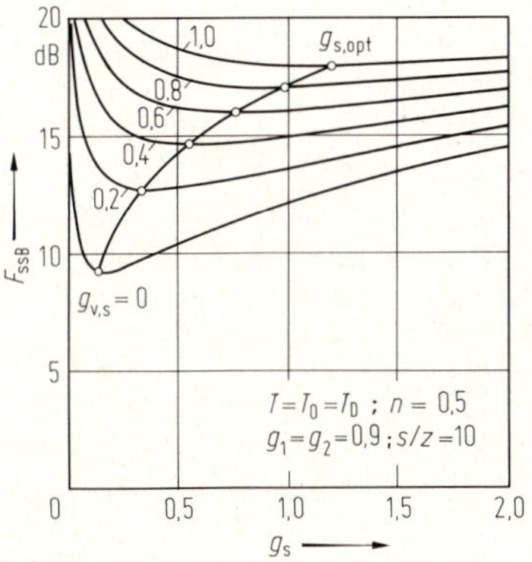

Bild 25. Einseitenband-Rauschzahl als Funktion des Generatorinnenleitwerts bei Spiegelfrequenzleerlauf der Schottky-Diode

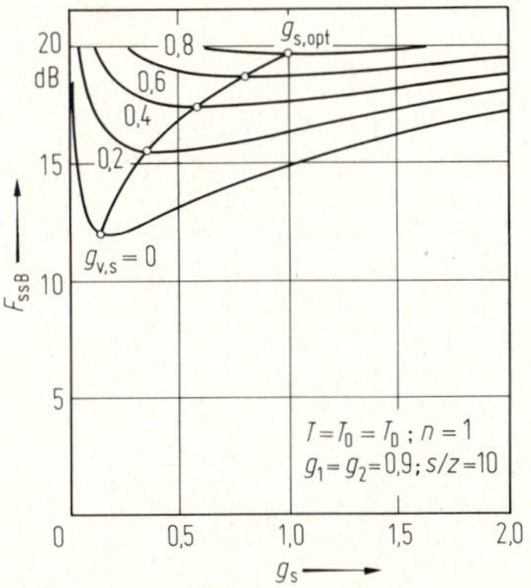

Bild 26. Einseitenband-Rauschzahl als Funktion des Generatorinnenleitwerts bei Spiegelfrequenzleerlauf der pn-Diode

tes g_s dargestellt. Aus den Bildern ist zu erkennen, daß die Rauschzahl infolge des thermischen Rauschens als auch der Erhöhung der Kurzschlußstromübersetzungen k_1 und k_2 durch die Diodenverluste ansteigt. Der Innenleitwert der Signalquelle $g_{s,\,opt}$ für Leistungsanpassung am Eingang des Mischers nach Gl. (19) ist in die Kurven der Bilder 21 bis 26 ebenfalls eingetragen. Man sieht, daß Rauschminimum und Leistungsanpassung nahezu zusammenfallen. Die kleinste Rauschzahl wird mit der Schottky-Diode bei Spiegelfrequenzkurzschluß erreicht. Mit abnehmender Temperatur ist nach Gl. (38) – bei Verwendung einer für tiefe Temperaturen geeigneten Halbleiterdiode [11, 12, 14, 29] – eine Verringerung der Rauschzahl infolge des dann geringeren thermischen Rauschens zu erwarten. Die vom Schrotrauschen herrührenden Anteile in der Rauschzahl nach Gl. (38) können nicht verringert werden, da unter der in den Gln. (36) und (37) eingeführten Diodentemperatur T_D die Rauschtemperatur zu verstehen ist, welche der mittlere Leitwert $G^{(0)}$ haben müßte, um das Schrotrauschen thermisch zu erzeugen [3]. Für Mischer mit exponentieller Kennlinie ist $T_D \simeq T_0$, falls der Diodengleichstrom im Arbeitspunkt von der Diode bei tiefen Temperaturen aufgebracht werden kann.
Die minimale Rauschtemperatur

$$T_{m,\,min} = [F_{ssB,\,min} - 1]\; T_0 \qquad (39)$$

erhält man aus Gl. (38), wenn man die thermisch rauschenden Anteile vernachlässigt. In Bild 27 ist für die Schottky-Diode $T_{m,\,min}$ als Funktion der Diodenverluste $g_{v,\,s}$ bei Spiegelfrequenzkurzschluß und für den Breitbandfall dargestellt.
Das Signal- und Rauschverhalten wurde in dem vorhergehenden Schaltungsbeispiel nach Bild 11

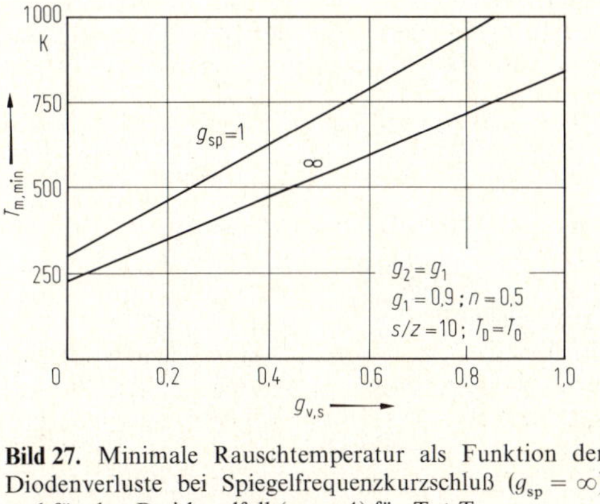

Bild 27. Minimale Rauschtemperatur als Funktion der Diodenverluste bei Spiegelfrequenzkurzschluß ($g_{sp} = \infty$) und für den Breitbandfall ($g_{sp} = 1$) für $T \ll T_0$

für den Fall der Spannungssteuerung der Diode untersucht. Wird die Diode in ein Netzwerk mit Serienkreisen [7] eingebettet, so liegt der Fall der Stromsteuerung und damit ein gesteuerter Wirkwiderstand (Varistor) vor. Die Signal- und Rauscheigenschaften hierzu sind in [7] behandelt.
Betr. Mischerschaltungen mit mehreren Dioden wird auf [1, S. 277–280] sowie auf [30–34] verwiesen.

1.4 Mischung mit Halbleiterdiode als nichtlinearem Spannungs-Ladungs-Bauelement

Mixing with a semiconductor diode as a nonlinear voltage charge device

Bei Betrieb der Halbleiterdiode in Sperrichtung ist die spannungsabhängige Sperrschichtkapazität $C_s(u)$ in der Ersatzschaltung nach Bild 10 wirksam und kann als gesteuerte Kapazität oder Elastanz zur Frequenzumsetzung genutzt werden. Dementsprechend sind bei der Kleinsignaltheorie die nichtlinearen Beziehungen $q = q(u)$ bzw. $u = u(q)$ für die Mischung maßgebend. Das Ersatzbild nach Bild 10 ist für diese Anwendungen durch die Ersatzschaltung nach Bild 28 zu ersetzen.

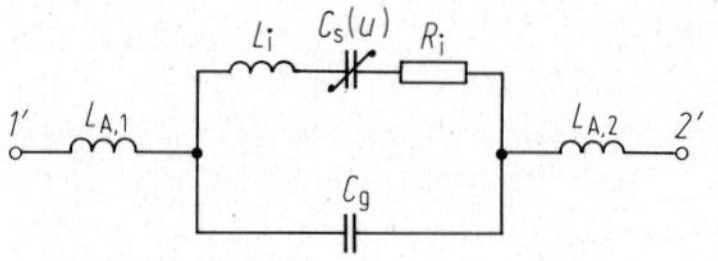

Bild 28. Ersatzschaltung der Halbleiterdiode beim Betrieb in Sperrichtung

Bis zu den äußeren Anschlüssen *1' 2'* sind hier noch die Induktivitäten $L_{A,1}$ und $L_{A,2}$ berücksichtigt worden, welche von dem Einbau der Diode in die Schaltungsanordnung bestimmt werden [5]. Für den komplexen Diodenwiderstand zwischen den Klemmen *1' 2'* der Ersatzschaltung nach Bild 28 erhalten wir mit Hilfe der inneren Parallelresonanzfrequenz

$$\omega_i = \sqrt{\frac{1 + C_g S_i^{(0)}}{L_i C_g}} \tag{40}$$

und der inneren Grenzfrequenz

$$\omega_g = \frac{1 + C_g S_i^{(0)}}{R_i C_g} \tag{41}$$

Für

$$\frac{2 C_g |S_i^{(1)}|}{1 + C_g S_i^{(0)}} < 1, \qquad \omega_i, \omega_g \gg \omega$$

erhalten wir aus Gl. (42) die Elemente

$$L_D = L_{A,1} + L_{A,2} + \frac{L_i}{1 + C_g S_i^{(0)}}, \tag{43}$$

$$S = \frac{S_i^{(0)}}{1 + C_g S_i^{(0)}}, \tag{44}$$

$$R_D = \frac{R_i}{1 + C_g S_i^{(0)}} \tag{45}$$

der vereinfachten Serienschaltung der Reaktanzdiode nach Bild 29, welche wir für die weiteren Betrachtungen voraussetzen wollen.

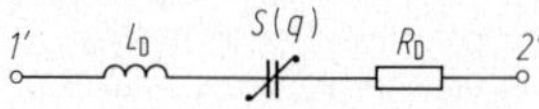

Bild 29. Vereinfachte Ersatzschaltung der Halbleiterdiode beim Betrieb in Sperrichtung

Der Wirkleistungsumsatz der idealen, verlustfreien Reaktanzdiode ($R_D = 0$) wird durch den allgemeinen Leistungsverteilungssatz für konservative Systeme nach Penfield [15]

$$\sum_{\nu=-\infty}^{\nu=\infty} \sum_{\mu=-\infty}^{\mu=\infty} \frac{P_{\nu,\mu}}{\omega_{\nu,\mu}} \frac{\partial \omega_{\nu,\mu}}{\partial \omega_{n,\mu}} = 0, \text{ mit}$$
$$P_{-\nu,-\mu} = P_{\nu,\mu} \tag{46}$$

geregelt, wobei $\omega_{\nu,\mu} = \nu s + \mu p$ die Kombinationskreisfrequenzen sind, welche aus den linearen Kombinationen von Vielfachen der unabhängigen Kreisfrequenzen s und p gebildet werden. Bei nur zwei unabhängigen Kreisfrequenzen erhalten wir für $\omega_{n,\mu} = p$ bzw. $\omega_{n,\mu} = s$ aus Gl. (46) die Beziehungen nach Manley und Rowe [8]

$$\sum_{\nu=-\infty}^{\nu=\infty} \sum_{\mu=0}^{\mu=\infty} \frac{\mu P_{\nu,\mu}}{\nu s + \mu p} = 0$$
und
$$\sum_{\nu=0}^{\nu=\infty} \sum_{\mu=-\infty}^{\mu=\infty} \frac{\nu P_{\nu,\mu}}{\nu s + \mu p} = 0. \tag{47}$$

$$\underline{Z}_{1'2'} = j\omega[L_{A,1} + L_{A,2}] + \frac{R_i + j\omega L_i + \dfrac{S_i}{j\omega}}{(1 + C_g S_i^{(0)})\left[1 + \dfrac{2 C_g |S_i^{(1)}|}{1 + C_g S_i^{(0)}} \cos(pt + \varphi_p) - \left(\dfrac{\omega}{\omega_i}\right)^2 + j\dfrac{\omega}{\omega_g}\right]}. \tag{42}$$

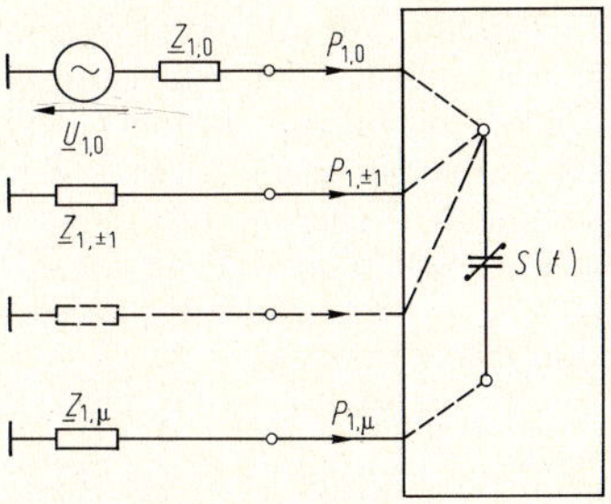

Bild 30. Leistungsverteilung des Kleinsignalspektrums eines gesteuerten Blindleitwerts bzw. Blindwiderstands

Im Kleinsignalfall entsteht das Kleinsignalspektrum aus den linearen Kombinationen von eingeprägter Pumpkreisfrequenz und deren Oberschwingungen mit der unabhängigen Signalkreisfrequenz. Es gilt dann mit $v = 1$ der Leistungsverteilungssatz für das Kleinsignalspektrum des gesteuerten Blindleitwerts bzw. Blindwiderstands nach Bild 30

$$\sum_{\mu=-\infty}^{\mu=\infty} \frac{P_{1,\mu}}{s + \mu p} = 0. \tag{48}$$

Für die Summe aller Leistungsanteile gilt

$$\sum_{\mu=-\infty}^{\mu=\infty} P_{1,\mu} \neq 0. \tag{49}$$

Eine zeitabhängige Reaktanz kann mehr Leistung abgeben als aufnehmen.

Beim Aufwärtsmischer in Frequenzengleichlage und idealer Reaktanzdiode gilt demnach mit $z = s + p$ nach Gl. (47)

$$\sum_{\mu=0}^{\mu=1} \frac{P_{1,\mu}}{s + \mu p} = \frac{P_{1,0}}{s} + \frac{P_{1,1}}{s + p} = 0.$$

Mit $P_{1,0} = P_s$; $P_{1,1} = P_z$ erhalten wir für den effektiven Leistungsgewinn als das Verhältnis zwischen abgegebener Wirkleistung $-P_z$ bei der Zwischenkreisfrequenz z und aufgenommener Wirkleistung P_s bei der Signalkreisfrequenz

$$L_{\mathrm{eff,p+s}} = \frac{-P_z}{P_s} = \frac{p + s}{s} = \frac{z}{s} > 1. \tag{50}$$

Beim Abwärtsmischer in Frequenzengleichlage und idealer Reaktanzdiode mit $s = p + z$ erhalten wir aus Gl. (48)

$$\sum_{\mu=-1}^{\mu=0} \frac{P_{1,\mu}}{s + \mu p} = \frac{P_{1,-1}}{s - p} + \frac{P_{1,0}}{s} = 0,$$

und mit $P_{1,-1} = P_z$; $P_{1,0} = P_{p+z} = P_s$ folgt

$$L_{\mathrm{eff,z}} = \frac{-P_z}{P_{p+z}} = \frac{z}{p + z} < 1. \tag{51}$$

Während bei der Aufwärtsmischung in Frequenzgleichlage stets Leistungsgewinn möglich ist, kann bei Beteiligung nur zweier Kombinationsfrequenzen in Frequenzengleichlage bei der Abwärtsmischung kein Leistungsgewinn erzielt werden.

Für den Fall der Aufwärtsmischung in Frequenzenkehrlage mit $z = p - s$; $P_{1,-1} = P_z$; $P_{1,0} = P_s$ erhalten wir aus Gl. (48)

$$L_{\mathrm{eff,p-s}} = \frac{-P_z}{P_s} = -\frac{p - s}{s} \tag{52}$$

und entsprechend bei *Abwärtsmischung in Frequenzenkehrlage* mit $s = p - z$ aus Gl. (52)

$$L_{\mathrm{eff,z}} = -\frac{z}{p - z}. \tag{53}$$

Bei Frequenzenkehrlage ist sowohl bei der Aufwärtsmischung, als auch bei der Abwärtsmischung der effektive Leistungsgewinn negativ. Dies bedeutet, daß sowohl bei der Kreisfrequenz z als auch bei der Kreisfrequenz $p - z$ Wirkleistung abgegeben wird. Eingangs- und Ausgangsleitwert bzw. -widerstand des Mischers sind somit negativ reell und können zur Verstärkung genutzt werden [37–39].

Betrachten wir den Abwärtsmischer in Frequenzengleichlage unter Berücksichtigung des Abschlußleitwerts bzw. -widerstands bei der Spiegelkreisfrequenz $\omega_{\mathrm{sp}} = p - z$, d.h. den Fall mit drei beteiligten Kombinationskreisfrequenzen $p \pm z$; z, so folgt aus Gl. (48)

$$\sum_{\mu=-2}^{\mu=0} \frac{P_{1,\mu}}{s + \mu p} = \frac{P_{1,0}}{s} + \frac{P_{1,-1}}{s - p} + \frac{P_{1,-2}}{s - 2p} = 0$$

und mit $P_{1,0} = P_{p+z}$; $P_{1,-1} = P_z$; $P_{1,-2} = P_{p-z}$ sowie $s = p + z$

$$\frac{P_{p+z}}{p + z} + \frac{P_z}{z} - \frac{P_{p-z}}{p - z} = 0$$

bzw.

$$L_{\mathrm{eff}} = \frac{-P_z}{P_{p+z}} = \frac{z}{p + z}\left[1 + \frac{p + z}{p - z}\,\frac{(-P_{p-z})}{P_{p+z}}\right]$$

vgl. Gl. (51). (54)

Wird bei der Spiegelkreisfrequenz Wirkleistung abgegeben, so kann nach Gl. (54) bei geeigneter Dimensionierung Leistungsgewinn erzielt werden [37–39]. Die Wirkleistungsentnahme bei der Spiegelkreisfrequenz bewirkt eine Entdämpfung

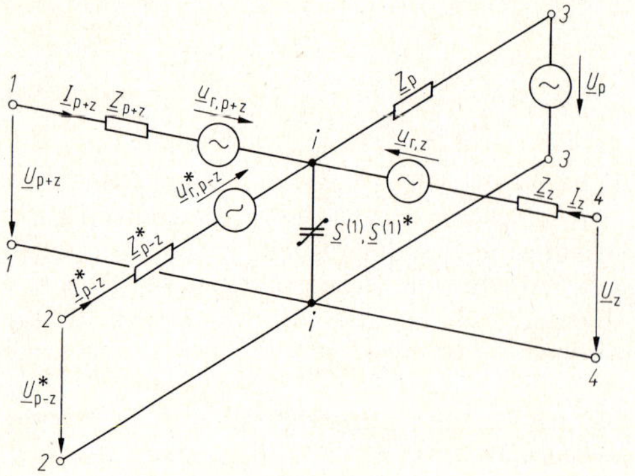

Bild 31. Schaltung des parametrischen Gleichlageabwärtsmischers mit Serienkreisen

bei der Zwischenkreisfrequenz und damit eine Erhöhung des Leistungsgewinns.

Zur Berechnung der Signal- und Rauscheigenschaften der Mischer mit realer Reaktanzdiode gehen wir von der Schaltungsanordnung mit Serienkreisen nach Bild 31 aus. Darin sind

$$\underline{Z}_{p\pm z} = R_{p\pm z} + R_D + j(p+z)(L_{p\pm z} + L_D) + \frac{1}{j(p\pm z)\,C_{p\pm z}} + \frac{S^{(0)}}{j(p\pm z)}$$

die Impedanzen bei der Signal- und Spiegelkreisfrequenz; sie enthalten den Verlustwiderstand R_D, die Induktivität L_D und die mittlere Elastanz $S^{(0)}$ der Reaktanzdiode bei Stromsteuerung, sowie die Elemente der Resonatoren zur Resonanzabstimmung bei $p \pm z$. Entsprechend gilt für die Impedanzen bei der Zwischenkreisfrequenz

$$\underline{Z}_z = R_z + R_D + jz(L_Z + L_D) + \frac{1}{jzC_z} + \frac{S^{(0)}}{jz}.$$

Mit $\underline{u}_{r,p\pm z}$ und $\underline{u}_{r,z}$ sind die Rauschspannungen der thermisch rauschenden Verlustwiderstände der Resonatoren und der Diode bei der Signal-, Spiegel- und Zwischenkreisfrequenz bezeichnet.

Die Durchsteuerung der Reaktanzdiode mit einem Strom der Pumpkreisfrequenz p wird durch den Generator mit der Leerlaufspannung $\underline{U}_p$ zwischen den Klemmen *3 3* bewirkt, die Abstimmung auf die Pumpkreisfrequenz erfolgt durch die Impedanz

$$\underline{Z}_p = R_p + R_D + jp(L_p + L_D) + \frac{1}{jpC_p} + \frac{S^{(0)}}{jp}.$$

Die Konversionsgleichungen beim Betrieb als gesteuerte Elastanz erhalten wir aus Gl. (12) für $\underline{Y}_{vs+\mu p} = \underline{U}_{vs+\mu p}$ und $\underline{X}_{vs+kp} = \underline{Q}_{vs+kp}$ sowie $\underline{I}_{vs+\mu p} = j(vs + \mu p)\,\underline{Q}_{vs+\mu p}$ und

$$A(pt) = \left(\frac{du}{dq}\right)_{q_p} = S(pt) = \sum_{n=-\infty}^{n=\infty} \underline{S}^{(n)} e^{jnpt} \qquad (55)$$

für den hier vorliegenden Fall des nichtlinearen Zusammenhangs $u = u(q)$. Bei der Verwendung einer Reaktanzdiode mit abruptem pn-Übergang erhalten wir infolge des quadratischen Zusammenhangs zwischen u und q aus Gl. (55) (nach Übergang zur reellen Schreibweise) $\underline{S}^{(n)} = 0$ für $|n| > 1$.

In den Konversionsgleichungen

$$\begin{pmatrix} \underline{U}_{p+z} \\ \underline{U}^*_{p-z} \\ \underline{U}_z \end{pmatrix} = \begin{pmatrix} \underline{Z}_{p+z} & 0 & \dfrac{\underline{S}^{(1)}}{jz} \\ 0 & \underline{Z}^*_{p-z} & \dfrac{\underline{S}^{(1)*}}{jz} \\ \dfrac{\underline{S}^{(1)*}}{j(p+z)} & -\dfrac{\underline{S}^{(1)}}{j(p-z)} & \underline{Z}_z \end{pmatrix} \cdot \begin{pmatrix} \underline{I}_{p+z} \\ \underline{I}^*_{p-z} \\ \underline{I}_z \end{pmatrix} + \begin{pmatrix} \underline{u}_{r,p+z} \\ \underline{u}^*_{r,p-z} \\ \underline{u}_{r,z} \end{pmatrix} \qquad (56)$$

sind daher die Elemente $\underline{S}^{(2)}$ nicht enthalten, welche die Rückmischung zwischen Signal- und Spiegelkreisfrequenz bewirken. Wenn wir zwischen die Eingangsklemmen *1 1* bei der Signalkreisfrequenz $p + z$ eine Spannungsquelle mit der Leerlaufspannung $\underline{U}_{p+z}$ anlegen und die Abschlußimpedanz bei der Spiegelfrequenz mit in $\underline{Z}^*_{p-z}$ einbeziehen (so daß $\underline{U}^*_{p-z} = 0$), so erhalten wir aus Gl. (56) die reduzierten Konversionsgleichungen

$$\begin{pmatrix} \underline{U}_{p+z} \\ \underline{U}_z \end{pmatrix} = \begin{pmatrix} \underline{Z}_{p+z} & \dfrac{\underline{S}^{(1)}}{jz} \\ \dfrac{\underline{S}^{(1)*}}{j(p+z)} & \underline{Z}_z - \dfrac{|\underline{S}^{(1)}|^2}{z(p-z)\,\underline{Z}^*_{p-z}} \end{pmatrix} \cdot \begin{pmatrix} \underline{I}_{p+z} \\ \underline{I}_z \end{pmatrix} + \begin{pmatrix} \underline{u}_{r,p+z} \\ \underline{u}'_{r,z} \end{pmatrix} \qquad (57)$$

mit $\underline{u}'_{r,z} = \underline{u}_{r,z} + \dfrac{\underline{S}^{(1)}}{j(p+z)} \dfrac{\underline{u}^*_{r,p-z}}{\underline{Z}^*_{p-z}}$.

Bei Resonanzabstimmung $\mathrm{Im}(\underline{Z}_{p\pm z}) = 0$ mit $\mathrm{Im}(\underline{Z}_z) = 0$ folgt aus Gl. (57)

$$\begin{pmatrix} \underline{U}_{p+z} \\ \underline{U}_z \end{pmatrix} = \begin{pmatrix} R_{p+z} + R_D & \dfrac{\underline{S}^{(1)}}{jz} \\ \dfrac{\underline{S}^{(1)*}}{j(p+z)} & R_z + R_D - R_{-} \end{pmatrix} \cdot \begin{pmatrix} \underline{I}_{p+z} \\ \underline{I}_z \end{pmatrix} + \begin{pmatrix} \underline{u}_{r,p+z} \\ \underline{u}'_{r,z} \end{pmatrix} \qquad (58)$$

wobei

$$\underline{u}'_{r,z} = \underline{u}_{r,z} + \frac{\underline{S}^{(1)}}{j(p-z)} \frac{\underline{u}^*_{r,p-z}}{R_{p-z} + R_D} \qquad (59)$$

gilt und

$$R_- = \frac{|\underline{S}^{(1)}|^2}{z(p-z)(R_{p-z}+R_D)} \qquad (60)$$

den Betrag des negativen Widerstands darstellt, welcher durch den reellen Spiegelfrequenz-Abschlußwiderstand $R_{p-z} + R_D$ bei der Zwischenkreisfrequenz z erscheint.
Mit

$$R_+ = \frac{|\underline{S}^{(1)}|^2}{z(p+z)(R_{p+z}+R_D)} \qquad (61)$$

und

$$a = \frac{R_-}{R_+} = \frac{p+z}{p-z}\,\frac{R_{p+z}+R_D}{R_{p-z}+R_D} \qquad (62)$$

erhalten wir für den *verfügbaren Konversionsgewinn des Mischers*

$$L_{v,m} = \left|\frac{\underline{U}_z}{\underline{U}_{p+z}}\right|^2_{\underline{I}_z=0} \cdot \frac{R_{p+z}}{R_A} = \frac{z}{p+z}\,\frac{R_+}{R_D + R_+(1-a)}\,\frac{R_{p+z}}{R_D+R_{p+z}}, \qquad (63)$$

wobei mit R_A der Ausgangswiderstand bei der Zwischenkreisfrequenz

$$R_A = \left(\frac{\underline{U}_z}{\underline{I}_z}\right)_{\underline{U}_{p+z}=0} - R_z = R_D + R_+ - R_-$$

gegeben ist. Wenn wir die Grenzfrequenz der Diode

$$\omega_g = \frac{|\underline{S}^{(0)}|}{R_D},$$

die Diodengüte bei der Signalkreisfrequenz

$$Q_{p+z} = \frac{\omega_g}{(p+z)},$$

die Diodenaussteuerung

$$\gamma = \frac{|\underline{S}^{(1)}|}{S^{(0)}}$$

und

$$m = \frac{R_{p+z}}{R_D}$$

in Gl. (63) einführen, erhalten wir

$$L_{v,m} = \frac{m}{(1+m)^2}\,\frac{(\gamma Q_{p+z})^2}{1+(1-a)\dfrac{p+z}{z}\dfrac{(\gamma Q_{p+z})^2}{1+m}}. \qquad (64)$$

Hieraus folgt für $a \to 1$.

$$L_{v,m} = \frac{\mathrm{m}}{(1+m)^2}(\gamma Q_{p+z})^2. \qquad (65)$$

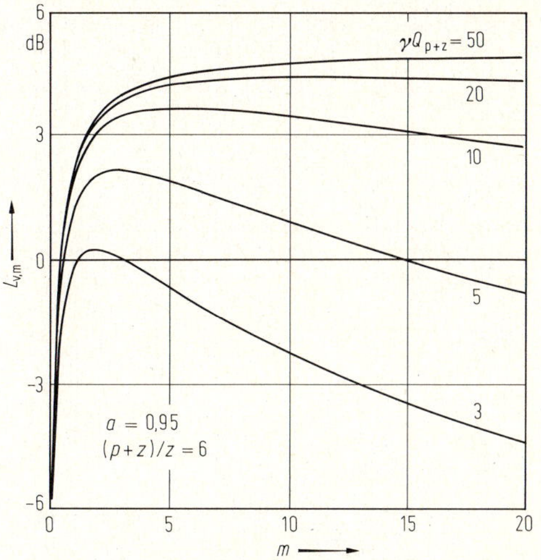

Bild 32. Verfügbarer Konversionsgewinn des Gleichlage-Abwärtsmischers als Funktion des Faktors m und der dynamischen Güte γQ_{p+z}

In diesem Fall kann der verfügbare Konversionsgewinn für große dynamische Güten γQ_{p+z} der Reaktanzdiode Werte $L_{v,m} \gg 1$ annehmen.
Im Idealfall $R_D = 0$ gilt

$$L_{v,m} = \frac{z}{p+z}\,\frac{1}{1-a};$$

für $a \to 1$ geht dann $L_{v,m} \to \infty$. Bei $a = 0$ erhalten wir den bekannten Wert $L_{v,m} = \dfrac{z}{p+z} < 1$ nach Gl. (51) des Abwärtsmischers in Frequenzengleichlage bei Spiegelfrequenzleerlauf.
Der verfügbare Konversionsgewinn $L_{v,m}$ des realen Mischers nach Gl. (64) ist in Bild 32 als Funktion des Faktors m und der dynamischen Güte γQ_{p+z} für den Fall $a = 0{,}95$ und $\dfrac{p+z}{z} = 6$ dargestellt. Als Funktion von m hat $L_{v,m}$ ein Maximum bei

$$m_{opt,s} = \sqrt{1 + (1-a)\frac{p+z}{z}(\gamma Q_{p+z})^2}.$$

Für $a = 1$ ist $m_{opt,s} = 1$, und der maximale verfügbare Konversionsgewinn erreicht den Wert $(\gamma Q_{v+z})^2/4$.

Die Rauschtemperatur T_m des Mischers erhalten wir mit Hilfe der totalen Rauschspannung $\underline{u}_{r,tot}$ bei der Signalkreisfrequenz $p + z$ am Eingang des Mischers. Dabei ist $\underline{u}_{r,tot}$ derjenige Wert von $\underline{U}_{p+z}$, welcher sich für $\underline{U}_z = 0$, $\underline{I}_z = 0$ aus Gl. (58) berechnet [37]. Mit dem Parameter a nach

Gl. (62) erhalten wir

$$\underline{u}_{\mathrm{r,tot}} = \underline{u}_{\mathrm{r,p+z}} - \frac{\mathrm{j}(p+z)(R_{\mathrm{p+z}}+R_{\mathrm{D}})}{\underline{S}^{(1)*}}\,\underline{u}_{\mathrm{r,z}} - a\,\frac{\underline{S}^{(1)}}{\underline{S}^{(1)*}}\,\underline{u}^{*}_{\mathrm{r,p-z}}.$$

Die drei Rauschspannungen $\underline{u}_{\mathrm{r,p+z}}$, $\underline{u}_{\mathrm{r,z}}$ sind untereinander unkorreliert; für den Erwartungswert folgt dann

$$\langle \underline{u}_{\mathrm{r,tot}}\underline{u}^{*}_{\mathrm{r,tot}}\rangle = \langle \underline{u}_{\mathrm{r,p+z}}\underline{u}^{*}_{\mathrm{r,p+z}}\rangle + \frac{(p+z)^2(R_{\mathrm{p+z}}+R_{\mathrm{D}})^2}{|\underline{S}^{(1)}|^2}\langle \underline{u}^{*}_{\mathrm{r,z}}\underline{u}^{*}_{\mathrm{r,z}}\rangle + a^2\langle \underline{u}^{*}_{\mathrm{r,p-z}}\underline{u}_{\mathrm{r,p-z}}\rangle. \tag{66}$$

Dabei gilt auch für thermisch rauschende Widerstände nach Nyquist

$$\begin{aligned} \tfrac{1}{2}\langle \underline{u}_{\mathrm{r,tot}}\underline{u}^{*}_{\mathrm{r,tot}}\rangle &= 4kT_0R_{\mathrm{tot}}\Delta f,\\ \tfrac{1}{2}\langle \underline{u}_{\mathrm{r,p+z}}\underline{u}^{*}_{\mathrm{r,p+z}}\rangle = \tfrac{1}{2}\langle \underline{u}_{\mathrm{r,z}}\underline{u}^{*}_{\mathrm{r,z}}\rangle &= 4kT_{\mathrm{D}}R_{\mathrm{D}}\Delta f,\\ \tfrac{1}{2}\langle \underline{u}^{*}_{\mathrm{r,p-z}}\underline{u}_{\mathrm{r,p-z}}\rangle &= 4k(R_{\mathrm{D}}T_{\mathrm{D}}+R_{\mathrm{p-z}}T_{\mathrm{sp}})\Delta f, \end{aligned} \tag{67}$$

wobei R_{tot} den totalen Rauschwiderstand, bezogen auf $T_0 = 290$ K bedeutet. Mit dem Erwartungswert der Quelle

$$\tfrac{1}{2}\langle \underline{u}_{\mathrm{r,q}}, \underline{u}^{*}_{\mathrm{r,q}}\rangle = 4kT_0R_{\mathrm{p+z}}\Delta f \tag{68}$$

folgt für die Rauschtemperatur

$$T_{\mathrm{m}} = \frac{\langle \underline{u}_{\mathrm{r,tot}}\underline{u}^{*}_{\mathrm{r,tot}}\rangle}{\langle \underline{u}_{\mathrm{r,q}}\underline{u}^{*}_{\mathrm{r,q}}\rangle}T_0 = \frac{R_{\mathrm{tot}}}{R_{\mathrm{p+z}}}T_0 = F_{\mathrm{z,m}}T_0. \tag{69}$$

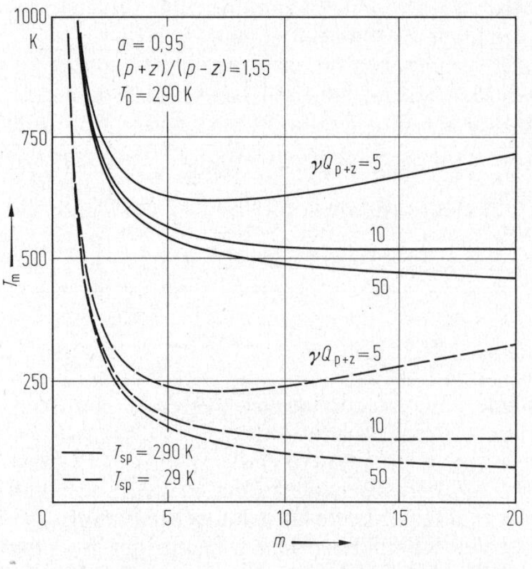

Bild 33. Rauschtemperatur des Gleichlageabwärtsmischers als Funktion des Faktors m und der dynamischen Güte $\gamma Q_{\mathrm{p+z}}$ als Parameter für $T_{\mathrm{sp}} = 290$ K und 29 K

Unter Verwendung der Gln. (66) bis (69) sowie der Gl. (62) für $R_{\mathrm{D}} \ll R_{\mathrm{p\pm z}}$ und den Diodenparametern $\gamma Q_{\mathrm{p+z}}$ und m erhalten wir

$$T_{\mathrm{m}} = \left[\frac{2}{(\gamma Q_{\mathrm{p+z}})^2} + \frac{1}{m}\left(1 + a^2 + \frac{1}{(\gamma Q_{\mathrm{p+z}})^2}\right) + \frac{m}{(\gamma Q_{\mathrm{p+z}})^2}\right]T_{\mathrm{D}} + a\frac{p+z}{p-z}T_{\mathrm{sp}}. \tag{70}$$

Die Rauschtemperatur T_{m} ist als Funktion des Faktors m und der dynamischen Güte $\gamma Q_{\mathrm{p+z}}$ als Parameter für $a = 0{,}95$, $(p+z)/(p-z) = 1{,}55$, $T_{\mathrm{D}} = T_{\mathrm{sp}} = 290$ K sowie $T_{\mathrm{sp}} = 29$ K in Bild 33 dargestellt. Als Funktion von m hat T_{m} ein Minimum bei

$$m_{\mathrm{opt,r}} = \sqrt{1 + (1+a^2)(\gamma Q_{\mathrm{p+z}})^2}$$

mit dem Minimalwert

$$T_{\mathrm{m,min}} = \frac{2}{\gamma Q_{\mathrm{p+z}}}\cdot\left[\sqrt{1 + a^2 + \frac{1}{(\gamma Q_{\mathrm{p+z}})^2}} + \frac{1}{\gamma Q_{\mathrm{p+z}}}\right]T_{\mathrm{D}} + a\frac{p+z}{p-z}T_{\mathrm{sp}}. \tag{71}$$

Der parametrische Reflexionsverstärker [1, 7, 9, 10, 35, 36] entsprechend der Schaltungsanordnung nach Bild 34 besteht aus einem Vierarm-Zirkulator, an dessen zweiten Tor ein rauscharmer negativer Widerstand angeschlossen ist. Dieser kann durch den Ausgangswiderstand bei der Zwischenkreisfrequenz eines parametrischen Kehrlagemischers erzeugt werden. Hierzu betrachten wir die Ausgangsimpedanz $\underline{Z}_{\mathrm{A}}$ des Abwärtsmischers für den Fall $|\underline{Z}_{\mathrm{p+z}}| \to \infty$, d. h. bei

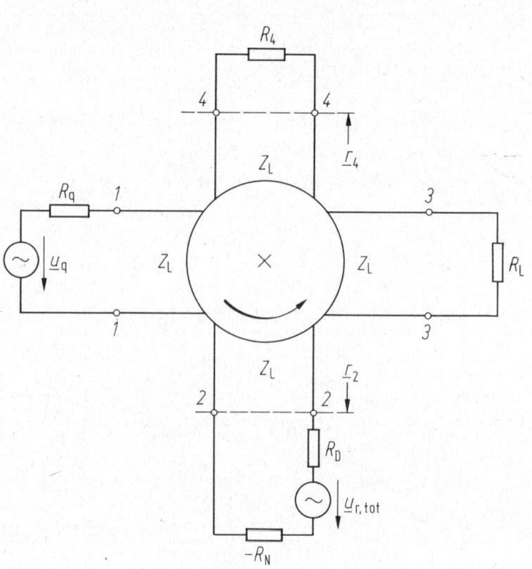

Bild 34. Parametrischer Reflexionsverstärker

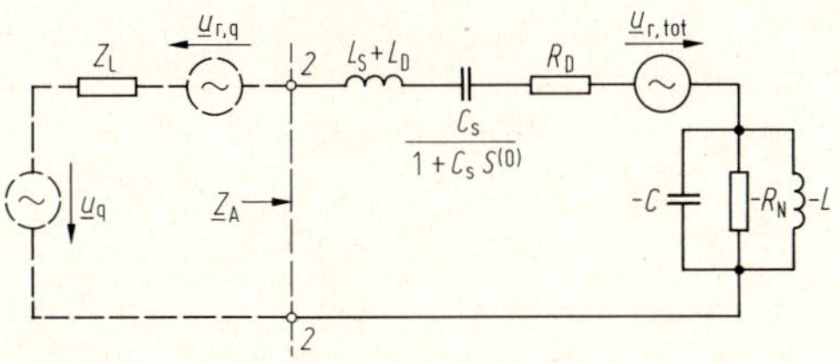

Bild 35. Ersatzschaltbild der Ausgangsimpedanz $\underline{Z}_A$ des Kehrlageabwärtsmischers

Leerlauf der Signalkreisfrequenz $p+z$. Nach Gl. (57) gilt hierfür

$$\underline{Z}_A|_{|\underline{Z}_{p+z}|\to\infty} = \underline{Z}_z - \frac{|\underline{S}^{(1)}|^2}{z(p-z)\,\underline{Z}^*_{p-z}} - R_z.$$

Mit den komplexen Widerständen $\underline{Z}_{p-z}$ und $\underline{Z}_z$ erhalten wir für $\underline{Z}_A$ das Ersatzbild nach Bild 35, welches aus einer Serienschaltung eines Serienresonanzkreises mit positiven Elementen und eines Parallelkreises mit negativen Kreiselelementen besteht. Bei Resonanzabstimmung ist der Betrag des negativen Widerstands unter Verwendung der dynamischen Güte bei der Zwischenkreisfrequenz γQ_z durch die Beziehung

$$R_N = R_D \frac{z}{p-z} (\gamma Q_z)^2 \tag{72}$$

gegeben. Der Übertragungsgewinn in Vorwärtsrichtung ist bei einem idealen, verlustfreien Vierarm-Zirkulator gleich dem Betragsquadrat des Reflexionsfaktors $\underline{r}_2$ am zweiten Tor der Schaltungsanordnung nach Bild 34, d.h.

$$L_{\ddot{u},v} = |\underline{r}_2|^2 = \left(\frac{Z_L + (R_N - R_D)}{Z_L - (R_N - R_D)}\right)^2; \tag{73}$$

für $R_N \to Z_L + R_D$ ist $L_{\ddot{u},v} \to \infty$ erreichbar. In Rückwärtsrichtung ist

$$L_{\ddot{u},R} = |\underline{r}_4|^2 = \left(\frac{Z_L - R_4}{Z_L + R_4}\right)^2 \overset{!}{=} 0, \tag{74}$$

wenn das vierte Tor reflexionsfrei, d.h. mit $R_4 = Z_L$ abgeschlossen ist.

Die Ersatzschaltung nach Bild 35 enthält auch die totale Rauschspannung $\underline{u}_{r,tot}$ bei der Zwischenkreisfrequenz z. Wir erhalten $\underline{u}_{r,tot}$ aus Gl. (57) für $\underline{U}^*_{p-z} = 0$, $\underline{I}_{p+z} = 0$ und $\underline{I}_z = 0$ zu

$$\underline{u}_{r,tot} = \underline{u}_{r,z} + \frac{\underline{S}^{(1)}}{j(p-z)\,\underline{Z}^*_{p-z}} \underline{u}^*_{r,p-z}.$$

Mit den Erwartungswerten für die thermisch rauschenden unkorrelierten Anteile

$$\begin{aligned} \tfrac{1}{2}\langle \underline{u}_{r,tot}\underline{u}^*_{r,tot}\rangle &= 4kT_0 R_{tot}\Delta f, \\ \tfrac{1}{2}\langle \underline{u}_{r,z}\underline{u}^*_{r,z}\rangle &= \tfrac{1}{2}\langle \underline{u}_{r,p-z}\underline{u}^*_{r,p-z}\rangle \\ &= 4kT_D R_D \Delta f, \\ \tfrac{1}{2}\langle \underline{u}_{r,q}\underline{u}^*_{r,q}\rangle &= 4kT_0 Z_L \Delta f \end{aligned} \tag{75}$$

folgt mit $\underline{U}_{r,tot}$ bei Resonanzabstimmung für die Rauschtemperatur des Reflexionsverstärkers

$$\begin{aligned} T_{r,R} &= \frac{\langle \underline{u}_{r,tot}\underline{u}^*_{r,tot}\rangle}{\langle \underline{u}_{r,q}\underline{u}^*_{r,q}\rangle} T_0 = \frac{R_{tot}}{Z_L} T_0 = F_{Z,R} T_0 \\ &= \left(\frac{R_D}{Z_L} + \frac{z}{p-z}\frac{R_N}{Z_L}\right) T_D. \end{aligned} \tag{76}$$

Bei großer Verstärkung ($Z_L \approx R_N$) wird aus Gl. (76) mit R_D/R_N nach Gl. (72)

$$T_{r,R} = \left(\frac{p-z}{z}\frac{1}{(\gamma Q_z)^2} + \frac{z}{p-z}\right) T_D. \tag{77}$$

Die Rauschtemperatur des parametrischen Reflexionsverstärkers $T_{r,R}$ nach Gl. (77) hat ein Minimum

$$(T_{r,R})_{min} = \frac{2}{\gamma Q_z} T_D \tag{78}$$

bei der optimalen Pumpfrequenz

$$f_{p,opt} = f_z(\gamma Q_z + 1). \tag{79}$$

Wird der parametrische Reflexionsverstärker als Eingangsstufe verwendet, so ist stets $z = s$ und dementsprechend γQ_s die dynamische Güte bei der Signalfrequenz. Die Spiegelkreisfrequenz $p - s$ und die Pumpkreisfrequenz sind dann für günstige Rauscheigenschaften stets größer als s. Einen Sonderfall des parametrischen Reflexionsverstärkers erhalten wir, wenn Signalkreisfrequenz und Hilfskreisfrequenz sich nur geringfügig voneinander unterscheiden bzw. mit Hilfe eines phasengerasteten Regelsystems [40] gleich sind, so daß sie nicht mehr als getrennt betrachtet werden können. Wir benötigen in diesem Fall nur einen Resonantor, um den negativen Leitwert bzw. Widerstand zu erzeugen. Diesen Spezialfall bezeichnet man für $p \approx 2s$ als quasidegeneriert und für $p = 2s$ als degenerierten Reflexionsverstärker [35, 36, 40, 41]. Während das Empfangssignal im degenerierten Betriebsfall kohärent verstärkt wird – die Spektralanteile der Spannungen bei der Signalkreisfrequenz und Hilfskreisfrequenz fallen dann zusammen und addieren sich – wird das Rauschen inkohärent verstärkt, d.h. die Rauschleistungen addieren sich. Dadurch wird eine Verbesserung des ausgangsseitigen Störabstands erreichbar [36, 40]. Ebenso ist es möglich, diesen Betriebszustand bei einem Abwärtsmischer in Frequenzgleichlage einzustellen [42], so daß die Spiegelkreisfrequenz mit der Zwischenkreisfrequenz zusammenfällt. Dadurch wird eine Umsetzung im Verhältnis 1 : 3 festgelegt. Auch in diesem Fall ist eine Verbesserung des Störabstands am Ausgang erreichbar, wenn mit Hilfe eines phasengerasteten Regelsystems stets $p = 2z$ ist.

1.5 Mischung mit Transistoren.
Transistor mixers

Additive und multiplikative Mischung, Mischung mit gesteuerten Quellen. Der wesentliche Unterschied bei der Behandlung aktiver Mischer mit Transistoren im Gegensatz zu den bisher behandelten passiven Mischern mit Halbleiterdioden liegt in der Beschreibung der Steuerungsart des physikalisch vorgegebenen nichtlinearen Zusammenhangs. Passive Halbleiterbauelemente werden gemäß Bild 8 durch nichtlineare Zweipolfunktionen mit den in 1.1 genannten Eigenschaften dargestellt, während aktive Halbleiterbauelemente in der Regel durch gesteuerte Quellen beschrieben werden können. Daraus ergibt sich die wesentliche Folgerung, daß die Rückwirkung vom Ausgang zum Eingang der Mischerschaltung beim passiven Mischer wiederum über den nichtlinearen Zweipol geschieht, was zu den in 1.3 und 1.4 abgeleiteten Konversionsmatrizen führt, während beim aktiven Mischer diese Rückwirkung über einen zeitinvarianten passiven Zweipol gegeben ist (Bild 36), der in manchen Fällen (z.B. bei tiefen Frequenzen) sogar vernachlässigt werden kann. Außerdem wird im folgenden die prinzipiell vorhandene eingangsseitige Quelle und ihre Steuerung durch ausgangsseitige Größen (Rückmischung) vernachlässigt. Während bei der Mischung mit nichtlinearen Zweipolen nur eine additive Mischung möglich ist (d.h. die zu mischenden Signale werden überlagert und dann der Nichtlinearität zugeführt), gibt es bei aktiven Bauelementen auch die Möglichkeit der multiplikativen Mischung, sofern zwei Steuereingänge für die gesteuerte Quelle vorhanden sind (Dual-Gate-FETs, integrierte Multipliziererschaltungen, Mehrgitterröhren). Hier kann auch ohne Gegentaktanordnungen eine gute Entkopplung von Eingangs- und Oszillatorsignal erreicht werden.

Additive Mischung mit Bipolartransistoren. Für die Berechnung einer aktiven Mischerschaltung mit Bipolartransistoren gehen wir von der in Bild 37 gezeigten Basisschaltung aus, die im HF-Bereich bessere Resultate liefert als eine entsprechend zu behandelnde Emitterschaltung [43].

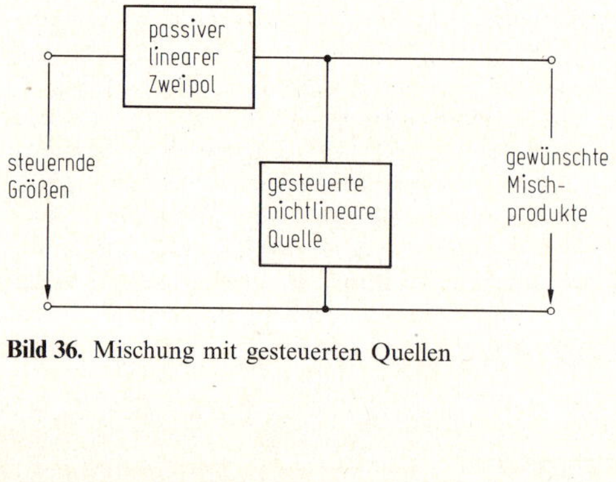

Bild 36. Mischung mit gesteuerten Quellen

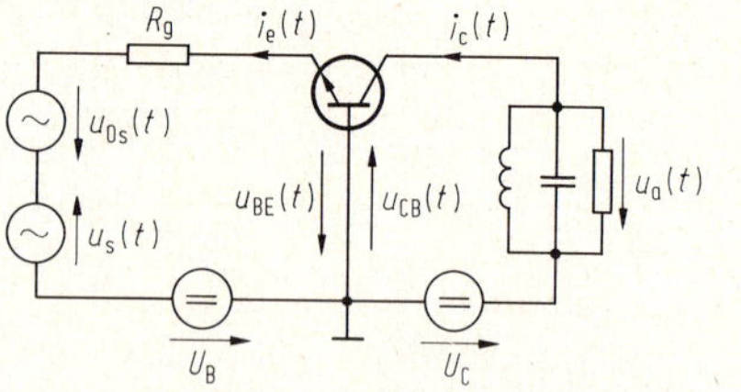

Bild 37. Additiver Mischer mit Bipolartransistoren in Basisschaltung

Zur Beschreibung der nichtlinearen Eigenschaften der gesteuerten Quelle benutzen wir die Ebers-Moll-Beziehungen [44], die auch für den Großsignalfall gelten und eine sehr allgemeine Behandlung gestatten [45].
Der nichtlineare Zusammenhang zwischen der steuernden Basis-Emitter-Spannung, welche aus der Summe aus Signal- und Oszillatorspannung besteht, und dem Kollektorstrom, der die gewünschten Mischprodukte enthalten soll, lautet

$$i_c(t) = \alpha_F I_{ES}\{\exp[\beta u_{BE}(t)] - 1\} + I_{CS} \tag{80}$$

(α_F = Kurzschlußstromverstärkung, I_{ES} = Emitter-Sättigungsstrom, I_{CS} = Kollektor-Sättigungsstrom, $\beta = 1/U_T$). Hierbei ist vorausgesetzt, daß keine Sättigung des Kollektorstroms eingetreten und der Basisbahnwiderstand $r_{BB'}$ vernachlässigbar ist. Außerdem wird die Impedanz der steuernden Quelle als klein gegen die dynamische Eingangsimpedanz der Mischerschaltung angenommen (Spannungssteuerung). Mit

$$u_{BE}(t) = U_B + \hat{u}_{Os}\cos\Omega t + \hat{u}_s\cos\omega t \tag{81}$$

wird

$$\begin{aligned} i_C(t) &= \alpha_F I_{ES} \\ &\quad\cdot[\exp\{\beta(U_B + \hat{u}_{Os}\cos\Omega t + \hat{u}_s\cos\omega t)\} - 1] \\ &\quad+ I_{CS} = \alpha_F I_{ES}\exp\{\beta u_B\} \\ &\quad\cdot\left[I_0(\beta\hat{u}_{Os}) + 2\sum_{m=1}^{\infty} I_m(\beta\hat{u}_{Os})\cos m\Omega t\right] \\ &\quad\cdot\left[I_0(\beta\hat{u}_s) + 2\sum_{n=1}^{\infty} I_n(\beta\hat{u}_s)\cos n\omega t\right] + \text{const} \end{aligned} \tag{82}$$

($I_n(x)$ = modifierte Bessel-Funktion n-ter Ordnung [45, 46]).

Der Vergleich mit der üblichen Fourier-Entwicklung

$$i_c(t) = \sum_{n,m=-\infty}^{\infty} I_{c,nm}\exp[j(m\Omega + n\omega)t] + \text{const} \tag{83}$$

liefert

$$I_{c,00} = \alpha_F I_{ES}\exp(\beta U_B)\, I_0(\beta\hat{u}_{Os})\, I_o(\beta\hat{u}_s) \tag{84}$$

$$I_{c,nm} = \alpha_F I_{ES}\exp(\beta U_B)\, I_m(\beta\hat{u}_{Os})\, I_n(\beta\hat{u}_s) \tag{85}$$
$$= \frac{I_{c,00} I_m(\beta\hat{u}_{Os})\, I_n(\beta\hat{u}_s)}{I_0(\beta\hat{u}_{Os})\, I_0(\beta\hat{u}_s)}.$$

Ausgehend von dieser allgemeinen Form für den Spektralanteil des Stroms bei der Kreisfrequenz $m\Omega \pm n\omega$ läßt sich nun der Kleinsignalfall ableiten. Mit

$$\beta \hat{u}_s \ll 1 \quad \text{d.h.} \quad n = 1, \qquad I_1(\beta \hat{u}_s) \simeq \beta \hat{u}_s/2, \; I_0(\beta \hat{u}_s) \simeq 1 \tag{86}$$

folgt

$$I_{c,nm} = I_{c,00} \beta \hat{u}_s \frac{I_m(\beta \hat{u}_{Os})}{I_0(\beta \hat{u}_{Os})}. \tag{87}$$

mit der Mischsteilheit

$$S_c^{(1,m)} = \partial i_{c,1m}/\partial \hat{u}_S = S_c^{(0)} I_m(\beta \hat{u}_{Os})/I_0(\beta \hat{u}_{Os}) \tag{88}$$

bez. des Seitenbands bei $m\Omega \pm \omega$ und der stationären Transkonduktanz im gewählten Arbeitspunkt

$$S_c^{(0)} = \beta I_{c,00}. \tag{89}$$

Für Grundwellenmischung ist $m = 1$ und

$$S_c^{(1,1)} = S_c^{(0)} \frac{I_1(\beta \hat{u}_{Os})}{I_0(\beta \hat{u}_{Os})} \tag{90}$$

(Bild 38). Zur Berechnung der Mischverstärkung wird das einfache Modell durch dynamische Eingangs- und Ausgangsleitwerte $\underline{Y}_E$ und $\underline{Y}_A$ sowie den Rückwirkungsleitwert $\underline{Y}_k$ erweitert. Unter Einbeziehung von Quell- und Lastleitwerten ergeben sich dann die Konversionsgleichungen bei Resonanzabstimmung im Eingangs- und Ausgangskreis

$$\begin{pmatrix} \underline{I}_s \\ \underline{I}_z \end{pmatrix} = \begin{pmatrix} G_s + G_E & -\underline{Y}_k(\omega_s) \\ S_c^{(1,1)} - \underline{Y}_k(\omega_z) & G_L + G_A \end{pmatrix} \cdot \begin{pmatrix} \underline{U}_s \\ \underline{U}_z \end{pmatrix}, \tag{91}$$

bzw. bei $\omega_z = \omega_s - \omega_{Os} \ll \omega_s$ und $|\underline{Y}_k(\omega_z)| \ll |S_c^{(1,1)}|$ der Konversionsgewinn

$$L_{ü,m} = 4 G_s G_L \cdot \frac{|S_c^{(1,1)}|^2}{|(G_s + G_E)(G_L + G_A) + \underline{Y}_k(\omega_s) S_c^{(1,1)}|^2}. \tag{92}$$

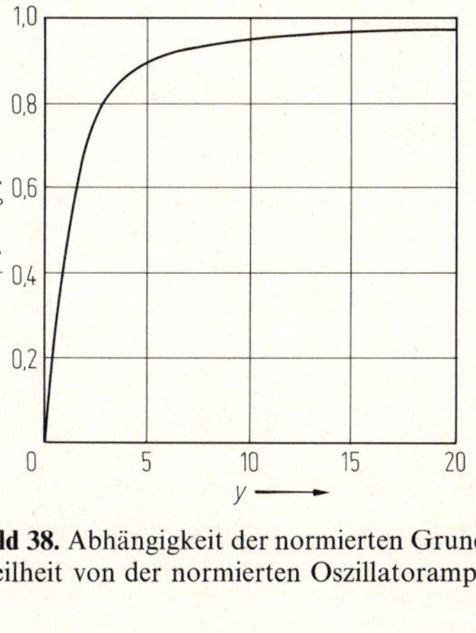

Bild 38. Abhängigkeit der normierten Grundwellen-Mischsteilheit von der normierten Oszillatoramplitude

Rauschverhalten additiver Mischer mit Bipolartransistoren. Die Berechnung ist aufgrund der zahlreichen Rauschquellen des Bipolartransistors [47] und ihrer Korrelationen nur mit sehr großem Rechenaufwand möglich. Für eine grobe Abschätzung des Rauschverhaltens soll daher ein sehr einfaches Modell zugrunde gelegt werden, an welchem die wesentlichen Eigenschaften demonstriert werden können. Modellieren wir die additive Mischerschaltung als Kettenschaltung eines passiven Diodenmischers und eines Geradeausverstärkers bei der Zwischenfrequenz (Mischung an der Eingangskennlinie des Transistors), so ist die Gesamtrauschzahl dieser Kettenschaltung nach der Formel von Friis (s. Gln. D 3 (78), (79)) und mit den Bezeichnungen von Bild 39

$$F_{ges} = F_M + D_{v,m}(F_v - 1). \tag{93}$$

F_M und $D_{v,M}$(s. Gl. (23)) sind dabei die Mischerkenngrößen und F_v die Rauschzahl eines mit dem entsprechenden Quellenleitwert betriebenen Geradeausverstärkers [48]. Mit der Näherung $F_M = D_{v,M}$ [7, S. 202] folgt aus Gl. (93)

$$F_{ges} \simeq D_{v,M} F_v. \tag{94}$$

Additive Mischung mit FETs. Hier gehen wir von dem in Bild 40 dargestellten, für Sperrschicht und MESFETs gültigen Großsignalmodell aus. Die exakte Transferkennlinie des Feldeffekttransistors

$$I_D = I_{Dss}\{1 - 3U_{GS'}/U_p + 2(U_{GS'}/U_p)^{3/2}\}$$

wird angenähert durch (Bild 41)

$$I_D = I_{Dss}\{1 - U_{GS'}/U_p\}^2. \tag{95}$$

Zwischen der inneren und äußeren Steuerspannung ($u_{GS'}(t)$ bzw. $u_{GS}(t)$) besteht der Zusammen-

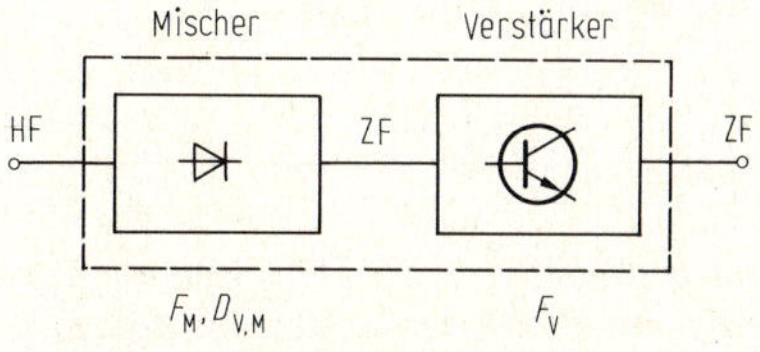

Bild 39. Zur Berechnung der Rauschzahl additiver Mischer mit Bipolartransistoren

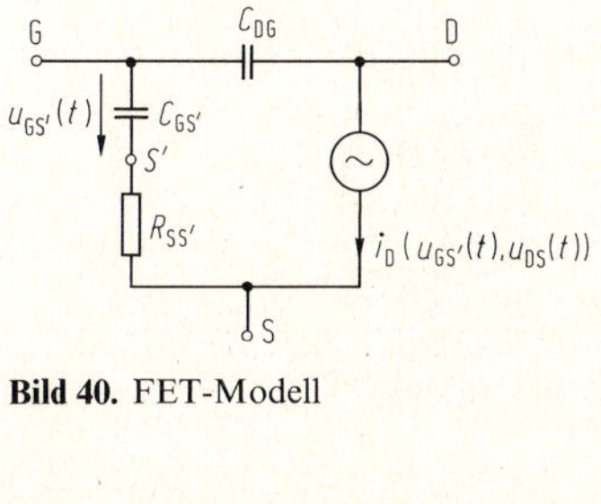

Bild 40. FET-Modell

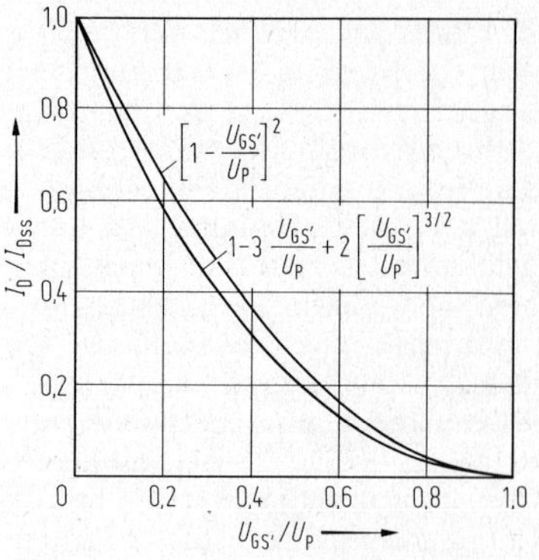

Bild 41. Exakte FET-Transferkennlinie und quadratische Näherung

hang

$$u_{GS}(t) = u_{GS'}(t) + R_{SS'}C_{GS'}\frac{d}{dt}u_{GS'}(t), \qquad (96)$$

bzw. in komplexer Schreibweise

$$\text{mit} \quad \left.\begin{aligned} \underline{U}_{GS} &= \underline{U}_{GS'}(1+j\Omega) \\ \Omega &= \omega/\omega_{GS'}, \quad \omega_{GS'} = 1/(R_{SS'}C_{GS'}) \end{aligned}\right\}. \qquad (97)$$

Mit dem Ansatz für additive Mischung

$$\begin{aligned} u_{GS}(t) &= U_0 + u_{Os}(t) + u_s(t); \\ U_0 &= U_p/2, \; \hat{u}_{Os} \leqq U_p/2 \end{aligned} \qquad (98)$$

liefern die Gln. (95) bis (98) für den zwischenfrequenten Stromanteil

$$\underline{I}_z = -\frac{I_{Dss}}{U_p^2}\,\frac{\underline{U}_{Os}^*}{1-j\Omega_{Os}}\,\frac{\underline{U}_s}{1+j\Omega_s} \qquad (99)$$

mit der Mischsteilheit

$$\underline{S}_c^{(1)} = -\frac{I_{Dss}}{U_p^2}\,\frac{\underline{U}_{Os}^*}{(1-j\Omega_{Os})(1+j\Omega_s)}. \qquad (100)$$

Rauschverhalten additiver FET-Mischer. Die strukturangepaßte Rauschersatzschaltung eines FET-Mischers (Bild 42) liefert bei Resonanz die

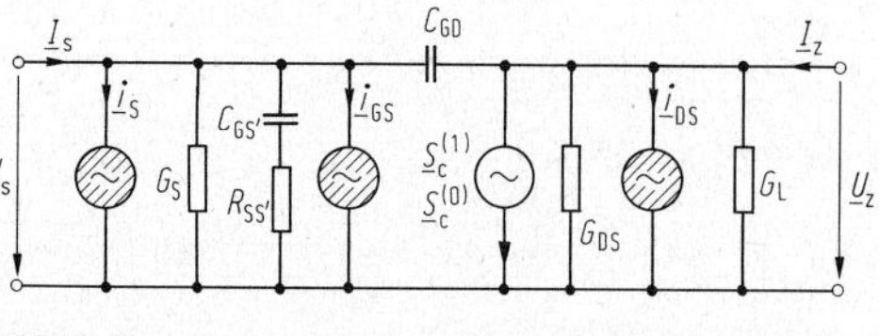

Bild 42. Rauschersatzschaltung eines Sperrschicht-FET
i_{GS} = Rauschstrom der Gate-Source-Strecke
i_{DS} = Rauschen der gesteuerten Quelle

Konversionsgleichungen

$$\begin{pmatrix}\underline{I}_s\\ \underline{I}_z\end{pmatrix} = \begin{pmatrix} G_S+G_E & -j\omega_s C_{GD} \\ \underline{S}_c^{(1)} - j\omega_z C_{GD} & G_L + G_{DS}\end{pmatrix}\cdot\begin{pmatrix}\underline{U}_s\\ \underline{U}_z\end{pmatrix} + \begin{pmatrix}\underline{i}_S+\underline{i}_{GS}\\ \underline{i}_{DS}\end{pmatrix}. \qquad (101)$$

Hierin ist

$$G_E \simeq R_{SS'}(\omega C_{GS'})^2 \; (\text{für } (\omega R_{SS'}C_{GS'})^2 \ll 1) \qquad (102)$$

der Realteil des Eingangsleitwerts. Aus Gl. (10) folgt die totale Rauscheinströmung

$$\underline{i}_{tot} = (\underline{I}_s)_{\underline{U}_z=0,\,\underline{U}_z=0} = \underline{i}_s + \underline{i}_{GS} + \underline{k}\,\underline{i}_{DS}$$

und das Kurzschlußstrom-Übersetzungsverhältnis

$$\begin{aligned}\underline{k} &= -(G_s+G_E)/(\underline{S}_c^{(1)} - j\omega_z C_{GD}) \\ &\approx -(G_s+G_E)/\underline{S}_c^{(1)}. \end{aligned} \qquad (103)$$

Die Einseitenband-Rauschzahl wird dann entsprechend Gl. (38) bei unkorrelierten Rauschquellen

$$F_{SSB} = 1 + \frac{\langle \underline{i}_{GS}\underline{i}_{GS}^*\rangle}{\langle \underline{i}_S\underline{i}_S^*\rangle} + |\underline{k}|^2\frac{\langle \underline{i}_{DS}\underline{i}_{DS}^*\rangle}{\langle \underline{i}_S\underline{i}_S^*\rangle}.$$

Mit

$$\begin{aligned}\langle \underline{i}_{GS}\underline{i}_{GS}^*\rangle &= 4kT\omega_S^2 C_{GS'}^2 R_{SS'}\Delta f = 4kT G_E\Delta f, \\ \langle \underline{i}_{DS}\underline{i}_{DS}^*\rangle &= 4kT G^{(0)}\Delta f, \\ \langle \underline{i}_S\underline{i}_S^*\rangle &= 4kT G_S\Delta f\end{aligned}$$

erhält man

$$F_{SSB} = 1 + G_E/G_S + \frac{(G_E+G_S)^2}{G_S}\,\frac{S_c^{(0)}}{|\underline{S}_c^{(1)}|^2}, \qquad (104)$$

für den optimalen Generatorleitwert

$$G_{S,opt} = G_E\sqrt{1 + |\underline{S}_c^{(1)}|^2/(S_c^{(0)}G_E)} \qquad (105)$$

das Minimum

$$F_{SSB,min} = 1 + 2G_E\frac{S_c^{(0)}}{|\underline{S}_c^{(1)}|^2}\left\{1 + \sqrt{1 + \frac{|\underline{S}_c^{(1)}|^2}{S_c^{(0)}G_E}}\right\}. \qquad (106)$$

Multiplikative Mischung mit Feldeffekttransistoren. Hier kommen heute ausschließlich Dual-Gate-MOSFET-Typen zur Anwendung. Eine der Steuerelektroden wird zur Einspeisung der Signalleistung benutzt und bez. des Arbeitspunkts wie im Fall der additiven Mischung betrieben. Für die Zuführung der Oszillatorleistung wird die zweite Steuerelektrode so vorgespannt, daß in der Umgebung des Arbeitspunkts die lineare Beziehung gilt

$$I_{Dss} = I_N(c - U_{G_2S'}/U_p) \qquad (107)$$

(c = transistorspezifische, experimentell zu ermittelnde Größe). Der für die Mischung interes-

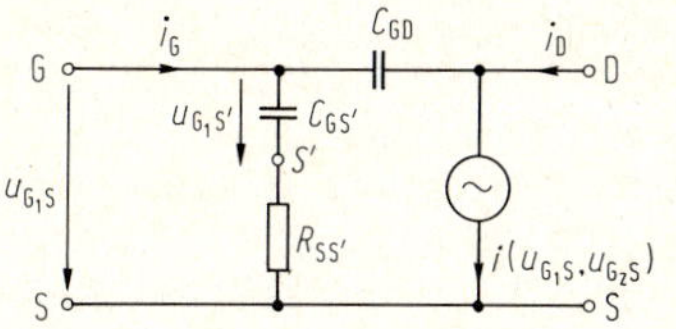

Bild 43. Quellenmodell eines Dual-Gate-MOSFET

sante Zusammenhang lautet dann (Bild 43)

$$I_D(U_{G_1S'}, U_{G_2S'}) = I_N(c - U_{G_2S'}/U_p) \cdot (1 - U_{G_1S'}/U_p)^2. \tag{108}$$

Hieraus folgt mit dem Ansatz

$$u_{G_1S'}(t) = U'_{01} + u'_s(t),$$
$$u_{G_2S'}(t) = U'_{02} + u'_{Os}(t) \tag{109}$$

der für die Mischung wesentliche Term

$$\frac{(U_p - U_{01})}{U_p^3} I_N u'_{Os}(t)\, u'_s(t).$$

Der Übergang zur komplexen Schreibweise und die Umrechnung von der äußeren auf die innere Steuerelektrode der Ersatzschaltung in Bild 43 (vgl. Gl. (97)) ergibt wie im Fall des Sperrschicht-FET den ZF-Strom

$$\underline{I}_z = \frac{(U_p - U_{01})}{U_p^3} I_N \frac{\underline{U}_s}{1 + j\Omega_s} \underline{U}_{Os} \tag{110}$$

und damit die Mischsteilheit

$$\underline{S}_c^{(1)} = \frac{(U_p - U_{01})}{U_p^3} I_N \frac{\underline{U}_{Os}}{1 + j\Omega_s}. \tag{111}$$

Multiplikative Mischung mit integrierten Multiplizierern. Diese ursprünglich für den Einsatz in analogen Rechenschaltungen entwickelten aktiven Netzwerke haben auch als aktive Mischer bis in den HF-Bereich hinein Anwendung gefunden. Im Idealfall gelten die Eingangs-Ausgangsbeziehungen

$$u_A(t) = K\, u_1(t)\, u_2(t),$$

wobei die spezifische Konstante K sowohl von der Frequenz als auch von den Eingangsgrößen unabhängig ist. Im Realfall sind Offset-, Rausch- und Driftprobleme zu berücksichtigen. Günstige Betriebseigenschaften lassen sich daher insbesondere bei großen Signalpegeln erwarten. Für diesen Fall stellen solche Bauelemente vielseitige Mittel zur Modulation, Demodulation, Mischung, Phasendetektion, Frequenzverdopplung, AGC-Verstärkung etc. dar [50–54].

1.6 Rauschmessungen an Mischern

Mixer noise measurements

Einseitenband- und Zweiseitenband-Rauschzahl. Bei der Rauschmessung mit breitbandigen Rauschquellen an Mischern ohne weitere Selektionsmaßnahmen ist zu beachten, daß aufgrund der Mehrdeutigkeit des Mischvorgangs Rauschleistung bei Signal- und Spiegelfrequenz eingespeist wird (Bild 44). Dann gilt für die ausgangsseitigen Rauschleistungen in den Betriebszuständen „Rauschquelle ausgeschaltet" bzw. „Rauschquelle eingeschaltet"

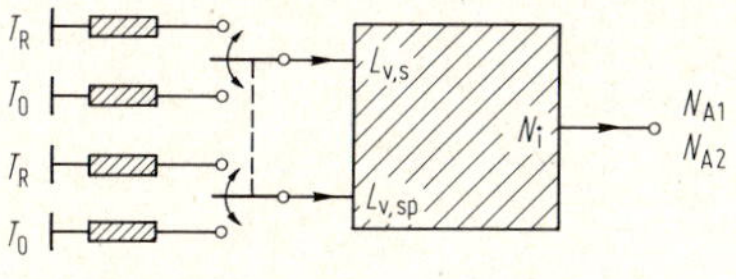

Bild 44. Zur Zweiseitenband-Rauschzahl

$$N_{A1} = N_i + k T_0 B L_{v,s} + k T_0 B L_{v,sp}$$
$$N_{A2} = N_i + k T_R B L_{v,s} + k T_R B L_{v,sp}. \tag{112}$$

Im allgemeinen ist $L_{v,sp} \neq L_{v,s}$; insbesondere bei Mischern mit gesteuerten Blindleitwerten können erhebliche Unterschiede bestehen.

Definieren wir die Zweiseitenband-Zusatzrauschzahl als

$$F_{z,DSB} = N_i/(k T_0 B[L_{v,s} + L_{v,sp}]), \tag{113}$$

so ergibt sich mit dem Y-Faktor

$$Y = N_{A2}/N_{A1} = \frac{T_R/T_0 + F_{z,DSB}}{F_{z,DSB} + 1} \tag{114}$$

schließlich

$$F_{z,DSB} = \frac{T_R/T_0 - Y}{Y - 1}. \tag{115}$$

Der Zusammenhang zu den entsprechenden Einseitenbandgrößen

$$F_{z,s} = N_i/(k T_0 B L_{v,s}), \quad F_{z,sp} = N_i/(k T_0 B L_{v,sp}) \tag{116}$$

lautet

$$F_{z,DSB} = N_i/(k T_0 B[L_{v,s} + L_{v,sp}]) = F_{z,s} F_{z,sp}/(F_{z,s} + F_{z,sp}) \tag{117}$$

und im Spezialfall $L_{v,s} = L_{v,sp}$

$$\left.\begin{array}{l} F_{z,s} = F_{z,sp} = F_{z,SSB} = 2F_{z,DSB} \\ \text{bzw.} \\ F_s = F_{sp} = F_{SSB} = 2F_{DSB} - 1, \end{array}\right\} \tag{118}$$

d.h. eine eindeutige Einseitenband-(Zusatz)-

Rauschzahl existiert nur in diesem Fall (s. hierzu auch [55]).

Die Zweiseitenband-Rauschzahl einer Kettenschaltung. Bei der Messung von Mischer-Rauscheigenschaften ist es zweckmäßig, den Mischer in Zusammenhang mit seinem zugehörigen ZF-Verstärker zu untersuchen. Weist dieser einen hinreichen großen Gewinn auf, so kann die Kettenschaltung als neues Meßobjekt mit großer Verstärkung aufgefaßt werden, und die Rauscheigenschaften sind nach der Friisschen Formel unabhängig von der nachfolgenden Beschaltung. Für die Rückrechnung der Eigenschaften des Mischers aus denen der Kettenschaltung muß aber die Friissche Formel für die Kettenschaltung von Zweitoren auf die Kettenschaltung eines Dreitors und eines nachfolgenden Zweitors erweitert werden. Nach Bild 45 gilt

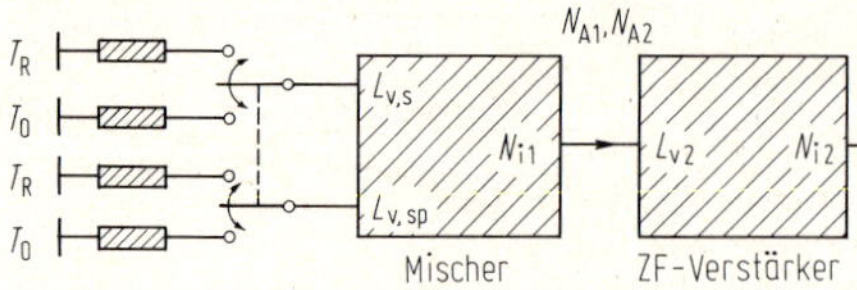

Bild 45. Kettenschaltung rauschender Vierpole

$$N_{A1} = N_{i1} + kT_0B(L_{v,s} + L_{v,sp}),$$
$$N_{A2} = N_{i1} + kT_RB(L_{v,s} + L_{v,sp})$$
$$M_{A1} = N_{A1}L_{v2} + N_{i2}, \quad M_{A2} = N_{A2}L_{v2} + N_{i2}$$

und man erhält nach den Gln. (113) bis (117) für die Zweiseitenband-Rauschzahl der Kettenschaltung

$$F_{DSB,ges} = 1 + \frac{N_{i1}}{(L_{v,s} + L_{v,sp})kT_0B} + \frac{N_{i2}}{(L_{v,s} + L_{v,sp})kT_0BL_{v2}} = F_{DSB,Mischer} + \frac{F_{z,ZF}}{L_{v,s} + L_{v,sp}} \tag{119}$$

1.7 Frequenzvervielfachung und Frequenzteilung

Frequency multiplication and division

Leistungsbeziehungen für Vervielfachung und Teilung. Bei der Behandlung von idealisierten Frequenzvervielfachern und -teilern mit passiven nichtlinearen Zweipolen ist zu unterscheiden zwischen konservativen Systemen (z. B. Varaktordiode = im Sperrbereich gesteuerter Blindwiderstand) und dissipativen Systemen (z. B. Halbleiterdiode im Durchlaßbereich = gesteuerter Wirkwiderstand). Zur Abschätzung des Wirkungsgrades dieser Systeme sind Spezialisierungen der Manley-Rowe-Gleichungen (47) im konservativen Fall bzw. der Leistungsbeziehungen (25), (26) im dissipativen Fall zu untersuchen. Im Falle des Varaktorvervielfachers gilt dabei nach den Gln. (48) und (49) für $\mu = 0$

$$\sum_{\nu=0}^{\infty} P_{\nu 0} = 0,$$

d. h. bei verlustfreiem Varaktor und verlustfreien Abschlüssen bei den unerwünschten Frequenzen (Idler-Kreise) kann der Wirkungsgrad für ein beliebiges Frequenzverhältnis maximal 100% betragen. Darüber hinaus ist zu erkennen, daß durch Zuführung von Gleichleistung keine Verbesserung des Wirkungsgrades erfolgen kann. Bei dissipativen Systemen hingegen ist nach Gl. (31) der Vervielfachungs-Wirkungsgrad $\eta = 1/n^2$. Dies ist eine Folge der positiven Kennliniensteigung. Die Passivität erfordert zusätzlich Zuführung von Gleichleistung zur Aufrechterhaltung der Funktionsweise. Eine Frequenzteilung ist im Gegensatz zu einem konservativen System nicht möglich.

Vervielfachung und Teilung mit nichtlinearen Zweipolen. Bei der Berechnung realer Schaltungen mit nichtlinearen Zweipolen kann nicht mehr von den vereinfachenden Annahmen der Kleinsignaltheorie ausgegangen werden. Die spezielle Frequenzlage dieser Schaltungen bietet jedoch eine Möglichkeit der Vereinfachung. Wir bezeichnen wie in Gl. (6) den gegebenen nichtlinearen physikalischen Zusammenhang zweier Größen als $y = y(x)$ und den Zusammenhang zwischen ihren (kleinen) Änderungen entsprechend Gl. (7) als

$$\Delta y(t) = F\{x(t), y(t)\}\,\Delta x(t). \tag{120}$$

Beispiele für den verallgemeinerten Zusammenhang sind die Halbleiterdiode im Durchlaßbereich mit dem Strom-Spannungs-Zusammenhang

$$i(t) = G(t)\,u(t), \tag{121}$$

bzw. die Halbleiterdiode im Sperrbereich bei Stromsteuerung mit

$$\mathrm{d}u(t)/\mathrm{d}t = S(t)\,i(t). \tag{122}$$

Da in den Schaltungen nur die Frequenzen $n\omega$ auftreten, gilt

$$\Delta y(t) = \sum_{r=-\infty}^{+\infty} \underline{Y}_r \exp(\mathrm{j}r\omega t),$$
$$\Delta x(t) = \sum_{p=-\infty}^{+\infty} \underline{X}_p \exp(\mathrm{j}p\omega t) \tag{123}$$
und
$$F(t) = \sum_{q=-\infty}^{+\infty} \underline{F}^{(q)} \exp(\mathrm{j}q\omega t).$$

Damit folgt aus Gl. (120) das unendliche Gleichungssystem

$$\underline{Y}_r = \sum_{p=-\infty}^{+\infty} \underline{F}^{(r-p)} \underline{X}_p. \qquad (124)$$

Bei Beschränkung auf eine endliche Anzahl von Frequenzen, was durch eine entsprechende Schaltungsauslegung erreicht werden kann, ist das Gleichungssystem lösbar.

Verdoppler mit Varaktordiode. Aus den Gln. (120), (122) und (124) folgt mit der Fourier-Darstellung der Elastanz

$$S(t) = \sum_{q=-\infty}^{+\infty} \underline{S}^{(q)} \exp(\mathrm{j}q\omega t)$$

das Gleichungssystem

$$\mathrm{j}r\omega \underline{U}_r'' = \sum_{p=-\infty}^{+\infty} \underline{S}^{(r-p)} \underline{I}_p, \qquad (125)$$

wobei die zweigestrichenen Größen für den nichtlinearen Zweipol allein gelten (Bild 46). Da-

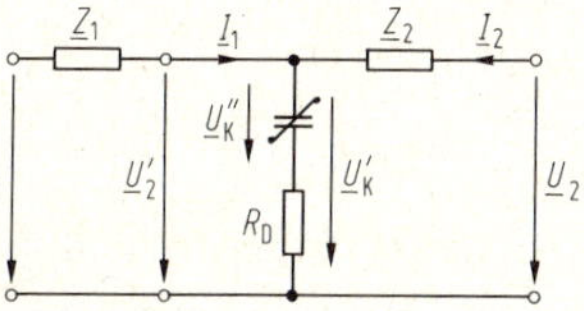

Bild 46. Verdoppler mit Varaktor

mit erhalten wir z. B. für den Verdoppler den Wirkungsgrad [7, 30]

$$\eta = \frac{1 - (2\gamma_2/\gamma_1^2)\,(2\omega/\omega_g)}{1 + (1/(2\gamma_2))\,(2\omega/\omega_g)} \qquad (126)$$

mit

$$\gamma_k = |\underline{S}^{(k)}|/S^{(0)}, \qquad \omega_g = S^{(0)}/R_D.$$

Zusammen mit den Bedingungen

$$\begin{array}{l} S^{(0)} = (S_{max} + S_{min})/2 \\ |S(t)| \leqq S_{max} - S_{min} \end{array} \qquad S_{min} \ll S_{max},$$

wobei S_{min} und S_{max} aus dem Kennlinienverlauf zu entnehmen sind, ergeben sich einschränkende Bedingungen für die Aussteuerungskoeffizienten in der Form

$$\gamma_1 \cos\omega t + \gamma_2 \sin 2\omega t \leqq 1/4. \qquad (127)$$

Die numerische Lösung dieses Problems führt auf die in Bild 47 dargestellten Gültigkeitsbereiche. Für die Darstellung des Wirkungsgrades als Funktion der Aussteuerung und der Diodengrenzfrequenz (Bild 48) verwenden wir die Näherung

$$\gamma_1 + \gamma_2 = 0{,}28, \qquad (128)$$

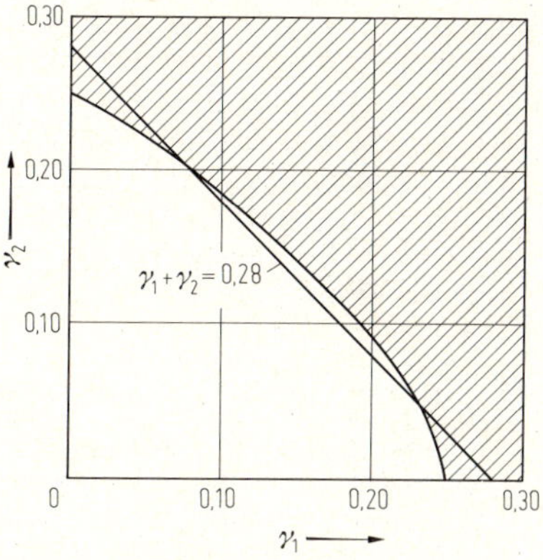

Bild 47. Gültigkeitsbereiche der Aussteuerungskoeffizienten

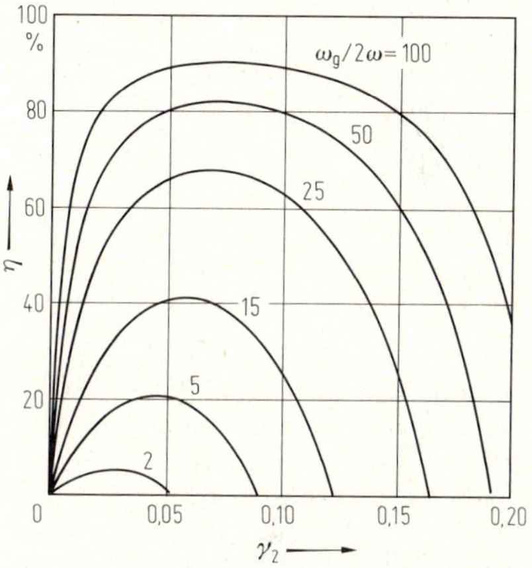

Bild 48. Wirkungsgrad des Varaktorverdopplers

die in den wesentlichen Bereichen von der exakten Lösung nur geringfügig abweicht. Weitere Diagramme zur Dimensionierung sind in [35] ausführlich dargestellt.

Vervielfacher mit Varaktordioden. Bei stromgesteuerten Varaktoren mit abruptem Dotierungsprofil ist wegen ihrer quadratischen Ladungs-Spannungs-Kennlinie eine Erzeugung von Oberwellen höherer als zweiter Ordnung unmittelbar nicht möglich. Dies gelingt jedoch durch die Einführung sog. Hilfskreise (Idler-Kreise, Bild 49), welche auf die Frequenzen abgestimmt

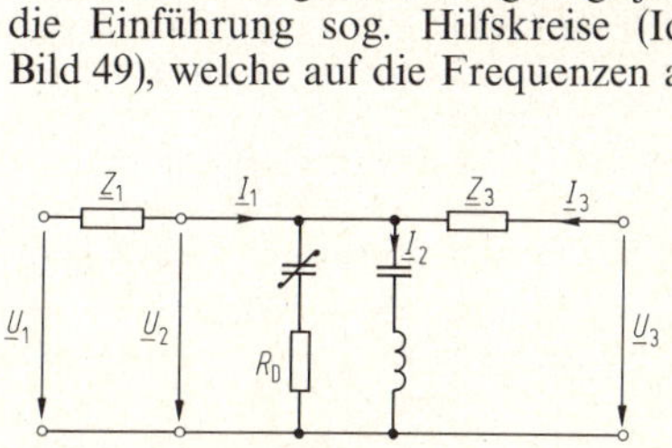

Bild 49. Verdreifacher mit Idler

Tabelle 1. Frequenzkombinationen bei Vervielfachern

Grund-frequenz	Anzahl Idler	Resonanz-Frequenz Idler	Mögliche Ausgangsfre-quenzen
f_0	0		$2f_0$
f_0	1	$2f_0$	$3f_0$
f_0	1	$2f_0$	$4f_0$
f_0	2	$2f_0, 3f_0$	$5f_0$
f_0	2	$2f_0, 4f_0$	$5f_0$
f_0	2	$2f_0, 3f_0$	$6f_0$
f_0	2	$2f_0, 4f_0$	$6f_0$
f_0	2	$2f_0, 4f_0$	$8f_0$

werden, die durch die Nichtlinearität entstehen und dann als Quelle für höhere Mischprodukte dienen. Tab. 1 zeigt einige Möglichkeiten, welche auf der Bildung von Summenfrequenzen aufbaut. Die Komplexität der Anordnung wächst sehr schnell, da neben den gezeigten Frequenzen auch Subharmonische angeregt werden können (Frequenzteiler, s. unten). Eine andere Möglichkeit der Erzeugung höherer Harmonischer besteht in der Verwendung von Dioden mit anderen Dotierungsprofilen [56] bzw. Übersteuerung von Dioden mit abruptem Dotierungsprofil [57]. Auch hier können hohe Wirkungsgrade erreicht werden.

Gute Wirkungsgrade bei gleichzeitig hoher Ausgangsleistung können auch mit Halbleiterdioden erzielt werden, bei denen der Ladungsspeichereffekt des in Durchlaßrichtung betriebenen pn-Übergangs zur Vervielfachung ausgenutzt wird (Speicherdioden, Step-recovery-Dioden [58–60]). Ist die Diode durch den Pumpvorgang in Durchlaßrichtung vorgespannt, werden in dieser Phase in den Bahngebieten Minoritätsladungsträger gespeichert. Ist ihre Lebensdauer groß gegen die Periode der Pumpspannung, fließt in der folgenden Sperrphase ein Ausgleichsstrom, der nach Abfließen der Ladungsträger abrupt zusammenbricht. Es bleibt nur noch der durch die Sperrschichtkapazität bedingte kleine Umladestrom übrig. Zur Modellierung ist daher eine geknickte Kennlinie (vgl. G 2.1) geeignet, welche bekanntlich einen hohen Oberwellengehalt ermöglicht.

Frequenzteiler mit Varaktordioden. Auch für einen Frequenzteiler mit einem Teilerfaktor von 2 gelten die aus Gl. (125) herleitbaren Beziehungen des Verdopplers sinngemäß (Index 2: Eingang bei der Frequenz $2f$, Index 1: Ausgang bei der Frequenz f). Eine zum Verdoppler analoge Rechnung liefert für den Wirkungsgrad [35]

$$\eta = \frac{1-(1/(2\gamma_2))\,(2\omega/\omega_g)}{1+(2\gamma_2/\gamma_1^2)\,(2\omega/\omega_g)}, \tag{129}$$

der sich mit der einschränkenden Bedingung

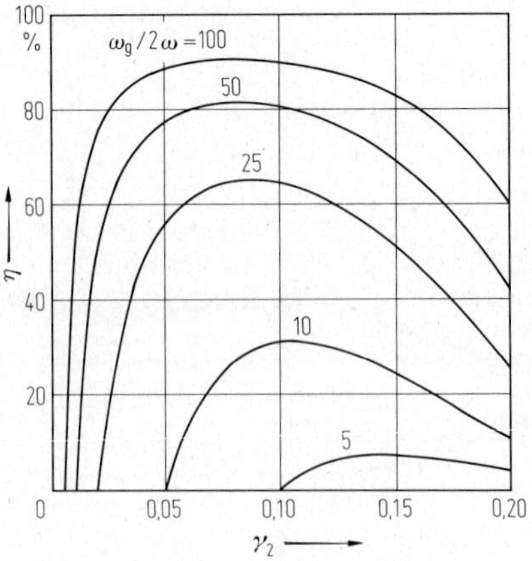

Bild 50. Wirkungsgrad eines Varaktorteilers 2:1

für die Aussteuerungskoeffizienten wie bei der Berechnung des Verdopplers darstellen läßt (Bild 50). Die Anschwingbedingung fordert wegen $\mathrm{Re}\,\underline{Z}_1 > 0$

$$R_D < |\underline{S}^{(2)}|/\omega; \tag{130}$$

daraus ergibt sich eine maximale Betriebsfrequenz

$$\omega_{max} = \gamma_2\,\omega_g. \tag{131}$$

Für diese Frequenz wird aber $\eta = 0$; daher ist nur ein Betrieb weit unterhalb der Grenzfrequenz sinnvoll.

Wie in [35] dargestellt, sind auch andere ganzzahlige und rationale Teilerverhältnisse möglich, die wie beim Vervielfacher entsprechende Idler-Kreise benötigen.

Vervielfacher mit gesteuertem Wirkleitwert. Für die Prinzipschaltung (Bild 51) eines Vervielfachers mit einer Halbleiterdiode der Charakteristik Gl. (121) und dem Vervielfachungsgrad n lautet Gl. (124)

$$\underline{I}'_r = \sum_{p=-\infty}^{+\infty} \underline{G}^{(r-p)}\,\underline{U}_p. \tag{132}$$

Mit den durch die Schaltungsauslegung gegebenen Indexkombinationen $r = 0, \pm 1, \pm n$ und

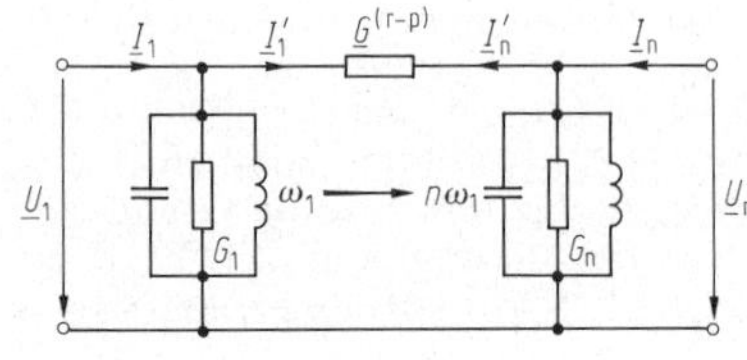

Bild 51. Prinzipschaltung eines Vervielfachers mit gesteuertem Wirkwiderstand

$p = 0, \pm 1, \pm n$ gilt

$$\left.\begin{aligned} \underline{I}_1' &= \underline{G}^{(0)}\underline{U}_1 + \underline{G}^{(2)}\underline{U}_1^* - \underline{G}^{(n-1)*}\underline{U}_n \\ &\quad - \underline{G}^{(n+1)}\underline{U}_n^* + \underline{G}^{(1)}U_0, \\ \underline{I}_n' &= -\underline{G}^{(n-1)}\underline{U}_1 - \underline{G}^{(n+1)}\underline{U}_1^* + \underline{G}^{(0)}\underline{U}_n \\ &\quad + \underline{G}^{(2n)}\underline{U}_n^* + \underline{G}^{(n)}U_0. \end{aligned}\right\} \quad (133)$$

Für den Arbeitspunkt $U_0 = 0$ und die Phasenbedingungen

$$\arg(\underline{U}_1) = 0; \quad \arg(\underline{U}_n) = 0;$$
$$\arg(\underline{G}^{(r-p)}) = 0 \quad (134)$$

ergibt sich zusammen mit der Beschaltung der Diode bei Resonanz

$$\left.\begin{aligned} |\underline{I}_1| &= (G_1 + G^{(0)} + |\underline{G}^{(2)}|)\,\underline{U}_1 \\ &\quad - (|\underline{G}^{(n-1)}| + |\underline{G}^{(n+1)}|)\,|\underline{U}_n|, \\ |\underline{I}_n| &= -(|\underline{G}^{(n-1)}| + |\underline{G}^{(n+1)}|)\,\underline{U}_1 \\ &\quad + (G_n + G^{(0)} + |\underline{G}^{(2n)}|)\,|\underline{U}_n|. \end{aligned}\right\} \quad (135)$$

Den Zusammenhang zwischen den Beträgen der Phasoren von Grund- und Oberwelle können wir mit der Normierung

$$\frac{|\underline{G}^{(r-p)}|}{G^{(0)}} = \gamma_{r-p}, \quad \frac{G_n}{G^{(0)}} = g_n, \quad \frac{G_1}{G^{(0)}} = g_1 \quad (136)$$

und der Randbedingung $|\underline{I}_n| = 0$ in der Form

$$\frac{|\underline{U}_n|}{|\underline{U}_1|} = \frac{\gamma_{n-1} + \gamma_{n+1}}{1 + \gamma_{2n} + g_n} \quad (137)$$

angeben. Ebenso folgt für den normierten Eingangsleitwert

$$g_E = \frac{1}{G^{(0)}}\left(\frac{|\underline{I}_1|}{|\underline{U}_1|}\right)_{|\underline{I}_n|=0} - g_1$$
$$= 1 + \gamma_2 - \frac{(\gamma_{n-1} + \gamma_{n+1})^2}{1 + \gamma_{2n} + g_n}. \quad (138)$$

Hieraus läßt sich wie bei der Behandlung des Varaktorverdopplers der Wirkungsgrad berechnen:

$$\eta = \left(\frac{|\underline{U}_n|^2}{|\underline{U}_1|^2}\right)_{|\underline{I}_n|=0} \cdot \frac{g_n}{g_E} = \left(\frac{\gamma_{n-1} + \gamma_{n+1}}{1 + \gamma_{2n} + g_n}\right)^2$$
$$\cdot \frac{g_n}{1 + \gamma_2 - \dfrac{(\gamma_{n-1} + \gamma_{n+1})^2}{1 + \gamma_{2n} + g_n}}. \quad (139)$$

Der optimale Lastleitwert für maximalen Wirkungsgrad ist

$$g_{n,\,opt} = (1 + \gamma_{2n})\sqrt{1 - \frac{(\gamma_{n-1} + \gamma_{n+1})^2}{(1 + \gamma_2)(1 + \gamma_{2n})}}. \quad (140)$$

Für die Beschreibung der Diode durch eine Knickkennlinie ist

$$\gamma_n = |\sin n\Theta|/(n\Theta), \quad (141)$$

d.h. in dem gewählten Arbeitspunkt $U_0 = 0$ mit $\Theta = \pi/2$

$$\gamma_n = 2/(n\pi).$$

Für große Vervielfachungsfaktoren gilt nun

$$\frac{(\gamma_{n-1} + \gamma_{n+1})^2}{(1 + \gamma_{2n} + g_n)(1 + \gamma_2)} \ll 1, \quad \gamma_{2n} \ll g_n, \ 1$$

und damit in Näherung

$$\eta = \frac{(\gamma_{n+1} + \gamma_{n+1})^2}{1 + \gamma_2} \, \frac{g_n}{(1 + g_n)^2},$$

bzw.

$$\eta = \frac{g_n}{(g_n + 1)^2} \, \frac{16}{\pi(\pi + 1)} \, \frac{1}{n^2}, \quad (142)$$

sowie mit dem optimalen Lastleitwert $g_{n,\,opt} = 1$

$$\eta_{max} = \frac{4}{\pi(\pi + 1)} \, \frac{1}{n^2}. \quad (143)$$

Die gewählte Arbeitspunkteinstellung ist dabei ein guter Kompromiß. Es können höhere Wirkungsgrade erreicht werden, dies kann aber mit Anpassungsproblemen oder geringerer Ausgangsleistung verbunden sein. Bild 52 zeigt den Wirkungsgrad in Abhängigkeit von n für die exakte Lösung (Gl. (139)), die Näherung (Gl. (143)) und den durch die Leistungsbeziehungen gegebenen Wert nach Gl. (31).

Vervielfachung und Teilung mit gesteuerten Quellen. Dafür gelten prinzipiell die gleichen Aussagen wie im Abschnitt über Mischung mit gesteuerten Quellen. Die Entkopplung zwischen

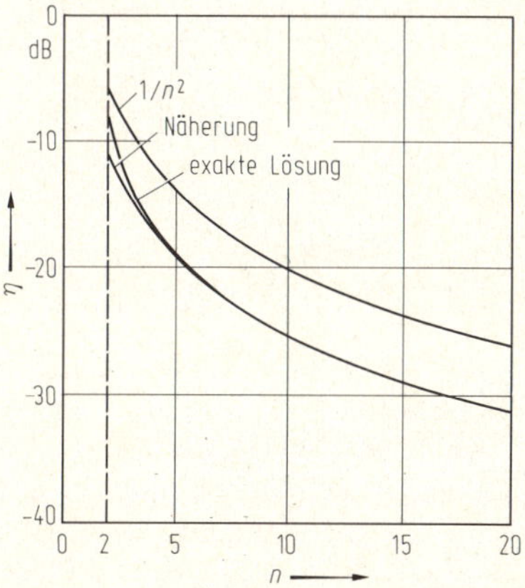

Bild 52. Wirkungsgrad des Diodenvervielfachers

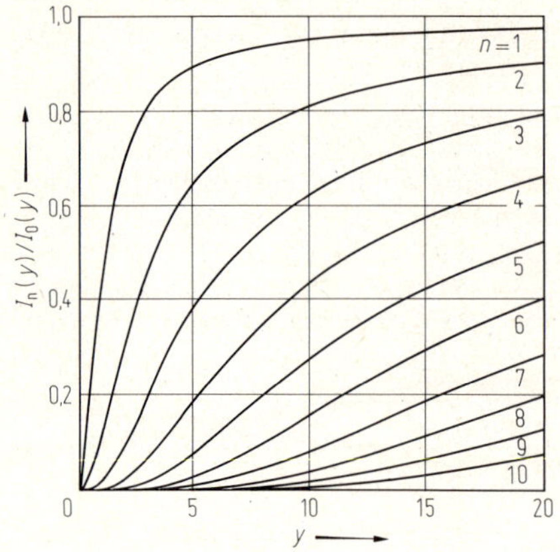

Bild 53. Zum Wirkungsgrad des Vervielfachers mit Bipolartransistor

Quelle und Steuereingang gestattet zumindest unter vereinfachenden Bedingungen eine wesentlich bequemere Behandlung. Im Gegensatz zu Mischerschaltungen (Kleinsignalfall) kann aber nicht auf die Begriffe der Konversionsmatrix und der Mischsteilheit zurückgegriffen werden. Eine exakte Behandlung des Großsignalfalls erfordert neben der Berechnung des Wirkungsgrades auch die Untersuchung der Veränderung dynamischer Halbleiterkenngrößen. Diese Einflüsse sind in der Regel analytisch nicht mehr zu beherrschen, sondern erfordern den Einsatz rechnergestützter Analyseverfahren.

Vervielfacher mit Bipolartransistoren. Ausgangspunkt der Berechnungen ist die in Bild 37 gezeigte Mischerschaltung, wobei die ansteuernde Größe durch

$$u_1(t) = u_{\mathrm{BE}}(t) = U_{\mathrm{B}} + \hat{u}_1 \cos \Omega t$$

gegeben ist (vgl. Gl. (81) für den Mischer). Der Ausgangskreis ist auf die gewünschte Frequenz abgestimmt. Den Gln. (84), (85) entsprechend gilt hier

$$I_{\mathrm{c,n}} = \alpha_{\mathrm{F}} I_{\mathrm{ES}}[\exp(\beta u_{\mathrm{B}})]\, I_{\mathrm{n}}(\beta \hat{u}_1) = I_{\mathrm{c,0}} \frac{I_{\mathrm{n}}(\beta \hat{u}_1)}{I_0(\beta \hat{u}_1)}. \tag{144}$$

Das Verhältnis von Oberwellen- zu Grundwellen-Leistung am gleichen Lastwiderstand ist daher (Bild 53)

$$\eta = \left| \frac{I_{\mathrm{c,n}} \exp(\mathrm{j} n \omega t)}{I_{\mathrm{c,1}} \exp(\mathrm{j} \omega t)} \right|^2 = \left[\frac{I_{\mathrm{n}}(\beta \hat{u}_1)}{I_1(\beta \hat{u}_1)} \right]^2. \tag{145}$$

Vervielfachungsfaktor, Ansteuerleistung und Selektionsprobleme im abgestimmten Ausgangskreis sind also miteinander verknüpft und müssen im Einzelfall untersucht werden.

Spezielle Literatur: [1] *Zinke, O.; Brunswig, H.:* Lehrbuch der Hochfrequenztechnik, Bd. II, 2. Aufl. Berlin: Springer 1974. – [2] *Rowe, H.E.:* Some general properties of nonlinear elements, Part II: Small signal theory. Proc. IRE 46 (1958) 850–860. – [3] *Garbrecht, K.; Heinlein, W.:* Theorie des Empfangsmischers mit gesteuertem Wirkleitwert. Frequenz 19 (1965) 377–385. – [4] *Maurer, R.; Löcherer, K.H.:* Theorie nichtreziproker Schaltungen mit gleicher Eingangs- und Ausgangsfrequnez unter Verwendung nichtlinearer Halbleiterbauelemente. AEÜ 15 (1962) 71–83. – [5] *Maurer, R.:* Nichtreziproker parametrischer Verstärker für das Mikrowellengebiet. Diss. Univ. Karlsruhe 1969. – [6] *Büchs, J.D.:* Zur Frequenzumsetzung mit Schottky-Dioden. Diss. RWTH Aachen 1971. – [7] *Unger, H.G.; Harth, W.:* Hochfrequenz-Halbleiterelektronik. Stuttgart: Hirzel 1972. – [8] *Manley, J.M.; Rowe, H.E.:* Some general properties of nonlinear elements, Part I: General energy relations. Proc. IRE 44 (1956) 904–913. – [9] *Müller, R.:* Rauschen. Berlin: Springer 1979. – [10] *Dahlke, W.; Maurer, R.; Schubert, J.:* Theorie des Dioden-Reaktanzverstärkers mit Parallelkreisen. AEÜ 13 (1959) 321–340. – [11] *Vowinkel, B.:* Image recovery millimeter-wave mixer. Proc. 9th European Microwave Conf. 1979, pp. 726–730. – [12] *Keen, N.J.:* Low noise millimeter wave mixer diodes. Results and evaluations of a test programme. IEE Proc. 127, Part I (1980) 180–198. – [13] *Schroth, J.:* Rauscharme Millimeter-Mischer mit Whisker kontaktierten Schottky-Barrier-Dioden. Wiss. Ber. AEG-Telefunken 54 (1981) 203–211. – [14] *Maurer, R.:* Theorie des Diodenmischers mit gesteuertem Wirkleitwert. AEÜ 36 (1982) 311–317. – [15] *Penfield, P.Jr.:* Frequency-power formulas. New York: Wiley 1960. – [16] *Pantell, R.M.:* General power relationships for positive and negative nonlinear resistive elements. Proc. IRE 46 (1958) 1910–1913. – [17] *Gerrath, K.M.:* Maximaler Wirkungsgrad bei der Frequenzumsetzung mit nichtlinearen positiven Widerständen. AEÜ 27 (1973) 453–455. – [18] *Page, C.H.:* Frequency conversion with positive nonlinear resistors. J. Res. Nat. Bur. Stand. 56 (1956) 179–182. – [19] *Page, C.H.:* Harmonic generation with ideal rectifiers. Proc. IRE 46 (1958) 1738–1740. – [20] *Pucel, R.A.:* Theory of the Esaki diode frequency converter. Solid State Electron. 3 (1961) 167–207. – [21] *Rieck, H.; Bomhardt, K.:* Die Signal- und Rauscheigenschaften von Tunneldioden-Abwärtsmischern. Die Telefunken-Röhre, Heft 42 (1963) 177–198. – [22] *Strutt, J.J.O.:* Noise figure reduction in mixer stages. Proc. IRE 34 (1946) 942–950. – [23] *Rothe, H.; Dahlke, W.:* Theorie rauschender Vierpole. AEÜ 9 (1955) 117–121. – [24] *Willwacher, E.:* Das Eigenrauschen von Mikrowellenempfängern mit Halbleiter-Mischstufe. Telefunken-Ztg. 36 (1963) 200–215. – [25] *v.d.Ziel, A.:* Noise. New York: Prentice Hall 1955. – [26] *Schottky, W.:* Über spontane Stromschwankungen in verschiedenen Elektrizitätsleitern. Ann. Phys. 57 (1918) 541–567. – [27] *v.d.Ziel, A.; Watters, R.L.:* Noise in mixer tubes. Proc. IRE 46 (1958) 1426–1427. – [28] *v.d.Ziel, A.:* Noise in solid state devices and lasers. Proc. IEEE 58 (1970) 1178–1206. – [29] *Zimmermann, P.; Mattauch, R.J.:* Low noise second harmonic mixer for 200 GHz. Late Paper IEEE-MTT Symp. Florida, 1979. – [30] *Janssen, W.:* Hohlleiter und Streifenleiter. Heidelberg: Hüthig 1977. – [31] *Groll, H.:* Mikrowellen-Meßtechnik. Braunschweig: Vieweg 1969. – [32] *Firmendokumentation, Fa. Mini-Circuits Lab.,* Vertrieb: Industrial Electronics, Klüberstr. 14, Frankfurt/M., 1983. – [33] *Firmendokumentation, Fa. Anaren Microwave Inc.,* Vertrieb: Kontron Electronic, Oskar-von-Miller-Str. Eching b. München, 1982. – [34] *Ohm, G.; Alberty, M.:* Microwave phase detectors for PSK demodulators. IEEE Trans. MTT 29 (1981) 724–731.

– [35] *Penfield, P.; Rafuse, R.P.:* Varactor applications. New York: MIT Press 1962. – [36] *Steiner, K.H.; Pungs, L.:* Parametrische Systeme. Stuttgart: Hirzel 1965. – [37] *Maurer, R.; Löcherer, K.H.:* Parametrischer Mikrowellenkonverter. AEÜ 26 (1972) 475–480. – [38] *Maurer, R.:* Parametrischer Abwärtsmischer mit reellem Spiegelabschluß. Seminar Mikrowellen- und Hochfrequenzbauteile 28./29. Mai 1973, Kongreßzentrum München. – [39] *Schau, W.:* Parametrischer Gleichlageabwärtsmischer. AEÜ 33 (1979) 450–456. – [40] *Blackwell, L.A.; Kotzebue, K.L.:* Semiconductor-diode parametric amplifiers. Englewood Cliffs: Prentice Hall 1961. – [41] *Decroly, J.C.; Laurent, L.; Lienard, J.C.; Marechal, G.; Voroßeitchik, J.:* Parametric amplifiers. Philips Technical Library. London: Macmillan Press 1973. – [42] *Petry, H.P.:* Verringerung der Systemrauschtemperatur von FM-Empfängern durch einen phasenkohärenten parametrischen Abwärtsmischer. AEÜ 34 (1980) 394–402. – [43] *Meyer, R.G.:* Signal processes in transistor mixer circuits of high frequencies. Proc. IEE 114 (1967) 1605–1612. – [44] *Ebers, J.J.; Moll, J.L.:* Large signal behaviour of junction transistors. Proc. IRE 42 (1954) 1761–1772. – [45] *Schoen, H.; Weitzsch, F.:* Zur additiven Mischung mit Transistoren. Valvo Ber. 8 (1962) 1–38. – [46] *Pelz, F.M.:* Zylinderfunktionen. In: Rint (Hrsg.): Handbuch für HF- und E-Techniker, Bd. 2, 13. Aufl. 1981. – [47] *Unger, H.G.; Schulz, W.:* Elektronische Bauelemente und Netzwerke. Braunschweig: Vieweg 1971. – [48] *Giacoletto, L.J.:* Electronic designers handbook. New York: McGraw-Hill 1977. – [49] *Sevin, L.L.:* Field effect transistors. New York: McGraw-Hill 1965. – [50] *Herpy, M.:* Analoge integrierte Schaltungen. München: Franzis 1976. – [51] *Tobey, G.E.; Graeme, J.G.; Huelsman, L.P.:* Operational amplifiers, design and applications. New York: McGraw-Hill 1971. – [52] *Graeme, J.G.:* Application of operational amplifiers. New York: McGraw-Hill 1973. – [53] *Bilotti, A.:* Applications of a monolithic analog multiplier. IEEE J-SC-3 (1968) 373–380. – [54] *Tietze, U.; Schenk, Ch.:* Halbleiter-Schaltungstechnik, 6. Aufl. Berlin: Springer 1983. – [55] *Geißler, R.:* Ein- und Zweiseitenband-Rauschzahl von Meßobjekten im Mikro- und Millimeter-Wellengebiet. ntz 37 (1984) 14–17. – [56] *Scanlan, J.O.; Layburn, P.J.R.:* Large signal analysis of varactor harmonic generators without idlers. Proc. IEE 112 (1965) 1515–1522. – [57] *Scanlan, J.O.; Layburn, P.J.R.:* Large signal analyis of varactor harmonic generators without idlers. Proc. IEE 114 (1967) 887–893. – [58] *Johnston, R.H.; Boothroyd, A.R.:* Charge storage frequency multipliers. Proc. IEEE 56 (1968) 167–176. – [59] *Schünemann, K.; Schiek, B.:* Optimaler Wirkungsgrad von Vervielfachern mit Speicherdiode, Teil I. AEÜ 22 (1968) 186–196. – [60] *Roulston, D.J.:* Frequency multiplication using charge storage effect: An analysis for high efficiency high power operation. Int. J. Electron. 18 (1965) 73–86.

2 Begrenzung und Gleichrichtung
Limitation and rectification

Allgemeine Literatur: *Elsner, R.:* Nichtlineare Schaltungen. Berlin: Springer 1981. – *Phillippow, E.:* Nichtlineare Elektrotechnik. Leipzig: Akad. Verlagsges. 1971. – *Rothe, H.; Kleen, W.:* Elektronenröhren als Schwingungserzeuger und Gleichrichter. Leipzig: Akad. Verlagsges. 1941.

Spezielle Literatur Seite G 33

2.1 **Kennlinien.** Transfer characteristics

Eigenschaften, stückweise Linearisierung. Für Begrenzung und Gleichrichtung werden Netzwerke mit nichtlinearen Bauelementen verwendet, deren Übertragungskennlinien eindeutig, hysteresefrei und nach oben oder unten beschränkt sind. Bild 1 a zeigt drei typische Kennlinienformen. In den Kurven y_1 und y_2 werden

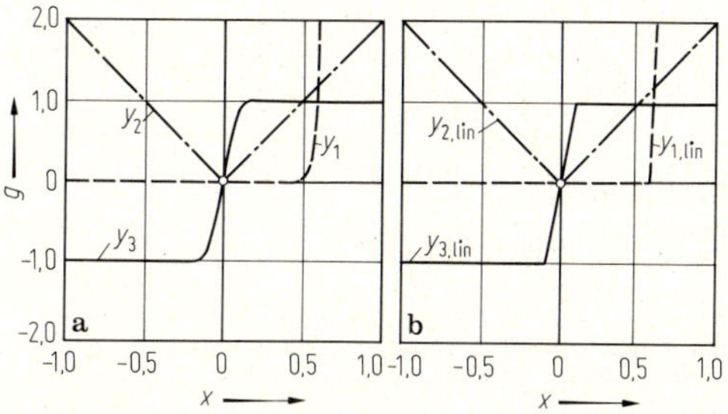

Bild 1. a) Typische Übertragungskennlinien von gleichrichtenden und begrenzenden Netzwerken; **b)** stückweise linearisierte Kennlinien

zwei nach unten beschränkte Kennlinien wiedergegeben, die für Gleichrichter typisch sind. Kurve y_3 zeigt die typische Kennlinie eines symmetrischen Begrenzers. Meist werden die Kennlinien durch transzendente Funktionen beschrieben. Die theoretische Behandlung des Übertragungsverhaltens von Begrenzern und Gleichrichtern stößt daher schnell auf mathematische Schwierigkeiten. Man nähert deswegen häufig die nichtlineare Kennlinienform durch Geradenstücke an. Bild 1 b zeigt stückweise lineare Näherungen für die Kurven aus Bild 1 a.

Stückweise linearisierte Kennlinien werden vorteilhaft mit Hilfe der Rampenfunktion $\varrho_a(x)$ beschrieben:

$$\varrho_a(x) := \begin{cases} ax & \text{für } x > 0 \\ 0 & \text{für } x \leqq 0. \end{cases} \tag{1}$$

Im Grenzfall $a \to \infty$ wird aus der Rampenfunktion die Schalterfunktion $\varrho_\infty(x)$.

Schmalbandaussteuerung. Oft ist das Verhalten eines Netzwerks mit nichtlinearen Bauelementen bei Aussteuerung durch ein sinusförmiges Eingangssignal von Interesse. Man möchte hier eine Zerlegung des Ausgangssignals in eine Fourier-Reihe erhalten. In Verallgemeinerung dieses Problems interessiert man sich insbesondere bei modulierten oder verrauschten Eingangssignalen für eine Zerlegung des Ausgangssignals nach Frequenzbändern, die Vielfache des (schmalbandigen) Eingangsfrequenzbandes sind.

Die meisten technisch realisierbaren Netzwerke werden durch Kennlinien beschrieben, die (im unendlichen) nicht stärker als exponentiell anwachsen. Bei Schmalbandaussteuerung dieser Netzwerke kann man deren Ausgangssignale nach Blachmann [1] als verallgemeinerte Fourier-Reihen schreiben. Wird die Übertragungskennlinie des Netzwerks durch $y = g(x)$ beschrieben und ist das Eingangssignal ein schmalbandiges Signal $h(t)\cos\Phi(t)$, das um den Arbeitspunkt x_A variiert, d. h. $x(t) = h(t)\cos\Phi(t) + x_A$, dann kann das Ausgangssignal als

$$y(t) = \frac{a_0(t)}{2} + \sum_{n=1}^{\infty} a_n(t)\cos n\Phi(t) \tag{2}$$

geschrieben werden, wobei

$$a_n(t) = \frac{1}{\pi}\int_{-\pi}^{\pi} \mathrm{d}z\, g(h(t)\cdot\cos z + x_A)\cos nz \tag{3}$$

gilt. Im Fall $h(t) = \text{const}$ reduziert sich Gl. (2) auf eine einfache Fourier-Reihe.

2.2 Begrenzer. Limiters

Will man erreichen, daß ein Signal einen bestimmten Maximal- bzw. Minimalwert nicht über- bzw. unterschreitet, dann werden Begrenzerschaltungen eingesetzt. Die Konstanthaltung von Signalamplituden ist eine weitere Aufgabenstellung, bei der Begrenzer benutzt werden können.

Begrenzer-Übertragungsfunktionen. Ideale Begrenzer, welche nur nach oben oder unten begrenzen, werden durch

$$y(x) = \varrho_a(x - x_k) + b \quad \text{oder}$$
$$y(x) = \varrho_a(-x + x_k) + b$$

beschrieben. ϱ_a ist die in Gl. (1) definierte Rampenfunktion. Ideale Begrenzer, die nach oben und unten begrenzen, werden durch

$$y(x) = \varrho_a(x - x_{k1}) + b - \varrho_a(x - 2l/a - x_{k1}) \tag{4}$$

beschrieben. Hier sind x_{k1} und $x_{k2} = x_{k1} + 2l/a$ die Knickpunkte der Übertragungskurve, a ist die Steigung von y für $x_{k1} < x < x_{k2}$, b ist der Begrenzungswert bei $x = x_{k1}$ und $b + 2l$ der Begrenzungswert bei $x = x_{k2}$.
Im Grenzfall $a \to \infty$ spricht man von harten Begrenzern, sonst von weichen Begrenzern. Gl. (4) nimmt für den Fall harter Begrenzung die Form

$$y_H(x) = l\,\mathrm{sgn}(x - x_{k1}) + b + l \tag{5}$$

an. Der Begriff „harter Begrenzer" wird auch für reale Begrenzer verwendet, welche für die Praxis hinreichend genau durch $y_H(x)$ beschrieben werden.

Reale, nach oben und unten begrenzende Schaltungen werden meist durch komplizierte transzendente Funktionen beschrieben. Sie werden daher zweckmäßig durch

$$y(x) = l\,\mathrm{erf}(K\sqrt{\pi}(x - x_0)/2l) + b + l \tag{6}$$

angenähert. (erf(.) = Fehlerintegral [2]). $y(x)$ kann also zwischen b und $b + 2l$ variieren und nimmt an der Stelle x_0 den Wert $b + l$ an. K ist die Steigung von y im Punkt x_0. Den Graphen von y/l findet man für $b = -l$ in Bild 1 a als y_3. Dabei ist noch $K\sqrt{\pi}(x - x_0)/2l$ durch x ersetzt.
Durch Grenzübergang $K \to \infty$ gelangt man erneut zu $y_H(x)$ nach Gl. (5) mit $x_0 = x_{k1}$.

Begrenzerschaltungen. Mit Hilfe eines Bauelements D, das die Rampenfunktion nach Gl. (1) realisiert, kann man in einfacher Weise Begrenzer konstruieren, indem man die statischen Übertragungsfunktionen nachbildet.
In Realität gibt es natürlich weder Bauelemente mit idealer Rampenkennlinie noch ideale Strom- oder Spannungseinspeisung. Es stehen jedoch Bauelemente zur Verfügung, die das gewünschte ideale Verhalten recht gut approximieren. Die Strom-Spannungs-Charakteristik einer Diode ist beispielsweise eine gute Näherung für eine (verschobene) Rampenfunktion. Dies wird durch die Kurven y_1 und $y_{1,\mathrm{lin}}$ aus Bild 1 a, b demonstriert. Die Verschiebung des Arguments der Rampenfunktion entspricht der Serienschaltung einer zusätzlichen Spannungsquelle.
Bild 2a zeigt die Schaltung eines symmetrischen Begrenzers mit zwei Dioden. In Bild 2b ist die Spannung am Lastwiderstand R_L in Abhängigkeit von der Urspannung U_0 der verwendeten Quelle mit dem Verhältnis aus Quelleninnenwiderstand R_i und R_L als Parameter dargestellt.
In der NF-Technik werden statt Dioden auch häufig Kombinationen von Dioden mit Spannungsreferenzdioden oder mit Operationsverstärkern benutzt, um eine rampenförmige Übertragungscharakteristik zu erzielen [3].
Bild 3a zeigt das Prinzipschaltbild eines Begrenzers mit symmetrischem Differenzverstärker. Bei

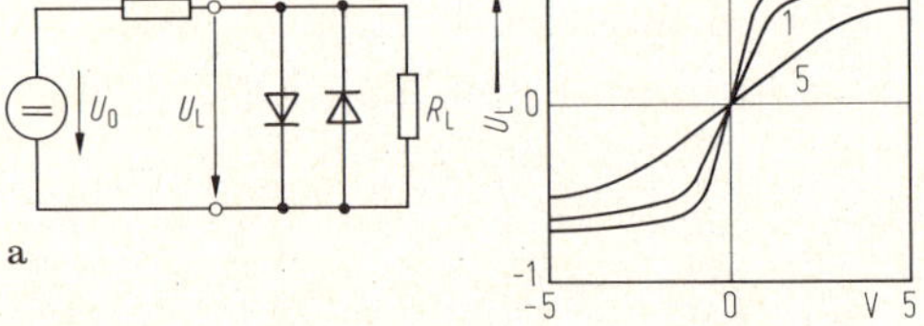

a b

Bild 2. **a**) Diodenbegrenzer mit Ansteuerung durch reale Quelle; **b**) Ausgangsspannung des Diodenbegrenzers in Abhängigkeit von der Quellenurspannung

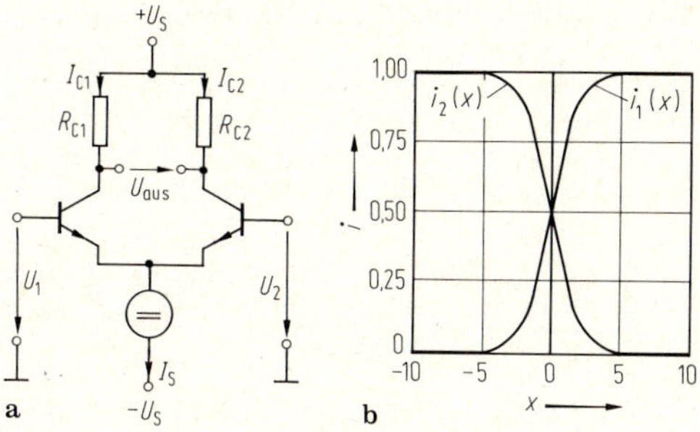

Bild 3. **a**) Begrenzer mit Differenzverstärker; **b**) Strombegrenzung beim Differenzverstärker

Transistoren mit identischen Daten gilt unter der Voraussetzung, daß Sättigung vermieden wird und Bahnwiderstände vernachlässigt werden können, nach [4]:

$$I_{C\,1,2} = \alpha I_S\left(1 \pm \tanh\frac{U_1 - U_2}{2U_T}\right)\Big/2.$$

In Bild 3b sind die Funktionen

$$i_{1,2}(x) = (1 \pm \tanh(x/2))/2$$

aufgezeichnet. Die Kurven lassen erkennen, daß die Ströme I_{C1} und I_{C2} nach oben und unten begrenzt werden. Durch geeignete Wahl der Widerstände und des Stroms I_S erreicht man, daß Sättigung der Transistoren im Betriebsfall vermieden wird. Innerhalb dieser Einschränkung wirkt der Differenzverstärker also wie ein spannungsgesteuerter Strombegrenzer.
Begrenzer mit Differenzverstärkern sind in monolithisch integrierter Form für Anwendungen bis zu einigen zehn MHz erhältlich. Zur Erhöhung der Steigung der Übertragungskennlinie im Symmetriepunkt sind dabei mehrere Differenzverstärker in Kette geschaltet. Zusätzlich verwendet man Impedanzwandlerstufen. Man kann dadurch das Verhalten eines spannungsgesteuerten Spannungsbegrenzers sehr gut approximieren. Aufgrund der hohen differentiellen Verstärkung neigen diese Schaltungen aber stark zu Eigenschwingungen, die durch geeignete Maßnahmen unterbunden werden müssen.

Begrenzung winkelmodulierter Signale. Die meisten Demodulatoren für winkelmodulierte Signale verwenden symmetrische Begrenzerschaltungen mit näherungsweise hartem Begrenzungsverhalten. Das Eingangssignal des Begrenzers kann als

$$x(t) = \hat{x}\cos(\omega t + \Phi + \varphi(t)) \tag{7}$$

angesetzt werden. $\hat{x}$ ist die Amplitude des Signals, welche je nach Empfangssituation unterschiedliche zeitkonstante Werte annehmen kann. $\varphi(t)$ enthält die zu übertragende Information. Das Signal soll hinreichend schmalbandig sein, d.h. das durch $x(t)$ belegte Frequenzband soll eine Bandbreite haben, die wesentlich kleiner als $\omega/2\pi$ ist. Da dann die Voraussetzungen von 2.1 erfüllt sind, gilt bei symmetrischer harter Begrenzung mit der Begrenzerübertragungsfunktion $b(x) = l\,\mathrm{sgn}(x)$ gemäß den Gln. (2) und (3)

$$y(t) = \frac{4l}{\pi}\sum_{n=0}^{\infty}\frac{(-1)^n}{2n+1}\cdot\cos[(2n+1)(\omega t + \Phi + \varphi(t))].$$

Dies ist erwartungsgemäß eine Rechteckschwingung der Momentanphase $\omega t + \Phi + \varphi(t)$. Der 0-te Summenterm beschreibt die Grundschwingung $y_1(t)$, die aus $y(t)$ durch Tiefpaßfilterung gewonnen werden kann:

$$y_1(t) = \frac{4l}{\pi}\cos(\omega t + \Phi + \varphi(t)).$$

Der Vergleich mit Gl. (7) zeigt, daß $y_1(t)$ den Zeitverlauf von $x(t)$ exakt wiedergibt, daß aber die Amplitude unabhängig von der Empfangssituation ist. Daraus darf aber nicht geschlossen werden, daß der harte Begrenzer mit nachgeschaltetem Tiefpaß wie ein linearer Verstärker arbeitet. Dies wird im folgenden deutlich.

Begrenzung zweier überlagerter Signale. Nicht immer liegt am Eingang des Begrenzers ausschließlich das erwünschte Signal an. Es kann vorkommen, daß beispielsweise die Summe zweier Signale

$$x_1(t) = \hat{x}_1\cos(\omega_1 t + \Phi_1),$$
$$x_2(t) = \hat{x}_2\cos(\omega_1 t + \Delta\omega t + \Phi_1 + \Delta\Phi)$$

anliegt. Ohne Beschränkung der Allgemeinheit darf $\hat{x}_1 > \hat{x}_2$ angenommen werden. Die Überlagerung von x_1 und x_2 läßt sich dann wie folgt schreiben:

$$x(t) = x_1(t) + x_2(t) = h(t)\cos(\omega_1 t + \Phi_1 + \varphi(t))$$

mit

$$h(t) = \hat{x}_1\sqrt{1 + \xi^2 + 2\xi\cos(\Delta\omega t + \Delta\Phi)}$$
$$\varphi(t) = \arctan[\xi\sin(\Delta\omega t + \Delta\Phi)/(1 + \xi\cos(\Delta\omega t + \Delta\Phi))]$$
$$\xi = \hat{x}_2/\hat{x}_1.$$

Bei hinreichend kleinem $|\Delta\omega|$ ist $x(t)$ schmalbandig, und es liegt eine ähnliche Situation wie in Gl. (7) vor. In Analogie folgt bei symmetrischer harter Begrenzung und Tiefpaßfilterung

$$y_1(t) = (4l/\pi)\cos(\omega_1 t + \Phi_1 + \varphi(t)) = (4l/\pi h(t))\,x(t).$$

Dadurch wird klar, daß das Eingangssignal $x(t)$ durch den Begrenzer scheinbar amplitudenmoduliert wird. Damit ist der wesentlich nichtlineare Charakter des Begrenzers mit Tiefpaß nachgewiesen.
Für kleine ξ, d.h. $\hat{x}_2 \ll \hat{x}_1$, kann $y_1(t)$ nach ξ entwickelt werden:

$$\begin{aligned} y_1(t) = (4l/\pi\hat{x}_1)\,[&\hat{x}_1 \cos(\omega_1 t + \Phi_1) \\ &+ (\hat{x}_2/2)\cos(\omega_1 t + \Delta\omega t + \Phi_1 + \Delta\Phi) \\ &- (\hat{x}_2/2)\cos(\omega_1 t - \Delta\omega + \Phi_1 - \Delta\Phi)]\,. \end{aligned}$$

Außer den Spektrallinien bei ω_1 und $\omega_1 + \Delta\omega$ erscheint somit noch eine zweite Spektrallinie bei $\omega_1 - \Delta\omega$. Faßt man die Signale mit der Frequenz $\omega_1/2\pi$ als Nutzsignale und die anderen als Störsignale auf, dann folgt für das Verhältnis von eingangs- zu ausgangsseitigem Signal/Störleistungs-Verhältnis

$$(\hat{x}_2^2/\hat{x}_1^2)/(\hat{x}_2^2/2\hat{x}_1^2) = 2.$$

Der harte Begrenzer mit Tiefpaß bewirkt also eine Verschiebung der Leistungsverhältnisse um bis zu 3 dB zugunsten des leistungsstärkeren Signals.
Da in der Praxis nicht gewährleistet werden kann, daß Störsignale stets leistungsschwächer sind als das Nutzsignal, ist es zweckmäßig, vor den Eingang des Begrenzers ein Bandpaßfilter zu schalten, welches wenigstens unerwünschte Nachbarkanalsignale unterdrückt. Die Kettenschaltung aus Bandpaß, Begrenzer und Band- oder Tiefpaß heißt Begrenzerbandpaß.

Trägerrückgewinnung durch harte Begrenzung. Es sei $x(t) = A(t)\cos(\omega t + \Phi)$ das Eingangssignal eines Begrenzerbandpasses. Entsprechend 2.1 ist dann bei symmetrischer harter Begrenzung mit statischer Übertragungsfunktion $b(x) = l\,\mathrm{sgn}(x)$ gemäß Gl. (2) das Ausgangssignal des Begrenzerbandpasses näherungsweise

$$y_1(t) = (4l/\pi)\,\mathrm{sgn}(A(t))\cos(\omega t + \Phi). \qquad (8)$$

Man beachte, daß $y_1(t)$ von dem Vorzeichen von $A(t)$ abhängt. Dies ist insbesondere dann von Bedeutung, wenn $A(t)$ Nullstellen hat oder sogar sein Vorzeichen wechseln kann. Diese Situation ist beispielsweise bei ZSB-Signalen mit ganz oder teilweise unterdrücktem Träger gegeben. Im Falle von Amplitudennullstellen des Eingangssignals muß dann auch y_1 Null werden. Im Falle eines Vorzeichenwechsels von $A(t)$ erzeugt der Begrenzerbandpaß ein 2-PSK-Signal mit Amplitudennullstellen. Nur im Fall einer Amplitudenfunktion $A(t)$, welche nie Null wird (AM mit Modulationsgrad kleiner 100%), regeneriert der Begrenzerbandpaß das Trägersignal phasenrichtig.

2.3 Gleichrichter. Rectifiers

Gleichrichter werden in der HF-Technik benutzt, um Informationen über Amplitude oder Leistung eines hochfrequenten Signals zu gewinnen.

Ideale Gleichrichter-Übertragungsfunktionen. Ideale Einweg-Gleichrichter werden durch die statische Übertragungsfunktion

$$y(x) = \varrho_b(x) \qquad (9)$$

oder

$$y(x) = \varrho_b(-x) \qquad (10)$$

beschrieben mit ϱ_b gemäß Gl. (1). Ideale Vollweggleichrichter werden durch die statische Übertragungsfunktion

$$y(x) = b\,|x| = bx\,\mathrm{sgn}(x) = \varrho_b(x) + \varrho_b(-x) \qquad (11)$$

beschrieben.

Stromflußwinkel. Wird die Übertragungskennlinie eines Einweggleichrichters nach Gl. (9) durch ein sinusförmiges Signal um den Arbeitspunkt x_A ausgesteuert, d.h.

$$x(t) = A\cos\omega t + x_A, \qquad (12)$$

dann folgt für das Gleichrichterausgangssignal $y(t) = \varrho_b(A\cos\omega t + x_A)$. Nach Gl. (3) läßt sich y in eine Fourier-Reihe mit den Koeffizienten

$$a_n = \frac{bA}{\pi}\int_{-\Theta}^{\Theta} dz(\cos z - \cos\Theta)\cos nz \qquad (13)$$

zerlegen; dabei ist

$$\Theta = \begin{cases} \arccos(-x_A/A) & \text{für } |x_A/A| \leqq 1 \\ \pi & \text{sonst} \end{cases}. \qquad (14)$$

der sog. Stromflußwinkel. Die auf den Extremwert $y_{ext} = bA(1 - \cos\Theta)$ von y normierten Fourier-Koeffizienten

$$f_0(\Theta) = a_0/2y_{ext};$$
$$f_n(\Theta) = a_n/y_{ext} \ (n = 1, 2, 3, \ldots) \qquad (15)$$

heißen Stromflußwinkelfunktionen der Knickkennlinie [5, 6]. Man erhält diese in expliziter Form durch Integration von Gl. (13):

$$f_0(\Theta) = [\sin\Theta - \Theta\cos\Theta]/[\pi(1 - \cos\Theta)], \qquad (16)$$

$$f_1(\Theta) = [\Theta - \cos\Theta\sin\Theta]/[\pi(1 - \cos\Theta)], \qquad (17)$$

$$f_n(\Theta) = \left[-\frac{2}{n}\sin n\Theta\cos\Theta + \frac{\sin(n-1)\,\Theta}{n-1} + \frac{\sin(n+1)\,\Theta}{n+1}\right]\Big/[\pi(1 - \cos\Theta)]$$
$$\text{für } n = 2, 3, 4, \ldots. \qquad (18)$$

(s. hierzu die graphische Darstellung in Bild P 2.4). Damit erhält man für das Ausgangssignal an der Knickkennlinie die übersichtliche Schreibweise

$$y(t) = y_{\text{ext}} \sum_{n=0}^{\infty} f_n(\Theta) \cos n\omega t .$$

In analoger Weise lassen sich auch die Ausgangssignale von Kennlinien nach den Gln. (10) und (11) durch Stromflußwinkelfunktionen ausdrükken.

Exponentialkennlinie. Zur praktischen Realisierung der Rampenfunktion wählt man häufig die Strom-Spannungs-Charakteristik von Halbleiterdioden. Diese werden bei kleinen und mittleren Strömen recht gut durch $y(x) = x_S(\exp(x/x_T) - 1)$ beschrieben. Bei Aussteuerung durch ein Signal gemäß Gl. (12) folgt

$$\left.\begin{aligned} y(x(t)) &= x_S \exp((x_A + A)/x_T) \sum_{n=0}^{\infty} c_n \cos n\omega t, \\ c_0 &= \exp(-A/x_T)[I_0(A/x_T) \\ &\quad - \exp(-x_A/x_T)], \\ c_n &= 2\exp(-A/x_T)\, I_n(A/x_T); \\ n &= 1, 2, 3, \ldots . \end{aligned}\right\} \quad (19)$$

Hierbei sind $I_0(z)$ und $I_n(z)$ modifizierte Bessel-Funktionen [2].

Richtkennlinienfelder. Die theoretische Behandlung realer Gleichrichter stößt auf mathematische Schwierigkeiten. Eine rein sinusförmige Aussteuerung einer nichtlinearen Kennlinie mit geradem Funktionsanteil führt nämlich zu einem Ausgangsspektrum, das neben der Grundschwingung auch einen zeitlich konstanten Anteil und Oberschwingungen beliebiger Ordnung enthalten kann. Der zeitlich konstante Anteil y_0 von y heißt Richtgröße und speziell Richtstrom, falls y ein Strom ist. y_0 ist i. allg. von der Amplitude A der ansteuernden Sinusschwingung abhängig; man nennt diese Wirkung Richteffekt.
Der Richteffekt verändert in der Regel den Arbeitspunkt des Netzwerks, worin das Bauelement mit nichtlinearer Kennlinie eingebettet ist. Andererseits ist die Größe des Richtstroms vom Arbeitspunkt abhängig. Schon einfachste Netzwerke führen daher bei der Arbeitspunktbestimmung auf komplizierte nichtlineare Gleichungen.
Daher ist in vielen Fällen ein graphisches Lösungsverfahren angebracht. Dazu bestimmt man den Gleichanteil y_0 der Ausgangsgröße y des Bauelements mit nichtlinearer Kennlinie in Abhängigkeit vom Arbeitspunkt x_A. Da y_0 zudem noch von anderen Parametern abhängt, erhält man nicht nur eine einzelne Kennlinie $y_0 = f(x_A)$, sondern eine Schar von Kennlinien,

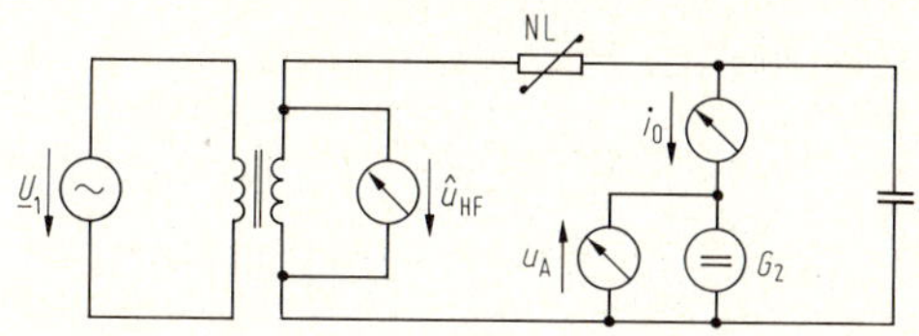

Bild 4. Meßschaltung zur Aufnahme des Richtkennlinienfeldes des Gleichanteils

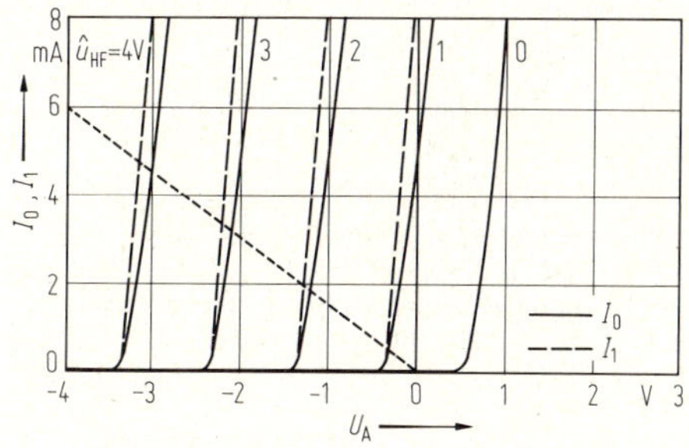

Bild 5. Arbeitsgerade (punktiert) und Richtkennlinienfeld des Gleichanteils I_0 und der Grundschwingung I_1 einer Siliziumdiode

das sog. Richtkennlinienfeld des Gleichanteils. Auf ähnliche Weise kann man auch ein Richtkennlinienfeld der Grundschwingung y_1 und der Oberschwingungen y_2, y_3, usw. bestimmen. Richtkennlinienfelder sind also die graphische Darstellung der Fourier-Komponenten des Ausgangssignals y.
Bild 4 zeigt eine Meßschaltung zur Aufnahme des Richtkennlinienfeldes des Gleichanteils eines Bauelements NL mit nichtlinearer Kennlinie bei sinusförmiger Eingangsspannung $\hat{u}_{HF} \cos \omega t$. Bild 5 zeigt typische Richtkennlinienfelder für Gleichanteil und Grundschwingung des Stroms einer Siliziumdiode bei Spannungsansteuerung.
Das Richtkennlinienfeld des Gleichanteils ist Grundlage zur Bestimmung eines geeigneten Arbeitspunkts der Schaltung. Das äußere Netzwerk liefert nämlich noch eine weitere Kurve $y_0 = y_0(x_A)$, deren Schnitt mit der durch die Amplitude A festgelegten Richtkennlinie den Arbeitspunkt x_A ergibt (Bild 5). Bei linearem Funktionszusammenhang $y_0 = y_0(x_A)$ heißt diese Kurve Arbeitsgerade.

Gleichrichterschaltungen mit Dioden. In den Bildern 6 und 7 sind häufig benutzte Gleichrichter mit Dioden und Tiefpässen dargestellt. Für die gleichzurichtende Spannung

$$u_{HF}(t) = \hat{u}_{HF} \cos \omega t \qquad (20)$$

sind unter der Voraussetzung $\omega C \gg 1/R$ die Richtkennlinienfelder dieser Gleichrichter einfach zu berechnen. Das Richtkennlinienfeld einer

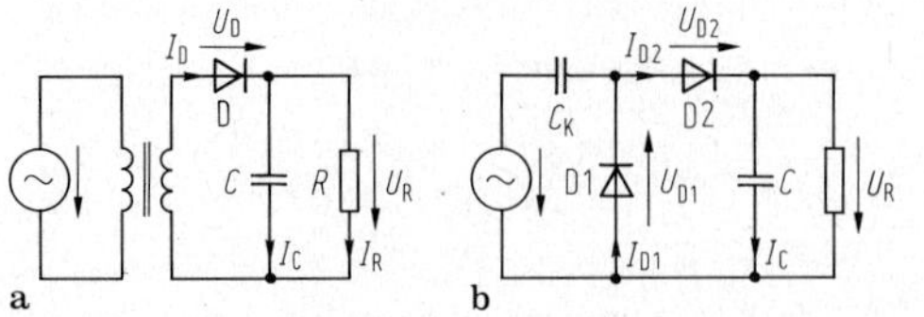

Bild 6. **a**) Serien-Einweggleichrichter; **b**) Spannungskaskade (Villard-Schaltung)

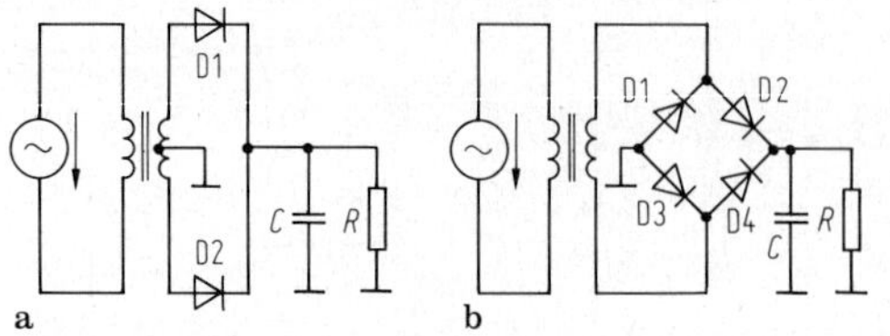

Bild 7. **a**) Vollweggleichrichter in Mittelpunktschaltung; **b**) Vollweggleichrichter in Brückenschaltung

einzelnen Diode mit Strom-Spannungs-Charakteristik $I_D = I_D(U_D)$ ist nach den Gln. (2) und (3)

$$I_0 = \frac{1}{2\pi} \int_{-\pi}^{\pi} I_D(\hat{u}_{HF} \cos z + U_A)\, dz$$
$$=: I_R(U_A; \hat{u}_{HF}), \quad (21)$$

wenn $U_D = u_{HF}(t) + U_A$ ist. Die Gleichrichter nach den Bildern 6 und 7 lassen sich dann durch folgende Gleichungssätze beschreiben:

a) Einweggleichrichter nach Bild 6a

$$\left.\begin{aligned} &U_D = \hat{u}_{HF} \cos \omega t + U_A; \\ &I_0 = U_R/R = -U_A/R, \quad I_0 = I_R(U_A; \hat{u}_{HF}). \end{aligned}\right\} \quad (22)$$

b) Spannungskaskade (Villard-Schaltung) nach Bild 6b

$$\left.\begin{aligned} &U_{D1} = \hat{u}_{HF} \cos(\omega t + \pi) + U_A; \\ &U_{D2} = \hat{u}_{HF} \cos \omega t + U_A \\ &I_0 = U_R/R = -2U_A/R; \\ &I_0 = I_R(U_A; \hat{u}_{HF}). \end{aligned}\right\} \quad (23)$$

c) Vollweggleichrichter in Mittelpunktschaltung nach Bild 7a

$$\left.\begin{aligned} &U_{D1} = \hat{u}_{HF} \cos \omega t + U_A; \\ &U_{D2} = \hat{u}_{HF} \cos(\omega t + \pi) + U_A \\ &I_0 = U_R/R = -U_A/R; \\ &I_0 = 2I_R(U_A; \hat{u}_{HF}). \end{aligned}\right\} \quad (24)$$

d) Vollweggleichrichter in Brückenschaltung nach Bild 7b

$$\left.\begin{aligned} &U_{D1} = U_{D4} = \hat{u}_{HF}/2 \cos(\omega t + \pi) + U_A; \\ &U_{D2} = U_{D3} = \hat{u}_{HF}/2 \cos \omega t + U_A \\ &I_0 = U_R/R = -2U_A/R; \\ &I_0 = 2I_R(U_A; \hat{u}_{HF}/2). \end{aligned}\right\} \quad (25)$$

Die Arbeitspunktdimensionierung der Gleichrichter kann damit vollständig durchgeführt werden.

Zwei Spezialfälle sind von besonderem Interesse. Im *ersten Fall* wird der Arbeitspunkt so eingestellt, daß der Strom durch den Lastwiderstand R vernachlässigbar klein wird. Man erreicht dies durch hinreichend großes R. Dafür folgt aus Gl. (21) näherungsweise $U_A \approx -\hat{u}_{HF}$. Die Diodenarbeitsspannung nimmt also näherungsweise den negativen Spitzenwert der gleichzurichtenden Spannung ein. Man nennt so dimensionierte Gleichrichter daher Spitzengleichrichter. Bei den Gleichrichtern nach den Bildern 6a, 7a und b ist die Ausgangsspannung dann näherungsweise $\hat{u}_{HF}$. Im Fall der Spannungskaskade nach Bild 6b stellt sich aber entsprechend Gln. (23) die doppelte Ausgangsspannung $2\hat{u}_{HF}$ ein.

Im *zweiten Fall* wird der Gleichrichter durch verhältnismäßig kleine Signale ausgesteuert. Durch Reihenentwicklung der Richtkennlinien – Gl. (21) läßt sich hier zeigen, daß U_A proportional zu $\hat{u}_{HF}^2$ ist: der Gleichrichter arbeitet dann leistungsproportional.

AM-Spitzengleichrichtung. Spitzengleichrichter eignen sich besonders zur Demodulation amplitudenmodulierter Signale. Gl. (3) zeigt, daß hier die Richtkennlinienfelder zeitvariant werden. Daher wird nun auch das Einschwingverhalten des Tiefpasses im Gleichrichter bedeutsam. Ist das gleichzurichtende Signal

$$u_{HF}(t) = \hat{u}_{HF}(1 + m \cos \omega_{NF} t) \cos(\omega t + \Phi), \quad (26)$$

dann läßt sich folgende Abschätzung angeben:

$$1/\omega \ll RC \leqq \sqrt{1 - m^2}/\omega_{NF} m. \quad (27)$$

Der rechte Teil der Abschätzung läßt sich für große Modulationsgrade nicht mit dem linken Teil vereinbaren. Für Modulationsgrade nahe bei 100% ist daher eine verzerrungsarme Demodulation mit dem Spitzengleichrichter nicht möglich.

Gleichrichter mit hartem Begrenzerbandpaß. Für verzerrungsarme Gleichrichtung bis zu einem Modulationsgrad von 100% eignet sich der Gleichrichter nach Bild 8. Für das Eingangssignal $x(t) = A(t) \cos(\omega t + \Phi)$ liefert der Begren-

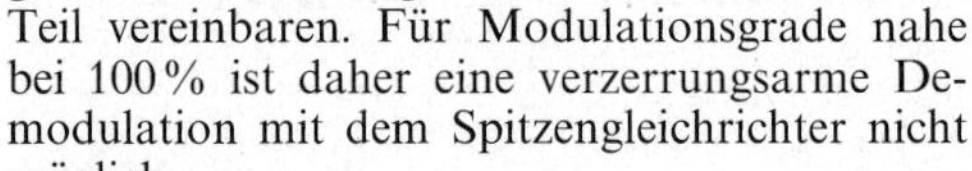

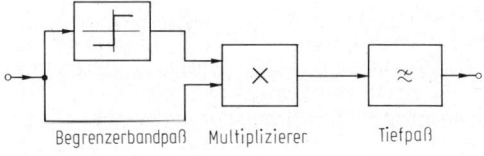

Bild 8. Präzisionsgleichrichter mit hartem Begrenzerbandpaß

zerbandpaß mit hartem Begrenzerverhalten zufolge Gl. (8) das Signal $y(t) = (4l/\pi)\,\mathrm{sgn}(A(t))\cos(\omega t + \Phi)$. Multipliziert man $x(t)$ und $y(t)$ mit Hilfe eines Vierquadrantenmultiplizierers mit der Übertragungscharakteristik $w(t) = k_M x(t)\,y(t)$, dann folgt

$$w(t) = (2lk_M\,|A(t)|/\pi)\,[1 + \cos(2\omega t + 2\Phi)].$$

Durch Tiefpaßfilterung erhält man das Ausgangssignal

$$u(t) = 2lk_M\,|A(t)|/\pi.$$

Dies ist das gewünschte gleichgerichtete Signal. Begrenzer und Multiplizierer stehen monolithisch integriert für Frequenzen bis zu einigen zehn MHz zur Verfügung.

Weitere Gleichrichter. Zur Gleichrichtung kann im Prinzip jede Baugruppe mit einer Übertragungscharakteristik verwendet werden, die einen geraden Funktionsanteil enthält. So kann beispielsweise die nichtlineare Übertragungscharakteristik von Verstärkern verwendet werden, um gleichzeitig Verstärkung und Gleichrichtung in einer Funktionsgruppe zu erreichen [7].
In der NF-Technik benutzt man für Präzisionsgleichrichter Kombinationen von Operationsverstärkern und Dioden [3].

2.4 Übertragung von verrauschten Signalen durch Begrenzer und Gleichrichter
Transmission of noisy signals through limiters and rectifiers

Die Übertragung von verrauschten Signalen durch Begrenzer ist ein äußerst komplexes Problem, das nur mit Hilfe eines großen mathematischen Aufwands gelöst werden kann. Es wird daher auf die entsprechende Literatur verwiesen. Ausführliche Behandlungen von Rauschproblemen im allgemeinen und von Gleichrichtern mit verrauschtem Signal im besonderen findet man in [8]. Das Problem von Rauschabstandsveränderungen in Kettenschaltungen von Begrenzern und Demodulatoren wird in [9] abgehandelt. Ein Verfahren zur näherungsweisen Berechnung des Verhaltens von Schaltungen mit nichtlinearer Übertragungskennlinie findet man in [10].

Spezielle Literatur: [1] *Blachmann, N.M.*: Detectors, bandpass nonlinearities, and their optimization: Inversion of the Chebyshev transform. IEEE Trans. Inform. Theory 17 (1971) 398–404. – [2] *Abramowitz, M.; Stegun, I.* (Eds.): Handbook of mathematical functions. New York: Dover 1972. – [3] *Tobey, G.E.; Graeme, J.G.; Huelsman, L.P.* (Eds.): Operational amplifiers. New York: McGraw-Hill 1971. – [4] *Herpy, M.*: Analoge integrierte Schaltungen. München: Franzis 1976. – [5] *Oberg, H.*: Berechnung nichtlinearer Schaltungen. Stuttgart: Teubner 1973. – [6] *Prokott, E.*: Modulation und Demodulation. Berlin: Elitera 1978. – [7] *Shea, R.F.* (Ed.): Transistortechnik. Stuttgart: Berliner Union 1962. – [8] *Middleton, D.*: Statistical communication theory. New York: McGraw-Hill 1960. – [9] *Lesh, J.R.*: Signal-to-noise ratios in coherent softlimiters. IEEE Trans. Commun. Technol. 22 (1974) 803–811. – [10] *Hoffmann, M.H.W.*: Estimation functions for noisy signals and their application to a phaselocked FM demodulator. AEÜ 36 (1982) 192–198.

3 Leistungsverstärkung
Power amplification

Allgemeine Literatur: *Giacoletto, L.J.*: Large signal amplifiers. In: Giacoletto, L.J. (Ed.): Electronics designers' handbook. New York: McGraw-Hill 1977, Chap. 14. – *Kirschbaum, A.-D.*: Transistorverstärker 3. Schaltungstechnik, Teil 2. Stuttgart: Teubners Studienskripten 1973. – *Oberg, H.J.*: Berechnung nichtlinearer Schaltungen für die Nachrichtenübertragung. Stuttgart: Teubners Studienskripten 1973. – *RCA*: Designers' handbook solid state power circuits. Tech. Ser. SP-52, RCA Corp. 1971. – *Tietze, U.; Schenk, Ch.*: Halbleiter-Schaltungstechnik, 6. Aufl. Berlin: Springer 1983.

3.1 Kenngrößen von Leistungsverstärkern
Characteristics of power amplifiers

Das wichtigste Merkmal eines Leistungsverstärkers ist die *Signalleistung*, die er an einen Lastwiderstand vorgegebener Größe abgeben kann, ohne daß störende Verzerrungen auftreten. Die hierfür erforderliche Eingangssignalleistung und somit die Größe der Leistungsverstärkung sind meist von untergeordneter Bedeutung; wichtiger ist die Größe der aus der Betriebsspannungsquelle aufgenommenen Leistung, d.h. der *Wirkungsgrad*. Die Struktur eines Leistungsverstärkers hängt entscheidend von Frequenzbereich, der Bandbreite und der Leistung ab, die er abgeben soll. Während bei Kleinsignalverstärkern die Aussteuerung stets als so klein angesehen wird, daß der Bereich der Proportionalität zwischen Eingangs- und Ausgangs-Signalgrößen nicht verlassen wird, müssen bei Leistungsverstärkern *Grenzwerte* bezüglich Strom, Spannung und Temperatur beachtet werden, und es sind Vorkehrungen zur Einhaltung dieser Grenzwerte zu treffen. Aus diesem Grund sind die sonst üblichen Dimensionierungsmethoden, z.B. zur Anpassung der Last an die Ausgangsimpedanz, nicht anwendbar. Außer in selektiven Höchstfrequenzverstärkern und Sendeverstärkern für große Leistungen werden in Leistungsverstär-

Spezielle Literatur Seite G 39

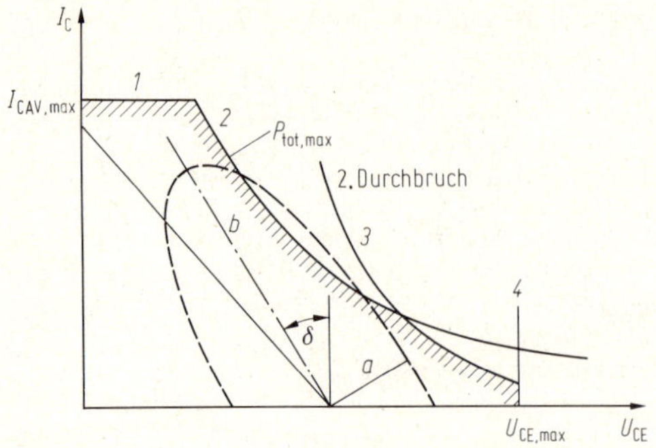

Bild 1. Grenzen des sicheren Arbeitsbereichs eines Bipolartransistors. Lastellipse für einen Verstärker mit Kollektor-Ruhestrom $I_{C,A} = 0$

kern fast ausschließlich Bipolartransistoren oder bipolare integrierte Schaltkreise verwendet. Obwohl Feldeffekttransistoren bezüglich des thermischen Verhaltens gegenüber Bipolartransistoren im Vorteil sind, sind sie für Großsignalaussteuerung wegen ihres ausgedehnten ohmschen Bereichs nur geeignet, falls Verzerrungen des Ausgangssignals durch Selektionsmittel vermieden werden; vor allem für Leistungsverstärker oberhalb von 4 GHz werden GaAs-FETs eingesetzt. Ein sicherer Betrieb eines Verstärker-Bauelements ist nur innerhalb des erlaubten Arbeitsbereichs (SOAR: Safe Operating Area) möglich. Die Grenzen dieses Bereichs für einen Bipolartransistor sind in Bild 1 dargestellt [1–3]. Die Berandung wird gebildet durch die folgenden Größen:

1. $I_{CAV,max}$: Maximaler mittlerer Kollektorstrom.
2. $P_{tot,max}$: Maximale Verlustleistung; dieser Teil der Berandung liegt auf der Hyperbel $I_C U_{CE} = P_{tot,max}$.
3. Belastungsbegrenzung zur Vermeidung des zweiten Durchbruchs. Dieser kommt durch Überhitzung der Kollektor-Basis-Sperrschicht zustande, wobei infolge lokaler Stromkonzentrationen Schmelzkanäle gebildet werden.
4. Begrenzung durch die Durchbruchspannung $U_{CE,max}$ (Lawinendurchbruch oder erster Durchbruch).

Bei rein ohmschem Abschlußwiderstand ist die Lastlinie eine Gerade, i. allg. ist sie jedoch eine Ellipse, deren Mittelpunkt im Arbeitspunkt liegt und deren Achsenverhältnis und Orientierung von der Lastimpedanz $\underline{Z}_L$ abhängt. In einem idealisierten Kennlinienfeld gilt bei Ansteuerung mit einem harmonischen Basisstrom

$$i_C(t) = I_{C,A} + \hat{I}_C \cos \omega t,$$

$$u_{CE}(t) = U_{CE,A} - Z_L \hat{I}_C \cos(\omega t + \Phi).$$

Mit $\underline{Z}_L = Z_L \exp(j\Phi)$, $Z_L/R_L = z$ sowie $R_L = \mathrm{Re}(\underline{Z}_L)$ bei $\mathrm{Im}(\underline{Z}_L) = 0$ ergibt sich das Achsenverhältnis

$$\lambda = \frac{a}{b} = \left[\frac{1 + z^2 + [(1 - z^2)^2 + 4z^2 \cos^2 \Phi]^{1/2}}{1 + z^2 - [(1 - z^2)^2 + 4z^2 \cos^2 \Phi]^{1/2}}\right]^{1/2}$$

und für den Winkel gegenüber dem (I_C, U_{CE})-Koordinatensystem

$$\delta = \frac{1}{2} \arctan \frac{2z \cos \Phi}{1 - z^2}; \qquad (0 < \delta < \pi/2).$$

Die Ellipse wird bei kapazitiver (induktiver) reaktiver Komponente im mathematisch positiven (negativen) Sinne durchlaufen.

Die wichtigsten Maße für *nichtlineare Verzerrungen* sind der Klirrfaktor und der 1-dB-Kompressionspunkt. Bei Vorliegen von nichtlinearen Verzerrungen ergibt sich aus dem Eingangssignal

$$u_e(t) = \hat{U}_e \cos \omega t \tag{1}$$

ein Ausgangssignal

$$u_a(t) = \sum_{n=1}^{\infty} \hat{U}_{an} \cos(n\omega t + \Phi_n). \tag{2}$$

Der Klirrfaktor k ist das Verhältnis des Effektivwerts aller Oberschwingungen zum Effektivwert des Gesamtsignals.

$$k = \left(\sum_{n=2}^{\infty} \hat{U}_{an}^2(n\omega) \Big/ \sum_{n=1}^{\infty} \hat{U}_{an}^2(n\omega)\right)^{1/2}. \tag{3}$$

Alternativ wird auch

$$k' = \left(\sum_{n=2}^{\infty} \hat{U}_{an}(n\omega)\right)^{1/2} \Big/ \hat{U}_{a1}(\omega) \tag{4}$$

als Klirrfaktor bezeichnet, wobei der Effektivwert der Grundschwingung die Bezugsgröße ist. Zwischen k und k' besteht die Beziehung

$$k = k'/(1 + k'^2)^{1/2}. \tag{5}$$

Für $k' \ll 1$ sind die beiden Definitionen gleichwertig.

Der 1-dB-Kompressionspunkt entspricht der Ausgangsleistung, die 1 dB unter derjenigen Leistung liegt, welche sich durch lineare Extrapolation der Ausgangsleistung bei Kleinsignalbetrieb ergeben würde.

3.2 Betriebsarten. Wirkungsgrad und Ausgangsleistung

Operation modes. Efficiency and output power

Nach ihrer Betriebsart werden Leistungsverstärker in die Klassen A, AB, B und C eingeteilt. Das

Unterscheidungsmerkmal der Einteilung ist der Stromflußwinkel $\Theta\,(0 \leqq \Theta \leqq \pi$; s. K 2.3). Es gilt: Klasse A: $\Theta = \pi$; Klasse AB: $\pi/2 < \Theta < \pi$; Klasse B: $\Theta = \pi/2$; Klasse C: $\Theta < \pi/2$.
Der maximale Wirkungsgrad wächst in der Reihenfolge der alphabetischen Bezeichnung. C-Verstärker sind nur als Hochfrequenz-Selektivverstärker zu verwenden, Breitbandverstärker der Klassen AB und B müssen als Gegentaktverstärker ausgeführt sein, wobei sich die Ausgangsströme der Endstufentransistoren in der Lastimpedanz so überlagern, daß das Eingangssignal verstärkt rekonstruiert wird. Der Wirkungsgrad η ist das Verhältnis der an die Lastimpedanz abgegebenen (Ausgangs-)Signalleistung P_a zur insgesamt aufgenommenen Leistung. Diese setzt sich zusammen aus der Eingangsleistung P_e des Verstärkers und der von der Betriebsspannungsquelle gelieferten Leistung $P_0 = P_a + P_{tot}$ (P_{tot}: Thermische Verlustleistung, welche an die Umgebung abgeführt werden muß). Der Wirkungsgrad η ist somit gegeben durch

$$\eta = P_a/(P_e + P_0) = P_a/(P_e + P_a + P_{tot}). \qquad (6)$$

Außer bei C-Verstärkern kann P_e in der Regel vernachlässigt werden. Im folgenden wird der Wirkungsgrad für die einzelnen Verstärkerklassen angegeben, wobei nur die Endstufe berücksichtigt wird. Die Angaben beziehen sich auf Bipolartransistoren, die Kollektor-Emitter-Sättigungsspannung $U_{CE,sat}$ wird vernachlässigt. In Bild 2a ist das Ausgangskennlinienfeld eines Bipolartransistors mit den Arbeitspunkten bei den verschiedenen Klassen und zwei Möglichkeiten bei der Klasse A angegeben. Bild 2b zeigt die Lage der Arbeitspunkte auf der Steuerkennlinie.

Klasse A. Für einen Verstärker der Klasse A werden die direkte und die Übertragerkopplung behandelt (Bild 3). Der Arbeitspunkt sei in beiden Fällen so eingestellt, daß sich der gleiche Ruhestrom $I_{C,A}$ ergibt. C_E wird als HF-Kurzschluß angenommen. Wenn in die Basis ein harmonischer Signalstrom eingespeist wird, gilt für den

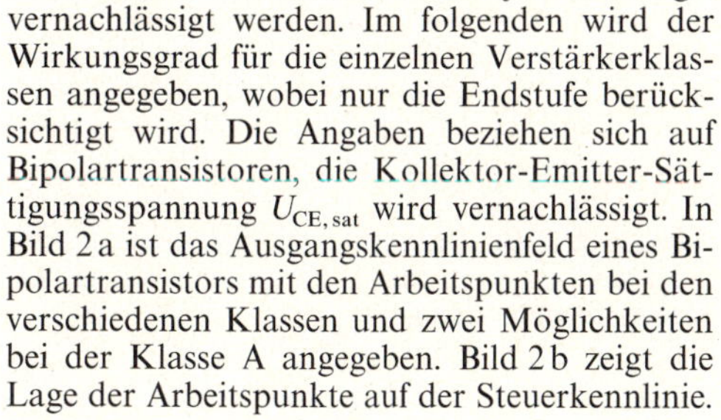

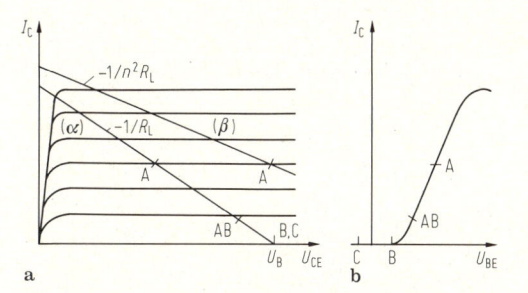

Bild 2. a) Ausgangskennlinienfeld mit Lastgeraden und Arbeitspunkten für die verschiedenen Verstärkerstrukturen; (α) zu Bild 3a, (β) zu Bild 3b; **b)** Arbeitspunkte zu Bild 2a auf der Steuerkennlinie

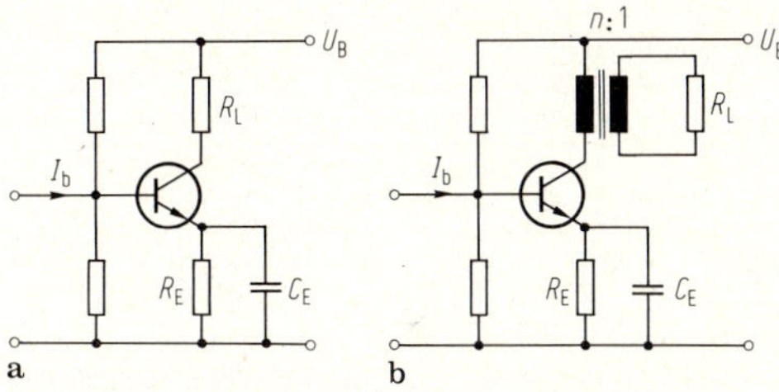

Bild 3. Zwei Grundstrukturen für Verstärker der Klasse A. **a)** galvanische Kopplung; **b)** Übertragerkopplung

Kollektorstrom

$$I_C(t) = I_{C,A} + \hat{I}_C \cos\omega_0 t, \quad \omega_0 = 2\pi/t_0$$

und für die aus der Betriebsspannungsquelle aufgenommene Leistung

$$P_0 = (U_B/t_0)\int_0^{t_0} I_C(t)\,dt = U_B I_{C,A}.$$

Bei direkter Ankopplung von R_L (Bild 3a) gilt

$$P_a = \hat{U}_L^2/(t_0 R_L)\int_0^{t_0}\cos^2\omega_0 t\,dt = \hat{U}_L^2/(2R_L).$$

Hieraus folgt mit $I_{C,A} = U_B/(2R_L)$ für den Wirkungsgrad gemäß Gl. (6) – bei Vernachlässigung von P_e – $\eta = \hat{U}_L^2/U_B^2$ und mit $\hat{U}_{L,max} = U_B/2$, $\eta_{max} = 1/4 \mathrel{\hat{=}} 25\%$. Bei Übertragerankopplung von R_L (Bild 3b) gilt für ein Spannungs/Übersetzungs-Verhältnis von $n:1$ und mit $I_{C,A} = U_B/(n^2 R_L)$, $\hat{U}_{L,max} = U_B/n$. Hieraus folgt $\eta = n^2\hat{U}_L/(2U_B^2)$ und $\eta_{max} = 1/2 \mathrel{\hat{=}} 50\%$. Eine kapazitive Ankopplung des Lastwiderstands scheidet wegen $\eta_{max} = 1/16 \mathrel{\hat{=}} 6{,}3\%$ aus.
Ein annehmbarer Wirkungsgrad ist bei einem Verstärker der Klasse A also nur mit Übertragerkopplung zu erreichen. Es ist jedoch zu beachten, daß sich dann bei tiefen Frequenzen (wegen der endlichen Hauptinduktivität) und bei hohen Frequenzen (wegen der Streuinduktivität) eine Lastellipse gemäß Bild 1 mit dem Arbeitspunkt als Mittelpunkt ausbildet.

Klassen AB und B. Verstärker der Klassen AB und B müssen zur Verwendung als Breitbandverstärker im Gegentaktbetrieb arbeiten. Das Ausgangssignal am Lastwiderstand R_L besteht dann aus der Überlagerung der Teilsignale mit einem Stromflußwinkel im Intervall $\pi/2 \leqq \Theta \leqq \pi$, so daß das Eingangssignal näherungsweise am Lastwiderstand verstärkt rekonstruiert werden kann. Der AB-Betrieb hat gegenüber dem B-Betrieb den Vorteil, daß die Verzerrungen beim Nulldurchgang geringer sind, da beim Übergang beide Endstufen-Transistoren leiten. Die Prinzipschaltung der fast ausschließlich benutzten Struktur eines Gegentaktverstärkers der Klasse AB oder B ist im Bild 4a dargestellt. Bei völliger

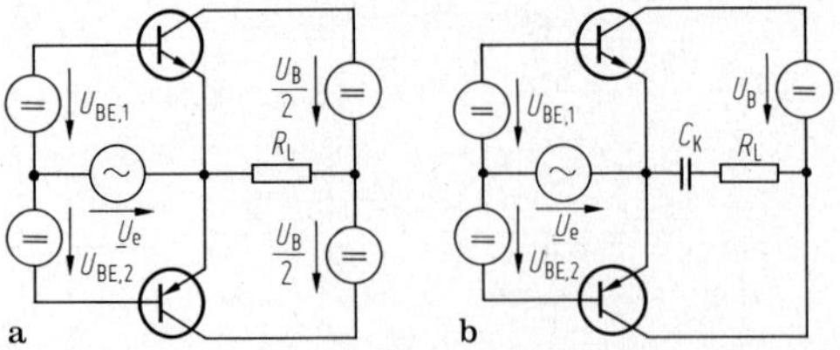

Bild 4. Prinzipschaltung einer Gegentakt-Endstufe als AB- oder B-Verstärker. **a**) mit zwei Betriebsspannungsquellen; **b**) mit einer Betriebsspannungsquelle und Ladekondensator

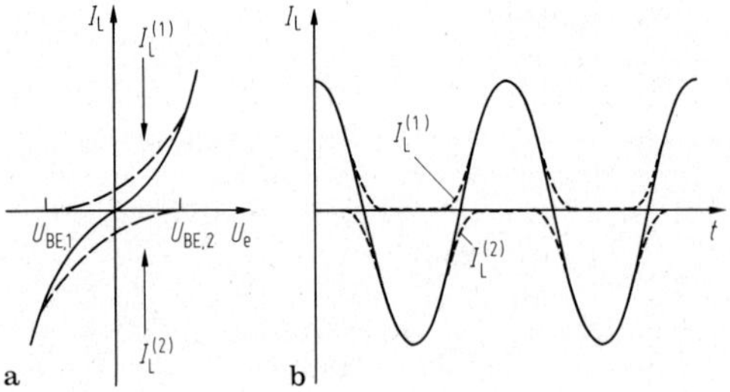

Bild 5. a) Steuerkennlinie für eine Gegentakt-Endstufe, aus den Teilkennlinien (gestrichelt) zusammengesetzt; **b**) Gesamtstrom und Teilströme durch den Lastwiderstand aufgrund der Steuerkennlinie von Bild 5a

Symmetrie des Aufbaus ist dabei R_L gleichstromfrei. Man kommt mit nur einer Versorgungsspannungsquelle, z. B. der oberen in Bild 4a, aus, wenn man in Serie zu R_L einen Kondensator hinreichend großer Kapazität schaltet, der über den Kollektorstrom des oberen Transistors nachgeladen wird (Bild 4b). Bild 5a zeigt die Steuerkennlinie für den oberen und den unteren Transistor und deren Überlagerung, Bild 5b die Zeitverläufe der Ströme $I_L^{(1)}$ und $I_L^{(2)}$ und deren Überlagerung. Die von einem symmetrischen Verstärker (nach Bild 4a oder b) aufgenommene Leistung beträgt

$$P_0 = (U_B/\pi)(\Theta I_{C,A} + \hat{I}_C \sin\Theta).$$

Der Zusammenhang von Θ und $\hat{I}_C$ ergibt sich dabei aus $\hat{I}_C \cos\Theta + I_{C,A} = 0$ zu

$$\hat{I}_C = -I_{C,A}/\cos\Theta; \quad \pi/2 \leqq \Theta \leqq \pi. \tag{7}$$

Die Amplitude des Signalstroms durch R_L beträgt

$$\hat{I}_L = I_{C,A} + \hat{I}_C. \tag{8}$$

Hieraus folgt für den Wirkungsgrad gemäß Gl. (6) – unter Vernachlässigung von P_e –

$$\eta = \frac{\pi R_L \hat{I}_C}{2U_B} \frac{(1-\cos\Theta)^2}{\sin\Theta - \Theta\cos\Theta}. \tag{9}$$

Wegen $\mathrm{d}\eta/\mathrm{d}\hat{I}_C > 0$ (dabei ist zu beachten, daß $\hat{I}_C$ und Θ über Gl. (7) zusammenhängen) ergibt sich η_{max} für $\hat{I}_{C,max}$. Wegen $\hat{I}_{L,max} = U_B/(2R_L)$ folgt aus Gl. (8)

$$\hat{I}_{C,max} = \frac{U_B}{2R_L} - I_{C,A} = \frac{U_B/(2R_L)}{1-\cos\Theta}. \tag{10}$$

Mit Gl. (10) ergibt sich aus Gl. (9)

$$\eta_{max} = \frac{\pi}{4} \frac{1-\cos\Theta}{\sin\Theta - \Theta\cos\Theta}. \tag{11}$$

Grenzfälle sind der Gegentakt-B-Verstärker ($I_{C,A} = 0$, $\Theta = \pi/2$) mit

$$\eta_{max} = \pi/4 \tag{12}$$

und der Gegentakt-A-Verstärker ($I_{C,A} = \hat{I}_C$, $\Theta = \pi$) mit

$$\eta_{max} = 1/2. \tag{13}$$

Das ist das gleiche Ergebnis wie für einen A-Verstärker mit Übertragungskopplung. Die maximale Verlustleistung beträgt für einen B-Verstärker $P_{tot,max} = U_B^2/(2\pi^2 R_L)$ und für einen Gegentakt-A-Verstärker $P_{tot,max} = U_B I_{C,A}$; auch dies ist das gleiche Ergebnis wie für einen Eintakt-A-Verstärker. Der Gegentaktverstärker hat jedoch den Vorteil, daß die Verlustleistung auf zwei Transistoren aufgeteilt wird.

Klasse C. Bei einem Eintaktverstärker der Klasse C ist der nichtharmonische Ausgangsstrom gegeben durch

$$I_L(\omega_0, t) = \sum_{n=0}^{\infty} \hat{I}_{L,n} \cos(n\omega_0 t + \varphi_{In}).$$

Dagegen ist die Ausgangsspannung wegen der Filterwirkung des Ausgangskreises praktisch harmonisch:

$$U_L(\omega_0, t) = \hat{I}_{L,1} R_L(\omega_0) \cos\omega_0 t,$$

wobei mit $R_L(\omega_0)$ der in den Kollektorkreis transformierte Lastwiderstand (vgl. Bild 6) bezeichnet ist. Für die vom Verstärker aufgenommene Leistung

$$P_0 = \frac{U_B}{t_0} \int_0^{t_0} I_L(\omega_0, t)\,\mathrm{d}t, \qquad t_0 = 2\pi/\omega_0$$

gilt mit

$$I_L(\omega_0, t) = \begin{cases} \hat{I}_L \dfrac{\cos\omega_0 t - \cos\Theta}{1-\cos\Theta}; & |\omega_0 t| \leqq \Theta\left(< \dfrac{\pi}{2}\right) \\ 0 & \text{sonst} \end{cases}$$

explizit

$$P_0 = \frac{\sin\Theta - \Theta\cos\Theta}{\pi(1-\cos\Theta)} U_B \hat{I}_L.$$

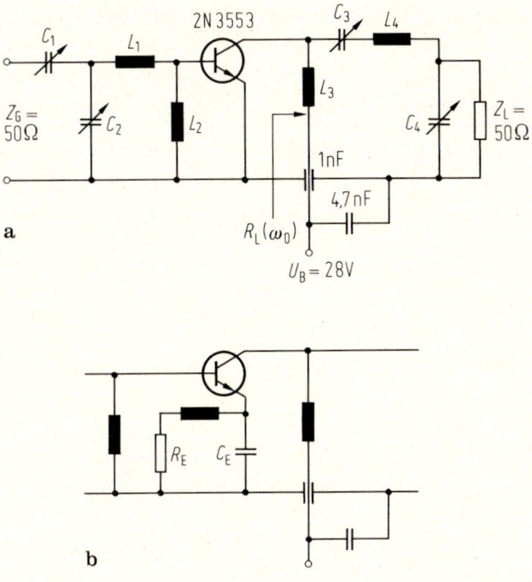

C_1 bis C_4 = 3 ··· 35 pF
L_1: 2 Wdg., Innendurchmesser 8 mm
L_3: 2 Wdg., Innendurchmesser 7 mm
L_4: 4 Wdg., Innendurchmesser 6 mm
jeweils Ø1 mm Kupferdraht, versilbert
L_2: Ferritperle [18]

Bild 6. a) Schaltung eines HF-Leistungsverstärkers der Klasse B; **b)** Arbeitspunkteinstellung für C-Betrieb

Die innerhalb der Grundperiode vom Verstärker an $R_L(\omega_0)$ abgegebene Leistung beträgt mit $\hat{I}_{L,1}$ als Koeffizient der Grundschwingung der Fourier-Reihenentwicklung von $I_L(\omega_0, t)$

$$\hat{I}_{L,1} = \frac{\hat{I}_L(\Theta - \frac{1}{2}\sin 2\Theta)}{\pi(1 - \cos\Theta)},$$

$$P_a = \frac{\hat{U}_L(\omega_0)\,\hat{I}_{L,1}}{2} = \frac{\Theta - \frac{1}{2}\sin 2\Theta}{2\pi(1 - \cos\Theta)}\,\hat{U}_L(\omega_0)\,\hat{I}_L.$$

Somit ergibt sich bei Vernachlässigung von P_e

$$\eta = \frac{P_a}{P_0} = \frac{2\Theta - \sin 2\Theta}{\sin\Theta - \Theta\cos\Theta}\,\frac{\hat{U}_L(\omega_0)}{4U_B}. \qquad (14)$$

Der Verstärker kann maximal bis

$$\hat{U}_L(\omega_0) = R_L(\omega_0)\,\hat{I}_{L,1} = U_B \qquad (15)$$

ausgesteuert werden. Daraus folgt

$$\eta_{max} = \frac{2\Theta - \sin 2\Theta}{4(\sin\Theta - \Theta\cos\Theta)} = f_1(\Theta)/f_0(\Theta) \qquad (16)$$

(s. Gln. G 2 (16), (17)). Bei maximaler Aussteuerung hängt η nur von der Lage des Arbeitspunkts im Sperrbereich ab. Liegt er am Rande des Sperrbereichs, so gilt mit $\Theta = \pi/2$ (B-Betrieb) $\eta_{max} = \pi/4$, für $\Theta = 0$ unter Beibehaltung von Gl. (15) gilt $\eta_{max} = 1$, jedoch bei verschwindenden Leistungen P_0 und P_a. Eine wesentliche Verbesserung des Wirkungsgrades über den des B-Verstärkers hinaus ist mit stark sinkender Ausgangsleistung verbunden.

3.3 Verzerrungen, Verzerrungs- und Störminderung durch Gegenkopplung
Distortion, reduction of distortion and interference by negative feedback

Verzerrungen in Leistungsverstärkern haben vor allem die folgenden Ursachen: 1) Nichtlinearität des Strom-Spannungs-Zusammenhangs bei der Emitter-Basis-Diode, 2) Fächerung des Ausgangskennlinienfeldes infolge des Early-Effekts, 3) Begrenzung bei Aussteuerung bis an den Rand des Sättigungs- und Sperrbereichs (Bild 2). Während der Anteil nach 3) bei Betrieb unterhalb der Maximalaussteuerung weitgehend vermieden werden kann, sind die beiden anderen Anteile auch bei geringerer Aussteuerung, der Anteil nach 1) bei Gegentaktverstärkern, insbesondere bei geringer Aussteuerung als Übernahmeverzerrung (Bild 5a und b) vorhanden.
Verzerrungen und eingestreute Spannungen, z. B. Brummspannungen, können durch Gegenkopplung stark reduziert werden.
Bei einem gegengekoppelten Verstärker mit spannungsgesteuerter Spannungsquelle (Verstärkung $\underline{V}_u'$) und Gegenkopplungsfaktor $\underline{K}$ werden die intern erzeugten Harmonischen mit der Kreisfrequenz $n\omega$ um den Faktor $|1 - \underline{K}(n\omega)\,\underline{V}_u'(n\omega)|$ reduziert [4].
Eine graphische Methode zur Bestimmung des Klirrfaktors aufgrund der Übertragungskennlinie ist in [5] angegeben.

3.4 Praktische Ausführung von Leistungsverstärkern
Realization of power amplifiers

NF-Leistungsverstärker bis etwa 20 W Ausgangsleistung sind als integrierte Schaltkreise verfügbar; für höhere Ausgangsleistungen müssen sie diskret aufgebaut werden. Typische Schaltungsstrukturen in diskreter Bauweise sind in [6, 7] dargestellt. Die Grundstruktur und eine für größere Aussteuerung modifizierte Struktur einer Quasi-Komplementärendstufe in integrierter Schaltungstechnik ist in [8] beschrieben. Bild 7 zeigt die Beschaltung eines integrierten Leistungsverstärkers. Wegen der Gleichspannungs-Gegenkopplung ergibt sich $U_{Q,0} = U_v$; die Wechselspannungsverstärkung ist gleich $V_u R_f/R_p$. Bei

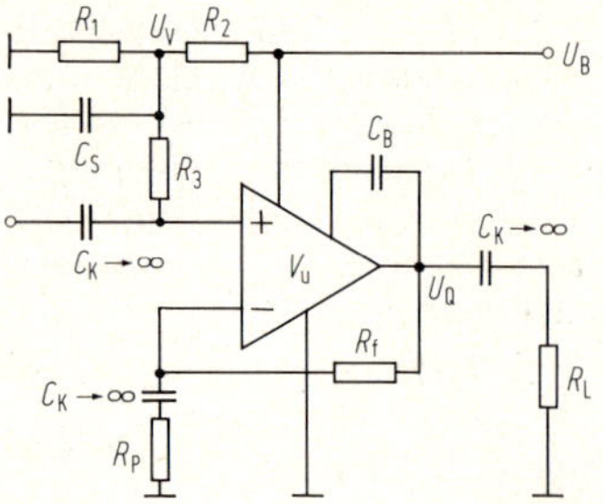

Bild 7. Beschaltung eines integrierten Leistungsverstärkers (vereinfacht)

gleicher Betriebsspannung und gleicher Eingangsspannung kann die Ausgangsspannung verdoppelt werden, wenn zwei Verstärker in einer Brückenanordnung betrieben werden; dabei liegt der Lastwiderstand zwischen den beiden Ausgängen [8, 9].

Bei Hochfrequenz-Leistungsverstärkern hängt die Wahl der Klasse entscheidend von der Aufgabe ab. Verstärker der Klasse A werden nur verwendet, wenn eine extrem gute Linearität der Verstärkung erforderlich ist; bei hohen Ansprüchen bezüglich Linearität, wie bei Einseitenband-Verstärkern, nimmt man Gegentakt-B-Verstärker, in allen anderen Fällen, wenn keine Breitbandverstärkung erforderlich ist, Verstärker der Klasse C. Wegen der relativ geringen verfügbaren Leistungsverstärkung bei Hochfrequenztransistoren muß mit einem Transformationsnetzwerk die Quellimpedanz an die Eingangsimpedanz angepaßt werden. Ebenso muß der Lastwiderstand über ein Transformationsnetzwerk so in die Ausgangsebene des Transistors transformiert werden, daß die erforderliche Leistung unter Beachtung der Grenzwerte aufgenommen wird; in der Regel wird dabei nicht angepaßt. Dieses Transformationsnetzwerk leistet noch zusätzlich die Frequenzselektion zur Verzerrungsminderung. Bei der Dimensionierung müssen die Vierpolparameter (s-Parameter) als Großsignalparameter, bei Betriebsbedingungen gemessen [10], bekannt sein. In der sehr aufwendigen analytischen Behandlung tritt dabei an die Stelle der üblichen Übertragungsfunktion die Beschreibungsfunktion [11]. Wegen der besonderen Probleme beim Entwurf von HF-Leistungsverstärkern geben viele Hersteller von Leistungstransistoren in ihren Datenbüchern komplette Schaltungsvorschläge mitsamt der Platinenauslegung an [12, 13]. In [14] sind zahlreiche Transformationsnetzwerke mit Dimensionierungsformeln angegeben. Bild 6a zeigt ein Beispiel eines B-Verstärkers für $f = 175$ MHz mit dem effektiven Leistungsgewinn $L_{\text{eff}} = 10$ und $P_a = 2{,}5$ W bei $\eta = 0{,}5$. Für C-Betrieb muß $U_{BE} < 0$ eingestellt werden. Eine Möglichkeit hierfür ist in Bild 6b angegeben. Mit der Kapazität C_E wird die Emitter-Zuleitungsinduktivität kompensiert. Zur Transformation der Quell- bzw. Lastimpedanz in einen vorgegebenen Impedanzwert bei einer bestimmten Betriebsgüte sind drei Reaktanzen erforderlich. Aus Gründen der einfacheren Einstellbarkeit werden jedoch häufig je zwei Induktivitäten und Kapazitäten verwendet, wobei die letzteren einstellbar sind [14, 15].

3.5 Schutzmaßnahmen gegen Überlastung

Protections against overload

Sperrschichttemperatur und Wärmeleitung. Bei Leistungsverstärkern wird mit der Nutzleistung stets eine Verlustleistung erzeugt, die im günstigsten Fall noch mehr als 20% der Nutzleistung beträgt. Diese Verlustleistung muß so an die Umgebung abgeführt werden, daß die zulässige Temperatur in der Kollektor-Basis-Sperrschicht der Transistoren, in der diese Verlustleistung im wesentlichen entsteht, nicht überschritten wird. Außerdem muß dafür gesorgt werden, daß die übrigen Begrenzungen des sicheren Arbeitsbereichs (Bild 1) nicht überschritten werden.

Die Differenz zwischen Sperrschichttemperatur T_S und Umgebungstemperatur T_U kann bei Kenntnis des thermischen Widerstands $R_{\text{th,SU}}$ zwischen der Sperrschicht und der Umgebung abgeschätzt werden durch [5]

$$T_S - T_U = R_{\text{th,SU}} P_{\text{tot}}. \quad (17)$$

Für eine hinreichend kleine Differenz zwischen der Sperrschicht- und der Umgebungstemperatur besteht mit $S_I = (\partial I_C / \partial T)_{T_U}$ zwischen I_C im stationären Zustand ($I_C(T_S)$) und unmittelbar nach dem Einschalten ($I_C(T_U)$) der Zusammenhang

$$I_C(T_S) = I_C(T_U) + S_I(T_S - T_U). \quad (18)$$

Für einen *Verstärker der Klasse A* mit direkter Kopplung des Lastwiderstands gilt nach Bild 3b

$$U_{CE} = U_B - (R_C + R_E)\, I_C. \quad (19)$$

Mit den Gln. (17) bis (19) und mit $P_{\text{tot}} = U_{CE} I_C$ folgt in erster Näherung

$$T_S = T_U + \frac{R_{\text{th,SU}} I_C(T_U)\,(U_B - (R_C + R_E)\, I_C(T_U))}{1 - R_{\text{th,SU}} S_I (U_B - 2(R_C + R_E)\, I_C(T_U))}. \quad (20)$$

Eine thermische Mitkopplung (Gegenkopplung) ist vorhanden, wenn der Nenner der Gl. (20) kleiner (größer) als Eins ist. Thermische Gegenkopplung erfordert bei Bipolartransistoren – wegen $S_I > 0$ –

$$U_B - 2(R_C + R_E)\, I_C(T_U) < 0$$

woraus mit Gl. (19)

$$U_B > 2\,U_{CE} \tag{21}$$

folgt („Prinzip der halben Speisespannung"). Für $S_I < 0$ (dies gilt für Feldeffekttransistoren bei hinreichend kleinem Betrag der Gate-Source-Spannung) ergibt sich ein zur Gl. (19) komplementäres Prinzip der halben Speisespannung.
Für *Gegentaktverstärker der Klasse* AB gilt in erster Näherung

$$T_S = T_U + \frac{\frac{1}{2} R_{th,SU} P_{tot}(T_U)}{1 - R_{th,SU} U_B S_I \Theta/\pi} \tag{22}$$

mit

$$P_{tot} = U_B(\Theta I_{C,A} + \hat{I}_C \sin\Theta)/\pi$$
$$- R_L(I_{C,A} + \hat{I}_C)^2/2,$$

wobei $I_{C,A}(T_U)$ einzusetzen ist. Für $S_I > 0$, also für Bipolartransistoren, ist stets eine thermische Mitkopplung, für $S_I < 0$ stets eine thermische Gegenkopplung vorhanden. In jedem Fall muß dafür gesorgt werden, daß $|S_I|$ möglichst klein ist, damit der Arbeitspunkt hinreichend konstant bleibt. Dies erreicht man am wirkungsvollsten durch eine DC-Gegenkopplung über mehrere Stufen (eine Gegenkopplung über Emitterwiderstände würde den Wirkungsgrad reduzieren). Aus den Gln. (20) und (22) geht hervor, daß bei vorgegebener maximaler Sperrschichttemperatur die maximal zulässige Verlustleistung von der Umgebungstemperatur und dem Wärmewiderstand zwischen der Sperrschicht und der Umgebungsluft abhängt. Falls Gl. (17) für $T_{S,max}$ bei $T_{U,max}$ nur durch Anbringen eines Kühlkörpers erfüllt werden kann, ist dessen höchstzulässiger Wärmewiderstand (Index K: Kühlkörper) entsprechend

$$R_{th,KU,max} < \frac{T_{S,max} - T_{U,max}}{P_{tot,max}} - R_{th,SK,max} \tag{23}$$

zu ermitteln. Bemessungsregeln sind in [1, 16, 17] angegeben. In [18] ist die Vorgehensweise für die Dimensionierung eines A-Verstärkers unter Berücksichtigung thermischer Probleme beschrieben.

Schutzschaltungen. Schutzschaltungen müssen dafür sorgen, daß auch bei nicht vorgesehenen Betriebsbedingungen der sichere Arbeitsbereich (SOAR, Bild 1) nicht verlassen wird. Ohne besondere Vorkehrungen kann dies z. B. dadurch eintreten, daß die Umgebungstemperatur über den vorgesehenen Wert ansteigt oder ein Kurzschluß am Ausgang auftritt. Meist beschränkt man sich auf eine thermische Schutzschaltung und eine Kurzschlußsicherung [19]. In integrierten Schaltkreisen verwendet man in der thermischen Schutzschaltung einen Transistor, dessen Basis-Emitter-Spannung durch eine Spannungs-Referenz-Diode stabilisiert ist, als Temperaturfühler, mit dessen (temperaturabhängigem) Kollektorstrom der Signalstrom für die Endstufentransistoren reduziert wird [8]. Es sind auch Leistungsverstärker verfügbar, die vollständige SOAR-Schutzschaltungen enthalten.

Spezielle Literatur: [1] *Wüstehube, J.*: SOAR, Sicherer Arbeitsbereich für Transistoren. Valvo Ber. Bd. XIX (1975) 171–222. – [2] *Schrenk, H.*: Bipolare Transistoren. Berlin: Springer 1978. – [3] *Blicher, A.*: Field effect and bipolar power transistor physics. New York: Academic Press 1981. – [4] *Millmann, J.; Halkias, Ch.*: Integrated electronics. New York: McGraw-Hill 1972. – [5] *Giacoletto, L.J.*: Large signal amplifiers. In: Ciacoletto, L.J. (Ed.): Electronics designers' handbook. New York: McGraw-Hill 1977, Chap.14. – [6] *Pieper, F.*: NF-Verstärker mit Komplementärpaar BD 135/BD 136 in der Endstufe. Telefunken Appl. Ber. 1970. – [7] *Hauenstein, A.; Reiß, K.*: Niederfrequenz-Leistungsverstärker. Tech. Mitt. Halbleiter 2-6300-125. Siemens AG. – [8] *Valvo GmbH*: Integrierte NF-Leistungsverstärker-Schaltungen. Tech. Inf. f. d. Industrie 810513, Hamburg 1981. – [9] *Geiger, E.*: NF-Applikationsschaltungen mit der Leistungsverstärker Serie ESMC. Thomson-CSF Tech. Inf. 33/77. – [10] *Müller, O.*: Large signal *s*-parameter measurements of class C operated transistors. NTZ 21 (1968) 644–647. – [11] *Gelb, A.; van der Welde, W.E.*: Multiple input describing function on nonlinear system design. New York: Wiley 1965. – [12] *Thomson CSF*: RF and microwave power transistors. Courbevoie Cedex: Thomson CSF 1982. – [13] *Motorola*: Semiconductor data library, 3. Discrete products, 1974. – [14] *RCA*: Solid-state power circuits. RCA Tech. Ser. SP-52, 1971. – [15] *Kovács, F.*: Hochfrequenzanwendungen von Halbleiter-Bauelementen. München: Franzis 1978. – [16] *van Leyen, D.*: Wärmeübertragung. Grundlagen und Berechnungsbeispiele aus der Nachrichtentechnik. München: Siemens AG 1971. – [17] *Siemens AG*: Wärmeableitung bei Transistoren. Tech. Mitt. Halbleiter 1-6300-071. – [18] *Helms, W.*: Designing class A amplifiers to meet specified tolerances. Electronics 47 (1974) 115–118. – [19] *Hauenstein, A.; Ullmann, G.*: Elektronische Übertemperatur- und Kurzschlußsicherung für Hi-Fi-NF-Verstärker. Tech. Mitt. Halbleiter B11/1047, Siemens AG.

4 Oszillatoren. Oscillators

Allgemeine Literatur: *Bough, R.*: Signal sources. In: Giacoletto, L.J. (Ed.): Electronics designers' handbook. New York: McGraw-Hill 1977, Chap. 16. – *Frerking, M.*: Crystal oscillator design and temperature compensation. New York: Van Nostrand 1978. – *Parzen, B.*: Design of crystal and other harmonic oscillators. New York: Wiley 1983. – *Tietze, U.*; *Schenk, Ch.*: Halbleiter-Schaltungstechnik, 6. Aufl. Berlin: Springer 1983. – *Zinke, O.*; *Brunswig, H.*: Lehrbuch der Hochfrequenztechnik, 2. Aufl., Bd. II: Elektronik und Signalverarbeitung. Berlin: Springer 1974.

Spezielle Literatur Seite G 47

In 4.1 bis 4.5 werden harmonische Oszillatoren behandelt, d. h. solche, die im Idealfall eine Spannung

$$u(t) = \hat{U} \cos(\omega_0 t + \Phi_0) \tag{1}$$

liefern. In 4.6 werden Oszillatoren für Dreieck- und Rechteckschwingungen besprochen.
Die Struktur eines Oszillators richtet sich nach der Frequenz der Schwingung: Unterhalb von 1 bis 10 MHz sind RC-Oszillatoren gebräuchlich; im Bereich von 100 kHz bis ca. 500 MHz werden LC-Oszillatoren eingesetzt, oberhalb dieser Grenze solche mit Leitungskreisen oder Hohlraumresonatoren als frequenzbestimmende Elemente. Das verstärkende Element ist bei RC-Oszillatoren in der Regel ein Operationsverstärker (Vierpol), bei LC-Oszillatoren ein Bipolar- oder Feldeffekttransistor (Dreipol), bei solchen mit Leitungskreisen oder Hohlraumresonatoren z. T. ebenfalls, aber auch ein Gunn-Element oder eine Impattdiode (Zweipol).

4.1 Analysemethoden für harmonische Oszillatoren

Methods of analysis for harmonic oscillators

Die Schwingung eines Oszillators wird entweder durch einen Einschaltvorgang (vorzugsweise bei niedrigen Frequenzen) oder aus dem Rauschen heraus (vorzugsweise bei höheren Frequenzen) angefacht. Im stationären Zustand ist also ohne äußere Anregung eine Schwingung vorhanden.

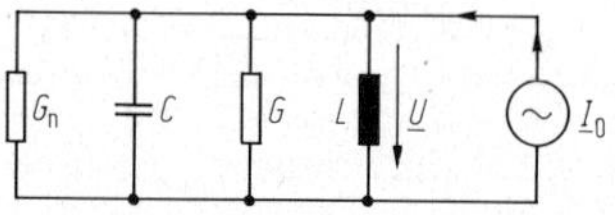

Bild 1. Entdämpfter Parallelschwingkreis als Oszillator

Bild 1 zeigt als einfaches Beispiel einen durch einen negativen Leitwert G_n entdämpften Parallelschwingkreis (Zweipoloszillator). Zum Anschwingen ist eine Anregung erforderlich, die wir der einfachen mathematischen Beschreibung wegen als *Sprungfunktion* annehmen wollen

$$i_0(t) = I_0 \varepsilon(t) \tag{2}$$

($\varepsilon(t)$ = Sprungfunktion). Wir erhalten damit die Differentialgleichung

$$\frac{d^2 u}{dt^2} + ((G_n + G)/C)\frac{du}{dt} + u/LC = (I_0/C)\,\delta(t).$$

($\delta(t)$ = Impulsfunktion). Die Transformation in den Bildbereich ergibt mit den Anfangsbedingungen $u(0) = 0$, $du/dt|_{t=0} = I_0/C$

$$\underline{U}(\underline{s}) = \frac{I_0/C}{\underline{s}^2 + \underline{s}(G_n + G)/C + 1/LC}. \tag{3}$$

Falls das Nennerpolynom der Gl. (4) konjugiert komplexe Lösungen

$$\underline{s}_{1,2} = \sigma_0 \pm j\omega_0$$

mit

$$\sigma_0 = -(G_n + G)/(2C), \quad \omega_0 = (1/LC - \sigma_0^2)^{1/2}$$

hat, ergibt die Rücktransformation in den Zeitbereich

$$u(t) = (I_0/(\omega_0 C)) \exp(\sigma_0 t) \sin \omega_0 t.$$

Zum Anschwingen des Oszillators ist $\sigma_0 > 0$ erforderlich. In 4.4 wird gezeigt, daß für eine Schwingung, die hinreichend gut als harmonisch angesehen werden kann, $0 < \sigma_0 \ll \omega_0$ gelten muß (Gl. (36)), und daß die Kreisfrequenz auch im eingeschwungenen Zustand praktisch gleich ω_0 ist.
Ein Dreipoloszillator wird bei analoger Behandlung im Spektralbereich durch eines der folgenden Gleichungssysteme beschrieben:

$$(\underline{Y}(\underline{s}))(\underline{U}) = (\underline{I}_0) \;(4); \qquad (\underline{Z}(\underline{s}))(\underline{I}) = (\underline{U}_0)$$

$$(\underline{H}(s))\begin{pmatrix}\underline{I}_1\\ \underline{U}_2\end{pmatrix} = \begin{pmatrix}\underline{U}_0\\ O\end{pmatrix}; \quad (\underline{G}(\underline{s}))\begin{pmatrix}\underline{U}_1\\ \underline{I}_2\end{pmatrix} = \begin{pmatrix}\underline{I}_0\\ O\end{pmatrix}$$

wobei die rechte Seite die Anregung analog zur Gl. (2) beschreibt. Die Lösung der Gl. (4) lautet z. B.

$$(\underline{U}(\underline{s})) = (\underline{Y}(\underline{s}))^{-1}(\underline{I}_0), \tag{5}$$

so daß die Nullstellen von

$$\det(\underline{Y}(\underline{s})) = 0 \tag{6}$$

den Charakter der Lösung bestimmen. Eine analoge Aussage gilt für die anderen Darstellungen. Der Grad der jeweils zu lösenden Gleichung ist gleich der Zahl der unabhängigen Reaktanzen [1], er ist mindestens gleich 2 und häufig gleich 3.
Eine weitere Analysemethode ist die *Methode der Schleifenverstärkung*. Hierbei wird das Netzwerk aufgespalten in den aktiven (nichtreziproken) und den passiven (reziproken) Teil. Der aktive Teil besteht aus Verstärker und Begrenzer (der bei linearer Beschreibung nicht in Erscheinung tritt), der passive Teil enthält das frequenzbestimmende Netzwerk und den Lastwiderstand. Bei der Serien/Parallel-Kopplung, die hier behandelt wird, sollte der aktive Teil eine möglichst ideale spannungsgesteuerte Spannungsquelle enthalten (Bild 2). Durch die Spannungsquelle am Eingang wird der Einschaltvorgang beschrieben. Die *H*-Parameter des Rückkopplungsdreipols sind mit dem oberen Index *r* bezeichnet. Es

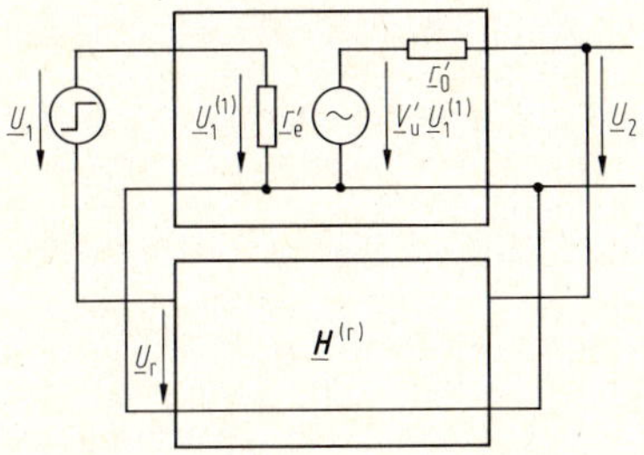

Bild 2. Zur Methode der Schleifenverstärkung. $\underline{r}'_e$ = Kleinsignal-Eingangsimpedanz, $\underline{r}'_0$ = Kleinsignal-Ausgangsimpedanz

gilt mit $\underline{r}'_0 = 0$, $\underline{r}'_e = \infty$ und $\underline{U}_1(\underline{s}) = U_0/\underline{s}$

$$\underline{U}_2(\underline{s}) = \frac{U_0}{\underline{s}(1 - \underline{H}^{(r)}_{12}(\underline{s})\,\underline{V}'_u)}. \tag{7}$$

Aus der Lösung von

$$1 - \underline{H}^{(r)}_{12}(\underline{s})\,\underline{V}'_u = 0 \tag{8}$$

ergibt sich die Anschwingungsbedingung und die Oszillationsfrequenz. Die resultierende $\underline{H}$-Matrix der Schaltung des Bildes 2 lautet

$$\underline{H} = \begin{pmatrix} \underline{r}'_e + \underline{H}^{(r)}_{11} & -\underline{H}^{(r)}_{12} \\ -\underline{r}'_e \dfrac{\underline{V}'_u}{\underline{r}'_0} - \underline{H}^{(r)}_{21} & \dfrac{1}{\underline{r}'_0} + \underline{H}^{(r)}_{22} \end{pmatrix}. \tag{9}$$

Aus $\det \underline{H} = 0$ ergibt sich mit $\underline{r}'_0 = 0$, $\underline{r}'_e = \infty$ Gl. (8). Damit ist die Äquivalenz der beiden Methoden für die behandelte Struktur nachgewiesen.

Allgemein erhält man die Darstellung

$$\underline{D} = \frac{\underline{D}'}{1 + \underline{K}(\underline{s})\,\underline{D}'}, \tag{10}$$

wobei die Bedeutung von $\underline{D}$ (und somit auch von $\underline{D}'$) und $\underline{K}$ zusammen mit dem erforderlichen Verstärker für die vier Rückkopplungsarten in Tab. 1 angegeben ist.

Tabelle 1. Bedeutung der Parameter der Gl. (10) für die verschiedenen Rückkopplungsstrukturen

Kopplung	Verstärker	$\underline{D}(\underline{D}')$	$\underline{K}$
Parallel/Parallel	stromgesteuerte Spannungsquelle	$\underline{r}_m$	$\underline{Y}^{(r)}_{12}$
Serien/Serien	spannungsgesteuerte Stromquelle	$\underline{g}_m$	$\underline{Z}^{(r)}_{12}$
Parallel/Serien	stromgesteuerte Stromquelle	$-\underline{V}_I$	$\underline{G}^{(r)}_{12}$
Serien/Parallel	spannungsgesteuerte Spannungsquelle	$-\underline{V}_U$	$\underline{H}^{(r)}_{12}$

($\underline{r}_m$ = Transimpedanz, $\underline{V}_I$ = Stromverstärkung)

Die Äquivalenz der beiden Methoden läßt sich für alle hier behandelten Strukturen leicht nachweisen. Bei einem Oszillator mit drei unabhängigen Reaktanzen ist unter der Voraussetzung $\sigma_0 \ll \omega_0$ eine einfache Abschätzung für σ_0 und ω_0 möglich. Die zu lösende Gleichung sei gegeben in der Form

$$a_3\underline{s}^3 + a_2\underline{s}^2 + a_1\underline{s} + a_0 = 0 \tag{11}$$

mit $a_i > 0$ ($i = 0 \dots 3$). Dann gilt [2]

$$a_1/a_3 \lesssim \omega_0^2 \lesssim a_0/a_2 \tag{12}$$

und

$$0 < \sigma_0 \lesssim \text{Min}\left\{\frac{a_0 a_3 - a_1 a_2}{2a_2^2};\ \frac{a_0 a_3 - a_1 a_2}{2a_1 a_3}\right\}. \tag{13}$$

Eine ähnliche Abschätzung ergibt sich auch für den Fall eines Oszillators mit vier unabhängigen Reaktanzen unter Benutzung des Hurwitz-Kriteriums [1, 3].

Als Maß für die *Frequenzstabilität* wird der Stabilitätsfaktor (Gütefaktor der Frequenzhaltung) Q_f verwendet:

$$Q_f = \left|\frac{\partial \Phi}{\partial \omega}\,\omega\right|_{\omega=\omega_0}. \tag{14}$$

Dabei ist Φ die Phase von $\underline{K}(j\omega)\,\underline{D}'(j\omega)$ (Gl. (10)). Die Definition von Q_f ergibt sich aus der folgenden Überlegung: Die Phasendrehung in der offenen Schleife muß 2π betragen. Ändern sich Schaltkreisparameter z. B. infolge Alterung oder Temperaturschwankungen, so ändert sich im Verstärkerbetrieb die Phase am Ausgang des Rückkopplungsnetzwerkes, und es muß die Frequenz verstellt werden, um die ursprüngliche Phase wieder zu erhalten. Diese Frequenzverstimmung entspricht der Änderung der Oszillationsfrequenz in der geschlossenen Schleife. Bei gegebener Phasendrehung soll die erforderliche Frequenzverstimmung zur Phasenrückdrehung möglichst klein, $|\partial\Phi/\partial\omega|_{\omega=\omega_0}$ also möglichst groß sein. Die Multiplikation mit ω_0 in Gl. (14) ist zur Normierung erforderlich. $\Phi(\omega)$ ist darstellbar durch

$$\Phi(\omega) = \Phi_0 + \arctan Z(\omega)/N(\omega) \tag{15}$$

entweder mit $N(\omega_0) = 0$ oder $Z(\omega_0) = 0$. – $Z(\omega)$ und $N(\omega)$ sind Polynome in $j\omega$. – Φ_0 ist ein konstanter Anteil. Es ergibt sich für $N(\omega_0) = 0$

$$Q_f = \omega_0 \left|\frac{\partial N}{\partial \omega}\Big/ Z(\omega)\right|_{\omega=\omega_0} \tag{16}$$

und für $Z(\omega_0) = 0$

$$Q_f = \omega_0 \left|\frac{\partial Z}{\partial \omega}\Big/ N(\omega)\right|_{\omega=\omega_0}. \tag{17}$$

4.2 Zweipoloszillatoren

One-port oscillators

Zweipoloszillatoren enthalten als entdämpfendes Element ein Gunn-Element, eine Impattdiode oder für sehr kleine Leistungen eine Tunneldiode. Allen diesen Elementen ist gemeinsam, daß sie einen Bereich differentiell negativen Widerstands mit eindeutigen $I(U)$-Verlauf aufweisen und in diesem Bereich näherungsweise durch einen negativen Leitwert modelliert werden können, dem eine Kapazität parallel liegt. Oszillatoren mit Tunneldioden sind in [4] behandelt.

Lawinenlaufzeitdioden (*Avalanche-Dioden*) werden im Bereich des Durchbruchs betrieben. Der differentiell negative Widerstand kommt erst durch die Wechselwirkung von Ladungsträgerlawinen mit einem Hochfrequenzfeld zustande. In welchem Frequenzintervall sich auf diese Weise ein negativer Leitwert ausbilden kann, hängt stark von den physikalischen und geometrischen Parametern ab. Die Kleinsignalimpedanz einer Lawinenlaufzeitdiode ist [5–7]

$$\underline{Z}_\mathrm{d} = \frac{1}{\omega C_\mathrm{d}} \cdot \left[\frac{(1-\cos\Theta)/\Theta}{1-(\omega/\omega_\mathrm{a})^2} + \mathrm{j}\left(\frac{\sin\Theta/\Theta}{1-(\omega/\omega_\mathrm{a})^2} - 1\right)\right]. \qquad (18)$$

$\omega_\mathrm{a}(\sim I^{1/2})$ ist die Lawinenkreisfrequenz, $\Theta = \omega l_\mathrm{d}/v_\mathrm{s}$ ist der Laufwinkel der Ladungsträgerlawine (l_d = Länge der Driftzone, v_s = Sättigungsdriftgeschwindigkeit). Für $\omega > \omega_\mathrm{a}$ ist $\mathrm{Re}(\underline{Z}_\mathrm{d}) < 0$. Das Modell der inneren Diode besteht demnach aus der Serienschaltung eines frequenzabhängigen negativen Widerstands und einer ebenfalls frequenzabhängigen Kapazität. Hinzu kommen die Gehäuseinduktivität und -Kapazität (Bild 3).

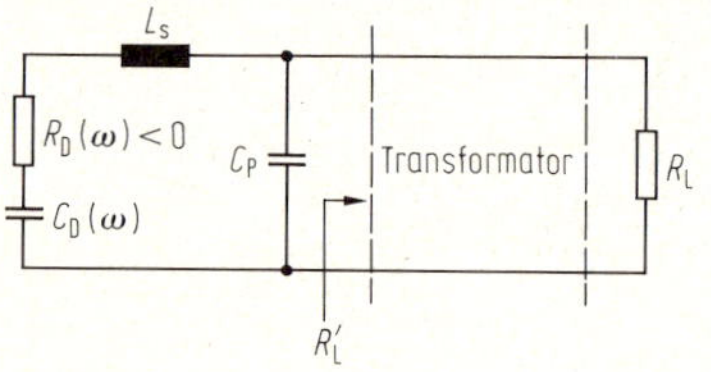

Bild 3. Kleinsignalmodell eines Impattoszillators

Der Lastwiderstand muß über eine Transformationsschaltung so angekoppelt werden, daß $R_\mathrm{d} + R_\mathrm{L}' \lesssim 0$ wird, wenn mit R_L' der in die Diodenebene transformierte Lastwiderstand bezeichnet wird. Oszillatoren mit Impattdioden sind in [8–10] beschrieben.

Gunn-Elemente bestehen aus einem homogen dotierten Verbindungshalbleiter (GaAs) ohne Sperrschicht. Die physikalische Ursache für den negativ differentiellen Leitwert bei Gunn-Elementen ist die Abnahme der Beweglichkeit und somit der Driftgeschwindigkeit der Ladungsträger mit zunehmender Feldstärke in einen Bereich oberhalb einer Schwellenfeldstärke E_T. Hierdurch kommt es zu Stromoszillationen, die auf das periodische Entstehen, Wandern und Verschwinden von Dipoldomänen zurückzuführen sind [5, 7, 11]. Die Periode der Schwingung ist gegeben durch $t_\mathrm{d} = l/v_\mathrm{d}$ (l = Länge des Gunn-Elements, v_d = Driftgeschwindigkeit der Dipoldomäne). Durch Betreiben eines Gunn-Elements in einem Resonanzkreis hoher Güte erreicht man eine größere Frequenz- und Amplitudenstabilität. Der Wirkungsgrad dieses als Gunn-Mode bezeichneten Oszillationsmechanismus liegt zwischen 1 und 5%, da im größten Teil des Gunn-Elements die Schwellenfeldstärke nicht erreicht wird und dieser Bereich als Verlustwiderstand wirkt.

Ein wesentlich größerer Wirkungsgrad ergibt sich im LSA-Mode (LSA: Limited Space Charge Accumulation). Hierbei wird die Domänenbildung und Ausbreitung großenteils dadurch verhindert, daß in jeder Periode die Feldstärke zeitweise überall unter E_T absinkt, so daß die differentielle Beweglichkeit überall positiv wird und der Rest der Periode nicht ausreicht, eine Dipoldomäne aufzubauen. Im LSA-Mode ist die Oszillationsfrequenz nicht von der Länge des Gunn-Elements abhängig. Der konstruktive Aufbau von Gunn-Oszillatoren ist in [8, 11] beschrieben.

4.3 Dreipol- und Vierpoloszillatoren

Three-pole and four-pole oscillators

Bei Dreipoloszillatoren besteht der Verstärker in der Regel aus einem oder mehreren Bipolar- oder Feldeffekttransistoren, die eine spannungsgesteuerte Stromquelle $S\underline{U}_\mathrm{steuer}$ approximieren (S = Steilheit); das Rückkopplungsnetzwerk ist ein durch den Lastwiderstand bedämpftes LC-Netzwerk mit Π-Struktur. Die wichtigsten Dreipoloszillatoren lassen sich auf den Colpitts- oder den Hartley-Oszillator zurückführen (Bild 4). Um die Rechnungen einfacher zu halten, ist der Verstärker als ideale spannungsgesteuerte Stromquelle modelliert.

Zunächst wird die Analyse des Colpitts-Oszillators durchgeführt. Die Admittanzmatrix hat die folgende Gestalt:

$$\underline{Y}(\underline{s}) = \begin{pmatrix} \underline{s}C_1 + \dfrac{1}{\underline{s}L} & -\dfrac{1}{\underline{s}L} \\ -\dfrac{1}{\underline{s}L} + S & G_\mathrm{L} + \underline{s}C_2 + \dfrac{1}{\underline{s}L} \end{pmatrix} \qquad (19)$$

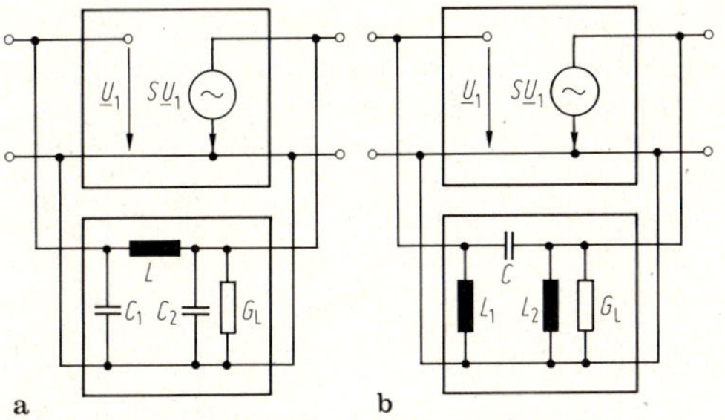

Bild 4. Idealisierte Struktur des **a)** Colpitts-Oszillators, **b)** Hartley-Oszillators

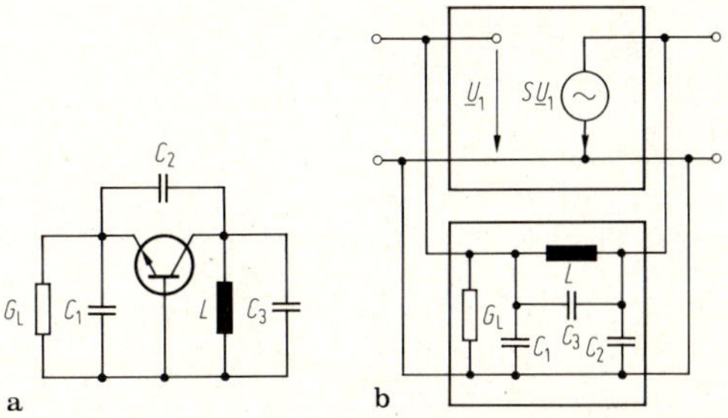

Bild 5. a) Struktur eines UHF-Oszillators; **b)** Darstellung durch gekoppelte Dreipole

Aus $\det \underline{Y} = 0$ gemäß Gl. (6) ergibt sich eine Gleichung 3. Grades; mit den Bezeichnungen $C_1 = nC$, $C_2 = C$ ergibt sich als Anschwingbedingung aus der Ungleichung (13)

$$S \gtrsim n G_{\mathrm{L}} \tag{20}$$

und als Näherung für die Oszillationsfrequenz aus der Ungleichung (12)

$$(n+1)/(nLC) \lesssim \omega_0^2 \lesssim (S + G_{\mathrm{L}})/(nLCG_{\mathrm{L}}). \tag{21}$$

Zur Ermittlung des Stabilitätsfaktors Q_{f} ist die Phase von

$$\begin{aligned} \underline{K}(\mathrm{j}\omega)\,\underline{D}'(\mathrm{j}\omega) &= \underline{Z}_{12}^{(\mathrm{r})}(\mathrm{j}\omega)\,S \\ &= \underline{Y}_{12}^{(\mathrm{r})}(\mathrm{j}\omega)\,S/\det \underline{Y}^{(\mathrm{r})}(\mathrm{j}\omega) \end{aligned} \tag{22}$$

zu ermitteln. Der Gl. (16) entsprechend ergibt sich

$$Q_{\mathrm{f}} = \frac{2}{G_{\mathrm{L}}}\left(\frac{n+1}{n}\right)^{3/2}\left(\frac{C}{L}\right)^{1/2}. \tag{23}$$

Dabei ist für ω_0 die untere Grenze der Abschätzung der Ungleichung (21) eingesetzt.
Nach der gleichen Methode ergibt sich für den Hartley-Oszillator als Anschwingbedingung ebenfalls die Ungleichung (20) und als Abschätzung für die Oszillationsfrequenz

$$G_{\mathrm{L}}/[LC(G_{\mathrm{L}} + S)] \lesssim \omega_0^2 \lesssim 1/[(n+1)\,LC]. \tag{24}$$

Für den Stabilitätsfaktor der Oszillationsfrequenz ergibt sich auch hier der Ausdruck der Gl. (23), wobei die obere Schranke der Frequenzabschätzung eingesetzt ist. Zudem ist die unterschiedliche Bedeutung von n in den beiden Fällen zu beachten.
Eine im UHF-Bereich häufig benutzte Struktur ist in Bild 5 angegeben. Mit dem Emitter (Source) als Bezugselektrode und dem Verstärker als spannungsgesteuerte Stromquelle geht sie in die Struktur des Colpitts-Oszillators über mit der Ausnahme, daß hier der Lastleitwert parallel zum Verstärkereingang und die Kapazität C_3 zusätzlich parallel zu L liegt. Da die Kapazitäten eine Kapazitätsschleife bilden, erhöht sich durch C_3 der Grad der zu lösenden Gleichung nicht. Die Analyse ergibt unter der Voraussetzung $S \gtrsim G_{\mathrm{L}}/n$ (Anschwingbedingung)

$$\begin{aligned} \frac{1}{LC_3[1 + n/(n+1) + C/C_3]} &\lesssim \omega_0^2 \\ &\lesssim \frac{G_{\mathrm{L}} + S}{LC_3[G_{\mathrm{L}}(1 + C/C_3) + S]} \end{aligned} \tag{25}$$

$$Q_{\mathrm{f}} = \frac{\{(n+1)\,[(n+1)\,C_3/C + n]\}^{1/2}}{G_{\mathrm{L}}}\left(\frac{C}{L}\right)^{1/2}. \tag{26}$$

Der Verkleinerung der Induktivität in einem Colpitts- oder Hartley-Oszillator sind dadurch Grenzen gesetzt, daß sie wesentlich über den Streuinduktivitäten bleiben muß. Ersetzt man beim Colpitts-Oszillator die Spule L durch einen Serienschwingkreis, so daß die Summe der Reaktanzen bei der Oszillationsfrequenz den zur Erfüllung der Phasenbedingung erforderlichen induktiven Wert hat, so erhält man einen großen Stabilitätsfaktor der Oszillationsfrequenz, ohne daß sich Streuinduktivitäten störend bemerkbar machen. Dieser Oszillator heißt Clapp-Oszillator. Zur Analyse ist in Gl. (19) $\underline{s}L$ durch $\underline{s}L_{\mathrm{s}} + 1/\underline{s}C + R_{\mathrm{s}}$ zu ersetzen, wobei die mit dem Index s versehenen Größen Elemente des Serienschwingkreises sind. Mit $n \approx 1$,

$$R_{\mathrm{s}}G_{\mathrm{L}} \lesssim 1,\; C/C_{\mathrm{s}} \gg 1,\; L_{\mathrm{s}}/C_{\mathrm{s}} \gg R_{\mathrm{s}}^2,\; R_{\mathrm{s}}G_{\mathrm{L}} \lesssim 1$$

ergibt sich die Frequenzabschätzung

$$1/L_{\mathrm{s}}C_{\mathrm{s}} \lesssim \omega_0^2 \lesssim \left[\left(\frac{G_{\mathrm{L}} + S}{nG_{\mathrm{L}}}\right)\frac{C_{\mathrm{s}}}{C} + 1\right]\Big/(L_{\mathrm{s}}C_{\mathrm{s}}). \tag{27}$$

Der Clapp-Oszillator schwingt also in sehr guter Näherung in der Resonanzfrequenz des Serienschwingkreises. Für den Stabilitätsfaktor ergibt sich unter den gleichen Voraussetzungen

$$Q_{\mathrm{f}} = \frac{2}{R_{\mathrm{s}}}\,(L_{\mathrm{s}}/C_{\mathrm{s}})^{1/2} = 2Q_{\mathrm{s}} \tag{28}$$

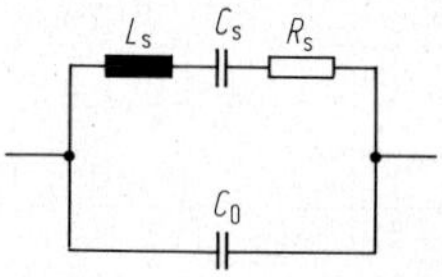

Bild 6. Modell für das elektrische Verhalten eines Quarzresonators in der Umgebung einer Resonanzfrequenz. Nach [12, 13]

(Q_s = Güte des Serienschwingkreises). Die Bedingung $L_s/C_s \gg R_s^2$ läßt sich sehr gut mit einem Quarzresonator als Serienschwingkreis erfüllen. Quarzresonatoren nutzen die piezoelektrischen Eigenschaften von Quarz aus: Wenn auf einen Quarz in einer bestimmten Richtung Druck ausgeübt wird, sammeln sich auf dazu senkrechten Oberflächen Ladungen an. Wird umgekehrt an einander gegenüberliegenden Oberflächen ein elektrisches Feld angelegt, so werden mechanische Spannungen in einer dazu senkrechten Richtung wirksam, die den Quarz deformieren.

Oszillatoren im unteren Frequenzbereich (bis ca. 10 MHz) werden bevorzugt als RC-Oszillatoren gebaut, da für die bei LC-Oszillatoren erforderlichen großen Induktivitätswerte die Spulen groß und teuer sind. Mit RC-Netzwerken ist jedoch eine hinreichend große Phasensteilheit der Schleifenverstärkung nur mit einem Differenzverstärker sehr hoher Verstärkung und einem Brückennetzwerk zu erreichen. Die ganz überwiegend benutzte Struktur ist die des Wien-Robinson-Oszillators. Die Prinzipschaltung und die Darstellung als gekoppelte Netzwerke (spannungsgesteuerte Spannungsquelle und Rückkopplungsnetzwerk) sind in Bild 7 angegeben. Im Gegensatz zu den vorhergehenden LC-Oszillatoren handelt es sich hier um gekoppelte Vierpole, so daß 3 × 3-Matrizen miteinander zu verknüpfen sind [14]. Die resultierende Admittanzmatrix des Knotenanalyse-Gleichungssystems mit $\underline{U}_3$ als dritter Variablen ist gegeben durch

$$\underline{Y}(\underline{s}) = \begin{pmatrix} g_e + \underline{Y}_1(\underline{s}) + \underline{Y}_2(\underline{s}) & -\underline{Y}_1(\underline{s}) & \underline{Y}_1(\underline{s}) + \underline{Y}_2(\underline{s}) \\ -\underline{V}_u'(\underline{s})\, g_0 + \underline{Y}_1(\underline{s}) & g_0 + \underline{Y}_1(\underline{s}) + \underline{Y}_3(\underline{s}) & -(\underline{Y}_1(\underline{s}) + \underline{Y}_3(\underline{s})) \\ -g_e & -\underline{Y}_3(\underline{s}) & \underline{Y}_3(\underline{s}) + \underline{Y}_4(\underline{s}) \end{pmatrix} \qquad (29)$$

Eine elektrische Wechselspannung regt somit den Quarz zu mechanischen Schwingungen an. Die Leistungsaufnahme ist jedoch extrem selektiv auf die unmittelbare Umgebung der Frequenzen der mechanischen Eigenresonanzen beschränkt, so daß die elektrische Impedanz entsprechend stark frequenzabhängig ist (Bild 6). Die Kapazität C_0 ist die statische Kapazität zwischen den Elektroden, die Induktivität L_s hängt von der Masse, die Kapazität C_s von der Steifigkeit ab, R_s beschreibt die Verluste. Außer der Serienresonanz f_s weist der Quarz auch eine Parallelresonanz f_p auf. Diese liegt, wenn R_s vernachlässigt wird, bei

$$f_p = f_s(1 + C_s/C_0)^{1/2},$$

also wegen $C_s \ll C_0$ sehr dicht oberhalb der Serienresonanz. Eine analoge Überlegung wie die, welche vom Colpitts- zum Clapp-Oszillator geführt hat, läßt sich auch beim Hartley-Oszillator anstellen: Für eine hohe Frequenzstabilität kann man die beiden Induktivitäten durch Parallelschwingkreise mit kleinen induktiven Komponenten bei der Oszillationsfrequenz realisieren; es genügt, den Schwingkreis am Verstärkereingang durch einen Quarz zu ersetzen, der dann nahe der Parallelresonanz betrieben wird (Pierce-Oszillator [12]). Zahlreiche Realisierungsbeispiele für Quarzoszillatoren sind in [13] angegeben.

mit $\underline{Y}_1(\underline{s}) = \underline{s}CG/(G + \underline{s}C)$, $\underline{Y}_2(\underline{s}) = G + \underline{s}C$, $\underline{Y}_3(\underline{s}) = G_2$, $\underline{Y}_4(\underline{s}) = G_1$. Aus $\det \underline{Y}(\underline{s}) = 0$ ergibt sich eine quadratische Gleichung (zwei Reaktanzen), aus deren Lösung mit $g_e = 0$, $g_0 = \infty$, $\underline{V}_u(\underline{s}) = V_{ud} \gg 1$, $G_1 = (2 + \varepsilon)\, G_2$, $0 < \varepsilon \ll 1$ die Anschwingbedingung $\varepsilon \geqq 9/V_{ud}$ sowie mit $\sigma_0 = G(\varepsilon - 9/V_{ud})/(2C)$ die Oszillationskreisfrequenz

$$\omega_0 = ((G/C)^2 - \sigma_0^2)^{1/2} \approx G/C$$

folgt.

Zur Berechnung des Stabilitätsfaktors der Oszillationsfrequenz ist der Phasenverlauf der Funk-

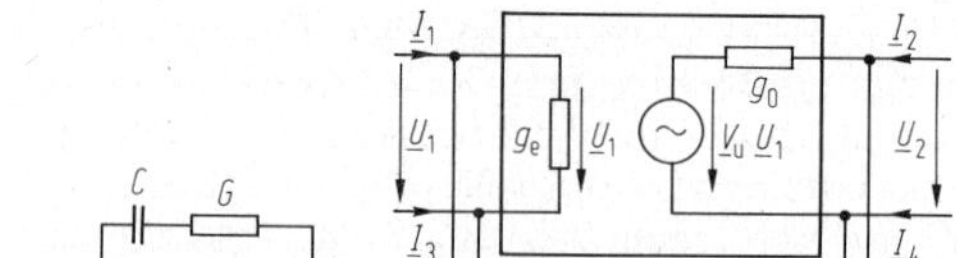

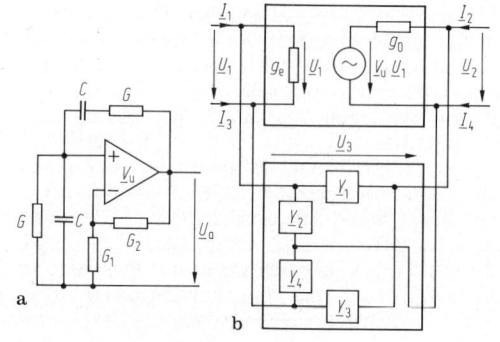

Bild 7. a) Struktur des Wien-Robinson-Oszillators; **b)** Darstellung durch gekoppelte Vierpole

tion $\underline{\lambda}(\mathrm{j}\omega)\,\underline{U}_2$ zu ermitteln mit

$$\underline{\lambda}(\mathrm{j}\omega) = \left.\frac{\underline{U}_1(\mathrm{j}\omega)}{\underline{U}_2(\mathrm{j}\omega)}\right|_{\mathrm{I}_1 = \mathrm{I}_3 = 0} = \frac{\underline{Y}_1(\mathrm{j}\omega)\,\underline{Y}_4(\mathrm{j}\omega) - \underline{Y}_2(\mathrm{j}\omega)\,\underline{Y}_3(\mathrm{j}\omega)}{(\underline{Y}_1(\mathrm{j}\omega) + \underline{Y}_2(\mathrm{j}\omega))\,(\underline{Y}_3(\mathrm{j}\omega) + \underline{Y}_4(\mathrm{j}\omega))}.$$

Es ergibt sich

$$\Phi(\underline{\lambda}(\mathrm{j}\omega)\,\underline{U}_2) = \pi + \arctan\frac{\omega\varepsilon C G}{\omega^2 C^2 - G^2} + \arctan\frac{3\omega C G}{\omega^2 C^2 - G^2},$$

woraus folgt

$$Q_\mathrm{f} = 2\,V_\mathrm{ud}/9 + 2/3 \approx 2\,V_\mathrm{ud}/9. \qquad (30)$$

Wird als Verstärker ein Operationsverstärker benutzt, so läßt sich ein Stabilitätsfaktor erreichen, der sogar größer als der von LC-Oszillatoren ist. Die Eigenschaften eines Wien-Robinson-Oszillators hängen ganz wesentlich vom Verhältnis G_1/G_2, also von ε ab; in 4.4 wird gezeigt, wie ε stabil gehalten werden kann. Weitere Vierpoloszillatoren sind in [15] beschrieben.

Abstimmbare Oszillatoren. Beim Entwurf von abstimmbaren Oszillatoren muß beachtet werden, daß außer der Frequenzbedingung auch ein Mindestwert für den Stabilitätsfaktor der Frequenz (Gl. (14)) und die Anschwingbedingung (z. B. Gl. (13)) erfüllt sein muß. Deswegen muß man bei LC-Oszillatoren sowohl die Induktivität als auch die Kapazität und bei RC-Oszillatoren ebenfalls die Kapazität und die Widerstände, welche die Frequenz bestimmen, umschaltbar oder einstellbar vorsehen. In weiten Bereichen oberhalb von 1 GHz abstimmbar sind Oszillatoren, bei denen die magnetisch einstellbare Resonanzfrequenz eines YIG-Kristalls (Yttriumeisengranat) die Oszillationsfrequenz bestimmt [8]. Die Frequenz von Quarzoszillatoren kann nur sehr wenig durch einen in Serie zum Quarz geschalteten Kondensator geringer Kapazität (1 bis 100 pF) verstellt werden. Die hohe Frequenzkonstanz von Quarzoszillatoren kann man sich für einstellbare Oszillatoren zunutze machen, indem man von einem Quarzoszillator ausgehend eine Reihe von Schwingungen phasenstarr erzeugt und mit Hilfe von Mischern und Teilern die gewünschte Frequenz bildet (Synthesizer, s. Q 2.4). Bei der indirekten Synthese wird eine Reihe von Oszillatoren über Phasensynchronisierschleifen an den Referenzoszillator angebunden [16, 17], bei der direkten Synthese wird die Schwingung des Referenzoszillators so stark verzerrt, daß über Filter die gewünschten Ausgangsfrequenzen ausgesiebt werden können [18]. Hochpräzise Frequenznormale verwenden als Referenzsignal ein Rubidium- oder Caesium-Normal („Atomuhr") [19, 20].

4.4 Nichtlineare Beschreibung. Ermittlung und Stabilisierung der Schwingungsamplitude

Nonlinear description. Evaluation and stabilisation of the amplitude

Die in 4.2 dargelegten Methoden lassen keine Aussage über die Amplitude der Schwingung zu, die sich im stationären Zustand einstellt, da Nichtlinearitäten im Verstärker unberücksichtigt geblieben sind. Die Amplitude der Schwingung kann näherungsweise aus der Schwingkennlinie (nach Möller) [21] ermittelt werden. Zur analytischen Bestimmung der Amplitude muß die Nichtlinearität der gesteuerten Quelle als wesentlichste Nichtlinearität berücksichtigt werden. Für den Verstärker des Oszillators in Bild 7 lautet der Ansatz

$$U_2(t) = (V_{\mathrm{u}\,0} - V_{\mathrm{u}\,1}\,U_1^2(t))\,U_1(t), \qquad (31)$$

wobei die Gültigkeit des Ansatzes auf

$$|U_1| < \left(\frac{V_{\mathrm{u}\,0}}{3\,V_{\mathrm{u}\,1}}\right)^{1/2} = U_1'$$

beschränkt ist (Bild 8). Der Einfachheit halber wird der Verstärker als spannungsgesteuerte Spannungsquelle mit $V_{\mathrm{u}\,0} = 3 + \varepsilon\,(0 < \varepsilon \ll 1)$ angenommen. Die steuernde Spannung unterscheidet sich also von der des Wien-Robinson-Oszillators, so daß der Stabilitätsfaktor der Oszillationsfrequenz mit dieser Beschreibung nicht ermittelt werden kann (Bild 9).

Diese Schaltung wird beschrieben durch die Differentialgleichung

$$\frac{\mathrm{d}^2 U_1}{\mathrm{d}t^2} - \frac{1}{RC}(V_{\mathrm{u}\,0} - 3 - 3\,V_{\mathrm{u}\,1}\,U_1^2)\,\frac{\mathrm{d}U_1}{\mathrm{d}t} + \frac{1}{R^2C^2}\,U_1 = 0. \qquad (32)$$

Mit den Substitutionen $\omega_0 = 1/(RC)$, $\tau = \omega_0 t$, $[3\,V_{\mathrm{u}\,1}/(V_{\mathrm{u}\,0} - 3)]^{1/2}\,U_1 = v$, $\varepsilon = V_{\mathrm{u}\,0} - 3$ nimmt

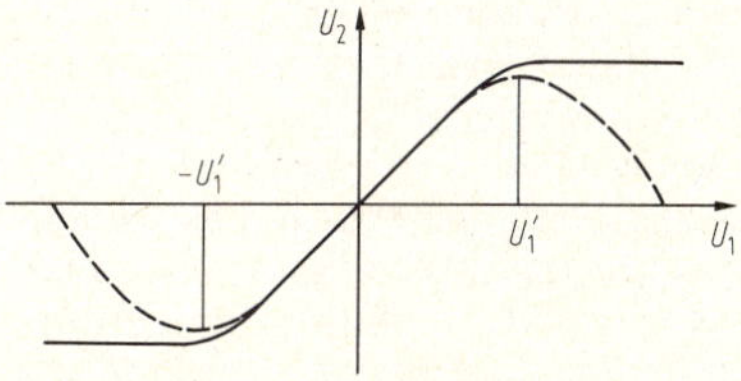

Bild 8. Verlauf von $U_2 = U_2(U_1)$ (—) und Approximation durch Gl. (31)

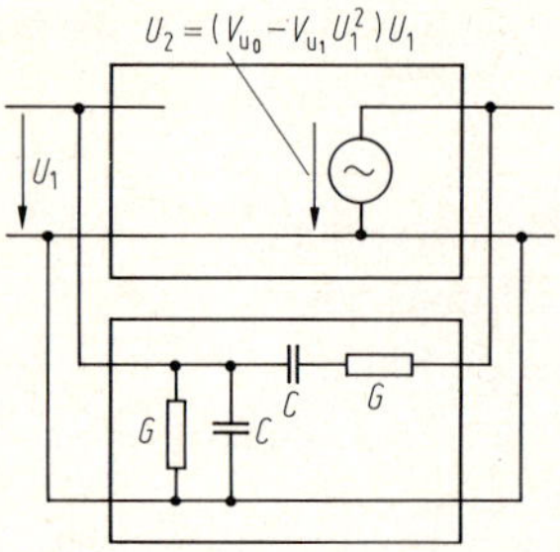

Bild 9. Vereinfachte Struktur des Wien-Robinson-Oszillators

sie die folgende Gestalt an:

$$\frac{d^2 v}{d\tau^2} - \varepsilon(1 - v^2)\frac{dv}{d\tau} + v = 0. \qquad (33)$$

Diese sog. van der Polsche-Dgl. ist die klassische Dgl. zur Beschreibung von Oszillator-Nichtlinearitäten [21]. Eine Näherungslösung für $\varepsilon \ll 1$ ist

$$v(\tau) = \frac{2\hat{v}(0)\cos\tau}{(\hat{v}^2(0) + (4 - \hat{v}^2(0))\exp(-\varepsilon\tau))^{1/2}}. \qquad (34)$$

Für große Zeiten τ, so daß $\exp(\varepsilon\tau) \gg 1$, ergibt sich

$$v(\tau) = 2\cos\tau,$$

also eine harmonische Schwingung mit der Amplitude (in nicht-normierter Schreibweise)

$$\hat{U}_1 = 2((V_{u0} - 3)/(3V_{u1}))^{1/2} = 2(\varepsilon/(3V_{u1}))^{1/2}. \qquad (35)$$

Für $\exp(\varepsilon\tau) \ll 1$ und $\hat{v}(0) \ll 1$ erhalten wir aus Gl. (62)

$$v(\tau) = \hat{v}(0)\exp(\varepsilon\tau/2)\cos\tau,$$

woraus

$$\sigma_0 = \varepsilon\omega_0/2 \ll \omega_0 \qquad (36)$$

folgt. Bei hinreichend schwacher Nichtlinearität kann die stationäre Lösung einschließlich der Harmonischen der Grundschwingung nach der Methode von Lindstedt und Poincaré [22] für alle hier behandelten Oszillatorstrukturen ermittelt werden.

Stabilisierung der Amplitude. Ein Oszillator muß sicher anschwingen und nach dem Erreichen des stationären Zustands diesen auch dann beibehalten, wenn Schaltungsparameter innerhalb gewisser Grenzen schwanken. Wenn dies nicht infolge von Sättigungseffekten geschehen soll, womit stets Verzerrungen verbunden sind, muß man eine DC-Gegenkopplung einführen, so daß der Steuerungsfaktor der gesteuerten Quelle (S, V_u) mit wachsender Amplitude der Schwingung reduziert wird.

Beim Wien-Robinson-Oszillator muß ε (Gl. (35)) so geregelt werden, daß $\hat{U}_1$ konstant bleibt. Eine Möglichkeit hierfür besteht darin, den Leitwert G_1 mit Hilfe der Drain-Source-Strecke eines FET regelbar auszubilden [23].

4.5 Langzeit- und Kurzzeitstabilität. Rauschen

Long term and short term stability. Noise

Im Zusammenhang mit der Stabilität der Frequenz eines Oszillators versteht man unter „lange Zeit" eine Spanne von etwa einem Tag bis zu einem Jahr. Durch die Angabe der Langzeitstabilität werden Frequenzänderungen aufgrund von Änderung in den frequenzbestimmenden Parametern, z. B. infolge Alterung des Quarzes beschrieben. Die Angabe kann z. B. lauten $\Delta f/f_0 \lesssim 1 \cdot 10^{-10}$/Tag bzw. $\lesssim 1 \cdot 10^{-7}$/Jahr.
Der in den vorhergehenden Abschnitten verwendete Gütefaktor der Oszillationsfrequenz steht in engem Zusammenhang hiermit. Schwankungen der Umgebungsbedingungen müssen gesondert erfaßt werden.
Durch die Angabe der Kurzzeitstabilität werden statistische Schwankungen in solch kurzen Zeitspannen (typisch 10^{-3} bis 10^3 s) beschrieben, daß in ihnen die Langzeitinstabilität außer acht gelassen werden kann. Die Angabe erfolgt in der Form

$$\Delta f/f_0 \lesssim 1 \cdot 10^{-10}/10^{-3}\,\mathrm{s} \quad \text{bzw.} \quad \lesssim 5 \cdot 10^{-12}/1\,\mathrm{s},$$

wobei Δf als Allan-Varianz [13, 24] ermittelt wird. Die Kurzzeitinstabilität wird durch die internen Rauschquellen des Oszillators verursacht; sie kann deswegen auch im Spektralbereich beschrieben werden und zwar durch das Einseitenband-Phasenrauschen. Außer diesem tritt auch Amplitudenrauschen auf, das jedoch nur von geringer praktischer Bedeutung ist. Zur Beschreibung des Rauschens wird Gl. (1) erweitert zu

$$u(t) = (\hat{U} + \hat{U}_r(t))\cos(\omega_0 t + \Phi_0 + \Phi_r(t)),$$

wobei $\hat{U}_r(t)$ und $\Phi_r(t)$ statistische Variable sind. $\hat{U}_r(t)$ ist i. allg. rayleigh-, $\Phi_r(t)$ normal-verteilt (s. Gl. D 3 (28)). Eine Methode zur Berechnung der spektralen Leistungsdichte des Oszillatorrauschens in einfachen Fällen (Zweipoloszillatoren) ist in [25] angegeben.

4.6 Funktions- und Impulsgeneratoren

Function and pulse generators

Funktions- und Impulsgeneratoren erzeugen nichtharmonische Schwingungen, insbesondere

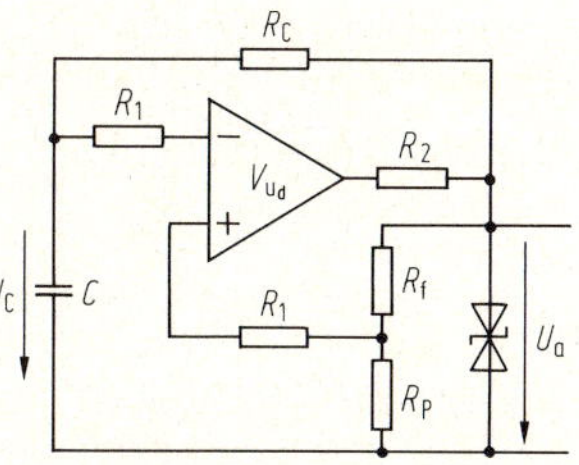

Bild 10. Einfacher Rechteckgenerator mit Spannungskomparator

Sägezahn-, Dreieck- und Rechteckschwingungen. Solange dabei die erforderliche Spannungsanstiegsrate unter etwa 1 V/μs bleibt, können Operationsverstärker als elektronische Schalter und Komparatoren eingesetzt werden. Die Ausgangsspannung eines Komparators nimmt zwei Zustände an, abhängig davon ob am Eingang eine vorgegebene Spannung über- oder unterschritten wird. Komparatoren können mit mitgekoppelten Operationsverstärkern oder Differenzverstärkern realisiert werden. Mit einem Komparator, der eine Kondensatorumladung steuert, läßt sich ein einfacher Rechteckgenerator aufbauen (Bild 10). Die Ausgangsspannung U_a springt von $-U_z$ (festgelegt durch eine der Spannungs-Referenzdioden am Ausgang) nach $+U_z$, wenn $U_C = -\zeta U_z$ geworden ist ($\zeta = R_p/(R_f + R_p)$). Die Umladung von C geschieht entsprechend der Gleichung

$$U_C(t) = -\zeta U_z \exp(-t/\tau) + U_z(1 - \exp(-t/\tau))$$

mit $\tau = R_C C$. Das Umspringen der Ausgangsspannung von $+U_z$ nach $-U_z$ erfolgt bei $U_C(t_R/2) = \zeta U_z$. Hieraus folgt für die Periode der Rechteckschwingung

$$t_R = 2R_C C \ln((1+\zeta)/(1-\zeta)).$$

Eine nachgeschaltete Integrierstufe liefert eine Dreieckschwingung; aus dieser läßt sich mit einem Funktionsnetzwerk, das aus Dioden und Widerständen besteht [26], eine Sinusspannung mit geringem Klirrfaktor bilden. Für Anwendungen, bei denen die maximale Anstiegsgeschwindigkeit der Ausgangsspannung von Operationsverstärkern von ca. 1 V/μs nicht ausreicht, müssen die Komparatoren mit logischen Gattern oder speziellen integrierten Schaltkreisen [23] oder mit diskreten Transistoren aufgebaut werden. Bild 11 zeigt einen astabilen Multivibrator aus zwei NAND- (oder NOR-)Gattern, bevorzugt aufgebaut in CMOS-Technik [27]. Je nachdem, ob die Schwellenspannung U_{th} am Eingang eines Gatters überschritten ist oder nicht, liegt am Ausgang des Gatters U_H ($\lesssim U_B$, Betriebsspannung) oder U_L ($\gtrsim 0$). Am linken Gatter liege am Ausgang die Spannung U_H, am rechten die Spannung U_L, wenn am Eingang die Spannung U_{th} gerade überschritten wird. Nach den Gatterverzögerungszeiten sind die Werte der Ausgangsspannungen vertauscht, und die Spannung $U_e(t)$ ändert sich gemäß

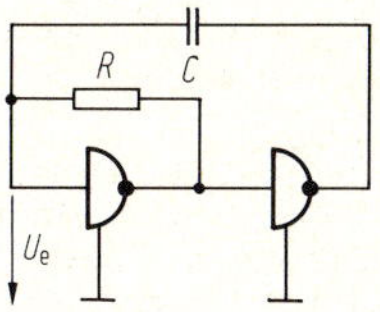

Bild 11. Astabiler Multivibrator mit logischen Gattern

$$U_e(t) = (U_{th} + U_H)\exp(-t/(RC)).$$

Ein Umspringen erfolgt wieder, sobald $U_e(t) = U_{th}$ geworden ist. Hieraus folgt

$$t_1 = \text{RC} \ln((U_{th} + U_H)/U_{th}). \quad (37)$$

Nach dem Umspringen ändert sich die Eingangsspannung gemäß

$$U_e(t) = U_H + (U_{th} - 2U_H)\exp(-t/(\text{RC})),$$

so daß sich als zweite Teilperiode ergibt

$$t_2 = \text{RC} \ln((2U_H - U_{th})/(U_H - U_{th})). \quad (38)$$

Aus den Gln. (37) und (38) folgt $t_1 = t_2$ für $2U_{th} = U_H$. In [23, 27] sind weitere Realisierungsbeispiele für astabile Multivibratoren angegeben, darunter auch die klassische Zweitransistorschaltung.

Spezielle Literatur: [1] *Unbehauen, R.:* Systemtheorie. Eine Einführung für Ingenieure, 2. Aufl. München: Oldenburg 1971. – [2] *Blum, A.; Kalisch, P.:* Anordnungsrealitionen für die Schwingfrequenz und die Koeffizienten der charakteristischen Gleichung bei Sinus-Oszillatoren. AEÜ 25 (1971) 375–378. – [3] *Zurmühl, R.:* Praktische Mathematik für Ingenieure und Physiker, 3. Aufl. Berlin: Springer 1961 (5. Aufl. 1965). – [4] *Gentile, S.:* Basic theory and application of tunnel diodes. Princeton: Van Nostrand 1962. – [5] *Harth, W.; Claassen, M.:* Aktive Mikrowellendioden. Berlin: Springer 1981. – [6] *Weissglas, P.:* Avalanche and carrier injection devices. In: Howes, M.; Morgan, D. (Eds.): Microwave devices, device circuit interactions. London: Wiley 1976, Chap. 3. – [7] *Unger, H.-G.; Harth, W.:* Hochfrequenz-Halbleiterelektronik. Stuttgart: Hirzel 1972. – [8] *Kurokawa, K.:* Microwave solid state oscillator circuits. In: Howes, M.; Morgan, D. (Eds.): Microwave devices, device circuit interactions. London: Wiley 1976, Chap. 5. – [9] *Hewlett-Packard:* Microwave power generation and amplification using impatt diodes. AN 935. 1971. – [10] *Gibbons, G.:* Avalanche-diode microwave oscillators. Oxford: Clarendon Press 1973. – [11] *Chafin, R.:* Microwave semiconductor devices fundamentals and radiation effects. New York: Wiley 1973. – [12] *Zinke, O.; Brunswig, H.:* Lehrbuch der Hochfrequenztechnik, 2. Aufl. Bd. II: Elektronik und Signalverarbeitung. Berlin: Springer 1974. – [13] *Frerking, M.:* Crystal oscillator design and temperature compensation. New York: Van Nostrand 1978. – [14]

Blum, A.: Die Bildung von Vierpolmatrizen bei gekoppelten „echten" Vierpolen aus den vollständigen Vierpolmatrizen der Teilvierpole. AEÜ 31 (1977) 275–280. – [15] *Bough, R.*: Signal sources. In: Giacoletto, L.J. (Ed.): Electronics designers' handbook. New York: McGraw-Hill 1977, Chap. 16. – [16] *Schleifer, W.*: Signalgeneratoren bei höheren Frequenzen. Hewlett-Packard Applikationsschrift. Böblingen 1974. – [17] *Burckart, D.; Lüttich, F.*: Mikroprozessorgesteuerter Signalgenerator SMS für 0,4 bis 1040 MHz. Neues von Rohde und Schwarz. Nr. 84 (1979) 4–7. – [18] *van Duzer, V.*: A 0 to 50 Mc frequency synthesizer with exellent stability, fast switching, and fine resolution. HP-Journal 15 (1964) 1–6. – [19] *Mc. Coubrey, A.*: A survey of atomic frequency standards. Proc. IEEE 54 (1966) 116–135. – [20] *Hewlett-Packard:* Frequency and time standards. AN 52. 1965. – [21] *Philippow, E.*: Nichtlineare Elektrotechnik. Leipzig: Geest & Portig 1969. – [22] *Mickens, R.*: An introduction to nonlinear oscillations. Cambridge: Cambridge University Press 1981. – [23] *Blood, W.*: MECL system design handbook. Motorola Inc., 1971. – [24] *Barnes, J.* et al.: Characterization of frequency stability. IEEE Trans. IM-20 (1971) 105–120. – [25] *Kurokawa, K.*: Noise in synchronized osciallators. IEEE Trans. MMT-16 (1968) 234–240. – [26] *Tietze, U.; Schenk, Ch.*: Halbleiter-Schaltungstechnik, 5. Aufl. Berlin: Springer 1982 (6. Aufl. 1983). – [27] *Taub, H.; Schilling, D.*: Digital integrated electronics. Tokio: McGraw-Hill, Kogakusha 1977.

H Wellenausbreitung im Raum
Propagation of radio waves

T. Damboldt (3.3, 4, 6.1, 6.27); **F. Dintelmann** (2, 3.4); **E. Kühn** (2); **R.W. Lorenz** (1, 3.1, 5, 6.3); **A. Ochs** (7); **F. Rücker** (6.4); **R. Valentin** (3.2, 5, 6.4)

1 Grundlagen. Fundamentals

Allgemeine Literatur: *Beckmann, P.*: Probability in communication engineering. New York: Harcourt. Brace & World 1965. – *Kreyszig, E.*: Statistische Methoden und ihre Anwendungen. Göttingen: Vandenhoek & Ruprecht 1973. – *Müller, P.H.*: Lexikon der Stochastik. Berlin: Akademie-Verlag 1975.

1.1 Begriffe. Terms

Die wichtigste Größe eines Funkübertragungssystems ist die am Empfänger verfügbare Leistung P_E, die für eine befriedigende Übertragungsqualität in einem für das Modulationsverfahren und den Funkdienst charakteristischen Maß über der Summe der Störleistungen (Empfängerrauschen, Funkstörungen durch natürliche oder industrielle Rauschquellen, andere Sender) liegen muß. Andererseits soll die Empfangsleistung nicht unnötig hoch sein, d.h. die Sender sollen mit kleinstmöglicher Leistung betrieben werden [1], um gegenseitige Störungen zu vermeiden und das Frequenzspektrum für möglichst viele Nachrichtenverbindungen zu nutzen.

Der Wert von P_E wird von den Eigenschaften der Empfangsantenne (Gewinn, Polarisation und Impedanz) beeinflußt. Wenn Leistungs- und Polarisationsanpassung schwierig sind, ist es zweckmäßig, statt P_E die elektrische Feldstärke E am Empfangsort zu berechnen, um dann Ausbreitungserscheinungen und Antenneneigenschaften trennen zu können.

Die elektrische Feldstärke kann in Abhängigkeit von Ort und Zeit um viele Zehnerpotenzen schwanken. Es ist daher üblich, im logarithmischen Maß zu rechnen: Der *Feldstärkepegel* ist

$$F/\mathrm{dB}(\mu\mathrm{V/m}) = 20\,\lg(E/(1\,\mu\mathrm{V/m})). \tag{1}$$

Bei Polarisations- und Leistungsanpassung sind Differenzen der Feldstärkepegel gleich den Differenzen der am Empfänger verfügbaren Leistungspegel $10\,\lg(P_E/(1\,\mathrm{mW}))$.

Weitere Begriffe der Wellenausbreitung in [2–4].

Spezielle Literatur Seite H 4

1.2 Statistische Auswertung von Meßergebnissen
Statistical evaluation of measured results

Es ist meist nicht möglich, den Feldstärkepegel am Empfangsort deterministisch zu berechnen. Man ist auf Ausbreitungsmessungen und die statistische Auswertung der Meßergebnisse angewiesen.

Zur Ermittlung der Verteilung des Feldstärkepegels F wird dieser in Abhängigkeit von der zu untersuchenden Variablen (Ort oder Zeit) registriert. Daraus wird mit konstanter Abtastrate ein Ensemble von N Meßwerten $F(x_1)$, $F(x_2) \dots F(x_N)$ gewonnen, wobei x eine Orts- oder die Zeitkoordinate sein kann. Der Pegelbereich wird in M Klassen aufgeteilt. In der Klasse i $(i = 1 \dots M)$ werden alle gemessenen Feldstärkepegel gezählt, die im Bereich

$$F_i \leqq F < F_{i+1} \tag{2}$$

liegen. Von den N Meßwerten fallen n_i in die Klasse i. Dann ist n_i die Häufigkeit im Pegelbereich i und

$$h_i = h(F_i \leqq F < F_{i+1}) = n_i/N \tag{3}$$

die *relative Häufigkeit*. Die Wahrscheinlichkeit, daß ein Feldstärkepegel F_μ überschritten wird, ist

$$Q(F \geqq F_\mu) = \sum_{i=\mu}^{M} h_i. \tag{4}$$

Die Funktion $Q(F \geqq F_\mu)$ wird *Überschreitungswahrscheinlichkeit* genannt. Wegen der Normierung auf die Gesamtzahl N der Meßwerte ist $Q(F \geqq F_\mu) \leqq 1$. Die komplementäre Funktion

$$P(F < F_\mu) = 1 - Q(F \geqq F_\mu)$$

ist die *relative Summenhäufigkeit* oder *Unterschreitungswahrscheinlichkeit*.

Aus der Umkehrung der Funktion $Q(F)$ ergeben sich die Quantile: Beim Feldstärkepegel $F(Q)$ ist der Prozentsatz Q der Überschreitungswahrscheinlichkeit erreicht. Wichtige Quantile sind:

$F(50\,\%) = F_{Med}$ *Medianwert*;

$F(25\,\%)$, $F(75\,\%)$ unteres bzw. oberes Quartil;

$F(10\%)$, $F(90\%)$ unteres bzw. oberes Dezil;
$F(q\%)$ q-tes Perzentil.

Der *Mittelwert*, oft auch als *Erwartungswert* oder *1. Moment* bezeichnet, ist:

$$\langle F \rangle = \frac{1}{N} \sum_{n=1}^{N} F(x_n). \tag{5}$$

Statt der eckigen Klammern werden Mittelwerte oft durch Überstreichung $\bar{F}$ gekennzeichnet. Die *Varianz*, oft auch als *2. Zentralmoment* bezeichnet, ist:

$$\sigma_F^2 = \frac{1}{N-1} \sum_{n=1}^{N} (F(x_n) - \langle F \rangle)^2. \tag{6}$$

σ_F heißt *Standardabweichung* von F.
$\langle F \rangle$ und $F(50\%)$ stimmen nur überein, wenn die Häufigkeitsverteilung symmetrisch zur Mitte ist. Das brauchen nicht die Werte zu sein, die am häufigsten auftreten. Der häufigste Wert heißt Modalwert. Die relative Häufigkeit kann mehrere Maxima haben, die Verteilung heißt dann multimodal oder mehrhöckerig.
Für die Feldstärke E und den Feldstärkepegel F liegen die Quantile und Modalwerte bei Anwendung der Gl. (1) an derselben Stelle; Mittelwert und Varianz können jedoch nicht nach Gl. (1) umgerechnet werden. In der Praxis wird meist mit Pegeln gerechnet, trotzdem ist der quadratische Mittelwert der Feldstärke

$$\langle E^2 \rangle = \frac{1}{N} \sum_{n=1}^{N} E^2(x_n) \tag{7}$$

eine wichtige Kenngröße, weil er bei Polarisations- und Leistungsanpassung der mittleren Empfangsleistung $\langle P_E \rangle$ proportional ist. $\langle E^2 \rangle$, häufig auch mit $\overline{E^2}$ gekennzeichnet, wird auch als zweites Anfangsmoment von E bezeichnet.
Zur Charakterisierung der Amplitudenänderung in Abhängigkeit von Ort oder Zeit kann die Autokorrelationsanalyse dienen. Als Beispiel sei hier die zeitliche Schwankung der elektrischen Feldstärke betrachtet. Die Autokorrelationsfunktion

$$\varrho(\tau) = \langle E(t) \cdot E(t+\tau) \rangle / \langle E^2(t) \rangle \tag{8}$$

kennzeichnet die Wahrscheinlichkeit dafür, daß die um die Zeitdifferenz τ auseinander liegenden Meßwerte der Feldstärke ähnlich sind. Hier wird, wie in den Gln. (5) und (7), durch die spitzen Klammern die Mittelung über ein Ensemble von Meßwerten gekennzeichnet. Nach dem Wiener-Khintchine-Theorem (s. D 3) kann unter gewissen mathematischen Voraussetzungen aus der Autokorrelationsfunktion durch Fourier-Transformation das Leistungsdichtespektrum berechnet werden, aus dem dann die Schwundfrequenz nach [5–7] ermittelt werden kann.

1.3 Theoretische Amplitudenverteilungen

Theoretical amplitude distributions

Geht man bei der Klassierung zu infinitesimal kleinen Amplitudenbereichen über, so kann die Überschreitungswahrscheinlichkeit nach Gl. (4) als Integral

$$Q(F \geqq F_\mu) = \int_{F_\mu}^{\infty} p(F) \, \mathrm{d}F \tag{9}$$

geschrieben werden. Dabei ist $p(F)\,\mathrm{d}F$ gleich der relativen Häufigkeit einer Klasse der Breite $\mathrm{d}F = F_{i+1} - F_i$ in Gl. (4); der Integrand $p(F)$ heißt *Wahrscheinlichkeitsdichte*. In der Statistik sind zahlreiche Verteilungen bekannt, von denen einige, je nach Ausbreitungsvorgang [8], die Schwankungen der elektrischen Feldstärke in Abhängigkeit von Zeit und Ort gut beschreiben. Um von der Verteilungsdichte der Feldstärke E auf die Verteilungsdichte der Feldstärkepegel F zu kommen, muß die Transformation

$$p_F(F) = p_E(E)\,(\mathrm{d}E/\mathrm{d}F) = 0{,}115\, E\, p_E(E) \tag{10}$$

durchgeführt werden. F wird auf F_0, den Pegel des quadratischen Mittelwerts der Feldstärke $\langle E^2 \rangle$ nach Gl. (7), bezogen:

$$F - F_0 = 10 \lg(E^2/\langle E^2 \rangle)\ \mathrm{dB}. \tag{11}$$

Häufig können Meßergebnisse mit Hilfe der logarithmischen Normalverteilung (Log-Normalverteilung) von E beschrieben werden [9]. In Tab. 1 ist $p_E(E)$ der Log-Normalverteilung angegeben. Wendet man die Transformation (10) auf $p(E)$ an, so ergibt sich daraus die Gauß-Verteilung (Normalverteilung) $p_F(F)$, die ebenfalls in Tab. 1 angegeben ist. Im Gaußschen Wahrscheinlichkeitsnetz ist $Q(F)$ eine Gerade. Die Log-Normalverteilung wird nach [9] durch zwei Parameter gekennzeichnet: u und σ_E (Tab. 1). Die Umrechnungsrelationen von diesen auf den Erwartungswert $\langle F_L \rangle$ und die Standardabweichung s_L sind ebenfalls in Tab. 1 angegeben. Letztere sind die Werte, die bei Anwendung der Gln. (5) und (6) aus einem Ensemble von Meßwerten bestimmt werden.
Bei der ionosphärischen Wellenausbreitung, im Mobilfunk und bei Troposcatterverbindungen ist die Feldstärke E häufig rayleigh-verteilt. Die Rayleigh-Verteilung hängt nur von dem Parameter $\langle E^2 \rangle$ ab, s. Tab. 1. Wird die Transformation Gl. (10) auf die Rayleigh-Verteilung angewendet, so ergibt sich als $p_F(F)$ keine aus Formelsammlungen bekannte Verteilung. Man nennt daher diese Transformierte „Rayleigh-Verteilung des Feldstärkepegels", deren Parameter nach Tab. 1 gleich F_0 ist.
Dem schnellen Rayleigh-Schwund ist häufig eine langsame Schwankung von F_0 überlagert. Ist diese gauß-verteilt, dann kann die resultierende

Tabelle 1. Logarithmische Normalverteilung und Rayleigh-Verteilung der Feldstärke E

	Log-Normalverteilung von E bzw. Gauß-Verteilung von F	Rayleigh-Verteilung
$p_E(E)$	$\frac{1}{\sqrt{2\pi}\,\sigma_E(E/E_1)} \exp\left\{-\frac{(\ln(E/E_1)-u)^2}{2\sigma_E^2}\right\}$	$\frac{2E}{\langle E^2\rangle}\exp\left\{-\frac{E^2}{\langle E^2\rangle}\right\}$
Parameter	u, σ_E und $E_1 = 1\ \mu V/m$	quadratischer Mittelwert $\langle E^2\rangle$
$p_F(F)$	$\frac{1}{\sqrt{2\pi}\,s_L}\exp\left\{-\frac{(F-\langle F_L\rangle)^2}{2s_L^2}\right\}$	$0{,}23\exp\{0{,}23(F-F_O)-\exp[0{,}23(F-F_O)]\}$
Relationen	$\langle F_L\rangle = 8{,}686\,u\ dB/(\mu V/m)$ $s_L = (8{,}686\,\sigma_E)\ dB$	$F_O = 4{,}343\ln\{\langle E^2\rangle/(1\ \mu V/m)^2)\ dB(\mu V/m)$
$Q(F)$	$0{,}5\left\{1-\mathrm{erf}\left[\frac{F-\langle F_L\rangle)}{\sqrt{2}\,s}\right]\right\}$ $\mathrm{erf}(x) = \frac{2}{\pi}\int_0^z \exp(-t^2)\,dt$ (*error function*)	$\exp\{-\exp[0{,}23\,(F-F_0)]\}$
$\langle F\rangle$	$\langle F_L\rangle$	$F_O - 2{,}51$ dB
σ_F	s_L	5,57 dB
F_O	$\langle F_L\rangle + 0{,}115\,s_L^2$	F_O
Quantile	$F(50\%) = \langle F_L\rangle$ $F(15{,}8\%) - F(50\%) = s_L$ $F(50\%) - F(84{,}2\%) = s_L$	$F(50\%) = F - 1{,}59$ dB $F(10\%) - F(50\%) = 5{,}21$ dB $F(50\%) - F(90\%) = 8{,}18$ dB

Verteilung als zusammengesetzte Verteilung (Mischverteilung) [10] berechnet werden

$$p_F(F) = \int_{-\infty}^{+\infty} p_F^R(F, F_{OR})\, p_F^L(F_{OR}, F_{OG}, s_L)\, dF_{OR}. \tag{12}$$

$p_F^R(F, F_{OR})$ ist die Wahrscheinlichkeitdichte der Rayleigh-Verteilung mit dem Parameter F_{OR}. Diese Größe ist ihrerseits die Variable des überlagerten langsamen Gauß-Prozesses mit der Wahrscheinlichkeitsdichte $p_F^L(F_{OR}, F_{OG}, s_L)$. Der Parameter F_{OG} bezeichnet den Pegel des quadratischen Mittelwerts des durch die zusammengesetzte Verteilung beschriebenen Prozesses und s_L ist die Standardabweichung des Gauß-Prozesses. Der Mittelwert des Feldstärkepegels des gemischten Prozesses ist

$$\langle F\rangle = F_{OG} - (2{,}51 + 0{,}115\,(s_L/dB)^2)\ dB \tag{13}$$

und die Standardabweichung von F ist

$$\sigma_F = \sqrt{31{,}025 + (s_L/dB)^2}\ dB. \tag{14}$$

Sind $\langle F\rangle$ und σ_F gemäß Gl. (5) und (6) aus Messungen bekannt, so können mit den Gln. (13) und (14) die Parameter F_{OG} und s_L der gemischten Verteilung bestimmt werden. Das Integral für die Überschreitungswahrscheinlichkeit ist nicht geschlossen lösbar, so daß die Quantile nicht allgemein angebbar sind; Näherungen hierfür s. [11].

Im Richtfunk und im Satellitenfunk überlagern sich einer starken direkten Welle häufig eine Vielzahl gestreuter Teilwellen. Die Resultierenden dieser Teilwellen ergibt eine Rayleigh-Verteilung mit dem quadratischen Mittelwert $\langle E_R^2\rangle$. Die Überlagerung der direkten Welle (Amplitude E_D) mit den Teilwellen wird durch die Rice-Verteilung [12, 13] beschrieben:

$$p_E(E) = \frac{2E}{\langle E_R^2\rangle}\exp\left\{-\frac{E^2+E_D^2}{\langle E_R^2\rangle}\right\} I_0\left\{\frac{2EE_D}{\langle E_R^2\rangle}\right\}. \tag{15}$$

(E = resultierende Feldstärke, $\langle E^2\rangle = E_D^2 + \langle E_R^2\rangle$ = quadratischer Mittelwert der Feldstärke, $I_0(x)$ = modifizierte Bessel-Funktion nullter Ordnung.)

Die Transformation auf F nach Gl. (10) ergibt keine geschlossene Lösung für $\langle F\rangle$ und σ_F als Funktion der Parameter E_D und $\langle E_R^2\rangle$. Die Bestimmung dieser Parameter gemäß Gl. (5) und (6) aus Messungen ist daher nicht möglich, es können Tabellen oder Näherungsformeln nach [12] benutzt werden. Wenn E_D^2 in die Größenordnung von $\langle E_R^2\rangle$ kommt, geht die Rice-Verteilung in die Rayleigh-Verteilung über. Für $E_D^2 \gg \langle E_R^2\rangle$ ist die resultierende Feldstärke E gauß-verteilt, wobei $\langle E\rangle = E_D$ ist [12].

Die Verfahren zur Berechnung der Verteilungsparameter aus einem Ensemble von Meßwerten garantieren noch nicht, daß die theoretische Verteilung die Meßwerte befriedigend beschreibt. Zur Beurteilung dienen z.B.: Signifikanztests [14], der graphische Vergleich von gemessenen und theoretischen Wahrscheinlichkeitsdichten oder Summenhäufigkeiten, der Vergleich charakteristischer Quantile o.ä.

Spezielle Literatur: [1] *Radio Regulations*. International Telecommunication Union, Genf 1982. S. RR 18-1. – [2] Siehe [1], S. RR 1-1 bis RR 1-23. – [3] *NTG Empfehlung 1402*. Begriffe aus dem Gebiet der Ausbreitung elektromagnetischer Wellen. NTZ 30 (1977) 937–947. – [4] IEEE Standard definitions of terms for radio wave propagation. IEEE Trans. AP-17 (1969) 270–275. – [5] *Blackman, R. B.; Tukey, J. W.*: The measurement of power spectra from the point of view of communications engineering. Bell Syst. Tech. J. 33 (1958) 185–282; 485–569. – [6] *Robinson, E. A.*: A historical perspective of spectrum estimation. Proc. IEEE 70 (1982) 885–907. – [7] *Schlitt, H.*: Stochastische Vorgänge in linearen und nichtlinearen Regelkreisen. Braunschweig: Vieweg 1968, 44–49. – [8] *Griffiths, J.; McGeehan, J. P.*: Interrelationship between some statistical distributions used in radio-wave propagation. IEE Proc. 129, Part F (1982) 411–417. – [9] *Müller, P. H.*: Lexikon der Stochastik. Berlin: Akademie-Verlag, S. 144, 433. – [10] Siehe [9], s. 338–340. – [11] *Lorenz, R. W.*: Theoretische Verteilungsfunktionen von Mehrwegeschwundprozessen im beweglichen Funk und die Bestimmung ihrer Parameter aus Messungen. Forschungsinstitut der Deutschen Bundespost. Darmstadt 1979, 455 TBr 66. – [12] *Rice, S. O.*: Mathematical analysis of random noise. Bell Syst. Tech. J. 23 (1944) 292–332; 24 (1945) 46–156. Reprint *Wax, N.* (Ed.): Selected papers on noise and stochastic processes. New York: Dover 1954, pp. 133–294. – [13] *Norton, K. A.* et al.: The probability distribution of the amplitude of a constant vector plus a Rayleigh-distributed vector. Proc. IRE 43 (1955) 1354–1361. – [14] *Kreyszig, E.*: Statistische Methoden und ihre Anwendungen. Göttingen: Vandenhoek & Ruprecht 1973, S. 167–344. – [15] *Abramowitz, M; Stegun, I. A.*: Handbook of mathematical functions. New York: Dover 1968, Chap. 7, pp. 292–311.

2 Ausbreitungserscheinungen
Propagation phenomena

Allgemeine Literatur: *Burrows, C.R.; Attwood, S.S.*: Radio wave propagation. New York: Academic Press 1949. – *Großkopf, J.*: Wellenausbreitung, Bd. I u. II. Mannheim: Bibliograph. Inst. 1970. – *Hall, M.P.M.*: Effects of the troposphere on radio communication. New York: P. Peregrinus 1979. – *Ishimaru, A.*: Wave propagation and scattering in random media, Vol. 1 and 2. New York: Academic Press 1978.

Spezielle Literatur Seite H 9

2.1 Freiraumausbreitung
Free-space propagation

Strahlt eine Sendeantenne (Gewinn G_S) die Leistung P_S ab, dann beträgt die Leistungsflußdichte S in der Entfernung d

$$S = P_S G_S/(4\pi d^2). \tag{1}$$

Das Produkt $P_S G_S$ in Gl. (1) wird als EIRP (equivalent isotropically radiated power [1]) bezeichnet und stellt die Leistung dar, die ein fiktiver Kugelstrahler ($G_S = 1$) abstrahlen müßte, um am Empfangsort die gleiche Leistungsflußdichte zu erzeugen. Mitunter wird auch die effektiv abgestrahlte Leistung ERP (Effective Radiated Power [1]) verwendet, wobei der Gewinn nicht auf den des fiktiven Kugelstrahlers, sondern auf den des $\lambda/2$-Dipols ($G_S = 1{,}64$) bezogen wird.
Dem Feld mit einer Leistungsflußdichte S kann von einer Empfangsantenne (Gewinn G_E, Wirkfläche $A_E = \lambda^2/(4\pi)\,G_E$) maximal (bei Leistungs- und Polarisationsanpassung) die Leistung

$$P_E = S A_E = P_S \lambda^2/(4\pi d)^2\, G_S G_E \tag{2}$$

entnommen werden. Das Übertragungsdämpfungsmaß zwischen Sender und Empfänger im freien Raum (free space loss) beträgt demnach

$$\begin{aligned} L_0/\text{dB} &= -10\,\lg(P_E/P_S) \\ &= 32{,}5 + 20\lg(d/\text{km}) + 20\lg(f/\text{MHz}) \\ &\quad - 10\lg(G_S) - 10\lg(G_E). \end{aligned} \tag{3}$$

Mit $G_S = G_E = 1$ ergibt sich aus L_0 das Grundübertragungsdämpfungsmaß L_B.
Für reale Funksysteme können alle Gesetzmäßigkeiten nur als Bezugsdaten dienen, weil atmosphärische Effekte und Einflüsse der Umgebung die Ausbreitungsbedingungen verändern. Diese Phänomene werden in einem Ausbreitungsdämpfungsmaß A zusammengefaßt, um das sich das tatsächliche Übertragungsdämpfungsmaß L vom Freiraumwert L_0 unterscheidet:

$$L = L_0 + A. \tag{4}$$

Normalerweise ist mit einer Zusatzdämpfung ($A > 0$ dB) zu rechnen; in seltenen Fällen, die auf Reflexion, Beugung und/oder Brechung beruhen, sind Pegel auch über dem Freiraumwert möglich ($A < 0$ dB).

2.2 Brechung. Refraction

Beim Übergang einer homogenen Welle aus einem Medium 1 in ein Medium 2, in dem sie eine andere Ausbreitungsgeschwindigkeit hat, ändert sich dabei ihre Ausbreitungsrichtung (Brechung vgl. B 2). Für ein sphärisch geschichtetes Medium

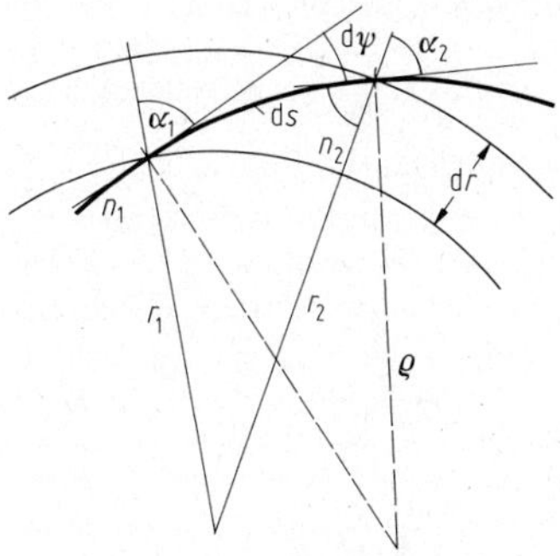

Bild 1. Brechung bei sphärisch geschichteten Medien

erhält man (Bild 1)

$$n_1 r_1 \sin\alpha_1 = n_2 r_2 \sin\alpha_2, \qquad (5)$$

wobei $n_i = \sqrt{\varepsilon_{ri}}$ ist.
Daraus folgt für die Abhängigkeit des Winkels α von n und r:

$$\mathrm{d}\alpha/\mathrm{d}r = -\tan\alpha[1/r + (1/n)\,\mathrm{d}n/\mathrm{d}r].$$

Für den Krümmungsradius ϱ der Strahlenbahn gilt

$$1/\varrho = -\sin\alpha[(1/n)\,\mathrm{d}n/\mathrm{d}r]. \qquad (6)$$

Die Strahlenablenkung ψ ergibt sich aus:

$$\mathrm{d}\psi/\mathrm{d}r = \tan\alpha(1/n)\,(\mathrm{d}n/\mathrm{d}r).$$

Zur Berechnung der Brechung durch die sphärisch geschichtete Troposphäre setzt man (s. H 3.2):

$$r = r_E + h, \quad n(h) = n_0 + (\mathrm{d}n/\mathrm{d}h)_{h=0}\,h.$$

Dabei sind r_E der mittlere Erdradius, h die Höhe über Grund und n_0 die Brechzahl am Boden. $\mathrm{d}n/\mathrm{d}h$ wird als konstant angenommen.
Für $n_1 = n_0$, $r_1 = r_E$, $\alpha_1 = \alpha_0$ und $n_2 = n(h)$, $r_2 = r_E + h$, $\alpha_2 = \alpha$ folgt mit $h^2/r_E(\mathrm{d}n/\mathrm{d}h)_{h=0} \ll 1$ aus Gl. (5):

$$\sin\alpha\{1 + [1/r_E + (\mathrm{d}n/\mathrm{d}h)_{h=0}]\,h\} = \sin\alpha_0. \qquad (7)$$

Für $\mathrm{d}n/\mathrm{d}h = 0$ beschreibt Gl. (7) den Strahlenverlauf über einer atmosphärefreien Erde mit Radius r_E. Nach Gl. (6) ist dann $\varrho = \infty$. Faßt man in Gl. (7) die Größe $[1/r_E + (\mathrm{d}n/\mathrm{d}h)]^{-1}$ als effektiven Radius $k_e r_E$ einer fiktiven Erde mit homogener Atmosphäre der Brechzahl n_0 auf, so breitet sich der Strahl über dieser ebenfalls geradlinig aus. Bei dieser Umrechnung bleiben die Entfernungen auf der Kugel erhalten. Der Krümmungsfaktor k_e ergibt sich zu

$$k_e = 1/[1 + r_E(\mathrm{d}n/\mathrm{d}h)_{h=0}]. \qquad (8)$$

2.3 Reflexion. Reflection

Eine ebene Welle wird an der Grenzfläche zweier Medien mit den Brechzahlen n_1 und n_2 gebrochen (s. 2.2) und reflektiert (vgl. B 2).

2.4 Dämpfung. Extinction

Wird einer Welle Energie entzogen und in andere Formen umgewandelt, spricht man von Absorption; bei zusätzlicher Berücksichtigung der Verluste durch Streuung (s. 2.5) von Dämpfung.
Die Absorption wird durch den Imaginärteil der Brechzahl $\underline{n} = \sqrt{\underline{\varepsilon}_r}$ bestimmt.
Bei mikroskopisch inhomogenen Medien ist es zweckmäßig, diese makroskopisch als abschnittsweise homogen anzusehen, mit einer effektiven Brechzahl $\underline{n}_{eff}$. Der Betrag der Feldstärke $|E(x)|$ nimmt entlang des Ausbreitungswegs gemäß

$$|E(x)| = |E(0)|\,\exp(2\pi/\lambda)\int_0^x \mathrm{Im}(\underline{n}_{eff}(\xi))\,\mathrm{d}\xi$$

ab. Damit wird das Ausbreitungsdämpfungsmaß:

$$A/\mathrm{dB} = 20\lg|E(x)/E(0)|.$$

Der Dämpfungskoeffizient $\alpha(x)$ ergibt sich unter Berücksichtigung der Streuung aus

$$\alpha(x)/(\mathrm{dB/km}) = -8{,}686\cdot 10^3(2\pi/\lambda)\cdot\mathrm{Im}(\underline{n}_{eff}(x)).$$

2.5 Streuung. Scattering

Streuung ist die in einem inhomogenen Medium auftretende Ablenkung von Strahlungsenergie aus der ursprünglichen Ausbreitungsrichtung. Von besonderer Bedeutung ist die Streuung an Niederschlägen, Brechzahlinhomogenitäten und rauhen Flächen.
Bei Niederschlagsstreuung und Troposcatter ist die gesamte Streuleistung vieler Streuer in einem größeren Volumen zu berechnen (Volumenstreuung). Ist deren Abstand groß gegen λ, so können die einzelnen Beiträge aufsummiert werden; andernfalls liegt Mehrfachstreuung vor [2].

Volumenstreuung. Der differentielle Streuquerschnitt eines Körpers ist definiert durch

$$\sigma_S = \frac{\Delta P_{SS}}{S_S\,\Delta\Omega} \qquad (9)$$

als Quotient der pro Raumwinkelelement $\Delta\Omega$ gestreuten Leistung ΔP_{SS} und der einfallenden Leistungsflußdichte $S_S = P_S G_S/(4\pi d_{SS}^2)$, die ein Sender (EIRP $= P_S G_S$, Abstand d_{SS} zum Streuer) am

Ort des Streuers erzeugt. Die gesamte gestreute Leistung ergibt sich aus $P_{SS} = S_S \int \sigma_S \, d\Omega = S_S \sigma_{tot}$. Der totale Streuquerschnitt σ_{tot} hat die Bedeutung einer Wirkfläche, die dem Strahlungsfeld die Leistung P_{SS} entzieht. In der Radartechnik wird meist der Radarstreuquerschnitt $\sigma_R = 4\pi\sigma_S$ benutzt.

Der Streuquerschnitt kann aus der Brechzahl n und dem äquivalenten oder realen Radius a des Streuers berechnet werden. Er wird formal durch die Streufunktion $S(a, n)$ bzw. $F(a, n) = \mathrm{j}\lambda S(a, n)/(2\pi)$ ausgedrückt:

$$\sigma_R = (\lambda^2/\pi)\, S(a, n)\, S^*(a, n). \tag{10}$$

Die Streufunktionen enthalten neben der Richtungs- auch die Polarisationsabhängigkeit der Streustrahlung.

Für kugelförmige Streuer (Regentropfen) wurde von Mie [3] eine geschlossene Lösung angegeben. Weichen die Streuer wenig von der Kugelform ab, kann eine Störungsrechnung für die Streufunktionen durchgeführt werden [4]; sonst müssen andere Verfahren angewendet werden (pointmatching, Integralgleichung) [5–8].

Bei der Streuung an Brechzahlinhomogenitäten (s. H 3.2) wird meist der auf das Volumen V bezogene Streuquerschnitt η_S angegeben [9]. Er ist mit σ_S verknüpft durch

$$\sigma_S = \int_{(V)} \eta_S \, dV.$$

Für statistisch homogene und isotrope Medien gilt [10]:

$$\eta_S(\vartheta_S, \chi) = \frac{4\pi^3 \sin^2\chi\, \overline{(\Delta\varepsilon)^2}}{\lambda^4} \int_0^\infty \varrho(r)\, r \cdot \frac{\sin K}{K}\, dr \tag{11}$$

mit $K = \frac{4\pi}{\lambda} \sin\frac{\vartheta_S}{2}$. χ ist der Winkel zwischen den Richtungen der elektrischen Feldstärke der einfallenden Welle und der Ausbreitungsrichtung der Streustrahlung, ϑ_S der zwischen den Ausbreitungsrichtungen der einfallenden Welle und der Streustrahlung. $\overline{(\Delta\varepsilon)^2}$ ist die Varianz der örtlichen Verteilung der Dielektrizitätszahl. Die Struktur des Mediums wird durch die Autokorrelationsfunktion $\varrho(r)$ der Dielektrizitätszahl (oder deren Fourier-Transformierte) beschrieben, für die es verschiedene Ansätze gibt [10]. Für Troposcatter wählt man als einfachsten Ansatz nach Booker und Gordon

$$\varrho(r) = \exp(-r/l) \tag{12}$$

(l = Korrelationslänge) und erhält

$$\eta_S(\vartheta_S, \chi) = \frac{\overline{(\Delta\varepsilon)^2}\, (2\pi l)^3 \sin^2\chi}{\lambda^4 [1 + (4\pi l/\lambda \cdot \sin(\vartheta_S/2))^2]^2}. \tag{13}$$

Im Mikrowellenbereich gilt meist $l \gg \lambda$. In der Umgebung von $\vartheta_S = 0$ wächst $\eta_S(\vartheta_S, \chi)$ wie $1/\vartheta_S^4$ an, d. h. die Streuung ist stark vorwärts gerichtet.

Streuung an rauhen Flächen. Die Streuung an rauhen Flächen wird bestimmt durch deren statistische Eigenschaften, die Frequenz, den Einfallswinkel und die Materialkonstanten. Zunächst werden verlustlose, metallische Flächen behandelt. Die Höhe z der Fläche im Punkt x, y wird durch die stochastische Funktion

$$z = \xi(x, y)$$

beschrieben. In der Literatur wird meist der Fall behandelt, daß $\xi(x, y)$ durch eine Normalverteilung (Mittelwert $\bar{\xi} = 0$, Standardabweichung z_0) und die Korrelationsfunktion $\varrho(r)$, mit $r = \sqrt{x^2 + y^2}$, gekennzeichnet werden können [11]:

$$P_\xi(z) = \exp[-z^2/(2z_0^2)]/(\sqrt{2\pi}\, z_0) \tag{14}$$

$$\varrho(r) = \exp(-r^2/l^2). \tag{15}$$

Der Rauhigkeitsparameter $g = (4\pi z_0 \sin\delta/\lambda)^2$ ist ein Maß für die Streuleistung [12]. δ ist der Erhebungswinkel der einfallenden Welle. Die Leistungsflußdichte $\bar{S}$ in Spiegelungsrichtung, bezogen auf die bei ebener Fläche reflektierte Leistungsflußdichte S_0 ist

$$\bar{S}/S_0 = \exp(-g). \tag{16}$$

Die gesamte, nicht spiegelnd reflektierte Leistung wird in andere Richtungen gestreut und wächst mit g. Die Auswirkung von Rauhigkeiten kann mit Hilfe von g abgeschätzt werden. Als Grenze für Spiegelreflexion wird auch das Rayleigh-Kriterium $16 z_0 \sin\delta < \lambda$ angesehen. Es ist implizit in g enthalten, quantitative Abschätzungen sind mit ihm nicht möglich. Falls $g \approx 1$, ist das Richtdiagramm der Streustrahlung schwierig zu berechnen. Für $g \gg 1$ ergeben sich Grenzdiagramme, die nur noch vom Verhältnis z_0/l und δ abhängen. Dabei ist vorausgesetzt, daß die Längenausdehnung der streuenden Fläche groß gegen die Wellenlänge und Korrelationslänge l ist.

Bei endlicher Leitfähigkeit der Fläche sind die Reflexionskoeffizienten polarisationsabhängig. (s. B 4). Die Streustrahlung ist elliptisch polarisiert [13]. Für $\delta \ll 1$ (streifender Einfall) sind auch bei verlustarmen Dielektrika die Reflexionsfaktoren $|R| \approx 1$, und Gl. (16) erlaubt eine Abschätzung der Streuung.

2.6 Ausbreitung entlang ebener Erde

Propagation along the plane earth

Die Wellenausbreitung entlang der Erde wird durch deren Gestalt, den Aufbau der Atmosphäre und die elektrischen Eigenschaften beider

Medien beeinflußt. Eine grobe Vorstellung über die Ausbreitung entlang der Grenzfläche Erde/Luft (Bodenwelle) gewinnt man, wenn man die Brechzahlen von Luft und Erde als konstant annimmt und die Erdkrümmung vernachlässigt. Dieses Modell beschreibt die Ausbreitung entlang der kugelförmigen Erde für Entfernungen $< 10(\lambda/\mathrm{m})^{1/3}$ km und geringe Antennenhöhen [14].

Das Strahlungsfeld eines Hertzschen Dipols direkt über ebener Erde hat die Form [15]

$$E = 2E_0 F(\varrho).$$

E stellt die Komponente des elektrischen Feldvektors senkrecht (vertikaler Dipol) bzw. parallel (horizontaler Dipol) zur Erde dar. E_0 ist die Freiraumfeldstärke. $F(\varrho)$ ist eine Dämpfungsfunktion, deren Größe zwischen 1 (nahe beim Sender) und 0 (in großer Entfernung) liegt. Für ϱ gilt:

$$\varrho = \begin{cases} \pi d/\lambda \, |\underline{n}^2 - 1|/|\underline{n}^2|^2 & \text{vert. Polarisation,} \\ \pi d/\lambda \, |\underline{n}^2 - 1| & \text{hor. Polarisation,} \end{cases}$$

wobei λ die (Freiraum)-Wellenlänge, d die Entfernung und

$$\underline{n}^2 = \varepsilon_r - \mathrm{j}\kappa\lambda Z_0/(2\pi) \tag{17}$$

das Quadrat der Brechzahl der Erde bedeuten. In Bild 2 ist der Zusammenhang $F(\varrho)$, abhängig von dem Parameter

$$Q = \mathrm{Re}(\underline{n}^2)/\mathrm{Im}(\underline{n}^2) = 2\pi\varepsilon_r/(\kappa\lambda Z_0), \tag{18}$$

für vertikale und horizontale Polarisation aufgetragen. Für $\varrho > 10$ ist

$$F(\varrho) \approx 1/(2\varrho).$$

Da für Erde immer $|\underline{n}^2| \gg 1$ (Tabelle mit typischen Werten für ε_r und κ s. H 3.1) gilt, ist ϱ bei horizontaler Polarisation wesentlich größer als bei vertikaler. Horizontal polarisierte Wellen werden daher an der Grenzfläche stärker gedämpft als vertikal polarisierte. Im Grenzfall $\kappa \to \infty$ gilt für vertikale Polarisation $E = 2E_0$, während bei horizontaler Polarisation $E = 0$ wird. Mit zunehmendem Abstand von der Grenzfläche wird der Dämpfungsunterschied immer kleiner.

2.7 Beugung. Diffraction

Elektromagnetische Wellen können um Hindernisse herumgreifen und damit in die geometrische Schattenzone gelangen. Diesen Vorgang nennt man Beugung. Wie stark das Feld in den Schattenraum eindringt, hängt von der Wellenlänge, geringfügig auch von der Gestalt des Hindernisses ab. Der Beugungsschatten ist um so schärfer ausgeprägt, je kürzer die Wellenlänge ist.

Kantenbeugung. Mit dem Modell der Beugung an einer Halbebene, die senkrecht zur direkten Verbindungslinie Sender-Empfänger eingefügt ist, lassen sich die Auswirkungen scharfkantiger Hindernisse auf die Ausbreitung beschreiben (Kantenbeugung). Für die Feldstärke am Empfangsort erhält man [9]:

$$E/E_0 = |1/2 - \exp(-\mathrm{j}\pi/4)\,[C(v) + \mathrm{j}S(v)]/\sqrt{2}|. \tag{19}$$

E_0 ist die Freiraumfeldstärke, die vom Sender am Empfangsort erzeugt würde, wenn der Ausbreitungsweg frei wäre. Die Funktionen $C(v)$ und $S(v)$ bezeichnen die Fresnel-Integrale

$$C(v) = \int_0^v \cos(\pi t^2/2)\mathrm{d}t; \qquad S(v) = \int_0^v \sin(\pi t^2/2)\,\mathrm{d}t$$

vom Argument

$$v = H\sqrt{2/\lambda\,(1/d_S + 1/d_E)}. \tag{20}$$

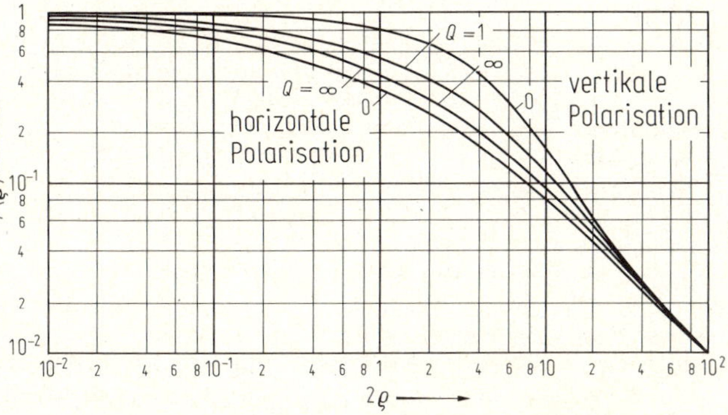

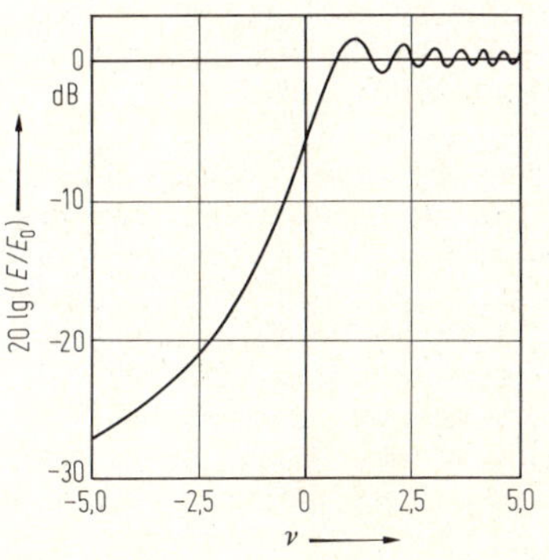

Bild 2. Dämpfungsfunktion $F(\varrho)$ für die Ausbreitung entlang ebener Erde. Nach [15]. Parameter Q nach Gl. (18)

Bild 3. Dämpfung durch Beugung an einer Halbebene als Funktion von v nach Gl. (20)

d_S und d_E sind die Abstände vom Sender bzw. Empfänger zur Halbebene; H stellt den Abstand von der Verbindungslinie Sender-Empfänger zur Kante der Halbebene dar; bei endlichen Brechzahlgradienten der Troposphäre ist H aus dem Streckenschnitt abzulesen (s. H 3.1 und H 3.2). H und damit v werden negativ gezählt, wenn die Kante unterhalb der Sichtlinie liegt, andernfalls positiv. Der Zusammenhang zwischen E und v ist in Bild 3 dargestellt. Bei $v = 0$ ist $E = E_0/2$. In der Schattenzone ($v > 0$) nimmt die Feldstärke monoton gegen 0 ab, während sie im Sichtbereich ($v < 0$) oszillierend der Asymptote E_0 zustrebt. Die Oszillationen folgen aus der partiellen Abschattung der aus der Wellenoptik bekannten Fresnel-Zonen (Beugung an der Kreisblende [16]) durch die Halbebene. Die Fresnel-Zonen sind Schnitte senkrecht zur Drehachse der Fresnel-Ellipsoide, die die geometrischen Orte der Punkte im Raum darstellen, für welche die Summe der Abstände zu Sender und Empfänger um $m\lambda/2$ ($m = 1, 2, \ldots$) größer sind als der Abstand Sender-Empfänger. Der Radius der m-ten Frensel-Zone ist durch $m r_F$ mit

$$r_F = \sqrt{\lambda/(1/d_S + 1/d_E)} \tag{21}$$

gegeben. Aus den Gln. (20) und (21) folgt

$$v = \sqrt{2}\, H/r_F. \tag{22}$$

Im Funk haben die Fresnel-Ellipsoide als Planungskriterium Bedeutung. Für gerichtete Funkverbindungen wird oft gefordert, daß das erste Fresnel-Ellipsoid unter Normalbedingungen ($k_e = 4/3$, s. H 3.2) frei ist von Hindernissen [17]. Diese Forderung ist etwas willkürlich, weil die Abschattung in der Natur nicht durch kreisförmige Blenden, sondern eher durch kantenförmige Hindernisse erfolgt. Für eine Kante, die am ersten Fresnel-Ellipsoid einer Funkstrecke endet, gilt nach Gl. (22): $v = -\sqrt{2}$. Nach Bild 3 ist damit Gewähr gegeben, daß annähernd die Freiraumfeldstärke (mit einem Sicherheitsabstand gegenüber Schwankungen des Brechwerts) erreicht wird.

Beugung an der Erdkugel. Die Beugung an der Erdkugel (Radius r_E) haben Van der Pol und Bremmer [18] untersucht; zusammenfassende Darstellungen ihrer Theorie finden sich in [15, 19, 20]. Die Berechnung des Feldes führt auf unendliche, z.T. sehr schlecht konvergierende Reihen mit komplizierten mathematischen Funktionen. Aus der allgemeinen Lösung sind Näherungen für den Sichtbereich (Interferenzzone) und die Schattenregion (Beugungszone) entwickelt worden. Der Übergang zwischen beiden Regionen wird durch einander berührende Radiohorizonte von Sender (d_{RS}) und Empfänger (d_{RE}) festgelegt. Für eine Antenne in der Höhe h über Grund ist der Abstand zum Radiohorizont durch

$$d_R = \sqrt{2 h k_e r_E} \tag{23}$$

gegeben. Mit k_e wird der Brechzahlgradient der Troposphäre berücksichtigt; bei $k_e = 1$ fallen Radiohorizont und geometrischer Horizont zusammen. Für Streckenlängen $d > d_{RS} + d_{RE} = \sqrt{2 k_e r_E}\,(\sqrt{h_S} + \sqrt{h_E})$ befindet sich der Empfänger im Beugungsschatten, für $d < d_{RS} + d_{RE}$ im Interferenzbereich.

Interferenzzone. In diesem Bereich ist zwischen geringen und großen Antennenhöhen zu unterscheiden:

(a) h_S und $h_E < 30\,(\lambda/m)^{1/3}\,m$.

Die Ausbreitung erfolgt hier wie über ebener Erde (s. 2.6). Für die Feldstärke gilt [15]:

$$E = 2 E_0 F(\varrho)\, \tilde{F}(h_S)\, \tilde{F}(h_E) \tag{24}$$

mit

$$\tilde{F}(h) = \sqrt{1 + (2h/h_0)/(4Q^2 + 1) + (h/h_0)^2},$$

$$h_0^2 = \left(\frac{\lambda}{2\pi}\right)^2 \cdot \begin{cases} |\underline{n}^2|^2/|\underline{n}^2 - 1| & \text{für vert. Polarisation,} \\ 1/|\underline{n}^2 - 1| & \text{für hor. Polarisation.} \end{cases} \tag{25}$$

Die Größen $\underline{n}^2$ und Q sind durch die Gln. (17) und (18) definiert. $\tilde{F}(h)$ stellt eine Korrekturfunktion für endliche Antennenhöhen dar; für $h \to 0$ ist $\tilde{F}(h) \approx 1$, bei $h \gg h_0$ wird $\tilde{F}(h) \approx h/h_0$. Im letzteren Fall lautet Gl. (24) für $\varrho > 10$

$$E \approx \sqrt{4\pi Z_0 P_S G_S}\, h_S h_E/(d^2 \lambda). \tag{26}$$

Gl. (24) gilt, solange zusätzlich $2\pi h_S h_E/\lambda \ll d$ bleibt.

(b) h_S und/oder $h_E \geqq 30(\lambda/\text{m})^{1/3}\text{m}$:

Das Feld am Empfangsort läßt sich näherungsweise durch Überlagerung einer direkten und einer am Erdboden reflektierten Welle entsprechend Bild 4 berechnen [15]:

$$E = E_0 \left| 1 + \Delta G_S R D \frac{r_d}{r_r} \exp(-j 2\pi \Delta/\lambda) \right|. \tag{27}$$

E_0 ist die Freiraumfeldstärke im Abstand r_d vom Sender. ΔG_S stellt die Gewinnabnahme der Sendeantenne in Richtung des indirekten Strahls gegenüber der Hauptstrahlrichtung dar. Der Reflexionsfaktor R (s. B 2) hängt ab von der Polarisation des abgestrahlten Feldes, dem Elevationswinkel δ, der Wellenlänge λ und den Parametern ε_r und κ des Erdbodens. Die Auffächerung des an der sphärischen Erde reflektierten Strahls wird

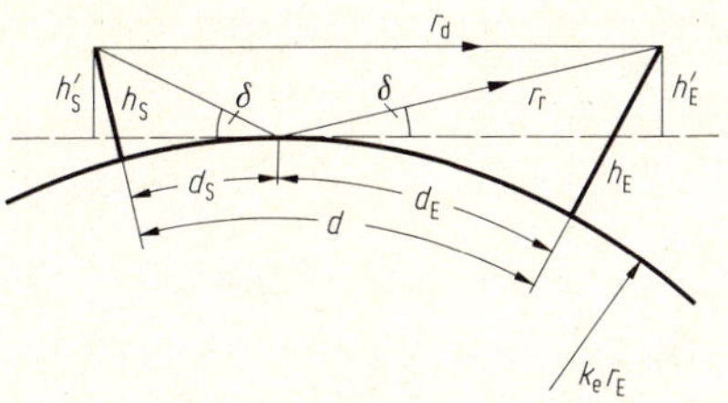

Bild 4. Geometrie zur Herleitung der Feldstärke nach Gl. (27)

durch den Divergenzfaktor

$$D = \frac{1}{\sqrt{1 + 2h'_S h'_E/(k_e r_E d \tan^3 \delta)}} \tag{28}$$

berücksichtigt. h'_S und h'_E sind die effektiven Antennenhöhen über der Tangentialebene im Reflexionspunkt:

$$h'_s \approx h_S - \frac{d_S^2}{2k_e r_E}, \quad h'_E \approx h_E - \frac{d_E^2}{2k_e r_E}. \tag{29}$$

Zwischen dem direkten und dem reflektierten Strahl besteht ein Gangunterschied

$$\Delta \approx 2h'_S h'_E/d, \tag{30}$$

der zu Maxima und Minima der resultierenden Feldstärke führt, die etwa um $\Delta G_S\,|R|\,D r_d/r_r$ größer bzw. kleiner als E_0 sind.

In der Nähe des Radiohorizonts ($\delta \gtrsim 0$) läßt sich Gl. (27) erheblich vereinfachen. Hier gilt $\Delta G_S \approx 1$, $R \approx -1$, $r_d \approx r_r \approx d$ und $\pi\Delta/\lambda \ll 1$, so daß

$$E \approx 2E_0 \sin(\pi\Delta/\lambda) \approx \sqrt{4Z_0 P_S G_S h'_S h'_E/(d^2\lambda)} \tag{31}$$

wird. Ein Vergleich der Gln. (26) und (31) zeigt, daß der Einfluß der Erdkrümmung bei Strecken in der Nähe des Radiohorizonts berücksichtigt werden kann, indem man die wirklichen durch die effektiven Antennenhöhen ersetzt. Unmittelbar am Radiohorizont ($h'_S = h'_E = 0$) wird nach Gl. (31) $E = 0$ (geometrisch-optische Näherung); tatsächlich geht das Feld hier stetig in das (schwache) Feld im Beugungsschatten über.

Beugungszone. Analytisch einfache Beziehungen für die Feldstärke in der Beugungszone existieren nicht. Die allgemeine Lösung ist mathematisch sehr kompliziert. Zur Bestimmung der Beugungsdämpfung werden deshalb Diagramme [21], Nomogramme [22] oder ein in [23] abgedrucktes Rechnerprogramm (FORTRAN IV, etwa 100 Befehle) verwendet. Einen Überblick über die Abschattung durch die Erdkugel bei hohen Frequenzen ($\lambda < 1$ m) gibt H 6.4.

Spezielle Literatur: [1] *Recommendations and Reports of the CCIR, Vol. I* (Spectrum utilization and monitoring), Genf: ITU 1982, Rec. 445-1 (Definitions concerning radiated power). – [2] *Uzunoglu, N. K.; Evans, B. G.; Holt, A. R.*: Scattering of electromagnetic radiation by precipitation particles and propagation characteristics of terrestrial and space communication systems. Proc. IEE 124 (1977) 417–424. – [3] *Mie, G.*: Beiträge zur Optik trüber Medien, speziell kolloidaler Metallösungen. Ann. Phys. 25 (1908) 377–445. – [4] *Oguchi, T.*: Attenuation of electromagnetic waves due to rain with distorted raindrops. J. Radio Res. Lab. 7 (1960) 467–485; 11 (1964) 19–44; 13 (1966) 141–172. – [5] *Fang, D. Y.; Lee, F. Y.*: Tabulations of raindrop-induced forward and backward scattering amplitudes. COMSAT Tech. Rev. 8 (1978) 455–486. – [6] *Holt, A. R.*: The scattering of electromagnetic waves by single hydrometeors. Radio Sci. 17 (1982) 928–945. – [7] *Löw, K.*: Streuung elektromagnetischer Wellen an Regentropfen. Studienarbeit TH Darmstadt 1978. – [8] *Morrison, J. A.; Cross, M. J.*: Scattering of a plane electromagnetic wave by axisymmetric raindrops. Bell Syst. Tech. J. 53 (1974) 955–1019. – [9] *Großkopf, J.*: Wellenausbreitung, Bd. I. Mannheim: Bibliograph. Inst. 1970, S. 57–61. – [10] *Ishimaru, A.*: Wave propagation and scattering in random media, Vol. 2. New York: Academic Press, pp. 329–345. – [11] *Hortenbach, K. J.*: On the influence of surface statistics, ground moisture content and wave polarisation on the scattering of irregular terrain and on signal power spectra. AGARD Conf. Proc. CP 269 (1979). – [12] *Beckmann, P.; Spizzichino , A.*: The scattering of electromagnetic waves from rough surfaces. Oxford: Pergamon 1963, pp. 80–97. – [13] *Barrick, D. E.*: A note on the theory of scattering from an irregular surface. IEEE Trans. AP-14 (1966) 77–82. – [14] *Recommendations and Reports of the CCIR, Vol. V* (Propagation in non-ionized media), Genf: ITU 1982, Rep. 714-1 (Ground-wave propagation in an exponential atmosphere), pp. 43–45. – [15] *Burrows, C. R.; Attwood, S. S.*: Radio wave propagation. New York: Academic Press 1949, pp. 377–432. – [16] *Joos, G.*: Lehrbuch der Theoretischen Physik. Frankfurt: Akad. Verlagsges. 1959, S. 363–367. – [17] *Recommendations and Reports of the CCIR, Vol. V* (Propagation in non-ionized media). Genf: ITU 1982, Rep. 338-4 (Propagation data required for line-of-sight radio-relay systems), pp. 279–314. – [18] *Van der Pol, B.; Bremmer, H.*: The diffraction of electromagnetic waves from an electrical point source round a finitely conducting sphere, with applications to radiotelegraphy and the theory of the rainbow. Phil. Mag. 24 (1937) 141–176; 24 (1937) 825–864; 25 (1938) 817–834. – [19] *Bremmer, H.*: Terrestrial radio waves, Part I, New York: Elsevier 1949, pp. 11–124. – [20] *Fock, V. A.*: Electromagnetic diffraction and propagation problems. Oxford: Pergamon 1965, pp.235–253. – [21] *Recommendations and Reports of the CCIR, Vol. V* (Propagation in non-ionized media), Genf: ITU 1982, Rep. 715-1 (Propagation by diffraction), pp. 45–56. – [22] *Bullington, K.*: Radio propagation fundamentals. Bell Syst. Tech. J. 39 (1957) 593–626. – [23] *Meeks, M. L.*: Radar propagation at low altitudes. Dedham: Artech 1982, pp. 65–69.

3 Ausbreitungsmedien
Propagation media

Allgemeine Literatur: *Davies, K.* (Ed.): Ionospheric radio propagation. National Bureau of Standards Monograph 80, Washington, D.C.: U.S. Government Printing Office

Spezielle Literatur Seite H 16

1965. – *Fränz, K.; Lassen, H.*: Antennen und Ausbreitung. Berlin: Springer 1956. – *Gleissberg, W.*: Die Häufigkeit der Sonnenflecken. Berlin: Akademie-Verlag 1952. – *Großkopf, J.*: Wellenausbreitung, Bd. 1 und 2. Mannheim: Bibliograph. Inst. 1970. – *Kerr, D.E.*: Propagation of short radio waves. New York: McGraw-Hill 1951. – *Kiepenheuer, K.O.*: Die Sonne. Berlin: Springer 1957. – *Rawer, K.*: Die Ionosphäre. Groningen: Noordhoff 1953.

3.1 **Erde.** Earth

Für die Wellenausbreitung in der Nähe der Erdoberfläche sind im Frequenzbereich bis etwa 30 MHz die *elektrischen Eigenschaften der Erde*, bei höheren Frequenzen ($\lambda < 10$ m) ist dagegen die Rauhigkeit der Grenzfläche (d.h. Gebirge, Vegetation, Bebauung) entscheidend.
Im ersten Fall (Bodenwelle, s. H 2.6) ist die Reichweite um so größer, je niedriger die Frequenz und je größer die elektrische Bodenleitfähigkeit ist. Diese hängt von der geologischen Beschaffenheit ab und kann auch kleinräumig große Schwankungen aufweisen (s. H 6.1). In Tab. 1 sind typische Werte für die elektrischen Eigenschaften der Erdoberfläche angegeben. Die Leitfähigkeit ist bis zu Frequenzen von etwa 30 MHz frequenzunabhängig, nimmt aber darüber zu. Die Leitfähigkeit bestimmt die Eindringtiefe der Wellen in den Boden (Tab. 2), was für U-Boote, Bergwerke, remote sensing usw. von Bedeutung ist.
Im zweiten Fall, in dem die elektrischen Eigenschaften der Grenzfläche keine Rolle mehr spielen, erfolgt die Ausbreitung *quasioptisch*, wobei die Rauhigkeit der Grenzfläche um so größeren Einfluß hat, je größer die Erhebungen relativ zur Wellenlänge sind.

Tabelle 1. Typische Werte der elektrischen Bodenkonstanten, gültig bis 30 MHz. Nach [1]

Medium	ε_r	κ (S/m)
Meerwasser	70	5
feuchter Boden	30	10^{-2}
Süßwasser, Flüsse	80	$3 \cdot 10^{-3}$
trockener Boden	15	10^{-3}
Gebirge, Felsen	3	10^{-4}

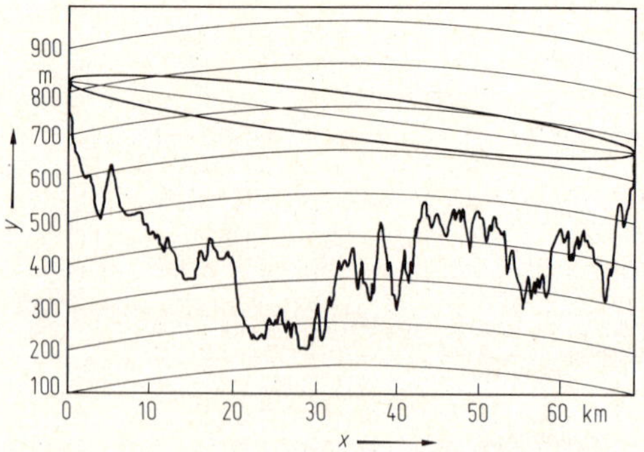

Bild 1. Beispiel eines Geländeprofils zwischen Funkstellen im Vogelsberg und im Spessart. Streckenlänge $d = 69{,}2$ km. Krümmungsfaktor $k_e = 4/3$, Fresnelellipse für $f = 2$ GHz, effektive Sendeantennenhöhe nach [28] $h_{eff} = 365$ m, Geländerauhigkeit nach [28] $\Delta h = 270$ m

Um den Einfluß des Geländes abzuschätzen, wird das *Geländeprofil* untersucht, das die Geländestruktur auf dem Großkreis wiedergibt. Da der Abstand Sender—Empfänger meist sehr viel größer ist als die maximalen Höhendifferenzen, werden bei der graphischen Darstellung unterschiedliche Maßstäbe verwendet, wodurch die sphärische Erde zum Ellipsoid verzerrt wird. Die Niveaulinien im Geländeprofil sind Ellipsenausschnitte, die durch Parabeln angenähert werden können. In kartesischen Koordinaten wird

$$y \approx h_{NN} + [(d/2)^2 - (x - d/2)^2]/(2k_e r_E). \qquad (1)$$

(h_{NN} = die Höhe der Niveaulinie über Meeresspiegel, d = der Abstand Sender—Empfänger, $r_E = 6375$ km der mittlere Erdradius, k_e = der Krümmungsfaktor (Median $k_e = 4/3$ s. 3.2).)
In der Zeichnung kann wegen der Maßstabsverzerrung die Abstandskoordinate in guter Näherung auf der Abszisse aufgetragen werden. Die Abbildung ist nicht winkeltreu, die Antennenmasten können etwa parallel zur Ordinate gezeichnet werden. In Bild 1 ist ein Beispiel eines Geländeprofils wiedergegeben, bei dem das erste Fresnel-Ellipsoid für 2 GHz frei von Hindernissen ist.

Tabelle 2. Eindringtiefen (in m) als Funktion der Frequenz

Frequenz	Meerwasser	Feuchter Boden	Süßwasser	Trockener Boden	Felsen
10 kHz	3	50	100	150	500
100 kHz	0,8	18	30	40	160
1 MHz	0,25	5,5	18	25	90
10 MHz	0,07	3	10	18	90
100 MHz	0,02	1,5	3	5	90

3.2 Troposphäre. Troposphere

In der Troposphäre (Höhe bis 10 km) werden die Ausbreitungsbedingungen vor allem durch die räumliche und zeitliche Struktur der Brechzahl beeinflußt. Bei Frequenzen über 20 GHz tritt darüber hinaus Resonanzabsorption durch Wasserdampf und Sauerstoff auf. Es entstehen bei bestimmten Frequenzen Dämpfungsmaxima. Oberhalb etwa 5 GHz ist auch die Dämpfung, Depolarisation und Streuung durch Nebel, Regen und Schnee zu berücksichtigen.

Auswirkungen der Brechung. Für klare Atmosphäre ist $\mathrm{Re}(\underline{n})$ eine Funktion des Luftdrucks p, der Temperatur T und des Wasserdampfpartialdrucks e, bzw. der relativen Feuchte U. Bis etwa 40 GHz ist $\mathrm{Re}(\underline{n})$ weitgehend frequenzunabhängig, $\mathrm{Im}(\underline{n})$ kann vernachlässigt werden [2].
Da $\mathrm{Re}(\underline{n}) \approx 1$ ist, wird anstelle der Brechzahl der Brechwert N eingeführt:

$$N = 10^6\,(\mathrm{Re}(\underline{n}) - 1). \tag{2}$$

Nach [2] besteht folgender Zusammenhang:

$$N = 77{,}6\,\frac{p/\mathrm{mbar}}{T/\mathrm{K}} + 3{,}73 \cdot 10^5\,\frac{e/\mathrm{mbar}}{(T/\mathrm{K})^2}. \tag{3}$$

Für den Partialdruck des Wasserdampfs gilt

$$e/\mathrm{mbar} = 4{,}62 \cdot 10^{-3}\,\varrho_\mathrm{w}/(\mathrm{g/m^3})\; T/\mathrm{K} \tag{4}$$

mit ϱ_w = Wasserdampfdichte.
Zwischen e und U (Hygrometer) besteht folgender Zusammenhang [3]:

$$e/\mathrm{mbar} = 6{,}1\,U \exp\left[\frac{17{,}15(T/\mathrm{K} - 273{,}2)}{T/\mathrm{K} - 38{,}5}\right]. \tag{5}$$

Bei gut durchmischter Atmosphäre variiert der Brechwert N hauptsächlich mit der Höhe h über dem Boden. Für eine isotherme Atmosphäre gilt im Mittel

$$N(h) = N_\mathrm{S} \exp(-bh) \quad \text{mit} \quad b = 0{,}136\,\mathrm{km}^{-1}. \tag{6}$$

Der Brechwert N_S am Boden hängt von der Höhe h_S des Meßorts über Meereshöhe und vom Klima ab. Um Brechwerte für verschiedene Klimazonen vergleichen zu können, reduziert man auf Meereshöhe:

$$N_0 = N_\mathrm{S} \exp(b h_\mathrm{S}). \tag{7}$$

Weltkarten der Monatsmittel von N_0 für Februar und August findet man in [4]; der langjährige Mittelwert ist $N_0 = 315$.
Zur Beschreibung von Brechungseffekten wie Strahlenkrümmung, Fokussierung und Defokussierung ist der vertikale Gradient des Brechwerts wichtig (s. H 2.2). Für die untere Troposphäre benutzt man als mittleren Wert meist den Differenzenquotienten, der sich aus Gl. (6) und (7) für das Höhenintervall $\Delta h = 1$ km über NN zu $\approx -40\,\mathrm{km}^{-1}$ ergibt (Standardatmosphäre). Der Brechwertgradient ist statistischen Schwankungen unterworfen. Messungen ergaben [4]:

$$\frac{\Delta N}{\Delta h} \geqq \begin{cases} 70\,\mathrm{km}^{-1} & \text{für } 0{,}1\,\% \text{ der Zeit} \\ -200\,\mathrm{km}^{-1} & \text{für } 99\,\% \text{ der Zeit}. \end{cases} \tag{8}$$

Ist $\Delta N/\Delta h > -40\,\mathrm{km}^{-1}$, dann spricht man von Subrefraktion; ist $\Delta N/\Delta h < -40\,\mathrm{km}^{-1}$, wird die Brechung als Superrefraktion bezeichnet. Für die Standardatmosphäre ist der Krümmungsradius des Funkstrahls nach Gl. H 2 (6) größer als der Erdradius (Reichweite gegenüber Abstand zum geometrischen Horizont vergrößert (Bild 2a)). Die Strahlenbahn in der Atmosphäre kann bei konstantem vertikalen Brechwertgradienten als geradlinig angenommen werden, wenn eine fiktive Erde mit dem effektiven Erdradius $k_\mathrm{e} r_\mathrm{E}$ eingeführt wird (s. H 2.2) mit dem Krümmungsfaktor k_e nach Gl. H 2 (8) (Bild 2b). Für die Standardatmosphäre ist $k_\mathrm{e} \approx 4/3$. Entsprechend den statistisch schwankenden Brechzahlgradienten ändert sich auch der Krümmungsfaktor k_e. Die Überschreitungswahrscheinlichkeit für den k_e-Wert, die aus mehrjährigen Messungen in Deutschland gewonnen wurde, ist in Bild 3 [5] dargestellt.
Bei nicht konstantem Brechwertgradienten ist es günstiger, auf die Ausbreitung über einer fiktiven ebenen Erde zu transformieren (Bild 2c). Dazu führt man den modifizierten Brechwert ein:

$$M(h) = N(h) + 10^6\,h/r_\mathrm{E}. \tag{9}$$

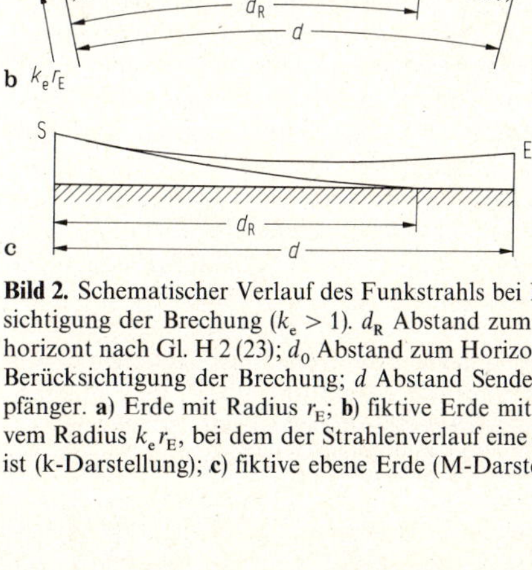

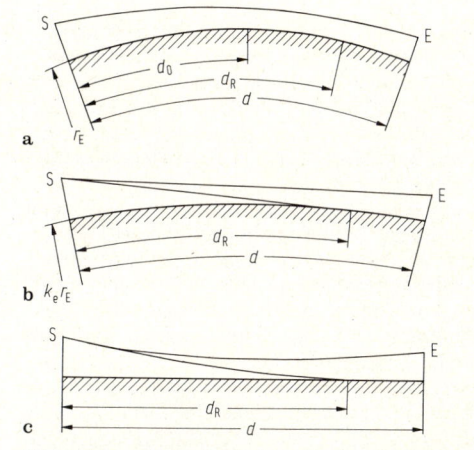

Bild 2. Schematischer Verlauf des Funkstrahls bei Berücksichtigung der Brechung ($k_\mathrm{e} > 1$). d_R Abstand zum Radiohorizont nach Gl. H 2 (23); d_0 Abstand zum Horizont ohne Berücksichtigung der Brechung; d Abstand Sender – Empfänger. **a)** Erde mit Radius r_E; **b)** fiktive Erde mit effektivem Radius $k_\mathrm{e} r_\mathrm{E}$, bei dem der Strahlenverlauf eine Gerade ist (k-Darstellung); **c)** fiktive ebene Erde (M-Darstellung)

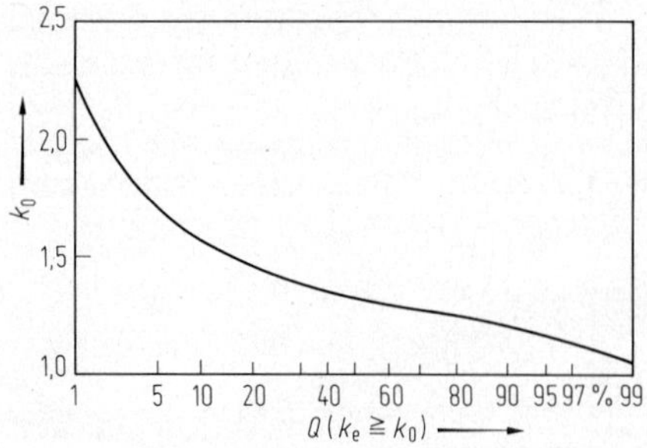

Bild 3. Überschreitungshäufigkeit des Krümmungsfaktors k_e

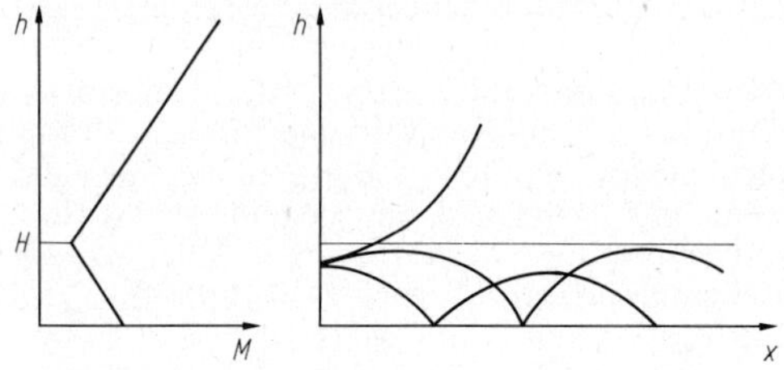

Bild 4. M-Profil und Strahlenbahn bei einem Bodenduct

Der Krümmungsradius ϱ_M der fiktiven Strahlenbahn eines etwa horizontalen Strahls ist dann

$$\varrho_M = -10^6/(\mathrm{d}M/\mathrm{d}h) = (1/\varrho - 1/r_E)^{-1} \quad (10)$$

mit dem wirklichen Krümmungsradius ϱ nach Gl. H 2 (6). Durch diese Transformation ist die Erdkrümmung in dem fiktiven Krümmungsradius ϱ_M enthalten. Meist ist $\mathrm{d}M/\mathrm{d}h > 0$, dann ist der Strahl von der „ebenen" Erde weggekrümmt ($\varrho_M < 0$).

Bei Inversionsschichten (Anstieg der Temperatur mit der Höhe) treten oft auch negative Feuchtegradienten auf. Dann können partielle, bei streifendem Einfall auch totale Reflexionen auftreten, so daß mehrere Ausbreitungswege zwischen Sender und Empfänger möglich sind (Mehrwegeausbreitung).

Für $\mathrm{d}N/\mathrm{d}h < -157\ \mathrm{km}^{-1}$ ($\mathrm{d}M/\mathrm{d}h < 0$, $\varrho_M > 0$) wird der Strahl zur Erde hin gebrochen. Es kann ein troposphärischer Wellenleiter (Duct) entstehen (Bild 4). Die Energie ist in dem Duct konzentriert, und damit ist auch die Übertragungsdämpfung geringer als bei Freiraumausbreitung (vgl. H 7.2) [6].

Kleinräumige Änderungen des Brechwerts (Turbulenzen) sind die Ursache für Streuung von Radiowellen (Troposcatter, Szintillationen des Empfangssignals (s. H 2.5 und H 6.4).

Dämpfung durch atmosphärische Gase. Im GHz-Bereich muß die Dämpfung durch den Wasserdampf und Sauerstoff berücksichtigt werden (s. Bild 5) [7, 8]. Der Gasdämpfungskoeffizient ist

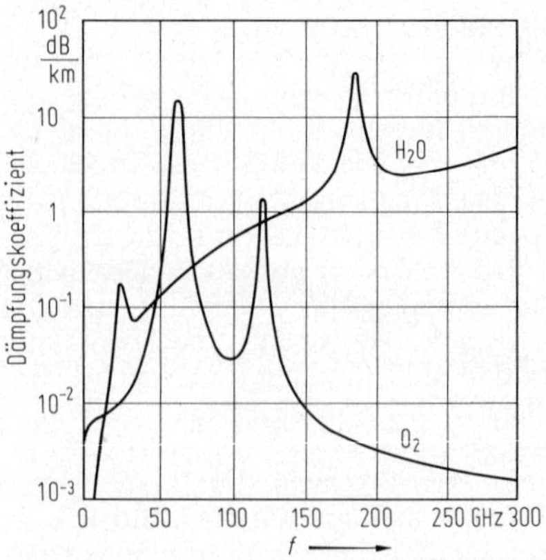

Bild 5. Dämpfungskoeffizient für atmosphärische Gase in Abhängigkeit von der Frequenz ($T = 293$ K, $p = 1$ bar, $\varrho_W = 7{,}5\ \mathrm{g/m^3}$

proportional der Dichte, die für Sauerstoff in der Nähe des Erdbodens annähernd konstant ist ($\varrho_0 \approx 0{,}29\ \mathrm{kg/m^3}$). Die Wasserdampfdichte liegt in Deutschland im Mittel im Februar bei $(2 \dots 5)\ \mathrm{g/m^3}$ und im August bei $(10 \dots 15)\ \mathrm{g/m^3}$. Weltkarten von ϱ_W findet man in [4]. ϱ_W nimmt mit der Höhe stärker ab als ϱ_0 (s. H 6.4).

Einfluß von Hydrometeoren. Beim Durchgang einer Welle durch Wolken, Regen oder Schnee überlagern sich die Einflüsse der statistisch verteilten Hydrometeore (Niederschlagsteilchen). Für die Ausbreitung in Vorwärtsrichtung erhält man eine effektive Brechzahl [9]:

$$\underline{n}_{\mathrm{eff}} = 1 + \lambda_0^2/(2\pi) \int_0^\infty \underline{F}(a, n)\, \varphi(a)\, \mathrm{d}a. \quad (11)$$

$\underline{F}(a, n)$ ist die Streuamplitude eines Teilchens vom Radius a und der Brechzahl n (s. H 2.5). $\varphi(a)\,\mathrm{d}a$ ist die Zahl der Streuer pro Volumen im Radiusintervall a bis $a + \mathrm{d}a$. Eine Reihe von Ansätzen für die Größenverteilung von Regentropfen ist in [10] gegeben. Der Regendämpfungskoeffizient α_R läßt sich aus Gl. (11) berechnen. Er ist für vier verschiedene Regenraten als Funktion der Frequenz in Bild 6 gezeigt. Regenraten > 150 mm/h treten in Mitteleuropa nur selten auf (Bild 7).

Niederschlagsgebiete weisen eine Zellenstruktur auf, wobei die höheren Intensitäten im Zentrum der Zelle auftreten. Zellen mit höheren Regenraten sind meist weniger ausgedehnt als solche mit niedrigen. Der Einfluß der räumlichen Inhomogenität kann bei der Berechnung der Regendämpfung durch die Einführung einer effektiven Streckenlänge berücksichtigt werden (s. H 6.4). Zur Abschätzung der Dämpfung durch Regen auf Satellitenfunkstrecken wird angenommen, daß die Intensität bis zu der Höhe h_R konstant ist (Bild 8). In mittleren und höheren

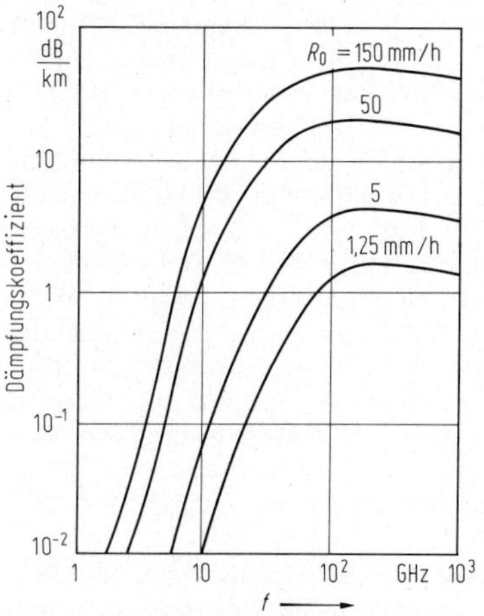

Bild 6. Dämpfungskoeffizient für Regen in Abhängigkeit von der Regenrate R_0 und der Frequenz ($T = 293$ K, kugelförmige Tropfen mit Größenverteilung $\varphi(a)$ nach Laws und Parsons [10])

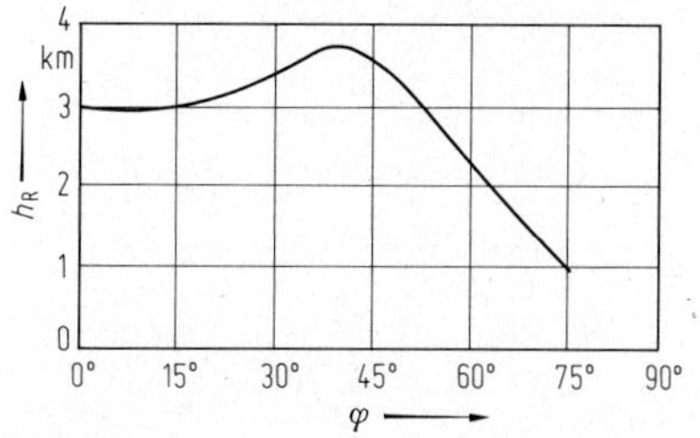

Bild 8. Maximale Höhe h_R von Regen mit einer Überschreitungshäufigkeit von 0,01 % als Funktion der geographischen Breite

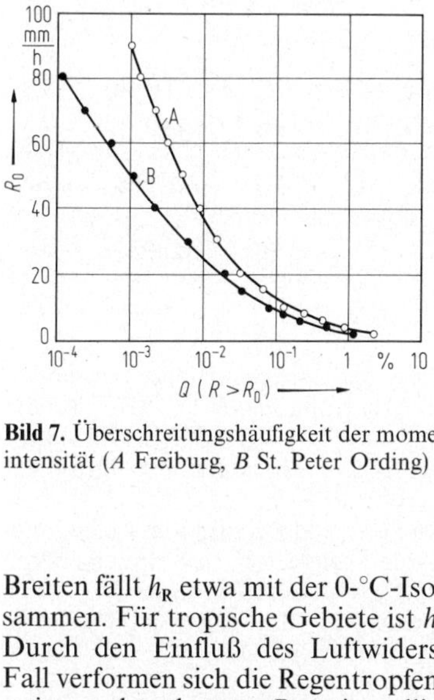

Bild 7. Überschreitungshäufigkeit der momentanen Regenintensität (*A* Freiburg, *B* St. Peter Ording)

Breiten fällt h_R etwa mit der 0-°C-Isothermen zusammen. Für tropische Gebiete ist $h_R \approx 3$ km. Durch den Einfluß des Luftwiderstands beim Fall verformen sich die Regentropfen näherungsweise zu abgeplatteten Rotationsellipsoiden [11]. Dadurch sind Dämpfung und Phasenverschiebung der Feldkomponenten der Welle senkrecht zur Rotationsachse größer als parallel dazu. Die Welle ist nach dem Durchgang durch ein Niederschlagsgebiet i. allg. elliptisch polarisiert. Die Depolarisation einer ursprünglich linear polarisierten Welle hängt von dem Winkel zwischen Polarisationsebene und Tropfenachse ab [11, 12]; bei zirkularer Polarisation entsteht immer auch eine Depolarisation (s. H 6.4).

3.3 Ionosphäre. Ionosphere

Die Ionosphäre ist der Bereich der Atmosphäre, in dem ein merklicher Teil der neutralen Atome und Moleküle durch solare UV- und Röntgenstrahlung ionisiert wird (etwa 60 km bis über 1000 km Höhe). Neben der Ionisation durch Absorption dieser Strahlung bestimmen Wiedervereinigung (bzw. Anlagerung) und Transport geladener Teilchen den Gleichgewichtszustand. Es bildet sich eine komplizierte Höhenabhängigkeit der Elektronendichte N_e (Ionosphärenschichten, s. Bild 9), die außerdem vom Sonnenstand (bewirkt tageszeitliche, jahreszeitliche und geographische Einflüsse) und von der Sonnenaktivität (11jähriger Sonnenfleckenzyklus [13, 14]) abhängt. Unter vereinfachenden Annahmen ist die Elektronendichte im Maximum einer Ionosphärenschicht tagsüber proportional zu $\sqrt{\cos\chi}$, wobei χ der Winkel zwischen dem Zenit und der Richtung zur Sonne ist [15]. Nachts nimmt die Elektronendichte wegen der fehlenden Einstrahlung ab (Tag-Nacht-Gang).

Durch die frei beweglichen Ladungsträger ist die Ionosphäre elektrisch leitfähig; zusätzlich beeinflußt das Erdmagnetfeld die Bewegung der Elektronen. Makroskopisch kann die Wellenausbreitung durch die Brechzahl $\underline{n}$ beschrieben werden [16, 17]:

$$\underline{n}^2 = 1 - \frac{X}{1 - \mathrm{j}Z - \dfrac{Y^2 \sin^2\eta}{2(1 - \mathrm{j}Z - X)} \pm \sqrt{\left(\dfrac{Y^2 \sin^2\eta}{2(1 - \mathrm{j}Z - X)}\right)^2 + Y^2 \cos^2\eta}}. \tag{12}$$

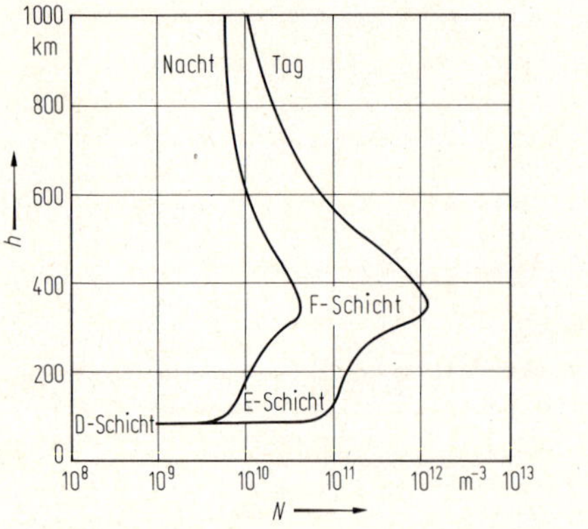

Bild 9. Höhenabhängigkeit der Elektronendichte in der Ionosphäre (stark vereinfacht)

Darin ist

$$X = \frac{N_e e^2}{4\pi^2 m_0 \varepsilon_0 f^2} = \frac{f_p^2}{f^2}$$

$$Y = \frac{e B_E}{2\pi m_0 f} = \frac{f_G}{f}$$

$$Z = \frac{\nu}{2\pi f}$$

ε_0 = Dielektrizitätszahl des Vakuums,
f = Frequenz der eingestrahlten Welle,
e, m_0 = Ladung und Masse eines Elektrons,
ν = mittlere Zahl der Zusammenstöße eines Elektrons mit Gasmolekülen und Ionen pro Zeiteinheit,
B_E = Induktion des Erdmagnetfeldes (24 … 70 μT),
η = Winkel zwischen dem Erdmagnetfeld und der Ausbreitungsrichtung der Welle
$f_p = \frac{1}{2\pi}\sqrt{\frac{N_e e^2}{\varepsilon_0 m_0}} \approx 9\sqrt{N_e/\mathrm{m}^{-3}}$ Hz, Frequenz, mit der das Elektronengas ohne äußere Einflüsse oszilliert (Plasmafrequenz),
$f_G = \frac{B_E e}{2\pi m_0} \approx 0{,}7 \dots 1{,}7$ MHz, Frequenz der Kreisbewegung der Elektronen im Erdmagnetfeld (Gyrofrequenz).

Gl. (12) hat zwei Lösungen. Als ordentliche (o) Komponente der Welle bezeichnet man die Lösung mit dem positiven Vorzeichen, die andere nennt man die außerordentliche (x) Komponente (in beiden Fällen ist allerdings vorausgesetzt, daß $X \leqq 1$). Diese Aufspaltung der Welle in zwei Komponenten wird durch das Erdmagnetfeld hervorgerufen (magnetische Doppelbrechung). Die beiden Komponenten sind entgegengesetzt elliptisch polarisiert und breiten sich mit verschiedenen Geschwindigkeiten aus. Daraus resultiert eine Drehung der Polarisationsebene linear polarisierter Wellen (Faraday-Effekt) beim Durchgang elektromagnetischer Wellen durch ein ionisiertes Medium mit äußerem Magnetfeld.

Eine in die Ionosphäre einfallende Welle wird, da $\mathrm{Re}(\underline{n})$ i. allg. mit wachsender Elektronendichte abnimmt, vom Einfallslot weg gebrochen und zwar um so stärker, je größer N_e und je kleiner f ist. Wenn die Brechung so stark ist, daß die Welle die Ionosphäre nicht durchdringt, sondern umkehrt, erscheint der Vorgang als Reflexion. Eine von unten einfallende Welle kehrt zur Erdoberfläche zurück und heißt dann Raumwelle (skywave) im Gegensatz zur Bodenwelle (s. H 2.6 und 3.1). Die Reflexion erfolgt bei senkrechtem Einfall an der Stelle, an der $\mathrm{Re}(\underline{n}) \approx 0$ ist. Die höchste, in der Schicht bei senkrechtem Einfall reflektierte Frequenz heißt Senkrecht-Grenzfrequenz oder kritische Frequenz (critical frequency):

$$f_c = \begin{cases} f_{p,\max} & \text{für die } o\text{-Komponente,} \\ f_{p,\max} + f_G/2 & \text{für die } x\text{-Komponente,} \end{cases}$$

wobei $f_{p,\max}$ die Plasmafrequenz im Schichtmaximum ist. Bei schrägem Einfall erfolgt Reflexion für

$$f \leqq f_B = M f_c. \tag{13}$$

f_B heißt Schräg-Grenzfrequenz (Basic MUF, MUF = Maximum Usable Frequency [18], früher klassische MUF genannt); M ist der MUF-Faktor. Für eine eben geschichtete und magnetfeldfreie Ionosphäre gilt (Bild 10):

a) Der MUF-Faktor ist nur vom Einfallswinkel α in die Schicht abhängig (Sekans-Gesetz):

$$M = M(\alpha) = 1/\cos\alpha = \sec\alpha.$$

b) Die Laufzeit der Welle auf dem tatsächlich durchlaufenen gekrümmten Weg ABC ist die gleiche wie auf dem äquivalenten, mit Vakuum-Lichtgeschwindigkeit durchlaufenen Dreiecksweg AEC.

c) Tatsächliche (h) und scheinbare Reflexionshöhe (h') bei der Frequenz f sind dieselben wie bei Ausbreitung auf dem senkrechten Weg FGF bzw. FHF mit der äquivalenten Frequenz $f\cos\alpha$.

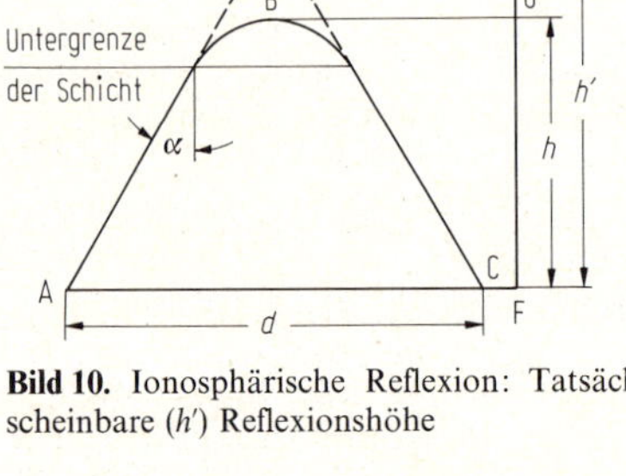

Bild 10. Ionosphärische Reflexion: Tatsächliche (h) und scheinbare (h') Reflexionshöhe

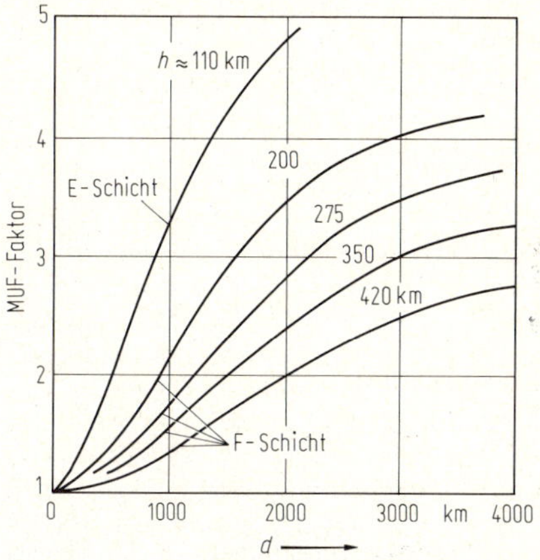

Bild 11. Der MUF-Faktor $M(d)$ als Funktion der Entfernung (Parameter: Schichthöhe). Für die F-Region wird oft als Parameter der MUF-Faktor für $d = 3000$ km benutzt. $M(3000) = 4{,}0$ entspricht einer Schichthöhe von etwa 200 km, $M(3000) = 2{,}5$ einer Höhe von etwa 420 km

Unter Berücksichtigung der Krümmung der Ionosphäre und des Einflusses des Erdmagnetfeldes, hat man für mittlere Schichtprofile korrigierte MUF-Faktoren ermittelt [19]. Meist drückt man den MUF-Faktor nicht als Funktion des Einfallswinkels, sondern der überbrückten Entfernung d (Sprunglänge, auch Hop genannt) aus (Bild 11). Je flacher der Strahl verläuft, desto höhere Frequenzen können reflektiert werden und desto größer wird die Sprunglänge (maximale Sprunglänge bei tangentialer Abstrahlung und Reflexion in 300 km Höhe etwa 4000 km).

Größere Reflexionshöhen führen zu größeren Sprunglängen, bzw. bei gegebener Sprunglänge zu steileren Ausbreitungswegen. Wellen mit $f > f_c M(d_s)$ können bei Entfernungen $d < d_s$ nicht als Raumwellen empfangen werden (*tote Zone*). Der Radius d_s der toten Zone für die Frequenz f ist die Entfernung, bei der $f = f_c M(d_s)$ ist. Für $f > f_B$ durchdringen die Wellen die Ionosphäre. Diese Frequenzen sind daher für *Erde-Weltraum-Verbindungen* geeignet. Neben dem Gesamtelektroneninhalt (TEC = Total Electron Content, s. H 6.4), beeinflussen auch Irregularitäten (kleinräumige Veränderungen der Brechzahl) solche Verbindungen (s. H 6.3). Diese Einflüsse reichen bis zu Frequenzen um 10 GHz [20].

Die Kurzwellenausbreitung kann durch schnelle, unregelmäßige Schwankungen der Sonnentätigkeit gestört werden. Solche Störungen machen sich durch erhöhte Absorption (Mögel-Dellinger-Effekt auf der Tagseite der Erde) oder als starkes Absinken der Grenzfrequenz (Ionosphärensturm) bemerkbar. Die von der Sonne kommenden elektrisch geladenen Partikel können in die Atmosphäre nur in Gebiete geringer oder verschwindender magnetischer Induktion („neutrale Punkte“ in der Nähe der erdmagnetischen Pole) eindringen. Je höher die Energie der solaren Teilchen ist, desto weiter äquatorwärts wirken sich die dadurch verursachten Ionosphärenstörungen auf der Erde aus [21].

3.4 Weltraum. Space

Im interplanetaren Raum ist die Dichte der Elektronen und Protonen etwa $10^5/\mathrm{m}^3$ [23]. Höhere Dichten findet man in der Umgebung der Sonne, die aufgrund ihrer hohen Oberflächentemperatur (10^6 K, in der Korona sogar 10^9 K) ständig Materie abdampft. Dieser „solare Wind“ reicht über 50 Erdbahnradien in den Weltraum [24] und führt in der Nähe der Erdbahn zu Teilchendichten von ungefähr $10^7/\mathrm{m}^3$ [25, 26]. Der Teilchenstrom des solaren Windes hat in der Nähe der Erdbahn eine Geschwindigkeit von etwa 400 km/s und kann zu erheblichen Oberflächenaufladungen, z.B. bei Satelliten, führen. Da es sich bei dem solaren Wind um ein Plasma handelt, wird $|\underline{n}| < 1$ (Gl. (12) mit $\nu = 0$, $B_E = 0$). Oberhalb der Plasmafrequenz ($f > 3$ kHz für $N_e = 10^5/\mathrm{m}^3$, bzw. $f > 30$ kHz für $N_e = 10^7/\mathrm{m}^3$) kann die Ausbreitung als Freiraumausbreitung (s. H 2.1) behandelt werden.

Tabelle 3. Typische Werte von N_e und f_c für die Ionosphärenschichten (vgl. Bild 2). Daten nach [23]. Die sporadische E-Schicht (E_s) bildet dünne Schichten innerhalb des Bereichs der normalen E-Schicht. Die bei der F-Schicht angegebenen Werte beziehen sich auf das Sonnenfleckenmaximum, Werte in Klammern auf das Minimum

Schicht	Höhe km	N_e (Tag) m^{-3}	N_e (Nacht) m^{-3}	f_c (Tag) MHz	f_c (Nacht) MHz	Bedeutung für
D	70 ... 90	10^9	10^5	0,3	0,01	VLF-Ausbreitung, Absorption im VLF-, LF-, MF-, KW-Bereich
E	90 ... 130	10^{11}	10^9	3	0,3	LF-, MF-Ausbreitung, Absorption im KW-Bereich
E_s	90 ... 130	10^{13}		30		Überreichweiten im VHF-Bereich
F	200 ... 500	$5 \cdot 10^{12}$ (10^{12})	$5 \cdot 10^{10}$ (10^{10})	20 (10)	2 (1)	KW-Reflexion, Fernausbreitung

Spezielle Literatur: [1] *Recommendations and Reports of the CCIR, 1982, Vol. V* (Propagation in non-ionized media), Genf: ITU 1982, Rep. 527-1 (Electrical characteristics of the surface of the earth), pp. 57–59. – [2] *Bean, B. R.; Dutton, E. J.*: Radiometeorology. New York: Dover 1966. – [3] *Berg, H.*: Allgemeine Meteorologie. Bonn: Dümmlers 1948. – [4] *Recommendations and Reports of the CCIR, 1982, Vol. V* (Propagation in non-ionized media), Genf: ITU 1982, Rep. 563-2 (Radiometeorological Data), pp. 96–123. – [5] *Großkopf, J.*: Wellenausbreitung, Bd. 1. Mannheim: Bibliograph. Inst. 1970, S. 98. – [6] *Dougherty, H. T.; Hart, B. A.*: Recent progress in duct propagation predictions. IEEE Trans. AP-27 (1979) 542–548. – [7] *Van Vleck, J. H.*: The absorption of microwaves by uncondensed water vapor. Phys. Rev. 71 (1947) 425–433. – [8] Kerr, D. E. (Ed.): Propagation of short radio waves. New York: McGraw-Hill 1951. – [9] *Oguchi, T.*: Attenuation and phase rotation of radiowaves due to rain: Calculations at 19.3 and 34.8 GHz. Radio Sci. 8 (1973) 31–38. – *Morrison, J.. A.; Cross, M. Z.*: Scattering of a plane electromagnetic wave by axisymmetric raindrops. Bell Syst. Tech. J. 53 (1974) 955–1019. – [10] *Marshall, J. S.; Palmer, W. Mck.*: The distribution of raindrops with size. J. Met. 5 (1958) 165–166. – *Joss, J.; Waldvogel, A.*: Raindrop size distribution and sampling size errors. J. Atmosph. Sci. 26 (1969) 566–569. – *Laws, J. O.; Parsons, D. A.*: The relation of raindrop size to intensity. Trans. Am. Geophys. Union 24 (1943) 452–460. *Wolf, E.*: Bestimmung von Tropfenspektren an der Wolkengrenze aus vorgegebenen Bodenspektren, Meteorol. Rundsch. 25 (1972) 99–106. – [11] *Brussaard, G.*: A meteorological model for rain-induced cross-polarisation. IEEE Trans. AP-24 (1976) 5–11. – [12] *Valentin, R.*: Probability distribution of rain-induced cross-polarisation. Ann. Telecomm. 36 (1981) 78–82. – [13] *Gleissberg, W.*: Die Häufigkeit der Sonnenflecken. Berlin: Akademie-Verlag 1952, S. 85–86. – [14] *Kiepenheuer, K. O.*: Die Sonne. Berlin: Springer 1957, S. 142–143. – [15] *Davies, K.*: NBS Monograph 80, s. 13. – [16] *Lassen, H.*: Über den Einfluß des Erdmagnetfeldes auf die Fortpflanzung der elektrischen Wellen der drahtlosen Telegraphie in der Atmosphäre. Elektr. Nachr. Tech. 4 (1927) 324–334. – [17] *Davies, K.*: NBS Monograph 80, 63–71. – [18] *Chapman, S.*: The earth's magnetism. London: Methuen 1961. – [19] *Recommendations and Reports of the CCIR, 1982, Vol. VI* (Propagation in ionized media), Genf: ITU 1982, Rec. 373-5 (Definitions of maximum transmission frequencies) pp. 43–44. – [20] *Smith, N.*: The relation of radio sky-wave transmission to ionospheric measurements. Proc. IRE 27 (1939) 332–347. – [21] *Ogawa, T.; Sinno, K.; Fujita, M.; Awaka, J.*: Severe disturbances of VHF and GHz waves from geostationary satellites during a magnetic storm. J. Atmos. Terr. Phys. 42 (1980) 637–644. – [22] *Giraud, A.; Petit, M.*: Ionospheric techniques and phenomena, geophysics and astrophysics monograph, Vol. 13, Dordrecht: Reidel 1978, pp. 44–55. – [23] *Recommendations and Reports of the CCIR, 1982, Vol. VI* (Propagation in ionized media), Genf: ITU 1982, Rep. 725 (Ionospheric properties) pp. 1–15. – [24] *Davidson, K.; Terzian, Y.*: Dispersion measures of pulsars. Astron. J. 74 (1969) 449–452. – [25] *Giese, R. H.*: Die physikalischen Eigenschaften des Weltraumes. Vakuum Tech. 20 (1971) 161–170. – [26] *Axford, W. I.*: The interaction of the solar wind with the interstellar medium. NASA SP-308 (1972) 609–657. – [27] *Brandt, J. C.*: Introduction to the solar wind: San Francisco: Freeman 1970. – [28] *Recommendations and Reports of the CCIR, 1982, Vol. V* (Propagation in non-ionized media), Genf: ITU 1982, Rec. 370-4 (VHF and UHF propagation curves for the frequency range from 30 MHz to 1000 MHz), pp. 207–232.

4 Funkrauschen. Radio noise

Rauschen soll hier das durch die Empfangsantenne aufgenommene natürliche Rauschen (radio noise) bezeichnen. Dazu sollen auch industrielle Störungen (man-made radio noise) ohne Nachrichteninhalt gehören, nicht aber „Geräusche", die durch Nebenwellen anderer Sender, Nachbarkanalstörungen, Intermodulation usw. erzeugt werden. Das Rauschen (Übersicht in Bild 1) muß bei der Planung von Funksystemen mit berücksichtigt werden, damit der jeweils erforderliche Mindestrauschabstand (Verhältnis Nutzsignal zu Rauschen) nicht unterschritten wird. Die folgenden Angaben beziehen sich auf Empfänger auf der Erde; für Empfänger in Satelliten gelten u. U. andere Gesetzmäßigkeiten.
Die Intensität des Rauschens wird üblicherweise entweder durch die Rauschtemperatur T_N oder durch das spektrale Leistungsdichtemaß, bezogen auf das des thermischen Rauschens bei $T_0 = 290$ K, ausgedrückt: $s_N = 10 \lg(T_N/T_0)$. Die Rauschleistung in einem Frequenzband der Breite B_N ist dann:

$$P_N = k_B T_N B_N, \qquad (1)$$

wobei $k_B = 1{,}38 \cdot 10^{-23}$ J/K die Boltzmann-Konstante ist. Meist „sieht" eine Antenne in verschiedenen Richtungen unterschiedliche Rauschtemperaturen. Zur Ermittlung der Gesamtrauschleistung muß unter Berücksichtigung des Antennendiagramms über alle Richtungen integriert werden. Dabei kann die (z. B. über Nebenzipfel empfangene) Strahlung des Erdbodens ($T_N = T_0$) einen nicht vernachlässigbaren Beitrag liefern.

4.1 Atmosphärisches Rauschen unterhalb etwa 20 MHz

Atmospheric radio noise below about 20 MHz

Dieses Rauschen entsteht überwiegend durch Blitzentladungen (weltweit etwa 100 Blitze/s [1], insbesondere in den Tropen). Die einzelnen, aperiodischen Stromstöße dauern etwa 10 µs und haben ein breites Frequenzspektrum mit einem Maximum bei etwa 10 kHz. Zu höheren Frequenzen nimmt die Rauschleistung rasch ab; sie ist nur bei Frequenzen unter 20 MHz von Bedeutung. Abgesehen von Nahgewittern spielen die ionosphärischen Ausbreitungsverhältnisse für

Spezielle Literatur Seite H 18

die Stärke des Rauschens am Empfangsort eine wichtige Rolle. Im Lang- und Mittelwellenbereich wirken sich Gewitter tagsüber nur im Nahbereich störend aus (Bodenwelle, s. H 6.1), nachts auch in größeren Entfernungen (wegen der fortfallenden Absorption der Raumwelle, s. H 3.3). Im Kurzwellenbereich ist die empfangene Rauschleistung abhängig von den Ausbreitungsverhältnissen (s. H 6.2) zu den Gewitterzonen. Eine Methode zur Abschätzung des atmosphärischen Rauschpegels für die verschiedenen Gebiete der Erde, verschiedenen Jahreszeiten, Tageszeiten, Frequenzen, usw. ist mit den dazugehörenden Tabellen in [2] enthalten.

4.2 Galaktisches und kosmisches Rauschen

Galactic and cosmic radio noise

Der Hauptanteil des galaktischen Rauschens kommt vom Zentrum der Milchstraße und von einzelnen, intensiv strahlenden Radiosternen. Dieses Rauschen kann die Erdoberfläche nur auf Frequenzen oberhalb der Grenzfrequenz der F2-Schicht der Ionosphäre erreichen (s. H 3.3). Die Intensität der galaktischen Strahlung nimmt mit wachsender Frequenz ab, sie kann nur im Bereich von etwa 20 MHz bis 2 GHz höhere Werte als das atmosphärische Rauschen erreichen (s. Bild 1). Bei ungerichtetem Empfang entsteht durch die Erdrotation ein Tagesgang der empfangenen Rauschleistung. Beim Empfang mit Richtantennen ist zu beachten, daß die Radiowellenstrahlung der Sonne oder einzelner besonders intensiv strahlender Radiosterne dann störend wirkt, wenn die Antenne auf diese gerichtet ist. Die Rauschstrahlung der Sonne ist stark veränderlich, sie steigt bei Strahlungsausbrüchen (bursts) kurzzeitig (Sekunden bis Minuten, selten Stunden) um das 10- bis 100fache an.
Die kosmische Hintergrundstrahlung hat eine Strahlungstemperatur von $T_N = 2{,}7$ K. Sie kann im Bereich von etwa 1 bis 10 GHz den äußeren Rauschpegel bestimmen; bei anderen Frequenzen überwiegt das Rauschen der Atmosphäre, bzw. das galaktische oder industrielle Rauschen.

4.3 Atmosphärisches Rauschen oberhalb etwa 1 GHz

Atmospheric radio noise above about 1 GHz

Jedes absorbierende Medium strahlt auch Rauschleistung ab (Plancksches Strahlungsgesetz). Bei Frequenzen oberhalb von 1 GHz kann die Strahlung des Sauerstoffs und Wasserdampfs der Atmosphäre gegenüber anderen Rauschquellen dominieren, insbesondere in den Frequenzbändern maximaler Absorption (s. H 6.4). Niederschläge (vor allem Regen) können vorübergehend Anstiege der Rauschtemperatur bis auf etwa 280 K verursachen. Die Intensität der empfangenen Rauschstrahlung ist u. a. abhängig von der Länge des Ausbreitungswegs im absorbierenden Medium (s. Bild 1, Kurve F).

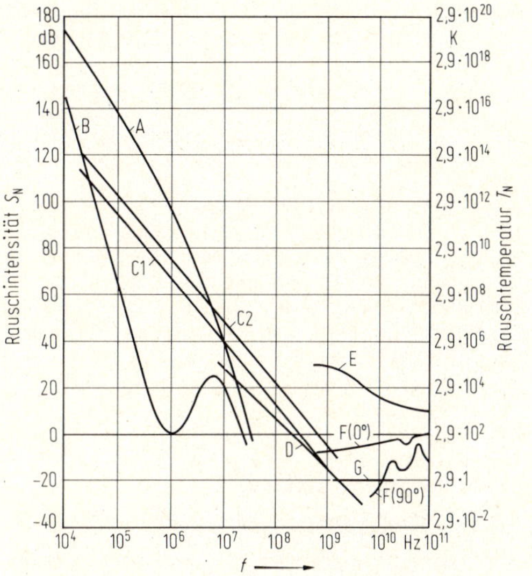

Bild 1. Medianwerte der verschiedenen Rauschintensitäten bzw. Rauschtemperaturen in Abhängigkeit von der Frequenz. Nach [5]. *A* atmosphärisches Rauschen (Maximalwert), *B* atmosphärisches Rauschen (Minimalwert), *C1* industrielles Rauschen (ländlicher Empfangsort), *C2* industrielles Rauschen (Stadt). *D* galaktisches Rauschen, *E* ruhige Sonne (Keulenbreite der Antenne 0,5°), *F* Rauschen infolge Sauerstoff und Wasserdampf, obere Kurve für einen Elevationswinkel von 0°, untere Kurve für 90°, *G* Strahlung des kosmischen Hintergrunds mit 2,7 K

4.4 Industrielle Störungen

Man-made radio noise

Ursache dieser Geräusche ist die elektromagnetische Strahlung von elektrischen Funken und Koronaentladungen. Diese Störungen können insbesondere in dicht besiedelten bzw. industrialisierten Gebieten die anderen Rauschpegel übertreffen. In erster Näherung ist das Rauschleistungsdichtemaß an ländlichen Empfangsorten gegeben durch [3]:

$$s_N/\text{dB} = 67{,}2 - 27{,}2 \lg(f/\text{MHz}) \tag{2}$$

mit einer Standardabweichung von 6,5 dB. In besonders ruhigen Gebieten erhält man um etwa 20 dB kleinere, in städtischen Gebieten um etwa 10 dB größere Werte. Bei Frequenzen oberhalb von 1 GHz macht sich die elektrische Umwelt kaum mehr störend bemerkbar [4].

Spezielle Literatur: [1] *Park, C. G.:* Whistlers. In: Handbook of atmospherics, Vol. 2. Volland, H. (Ed.). Florida: CRC Press 1982, pp. 21–77. – [2] *Recommendations and Reports of the CCIR, 1982, Vol. VI* (Propagation in ionized media), Genf: ITU 1982, Rep. 322-2 (Characteristics and applications of atmospheric radio noise data), p. 183. – [3] *Recommendations and Reports of the CCIR, 1982, Vol. VI* (Propagation in ionized media), Genf: ITU 1982, Rep. 258-4 (Man-made radio noise), pp. 177–183. – [4] *Pratt, T.; Browning, D. J.; Rahhal, Y.:* Radiometric investigations of the urban microwave noise environment at 1.7, 8.8 and 35 GHz. IEE Conf. Publ. 169 (1978) 28–30. – [5] *Recommendations and Reports of the CCIR, 1982, Vol. I* (Spectrum utilization and monitoring), Genf: ITU 1982, Rep. 670 (Worldwide minimum external noise levels, 0.1 Hz to 100 GHz) Genf: ITU 1982, pp. 224–229.

5 Frequenzselektiver und zeitvarianter Schwund
Frequency selective and time variant fading

Allgemeine Literatur: *Kennedy, R.S.:* Fading dispersive communication channels. New York: Wiley 1969. – *Schwartz, M.; Bennett, W.R.; Stein, S.:* Communication systems and techniques. New York: McGraw-Hill 1966. – *Stein, S.; Jones, J.J.:* Modern communication principles. New York: McGraw-Hill 1967.

Inhomogenitäten im Ausbreitungsmedium bewirken Brechung, Reflexion, Streuung und/oder Beugung der Wellen (s. H 2). Dadurch wird deren Ausbreitungsrichtung verändert, so daß die Wellen nicht nur auf dem kürzesten Wege, sondern auch auf Umwegen vom Sender an den Empfänger gelangen können (*Mehrwegeausbreitung*). Am Ort der Empfangsantenne interferieren diese Teilwellen. Die Phasendifferenzen zwischen den Teilwellen verändern sich mit der Frequenz. Dadurch wird die Übertragungsfunktion *frequenzabhängig*.
Häufig verändern die Inhomogenitäten des Ausbreitungsmediums ihre Eigenschaften oder ihre räumliche Lage mit der Zeit (Tagesgänge usw.) oder die Funkstellen werden bewegt (Mobilfunk). Die Phasendifferenzen zwischen den Teilwellen verändern sich dann auch mit der Zeit. Dadurch wird die Übertragungsfunktion *zeitabhängig*.
Man bezeichnet diese Eigenschaften des Ausbreitungskanals als *frequenzselektiven* und *zeitvarianten* Schwund. Dieser führt zu Störungen der Nachrichtenübertragung. Einige grundsätzliche Eigenschaften schwundbehafteter Nachrichtenkanäle können am Zweiwegemodell untersucht werden.

Spezielle Literatur Seite H 22

5.1 Das Modell für zwei Ausbreitungswege (Zweiwegemodell)
The model for two paths of propagation (Two path model)

Zeitinvariante Verzerrung des Übertragungskanals. Ein zur Zeit $t = 0$ gesendeter kurzer Impuls erreicht zur Zeit τ_1 mit der Amplitude a_1 die Empfangsantenne. Zur Zeit τ_2 wird ein Echo mit der Amplitude a_2 empfangen. Das Empfangssignal $y(t)$ ist

$$y(t) = a_1\,\delta(t - \tau_1) + a_2\,\delta(t - \tau_2). \qquad (1)$$

Dabei ist $\delta(t)$ die Impulsfunktion.
Die Übertragungsfunktion ist die Fourier-Transformierte (s. D) der Gl. (1)

$$\underline{Y}(f) = a_1 \exp(-\mathrm{j}\,2\pi f \tau_1) + a_2 \exp(-\mathrm{j}\,2\pi f \tau_2). \qquad (2)$$

Dabei ist f die Frequenz. Zusätzliche Phasendrehungen ψ_1 bzw. ψ_2, die z. B. durch die komplexen Reflexionskoeffizienten (s. B 4) hervorgerufen werden können, werden durch komplexe Koeffizienten $\underline{A}_\mathrm{i} = a_\mathrm{i} \exp(\mathrm{j}\psi_\mathrm{i})$ berücksichtigt, so daß die Übertragungsfunktion

$$\underline{H}(f) = H(f) \exp(\mathrm{j}\,\varphi) = \underline{A}_1 \exp(-\mathrm{j}\,2\pi f \tau_1) + \underline{A}_2 \exp(-\mathrm{j}\,2\pi f \tau_2) \qquad (3)$$

wird.
Die Laufzeitdifferenz der Teilwellen ist

$$T_\mathrm{M} = \tau_2 - \tau_1. \qquad (4)$$

Der Betrag der Übertragungsfunktion ist

$$H(f) = \sqrt{\underline{H}(f)\,\underline{H}^*(f)} = \sqrt{A_1^2 + A_2^2 + 2A_1A_2\cos(2\pi f\,T_\mathrm{M} + \psi_2 - \psi_1)}. \qquad (5)$$

Die Übertragungsfunktion weist frequenzabhängig periodische Einbrüche auf, die um so ausgeprägter sind, je näher die Amplituden a_1 und a_2 beieinander liegen. Die Abstände sind

$$f_{\mathrm{max,\,m+1}} - f_{\mathrm{max,\,m}} = 1/T_\mathrm{M},$$

sofern $\psi_2 - \psi_1$ frequenzunabhängig ist. Die reziproke Laufzeitdifferenz kennzeichnet also die Frequenzabhängigkeit der Übertragungsfunktion.

Zeitvariante Verzerrung des Übertragungskanals. Die Veränderung der Eigenschaften des Ausbreitungsmediums, räumliche Verschiebungen der Lage von Inhomogenitäten im Medium und/oder Bewegung der Funkstellen führen zu einer Variation der Amplituden, der Phasen und der Laufzeiten der Teilwellen. Für die weitere Analyse beschränken wir uns auf eine lineare Zeitabhängigkeit der Laufzeiten in Gl. (1):

$$\tau_1(t) = w_1 t + \tau_{10} \quad \text{und} \quad \tau_2(t) = w_2 t + \tau_{20}. \qquad (6)$$

Die Koeffizienten w_1 und w_2 kennzeichnen die Veränderung der Laufzeiten mit der Zeit. Einsetzen in Gl. (3) ergibt die zeitabhängige Übertragungsfunktion [22]

$$\underline{H}(f,t) = \underline{A}_1 \exp(-\mathrm{j}2\pi f w_1 t)\exp(-\mathrm{j}2\pi f\tau_{10}) + \underline{A}_2 \exp(-\mathrm{j}2\pi f w_2 t)\exp(-\mathrm{j}2\pi f\tau_{20}). \quad (7)$$

Die Frequenzverschiebung eines Sendesignals der Frequenz f wird als *Doppler-Frequenz*

$$f_{\mathrm{D}1} = -w_1 f \quad \text{bzw.} \quad f_{\mathrm{D}2} = -w_2 f \quad (8)$$

bezeichnet. Die Doppler-Frequenz kann positiv oder negativ sein. Die Differenz der Doppler-Frequenzen ist die Doppler-Bandbreite

$$B_{\mathrm{D}} = |f_{\mathrm{D}2} - f_{\mathrm{D}1}|. \quad (9)$$

Die reziproke Doppler-Bandbreite kennzeichnet die Zeitabhängigkeit der Übertragungsfunktion, d.h. den Rhythmus der Schwankungen.

Charakteristische Eigenschaften des Ausbreitungskanals beim Zweiwegemodell. Die Laufzeitdifferenz T_{M} und die Doppler-Bandbreite B_{D} sind voneinander unabhängig. Im Empfangssignal wechseln relativ breite Bereiche über der Frequenz bzw. Zeit, in denen die Amplitude hoch ist und die Gruppenlaufzeit bzw. die Frequenzablage annähernd konstant ist, mit schmalen Tiefschwundeinbrüchen ab, bei denen eine große Gruppenlaufzeit- bzw. Frequenzablage auftritt.

5.2 Mehrwegeausbreitung
Multipath propagation

Charakterisierung des Ausbreitungskanals. Die beim Zweiwegemodell behandelte Charakterisierung des Ausbreitungskanals läßt sich auf das Mehrwegemodell übertragen [23]. Als Impulsantwort des Ausbreitungskanals ergibt sich ein verbreitertes Empfangssignal: die Laufzeitfunktion $a(\tau)$. Als Impulsverbreiterung (multipath spread) T_{M} wird das zweite Zentralmoment [1] der Leistungsdichte $a^2(\tau)$ der Laufzeitfunktion definiert [2]:

$$T_{\mathrm{M}} = 2\sqrt{\frac{\langle Q^2\rangle}{Q_{\mathrm{m}}} - \left(\frac{\langle Q\rangle}{Q_{\mathrm{m}}}\right)^2}, \quad (10)$$

$$Q_{\mathrm{m}} = \int_{-\infty}^{+\infty} a^2(\tau)\,\mathrm{d}\tau; \quad \langle Q\rangle = \int_{-\infty}^{+\infty} \tau a^2(\tau)\,\mathrm{d}\tau$$

und

$$\langle Q^2\rangle = \int_{-\infty}^{+\infty} \tau^2 a^2(\tau)\,\mathrm{d}\tau.$$

Wenn die Leistungsdichte proportional einer Gauß-Funktion $a^2(\tau) = \exp(-0{,}5(\tau/\tau_0)^2)$ ist, dann liegen 68% der Leistung innerhalb von $T_{\mathrm{M}} = 2\tau_0$. Für das Beispiel in Bild 1a mit $T_{\mathrm{M}} = 1{,}6\ \mu\mathrm{s}$ werden 68% der Empfangsleistung von Teilwellen beigetragen, deren Laufwege um bis zu 480 m differieren. Das ist eine typische Größenordnung für die Ausbreitung von Meterwellen in leicht hügeligem Gelände bei städtischer Bebauung [3].

Teilt man die Laufzeitfunktion in diskrete Schritte auf und berücksichtigt wie bei der Zweiwegeausbreitung die Zusatzphasen, dann setzt sich die Impulsantwort aus einer Folge von n Teilsignalen mit den komplexen Amplituden $\underline{A}_{\mathrm{n}}$ zusammen, die zu den Zeiten τ_{n} empfangen werden. Daraus ergibt sich, wie in Gl. (3), die Übertragungsfunktion

$$\underline{H}(f) = \sum_{n=1}^{N} \underline{A}_{\mathrm{n}} \exp(-\mathrm{j}2\pi f\tau_{\mathrm{n}}). \quad (11)$$

Das Betragsquadrat ist

$$|\underline{H}(f)|^2 = \underline{H}(f)\,\underline{H}^*(f) = \sum_{n=1}^{N}\sum_{m=1}^{N} \underline{A}_{\mathrm{n}}\underline{A}_{\mathrm{m}}^* \cdot \exp(-\mathrm{j}2\pi f(\tau_{\mathrm{n}} - \tau_{\mathrm{m}})). \quad (12)$$

Das Argument der Exponentialfunktion in Gl. (12) ist bei den gegebenen Größenordnungen der Frequenz (z.B. 100 MHz) und der Laufzeit-

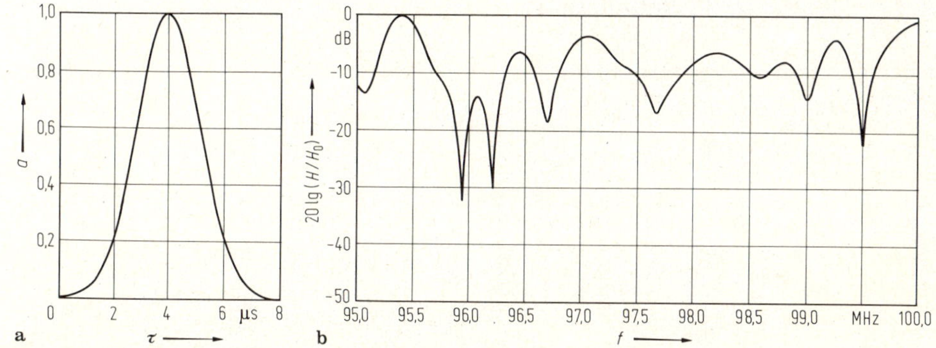

Bild 1. Frequenzabhängigkeit der Übertragungsfunktion bei Mehrwegeausbreitung. Das angenommene Laufzeitdichtespektrum $a(\tau)$ ist gaußförmig, $T_{\mathrm{M}} = 1{,}6\ \mu\mathrm{s}$. **a** Laufzeitfunktion; **b** Betrag der Übertragungsfunktion

differenzen ($\simeq 1\,\mu s$) ein hohes Vielfaches von 2π, d.h. die Laufwegunterschiede der Wellen sind sehr viel größer als die Wellenlänge. Daher bewirken kleine Veränderungen der Laufzeitfunktion oder der Frequenz erhebliche Veränderungen der Übertragungsfunktion. Die deterministische Bestimmung der Übertragungsfunktion einer Funkstrecke ist daher praktisch unmöglich. Bei der Berechnung des Beispiels in Bild 1 b sind die Phasen der Koeffizienten $\underline{A}_n$ zufallsverteilt angesetzt worden. Für jede andere Wahl der Phasen von $\underline{A}_n$ ergibt sich ein anderer Verlauf der Übertragungsfunktion. Bei tiefen Schwundeinbrüchen ergeben sich große Gruppenlaufzeitverzerrungen, jedoch besteht kein eindeutiger funktionaler Zusammenhang zwischen Schwundtiefe und Gruppenlaufzeitverzerrung.

Die Charakterisierung des Nachrichtenkanals erfolgt mit den Methoden der mathematischen Statistik. Dabei wird vorausgesetzt, daß die stochastische Funktion (hier der Übertragungsfaktor über der Frequenz) im weiteren Sinne stationär ist. Das impliziert die Annahme der Frequenzunabhängigkeit der Ausbreitung der Teilwellen.

In Bild 2a ist die Amplitudenverteilung (Überschreitungswahrscheinlichkeit) der in Bild 1b gezeichneten Übertragungsfunktion in Wahrscheinlichkeitspapier eingezeichnet. Das Liniennetz dieses Papiers ist so gestaltet, daß die Überschreitungswahrscheinlichkeit der Weibull-Verteilung [1] eine Gerade ist. Die Rayleigh-Verteilung ist ein Sonderfall der Weibull-Verteilung mit der Streuung $\sigma = 5{,}57$ dB (Tab. H 1.1). Die für das Beispiel in Bild 2a berechnete Streuung ist $\sigma = 5{,}39$ dB. Das Frequenzband 95 bis 100 MHz des Beispiels nach Bild 1b ist nicht breit genug, um die theoretische Streuung der Rayleigh-Verteilung genauer zu verifizieren. Wenn die Berechnung von $\underline{H}(f)$ mit verschiedenen zufallsverteilten Phasen der $\underline{A}_n$ sehr oft durchgeführt wird, dann ergibt sich als Mittelwert die theoretische Streuung der Rayleigh-Verteilung. Das gleiche sollte für die Mittelung über verschiedene Messungen gelten. In der Terminologie der mathematischen Statistik bedeutet das, daß der Schwund als ergodisch vorausgesetzt wird. Diese Voraussetzung ist allerdings bei Ausbreitungsproblemen nicht immer erfüllt, so daß die Mittelung über verschiedene Messungen zu systematischen Fehlern führen kann.

Die zweite wichtige Kennzeichnung einer stochastischen Funktion ist ihre Autokorrelationsfunktion (AKF), hier die Frequenzkorrelation der Übertragungsfunktion

$$\underline{R}(f_k) = \langle \underline{H}(f)\, \underline{H}^*(f+f_k)\rangle = \int_{-\infty}^{+\infty} \underline{H}(f)\, \underline{H}^*(f+f_k)\, df. \quad (13)$$

Da in der Praxis die Ausbreitung der Teilwellen frequenzabhängig ist, muß die Berechnung der AKF auf ein endliches Frequenzband beschränkt bleiben. Die so bestimmte Funktion $\underline{R}(f_k)$ kann wegen dieser Beschränkung ebenfalls von Beispiel zu Beispiel sehr unterschiedlich sein, für das Beispiel des Bildes 1b ist die AKF in Bild 2b wiedergegeben. Nach dem Wiener-Khintchine-Theorem kann durch inverse Fourier-Transformation aus der AKF die Leistungsdichtefunktion über der Laufzeit berechnet werden [2, 4, 5]:

$$a^2(\tau) = \int_{-\infty}^{+\infty} \underline{R}(f_k) \exp(j\,2\pi f_k \tau)\, df_k. \quad (14)$$

Wegen der starken Streuungen zwischen einzelnen Beispielen führt nur eine gut gemittelte AKF mit Gl. (14) zur genauen Leistungsdichteverteilung der Laufzeitfunktion. Aus Messungen der Übertragungsfunktion kann daher $a^2(\tau)$ nur dann bestimmt werden, wenn der Schwund ergodisch ist. Veränderungen der Laufzeitfunktion wirken sich stark auf den Schwundcharakter aus.

Zeitvarianter Ausbreitungskanal. Der Koeffizient $\underline{A}_n$ der Laufzeitfunktion kann sich aus i_n Teilwellen zusammensetzen, deren Laufzeiten sich unterschiedlich mit der Zeit verändern (s. Gl. 6)

$$\tau_{n,\,in}(t) = w_{in}\, t + \tau_{n0}. \quad (15)$$

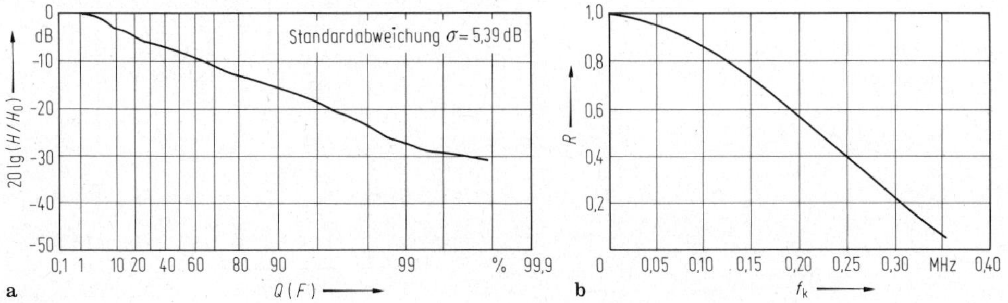

Bild 2. Verteilung (**a**) der Amplituden und (**b**) Frequenzkorrelationsfunktion der Übertragungsfunktion aus dem Beispiel nach Bild 1 b

Die Koeffizienten w_{in} sind unterschiedlich, weil die Streuzentren sich i. allg. mit unterschiedlicher Geschwindigkeit und Richtung im Ausbreitungsmedium bewegen. Das Doppler-Spektrum, das beim Zweiwegemodell aus zwei Linien besteht, wird damit kontinuierlich. Die Doppler-Verbreiterung (Doppler spread) wird definiert [2]:

$$B_D = 2\sqrt{\frac{\langle P^2 \rangle}{P_m} - \left(\frac{\langle P \rangle}{P_m}\right)^2}, \quad (16)$$

$$P_m = \int_{-\infty}^{+\infty} B^2(f_D)\,df_D; \quad \langle P \rangle = \int_{-\infty}^{+\infty} f_D B^2(f_D)\,df_D$$

und

$$\langle P^2 \rangle = \int_{-\infty}^{+\infty} f_D^2\, B^2(f_D)\,df_D.$$

Dabei ist $B^2(f_D)$ die Leistungsdichte über der Doppler-Frequenz. Für den Fall, daß zum betrachteten Zeitraum keine Teilwelle empfangen wird, deren Laufzeit zur Zeit $t = 0$ verschieden von τ_{n0} ist, berechnet sich die Laufzeitfunktion dual zu Gl. (11) [6]

$$\underline{H}(t) = \sum_{i=1}^{I_n} \underline{B}_i \exp(j2\pi f_{D_i} t) \exp(-j2\pi f \tau_{n0}). \quad (17)$$

Der Betrag $H(t)$ hat als Zeitfunktion den Charakter des Bildes 1 b, d. h. ein schmales Doppler-Spektrum ergibt langsame Veränderungen, ein breites Doppler-Spektrum schnelle Veränderungen des Schwundes. Die Phasenänderung der Übertragungsfunktion mit der Zeit verursacht die Frequenzmodulation eines sinusförmigen Signals. Wie bei der Gruppenlaufzeit, die an Tiefschwundstellen erheblich größer sein kann als die maximale Laufzeitdifferenz der Impulsantwort, kann auch die momentane Frequenzablage sehr viel größer sein als die Doppler-Bandbreite [7].

Die allgemeine Übertragungsfunktion $\underline{H}(f, t)$ ist aus der Überlagerung aller I_n Teilwellen jeder der N Laufzeiten zusammengesetzt. Die Amplitudenverteilung und der Charakter des Schwundprozesses verändern sich dadurch nicht grundsätzlich, die Details (Schwundtiefe, Gruppenlaufzeit und Frequenzablage) können aber in einem weiten Bereich variieren.

Frequenzselektivität und Zeitselektivität des Schwundes. Für den Fall, daß die Bandbreite B_N des Nachrichtenkanals

$$B_N \ll 1/T_M \quad (18)$$

ist, bezeichnet man den Schwund als *nicht frequenzselektiv*. Die Übertragungsfunktion ist dann innerhalb der Nachrichtenbandbreite nahezu frequenzunabhängig. Die Degradation der Nachrichtenübertragung kann dann durch Erhöhung der Sendeleistung und/oder der Empfängerempfindlichkeit oder durch Ortsverschiebung der Empfangsantenne an eine Stelle hoher Amplitude und linearer Phase behoben werden.

Ist die Bedingung (18) nicht erfüllt, dann ist der Schwund *frequenzselektiv*. Die genannten Maßnahmen ermöglichen kaum eine Verbesserung des Nachrichtenkanals. Eine begrenzte Verminderung der Verzerrung ist durch Ausgleich der Amplitudenschräglage oder Kombinationsdiversity (adaptive Phasendrehung der Diversity-Zweige) möglich. Bessere Entzerrung erreicht man durch adaptive Laufzeitentzerrung (tapped-delay-line [8]). Dazu werden die Übertragungseigenschaften des Nachrichtenkanals mit der Korrelationsanalyse bekannter Signalelemente abgeschätzt und der Entzerrer zum Laufzeitausgleich nachgestellt. Für diese Prozedur ist es notwendig, daß der Schwundprozeß im Vergleich zur Dauer eines Signalelements T_S (Taktzeit) zeitlich langsam verläuft:

$$T_S \ll 1/B_D. \quad (19)$$

Dabei ist B_D die maximale Doppler-Verbreiterung. Ist die Bedingung (19) erfüllt, dann wird der Schwund als *nicht zeitselektiv* bezeichnet.

Die Bandbreite bei digitaler Signalübertragung ist näherungsweise

$$B_N \approx 1/T_S. \quad (20)$$

Kombiniert man die Bedingungen (18) und (19) mit Gl. (20), so ergibt sich für nicht frequenzselektiven und nicht zeitselektiven Schwund (time-flat-frequency-flat fading)

$$T_M \ll T_S \ll 1/B_D. \quad (21)$$

Solche Nachrichtenkanäle sind mit dem geringsten Aufwand zu verbessern. Umgekehrt kann für Kanäle, die frequenz- *und* zeitselektiv sind, keine adaptive Entzerrung durchgeführt werden. Zur Charakterisierung der Qualität eines Nachrichtenkanals wird der Spreizfaktor (spread factor)

$$S_F = T_M B_D \quad (22)$$

definiert. Je kleiner S_F gegenüber 1 ist, desto leichter kann über den Kanal eine große Nachrichtenmenge übertragen werden. In Tab. 1 sind die typischen Werte von T_M, B_D und S_F für wichtige Funkkanäle zusammengestellt.

5.3 Funkkanalsimulation

Fading simulation

Um Funkübertragungssysteme im Labor testen und vergleichen zu können, werden Funkkanalsimulatoren verwendet, die die Übertragungsfunktion des Ausbreitungsmediums nachbilden. Das Prinzip eines nichtfrequenzselektiven

Tabelle 1. Impuls- und Doppler-Verbreiterung für einige Ausbreitungskanäle

	T_M	B_D	S_F	Erläuterungen und Literaturhinweise
Kurzwellenverbindungen	0,1 ... 5 ms	0,1 ... 2 Hz	$10^{-5} \ldots 10^{-2}$	T_M wächst mit der Funkfeldlänge [11]
troposphärische Streuausbreitung	0,1 ... 0,5 µs	0,1 ... 20 Hz	$10^{-8} \ldots 10^{-5}$	T_M und B_D sind abhängig von Funkfeldlänge und Antennengröße [12, 13]
Mobilfunk	1 ... 10 µs; in Bergen bis 100 µs	10 ... 200 Hz (s. H 6.3)	$10^{-5} \ldots 2\,10^{-2}$	T_M wächst mit der Funkfeldlänge; B_D wächst mit Fahrgeschwindigkeit und Frequenz [5, 14, 15]
Richtfunkstrecken mit freiem erstem Fresnel-Ellipsoid	bis 10 ns	bis 1 Hz	$10^{-9} \ldots 10^{-8}$	abhängig von Funkfeldlänge und Bodenfreiheit [16, 17]

Rayleigh-Funkkanalsimulators wurde in [16] beschrieben. Im Mobilfunk überlagern sich dem Rayleigh-Schwund langsame Schwankungen der Mittelwerte. Über einen solchen Simulator wird in [17] berichtet. Die bisher zitierten Simulatoren erzeugen Schwundprozesse mit zeitinvariantem Leistungsdichtespektrum. Um zeitvariante Spektren zu simulieren, werden typische Schwundprozesse nach Amplitude und Phase auf Datenträger aufgezeichnet und zur Simulatorsteuerung verwendet [18]. Für die Simulation frequenzselektiven Schwundes müssen mehrere Rayleigh-Funkkanalsimulatoren über Laufzeitglieder zusammengeschaltet werden, wobei je nach simuliertem Ausbreitungskanal die Laufzeitdifferenzen in der Größenordnung der in Tab. 1 gegebenen Werte für die Impulsverbreiterung T_M liegen müssen [19–21].

Spezielle Literatur: [1] *Müller, P. H.:* Lexikon der Stochastik,. Berlin: Akademie-Verlag 1975. – [2] *Bello, Ph.:* Some techniques for instantaneous real-time measurement of multipath and Doppler-spread. IEEE Trans. COM-13 (1965) 285–292. – [3] *Bajwa, A. S.; Parsons, J. D.:* Small area characterisation of UHF urban and suburban mobile radio propagation. IEE Proc. 129 (1982) 102–109. – [4] *Bello, Ph. A.:* Characterization of random time-variant linear channels. IRE Trans. CS-11 (1963) 360–393. – [5] *Parsons, J. D.; Bajwa, A. S.:* Wideband characterisation of fading mobile radio channels. IEE Proc. 129. Part F (1982) 95–101. – [6] *Bello, Ph.:* Time-frequency duality. IEEE Trans. IT (1964) 18–33. – [7] *Gelbrich, H.-J.; Löw, K.; Lorenz, R. W.:* Funkkanalsimulation und Bitfehler-Strukturmessungen an einem digitalen Kanal. Frequenz 36 (1982) 130–138. – [8] *Rice, R.; Green, P. E. Jr.:* A communication technique for multipath channels. Proc. IRE 46 (1958) 555–570. – [9] *Malaga, A.; McIntosh, R. E.:* Delay and Doppler power spectra of a fading ionospheric reflection channel. Radio Sci. 13 (1978) 859–872. – [10] *Bello, Ph. A.:* A review of signal processing for scatter communications. AGARD Conf. Proc. 244 (1977) 27.1.–27.23. – [11] *Schmitt, F.:* Statistics of troposcatter channels with respect to the applications of adaptive equalizing techniques. AGARD Conf. Proc. 244 (1977) 5.1.–5.15. – [12] *Jakes, W. C.:* Microwave mobile communications. New York: Wiley 1974. – [13] *Cox, D. C.:* Correlation bandwidth and delay spread multipath propagation statistics for 910 MHz urban mobile radio channels. IEEE Trans. COM-23 (1975). – [14] *Stephansen, E. T.; Mogensen, G. E.:* Experimental investigation of some effects of multipath propagation on a line-of-sight path at 14 GHz. IEEE Trans. COM-27 (1979) 643–647. – [15] *Martin, L.:* Study of fading selectivity due to multipath propagation. Proc. URSI Int. Symp. Lennoxville, Canada 1980. – [16] *Arredondo, G. A.* et al.: A multipath fading simulator for mobile radio. IEEE Trans. COM-21 (1973) 1325–1328. – [17] *Lorenz, R. W.; Puhl, M.:* Geräte zur Simulation der Feldstärkeschwankungen zwischen einer ortsfesten und einer bewegten Station. Tech. Ber. FI der DBP, 44 TBr 86 (1981). – [18] *Hagenauer, J.; Papke, W.:* Der gespeicherte Kanal – Erfahrungen mit einem Simulationsverfahren für Fading-Kanäle. Frequenz 36 (1982) 122–129. – [19] *Arnold, H. W.; Brodtmann, W. F.:* A hybrid multi-channel hardware simulator for frequency selective mobile radio paths. IEEE Globecom 1982, A 3-1. – [20] *Valentin, R.; Puhl, M.:* Schwundsimulator für frequenzselektiven Schwund und Messungen an einem 34-Mbit/s-QPSK-Modem. Tech. Ber. FI der DBP, 445 Tbr 22 (1982). – [21] *Bello, P. A.:* Wideband line-of-sight channel simulation system. AGARD Conf. Proc. 244 (1977) 12.1–12.14. – [22] *Lorenz, R. W.:* Das Zweiwegemodell zur Beschreibung der Frequenz- und der Zeitabhängigkeit der Übertragungsfunktion eines Funkkanals. Der Fernmelde-Ingenieur 39 (1985) Heft 1. – [23] *Lorenz, R. W.:* Zeit- und Frequenzabhängigkeit der Übertragungsfunktion eines Funkkanals bei Mehrwegeausbreitung mit besonderer Berücksichtigung des Mobilfunkkanals. Der Fernmelde-Ingenieur 39 (1985) Heft 4.

6 Planungsunterlagen für die Nutzung der Frequenzbereiche

Planning methods for the utilization of the radio frequency spectrum

Allgemeine Literatur: *Braun, G.:* Planung und Berechnung von Kurzwellenverbindungen. Berlin: Siemens AG 1981. – *Wiesner, L.:* Fernschreib- und Datenübertragung über Kurzwelle. Berlin: Siemens AG 1980.

Spezielle Literatur Seite H 34

6.1 Frequenzen unter 1600 kHz (Längstwellen, Langwellen, Mittelwellen)

Frequencies below 1600 kHz (ELF, VLF, LF, MF)

Längstwellenbereich. (VLF = Very Low Frequencies: 3 bis 30 kHz). Die Wellenlänge ist in der Größenordnung des Abstands der Ionosphäre vom Erdboden, bzw. bei ELF (Extremely Low Frequencies: 3 bis 3000 Hz) sogar des Erdumfangs. Hier muß die Ausbreitung im sphärischen Wellenleiter zwischen Erde und Ionosphäre betrachtet werden (geführte Ausbreitung). Darauf beruhen die Methoden zur Berechnung der Feldstärke im Längstwellenbereich [1]. Kompliziertere Verfahren berücksichtigen die unterschiedlichen Eigenschaften des Wellenleiters entlang des gesamten Weges (nichthomogener Wellenleiter), einschließlich einer beliebigen Elektronen- und Ionendichteverteilung in der Ionosphäre [2]. Im Längstwellenbereich ist zwar der Wirkungsgrad der Antennen sehr klein, es genügen aber die geringen abgestrahlten Leistungen zur Überbrückung sehr großer Entfernungen mit geringer Übertragungsgeschwindigkeit.

Die Notwendigkeit, den Raum zwischen Erde und Ionosphäre als Hohlleiter zu betrachten, verliert sich mit zunehmender Frequenz. Bereits im oberen VLF-Bereich kann die Feldstärke der am Boden geführten Welle (Bodenwelle, s. H 2.6) getrennt von dem reflektierten Feld (Raumwelle) betrachtet werden, wobei ggf. die Absorption bei der Reflexion und in tieferen Regionen der Ionosphäre zu berücksichtigen ist (s. H 3.3).

Langwellenbereich. (LF = Low Frequencies: 30 bis 300 kHz). Dieser ist wegen der besonderen Stabilität der Ausbreitung und der großen Reichweite für Zeitzeichenübertragung und Navigationsverfahren geeignet. Die Empfangsfeldstärke wird entweder nach der „Wave-hop"-Methode oder nach der „Waveguide mode"-Methode berechnet [3]. In ersterer werden die Ausbreitungswege der elektromagnetischen Energie geometrisch betrachtet (hops, s. H 3.3), in letzterer wird die Ausbreitung als Summe der verschiedenen Wellentypen im Hohlleiter Erde-Ionosphäre (s. o.) behandelt.

Mittelwellenbereich. (MF = Medium Frequencies: bis 1600 kHz). Er hat Bedeutung für den Rundfunk, da bei großer Sendeleistung (einige 100 kW) eine ausreichend große Bodenwellenfeldstärke (in Entfernungen bis zu einigen 100 km) erzielt wird. Nachts können wegen der fortfallenden Absorption (s. H 3.3) über die Raumwelle größere Entfernungen (um 1000 km) überbrückt werden. Für die Rundfunkplanung gibt es eine Reihe von Methoden zur Berechnung der Raumwellenfeldstärke [4]; eine davon wird

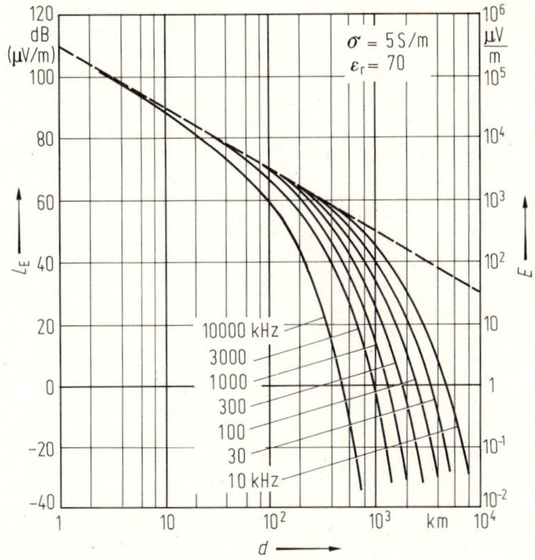

Bild 1. Bodenwellenausbreitungskurven für hohe Bodenleitfähigkeit (Meerwasser). Nach CCIR [7]. Dargestellt ist die Feldstärke eines 1-kW-Senders mit einer kurzen Vertikalantenne für verschiedene Frequenzen

vom CCIR empfohlen [5]. Dabei wird die nächtliche Raumwellenfeldstärke, d. h. der höchste innerhalb von 24 Stunden auftretende Wert und von diesem ausgehend werden die Werte für andere Stunden des Tages berechnet. Wegen der örtlichen und zeitlichen Variabilität der Ionosphäre (s. H 3.3) können die tatsächlich auftretenden Feldstärken (die ebenfalls mit Ort und Zeit schwanken) nur abgeschätzt werden (Vergleiche mit gemessenen Werten s. [6]).

Die Berechnung der Bodenwellenfeldstärke für die reale Erdoberfläche ist kompliziert und nur angenähert möglich. Meist werden die für homogene, glatte Erde berechneten Bodenwellenausbreitungskurven des CCIR [7] angewandt (Bilder 1 und 2), in denen neben den Bodeneigenschaften (s. H 2.6) und der Beugung (s. H 2.7) auch die Brechung in der Troposphäre (s. H 2.2) berücksichtigt ist.

Diese Kurven gelten nur für Ausbreitungswege mit homogenen Eigenschaften. Sind die Bodeneigenschaften inhomogen, kann die von Millington [8] entwickelte halb-empirische Methode angewandt werden. Führt der Ausbreitungsweg über drei Regionen (Strecken d_1, d_2, d_3) mit unterschiedlichen Bodenkonstanten (κ_1, ε_1, κ_2, ε_2, κ_3, ε_3, s. Bild 3), dann ergibt eine erste Berechnung die Feldstärke E_S des Senders S am Empfangsort E:

$$E_S = E_1(d_1) - E_2(d_1) + E_2(d_1 + d_2) - E_3(d_1 + d_2) + E_3(d_1 + d_2 + d_3),$$

wobei die Feldstärken E_1, E_2 und E_3 nach den Bodenwellenkurven bestimmt werden. Anschlie-

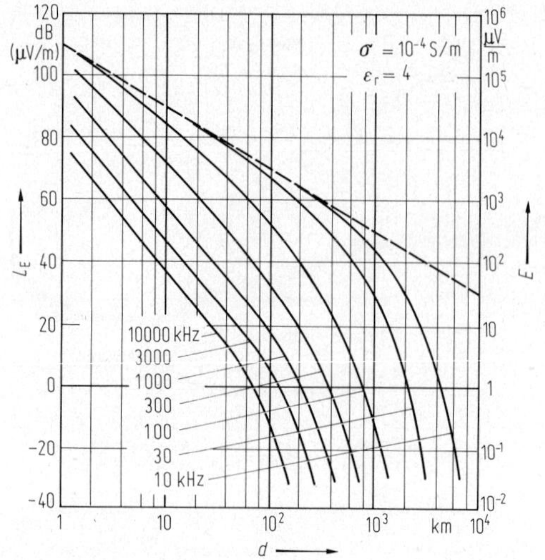

Bild 2. Bodenwellenausbreitungskurven für niedrige Bodenleitfähigkeit (Land). Nach CCIR [7]. Gleiche Darstellung wie Bild 1

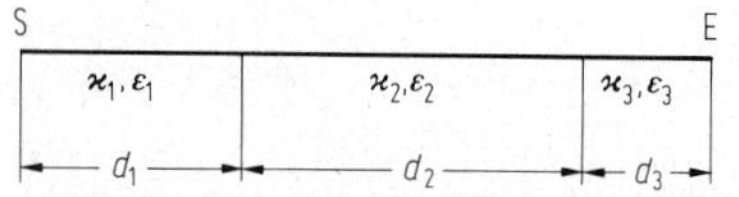

Bild 3. Zur Anwendung der Millington-Methode: Ausbreitung über drei Regionen unterschiedlicher Bodenleitfähigkeit

ßend wird die Feldstärke so berechnet, als ob E der Sender und S der Empfänger wäre (Reziprozität):

$$E_E = E_3(d_3) - E_2(d_3) + E_2(d_3 + d_2)$$
$$- E_1(d_3 + d_2) + E_1(d_3 + d_2 + d_1).$$

Die zu berechnende Feldstärke wird schließlich

$$E = (E_S + E_E)/2. \qquad (1)$$

Die nach dieser Methode berechneten Feldstärken stimmen gut mit gemessenen Werten überein [9]. Für manche Zwecke ist eine aus dieser Methode entwickelte graphische Methode brauchbar [10]. Die Millington-Methode ist geeignet zur Abschätzung des „Recovery-Effekts", d.h. einer Zunahme der Feldstärke beim Übergang von Regionen geringer auf Regionen höherer Bodenleitfähigkeit.

6.2 Frequenzen zwischen 1,6 und 30 MHz (Kurzwellen)

Frequencies between 1.6 MHz and 30 MHz (HF range)

Bedeutung hat dieser Frequenzbereich dadurch, daß *weltweite Nachrichtenverbindungen* über eine oder mehrere Reflexionen an der Ionosphäre und am Erdboden (Zick-Zack-Wege) möglich sind. Allerdings sind die Ausbreitungsbedingungen sehr variabel. Ausschlaggebend ist die Wahl der richtigen Frequenz, denn Grenzfrequenz und Absoroption sind mit Tageszeit, Jahreszeit, geographischem Ort und Sonnentätigkeit veränderlich (s. H 3.3). Der häufige, schnelle und frequenzselektive Schwund begrenzt die nutzbare Bandbreite (s. Tab. H 5.1). Damit sind die Kurzwellen für Anwendungen geeignet, die nur eine mäßige Zuverlässigkeit und Übertragungsqualität erfordern. Ihr Vorteil ist die Möglichkeit, Funkverbindungen über große Entfernungen schnell und kostengünstig herzustellen.

Wegen der starken Variabilität der Ausbreitungsbedingungen werden *Langfristprognosen* (Vorhersagen der Monatsmedianwerte) und *Kurzfristprognosen* (Vorhersagen der kurzfristigen Abweichungen von diesen Medianwerten) erstellt. Für die Prognose von Monatsmedianwerten ist es notwendig, längs des Ausbreitungswegs den mittleren Ionosphärenzustand vorherzusagen. Aus diesem ergibt sich der nutzbare Frequenzbereich, der nach unten durch die Absorption begrenzt wird (LUF = Lowest Usable Frequency) und nach oben durch die Schräg-Grenzfrequenz (basic MUF, MUF = Maximum Usable Frequency), die nach Gl. H 3 (13) bei gegebener Sprunglänge aus der Senkrechtgrenzfrequenz bestimmt werden kann. Letztere gewinnt man aus Karten (z.B. [11, 12]) oder aus den tabellierten Koeffizienten von Kugelfunktionsentwicklungen, die aus mehrjährigen Messungen des Ionosphärenzustands an vielen Beobachtungsstationen auf der Erde gewonnen wurden [13]. Formelmäßige Ausdrücke zur Berechnung der Grenzfrequenz [14, 15] sind in der Genauigkeit den aus den Koeffizienten gewonnen Werten unterlegen, haben aber den Vorteil der leichteren Anwendbarkeit.

Empfangsbeobachtungen haben gezeigt, daß die „Betriebsgrenzfrequenz" (operational MUF oder auch nur MUF) merklich höher liegen kann als die aus der Strahlenbrechung berechnete Schräggrenzfrequenz. Ursache dafür ist die Streuausbreitung, die auch innerhalb der toten Zone (s. H 3.3) noch eine (relativ kleine) Feldstärke hervorruft. Die Betriebsgrenzfrequenz ist (im Gegensatz zur Schräg-Grenzfrequenz) leistungsabhängig, da die Streufeldstärke mit der Sendeleistung zunimmt (s. H 2.5).

Die Bestimmung von LUF und MUF kann für einfache Planungszwecke schon ausreichen. Für eine genauere Planung und die Festlegung technischer Parameter (Sendeleistung, Antennengewinn usw.) sind jedoch Feldstärke bzw. Rauschabstand (s. H 4) wichtig. Dafür wird zuerst die Freiraumfeldstärke für die Entfernung längs des Zick-Zack-Wegs berechnet. Dann werden die Absorptionsmaße der Welle auf den Wegab-

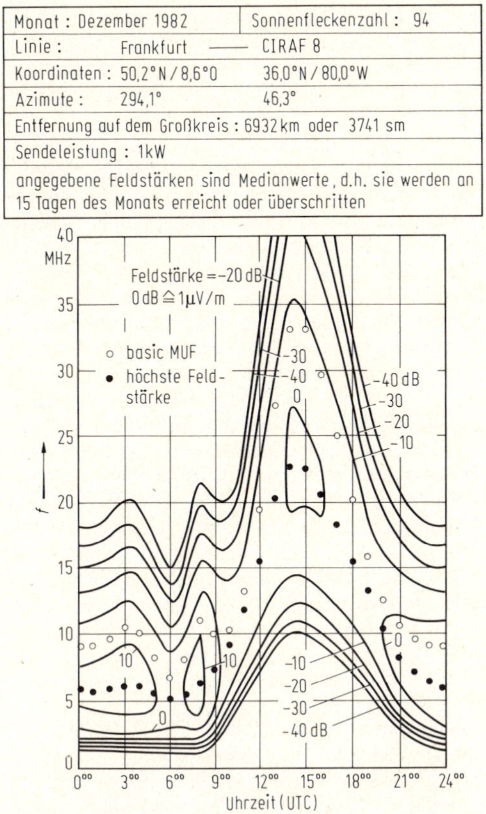

Bild 4. Beispiel einer Funkprognose nach der Beckmann-Formel. Angegeben ist das Feldstärkemaß für eine Linie New-York – Frankfurt, Monat Dezember 1982 und eine Sendeleistung von 1 kW ERP

schnitten in den unteren Ionosphärenschichten aufaddiert und das so erhaltene Ausbreitungsdämpfungsmaß vom Freiraumfeldstärkemaß (s. H 2.2) subtrahiert. Solche Methoden sind nur für Frequenzen unterhalb der Schräg-Grenzfrequenz brauchbar; sie sind entweder (je nach Ionosphärenmodell) sehr rechenaufwendig (Großrechner [16–18]) oder weniger genau, aber für Taschenrechner geeignet [19, 20].
Ein grundsätzlich anderes Verfahren verwendet einen formelmäßigen Ausdruck für den Verlauf der Feldstärke zwischen LUF und MUF mit empirischen Faktoren. Diese berücksichtigen die Einflüsse von Tageszeit, Jahreszeit, Sonnentätigkeit und geografischer Lage von Sender und Empfänger (Beckmann-Formel) [21, 22]. Die anderen Methoden [16–18] benötigen bei vergleichbarer Genauigkeit sehr viel mehr Rechenzeit. Beispiel einer Prognose nach der Beckmann-Formel in Bild 4.
Die variable Sonnentätigkeit führt zu starken Schwankungen (day-to-day variation) um die vorhergesagten Monatsmedianwerte. Der Bereich, in dem 90% der in einem Monat zu einer bestimmten Tageszeit beobachteten Stundenmittelwerte der Feldstärke liegen, beträgt in der Nähe der LUF etwa ± 6 dB, in der Nähe der Schräg-Grenzfrequenz ± 25 dB und in der Nähe der MUF ± 8 dB [23]. Schwankungen dieser Art werden unter Berücksichtigung der momentanen Sonnenaktivität in den sog. *Kurzfristvorhersagen* abgeschätzt. Dabei werden Wahrscheinlichkeiten für die Größenordnung der Schwankungen angegeben, und es werden Tendenzen für das Auftreten von Störungen aufgezeigt. Funkdienste, bei denen ein häufiger Frequenzwechsel nicht möglich ist (z. B. Rundfunk), setzen vorzugsweise Frequenzen ein, die etwa 15 bis 20% unterhalb des Monatsmittels der Schräggrenzfrequenz liegen (FOT = Frequency of Optimum Traffic).
Neben den Schwankungen des mittleren Signalpegels von Tag zu Tag treten auch kurzfristige Schwankungen des Pegels mit Perioden von Bruchteilen von Sekunden bis zu einigen Minuten auf (Schwund). Sie werden z. B. durch veränderliche Absorption oder Überlagerung mehrerer (z. B. auch unterschiedlich polarisierter, s. H 3.3) Teilwellen verursacht, als Folge der inhomogenen Struktur der Ionosphäre. Dieser Schwund ist rayleigh-verteilt (s. H 1).
Zur Verbesserung der Zuverlässigkeit von Kurzwellenverbindungen gibt es „Echtzeit-Verfahren", die die Qualität der empfangenen Sendung laufend prüfen (evtl. auf mehreren Frequenzen) und jeweils die optimale Frequenz auswerten. Andere Verfahren sind Diversity-Verfahren, Spreizbandtechniken (spread-spectrum), Fehlererkennung und ARQ-Verfahren (automatic request), sowie Fehlerkorrekturverfahren (forward error correction).

6.3 Frequenzen zwischen 30 und 1000 MHz (Ultrakurzwellen, unterer Mikrowellenbereich)

Frequencies between 30 and 1000 MHz

Planungsverfahren. In diesem Frequenzbereich wird die Empfangsfeldstärke nur in Ausnahmefällen von der Ionosphäre oder der Bodenleitfähigkeit beeinflußt. Entscheidend für die Ausbreitung zwischen erdgebundenen Funkstellen ist die Rauhikeit der Grenzfläche Erde/Atmosphäre. Durch Beugung, Reflexion oder Streuung wird häufig eine ausreichende Empfangsfeldstärke erreicht, selbst wenn der direkte Weg zwischen den Funkstellen stark abgeschattet ist. Daher ist der Frequenzbereich zwischen 30 und 1000 MHz besonders für Flächenversorgung (Rundfunk und bewegliche Funkdienste) geeignet.

Netzstruktur für Flächenversorgung. Für die Grobplanung von Sendernetzen geht man von

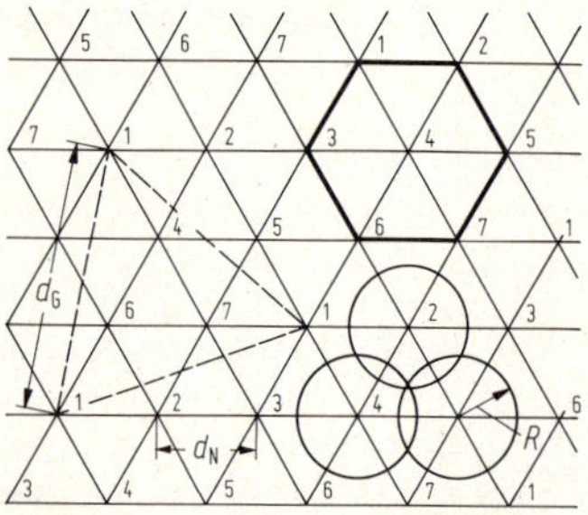

Bild 5. Rautenplan für $n = 7$ Kanäle. Sender in den Knotenpunkten. Das hervorgehobene Sechseck gibt die Kanalanordnung an, R minimaler Versorgungsradius eines Senders; d_N, d_G Abstand zwischen zwei Sendern verschiedener bzw. gleicher Frequenz

Rautennetzen aus [25]. In Bild 5 ist die flächendeckende Verteilung von $n = 7$ Kanälen gezeichnet. In den Punkten gleicher Kennzahl werden gleiche Frequenzen benutzt. Der Abstand zwischen zwei Sendern verschiedener Frequenz ist die Netzweite

$$d_N = \sqrt{3}\,R, \tag{2}$$

wobei R der Mindestversorgungsradius eines Senders ist. Der Abstand zwischen zwei Sendern gleicher Frequenz, die sich gegenseitig nicht stören sollen, heißt Gleichkanalabstand:

$$d_G = \sqrt{n}\,d_N = \sqrt{3n}\,R. \tag{3}$$

Gleichseitige Gleichkanalabstands-Dreiecke ergeben sich für $n = 3; 4; 7; 9; 13; 16; 19$ usw. Für eine effektive Frequenzbandausnutzung [26] muß n möglichst klein sein. Großräumige Netzplanung ist in [27] beschrieben.

Berechnung der Feldstärke ohne Berücksichtigung der Topographie. Als erster Schätzwert des Feldstärkepegels dient der Freiraumwert (Gl. H 2(1))

$$F_0/\mathrm{dB}(\mu\mathrm{V/m}) = 10\,\lg(P_S/\mathrm{W}) + 10\,\lg(G_S) - 20\,\lg(d/\mathrm{km}) + 74{,}8, \tag{4}$$

oder der Wert für Ausbreitung über ebener Erde (Gl. H 2 (26))

$$F_{\mathrm{Ebene}} = \begin{cases} F_0 & \text{für } A_{\mathrm{Ebene}} < 0 \\ F_0 - A_{\mathrm{Ebene}} & \text{für } A_{\mathrm{Ebene}} > 0 \end{cases} \tag{5}$$

$$A_{\mathrm{Ebene}} = 20\,\lg(d/\mathrm{km}) - 20\,\lg(f/\mathrm{MHz}) - 20\,\lg(h_S/\mathrm{m}) - 20\,\lg(h_E/\mathrm{m}) + 87{,}6 \tag{6}$$

(P_S = Leistung des Senders; G_S = Sendeantennengewinn, bezogen auf den Kugelstrahler; d = Abstand von der Sendeantenne; f = Betriebsfrequenz; h_S, h_E = Antennenhöhen am Sender bzw. Empfänger.)

Für die Feldstärke in der Beugungszone (s. H 2.7) sind in [28] Nomogramme zu finden. Durch Troposcatter (s. 6.4) kann allerdings die Feldstärke größer sein als nach der Beugungstheorie berechnet.

Berechnung der Feldstärke mit Berücksichtigung der Topographie durch statistische Kennwerte. Aufbauend auf Ausbreitungsmessungen hat das CCIR Ausbreitungskurven für 30 bis 250 MHz (Rundfunkbänder I bis III) und 450 bis 1000 MHz (Bänder IV und V) veröffentlicht [29, 30], bei denen der Einfluß des Geländes durch statistische Kennwerte erfaßt wird. Die Kurven in [30] gelten für gemäßigte Klimazonen und leicht hügeliges Gelände (Beispiel s. Bild 6). In [30] sind weitere Kurven für 10%, 5% und 1% der Zeit angegeben, getrennt nach verschiedenen Klimagebieten in Europa. Die niedrigen Zeitprozentsätze sind für die Abschätzung von Gleichkanalstörungen bei Überreichweiten wichtig (s. H 7.2). So ist die Feldstärke in 1% der Zeit bei $d = 200$ km über Land etwa um 20 dB, über dem Mittelmeer sogar um etwa 53 dB höher als in Bild 6 angegeben.

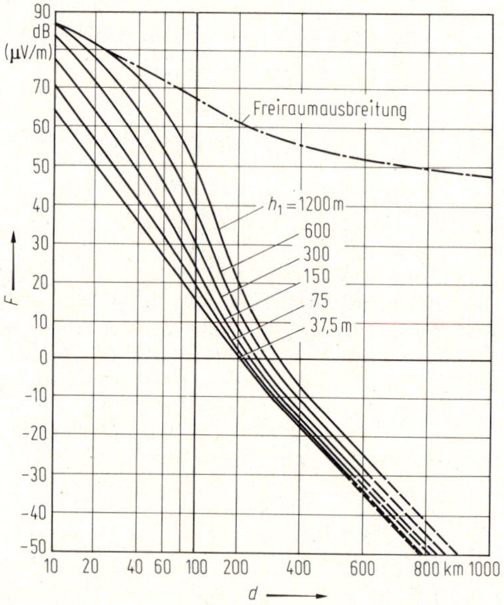

Bild 6. Medianwerte der Feldstärkepegel in dB(µV/m). Nach [30]. Diese Werte werden in 50% der Zeit und an 50% der Orte im Frequenzbereich zwischen 30 und 300 MHz überschritten. Die Ausbreitungskurven gelten über Land im Bereich der Klimazonen zwischen Nordsee und Mittelmeer. Die Sendeleistung beträgt 1 kW ERP (vom verlustlosen $\lambda/2$-Dipol bei 1 kW Einspeisung in Hauptstrahlrichtung abgestrahlt). Parameter: h_1: Sendeantennenhöhe über den zwischen 3 und 15 km in Richtung auf den Empfänger gemittelten Geländehöhen, $h_2 = 10$ m: Empfangsantennenhöhe über Grund und $\Delta h = 50$ m: Geländerauhigkeit

Tabelle 1. Standardabweichung σ_t/dB der Zeitwahrscheinlichkeit nach [29]

Frequenzbereich in MHz	Entfernung vom Sender in km 50	100	150
30 ... 300	3	7	9 (Land und See)
	2	5	7 (Land)
300 ... 1000	9	14	20 (See)

Die Topographie wird in dieser Methode durch zwei statistische Kenngrößen charakterisiert: die wirksame Sendeantennenhöhe h_1 (Def. s. Bild 6) und die Geländerauhigkeit Δh. Dies ist die Differenz zwischen den Geländehöhen, die an 10% und 90% der Orte im Entfernungsbereich zwischen 10 und 50 km erreicht werden. Bild 6 gilt für $\Delta h = 50$ m; für andere Werte werden Dämpfungskorrekturen angegeben, die entfernungs- und frequenzabhängig zwischen -10 dB ($\Delta h = 10$ m) und $+28$ dB ($\Delta h = 500$ m) liegen. Weitere Einzelheiten zu dieser Methode in [31]. An verschiedenen Meßpunkten in gleichem Abstand vom Sender und bei gleichen Kennwerten h_1 und Δh werden sehr unterschiedliche Feldstärkepegel gemessen. In erster Näherung ist die *Ortswahrscheinlichkeit* der Feldstärkepegel eine Normalverteilung mit der Standardabweichung σ_L, die nach [29, 31] abgeschätzt werden kann zu

$$\frac{\sigma_L}{\text{dB}} = \begin{cases} 6 + 0{,}69\sqrt{\Delta h/\lambda} - 0{,}0063\,\Delta h/\lambda \\ \qquad \text{für } \Delta h/\lambda \leqq 3000, \\ 25 \quad \text{für } \Delta h/\lambda > 3000. \end{cases} \tag{7}$$

Die zeitlichen Schwankungen der Ausbreitungsbedingungen durch troposphärische Effekte (s. H 3.2) können nach [29] meist als Normalverteilung der Feldstärkepegel angesetzt werden, typische Standardabweichungen σ_t der *Zeitwahrscheinlichkeit* s. Tab. 1. Die resultierende Standardabweichung ist durch

$$\sigma/\text{dB} = \sqrt{(\sigma_L/\text{dB})^2 + (\sigma_t/\text{dB})^2} \tag{8}$$

gegeben.

Berechnung der Feldstärke im quasi-ebenen Gelände. Aus Messungen im quasi-ebenen Gelände wurde eine Feldstärkeberechnungsmethode entwickelt [32], bei der unter Verwendung zahlreicher Diagramme verschiedene topographische Gegebenheiten berücksichtigt werden. Daraus wurde dann eine empirische Ausbreitungsformel für städtisches Gebiet und vertikale Polarisation hergeleitet [33]:

$$F_{\text{Stadt}} = F_0 - A_{\text{Stadt}}, \tag{9}$$

$$\begin{aligned} A_{\text{Stadt}}/\text{dB} = {} & 24{,}9 - 6{,}5\lg(h_S/\text{m})\lg(d/\text{km}) \\ & + (7{,}7 - 1{,}1\,h_E/\text{m})\lg(f/\text{MHz}) \\ & + 0{,}7\,h_E/\text{m} - 13{,}8\lg(h_S/\text{m}) + 36{,}1; \end{aligned} \tag{10}$$

Gültigkeitsbereich von Gl. (10): $150 \leqq f/\text{MHz} \leqq 1000$;

$1 \leqq d/\text{km} \leqq 20$; $\quad 30 \leqq h_S/\text{m} \leqq 200$ und

$1 \leqq h_E/\text{m} \leqq 10$.

Im Vergleich zu A_{Ebene} nach Gl. (6) ist besonders die ungünstigere Frequenzabhängigkeit von A_{Stadt} von Bedeutung, die durch Beugungsdämpfung von Bauwerken verursacht wird.
In [32] sind Korrekturfaktoren für andere Geländetypen angegeben, u. a. für

freies Gelände:

$$F_{\text{frei}} \approx F_{\text{Stadt}} + \begin{cases} 18\text{ dB bei } f = \ \ 100\text{ MHz}, \\ 24\text{ dB bei } f = 1000\text{ MHz}, \end{cases}$$

Wasserflächen:

$$F_{\text{Wasser}} \approx F_{\text{frei}} + 15\text{ dB}.$$

Bei ansteigendem Hang ist eine Erhöhung des Feldstärkepegels um etwa 5 dB zu berücksichtigen. Im Wald ist in erster Näherung $F_{\text{Wald}} \approx F_{\text{Stadt}}$, durch die Belaubung sind saisonale Unterschiede bis zu 10 dB möglich. Bessere Näherungen zur Berücksichtigung von Waldeinflüssen in [34].

Berücksichtigung von Bergen. Zusätzlich zu den bisher beschriebenen Berechnungen muß die Abschattung durch Berge berücksichtigt werden. Liegt im Geländeprofil (s. H 3.1) nur ein Hindernis, so kann näherungsweise mit Kantenbeugung (s. H 2.7) gerechnet werden. Es gilt [28]

$$\frac{A_{\text{Kante}}}{\text{dB}} \approx \begin{cases} 0 \quad \text{für } v \leqq -0{,}75 \\ 6{,}4 + 20\lg(\sqrt{v^2+1} + v) \\ \qquad \text{für } v > -ß{,}75. \end{cases} \tag{11}$$

Dabei ist

$$v = (H/\text{m})/(387\sqrt{d_S/\text{km}(1 - d_S/d)/(f/\text{MHz})}) \tag{12}$$

(H = Abstand zwischen der geradlinigen Verbindung Sender – Empfänger und der Kante; d_S = Abstand zwischen Sender und Kante; d = Abstand zwischen Sender und Empfänger).
In Ausnahmefällen kann die Feldstärke hinter einem Hindernis größer sein als über ebener Erde. Voraussetzung dafür ist, daß zwischen Sender und Hindernis und zwischen Empfänger und Hinternis je eine gut reflektierende Ebene liegen und das Hindernis eine scharfe Beugungskante darstellt. Dieser Effekt wird Hindernisgewinn genannt [35].
Abgerundete Bergkuppen vergrößern die Dämpfung: Methoden zur Abschätzung sind in [28, 36, 37] beschrieben. Für die Beugung an mehreren Hindernissen wird nach [38] das Hindernis gesucht, das für sich allein die größte Dämpfung ergeben würde (Haupthindernis). Danach wer-

den neue Sichtlinien und Fresnel-Ellipsen vom Sender zur Spitze des Haupthindernisses und von dort zum Empfänger berechnet. Falls in die neuen Fresnel-Ellipsen noch andere Hindernisse hineinragen, ergeben sich weitere Zusatzdämpfungen. Eine Korrektur zu diesem Verfahren ist in [39] hergeleitet.
Zur rechnergestützten Feldstärkeberechnung sind *topographische Datenbanken* erstellt worden, in denen für Flächenelemente bestimmter Größe die Höhe über NN und eine Kennziffer über die Landnutzung gespeichert sind. Vergleiche von Datenbanken und Berechnungsmethoden in [40].

Besonderheiten der Wellenausbreitung beim Mobilfunk. Nahe der Erdoberfläche weist die räumliche Verteilung der Feldstärke durch Überlagerung von Teilwellen starke Amplitudenschwankungen auf, hervorgerufen durch

- Streuung an Geländerauhigkeit, Vegetation und Bauwerken;
- Reflexion an glatten Berghängen oder Häuserfronten;
- Wellenführung in Straßen und in Tälern mit steilen Hängen.

Eine in diesem Wellenfeld bewegte Antenne transformiert die räumlichen in zeitliche Schwankungen des Empfangssignals mit Anteilen von schnellem und langsamem Schwund.

Schneller Schwund entsteht durch Interferenz der Teilwellen. Die Amplituden sind rayleigh-verteilt, wenn keine direkte Sicht zwischen den Funkstellen vorhanden ist, und rice-verteilt, wenn direkte Sicht vorliegt (s. H 1.3). Die Bewegung des Fahrzeugs (Geschwindigkeit v und Winkel α gegen die azimutale Einfallsrichtung der Welle) bewirkt eine Doppler-Verschiebung

$$f_D(\alpha) = v \cos(\alpha)/\lambda. \quad (13)$$

Da die Teilwellen aus unterschiedlichen Richtungen zur bewegten Antenne gelangen, entsteht ein i. allg. zeitvariantes, kontinuierliches Spektrum (s. H 5.1) im Bereich [41, 42]:

$$f_0 - f_{DM} \leqq f \leqq f_0 + f_{DM}, \quad (14)$$

dabei ist f_0 die Trägerfrequenz und $f_{DM} = f_D$ $(\alpha = 0)$ die maximale Doppler-Frequenz.
Der *langsame Schwund* resultiert aus der Struktur der Bebauung und Vegetation. In städtischen Gebieten ist er häufig normalverteilt: Der gesamte Schwundprozeß kann dann durch eine Mischverteilung (s. H 1.3) beschrieben werden [43, 44]. Wegen der starken Feldstärkeschwankungen im Mobilfunk werden zum Gerätetest Funkkanalsimulatoren benutzt (s. H 5.3).

6.4 Frequenzen über 1 GHz (Mikrowellen)

Frequencies above 1 GHz

Der Frequenzbereich oberhalb 1 GHz wird im wesentlichen für Radar, terrestrischen Richtfunk und Satellitenfunk genutzt. Durch troposphärische Einflüsse können in gewissen Zeitprozentsätzen große Ausbreitungsdämpfungen auftreten. Diese für die Planung benötigten Zeitprozentsätze werden meist auf ein durchschnittliches Jahr bezogen, manchmal auch auf den ungünstigsten Monat eines Jahres [45].

Terrestrische Funkstrecken.

Für Richtfunkverbindungen läßt sich der Einfluß von Hindernissen mit Hilfe des Fresnel-Ellipsoids (s. H 2.7) abschätzen. Häufig wird gefordert, daß das erste Fresnel-Ellipsoid für $k_e = 4/3$ von Hindernissen frei sein soll (Geländeschnitt, s. H 3.1). Dann kann man in guter Näherung mit Freiraumausbreitung (s. H 2.1) rechnen.

Beugungsdämpfung. Wenn Hindernisse in das erste Fresnel-Ellipsoid hineinragen (begrenzte Turmhöhen, kurzzeitige Verringerung des k_e-Werts), tritt eine zusätzliche Beugungsdämpfung auf, die u. a. von der Art des Geländes und der Vegetation abhängt. Bild 7 zeigt Meßergebnisse [46, 47], die zwischen den theoretischen Werten für die Beugung an einer scharfen Kante und an der kugelförmigen Erde liegen, als Funktion der Streckenfreiheit (Beugungsparameter $v = \sqrt{2}\, H/r_F$, s. H 2.7). Für den Fall der glatten Erde ist H die maximale Höhe, mit der die Erdkugel über die direkten Verbindung Sen-

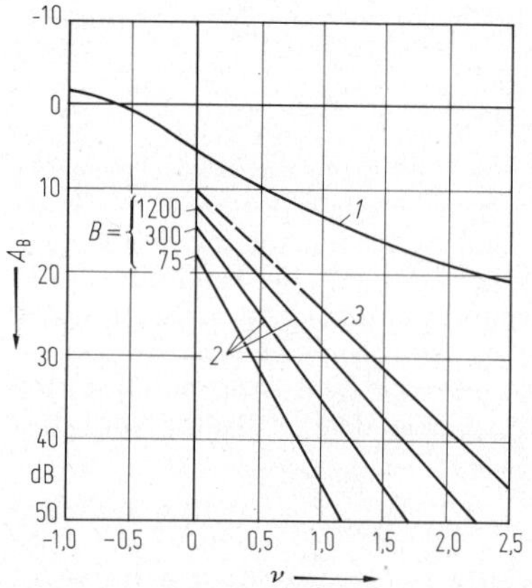

Bild 7. Beugungsdämpfungsmaß A_B als Funktion der normierten Streckenfreiheit v bei *1* Kantenbeugung, *2* Beugung an glatter, sphärischer Erde, *3* Meßergebnisse nach [46]

der – Empfänger in der k_e-Darstellung (s. Bild H 3.2b) hinausragt:

$$H = k_e r_E - \sin\alpha(k_e r_E + h_S)(k_e r_E + h_E)/r_d, \quad (15)$$

mit $\alpha = d/(k_e r_E)$.

$$r_d^2 = (k_e r_E + h_S)^2 - 2\cos\alpha(k_e r_E + h_S) \cdot (k_e r_E + h_E) + (k_e r_E + h_E)^2,$$

(d = Abstand Sender – Empfänger; h_S, h_E = Höhe von Sende- bzw. Empfangsantenne).
Weiter hängt die theoretische Kurve für die kugelförmige Erde näherungsweise von einem Parameter B ab, der durch

$$B = k_e^{-1/3}(\sqrt{h_S/\underline{m}} + \sqrt{h_E/\underline{m}})^2 (f/\text{GHz})^{2/3} \quad (16)$$

gegeben ist [48].

Dämpfung durch Mehrwegeausbreitung. Durch partielle oder totale Reflexion der Welle an Inversionsschichten (s. H 3.2) oder an der Erdoberfläche entstehen zeitweise weitere Ausbreitungswege zwischen Sender und Empfänger, die selbst bei freiem ersten Fresnel-Ellipsoid zu starkem Interferenzschwund führen können. Der Zeitprozentsatz, mit dem ein Dämpfungsmaß A_M überschritten wird, läßt sich bei tiefem Mehrwegeschwund ($A_M \geqq 15$ dB) abschätzen [47]:

$$Q(A \geqq A_M) = 1{,}4 \cdot 10^{-8}(f/\text{GHz})(d/\text{km})^{3,5} \cdot 10^{-A_M/(10\,\text{dB})}\%. \quad (17)$$

Die Überschreitungswahrscheinlichkeit bei einer einzelnen Frequenz (Gl. (17)) ist nicht mehr ausreichend für die Planung von breitbandigen Richtfunksystemen, da die Bedingung für nicht frequenzselektiven Schwund (s. H 5.2) nicht erfüllt ist. Zur Erfassung der Frequenzselektivität kann der Schwund näherungsweise durch ein Zweiwegemodell beschrieben werden. Dabei wird angenommen, daß die direkte Welle durch troposphärische Effekte (z. B. Defokussierung) gegenüber dem Freiraumwert gedämpft ist. Die Übertragungsfunktion $\underline{H}(\omega) = H(\omega)\exp[\text{j}\varphi(\omega)]$ des Ausbreitungskanals (bezogen auf Freiraumausbreitung) ist dann gegeben durch [49, 50]

$$\underline{H}(\omega) = a[1 - b\exp(-\text{j}(\omega - \omega_0)\tau)]. \quad (18)$$

(a = Verhältnis der Amplitude der direkten Welle zur Amplitude bei Freiraumausbreitung; b = Amplitudenverhältnis von reflektierter zu direkter Welle; $\omega_0 = 2\pi f_0$ = Kreisfrequenz, bei der beide Wellen gegenphasig sind; τ = Laufzeitdifferenz zwischen direkter und reflektierter Welle.)
Die Parameter a, b, ω_0 und τ ändern sich zeitlich; aus Messungen gewonnene statistische Verteilungsfunktionen sind in [50–52] gegeben. Ausbreitungsdämpfungsmaß A_M und Gruppenlaufzeit τ_g sind:

$$A_M/\text{dB} = -20\lg H(\omega) \quad (19)$$
$$= -10\lg[a^2(1 - 2b\cos((\omega - \omega_0)\tau) + b^2)],$$

$$\tau_g = -\frac{\text{d}\varphi}{\text{d}\omega} = -\tau\frac{b\cos((\omega - \omega_0)\tau) - b^2}{1 - 2b\cos((\omega - \omega_0)\tau) + b^2}. \quad (20)$$

Selbst bei ausreichender Empfangsleistung kann die Änderung von Dämpfung und Gruppenlaufzeit innerhalb des zu übertragenden Frequenzbandes, insbesondere bei digitaler Modulation, zu einem Ausfall des Systems führen [53, 54].
Die Auswirkung des Mehrwegeschwundes kann verringert werden durch Diversity-Anordnungen: Die Nachricht wird gleichzeitig auf zwei verschiedenen Trägerfrequenzen (Abstand Δf) übertragen (Frequenzdiversity) oder mit zwei oder mehreren übereinander angeordneten Antennen (Abstand Δh) empfangen (Raumdiversity).
Der Verbesserungsfaktor D bei Diversity ist definiert als Quotient der Überschreitungshäufigkeiten für das Ausbreitungsdämpfungsmaß A_M bei Einfach- und Diversityempfang

$$D = \frac{Q(A \geqq A_M)}{Q_D(A \geqq A_M)}. \quad (21)$$

Nach [55] ist bei typischen Sichtstrecken mit Mehrwegeschwund bei Raumdiversity ($\Delta h \leqq 15$ m)

$$D_r \approx 12 \cdot 10^{-4}\frac{(\Delta h/\text{m})^2 f/\text{GHz}}{d/\text{km}} 10^{A_M/(10\,\text{dB})}, \quad (22)$$

und bei Frequenzdiversity ($\Delta f \leqq 500$ MHz)

$$D_f \approx \frac{1}{12}\frac{\Delta f/\text{MHz}}{d/\text{km}(f/\text{GHz})^2} 10^{A_M/(10\,\text{dB})}. \quad (23)$$

Diese Näherungsformeln gelten für $2\,\text{GHz} \leqq f \leqq 11$ GHz, $30\,\text{km} \leqq d \leqq 70$ km, $30\,\text{dB} \leqq A_M \leqq 50$ dB und $D > 10$. Bei $\Delta h > 150\,\lambda$ bzw. $\Delta f > 150$ MHz wird der Diversitygewinn genügend groß ($D > 10$) [47, 56].

Dämpfung durch Regen. Bei höheren Frequenzen hat der Regen einen merklichen Einfluß auf die Ausbreitung (s. H 3.2). Der Regendämpfungskoeffizient kann bei gegebener Regenrate R (s. Bild H 3.7) näherungsweise abgeschätzt werden durch

$$\alpha_R = \alpha_1 [R/(\text{mm/h})]^b. \quad (24)$$

Werte für die frequenzabhängigen Parameter α_1 und b sind in Tab. 2 aufgeführt.
Es muß berücksichtigt werden, daß die Regenrate entlang des Ausbreitungswegs variiert. Für

Tabelle 2. Parameter α_1 und b zur Abschätzung der Regendämpfung bei horizontaler (H) und vertikaler (V) Polarisation [56]

f/GHz	α_1^H(dB/km)	α_1^V/(dB/km)	b^H	b^V
10	0,0101	0,00887	1,28	1,26
15	0,0367	0,034	1,15	1,13
20	0,0751	0,0691	1,10	1,07
25	0,124	0,113	1,06	1,03
30	0,187	0,167	1,02	1,00
35	0,263	0,233	0,979	0,963

eine einfache Abschätzung der Regendämpfung für bestimmte Zeitprozentsätze wird aus der Regenrate, die in 0,01 % der Zeit an einem Ort überschritten wird, der Dämpfungskoeffizient nach Gl. (24) berechnet. Die effektive Streckenlänge d_{eff} einer Richtfunkstrecke entlang der R als konstant angenommen wird, ist

$$d_{eff} = \frac{90}{90 + 4d/\text{km}}\, d. \tag{25}$$

Das Dämpfungsmaß, das in 0,01 % der Zeit überschritten wird, ergibt sich dann aus

$$A_R(0{,}01\,\%) = \alpha_R\, d_{eff}. \tag{26}$$

Für andere Zeitprozentsätze Q erzählt man

$$A_R(Q) = A(0{,}01\,\%)\,(Q/0{,}01\,\%)^{-a} \quad \text{mit} \\ a = \begin{cases} 0{,}33 & \text{für } 0{,}001\,\% < Q < 0{,}01\,\%, \\ 0{,}41 & \text{für } 0{,}01\,\% < Q < 0{,}1\,\%. \end{cases} \tag{27}$$

Dämpfung durch atmosphärische Gase. Die Resonanzabsorption elektromagnetischer Energie durch Sauerstoff und Wasserdampf bewirkt Dämpfungsmaxima bei 22 GHz (H_2O), 60 GHz (O_2), 120 GHz (O_2), 184 GHz (H_2O) und 324 GHz (H_2O) (s. Bild H 3.5). Das Dämpfungsmaß auf einer Ausbreitungsstrecke der Länge d ist

$$A_G = \int_0^d (\alpha_0(x) + \alpha_w(x))\,dx. \tag{28}$$

Die folgenden Näherungsformeln [58] gelten für einen Druck von $p = 1$ bar und eine Temperatur von 20 °C, ϱ_W ist die Wasserdampfdichte (s. H 3.2). Die Koeffizienten wachsen bei fallender Temperatur um etwa 1 %/K.

Depolarisation. Die übertragbare Anzahl der Kanäle kann bei gegebener Bandbreite durch Verwendung jeweils zueinander orthogonal polarisierter Wellen verdoppelt werden (frequency re-use). Zur Beschreibung der Depolarisation durch Ausbreitungseffekte werden Kreuzpolarisationsentkopplung X_D und Kreuzpolarisationsisolation X_I benutzt. X_D ist das Verhältnis der kopolaren zu der orthogonal polarisierten Feldstärkekomponente am Empfangsort, wenn nur mit einer Polarisation gesendet wird [59]. Zur Bestimmung von X_I muß in zwei orthogonalen Polarisationsrichtungen gleichzeitig gesendet werden. X_I ist das Verhältnis der Feldstärkekomponente am Empfangsort, die durch die ursprünglich kopolar gesendete Feldstärke entsteht, zu der Komponente, die durch die ursprünglich kreuzpolar gesendeten Feldstärke verursacht wird. X_D ist einfacher zu messen; unter gewissen Voraussetzungen ist $X_D = X_I$ [60]. Manchmal wird X_D und X_I auch in analoger Weise durch das Verhältnis der Leistungen in den beiden Empfangszweigen definiert und enthält dann auch die Einflüsse der Antennen und Polarisationsweichen.

Während Mehrwegeschwunds ist die Änderung von X_D durch Ausbreitungseffekte gering, die über das gesamte System gemessene Entkopplung kann jedoch sehr kleine Werte annehmen. Ursache hierfür sind die verschiedenen Antennendiagramme für ko- und kreuzpolarisierte Komponenten für die durch die Reflexion an den troposphärischen Schichten schräg einfallenden Strahlen. Die Werte für X_D sind damit sehr stark von den verwendeten Antennen abhängig [61].

Beim Durchgang durch ein Niederschlagsgebiet ist die Degradation der Entkopplung für lineare Polarisation geringer als für zirkulare. Bei Regen besteht aber in dem Frequenzbereich, in dem sich

$$\frac{\alpha_0}{\text{dB/km}} = \begin{cases} 10^{-3}\left[\dfrac{6{,}6}{(f/\text{GHz})^2 + 0{,}33} + \dfrac{9}{(f/\text{GHz} - 57)^2 + 1{,}96}\right]\left(\dfrac{f}{\text{GHz}}\right)^2 & \text{für } f \leqq 57\,\text{GHz} \\ 14{,}9 \quad \text{für } 57\,\text{GHz} < f < 63\,\text{GHz} \\ 10^{-3}\left[\dfrac{4{,}13}{(f/\text{GHz} - 63)^2 + 1{,}1} + \dfrac{0{,}19}{(f/\text{GHz} - 118{,}7)^2 + 2}\right]\left(\dfrac{f}{\text{GHz}}\right)^2 \\ \quad \text{für } 63\,\text{GHz} \leqq f < 350\,\text{GHz} \end{cases} \tag{29}$$

$$\frac{\alpha_w}{\text{dB/km}} = 10^{-4}\left[0{,}067 + \frac{2{,}4}{(f/\text{GHz} - 22{,}3)^2 + 6{,}6} + \frac{7{,}33}{(f/\text{GHz} - 183{,}5)^2 + 5} + \frac{4{,}4}{(f/\text{GHz} - 323{,}8)^2 + 10}\right]\left(\frac{f}{\text{GHz}}\right)^2 \frac{\varrho_w}{\text{g/m}^3} \quad \text{für } f < 350\,\text{GHz} \tag{30}$$

eine Änderung der Entkopplung bemerkbar macht, gleichzeitig auch eine starke Dämpfung. Es hängt von der Frequenz und dem Übertragungssystem ab, welcher der beiden Effekte den stärkeren Einfluß ausübt.
Bei gegebener Überschreitungshäufigkeit der Regendämpfung A_R kann die mit gleicher Häufigkeit unterschrittene Entkopplung X_D abgeschätzt werden aus [47]

$$X_D/\mathrm{dB} = U - V \lg(A_R/\mathrm{dB}). \tag{31}$$

Für terrestrische Strecken mit horizontaler oder vertikaler Polarisation ist im Frequenzbereich 8 GHz $< f <$ 20 GHz $U = 9 + 30 \lg(f/\mathrm{GHz})$ und $V = 20$ zu setzen.

Troposphärische Streuausbreitung (Troposcatter). Für große Entfernungen zwischen Sender und Empfänger ist der Empfangspunkt immer durch die Erde abgeschattet. Die gemessenen Dämpfungskoeffizienten sind um eine Zehnerpotenz kleiner als die aus der Beugung an der kugelförmigen Erde berechneten. Ursache ist die Streuung elektromagnetischer Energie an den Brechwertinhomogenitäten in dem Volumen, das von Sende- und Empfangsantenne gemeinsam eingesehen wird. Der Empfangspegel bei Streuausbreitung zeigt schnelle Schwankungen mit Rayleigh-Verteilung und langsame mit einer Log-Normalverteilung (s. H 1.3). Für den Medianwert der Stundenmittelwerte des Übertragungsdämpfungsmaßes ergibt sich folgender empirischer Zusammenhang [62]:

$$L(50\,\%)/\mathrm{dB} = 30 \lg(f/\mathrm{MHz}) - 20 \lg(d/\mathrm{km}) + F(\vartheta d) - g_P/\mathrm{dB} - V(d_e) \tag{32}$$

mit

$$g_P/\mathrm{dB} = g_S/\mathrm{dB} + g_E/\mathrm{dB} - 0{,}07 \exp[0{,}055(g_S + g_E)/\mathrm{dB}], \tag{33}$$

wobei g_S, g_E die Antennengewinnmaße von Sende- bzw. Empfangsantenne sind (Voraussetzung: $g_S, g_E < 50$ dB). Der Streuwinkel ϑ ist der Winkel, den die beiden von Sende- und Empfangsantenne ausgehenden Sichtbegrenzungslinien bilden (s. Bild 8). Er errechnet sich aus dem

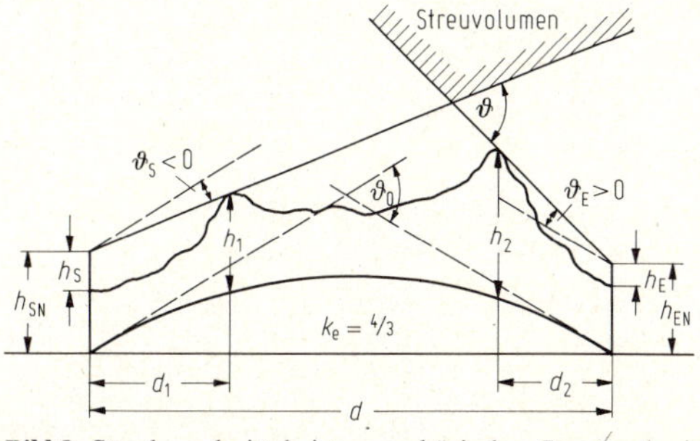

Bild 8. Streckenschnitt bei troposphärischer Streuausbreitung

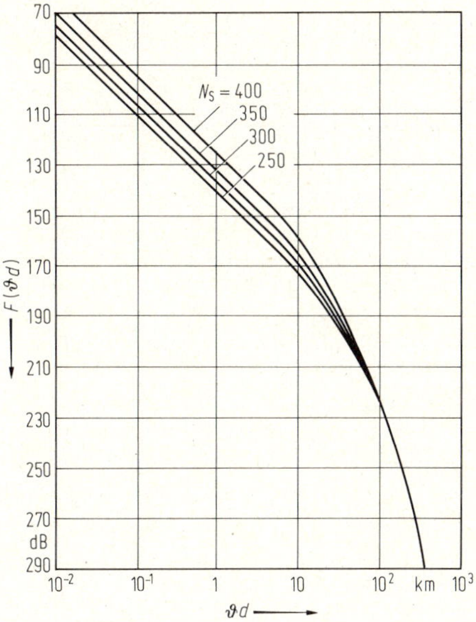

Bild 9. Dämpfungsfunktion $F(\vartheta d/\mathrm{km})$. Parameter N_S nach Gl. H 3 (7)

Streuwinkel bei glatter Erde ϑ_0 und den beiden Erhebungswinkeln ϑ_S und ϑ_E zu

$$\vartheta = \vartheta_0 + \vartheta_S + \vartheta_E, \tag{34}$$

$$\vartheta_0 = d/(k_e r_E), \tag{35}$$

$$\vartheta_S = [h_1 - h_{SN} - d_1^2/(2k_e r_E)]/d_1, \tag{36}$$

$$\vartheta_E = [h_2 - h_{EN} - d_2^2/(2k_e r_E)]/d_2. \tag{37}$$

Die Größen h_1, h_2, h_{SN}, h_{EN}, d_1 und d_2 müssen aus dem Streckenschnitt gewonnen werden. $F(\vartheta d)$ kann dann aus Bild 9 für das jeweilige N_S (s. H 3.2) abgelesen werden. $V(d_e)$ ist ein Korrekturfaktor, der den Klimaeinfluß berücksichtigt (Bild 10). d_e ergibt sich aus

$$d_e = \begin{cases} (130\,d/(d_{RS} + d_{RE} + d_f))\ \mathrm{km} & \text{für } d \leqq d_{RS} + d_{RE} + d_f, \\ 130\ \mathrm{km} + d - (d_{RS} + d_{RE} + d_f) & \text{für } d > d_{RS} + d_{RE} + d_f, \end{cases} \tag{38}$$

dabei sind $d_f/\mathrm{km} = 302(f/\mathrm{MHz})^{-1/3}$, d_{RS} und d_{RE} die Entfernungen zu den Radiohorizonten von Sender und Empfänger bei glattem Gelände gemäß Gl. H 2 (23).
Aus $L(50\,\%)$ können die Stundenmittelwerte für andere Zeitprozentsätze Q bestimmt werden:

$$L(Q) = L(50\,\%) + \Delta L(Q). \tag{39}$$

Dabei ist $L(Q)$ der Wert des Übertragungsdämpfungsmaßes, der in Q % der Zeit überschritten wird. Empirische Schätzungen der Funktion

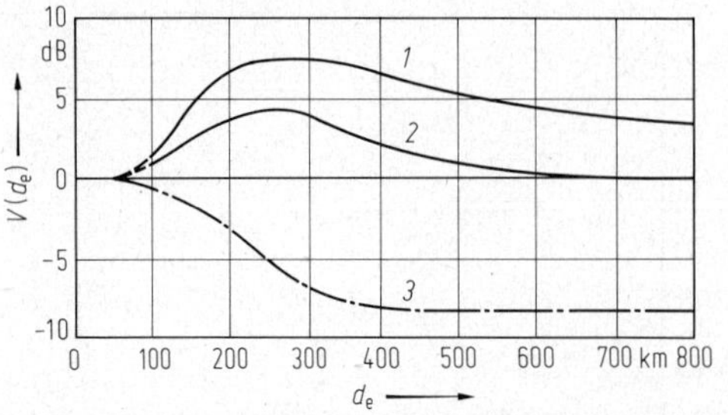

Bild 10. Korrekturfunktion $V(d_e)$ für verschiedene Klimagebiete, *1* Strecken über See, gemäßigtes maritimes Klima; *2* Strecken über Land, gemäßigtes kontinentales Klima; *3* Wüstenklima

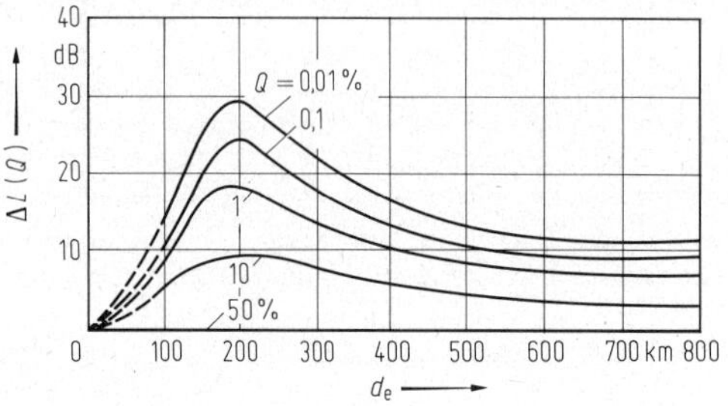

Bild 11. Änderung $\Delta L(Q)$ des Übertragungsdämpfungsmaßes mit d_e für gemäßigtes, kontinentales Klima

$\Delta L(Q)$ in Abhängigkeit der Streckenlänge sind für kontinentales Klima in Bild 11 gezeigt.
Durch den Streuprozeß entsteht am Empfangsort ein Interferenzfeld. Die Laufzeitdifferenzen der Teilwellen bestimmen die Impulsverbreiterung T_M (s. H 5). Die nutzbare Bandbreite, für die aus Tab. H 5.1 eine grobe Abschätzung Werte < 10 MHz ergibt, wird größer, wenn der Antennengewinn vergrößert wird und verringert sich mit wachsender Entfernung.

Satellitenfunkstrecken

Die Ausbreitung auf Satellitenfunkstrecken wird durch die Troposphäre und die Ionosphäre beeinträchtigt. Mit Ausnahme des Einflusses von Eiswolken (in größeren Höhen über Grund) sind die Störungsmechanismen in der Troposphäre weitgehend die gleichen wie auf terrestrischen Strecken (s. oben), aber vom Erhebungswinkel δ abhängig. Bei $\delta > 10°$ können Einflüsse der Erdoberfläche (s. H 3.1) i. allg. vernachlässigt werden. Bei niedrigeren Elevationen muß mit Reflexion und Beugungseinflüssen, bei Elevationen unter 3° auch mit Mehrwege- und Ductausbreitung gerechnet werden.
Der Einfluß der Ionosphäre ist abhängig vom totalen Elektroneninhalt und nimmt mit zunehmender Frequenz ab. Es treten Laufzeitverlängerung, Dispersion und durch den Faraday-Effekt eine Drehung der Polarisationsebene linear polarisierter Wellen auf (Tab. 3).

Dämpfung durch Gase und Regen. Die Dämpfung des Nutzsignals durch Sauerstoff und Wasserdampf und durch Niederschläge kann abgeschätzt werden, wenn die Höhenstruktur und der Laufweg durch das störende Medium bekannt sind. Für Erhebungswinkel $\delta < 10°$ müssen die sphärische Schichtung der Troposphäre und die Strahlenkrümmung berücksichtigt werden (s. H 3.3). Für Sauerstoff wird mit einer äquivalenten homogenen Schicht der Dicke 8 km mit Druckbedingungen des Erdbodens gerechnet, für Wasserdampf mit einer Dicke von 2 km.
Entsprechend wird zur Abschätzung der *Regendämpfung* angenommen, daß der Regen in vertikaler Richtung bis zur Höhe h_R homogen ist (Bild H 3.8). Die aus h_R und δ berechnete Weglänge im Regen muß wegen seiner horizontalen Inhomogenität noch ebenso wie in Gl. (25) reduziert werden. Für $\delta > 10°$ und 0,01 % der Zeit

Tabelle 3. Maximal zu erwartende Auswirkungen der Ionosphäre auf Satellitensignale für einen einmaligen Durchgang der Welle bei einem Elevationswinkel von etwa 30°. Es ist ein Gesamtelektroneninhalt (TEC) von 10^{18} Elektronen/m^2 zugrunde gelegt, der in niedrigen Breiten zu Zeiten hoher Sonnentätigkeit auftritt. Nach [63]

Effekt	Frequenzabhängigkeit	Trägerfrequenz 1 GHz	3 GHz	10 GHz
Faraday-Rotation	$1/f^2$	108°	12°	1,1°
Verlängerung der Laufzeit	$1/f^2$	250 ns	28 ns	2,5 ns
Dispersion	$1/f^3$	400 ps/MHz	15 ps/MHz	0,4 ps/MHz
Absorption	$1/f^2$	0,01 dB	10^{-3} dB	10^{-4} dB
Brechung (Verringerung des Elevationswinkels)	$1/f^2$	0,6′	4,0″	0,36″
Schwankung der Einfallsrichtung	$1/f^2$	12″	1,3″	0,12″

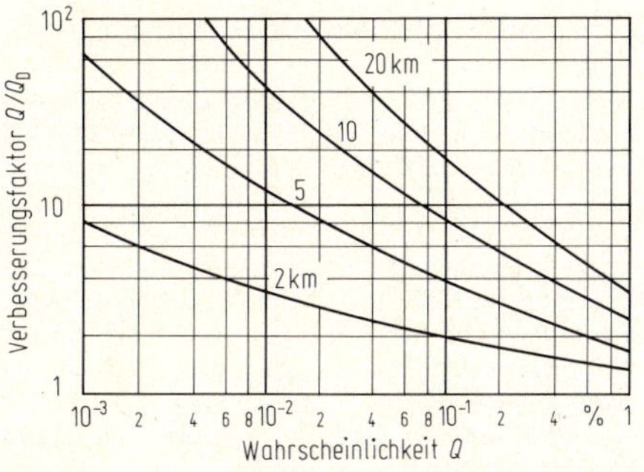

Bild 12. Verbesserungsfaktor bei Standort-Diversity: Q Wahrscheinlichkeit, daß eine bestimmte Regendämpfung an einer Station überschritten wird; Q_D Wahrscheinlichkeit, daß dieselbe Regendämpfung an beiden Stationen gleichzeitig überschritten wird. Parameter: Stationsabstand

erhält man

$$A_R(0{,}01\,\%)/\mathrm{dB} = \alpha_R\, d_{\mathrm{eff}} = \frac{\alpha_R\, 90\,(h_R - h)}{90 \sin\delta + 4(h_R - h)/\mathrm{km}\, \cos\delta}, \qquad (40)$$

wobei h die Höhe der Erdfunkstelle über NN bezeichnet. Der Dämpfungskoeffizient α_R hängt ab von der momentanen Regenrate R, der Frequenz f und dem Polarisationswinkel τ gegen den lokalen Horizont (für zirkulare Polarisation ist $\tau = 45°$ zu setzen) [57]:

$$\begin{aligned} \alpha_R &= \alpha_1\,[R/(\mathrm{mm/h})]^{b}, \\ \alpha_1 &= [\alpha_1^H + \alpha_1^V + (\alpha_1^H - \alpha_1^V)\cos^2\delta\, \cos 2\tau]/2, \\ \beta &= [\alpha_1^H b^H + \alpha_1^V b^V + (\alpha_1^H b^H - \alpha_1^V b^V) \\ &\quad \cdot \cos^2\delta\, \cos 2\tau]/2\alpha_1. \end{aligned} \qquad (41)$$

α_1^H, α_1^V, b^H, b^V sind Tab. 2 zu entnehmen, Gl. (27) erlaubt die Umrechnung auf andere Zeitwahrscheinlichkeiten. Einige Daten über die Zeitdauer einzelner Regendämpfungsereignisse findet man in [64].

Um die Verfügbarkeit einer Funkverbindung bei hoher Regendämpfung vor allem auf höheren Frequenzen zu erhöhen, kann „*Standort-Diversity*" (Umschaltung zwischen zwei, einige km voneinander entfernten Stationen) eingesetzt werden. Die erzielbare Verbesserung Q/Q_D (Bild 12) hängt von der Zeitwahrscheinlichkeit Q ab, mit der an jeder der beiden Stationen eine bestimmte Dämpfung überschritten wird; dies führt zu einer Abhängigkeit von der Klimazone und der Frequenz.

Szintillationen. Szintillationen sind schnelle Schwankungen der Feldstärke und/oder Einfallsrichtung um einen mittleren Wert, hervorgerufen durch Brechwertinhomogenitäten [65].

Troposphärische Szintillationen werden durch Turbulenzen hervorgerufen. Kleinere Antennen nehmen die Strahlung aus einem größeren Raumwinkel auf; damit werden bei sonst gleichen Bedingungen stärkere Szintillationen beobachtet. Die Varianz der gemessenen Leistung wächst etwa mit $\sqrt{f}$ und nimmt bei kleinen δ zu. Die Schwankungsfrequenzen liegen zwischen 0,1 und 1 Hz [66, 67]. Bei $\delta > 10°$ werden Szintillationen oft in Verbindung mit Cumuluswolken registriert. In Schweden wurden bei 11,8 GHz mit einer 3-m-Antenne bei $\delta \approx 22°$ in 0,2 % der Zeit Schwankungen von 1 dB gemessen. Solche Schwankungen treten vorwiegend in den Sommermonaten auf und können in seltenen Fällen 6 dB erreichen; mit stärkeren Szintillationen ist bei $\delta < 10°$ zu rechnen [64]. Die Szintillationen der Einfallsrichtung sind frequenzunabhängig. In den USA wurden Abweichungen bis 0,1° in 0,01 % der Zeit beobachtet [68]. Bei scharf bündelnden Antennen kann dies zu Störungen der automatischen Antennensteuerung führen.

Szintillationen durch Inhomogenitäten der Elektronendichte in der *Ionosphäre* hängen stark von der Sonnenaktivität ab [69]. Auf Ausbreitungsstrecken, die die Ionosphäre in der Nähe des geomagnetischen Äquators durchdringen, wurden bei 4 und 6 GHz im Sonnenfleckenmaximum Schwankungen von 10 dB in 0,1 % eines Jahres überschritten, im Sonnenfleckenminimum niemals über 1 dB [70]. Diese Szintillationen treten regelmäßig in den Abendstunden (18^{00}–3^{00} OZ) während der Frühjahrs- und Herbst-Äquinoktien auf. In mittleren Breiten werden sie nur bei sehr starken Ionosphärenstürmen beobachtet (in Einzelfällen bei 12 GHz noch Amplituden bis 3,5 dB [71]).

Depolarisation. Bis 6 GHz wird meist zirkulare Polarisation eingesetzt, da die Polarisationsebene linear polarisierter Wellen durch den Faraday-Effekt in der *Ionosphäre* ständigen Schwankungen unterliegt. Bei höheren Frequenzen ist der Einfluß der Ionosphäre meist vernachlässigbar.

In der *Troposphäre* wird mit zunehmender Frequenz der Polarisationszustand durch nicht kugelsymmetrische Hydrometeore verändert. Die Depolarisation ist bei linearer Polarisation (abhängig vom Polarisationswinkel τ) geringer als bei zirkularer.

Nach der vom CCIR [64] vorgeschlagenen halbempirischen Methode ist im Regen die Kreuzpolarisationsentkopplung, die in einem gegebenen Zeitprozentsatz unterschritten wird

$$X_D/\mathrm{dB} = U - V \lg(A_R/\mathrm{dB}).$$

A_R ist die Dämpfung des Nutzsignals, die für den gleichen Zeitprozentsatz überschritten wird. Im Bereich 8 GHz $\leqq f \leqq$ 35 GHz und $10° \leqq \delta \leqq 60°$

gilt für eine pessimistische Abschätzung

$$U = 30\,\lg(f/\mathrm{GHz}) - 40\,\lg(\cos\delta) - 10\,\lg[0{,}516 - 0{,}484\cos(4\tau)], \qquad (42)$$

$$V = \begin{cases} 20 & \text{für} \quad 8\,\mathrm{GHz} \leqq f \leqq 15\,\mathrm{GHz} \\ 23 & \text{für} \quad 15\,\mathrm{GHz} < f \leqq 35\,\mathrm{GHz}. \end{cases} \qquad (43)$$

Der letzte Term in Gl. (42) beschreibt die Verbesserung bei linearer Polarisation gegenüber zirkularer.

Zusätzlich zu den Störungen durch nicht-kugelsymmetrische Regentropfen ist auf Satellitenstrecken mit der Anregung einer fehlpolarisierten Komponente durch *Eiskristalle* in Eiswolken zu rechnen [72, 73]. Im 11-GHz-Bereich wurden für zirkulare Polarisation X_D-Werte von etwa 24 dB (maritimes Klima) und 30 dB (kontinentales Klima) in 0,1 % der Zeit überschritten. Depolarisation durch Eiskristalle allein ist kaum mit Dämpfung verbunden; jedoch können Eiswolken und Regen gemeinsam auftreten. Die Eiskristalle (Blättchen oder Nadeln) haben meist horizontale oder vertikale Ausrichtung, diese (und damit die Depolarisation) kann sich durch starke elektrostatische Felder (z. B. in Gewittern) plötzlich ändern [74, 75]. Die Anregung des fehlpolarisierten Signals wächst etwa proportional zu f^2 [76, 77].

Spezielle Literatur: [1] *Recommendations and Reports of the CCIR, 1982, Vol. VI* (Propagation in ionized media), Genf: ITU 1982, Report 895 (Sky-wave propagation and circuit performance at frequencies below about 30 kHz). pp. 267–291. – [2] *Willim, D. K.:* Sanguine. ELF-VLF propagation. Dordrecht: Reidel 1974. – [3] *Recommendations and Reports of the CCIR, 1982, Vol. VI* (Propagation in ionized media), Genf: ITU 1982, Report 265-5 (Sky-wave propagation and circuit performance at frequencies between about 30 kHz and 500 kHz) pp. 292–309. – [4] *CCIR 575-2:* Methods for predicting sky-wave field strengths at frequencies between 150 kHz and 1600 kHz, desgl. 352–359. – [5] *CCIR Recommendation 435-4:* Prediction of sky-wave field strength between 150 and 1600 kHz, desgl. 310–331. – [6] *CCIR Report 432-1:* The accuracy of predictions of sky-wave field strength in bands 5(LF) and 6(MF), desgl. 347–352. – [7] *CCIR Recommendation 368-4:* Ground-wave propagation curves for frequencies between 10 kHz and 30 MHz, desgl. Vol. V, 23–40. – [8] *Millington, G.:* Ground-wave propagation over an inhomogeneous smooth earth. Proc. IEE, Part III, 96 (1949) 53–64. – [9] *Damboldt, T.:* HF ground-wave field-strength measurements on mixed land-sea paths. IEE Conf. Publ. 195 (1981) 263–268. – [10] *Stokke, K. N.:* Some graphical considerations on Millington's method for calculating field strength over inhomogeneous earth. Telecomm. J. 42 (1975) 157–163. – [11] *Braun, G.:* Planung und Berechnung von Kurzwellenverbindungen. Berlin: Siemens AG, 1981. – [12] *US Department of Commerce:* Ionospheric predictions, Vol. 1–4, Superintendent of Document, US Government Printing Office, Washington, DC 20402, Stock numbers 03000318, 03000319, 03000320, 03000321. – [13] *CCIR Report 340-4:* CCIR-Atlas of ionospheric characteristics. Genf 1967. – [14] *Rose, R. B.; Martin, J. N.; Levine, P. H.:* MINIMUF-3: A simplified HF MUF prediction algorithm. Naval Ocean Systems Center Tech. Rep. TR-186 , 1. Feb. 1978. – [15] *Rose, R. B.; Martin, J. N.:* MINIMUF-3.5: An improved version of MINIMUF-3. Naval Ocean Systems Center, Tech. Doc. TD-201, 26 Oct. 1978. – [16] *CCIR Report 252-2:* CCIR interim method for estimating sky-wave field strength and transmission loss at frequencies between the approximate limits of 2 and 30 MHz, Genf: ITU 1970. – [17] *CCIR Supplement to Report 252-2:* Second CCIR computer-based interim method for estimating sky-wave field strength and transmission loss at frequencies between 2 and 30 MHz. Genf: ITU 1980. – [18] *Barghausen, A. F.; Finney, J. W.; Proctor, L. L.; Schultz, L. D.:* Predicting long-term operational parameters of high-frequency sky-wave telecommunication systems. ESSA Tech. Rep. ERL 110-ITS 78, Boulder, Colorado 1969. – [19] *Hortenbach, K. J.; Scholz, H.:* Berechnung der Raumwellenfeldstärke und der höchsten übertragbaren Frequenzen im HF-Bereich mit Hilfe eines programmierbaren Taschenrechners (HP 97). Rundfunktech. Mitt. 26 (1982) 52–62. – [20] *Fricker, R.:* An HP 97 calculator method for sky-wave field strength prediction. IEE Conf. Publ. 195 (1981) 237–239. – [21] *Beckmann, B.:* Bemerkungen zur Abhängigkeit der Empfangsfeldstärke von den Grenzen des Übertragungsfrequenzbereiches (MUF, LUF). NTZ 11 (1965) 643–653. – [22] *Damboldt, Th.:* A comparison between the Deutsche Bundespost ionospheric HF radio propagation predictions and measured field strengths. AGARD Conf. Proc. No 173 (1976) 12-1–12-18. – [23] *Forschungsinstitut der Deutschen Bundespost:* Monthly Report. Solar activity, solar terrestrial relations and radio propagation conditions for the frequency range 3 to 30 MHz, Postfach 5000, 6100 Darmstadt. – [25] *Freytag, H. H.; Haas, R.:* Über ein Verfahren zur Bestimmung der minimalen Kanalzahl in flächenhaften Netzen des nichtöffentlichen beweglichen Landfunks. NTZ 18 (1965) 565–568. – [26] *Colavito, C.:* On the efficiency of the radio frequency spectrum utilization in fixed and mobile communication systems. Alta Frequenza (1974) 376–387 E. – [27] *Eden, H.; O'Leary, T.:* Die Ergebnisse der 1. Sitzungsperiode der regionalen UKW-Planungskonferenz, Genf, 23. 8. bis 17. 9. 1982. NTG Fachber. 83, Hörrundfunk 6, (1982) 11–28. – [28] *Recommendations and Reports of the CCIR, Vol. V* (Propagation in non-ionized media), Genf: ITU 1982, Rec. 526-1 (Propagation by diffraction), p. 45 and Rep. 715-1 (Propagation by diffraction), pp. 45–56. – [29] Siehe [28], Rep. 567-2 (Methods and statistics for estimating field-strength values in the land mobile services using the frequency range 30 MHz to 1 GHz), pp. 253–268. – [30] Siehe [28], Rec. 370-4 (VHF and UHF propagation curves for the frequency range from 30 to 1000 MHz), pp. 207–232. – [31] Siehe [28], Rep. 239-5 (Propagation statistics required for broadcasting services using the frequency range 30 to 1000 MHz), pp. 232–244. – [32] *Okumura, Y.* et al.: Field strength and its variability in VHF and UHF mobile radio service. Rev. ECL 16 (1968) 825–873. – [33] *Hata, M.:* Empirical formula for propagation loss in land mobile radio services. IEEE Trans. VT-29 (1980) 317–325. – [34] *Recommendations and Reports of the CCIR, Vol. V* (Propagation in non-ionized media), Genf: ITU 1982, Rep. 236-5 (Influence of terrain irregularities and vegetation on tropospheric propagation), pp. 73–79. – [35] *Großkopf, J.:* Wellenausbreitung. Mannheim: Bibliograph. Inst. 1970, S. 62 (Bd. I) und S. 399–400 (Bd. II). – [36] *Hacking, K.:* UHF propagation over rounded hills. Proc. IEE 117 (1970) 499–511. – [37] *Assis, M.:* A simplified solution to the problem of multiple diffraction over rounded obstacles. IEEE Trans. AP-19 (1971) 292–295. – [38] *Deygout, J.*: Multiple knife-edge diffraction of microwaves. IEEE Trans. AP-14 (1966) 480–489. – [39] *Causebrook, J. H.*: Tropospheric radio wave propagation over irregular terrain. BBC Res. Dept. 1971. – [40] *IEEE Int. Conf. on Communications*, Boston 1983 (ICC 1983). Conf. Rec. A2, Vol. 1, pp. 44–81. – [41] *Jakes, W. C.*: Microwave mobile communications. New York, Wiley 1974. pp. 11–131. – [42] *Bajwa, A. S.; Parsons, J. D.*: Small area characterisation of UHF urban and suburban mobile radio propagation. IEE Proc. 129 (1982) 102–109. – [43] *Suzuki, H.*: A statistical model for urban radio propagation. IEEE Trans. COM-25 (1977) 673–680. – [44] *Lorenz, R. W.*: Field strength prediction method for a mobile telephone system using a topographical data bank. IEE Conf. Publ. 188 (1980) 6–11. – [45] *Recommendations and Reports of the CCIR, 1982, Vol. V* (Propagation in non-ionized media), Genf: ITU 1982, Rep. 723-1 (Worst-month statistics), pp. 194–200. – [46] *Vigants, A.*: Microwave radio obstruction fading. Bell Syst. Tech. J. 60 (1981) 785–801. – [47] *Recommendations and Reports of the CCIR, 1982, Vol. V* (Propagation in non-ionized media), Genf: ITU 1982, Rep. 338-4 (Propagation data required for line-of-sight radio-relay systems), pp. 279–314. – [48] *Bullington, K.*: Radio propagation fundamentals. Bell Syst. Tech. J. 39 (1957) 593–626. – [49] *Fehlhaber, L.*: Modulationsverzerrungen bei Schwund im frequenzmodulierten Vielkanal-Richtfunk. NTZ 26 (1973) 70–75. – [50] *Rummler, W. D.*: A new selective fading model: Application to propagation data. Bell Syst. Tech. J. 58 (1979) 1037–1071; *Rummler, W. D.*: More on the multipath fading channel modell. IEEE Trans. COM-29 (1981) 346–352. – [51] *Martin, L.*: Etude de la selectivite des evanouissements dus aux trajets multiples. Ann. Telecomm. 35 (1980) 482–487. – [52] *Sandberg, J.*: Extraction of multipath parameters from swept measurements on a line-of-sight path. IEEE Trans. AP-28 (1980) 743–750. – [53] *Giger, A. J.; Barnett, W. T.*: Effects of multipath propagation on digital radio. IEEE Trans. COM-29 (1981) 1345–1352. – [54] *Greenstein, L. J.; Prabhu, V. K.*: Analysis of multipath outage with applicatons to 90 Mbit/s PSK systems at 6 and 11 GHz. IEEE Trans. COM-27 (1979) 68–75. – [55] *Vigants, A.*: Space-diversity engineering. Bell Syst. Tech. J. 54 (1975) 103–142. – [56] *Brodhage, H.; Hormuth, W.*: Planung und Berechnung von Richtfunkverbindungen. Berlin: Siemens AG 1977. – [57] *Recommendations and Reports of the CCIR, 1982, Vol. V* (Propagation in non-ionized media), Genf: ITU 1982, Rep. 721-1 (Attenuation by hydrometeors, in particular precipitation and other atmospheric particles), pp. 176–180. – [58] Siehe [57], Rep. 719-1 (Attenuation by atmospheric gases), pp. 138–150. – [59] *Bostian, C. W.; Stutzman, W. L.; Gaines, J. M.*: A review of depolarization modeling for earth-space radio paths at frequencies above 10 GHz. Radio Sci. 17 (1982) 1231–1241. – [60] *Watson, P. A.*: Crosspolarisation measurements at 11 GHz. Proc. IEE 123 (1976) 667–675. – [61] *Valentin, R.*: Zur Messung der durch troposphärische Einflüsse bedingten Depolarisation. Kleinheubacher Ber. 18 (1975) 17–25. – [62] *Recommendations and Reports of the CCIR, 1982, Vol. V* (Propagation in non-ionized media), Genf: ITU 1982, Rep. 238-4 (Propagation data required for trans-horizon radio-relay systems), pp. 314–329. – [63] *Recommendations and Reports of the CCIR, Vol. VI* (Propagation in ionized media), Genf: ITU 1982, Rep. 263-5 (Ionospheric effects upon earth-space propagation), pp. 124–149. – [64] *Recommendations and Reports of the CCIR, Vol. V* (Propagation in non-ionized media), Genf: ITU 1982, Rep. 564-2 (Propagation data required for space telecommunication systems), pp. 331–373. – [65] Siehe [64], Rep. 881 (Effects of small-scale spatial or temporal variations of refraction on radiowave propagation), pp. 131–137. – [66] *Cox, D. C.* et al.: Observations of cloud-produced amplitude scintillation on 19 GHz and 28 GHz earth-space paths. IEE Conf. Proc. 195 (1981) 109–112. – [67] *Haddon, I.* et al.: Measurement of microwave scintillations on a satellite down-link at X-band. IEE Conf. Proc. 195 (1981) 113–117. – [68] *Baxter, R. A.* et al.: Comstar and CTS angle of arrival measurements. Ann. Telecomm. 35 (1980) 479–481. – [69] *Fang, D. I.*: 4/6 GHz ionospheric scintillation measurements. AGARD Conf. Proc. 284 (1980) 33-1–33-12. – [70] *Fang, D. I.; Lin, C. H.*: Fading statistics of C-band statellite signal during solar maximum years. (1978–1980). AGARD Conf. Proc. 332 (1982) 30-1–30-13. – [71] *Ogawa, T.* et al.: Severe disturbance of VHF and GHz waves from geostationary satellites during a magnetic storm. J. Atmos. Terr. Phys. 42 (1980) 637–644. – [72] *Shutie, P. F.* et al.: Depolarisation measurements at 30 GHz using transmission from ATS-6. ESA Spec. Publ. 131 (1977) 127–134. – [73] *Bostian, C. F.* et al.: Ice-crystal depolarisation on satellite-earth-microwave radio paths. Proc. IEE 126 (1979) 951–960. – [74] *McEwan, N. J.* et al.: OTS-propagation measurements with auxiliary instrumentation. URSI Conf. Proc. Lennoxville (1980) 6.2.1–6.2.8. – [75] *Hendry, A.; McCormick, G. C.*: Radar observations of the alignment of precipitation particles by electrostatic fields in thunderstorms. J. Geophys. Res. 81 (1976) 5353–5357. – [76] *Cox, D. C.*: Depolarization of radio waves by atmospheric hydrometers in earth-space paths: A Review. Radio Sci. 16 (1981) 781–812. – [77] *Howell, R. G.; Thirlwell, J.*: Crosspolarisation measurements at Martlesham Heath using OTS. URSI Conf. Proc. Lennoxville (1980) 6.4.1–6.4.9.

7 Störungen in partagierten Bändern durch Ausbreitungseffekte

Interference due to propagation effects in shared frequency bands

Allgemeine Litertur: *Ranzi, I.* (Ed.): Propagation effects on frequency sharing. AGARD Conf. Proc. 127, 1973. – *Soicher, H.* (Ed.): Propagation aspects of frequency sharing, interference and system diversity. AGARD Conf. Proc. 332, 1983.

Da das nutzbare Frequenzspektrum begrenzt ist, müssen häufig mehrere Systeme des gleichen oder verschiedener Funkdienste einen Frequenzbereich gemeinsam benutzen. Für eine einwandfreie Übertragung ist außer einem ausreichenden Rauschabstand (s. H 4) ein bestimmter *Mindeststörabstand* (Verhältnis Nutzsignal zu den Signalen störender Aussendungen) am Empfängereingang einzuhalten, abhängig u. a. von

– der Art des gestörten und des störenden Dienstes,

Spezielle Literatur Seite H 38

- den benutzen Modulationsverfahren und Bandbreiten,
- der geforderten Übertragungsqualität.

Diejenigen Störabstände, die kurzzeitig unterschritten werden dürfen, sind aus den Empfehlungen des CCIR für die entsprechenden Funkdienste i. allg. für zwei (oder mehr) Wahrscheinlichkeitsniveaus zu entnehmen (z. B. für 20% eines durchschnittlichen Jahres und 0,1 % des ungünstigsten Monats). Alle geforderten Kriterien müssen gleichzeitig erfüllt sein.

Für Anmeldung und Registrierung von Funkfrequenzen gelten je nach Art der Funkdienste unterschiedliche Regelungen [1]. Unter anderem ist für die internationale *Koordinierung* einer Erdefunkstelle mit den Funkstellen eines terrestrischen Systems im Bereich 1 bis 40 GHz zunächst das sog. Koordinierungsgebiet zu ermitteln, in dem unter ungünstigen Annahmen über die Eigenschaften einer terrestrischen Station mit gegenseitigen Störungen zu rechnen ist. Das Verfahren hierzu [2] beruht noch auf einer älteren Version von [3].

Bei der Abschätzung eines störenden Signals sind auch Ausbreitungsmechanismen zu berücksichtigen, die nur kurzfristig hohe Feldstärken hervorrufen und für die Berechnung des gewünschten Signals normalerweise nicht in Betracht kommen. Dabei ist die Korrelation zwischen Dämpfungen des gewünschten und Erhöhungen des störenden Signals von besonderer Bedeutung, bisher aber wenig untersucht.

7.1 Störungen durch ionosphärische Effekte

Interference due to ionospheric effects

Im Frequenzbereich unter 3 MHz wird das Versorgungsgebiet eines Senders im wesentlichen nur unter Berücksichtigung der Bodenwelle (s. H 6.1) berechnet. Hier kann die Raumwelle schon im Normalfall nachts (bei fehlender Absorption) störende Feldstärkewerte erreichen. Als Ausweg werden folgende Maßnahmen ergriffen: Verwendung besonders flach strahlender, vertikal polarisierter Antennen (zur Unterdrükkung der Raumwellenabstrahlung) oder von Richtantennen (zur Ausblendung bestimmter Richtungen), zeitweise Herabsetzung der Sendeleistung oder Abschaltung des Senders.

Im Kurzwellenbereich (3 bis 30 MHz), teilweise auch im Grenzwellenbereich (1,6 bis 3 MHz) wird eine Funkverbindung i. allg. für die Raumwelle ausgelegt. Wegen der weltweit extremen Überbelegung des Spektrums und der besonders starken Schwankungen der Ausbreitungsbedingungen im Kurzwellenbereich (s. H 3.3, H 6.2) sind gegenseitige Störungen in gewissem Umfang unvermeidbar. Für die Berechnung der Störfeldstärken werden dieselben Methoden angewandt wie für die Nutzfeldstärke (s. H 6.2). Kommerzielle und militärische Funkdienste versuchen, durch geeignete Modulationsverfahren und Kodierung die Auswirkungen gegenseitiger Störungen zu vermeiden.

Auch oberhalb von 30 MHz können außergewöhnliche Ausbreitungsmechanismen in der Ionosphäre gelegentlich zu Störungen führen, da bei den in H 6.3 genannten Planungsverfahren ionospärische Reflexionen nicht berücksichtigt werden. In erster Linie treten Überreichweiten örtlich begrenzt durch Reflexion an der sporadischen E-Schicht in Entfernungen bis etwa 2000 km auf. Der betroffene Frequenzbereich reicht in mittleren Breiten in etwa 1 % der Zeit bis etwa 50 MHz [4] (Häufigkeitsmaxima tagsüber und im Sommer), in Ausnahmefällen bis 200 MHz. Die Störfeldstärken können etwa die gleichen Werte wie bei Freiraumausbreitung erreichen. Einige weitere ionosphärische Erscheinungen geringerer Bedeutung sind in [5] aufgeführt.

7.2 Störungen durch troposphärische Effekte

Interference due to tropospheric effects

Störungen zwischen Funkstellen auf der Erdoberfläche. Befinden sich sowohl die störende Sendestelle als auch die gestörte Empfangsstelle auf oder in der Nähe der Erdoberfläche, hängt es von dem Ausbreitungsweg für das Störsignal, der Winkelentkopplung der beteiligten Antennen und der betrachteten Zeitwahrscheinlichkeit ab, welcher Ausbreitungsmechanismus die höchsten Störfeldstärken erzeugen kann. Ebenso wie bei der Berechnung des gewünschten Signals muß für Frequenzen über 10 GHz die Dämpfung durch die atmosphärischen Gase (s. Gl. H 6 (28)) längs des gesamten Ausbreitungswegs des Störsignals berücksichtigt werden. Um den ungünstigsten Fall zu erfassen, werden folgende, besonders niedrige Wasserdampfdichten ϱ_w zugrundegelegt (φ = geogr. Breite) [3]:

$$\varrho_w = \begin{cases} 2\ \mathrm{g/m^3} & \text{für } \varphi < 23^\circ \text{ über Land,} \\ 1\ \mathrm{g/m^3} & \text{für } \varphi \geqq 23^\circ \text{ über Land,} \\ 5\ \mathrm{g/m^3} & \text{für } \varphi < 23^\circ \text{ über See,} \\ 2\ \mathrm{g/m^3} & \text{für } \varphi \geqq 23^\circ \text{ über See.} \end{cases}$$

Abschätzung der Störsignale auf Strecken innerhalb des Radiohorizonts. Falls die erste Fresnel-Zone (s. H 3.1) frei ist, kann die Störfeldstärke nach den Gesetzen der Freiraumausbreitung (H 2.1) berechnet werden. Es ist zu beachten, daß die erste Fresnel-Zone wegen der Schwankungen des Brechwerts u. U. nur zeitweise frei ist; daher ist der für den in Frage stehenden Zeitprozentsatz überschrittene Krümmungsfaktor k_e zu-

Tabelle 1. Anstiege des Feldstärkepegels gegenüber dem Langzeit-Bezugswert (Freiraumfeldstärkepegel – Gasdämpfung) infolge von Fokussierung und Mehrwegeausbreitung

Zeitprozentsatz Q	20%	1%	0,1%	0,01%	0,001%
Pegelanstieg in dB	1,5	4,5	6,0	7,0	8,5

grundezulegen. Kurzzeitige Feldstärkeanstiege infolge von Fokussierung und Mehrwegeausbreitung werden durch eine Korrektur berücksichtigt (Tab. 1).

Abschätzung der Störsignale auf Überhorizontstrecken. Auf Überhorizontstrecken wird die in 10 bis 50% der Zeit überschrittene Feldstärke u.a. durch *Beugung* oder in größeren Entfernungen durch *Troposcatter* bestimmt (s. H 6.4). Auch für diese Fälle sind die mit dem betrachteten Zeitprozentsatz Q auftretenden Brechwertverhältnisse zugrundezulegen. Für Troposcatter sind die in H 6.4 nur für $Q \geqq 50\%$ angegebenen Verteilungsfunktionen der Feldstärken für $Q < 50\%$ zu extrapolieren, wobei Symmetrie um $Q = 50\%$ angenommen werden kann [3, 6].
Für $Q < 10\%$ der Zeit können weitere Ausbreitungsmechanismen vorübergehend erhebliche Störsignale hervorrufen, nämlich starke Superrefraktion und Duct-Ausbreitung, die im wesentlichen nur in Vorwärtsrichtung wirken, sowie Niederschlagsstreuung und Flugzeugreflexionen, die sich auch in anderen Richtungen auswirken.

Starke Superrefraktion ($\mathrm{d}N/\mathrm{d}h < -100\,\mathrm{km}^{-1}$). Diese leitet mit steiler werdendem Brechwertgradienten $\mathrm{d}N/\mathrm{d}h$ kontinuierlich zur Ausbildung eines *Ducts* ($\mathrm{d}N/\mathrm{d}h \leqq -157\,\mathrm{km}^{-1}$) über (s. H 3.2). In beiden Fällen kann sich ein Störsignal mit relativ geringen Verlusten bis weit über den normalen Radiohorizont ($k_e = 4/3$) ausbreiten. Die für starke Brechwertgradienten verantwortlichen Inversionsschichten (s. H 3.2) bilden sich bevorzugt unter bestimmten Wetterbedingungen aus, z. B. hohe Luftfeuchte über Wasserflächen, starke nächtliche Auskühlung, Überlagerung kühler und feuchter durch trockenere und wärmere Luft. Daher hängen Häufigkeit, Ausdehnung und Dauer von Überreichweiten sehr von meteorologischen und topographischen Verhältnissen ab. In manchen Klimagebieten (z. B. über tropischen Meeren und Küstenzonen) treten sie mit großer Regelmäßigkeit auf. In mittleren Breiten hat man bei Hochdruckwetterlagen mehrere Tage anhaltende Ducts mit Ausdehnungen bis weit über 1000 km beobachtet. Über Land werden Ducts oft durch Bodenerhebungen unterbrochen. Solche Überreichweiten sind im gesamten Frequenzbereich oberhalb 30 MHz möglich. Abschätzung der auftretenden Störfeldstärken in [3].
Die durch Superrefraktion und Duct-Ausbreitung hervorgerufenen Störfeldstärken sind wesentlich höher als die durch Troposcatter erzeugten. Letzeres braucht daher für $Q < 10\%$ nicht berücksichtigt zu werden. Nur wenn Superrefraktion und Duct-Ausbreitung nur wenig wirksam sind (vor allem über sehr unregelmäßigem Gelände und/oder bei guter Abschirmung einer oder beider Stationen durch das umgebende Gelände), kann Troposcatter der dominierende Ausbreitungsmechanismus sein (sogar noch für $Q < 1\%$).

Streuung an Niederschlägen [7, 3, 8]. Sie kann zu Störungen führen, wenn innerhalb des Volumens, das von den beiden beteiligten Antennenstandorten gemeinsam eingesehen werden kann, Hydrometeore in fester oder flüssiger Form (Regen, Schnee, Hagel, Nebel, Wasser- oder Eiswolken) auftreten. Infolge der Bewegung der Niederschlagspartikel zeigt das Störsignal schnellen Rayleigh-Schwund (H 1.3) mit Frequenzen bis über 20 Hz [8].
Niederschläge, besonders Starkniederschläge, sind nicht nur zeitlich variabel, sondern auch örtlich inhomogen. Der Hauptbeitrag zu einem Störsignal kommt häufig aus dem Kern der Zellen hoher Niederschlagsintensität, die häufig in ausgedehntere Gebiete niedrigerer Intensität eingebettet sind [10]. Die größten Störsignale können auftreten, wenn sich die Hauptkeulen der beiden Antennen innerhalb der Troposphäre schneiden. Da die Streustrahlung im wesentlichen ungerichtet ist, muß jedoch auch Einstreuung aus der Hauptkeule der einen Antenne in die Nebenzipfel der anderen und umgekehrt sowie zwischen den Nebenzipfeln beider Antennen berücksichtigt werden. Auf Frequenzen unter etwa 5 GHz ist eine störende Kopplung meist nur im Fall des Hauptkeulenschnitts und bei extrem starken Niederschlägen zu erwarten. Die Signalintensität nimmt mit der Frequenz zu, da der Streuquerschnitt der Hydrometeore zunächst mit f^4 anwächst (H 2.5). Jedoch erfährt das Streusignal innerhalb des Niederschlagsgebiets auch eine ebenfalls mit der Frequenz zunehmende Dämpfung. Für $f > 8$ GHz tritt daher die höchste Störfeldstärke bereits bei mittleren Regenintensitäten auf; bei stärkeren Niederschlägen überwiegt die Zunahme der Dämpfung gegenüber der des Streuquerschnitts. Bei welcher Regenintensität das Maximum der Störung zu erwarten ist, hängt von Frequenz und Niederschlagsstruktur ab.
Der für die Koordinierung einer Erdfunkstelle im Frequenzbereich 1 bis 40 GHz wichtige Sonder-

fall, daß die größere der beiden Antennen einen Durchmesser $D \geqq 50\,\lambda$ hat, wird in [3] behandelt.
Formeln (unter Benutzung des Regenmodells von Crane [10, 11]) findet man in [3].

Reflexionen an Flugzeugen. Diese können bei ungünstiger Streckengeometrie kurzzeitig zu sehr hohen Störsignalen führen [3].

Störungen zwischen einer Funkstelle auf der Erdoberfläche und einer Weltraumfunkstelle. Die mittlere („normale") Stärke von Störsignalen auf einer Erde-Weltraum-Strecke wird nach denselben Methoden berechnet wie die der Nutzsignale (Freiraumausbreitung, Beugung, Gasdämpfung, s. H. 6.4). Um gegenseitige Störungen zu vermeiden, verwendet man orthogonale Polarisation (vgl. aber die Depolarisation durch Niederschläge, H 6.4) und/oder scharf bündelnde Antennen. Dabei sind jedoch Ausbreitungseinflüsse zu berücksichtigen, die kurzzeitig zu einer Erhöhung des Störsignals relativ zum Nutzsignal führen können [12].
Unter Schönwetterbedingungen sind bei sehr niedriger Elevation ($\delta < 3°$) die *Schwankungen des Brechwertgradienten* zu berücksichtigen; für horizontale Ausbreitungswege können Signaländerungen in der Größenordnung von $\pm 1 \dots 2$ dB durch wechselnde Fokussierung auftreten. Dazu kommen schnelle Schwankungen (H 6.4), z. B. wurden Signalerhöhungen von 6 dB in 1% der Zeit gemessen ($f = 7$ GHz, $\delta = 1° \dots 2°$).
Auf Frequenzen über 10 GHz kann ein Anstieg von Störsignalen bei allen Elevationswinkeln vor allem durch *Absinken der Gasabsorption* bei besonders niedrigem Wasserdampfgehalt der Luft hervorgerufen werden. Für eine Abschätzuung kann man z. B. annehmen, daß der Wasserdampfgehalt in 1% (0,01%) der Zeit kleiner als 40% (5%) des mittleren Wertes ist.
Einige weitere Hinweise finden sich in [12].

Spezielle Literatur: [1] *Radio Regulations Vol. I,* Chap. IV: Coordination, notification and registration of frequencies. International Frequency Registration Board, Genf: ITU 1982. – [2] *Radio Regulations Vol. II,* Appendix 28: Method for the determination of the coordination area around an earth station in frequency bands between 1 GHz and 40 GHz shared between space and terrestrial radiocommunication services, Genf: ITU 1982. – [3] *Recommendations and Reports of the CCIR, 1982 Vol. V* (Propagation in non-ionized media), Genf: ITU 1982, Rep. 569-2 (The evaluation of propagation factors in interference problems between stations on the surface of the earth at frequencies above about 0,5 GHz), pp. 398–413. – [4] *E.B.U. Tech. 3214:* Ionospheric propagation in Europe in VHF television band I, Vol. I and II, Brüssel: E.B.U. Tech. Centre 1976. – [5] *Recommendations and Reports of the CCIR, Vol. VI* (Propagation in ionized media), Genf ITU 1982, Rep. 259-5 (VHF propagation by regular layers, sporadic-E or other anomalous ionization). – [6] *Larsen, R.:* Troposcatter propagation in an equatorial climate, AGARD Conf. Proc. 127 (1973) 16-1–16-9. – [7] *Recommendations and Reports of the CCIR, 1982 Vol. V* (Propagation in non-ionized media), Genf: ITU 1982, Rep. 563-2 (Radiometeorological data), pp. 96–123. – [8] *Crane, R. K.:* Bistatic scatter from rain. IEEE Trans. AP-22 (1974) 312–320. – [9] *Abel, N.:* Beobachtungen an einer 210 km langen 12 GHz Strecke. Tech. Ber. d. FTZ A 455 TBr 34, Darmstadt: FTZ 1972. – [10] *Recommendations and Reports of the CCIR, 1982 Vol. V* (Propagation in non-ionized media), Genf: ITU 1982, Rep. 882 (Scattering by precipitation), pp. 181–185. – [11] *Crane, R. K.:* Prediction of attenuation by rain. IEEE Trans. COM-28 (1980) 1717–1733. – [12] *Recommendations and Reports of the CCIR, 1982 Vol. V* (Propagation in non-ionized media), Genf: ITU 1982, Rep. 885 (Propagation data required for evaluating interference between stations in space and those on the surface of the earth), pp. 440–442.

I Hochfrequenzmeßtechnik
RF and microwave measurements

H. Dalichau

Allgemeine Literatur: *Adam, S. F.:* Microwave theory and applications. Englewood Cliffs: Prentice Hall 1969. – *CPEM Digest:* Conference on precision elektromagnetic measurements. New York: IEEE 1978/80/82. – *Gerdsen, P.:* Hochfrequenzmeßtechnik. Stuttgart: Teubner 1982. – *Ginzton, E. L.:* Microwave measurements. New York: McGraw-Hill 1957. – *Groll, H.:* Mikrowellenmeßtechnik. Wiesbaden: Vieweg 1969. – *Hock, A.* u.a.: Hochfrequenzmeßtechnik, Teil 1/2. Berlin: Expert 1982/80. – *Kraus, A.:* Einführung in die Hochfrequenzmeßtechnik. München: Pflaum 1980. – *Lance, A. L.:* Introduction to microwave theory and measurements. New York: McGraw-Hill 1964. – *Laverghetta, T. S.:* Handbook of microwave testing. Dedham: Artech 1981. – *Laverghetta, T. S.:* Microwave measurements and techniques. Dedham: Artech 1976. – *Mäusl, R.:* Hochfrequenzmeßtechnik. Heidelberg: Hüthig 1978. – *Schleifer, Augustin, Medenwald:* Hochfrequenz- und Mikrowellenmeßtechnik in der Praxis. Heidelberg: Hüthig 1981. – *Schiek, B.:* Meßsysteme der HF-Technik. Heidelberg: Hüthig 1984.

1 Messung von Spannung, Strom und Phase
Measurement of voltage, current and phase

1.1 Übersicht: Spannungsmessung
Survey: Voltage-measurement

Standardmultimeter und Digitalvoltmeter messen Wechselspannung durch Diodengleichrichtung bis etwa 100 kHz bzw. 1 MHz. Für höhere Frequenzen werden elektronische HF-Voltmeter eingesetzt. Man unterscheidet drei Einsatzbereiche:

- Spannungsmessung mit hochohmigem Tastkopf, parallel zu einer in der Regel nicht genau bekannten Schaltungsimpedanz (Bild 1 a);
- Spannungsmessung mit hochohmigem Tastkopf und 50-Ω-Durchgangsmeßkopf (Bild 1 b);
- Spannungsmessung mit angepaßten, koaxialen 50-Ω-Meßköpfen (Bild 1 c).

Hochohmige Messungen nach Bild 1 a werden mit zunehmender Frequenz immer problematischer. Oberhalb 100 MHz ist die quantitative Auswertung fragwürdig. Die wesentlichen Fehlerquellen sind:

- Durch die Eingangsimpedanz des Tastkopfes (z.B. 2,5 pF $\hat{=}$ $-\mathrm{j}\,637\,\Omega$ bei 100 MHz) wird die Signalquelle belastet; Resonanzkreise und Filter werden verstimmt.
- In der Leiterschleife, gebildet aus den Meßleitungen und dem Meßwiderstand, werden Störspannungen induziert.
- Längere Verbindungsleitungen wirken transformierend ($\lambda/10 = 20$ cm bei 100 MHz und $v = 0{,}66\ c_0$).

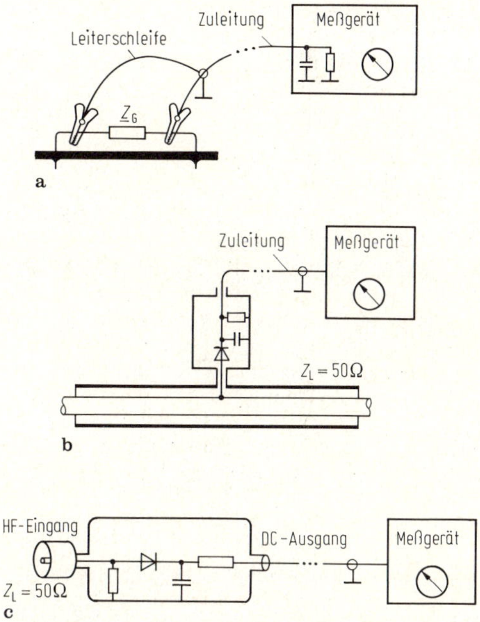

Bild 1. Spannungsmessung. **a** hochohmiger Tastkopf parallel zur Quellenimpedanz $\underline{Z}_G$; **b** hochohmiger Tastkopf als Sonde im abgeschirmten 50-Ω-System; **c** angepaßter Meßkopf als Abschluß einer 50-Ω-Leitung

- Zwischen der Abschirmung der Zuleitung und der näheren Umgebung (Masse) breiten sich Mantelwellen aus.

In Verbindung mit abgeschirmten, reflexionsarmen Durchgangsmeßköpfen, bei denen ein hochohmiger Tastkopf die Spannung in einer 50-Ω-Koaxialleitung (bzw. 75-Ω-Leitung) mißt, lassen sich HF-Voltmeter bis etwa 2 GHz einsetzen. Wird der Durchgangskopf einseitig reflexionsfrei

abgeschlossen, ergibt sich ein Pegeldetektor (Meßverfahren s. I 2 bis I 4).
Durch die Fortschritte in der koaxialen 50-Ω-Breitbandmeßtechnik hat die hochohmige Spannungsmessung stark an Bedeutung verloren. Mit Netzwerkanalysatoren läßt sich der komplexe Transmissionsfaktor von Zweitoren durch Spannungsmessung (Betrag und Phase) ab 5 Hz und der komplexe Reflexionsfaktor bzw. die Impedanz mit Widerstandsbrücken ab 100 kHz bestimmen. (s. I 4.4).

1.2 Überlagerte Gleichspannung
Superimposed DC-voltage

Die gleichzeitige Messung von Gleich- und Wechselspannung ist mit einem Oszilloskop möglich. Soll nur der Wechselspannungsanteil gemessen werden (Bild 2), wird dem Meßkopf ein Koppelkondensator C_k vorgeschaltet, mit $1/(\omega C_k) \ll Z_E$. Zur Messung des Gleichspannungsanteils wird ein kapazitätsarmer Vorwiderstand R_v (oder eine Drossel) benutzt, mit $R_v \gg 1/(\omega C_E)$ und $R_v \ll R_E$. Bei gleichzeitigem Vorhandensein von Wechselspannungen (gepulst oder sinusförmig), speziell im MHz-Bereich, ist die Messung von Gleichspannung bzw. Gleichstrom mit elektronischen Multimetern bzw. Digitalvoltmetern schwierig, da diese Meßgeräte sehr empfindlich auf überlagerte Wechselfelder reagieren und die Meßwerte völlig verfälscht werden. Besondere Umsicht ist notwendig bei steilflankigen Impulsen, in Leistungsendstufen und im Bereich starker Strahlungsfelder bzw. Sendeantennen. Ob unerwünschte Rückwirkungen, auch solche auf andere NF-Meßgeräte bzw. geregelte Netzgeräte vorhanden sind, ist in jedem Fall vor einer Messung zu klären.

1.3 Diodengleichrichter. Diode detector

Wechselspannungen werden mit Halbleiterdioden in Gleichspannungen umgewandelt; diese werden anschließend verstärkt und angezeigt. Bei Spannungen im Bereich 350 µV bis 25 mV

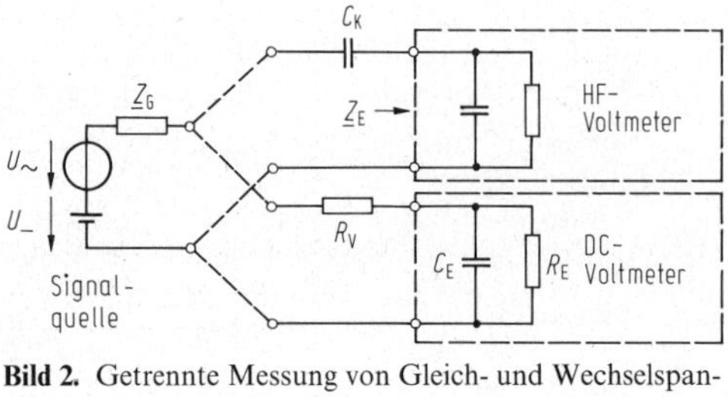

Bild 2. Getrennte Messung von Gleich- und Wechselspannung

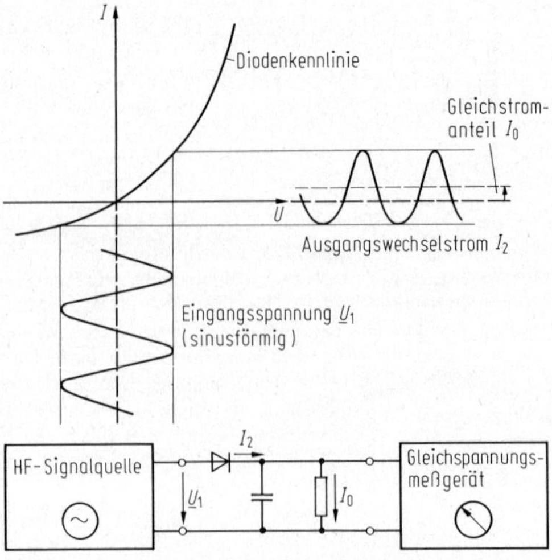

Bild 3. Messen kleiner Wechselspannungen im quadratischen Kennnlinienbereich einer Halbleiterdiode

befindet man sich oberhalb von Rauschstörungen im quadratischen Bereich der Diodenkennlinie. Entsprechend Bild 3 erzeugt der quadratische Kennlinienverlauf eine Verzerrung des Wechselspannungssignals in der Form, daß ein Gleichspannungsanteil entsteht, der proportional zum Quadrat des Effektivwerts der Eingangswechselspannung (true RMS; Leistungsmessung) ist. Wenn Signale unterschiedlicher Frequenz anliegen, ergibt sich

$$U_{\text{Diode}} \sim [U_1 \cos(\omega_1 t) + U_2 \cos(\omega_2 t)]^2$$
$$= \frac{1}{2}(U_1^2 + U_2^2)$$
$$+ \text{Wechselspannungsanteile mit}$$
$$\omega_1 - \omega_2,\ 2\omega_1,\ \omega_1 + \omega_2 \text{ und } 2\omega_2.$$

Für größere Eingangswechselspannungen wird die Diodenkennlinie linear (s. I 2.3). Es tritt normale Halbwellengleichrichtung (Hüllkurvendemodulation) auf und am Ausgang des nachgeschalteten Tiefpasses kann eine dem Spitzenwert proportionale Gleichspannung gemessen werden. Im Unterschied zum quadratischen Bereich ist die Ausgangsgleichspannung bei gleichzeitigem Vorhandensein unterschiedlicher Frequenzen abhängig von den Phasenbeziehungen zwischen den einzelnen Spektralanteilen.

1.4 HF-Voltmeter. RF-voltmeter

Neben dem Diodenvoltmeter mit Gleichspannungsverstärker entsprechend Bild 3 sind im unteren MHz-Bereich noch HF-Voltmeter üblich, bei denen der Detektordiode ein Breitbandverstärker vorgeschaltet ist. Beide HF-Spannungsmeßgeräte werden durch Oberwellen des zu messenden Signals, sofern diese innerhalb des meßbaren Frequenzbereichs liegen, beeinflußt. Dies ist nicht der Fall bei HF-Voltmetern, die als Überlagerungsempfänger gebaut sind. Man unterscheidet selektive Voltmeter, die von Hand (bzw. rechnergesteuert) auf die gewünschte Frequenz eingestellt werden (Maximumabgleich bei anliegendem Signal) und Sampling-Voltmeter, die sich automatisch auf die größte Spektrallinie innerhalb ihres Betriebsfrequenzbereichs einstellen. Das Überlagerungsprinzip ergibt gegenüber der direkten Diodengleichrichtung eine beträchtliche Empfindlichkeitssteigerung: Es können noch Spannungen unter 1 μV gemessen werden. Der Frequenzbereich dieser Geräte geht bis etwa 2 GHz; die Empfängerbandbreiten liegen bei 1 kHz. Um die Belastung der Signalquelle durch die Kapazität der Verbindungsleitung zum HF-Voltmeter zu vermeiden (s. 1.6), werden die Gleichrichterdiode bzw. die Mischerdioden unmittelbar hinter den Meßspitzen im Tastkopf untergebracht (aktiver Tastkopf).

1.5 Vektorvoltmeter. Vector voltmeter

Bei der Frequenzumsetzung durch Mischung bleiben bei einem zweikanaligen HF-Voltmeter die Amplituden- und Phasenbeziehungen der Eingangswechselspannungen im Zwischenfrequenzbereich erhalten. Mit einem solchen Vektorvoltmeter lassen sich komplexe Reflexions- und Transmissionsfaktoren messen. In Verbindung mit einem einseitig reflexionsfrei abgeschlossenen Durchgangsmeßkopf als angepaßtem Pegeldetektor kommen dafür alle in I 3 und I 4 angegebenen Meßverfahren in Betracht. Unter 100 MHz, wo häufig keine Richtkoppler oder Widerstandsmeßbrücken zur Verfügung stehen, kann eine Schaltung nach Bild 4 benutzt werden. Die Verkopplung zwischen der rechten und der linken Seite des Aufbaus wird entweder ausgeglichen oder beseitigt:

- Bei jeder Messung wird der Quotient $\underline{U}_B/\underline{U}_A$ gebildet,
- der Generatorpegel wird mit U_A geregelt,
- es werden zwei ausreichend große Dämpfungsglieder rechts und links dazwischengeschaltet,
- es wird eine isolierende Verzweigung 3 dB/0° anstelle der fehlangepaßten Verzweigung benutzt.

Für Frequenzen, bei denen die Phasendrehung zwischen dem Meßort für $\underline{U}_B$ und dem Meßobjekt vernachlässigbar klein ist, gilt dann

$$\underline{U}_A = \underline{U}_H$$
$$\underline{U}_B = \underline{U}_H + \underline{U}_R$$
$$\underline{U}_B/\underline{U}_A = 1 + \underline{r} = A \exp(\mathrm{j}\vartheta).$$

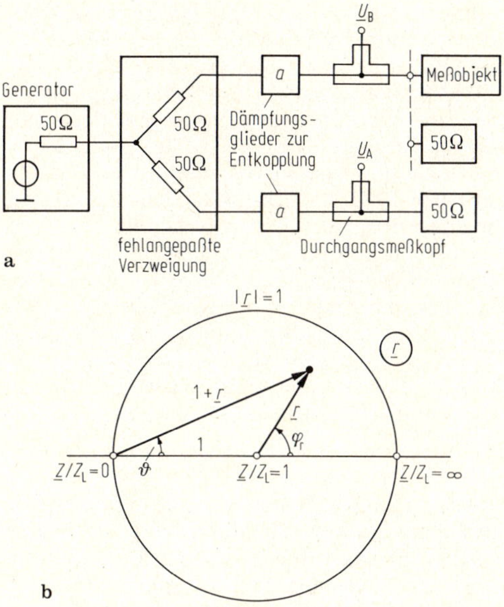

Bild 4. Reflexionsfaktormessung mit dem Vektorvoltmeter bei tiefen Frequenzen. **a** Meßaufbau; **b** Auswertung der Messung im Smith-Diagramm

Die Größe $1+\underline{r}$ kann im Smith-Diagramm (Bild 4b) eingetragen werden. Damit ergibt sich der gesuchte komplexe Reflexionsfaktor $\underline{r}$ graphisch. Für die Zahlenrechnung gilt

$$r = \sqrt{A^2 + 1 - 2A\cos\vartheta}$$
$$\varphi_r = \arcsin(A\sin(\vartheta)/r).$$

Vor der Messung wird die Symmetrie des Meßaufbaus und die der beiden Kanäle des Vektorvoltmeters überprüft, z. B. mit einem angepaßten Abschluß an beiden Enden der Verzweigung (Meßergebnis: gleiche Amplituden) und die Phasenwinkelanzeige wird auf Null gestellt.

1.6 Oszilloskop. Oscilloscope

Zur Darstellung des zeitlichen Verlaufs einer Spannung werden Elektronenstrahloszillographen eingesetzt.

Das Standardoszilloskop besteht aus den Komponenten Tastkopf, Verstärker, Zeitbasis und Elektronenstrahlröhre. Bei hochohmigem Verstärkereingang (z. B. 1 MΩ/11 pF) werden Bandbreiten von 0 bis 250 MHz erreicht (Anstiegszeit bis zu 1,4 ns, Amplitudenauflösung 5 mV/Anzeigeeinheit). Mit 50 Ω Eingangsimpedanz kann man Signale bis 1 GHz darstellen (Anstiegszeit bis zu 350 ps, Amplitudenauflösung 10 mV/Einheit, Schreibgeschwindigkeit des Elektronenstrahls bis zu 20 cm/ns). Mögliche Zusatzfunk-

tionen des Oszilloskops sind Addition und Subtraktion zweier Zeitfunktionen (bis 400 MHz), Multiplikation (bis 40 MHz), X-Y-Betrieb (bis 250 MHz) sowie digitale Zeit- oder Amplitudenmessung zwischen zwei Punkten auf der angezeigten Zeitfunktion (bis 400 MHz). In der Regel entspricht der Aussteuerbereich des Verstärkers der Höhe des Bildschirms. Bei Übersteuerung ist die angezeigte Kurvenform verfälscht.
Ein Oszilloskop mit z. B. 100 MHz Bandbreite stellt Eingangssignale oberhalb von etwa 50 MHz unabhängig von ihrer wahren Kurvenform stets als glatte sin-Schwingungen dar. Durch die Tiefpaßwirkung von Verstärker bzw. Bildröhre werden die Oberwellen ($2f_0$, $3f_0 \ldots$) und damit die Feinstruktur des Signals unterdrückt.

Abtastoszilloskop (*Sampling oscilloscope*). Signale im GHz-Bereich werden durch Abtasten in eine niedrigere, darstellbare Frequenz umgesetzt (analog zur scheinbaren Drehzahlverringerung, wenn ein sich schnell drehendes Rad mit einem Stroboskop beleuchtet wird). Es können nur periodische Zeitfunktionen dargestellt werden. Die scheinbare Anstiegszeit eines Abtastverstärkers entspricht etwa der Halbwertsbreite des Abtastimpulses. Für 25 ps entspricht dies einer oberen Grenze des Darstellbereichs von 14 GHz. Neben der analogen Weiterverarbeitung der Abtastwerte gibt es auch digitale Verfahren (Digitalspeicheroszilloskop mit sequentieller Abtastung).

Kurvenformspeicherung. Zur Speicherung einmaliger Vorgänge stehen je nach Geschwindigkeitsbereich verschiedene Verfahren zur Verfügung:
a) Standardoszilloskop + Bildschirmphotographie (bis 1 GHz);
b) Speicheroszilloskop mit Halbleitermatrix als Zwischenspeicher: Auflösung z. B. 9 bit entsprechend 512 × 512 Bildpunkten (bis 500 MHz);
c) Speicheroszilloskop mit analogem Speicherbildschirm: Speicherzeiten zwischen 30 s und mehreren Stunden (bis 400 MHz);
d) Digitalspeicheroszilloskop: Direkte Analog-Digital-Wandlung des Eingangssignals und anschließende Speicherung der digitalen Daten. Bei 200 MHz Abtastrate bis zu 20 MHz mit 32 dB Dynamik (etwa 5 bit). Häufig fehlt bei den Geräten nach Verfahren b) oder d) der Bildschirm. Die gespeicherten Daten werden direkt von einem Rechner weiterverarbeitet. Die Geräte werden dann als Transientenrekorder oder Waveform-Recorder bezeichnet.
Während das Oszilloskop bei niedrigen Frequenzen ein äußerst vielseitiges Meßgerät ist, beschränkt sich sein Einsatzbereich bei höheren Frequenzen auf die Untersuchung transienter Vorgänge (Pulstechnik). Ein Grund dafür sind die Tastkopfprobleme.

1.7 Tastköpfe. Probes

Durch das Einbringen des Tastkopfes in die zu untersuchende Schaltung wird diese beeinflußt. Der Einfluß dieser Rückwirkung und die Wechselwirkungen zwischen der Impedanz der Quelle einerseits, der Eingangsimpedanz des Verstärkers andererseits und der dazwischenliegenden (elektrisch langen) Tastkopfleitung sind schwer zu überblicken.
Bild 5 zeigt einen passiven Teilertastkopf mit den Ersatzschaltbildern für die Signalquelle und den Verstärkereingang. Für $l_1 \ll \lambda$ wirkt die Leitung als konzentrierte Kapazität $l_1 C'$. Bei Abgleich des Spannungsteilers auf gleiche Zeitkonstanten $R \cdot C$ ergibt sich ein frequenzunabhängiges Teilerverhältnis von 10:1. Dieser Abgleich auf verzerrungsfreie Übertragung, in der Regel mit einem Rechtecksignal, wird vor der Messung durchgeführt. Aus der Abgleichbedingung wird ersichtlich, daß Tastköpfe nicht beliebig ausgetauscht werden können: Ein Teilertastkopf für einen 50-Ω-Eingang oder für einen 1 MΩ/10 pF-Eingang läßt sich meist nicht für einen Verstärker mit 1 MΩ/50 pF benutzen. Weiterhin gilt der Abgleich nur für konstanten Innenwiderstand der Signalquelle: Wenn die Anstiegszeit eines Pulsgenerators mit $R_G = 600\ \Omega$ gemessen werden soll, muß auch die Eichquelle zum Tastkopfabgleich $R_G = 600\ \Omega$ haben. Außerdem muß die Anstiegszeit der Eichquelle kleiner sein als die des zu messenden Signals.
Eine Tastkopfleitung von 1,5 m hat bei 13,2 MHz die elektrische Länge $\lambda/10$ und bei 33 MHz $\lambda/4$. Die transformierende Wirkung der Leitung ist dann nicht mehr vernachlässigbar und macht Absolutmessungen der Amplitude bei unbekannter Signalquellenimpedanz unmöglich.
Bei niedrigeren Frequenzen ist die Belastung durch die Tastkopfimpedanz Hauptfehlerquelle: Ein 10 MΩ/10 pF-Tastkopf bewirkt bei der Messung an 5 kΩ einen Fehler von 20% bei $f = 1$ MHz. Bei komplexer Signalquellenimpedanz wird der Meßfehler größer, es sei denn, der Tastkopf befindet sich bereits beim Abgleich in der Schaltung und seine Kapazität wird in den Abgleich einbezogen. Oberhalb von etwa 100 MHz machen sich zusätzlich Mantelwellen

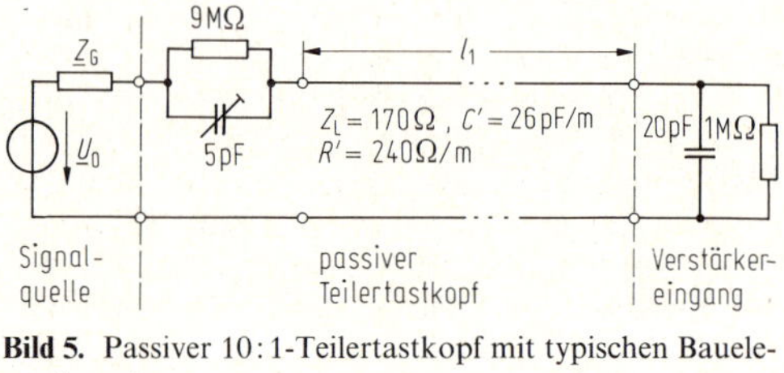

Bild 5. Passiver 10:1-Teilertastkopf mit typischen Bauelementewerten

störend bemerkbar (Kontrolle durch Berühren von Tastkopf und Leitung an verschiedenen Stellen).

Durch einen in die Tastkopfspitze eingebauten Vorverstärker (aktiver Tastkopf) wird der Empfindlichkeitsverlust des passiven Teilerkopfes vermieden und die Eingangskapazität läßt sich weiter verringern. Mit 1 MΩ/1 pF wird der nutzbare Frequenzbereich etwa um den Faktor 5 größer gegenüber 10 MΩ/10 pF.

Bei Verstärkern mit 50 Ω Eingangsimpedanz ergibt sich der größte nutzbare Frequenzbereich. Die Einflüsse der Verbindungsleitungen entfallen (für 50 Ω Leitungswellenwiderstand). Sofern dennoch hochohmig gemessen werden soll, können Widerstandsteiler in die Tastkopfspitze eingebaut werden (10:1 mit 500 Ω/0,7 pF und 100:1 mit 5 kΩ/0,7 pF). Oberhalb von etwa 250 MHz lassen sich die in der 50-Ω-Meßtechnik erreichbaren Genauigkeiten mit hochohmigen Tastköpfen jedoch nicht mehr erreichen. Die sinnvolle Anwendung bleibt auf Sonderfälle beschränkt.

Durch Vorschalten eines 50-Ω-Durchführungsabschlusses läßt sich ein hochohmiger Verstärker behelfsmäßig umrüsten. Die Parallelkapazität des Verstärkers bleibt dadurch unverändert, die Frequenzgrenze, von der ab sie sich als störender, niederohmiger Nebenschluß bemerkbar macht, wird jedoch zu höheren Frequenzen hin verschoben. Zur Vermeidung von Mehrfachreflexionen werden Durchführungsabschlüsse so eingefügt, daß Verbindungsleitungen beidseitig angepaßt bzw. niederohmig abgeschlossen sind.

Phasenmessungen (s. 1.9) mit dem Oszilloskop sind bei Hochfrequenz in der Regel mit noch größeren Fehlern behaftet als Amplitudenmessungen. Notwendig ist nicht nur, daß beide Kanäle und beide Tastköpfe gleich sind (Kontrolle durch gleichzeitiges Anschließen an den gleichen Meßpunkt), sondern ebenfalls, daß die Innenwiderstände $\underline{Z}_G$ an beiden Meßpunkten gleich groß sind. (Zahlenbeispiel: Tastkopf 10 MΩ/10 pF; $\underline{Z}_{G1} = 600\,\Omega$; $\underline{Z}_{G2} = 50\,\Omega$, $f = 50$ MHz, Meßfehler: 53°).

1.8 Strommessung

Current measurement

Die direkte Messung des Stroms wird bei hohen Frequenzen selten durchgeführt:

- Es fehlen brauchbare Verfahren zur Messung von Betrag und Phase;
- die ersatzweise Messung der Leistung bzw. der Spannung ist in der Regel ausreichend;
- die Stromdichte ist ungleichmäßig verteilt (Skineffekt, Proximityeffekt) und der Gesamtstrom als integrale Größe wenig aussagekräftig;
- durch Auftrennen von Strombahnen zur Strommessung wird (sofern es überhaupt möglich ist), die Leitergeometrie häufig zu stark gestört bzw. die Impedanz des Stromkreises zu stark verändert.

Diodengleichrichtung. Die Vielfachinstrumente und Digitalmultimeter der NF-Technik gestatten die direkte Strommessung durch Diodengleichrichtung bis etwa 10 bzw. 100 kHz.

Spannungsmessung. Durch Messen des Spannungsabfalls an einem kleinen (ohmschen) Meßwiderstand, der in den Stromkreis eingefügt wird, kann bei bekanntem Widerstandswert der Strom berechnet werden.

Thermoumformer. Die Erwärmung eines Heizleiters durch den hindurchfließenden HF-Strom und die Messung der Temperaturerhöhung mit einem nur thermisch, nicht galvanisch, angekoppelten Thermoelement erlaubt die Messung des Effektivwerts des Stroms bis zu etwa 100 MHz.

Stromwandler. Durch induktive Kopplung an den stromführenden Leiter lassen sich nach dem Stromwandlerprinzip (Übertrager mit sekundärseitigem Kurzschluß) Ströme im Bereich 1 Hz bis 200 MHz bzw. 1 GHz messen. Zur Messung werden Ferritringkerne benutzt, durch die der zu messende Leiter hindurchgesteckt wird (Bild 6a) oder Stromzangen, in die der Leiter eingelegt wird (Bild 6b).

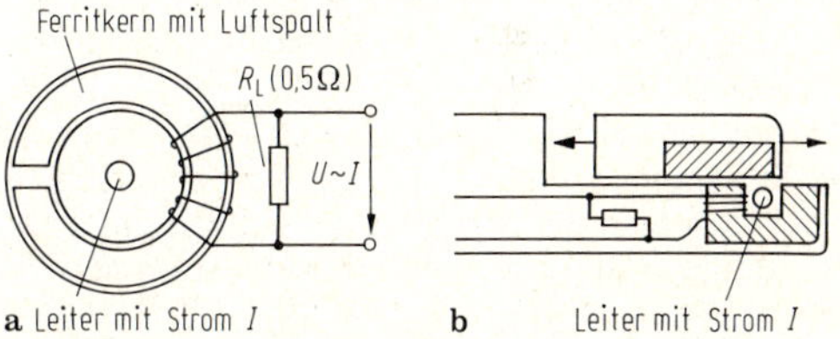

Bild 6. Stommessung mit Stromwandler. **a** Ringkern als Stromwandler; **b** Stromwandlerzange

Hall-Effekt. Da die Tangentialkomponente des Magnetfeldes an einer Leiteroberfläche betragsmäßig gleich der Oberflächenstromdichte ist, kann die Messung des Magnetfeldes mit einer Hall-Sonde zur Strommessung benutzt werden. Hall-Sonden werden ebenfalls eingesetzt im Luftspalt eines Stromwandlers bzw. einer Stromzange und erweitern damit deren Einsatzbereich zu tiefen Frequenzen hin bis zur Gleichstrommessung. Die obere Frequenzgrenze wird durch den jeweiligen Aufbau hervorgerufen, nicht durch den Hall-Effekt selbst.

Induktive Sonden. Zur Messung von Oberflächenstromdichten können Induktionsschleifen

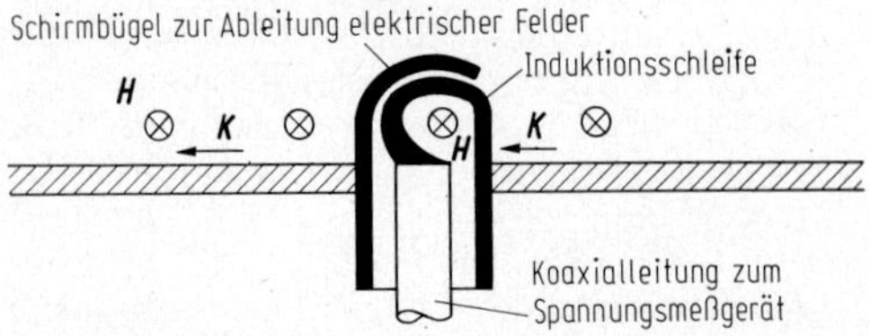

Bild 7. Geschirmte induktive Sonde zur Messung der Oberflächenstromdichte **K**

(Bild 7) benutzt werden. Um Meßfehler durch eine zusätzliche Verkopplung mit dem elektrischen Feld zu vermeiden, werden die Sonden geschirmt. Durch eine drehbare Schleife bzw. zwei senkrecht zueinander angeordnete Koppelschleifen kann die Richtung der Stromdichte ermittelt werden.

Schlitzkopplung. Durch Messung der Intensität einer durch einen Schlitz (z. B. in einer Hohlleiterwand) hindurch abgestrahlten Welle kann ebenfalls auf die Oberflächenstromdichte senkrecht zum Schlitz geschlossen werden.

1.9 Phasenmessung. Phase measurement

Frequenzumsetzung durch Mischung. Die beiden Signale $\underline{U}_A$ und $\underline{U}_B$, deren Phasenverschiebung φ gesucht ist, werden mit zwei Mischern und einem Überlagerungsoszillator (L.O.) in eine Zwischenfrequenz im kHz-Bereich umgesetzt und dort nach Verfahren der NF-Technik gemessen. Bei symmetrischem Aufbau werden das Amplitudenverhältnis U_A/U_B und der Phasenwinkel φ durch die Mischung nicht beeinflußt. Dies gilt nicht nur für sin-förmigen L.O. sondern auch für Oberwellenmischung und Abtastung. Im Unterschied dazu wird durch Frequenzvervielfachung bzw. -teilung der ursprüngliche Phasenwinkel vervielfacht bzw. geteilt.

Netzwerkanalysator. Legt man an die Eingänge eines Netzwerkanalysators nicht die hin- und rücklaufenden Wellen $\underline{U}_H$ und $\underline{U}_R$ sondern allgemein die Signale $\underline{U}_A$ und $\underline{U}_B$, so wird statt des Winkels des Reflexionsfaktors der Winkel φ gemessen. Neben den Geräten mit dem oben erwähnten Zweikanalmischer lassen sich damit auch die Meßleitung (I 4.6) und das Sechstorreflektometer (I 4.7) zur Phasenmessung einsetzen.

Phasenmeßbrücke. Da zwei gleichgroße gegenphasige Spannungen sich zu Null addieren, wird in der Phasenmeßbrücke (Bild 8) mit einem der Dämpfungsglieder die Amplitudengleichheit eingestellt und mit dem Phasenschieber die Gegenphase. Der Nullabgleich wird durch abwechselndes Verstellen von Amplitude und Phase erreicht. Sofern bei der vorangegangenen Eichung

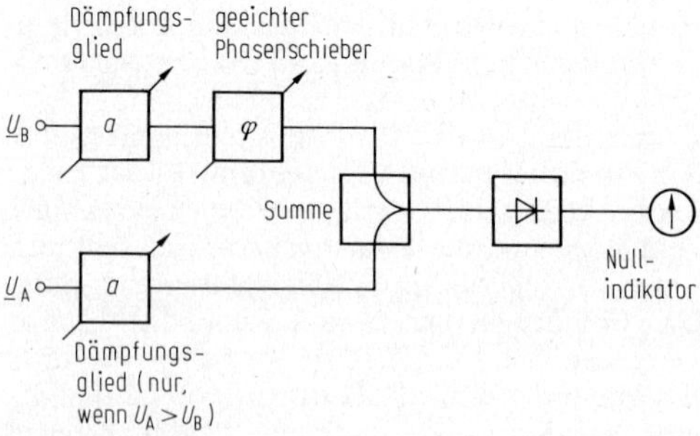

Bild 8. Phasenmeßbrücke

(Nullabgleich mit $\underline{U}_A$ an beiden Eingängen) der Phasenschieber auf Null gestellt war, kann bei der Messung der Winkel φ an ihm abgelesen werden. Notwendig ist, daß beim Verstellen des Dämpfungsgliedes keine zusätzliche Phasendrehung auftritt.

Ringmischer. Bei Beschaltung eines symmetrischen Mischers entsprechend Bild 9 ($\underline{U}_A$ und $\underline{U}_B$ an die Eingänge für HF(R) und L.O.(L), Ausgangsgleichspannung am ZF-Ausgang (I oder X) ergibt sich eine Ausgangsgleichspannung mit cos-förmigem Verlauf als Funktion von φ. Schaltungen dieser Art, die auch mit nur zwei Dioden und Ausgangstiefpaß realisiert werden können, heißen phasengesteuerter Gleichrichter, Synchrondetektor oder kohärenter Demodulator. Die Funktion wird verständlich, wenn man sich die Dioden als Schalter vorstellt, die von $U_A(t)$ betätigt werden. Aus dem gezeichneten Kurvenverlauf erkennt man, daß die Ausgangsspannung für $\varphi = 90°$ und $\varphi = 270°$ zu Null wird. Symmetrische Mischer existieren im gesamten koaxial nutzbaren Frequenzbereich. In Hohlleitertechnik werden die beiden Übertrager durch ein Magic-Tee ersetzt. Unter optimierten Bedingungen sind Abweichungen von der cos-Form kleiner als 1‰ erreichbar. Da das Ausgangssignal nicht nur vom Phasenwinkel φ_{AB} sondern auch von den Amplituden abhängt, müssen U_A und U_B gleich groß und konstant sein.

Digitale Zähler. Durch Auszählen der Periodendauer und des Zeitintervalls zwischen zwei benachbarten, gleichsinnigen Nulldurchgängen von $U_A(t)$ und $U_B(t)$ läßt sich der Phasenwinkel φ ermitteln (s. I 6.2).

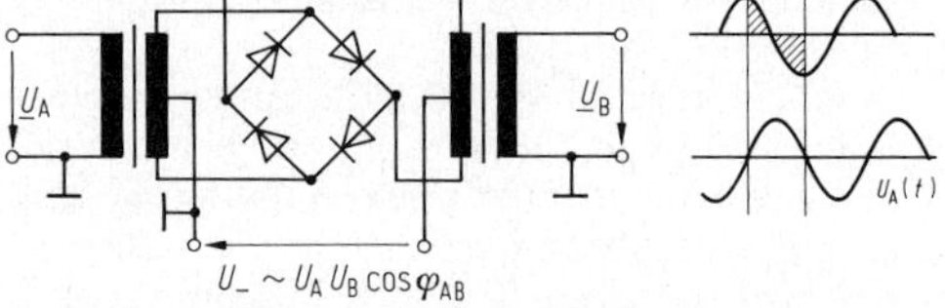

Bild 9. Ringmischer als Phasendetektor

Oszilloskop. Mit einem Zweikanaloszilloskop läßt sich die Phasenverschiebung aus der gleichzeitigen Darstellung der Nulldurchgänge von $U_A(t)$ und $U_B(t)$ auf dem Bildschirm ermitteln (s. 1.7). Mit einem Einkanaloszilloskop im *x-y*-Betrieb wird $U_A(t)$ an den Vertikalverstärker und $U_B(t)$ an den Horizontalverstärker angelegt. Auf dem Bildschirm ergibt sich eine Ellipse (Lissajous-Figur), aus deren Abmessungen und Lage der Phasenwinkel φ berechnet werden kann. Sofern die Signalquellen A und B durch die Parallelkapazität hochohmiger Tastköpfe bei hohen Frequenzen nennenswert belastet werden, ist der gemessene Winkel φ nur dann richtig, wenn beide Quellenimpedanzen gleich sind.

2 Leistungsmessung
Power measurement

2.1 Leistungsmessung mit Bolometer
Power measurement with bolometer

Unter dem Oberbegriff Bolometer werden Bauelemente mit temperaturabhängigem Gleichstromwiderstand, die man zur HF-Leistungsmessung benutzt, zusammengefaßt. Thermistor: Halbleiter mit negativem Temperatur-Koeffizienten (TK) des Widerstands; Barretter: dünner Metalldraht mit positivem TK (wenig überlastbar, daher heute nur noch selten eingesetzt). Der Thermistor wird in einem geeigneten Gehäuse als angepaßter HF-Abschlußwiderstand ausgeführt. Entsprechend der aufgenommenen HF-Leistung erwärmt er sich und somit sinkt sein Gleichstromwiderstand. Damit dennoch die HF-Anpassung erhalten bleibt und damit die stark nichtlineare Kennlinie unberücksichtigt bleiben kann, wird DC- (bzw. NF)-Substitution durchgeführt: Der Thermistor ist Element einer Gleichstrom (DC)-Widerstandsmeßbrücke. Bei Widerstandsänderung durch aufgenommene HF-Leistung wird der Gleichstrom durch den Thermistor so weit verringert, bis die Brücke erneut abgeglichen ist. Die Abnahme der Gleichstromleistung wird gemessen und als Maß für die HF-Leistung angezeigt. Thermische Zeitkonstante: 30 ms bis 1 s. Meßfehler enstehen durch Temperaturdrift, wenn nach der DC-Eichung (Anzeige 0) die Thermistorfassung, z. B. durch die Hand des Bedienenden, erwärmt wird. Abhilfe durch thermische Entkopplung des Meßthermistors und/oder durch Verwendung eines zweiten Thermistors zur Driftkompensation. Meßbereich etwa + 10 dBm bis − 30 dBm.

Spezielle Literatur Seite I 9

2.2 Leistungsmessung mit Thermoelement
Power measurement with thermocouple

Die Erwärmung eines angepaßten Lastwiderstands wird als Gleichspannung eines thermisch damit verbundenen Thermoelements gemessen. Da die Thermospannung ein Maß für die Temperaturdifferenz zwischen den Verbindungspunkten zweier Drähte aus unterschiedlichen Metallen ist (heißer Punkt am Lastwiderstand, kalter Punkt am Gehäuse), ist die Kompensation von Schwankungen der Umgebungstemperatur bereits im Sensor enthalten und damit besser als beim Thermistor. Thermische Zeitkonstante: z. B. 120 µs. Meßbereich etwa + 20 dBm bis − 30 dBm. Bei niedrigen HF-Leistungen liegen die auszuwertenden Thermospannungen unter 1 µV. Daraus ergeben sich Anzeigezeitkonstanten bis zu 2 s im niedrigsten Meßbereich. Eichung vor der Messung durch eine HF-Referenzquelle. Bei Leistungsmeßköpfen mit Thermoelementen lassen sich breitbandig sehr kleine Reflexionsfaktoren realisieren.

2.3 Leistungmessung mit Halbleiterdioden
Power measurement with semiconductor diodes

Im quadratischen Bereich ihrer I-U-Kennlinie können Halbleiterdioden zur Absolutmessung von Leistungen eingesetzt werden. Aus Gründen der Reproduzierbarkeit und der mechanischen Stabilität werden nur spezielle Schottky-Dioden benutzt. Der Spannungsabfall an einem angepaßten HF-Abschlußwiderstand wird von der Diode verzerrt (gleichgerichtet). Der Gleichanteil des Diodenausgangssignals wird gemessen und als Maß für die HF-Leistung angezeigt (Bild I 1.3). Meßbereich etwa − 20 dBm bis − 70 dBm; Frequenzbereich koaxial 0 bis 34 GHz. Zeitkonstante der HF-DC-Wandlung: durch die äußere Beschaltung vorgebbar (s. 2.5). Sofern kleine Leistungen gemessen werden sollen, kommt nur der Kennlinienteil um den Nullpunkt in Betracht, da ein Diodenvorstrom Temperaturdrift und Rauschen vergrößert. Eichung vor der Messung durch eine HF-Referenzquelle. Mit geeigneten Dioden lassen sich die höchsten Umwandlungswirkungsgrade HF-DC erzielen. Bei − 70 dBm beträgt die Ausgangsgleichspannung etwa 50 nV. Diodenmeßköpfe bieten, relativ gesehen, den größten Dynamikbereich. Auch in bezug auf den maximal, ohne Zerstörung des Elements, zulässigen Pegel sind sie den anderen Leistungsmeßköpfen überlegen.
Bild 1 zeigt die Kennlinie einer typischen Detektordiode. Der lineare Teil läßt sich durch einen

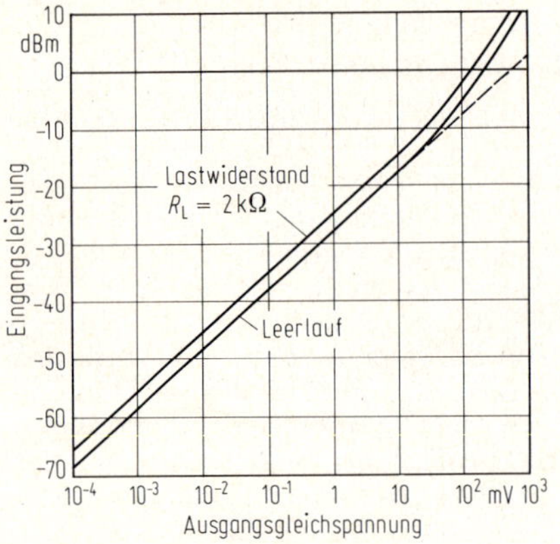

Bild 1. Kennlinie einer typischen Halbleiterdetektordiode. HF-Eingangsimpedanz 50 Ω, NF (DC)-Innenwiderstand 2 kΩ

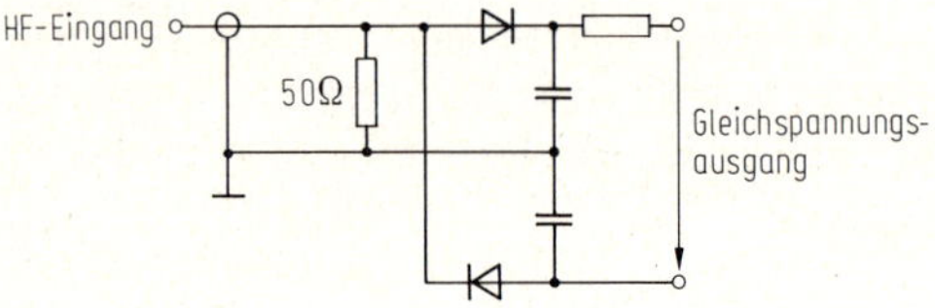

Bild 2. Leistungsmeßkopf mit zwei Dioden

geeigneten Lastwiderstand gegenüber dem Leerlauffall vergrößern. Die Empfindlichkeitsgrenze ist für Breitbandmessungen physikalisch vorgegeben. − 70 dBm entspricht nach Gl. (I 7.1) der thermischen Rauschleistung, die ein ohmscher Widerstand bei Zimmertemperatur im Frequenzbereich 0 bis 25 GHz abgibt. Bei niedrigen Pegeln entstehen Meßfehler durch Thermospannungen am HF-Eingang. Bei Verwendung einer Spannungsverdopplerschaltung entsprechend Bild 2 wirken sich diese nicht auf die Ausgangsspannung aus. Zugleich wird die Empfindlichkeit um 3 dB verbessert.

Der Temperaturgang von Detektordioden ist nichtlinear und abhängig vom Lastwiderstand und vom HF-Pegel.

Die Empfindlichkeit einer Detektordiode (etwa 500 µV/µW im Leerlauf) läßt sich um ein Vielfaches steigern, wenn statt der breitbandigen Widerstandsanpassung eine schmalbandige Blindabstimmung (Resonanztransformation) am HF-Eingang benutzt wird (tuned detector).

2.4 Ablauf der Messung, Meßfehler

Measurement procedure, errors

Vor der Messung wird die Anzeige ohne HF-Signal auf Null gestellt. Dann wird die Anzeige mit einer Referenzquelle niedriger Frequenz (10 bis 100 MHz) geeicht (Gleichstrom bei Thermistorkopf). Der bei höheren Frequenzen meist abnehmende Wirkungsgrad des Leistungssensors und die Verringerung des Meßwerts durch den Reflexionsfaktor des Meßkopfes müssen durch einen (an Meßgeräten vor-einstellbaren) frequenzabhängigen Eichfaktor zwischen 0,9 und 1,0 berücksichtigt werden.

Übersteigt die zu messende Leistung den Meßbereich des zur Verfügung stehenden Meßkopfes, werden Dämpfungsglieder bzw. Richtkoppler vorgeschaltet. Ist die zu messende Leistung zu klein, werden schmalbandige Verstärker vorgeschaltet bzw. andere empfindliche, ungeeichte Empfänger eingesetzt, die über vorgeschaltete Dämpfungsglieder mit dem Leistungsmeßgerät geeicht werden. In allen Fällen sinkt die Genauigkeit der Leistungsmessung.

Während der Meßfehler durch das Instrument, die Anzeige, das Referenzsignal oder die Nullstellung bei handelsüblichen Geräten unter ± 2% liegt und der Meßfehler durch die Unbestimmtheit des Eichfaktors unter ± 3%, können durch die Fehlanpassung zwischen Quelle und Meßkopf wesentlich größere Fehler auftreten. Gemessen werden soll die Leistung P_0, die eine Quelle mit dem Innenwiderstand $\underline{Z}_G$ an einen Normwiderstand Z_0 (z.B. 50 Ω in Koaxialsystemen) abgibt. Gemessen wird mit einem Meßkopf mit der Impedanz $\underline{Z}_E$ (Bild 3). Da diese drei Impedanzen in der Regel nicht miteinander übereinstimmen, ergibt sich ein Meßfehler durch Fehlanpassung. Sofern $\underline{r}_G$ und $\underline{r}_E$ nach Betrag und Phase bekannt sind, läßt sich der gesuchte Wert aus dem Meßwert berechnen:

$$P_{\text{gemessen}} = P_0 \frac{1 - r_E^2}{|1 - \underline{r}_E \underline{r}_G|^2} = P_0 \frac{R_E}{Z_0} \left| \frac{\underline{Z}_s + Z_0}{\underline{Z}_s + \underline{Z}_E} \right|^2 \tag{1}$$

($\underline{r}_G$, $\underline{r}_E$ = Reflexionsfaktor der Quelle bzw. des Meßkopfes, bezogen auf Z_0.)

Sind nur die Beträge bekannt, kann man den maximalen Meßfehler ermitteln. Für $r_G = r_E = 0{,}1$ liegt der Fehler zwischen + 1% und − 3%, für $r_G = r_E = 0{,}3$ zwischen + 10% und − 23%. Die Schwankungsbreite ergibt sich daraus, daß der Zähler $|1 - \underline{r}_E \underline{r}_G|^2$ abhängig von den Phasenwinkeln von $\underline{r}_E$ und $\underline{r}_G$ Werte zwischen $(1 - r_E r_G)^2$ und $(1 + r_E r_G)^2$ annehmen kann. Sofern der Fehleranteil $1 - r_E^2$ bereits im Eichfaktor berücksichtigt ist, verbleibt als Meßunsicherheit

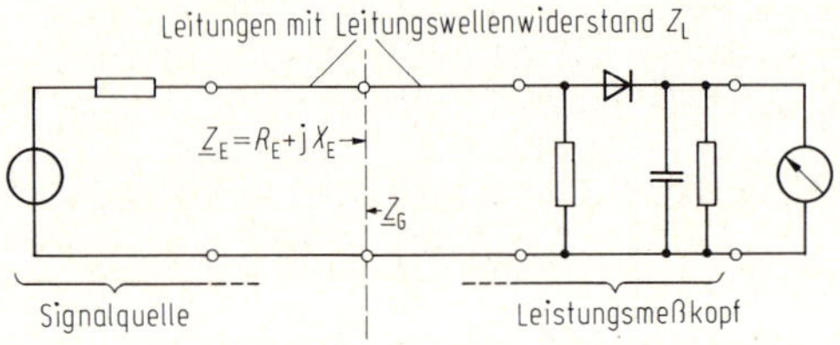

Bild 3. Impedanzen bei der Leistungsmessung

nur noch $1/(1 \pm r_E r_G)^2$. Für r_E und r_G kleiner 0,22 ergibt sich ein Bereich unter $\pm$ 10%.
Durch das Einfügen von Anpaßelementen zwischen Quelle und Leistungsmeßkopf mit anschließendem Abgleich auf maximale Anzeige treten folgende Probleme auf:
- Der Eichfaktor des Meßkopfes gilt nicht mehr.
- Die Zusatzverluste in der Transformationsschaltung müssen bekannt sein.
- Gemessen wird nicht P_0, sondern die Leistung, die die Quelle maximal abgeben kann (an eine Last $\underline{Z}_E = \underline{Z}_G^*$).

Eine Möglichkeit zur Kontrolle der fehlanpassungsbedingten Meßfehler liegt in der Auswertung der durch den Faktor $|1 - \underline{r}_E \underline{r}_G|^2$ hervorgerufenen Welligkeit des Meßwerts, entweder durch Zwischenschalten einer längenveränderlichen Leitung (Phasenschieber) oder durch eine Leitung fester Länge und Frequenzmodulation der Quelle (Wobbelmessung).
Durch die Breitbandigkeit der meisten Meßköpfe (z. B. 0,01 bis 18 GHz) entstehen Meßfehler beim Vorhandensein zusätzlicher, unerwünschter Spektrallinien (z. B. durch Oberwellen oder durch Kippschwingungen der Quelle). Eine Harmonische, deren Pegel 20 dB unter dem des Trägers liegt (− 20 dBc) vergrößert den Meßwert um 1%, da der Meßkopf die Summenleistung anzeigt.

2.5 Pulsleistungsmessung
Pulse power measurement

Mit den bisher beschriebenen CW-Meßverfahren wird bei nichtsinusförmigem Signal der zeitliche Mittelwert gemessen. Der zeitliche Verlauf der Leistung bzw. die Spitzenleistung lassen sich daraus berechnen, sofern die Zeitfunktion des Signals oder dessen Spektrum bekannt sind. Zur direkten Messung von Pulsleistungen, Spitzenleistungen bzw. Leistungs-Zeit-Profilen eignen sich aufgrund ihrer geringen Trägheit Dioden. Bei entsprechend kapazitätsarmer Beschaltung entspricht das Ausgangssignal des Diodenkopfes der Hüllkurve des HF-Eingangssignals. Es kann z. B. mit einer Abtast-Halteschaltung abgefragt und der Abtastwert kann als Momentanwert der Leistung angezeigt werden. Die Dauer des Meßfensters liegt in handelsüblichen Geräten bei 80 ns. Bei automatischer Triggerung des Abtastvorgangs durch das Signal kann bei getasteten Signalen die Pulsleistung gemessen werden.

2.6 Kalorimetrische Leistungsmessung
Calorimetric power measurement

Die HF-Leistung wird berechnet aus der gemessenen Erwärmung eines angepaßten Lastwiderstands [1]. Es besteht somit kein prinzipieller Unterschied zur Leistungsmessung mit Thermoelement. Die Bezeichnung kalorimetrische Messung ist jedoch gebräuchlich
- bei der Herstellung von Eichnormalen (z. B. Mikrowellen-Micro-Kalorimeter)
- bei der Messung großer Leistungen.

Im zweiten Fall wird die Temperatur eines Lastwiderstands gemessen bzw. die Temperaturerhöhung des Kühlmittels beim Durchlaufen des Lastwiderstands. Für Wasser als Kühlmittel ergibt sich die Leistung zu

$$P/\mathrm{W} = 4{,}186\,(V/\mathrm{cm}^3)\,(\Delta T/{}^\circ\mathrm{C})/(\Delta t/\mathrm{s})$$

wenn das Wasservolumen V in der Zeit Δt um die Temperatur ΔT erwärmt wird.

Spezielle Literatur: [1] *Lane, J. A.:* Microwave power measurement. London: Peregrinus 1970.

3 Netzwerkanalyse: Transmissionsfaktor
Network analysis: transmission measurement

3.1 Meßgrößen der Netzwerkanalyse
Basic parameters of network analysis

Grundgrößen bei der Analyse eines Netzwerks sind der Reflexionsfaktor $\underline{r}$ und der Transmissionsfaktor $\underline{t}$, jeweils mit Betrag und Phase. Sie ergeben sich elementar aus den zu messenden Wellenamplituden $\underline{a}_1$, $\underline{b}_1$ und $\underline{b}_2$ (Bild 1).
Es werden lineare Netzwerke untersucht, das Eingangssignal ist sin-förmig und die Meßgrößen werden als Funktion der Frequenz dargestellt. Bei nicht-sinusförmigem Ausgangssignal des Netzwerks (z. B. übersteuerter Mischer oder Verstärker) müssen die einzelnen Spektralanteile getrennt werden, z. B. mit einem Spektrumanalysator als Empfänger.
Die gemessenen Wellenamplituden $\underline{a}_1$, $\underline{b}_1$ und $\underline{b}_2$ bzw. die Grundgrößen $\underline{r}$ und $\underline{t}$ werden häufig in andere Größen umgerechnet.

Reflexionsfaktor

$\underline{S}_{ii} = \underline{r}$ Streuparameter eines Mehrtors (Tor i als Eingang, alle anderen Tore reflexionsfrei abgeschlossen),

$\varphi_r =$ Phasenwinkel des Reflexionsfaktors,

$\underline{Z}/Z_L = (1 + \underline{r})/(1 - \underline{r})$ Impedanz, normiert auf Z_L,

Spezielle Literatur Seite I 16

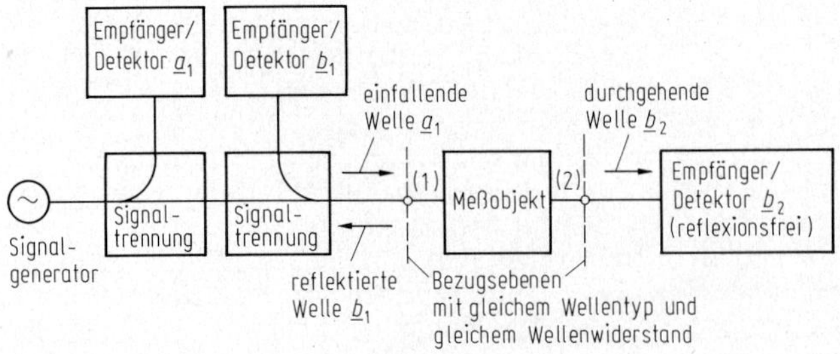

Bild 1. Grundgrößen der Netzwerkanalyse: Reflexionsfaktor $\underline{r} = \underline{b}_1/\underline{a}_1$, Transmissionsfaktor $\underline{t} = \underline{b}_2/\underline{a}_1$

$a_r = -20 \lg r = -r/\text{dB}$ Rückflußdämpfung (return loss),
$s = \text{SWR} = \text{VSWR} = (1 + r)/(1 - r)$ Stehwellenverhältnis,
$m = 1/s$ Anpassungsfaktor (matching factor).

Transmissionsfaktor

$\underline{S}_{ij} = \underline{t}$ Zweitor-Streuparameter (Tor j als Eingang Tor i angepaßt),
$a_t = -20 \lg t = -t/\text{dB}$ Durchgangsdämpfung bzw. Verstärkung,
$\varphi_t =$ Phasenwinkel des Transmissionsfaktors,
$l/\lambda =$ elektrische Länge,
$\tau_g = -\mathrm{d}\varphi_t/\mathrm{d}\omega$ Gruppenlaufzeit,
$\tau'_g = \mathrm{d}\tau_g/\mathrm{d}f$ Gruppenlaufzeitverzerrung.

In der Hochfrequenztechnik lassen sich die transformierenden Eigenschaften der Verbindungsleitungen zwischen Detektor und Meßobjekt, bzw. zwischen Generator und Meßobjekt, nicht mehr vernachlässigen. Um reproduzierbare und aussagekräftige Meßergebnisse zu erhalten, werden deshalb Verbindungsleitungen mit definiertem Leitungswellenwiderstand Z_L eingesetzt und Steckverbindungen bzw. Flanschverbindungen, die an diesen Leitungswellenwiderstand angepaßt sind. Bei Koaxialleitungen ist $Z_L = 50\ \Omega$ (unterhalb 2 GHz auch 75 bzw. 60 Ω). Bei Hohlleitern sind die Querschnittsabmessungen genormt. Alle anderen Leitungstypen erhalten zum Messen Präzisionsadapter mit möglichst kleinem Reflexionsfaktor und geringer Dämpfung.
Die Kenntnis des normierten Werts $\underline{Z}/Z_L$ ist zur Beschreibung der Eingangsimpedanz eines Netzwerks ausreichend. Der Wert der Impedanz $\underline{Z}$ in Ω wird kaum benötigt. Zur graphischen Darstellung von Ortskurven und für die Umrechnung zwischen $\underline{Z}/Z_L$ und $\underline{r}$ wird üblicherweise das Smith-Diagramm benutzt.
Unter der Voraussetzung, daß die Bezugswiderstände Z_L an Tor 1 und Tor 2 des Meßobjekts gleich groß gewählt werden, sind die Meßergebnisse unabhängig davon, ob zur Ermittlung der Wellengrößen $\underline{a}$ und $\underline{b}$ die Spannung, der Strom, die transversale elektrische Feldstärke oder die transversale magnetische Feldstärke der Welle nach Betrag und Phase gemessen werden; zur Ermittlung der Beträge a bzw. b ist die Messung der Leistung P oder der Strahlungsdichte $\overline{S}$ ausreichend. Mit den Indizes H für die hinlaufende und R für die rücklaufende Welle gilt:

$$\underline{a}_1 \sim \underline{U}_{H1}, \underline{I}_{H1}, \underline{E}_{H1}, \underline{H}_{H1} \qquad a_1 \sim \sqrt{P_{H1}}, \sqrt{\overline{S}_{H1}}$$
$$\underline{b}_1 \sim \underline{U}_{R1}, \underline{I}_{R1}, \underline{E}_{R1}, \underline{H}_{R1} \qquad b_1 \sim \sqrt{P_{R1}}, \sqrt{\overline{S}_{R1}}$$
$$\underline{b}_2 \sim \underline{U}_{H2}, \underline{I}_{H2}, \underline{E}_{H2}, \underline{H}_{H2} \qquad b_2 \sim \sqrt{P_{H2}}, \sqrt{\overline{S}_{H2}}$$

Da $\underline{r}$ und $\underline{t}$ Quotienten sind, besteht weder in der Theorie noch in der Praxis der Meßtechnik eine Notwendigkeit, die Größen der Proportionalitätsfaktoren zu definieren.

3.2 Direkte Leistungsmessung
Direct power measurement

Bei einer festen Frequenz wird zunächst der Ausgangspegel des Generators gemessen, dann wird das Meßobjekt dazwischengeschaltet und erneut der Pegel gemessen (Bild 2). Die Pegeldifferenz entspricht der Dämpfung bzw. Verstärkung des Meßobjekts. Da es sich nicht um eine Absolutmessung der Leistungen handelt, wird ein Meßgerät mit linearer Anzeige bei der Eichung (mit überbrücktem Meßobjekt) auf 1 gestellt, mit logarithmischer Anzeige auf 0 dB. Nach Einfügen des zu untersuchenden Zweitors wird der Transmissionsfaktor t direkt abgelesen. Für Wobbelmessungen kann man die Eichwerte punktweise in einem digitalen Speicher (storage normalizer) aufbewahren. Bei der Messung wird jeweils die Differenz in dB zwischen aktuellem Meßwert und gespeichertem Eichwert ausgegeben.

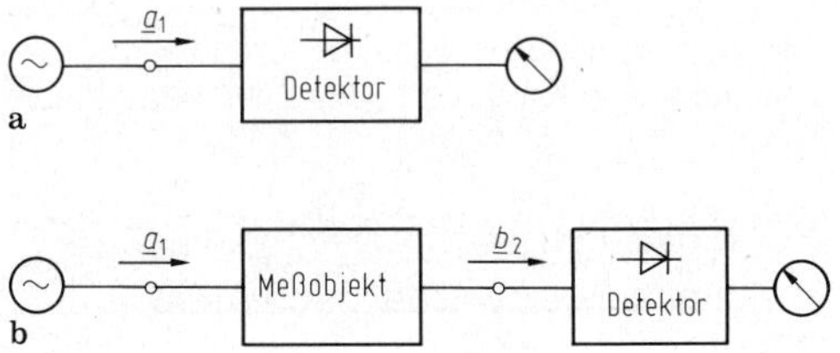

Bild 2. Messung der Durchgangsdämpfung mit reflexionsfreiem Detektor. **a** Messung von a_1; **b** Messung von b_2

3.3 Messung mit Richtkoppler oder Leistungsteiler

Measurement with directional coupler or power splitter

Bei gleichzeitiger Messung von $\underline{a}_1$ und $\underline{b}_2$ und Quotientenbildung (linear) bzw. Differenzbildung (logarithmisch) entfallen störende Beeinflussungen durch Pegelschwankungen des Generators. Weiterhin läßt sich so auch die Phase des Transmissionsfaktors messen. Zur Auskopplung der einfallenden Welle $\underline{a}_1$ wird entweder ein Richtkoppler (Bild 3a) oder ein allseitig angepaßter, entkoppelter 3-dB-Leistungsteiler (isolated power divider, Bild 3b) oder ein (ausgangsseitig fehlangepaßter) 6-dB-Leistungsteiler mit zwei Widerständen (power splitter, Bild 4a) benutzt.

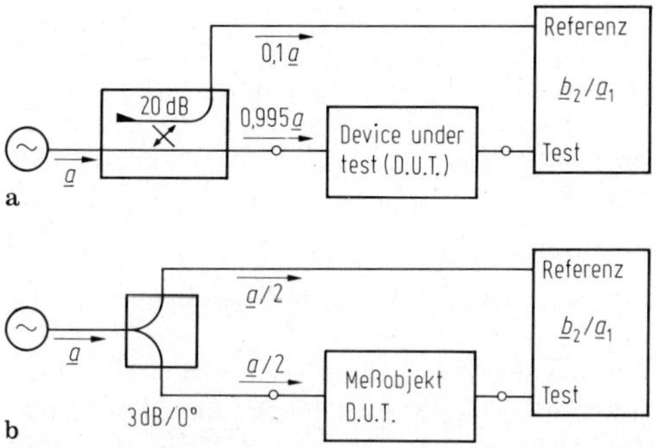

Bild 3. Messung von Betrag und Phase des Transmissionsfaktors. **a** mit Richtkoppler; **b** mit entkoppeltem Leistungsteiler

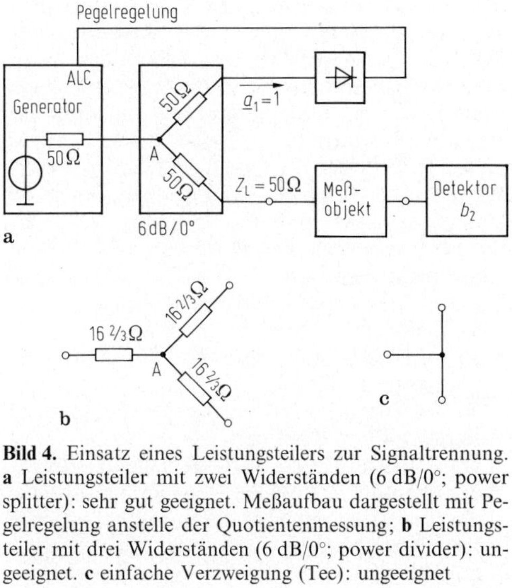

Bild 4. Einsatz eines Leistungsteilers zur Signaltrennung. **a** Leistungsteiler mit zwei Widerständen (6 dB/0°; power splitter): sehr gut geeignet. Meßaufbau dargestellt mit Pegelregelung anstelle der Quotientenmessung; **b** Leistungsteiler mit drei Widerständen (6 dB/0°; power divider): ungeeignet. **c** einfache Verzweigung (Tee): ungeeignet

Bei skalaren Messungen kann die ausgekoppelte Welle $\underline{a}_1$ auch zur Pegelregelung des Generators benutzt werden. Im Idealfall ist damit die einfallende Welle $\underline{a}_1$ bei allen Frequenzen gleich groß und die bei einer Frequenz durchgeführte Eichung der Anzeige auf 0 dB bei überbrücktem Meßobjekt gilt für alle Frequenzen. Sofern das Meßobjekt ohne Adapter und Verbindungskabel direkt an den Generator angeschlossen werden kann, erfüllt eine generatorinterne Pegelregelung den gleichen Zweck.

In der Schaltung nach Bild 3a erzeugt die Regelschleife einen konstanten Pegel im Verzweigungspunkt A, unabhängig von der Belastung durch das Meßobjekt. Damit erhält der Generator den Innenwiderstand 0Ω und der 50-Ω-Widerstand im Leistungsteiler bewirkt, daß das Meßobjekt generatorseitig einen angepaßten Innenwiderstand sieht. Wird dagegen ein allseitig angepaßter 6-dB-Teiler entsprechend Bild 4b für Verhältnismessungen oder zur Pegelregelung benutzt, so erhält auch hier der Verzweigungspunkt A den Innenwiderstand 0 Ω und damit sieht das angeschlossene Meßobjekt einen Quellwiderstand von 16 2/3 Ω. Diese Fehlanpassung des Meßobjekts führt zu Meßfehlern. Ebenfalls ungeeignet für die hier beschriebenen Anwendungen sind einfache T-Stücke entsprechend Bild 4c.

3.4 Empfänger. Receiver

Das in den Bildern 1 bis 4 mit Detektor bezeichnete Gerät zur Messung und Anzeige der Wellenamplitude kann je nach Anwendungsfall eine Detektordiode mit Gleichspannungsmeßgerät bzw. NF-Spannungsmeßgerät, ein angepaßter Abschlußwiderstand mit angeschlossenem hochohmigem Spannungsmeßgerät, ein Überlagerungsempfänger, ein Leistungsmeßgerät oder ein Spektrumanalysator sein. Je nach Art des Empfängers ändern sich Lage und Größe des Pegelbereichs, innerhalb dessen die gemessenen Signale ausgewertet werden können. Der Einsatzbereich von Detektordioden liegt etwa zwischen + 15 und − 50 dBm und der von Grundwellenmischern zwischen − 10 und − 110 dBm. Durch Dämpfungsglieder oder Verstärker zwischen Generator und Meßobjekt sollte für jede Messung der Pegelbereich eingestellt werden, in dem der jeweils benutzte Empfänger die größte Meßgenauigkeit hat.

Amplitudenmeßplatz mit selektivem Empfänger (z.B. Spektrumanalysator). Stimmt man die Frequenz eines Generators parallel zu der des Überlagerungsoszillators so ab, daß die Generatorfrequenz stets im Empfangsbereich des Empfängers liegt, so hat man einen Amplitudenmeßplatz entsprechend Bild 5. Der Transmissionsfaktor kann direkt gemessen werden (Eichung für

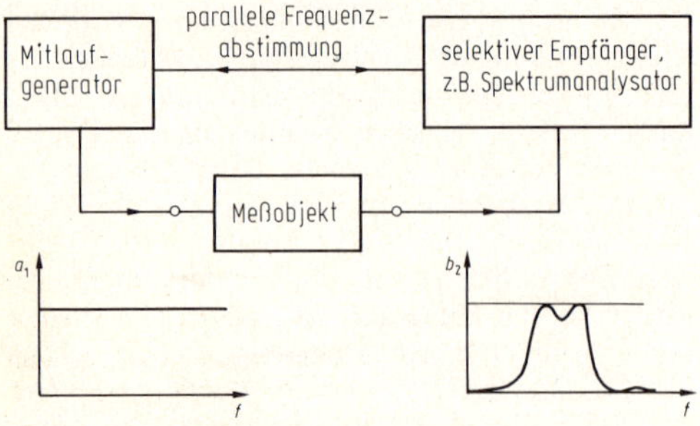

Bild 5. Messung des Transmissionsfaktors mit selektivem Empfänger und Mitlaufgenerator (tracking generator)

0 dB Durchgangsdämpfung durch Überbrücken des Meßobjekts). Für die Reflexionsfaktormessung wird zusätzlich ein Richtkoppler benötigt (Eichung für 0 dB mit Kurzschluß/Leerlauf am Ausgang des Richtkopplers). Vorteil dieser Anordnung ist der große Dynamikbereich, gegeben durch die Differenz zwischen Ausgangspegel des Generators und Rauschpegel des Empfängers. Wegen der begrenzten Richtwirkung von Richtkopplern ist dieser Vorteil meist nur bei Transmissionsmessungen nutzbar. Nebenwellen des Generators sind bei linearen Meßobjekten unkritisch, ebenso das Intermodulationsverhalten des Mischers im Empfänger. Mit abnehmender Empfängerbandbreite (um einen niedrigen Rauschpegel zu erhalten) steigen die Anforderungen an die Frequenzstabilität und den Gleichlauf.

3.5 Substitutionsverfahren
Substitution methods

Da neben der Fehlanpassung von Generator und Detektor die größten Meßfehler durch die Linearitätsabweichungen des Empfängers entstehen, werden für genaue Messungen Substitutionsverfahren benutzt.

Meßprinzip: Zunächst wird das Meßobjekt gemessen und die Empfängeranzeige registriert (Eichung). Dann wird es ersetzt durch ein geeichtes Dämpfungsglied und/oder einen geeichten Phasenschieber, die so lange verstellt werden, bis die Empfängeranzeige mit Meßobjekt reproduziert ist (Messung). Damit sind die Meßfehler im Empfänger einschließlich des Anzeigefehlers eliminiert. Der Meßwert wird am Dämpfungsglied bzw. am Phasenschieber abgelesen.

Das einfachste Verfahren ist die *HF-Substitution* entsprechend Bild 6:

Stellung des Dämpfungsgliedes mit Meßobjekt: x dB; Stellung des Dämpfungsgliedes ohne Meßobjekt bei gleichem Pegel am Empfänger: y dB

Dämpfung des Meßobjekts: $(y - x)$ dB.

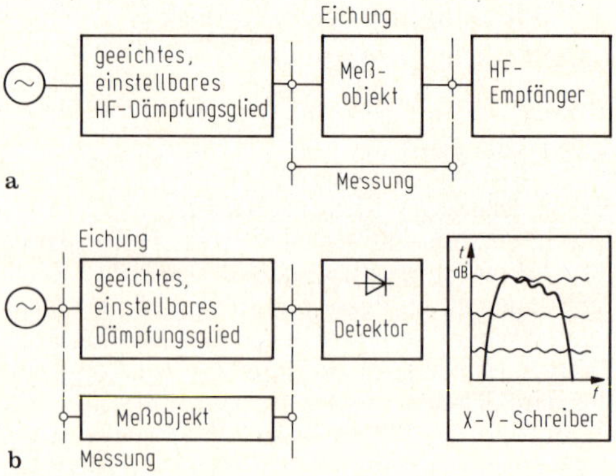

Bild 6. HF-Substitution. **a** punktweise Messung; **b** Wobbelmessung

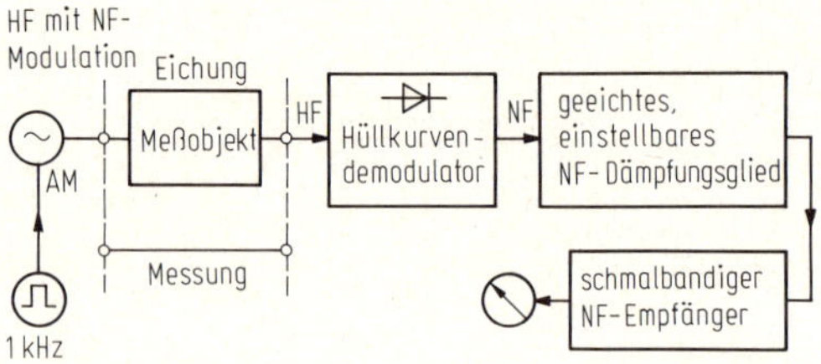

Bild 7. NF-Substitution

Bei gewobbelten Messungen werden Eichlinien für jeweils definierte Stellungen des Dämpfungsgliedes mit einem X-Y-Schreiber aufgezeichnet. Anschließend wird das Dämpfungsglied durch das Meßobjekt ersetzt und der Frequenzgang des Meßobjekts in die Schar der Eichlinien eingezeichnet.

Bei der *NF-Substitution* (Bild 7) ist das anfangs erwähnte Grundprinzip der Substitution nicht vollständig erfüllt, da sich der Pegel am HF-Detektor zwischen Messung und Eichung ändert. Aber auch hier wird bei überbrücktem Meßobjekt das Dämpfungsglied so lange verstellt, bis die vorherige Anzeige reproduziert ist. Damit entfällt der Anzeigefehler. Der wesentliche Vorteil dieser Schaltung ist jedoch, daß ein NF-Dämpfungsglied benutzt werden kann. Diese lassen sich wesentlich einfacher mit großer Genauigkeit realisieren.

Die *ZF-Substitution* (Bild 8a) vereinigt alle bisher angeführten Vorteile:

- Das Meßergebnis wird am Dämpfungsglied abgelesen;
- die Anzeige des Meßinstruments dient nur zur Reproduktion des Eichwerts;
- am HF-Empfänger (Mischer) liegen bei Eichung und Messung die gleichen Amplituden;
- die Frequenz am Dämpfungsglied ist konstant, unabhängig von der HF-Signalfrequenz;

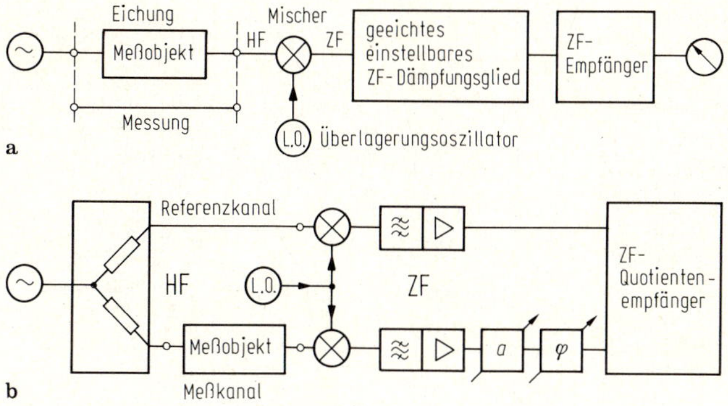

Bild 8. ZF-Substitution. **a** Seriensubstitution für Betragsmessungen; **b** Parallelsubstitution zur Messung von Betrag und Phase

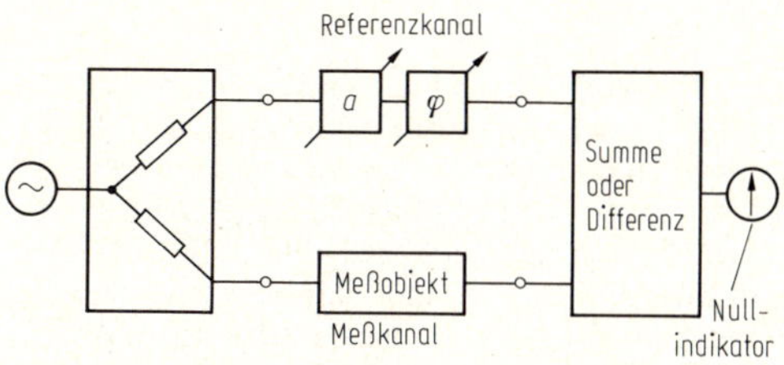

Bild 9. HF-Parallel-Substitution zur Messung von Betrag und Phase des Transmissionsfaktors (Meßbrücke)

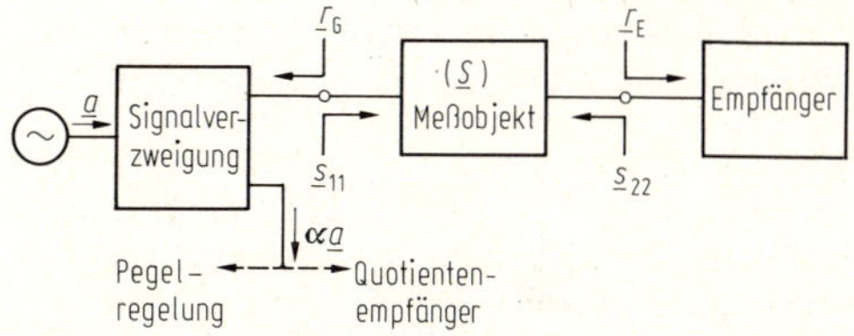

Bild 10. Reflexionsfaktoren, die bei der Messung des Transmissionsfaktors zu berücksichtigen sind

– die Lage dieser Frequenz kann so gewählt werden, daß sich Dämpfungsglieder höchster Präzision realisieren lassen.

Das Verfahren läßt sich auch für Wobbelmessungen einsetzen (dann wird der Überlagerungsoszillator parallel zum HF-Generator abgestimmt, so daß die Frequenzdifferenz konstant bleibt) und auf Phasenmessungen erweitern (Bild 8b), da der Phasenwinkel zwischen zwei Signalen bei der Frequenzumsetzung mit Mischern erhalten bleibt.

Bild 9 zeigt die *Parallelsubstitution* ohne Mischer. Wesentlich für die Meßgenauigkeit ist die gleichmäßige Aufteilung des Eingangssignals bzw. generell die Symmetrie der Brücke und die Entkopplung beider Brückenzweige voneinander. An Eingang und Ausgang der Brücke können auch synchron betätigte Umschalter eingesetzt werden.

3.6 Meßfehler durch Fehlanpassung
Mismatch error

In der Schaltung nach Bild 10 ist der vom Empfänger angezeigte, gemessene Transmissionsfaktor

$$\underline{S}_{21\mathrm{M}} = \frac{\underline{S}_{21}}{1 - \underline{r}_\mathrm{G}\,\underline{S}_{11} - \underline{r}_\mathrm{E}\,\underline{S}_{22} + \underline{r}_\mathrm{G}\,\underline{r}_\mathrm{E}\,\det(\underline{S})}, \quad (1)$$

während $\underline{S}_{21}$ der gesuchte Transmissionsfaktor ist. Die Abweichung zwischen Meßwert $\underline{S}_{21\mathrm{M}}$ und Sollwert $\underline{S}_{21}$ wird um so geringer, je kleiner die Reflexionsfaktoren vom Meßobjekt aus in Richtung zum Generator ($\underline{r}_\mathrm{G}$) und in Richtung zum Empfänger hin ($\underline{r}_\mathrm{E}$) sind. Für skalare Messungen ergibt sich aus Gl. (1) zur Abschätzung der Meßungenauigkeit

$$F = \max, \min |\underline{S}_{21\mathrm{M}}/\underline{S}_{21}| \approx \frac{1 \pm r_\mathrm{G} r_\mathrm{E}}{(1 \pm r_\mathrm{G} S_{11})(1 \pm r_\mathrm{E} S_{22}) \pm r_\mathrm{G} r_\mathrm{E} S_{12} S_{21}}. \quad (2)$$

Beispiel: Für die Messung eines 10-dB-Dämpfungsgliedes mit beidseitig 10% Reflexionsfaktor ergibt sich daraus mit $r_\mathrm{G} = 0{,}33$ und $r_\mathrm{E} = 0{,}20$ ein Ungenauigkeitsfaktor F zwischen 1,13 und 0,88 bzw. ein Meßfehler von $\pm$ 1,1 dB.

Zur Vermeidung derartiger Meßfehler werden gut angepaßte Empfänger und gut angepaßte Leistungsteiler oder Richtkoppler eingesetzt. Zur weiteren Verbesserung können jeweils vor und hinter dem Meßobjekt

– reflexionsarme Dämpfungsglieder (pad),
– reflexionsarme Richtungsleitungen (isolator),
– Anpaßelemente (stub tuner, slide-screw-tuner, E-H-tuner)

eingeschaltet werden. Bei Messungen an Zweitoren mit Durchgangsdämpfungen unter 1 dB sind Fehlanpassungen besonders störend. Auch bei der Messung der 3-dB-Frequenzen von Filtern (die ja im Sperrbereich fehlangepaßt sind), sollten die Einflüsse von r_E und r_G berücksichtigt werden.

Dämpfungsdefinitionen. Für die Dämpfung a bzw. die Verstärkung g eines Zweitors existiert eine Vielfalt von Definitionen. Für den Fall, daß $\underline{S}_{11} = \underline{S}_{22} = \underline{r}_G = \underline{r}_E = 0$ ist und die Eingangsimpedanzen des Zweitors gleich dem reellen Bezugswiderstand Z_0 sind, ergeben alle Definitionen den gleichen Zahlenwert.
Der *Transmissionsfaktor* (Wellendämpfung) ist unabhängig von $\underline{r}_G$ und $\underline{r}_E$ eine Eigenschaft des Zweitors und ändert sich mit dem gewählten Bezugswiderstand. Fehlanpassungen führen zu den oben angeführten Meßfehlern. Im Unterschied dazu ist die Einfügungsdämpfung (insertion loss) abhängig von den Streuparametern $\underline{S}_{ij}$ sowie von $\underline{r}_G$ und $\underline{r}_E$. Sie kann trotz Fehlanpassung in einer Messung entsprechend Bild 2 fehlerfrei ermittelt werden.

Einfügungsdämpfung = 10 lg (Empfängereingangsleistung P_E bei direktem Anschluß an den Generator/P_E bei eingefügtem Zweitor).
Die gemessenen Werte der Einfügungsdämpfung sind somit nur zusammen mit den Werten für $\underline{r}_E$ und $\underline{r}_G$ des Meßaufbaus interpretierbar und nicht allgemeingültig. So wird z. B. ein 10-dB-Dämpfungsglied mit $Z_L = 75\,\Omega$ in einem 50-Ω-Meßaufbau eine größere Einfügungsdämpfung als 10 dB ergeben und der Frequenzgang eines Filters ändert sich meist beträchtlich, wenn Quellwiderstand und Lastwiderstand nicht den Sollwerten entsprechen.

Betriebsdämpfung (≙ transducer gain):

$$a_B = 10 \lg (P_{G,\max}/P_E)$$

$P_{G,\max}$ ist unabhängig vom Zweitor, gemessen bei Leistungsanpassung des Generators ($\underline{Z}_L = \underline{Z}_G^*$).

Leistungsverstärkung (power gain):

$$g = 10 \lg (P_E/P_1)$$

P_1 ist die vom Zweitor aufgenommene, P_E die abgegebene Leistung.

Verfügbare Leistungsverstärkung (available gain):

$$g_{\max} = 10 \lg (P_{E,\max}/P_{1,\max})$$

Gemessen mit $\underline{r}_G = \underline{S}_{11}^*$ und $\underline{r}_E = \underline{S}_{22}^*$.

3.7 Meßfehler durch Nebenwellen des Generators

Signal generator harmonics and spurious

Breitbandige Detektoren als Empfänger messen neben dem Sollsignal (der Grundwelle des Generators), auch noch alle anderen Spektrallinien, die in ihrem Empfangsbereich liegen, so z. B. Nebenwellen und Oberwellen des Generators, von außen eingestreute Funkstörungen oder parasitäre Schwingungen des Meßobjekts (bei Messungen an Verstärkern). Die dadurch entstehenden Meßfehler sind selten so eindeutig wie in Bild 11: Bei Einstellung des Generators auf $f_0/3$ wird diese Frequenz durch das zu messende Bandfilter z. B. um 60 dB gedämpft. Wenn der Generator jedoch zusätzlich die dreifache Frequenz (f_0) abgibt, fällt diese in den Durchlaßbereich des Bandfilters und wird vom Breitbanddetektor am Ausgang gemessen und angezeigt. Das gleiche passiert bei allen Nebenwellen des Generators. Ein Signalgenerator mit z. B. 25 dB Nebenwellenabstand erlaubt also nur Messungen mit einem Dynamikbereich von 25 dB. Bei schmalbandigen Messungen helfen vorgeschaltete Filter.

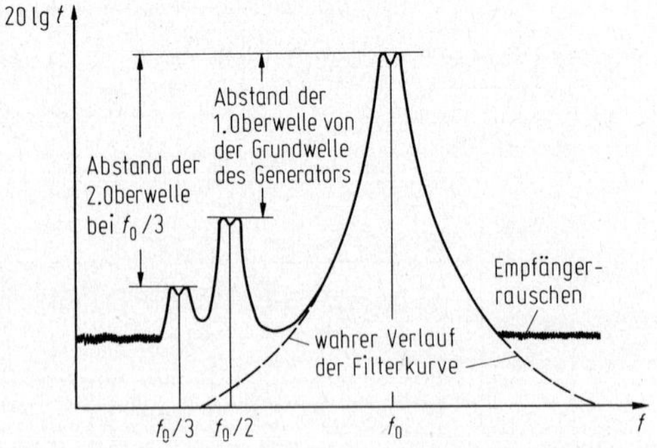

Bild 11. Meßfehler durch Oberwellen des Signalgenerators bei breitbandigem Detektor

Zur Kontrolle, ob Fremdstörer bzw. parasitäre Schwingungen vorhanden sind (die beide frequenzunabhängig den Rauschpegel anheben), sollte der Signalgenerator ein- und ausgeschaltet werden bzw. der Empfänger ohne Meßobjekt betrieben werden, bei gleichzeitiger Beobachtung des angezeigten Rauschpegels.

3.8 Meßfehler durch Rauschen und Frequenzinstabilität

Noise and frequency instability

Ableseungenauigkeit durch Empfängerrauschen können durch Tiefpaßfilterung des Ausgangssignals (Videofilter) verringert werden. Die Meßzeit steigt dadurch an. Bei Messungen an Objekten mit starker Frequenzabhängigkeit der Amplitude oder der Phase (z. B. Resonatoren hoher Güte oder elektrisch lange Leitungen) müssen stabile Generatoren mit geringer Stör-FM bzw. mit wenig Phasenrauschen eingesetzt werden. Die Wobbelfrequenz muß niedrig genug gewählt werden, damit der gemessene Frequenzgang das stationäre Verhalten des Meßobjekts wiedergibt. Bei genauen Messungen mit großem Dynamikbereich (> 100 dB) werden der Überlagerungsoszillator des Empfängers und der Signalgenerator phasenstarr gekoppelt. Eine weitere Steigerung der Meßempfindlichkeit läßt sich dann noch durch die Benutzung eines kohärenten Detektors anstelle der sonst üblichen linearen bzw. quadratischen Detektoren erreichen.

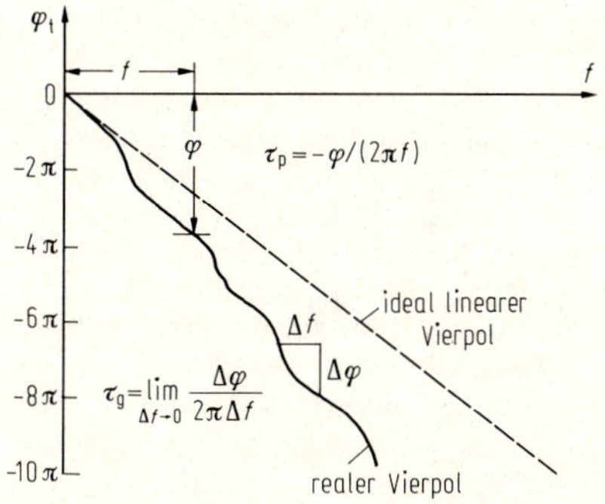

Bild 12. Grundsätzlicher Verlauf der Phase des Transmissionsfaktors $\underline{t}$ als Funktion der Frequenz

3.9 Meßfehler durch äußere Verkopplungen
Isolation errors

Die Möglichkeit der direkten Verkopplung zwischen Signalgenerator und Detektor bzw. zwischen Meßzweig und Referenzzweig ist besonders bei genauer Messung großer Dämpfungen zu kontrollieren. Flexible Koaxialleitungen und Standard-Steckverbindungen haben in der Regel Schirmdämpfungen unter 60 dB. Ein Lecksignal am Detektor, 60 dB unter dem Generatorpegel, bewirkt bei der Messung von 30 dB Durchgangsdämpfung einen Fehler bis zu ± 0,27 dB.

3.10 Gruppenlaufzeit. Group delay

Bild 12 zeigt den grundsätzlichen Verlauf der Phase φ_t des Transmissionsfaktors. Die Phasenlaufzeit $\tau_p = -\varphi_t/\omega$ ist stets positiv. Die Gruppenlaufzeit τ_g ist die Steigung der Phasenkurve: $\tau_g = -\mathrm{d}\varphi_t/\mathrm{d}\omega = -(1/(2\pi))\,\mathrm{d}\varphi_t/\mathrm{d}f$. Da der Transmissionsfaktor einer verlustlosen Leitung (Länge l) $\exp(\varphi_t) = \exp(-\beta l)$ ist und da die Nachrichtentechnik dementsprechend die Übertragungsfunktion eines Vierpols mit $H(f)\exp(-\mathrm{j}\Phi(f))$ definiert, ergibt sich mit dem Phasenmaß β und dem Phasengang $\Phi(f)$ für die Phasenlaufzeit $\tau_p = \beta l/\omega = \Phi/\omega$ und für die Gruppenlaufzeit $\tau_g = \mathrm{d}\beta/\mathrm{d}\omega = \mathrm{d}\Phi/\mathrm{d}\omega$.
Bei einem idealen Vierpol zur verzerrungsfreien Nachrichtenübertragung nimmt die Phase linear mit der Frequenz ab und die Gruppenlaufzeit ist eine Konstante. Das Konzept der Gruppenlaufzeit dient dazu, die Abweichungen eines realen Vierpols vom idealen Verhalten beschreiben zu können. Es ist nur bei solchen Vierpolen sinnvoll, die grundsätzlich phasenlinear sein sollen.

Statische Messung. (phase-slope-method). Es wird die Änderung $\Delta\varphi$ der Phase des Transmissionsfaktors bei Erhöhung der Frequenz um Δf gemessen (Bild 12). Der Differenzenquotient $-\Delta\varphi/(2\pi\Delta f)$ geht mit abnehmendem Δf gegen die Gruppenlaufzeit. Bei endlichem Δf ergibt sich eine Art Mittelwert im betrachteten Frequenzbereich. Die Feinstruktur der Gruppenlaufzeit innerhalb des Intervalls Δf bleibt unberücksichtigt. Bei Netzwerkanalysatoren mit Rechneranschluß wird τ_g meist durch numerische Differentiation der gemessenen Phasenkurve $\varphi_t(f)$ ermittelt.

AM-Verfahren (Nyquist-Methode). Das Eingangssignal des Vierpols wird mit der Frequenz f_{NF} amplitudenmoduliert. Gemessen wird die Phasenverschiebung der Hüllkurve des AM-Signals: Die Phase $\Delta\varphi$ zwischen dem modulierenden NF-Signal und dem demodulierten Ausgangssignal des Vierpols wird mit einem NF-Phasenmeßgerät ermittelt und die Gruppenlaufzeit daraus berechnet: $\tau_g = \Delta\varphi/(2\pi f_{NF})$. Änderungen von τ_g im Frequenzbereich $2 f_{NF}$ bleiben unberücksichtigt.

FM-Verfahren. Analog zum AM-Verfahren kann bei kleinem Modulationsindex auch ein FM-Testsignal benutzt werden. Gemessen wird ebenfalls die Phasenverschiebung zwischen dem demodulierten Eingangssignal und dem demodulierten Ausgangssignal. Einsetzbar für begrenzende Verstärker.

Vergleichsverfahren. Zunächst wird ein Vierpol mit bekannter Gruppenlaufzeit $\tau_{g,\,ref}$ gemessen, Ergebnis $\Delta\varphi_{ref}$, dann der unbekannte Vierpol, Ergebnis $\Delta\varphi$. Die Gruppenlaufzeit ergibt sich zu $\tau_g = \tau_{g,\,ref}\,\Delta\varphi/\Delta\varphi_{ref}$. Im Unterschied zu den vorangegangenen Verfahren muß hier das Frequenzintervall Δf nur konstant gehalten werden, ohne daß seine genaue Größe benötigt wird.

Wobbelverfahren. Als Testsignal wird eine linear ansteigende Frequenz benutzt. Die Differenz zwischen der Rampe, die das Eingangssignal moduliert, und dem demodulierten Ausgangssignal ist eine Gleichspannung, die proportional zur Gruppenlaufzeit des Vierpols bei der jeweiligen Frequenz ist.

Sofern nur der Vierpolausgang zugänglich ist (Streckenmessung) können weder τ_p noch τ_g, sondern nur die Gruppenlaufzeitverzerrung, d. h. die Änderung der Gruppenlaufzeit bezogen auf eine Referenzfrequenz, gemessen werden [1].

Meßfehler. Zur Eichung des Meßaufbaus ist vor der Messung, ohne Vierpol, $\tau_g = 0$ einzustellen. Störabstand und Phasenrauschen des Testsignals (HF und NF) beeinträchtigen die Meßgenauigkeit; Abhilfe durch Mittelwertbildung (Videofilter). Aus der Bestimmungsgleichung $\tau_g = -\Delta\varphi/(2\pi\Delta f)$ läßt sich die Auflösung der Meßgröße berechnen, wenn das Frequenzintervall Δf und die Auflösung des Phasenmeßgeräts $\Delta\varphi$ bekannt sind. Mit $\Delta\varphi = 0{,}1°$ und $\Delta f = 278$ kHz kann man τ_g auf 1 ns auflösen.

Elektrische Länge. Die elektrische Länge eines Vierpols ist entweder die Angabe der Gesamtphasendrehung $n2\pi + \varphi$ zwischen zwei Bezugsebenen an Ein- und Ausgang oder die Angabe, durch welche homogene Referenzleitung der elektrischen Länge l_1/λ_1 der Vierpol bei der Frequenz f_1 ersetzt werden kann, ohne daß sich die Gruppenlaufzeit τ_g ändert.

$$l_{el} = \tau_g v_{ref} \text{ bzw. } l_{el} = n\lambda_{ref}$$
(n = bel. pos. Zahl, z. B. 2,35)

Messung:
a) Mit dem Impulsreflektometer (s. I. 8.2) bei phasenlinearen Vierpolen,
b) durch Messung der Gruppenlaufzeit,
c) durch Messung der Phase des Reflexionsfaktors bei Kurzschluß am Ausgang und Vergleich der Meßwerte bei mindestens zwei Frequenzen, mit denen der Referenzleitung (nur bei reziproken Vierpolen).

Spezielle Literatur: [1] *Schuon, E.; Wolf, H.:* Nachrichten-Meßtechnik. Berlin: Springer 1981.

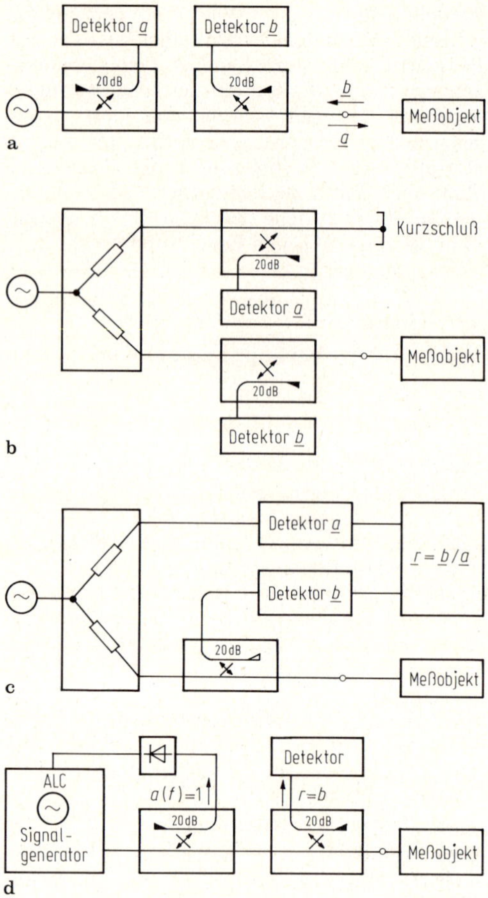

Bild 1. Reflexionsfaktormessung mit Richtkopplern. **a** Reflektometer mit zwei Richtkopplern; **b** Kompensation des Frequenzgangs bei gleichen Richtkopplern; **c** Reflektometer mit Richtkoppler und Leistungsteiler; **d** Reflektometer mit Pegelregelung (nur Betragsmessung)

4 Netzwerkanalyse: Reflexionsfaktor
Network-analysis:
Reflection measurement

4.1 Richtkoppler. Directional coupler

Im Meßaufbau nach Bild 1a sind zwei Richtkoppler zur Signaltrennung in die Verbindungsleitung zwischen Signalquelle und Meßobjekt eingefügt. Am Nebenarm des einen wird die Amplitude der hinlaufenden Welle $\underline{a}$ gemessen, am Nebenarm des anderen die Amplitude der rücklaufenden Welle $\underline{b}$ (Grundgrößen der Netzwerkanalyse in I 3.1). Vor der Messung wird zur Eichung ein Kurzschluß (oder Leerlauf) anstelle des Meßobjekts angeschlossen. Damit wird die reflektierte Welle gleich der einfallenden Welle. Der Quotient $\underline{r} = \underline{b}/\underline{a}$ ist -1 ($+1$ bei Leerlauf). Anstelle der zwei Richtkoppler, bei denen jeweils ein Ausgang des Nebenarms reflexionsfrei abgeschlossen ist und der andere zum Messen benutzt wird, kann auch nur ein Richtkoppler verwendet werden, mit je einem Detektor an jedem Ausgang des Nebenarms. Bei nicht reflexionsfreien Detektoren kommt es dann jedoch zu direkten Verkopplungen zwischen den Ausgängen des Nebenarms und damit zu Meßfehlern. Die Meßgenauigkeit steigt daher wesentlich durch die Benutzung von zwei Richtkopplern. Sie läßt sich noch weiter erhöhen, wenn beide Richtkoppler den gleichen Frequenzgang haben. Entspre-

Spezielle Literatur Seite I 22

chend $\underline{b}_M/\underline{a}_M = \underline{b}(1+\delta)/[\underline{a}(1+\delta)] = \underline{b}/\underline{a}$ kompensieren sich die Schwankungen der Koppeldämpfung, was speziell bei Wobbelmessungen vorteilhaft ist. Optimale Kompensation erreicht man mit einer Anordnung entsprechend Bild 1b.

Anstelle des Richtkopplers für die hinlaufende Welle kann auch (analog zu I 3.3) ein Leistungsteiler mit zwei Widerständen benutzt werden (Bild 1c). Sofern nur der Betrag des Reflexionsfaktors gemessen werden soll, kann die Quotientenbildung b/a (ebenfalls analog zu I 3.3) ersetzt werden durch Pegelregelung des Signalgenerators (Bild 1d).

4.2 Fehlerkorrektur bei der Messung von Betrag und Phase

Vector error correction

Im realen Reflektometer entstehen Fehler, die zu einer Abweichung des Meßwerts $\underline{r}_M$ vom wahren Wert $\underline{r}$ führen. Einige (systematische) Fehler können nachträglich durch Umrechnen des Meßwertes mit Hilfe von Ergebnissen aus zusätzlichen Eichmessungen eliminiert werden:

Richtwirkung der verwendeten Koppler. Aufgrund nichtidealer Richtwirkung mißt Detektor $\underline{a}$ noch Amplitudenteile von $\underline{b}$ und umgekehrt. Diese unerwünschte Kopplung wird noch weiter verschlechtert durch Reflexionen an den Steckverbindungen der Richtkoppler und externe Verkopplungen (leakage). Für Präzisionsmessungen sind hochwertige Stecker zu benutzen und Adapter unzulässig.

Frequenzgangfehler. Durch die Abweichung der Koppeldämpfung vom Nennwert und durch Empfindlichkeitsschwankungen der Detektoren treten Meßfehler proportional zum aktuellen Wert von $\underline{a}$ bzw. $\underline{b}$ auf.

Fehlanpassungsfehler. Dadurch, daß vom Meßobjekt aus in die Meßanordnung hineingesehen keine ideale Anpassung vorliegt, treten Mehrfachreflexionen auf.

Die Fehler lassen sich gedanklich in einem Fehlerzweitor zusammenfassen (Bild 2). Die wahren Größen $\underline{a}$ und $\underline{b}$ werden durch dieses Zweitor in Phase und Amplitude verändert und dann von einem idealen, fehlerfreien Reflektometer gemessen. Bezeichnet man die Streuparameter des Fehlerzweitors mit $\underline{F}_{ij}$, so wird der Meßwert zu

$$\underline{r}_M = \underline{F}_{11} + \underline{r}\,\underline{F}_{21}^2/(1 - \underline{r}\,\underline{F}_{22}). \tag{1}$$

Man kann den Term $\underline{F}_{11}$ der mangelnden Richtwirkung, $\underline{F}_{21}$ dem Frequenzgang und $\underline{F}_{22}$ der Quellenfehlanpassung zuordnen. Nachdem die Streuparameter des Fehlerzweitors durch Eichmessungen bestimmt sind, läßt sich der gesuchte, korrigierte Meßwert ausrechnen:

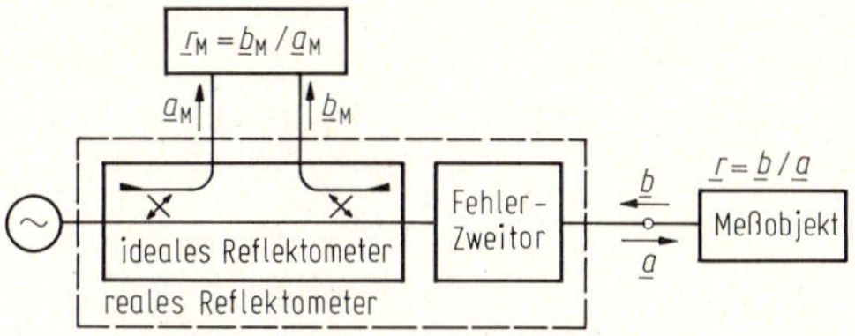

Bild 2. Konzept der rechnerischen Fehlerkorrektur bei der Messung von Betrag und Phase

$$\underline{r} = (\underline{r}_M - \underline{F}_{11})/(\underline{F}_{22}(\underline{r}_M - \underline{F}_{11}) - \underline{F}_{21}^2). \tag{2}$$

Zu den (nichtsystematischen) Fehlern, die sich auf diese Weise nicht erfassen lassen, gehören: zeitliche Drift (z. B. thermisch bedingt) der Empfängerempfindlichkeit; Frequenzdrift und FM des Generators; nichtreproduzierbare Veränderungen durch Verbiegen von Anschlußkabeln und beim Anschließen der Steckverbindungen. Störungen durch Rauschen des Generators und des Empfängers lassen sich durch Tiefpaßfiltern (Mittelwertbildung) des Meßwerts vermindern.

4.3 Eichmessungen. Calibration

Zur Ermittlung der drei Streuparameter des Fehlerzweitors können z. B. drei Eichmessungen mit drei bekannten, voneinander verschiedenen Reflexionsfaktoren durchgeführt werden. In Koaxialtechnik nimmt man die Werte + 1, − 1 und 0 (d. h. Leerlauf, Kurzschluß und Anpassung), da sich diese mit recht guter Genauigkeit herstellen lassen. Fehler der Eichnormale gehen direkt in das Meßergebnis ein.

Kurzschluß. In Koaxialtechnik sind ortsfeste Kurzschlüsse diejenigen Eichnormale, die mit höchster Genauigkeit realisiert werden können. Längsverschiebliche Kurzschlüsse erreichen diesen Standard nicht.

Leerlauf. Der Reflexionsfaktor + 1 muß in der Ebene erzeugt werden, in der vorher der Kurzschluß auftrat. Damit ist die Bezugsebene der Messung festgelegt. Am offenen Ende einer Leitung existiert ein inhomogenes Feld. Die elektrischen Feldlinien treten aus der Stirnfläche der Leitung aus. Dieses Streufeld wirkt wie eine Zusatzkapazität. Das physische Ende der Leitung ist nicht mehr identisch mit der Leerlaufebene; es tritt eine scheinbare Verlängerung der Leitung auf. Weiterhin entstehen mit der Frequenz ansteigende Abstrahlungsverluste. Das Offenlassen des Anschlußsteckers ist nur bei ausreichend niedrigen Frequenzen oder geeigneten Steckverbindungen mit definierter Leerlauf/Kurzschluß-

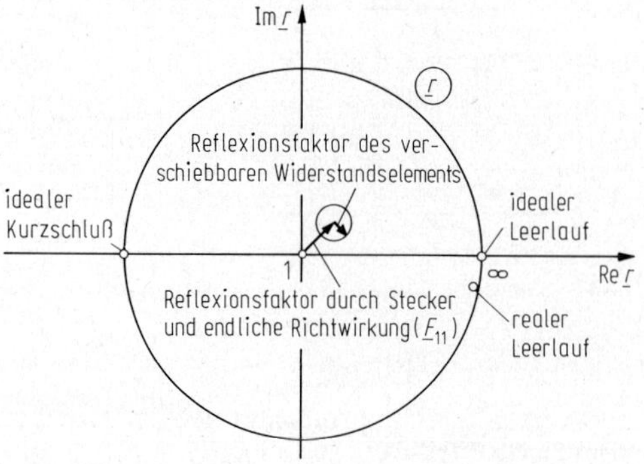

Bild 3. Reale Lage der Eichnormale Anpassung und Leerlauf im Smith-Diagramm, bezogen auf die durch den Kurzschluß vorgegebene Bezugsebene

ebene (z.B. PC 7) zulässig. Für genaue Messungen werden spezielle, geschirmte Leerlaufnormale, stets gepaart mit einem dazugehörigen Kurzschlußnormal, eingesetzt.

Anpassung. Ein ortsfester angepaßter Abschlußwiderstand ergibt Abweichungen vom Reflexionsfaktor 0 durch Restreflexionen des Widerstandselements und durch Reflexionen an der Steckverbindung. Ein weiterer Meßfehler entsteht durch die endliche Richtwirkung des Richtkopplers. Durch einen längsverschieblichen Abschlußwiderstand lassen sich die Störungen voneinander trennen und damit meßtechnisch eliminieren: Bei Verschieben des Widerstandselements um eine halbe Wellenlänge dreht sich der zu ihm gehörige Reflexionsfaktor um 360°. Im Smith-Diagramm erscheint daher ein Kreis (Bild 3). Sein Mittelpunkt ergibt den Fehler $\underline{F}_{11}$ durch den Stecker und die Richtwirkung. Die Eichung ist damit zurückgeführt auf den Leitungswellenwiderstand Z_L bzw. die mechanischen Abmessungen der Leitung, in der das Widerstandselement verschoben wird. Die Rückführung des Eichnormals „angepaßter Abschlußwiderstand" auf das Eichnormal „Leitungswellenwiderstand" ermöglicht nach dem Stand heutiger Technologie eine höhere Meßgenauigkeit.

Sofern kleine Reflexionsfaktoren gemessen werden sollen, ist die komplexe Korrektur $\underline{r} = \underline{r}_M - \underline{F}_{11}$ unumgänglich (s. Gl. (2)).

4.4 Reflexionsfaktorbrücke

VSWR-bridge

Analog zur Wheatstone-Brücke der Gleichspannungsmeßtechnik lassen sich auch in der Hochfrequenztechnik Messungen des Reflexionsfaktors mit einer Brücke entsprechend Bild 4 durchführen. Detektor $\underline{b}$ im Nullzweig der

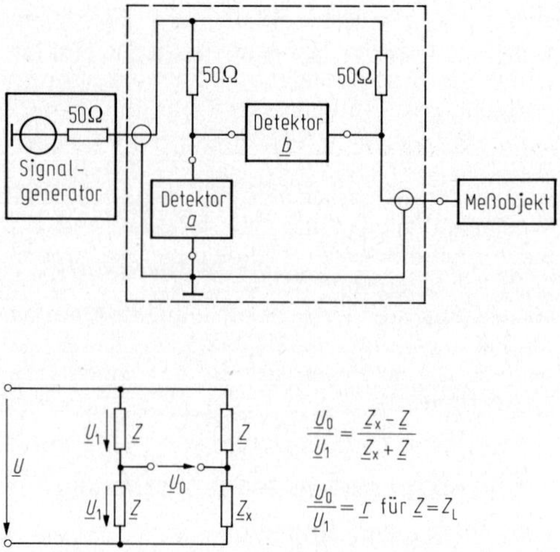

Bild 4. Widerstandsbrücke zur Reflexionsfaktormessung

Brücke liefert eine Spannung proportional zur rücklaufenden Welle $\underline{b}$. Der Einsatz einer Meßbrücke entspricht der Benutzung eines Reflektometers mit Richtkopplern bzw. mit Richtkoppler und Leistungsteiler. Auch hier läßt sich eine (endliche) Richtwirkung definieren und messen. Vorteil der Brücke ist, daß (in Koaxialtechnik) mit geringerem Aufwand als bei Richtkopplern große Bandbreiten erzielbar sind (besonders zu niedrigen Frequenzen hin). Bei nicht ausreichender Leistung des Signalgenerators kann die größere Durchgangsdämpfung (> 6 dB) der Brücke nachteilig sein, da dies die Dynamik unmittelbar verringert. Anstelle von Detektor *a* kann auch eine Impedanz mit bekanntem Reflexionsfaktor angeschlossen werden (Vergleichsmessung). Detektor *b* zeigt dann die Abweichungen des Meßobjekts von dieser Referenz an.

4.5 Fehlerkorrektur bei Betragsmessungen

Scalar error correction

Meßaufbauten mit Richtkopplern und solche mit Widerstandsbrücken lassen sich bezüglich der auftretenden Meßfehler und ihrer Korrektur gleich behandeln. Zunächst bewirkt die endliche Richtwirkung des Richtkopplers bzw. die nichtideale Symmetrie der Brücke ein konstantes, vom Meßwert unabhängiges Signal am Detektor *b*. Nach der Quotientenbildung entspricht dies einem Meßfehler Δr in Höhe der Richtwirkung *d* (directivity). Ein Richtkoppler mit 20 dB Richtwirkung ($d = 0{,}1$) erzeugt einen maximalen Meßfehler $\Delta r = \pm 0{,}1$. Ohne fehlerkorrigierende Maßnahmen lassen sich mit einem Reflektometer also keine Reflexionsfaktoren bestimmen, die kleiner sind als die Richtwirkung d.

$$\Delta r_1 = \pm d.$$

Weiterhin entsteht ein Meßfehler durch den Reflexionsfaktor der Quelle r_G, der vom Meßobjekt aus in die Meßanordnung hineingesehen auftritt (test port match). Diese ergibt vereinfacht einen maximalen Meßfehler

$$\Delta r_2 = \pm r_G r^2,$$

da die vom Meßobjekt reflektierte Welle (r) am Eingang der Meßanordnung reflektiert wird ($r r_G$), wieder ins Meßobjekt zurückläuft, dort erneut reflektiert wird ($r r_G r$) und sich anschließend dem Meßwert r überlagert. Da beide Fehler auch bei der Eichung des Systems auf den Wert $r = 1$ auftreten, ergibt sich ein weiterer Fehleranteil proportional r:

$$\Delta r_3 = (\Delta r_1 + \Delta r_2)\, r.$$

Damit wird der maximale Gesamtfehler zu

$$\Delta r = d + dr + r_G r^2 + r_G r^3. \tag{3}$$

Hierbei sind Fehler durch die Nichtlinearität des Detektors, durch das Anzeigeinstrument und durch Effekte höherer Ordnung nicht berücksichtigt. Der relative Fehler wird zu:

$$\delta = \Delta r/r = d(1 + 1/r) + r_G(r + r^2). \tag{4}$$

Besonders ungenau ist also die Messung sehr kleiner und sehr großer Reflexionsfaktoren (Bild 5).
Aufgrund unterschiedlicher elektrischer Längen von ihrem Entstehungsort bis zum Detektor b (Bild 6) drehen sich die Anteile des Zeigers $\Delta \underline{r}$ und der wahre Meßwert $\underline{r}$ unterschiedlich schnell

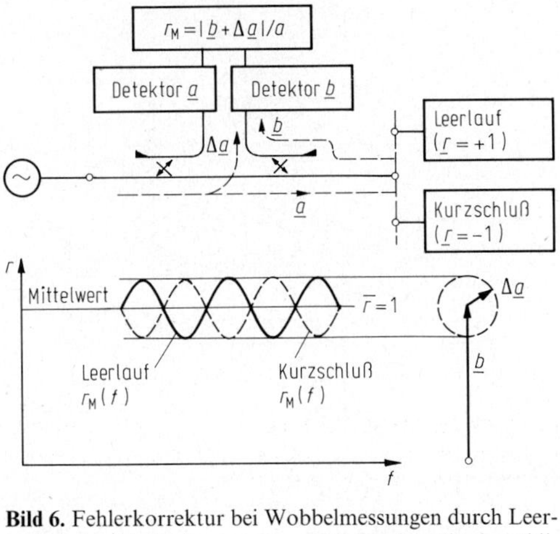

Bild 6. Fehlerkorrektur bei Wobbelmessungen durch Leerlauf-Kurzschlußeichung und anschließender Mittelwertbildung

als Funktion der Frequenz. Dadurch wird beim Meßergebnis $r(f)$ eine Welligkeit erzeugt. Der Effekt läßt sich zur Fehlerkorrektur nutzen. Eine Möglichkeit ist, daß zwei Eichmessungen durchgeführt werden, eine mit einem Leerlauf, eine weitere mit einem Kurzschluß. Da sich von der einen zur anderen Eichmessung der Phasenwinkel von $\underline{b}$ um 180° ändert, der Phasenwinkel von $\Delta\underline{a}$ (hervorgerufen durch endliche Richtwirkung) jedoch unverändert bleibt, ergibt sich im Idealfall eine gegenphasige Welligkeit, deren Mittelwert als Eichwert $r = 1$ benutzt wird. Der Directivity-Fehleranteil wird hierdurch merklich verringert. (Vollständig eliminieren kann man ihn nur mit Verfahren (s. 4.2), die Betrag und Phase berücksichtigen.) Die Anzahl der Maxima und Minima läßt sich bei gleichem Wobbelbereich durch eine zwischen Reflektometer und Meßobjekt eingeschaltete (Präzisions-)Leitung vergrößern. Andere Meßfehler, verursacht durch z. B. Frequenzgang der Komponenten, Fehlanpassung der Quelle, Nebenwellen des Generators und Fehler der Eichnormale werden dadurch nicht beeinflußt.

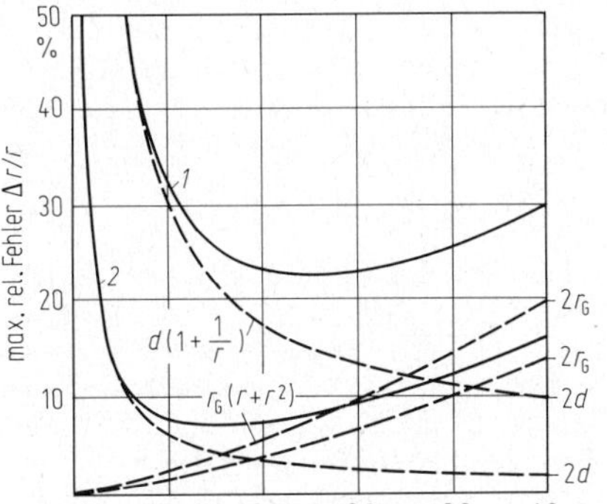

Bild 5. Maximaler relativer Meßfehler $\Delta r/r$ als Funktion des Reflexionsfaktors. Getrennte Darstellung des Anteils, der durch die Richtwirkung d entsteht und des Anteils, der durch die Quellenanpassung r_G entsteht. *1:* $r_G = 0{,}1$ (20 dB), $d = 26$ dB *2:* $r_G = 0{,}07$ (23 dB), $d = 40$ dB

4.6 **Meßleitung.** Slotted line

Beim ältesten Verfahren zur Messung komplexer Impedanzen wird mit einer längsverschieblichen Sonde die Ortsabhängigkeit der Amplitude der elektrischen Feldstärke entlang einer speziellen Leitung gemessen (Bild 7). Eine kleine Stabantenne taucht in das Feld der Leitung ein, und zwar nur so wenig, daß ihre Rückwirkung auf das Feld vernachlässigbar klein ist. Die Messung von E_{max} und E_{min} ergibt das Stehwellenverhältnis $s = E_{max}/E_{min}$ bzw. den Betrag des Reflexionsfaktors $r = (E_{max} - E_{min})/(E_{max} + E_{min})$.

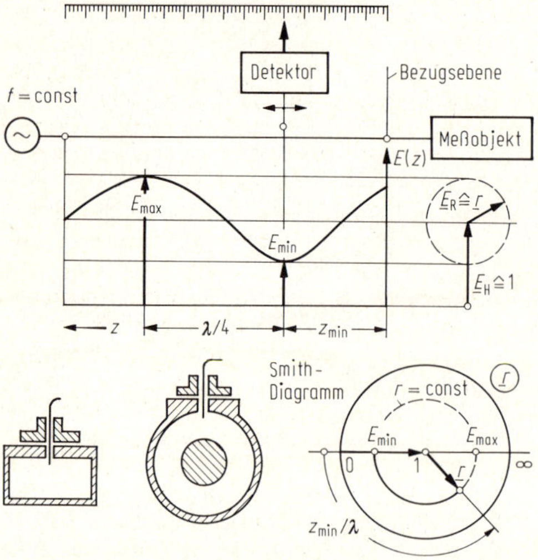

Bild 7. Messung des Reflexionsfaktors mit der Schlitz-Meßleitung. Querschnitt einer koaxialen Meßleitung und einer Hohlleiter-Meßleitung

Mißt man weiterhin den Abstand z_{min} zwischen dem ersten Minimum und der Bezugsebene, so kann man eine Gerade (z_{min}/λ) und einen Kreis (r = const) in das Smith-Diagramm eintragen. Der Schnittpunkt beider Linien liefert Bertrag und Phase des Reflexionsfaktors bzw. die komplexe Impedanz des Meßobjekts in der gewählten Bezugsebene. Bei Längenmessungen werden grundsätzlich die Feldstärkeminima ausgewertet, da sie schärfer sind als die Maxima und sich deshalb genauer ermitteln lassen. Sofern die Frequenz des Generators nicht bekannt ist, wird die Wellenlänge, z.B. durch Messen des Abstands $\lambda/2$ zweier Feldstärkeminima, bestimmt. (Dabei wird das Meßobjekt zweckmäßigerweise durch einen Kurzschluß ersetzt.) Durch Messen von vier skalaren Größen (zwei Entfernungen und zwei Feldstärkeamplituden) und Umrechnung mittels Leitungstheorie bzw. graphische Lösung im Smith-Diagramm, wird so der komplexe Zahlenwert von $\underline{r}$ bzw. $\underline{Z}/Z_L$ bestimmt.

Für hohe Meßgenauigkeit sind u.a. folgende Punkte zu beachten: Linearität des Empfängers (Detektor + Meßinstrument), Meßsignal ohne Oberwellen und ohne FM, geringe Eintauchtiefe der Sonde (Entkopplung möglichst > 30 dB), konstante Eintauchtiefe der Sonde entlang des Verschiebewegs, konstanter Leitungswellenwiderstand entlang des Verschiebebereichs einschließlich des Schlitzendes, geringe Reflexionen am meßobjektseitigen Anschlußstecker bzw. -flansch. Die Meßleitung kann auch heute noch vorteilhaft eingesetzt werden als kostengünstiges Verfahren zur Messung sehr kleiner Reflexionsfaktoren und zur anschaulichen Demonstration der Feldverhältnisse auf Leitungen. Wird der Ausgang reflexionsfrei abgeschlossen und der Sondenanschluß (ohne Detektor) als Ausgang benutzt, kann die Meßleitung als kontinuierlich einstellbarer Phasenschieber verwendet werden.

4.7 Sechstor-Reflektometer
Six-port reflectometer

Mit dem Oberbegriff Sechstor-Verfahren werden Meßanordnungen zusammengefaßt, bei denen Betrag und Phase des Reflexionsfaktors $\underline{r}$ aus mehreren Amplitudenmessungen an einem passiven, linearen Netzwerk mit minimal fünf Toren berechnet werden [1–3]. An Tor 1 (Bild 8) ist der Signalgenerator angeschlossen, an Tor 2 das Meßobjekt. Die restlichen Tore sind mit Amplitudendetektoren (Leistungsmeßgeräten) abgeschlossen, mit denen die dort bei der Messung auftretenden Signale $P_i = |\underline{A}_i \underline{a} + \underline{B}_i \underline{b}|^2$ gemessen werden. Sofern die komplexen Konstanten $\underline{A}_i$ und $\underline{B}_i$ voneinander verschieden und bekannt sind, läßt sich der Quotient $\underline{b}/\underline{a} = \underline{r}$ aus drei Werten P_i berechnen. Minimal drei Werte P_i zur Bestimmung der zwei Unbekannten r und φ_r sind deshalb notwendig, weil die Zuordnung über Betragsgleichungen gegeben ist. Werden mehr als drei Leistungen P_i gemessen (Sechstor, Siebentor etc.) kann der größte auftretende Meßfehler durch Mittelwertbildung über alle Dreierkombinationen verringert und seine Größe durch Berechnung der mittleren Abweichung abgeschätzt werden. Die komplexen Konstanten $\underline{A}_i$ und $\underline{B}_i$ werden durch Eichmessungen bestimmt.

Mathematisch sind die elektrischen Eigenschaften eines Meßaufbaus mit Sechstor vollständig und eindeutig beschrieben durch die 21 komplexen Parameter der zur Hauptdiagonalen symmetrischen Streumatrix des Sechstors und durch die sechs Reflexionsfaktoren der angeschlossenen Komponenten. Mit Hilfe der Netzwerktheorie läßt sich die Berechnung des Reflexionsfaktors am Meßausgang reduzieren auf die Messung von vier Amplituden P_i bei Kenntnis von $3 \times 4 = 12$ reellen Eichkonstanten c_i, s_i und α_i:

$$\underline{r} = (\sum c_i P_i + j \sum s_i P_i)/\sum \alpha_i P_i. \quad (5)$$

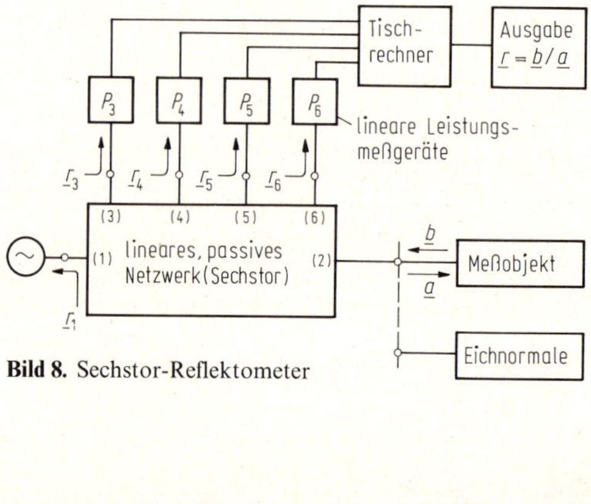

Bild 8. Sechstor-Reflektometer

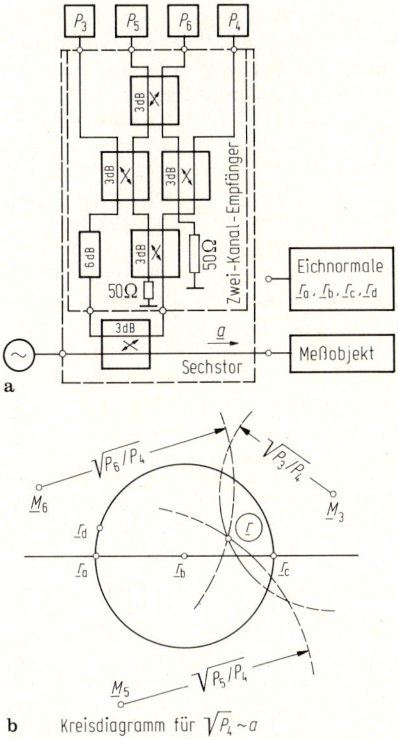

Bild 9. a Schaltungsbeispiel für ein Sechstor mit Richtkopplern; **b** zugehöriges Smith-Diagramm mit Eichpunkten $\underline{M}_3$, $\underline{M}_5$, $\underline{M}_6$, Eichnormalen $\underline{r}_a$ bis $\underline{r}_d$ und graphischer Bestimmung des gesuchten Reflexionsfaktors $\underline{r}$

Dividiert man Zähler und Nenner durch eine der Konstanten, verbleiben 11 reelle Konstanten, die für jede Frequenz durch Eichmessungen zu ermitteln sind.

Bild 9 zeigt eine mögliche Realisierung des Sechstor-Netzwerks. Aufgrund der frequenzunabhängigen Phasenverschiebung zwischen den Ausgangssignalen der Richtkoppler werden die Wellen $\underline{a}$ und $\underline{b}$ so miteinander verknüpft, daß innerhalb des nutzbaren Frequenzbereichs vier voneinander linear unabhängige Meßgrößen P_3 bis P_6 erzeugt werden. Neben Schaltungen mit Richtkopplern können schmalbandig auch Leitungen mit ortsfesten Sonden und Kombinationen beider Anordnungen benutzt werden.

Eine anschauliche Beschreibung des Verfahrens ist möglich, wenn man vereinfachend davon ausgeht, daß am Meßtor 2 Quellenanpassung vorliegt, und daß P_4 nur eine Funktion der hinlaufenden Welle $\underline{a}$ ist. Die bezogenen Meßwerte $\sqrt{P_3/P_4}$, $\sqrt{P_5/P_4}$ und $\sqrt{P_6/P_4}$ sind dann Kreisradien in der komplexen Reflexionsfaktorebene um die Eichmittelpunkte $\underline{M}$ herum. Der im Idealfall gemeinsame Schnittpunkt aller drei Kreise ergibt den gesuchten Reflexionsfaktor $\underline{r}$.

Bei der Eichung des Sechstors durch Messen dreier bekannter Reflexionsfaktoren $\underline{r}_a$ bis $\underline{r}_c$ und der Hilfsgröße $\underline{r}_d$ werden mit den bezogenen Meßwerten Kreise um $\underline{r}_a$ bis $\underline{r}_d$ geschlagen. Die Eichpunkte $\underline{M}$ ergeben sich als Schnittpunkte dieser Kreise. Aus dem Kreisdiagramm erkennt man, daß für $|\underline{r}| \leq 1$ die Meßwerte P_i nie zu Null werden. Ihr Dynamikbereich läßt sich durch entsprechende Dimensionierung des Sechstors vorgeben.

Die zur Herleitung des Kreisdiagramms gemachten Voraussetzungen sind für das allgemeine Sechstor-Verfahren nicht notwendig. Anforderungen an die HF-Komponenten sind: Linearität der Leistungsmeßgeräte, Linearität des Sechstors, reproduzierbare Frequenzeinstellung der Signalquelle bei Eichung und Messung sowie die Qualität der Eichnormale.

Vorteile des Sechstor-Prinzips sind:

- Verringerung des Aufwands für die HF-Komponenten (kein Mischer, keine Phasenmessung, keine idealen Bauelemente);
- Nutzbarmachung redundanter Meßwerte zur Verringerung und Abschätzung des Meßfehlers;
- Erhöhung der Meßgenauigkeit durch Amplitudenmessung mit eingeschränkter Dynamik.

Nachteile sind:

- Erheblicher numerischer Aufwand für das Rechnerprogramm;
- Meßfehler durch Oberwellen der Signalquelle;
- Erhöhter Leistungsbedarf der Signalquelle (bei mm-Wellen), da Leistungsmeßgeräte unempfindlicher sind als Überlagerungsempfänger.

Im Vergleich mit anderen Meßverfahren lassen sich mit dem Sechstor-Reflektometer die höchsten Genauigkeiten erzielen.

4.8 Netzwerkanalyse mit zwei Reflektometern

Dual reflectometer network analyzer

Ein lineares Zweitor wird durch vier komplexe Streuparameter beschrieben. Um diese zu messen, sind, sofern ein zweikanaliger Empfänger und ein Reflektometer benutzt werden, vier Messungen notwendig: zwei Reflexionsfaktormessungen und zwei Transmissionsfaktormessungen. Nach jeder Messung wird das Meßobjekt umgedreht oder die Signalwege werden mit HF-Schaltern umgeschaltet. Die dadurch hervorgerufenen Meßfehler lassen sich vermeiden, wenn zwei Reflektometer (Bild 10) eingesetzt werden [4]. Bei der Messung wird das Meßobjekt gleichzeitig von beiden Seiten gespeist, mit $\underline{a}_1$ an Tor 1 und $\underline{a}_2$ an Tor 2. Die Reflektometer messen die Größen $\underline{b}_1/\underline{a}_1 = \underline{S}_{11} + \underline{S}_{12}\,\underline{a}_2/\underline{a}_1$ und $\underline{b}_2/\underline{a}_2 = \underline{S}_{22} + \underline{S}_{21}\,\underline{a}_1/\underline{a}_2$. Bei reziproken Zweitoren mit

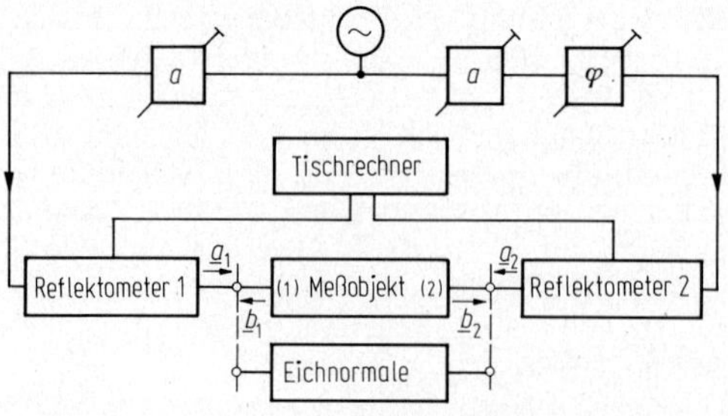

Bild 10. Netzwerkanalysator mit zwei Reflektometern

$\underline{S}_{12} = \underline{S}_{21}$ sind dann drei Messungen bei drei verschiedenen Amplitudenverhältnissen $\underline{a}_2/\underline{a}_1$ ausreichend, um die drei Streuparameter berechnen zu können. Die Werte von $\underline{a}_2/\underline{a}_1$ müssen nicht bekannt sein. Sie werden mit den Dämpfungsgliedern und dem Phasenschieber so eingestellt, daß keine numerischen Probleme bei der Rechnerauswertung auftreten.

Ein weiterer Vorteil dieses Verfahrens ist, daß die Anzahl der zum Eichen benötigten Eichnormale geringer ist als beim einzelnen Reflektometer. Es gibt verschiedene Methoden zur Eichung [5], eine davon mit folgenden drei Eichmessungen: beide Reflektometer mit einem Kurzschluß abgeschlossen, beide Reflektometer direkt miteinander verbunden und beide Reflektometer über eine Leitung miteinander verbunden.

Als Reflektometer können sowohl Sechstor-Schaltungen, mit angschlossenem Digitalrechner, als auch Viertor-Schaltungen (Richtkoppler, Brücken), mit angeschlossenem Mischer und analoger ZF-Amplituden- und Phasenmessung eingesetzt werden [6].

4.9 Umrechnung vom Frequenzbereich in den Zeitbereich

Conversion from frequency domain to time domain

Der Frequenzgang eines passisven, linearen Zweitors ist die Fourier-Transformierte der Impulsantwort. Der als Funktion der Frequenz gemessene komplexe Transmissionsfaktor kann mit der inversen Fourier-Transformation in die Impulsantwort (bzw. in die Sprungantwort) umgerechnet werden. Die erreichbare Zeitauflösung und die Fehler in der Amplitude der Zeitfunktion hängen ab von der höchsten Meßfrequenz und der Anzahl der Meßwerte. Analog zur Impulstransmission läßt sich auch die Impulsreflexion aus dem als Funktion der Frequenz gemessenen komplexen Reflexionsfaktor berechnen [7, 8]. Gegenüber dem Impulsreflektometer (s. I 8.2) mit dem diese Zeitfunktionen direkt gemessen werden, ergeben sich zwei Vorteile:

a) Bei Zweitoren mit Hochpaß- bzw. Bandpaßverhalten (z. B. Hohlleiter) läßt sich die Impulsantwort aus dem Frequenzgang im Durchlaßbereich ermitteln (Frequenzfenster).

b) Durch erneute Rücktransformation eines Teils der Zeitfunktion (Zeitfenster) lassen sich Reflexionsfaktor und Transmissionsfaktor von Bereichen innerhalb des Zweitors darstellen, die nicht der direkten Messung zugänglich sind. Im Falle der Reflexionsmessung läßt sich so z. B. die Bezugsebene in das Bauelement hineinlegen (z. B. hinter den Stecker) und im Falle der Transmissionsmessung können Signalwege mit unterschiedlicher Laufzeit im Zweitor (z. B. Mehrfachreflexionen bei Richtkopplern) getrennt voneinander analysiert werden.

Spezielle Literatur: [1] *Engen, G. F.; Weidmann, M. P.; Cronson, H. M.; Susman, L.*: Six-port automatic network-analyzer. IEEE-MTT 25 (1977) 1075–1091. – [2] *Stumper, U.*: Sechstorschaltungen zur Bestimmung von Streukoeffizienten. Mikrowellen-Mag. 9 (1983) 669–677. – [3] *Speciale, R. A.*: Analysis of six-port measurement systems. IEEE-MTT-Symp. (1979) 63–68. – [4] *Hoer, C. A.*: A network analyzer incorporating two six-port reflectometers. IEEE-Trans. MTT-25 (1977) 1070–1074. – [5] *Cronson, H. M.; Susman, L.*: A dual six-port automatic network analyzer. IEEE Trans. MTT-29 (1981) 372–377. – [6] *Oltman, H. G.; Leach, H. A.*: A dual four-port for automatic network analysis. IEEE-MTT-S Int. Microwave Symp. (1981) 69–72. – [7] *Stinehelfer, H. E.*: Time-domain analysis stops design guesswork. Microwaves No. 9 (1981) 79–83. – [8] *Hines, M. E.; Stinehelfer, H. E.*: Time-domain oscillographic microwave network analysis using frequency domain data. IEEE Trans. MTT-22 (1974) 276–282.

5. Spektrumanalyse

Spectrum analysis

5.1 Grundschaltungen. Basic methods

Zur Messung der spektralen Anteile eines zeitlich periodischen Signals kommen zwei Grundschaltungen zur Anwendung. Entsprechend Bild 1 a wird die Mittenfrequenz eines schmalen Bandfilters kontinuierlich innerhalb des interessierenden Bereichs verändert. Solange eine Spektrallinie des Eingangssignals in den Filterdurchlaßbereich fällt, wird ihre Amplitude gemessen und angezeigt.

Bei der zweiten Grundschaltung (Bild 1 b) ist die Mittenfrequenz des Filters fest und die Frequenzlage des Eingangssignals wird mit einem durchstimmbaren Überlagerungsoszillator und einem Mischer kontinuierlich umgesetzt. Solange eine Spektrallinie des Signals mit der Oszillatorfrequenz ein Mischprodukt im Durchlaßbe-

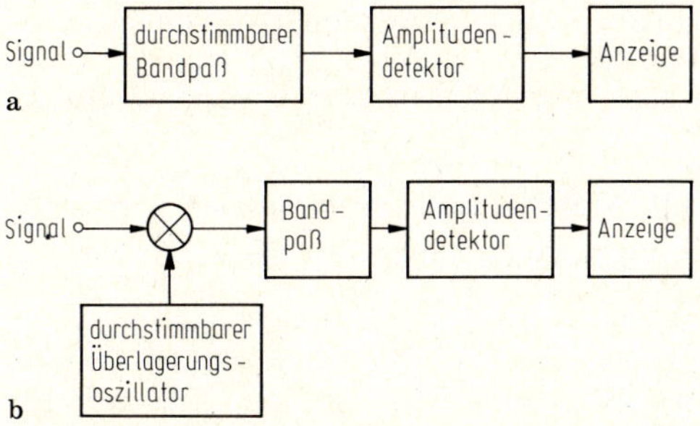

Bild 1. Grundschaltungen zur Analyse eines Frequenzspektrums **a** durchstimmbares Bandfilter; **b** durchstimmbarer Überlagerungsempfänger

reich des Filters ergibt, wird dessen Amplitude gemessen und angezeigt.
Weitere Möglichkeiten sind die Echtzeit-Spektralanalyse durch die Parallelschaltung vieler festabgestimmter Empfänger mit sich überlappenden Durchlaßbereichen und die rechnerische Spektralanalyse durch Berechnung der Fourier-Transformierten des Signals im Digitalrechner sowie Kombinationen der genannten Verfahren.

5.2 Automatischer Spektrumanalysator (ASA)

Automatic spectrum analyzer

In der Hochfrequenzmeßtechnik werden meist Spektrumanalysatoren entsprechend Bild 2 eingesetzt, die automatisch den interessierenden Frequenzbereich durchfahren und auf einem Bildschirm die Signalamplitude über der Frequenz als stehendes Bild anzeigen. Gemeinsam mit den Netzwerkanalysatoren bilden die Spektrumanalysatoren das Fundament der Hochfrequenzmeßtechnik. In den folgenden Abschnitten sind die wesentlichen Punkte zusammengestellt, die berücksichtigt werden sollten, damit Meßfehler durch äußere Einflüsse, durch Fehlbedienung des Geräts und durch falsche Interpretation der Anzeige vermieden werden.

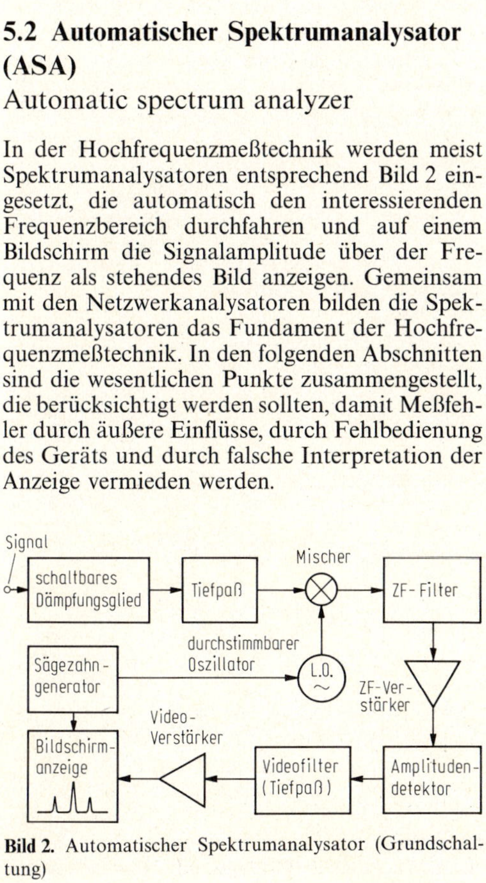

Bild 2. Automatischer Spektrumanalysator (Grundschaltung)

5.3 Formfaktor des ZF-Filters

Formfactor of IF-filter

Bei einer sin-Schwingung als Eingangssignal erscheint am Bildschirm die Durchlaßkurve des ZF-Filters. Sollen zwei dicht benachbarte Spektrallinien gleicher Größe noch unterscheidbar sein, so muß die 3-dB-Bandbreite des ZF-Filters kleiner als der Abstand dieser Spektrallinien gewählt werden. Soll weiterhin eine kleine Spektrallinie dicht neben einer großen gemessen werden, so muß ein ZF-Filter mit großer Flankensteilheit gewählt werden (Bild 3). Ein Maß dafür ist der Formfaktor des Filters, das Verhältnis der Bandbreite bei 60 dB Durchgangsdämpfung zu der bei 3 dB. Entsprechend der Darstellung in Bild 3 werden kleinere Spektrallinien, die unterhalb der Durchlaßkurve liegen, die das größere Nachbarsignal erzeugt, von dieser verdeckt und sind auf der Bildschirmanzeige nicht sichtbar.

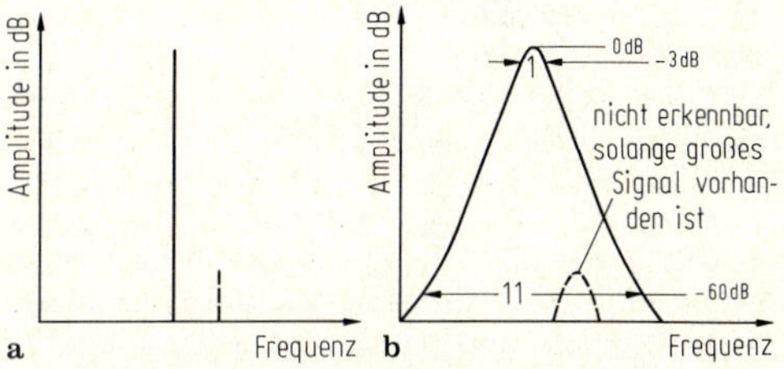

Bild 3. Formfaktor des ZF-Filters (z. B. 11:1). **a** Eingangssignal: eine diskrete Spektrallinie; **b** Anzeige am Bildschirm: ZF-Durchlaßkurve

5.4 Einschwingzeit des ZF-Filters

Settling time of IF-filter

Filter mit sehr großem Formfaktor, d. h. mit steilen Flanken, verbessern zwar die Frequenzauflösung, sie erhöhen jedoch gleichzeitig die Meßzeit, da das Eingangssignal an einem schmalen Filter längere Zeit anliegen muß, bevor die Ausgangsamplitude ihren Endwert erreicht. Wenn der Empfänger in der Zeit Δt um den Frequenzbereich Δf durchgestimmt wird, so ist die Wobbelgeschwindigkeit $\Delta f / \Delta t$ und der Empfänger verweilt die Zeitdauer $t_1 = B/(\Delta f / \Delta t)$ im Durchlaßbereich B des Bandfilters. Zusammen mit der Gleichung $t_E > 1/B$ für die Einschwingzeit (s. I 8.5) und der Bedingung, daß die Verweilzeit t_1 ein Mehrfaches der Einschwingzeit t_E betragen muß, ergibt sich für die Ablenkzeit des Empfängers $\Delta t > \Delta f / B^2$.
Hohe Frequenzauflösung bedingt damit, daß der Frequenzbereich langsam durchfahren werden muß. Zur Anzeige eines stehenden Bildes sind

dann Signalspeicher, Speicherbildschirme bzw. Schirme mit langer Nachleuchtdauer erforderlich.

5.5 Stabilität des Überlagerungsoszillators
L.O. stability

Durch die Frequenzumsetzung des Signals mit dem Überlagerungsoszillator (L.O.) sind im Ausgangssignal alle Störungen des L.O., wie z. B. dessen Phasenrauschen, enthalten. Es ist also nicht möglich, das Phasenrauschen von Quellen zu messen, die weniger rauschen als der L.O. (s. I 8.6). Unangenehm bemerkbar macht sich häufig die Frequenzdrift des L.O., die bewirkt, daß die gesuchte Spektrallinie langsam aus dem dargestellten Frequenzbereich hinausläuft. Zur Abhilfe wird der erste L.O. phasenstarr mit einem stabileren Referenzoszillator synchronisiert.

5.6 Eigenrauschen. Receiver noise

Bei reflexionsfrei abgeschlossenem Eingang wird das Eigenrauschen des Spektrumanalysators angezeigt. Daraus läßt sich seine Rauschzahl berechnen (s. Gl. I (7.11)). Typische Werte liegen zwischen 20 und 35 dB. Zur Darstellung kleiner Signale muß das Dämpfungsglied am Analysatoreingang auf Null gestellt und eine möglichst kleine ZF-Bandbreite gewählt werden. Mit dem Videofilter (Tiefpaß hinter dem Detektor) wird durch Mittelwertbildung über das Rauschen die Ablesung erleichtert. Zur weiteren Steigerung der Empfindlichkeit kann ein rauscharmer Verstärker vorgeschaltet werden. Dadurch sinkt der nutzbare Dynamikbereich. Entsprechend Gl. I (7.9) ist der Empfindlichkeitsgewinn (Verminderung der Gesamtrauschzahl des Systems) durch den Rauschbeitrag der zweiten Stufe immer kleiner als die Verstärkung des Vorverstärkers.

5.7 Lineare Verzerrungen
Linear distortions

Wegen des Frequenzgangs der Mischerverluste und der Verstärkung im Analysator und durch die zum Teil beträchtliche Fehlanpassung am Eingang sind Absolutmessungen des Pegels meist mit Fehlern von einigen dB behaftet. Relativmessungen lassen sich genauer durchführen, speziell nach dem Verfahren der ZF-Substitution (s. I 3.5). Signale, die zu nahe am Rauschpegel sind, werden dadurch vergrößert dargestellt. Bei 6 dB Störabstand beträgt der Fehler 1 dB. Zur exakten Messung von Störabständen (unter 10 dB) kann ein Spektrumanalysator nicht benutzt werden, da er Amplituden als Funktion der Frequenz anzeigt. Zur Bestimmung des Störabstands müssen Leistungen gemessen werden.

5.8 Nichtlineare Verzerrungen
Nonlinear distortions

Bei Übersteuerung des Mischers durch zu große Eingangsleistung (Zerstörungsgefahr!) werden alle Spektrallinien des Signals zu klein angezeigt (Kompression) und zusätzlich erscheinen sehr viele weitere Spektrallinien (Mischprodukte). Wegen der Breitbandigkeit des Mischereingangs ist das Fehlen eines großen Signals innerhalb des angezeigten Frequenzausschnitts keine Gewähr für das Vermeiden der Mischerkompression. Abhilfe schafft das Ausblenden der großen Signale durch ein vorgeschaltetes Filter.

Auch bei Eingangspegeln unterhalb der Kompression erzeugt die nichtideale Kennlinie des Mischers zusätzliche Spektrallinien, die den Dynamikbereich des Geräts begrenzen. Bild 4 zeigt den qualitativen Verlauf der Begrenzungslinien. Bei großen Eingangssignalen am Mischer dominieren die Intermodulationsprodukte 3. Ordnung. Diese sinken mit 3 dB pro 1 dB Änderung des Grundwellenpegels. Im Bereich um −30 dBm sind sie daher klein gegen die Mischprodukte 2. Ordnung, die nur mit 2 dB pro dB zurückgehen. Bei noch kleineren Eingangspegeln wird die Dynamik nur noch durch das Eigenrauschen des Spektrumanalysators begrenzt.

Intermodulationsprodukte lassen sich von echten Signalen dadurch unterscheiden, daß ihre Amplitude bei Erhöhung der Dämpfung vor dem Mischer stärker zurückgeht als es der zugeschalteten Dämpfung entspricht.

Das Diagramm in Bild 4 ist in mehrfacher Hinsicht sehr wesentlich für den Benutzer eines Spektrumanalysators:

a) Ein großer Dynamikbereich ist nur bei relativ kleinen Signalen am Mischereingang gegeben.

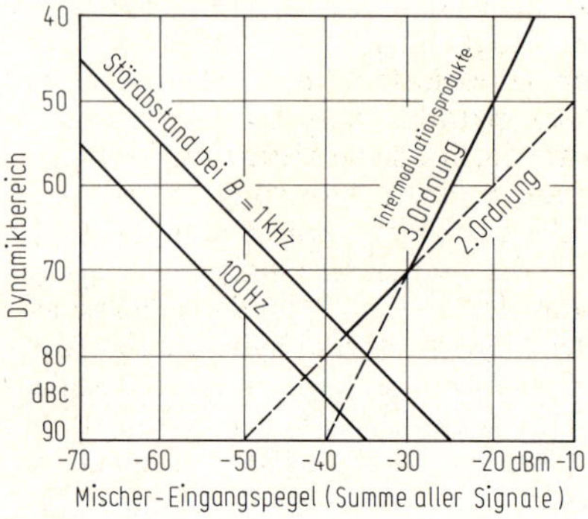

Bild 4. Dynamikbereich eines Spektrumanalysators als Funktion des Mischer-Eingangspegels (typische Werte)

Der richtige Pegel für die maximale Dynamik muß gezielt eingestellt werden.
b) Ein durch den Bildschirm möglicher Anzeigebereich von z. B. 100 dB und das Vorhandensein von Spektrallinien mit großen Pegelunterschieden sind kein Nachweis des wahren Dynamikumfangs bzw. dafür, daß die angezeigten Signale wahr sind.
c) Während lineare Spannungsanzeigen, wie z. B. bei einem Oszilloskop, der Vorstellungswelt des Betrachters unmittelbar angepaßt sind, ist eine logarithmische Anzeige mit großer Dynamik gewöhnungsbedürftig. Häufig stellt sich erst nach mühsamen Untersuchungen heraus (wenn überhaupt), daß die vielen Nebenlinien, die man dem Meßobjekt zuschreibt, in Wirklichkeit von Rundfunksendern oder aus dem Nachbarlabor stammen.

5.9 Oberwellenmischung
Harmonic mixing

Um den Frequenzbereich eines Spektrumanalysators zu höheren Frequenzen hin ohne großen Mehraufwand zu erweitern, werden im Mischer nicht nur die Grundwelle sondern auch noch Oberwellen des Überlagerungsoszillators mit dem Eingangssignal gemischt. Entsprechend der Gleichung

$$f_{ZF} = |f_{Signal} - n f_{L.O.}|$$

erscheinen eine Vielzahl von Spektrallinien unterschiedlichster Amplitude auf dem Bildschirm und der Betrachter hat die Aufgabe, diejenigen herauszufinden, die in dem ihn interessierenden Frequenzbereich wirklich vorhanden sind.
Eine Möglichkeit, dieses Problem zu lösen, besteht darin, den L.O. um einen kleinen Betrag Δf in der Frequenz zu versetzen. Dadurch wird das Mischprodukt „Oberes Seitenband, n-te Oberwelle" um den Betrag $-n\Delta f$ versetzt und somit in der Anzeige unterscheidbar von den Spektrallinien mit anderem n und anderem Vorzeichen.
Eine weitere Möglichkeit ist ein vorgeschaltetes Mitlauffilter (Preselector), d. h. ein schmaler Bandpaß, der parallel zum L.O. abgestimmt wird, und zwar so, daß seine Mittenfrequenz stets mit der gerade auf dem Bildschirm angezeigten Frequenz übereinstimmt. Durch das Mitlauffilter wird der Spektrumanalysatoreingang schmalbandig. Damit entfallen die Übersteuerungsprobleme durch starke Signale außerhalb des Darstellungsbereichs. Beachtet werden sollte die extreme Fehlanpassung des Preselector-Eingangs außerhalb seines Durchlaßbereichs. Um Rückwirkungen auf empfindliche Meßobjekte zu vermeiden, sollte ein ausreichend großes Dämpfungsglied vorgeschaltet werden. Das Mitlauffilter bringt durch seine Durchgangsdämpfung zusätzliche Fehlerquellen für die Pegelmessung. Selbst wenn die Durchgangsdämpfung bei der Mittenfrequenz bekannt ist, können Fehler durch Schwankungen des Parallellaufs entstehen. Abhilfe durch Nachstimmen des Filters auf maximale Anzeige vor jeder Pegelmessung.

5.10 Festabgestimmter AM-Empfänger
Tuned AM-receiver

Zur Untersuchung der Amplitudenmodulation von AM-Signalen kann der Spektrumanalysator mit festeingestelltem L.O. als AM-Empfänger benutzt werden. Das Videosignal ist dann die demodulierte Hüllkurve des HF-Trägers. Zur weiteren Untersuchung mit besserer Auflösung als es der HF-Analysator zuläßt, kann das Videosignal mit einem NF-Spektrumanalysator weiterverarbeitet oder, z. B. bei Sprechfunksignalen, mit einem Kopfhörer abgehört werden. FM-Sender lassen sich behelfsweise demodulieren, indem eine Flanke des ZF-Filters zur Umwandlung FM in AM benutzt wird.

5.11 Modulierte Eingangssignale
Modulated signals

Ein Spektrum, das mit einem Analysator gemessen wurde, der nur Amplituden und keine Phasen anzeigt, enthält häufig nicht genug Information, um Art und Stärke der Modulation eindeutig zu messen (Bild 5). Ein unsymmetrisches

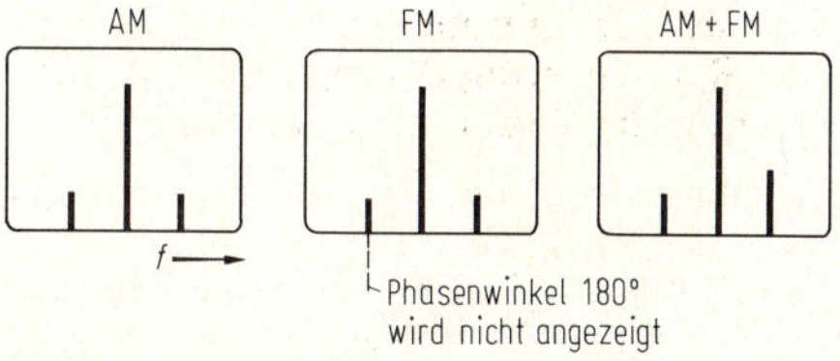

Bild 5. Moduliertes Signal mit geringem Modulationsgrad; spektrale Darstellung mit einem Amplitudenempfänger

Spektrum ist typisch für die Überlagerung von AM und FM. Zur Messung der Trägerleistung bei AM wird ein Videofilter zum Ausblenden der Modulation benutzt, dessen Grenzfrequenz unter der niedrigsten Modulationsfrequenz liegt. Der FM-Modulationsindex kann bei sin-förmiger Modulation aus den Seitenbandamplituden berechnet werden.

5.12 Gepulste Hochfrequenzsignale
Pulsed RF

Bei einem automatischen Spektrumanalysator wird ein Empfänger der Bandbreite B in der Ablenkzeit t_1 von der Frequenz f_1 bis zur Frequenz f_2 durchgestimmt. Die während der Zeit t_1 nacheinander empfangenen Signale werden gespeichert und dann gleichzeitig dargestellt. Dieses Zeitverhalten des Empfängers führt dann, wenn das Empfangssignal sich ebenfalls zeitlich ändert, zu Anzeigen, die sorgfältig interpretiert werden müssen, um Meßfehler zu vermeiden.

Einem zeitlich periodisch auftretenden HF-Signal ist mathematisch über die Fourier-Analyse ein eindeutiges, zeitlich invariantes Linienspektrum (Bild 6) zugeordnet. Um dieses Spektrum auch bei langsamen Pulswiederholfrequenzen messen zu können, muß die Empfängerbandbreite B im Grenzfall gegen Null gehen; damit gehen die Einschwingzeit des Filters und die Meßzeit gegen unendlich.

Bedingung für das Auftreten eines Linienspektrums ist: Bandbreite $B < 0{,}3 \cdot$ Pulswiederholfrequenz. Wird diese Bedingung erfüllt, so ist der Linienabstand unabhängig von der Ablenkzeit t_1, die Linienamplitude unabhängig von B und die Anzeige zeitlich konstant. Wenn nicht, dann ist die Einschwingzeit der Filter kleiner als der zeitliche Abstand der Pulse, der Spektrumanalysator arbeitet quasi im Zeitbereich, wie ein Oszilloskop, und die Bildschirmanzeige heißt Pulsspektrum.

Kennzeichnend für diesen Betriebszustand ist die zu große Empfängerbandbreite. Der Empfänger summiert die Leistungen aller Spektrallinien innerhalb seiner Bandbreite. In der Anzeige erscheint eine Summenlinie, und zwar immer nur dann, wenn das Signal am Empfängereingang anliegt. Treten innerhalb der Ablenkzeit t_1 z. B. drei Pulse auf, so erscheinen drei äquidistante Summenlinien auf dem Bildschirm. Synchronisiert man die Ablenkfrequenz mit der Pulswiederholfrequenz, so ergibt sich wie beim Oszilloskop ein stehendes Bild (Bild 7). Aus dem Linienabstand und der Ablenkzeit t_1 kann die Pulswiederholfrequenz berechnet werden. Bei Verringerung der Ablenkzeit erscheinen entsprechend mehr Linien in der Anzeige.

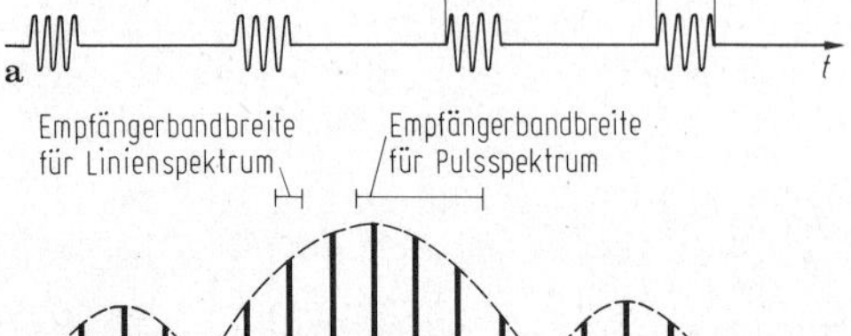

Bild 6. Gepulstes Hochfrequenzsignal. **a** Zeitfunktion; **b** Linienspektrum im Frequenzbereich

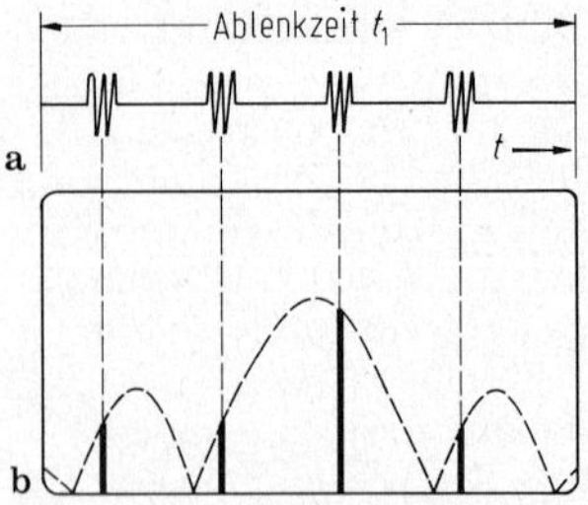

Bild 7. Pulsspektrum bei zu großer Empfängerbandbreite. **a** Verlauf der Zeitfunktion während der Empfängerablenkzeit t_1; **b** zeitsynchrone Anzeige auf dem Bildschirm

Die Linienamplitude kann praktisch nicht ausgewertet werden. Sie ist abhängig von der Empfängerbandbreite B. Werden gleich große Linien addiert, steigt die angezeigte Summenlinie proportional B, während der Rauschpegel nur proportional $\sqrt{B}$ zunimmt. Die Hüllkurve des Pulsspektrums ist unabhängig von B und entspricht der des Linienspektrums.

Ist die Empfängerbandbreite so groß, daß sie alle Spektrallinien in der Umgebung der Trägerfrequenz erfaßt, wird die Linienamplitude wieder unabhängig von B. Der Spektrumanalysator zeigt die Pulsamplitude an. Zu beachten ist, daß für die Übersteuerung bzw. Zerstörung des Empfängereingangs die Pulsspitzenleistung maßgebend ist. Für Rechteckimpulse gilt:

$$\text{Pulsspitzenleistung} = \frac{\text{Leistungssumme aller Spektrallinien}}{\text{Tastverhältnis}}$$

6 Frequenz- und Zeitmessung
Frequency and time measurement

6.1 Digitale Frequenzmessung
Digital frequency measurement

Das einfachste Verfahren zur digitalen Frequenzmessung ist das Abzählen der Schwingungen des Signals während einer bekannten Torzeit (Bild 1). Öffnet man das Tor z. B. für eine Sekunde und zählt während dieser Zeit alle Nulldurchgänge mit positiver Steigung, so entspricht der Zählerstand nach dieser Sekunde der Frequenz des Eingangssignals in Hz. Damit werden die wesentlichen Eigenschaften dieses Zählertyps verständlich:

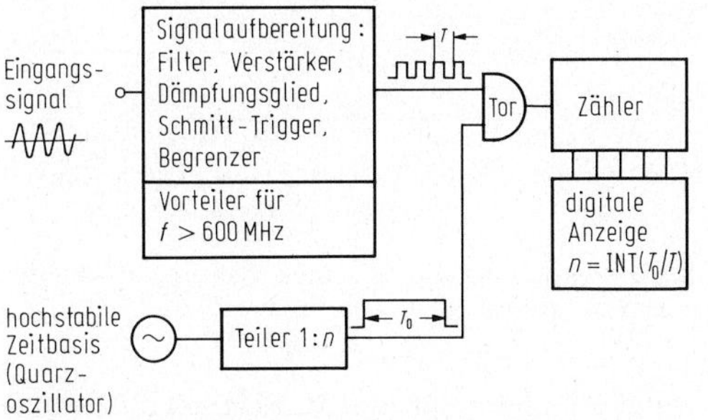

Bild 1. Direkte Frequenzmessung durch Zählen der gleichsinnigen Nulldurchgänge des Eingangssignals innerhalb einer bekannten Torzeit T_0

- Angezeigt wird der Mittelwert $\bar{f}$ der Signalfrequenz innerhalb der Torzeit T_0:
  $$\bar{f} = T_0 / \int_0^{T_0} T(t)\,\mathrm{d}t.$$
- Die Inkohärenz zwischen Zeitbasis und Signal bewirkt eine Meßunsicherheit von ± 1 in der letzten Stelle des Zählerstands.
- Mit steigender Meßgenauigkeit (mit steigender Anzahl der angezeigten Stellen) nimmt die Torzeit linear zu.
- Die Genauigkeit des Meßwerts hängt ab vom Absolutwert der Frequenz der Zeitbasis.

Da handelsübliche Quarzoszillatoren (in der Regel 10 MHz) eine Alterungsrate unter 10^{-8}/Monat erreichen, ist die Frequenz diejenige Meßgröße der Hochfrequenztechnik, die mit der größten absoluten Genauigkeit bestimmt werden kann.

Die Meßeingänge der Zähler nach dem direkten Abzählverfahren sind in der Regel breitbandig (z. B. 0 bis 10 MHz mit einer Eingangsimpedanz von 1 MΩ/35 pF oder 0 bis 1,5 GHz mit 50 Ω Eingangsimpedanz). Damit ist dem sinusförmigen Eingangssignal stets breitbandiges Rauschen überlagert. Um dadurch bedingte Fehlmessungen zu vermeiden, muß die Hysterese des Schmitt-Triggers im Zähler wesentlich größer sein als die doppelte Amplitude der mittleren Rauschspannung (Bild 2). Unvermeidliche Triggerfehler einzelner Flanken werden durch die

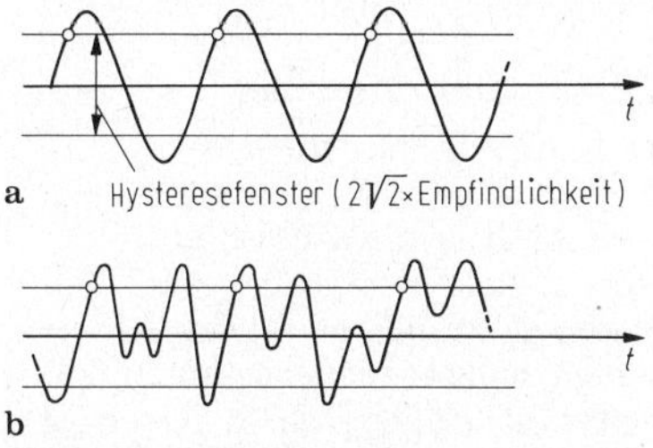

Bild 2. Zur Zählweise des Frequenzzählers. Jeder Punkt entspricht einer Erhöhung des Zählerstandes um 1. **a** sinförmiges Eingangssignal; **b** gestörtes Eingangssignal.

Vielzahl der gezählten Flanken herausgemittelt. Aus diesem Grund liegen die Eingangsempfindlichkeiten breitbandiger Zähler bei 25 bis 50 mV für 10 MHz/1 MΩ und 10 bis 25 mV für 1,5 GHz/50 Ω. Sollen Signale mit kleinerer Amplitude gemessen werden, muß ein schmalbandiger Verstärker vorgeschaltet werden.

Reziproke Zähler. Nachteilig beim direkten Zählverfahren sind die sich ergebenden langen Torzeiten, wenn niedrige Frequenzen mit großer Auflösung gemessen werden sollen. Der Abgleich eines Oszillators wird zeitraubend, wenn die Torzeit eine Sekunde oder mehr beträgt und nach jeder Verstellung ein vollständiger Meßzyklus abgewartet werden muß. Dieser Nachteil entfällt bei Frequenzzählern, die die Periodendauer des Signals messen und die daraus berechnete momentane Frequenz anzeigen (reziproke Zähler). Zudem ist der Quantisierungsfehler bei diesem Verfahren konstant, was bei niedrigen Frequenzen (unterhalb der Frequenz der Zeitbasis), eine bedeutende Genauigkeitssteigerung bewirkt.

Die Ermittlung der Momentanfrequenz aus der Periodendauer ermöglicht die Messung von Frequenzprofilen, d. h. die Darstellung der momentanen Frequenz über der Zeit, z. B. das Einschwingen eines Oszillators beim Einschalten bzw. beim Pulsbetrieb oder die Frequenzlinearität eines Wobbelgenerators. Zur analogen Anzeige der Frequenzänderung wird bei solchen Messungen ein schneller Digital-Analog-Wandler benötigt. Häufig ist es ausreichend (z. B. für die langsame automatische Frequenznachregelung), nur wenige Stellen der Frequenzanzeige zu wandeln.

Überlagerungsverfahren. Die Obergrenze des direkten Zählverfahrens ist gegeben durch die höchste Schaltfrequenz der benutzten digitalen Schaltkreise. Signale mit höherer Frequenz werden in eine niedrigere Frequenz umgesetzt und dann gemessen. Beim Überlagerungsverfahren wird das Eingangssignal mit einem Überlagerungsoszillator (L.O.) bekannter Frequenz herabgemischt, gefiltert und dann konventionell mit einem Zähler gemessen (Bild 3). Automatische Mikrowellenzähler nach diesem Prinzip erzeugen die Frequenz des Überlagerungsoszillators durch Vervielfachung der Frequenz der Zeitbasis. Die Messung beginnt mit einem Suchvorgang: Die Frequenz des L.O. (z. B. 500 MHz)

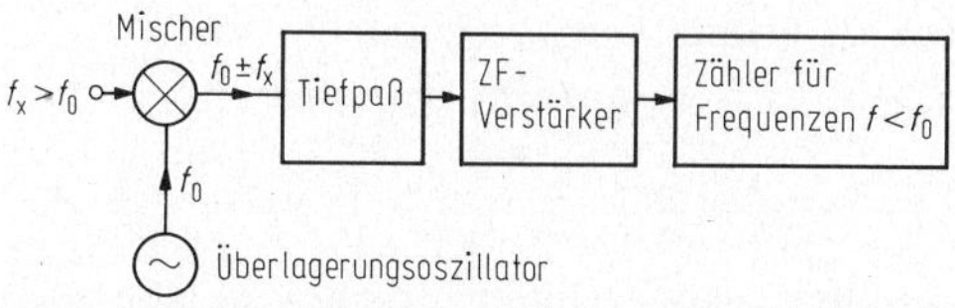

Bild 3. Frequenzzähler nach dem Überlagerungsverfahren

wird so lange vervielfacht, bis bei $n \cdot 500$ MHz ein Signal im ZF-Bereich detektiert wird. Dann rastet der L.O. in dieser Stellung ein und die Frequenz des ZF-Signals wird kontinuierlich gemessen, umgerechnet und angezeigt. Sind mehrere Spektrallinien am Eingang vorhanden (z. B. bei stark oberwellenhaltigen Signalen), kann es passieren, daß der Zähler in unerwünschten Frequenzbereichen einrastet. Zur Vermeidung dieses Problems und um die Meßzeit zu verkürzen, ist bei einigen Zählern der Frequenzbereich, in dem der Suchvorgang abläuft, voreinstellbar.

Transfer-Oszillator-Verfahren. Während das Kernstück des oben beschriebenen Heterodyne-Converters das schaltbare Filter ist, mit dem die Oberwellen des festen L.O. ausgesucht werden, wird beim Transfer-Oszillator-Verfahren ein spannungsgesteuerter oberwellenreicher Oszillator (VCO) als L.O. eingesetzt, dessen Frequenz so lange kontinuierlich verändert wird, bis das Eingangssignal durch die Grundwelle bzw. eine Harmonische davon auf eine feste Zwischenfrequenz umgesetzt ist. Nach Abschluß dieses Suchlaufs rastet der VCO ein (phase lock) und die Grundwelle des VCO wird gemessen und entsprechend der Harmonischenzahl n und der festen ZF umgerechnet und angezeigt.

Harmonischenmischung. Ein drittes Verfahren ist der Harmonic-Heterodyne-Converter, bei dem die Frequenz des L.O. stufig verändert wird (Synthesizer), bis ein Signal im ZF-Bereich erscheint. Die Frequenz dieses Signals wird dann konventionell gemessen und entsprechend der Stellung des Synthesizers und der Harmonischenzahl n umgerechnet.

Typische Werte für Zähler nach dem oben beschriebenen Verfahren sind:

- Frequenzbereich: 0 bis 110 GHz.
- Eingangsempfindlichkeit: -20 bis -35 dBm.
- Zulässige AM des Signals: 50% bis 95%, wobei die Eingangsempfindlichkeit jedoch nicht unterschritten werden darf.
- Zulässige FM des Signals: 1 bis 50 MHz.
- Maximalpegel eines Störsignals: -2 bis -30 dBc (dBc bedeutet: auf den Pegel des Trägers bezogen).
- Auflösung in der Anzeige: bis zu 10^{-11}.
- Absolute Meßgenauigkeit: Je nach Art und Alter des Quarzes in der Zeitbasis bis zu 10^{-8}.

6.2 Digitale Zeitmessung
Digital time measurement

Zur Messung eines Zeitintervalls werden die Impulse eines stabilen Zeitbasis-Oszillators, die in den Bereich dieses Intervalls fallen, gezählt. Damit ergibt sich als Grundauflösung (Zähler-

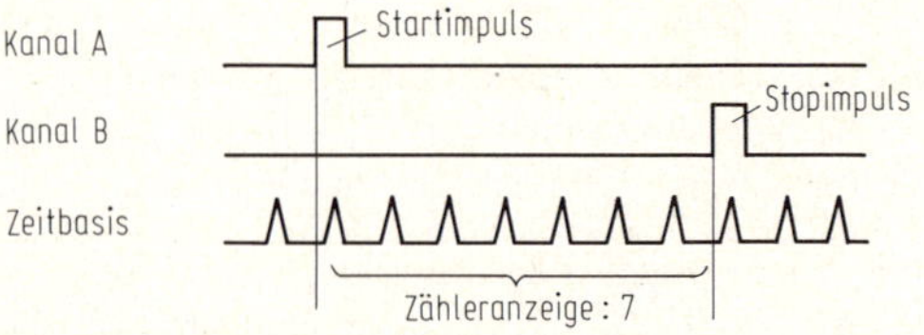

Bild 4. Zeitintervallmessung durch Zählen der Impulse eines Zeitbasisgenerators

stand = 1) 100 ns für eine 10-MHz-Zeitbasis und 10 ns für eine 100-MHz-Zeitbasis. Es kann einkanalig gemessen werden: z. B. vom ersten Überschreiten der Triggerschwelle in Kanal A bis zum darauffolgenden Unterschreiten der eingestellten Triggerschwelle durch das zu messende Signal (Periodendauer-Messung bei sin-Signalen) oder zweikanalig: das Zeitintervall von der ersten positiven Flanke an Kanal A bis zur nächsten positiven Flanke an Kanal B (Bild 4) (Messung der Phasenverschiebung bei sin-Signalen der gleichen Frequenz).

Meßfehler entstehen durch die digitale Zählweise ($\pm$ Grundauflösung), durch die Ungenauigkeit der Zeitbasis, durch die Triggerschwelle (Rauschen oder Verzerrungen auf dem Signal) und durch Ungleichheit der Kanäle (Reflexionsfaktor oder Signallaufzeit unterschiedlich). Bei periodischen Signalen kann der Fehler aufgrund der digitalen Zählweise ($\pm$ 1 bit) verringert werden durch Messung über n Zeitintervalle. Sofern n Messungen durchgeführt werden und ihr Mittelwert angezeigt wird, verbessert sich die Auflösung nur entsprechend $1/\sqrt{n}$, also z. B. auf 1 ps für 10 ns Grundauflösung und $n = 10^8$. Die Mittelwertbildung verringert außerdem Fehler durch Rauschen oder Jitter.

Bei Einzelmessungen kann die Grundauflösung verbessert werden auf z. B. 20 ps durch Messen der Zeitdifferenz zwischen dem letzten Impuls der Zeitbasis und dem Ende des Meßintervalls (Voraussetzung: synchroner Start der Zeitbasis mit dem Meßintervall): Analoges Verfahren durch Kondensatoraufladung; digitales Verfahren analog zum Nonius an einer Schublehre mit zwei in der Frequenz versetzten Zeitbasissignalen.

6.3 Analoge Frequenzmessung
Analog frequency measurement

Frequenzmessung mit dem Oszilloskop s. I 1.6.

Frequenz-Spannungs-Wandler. a) Wegen $\underline{I} = j\omega C\,\underline{U}$ ergibt ein Signal mit konstanter Spannung $\underline{U}$ einen Kondensatorstrom $\underline{I}$, dessen Amplitude proportional zur Frequenz ansteigt. b) Wenn jeder (gleichsinnige) Nulldurchgang des Eingangssignals einen kurzen, stets gleichgeformten Impuls auslöst, ergibt sich eine Pulsfolge, deren Gleichspannungsanteil proportional zur Frequenz ansteigt.

Interferenzverfahren. Das Eingangssignal wird mit einem Signal bekannter Frequenz (z. B. Synthesizer) verglichen und der Vergleichsgenerator wird auf die gleiche Frequenz nachgestimmt; z. B. in der Form, daß beide Signale auf einen Mischer gegeben werden und am Mischerausgang die Differenzfrequenz ausgewertet wird. Bei Frequenzgleichheit ist das Ausgangssignal des Mischers eine Gleichspannung (Kontrolle mit dem Oszilloskop; beat note) bzw. in der Nähe der Frequenzgleichheit ergibt sich ein niederfrequentes Signal (Pfeifton bei Kontrolle mit dem Kopfhörer).

Resonanzverfahren. Frequenzmessung durch Messen der Wellenlänge a) mit Leitungsresonatoren s. I 8.5; b) mit einer Schlitzmeßleitung s. I 4.6. Zur Umrechnung Wellenlänge λ in Frequenz $f = v_p/\lambda$ muß die Phasengeschwindigkeit v_p der benutzten Leitung bekannt sein.
Durch lose Kopplung des Eingangssignals an einen Resonator hoher Güte, dessen Resonanzfrequenz kontinuierlich (mechanisch oder elektrisch) verändert werden kann, läßt sich die Frequenz messen, wenn vorher der Einstellbereich des Resonators in Frequenzen geeicht wurde (Wellenmesser, wave-meter). Es werden Resonanzkreise mit diskreten Elementen, Leitungsresonatoren und Hohlraumresonatoren benutzt, meist in einer Schaltung entsprechend Bild I 8.10, lose angekoppelt an eine durchgehende Leitung (dip-meter, Absorptionsfrequenzmesser), s. I 8.5. Auf diese Art können auch Frequenzmarken bei Wobbelmessungen erzeugt werden.

Instantaneous Frequency Measurement (IFM). Nach einer Amplitudenbegrenzung wird das Signal in zwei Teilsignale zerlegt, von denen eines um eine bekannte, frequenzunabhängige Laufzeit τ verzögert wird (Bild 5). Mit einem Mischer, der als Phasendetektor betrieben wird (s. I 1.9) ergibt sich damit eine Ausgangsgleichspannung proportional zum Kosinus der Phasenverschiebung φ zwischen beiden Teilsignalen bzw. mit $\varphi = \omega_x \tau$ proportional zum Kosinus der Signalfrequenz f_x.

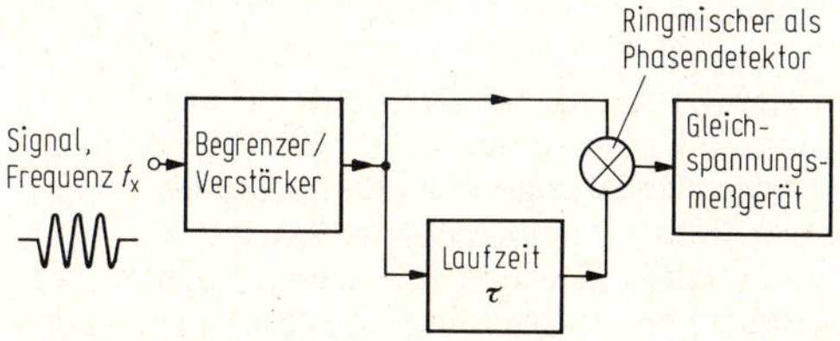

Bild 5. IFM-Empfänger (zur Frequenzmessung an Einzelimpulsen geeignet)

7 Rauschmessung
Noise measurement

7.1 Rauschzahl, Rauschtemperatur, Rauschbandbreite
Noise figure, noise temperature, noise bandwidth

Bei der Temperatur T in Kelvin gibt ein realer ohmscher Widerstand im Frequenzintervall der Breite B an einen idealen, nicht selbstrauschenden, gleich großen Widerstand die näherungsweise konstante Rauschleistung P_R ab (Fehler < 1 % für f < 120 GHz):

$$P_R = k\,T\,B \quad \text{mit}$$
$$k = 1{,}38 \cdot 10^{-23}\ \text{Ws/K} \tag{1}$$
(Boltzmann-Konstante).

Die Rauschzahl F gibt an, um welchen Faktor ein Vierpol bei der Referenztemperatur $T_0 = 290\ \text{K} \mathrel{\hat{=}} 16{,}8\ °\text{C}$ das thermische Rauschen $k\,T_0\,B$ des Innenwiderstands der Signalquelle durch sein Eigenrauschen vergrößert.

Definition I:

$$F = P_{R\ \text{Ausgang}}/(k\,T_0\,B\,g) \quad \text{mit} \tag{2}$$

g = Leistungsverstärkung des Vierpols.

Damit ergibt sich z. B. für eine verlustlose Leitung der Minimalwert $F = 1$ bzw. $0\ \text{dB}\,(F/\text{dB} = 10\lg F)$.
Eine zweite Definition benutzt den Störabstand an Eingang und Ausgang (Bild 1).

Definition II:

$$F = (P_{\text{Signal}}/P_R)_{\text{Eingang}}/(P_{\text{Signal}}/P_R)_{\text{Ausgang}}. \tag{3}$$

Damit ergibt sich z. B. für ein 3-dB-Dämpfungsglied die Rauschzahl $F = 3$ dB. Beide Definitionen gehen davon aus, daß Eingang und Ausgang des Vierpols angepaßt sind und gleiche Temperatur haben. Die Umrechnung von Gl. (2) in Gl. (3) erfolgt über

$$g = P_{\text{Signal Ausgang}}/P_{\text{Signal Eingang}} \quad \text{und}$$
$$P_{R\ \text{Eingang}} = k\,T_0\,B.$$

Gl. (1) kann auch rein formal auf Vierpole angewendet werden, um deren Rauscheigenschaften durch die Angabe einer fiktiven Rauschtemperatur T_R zu beschreiben:

$$T_R = (F - 1)\,T_0. \tag{4}$$

Spezielle Literatur Seite I 32

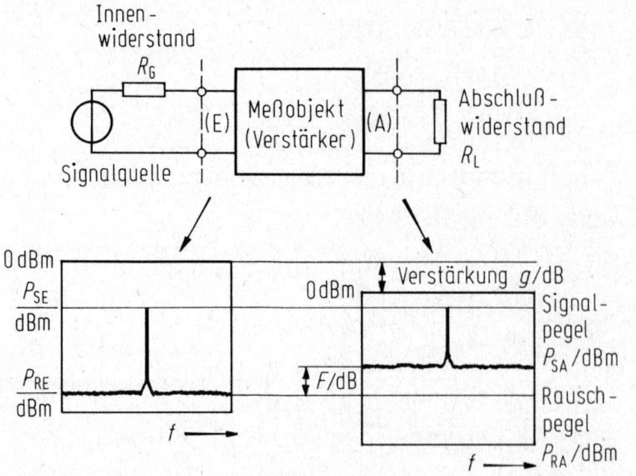

Bild 1. Veranschaulichung der Rauschzahl F als Differenz der Störabstände in dB. (Störabstand in dB = Signalpegel in dBm – Rauschpegel in dBm)

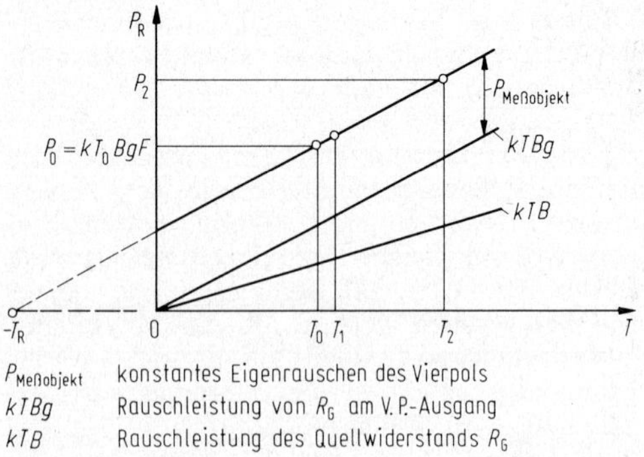

Bild 2. Rauschleistung am Vierpolausgang als Funktion der Temperatur des Quellwiderstands bzw. als Funktion der Eingangsrauschleistung

Die Rauschzahl kann entweder breitbandig gemessen werden, dies führt zu einer einzigen Zahl, die den Vierpol charakterisiert, oder sie kann zur genaueren Beschreibung des Vierpols schmalbandig gemessen und als Funktion der Frequenz dargestellt werden. Bei der direkten Messung der Rauschzahl nach Gl. (2) muß der Frequenzgang der Verstärkung des Vierpols $g(f)$ berücksichtigt werden. Da B als Frequenzintervall im weißen Rauschen eingeführt wurde, wird die Rauschbandbreite B_R eines Vierpols definiert aus dem der Fläche unter der Kurve $g(f)$ gleichgroßen Rechteck der Höhe g_{max} und der Breite B_R. Damit ist die Rauschbandbreite ungleich der 3-dB-Bandbreite (s. Gl. (11)).

7.2 Meßprinzip
Measurement procedure

Um die Probleme bei der Bestimmung der Rauschbandbreite und der Verstärkung zu umgehen, wird die Rauschleistung am Ausgang für zwei unterschiedlich große, bekannte Eingangsrauschleistungen gemessen (wobei die Linearität des Vierpols vorausgesetzt wird) [1]. Bild 2 zeigt das Prinzip, Bild 3 den Meßaufbau.

Quellwiderstand mit T_0:

$$P_0 = k\,T_0\,B\,g + P_{\text{Meßobjekt}},$$

Quellwiderstand mit T_2:

$$P_2 = k\,T_2\,B\,g + P_{\text{Meßobjekt}}.$$

Mit Gl. (2) und der Geometrie von Bild 2 ergibt sich:

$$F = (T_2/T_0 - 1)/(P_2/P_0 - 1),$$
$$F/\text{dB} = 10\lg(\Delta T/T_0) - 10\lg(P_2/P_0 - 1). \quad (5)$$

Anstelle der Temperaturänderung ΔT wird bei Rauschgeneratoren meist die Rauschleistungserhöhung ENR (Excess Noise Ratio) angegeben. Um diesen Faktor steigt die Rauschleistung beim Einschalten des Rauschgenerators.

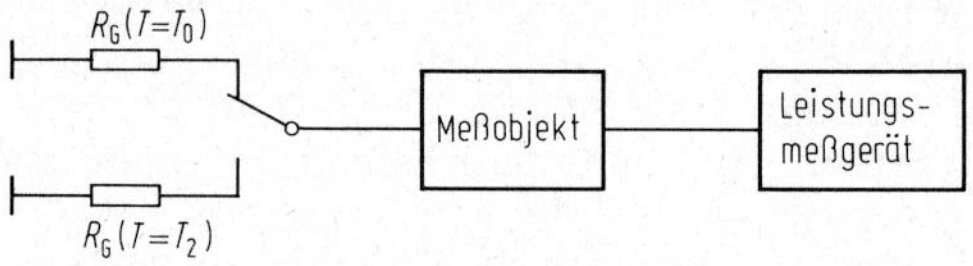

Bild 3. Prinzipschaltung zur Messung der Rauschzahl

$$F/\text{dB} = \text{ENR}/\text{dB} - 10\lg(Y-1). \quad (6)$$

Gemessen werden die beiden Leistungen P_2 und P_0. Ihr Quotient ist der Y-Faktor. Daraus wird die Rauschzahl berechnet. Umrechnung auf die Bezugstemperatur T_0, wenn Y bei T_1 und T_2 gemessen wurde:

$$F = 1 + (T_2/T_0 - Y \cdot T_1/T_0)/(Y-1). \quad (7)$$

7.3 Rauschgeneratoren
Noise generators

Zur Erzeugung von Rauschleistung mit zwei verschiedenen Pegeln werden benutzt:
- Paare von ohmschen Widerständen mit geregelter, bekannter Temperatur T_1 und T_2 (hot-cold-standards) (als Kalibrierquellen).
- Vakuumdioden (veraltet, ungenau, bis UHF-Bereich).
- Gasentladungsröhren (1 bis 40 GHz).
- Halbleiterrauschquellen (Zener-Dioden in speziellen Fassungen, die ohne Vorstrom als Abschlußwiderstand mit Umgebungstemperatur T_1 und bei eingeschaltetem Gleichstrom als Rauschquelle großer Leistung wirken).

Kenngrößen der Rauschgeneratoren sind ihr Reflexionsfaktor im ausgeschalteten Zustand (Messung von P_0 bei T_0 bzw. P_1 bei T_1) und im eingeschalteten Zustand (Messung von P_2), die Größe und Konstanz der Rauschleistung, der nutzbare Frequenzbereich und eventuell vorhandene Schaltspitzen beim Umschalten von T_0 auf T_2. Angegeben wird meist die Erhöhung der Rauschleistung (ENR in dB) bezogen auf die Rauschleistung im ausgeschalteten Zustand. Sofern die Umgebungstemperatur extrem von T_0 abweicht, muß sie gemessen werden (T_1) und T_2 muß berechnet werden.

$$T_2 = T_0 (1 + 10^{0,1\,\mathrm{ENR}}) \tag{8}$$

ENR ist dabei in dB einzusetzen.
Ein typischer Wert für Halbleiterrauschgeneratoren ist ENR = 15,5 ± 0,5 dB. Dies entspricht einem Temperatursprung von $\Delta T = 10.290$ K. Der Bereich erstreckt sich von 5 bis 100 dB bei Frequenzen zwischen 10 kHz und 40 GHz. Hohe ENR-Werte werden z. B. für Systemanwendungen gebraucht, wenn ein Empfänger während des Bertriebs gemessen und dazu die Rauschleistung über einen Richtkoppler in den Signalweg eingekoppelt wird.

7.4 Meßfehler. Measurement errors

Da die Rauschzahl aus zwei Leistungsmeßwerten berechnet wird, existieren zunächst die in I 2.4 behandelten Fehler der Leistungsmessung. Besonderes Gewicht haben dabei die Fehlanpassungen zwischen den einzelnen Komponenten von der Rauschquelle bis zum Leistungsmeßkopf. Den größten Beitrag zum Meßfehler liefert in der Regel die Ungenauigkeit des ENR-Werts. Ein typischer Wert für eine Diodenquelle (0,01 bis 18 GHz) wäre ± 0,2 bis ± 0,6 dB je nach Frequenz. Zur Vermeidung ungünstiger Anzeigebereiche bei Zeigerinstrumenten kann der ENR-Wert des Rauschgenerators durch ein vorgeschaltetes Dämpfungsglied verringert werden.
Bei zu geringer Verstärkung des zu untersuchenden Vierpols muß dem Leistungsmesser ein Verstärker vorgeschaltet werden, um die sehr kleinen Rauschleistungen von − 174 dBm + 10 lg(B/Hz) messen zu können. Eventuell ist auch ein Mischer notwendig, um den Frequenzbereich des Vierpols auf den des Leistungsmessers umzusetzen (z. B. Spektrumanalysator als Leistungsmesser). Bild 4 zeigt den Meßaufbau. In diesem Fall müssen zusätzlich zur Messung des Y-Faktors der Gesamtanordnung die Verstärkung g des Vierpols und die Rauschzahl F_2 des nachgeschalteten Systems (Verstärker, Mischer) bestimmt werden. Die gesuchte Rauschzahl F_1 des Vierpols ergibt sich dann aus der gemessenen Rauschzahl F_{12} der Gesamtanordnung zu

$$F_1 = F_{12} - (F_2 - 1)/g. \tag{9}$$

Die Bandbreite der Vierpole sollte vom Rauschgenerator zum Leistungsmeßkopf hin abnehmen. Die Leistungsverstärkung g des Vierpols kann aus den Messungen mit und ohne Meßobjekt berechnet werden (vgl. Bild 2):

$$g = \frac{(P_2 - P_1)\text{ mit Meßobjekt}}{(P_2 - P_1)\text{ ohne Meßobjekt}}. \tag{10}$$

Bei kleinen Rauschzahlen wird der relative Fehler bei der Bestimmung von F besonders groß, da sich ENR-Ungenauigkeit, Leistungsmeßfehler und Anpassungsfehler zu beträchtlichen Gesamtfehlern überlagern können.
Bei sehr großen Rauschzahlen sollte der Leistungsmesser durch einen Spektrumanalysator ersetzt werden, um zu kontrollieren, ob weißes Rauschen vorliegt oder ob Netzbrumm, Einstreuungen oder gefärbtes Rauschen die Vierpolbeschreibung durch eine einzige Rauschzahl verfälschen. Die zur Fehlerkorrektur, Gl. (9), notwendige Rauschzahl F_2 des Spektrumanalysators ergibt sich aus dem angezeigten Rauschpegel P_R bei eingestellter Meßbandbreite B zu

$$F/\mathrm{dB} = P_R/\mathrm{dBm} + 174\,\mathrm{dBM} - 10\lg(B_R/\mathrm{Hz}) \tag{11}$$

mit $B_R = \alpha B_{3\mathrm{dB}}$ und $\alpha = 1{,}2$ für Gauß-Filter.
Gl. (11) entspricht Gl. (2) und kann mit $P_R = P_{R\,\mathrm{Ausgang}}/g$ bei Vierpolen mit großer Rauschzahl zur direkten Messung von F eingesetzt werden. Für $F >$ ENR + 9 dB werden die Unterschiede zwischen P_0 und P_2 in Gl. (5) sehr gering ($Y < 0{,}5$ dB) und damit die Auswirkungen von Fehlern bei der Leistungsmessung so groß, daß die Y-Methode nicht mehr anwendbar ist.

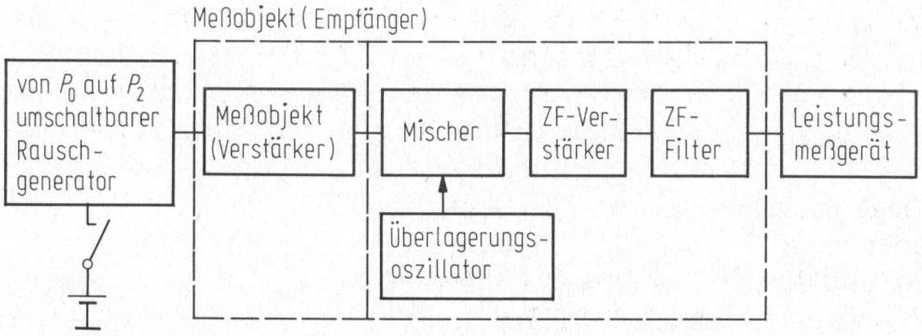

Bild 4. Allgemeiner Meßaufbau zur Ermittlung der Rauschzahl eines Vierpols bzw. eines Empfängers mit Frequenzumsetzung

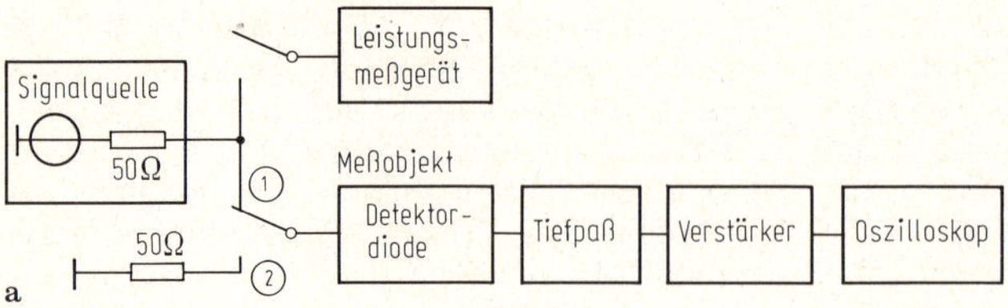

a

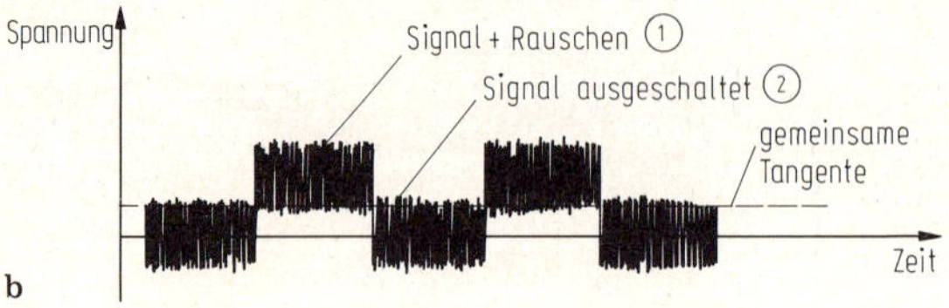

b

Bild 5. Messung der tangentialen Empfindlichkeit TSS. **a** Meßaufbau; **b** Bildschirmanzeige, wenn Generatorpegel = TSS

7.5 Tangentiale Empfindlichkeit
Tangential signal sensitivity (TSS)

Die tangentiale Empfindlichkeit ist ein weniger anspruchsvolles Maß als die Rauschzahl zur Beschreibung der Empfindlichkeit von z.B. (Video-)Verstärkern, Detektorköpfen oder Dioden. Bild 5 zeigt die Meßanordnung. Die Leistung eines getasteten Signalgenerators wird so eingestellt, daß die mittlere Rauschamplitude innerhalb der betrachteten Bandbreite gleich der Signalamplitude ist. Als Kriterium dafür wird die Darstellung auf dem Bildschirm eines Oszilloskops ausgewertet. Der Signalgeneratorpegel, der das angezeigte Rauschspannungsband gerade um seine eigene Amplitude versetzt, wird als Tangential Signal Sensitivity (TSS) bezeichnet. Der Meßwert ist leicht zu interpretieren (z.B. die Angabe TSS = − 52 dBm bei $f = 2$ GHz und $B = 1$ MHz für eine Detektordiode) und die Messung ist einfach und in jedem Labor durchführbar. Dies macht den Nachteil der schlechten Reproduzierbarkeit wieder wett. Der Zahlenwert hängt ab von der Einstellung des Oszilloskops, dem Frequenzgang der Anordnung und der subjektiven Entscheidung des Betrachters. Für eine Verfeinerung des Verfahrens besteht jedoch kein Bedarf, da stets auf eine Rauschzahlmessung zurückgegriffen werden kann. Bei einem Signalpegel entsprechend dem TSS-Wert beträgt das Signal/Rausch-Verhältnis am Ausgang etwa 8 dB. Sofern anstelle des Oszilloskops ein Leistungsmeßgerät benutzt wird, ist der TSS-Pegel über diese 8-dB-Änderung definiert. Eine Umrechnung TSS in F erfordert die Kenntnis der Rauschbandbreite B_R.
Die Problematik der TSS-Messung liegt darin, daß die beiden Größen, die miteinander verglichen werden (einmal Rauschen, zum anderen Signal + Rauschen), ungleich sind.

Spezielle Literatur: [1] *Hewlett-Packard Application Note 57-1:* Fundamentals of RF an microwave noise figure measurements (1983).

8 Spezielle Gebiete der Hochfrequenzmeßtechnik
Miscellaneous topics in RF-measurements

8.1 Messungen an diskreten Bauelementen
Measurement of discrete components

Der auf diskreten Bauelementen aufgedruckte Wert für den ohmschen Widerstand R, die Kapazität C bzw. die Induktivität L ist nur für niedrige Frequenzen gültig. Bei hohen Frequenzen hat jedes Bauelement eine komplexe Impedanz $\underline{Z}$ mit einer bei zunehmender Frequenz immer ausgeprägter werdenden Frequenzabhängigkeit $\underline{Z} = \underline{Z}(f)$, die Parallel- und Serienresonanzen aufweist. In diesem Kapitel werden Verfahren zur Impedanzmessung unterhalb 30 bzw. 100 MHz beschrieben. Bei höheren Frequenzen wird der Reflexionsfaktor gemessen und in die Impedanz umgerechnet (s. I 4.).

Brückenschaltungen. Die unbekannte Impedanz $\underline{Z}_x$ wird bestimmt durch Vergleich mit bekannten Bauelementen, die stetig oder stufig veränderlich sind. Bild 1a zeigt die allgemeine Wechselstrombrücke. Strom durch $\underline{Z}_5$:

Spezielle Literatur Seite I 42

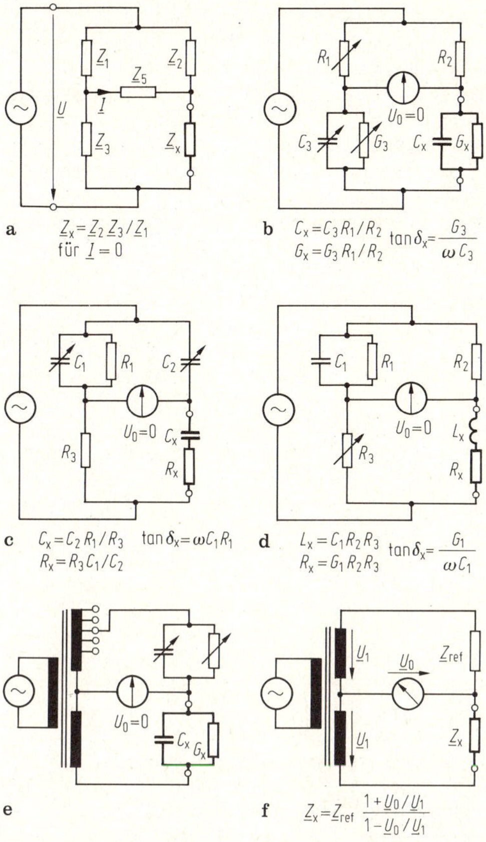

Bild 1. Brückenschaltungen zur Impedanzmessung. **a** allgemeine Meßbrücke; **b** Wien-Brücke; **c** Schering-Brücke; **d** Maxwell-Wien-Brücke; **e** Differential-Übertrager-Brükke; **f** Vergleichsbrücke

$$\underline{I} = \underline{U}(\underline{Z}_1 \underline{Z}_x - \underline{Z}_2 \underline{Z}_3) / \\ ((\underline{Z}_2 + \underline{Z}_x)(\underline{Z}_5(\underline{Z}_1 + \underline{Z}_3) + \underline{Z}_1 \underline{Z}_3) \\ + \underline{Z}_2 \underline{Z}_x(\underline{Z}_1 + \underline{Z}_3))$$

und ihre Abgleichbedingungen, Bild 1b bis e die gebräuchlichsten Ausführungsformen und die bei Anzeige 0 am Instrument gültigen Bestimmungsgleichungen. Ob man bei der Berechnung von $\underline{Z}_x$ die Elemente des Parallel- (1b) oder Serien-Ersatzschaltbildes (1c) benutzt, ist für den Meßaufbau unerheblich. Für bestimmte Wertebereiche von $\underline{Z}_x$ ist es jedoch zweckmäßig, die Abgleichelemente in Bild 1b bis e in Serie statt parallel zu schalten, um ungünstige Bauelementegrößen zu vermeiden. Damit Streukapazitäten und Störspannungen keine nennenswerten Meßfehler hervorgerufen, sind die Erdung eines Brückenpunkts und die Schirmung der Bauelemente Problembereiche, die von Fall zu Fall sorgfältig durchdacht werden müssen.

Bei der Vergleichsbrücke in Bild 1f wird kein Nullabgleich durchgeführt, sondern $\underline{U}_0$ hochohmig gemessen. Die Schaltung wird auch zur Reflexionsfaktormessung eingesetzt (s. I 4.4). Zum Einsatz von Doppel-T-Gliedern anstelle der Brückenschaltungen siehe [1].

Resonanzverfahren. a) Der zu messende Kondensator (C_x, tan δ_x) wird mit einer Induktivität bekannter Größe (L_0, tan δ_0) zu einem Parallelschwingkreis (Serienschwingkreis) zusammengeschaltet. Resonanzfrequenz und Güte des Kreises werden gemessen und C_x und tan δ_x daraus berechnet. Bei der Induktivitätsmessung wird in analoger Weise vorgegangen.

b) Eine zu messende hochohmige Impedanz wird einem bekannten Parallelresonanzkreis parallelgeschaltet, eine niederohmige Impedanz einem Serienresonanzkreis in Serie geschaltet. Die gesuchten Größen werden entweder aus der Änderung von Resonanzfrequenz und Güte, oder aus der für gleiche Resonanzfrequenz notwendigen Verstellung eines Eichkondensators berechnet. Zur Gütemessung bei a) und b) kann entweder die 3-dB-Bandbreite des Kreises gemessen werden (s. 8.5) oder die Bestimmung erfolgt über die Resonanzüberhöhung von Strom bzw. Spannung bei Speisung mit konstantem Strom (Parallelkreis) bzw. mit konstanter Spannung (Serienkreis).

Strom-Spannungs-Messung. Entweder der Strom $\underline{I}$ durch das Bauelement oder die Spannung $\underline{U}$ am Bauelement werden konstant gehalten. Die jeweils andere Größe wird nach Betrag und Phase ermittelt. Die gesuchte Impedanz ergibt sich aus $\underline{Z} = \underline{U}/\underline{I}$. Zur Vermeidung von Meßfehlern durch die Induktivität der Anschlußdrähte kann, wie bei der Messung von ohmschen Widerständen in der Gleichstromtechnik, vierpolig gemessen werden.

8.2 Impulsreflektometer

Time domain reflectometer (TDR)

Das Impulsreflektometer (TDR) ist ein leitungsgebundenes Pulsradar, mit dem Art und Größe von Reflexionsstellen sowie deren örtliche Verteilung längs einer TEM-Wellenleitung gemessen werden. Entsprechend Bild 2 wird von einem Pulsgenerator eine Gleichspannung (z.B.

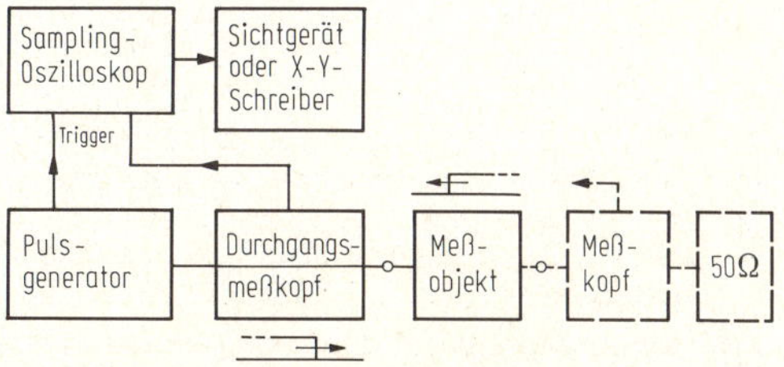

Bild 2. Impulsreflektometer (TDR)

200 mV) eingeschaltet. Die sehr steile Einschaltflanke läuft durch den Meßkopf zum Meßobjekt. An allen Reflexionsstellen im Meßobjekt wird ein Teil der Einschaltflanke reflektiert, läuft zurück zum Meßkopf und wird gemessen. Der Vorgang wird zeitlich periodisch wiederholt. Dadurch kann die Kurvenform der reflektierten Wellen mit einem Abtastoszilloskop dargestellt werden. Der zeitliche Verlauf der Überlagerung von hinlaufender und reflektierter Welle am Meßkopf wird vom Oszilloskop (bzw. X-Y-Schreiber) als stehendes Bild wiedergegeben. Bei bekannter Ausbreitungsgeschwindigkeit auf dem jeweiligen Leitungsabschnitt kann aus der Laufzeit τ der reflektierten Welle die Entfernung der Störstelle $l_1 = v\tau/2$ berechnet werden. Der Entfernungsbereich, in dem mit handelsüblichen Geräten Störstellen auf Leitungen lokalisiert werden können, liegt zwischen 10 mm und 10 km. Zwei benachbarte Störstellen im Abstand Δl können in der Anzeige voneinander unterschieden werden, wenn die Anstiegszeit T des Meßimpulses kleiner ist als die doppelte Laufzeit zwischen ihnen: $\Delta l_{\min} > vT/2$. Bei einem Meßimpuls mit 30 ps Anstiegszeit kann also eine Ortsauflösung von 4,5 mm (auf einer Luftleitung mit $v = c_0$) nicht unterschritten werden.
Wegen des z. B. in Bild 3 am Ort des Wellenwiderstandsprungs (Punkt A) gültigen Zusammenhangs $U_1(t) = U_H(t) + U_R(t) = (1 + r)U_H(t)$ und $r = (Z_{L2} - Z_{L1})/(Z_{L2} + Z_{L1})$ kann man aus dem gemessenen Verlauf von $U_1(t)$ die jeweilige Größe des Leitungswellenwiderstands Z_L und die Größe von reellen Abschlußwiderständen Z_2 direkt entnehmen. Zu beachten ist, daß nur die erste Störstelle exakte Ergebnisse liefert. Am Ort der zweiten Störstelle ist die einfallende Wellenfront bereits um die erste Reflexion vermindert und das von hier zurücklaufende Echo wird beim Durchlaufen der ersten Störstelle erneut gedämpft. Die vertikale Achse kann entweder zwischen + 1 und − 1 linear geteilt den Reflexionsfaktor $r(z)$ anzeigen oder sie wird in Ω skaliert (von 0 bis ∞) zur Ablesung des Wellenwiderstands $Z_L(z)$. Zur Eichung auf $r = 0$ bzw. $Z_L = Z_{ref}$ wird entsprechend Bild 3 dem Meßobjekt eine Präzisions-(Luft)-Leitung mit bekanntem Wellenwiderstand vorgeschaltet.
Bei Störstellen mit kapazitivem bzw. induktivem Verhalten ergeben sich zeitlich ausgedehnte Einschwingvorgänge, die die Ortsauflösung verschlechtern und weniger einfach zu interpretieren sind. Die Sprungantworten und Diskontinuitäten, die sich durch diskrete Bauelemente (Serien-L, Parallel-C, ...) beschreiben lassen, können mit der Laplace-Transformation berechnet werden. Ein Vergleich der gemessenen Kurvenformen mit solchen berechneten Einschwingvorgängen gestattet eine anschauliche Interpretation der Störstellen [2–4]. An die Stelle der Amplitude tritt hier die Fläche als Maß für die Größe der Störung (Bild 3).
Da ein Sprung mit z. B. 25 ps Anstiegszeit alle Frequenzen von 0 bis zu etwa 15 GHz enthält, sind die damit gemessenen Reflexionsfaktoren bzw. Wellenwiderstände Mittelwerte über diesen Frequenzbereich. Obwohl man mit dem TDR kleine Reflexionsfaktoren und Wellenwiderstandsabweichungen im Bereich 0,001 messen kann, setzt diese Mittelwertbildung der numerischen Auswertung der Meßergebnisse Grenzen. Dämpfung und Dispersion entlang der zu untersuchenden Leitung verringern die Amplitudenauflösung und die Ortsauflösung mit zunehmender Entfernung der Störstelle. Zur Abhilfe kann ein Dämpfungsausgleich durch zeitlich ansteigende Verstärkung erfolgen oder eine Rechnerkorrektur der Meßwerte. Mit dem Rechner läßt sich auch aus der mit einem realen Impuls (mit Überschwingern etc.) gewonnenen Meßkurve die ideale Sprungantwort berechnen. Weitere Rechneranwendungen auf Zeitfunktionen in I 4.9.
Bei mehreren Störstellen auf einer Leitung treten Mehrfachreflexionen auf. Mit zunehmender Entfernung werden die Amplitudenverläufe dadurch nicht mehr direkt interpretierbar, und es werden nicht vorhandene Störstellen vorgetäuscht. Je kleiner die Reflexionsfaktoren, desto genauer entspricht das gemessene Echodiagramm dem

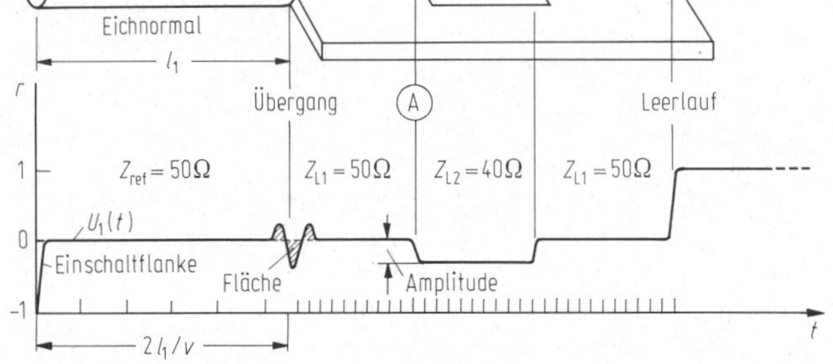

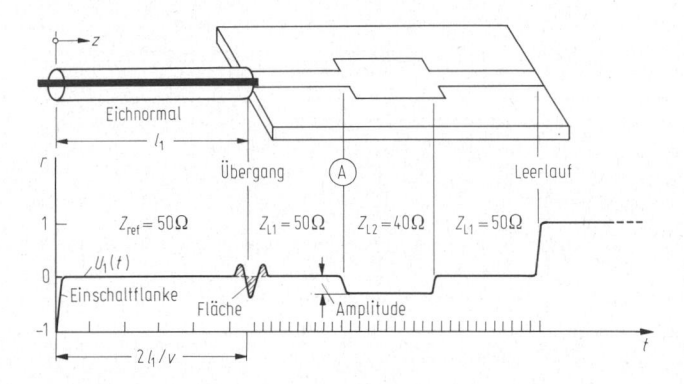

Bild 3. Schematisierte Anzeige eines Impulsreflektometers für einen Koax-Microstrip-Übergang und eine Microstripleitung mit Wellenwiderstandssprung

Impedanzprofil der Leitung. Wenn nur die Entfernung von Störstellen gemessen werden soll, sind kurze Pulse als Testsignal besser geeignet. Bei der Anwendung des TDR-Prinzips auf Leitungen mit Hochpaß- bzw. Bandpaßcharakter (z. B. Hohlleiter, Lichtwellenleiter) müssen pulsmodulierte Testsignale benutzt werden. Die Bestimmung der Art der Störstelle aus der Form des Echos wird schwieriger als bei Tiefpaßsystemen.

Mit den Komponenten in Bild 2 kann bei Zweitoren die Sprungantwort am Ausgang des Meßobjekts gemessen werden (Time Domain Transmission bzw. Time Delay Distortion, s. I 9.3). Damit lassen sich auch Signale mit unterschiedlicher Laufzeit innerhalb des Zweitors getrennt voneinander darstellen.

8.3 Feldstärkemessung

Fieldstrength measurement

Zur Feldstärkemessung werden eine Empfangsantenne und ein Empfänger benötigt (Bild 4). Es ist zu unterscheiden zwischen

- breitbandiger Messung der Strahlungsdichte (z. B. zum Zweck der Emissionskontrolle),
- schmalbandiger Messung der Strahlungsdichte (z. B. Messung im Fernfeld einer Sendeantenne),
- schmalbandiger Messung der elektrischen oder magnetischen Feldstärke (z. B. im Bereich einer leitungsgeführten Welle).

Die Problematik der Feldstärkemessung liegt in der Umrechnung des vom Empfänger angezeigten Meßwerts in den Wert der Feldstärke am Meßort vor Einbringen der Meßantenne. Für eine Antenne mit der effektiven Höhe h_{eff} gilt

Leerlaufspannung $U_0 = E\, h_{\text{eff}}$.

Sofern die Antennenimpedanz an das Kabel und das Kabel an den Empfängereingang angepaßt sind, zeigt der Empfänger die Spannung $U = U_0/2$ an und es gilt

$$E = 2\,U/h_{\text{eff}}.$$

Meist wird bei Meßantennen nicht die effektive Höhe sondern der Antennenfaktor k in dB als Funktion der Frequenz angegeben.

$$k = E/U \quad \text{bzw.} \quad k/\text{dB} = 20 \lg (k/\text{m}^{-1}).$$

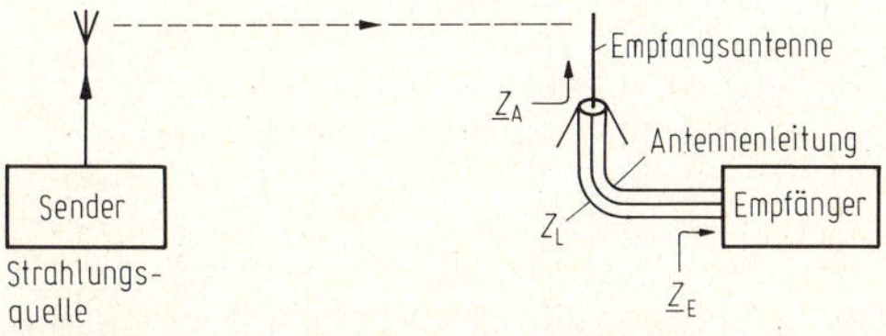

Bild 4. Anordnung zur Feldstärkemessung

Der Zusammenhang mit dem Antennengewinn G ist gegeben durch:

$$k = f\sqrt{4\pi Z_0/(Z_A G)}/c_0$$

mit Z_A = reelle Eingangsimpedanz der Antenne.

Für den Logarithmus des Zahlenwerts von k in 1/m gilt bei Luft und $Z_A = 50\,\Omega$:

$$k/\text{dB} = 20 \lg (f/\text{MHz}) - G/\text{dB} - 29{,}78\ \text{dB},$$
$$G/\text{dB} = 10 \lg G.$$

Bei Verwendung eines angepaßten Empfängers, der die Spannung an Z_A anzeigt, ergibt sich die Feldstärke zu

$$20 \lg (\hat{E}/\frac{\mu\text{V}}{\text{m}}) = \hat{U}_E/\text{dB}\mu\text{V} + k/\text{dB} - a_L/\text{dB}$$

(a_L = Dämpfung der Antennenleitung (positiver Zahlenwert)

$$U/\text{dB}\mu\text{V} = 20 \lg (U/\mu\text{V})).$$

Sofern die Empfängeranzeige in dBm erfolgt, muß umgerechnet werden von Leistung auf Spannung mit $\hat{U} = \sqrt{2PZ_A}$.

$$U/\text{dB}\mu\text{V} = P/\text{dBm} + 110 \quad (Z_A = 50\,\Omega).$$

Falls mit Effektivwerten gerechnet wird, gilt: $U/\text{dB}\mu\text{V} = P/\text{dBm} + 107$. Als Meßantenne eignen sich bei Fernfeldmessungen alle Antennen, deren Antennenfaktor bekannt oder berechenbar ist. Im Mikrowellenbereich werden bevorzugt Standard-Gain-Hornstrahler benutzt, deren Gewinn sich recht genau aus der Geometrie berechnen läßt. Besonders breitbandig sind kleine Schleifenantennen, da der Kurzschlußstrom frequenzunabhängig ist und kleine Dipolantennen ($l < 0{,}1\,\lambda$), da die effektive Höhe gleich der Länge *eines* Stabes ist und somit die Leerlaufspannung frequenzunabhängig wird. Bei kleinen Schleifen und Stäben (Feldsonden) sind die obigen Gleichungen nicht direkt anwendbar, weil sich die Anpassung zwischen Antenne, Zuleitung und Empfänger nicht erfüllen läßt (Z_A induktiv bzw. kapazitiv).

Da bei Messungen im Freien Fehler durch andere Strahlungsquellen (z. B. Rundfunksender) und Mehrwegeausbreitung (z. B. Bodenreflexionen) auftreten können, wird häufig in geschirmten Räumen gemessen, die innen allseitig mit absorbierenden Schichten (für den benötigten Frequenzbereich) ausgekleidet sind (anechoic chamber).

Durch die Antennenzuleitung können bei Fernfeldmessungen Feldverzerrungen hervorgerufen werden (Rückstreufehler) und die Meßantennencharakteristik kann beeinflußt werden. Bei Nahfeldmessungen besteht zusätzlich die Mög-

lichkeit der direkten Rückwirkung auf die Strahlungsquelle, sowohl durch die Zuleitung, als auch durch die Meßantenne.
Abhilfe:
- Antennenzuleitung senkrecht zu den elektrischen Feldlinien verlegen.
- Mantelwellen unterdrücken durch Sperrtöpfe, Dämpfungsperlen etc.
- Hochohmiges Leitermaterial (falls zulässig) benutzen.
- Symetrieebenen des elektrischen Feldes ausnutzen und durch leitende Wände ersetzen. Messung mit Sonden durch Löcher in diesen Wänden hindurch.
- Umsetzung des elektrischen Ausgangssignals der Meßantenne in ein Lichtsignal (Schallsignal) und Weiterleitung per Freiraumausbreitung (z. B. Infrarot) oder Lichtwellenleiter.

Stab- und Schleifantennen messen jeweils nur eine Polarisationsrichtung des elektrischen bzw. magnetischen Feldes. Sofern ein Feld unbekannter Polarisation ausgemessen werden soll, sind Messungen in allen drei Raumrichtungen erforderlich. Man kann auch, falls nicht die Richtung sondern nur die Intensität der Strahlung von Interesse ist, drei zueinander orthogonale Antennen benutzen, und die Ausgangssignale entsprechend $|\boldsymbol{E}| = \sqrt{E_x^2 + E_y^2 + E_z^2}$ kombinieren. Zur Messung von Oberflächenstromdichten bzw. Magnetfeldern an leitenden Flächen s. I 1.8.

8.4 Messungen an Antennen
Antenna measurements

Strahlungscharakteristik. Im Fernfeld einer Antenne sind die Phasenfronten der abgestrahlten Welle konzentrische Kugelschalen mit dem Phasenzentrum der Antenne als Mittelpunkt. Die Strahlungscharakteristik ist die Feldstärke nach Betrag, Phase und Polarisation auf einer solchen Fernkugelfläche, die sich im Sendefall bei einer festen Frequenz einstellt. Zur graphischen Darstellung im Strahlungsdiagramm muß man sich auf eine Größe und eine festzulegende Querschnittsfläche beschränken.
Nähert man sich der Antenne, so bleibt das Strahlungsdiagramm bis $r = r_{\text{min}}$ unverändert. Für $r < r_{\text{min}}$ wird das Diagramm entfernungsabhängig, und die Richtung der Strahlungsdichte zeigt Abweichungen von der rein radialen Richtung, d. h. die Phasenfronten sind keine Kugelflächen mehr. In der Regel schätzt man ab

$$r_{\text{min}} > 2D^2/\lambda, \tag{1}$$

wobei D die maximale Linearabmessung (z. B. der Durchmesser des Parabols oder die Länge des Stielstrahlers) der untersuchten Antenne ist [5]. Der Bereich $r < r_{\text{min}}$ wird als Nahfeld bezeichnet. Nähert man sich der Antenne noch weiter, so erreicht man ein Gebiet, in dem nicht mehr vernachlässigbare Radialkomponenten von E bzw. H auftreten und in dem die Ortsabhängigkeit der Feldstärken nicht mehr proportional $1/r$ verläuft. Dieses „innere“ Nahfeld beginnt etwa in einer Entfernung von $4\lambda \dots \lambda$ vor den Grenzschichten, die das Strahlungsfeld formen und erzeugen.
Bei einfachen, symmetrischen Antennen beschränkt man die Ermittlung der Strahlungscharakteristik auf eine Polarisationsart und auf die Amplitude der Strahlungsdichte entlang zweier, zueinander senkrechter Umfangslinien einer Fernfeldkugelfläche. Als Schnittpunkt beider Linien wird die Hauptstrahlrichtung der Antenne gewählt. Damit läßt sich die auf den Maximalwert bezogene Strahlungsdichte als Funktion des Winkels in zwei Diagrammen darstellen. Bei überwiegend linearer Polarisation spricht man vom Strahlungsdiagramm in der E-Ebene, wenn die Linie, entlang der gemessen wurde, in der Hauptstrahlrichtung parallel zur elektrischen Feldstärke verläuft; die dazu senkrechte Linie ergibt das Strahlungsdiagramm in der H-Ebene. (Beispiel: Bei einem $\lambda/2$-Dipol liegt der Antennenstab in der E-Ebene, d. h. dort ergibt sich eine Doppel-Acht-Charakteristik und in der H-Ebene ergibt sich ein Kreisdiagramm.)

Fernfeldmessung. Entsprechend Bild 5 wird die zu messende Antenne um ihr Phasenzentrum herum gedreht. Sie wird dabei von einer einzigen ebenen Wellen beleuchtet und die empfangene Leistung P_{E} wird als Funktion des Drehwinkels registriert. Um dem Idealfall einer einzigen ebenen Welle (keine Umgebungsreflexionen) möglichst nahe zu kommen, wird eine gut bündelnde Hilfsantenne benutzt. Die Fernfeldbedingung Gl. (1) muß für beide Antennen erfüllt sein. Obwohl die umgekehrte Übertragungsrichtung (die zu messende Antenne als Sendeantenne) im Idealfall zu gleichen Ergebnissen führt, sollte die Hilfsantenne senden, damit störende äußere Reflexionen unabhängig von der Drehbewegung bleiben. Innerhalb des Strahlungsfeldes der Hilfsantenne liegende Reflektoren müssen entweder mit absorbierendem Material verkleidet werden, oder die reflektierten Wellen müssen durch Metallschirme (Beugungskanten verkleidet) ausgeblendet werden (Bild 5). Umgebungseinflüsse lassen sich weiterhin eliminieren durch Auswerten der Laufzeit bei Pulsmessungen oder der Welligkeit bei mehreren CW-Messungen in einem größeren Frequenzbereich (s. I 4.9). Wenn Fremdeinstrahlungen stören, wird schmalbandig empfangen oder der Sender wird moduliert.
Kleine Antennen können in einem reflexionsarmen Raum gemessen werden (anechoic chamber), der gegen Fremdfelder geschirmt ist und dessen Innenwände allseitig mit absorbierendem Material verkleidet sind. Bei größeren Meßent-

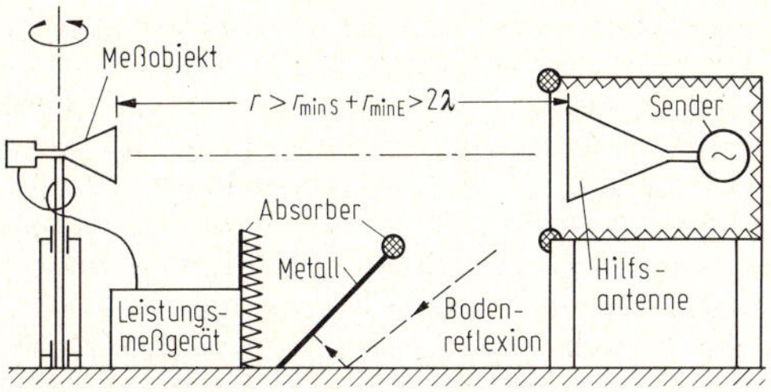

Bild 5. Messung des Strahlungsdiagramms

fernungen wird im Freien, zwischen zwei Türmen, gemessen. Bei noch größeren Antennen (z. B. Radioastronomie) benutzt man Radiosterne als Hilfsantenne [13].

Nahfeldmessung. Großflächige Mikrowellenantennen können auch im Nahfeld mit $r < r_{\min}$ vermessen werden. Dabei wird die Feldstärkeverteilung in einer Ebene (bzw. Zylinder-, Kugelfläche) einige Wellenlängen vor der Antenne mit einer reflexionsarmen Feldsonde nach Betrag und Phase gemessen. Damit ist die Belegung einer fiktiven strahlenden Fläche ermittelt und aus dieser kann das Fernfelddiagramm berechnet werden [6]. Anstelle der Sonde kann auch ein kleiner Reflektor benutzt werden. An die Antenne wird über eine Sende-Empfangs-Weiche sowohl ein Sender als auch ein sehr empfindlicher Empfänger angeschlossen. Ohne Reflektor ist das Empfängersignal 0, mit Reflektor ist es proportional dem Quadrat derjenigen Feldkomponente am Ort des Reflektors, die von diesem reflektiert wurde. Zur Steigerung der Empfindlichkeit wird ein modulierter Reflektor benutzt (z. B. mechanisch rotierender Dipol oder starrer Dipol mit pin-Diode bzw. Photodiode als schaltbarer Last) [7,8].

Modellmessungen. Die Eigenschaften großer Antennen können an maßstäblich verkleinerten Modellen bei entsprechend erhöhter Frequenz untersucht werden. Allgemein müssen im Modell und im Original die Konstanten $K_1 = \mu_r \varepsilon_r l^2 f^2$ und $K_2 = \mu_r \kappa l^2 f$ jeweils gleich groß sein, wobei l die jeweiligen Lienearabmessung darstellt und ε_r, μ_r, κ die Materialeigenschaften von Antenne und Umgebung. Im einfachsten Fall ist κ näherungsweise ∞ bzw. 0, damit entfällt K_2 und die Abbildungsbeziehung lautet $l \sim 1/f$ bei unverändertem ε_r und μ_r.

Gewinn. Der Gewinn G kann über die Beziehung für die Ausbreitungsdämpfung zwischen zwei Antennen im freien Raum ermittelt werden.

$$P_E = P_S G_S G_E \lambda^2/(4\pi r)^2. \qquad (2)$$

P_E ist die Empfangsleistung einer Antenne mit dem Gewinn G_E, wenn Hauptstrahlrichtung und Polarisation übereinstimmen mit einer Sendeantenne im Abstand $r > r_{\min,S} + r_{\min,E}$, die den Gewinn G_S hat und die Sendeleistung P_S aufnimmt (beide Antennen angepaßt an den jeweiligen Quell- bzw. Lastwiderstand, keine störenden Reflexionen im Bereich des Strahlungsfeldes).

a) Zwei gleiche Antennen: Wegen $G_E = G_S = G$ genügt eine Dämpfungsmessung:

$$G = 4\pi r t/\lambda \quad \text{mit} \quad t = \sqrt{P_E/P_S}.$$

Zur Empfängereichung auf Transmissionsfaktor $t = 1$ werden Sender und Empfänger ohne Antennen direkt miteinander verbunden.

b) Eine zu messende Antenne mit G_x und eine Referenzantenne mit bekanntem Gewinn G_{ref}: Es sind zwei Dämpfungsmessungen bei gleichem Abstand r durchzuführen. Messung 1 ergibt den Transmissionsfaktor t_{ref} in dB zwischen einer Hilfsantenne (Bild 5) und der Referenzantenne. Messung 2 ergibt t_x in dB zwischen dem Meßobjekt und der Hilfsantenne.

$$G_x/\mathrm{dB} = 0{,}5\,(t_x/\mathrm{dB} - t_{ref}/\mathrm{dB}) + G_{ref}/\mathrm{dB},$$
$$G/\mathrm{dB} = 10 \lg G.$$

c) Drei Antennen mit unbekanntem Gewinn G_1, G_2, G_3: Es werden für jede Zweierkombination (also insgesamt drei) Dämpfungsmessungen durchgeführt (Meßentfernung r konstant):

$$G_1 = 4\pi r\, t_{12}\, t_{13}/(t_{23}\,\lambda).$$

Antennen unter 100 MHz, Mobilfunkantennen. Bei Antennen auf Fahrzeugen, an tragbaren Geräten und bei Antennen für große Wellenlängen ($f < 100$ MHz) ist die Rückwirkung der Umgebung (z. B. Oberflächenform des Flugzeugs, benachbarte Metallteile etc.) auf das Strahlungsdiagramm und die Eingangsimpedanz zu berücksichtigen. Messungen an verkleinerten Modellen und Messungen unter idealisierten Bedingungen sind in der Regel nicht ausreichend. Hinzu kommen sollten Übertragunsmessungen unter Betriebsbedingungen, die mit statistischen Methoden ausgewertet werden.

8.5 Messungen an Resonatoren

Resonator measurements

Grundlagen. Im Unterschied zu Resonanzkreisen mit diskreten Bauelementen ist bei Leitungsresonatoren, Hohlraumresonatoren und dielektrischen Resonatoren eine getrennte Behandlung von Parallelresonanz und Serienresonanz unzweckmäßig. Die Ortskurve der Eingangsimpedanz eines Resonators ist eine geschlossene Kreisschleife im Smith-Diagramm (Bild 6). Ihre Lage richtet sich nach der Länge der Ankoppel-

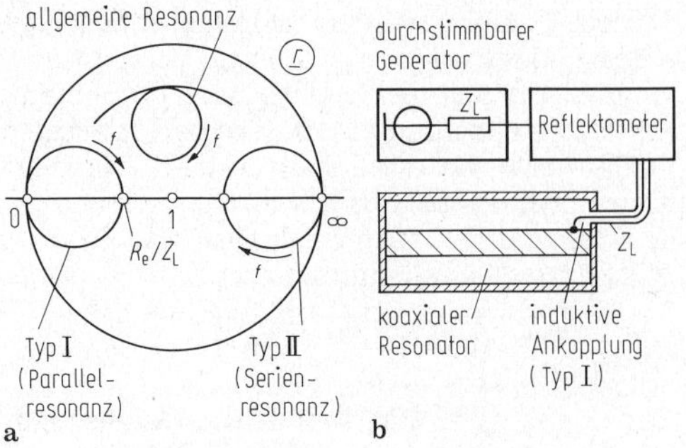

Bild 6. **a** Beispiele für den Verlauf der Ortskurve der Eingangsimpedanz $\underline{Z}_e$ eines Resonators im Smith-Diagramm; **b** Schaltungsbeispiel zur Ortskurve Typ I

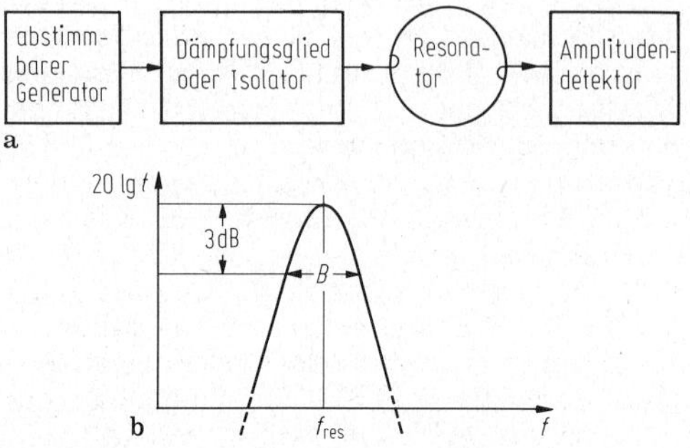

Bild 7. **a** Transmissionsmessung mit getrennter Ein- und Auskopplung; **b** Betrag des Transmissionsfaktors in der Umgebung der Resonanzfrequenz

leitung und der Art der Ankopplung. Für die Güte des Resonators gilt

$$Q = \omega \cdot \text{Energieinhalt}/\sum \text{Verlustleistungen}.$$

Gemessen wird in der Regel die 3-dB-Bandbreite B (Bild 7). Daraus ergibt sich $Q = f_{res}/B$. Die Resonanzfrequenz f_{res} ist dadurch gegeben, daß im Abstand einer halben Periodendauer $T_{res} = 1/f_{res}$ jeweils die gesamte elektrische Feldenergie im Resonator in gleichviel magnetische Feldenergie umgewandelt wird und umgekehrt. Da die Resonanzfrequenz das geometrische Mittel der beiden 3-dB-Frequenzen ist (Bild 7) $f_{res} = \sqrt{f_1 f_2}$, liegt sie etwas unterhalb des Mittelwerts $(f_1 + f_2)/2 = f_{res}\sqrt{1 + 1/(4Q^2)}$. Für $Q > 11$ ist die Abweichung kleiner 1‰.

Bei den Verlustleistungen im Resonator sind zu berücksichtigen: Stromwärmeverluste in den Leiteroberflächen, dielektrische Verluste, Abstrahlungsverluste und Ankopplungsverluste; bei der Ermittlung des Energieinhalts: Feldenergie des Resonators, Feldenergie in der Einkopplung und Auskopplung, magnetische Feldenergie in den Leiteroberflächen. In Resonatoren hoher Güte können durch die, verglichen mit der Einspeisung um den Faktor Q vergrößert auftretenden Ströme, Spannungen und Feldstärken örtliche Erwärmungen oder Glimmentladungen auftreten. Weiterhin sind Störungen durch Temperaturdehnung und Mikrophonie zu berücksichtigen, Zusatzverluste durch Oberflächenrauhigkeit sowie Einflüsse durch Kondenswasser bzw. vom Dielektrikum aufgenommene Feuchtigkeit. Benachbarte Resonanzen sollten ausreichend weit entfernt sein. Als Kriterium dafür kann benutzt werden, daß die betrachtete Kurve unterhalb und oberhalb der Resonanzfrequenz (z.B. über einen Bereich von 20 dB) symmetrisch verläuft.

Belastung durch die Ankopplung. Durch die zur Messung notwendige Ankopplung an den Resonator werden Resonanzfrequenz und Güte verändert. Bild 8 zeigt am Beispiel der Eingangsimpedanz eines $p\lambda/2$-Leitungsresonators mit TEM-Welle, daß die Resonanzfrequenz durch induktive Ankopplung erhöht wird. Entsprechend verringert sie sich bei kapazitiver Ankopplung (Korrektur z.B. durch Mittelwertbildung der Ergebnisse beider Ankopplungsarten). Bei Resonatoren, die unterhalb der Resonanzfrequenz kapazitiv sind, kehren sich die Verhältnisse um.

Die gemessene Güte Q_M ist aufgrund der Ankopplungsverluste immer kleiner als die unbelastete Güte Q_0. Bei einer Lage der Resonanzschleife im Smith-Diagramm entsprechend der Parallelresonanz in Bild 6, läßt sich ein Koppelfaktor $k = R_e/Z_L$ definieren, der im Fall einer Transmissionsmessung mit Ein- und Auskopplung in $k = k_1 + k_2$ zerlegt werden kann. Die Leerlaufgüte Q_0 ergibt sich damit zu

$$Q_0 = Q_M(1 + k_1 + k_2) = Q_M(1 + k).$$

Für den Sonderfall $k = 1$ ist der Resonator bei Resonanz an die ankoppelnde Leitung angepaßt (kritische Kopplung). Die Kopplung k läßt sich z.B. einstellen durch Ankoppelelemente, deren

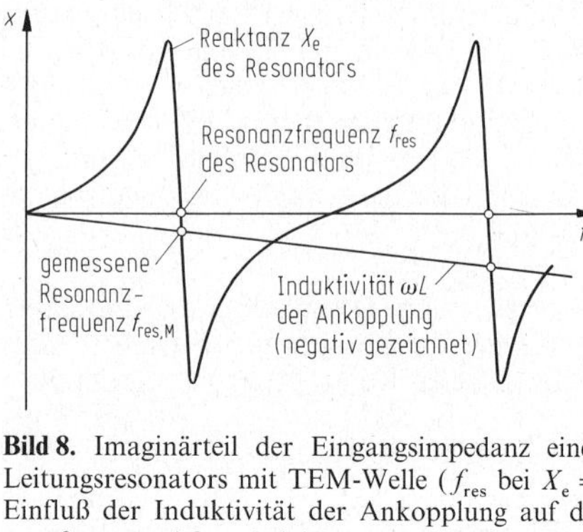

Bild 8. Imaginärteil der Eingangsimpedanz eines $p\lambda/2$-Leitungsresonators mit TEM-Welle (f_{res} bei $X_e = 0$) und Einfluß der Induktivität der Ankopplung auf die Resonanzfrequenz ($f_{res,M}$ bei $(X_e + \omega L_K) = 0$)

Eintauchtiefe in den Resonanzraum variiert werden kann, und durch verdrehbare Koppelschleifen (s. Bild I 1.7). In der Regel mißt man bei loser Kopplung, so daß die gemessenen Werte für f_{res} und Q näherungsweise gleich denen des unbelasteten Resonators sind.

Meßverfahren. Am gebräuchlichsten ist die *Transmissionsmessung* mit getrennter Ein- und Auskopplung (Bild 7). Der Koppelfaktor ergibt sich aus dem Transmissionsfaktor t bei Resonanz zu

$$k = k_1 + k_2 = t/[2(1-t)].$$

Die unbelastete Güte ist $Q_0 = Q_M/(1-t)$. Der relative Fehler der Gütemessung ist $\delta(Q) = -t$, so daß bei einer Durchgangsdämpfung von 40 dB die gemessene Güte um 1% unter der Leerlaufgüte liegt. Anstelle des Betrags von t, der bei $f = f_{res}$ ein Maximum hat und damit die Steigung 0, kann u. U. zur genaueren Bestimmung von f_{res} der Phasengang $\varphi_t(t)$ herangezogen werden, der bei $f = f_{res}$ seine größte Steigung hat. Zwischen Generator und Resonator ist in der Regel eine Entkopplung notwendig (Bild 7), um Mitzieheffekte beim Abstimmen des Generators zu vermeiden. Bei Wobbelmessungen muß die Wobbelgeschwindigkeit langsam genug gewählt werden, um den Resonator vollständig einschwingen zu lassen (vgl. I 5.4).
Aus der Ortskurve der Eingangsimpedanz ergibt sich f_{res} aus der Symmetrieebene der Kreisschleife und die Bandbreite B aus der Bedingung $\mathrm{Re}\{Z_e\} = \mathrm{Im}\{Z_e\}$ bzw. $\varphi(Z_e) = 45°$ (Bild 9).
Bei der losen Ankopplung eines Resonators an eine durchgehende Leitung (Bild 10) tritt bei Resonanz ein Minimum des Transmissionsfaktors auf; Formeln in [9]. Der Einfluß der Verbindung zwischen Durchgangsleitung und Resonator muß u. U. berücksichtigt werden.

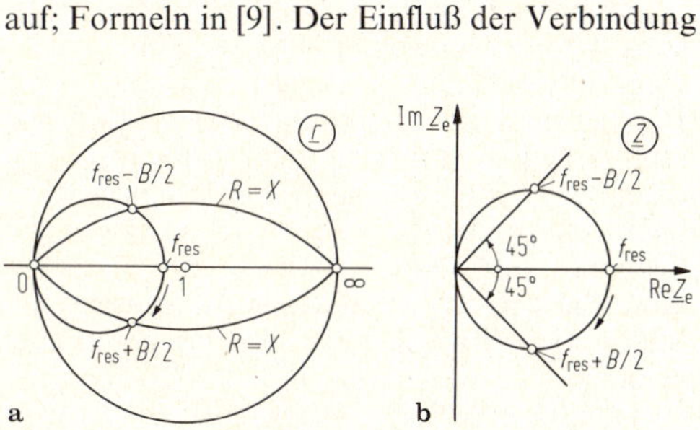

Bild 9. Bestimmung von Güte und Resonanzfrequenz aus der Ortskurve der Eingangsimpedanz. **a** Reflexionsfaktorebene (Smith-Diagramm); **b** Impedanzebene

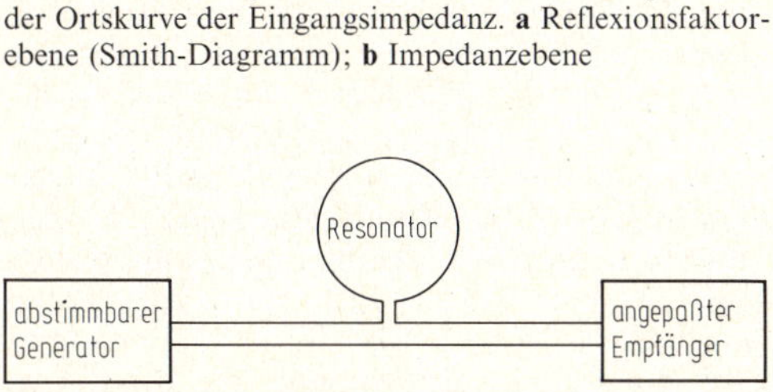

Bild 10. Transmissionsmessung mit einer Ankopplung

Modulationsverfahren. Im Meßaufbau nach Bild 7 kann die Bandbreite auch dadurch bestimmt werden, daß der Generator fest auf f_{res} abgestimmt ist und die Modulationsfrequenz (AM oder FM mit kleinem Modulationsindex) verändert wird. In den 3-dB-Punkten haben die demodulierten Signale vor und hinter dem Resonator jeweils 45° Phasenverschiebung.
Bei sehr großen Güten kann die Messung im Zeitbereich durchgeführt werden. Der Generator wird auf $f = f_{res}$ eingestellt und pulsmoduliert. Der Rechteckimpuls als Hüllkurve der Pulsmodulation wird beim Durchlaufen des Resonators verzerrt. Die Zeitkonstante $T = Q/(\pi f_{res})$ beim Einschwingen bzw. Abklingen der Hüllkurve des Ausgangssignals kann z. B. mit einem Oszilloskop gemessen werden.

Leitungsresonatoren. Eine Leitung mit dem Dämpfungsmaß α und der Energiegeschwindigkeit v_E hat als Leitungsresonator die Güte $Q = \pi f_{res}/(\alpha v_E)$. Für TEM-Wellenleiter wird daraus $Q = \pi/(\alpha \lambda_z)$. Dabei sind die Zusatzverluste in den Enden des Resonators und durch die Ankopplung nicht berücksichtigt. Die Güte eines Resonators der Länge $p\lambda/2$ ist unabhängig von p. Sofern die gemessene Güte Q ausschließlich auf Stromwärmeverluste in den Leiteroberflächen zurückzuführen ist und die Wandstärke groß gegen das Eindringmaß ist, ergibt sich die Veränderung der Resonanzfrequenz aufgrund der induktiven Oberflächenimpedanz (Skineffekt) der Wände zu $\Delta f = f_{res}/(2Q - 1)$.

8.6 Messungen an Signalquellen
Source measurements

Linien konstanter Ausgangsleistung. Zur Messung der Ausgangsleistung eines Generators oder eines Verstärkers als Funktion der Lastimpedanz kann eine Schaltung nach Bild 11 benutzt werden. Der Netzwerkanalysator zeigt die als jeweilige Belastung eingestellte Impedanz an. Die von der Signalquelle abgegebene Leistung ist $P_{Hin} - P_{Rück}$. Die Kurven konstanter Ausgangsleistung (load-pull-diagram; Rieke-Diagramm) werden punktweise aufgenommen. Zusätzlich sollte die Frequenz der Signalquelle überwacht werden bzw. das Spektrum des Ausgangssignals, um unerwünschte Betriebszustände eindeutig identifizieren zu können.

Innenwiderstand der Signalquelle. Zur Messung der Quellenimpedanz $\underline{Z}_G$ kann die Bedingung benutzt werden, daß bei Abschluß mit $\underline{Z} = \underline{Z}_G^*$ maximale Leistungsabgabe erfolgt. Dies ent-

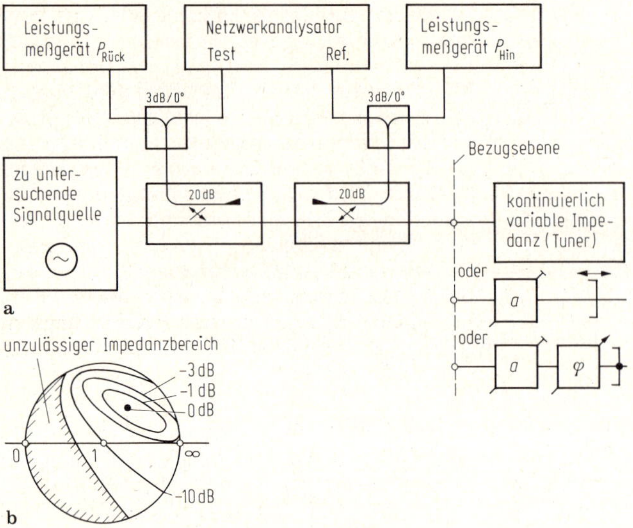

Bild 11. Messung der Ortskurven konstanter Ausgangsleistung. **a** Meßaufbau; **b** Meßergebnis

spricht der Anzeige $P_{Hin} - P_{Rück}$ = Max. im Meßaufbau nach Bild 11. Sofern nur $\underline{Z}_G$ gesucht ist, wird nach dem Maximumabgleich der gesamte Meßaufbau von der Signalquelle getrennt und seine Eingangsimpedanz $\underline{Z}_G^*$ mit einem Netzwerkanalysator gemessen.

Wobbelmessung der Quellenanpassung. Für gut angepaßte Quellen, die mit einem Kurzschluß vermessen werden können, ist der Meßaufbau nach Bild 12 einsetzbar. Wenn am Richtkopplerausgang eine Last mit $\underline{r}_L$ angeschlossen ist, wird die rücklaufende Welle an der Signalquelle reflektiert ($\underline{r}_L \underline{r}_G$) und am Nebenarm des Richtkopplers erscheint $1 + \underline{r}_L \underline{r}_G$. Wenn das Dämpfungsglied die Dämpfung a_0 hat, wird die vom Detektor gemessene Leistung proportional zu $20 \lg |1 + \underline{r}_L \underline{r}_G| - a_0$. Zum Zeichnen von Eichlinien auf dem X-Y-Schreiber wird ein reflexionsfreier Abschluß angeschlossen ($\underline{r}_L = 0$). Die Linie, die idealer Quellenanpassung enspricht, ergibt sich mit dem Dämpfungsglied in Stellung a_0. Dann wird das Dämpfungsglied um jeweils 1 dB verkleinert bzw. vergrößert und die zugehörigen Eichlinien werden gezeichnet. Zur Messung wird ein verschiebbarer Kurzschluß angeschlossen

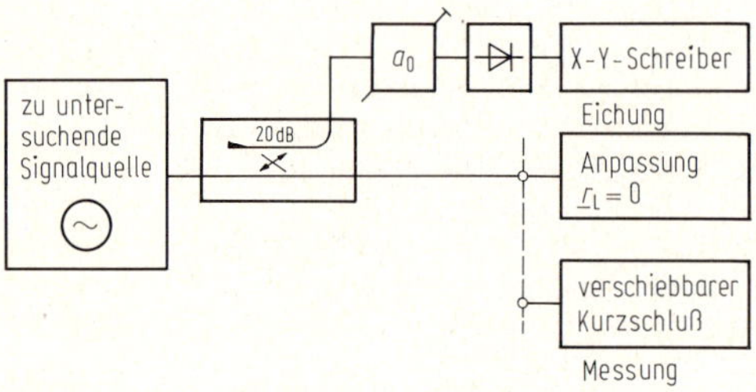

Bild 12. Wobbelmessung der Quellenanpassung

(Dämpfungsglied in Stellung a_0) und während eines Wobbelhubs möglichst häufig um mehr als $\lambda/4$ hin- und hergeschoben. Mit $r_L = -1$ entsprechen die Maxima und Minima der Meßkurve einer Abweichung von der idealen Quellenanpassung entsprechend $20 \lg (1 \pm r_G) - a_0$.

Phasenrauschen.
Bei der Beschreibung der Frequenzstabilität eines Oszillators unterscheidet man zwischen Langzeitstabilität und Kurzzeitstabilität. Die Langzeitstabilität wird als relative Frequenzabweichung innerhalb eines festen Zeitraums (1 Stunde bis 1 Jahr) angegeben, z. B. in der Form $\pm$ 16 ppm/Tag = $\pm 16 \cdot 10^{-6}$/Tag. Zur Messung wird der Momentanwert der Frequenz als Funktion der Zeit registriert, z. B. mit einem Frequenzmesser mit Analogausgang und angeschlossenem x-t-Schreiber oder mit einem Spektrumanalysator mit Speicherbildschirm. Frequenzschwankungen in Zeiträumen von wenigen Sekunden und darunter werden als Frequenz- bzw. Phasenmodulation durch ein Rauschsignal interpretiert (Rausch-FM) und Phasenrauschen genannt.

Messung mit dem HF-Spektrumanalysator. Sofern das Amplitudenrauschen des Oszillators (Rausch-AM) vernachlässigbar ist und das Phasenrauschen des Meßobjekts größer ist als das des ersten Überlagerungsoszillators im Spektrumanalysator, kann entsprechend Bild 13 der Betrag des FM-Spektrums gemessen und dargestellt werden. Die Seitenbandamplitude im Abstand Δf vom Träger wird relativ zum Träger abgelesen (z. B. -30 dBc in 10 kHz Abstand) und mit der Empfängerbandbreite B auf 1 Hz Meßbandbreite umgerechnet (Ablesewert

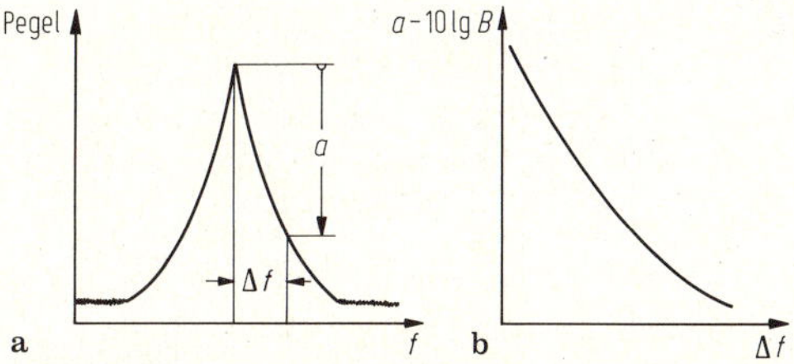

Bild 13. Erläuterung des Phasenrauschens eines Oszillators am Beispiel der Messung des Rauschspektrums mit dem HF-Spektrumanalysator. **a** Anzeige am Spektrumanalysator (Meßbandbreite B); **b** Phasenrauschen in dBc in 1 Hz als Funktion des Abstands Δf vom Träger

$-10\lg(B/\mathrm{Hz})$). Dieser Zahlenwert mit der Einheit dBc in 1 Hz (häufig auch dBc/Hz), beschreibt das Phasenrauschen des Oszillators im Abstand Δf vom Träger. Zur exakten Auswertung muß die Leistungsdichte auf die Gesamtleistung des Oszillators bezogen werden:

$$\text{Phasenrauschen in dBc in 1 Hz} = 10\lg\frac{P_1}{P},$$

P_1 = Einseitenbandleistungsdichte in 1 Hz in W,
P = Gesamtleistung in W.

Messung mit NF-Frequenzzähler. Das zu untersuchende Oszillatorsignal wird mit einem Mischer und einem stabileren Referenzoszillator in eine niedrigere Frequenz f_{NF} umgesetzt. Aus der zeitlichen Änderung von f_{NF} und aus der Meßzeit des Zählers wird das Phasenrauschen berechnet. Das Verfahren eignet sich für Messungen in unmittelbarer Nähe des Trägers ($\Delta f < 100$ Hz ... 10 kHz).

Messung mit FM-Demodulator. Bild 14 zeigt mögliche Meßaufbauten. Die Rauschgrenze steigt zum Träger hin mit $1/\Delta f^2$, so daß Quellen mit sehr kleinem Phasenrauschen nicht mehr gemessen werden können (Grenzwert z.B. -100 dBc in 1 Hz bei $\Delta f = 1$ kHz). Als FM-Demodulator werden Diskriminatorbrücken, Resonatoren hoher Güte oder Verzögerungsleitungen mit Mischer als Phasendetektor benutzt. Innerhalb des Bertriebsbereichs des Demodulators hat eine Frequenzdrift des Oszillators keinen Einfluß. Die Eichung erfolgt z.B. mit einem FM-modulierten Testsignal mit bekannter Seitenbandamplitude (< 20 dBc). Der FM-Demodulator mit Verzögerungsleitung ist wenig empfindlich gegen AM-Rauschen. (Zur Messung des AM-Rauschens wird der Phasenschieber auf 0° gestellt.) Die Größe der Verzögerungszeit ergibt sich aus $\tau < 0{,}07/\Delta f$ für Meßfehler < 1% [10,11].

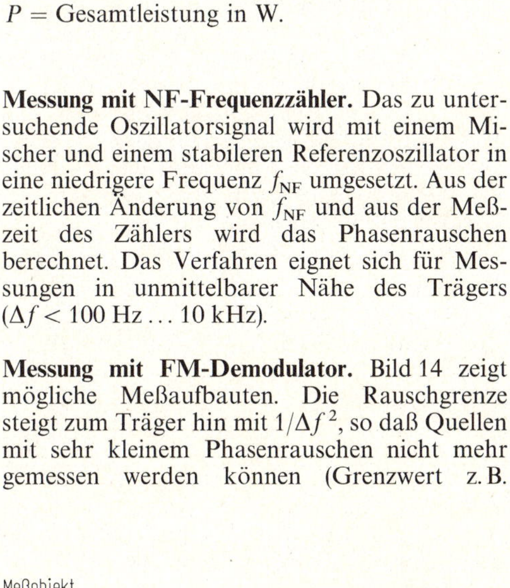

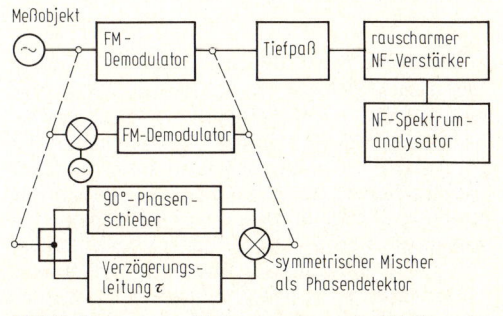

Bild 14. Messung des Phasenrauschens mit FM-Demodulator

Messung mit Referenzquelle. Das zu untersuchende Signal wird mit einem Referenzsignal gleicher Frequenz und größerer Stabilität auf die Zwischenfrequenz 0 umgesetzt. Bei 90° Phasenverschiebung zwischen beiden Signalen erscheint am Mischerausgang nur das Phasenrauschen (Bild 15). Mit diesem Verfahren werden die größten Empfindlichkeiten erreicht (z.B. -126 dBc in 1 Hz bei $\Delta f = 1$ kHz) [12].

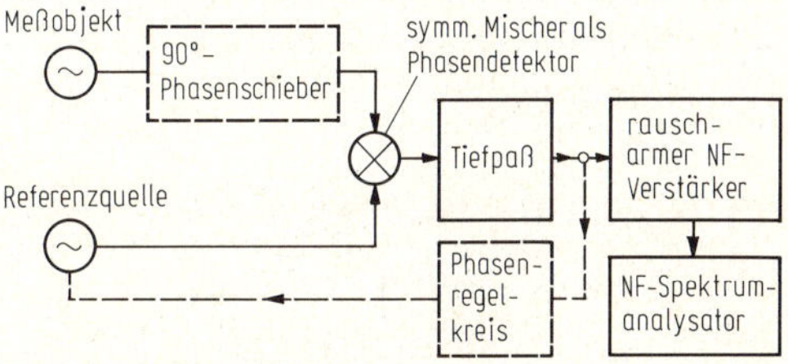

Bild 15. Messung des Phasenrauschens mit Referenzquelle und Phasendetektor

Externe Güte eines Oszillators. Die nach außen wirksame Güte Q_{ext} eines HF-Oszillators (Frequenz f, Leistung P) kann ermittelt werden durch Messen des Frequenzbereichs Δf, in dem seine Frequenz von einem durchstimmbaren Referenzoszillator mitgezogen wird (frequency pull; injection phase-lock). Bei Überkopplung einer Leistung P_{ref} gilt $Q_{\mathrm{ext}} = 2f\sqrt{P_{\mathrm{ref}}/P}/\Delta f$ (Bild 16).

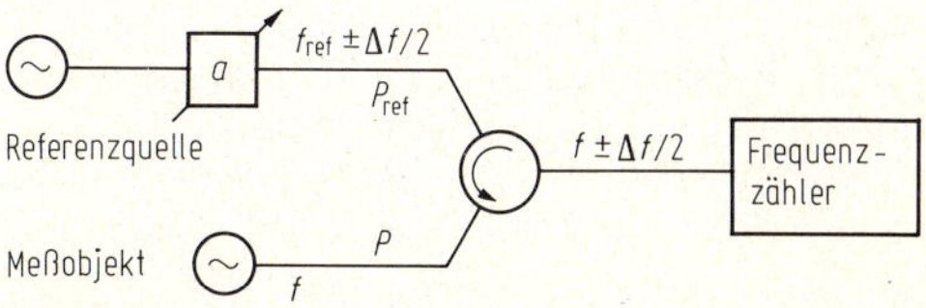

Bild 16. Injektionsphasensynchronisierung ($P_{\mathrm{ref}} \ll P$)

Spezielle Literatur: [1] *Kraus, A.*: Einführung in die Hochfrequenzmeßtechnik. München: Pflaum 1980. – [2] *Groll, H.*: Mikrowellenmeßtechnik. Wiesbaden: Vieweg 1969. – [3] *Adam, S. F.*: Microwave theory and applications. Englewood Cliffs: Prentice Hall 1969. – [4] *Schuon, E.; Wolf, H.*: Nachrichten-Meßtechnik. Berlin: Springer 1981. – [5] *Rubin, R.* In: *Jasik, H.*: Antenna engineering handbook. New York: McGraw-Hill 1961. – [6] *Grimm, K. R.*: Antenna analysis by near-field measurements. Microwave J. No. 4 (1976) 43–45, 52. – [7] *King, R. J.*: Microwave homodyne systems. Stevenage: Peregrinus 1978. – [8] *Collignon, G.* et al: Quick microwave field mapping for large antennas. Microwave J. No. 12 (1982) 129–132. – [9] *Tischer, F. J.*: Mikrowellen-Meßtechnik. Berlin: Springer 1958. – [10] *Schiebold, C.*: Theory and design of the delay line discriminator for phase noise measurements. Microwave J. No. 12 (1983) 103–112. – [11] *Labaar, F.*: New discriminator boosts phase-noise testing. Microwaves No. 3 (1982) 65–69. – [12] *Hewlett-Packard Product Note 11 729 B-1*: Phase noise characterization of microwave oscillators (1983). – [13] *Kuz'min, A. D.; Salomonovich, A. E.*: Radioastronomical methods of antenna measurements. New York: Academic Press 1966.

9 Hochfrequenzmeßtechnik in speziellen Technologiebereichen

RF-measurements in specific technologies

9.1 Microstripmeßtechnik

Measurements in microstrip

In Microstriptechnik lassen sich die für die Netzwerkanalyse benötigten Eichnormale Leerlauf, Kurzschluß und verschieblicher Abschluß nicht bzw. nicht so präzise wie in der Koaxialtechnik herstellen. Da zudem Steckverbindungen bzw. lösbare Flanschverbindungen zwischen Microstripleitungen fehlen, ist man auf Übergänge zu Koaxialleitungen bzw. Hohlleitern angewiesen.
Mit dem Impulsreflektometer lassen sich Übersichtsmessungen durchführen und unerwünschte Störstellen orten. Die gemessenen Reflexionsfaktoren sind Mittelwerte über den gesamten Frequenzbereich. Meßleitungsverfahren mit längsverschieblichen Sonden, die das Feld über der Microstripleitung ausmessen, sind problematisch. Da z. B. für $\varepsilon_r \geq 10$ über 95% der Energie im Dielektrikum geführt wird, ist das Außenfeld der Leitungswelle schwach. Die Längskomponenten des Magnetfeldes und die von Inhomogenitäten abgestrahlten Felder erschweren die Messung. Die direkte Ermittlung des Dämpfungsmaßes α durch Messen des Transmissionsfaktors t ist nur zweckmäßig, wenn der Meßwert wesentlich größer ist als die Meßfehler durch (Mehrfach-)Reflexionen und Abstrahlung. Die konstanten Adapterverluste lassen sich von den längenproportionalen Leitungsverlusten trennen durch die Messung zweier ungleich langer Leitungen. Für die Meßwerte t_1 und t_2 in dB bei Längen l_1 und l_2 in cm ergibt sich

$$\alpha \text{ in dB/cm} = (t_2 - t_1)/(l_2 - l_1).$$

Zur genaueren Bestimmung der Wellenlänge λ und des Dämpfungsmaßes α der Quasi-TEM-Grundwelle werden Resonatormessungen (s. I 8.5) ausgewertet [1–4].

Spezielle Literatur Seite I 45

Linearer Resonator. Durch das Streufeld an den beiden leerlaufenden Enden des Resonators treten Meßfehler auf. Durch die Messung zweier verschieden langer Resonatoren (Bild 1 a) läßt sich dieser eliminieren [5].

Kreisringresonator. Durch Verwendung eines Kreisringresonators (Bild 1 b) entfällt das Streufeldproblem [6]. Der Einfluß der Krümmung kann entweder durch Berechnung des Wellenfeldes [1] berücksichtigt werden, oder er entfällt dadurch, daß man kleine Krümmungsradien vermeidet und $D \gg w$ wählt.
In [7] ist ein Verfahren beschrieben, bei dem mit einem Netzwerkanalysator in Koaxialtechnik vier gleichartige, leerlaufende Leitungen unterschiedlicher Länge gemessen werden (Bild 1 c). Aus den vier Reflexionsfaktoren wird das Phasenmaß β berechnet, wobei der Einfluß des nichtidealen Leerlaufs und des Adapters durch die Bildung des Doppelverhältnisses der vier komplexen Zahlen entfällt.

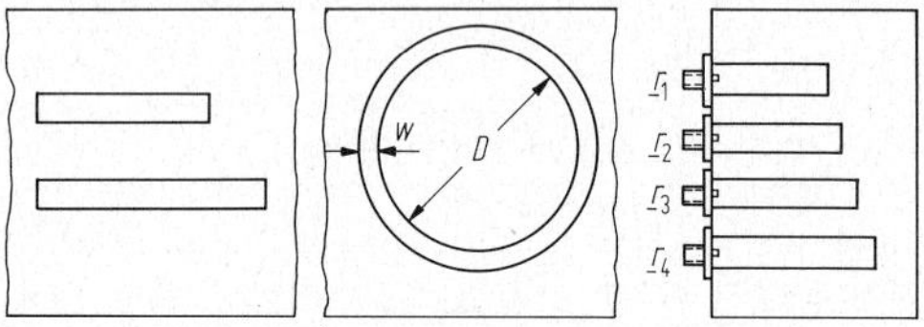

a b c

Bild 1. Resonatormessungen bei Microstripleitungen. **a** zwei lineare Resonatoren (Länge $n\lambda/2$); **b** Ringresonator (Umfang $n\lambda$); **c** vier leerlaufende Leitungen

Bei allen Messungen an Schaltungen in Microstriptechnik sollten folgende Problembereiche beachtet werden: definierte Umgebungsbedingungen (Gehäusedeckel), Abstrahlung von überbreiten Leiterstreifen, saubere Kontaktierung ohne transformierende Umwege zwischen Substratmasse und Gehäuse- bzw. Komponentenmasse, Hohlraumresonanzen im Gehäuse, Feuchtigkeitsaufnahme bei weichen Substraten bzw. Kondenswasserbildung und thermisch, mechanisch hervorgerufene Unterbrechungen.

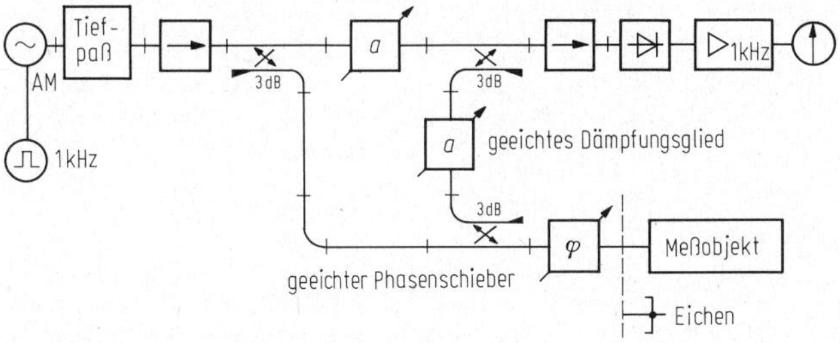

Bild 2. Hohlleiterbrücke zur Messung von Betrag und Phase des Reflexionsfaktors $\underline{r}$

9.2 Hohlleitermeßtechnik
Waveguide measurements

Standard-Rechteckhohlleiter umfassen den Frequenzbereich von 1 bis 220 GHz bei Querschnittabmessungen von 16 cm × 8 cm bis 1,3 mm × 0,65 mm (Doppelsteghohlleiter von 1 bis 40 GHz). Am häufigsten eingesetzt wird der Hohlleiter R 100, mit dem Betriebsfrequenzbereich 8,2 bis 12,4 GHz (X-Band). Dementsprechend steht hier die größte Auswahl an Präzisionskomponenten für die Meßtechnik zur Verfügung. Kennzeichnend für Messungen in Hohlleitertechnik ist, daß bei Wechsel des Hohlleiterfrequenzbandes fast alle Komponenten der Meßaufbauten ausgetauscht werden müssen, da sie jeweils nur für einen Hohlleiterquerschnitt geeignet sind. Wegen der geringen relativen Bandbreite von 40% bei Rechteckhohlleitern (80 bis 94% bei Doppelsteghohlleitern) lassen sich viele Komponenten mit höherer Präzision realisieren als bei anderen Leitungsformen (z. B. Richtkoppler mit 50 dB Richtwirkung, Abschlußwiderstände mit $r < 0{,}5\,\%$, Dämpfungsglieder und Phasenschieber mit $r < 2{,}5\,\%$), was besonders im Bereich von 8 bis 18 GHz zu höherer Meßgenauigkeit ohne zusätzlichen Aufwand führt.
Oberwellen der Signalgeneratoren werden durch Tiefpaßfilter beseitigt, NF-Störungen und Netzbrumm durch isolierende Folien zwischen zwei Planflanschen. Ein Leerlauf ist nicht realisierbar; als Eichnormal mit r zwischen 0 und 1 (VSWR-Standard) dienen Hohlleiter mit Querschnittsprung, deren Eigenschaften mit den aus den geometrischen Abmessungen berechneten gut übereinstimmen. Bei Meßaufbauten führt die starre Leitergeometrie häufig zu Passungsproblemen. Zu beachten sind Einflüsse durch Wärmedehnung der Leitungen sowie Reflexionsstörungen durch unsauber montierte Flanschverbindungen. Für genaue Messungen werden Planflansche benutzt.

Netzwerkanalyse. Für Betragsmessungen werden Richtkoppler eingesetzt, in Schaltungen entsprechend Bild I 4.1. Für Messungen von $\underline{r}$ und $\underline{t}$ nach Betrag und Phase lassen sich wegen der geringen Bandbreiten und der frequenzunabhängigen, wiederverwendbaren Rechnerprogramme besonders günstig Sechstor-Meßverfahren anwenden [8–10], außerdem Brückenschaltungen (Bild I 3.9) und Netzwerkanalysatoren mit Zweikanalmischern (Bild I 3.8 b). Bild 2 zeigt eine Brücke zur punktweisen Messung von Betrag und Phase des Reflexionsfaktors. Die Eichung erfolgt mit einem Kurzschluß. Zur Steigerung der Empfindlichkeit wird NF-Substitution benutzt. Bild 3 zeigt eine Brücke für Wobbelmessungen mit ZF-Substitution [11]. Um einen handelsüblichen, koaxialen Netzwerkanalysator (mit Zweikanalmischer) einsetzen zu können, wird für höhere Frequenzen eine weitere Frequenzumsetzung vorgeschaltet (Bild 4). Die Hohlleiterbrücke in Bild 5 ist für Wobbelmes-

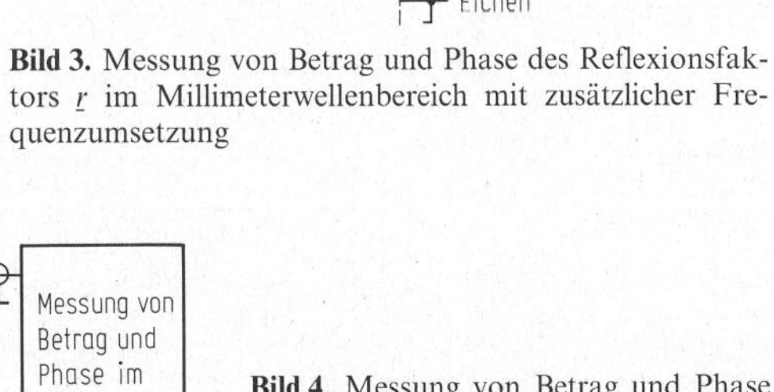

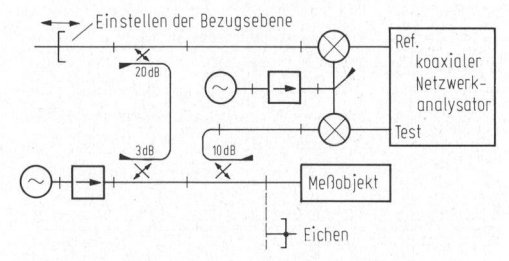

Bild 3. Messung von Betrag und Phase des Reflexionsfaktors $\underline{r}$ im Millimeterwellenbereich mit zusätzlicher Frequenzumsetzung

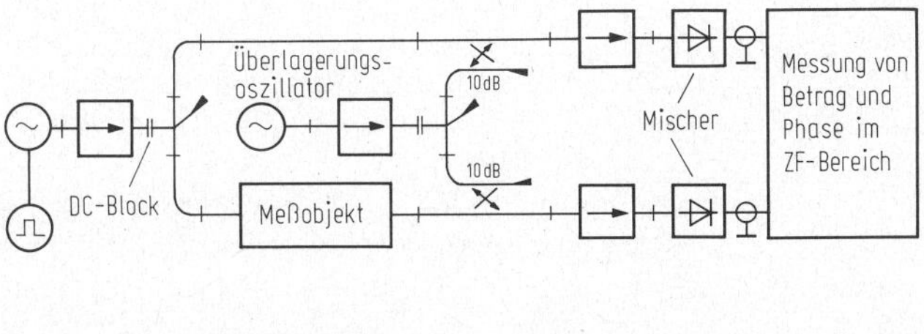

Bild 4. Messung von Betrag und Phase des Transmissionsfaktors $\underline{t}$ im Millimeterwellenbereich mit zusätzlicher Frequenzumsetzung

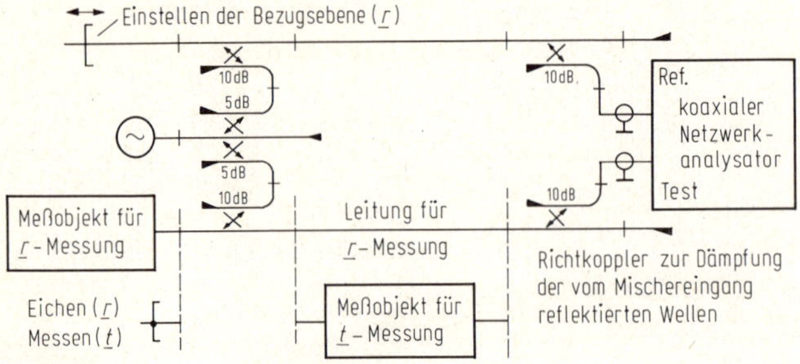

Bild 5. Meßbrücke für $\underline{r}$ oder $\underline{t}$ mit angeschlossenem koaxialem Netzwerkanalysator (bis 26,5 GHz)

sungen des Reflexionsfaktors $\underline{r}$ und des Transmissionsfaktors $\underline{t}$ geeignet. Zur Aufteilung des Generatorsignals kann auch eine angepaßte, entkoppelte E-H-Verzweigung (Magic Tee) benutzt werden. Systematische Fehler des Meßaufbaus (z. B. durch Übergänge auf Koaxialleitung) lassen sich mit rechnerischer Fehlerkorrektur beseitigen (s. I 4.2).

9.3 Lichtwellenleiter-Meßtechnik
Optical fiber measurement techniques

Theorie und Praxis der Lichtwellenleiter-Meßtechnik befinden sich noch in einem Stadium der schnellen Weiterentwicklung. Viele Meßgrößen und die Randbedingungen ihrer Messung sind noch nicht international einheitlich festgelegt. Die Meßapparaturen sind zum Teil noch Physik-Labor-Aufbau und zum Teil schon kommerzielles Meßgerät mit garantierten Eigenschaften [12, 13]. Im interessierenden Wellenlängenbereich von 700 nm (200 nm) bis 1.800 nm werden Monomodefasern, Gradientenfasern und Stufenindexfasern unterschiedlichster Abmessungen benutzt. Am häufigsten eingesetzt wird die Gradientenfaser G 50/125 mit 50 μm Kern- und 125 μm Manteldurchmesser. Bei den Wellenlängenbereichen sind 850 nm am gebräuchlichsten, gefolgt von 1.300 nm und 1.550 nm. Insofern sind viele Komponenten und Meßgeräte nur für einen Fasertyp und/oder nur für eine Wellenlänge einsetzbar.

Lichtquellen. Als nicht in der Frequenz veränderbare Quellen werden lichtemittierende Dioden (LED, Lumineszenzdiode) mit einer spektralen Breite von 20 bis 150 nm, Laserdioden (Halbleiterlaser) mit etwa 1 bis 2 nm, sowie kohärente, monochromatische Gaslaser eingesetzt. Für Wobbelmessungen stehen abstimmbare Farbstofflaser oder Weißlichtquellen (Halogen-, Xenonlampen) mit vorgeschaltetem, abstimmbarem Bandpaß (Monochromator, spektrale Breite 2 bis 8 nm) zur Verfügung.

Lichtempfänger, Leistungsmessung. Zur Umwandlung von Lichtsignalen in elektrischen Strom dienen Photo-pin-Dioden und Photo-Lawinen-Dioden (APD) aus Si, Ge, PbS oder GaAs. pin-Dioden aus Ge und Si zeigen einen näherungsweisen linearen Zusammenhang zwischen Strom und einfallender Lichtleistung (Dynamikbereich etwa 60 dB, Meßbereich bis − 80 dBm) und Grenzfrequenzen bis 100 bzw. 300 MHz. Lawinendioden zeigen geringere Linearität, weniger Rauschen und Verstärkungs-Bandbreite-Produkte bis 200 GHz.

Dämpfungsmessung.
Bild 6 zeigt den Aufbau eines Senders für Messungen an Gradientenfasern. Die Lichtquelle wird moduliert, um das Empfangssignal mit einfachen Mitteln selektiv verstärken zu können (NF-Substitution). Zur Erzeugung definierter Einkoppelbedingungen in der Bezugsebene der Messung wird eine Vorlauffaser (vom gleichen Typ wie das Meßobjekt) benutzt. Damit soll sich am Senderausgang eine gleichmäßige Aufteilung der Lichtleistung auf die faserspezifischen Wellentypen einstellen (Modengleichgewicht), die

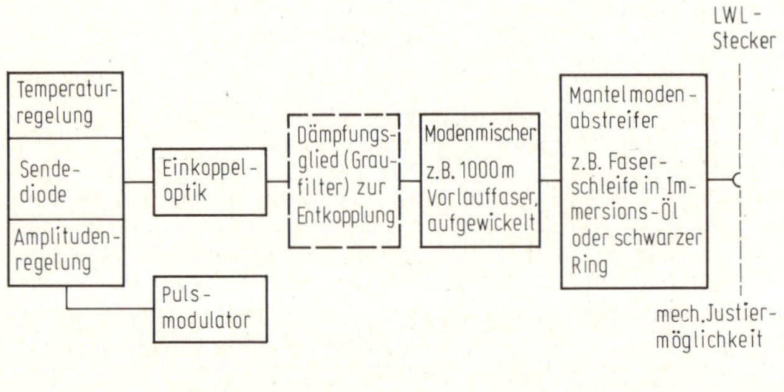

Bild 6. Signalquelle für Messungen an Gradientenfasern

notwendig ist, um längenproportionale Dämpfungswerte messen zu können.

Einfügungsdämpfung. Nach der Verbindung von Sender und Empfänger über ein sehr kurzes Faserstück (Eichung 0 dB) wird das Meßobjekt eingefügt und die Durchgangsdämpfung gemessen.

Abschneideverfahren (*cut-back-method*). Nachdem die Leistung P_1 am Ausgang des Meßobjekts der zumeist großen Länge l_1 gemessen wurde, wird die Faser etwa $l_0 = 1$ m ... 20 m vom Sender entfernt abgeschnitten. Am Ausgang dieser sehr kurzen Referenzlänge l_0 wird die Leistung P_0 gemessen.

$$\alpha = 10 \lg(P_1/P_0)/(l_1 - l_0).$$

Durch das Zurückschneiden der Faser von l_1 auf l_0 bleibt die Einkoppelstelle unverändert. Das erneute Justieren des Empfängers (auf max. Anzeige) ist bei großflächiger Empfangsdiode unkritisch.

Impulsreflektometer (OTDR). Messung mit Sampling-Oszilloskop entsprechend I 8.2. Zur Auskopplung der reflektierten Welle werden Strahlteiler bzw. LWL-Richtkoppler benutzt. Die Pulslängen sind z. B. 15 oder 50 ns, was bei einem $\varepsilon_{r,\,LWL} = 2{,}07 \ldots 2{,}25$ einer Ausdehnung von 3 bzw. 10 m entspricht. Ausgewertet wird die längenabhängige Abnahme der Amplitude des Echos einer definierten Reflexionsstelle.

Rückstreuverfahren. Das Dämpfungsmaß der Faser $\alpha \approx \alpha_0 + K_R/\lambda^4$ enthält neben einem konstanten Anteil α_0 einen Anteil $\sim 1/\lambda^4$ durch diffuse Lichtstreuung im Glas (Rayleigh-Streuung). Erhöht man die Empfängerempfindlichkeit des Impulsreflektometers durch Korrelationsverfahren (Boxcar-Integrator), so kann man die Amplitude des rückgestreuten Lichts als Funktion der Zeit auswerten und erhält die Faserdämpfung als Funktion des Orts (Bild 7).

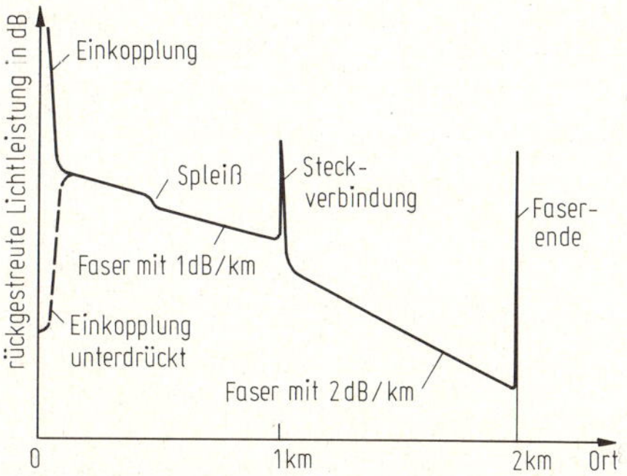

Bild 7. Rückstreudiagramm mit typischen Werten

Fehlerortung. Da ein senkrecht zur Faser verlaufender Bruch mit Übergang zur Luft nur einen Reflexionsfaktor von $r = (\sqrt{\varepsilon_r} - 1)/(\sqrt{\varepsilon_r} + 1) = 0{,}2$ erzeugt, sind die auftretenden Echoamplituden relativ klein. Zur Ortung von Faserbrüchen und zur Kontrolle von Spleißverbindungen werden das optische TDR und das empfindlichere Rückstreuverfahren eingesetzt (Bild 7).

Dispersion, Übertragungsfunktion. Zur Messung der Dispersion einer Faser wird die Verbreiterung eines Impulses der (z. B. Halbwerts-)Breite T_0 (< 1 ns) nach Durchlaufen der Faserlänge l_1 (Breite T_1) bzw. l_2 (Breite T_2) gemessen. Die Impulsverbreiterung/Längeneinheit ergibt sich dann zu $\tau' = \sqrt{T_2^2 - T_1^2}/(l_2 - l_1)$. Aus der Impulsverbreiterung (*pulse spreading*) definiert man die Bandbreite B einer Faser der Länge l bzw. die Übertragungskapazität für Digitalsignale zu $B < 1/(2\tau' l)$. Wegen der großen Bandbreiten sind Meßverfahren im Frequenzbereich mit sinusförmig moduliertem Sender seltener.
Zur Ermittlung der Übertragungsfunktion $\underline{H}(\omega)$ werden die Zeitfunktionen $f_1(t)$ und $f_2(t)$ der Impulsantworten einer Faserlänge l_1 bzw. l_2 gemessen (Sampling-Oszilloskop + Speicher). Die Übertragungsfunktion $\underline{H}(\omega)$ ergibt sich nach Betrag und Phase als Quotient der Fourier-Transformierten $\underline{G}_1(\omega)/\underline{G}_2(\omega)$, wobei $\underline{G}(\omega)$ die Fourier-Transformierte von $f(t)$ ist.

Abstrahlcharakteristik, numerische Apertur. Analog zur Messung des Strahlungsdiagramms einer Antenne (s. I 8.4) wird das Fernfeld eines offenen Faserendes mit einer kleinen Empfangsdiode ausgemessen. Der Sinus des Winkels ϑ, bei dem die Lichtintensität auf z. B. 10%, 35% oder 50% abgesunken ist, wird als numerische Apertur NA bezeichnet. Bei Nahfeldmessungen (z. B. zur Bestimmung des Brechzahlprofils, der Modenverteilung oder des effektiven Kerndurchmessers) wird das offene Ende mit einem Mikroskop vergrößert abgebildet und dann ausgemessen.

Spektralanalyse. Mit empfindlichen Monochromatoren läßt sich die Leistung als Funktion der Wellenlänge mit Auflösungen weit unter 1 nm messen. Elektrisch abstimmbare Fabry-Perot-Resonatoren ermöglichen Auflösungen von 10 MHz bei Abstimmbereichen von 2 GHz.

Spezielle Literatur: [1] *Wolff, I.:* Einführung in die Mikrostrip-Leitungstechnik. Aachen: Wolff 1978. – [2] *Gupta; Garg; Bahl:* Microstrip lines and slotlines. Dedham: Artech 1979. – [3] *Hoffmann, R. K.:* Integrierte Mikrowellen-Schaltungen. Berlin: Springer 1983. – [4] *Frey, J.:* Microwave integrated circuits. Dedham: Artech 1975. – [5] *Deutsch, J.; Jung, H. J.:* Messung der effektiven Dielektrizitätszahl von Mikrostrip-Leitungen im Frequenzbereich von 2–12 GHz. NTZ 23 (1970) 620–624. –

[6] *Troughton, P.*: Measurement techniques in microstrip. Electron. Lett. 5 (1969) 25–26. – [7] *Bianco, B.; Parodi, M.*: Measurement of the effective relative permittivities of microstrip. Electron. Lett. 11 (1975) 71–72. – [8] *Kohl, W.*: Impedanzmessung bei Millimeterwellen mit einer einfachen Sechstor-Schaltung. NTZ-Arch. 2 (1980) 95–99. – [9] *Riblet, G. P.*: A compact waveguide "resolver" for the accurate measurement of complex reflection and transmission coefficients using the six-port measurement concept. IEEE Trans. MTT-29 (1981) 155–162. – [10] *Martin, E.; Margineda, J.; Zamarro, J. M.*: An automatic network analyzer using a slotted line reflectometer. IEEE Trans. MTT-30 (1982) 667–670. – [11] *Kohl, W.; Olbrich, G.*: Breitbandiges Impedanzmeßverfahren im Frequenzbereich 25,5–40 GHz (K_a-Band) durch Erweiterung eines Netzwerkanalysators. NTZ-Arch. 2 (1980) 127–130. – [12] *Marcuse, D.*: Principles of optical fiber measurements. New York: Academic Press 1981. – [13] *NTG-Fachber. Bd. 75*: Meßtechnik in der optischen Nachrichtentechnik. Berlin: VDE-Verlag 1980.

Sachverzeichnis

A-Band A 5
– -Betrieb F 24
– -Demodulation Q 36
– -Kennlinie O 34
– -Modulationsart, Bandbreite Q 38
– -Verstärker P 4
AB-Betrieb F 24
ABC-Modulation P 28
Abfragenmod S 9
abgeleitete SI-Einheit A 2
abgestrahlte Störung Q 17
abgestufte Selektion Q 59
Abgleichkern E 15
Abgleichstempel L 8
Abhängempfänger Q 55
Abklingmaß B 12
Ableitungsbelag C 30
Abmessung, Hohlleiter K 29
abrupter pn-Übergang G 14
abruptes Dotierungsprofil G 23
Abschirmung B 16, K 12
Abschluß, beliebiger C 33
–, reflexionsfreier C 32
Abschlußwiderstand L 16
–, Koaxialleitung L 16
–, längsverschieblicher I 18
–, Microstripleitung L 17
Abschneideverfahren I 45
Absorber E 25
–, Rechteckhohlleiter L 17
absorbierendes Dämpfungsglied L 18
Absorption H 5, M 46
–, ionosphärische H 24
Absorptionsfrequenzmesser I 29
Absorptionskoeffizient M 50
Absorptionskonstante M 54
Abstand, Phasenrauschen Q 30
abstimmbarer Oszillator G 45, Q 23
Abstimmdiode M 12
Abstimmgeschwindigkeit Q 23
Abstimmkonvergenz P 16
Abstimmung, Hohlraumresonator L 47
–, Koppelung P 16
Abtast-Analogfilter F 17
– Phasendetektor Q 31
Abtastfilter D 11
–, analoges M 25
Abtastfrequenz O 30, O 38
Abtastoszilloskop I 4
Abtasttheorem D 10, O 30
Abtastwert O 30
Abtastzeitpunkt O 30
Abwärtsmischer, Rauschverhalten G 9
Abwärtsmischung G 2
Abweichung, Taktphase O 28
Abzweigfilter L 57
accessibility S 18
Achse, polare E 16
Achsenverhältnis N 33
Achtphasenmodulation O 20
Adpater L 15
–, Finleitung L 15
–, Oberflächenwellenleiter L 15
–, Rundhohlleiter L 15
–, Suspended Stripline L 15
adaptive Antenne N 64
– Entzerrung H 21, R 40
– Fehlerkorrektur Q 60
– Vorentzerrung P 8
adaptiver Entzerrer Q 3, R 36
adaptives Frequenzüberwachungsverfahren Q 52
– Speisesystem N 64
Adaptivität O 11
Additionsinterferometer S 26
additive Mischung G 18
additiver Mischer, Rauschverhalten G 19
Admittanz C 11
Admittanzebene C 23
Admittanzmatrix N 62
ADP E 21
AF-Schutzabstand R 18
AFSK, audio frequency shift keying Q 43
AID-Umsetzer, Quantisierungsrauschen Q 58
AIS, Alarm Indication Signal R 9
AKF, Autokorrelationsfunktion D 3, D 15, H 2, H 20, O 54
AKF-Beispiel D 17
Akquisition O 58
aktive Empfangsantenne N 36
– Mikrowellendiode M 12
– Mischstufe Q 22
– RC-Filter F 5
– Reserve R 21
aktiver Mischer G 18
– Tastkopf I 3, I 5
– Zweipol C 12
aktives Filter Q 33
Aktivgetter M 71
Aktivierungsmethode O 52
Aktivlotverfahren M 70
akustische Oberflächenwelle, OFW L 63
akustischer Konvolver L 70
akustisches Oberflächenwellenbauelement L 63
– Oberflächenwellenfilter Q 8
akustoelektrischer Korrelator L 70
Akzeptor M 2
AL-Wert E 15
Alarm Indication Signal, AIS R 9
allgemeine Rückkopplung F 34
Allpaß ersten Grades F 12
– zweiten Grades F 13
Allpaß F 12
allpaßhaltige Schaltung F 4
Alterung Q 25
–, Bauelement Q 24
–, Quarz Q 24
Alterungsrate L 62
ALU, Arithmetisch Logische Einheit M 40
Alumina E 3
Aluminium E 1
Aluminiumoxid E 2, E 3
Aluminiumoxidkeramik E 3
Aluminiumsulfat E 20
AM-Empfänger I 25
– -Hörrundfunk R 18
– -PM-Umwandlungsfaktor P 29
– -Rauschen, Messung I 41
– -Spitzengleichrichtung G 32
$A_{III}B_V$-Halbleiter M 47
amorphes magnetostriktives Material E 23
Amplitron M 80
Amplituden-Phasen-Umtastung O 21
Amplitudenbelegung N 19
–, Gruppenerreger N 57
Amplitudendichtespektrum D 5
Amplitudenentscheidung R 8
Amplitudenkompressionsfaktor P 29
Amplitudenmeßplatz I 11
Amplitudenmodulation O 1, Q 6, R 67
–, dynamisch-gesteuerte R 19
Amplitudenmodulationsverzerrung P 28
amplitudenmodulierter Tonrundfunksender P 21
Amplitudenrauschen, Messung I 40
Amplitudenübertragung, nichtreziproke L 51
Amplitudenverlauf C 35
Amplitudenverteilung H 2
Analog-Digital-Umsetzer Q 60

analoge Frequenzmessung I 28
– Modulation O 1
– Übertragung R 67
analoges Abtastfilter M 25
– Signal D 2
– Übertragungsverfahren R 67
Analogie, elektromechanische E 17, L 58
Analogschaltung, integrierte M 22
Analysemethode G 40
Analyseverfahren, Synthesizer Q 30
analytisches Signal D 8
anechoic chamber I 35
Anforderung, Verstärker Q 20
Anglasung M 70
anisotropes Medium B 5
Ankopplung, Hohlraumresonator L 48
–, induktive L 48
–, Resonator I 38
Anodenmodulation P 11, P 14
Anodenneutralisation P 7
Anodenstrom-Anodenspannungs-Diagramm P 14
anomales Rauschen P 29
Anpassung C 34
–, Einzelstrahler N 62
Anpassungsänderung P 22
Anpassungsfaktor C 32, I 10
Anregung, effektive N 61
–, magnetostriktive L 55
–, piezoelektrische L 55
Anreicherungs-Typ M 15
Anschlußleitung O 34
Anschwingbedingung G 24, G 41
Anschwingstrom M 78, P 29
Anstiegsgeschwindigkeit F 38
Antenne N 11
–, adaptive N 64
–, bedämpfte N 21
–, bikonische L 11
–, dielektrische N 46, N 47
–, Fernfeld I 36
–, Fernfelddiagramm I 37
–, Fernfeldmessung I 36
–, frequenzunabhängige N 28, N 33, N 34
–, isotrope N 17
–, Kenngröße N 6
–, logarithmisch periodische N 28, R 19
–, Messung I 36
–, Modellmessung I 37
–, Nahfeld I 36
–, Nahfeldmessung I 37
–, planare N 24
–, schwundmindernde N 21
–, selbstkomplementäre N 33
–, Strahlungscharakteristik I 36
–, Strahlungsdiagramm I 36
–, unsymmetrische N 10
Antennendiagramm R 35, R 41
Antenneneingang Q 45
Antennenhöhe H 7
–, optimale N 39
Antennenspeiseleitung R 41
Antennensystem R 54, S 24
–, Radioastronomie S 24
Antennenüberspannung Q 19
Antennenverstärker N 36, N 39
Antennenverteiler Q 2
Antennenweiche R 21
Antennenwirkungsgrad N 6
Antiresonanz E 19
Anwendungsbereich, Filter F 5
APD, Avalanche Photo Diode I 44
Apertur N 49
–, numerische K 38
–, synthetische S 8
– -Synthese-Interferometer S 27
Aperturabschattung N 49
Aperturantenne, Strahlungsfeld N 6
Aperturbelegung N 49
Aperturfeldsynthese N 43
Aperturfläche N 10
Aperturreflexion N 40
Aperturstrahler R 53
Approximation, Sendefunktion O 38
äquivalente isotrope Strahlungsleistung N 2, N 6
– Leitung M 77
– Rauschbandbreite D 25
– Rauschtemperatur D 24
– Rauschtemperatur eines Zweipols D 20
– Tiefpaßstoßantwort D 8
– Tiefpaßübertragungsfunktion D 8
äquivalenter Rauschwiderstand D 20
äquivalentes Tiefpaßsignal D 8
Äquivalenz F 18
Äquivokation D 34
Arbeitsbereich, sicherer G 34
Arbeitsgerade F 23
Arbeitspunkt F 23
Arbeitspunktregelung Q 21
Arbeitspunktstabilisierung F 25
archimedische Spiralantenne N 34
Arithmetisch Logische Einheit, ALU M 40
Armstrong-FM-Demodulator O 9
Array, Wendelantenne N 36
Artikulationsindex D 29
ASA, Automatic Spectrum Analyser I 23
assoziativer Speicher M 35
astabiler Multivibrator G 47
Asymmetrische Reflektorantenne N 51
Atmosphäre, Transmissionsgrad S 22
atmosphärisches Gas H 12
– Rauschen D 20, H 16
atmospheric-noise Q 12
atomares Energieniveau M 58
audio frequency shift keying, AFSK Q 43
Aufklärungsempfänger Q 3
Aufklärungsempfängerprogramm Q 49
Auflösung Q 54
Aufstocken, Spannungspaket P 12
Aufwandsdiagramm F 9
Aufwärtsmischung G 2
Auge D 30
Augenblickswert C 1
–, komplexer C 2
Auger-Rekombination M 5, M 47
Ausbreitung über ebener Erde H 26
Ausbreitungsdämpfungsmaß H 4, H 5, H 29
Ausbreitungsformel H 27
Ausbreitungsgeschwindigkeit C 30
Ausbreitungskonstante F 15, K 36
Ausbreitungskurve H 26
Ausbreitungsmedium Q 2
Ausbreitungsrichtung H 5
Ausdehnungskoeffizient, thermischer E 1
Ausführung, konstruktive F 15
Ausgangsperipherie Q 3
Ausgangsschnittstelle Q 46
Ausrastbereich Q 29
Aussendung, erwünschte P 2
–, unerwünschte P 3
Außengeräusch Q 1
Außenkammerklystron P 26
Außenrauschen, Empfindlichkeit Q 12
Außenband-Dynamikbereich Q 51
– -Intermodulation Q 15
– -Störpegel Q 16
äußerer Wirkungsgrad M 48
außerordentliche Welle S 19
Aussteuerbereich Q 58
Aussteuerfähigkeit O 29
Aussteuergrenze O 33
Aussteuerreduktion R 44
Aussteuerungsgrenze F 23
Aussteuerungskoeffizient G 23
Austastlücke R 22
Austrittsarbeit M 66
Auswertebandbreite Q 1
Autokorrelationsfunktion, AKF D 3, D 15, H 2, H 20, O 54
Automatic Spectrum Analyser, ASA I 23
Automatikpeiler, einkanaliger S 11
–, mehrkanaliger S 12
Automatiksender P 23
automatische Verstärkungsregelung R 37
automatischer Spektrumanalysator I 23
Avalanche Photo Diode, APD I 44
– -Generation M 7
– -Photodiode R 61
axiale Mode N 35
Azeton E 2
Azimut-Streuung Q 9

B-Band A 5
– -Betrieb F 24
– -Verstärker P 4, P 11
Babcock spacing O 52
backoff R 45
Ballempfang R 21
Ballonisolierung K 5
Bambuskabel K 5

Band-Rauschzahl D 25
Bandabstands-Referenz M 28
Bandabstandsreferenz M 29
Bandbegrenzung durch Kapazitäten F 36
–, Sprachsignal O 31
Bandbreite N 20, Q 9
–, A-Modulationsart Q 38
–, Funkempfänger Q 11
–, maximale E 19
–, mechanisches Filter L 57
–, normierte relative F 8
–, nutzbare H 32
–, Schwingkreis C 11
–, systemgerechte P 21
Bandbreitedehnfaktor D 37
Bandbreitenbegrenzung, Strahler N 37
Bändermodell M 2
Bandfilter, breitbandiges gekoppeltes F 12
–, gekoppeltes F 11
–, zweikreisiges Q 19
Bandleiter B 15
Bandleitung K 3
Bandleitungsbreite K 10
Bandleitungsmodell K 9
Bandpaß F 2, F 8, F 18
Bandpaßantenne N 38
Bandpaßsignal D 8
Bandpaßsystem D 8
Bandsperre F 8, F 18
Bandwendel K 43
Bariumferrit L 52
Bariumtitanat E 21
Barker-Code S 7
Barretter I 7
Barritt-Diode M 14
Basis M 14
– -Schaltung F 26
Basisband R 20, R 39
– -Übertragungsverfahren O 15
Basisbanddurchschaltung R 49
Basisbandsignal R 45
Basiseinheit A 2
Basisschaltung M 24
Basisstrom M 14
Bauelement, Alterung Q 24
–, nichtlineares G 1, G 3
–, passives L 1
–, Steuerung G 3
Bauelementegüte, erforderliche F 4
Bauform F 15
–, Filter F 4
Baugruppe, Mehrfach-Überlagerungsempfänger Q 18
Baumstruktur R 27
Beat Frequency Oszillator Q 37
beat note I 29
Beckmann-Formel H 25
bedämpfte Antenne N 21
bedarfsweise Kanalzuweisung O 52
Bedeckung, hemisphärische R 53
Bedeckungsgebiet R 42
Begrenzer, harter G 28
–, weicher G 28
– -Übertragungsfunktion G 28
Begrenzerbandpaß G 30
Begrenzerschaltung G 28
Begrenzerverstärker Q 36, Q 39
Begrenzungseffekt O 32
Begrenzungsgeräusch O 36, O 41
Begrenzungsverstärker Q 11
beidseitig beschaltetes Filter F 1
Belastbarkeit P 26
belastete Güte M 83
Belastung, mechanische Q 25
Belegung, homogene N 59
–, nichthomogene N 58
beliebiger Abschluß C 33
Benzol E 2
Bereich, nutzbarer dynamischer Q 58
Bergwerksfunk K 46, Q 1, Q 3
Berylliumoxid E 2, E 3
Berylliumoxidkeramik E 3
Beschleunigungselektrode M 75
Beschleunigungslinse N 53
Beschreibung, nichtlineare G 45
Bessel-Funktion O 7, O 8
– -Funktion, modifizierte G 18
– -Polynom F 8
– -Thomson-Tiefpaß F 7
– -Tiefpaß, versteilerter F 8
Betriebsanordnung C 21, F 1
Betriebsart G 34
Betriebsdämpfung C 23, F 2, I 14
Betriebsdämpfungsfunktion C 22, F 2, F 11
Betriebsdämpfungsmaß C 23
Betriebsdämpfungsverlauf, periodischer F 18
Betriebsdaten P 26
Betriebseigenschaft F 2
Betriebseinrichtung P 2, P 20
Betriebsempfängerprogramm Q 49
Betriebsempfindlichkeit Q 12, Q 41
Betriebsfrequenzbereich K 29
Betriebsgrenzfrequenz H 24
Betriebsgröße C 22
Betriebsgrundsatz O 63
Betriebsmaß, logarithmisches C 23
Betriebsphasenwinkel C 23, F 2
Betriebsreflexionsfaktor C 22
Betriebsselektion R 21
Betriebsübertragungsfunktion C 22
Betriebsüberwachung R 25
Betriebsverhalten F 1
–, Zweitor C 21
Betriebswiderstand C 22, F 2
Betriebszustand P 6
–, gefährlicher P 31
Beugung, geometrische Theorie N 53
Beugungsdämpfung H 28
Beugungsdämpfungsmaß H 28
Beugungsschatten H 7
Beurteilungskriterium Q 54
Beweglichkeit M 4
–, negative differentielle M 13
Bewertung, psophometrische R 45
Bezugscodierung O 19
Bezugsebene, Netzwerkanalyse I 17
Bezugsfrequenz C 5, F 1, F 15
Bezugsgröße C 5
Bezugsinduktivität C 6
Bezugskapazität C 6
Bezugskreis, internationaler R 36
Bezugslänge C 6
Bezugslaufzeit C 6
Bezugsspannung C 5
Bezugsstromstärke C 6
Bezugswiderstand C 5, F 1
Bezugszeit C 6
BFL, Buffered FET Logik M 33
– -Technik, GaAs-Logik M 33
bidirektionaler Thyristor M 18
Biegeschwinger L 61
Biegeschwingung L 55
Biegewandler L 62
Bifilarwendel K 43
bikonische Antenne L 11
Bild-Ton-Weiche P 1, P 20
Bildfeldzerlegung D 31
Bildleitung N 47
–, dielektrische K 47
Bildrücklauf R 22
Bildsignal D 30
–, lineare Verzerrung D 32
–, nichtlineare Verzerrung D 32
–, Störabstand D 32
bildsynchrone Phasenmodulation R 25
Bildsynchronsignal P 24
Binärcode, invertierter symmetrischer O 37
–, normaler O 37
–, symmetrischer O 37
binäre Phasenumtastung O 19
Binärquelle, gedächtnislose D 33
Binärzeichen O 31
Binominal-Belegung N 59
Binominalverteilung D 13
bipolare NOR-Schaltung M 31
– ODER-Schaltung M 31
bipolarer Inverter M 29
– Leistungstransistor M 16
– Speicher M 35
– Transistor M 14, R 52
bipolares Koordinatensystem K 1
– NAND-Gatter M 30
Bipolartransistor R 66, R 68
Bit D 33
– -Korrelation O 41
Bitfehlerhäufigkeit R 9
Bitfehlerquote R 35
Bitfehlerrate O 28, R 67
Bitfehlerwahrscheinlichkeit O 36, Q 9, R 49, R 68
Bitmustereffekt R 60
Bitrate R 32
bitweise Speicherorganisation M 35
Blechplattenspeicher L 62
Blei E 1
– -Zirkonat-Titanat E 21
Blind-Nahfeldregion N 2
Blindabschluß C 33
blinder Winkel N 62
Blindgeschwindigkeit S 6
Blindleistung C 3
Blindleistungsverhältnis P 16
Blindleitung L 53
Blindwiderstand, gesteuerter G 22
Blockierbereich, Thyristor M 17

Blocking Q 1, Q 16
Blockschaltbild P 35
–, Magnetronsender P 30
Blockschaltung, Synthesizer Q 31
BNC-Stecker L 10
Bodenkonstante H 23
Bodenleitfähigkeit H 10
Bodenstation R 54
–, Empfangsgüte R 45
–, Endstelle R 55
Bodenstationsantenne N 50, R 57
Bodenstationsgerät R 54
Bodenwelle H 7, H 14, N 20, R 18
Bodenwellenfeldstärke H 23
Bodenwellenreichweite Q 2
Bodenwellenversorgung R 18
Bolometer I 7
Boltzmann-Approximation M 6
– -Statistik M 4
Bootstrapping F 35
Bordantenne R 53
Bornitrid E 2
Boucherot-Brücke P 17
Boxcar-Integrator I 45
BPSK R 46
Bragg-Zelle Q 8
Braggzellenempfänger Q 56
Branchline-Koppler L 32
Brechung H 4, H 11
Brechungsindex N 53, S 19
–, effektiver K 40
Brechwert, modifizierter H 11
Brechwertgradient H 11
Brechwertinhomogenität H 31
Brechzahlgradient H 8
Brechzahlprofil K 38
–, LWL I 45
Breitband-Erregerantenne N 32
-FM O 7
– -Richtantenne N 32
– -Vertikalantenne N 14
– -Vorselektion Q 19
Breitbandabsorber E 26
Breitbandantenne N 14, N 28, N 34, N 39
Breitbanddipol N 13
Breitbandfall G 8
breitbandiger Abschluß, Mischerschaltung Q 22
breitbandiges gekoppeltes Bandfilter F 12
Breitbandkoppler L 31
Breitbandspeisung N 22
Breite (3 dB) N 48
Brewster-Winkel B 11
Brillouin-Diagramm K 49
– -Feld P 26
– -Feldstärke M 74
– -Streuung M 62
Brücke P 1
–, 0-Grad P 18
–, 180-Grad P 18
–, 90-Grad P 19
Brückenfilter L 58
Brückenschaltung C 40, I 32
Brückenweiche P 19
Brummschleife Q 44
Buchse L 9
Buchstabenbezeichnung, Frequenzbereich A 5
Buffered FET Logik, BFL M 33
Bündelung N 20
buried hetero-structure-Laser M 52
Burrus-Diode R 60
Burst O 53
Burstbeginnkennzeichen O 53
Burstphasenregelung R 49
Burstsynchronisation O 53
Bus-Untersystem R 50
Butler-Matrix N 64
Butterworth-Filter F 6
– -Tiefpaß F 7

C-Band A 5
– -Belastung, einstellbare L 8
– -Betrieb F 24, M 71
– -Verstärker P 5, P 8
C/T-Wert R 45
CAD, Computer Aided Design M 41
Cadmiumsulfid E 21
– -Photowiderstand E 8
Carson-Formel O 8
Carsons Theorem D 15
Cassegrain-Antenne N 50
– -Prinzip R 53
– -System S 25
Cauer-Tiefpaß F 6
CCD (Charge Coupled Device) M 26
– -Speicher M 37
CCI-Kleinkoaxialpaar K 6
– -Normalkoaxialpaar K 6
CCIR H 26
CCO Q 42
CDMA, Codemultiplex O 54
CdS E 21
CFA, crossed field amplifier P 36
chaotisches Licht M 56
charakteristische Frequenz P 4
Chemiesorption M 71
chip assembler M 43
Chip-Dämpfungsglied L 20
– -Kondensator E 11
– -Widerstand E 7
Chirp O 48
–, Pulsed FM O 61
– -Filter L 68
– -z-Transformation Q 8
Chirped-Modulation O 48
Chrom E 1
Chrominanzinformation P 23
Chrominanzsignal R 22
Clapp-Oszillator G 43
Clipper, gesteuerter P 13
Clipperkreis P 32
CMA-Diagramm S 19, S 21
CML, Current Mode Logik M 30
CMOS-Technik M 25
CO_2-Laser M 60
Codefolge O 48, O 54
Codekombination O 31
Codemultiplex, CDMA O 54
Codemultiplextechnik O 51
Coder O 37
Codeverschiebung O 58
Codewort O 54
– -Regelschleife O 56
Codewortsynchronisation O 55
Codierung O 36, O 41
–, fehlerkorrigierende D 37
Colpitts-Oszillator G 42
combined carrier P 24
Combined-Betrieb R 24
Combiner P 10
Computer Aided Design, CAD M 41
CONSOL S 15
Costas-Regelschleife O 25
CR-Phasenschieber L 24
crossed field amplifier, CFA P 36
Curie-Temperatur E 5, E 21
Current Mode Logik, CML M 30
Cutoff S 19

D-Band A 5
– -Betrieb F 24
– -Schicht H 15
Dachkapazität N 13, N 20
DAM, dynamikgesteuerte Amplitudenmodulation P 13
Dämpfschicht M 76
Dämpfung H 5, H 11, L 1, L 18
–, Hohlleiter K 22
–, Oberflächenstrom E 26
dämpfungsbegrenztes System R 70
Dämpfungsdefinitionen I 14
Dämpfungsglied L 18, L 21
–, absorbierendes L 18
–, reflektierendes L 18
–, veränderbares L 20
Dämpfungskoeffizient H 5
Dämpfungskonstante K 9, K 10, K 16, K 25, K 26
Dämpfungsmaß B 4
–, kilometrisches R 10
Dämpfungsmaterial E 25
Dämpfungsmessung, LWL I 44
Dämpfungspol L 57
Dämpfungstoleranzschema F 2, F 18
Dämpfungsverlauf L 57
Dämpfungsverzerrung O 29
Dämpfungswert K 27
Darlington-Schaltung F 29
– -Transistor M 17, M 23
Datenausgang Q 46
Datenbank, topographische H 28
Datenbus-System R 59
Datenleitung M 36
Datenpfad M 39
Datensignal R 22
–, getaktetes D 15
Datenübertragung, Funk Q 10
Dauerstrichleistung M 84
Dauerstrichmagnetron M 82
Dauerstrichradar S 2
Dauerstrichsender P 30
dBc I 28
DC-Substitution I 7

DCDM, Digital Controlled Delta Modulation O 40
DCFL, Direct Coupled FET Logik M 34
– -Technik, GaAs-Logik M 34
DCTL, Direct Coupled Transistor Logik M 30
Debye-Länge, extrinsische M 8
– -Länge, intrinsische M 8
DECCA S 16
Decoder O 38
Deemphase O 8, R 7, R 20, Q 11, Q 38
Defektelektron M 2
definite Knotenleitwertmatrix C 8
Defokussierung H 11
degenerierter Reflexionsverstärker G 17
Degradation, Laserdiode M 53
Dejitterizer R 9
Delay Lock Loop, DLL O 56
Deltamodulation O 38
Demodulation O 1, Q 36
– von AM-Signalen O 6
– von PM O 13
–, FM-Signal O 9
–, ideale D 37
–, kohärente O 24
Demodulationsgrenzfrequenz M 54
Demodulationsverhalten, Lawinenphotodiode R 62
–, pin-Photodiode R 61
Demodulator R 39
–, kohärenter I 6
–, digitaler Q 7
Depolarisation H 11, H 30, H 33
– durch Eiskristalle H 34
Descrambler R 9
Detektor M 46, M 63, M 65
–, quadratischer Q 4, Q 5
Detektordiode, Kennlinie I 7
Detektorenempfänger Q 4
Diagramm für Kreuzkoppler L 34
– zur Aufwandsabschätzung F 11
–, ω-β K 49
Diamant E 3
Dibit O 20
Dichte E 1
–, spektrale D 18, D 19
Dichtemodulation M 73, M 83
Dicken-Dehnschwingung L 60
– -Scherschwingung L 60
Dickenschwingung L 55
Dickschichttechnik K 8
Dielectric Image Line K 47
Dielectrikum, künstliches N 26, N 46, N 53
–, natürliches N 53
dielektrische Antenne N 46, N 47
– Bildleitung K 47
– Grenzschicht B 10
– Güte L 49
– Keramik L 49
– Linse N 53
– Schicht K 39
dielektrischer Draht K 36
– Resonator L 48
– Tensor S 18
– Wellenleiter F 15, K 36, N 47
– Werkstoff E 1
Dielektrizitätszahl, effektive K 33
Dienst, meteorologischer R 42
differential gain P 24
– phase P 24
Differential-Übertrager-Brücke I 33
Differentialbrückenschaltung L 58
Differentialoperator B 1
Differentiation, stochastische D 17
differentielle Zweiphasenumtastung O 44
differentieller Streuquerschnitt H 5
– Wirkungsgrad M 52
Differenzcodierung O 19
Differenzdemodulation O 24, R 46
Differenzdiskriminator O 9
Differenzfaktor, kubischer P 29
Differenzsignal R 20
Differenztonfaktor P 3
Differenzverstärker F 28
Differenzverstärkerstufe M 24
diffundierter Wellenleiter K 40
Diffusionskapazität M 8
Diffusionsspannung M 8
Digital Controlled Delta Modulation, DCDM O 40
digital geregelter ZF-Verstärker Q 49
digitale Frequenzmessung I 26
– Regelsteuerung Q 35
– Signalaufbereitung O 29
– Übertragung R 67
– Zeitmessung I 28
digitaler Demodulator Q 7
– Empfang, Oszillator Q 60
– Empfänger Q 56
– Frequenzdiskriminator Q 39
– Frequenzteiler Q 30
– optischer Empfänger R 67
– Oszillator Q 27
– Phasendiskriminator Q 39
– PLL Q 30
– Tiefpaß Q 41
– Zähler, Phasenmessung I 6
digitales Signal D 2
– Übertragungssystem D 1
– Übertragungsverfahren R 67
Digitalfilter D 11, F 5, F 17
Digitalisierung im HF-Teil Q 8
Digitalrichtfunksystem O 45
Digitalspeicheroszilloskop I 14
Dimensionierung, Laufzeitkettenmodulator P 32
Diode mit speziellem Dotierungsprofil M 12
– Transistor Logik, DTL M 30
–, signalverarbeitende M 11
Diodenaussteuerung G 15
Diodeneintaktmischer G 4
Diodengleichrichter I 2
Diodengrenzfrequenz G 23
Diodengüte G 15
Diodenkennlinie I 2
Diodenringmischer Q 21
Diodentemperatur G 11
Diodenvoltmeter I 2
Diokotroneffekt M 80
dip-meter I 29
Dipol N 11
–, gewinnoptimierter krummliniger N 27
Dipolfeld N 56, R 21, R 41
Dipolmoment, elektrisches N 5
–, magnetisches N 6
Dipolrahmenstrahler N 22
Dipolspalte N 56
Dipolwelle K 47
Dipolzeile N 56
Dirac-Stoß D 3
Direct Coupled FET Logik, DCFL M 34
– Coupled Transistor Logik, DCTL M 30
– Sequence-Verfahren O 46
direkte analoge Frequenzsynthese Q 26
– digitale Frequenzsynthese Q 27
– Frequenzsynthese P 4
direkter Halbleiter M 8, M 47
– Piezoeffekt E 16
direktes Phasenmodulationsverfahren O 13
Direktor N 26
Direktorenkette N 26
diskontinuierliches Modulationsverfahren O 30
Diskontinuität N 47
diskrete Faltung D 10
– Fourier-Transformation Q 60
– Quelle D 33
– Spektrallinie S 24
diskreter Übertragungskanal D 34
diskretes Bauelement, Messung I 32
– Energieniveau M 2
– Halbleiterbauelement M 11
– Signal D 10
Diskriminator-Nullpunkt Q 39, Q 41
Dispersion K 10
–, geringe M 76
–, LWL I 45
dispersionsbegrenztes System R 70
Dispersionsgleichung S 19
Dispersionskurve K 43
dispersive Leitung L 62
dispersives Filter L 68
– Reflektorfilter L 69
distributed feedback (DFB)-Laser M 53
– -Braggreflector (DBR)-Laser M 53
Divergenz B 1
Divergenzfaktor H 8
Diversity R 38
– -Verfahren Q 43
DLL, Delay Lock Loop O 56
DME S 13
Doherty-Modulation P 14
Dolph-Tschebyscheff-Belegung N 59
Domäne E 21, M 13
Donator M 2
Doppelbrechung, magnetische H 14
Doppelheterostruktur M 50

Doppelintegration O 39
Doppelleitung E 13, E 14
–, Kapazität E 9
Doppelreflektorantenne N 50
Doppelsteghohlleiter L 15
Doppelsuper Q 5
Doppelüberlagerungsprinzip Q 49, Q 51
Doppler Spread H 21
– -Effekt S 11
– -Frequenz H 19, S 3
– -Peiler S 11
– -Radar S 2
– -Spektrum H 21
– -Verbreiterung H 20
– -Verschiebung H 28
Dotierstoffatom M 2
dotierter Halbleiter M 3
Dotierungsprofil M 21
–, abruptes G 23
Draht, dielektrischer K 36
drahtlose Nachrichtenübermittlung N 1
Drahtplattenspeicher L 62
Drahtschleife E 14
–, rechteckige E 14
Drahtwiderstand E 7
Drain-Elektrode M 15
Dreh-Adcock-Peiler S 10
Drehfeldspeisung N 61
Drehkreuz-Antenne R 21
Drehkreuzstrahler N 22
Drehrahmenpeiler S 10
Dreieckschwingung G 47
Dreifachdiffusionstransistor M 16
Dreiniveausystem M 58
Dreipoloszillator G 42
Drosselflansch K 31
DTL, Diode Transistor Logik M 30
dU/dt-Effekt M 18
Dual-Gate-FET G 18, Q 22
Dualität C 5
Dualitätswiderstand C 5
Dualpolarisationsbetrieb R 53
Dualwandler C 5, F 11, F 16
Dualzahl O 37
Duct H 12, H 37
– -Ausbreitung H 32, H 37
Dunkelstromdichte M 54
Dünnfilmtechnik K 8
Dünnschicht-Dämpfungsglied L 19
Duplex-HF-Betrieb Q 13
Durchbruchspannung M 12
Durchführung, geschirmte K 23
Durchführungsabschluß I 5, L 17
Durchführungsfilter E 25
Durchführungskondensator E 11
Durchgangsdämpfung I 10
Durchgangsmaser M 61
Durchgangsmeßkopf I 1
Durchlaßbereich F 2
–, Thyristor M 18
DVOR S 13
Dynamik P 15
Dynamikbereich O 34, Q 16, Q 58
–, Spektrumanalysator I 24
dynamikgesteuerte Amplitudenmodulation, DAM P 13
Dynamikspezifikation Q 55
dynamisch-gesteuerte Amplitudenmodulation R 19
dynamische Güte G 15
– MOS-Schaltungstechnik M 32
dynamischer Speicher M 35
dynamisches Regelverhalten Q 34
– Regelverhalten, Einseitenbandmodulation Q 34
– Regelverhalten, Zweiseitenbandmodulation Q 34

E-Band A 5
– -Ebene I 36
– -Ebenen-Diagramm N 8
– -Kern E 15
– -Schicht H 15
– -Welle K 21, K 39
E_{010}-Resonanz L 46
E_{110}-Resonanz L 45
E 8-Schicht H 15
EAROM, Electrically Alterable Read Only Memory M 38
ebene Gruppenantenne N 59
– Leiterschleife E 13
– Welle B 3, N 2
Ebene, komplexe C 3
Ebers-Moll-Gleichung M 10
Echodämpfung C 23
Echoentzerrer Q 3
Echtzeit-Spektralanalyse I 23
ECL, Emitter Coupled Logik M 30
ECS-Satellit R 44
Effekt, piezoelektrischer E 16
effektive Anregung N 61
– Dielektrizitätszahl K 33
– Fläche N 10
– Höhe N 10, N 13
– Permittivitätszahl K 9
– Strahlungsleistung N 7
– Zustandsdichte M 4
effektiver Brechungsindex K 40
– Kerndurchmesser, LWL I 45
– Leistungsgewinn G 13
– Modulationsgrad P 15
– Radius H 5
Effektivwert C 1
–, Messung I 2
–, Strom I 5
EH_0, Grundwelle K 10
EHF A 5
Eichfaktor I 8
Eichleitung L 20
Eichmessung, Netzwerkanalyse I 17
Eichnormale, Netzwerkanalyse I 17
Eigenkapazität E 16
Eigenpfeifstelle Q 1
Eigenschaft, Leiter E 1
–, Widerstandsschicht E 6
Eigenschwingung, magnetostatische L 50
Eigenwelle C 37
Eigenwellendispersion K 39
Eigenwertproblem C 37
eindeutige Reichweite S 5
Eindringtiefe H 10
Einfachdiffusionstransistor M 16
einfache Integration O 39
Einfall, schräger B 9
–, senkrechter B 8
Einfallsebene B 7
Einfügungsdämpfung I 14, L 18, L 64
Eingangsimpedanz N 7
–, Netzwerk I 10
Eingangsleistung N 6
Eingangsmultiplexer R 52
Eingangsperipherie Q 2
Eingangsrauschspannung Q 10
Eingangsschnittstelle Q 45
Eingangswiderstand, Exponentialleitung L 7
eingeschränkter Schwenkbereich N 56
eingestrahlte Störung Q 17
Einheitensystem, internationales A 2
Einheitselement F 17
–, nichtredundantes F 18
–, redundantes F 18
Einheitselementen-Filter F 18
Einhüllende D 8
einkanaliger Automatikpeiler S 11
– Hörpeiler S 10
– Sichtpeiler S 10
Einkristall E 20
einlagige Zylinderspule E 15
Einlaufzeit Q 25
Einreflektorantenne R 53
Einsatzspannung M 15, M 32
Einschwingverhalten, günstiges F 7
Einseitenband-Amplitudenmodulation, ESB-AM O 4
– -Rauschzahl G 10, G 20, G 21
– -Rundfunk P 22
Einseitenbandmodulation P 22, R 32
– ohne Restträger Q 34
–, dynamisches Regelverhalten Q 34
Einseitenbandsendung R 20
Einseitenbandsignal Q 37
einseitig beschaltetes Filter F 1
Einstein-Koeffizient M 58
einstellbare C-Belastung L 8
einstellbarer Kondensator E 12
Einstellgenauigkeit Q 23, Q 27
Einstellgeschwindigkeit Q 23
Einstellzeit Q 27, Q 28
Eintor C 10
Einträger-Sättigungsleistung R 52, R 55
Einweggleichrichter G 32
Einwegleitung L 41
einwellige Faser K 39
Einzelkanalträgersystem O 52
Einzelstrahler N 56
–, Anpassung N 62
EIRP, equivalent isotropic radiated power H 4, R 45
Eisen E 1
– -Seltenerden-Legierung E 22

Eisenbahnsignaltechnik K 46
Eklipse R 43
Elastanz G 23
–, gesteuerte G 14
elastische Impedanz E 18
– Nachgiebigkeit E 24
– Welle E 21
Elastizitätsmodul E 17
Electrically Alterable Read Only Memory, EAROM M 38
– Programmable Read Only Memory, EPROM M 38
Electron Cyclotron Emission S 17
elektrisch programmierbarer Festwertspeicher M 38
– unprogrammierbarer Festwertspeicher M 38
elektrische Feldstärke H 1
– Kopplung L 48
– Länge I 16
– Sicherheit Q 45
elektrischer Flächenstrom N 5
– Hohlleiterwellentyp K 28
elektrisches Dipolmoment N 5
– Ersatzschaltbild E 18, E 23, L 59
elektrochemisches Potential M 4
Elektrolytkondensator E 10
elektromagnetische Verträglichkeit Q 16
– Welle B 1
elektromagnetisches Feld B 1
elektromechanische Analogie E 17, L 58
– Verzögerungsleitung L 62
elektromechanischer Kopplungsfaktor E 19
elektromechanisches Ersatzschaltbild E 24
– Filter L 55
Elektronen-Zyklotronresonanz-Absorption M 85
Elektronenbahn M 68
Elektronenbewegung M 68
Elektronendichte H 13, S 17
Elektronenemission M 66
Elektronenfahrplan M 74
Elektronenkanone M 73
Elektronenpaket M 74
Elektronenröhre M 66
Elektronenspin L 51
Elektronenstoßfrequenz S 17
Elektronenstrahloszillograph I 3
Elektronenströmung, laminare P 29
Elektronentemperatur S 17
Elektronentransfer-Diode M 13
Elektronenzyklotronfrequenz S 18
Elektronenzyklotronresonanz S 18
Elektronenzyklotronstrahlung S 17
elektronische Strahlschwenkung N 56
elektronischer Wirkungsgrad M 79, M 84
elektronisches Rauschen D 11
elektrostatisches Feld M 68
Elementar-Allpaßschaltung F 12
elementare Strahlungsquelle N 3
Elementarvierpol K 42
Elementewert, normierter F 9
–, technischer F 11
Elementgewinnfunktion N 61
Elementardipol, magnetischer N 4
Elevationsstreuung Q 9
ELF H 23
elliptic low-pass F 7
elliptische Polarisation N 7
Emission, spontane M 46, M 56, M58
–, stimulierte M 46, M 58
–, thermische M 66
Emitter M 14
– Coupled Logik, ECL M 30
Emitterfolger M 23, M 30
Emitterschaltung F 26, M 22
–, Stromverstärker M 14
Empfang, paralleler Q 8
Empfänger Q 1, R 36
–, digitaler Q 56
–, digitaler optischer R 67
–, hochohmiger R 69
–, integrierender R 69
Empfängereigenschaft Q 9
Empfängereingangsschaltung R 38
Empfängerkonzept Q 4, Q 57
–, Vergleich Q 8
Empfängerlaufzeit-Vorentzerrer P 25
Empfangsantenne N 1
–, aktive N 36
Empfangsbandbreite Q 1
Empfangsfeldstärke N 17
Empfangsgüte, Bodenstation R 45
Empfangsleistung N 9
Empfangsrauschen D 20
Empfangsumsetzer R 56
Empfangsverstärker R 56
–, rauscharmer R 50
Empfindlichkeit F 2, Q 1, Q 9, Q 16, Q 50, Q 54
–, Außenrauschen Q 12
–, tangentiale I 32
Emphasecharakteristik R 47
EMV Q 16
–, externe Q 16
–, interne Q 16
End-Phasenrauschabstand Q 26
endliche Leiterdicke K 10
Endrauschabstand Q 24
Endstelle R 34
–, Bodenstation R 55
Endstufenmodulation P 14
Endumsetzer P 25
Energie E 16
Energieband M 2
Energiedichtespektrum D 5
Energieersparnis R 19
Energiegeschwindigkeit K 41
Energieniveau, atomares M 58
–, diskretes M 2
Energiesignal D 2
Energieumwandlung M 79
Energieverbrauch P 15
enhancement-typ M 16
ENR, Excess Noise Ratio I 30
Ensemble D 12
Entdämpfung M 82
Entdeckungswahrscheinlichkeit Q 9, Q 54, S 4
Entfernungsauflösungsvermögen S 3
Entgasen M 71
entkoppelte Speisung N 64
– Zusammenfassung P 10
Entmagnetisierungsfaktor L 51
Entnormierung C 6, F 9
Entropie D 33
Entscheidungsgehalt D 33
Entzerrerr R 38
–, adaptiver Q 3, R 38
Entzerrung R 7
–, adaptive H 21, R 40
Epibasistransistor M 16
Epitaxie M 47
Epoxidharz E 2, E 3
EPROM, Electrically Programmable Read Only Memory M 38
Epsilam E 3
equivalent isotropic radiated power, EIRP H 4, R 45
– radiated power, ERP H 4
Erdefunkstelle, Koordinierung H 37
Erderkundung R 42
Erdfunkstelle, Koordinierung H 36
Erdkrümmung H 9
Erdmagnetfeld H 13
Erdnetz N 20
Erdradius, mittlerer H 10
Erdrotations-Synthese-Teleskope S 27
Erfassung, quasisimultane Q 55
–, simultane Q 55
erforderliche Bauelementegüte F 4
erforderlicher Störabstand Q 10
ergodischer Prozeß D 12, D 16, D 17
Erhebungswinkel N 21
Ermittlung, Schwingungsamplitude G 45
ERP, equivalent radiated power H 4
Erreger N 25, N 42, N 46
Ersatzgenerator R 39
Ersatzschaltbild F 25, G 4, L 57, L 58
–, elektrisches E 18, E 23, L 59
–, elektromechanisches E 24
Ersatzschaltung K 43, N 61
–, Impedanztransformator C 18
–, Leitung C 5
–, Rauschquelle D 18, D 21
–, schmalbandige C 18
–, Senderverstärker P 5
–, Zweitor C 16
erste Nyquist-Bedingung O 16
Erstzugriff O 54
Erwartungswert D 13, H 2
erwünschte Aussendung P 2
ESB-AM, Einseitenband-Amplitudenmodulation O 4
– -Phasenrauschen Q 13
Ethylalkohol E 2
Ethyläther E 2
Eulersche Formel C 2

Eurobeam R 43
Eutelsat/ECS-System R 48
Excess Noise Ratio, ENR I 30
Expansion O 34
Exponentialleitung L 6
–, Eingangswiderstand L 7
externe EMV Q 16
extrinsische Debye-Länge M 8

F-Band A 5
– -Demodulation Q 38
– -Schicht H 15
Fabry-Perot-Resonator L 48, M 50
Fading Q 43, R 30
Fahrzeugkoppler K 47
Falschalarmwahrscheinlichkeit Q 54, S 4
Falschmelderate S 4
Faltdipol N 14, N 22
Faltung, diskrete D 10
Faltungsalgebra D 4
Faltungsintegral D 4
Fangbereich Q 29
Fangoszillator Q 30
Faraday-Effekt H 14, H 33
– -Rotation B 7
– -Rotations-Einwegleitung L 42
– -Rotationszirkulator L 40
Farbfernsehsystem P 24
Farbfernsehtechnik D 31
Farbhilfsträgerfrequenz P 23
Farbstofflaser M 60
Faser, einwellige K 39
–, optische K 37
Faserdämpfung I 45
faseroptisches Nachrichtensystem, Reichweite R 70
Faserschutz R 11
Faserstecker R 64
Faserverbindungstechnik R 12
Fast Fourier Transform-Empfänger Q 60
FBAS-Signal P 24
FDMA R 45
–, Frequenzmultiplex O 51
Fehlanpassungskreis P 17
Fehlerkorrektur, adaptive Q 60
–, Netzwerkanalyse I 17
fehlerkorrigierende Codierung D 37
Fehlerortung R 6
Fehlerwahrscheinlichkeit D 37, O 44
Fehlerzweitor, Netzwerkanalyse I 17
Feld, elektromagnetisches B 1
–, elektrostatisches M 68
–, gekreuztes elektrisches M 69
–, gekreuztes magnetisches M 69
–, Liniendipol K 1
–, periodisches magnetisches M 74
Feldeffekttransistor, FET M 15, R 66, R 68
Feldemission M 6, M 66
Feldkomponente, transversale M 79
Feldlinie des Hertzschen Dipols N 4
Feldplatte E 8
Feldstärke, elektrische H 1
–, nutzbare R 17
Feldstärkemessung I 35
Feldstärkepegel H 1
Feldstärkeverteilung K 24
Feldtkeller-Beziehung C 23
Feldverdrängungs-Einwegleitung L 41
Feldverteilung K 28
Feldwellenwiderstand B 4, K 23, N 1
– des freien Raums N 1
Fensterkomparator Q 43
FEP, Fluorethylenpropylen E 2, E 3
Fermi-Statistik M 4
– -Verteilung M 3
Fernfeld N 1
–, Antenne I 36
Fernfelddiagramm, Antenne I 37
Fernfeldmessung, Antenne I 36
Fernfeldnäherung N 4
Fernfeldregion N 1, N 6
Fernmeldeturm R 41
Fernsehrundfunk R 22
Fernsehsender P 23
Fernsehübertragung D 31
Fernspeisegerät R 8
Fernspeisestrom R 6
Fernspeiseweiche R 8
Fernspeisung R 5
ferrimagnetische Resonanz, FMR L 50
ferrimagnetischer Resonator L 50
Ferrit E 5, E 15
Ferritantenne N 15
Ferritübertrager, streuungsarmer P 10
Ferroelektrikum E 16
ferroelektrisches Material E 21
ferromagnetische Magnetostriktion E 22
Festdämpfungsglied L 19
feste Kopplung C 5
– Strahlrichtung N 56
Festfrequenzempfänger Q 5
Festfrequenzsender P 21
Festkörperlaser M 60
Festkörpermaser M 61
Festmantelleitung K 5
Festwertspeicher M 35
Festwertspeicher, elektrisch programmierbarer M 38
–, elektrisch unprogrammierbarer M 38
–, inversibler M 36
–, programmierbarer M 36
–, reversibler M 36
Festzielunterdrückung S 5
FET, Feldeffekttransistor M 15, R 66, R 68
– -Mischer, passiver Q 21
FH, Frequency Hopping O 60
Field Programmable Logic Array, FPLA M 41
Filter F 1, L 48, L 55, L 56, L 66
– mit passivem Resonator L 61
– mit Resonanzvierpol L 58
–, aktives Q 33
–, Anwendungsbereich F 5
–, Bauform F 4
–, beidseitig beschaltetes F 1
–, dispersives L 68
–, einseitig beschaltetes F 1
–, elektromechanisches L 55
–, frequenztransformiertes F 8
–, hochpaßartiges F 19
–, Imaginärteil Q 57
–, Klassifizierung F 5
–, mechanisches E 23, Q 33
–, minimalphasiges F 3
–, optisches F 5, F 21
–, Realteil Q 57
–, verlustbehaftetes F 4
–, zeitdiskretes F 17
– -Kenngröße Q 33
– -Phasenmodulation O 13
Filterbank Q 19, Q 32
Filtercharakteristik F 2
Filtereigenschaft Q 33
–, systemtheoretische F 3
Filtergrad F 7
Filtergüte F 4, F 4, F 7, F 11
–, Transformation F 9
Filterkatalog F 1, F 9
Filterkette, mechanische L 61, L 62
Filtermethode O 4
Filterphasenmodulation O 13
Filterschaltung, frequenztransformierte F 11
Filterstruktur, finite impulse response F 6
–, nichtrekursive F 6
–, transversale F 6
Filtersynthese F 1, F 5
Filterweiche P 19
Fingerstruktur M 15
Finite Impulse Response Filter Q 59
finite impulse response Filterstruktur F 6
Finleitung K 33
–, Adapter L 15
–, Leitungswellenwiderstand K 33
–, unilaterale K 33
FIR-Filterstruktur (finite impulse response) F 6
Fitzgeraldscher Dipol N 4
Fläche, effektive N 10
–, wirksame N 2, N 10
Flächen-Dehnschwingung L 59
Flächenausnutzung N 10
Flächendehnschwinger L 56
Flächendiode M 12
Flächenemitter M 46, R 60
Flächenschwingung L 55
Flächenstrom, elektrischer N 5
–, magnetischer N 5
Flächenversorgung H 25
Flächenwiderstand B 14
Flächenwirkungsgrad N 10, N 49
Flankendemodulator Q 38
Flankendiskriminator O 9, O 9, O 18
Flansch K 29

Flanschnormung K 31
Flexwell-Hohlleiter K 31
floating gate M 38
Flossenleitung K 33
Flugmodell R 50
Flugzeug, Reflexion H 38
Fluktuation, Interferenzmuster R 65
Fluorethylenpropylen, FEP E 2, E 3
Flüssigkeitslaser M 60
Flüssigphasenepitaxie L 52
FM R 55
– Feedback Demodulator R 46
– -Hörrundfunk R 20
– -Radar S 4
– -Rauschen, Messung I 40
– -Schwelle Q 11
– -Signal, Demodulation O 9
– -Verfahren R 33
FMR, ferrimagnetische Resonanz L 50
Foam-skin-dielectric K 5
Fokussierelektrode M 75
Fokussiersystem M 76
Fokussierung H 11
Folienabsorber L 17
Formfaktor I 23
Formgebung N 48
Fortpflanzungsgeschwindigkeit K 41
Fortpflanzungskonstante M 77
fortschreitende Welle N 22
Foster-Seeley-Kreis O 9
Fourier-Darstellung D 26
– -Integral D 4
– -Reihe K 42
– -Reihe, verallgemeinerte G 28
– -Transformation in Realzeit Q 8
– -Transformation, diskrete Q 60
– -Transformation, Theorem D 5
– -Umkehrintegral D 4
Fowler-Gleichung M 66
FPLA, Field Programmable Logic Array M 41
Frauenhofer-Region N 2
Frei-Frei-Strahlung S 24
Freilaufdiode P 12
Freiraumfeldstärke H 7, H 8
Freiraumübertragungsstrecke N 1
Freiraumwelle N 1
Freiraumwert H 26
freischwingender Oszillator Q 24
Freiwerdezeit M 18
Fremdspannung P 3
Frenkel-Poole-Emission M 6
Frequency Hopping, FH O 60
– Hopping-Modulation O 47
Frequenz, charakteristische P 4
–, komplexe C 1
–, kritische K 21
–, reelle C 3
– -Einstellzeit O 32
– -Spannungs-Wandler I 28
– -Störhub O 13
– -Temperaturgang L 56
– -Umtastung Q 10
Frequenzabhängigkeit C 25, L 3
– einer Transformation C 26
–, Leitungstransformation L 5
–, Verstärkung F 36
Frequenzablage, momentane H 21
Frequenzanalyse P 4, Q 28
Frequenzaufbereitung P 4
Frequenzband R 44
Frequenzbereich, Buchstabenbezeichnung A 5
Frequenzdekade Q 26
Frequenzdiskriminator Q 39
–, digitaler Q 39
Frequenzdiversity H 29
Frequenzdrift P 3
Frequenzeinstellfehler P 3
Frequenzerzeugung P 3
Frequenzfehler, Größtwert P 3
Frequenzfenster I 22
Frequenzfortschaltung, stufenweise Q 55
Frequenzgang, periodischer F 14
frequenzgesteuerte Gruppenantenne N 63
Frequenzhub R 33
Frequenzinkonstanz Q 23
Frequenzjitter O 29
Frequenzkonstante E 18
Frequenzkorrelation H 20
Frequenzmarke I 29
Frequenzmessung, analoge I 28
–, digitale I 26
–, Interferenzverfahren I 29
–, Überlagerungsverfahren I 27
Frequenzmodulation D 37, O 7, Q 35, R 67
Frequenzmodulator, Linearität O 8
frequenzmodulierter Tonrundfunksender P 22
Frequenzmultiplex, FDMA O 51
Frequenzmultiplexsystem R 1
Frequenzmultiplextechnik O 51
Frequenznormal L 55
Frequenzplanung R 34
Frequenzpyramide G 2
Frequenzraster R 34
Frequenzregistrieranlage Q 53
frequenzselektiver Schwund H 18, H 21, K47
Frequenzselektivität H 21, H 29
Frequenzspektrum G 2
Frequenzstabilität P 4
–, Oszillator I 40
Frequenzsuchlauf Q 51
Frequenzsynthese, direkte P 4
–, direkte analoge Q 26
–, direkte digitale Q 27
–, indirekte Q 31
Frequenzteiler G 24
–, digitaler Q 30
Frequenzteilung G 22, Q 26
Frequenztoleranz P 3
frequenztransformierte Filterschaltung F 11
frequenztransformiertes Filter F 8
Frequenzüberwachungsverfahren, adaptives Q 52
Frequenzumsetzer G 8, R38
Frequenzumsetzung R 37, R 50
Frequenzumtastung O 17
–, gezähmte O 17
Frequenzumtastverfahren Q 38
frequenzunabhängige Antenne N 28, N 33, N 34
Frequenzverdopplung M 62
Frequenzverhalten F 3, F 11
Frequenzversatz O 29, R 23
Frequenzvervielfachung G 1, G 22, O 25, Q 26
Frequenzweiche R 34
Frequenzzähler I 27
Frequenzzuordnung A 4
Fresnel-Ellipsoid H 8, H 10, H 28
– -Integrale H 7
– -Region N 2
– -Zone H 8, R 30
Friis, Formel D 25, G 19, Q 9
fruit S 9
FSK R 33
– -Demodulator Q 38, Q 39
– -Quadraturdemodulator Q 41
Füllsender R 23
Funk, Datenübertragung Q 10
– -Fernschreibzeichen Q 11
– -Verkehrsempfänger Q 3
Funkaufklärung Q 51
Funkempfänger, Bandbreite Q 11
Funkentstörung E 9
Funkfeld R 30, R 34
Funkkanalsimulation H 21
Funkkontrolle Q 51
Funkpeiler Q 4
Funkpeilverfahren S 9
Funktion, positive C 11
Funktionseinheit P 1
Funktionsgenerator G 46
Funküberwachung Q 51
fused quartz E 3
Fußisolation N 21
Fußpunktimpedanz N 11

G-Band A 5
G/T-Wert R 54
GaAs-FET R 52
– -FET-Sendeverstärker R 52
– -Logik, BFL-Technik M 33
– -Logik, DCFL-Technik M 34
– -Logik, SDFL-Technik M 34
– -MESFET M 16
gain equalizer L 20
galaktisches Rauschen D 20, H 17
Gangunterschied H 9
Ganzwellendipol N 22
garbling S 9
Gas, atmosphärisches H 12
Gaslaser M 60
Gate-Array M 42
Gauß-Algorithmus C 10
– -Kanal, Kanalkapazität D 36
– -Verteilung D 13, H 2
Gaußsche Zahlenebene C 3
Gaußscher Strahl M 59
Gaußsches Fehlerintegral D 13
Gebiet, intrinsisches M 4

gebietsangepaßte Richtcharakteristik N 57
Gebietsstrahl R 42
– -Bedeckung R 53
gedächtnislose Binärquelle D 33
gedämpfte Leitung C 36
geebnete Gruppenlaufzeit F 7
gefährlicher Betriebszustand P 31
Gegengewicht N 11
Gegeninduktivität C 5, E 14
–, Spule E 14
Gegenkopplung G 37, R 63
Gegenkopplungswiderstand P 36
Gegentakt-Transistorverstärker P 18
– -Verstärker G 36
Gegentaktbetriebsfall F 21
Gegentaktflankendiskriminator O 9
Gegentaktmischstufe Q 22
Gegentaktmodulator O 9
Gegentaktneutralisation P 7
Gegentaktschaltung F 29
Gegentaktverstärker G 35, M 24
Gegentaktwelle C 39, K 13, K 16
Gegenüberstellung, Synthesizer Q 32
Gehör D 28
gekoppelte Induktivität C 4
– Leitung C 16, F 19
– Mikrostreifenleitung K 13
– Schlitzleitung K 16
gekoppelter Hohlraumresonator M 76
– Kreis K 43
gekoppeltes Bandfilter F 11
gekreuztes elektrisches Feld M 69
– magnetisches Feld M 69
Gelände, quasi-ebenes H 27
Geländeprofil H 10, H 27
Geländerauhigkeit H 27
Gemeinschaftsantennenanlage R 27
Gemeinschaftsempfang R 25
gemischte Rückkopplung F 34
Genauigkeit, Peilempfänger Q 53
Generatorleitwert, rauschoptimaler G 20
geometrische Optik K 38
– Schattenzone H 7
– Theorie, Beugung N 53
geostationäre Umlaufbahn R 25
geostationärer Orbit R 44
– Satellit R 43
geosynchroner Satellit R 42
gepreßte Kathode M 68
Geradeausempfänger Q 5, Q 5
Geräuschbewertung, psophometrische R 48
Geräuschspannung P 3
geregelte Verstärkerstufe Q 34
geringe Dispersion M 76
Gesamtelektroneninhalt H 15
Gesamtgeräuschleistung R 47
Gesamtrauschzahl G 19
Gesamtrichtcharakteristik N 57
Gesamtwirkungsgrad M 78
gesättigte bipolare Schaltungstechnik M 30
geschaltete Rauschsperre Q 35
geschalteter Kondensator M 25, M 25
– ZF-Verstärker Q 36
geschäumtes Polystyrol E 2
geschirmte Durchführung K 23
– Zweidrahtleitung K 3
geschirmter Raum I 35
geschlitzte Koaxialleitung K 46
Geschwindigkeitsmodulation M 73
gestaffelte Pulsfolgefrequenz S 5
gesteuerte Elastanz G 14
– Kapazität G 12
– Quelle C 4, C 17, G 18
gesteuerter Blindwiderstand G 22
– Clipper P 13
– Wirkleitwert G 5
– Wirkwiderstand G 12
getaktetes Datensignal D 15
Getterspiegel M 71
Gewinn N 2, N 2, N 3, N 9, N 17, N 50
–, Hornstrahler N 42
–, isotroper N 9
–, Messung I 37
gewinn-geführter Halbleiterlaser M 51
gewinnoptimierter krummliniger Dipol N 27
Gewitterelektrizität P 11
gezähmte Frequenzumtastung O 17
GFKS, Glasfaserkabelsystem R 10
ghost modes P 26
Gitter, Verlustleistung M 71
gittergesteuerte Röhre M 71
Gitterneutralisation P 7
Gitterschwingung M 4
Glas E 2, E 3, K 37, M 69
Glasfaser K 36
Glasfaserkabelsystem, GFKS R 10
Gleichgewicht, thermisches M 2
Gleichgröße C 1
Gleichkanal-Rundfunk P 22
Gleichkanalabstand H 26
Gleichkanalbetrieb R 35
Gleichkanalentfernung R 17
Gleichkanalsender R 17
Gleichkanalstörer Q 45
Gleichlage G 2
Gleichlaufproblem Q 20
Gleichrichter, nichtlinearer Q 9
–, phasengesteuerter I 6
– -Übertragungsfunktion G 30
Gleichrichterschaltung G 31
Gleichstromkopplung M 24
Gleichtaktbetriebsfall F 21
Gleichtaktunterdrückung F 28
Gleichtaktwelle C 39, K 13, K 16
Glimmer E 2, E 3
Glimmerkondensator E 10
Glühkathode M 67
Gold E 1
Goniometerpeiler S 10
GPIB Q 47
GPS-NAVSTAR S 15
Gradient B 1
Gradientenprofilfaser K 38, R 65
gradual channel approximation M 11
Granat L 36, L 52
Graphit E 1, E 3
–, pyrolythischer M 71
Gray-Codierung O 20
Gregorian-System S 25
Gregory-Antenne N 51
– -Prinzip R 53
Grenzbedingung von Hull M 80
Grenzempfindlichkeit Q 9
Grenzfläche B 8
Grenzfrequenz C 4, O 32
– der Diode G 15
–, innere G 12
–, Koaxialleitung K 35
–, Operationsverstärker F 38
Grenzkreis C 27
Grenzschicht, dielektrische B 10
Grenzwellenlänge K 21
–, Koaxialleitung K 34
Grenzwert G 34, Q 17
Grenzzustand P 6
Größe, physikalische A 1
Größengleichung A 4
–, zugeschnittene A 4
Größenwert A 1
Großsignalfestigkeit Q 13
Großsignaltheorie M 77
Großsignalverhalten M 10, R 19
Größtwert, Frequenzfehler P 3
Grundelement C 5
Grundgleichung, magnetostriktive E 23
–, piezoelektrische F 16
Grundnetzsender R 23
Grundrückkopplungsart F 31
Grundverzerrung Q 41
Grundwelle, EHO K 10
–, magnetische K 24
Grundwellenmischung G 19
Grundwellentyp im Plasma S 19
Gruppenantenne N 55
–, ebene N 59
–, frequenzgesteuerte N 63
–, konforme N 60
–, lineare N 58
–, phasengesteuerte N 56
–, strahlungsgespeiste N 63
Gruppencharakteristik N 22, N 57
Gruppenerreger N 56
–, Amplitudenbelegung N 57
–, Matrixspeisesystem N 57
Gruppengeschwindigkeit C 30, K 23, K 41, M 74
Gruppenindex K 38
Gruppenlaufzeit C 23, F 2, H 29, I 10, I 15
–, geebnete F 7
–, Transformation F 9
Gruppenlaufzeitausgleich F 12
Gruppenlaufzeitdifferenz Q 11
Gruppenlaufzeitentzerrung F 13
Gruppenlaufzeitverzerrung H 20, I 10, O 29
–, Tonsignal D 29
GTO-Thyristor M 18
guided radar K 46
Gummel-Poon-Modell M 10

Gunn-Diode M 13
– -Effekt M 6
– -Oszillator G 42
günstiges Einschwingverhalten F 7
Güte K 11, L 44
–, belastete M 83
–, dielektrische L 49
–, dynamische G 15
–, Oszillator I 41
–, Resonator I 38, L 43
–, Schwingkreis C 11
Gütefaktor R 26
Gütewert F 14
gyrating electrons M 82
Gyrator C 5, C 18
Gyrofrequenz H 14
Gyroklystron-Verstärker M 84
gyromagnetische Resonanz B 7
gyromagnetisches Verhältnis L 50
Gyromonotron M 82
Gyrotron M 82, S 18
– -Oszillator M 82
gyrotropes Medium B 6, L 36
Gyrowanderfeld-Verstärker M 84

H-Band A 5
– -Ebene I 36
– -Ebenen-Diagramm N 8
– -Filter L 59
– -Typ-Hohlraumresonator M 83
– -Welle K 21, K 39
– -Welle im Kreisquerschnitt K 26
H_{011}-Resonanz L 46
H_{0n1}-Typ M 83
H_{10}-Welle K 21
H_{101}-Resonanz L 45
Halbglied L 57
– für Abzweigfilter L 58
Halbleiter, direkter M 8, M 47
–, dotierter M 3
–, indirekter M 8
–, intrinsischer M 3
–, Lichtabsorption M 46
–, Lichtemission M 46
–, undotierter M 2
– -Magnetmodulator P 34
– -Technologie M 47
– -Werkstoff M 47
Halbleiterbauelement, diskretes M 11
–, optoelektronisches M 46
Halbleiterdiode im Durchlaßbereich G 4
– in Sperrichtung G 12
Halbleiterlaser M 50, R 59, R 63
–, gewinn-geführter M 51
–, index-geführter M 51
–, Modulation M 53
Halbleiterspeicher M 34
Halbwellendipol N 7, N 10, N 13
Halbwertsbreite N 8, N 50
Hall-Effekt I 5
Haltebereich Q 29
Halterung des Fangreflektors N 48
Haltestrom M 18
Handregelung Q 35
Hansen-Woodyard-Bedingung N 47
Hard Tube-(HT)-Modulator P 36
Harmonic-Heterodyne-Converter I 28
harmonischer Oszillator G 40
Harms-Goubau-Leitung K 47
harte Tastung O 16, O 17
harter Begrenzer G 28
Hartgummi E 2
Hartley-Oszillator G 43
Hartree-Schwellspannung M 81
Häufigkeit H 1
Häufigkeitsanalyse S 12
Hauptinduktivität C 4
Hauptkeule N 8, N 20, N 50
–, sekundäre N 58, N 60
Hauptkeulenschwenkung N 60
Hauptleitung C 39
Hauptreflektor N 50
Hauptstrahlrichtung, primäre N 58
Hauptstrahlungsrichtung N 19
Hausverteilnetz R 27
HDK-Keramikkondensator E 10
HE_{11}-Welle K 36
heißes Plasma S 22
Heißleiter E 8, Q 21
Helium-Neon-Laser M 60
Helixantenne N 35
hemisphärische Bedeckung R 53
HEMT, High-Electron-Mobility-Transistor M 34
Hertzscher Dipol N 3
– Vektor N 4
– Vektor, magnetischer N 5
Hertzsches Kabel R 29
Heterodyne-Converter I 28
Heterodyneempfänger Q 6
HF A 5
– -Bereich P 21
– -Fenster P 26
– -Heizung S 18
– -Leitungsparameter R 2
– -Regelung Q 34
– -Selektion Q 12, Q 19
– -Sender P 21
– -Substitution I 12
– -Verstärkung Q 5, Q 20
– -Voltmeter I 2
– -Voltmeter, zweikanaliges I 3
– -Vorstufe, Verstärkungsregelung Q 21
HI-Region S 24
High-Electron-Mobility-Transistor, HEMT M 34
HII-Region S 24
Hilbert-Transformation F 3
Hilfsaggregat P 35
Hilfskanal R 37
Hilfskreis G 23
Hilfsreflektor N 50
Hindernisgewinn H 27
hinlaufende Welle C 29
H_{m11}-Typ M 83
Hochfrequenzfenster M 83
Hochfrequenzlitze B 15
hochohmiger Empfänger R 69
Hochpaß F 2, F 8
hochpaßartiges Filter F 19
Hochspannungsbeeinflussung P 11
Hochspannungsüberschlag P 11
Höhe, effektive N 10, N 13
höhere Wellentypen K 11, K 28
Hohlleiter F 14, K 20, K 24
– im Dielektrikum K 23
– mit Verlust K 23
–, Abmessung K 29
–, Dämpfung K 22
–, Übergang Koaxialleitung L 14
– -Einwegleitung L 41
– -Koaxialübergang K 25
– -Meßleitung I 20
– -Richtkoppler L 33
Hohlleiterbrücke I 43
Hohlleiterdämpfungsglied K 22, L 21
Hohlleiterlinse N 54
Hohlleitermeßtechnik I 43
Hohlleiternorm K 28
Hohlleiterresonator F 15
Hohlleiterrichtkoppler L 33
Hohlleiterspannungsteiler L 20
Hohlleiterstrahler N 40
Hohlleiterverbindung K 29
Hohlleiterwelle, Koaxialleitung K 34
Hohlleiterwellenlänge K 21, K 23
Hohlleiterwellentyp, elektrischer K 28
Hohlleiterzirkulator L 39
Hohlleiterzug P 31
Hohlraumfilter Q 33
Hohlraumresonator L 44, S 17
–, Abstimmung L 47
–, Ankopplung L 48
–, gekoppelter M 76
Hohlstrahl M 82
hometaxial, single diffused Transistor M 16
homobase Transistor M 16
Homodynempfänger Q 6, Q 8
homogene Belegung N 59
– Leitung K 43
homogenes Magnetfeld M 69
Homologieprinzip S 25
Hop H 15
Hörfläche D 28
Horizontaldiagramm N 8, N 20
Horn, quasioptisches N 42
Hornparabolantenne N 52
Hornstrahler N 41, R 53
–, Gewinn N 42
Hörpeiler, einkanaliger S 10
Hörschwelle D 29
hot-cold-standard I 30
Huffman-Code D 33
Hüllkurve O 2, O 3, P 15
–, komplexe D 8, Q 7
Hüllkurvenamplitude P 15
Hüllkurvendetektor R 19
Hüllkurvengegenkopplung P 7
Hüllkurvenmodulator Q 36
Huygenssche Elementarquelle N 5
Huygenssches Gesetz N 5
Hybrid P 18
– -Ringkoppler L 32

Hybridantenne N 56
Hybridbeschreibung C 13
Hybride spread Spectrum-System O 61
Hybridfaktor N 44
Hybridform, Zweitor C 15
Hybridfrequenz, obere S 20
–, untere S 20
Hybridkoppler P 10
Hybridresonanz, obere S 18
Hybridresonanzfrequenz, untere S 18
Hybridwelle N 44
Hybridwellenstrahler N 44
Hydrometeor H 12, H 37
Hyperbelnavigationsverfahren S 16

I-Band A 5
I^2L, Integrierte Injections Logik M 31
ideal verzerrungsfreies System D 6
ideale Demodulation D 37
– Quelle C 4
– verlustfreie Reaktanzdiode G 12
idealer Übertrager C 18
ideales Übertragungssystem D 37
Idler-Kreis G 22
IEC-625-Schnittstelle, IEC-Bus Q 47
– -Bus, IEC-625-Schnittstelle Q 47
IFM, Instantaneous Frequency Measurement I 29
IIR-Struktur Q 59
ILS S 14
Imaginärteil, Filter Q 57
Impatt-Diode M 13
Impedanz C 11, D 19
–, elastische E 18
–, magnetostriktiver Schwinger E 24
–, mechanische E 18
–, Piezoresonator E 19
Impedanzebene C 23
Impedanzmatrix N 62
Impedanzmessung I 32
Impedanzprofil, Leitung I 35
Impedanztransformator C 17
–, Ersatzschaltung C 18
Impedanzwand N 44
imprägnierte Kathode M 68
Impulsantwort, Messung I 22
Impulsbelastbarkeit E 7
Impulsbündel O 53
Impulsfehlergeräusch O 36, O 41
impulsfester Sicherheitskondensator E 12
Impulsfolge, poissonverteilte D 15
Impulsgenerator G 46
Impulskompression S 7
Impulsleistung M 75
Impulsmagnetron M 82
Impulsreflektometer I 16, I 22, I 33
Impulsreflexion I 22
Impulsreflexionsdämpfung R 4
Impulsreflexionsmessung R 2
Impulssender P 30
Impulsstörung O 31
Impulstiefpaß O 22
Impulstransmission I 22
Impulsverbreiterung H 19
–, LWL I 45
In-Betrieb-Überwachungsverfahren R 6
Inband-diversity Q 43
indefinite Knotenleitwertmatrix C 8
– Verknüpfungsmatrix C 8
index-geführter Halbleiterlaser M 51
indirekte Frequenzsynthese Q 31
indirekter Halbleiter M 8
indirektes Phasenmodulationsverfahren O 13
Individualempfang R 25
Induktionsbelag C 30
induktive Ankopplung L 48
– Sonde I 5, I 6
– Verkopplung C 38
induktiver Leitungsbelag F 15
Induktivität C 4, E 13, E 13
–, gekoppelte C 4
–, innere B 13, E 13
Induktivitätsbelag E 13
Induktivitätsbelagsmatrix C 37
industrielle Störung H 17
Influenzstrom M 75
Informationsfluß D 35
Informationsgehalt D 33
Informationstheorie D 32
Informationsübertragungssystem, trassengebundenes K 46
Infrarotabsorption K 37
inhaltsadressierter Speicher M 35
inhomogene Leitung K 43, L 6
– Leitung, Wellenwiderstandskurve L 6
– verlustfreie Leitung L 5
Injektionslumineszenz M 47
Injektionsphasensychronisierung I 41
Injektionswirkungsgrad M 48
inkohärenter Mehrwellenfall S 12
inkohärentes Licht M 56
Innenkammerklystron P 26
Innenwiderstand C 21
–, Signalquelle I 39
Innerband-Dynamikbereich Q 16, Q 51
– -Intermodulation Q 15
innere Grenzfrequenz G 12
– Induktivität B 13, E 13
– Parallelresonanzfrequenz G 12
innerer Lastwiderstand P 5
Input-Interceptpoint Q 15
Instantaneous Frequency Measurement, IFM I 29
instationärer Schwankungsprozeß D 13
integrate and dump O 24
Integration, einfache O 39
integrierbarer Mischer Q 22
Integrierbarkeit F 5
integrierender Empfänger R 69
– Regler Q 35
integrierte Analogschaltung M 22
integrierte Injections Logik, I^2L, M 31
integrierte Mikrowellenschaltung K 7
– Multipliziererschaltung G 18
– Optik K 40
Intelsat-Transponder R 47
Intelsatsystem R 48
Intensitätsmodulation R 67
Intensitätsrauschen R 64
–, relatives R 64, R 67
Intercarrier-Verfahren R 24
Interceptpoint Q 15, Q 58
– 2. Ordnung, IP2 Q 15, Q 20
– 3. Ordnung, IP3 Q 15, Q 20
Interdigital-Kapazität L 33
Interdigitalfilter F 21
Interdigitalwandler L 63
Interferenzeffekt R 63
Interferenzmuster R 64
–, Fluktuation R 65
Interferenzschwund H 29
Interferenzverfahren, Frequenzmessung I 29
Interferenzzone H 8, N 21
Interferometer S 26
Interferometerpeiler S 12
Intermodulation Q 1, Q 14
– 2. Ordnung Q 13
– 3. Ordnung Q 13
Intermodulations-Störabstand Q 15
Intermodulationsabstand Q 15
Intermodulationsgeräusch Q 58
Intermodulationsprodukt R 28
– 2. Ordnung Q 16
– 3. Ordnung Q 16
internationaler Bezugskreis R 36
internationales Einheitensystem A 2
interne EMV Q 16
– Rückkopplung P 30
– Störung Q 16
interplanetarer Raum H 15
Interpolationsoszillator Q 25
intrinsische Debye-Länge M 8
intrinsischer Halbleiter M 3
intrinsisches Gebiet M 4
inverse Hybridform, Zweitor C 15
– Kettenform, Zweitor C 15
– Matrix C 10
inversibler Festwertspeicher M 36
Inversionsdiagramm C 24
Inversionsschicht H 12, H 37
Inverter, bipolarer M 29
–, Komplementär-Kanal-Transistor M 32
–, MOS M 31
–, Übertragungskennlinie M 32
invertierter symmetrischer Binärcode O 37
Ion Cyclotron Resonance Heating S 18
Ionenschwingung P 29
Ionenzyklotronfrequenz S 18, S 18
Ionisation H 13
Ionosphäre R 18
Ionosphärenschicht H 13, H 15
ionosphärische Absorption H 24

IP2, Interceptpoint 2. Ordnung Q 15
IP3, Interceptpoint 3. Ordnung Q 15
Irrelevanz D 34
Isolation N 20
Isolationsdämpfung L 32
Isolator L 41, M 2
Isolierstütze, Leitung L 11
Isophotenkarte S 27
Isotherme H 13
isotrope Antenne N 17
isotroper Gewinn N 9
– Kugelstrahler N 3
Isotropstrahlerleistung R 45
Ispot beam R 42
Iterativcoder O 37

J-Band A 5
Jansky S 23
Jitter R 9
Johnson-Rauschen D 19
Josephson-Element M 63
– -Element, Leistungsbeziehung M 64

K-Band A 5
– -Faktor R 30
– -Wert R 30
Ka-Band A 5
Kabel R 11
Kabelbrücke P 10
Kabeldämpfung R 27
Kabelmantelaußenstrom P 18
Kabelmantelinnenstrom P 18
Kabelrundfunk R 27
Kabelspule P 19
Kabelsymmetrierung P 18
Kaliumditartrat E 21
Kalman-Filter S 6
kalorimetrische Leistungsmessung I 9
Kaltanpassung P 28
Kanal M 15
Kanalcodierer D 1
Kanalkapazität D 35, O 46
–, Gauß-Kanal D 36
–, zeitbezogene D 35
Kanalverstärker R 52
Kanalverteilung R 17
Kanalweiche R 38
Kanalzuweisung, bedarfsweise O 52
Kante C 6
Kantenbeugung H 27
Kantenbeziehung C 7
Kantendefinition C 7
Kantenemitter R 60
Kantenleitwertmatrix C 8
Kantenquellenstromvektor C 8
Kantenspannungsvektor C 8
Kantenstromvektor C 8
Kapazität C 4, E 9
–, Doppelleitung E 9
–, gesteuerte G 12
–, Koaxialleitung E 9
Kapazitätsbelag C 30
Kapazitätsbelagsmatrix C 37
Kapazitätsdiode M 12
kapazitive Kopplung L 48
– Verkopplung C 38
kapazitiver Leitungsbelag F 15
kartesische Koordinaten B 1
Kaskadenwandler Q 60
Kaskodeschaltung F 30
Kathode, gepreßte M 68
–, imprägnierte M 68
KDP E 21
KDT E 21
Kegelabsuchen S 6
Kegelantenne N 14
Kegelhorn N 42
Kehrlage G 2
Keilabsorber L 17
Kell-Faktor D 31
Kenngröße, Antenne N 6
–, Leistungsverstärker G 33
–, Strahlungsfeld N 7
Kennlinie, Detektordiode I 7
Kennlinienfeld F 23
Kennsignal R 27
Kennzustand R 32
Keramik L 49, M 70
–, dielektrische L 49
Kernfusion S 17
Kettenform, Zweitor C 15
Kettenmatrix C 13, F 15
Kettenschaltung C 15, G 19, L 57
– rauschender Vierpole D 25
–, kopplungsfreie F 5
–, Zweiseitenband-Rauschzahl G 22
Kettenverstärker F 38, P 7
Keulenbreite N 8
kilometrisches Dämpfungsmaß R 10
King-post-Prinzip R 57
Kirchhoffsche Beugungstheorie N 52
Kirchhoffsches Gesetz C 6
– Spannungsgesetz C 6
– Stromgesetz C 6
KK-Empfang D 15
– -Peilung D 15
KKF-Kreuzkorrelationsfunktion D 3, D 15, D 17, O 54
Klasse A G 35
Klasse AB G 35
Klasse B G 35
Klasse C G 36
Klassifizierung, Filter F 5
–, Netzwerk C 1
Klebstoff E 4
Kleeblattstruktur K 45
Kleinsignalanteil G 4
Kleinsignalspektrum G 8
Kleinsignaltheorie M 76
– der Mischung G 3
Kleinsignalverstärkung M 76
Klemmenspannung C 12
Klemmenspannungsvektor C 13
Klemmenstrom C 12
Klemmenstromvektor C 13
Klemmenwiderstand C 12
Klirrfaktor G 34, P 3
Klirrgeräuschanteil R 47
Klystron M 73, M 82
– -Resonator M 83
Klystronsender P 26
Klystronverstärker P 24
Knoten C 6
Knotenbeziehung C 8
Knotenleitwertmatrix, definite C 8
–, indefinite C 8
–, unvollständige C 8
–, vollständige C 8
Knotenpotential C 8
Knotenpotentialanalyse C 7
Knotenpotentialgleichungssystem C 8
Knotenquellenstromvektor C 8
Knotenregel C 6
Knotenstelle R 35
koaxiale Meßleitung I 20
– Steckverbindung L 9
koaxialer Sperrtopf L 12
– Topfkreis P 22
– Zirkulator L 38
Koaxialkabel R 2
Koaxialkabelnetz R 2
Koaxialkabelsystem R 1
Koaxialleiter F 14
Koaxialleitung K 3
–, Abschlußwiderstand L 16
–, geschlitzte K 46
–, Grenzfrequenz K 35
–, Grenzwellenlänge K 34
–, Hohlleiterwelle K 34
–, Kapazität E 9
–, Übergang L 12, L 14
Koaxialmagnetron M 81
Koaxialstrahler N 43
Kobalt-Eisen E 23
kohärente Demodulation O 24
– optische Übertragung R 71
kohärenter Demodulator I 6
– Mehrwellenempfang S 11
kohärentes Licht M 58
– optisches Nachrichtenübertragungssystem R 59
– vermaschtes System O 57
Kohärenzfläche M 57
Kohärenzraumwinkel M 57
Kohärenzzeit M 57
Koinzidenzdemodulator Q 38
Kollektor M 14, P 26
Kollektorantennenelement N 63
Kollektorelektrode M 73
Kollektorpotential, Reduzierung M 78
Kollektorschaltung F 26, M 23
Kollisionsschutz K 46
Kombinationsfrequenz G 2
kommensurable Leitung F 17
Kommunikationssignal Q 53
Kompandergewinn O 35
Kompandierung O 34
kompensierte Transformation, $\lambda/4$ L 4
kompensierter Sprungübergang L 10
Komplementär-Gegentaktschaltung F 30
– -Kanal-Transistor, Inverter M 32

komplementärer Transistor M 14
komplexe Ebene C 3
– Frequenz C 1
– Hüllkurve D 8, Q 7
– Permittivität B 4
– Wechselleistung C 3
– Zeigergröße C 2
komplexer Augenblickswert C 2
– Mischer Q 7
Kompression O 34, R 19
Kompressionsempfänger Q 55
Kompressionspunkt (1 dB) Q 15, Q 20
Kompressorkennlinie O 34
Kondensator E 9, E 10
–, einstellbarer E 12
–, geschalteter M 25, M 25
–, selbstheilender E 12
konforme Gruppenantenne N 60
konische Spiralantenne N 34
konischer Schwenkbereich N 60
konservatives System G 22
Konstantenergie-Modulator P 32
Konstantspannungsmodulator P 31
Konstantstrom-HT-Modulator P 36
Konstantstrommodulator P 31
Konstantstromquelle M 23
Konstruktionsrichtlinie Q 49
konstruktive Ausführung F 15
Kontaktkühlung M 71
kontaktloser Kurzschlußschieber L 54
kontinuierliche Wobbelung Q 55
Kontinuitätsgleichung M 5
Konusleitung L 11
Konusübergang L 11
Konvektionsstrom M 77
Konversionsgewinn, verfügbarer G 5
Konversionsgleichung G 4, G 15, G 19
Konversionsleitwert G 7
Konversionsverlust, verfügbarer G 7
Konvolver L 70
–, akustischer L 70
konzentrierter Zirkulator L 40
Koordinaten, kartesische B 1
Koordinatenbeziehung C 8
Koordinatensystem B 1
–, bipolares K 1
Koordinierung, Erdefunkstelle H 36, H37
Koordinierungsgebiet H 36
Kopfstation R 27
koplanare Streifenleitung K 14
Koplanarleitung K 16
Koplanarleitungswelle K 16
Kopolarisation N 7
Koppelabschnitt L 28
Koppeldämpfung L 27
Koppelfaktor C 39, L 31
–, Resonator I 38
Koppellänge L 31
Koppelloch L 48
Koppelnetzwerk P 10
Koppelring M 81
Koppelschleife L 44, L 48
Koppelschlitz M 81
Koppelstift L 48
Koppelung, Abstimmung P 16
Koppelwelle M 76
Koppelwiderstand M 76
Koppelwirkungsgrad, Schwankung R 65
Koppler, 3-dB P 19
Kopplung zwischen dielektrischen Resonatoren L 50
–, elektrische L 48
–, feste C 5
–, kapazitive L 48
–, lose C 5
–, magnetische L 48
–, thermische G 38
Kopplungsfaktor C 5, E 17, E 25
–, elektromechanischer E 19
–, longitudinaler M 75
–, transversaler M 75
kopplungsfreie Kettenschaltung F 5
Kopplungswiderstand K 6, K 41, R 5
Koronaentladung H 17
Korrelationskennlinie D 26
Korrelationskoeffizient D 14
Korrelationsmatrix D 22
Korrelationsprozeß O 54
Korrelator L 70
–, akustoelektrischer L 70
korrelierter Schrotrauschanteil G 10
kosmisches Rauschen H 17
Kreis konstanten Blindleitwerts C 24
– konstanten Wirkwiderstands C 24
–, gekoppelter K 43
Kreisdiagramm C 24
–, Sechstor I 21
Kreisgruppenantenne N 61
Kreisquerschnitt K 21, K 28
Kreisringresonator I 42
Kreisverlust M 72
Kreuzfeldröhre M 72, M 79
Kreuzkoppler L 34, L 34
Kreuzkorrelationsfunktion, KKF D 3, D 15, D 17, O 54
Kreuzkorrelationskoeffizient D 18
Kreuzleistungs-Spektraldichte D 15
Kreuzmodulation Q 2, Q 13, Q 15, Q 16, Q 50
Kreuzpolarisation N 7, N 40, N 45, N 50
Kreuzpolarisationsentkopplung H 30
Kreuzpolarisationsisolation H 30
Kreuzpolarisationskopplung H 33
Kreuzspulwicklung E 16
Kristallanisotropiefeld L 50
Kristallschnitt L 56
kritische Frequenz K 21
– Wellenlänge K 21
Krümmungsfaktor H 5, H 11, H 12
Krümmungsradius H 5
Ku-Band A 5
kubischer Differenzfaktor P 29
Kugelkoordinaten B 2
Kugelstrahler H 4
–, isotroper N 3
Kühlart P 26
Kühlung, Widerstand D 19
künstliches Dielektrikum N 26, N 46, N 53
Kunststoffkondensator, metallisierter E 10
Kupfer E 1, E 3
Küpfmüller-Tiefpaß F 3
Kuroda-Äquivalenz F 18
kursive Pulsleistung K 25
Kurvenformspeicherung I 4
kurze Leitung C 36
Kurzfristprognose H 24
kurzgeschlossene Strichleitung F 16
Kurzschluß C 32
Kurzschlußebene L 53
Kurzschlußmod K 46
Kurzschlußpunkt C 35
Kurzschlußschieber L 53
–, kontaktloser L 54
Kurzschlußstrom C 12
Kurzschlußstromübersetzung G 9
Kurzwelle H 24
Kurzwellensender P 23
Kurzzeitstabilität G 46
–, Oszillator I 40

L-Band A 5
– -Filter E 25
– -Kathode M 67
Ladungspaket M 83
Ladungsträger M 2
Ladungstransferfilter F 5
Lagenschlagresonanz R 5
Lagestabilisierung R 50
Lagrange M 78
Lambertscher Strahler R 60
laminare Elektronenströmung P 29
Landau-Dämpfung S 22
Lande-Faktor B 6
Langdrahtantenne N 14
Länge, elektrische I 16
–, wirksame N 3, N 10, N 10, N 13
Langfristprognose H 24
Langkanal-MOS-Transistor M 11
Langsame störsichere Logik, LSL M 30
langsame Welle M 72
langsamer Schwund H 28
Längsdämpfung C 30
Längseffekt E 16
Längsgleichmäßigkeit R 3
Längsschnittwelle K 21
Längsstrahler N 19, N 25, N 58
Längsstromverteilung K 12
Längstwelle H 23
Längstwellensender P 23
längsverschieblicher Abschlußwiderstand I 18
Langwelle H 23
Langwellensender P 23
Langzeitstabilität G 46, L 56
–, Oszillator I 40

Laplace-Transformation C 3
– -Verteilung D 13
Laplacescher Operator B 1
Larmor-Radius M 84
Laser M 58
– -Halbleiterdiode, lichtemittierende R 59
Laserdiode I 44
–, Degradation M 53
Laserinterferometrie S 25
Laserschwelle M 51
Lastausgleichswiderstand P 10, P 18
Lastellipse G 34
Lastkennlinie P 31
Lastlinie G 34
Lastwiderstand C 21
–, innerer P 5
Laufraum M 74
Laufstrecke L 62
Laufweg M 74
Laufzeit C 30
–, Streuung K 38
–, Teilwelle H 18
–, Tonsignal D 30
Laufzeitdifferenz R 21
Laufzeiteffekt M 72
Laufzeitglied, steuerbares N 63
Laufzeitkettenmodulator P 31, P 32
–, Dimensionierung P 32
Laufzeitröhre M 72
Laufzeitstreuung K 38
Laufzeitverzerrung D 8, P 29
Lautstärkeempfinden D 28
Lawinen-Laufzeit-Diode G 42, M 13
– -Photodiode M 55, R 61
Lawinenphotodiode, Demodulationsverhalten R 62
LC-Filter F 5, Q 33
– -Oszillator G 42
– -Zweipol C 12
Leckwellenleiter K 48
LED, Lichtemittierende Diode I 44, M 48
–, Lumineszenzdiode I 44
–, Modulationsverhalten R 60
– -Grenzfrequenz M 49
– -Lichtleistung M 49
– -Modulation M 49
– -Wärmewiderstand M 49
Leerlauf C 33
leerlaufende Stichleitung F 16
Leerlaufmod K 46
Leerlaufpunkt C 35
Leerlaufspannung C 12
Leistung C 1
–, verfügbare D 18, D 22
Leistungs-Zeit-Profil I 9
Leistungsadditionsverfahren R 17
Leistungsauskopplung P 1, P 15
Leistungsbegrenzer L 51
Leistungsbeziehung G 22
–, Josephson-Element M 64
leistungsbezogener Wellenwiderstand K 25
Leistungsdämpfung L 1
Leistungsdichte N 1
Leistungsdichtefunktion H 20
Leistungsdichtespektrum D 5
Leistungsflußdichte H 4, R 26
Leistungsgewinn, effektiver G 13
Leistungsgleichrichter mit speziellem Dotierungsprofil M 12
Leistungsgröße N 6
Leistungsmessung I 7
– mit Halbleiterdiode I 7
– mit Thermoelement I 7
–, kalorimetrische I 9
Leistungsschalter P 32, P 33
Leistungssignal D 2
Leistungsteiler I 11, N 62
Leistungstransistor P 10
–, bipolarer M 16
Leistungsübergang P 7
Leistungsübertragung N 2
Leistungsverstärker, Kenngröße G 33
Leistungsverstärkung F 26, G 33, I 14, M 76, P 4
–, verfügbare I 14
Leistungsverzweigung L 22, L 22
Leitbahnbewegung M 69
Leitbahngeschwindigkeit M 79
Leiter E 1
–, Eigenschaft E 1
Leiterdicke, endliche K 10
Leitergüte K 11
Leiterschleife N 5
–, ebene E 13
Leitfähigkeit, spezifische B 14, E 1
–, Temperaturkoeffizient E 1
Leitfähigkeitsmodulation M 12
Leitschichtdicke B 13
Leitung C 5, L 10
–, äquivalente M 77
–, dispersive L 62
–, Ersatzschaltung C 5
–, gedämpfte C 36
–, gekoppelte C 16, F 19
–, homogene K 43
–, Impedanzprofil I 35
–, inhomogene K 43, L 6
–, inhomogene verlustfreie L 5
–, Isolierstütze L 11
–, kommensurable F 17
–, kurze C 36
–, nichtdispersive L 62
–, Querschnittsprung L 10
–, sehr lange C 36
–, verlustlose C 32
Leitungsadmittanzmatrix C 37
Leitungsanalogie P 16
Leitungsbelag, induktiver F 15
–, kapazitiver F 15
–, örtliche Variation F 15
Leitungscode R 9
Leitungscodierer D 2
Leitungsdemodulator O 11, O 11
Leitungsdiskontinuität K 18
Leitungsendeinrichtung R 5
Leitungsersatzschaltung F 16
Leitungsfilterschaltung F 14
Leitungsinverter C 19, F 16
Leitungskenngröße C 29
Leitungslänge F 15
Leitungslängenmodulator R 53
Leitungsmaser M 61
Leitungsparameter C 29
Leitungsresonator I 39, L 44
Leitungsschaltung, quasikonzentrierte F 15
Leitungstransformation, Frequenzabhängigkeit L 5
Leitungstransformator F 19
Leitungsübertrager L 13, P 10
Leitungsverstärker Q 44
Leitungswelle N 1
Leitungswellenwiderstand K 9, K 24, N 1
–, Finleitung K 33
–, normierter L 5
Leitwertform C 15
Leseverstärker M 37
LF A 5, H 23
– -Bereich P 21
– -Sender P 21
Licht, chaotisches M 56
–, inkohärentes M 56
–, kohärentes M 58
–, thermisches M 56
– -Strom-Kennlinie M 52
Lichtabsorption, Halbleiter M 46
Lichtemission, Halbleiter M 46
Lichtemitter M 46
lichtemittierende Diode, LED I 44, M 48
lichtemittierende Laser-Halbleiterdiode R 59
Lichtgeschwindigkeit B 4
Lichtwellenleiter, LWL I 44
– -Meßtechnik I 44
lineare Codierung, Quantisierungsverzerrung O 31, O 38
– Gruppenantenne N 58
– Polarisation B 7, N 7, N 36
– Regelkennlinie Q 36
– Verzerrung Q 13
– Verzerrung, Bildsignal D 32
– Verzerrung, Tonsignal D 29
linearer Phasenwinkelverlauf F 6
– Resonator I 42
– RF-Leistungsverstärker P 7
Linearisierung, stückweise G 27
Linearität, Frequenzmodulator O 8
Linearstrahlröhre M 72
Linearverstärker P 11
Linie, 21 cm S 24
–, strahlende N 19
Linienabstand Q 39
Linienbreite, natürliche M 58
Liniendipol, Feld K 1
linienförmiges Versorgungsgebiet K 46
Linienspektrum I 26, R 22
Linienzugbeeinflussung K 46
linkszirkular polarisierte Welle S 19
Linse N 48, N 56
–, dielektrische N 53
Linsenantenne N 53
Linsenkörper N 53
Linsentyp N 63
Lissajous-Figur I 7
Lithium-Ferrit L 52

Lithiumniobat E 21, L 55
Lithiumtantalat E 21, L 55
LNP-Laser M 60
load-pull-diagram I 39
Loch M 2
Löcherstrom M 2
Lochkopplung L 48
Log-Normalverteilung H 2, H 31
logarithmisch-periodische Antenne N 28, R 19
logarithmische Spiralantenne N 33
logarithmischer Verstärker Q 36
logarithmisches Betriebsmaß C 23
– Potentiometer L 21
lokalisierter Resonator L 60
longitudinaler Kopplungsfaktor M 75
Longitudinalschwinger L 61
Longitudinalwandler L 62
LORAN C S 16
Lorentz-Kraft M 68
lose Kopplung C 5
lower hybrid frequency S 20
Lower Hybrid Resonance Heating S 18
lowest usable frequency, LUF H 24
LR-Phasenschieber L 24
LSA-Betrieb M 13
LSL, Langsame Störsichere Logik M 30
LSSD-Verfahren M 44
LTI-System D 4
LUF, lowest usable frequency H 24
Luftkühlung M 71
Luftspule E 14
Lüftungsrohr K 22
Luminanz P 23
Luminanzsignal R 22
Lumineszenzdiode R 50, R 63
–, LED I 44
Luneburg-Linse N 53
LWL, Brechzahlprofil I 45
–, Dämpfungsmessung I 44
–, Dispersion I 45
–, effektiver Kerndurchmesser I 45
–, Impulsverbreiterung I 45
–, Lichtwellenleiter I 44
–, Modenverteilung I 45
–, Rückstreudiagramm I 45
–, Rückstreuverfahren I 45
–, Übertragungsfunktion I 45
– -Richtkoppler I 45

M-Band A 5
– -Kathode M 68
Magic-Tee L 33
Magnesium E 1
Magnetfeld, homogenes M 69
magnetisch abstimmbarer Resonator L 50
magnetische Doppelbrechung H 14
– Grundwelle K 24
– Kopplung L 48
magnetischer Elementardipol N 4
– Flächenstrom N 5
– Hertzscher Vektor N 5
– Wellentyp K 25
– Werkstoff E 4
magnetisches Dipolmoment N 6
Magnetisierung E 23
Magnetisierungskurve E 23
Magnetmodulator P 34
magnetostatische Eigenschwingung L 50
Magnetostriktion E 22, E 23
–, ferromagnetische E 22
Magnetostriktionskurve E 23
magnetostriktive Anregung L 55
– Grundgleichung E 23
– Wandlungskonstante E 24, E 24
magnetostriktiver Schwinger, Impedanz E 24
– Wandler E 24, L 62
Magnetron M 80
–, Schnittstelleneigenschaft P 31
Magnetronkennlinie P 31
Magnetronsender P 30, P 35
–, Blockschaltbild P 30
man-made noise Q 12
Mangan-Zink-Ferrit E 5
Mark-Hold-Automatik Q 43
Maschenkathode M 71
Maschennetz R 32
Maschenregel C 6
Maschenstromanalyse C 7
Maser M 61
Massenänderung der Elektronen M 83
Massenimpedanz E 18
Massenwirkungsgesetz M 3
master M 42
Material, amorphes magnetostriktives E 23
–, ferroelektrisches E 21
Materialdispersion K 38
Materialdispersionskoeffizient R 10
Matrix, inverse C 10
Matrixelement C 15
Matrixschreibweise C 7
Matrixspeisesystem N 64
–, Gruppenerreger N 57
Matrizenumrechnung C 15
maximal abgebbare Wirkleistung C 21
Maximal-Lineare-Codefolge O 49
maximale Bandbreite E 19
maximum usable frequency, MUF H 14
Maximumpeilung S 11
Maxwell-Wien-Brücke I 33, P 19
Maxwellsche Gleichungen B 3
mechanische Belastung Q 25
– Filterkette L 61, L 62
– Impedanz E 18
– Resonanz E 17
– Schwinggüte E 24
– Welle L 62
mechanischer Resonator L 55
– Schwinger F 5
mechanisches Filter E 23, Q 33
– Filter, Bandbreite L 57
Medianwert H 1
Medium, anisotropes B 5
–, gyrotropes B 6, L 36
Mehrdeutigkeitsfunktion S 7
Mehrelement-Interferometer S 26
Mehrfach-Gebietsstrahl-Bedeckung R 42
– -Überlagerungsempfänger, Baugruppe Q 18
Mehrfachmodulation O 41
Mehrfachreflexion P 28, R 18
Mehrfachstreuung H 5
Mehrgitterröhre G 18
Mehrkammerklystron M 75, P 26
mehrkanaliger Automatikpeiler S 12
– Sichtpeiler S 11
Mehrkeulenbildung S 6
mehrkreisiger gekoppelter Resonatorfilter F 16
Mehrleitersystem C 37
Mehrloch-Richtkoppler L 34
Mehrlochkern E 16
Mehrmodenerreger N 52
Mehrmodenstrahler N 43
Mehrpol C 12
Mehrstrahlantenne N 57
Mehrstufenkollektor M 78
Mehrtor C 12
–, torzahlsymmetrisches C 13
Mehrwege-Schwundprozeß D 14
Mehrwegeausbreitung H 12, H 18, H 19, Q 3, R 16
Mehrwegeschwund R 30
Mehrwellenausbreitung Q 2
Mehrwellenempfang, kohärenter S 11
Mehrwellenfall, inkohärenter S 12
–, quasikohärenter S 12
Mehrwellenpeiler S 12
Meldeempfänger Q 8
menschliches Sinnesorgan Q 3
Mesh-Emitter M 15
Meßempfänger Q 44
Messing E 1
Meßleitung I 19
–, koaxiale I 20
Meßstellenwahlschalter R 25
Messung, AM-Rauschen I 41
–, Amplitudenrauschen I 40
–, Antenne I 36
–, diskretes Bauelement I 32
–, Effektivwert I 2
–, FM-Rauschen I 40
–, Gewinn I 37
–, Impulsantwort I 22
–, Mobilfunkantenne I 37
–, Modulation I 25
–, Oberflächenstromdichte I 5
–, Phasenverschiebung I 28
–, Pulswiderholfrequenz I 26
–, Quellenanpassung I 40
–, Rauschzahl Q 9
–, Resonator I 37
–, Signalquelle I 39
–, Spitzenwert I 2
–, überlagerte Gleichspannung I 2
–, überlagertes Wechselfeld I 2
Metall/Keramik-Verbindung M 70

Metallfilmkathode M 67
Metallglasurwiderstand E 8
metallisierter Kunststoffkondensator E 10
Metallkathode, reine M 67
Metallresonator F 5
Metallschichtwiderstand E 5
meteorologischer Dienst R 42
Methode 3 Q 37
MF A 5, H 23
– -Bereich P 21
– -Sender P 21
Microstripleitung, Abschlußwiderstand L 17
–, Übergang L 14
Microstripmeßtechnik I 42
Mikrophonie Q 23
Mikroprozessor M 39, Q51
Mikrostreifenleiter F 14
Mikrostreifenleitung K 7, K 8
–, frequenzunabhängige Eigenschaft K 10
–, Gehäuseboden K 12
–, gekoppelte K 13
–, Modifikation K 12
–, statistische Eigenschaft K 8
Mikrostreifenleitungsfilter F 5
Mikrostreifenleitungssystem, N + 1 K 14
Mikrowellendiode, aktive M 12
Mikrowellenferrit B 6, L 36
Mikrowellenlinse N 53
Mikrowellenschaltung, integrierte K 7
Mikrowellenzähler I 27
Millington-Methode H 24
Mindestfeldstärke R 17
Mindestsperrdämpfung F 3
Mindeststörabstand H 35
Mindestversorgungsradius H 26
Mineralöl E 2
minimale Rauschtemperatur G 11
– Rauschzahl D 23
minimales Zeit-Bandbreite-Produkt F 8
minimalphasiges Filter F 3
Minimum Frequency Shift Keying, MSK O 17
Minimumpeilung S 11
Minoritäts-Trägerdichte M 8
Mischdämpfung Q 21
Mischen, reziprokes Q 1, Q 14, Q 16, Q 50
Mischer M 63, R 52
– als Dämpfungsglied L 21
–, aktiver G 18
–, integrierbarer Q 22
–, komplexer Q 7
Mischerschaltung mit mehreren Dioden G 12
–, breitbandiger Abschluß Q 22
Mischkristall M 47
Mischoszillator M 64
Mischsteilheit G 19
Mischstufe Q 5, Q 21
–, aktive Q 22
Mischung G 1, M 62
–, additive G 18
–, multiplikative G 18
Mischverstärkung G 19
Mischverteilung H 3
Missionsdauer R 53
Mithörverstärker Q 44
Mitlauffilter I 25
Mitlaufgenerator I 12
Mitmodulation P 14
Mittelwelle H 23
Mittelwellenbereich P 23
Mittelwert H 2
–, quadratischer H 2
–, zeitlicher D 12, D 16
Mittelwertbildung S 12
mittlere Silbenlänge O 40
mittlerer Erdradius H 10
MM-Kathode M 68
MNOS-Transistor M 38
Mobilfunk H 18, H 22, H 28, K 46
Mobilfunkantenne, Messung I 37
Mod K 45, M 81
Modalmatrix C 37
Mode, axiale N 35
–, omnidirektionale N 35
Modellmessung, Antenne I 37
MODEM Q 3, R 39
Modenabstand M 52
Modendispersionskoeffizient R 10
Modengleichgewicht I 44
Modenlaufzeitstreuung R 71
Modenrauschen R 65
Modenspektrum, Wellenleiter K 48
Modenverteilung, LWL I 45
Modenverteilungsrauschen R 64
Modifikation, Mikrostreifenleitung K 12
modifizierte Bessel-Funktion G 18
modifizierter Brechwert H 11
Modul N 64
–, piezoelektrisches E 18
Modulation O 1, R 32, R 59
–, analoge O 1
–, Halbleiterlaser M 53
–, Messung I 25
–, quarternäre O 20
Modulationsabschnitt R 34, R 39
Modulationsart A1A Q 10
– A1B Q 10
– A3E Q 10
– F1A Q 10
– F1B Q 10
– F1C Q 10
– F3E Q 11
– J3E Q 10
Modulationsaufbereitung R 19
Modulationsdynamik P 22
Modulationseinrichtung P 1, R 37
Modulationsfaktor P 3
Modulationsgewinn O 49
Modulationsgrad O 1, O 2, O 3, P 15, P 15
–, effektiver P 15
–, negativer P 15
–, positiver P 15
Modulationsindex O 7, O 13, O 17, Q 11
Modulationsübertragungsfunktion D 30
Modulationsverfahren O 42, R 46, R 47
–, diskontinuierliches O 30
Modulationsverhalten, LED R 60
Modulationsverstärker P 11
Modulationswandler O 9
Modulator P 30, P 32, R 39
– für Kreuzfeldverstärker P 36
Modus F 14
Modzahl M 81
Mögel-Dellinger-Effekt H 15
Moment D 13, H 2
Momentamplitude O 1
momentane Frequenzablage H 21
– Regenrate H 33
Momentanfrequenz O 1
Momentanphase O 1
Momentanwertexpander O 34
Momentanwertkompressor O 34
Momentanmethode N 27
Monochromator I 44
monolithisches Quarzfilter L 61
Monomodefaser R 71
Monophonie R 20
Monopol N 11
Monopulsverfahren S 6
MOS, Inverter M 31
–, NAND-Gatter M 33
–, Transfergatter M 33
– -Leistungstransistor M 17
– -Schaltungstechnik, dynamische M 32
– -Speicher M 36
– -Transistor M 15, M 31
MSK R 33, R 46
–, Minimum Frequency Shift Keying O 17
MTI-Radar S 5
MUF, maximum usable frequency H 14
– -Faktor H 14
Multiemittertransistor M 30
Multifunktionsradarsystem N 56
Multipaktorschwingung P 26
multipath spread H 19
multiple access R 42
Multiplex-Verfahren R 47
Multiplexer M 40
Multiplikationsinterferometer S 26
Multiplikationsverfahren, vereinfachtes R 17
multiplikative Mischung G 18
Multipliziererschaltung, integrierte G 18
Multipliziererschaltung Q 8
Multistripkoppler L 65
Multivibrator, astabiler G 47
Muschelantenne N 52
Musterfunktion D 12, D 16

N-Pfad-Filter F 6
– -Stecker L 10
NA, numerische Apertur I 45, K 38
Na-K-Tartrat E 21
Nachbarkanalselektion Q 1
Nachbarkanalsender, Störung Q 38
Nachführkonzept R 54

Nachführung R 56
Nachgiebigkeit, elastische E 24
Nachrichtenempfänger Q 49
Nachrichtenquelle D 1
Nachrichtensatellitentechnik O 51
Nachrichtensender P 22
Nachrichtensenke D 1
Nachrichtenübermittlung, drahtlose N 1
Nachrichtenübertragungssystem, kohärentes optisches R 59
–, optische R 58
Nachrichtenverbindung zu Schienenfahrzeugen K 47
Nachteil, Quadratur-Empfänger Q 8
–, Superhet-Empfänger Q 8
–, Synchron-Empfänger Q 8
Nahbereich, Phasenrauschabstand Q 27
Nahfeld N 2
–, Antenne I 36
Nahfeldantenne K 47
Nahfeldgebiet, strahlendes N 2
Nahfeldlinsenantenne N 46, N 48
Nahfeldmessung, Antenne I 37
Nahfeldregion N 2
Nahschwundzone R 19
Nakagami-Verteilung D 14
NAND-Gatter, bipolares M 30
– -Gatter, MOS M 33
natürliche Linienbreite M 58
natürliches Dielektrikum N 53
– Rauschen H 16
Navigation R 42
NDK-Keramikkondensator E 10
Nebenaussendung P 3
Nebenempfangsstelle Q 9
Nebenkeule N 8, N 19, N 47, N 50
Nebenkeulendämpfung N 8
Nebenleitung C 39
Nebensprechen R 4
Nebenwelle, nichtharmonische Q 23
Nebenwellenempfang Q 1
Nebenzipfel N 8, N 58, Q 55
Nebenzipfeldämpfung N 8
Negativ-Impedanz-Inverter C 17
– -Impedanz-Konverter C 17
negative differentielle Beweglichkeit M 13
negativer Modulationsgrad P 15
– Widerstand G 15
Negativmodulation P 24
Neodym-Gaslaser M 60
– -YAG-Laser M 60
Netzgerät P 34
Netzplanung H 26
Netzsteckverbindung Q 46
Netzsynchronisierung O 63
Netzwerk, C 1, G 1
–, Eingangsimpedanz I 10
–, Klassifizierung C 1
–, Wechselstromverhalten C 2
–, zeitvariantes lineares D 27
Netzwerkanalyse C 6
–, Bezugsebene I 17
–, Eichmessung I 17
–, Eichnormale I 17
–, Fehlerkorrektur I 17
–, Fehlerzweitor I 17
–, Reflexionsfaktor I 16
–, Transmissionsfaktor I 9
–, Zeitbereich I 22
–, zwei Reflektometer I 21
Netzwerkelement C 3
Neutralisation F 35, P 7
NF-Ausgang Q 46
– -Bandbreite, übertragbare P 21
– -Nachselektion Q 45
– -Selektion Q 13
– -Substitution I 12
– -Teil Q 44
Ni–Co–Cu–Ferrit E 23
Nicht gesättigte bipolare Schaltungstechnik M 30
nicht abstrahlender Wellenleiter K 46
nichtdispersive Leitung L 62
nichtharmonische Nebenwelle Q 23
nichthomogene Belegung N 58
nichtlineare Beschreibung G 45
– Codierung, Quantisierungsverzerrung O 34, O 39
– Optik M 62
– Verzerrung P 11, P 29, R 62, R 63
– Verzerrung, Bildsignal D 32
– Verrzerrung, Tonsignal D 30
nichtlinearer Gleichrichter Q 9
nichtlineares Bauelement G 1, G 3
Nichtlinearität E 7
nichtminimalphasige Schaltung F 4, F 12
nichtredundantes Einheitselement F 18
nichtrekursive Filterstruktur F 6
nichtrekursives Tiefpaßfilter Q 59
nichtreziproke Amplitudenübertragung L 51
nichttransformierender Phasenschieber L 25
nichtzylindrischer Strahler N 48
Nickel E 1, E 23
– -Eisen E 23
– -Zink-Ferrit E 5, L 52
Niederschlag H 37
–, Streuung H 5, H 37
noise factor Q 9
NOR-Schaltung, bipolare M 31
Norator C 5, C 9
Nordheim-Gleichung M 66
normaler Binärcode O 37
Normalfrequenz-Ausgang Q 46
Normalverteilung D 13, H 2
normierte Phasengeschwindigkeit F 15
– relative Bandbreite F 8
normierter Elementewert F 9
– Leitungswellenwiderstand L 5
normiertes Transformationselement L 2
Normierung C 5, C 25, F 1
Normwandlung R 28
Norton-Transformation C 19
notwendige Rauschleistungsdichte Q 12
NTC-Widerstand E 8
Nullator C 5, C 9
Nulldurchgangsdiskriminator O 18
Nullor C 5
Nullpunktdrift Q 8
Nullpunktenergie M 56
Nullschnitt L 56
Nullstelle C 11, N 58
numerische Apertur, NA I 45, K 38
nutzbare Bandbreite H 32
– Feldstärke R 17
nutzbarer dynamischer Bereich Q 58
Nutzhöhe Q 12
Nutzlast R 51
– -Untersystem R 50
Nutzpolarisation N 7
Nutzsender R 17
Nutzsignal/Rausch-Abstand Q 9
Nylon E 2
Nyquist-Bandbreite O 28
– -Flanke R 22
– -Frequenz R 8
– -Methode I 15
– -Rauschen D 19

Oberband R 34
obere Hybridfrequenz S 20
– Hybridresonanz S 18
oberes Seitenband G 8
Oberflächenstrom, Dämpfung E 26
Oberflächenstromdichte B 10
–, Messung I 5
Oberflächenwelle B 12, L 55, N 26, N 46, N 47
–, akustische L 63
Oberflächenwellenbauelement, akustisches L 63
Oberflächenwellenfilter F 5, Q 33, R 24
–, akustisches Q 8
Oberflächenwellenleiter, Adapter L 15
Oberflächenwiderstand K 10
Oberschwingung E 19, G 2
Oberstrich P 14
Oberwelle P 30
Oberwellenmischung, Spektrumanalysator I 25
Oberwellenzusatz P 9
ODER-Schaltung, bipolare M 31
offener Wellenleiter K 46
Offset Keyed PSK O 22
– -Modulation R 33
– -Parabolspiegel S 26
– -QPSK R 46
Offsetspannung M 25
OFW, akustische Oberflächenwelle L 63
– -Bauelement L 63
omnidirektionaler Mode N 35
On-Phase-Träger O 23
ONEGA S 16
Operationsverstärker M 24
–, Grenzfrequenz F 38

OPSK-Differenz-Demodulator R 52
– -Modulator R 52
Optik, geometrische K 38
–, integrierte K 40
–, nichtlineare M 62
optimale Antennenhöhe N 39
– Pumpfrequenz G 17
Optimalfilter S 7
Optimierungsverfahren F 14
optische Faser K 37
–, Übertragungsfunktion R 62
– Nachrichtenübertragungssystem R 58
– Sockelleistung R 68
optischer Resonator M 59
– Übertragungskanal R 62
– Wellenleiter K 36
optisches Filter F 5, F 21
optoelektronisches Halbleiterbauelement M 46
Orbit, geostationärer R 44
Orbitabstand R 25
Orbitposition R 26
ordentliche Welle S 19
Ordnungszahl, Quantisierungsstufe O 34
Orientierung L 56
örtliche Variation, Leitungsbelag F 15
Ortskurve C 25
Ortskurvendarstellung E 19
ortsselektiver Schwund K 47
Ortswahrscheinlichkeit H 27, K 47
Ortung S 12
–, Störstelle I 35
Ortungsgenerator R 6
Ortungsverfahren R 6
Oszillationsfrequenz G 41
Oszillator G 39, L 55, Q 23, Q 60
–, abstimmbarer G 45, Q 23
–, digitaler Q 27
–, digitaler Empfang Q 60
–, freischwingender Q 24
–, Frequenzstabilität I 40
–, Güte I 41
–, harmonischer G 40
–, Kurzzeitstabilität I 40
–, Langzeitstabilität I 40
–, Phasenrauschen I 40, Q 24, Q 25
–, Rauschen G 46
–, stabilisierter L 48
Oszillatorfrequenz, Temperaturabhängigkeit Q 23
Oszillatorkenngröße Q 23
Oszillatorrauschen Q 50
Oszilloskop I 3
–, Phasenmessung I 5, I 7
OTDR, Optical Time Domain Reflectometer I 45
Output-Interceptpoint Q 15
Overlay-Struktur M 15
Oxid-Streifenlaser M 52
Oxidkathode M 67

P-Band A 5
PO-FSK-Demodulator Q 42
PAL-Verzögerungsleitung L 62
Panoramaempfänger Q 53
Panoramagerät Q 4
PANTEL-Schaltung P 12
Parabolantenne N 49, R 41
Parabolspiegel N 56
Paraboltorusantenne N 52
Paraffinöl E 2
Parallel-Rückkopplung F 33
Parallel/Reihen-Rückkopplung F 33
paralleler Empfang Q 8
Parallelkapazität E 6
Parallelresonanz E 19
Parallelresonanzfrequenz E 24
–, innere G 12
Parallelschaltbrücke P 10
Parallelschaltnetzwerk P 10
Parallelschaltung C 15, D 19, P 1, P 18, P 30
Parallelschaltungsbrücke P 19
Parallelschwingkreis C 11, C 12
Parallelsubstitution I 13
Parallelverfahren M 28
Parallelverzweigung L 22
parametrische Verstärkung M 62
parametrischer Reflexionsverstärker G 16
– Verstärker M 64, R 52
Pardune N 20
Pardunenisolation N 21
Parsevalsches Theorem D 5, D 15
Partial Response R 33
passive Reserve R 21
passiver FET-Mischer Q 21
– Tastkopf I 4
– Zweipol C 10
passives Bauelement L 1
PC-3,5-Stecker L 10
– -7-Stecker L 10
PCM, Puls-Code-Modulation R 67
PDM-Übertragungsformel P 12
PE, Polyethylene E 2, E 4
– -Kabel K 7
– -X, vernetztes Polyäthylen K 5
Pegelabhängigkeit Q 7
Pegeldiagramm Q 33
Pegeldifferenz R 20
Pegelhaltung R 7
Peilantenne N 15
Peilempfänger Q 53
–, Genauigkeit Q 53
Peilmodulation S 11
Periodendauer-Messung I 28
Periodenmessung Q 41
periodisch geschalteter Phasenschieber Q 31
periodische Wellenleiter K 41
periodischer Betriebsdämpfungsverlauf F 18
– Frequenzgang F 14
periodisches magnetisches Feld M 74
Permeabilität B 4
Permittivität, komplexe B 4
Permittivitätszahl, effektive K 9
Perveanz P 26
Phase-Locked-Loop-Demodulator Q 38
phased array N 56
Phasen-Störhub Q 13
Phasenakkumulator Q 28
Phasenbedingung G 25
Phasendetektor O 10, O 13, O 13
Phasendiagramm N 8
Phasendiskriminator, digitaler Q 39
Phasenfehler, Referenzträger O 28
Phasenfokussierung M 73, M 73, M 83
Phasenfront B 11
Phasengegenkopplung P 8
phasengerastetes Regelsystem G 17
Phasengeschwindigkeit C 5, C 30, K 23, K 41
–, normierte F 15
phasengesteuerte Gruppenantenne N 56
phasengesteuerter Gleichrichter I 6
Phasenhub O 7
Phasenjitter O 29
Phasenkonstante K 23
Phasenkorrektur N 63
Phasenkorrekturlinse N 43
phasenkorrigierter Richtkoppler (3 dB) L 27
Phasenmaß B 4, C 30
Phasenmeßbrücke I 6
Phasenmessung I 5, I 6
–, digitaler Zähler I 6
–, Oszilloskop I 5, I 7
–, Ringmischer I 6
–, symmetrischer Mischer I 6
Phasenmethode O 5, O 5, Q 37
Phasenmodulation O 13
–, bildsynchrone R 25
Phasenmodulationsverfahren, direktes O 13
–, indirektes O 13
Phasenmodulationsverzerrung P 28
Phasenrauschabstand, Nahbereich Q 27
Phasenrauschen Q 23, Q 25
–, Abstand Q 30
–, Oszillator I 40, Q 24, Q 25
Phasenregelkreis, PLL O 25
Phasenregelschleife, PLL O 18, O 28, Q 6, Q 28, R 46
Phasenschieber I 20, L 8, L 24, L 24, L 25
–, nichttransformierender L 25
–, periodisch geschalteter Q 31
–, steuerbarer N 62
–, symmetrischer L 26
– -Zirkulator L 40
Phasenschiebung durch Ausziehleitung L 26
– durch Richtkopplung L 26
Phasensprung O 29
Phasenumtastung O 19
–, binäre O 19
Phasenunsicherheit O 24
Phasenverschiebung, Messung I 28
Phasenwinkelverlauf, linearer F 6
Phasenzentrum N 1, N 40, N 45

Phosphat E 21
Photodiode M 53, R 61
–, Wirkungsgrad M 54
Photon M 56
Photonendichte M 50
Photonenzahl M 56
Photostrom M 54
Photowiderstand E 8, Q 21
physikalische Größe A 1
Pi-Filter E 25
– -Glied L 19
– -Mod M 81
Pierce-Oszillator G 44
Piezoeffekt, direkter E 16
–, reziproker E 16
piezoelektrische Anregung L 55
– Grundgleichung E 16
piezoelektrischer Effekt E 16
– Resonanzvierpol L 59
– Transformationsfaktor E 17
– Wandler E 17, E 18, L 62
– Werkstoff E 16
piezoelektrisches Modul E 18
– Polymer E 21
– Substrat L 64
Piezokeramik E 21
piezokeramisches ZF-Filter L 59
Piezoresonator E 19
–, Impedanz E 19
PII (Positiv-Impedanz-Inverter) F 11, F 15
Pilotempfänger R 7
Pilotregelung R 7
Pilotregler R 7
Pilotsignal R 27
Pilottonverfahren O 5, R 20
Pilotverfahren O 25
pin-Diode L 21, M 12, Q 21
– -Photodiode M 55, R 61
– -Photodiode, Demodulationsverhalten R 61
Pinch-off-Spannung M 34
Pipelinerechner Q 57
PLA, Programmable Logic Array M 40
Planar-Epitaxial-Technik M 15
planare Antenne N 24
planarer Wellenleiter K 7
planares Strahlenelement N 24
Planarleitung K 5
Plancksches Wirkungsquantum M 56
Planung, Richtfunk R 34
Plasma B 5, S 17
–, cutoff-Dichte Nc S 20
–, heißes S 22
–, warmes S 22
– -cutoff S 19
Plasmachemie S 17
Plasmadiagnostik S 17
Plasmadispersion S 19
Plasmaerzeugung S 17
Plasmafrequenz B 5, H 14, M 74, S 18
–, reduzierte M 77
Plasmaheizung S 17
Plasmaresonanz S 21
Platin E 1
Plexiglas E 2
PLL, digitaler Q 30
–, Phasenregelkreis O 25
–, Phasenregelschleife O 18
– -Phasendetektor Q 29
– -Tiefpaß Q 29
PM-Fokussierung P 26
pn-Diode G 4
PN-Phasenmodulation O 55
pn-Übergang M 7
– -Übergang, abrupter G 14
pnp-Bipolartransistor, Standardprozeß M 23
Poisson-Gleichung M 6
– -Verteilung D 13, M 58
poissonverteilte Impulsfolge D 15
polare Achse E 16
Polarisation B 7, N 7, N 23, R 21, S 20
–, elliptische N 7
–, lineare B 7, N 7, N 36
–, spontane E 21
–, zirkulare B 7, N 33, N 35
Polarisationsebene B 7
Polarisationsellipse N 33
Polarisationsentkopplung R 26, R 31
Polarisationsrauschen R 65
Polarisationsweiche R 34, R 38
Polarisationszustand E 21
Polleitwertmatrix C 13
Polyethylen, PE E 2, E 3, E 4
Polymer, piezoelektrisches E 21
Polypropylen, PP E 2, E 4
Polystyrol, PS E 2, E 4
–, geschäumtes E 2
–, vernetztes E 4
Polytetrafluorethylen, PTFE E 2, E 3
Polyvinylchlorid, PVC E 2
Polyvinylidendifluorid E 21
poröses PTFE K 5
Porzellan E 2, E 3
Positiv-Impedanz-Inverter F 11, F 15
positive Funktion C 11
positiver Modulationsgrad P 15
Posthumus-Brücke P 18
Potential, elektrochemisches M 4
Potentiometer E 7
–, logarithmisches L 21
Potenz-Filter F 6
– -Tiefpaß F 6
Potter-Horn N 43
power divider I 11
– splitter I 11
Poynting-Vektor B 4, N 1
PP, Polypropylen E 2, E 4
PPM-Fokussierung M 75, P 26
Präambel O 53
Präzisions-Offset R 23
Präzisionsabschluß L 16
Präzisionsluftleitung K 5
Preemphase O 8, Q 11, Q 38, R 7, R 20, R 32, R 39
Preselector I 25
primäre Hauptstrahlrichtung N 58
– Speisung N 61
Primärwelle M 81
Prinzip der äquivalenten Quelle N 5
probability of intercept Q 54
Produktdemodulator O 23
Produktdetektor Q 37
Produktform N 59
Produktmodulation R 20
Produktterm M 40
Programmable Logic Array, PLA M 40
– Read Only Memory, PROM M 36
programmierbarer Festwertspeicher M 36
PROM, Programmable Read Only Memory M 36
Proportionalregelkreis Q 34
Proximityeffekt B 17, K 2
Prozeßgewinn O 54
Prozessorstruktur Q 58
Prüfbus M 44
Prüfprogramm P 15
Prüfvektor M 44
Prüfzeile R 22
Prüfzeilenanalysator R 25
PS, Polystyrol E 2, E 4
Pseudofehler R 40
Pseudonoise-Verfahren O 46
PSK R 32
PSK/ASK-Verfahren O 21
PSM P 11
–, Puls-Step-Modulation P 12
psophometrische Bewertung R 45
– Geräuschbewertung R 48
PTFE, Polytetrafluorethylen E 2, E 3
–, poröses K 5
– -Kabel K 7
Puls-Code-Modulation, PCM R 67
– -Doppler-Radar S 6
– -Step-Modulation, PSM P 12
PULSAM-Schaltung P 12
Pulsare S 23
Pulscodemodulation D 37, O 31, R 25
Pulsdauermodulation P 11, R 19
Pulsed FM, Chirp O 61
Pulsfolgefrequenz, gestaffelte S 5
Pulsleistung, kursive K 25
–, übertragbare K 24
Pulsleistungsmessung I 9
Pulsradar S 4
Pulsrahmen O 53
Pulssender P 28
Pulsspektrum I 26
Pulsspitzenleistung I 26
Pulswiderholfrequenz, Messung I 26
Pumpfrequenz, optimale G 17
Pumpkreisfrequenz G 13
Pumprate M 58
pushingfactor des Magnetrons P 35
PVC, Polyvinylchlorid E 2
pWOp R 35

Pyramidenabsorber L 17
Pyramidenhorn N 41
Pyroeffekt E 16
pyrolythischer Graphit M 71

Q-Band A 5
QAM R 32
– -16 O 21
QASK R 32
QPSK R 46
– -Burst R 49
Quadbit O 21
Quader L 45
quadratischer Detektor Q 4, Q 5
– Mittelwert H 2
– Querschnitt K 29
Quadratur O 20
– -Empfänger, Nachteil Q 8
Quadraturamplitudenmodulation O 19
Quadraturdemodulator Q 38
Quadraturempfänger Q 5, Q 7
Quadraturfehler R 24
Quadraturkomponente D 8
Quadraturkonzept Q 57
Quadraturträger O 23
Quantenrauschen D 20, R 64
Quantenübergang, stimulierter M 58
Quantenwirkungsgrad R 61
Quantil H 1
Quantisierung O 32
Quantisierungseffekt Q 57
Quantisierungsgeräusch O 32
Quantisierungsrauschen, A/D-Umsetzer Q 58
Quantisierungsstufe, Ordnungszahl O 34
Quantisierungsverzerrung O 38
–, nichtlineare Codierung O 34, O 39
–, lineare Codierung O 31, O 38
Quantisierungsverzerrungsabstand O 33, O 35
Quarz E 2, F 5, L 55
–, Alterung Q 24
–, SiO_2 E 20
– -AT-Dickenscherschwinger L 56
– -Oszillator G 44
– -Stimmgabelresonator L 56
Quarzfilter Q 33
–, monolithisches L 61
Quarzglas E 3, K 37
Quarzmembrane L 55
Quarzschnitt L 56
Quasare S 23
quasi-ebenes Gelände H 27
Quasi-Fermi-Potential M 4
quasi-optischer Resonator M 83
– -optischer Strahler N 45
Quasi-Paralleltonverfahren R 25
– -Suspended-Substrate-Mikrostreifenleitung K 13
quasidegenerierter Reflexionsverstärker G 17
quasikohärenter Mehrwellenfall S 12
quasikonzentrierte Leitungsschaltung F 15
quasioptisches Horn N 42
quasisimultane Erfassung Q 55
Quasiteilchen-Tunnelstrom M 63
quaternäre Modulation O 20
Quecksilber E 1
Quelle C 4
–, diskrete D 33
–, gesteuerte C 4, C 17, G 18
–, ideale C 4
Quellenanpassung, Messung I 40
Quellencodierer D 1
Quellencodierung O 29
Querdämpfung C 30
Quereffekt E 16
Querschnitt, quadratischer K 29
Querschnittsprung, Leitung L 10
Querstrahler N 19, N 58
Querstromverteilung K 12

R-Band A 5
RADAR H 28, S 1
Radarantenne N 52
Radargleichung S 1
Radarhorizont S 2
Radarrückstrahlfläche S 2
Radarsignaltheorie S 7
Radarstreuquerschnitt H 6
Radioastronomie S 22
–, Antennensystem S 24
Radiohorizont H 8, H 9, H 11
Radiostern H 17, I 37
Radiostrahlung S 23
Radius, effektiver H 5
Rahmenantenne N 14
Rahmenaufteilung O 54
Rahmendauer R 49
Raleigh-Jeans-Gesetz S 23
Raman-Streuung M 62
Randaussendung P 3
Ratiodetektor O 9, O 10, Q 38
Rauhigkeitsparameter H 6
Raum, geschirmter I 35
–, interplanetarer H 15
Raumbasispeiler S 12
Raumdiversity H 29
Raumharmonische K 49, P 29
raumharmonische Teilwelle M 77
Raumladungsdichte M 3
Raumladungsparameter M 77
Raumladungswelle M 74, P 29
Raumladungszone M 7
Raumstation R 50
Raumwelle H 14, N 21, R 18
Raumwellenfeldstärke H 23
Raumwellenversorgung R 18
Rauschabstand Q 38
Rauschabstandsverbesserung Q 10, Q 38
Rauschabstimmung D 23
Rauschanpassung D 23, N 36, N 38
rauscharmer Empfangsverstärker R 50
Rauschbandbreite I 29, Q 9
–, äquivalente D 25
Rauschbegrenzungsfilter Q 33
Rauscheinströmung, totale G 20
Rauschen P 29, R 64
– durch nichtlineare Netzwerke D 26
–, 1/f D 20
–, anomales P 29
–, atmosphärisches D 20, H 16
–, elektronisches D 11
–, galaktisches D 20, H 17
–, kosmisches H 17
–, natürliches H 16
–, Oszillator G 46
–, spannungsabhängiges E 6
–, thermisches D 18
–, weißes O 33
rauschender linearer Vierpol D 21
Rauschersatzschaltung G 20
Rauschgenerator I 30
Rauschglocke Q 55
Rauschkenngröße D 23
Rauschleistung Q 9
–, Übertragung D 18
Rauschleistungsdichte, notwendige Q 12
–, spektrale Q 9
Rauschmaß D 24, D 25
Rauschmessung G 21, I 29
–, Referenztemperatur I 29
Rauschminimum G 11
rauschoptimaler Generatorleitwert G 20
Rauschquelle G 21
– in optischen Empfängern R 65
–, Ersatzschaltung D 18, D 21
Rauschsperre Q 41, Q 45
–, geschaltete Q 35
Rauschstrahlung der Sonne H 17
Rauschstrom, totaler G 10
Rauschtemperatur G 11, I 29
– eines Zweipols, äquivalente D 20
–, äquivalente D 24
–, minimale G 11
–, spektrale D 22
Rauschverhalten R 7
–, Abwärtsmischer G 9
–, additiver Mischer G 19
Rauschwiderstand, äquivalenter D 20
Rauschzahl G 11, I 29, Q 9
–, minimale D 23
–, spektrale D 22
Rauschzahlmessung D 23, Q 9
Rayleigh-Kriterium H 6
– -Schwund H 22
– -Streuung I 45, K 37, M 62
– -Verteilung D 14, H 2, H 31
– -Welle L 63
RC-Filter, aktive F 5
– -Oszillator G 44
Read Only Memory, ROM M 35
– -Diode M 13
Reaktanz C 12, F 5
Reaktanzdiode G 12
–, ideale verlustfreie G 12
Reaktanzfilterschaltung F 9
Reaktanzschaltung F 13
Reaktanzwiderstand C 4
Realisierbarkeitsbereich F 5

Realisierung F 13
–, Allpaß F 12
– von Filtern F 4
Realisierungsgrenze L 64
Realteil, Filter Q 57
Rechenverfahren M 78
Rechenwerk M 39
Rechnersynthese P 4
Rechteckhohlleiter K 20
–, Absorber L 17
– -Einloch-Richtkoppler L 33
Rechteckhohlleiternorm K 29
Rechteckhohlleiterstrahler N 40
rechteckige Drahtschleife E 14
Recheckquerschnitt K 21, K 24, K 28
Rechteckschwingung G 47
rechtszirkular polarisierte Welle S 19
Recovery-Effekt H 24
Reduktion, Signal/Rausch-Abstand Q 11
redundantes Einheitselement F 18
Redundanz D 33
reduzierte Plasmafrequenz M 77
Reduzierung, Kollektorpotential M 78
reelle Frequenz C 3
Referenzburst O 53, R 49
Referenzdiagramm N 50
Referenzfilter F 8
Referenztemperatur, Rauschmessung I 29
Referenzträger O 24, O 25
–, Phasenfehler O 28
Reflective Array Compressor L 69
reflektierendes Dämpfungsglied L 18
reflektierte Welle C 29
Reflektometer I 17
Reflektor L 65
–, sphärischer N 52
Reflektorantenne N 49, R 41, R 53
–, asymmetrische N 51
Reflektorfilter, dispersives L 69
Reflektorformung N 51
Reflektorgenauigkeit S 25
Reflektortyp N 63
Reflexion H 5, R 63
–, Flugzeug H 38
reflexionsarme Schicht E 26
Reflexionsdämpfung C 23
Reflexionsfaktor B 8, C 31, F 2, F 7, I 9, K 24
–, Netzwerkanalyse I 16
Reflexionsfaktorbrücke I 18
Reflexionsfaktormessung I 3
reflexionsfreier Abschluß C 32
Reflexionshöhe H 14
Reflexionskoeffizienz H 6
Reflexionsverstärker, degenerierter G 17
–, parametrischer G 16
–, quasidegenerierter G 17
Regelgeschwindigkeit Q 36
Regelkennlinie, lineare Q 36
Regelrestfehler Q 34, Q36
Regelsteuerung, digitale Q 35
Regelsystem, phasengerastetes G 17
Regelumfang Q 33
Regelung, verzögerte Q 35
Regelverhalten, dynamisches Q 34
Regelzeitkonstante Q 34
Regendämpfung H 30, H 32, R 31
Regendämpfungskoeffizient H 12, H 29
Regeneration O 26, O 31, R 35
Regenerierung R 9
Regenintensität H 13
Regenrate, momentane H 29, H 33
Register M 39
Registerspeicher M 34
Regler, integrierender Q 35
Reichweite, eindeutige S 5
–, faseroptisches Nachrichtensystem R 70
Reihen-Rückkopplung F 32
Reihen/Parallel-Rückkopplung F 31
Reihenschaltung C 15
reine Metallkathode M 67
Rekombination, strahlende M 47
Rekombinationsmodell M 8
Rekombinationsstrahlung S 24
Relative Intensity Noise R 64
relatives Intensitätsrauschen R 64, R 67
Relaxationsoszillation R 59
Relaxationsschwingung M 53
Remodulation O 26
Repeater R 44, R 50
Repeatergerät R 52
Reserve (n+1) R 21
–, aktive R 21
–, passive R 21
Resistor Transistor Logik, RTL M 30
Resonanz E 19
– im Plasma S 20
–, gyromagnetische B 7
–, mechanische E 17
Resonanzabsorption H 30
Resonanzfrequenz C 4, L 49
–, Schwingkreis C 11
Resonanzgüte, Schwingquarz Q 25
Resonanzvierpol, piezoelektrischer L 59
Resonator E 23, L 43, L 55, L 68, M 82
–, Ankopplung I 38
–, dielektrischer L 48
–, ferrimagnetischer L 50
–, Güte I 38, L 43
–, Koppelfaktor I 38
–, linearer I 42
–, lokalisierter L 60
–, magnetisch abstimmbarer L 50
–, mechanischer L 55
–, Messung I 37
–, optischer M 59
–, quasi-optischer M 83
–, Schwingungsform L 55
–, Verlustfaktor L 43
–, Zeitkonstante I 39
Resonatorfilter L 69
–, mehrkreisiger gekoppelter F 16
Resonatormaser M 61
Restseitenbandfilter P 25
Restseitenbandmodulation O 16, P 23
Restspannung M 14, M 32, P 5
Reuse N 14, N 21
Reusenleitung K 3
reverse switching rectifier P 34
reversible Vorhangantenne N 22
reversibler Festwertspeicher M 36
reziproker Piezoeffekt E 16
– Zähler I 27
reziprokes Mischen Q 1, Q 14, Q 16, Q 50
Reziprozität N 2
RF-Filter R 38
– -Gegenkopplung P 7
– -Leistungsverstärker, linearer P 7
– -Schutzabstand R 17
RG-58C/U K 6
Rhombus-Antenne R 19
Rhombusantenne N 22
Rice-Verteilung H 3
Richards-Ebene F 18
– -Schaltelemente-Transformation F 17
– -Transformation F 17
Richardsonsche Gleichung M 66
Richtantenne N 17
Richtcharakteristik N 7, N 59
–, gebietsangepaßte N 57
Richtdämpfung L 27
Richtdiagramm N 3, N 7
Richtfaktor N 2, N 3, N 6, N 9, N 49, N 59
Richtfunk R 29
–, Planung R 34
–, terrestrischer H 28
Richtfunkantenne R 40
Richtgröße G 31
Richtkennlinienfeld G 31
Richtkoppler C 39, I 11, I 16, L 27, L 29
– aus Hohlleiter und koaxialer Leitung L 35
– durch Hohlleiterkopplung L 34, L 34
– mit Koaxialleitung L 28
– mit konzentriertem Blindwiderstand L 28, L 29
– mit Schlitzkopplung L 29
– mit verschiedenen Hohlleitersystemen L 34
– mit zwei veränderbaren Kurzschlußleitungen L 27
–, Streumatrix C 39
– -Leistungsteiler L 24
Richtkoppler (3 dB), phasenkorrigierter L 27
Richtstrahlfeld N 23
Richtstrom G 31
Riegger-Kreis O 9, O 10, Q 38
Rieke-Diagramm I 39, M 82, P 31
Rillenhohlleiter N 44
Rillenhorn N 44
Ringkern E 15
Ringleitungs-Richtkoppler L 30

Ringmischer als Phasendetektor I 6
–, Phasenmessung I 6
Ringrillenhorn R 53
Rippenwellenleiter K 40
Röhre, gittergesteuerte M 71
Röhrendaten P 32
Röhrentechnologie M 69
Rohrkondensator E 11
Rohrschlitz-Antenne R 21
roll off R 8, R 33
roll-off-Faktor O 16
Rollkreisbewegung M 69
ROM, Read Only Memory M 35
Rotation B 1
Rotationsdämpfungsglied L 21
Rotationslinie S 24
Rotationsparabolantenne N 49
Rotman-Linse N 54
RS422-Schnittstelle Q 47
RS432-Schnittstelle Q 47
RT/duroid E 3
RTL, Resistor Transistor Logik M 30
Rubinlaser M 58, M 60
Rückflußdämpfung I 10
Rückkopplung F 30, P 7
–, allgemeine F 34
–, gemischte F 34
–, interne P 30
Rückkopplungskreis O 40
Rückmischung G 15
Rückstreudiagramm, LWL I 45
Rückstreuer N 23
Rückstreuverfahren, LWL I 45
Rückwärtskoppler C 40, L 31
Rückwärtsregelung Q 34
Rückwärtsstrahlung K 49
Rückwärtswelle M 78, P 29
Rückwärtswellenoszillator M 80
Rückwärtswellenröhre M 78
Rückwirkung P 7
– beim Schmalbandverstärker F 37
Rückwirkungskapazität F 37
Rückwirkungsparameter F 31
Ruhegeräusch O 36, O 41
Rundfunksystem R 16
Rundfunkversorgung R 16
Rundhohlleiter, Adapter L 15
Rundhohlleiterstrahler N 40
Rundsichtdarstellung S 4
Rundwendel K 43

S-Band A 5
Sägezahnschwingung G 47
Sampling oscilloscope I 4
– -Voltmeter I 3
Saphir E 2
Satellit, geostationärer R 43
–, geosynchroner R 42
Satellitenantenne R 53
Satellitenbahn R 42
Satellitendurchschaltung R 49
Satellitenfinsternis R 43
Satellitenfunk H 28, H 32
Satellitenfunksystem R 42
Satelliteninterferometrie S 25
Satellitenrundfunk R 25
Satellitenübertragung R 44
Sättigungsgebiet M 4
Sättigungsleistung M 76
Sättigungmagnetisierung L 50
Sättigungssperrstrom M 8
SAW, surface acoustic wave M 8, L 63
– -Bauelement L 63
SC-Filterlösung M 26
Schalenkern E 15
Schaltdemodulator R 24
Schaltelemente-Transformation F 12
Schalter-Kondensator-Filter F 5
Schaltnetzteil Q 46
Schaltröhre P 12
Schaltung, allpaßhaltige F 4
–, nichtminimalphasige F 4, F 12
Schaltungstechnik, gesättigte bipolare M 30
Schaltverstärker P 5, P 11
Schaltzirkulator L 41
Schattenzone, geometrische H 7
Schaum-PE K 5
– -PE-X K 5
Schaumstoff E 3
Schaumstoffleitung K 3
Scheibenisolierung K 5
Scheibenkondensator E 11
Scheibenstrahler N 23
Scheibenthyristor M 18
Scheinleistung C 3
Scheitelwert C 1
Schereffekt E 16
Schering-Brücke I 33
Schicht E 21
–, dielektrische K 39
–, reflexionsarme E 26
Schichtkathode M 67
Schichtwellenleiter K 39
Schichtwiderstand E 5
Schieberegister (3 Bit) O 40
Schielwinkel N 22
Schirmdämpfung K 6
Schlauchleitung K 3
Schleifen-Fehlerortungsverfahren R 6
Schleifenbildung C 28
Schleifengegenkopplung R 7
Schleifenstromanalyse C 7
Schleifenverstärkung G 40
Schlitzantenne N 15
Schlitzhohlleiter K 47
Schlitzkopplung I 6
Schlitzleitung K 14
–, gekoppelte K 16
Schlitzstrahler N 22
Schlitzübertrager L 12
Schlitzwelle K 16
Schmalband-FM O 7
– -Vorselektion Q 19
Schmalbandabsorber E27
schmalbandige Ersatzschaltung C 18
Schmalbandnäherung F 15
Schmalbandspeisung N 22
Schmelzpunkt E 1
Schmetterlingsstrahler N 23
schnelle Welle M 72
schneller Schwund H 28
– Selektivschwund Q 39
Schnittmengenanalyse C 7
Schnittstelle Q 45
Schnittstellencode R 9
Schnittstelleneigenschaft, Magnetron P 31
Schottky Diode FET Logik, SDFL M 34
– -Barrier-Diode G 4
– -Diode M 12
– -Effekt M 66
– -Emission M 6
Schottkys Theorem D 20
schräger Einfall B 9
Schritt-Fehlerwahrscheinlichkeit D 25
Schrittgeschwindigkeit O 16
Schrot-Rauschen R 64
Schrotrauschanteil, korrelierter G 10
–, unkorrelierter G 10
Schrotrauschen D 19, M 7
Schüßler-Tiefpaß F 8
Schutzabstand O 53
Schutzmaßnahme, Überlastung G 38
Schutzschalteinrichtung R 36
Schutzschaltung G 39, Q 17
Schwankung, Koppelwirkungsgrad R 65
Schwankungsprozeß, instationärer D 13
–, stationärer D 13
Schwarzkörperstrahlung S 23
Schwarzwerthaltung P 25
Schwellenspannung M 15
Schwellenstromdichte M 51
Schwellenwertdetektor Q 39
Schwellwert O 6, Q 10
Schwellwertkomparator Q 43
Schwellwertvergleich Q 41
Schwenkbereich, eingeschränkter N 56
–, konischer N 60
Schwinger E 23
–, mechanischer F 5
Schwinggüte E 18, L 56
–, mechanische E 24
Schwingkreis C 12, L 43
–, Bandbreite C 11
–, Güte C 11
–, Resonanzfrequenz C 11
–, Verlustfaktor C 11
–, Verstimmung C 11
Schwingquarz Q 24
–, Resonanzgüte Q 25
Schwingungsamplitude, Ermittlung G 45
–, Stabilisierung G 45
Schwingungsform L 56
–, Resonator L 55
Schwingungsquant M 56
Schwingungstyp M 83
Schwund H 21, R 30
–, frequenzselektiver H 18, H 21, K 47

Schwund, langsamer H 28
–, ortsselektiver K 47
–, schneller H 28
–, selektiver Q 10, R 20
–, zeitselektiver H 21
–, zeitvarianter H 18
Schwundeinbruch H 20
schwundmindernde Antenne N 21
Schwundregelung Q 51
SCPC R 55
–, Single Channel per Carrier O 52
– -Verfahren R 46
SCPC/FM-Gerät R 54, R 55
Scrambler O 27, R 9
SDFL, Schottky Diode FET Logik M 34
– -Technik, GaAs-Logik M 34
Sechstor, Kreisdiagramm I 21
– -Reflektometer I 20
sehr lange Leitung C 36
Seignettesalz E 20
Seitenband, oberes G 8
–, unabhängiges Q 37
–, unteres G 8
Seitenbandfilter Q 37
Seitenbandleistung P 11
Seitensichtradar S 8
Sektorhorn N 41
sekundäre Hauptkeule N 58, N 60
Sekundärelektronenausbeute M 66
Sekundäremission M 66
Sekundärradar S 8
selbstheilender Kondensator E 12
Selbstinduktivität C 38
Selbstkapazität C 38
Selbstkapazitätsbelagsmatrix C 37
selbstkomplementäre Antenne N 33
Selektion Q 12, Q 32
–, abgestufte Q 59
–, wirksame Q 2
selektiver Schwund Q 10, R 20
selektives Voltmeter I 3
Selektivschwund Q 2, Q 43
–, schneller Q 39
semi-custom M 42
Sende-Empfangs-Weiche S 4
Sendeantenne N 1
Sendeantennenhöhe H 27
Sendeart P 2
Sendefunktion, Approximation O 38
Sendephase O 53
Sender P 1, R 36, R 37
– für feste Dienste P 22
– -Vorentzerrer P 25
Senderanlage P 27
Senderendstufe mit Kreuzfeldverstärkerröhre P 35
Senderklasse P 21
Senderüberwachung P 35
Senderverstärker, Ersatzschaltung P 5
Sendeverstärker R 37
senkrechter Einfall B 8
Serienresonanz E 19
Serienresonanzfrequenz E 24
Serienschaltung D 19
Serienschwingkreis C 11, C 12
Shannon-Grenze D 36
SHF A 5
shielded grid triode P 36
Shift Q 38
SI A 2
– -Einheit, abgeleitete A 2
Si-Gate-Technik M 16
sicherer Arbeitsbereich G 34
Sicherheit, elektrische Q 45
Sicherheitskondensator, impulsfester E 12
Sichtpeiler, einkanaliger S 10
–, mehrkanaliger S 11
Sichtverbindung R 30
Signal D 2
–, analoges D 2
–, analytisches D 8
–, digitales D 2
–, diskretes D 10
– -Kurzzeitspektrum Q 8
– -Rausch-Abstand D 22
Signal/Rausch-Abstand, Reduktion Q 11
– -Verhältnis R 46
Signalaufbereitung, digitale O 29
Signalbeschreibung, statistische D 11
Signalflußgraph C 21
Signalform F 5
Signalfunktion O 30
Signalquelle O 30
–, Innenwiderstand I 39
–, Messung I 39
Signalspreizung O 45
signalverarbeitende Diode M 11
Silbenlänge, mittlere O 40
Silbenverständlichkeit D 29
Silber E 1, E 3
silicon compiler M 43
– -foundry M 43
Silikon E 2
Silikonöl E 2
Siliziumnitrid M 39
SIMOS-Zelle M 39
Simultanbetrieb Q 19, Q 45, Q 49
simultane Erfassung Q 55
Simultanempfang Q 50
Single Channel per Carrier, SCPC O 52
– Station Locator, SSL S 12
Sinnesorgan, menschliches Q 3
SIS-Tunnelelement M 63
Skineffekt B 13
sliding load L 17
SMA-Stecker L 10
SMB-Stecker L 10
SMC-Stecker L 10
Smith-Diagramm C 27
Sockelleistung, optische R 68
solarer Wind H 15
Sonde, induktive I 5, I 6
Sonderverstärker P 5
Sonnenaktivität H 13
Sonnenfleckenzyklus H 13
Sonnenmagnetron M 81
Source-Elektrode M 15
Spannung C 1
Spannungs-Rauschquelle D 21
spannungsabhängiger Widerstand E 8
spannungsabhängiges Rauschen E 6
Spannungsamplitude C 32
Spannungsäquivalent M 78
Spannungsaussteuerung P 6
Spannungskaskade G 32
Spannungsmessung I 1
Spannungspaket, aufstocken P 12
Spannungssteuerung G 5, G 18
Spannungsverstärkung F 26
Speicher, assoziativer M 35
–, bipolarer M 35
–, dynamischer M 35
–, inhaltsadressierter M 35
–, statischer M 35
–, wahlfreier Zugriff M 34
Speicherdiode G 24
Speicherkondensator M 36
Speicherorganisation, bitweise M 35
–, wortweise M 35
Speicheroszilloskop I 4
Speicherspule P 12
Speichervaraktor M 12
Speisenetzwerk N 62
Speisesystem, adaptives N 64
Speisung, entkoppelte N 64
–, primäre N 61
spektrale Dichte D 18, D 19
– Rauschleistungsdichte Q 9
– Rauschtemperatur D 22
– Rauschzahl D 22
Spektrallinie, diskrete S 24
Spektrum eines Bildsignals D 31
Spektrumanalysator, automatischer I 23
–, Dynamikbereich I 24
–, Oberwellenmischung I 25
Spektrumanalyse I 22
Spektrumpeiler S 13
Sperrbereich F 2
–, Thyristor M 17
Sperrdämpfung F 7
Sperrfilter Q 45
Sperrgrenze F 7
Sperrschicht-Feldeffekttransistor M 16
Sperrschichtkapazität M 8
Sperrschichttemperatur G 38
Sperrschichtvaraktor M 12
Sperrtopf, koaxialer L 12
Sperrverzögerung M 18
Spezifikationsfilter F 2
spezifische Leitfähigkeit B 14, E 1
– Wärme E 1
spezifischer Widerstand E 1
sphärischer Reflektor N 52
SPICE2 C 10
Spiegeleffekt L 51
Spiegelempfangsstelle Q 5
Spiegelfrequenz Q 9
– -Rauschen D 25
Spiegelfrequenzabschlußleitwert G 4
Spiegelfrequenzkurzschluß G 7
Spiegelfrequenzleerlauf G 7

Spiegelfrequenzselektion Q 19
Spiegelungsrichtung H 6
Spiegelwelle Q 13
Spiegelwellenempfang Q 13
Spinell L 36, L 52
Spinpräzessionsamplitude L 51
Spinpräzessionsphase L 51
Spinwelle L 51
Spiralantenne N 33
–, archimedische N 34
–, konische N 34
–, logarithmische N 33
–, winkelkonstante N 33
Spitzendiode M 12
Spitzengleichrichter G 32
Spitzengleichrichtung O 6
Spitzenwert, Messung I 2
Spitzenwertgleichrichter O 6
Split carrier P 24
Split-Carrier-Betrieb R 24
– -Phase-Verfahren O 57
spontane Emission M 46, M 56, M 58
– Polarisation E 21
Spot beam R 43
Sprachsignal, Bandbegrenzung O 31
Sprachverständlichkeit R 19
spread factor H 21
Spread Spectrum O 45
– Spectrum Multiplex, SSMA O 54
Spreizfaktor H 21
Spreizfunktion O 54
Sprungantwort F 3
Sprunglänge H 15
Sprungübergang, kompensierter L 10
Spule E 14
–, Gegeninduktivität E 14
Spulenantenne N 35
Spulengüte E 15
Spurführung K 46
spurious responses Q 1
Squelch Q 41
Squelch-Einrichtung R 40
SSL, Single Station Locator S 12
SSMA, Spread Spectrum Multiplex O 54
Stabantenne N 11
stabiler Wellentyp K 23
stabilisierter Oszillator L 48
Stabilisierung, Schwingungsamplitude G 45
Stabilität bei Rückkopplung F 38
Stabilitätsfaktor G 41
Stabilitätsreserve F 39
Standard-PDM-Schaltung P 12
– -Rauschzahl D 24
Standardabweichung D 13, H 2
Standardatmosphäre H 11
Standardfrequenz Q 25
Standardprozeß für Bipolartransistoren M 19
– für MOS-Transistoren M 20
–, pnp-Bipolartransistor M 23
Standardtiefpaß F 6
Standardzelle M 43
Standing Wave Ratio, SWR I 10
Standort-Diversity H 33
stationärer Schwankungsprozeß D 13
statischer Speicher M 35
Statistik, zentraler Grenzwert D 14
statistische Signalbeschreibung D 11
– Unabhängigkeit D 14
Stecker L 9, L 9
Steckverbindung, koaxiale L 9
Steghohlleiter K 32
Steghornstrahler N 43
Stegleitung K 2
stehende Welle C 32, N 22
Stehwellenverhältnis, SWR I 10
Step-recovery-Diode G 24, M 12
Stereophonie R 20
Sternpunktweiche P 1
Sternstruktur R 27
steuerbarer Phasenschieber N 62
steuerbares Laufzeitglied N 63
Steuergate M 15
Steuerleitung M 40
Steuerschnittstelle Q 47
Steuerung, Bauelement G 3
Steuervorsatz P 1
Stichleitung, leerlaufende F 16
Stielstrahler N 46, N 47
stimulierte Emission M 46, M 58
stimulierter Quantenübergang M 58
stochastische Differentiation D 17
Störabstand H 36, O 21, O 28, Q 2, Q 11
– bei AM O 6
– bei FM O 11
– bei PM O 14
–, Bildsignal D 32
–, erforderlicher Q 10
–, Tonsignal D 30
–, Verbesserung G 17
Störabstandverlust O 29
storage normalizer I 10
Störaustaster Q 45
Störecho S 2
Störfeldstärke H 36
Störgrad Q 45
Störgröße R 45
Störminderung G 37
Störsender R 17
Störsignal H 36
–, Überhorizontstrecke H 37
Störstelle, Ortung I 35
Störstellenkonzentration M 8
Störstrahlung Q 2
Störung in partagierten Bändern H 35
–, abgestrahlte Q 17
–, eingestrahlte Q 17
–, industrielle H 17
–, interne Q 16
–, Nachbarkanalsender Q 38
–, systeminterne R 32
–, terrestrische D 20
Strahl, Gaußscher M 59
Strahldichte R 61
Strahlenbahn H 5
strahlende Linie N 19
– Rekombination M 47
strahlendes Nahfeldgebiet N 2
Strahlenelement, planares N 24
Strahlenkrümmung H 11
Strahler, Bandbreitenbegrenzung N 37
–, nichtzylindrischer N 48
–, quasi-optischer N 45
Strahlerabstand, ungleicher N 58
Strahlformung in der ZF-Ebene N 63
Strahlrichtung, feste N 56
Strahlschwenkung, elektronische N 56
Strahlung, thermische S 24
Strahlungscharakteristik N 7
–, Antenne I 36
Strahlungsdiagramm, Antenne I 36
Strahlungseigenschaft N 57
Strahlungsfeld N 1, N 52
–, Aperturantenne N 6
–, Kenngröße N 7
strahlungsgespeiste Gruppenantenne N 63
Strahlungsgüte K 11
Strahlungshalbraum N 60
Strahlungskeule N 8
Strahlungskopplung N 27
Strahlungsleistung N 6, R 23
–, äquivalente isotrope N 2, N 6
–, effektive N 7
Strahlungsquelle, elementare N 3
Strahlungsverlust K 17
Strahlungswiderstand N 6, N 7, N 17
Strahlwellenleiter N 51
Streckendämpfung R 70
Streifenleiter F 14
Streifenleitung E 3
–, koplanare K 14
Streifenleitungsantenne N 25
Streifenleitungsstrahlerelement N 24
Streifenleitungstechnik N 64
Streuamplitude H 12
Streuausbreitung H 31
Streufunktion H 6
Streukapazität P 12
Streumatrix C 20, N 62
–, Richtkoppler C 39
Streuparameter I 9
Streuquerschnitt H 6
–, differentieller H 5
Streuung H 5, H 11
–, Laufzeit K 38
–, Niederschlag H 37
streuungsarmer Ferritübertrager P 10
Streuwinkel H 31
Strichleitung, kurzgeschlossene F 16
Striplinetechnik P 10
Strom C 1
–, Effektivwert I 5
Stromaussteuerung P 6
Strombelag B 10
Stromflußwinkel G 30
Stromflußwinkelfunktion P 5

Strommessung I 5
Stromquelle M 22
Stromquellenschaltung F 27
Stromrauschquelle D 21
Stromschalter M 26
Stromspiegelschaltung M 22, M 23
Stromsteuerung G 12, G 22
Stromübernahme P 6
Stromversorgung Q 45
Stromverstärker, Emitterschaltung M 14
Stromverstärkung F 26
Stromverteilungsmethode N 52
Stromwandler I 5
Stromwandlerzange I 5
Stromzange I 5
stückweise Linearisierung G 27
Stufenprofilfaser K 37
stufenweise Frequenzfortschaltung Q 55
Stützwendel K 5
Styroflex-Wickelkondensator E 10
Styroflexwendel K 5
Suboktav-Bandfilter Q 52
Suboktavfilter Q 19
Subrefraktion H 11
Substitutionsverfahren I 12
Substrat, piezoelektrisches L 64
Substratmaterial E 3
Suchempfänger Q 27, Q 53
Suchempfängerkonzept Q 55
–, Übersicht Q 56
Suchgeschwindigkeit Q 53, Q 54
Suchrate O 58
Summenhäufigkeit H 1
Summensignal R 20
Summenterm M 41
Superhet Q 5
– -Empfänger, Nachteil Q 8
Superrefraktion H 11, H 37
surface acoustic wave, SAW L 63
Suspended Stripline, Adapter L 15
– -Substrate-Mikrostreifenleitung K 12
switched capacitor M 25
SWR, Standing Wave Ratio I 10
–, Stehwellenverhältnis I 10
Symbol R 32
Symbolrate R 32
Symmetrierglied P 18
Symmetrierschaltung L 12
Symmetrierschleife L 12
Symmetriertopf L 12
Symmetrierung P 17
symmetrischer Binärcode O 37
– Mischer, Phasenmessung I 6
– Phasenschieber L 26
Synchron-Empfänger, Nachteil Q 8
Synchrondemodulator O 6, O 10, O 19, O 27
Synchrondetektor I 6
Synchronempfänger Q 5, Q 6
Synchronimpuls P 24
Synchronimpulsregeneration P 25
Synchronisationsschaltung O 55
Synchronisiervorlauf O 53
Synchronmodulation R 46
Synchronmodulator Q 37
Synchrotronstrahlung S 23
Synthesizer P 4, Q 23, Q 25
–, Analyseverfahren Q 30
–, Blockschaltung Q 31
–, Gegenüberstellung Q 32
synthetische Apertur S 8
System, dämpfungsbegrenztes R 70
–, dispersionsbegrenztes R 70
–, ideal verzerrungsfreies D 6
–, kohärentes vermaschtes O 57
–, konservatives G 22
Systematik M 72
Systemauslegung R 48
Systeme International A 2
systemgerechte Bandbreite P 21
Systemgewinn R 41
systeminterne Störung R 32
systemtheoretische Filtereigenschaft F 3
Systemwelle M 77
Systemwert R 41
Szintillation H 12, H 33

T-Filter E 25
– -Glied L 19
– -Glied, überbrücktes L 58
Tableaumethode C 7
TACAN S 13
Tafelwerk F 5
Tag-Nacht-Umschaltung P 21
Taktableitung O 27, O 37
Taktgeber L 55
Taktinformation O 27
Taktphase, Abweichung O 28
Taktrückgewinnung R 40
Taktwiedergewinnung R 8
Tangential Signal Sensitivity, TSS I 32
tangentiale Empfindlichkeit I 32
Tantal E 1
Tastgeschwindigkeit Q 39
Tastgeschwindigkeits-Tiefpaß Q 39
Tastkopf I 4
–, aktiver I 3, I 5
–, passiver I 4
Tastung, harte O 16, O 17
Tastverhältnis P 12
Tau-Dither-Loop O 57
TCXO Q 24
TDMA, Zeitmultiplex O 53, R 45, R 55
– -Endstelle R 55
TDR, Time domain Reflectometer I 34
TE-Welle K 39
TE_1-Oberflächenwelle K 12
TEC, total electron content H 15
technischer Elementewert F 11
TED, Transferred Electron Device M 8
Teflon E 2, E 3
Teilertastkopf I 4
Teilwelle K 42, M 79
–, Laufzeit H 18
–, raumharmonische M 77
Telegraphie Q 3
Telemetriekanal R 6
Telephonie Q 3
TEM-Leitungslinse N 54
– -Welle F 14
Temperatur-Steuerung R 7
Temperaturabhängigkeit L 64, Q 24
–, Oszillatorfrequenz Q 23
Temperaturkoeffizient L 56
– der Resonanzfrequenz L 50
–, Leitfähigkeit E 1
–, TKf L 50
Temperaturspannung M 4
Temperaturveränderung O 36
Tensor B 6
–, dielektrischer S 18
Terbium-Eisen E 23
termisch rauschender Wirkleitwert G 10
terrestrische Störung D 20
terrestrischer Richtfunk H 28
Tetrodenverstärker P 24
TFM R 33
Theorem, Fourier-Transformation D 5
thermische Emission M 66
– Kopplung G 38
– Strahlung S 24
thermischer Ausdehnungskoeffizient E 1
– Widerstand G 38
thermisches Gleichgewicht M 2
– Licht M 56
– Rauschen D 18
Thermistor E 8, I 7
Thermoplaste E 4
Thermostat Q 24
Thermoumformer I 5
Thyratron P 33
Thyristor M 17, P 34
–, Blockierbereich M 17
–, Durchlaßbereich M 18
–, Sperrbereich M 17
Tiefpaß F 2, O 30
–, digitaler Q 41
– -Bandpaß-Transformation F 12
Tiefpaßbandbreite Q 11
Tiefpaßfilter, nichtrekursives Q 59
Tiefpaßsignal, äquivalentes D 8
Tiefpaßstoßantwort, äquivalente D 8
Tiefpaßsystem D 7
Tiefpaßübertragungsfunktion, äquivalente D 8
Time domain Reflectometer, TDR I 34
time-flat-frequency-flat fading H 21
TK-100-Punkt M 70
TKf, Temperaturkoeffizient L 50
– der Resonanzfrequenz L 50
TM-Welle K 39
TM_0-Oberflächenwelle K 12
TNC-Stecker L 10
Toleranzschema R 25
Tonrundfunksender, amplitudenmodulierter P 21
–, frequenzmodulierter P 22
Tonsignal, Gruppenlaufzeitverzerrung D 29
–, Laufzeit D 30

Tonsignal, lineare Verzerrung D 29
–, nichtlineare Verzerrung D 30
–, Störabstand D 30
Tontastausgang Q 46
Topfkreis, koaxialer P 22
Topfkreisfilter, zweikreisiges F 17
topographische Datenbank H 28
Torbezugswiderstand C 20
Torleitwertgleichung C 13
Torleitwertmatrix C 13
Toroidspule E 15
Torsionsschwinger L 61
Torsionswandler L 62
Torsionswelle L 62
Torspannung C 13
Torspannungsvektor C 13
Torstrom C 13
Torstromvektor C 13
torzahlsymmetrisches Mehrtor C 13
total electron content, TEC H 15
totale Rauscheinströmung G 20
totaler Rauschstrom G 10
Totalreflexion B 9, C 34
tote Zone H 15
Träger-Rückgewinnung R 40
Trägerabsenkung P 15
Trägeramplitude P 15
Trägerbeweglichkeit M 4
Trägerfrequenztechnik R 1
Trägerrest P 13
Trägerrückgewinnung G 30, O 25
Trägersteuerung P 14
Trägerversorgung R 38
Transfer-Oszillator-Verfahren I 28
Transferelektron-Effekt M 6
Transfergatter, MOS M 33
Transfermatrix C 20
Transferred Electron Device, TED M 8
Transformation C 25
– bei einer Festfrequenz L 8
– mit konzentriertem Blindwiderstand L 1
– mit Leitungslänge L 3
–, Filtergüte F 9
–, Gruppenlaufzeit F 9
–, λ/4 mit Kompensation der Frequenzabhängigkeit L 4
–, λ/4, kompensierte L 4
Transformationselement, normiertes L 2
Transformationsfaktor, piezoelektrischer E 17
Transformationsglied P 18
Transformationsnetzwerk G 38, P 16
Transformationspunkt M 70
Transformationsschaltung C 26, L 2
– einer Verzweigung L 23
– mit kompensierter Frequenzabhängigkeit L 2
Transformationsweg C 25
Transformator, λ/10 L 4
–, λ/4 L 4
Transientenrekorder I 4
Transimpedanzverstärker R 66, R 69
Transinformationsgehalt D 34
Transistor als Einkopplungsdreitor F 35
– Transistor Logik, TTL M 30
–, bipolarer M 14, R 52
–, hometaxial, single diffused M 16
–, komplementärer M 14
Transistormodell M 9
Transistorverstärker P 9, P 24
TRANSIT S 15
Transitfrequenz F 37
Transmissionsfaktor B 9, C 39, I 10, I 14
–, Netzwerkanalyse I 9
Transmissionsgrad, Atmosphäre S 22
Transmissionsmatrix C 20
Transponderkanal R 44
Transportgleichung M 4
transversale Feldkomponente M 79
– Filterstruktur F 6
transversaler Kopplungsfaktor M 75
Transversalfilter F 6, Q 41
Transversalwelle B 3
Trapatt-Diode M 13
trapped energy-Filter L 60
trassengebundenes Informationsübertragungssystem K 46
Trennkondensator P 9
Treppenkurve O 38
Triac M 18
Triaxialität R 43
Tribit O 20
Trimmer E 12
Triplate-Leitung K 8
triple diffused transistor M 17
Triple-Transit-Signal L 66
Trolitul E 4
Troposcatter H 5, H 6, H 12, H 31, H 37
Troposphäre H 5, R 20
troposphärischer Wellenleiter H 12
TRSB S 14
Tschebyscheff-Tiefpaß F 6
TSS, Tangential Signal Sensitivity I 32
TTC-Zusatzdienst R 42
TTL, Transistor Transistor Logik M 30
Tunneldiode M 13, R 52
Tunnelemission M 6
Tunnelfunk K 46
Turmalin E 20
Turning-head-Prinzip R 57
TV-Endstufe P 24
– -Standard P 24
– -Vorstufe P 25
TV/FM-Modem R 55

Überbrücktes T-Glied L 58
Übergabepunkt R 28
Übergang K 18, L 10
– Koaxialleitung, Hohlleiter L 14
–, Koaxialleitung L 12, L 14
–, Microstripleitung L 14
–, Zweidrahtleitung L 12
Übergangsbereich F 2
Übergewinnantenne N 59
Überhorizontstrecke, Störsignal H 37
Überhorizontverbindung R 31
überlagerte Gleichspannung, Messung I 2
überlagertes Wechselfeld, Messung I 2
Überlagerungsempfänger G 1, Q 5
Überlagerungsprinzip C 1
Überlagerungsverfahren, Frequenzmessung I 27
Überlastung, Schutzmaßnahme G 38
Übermodulation R 19
Überreichweite H 26, H 36, H 37, R 31
Überschreitungswahrscheinlichkeit H 1
Überschwingen F 3
Übersicht, Suchempfängerkonzept Q 56
überspannter Zustand P 6
Überspannungsableiter R 7
Überspannungsschutz R 6
übertragbare NF-Bandbreite P 21
– Pulsleistung K 24
Übertrager C 4, P 10
–, idealer C 18
Übertragung, analoge R 67
–, digitale R 67
–, kohärente optische R 71
–, Rauschleistung D 18
–, verzerrungsfreie F 3
Übertragungs-Oszillator Q 37
Übertragungsart R 47
Übertragungsbandbreite O 63
– (3 dB) R 10
Übertragungsdämpfungsmaß H 4
Übertragungsfunktion D 4, H 18
–, LWL I 45
–, optische Faser R 62
Übertragungsgeschwindigkeit O 16
Übertragungsgüte R 35
Übertragungskanal D 1, H 18
–, diskreter D 34
–, optischer R 62
–, zeitvarianter H 18
Übertragungskennlinie, Inverter M 32
Übertragungsqualität R 45
Übertragungsstrecke R 70
Übertragungssystem, digitales D 1
–, ideales D 37
Übertragungsverfahren, analoges R 67
–, digitales R 67
Überwachung R 40
Überwachungsempfänger Q 3, Q 53
UHF A 5
– -Fernsehsender P 27
– -Stecker L 9
UKW-Ballempfänger Q 44
Ultraschall-Reinigungsbad E 22

Umfalteffekt O 22
Umkehrmatrix C 10
Umlaufbahn, geostationäre R 25
Umrechnung der drei Grundschaltungen F 27
–, Wellenmatrix C 20
–, Widerstand-Leitwert C 25
–, Zweitormatrix C 14
Umschaltgeschwindigkeit Q 29
Umschlagsschärfe Q 41
Umtastung O 16
Umwandlung E 16
Umwegleitung, λ/2 L 13
Umweltbedingung Q 49
unabhängiges Seitenband Q 37
Unabhängigkeit, statistische D 14
undotierter Halbleiter M 2
unerwünschte Aussendung P 3
ungleicher Strahlerabstand N 58
unidirektionaler Wandler L 67
unilaterale Finleitung K 33
unkorrelierter Schrotrauschanteil G 10
unsymmetrische Antenne N 10
Unterband R 34
untere Hybridfrequenz S 20
– Hybridresonanzfrequenz S 18
unteres Seitenband G 8
Untergruppe N 59
Unterschreitungswahrscheinlichkeit H 1
unterspannter Zustand P 6
Unterträger R 33
Unterwasser-Echolot E 22
– -Meeresverbindung Q 3
unvollständige Knotenleitwertmatrix C 8
upper hybrid frequency S 20

V-Band A 5
V 24-Ausgang Q 46
V 2 A-Stahl E 1
Vakuumgefäß M 70
Vakuumtechnologie M 71
Valanzband M 2
van der Pol Differentialgleichung G 46
Varaktor, Verdoppler G 23
Varaktorverteiler G 24
Varianz D 13
Varistor E 8, G 12
VCO Q 42
VDR-Widerstand E 8
Vektorpotential B 3
Vektorvoltmeter I 3
verallgemeinerte Fourier-Reihe G 28
veränderbares Dämpfungsglied L 20
Verbesserung, Rauschabstand Q 38
–, Störabstand G 17
Verbesserungsfaktor H 29, Q 11
Verbund-Wahrscheinlichkeit D 14
Verbundentropie D 34
Verbundwahrscheinlichkeitsdichte D 16
Verdampfungsgetter M 71
Verdampfungskühlung M 71
Verdoppler G 23
–, Varaktor G 23
Verdreifacher G 23
Verdünnung N 58
vereinfachtes Multiplikationsverfahren R 17
Vereisung N 28
Verfolgungsradar S 6
verfügbare Leistung D 18, D 22
– Leistungsverstärkung I 14
– Wirkleistung C 21
verfügbarer Konversionsgewinn G 5
– Konversionsverlust G 7
Verfügbarkeit R 35, R 36
Vergleich, Empfängerkonzept Q 8
–, Vielfachzugriffsverfahren O 63
Vergleichsbrücke I 33
Vergrößerungsfaktor N 51
Verhältnis, gyromagnetisches L 50
Verkehrsburst R 49
Verknüpfungsmatrix C 8
–, indefinite C 8
–, vollständige C 8
Verkopplung N 61
–, induktive C 38
–, kapazitive C 38
verlustbehaftetes Filter F 4
Verlusteinfluß F 4
Verlustfaktor K 10
–, Resonator L 43
–, Schwingkreis C 11
Verlustleistung F 24, G 35, N 6
–, Gitter M 71
verlustlose Leitung C 32
Verlustwiderstand N 6, N 7, N 20
vernetztes Polyäthylen, PE-X K 5
– Polystyrol E 4
Versorgungsgebiet R 16
–, linienförmiges K 46
Versorgungsgrad R 17
Verstärker, Anforderung Q 20
–, logarithmischer Q 36
–, parametrischer R 52
Verstärkerbehälter R 4
Verstärkerfeldlänge R 5, R 70
Verstärkerklasse P 4
Verstärkerklystron P 26
Verstärkerstufe, geregelte Q 34
Verstärkung, Frequenzabhängigkeit F 36
–, parametrische R 62
Verstärkungs-Bandbreite-Produkt R 62
Verstärkungsparameter M 77
Verstärkungsregelung, automatische R 37
–, HF-Vorstufe Q 21
versteilerter Bessel-Tiepaß F 8
Verstimmung, Schwingkreis C 11
Verteilungsfunktion D 13
Vertikaldiagramm N 8, N 21
Verträglichkeit, elektromagnetische Q 16
Verwirrungsgebiet P 22
Very-long-baseline-Interferometer S 27
Verzerrung G 37, Q 13
–, lineare Q 13
–, nichtlineare P 11, P 29, R 62, R 63
verzerrungsfreie Übertragung F 3, F 3
Verzerrungsminderung G 37
Verzerrungsprodukt P 3
verzögerte Regelung Q 35
Verzögerungsleitung K 43, L 66, M 73, M 76
–, elektromechanische L 62
Verzögerungslinse N 53
Verzögerungsmaß K 41
Verzögerungsverfahren O 56
Verzögerungszeit F 4
Verzweigung L 22
– mit λ/4-Leitung L 23
– mit Richtkoppler L 23
– mit Widerständen L 22
Verzweigungszirkulator L 38
VHF A 5
VHF/UHF-Empfänger Q 51
Videofilter I 14, I 24
Videosignal P 24
Vielfachzugriff R 42, R 45
Vielfachzugriffs-Verfahren R 47
Vielfachzugriffssystem O 50
Vielfachzugriffsverfahren, Vergleich O 63
Vielkanalträgersystem O 51
Vielschichtkondensator E 11
Vierarm-Zirkulator G 17
Vierniveausystem M 58
Vierphasenumtastung O 44, R 25
Vierpol, rauschender linearer D 21
Vierpolgleichung D 21
Vierpoloszillator G 42
Vierschleifenoszillator Q 51
Viertelwellenlängenleitung C 33
Villard-Schaltung G 32
VL, Verzögerungsleitung M 73
VLF A 5, H 23
– -HF-Empfänger Q 49
vollständige Knotenleitwertmatrix C 8
– Verknüpfungsmatrix C 8
Vollweggleichrichter in Brückenschaltung G 32
– in Mittelpunktschaltung G 32
Voltage Standing Wave Ratio, VSWR C 31, I 10
Voltmeter, selektives I 3
Volumenschwingung L 55
Volumenstreuung H 5
VOR S 13
Vor-Rück-Verhältnis N 9
Vorentzerrung, adaptive P 8
Vorhang-Antenne R 19
Vorhangantenne, reversible N 22
Vorlauffaser I 44
Vormagnetisierung E 23
Vormagnetisierungspunkt E 23
Vorratskathode M 67
Vorselektion Q 5, Q 8
Vorverzerrung P 8, R 63
Vorwärtskoppler C 39, L 30

Vorzeichenmehrdeutigkeit Q 7
Vorzugsrichtung B 6
VSWR, Voltage Standing Wave Ratio C 31, I 10

W-Band A 5
Wägeverfahren M 28
wahlfreier Zugriff, Speicher M 34
Wahrscheinlichkeit D 12
Wahrscheinlichkeitsdichte D 12, H 2
Wahrscheinlichkeitsnetz H 2
Wanderfeldröhre M 75, R 52
Wanderfeldröhrensender P 28
Wanderfeldröhrenverstärker P 24
Wanderwellenmaser M 61
Wandler, magnetostriktiver E 24, L 62
–, piezoelektrischer E 17, E 18, L 62
–, unidirektionaler L 67
Wandlerkopplungsfaktor E 24
Wandlungskonstante, magnetostriktive E 24
Wandstrom B 10
Warmanpassung P 28
Wärme, spezifische E 1
Wärmeleitfähigkeit E 1
warmes Plasma S 22
Wasser E 2, E 4
Wasserkühlung M 71
Wasserlast L 17
Watson-Watt-Peiler Q 53, S 11
Waveform-Recorder I 4
Wechselgröße C 1
Wechselleistung, komplexe C 3
Wechselmagnetfeld, zirkular polarisiertes L 51
Wechselstromverhalten, Netzwerk C 2
Weibull-Verteilung D 14, H 20
Weiche P 19
weicher Begrenzer G 28
weißes Rauschen O 33
Weißlichtquelle I 44
Weißwertbegrenzung P 25
Weitabselektion L 58, Q 1, Q 19
Weitverkehrssystem R 1
Welle im Plasma S 18
–, außerordentliche S 19
–, ebene B 3, N 2
–, elastische E 21
–, elektromagnetische B 1
–, fortschreitende N 22
–, hinlaufende C 29
–, langsame M 72
–, linkszirkular polarisierte S 19
–, mechanische L 62
–, ordentliche S 19
–, rechtszirkular polarisierte S 19
–, reflektierte C 29
–, schnelle M 72
–, stehende C 32, N 22
Wellenamplitude D 21, I 9
Wellenanzeiger Q 4
Wellenausbreitung B 3, H 1
– im Plasma S 19
Wellendämpfung I 14
Wellenfront N 5
Wellengleichung B 3
Wellengröße, Zweitorbeschreibung C 19
Wellenlänge C 30
–, kritische K 21
Wellenlängenmodulation R 64
Wellenlängenmultiplexsystem R 59
Wellenleiter L 66
–, dielektrischer F 15, K 36, N 47
–, diffundierter K 40
–, Modenspektrum K 48
–, nicht-abstrahlender K 46
–, offener K 46
–, optischer K 36
–, periodische K 41
–, planarer K 7
–, troposphärischer H 12
– -Dispersionskoeffizient R 10
Wellenleiterstruktur N 26
Wellenmatrix C 20
–, Umrechnung C 20
Wellenmesser I 29
Wellenpolarisation im Plasma S 20
Wellentyp K 21
–, höherer K 11
–, magnetischer K 25
–, stabiler K 23
Wellentypen, höhere K 28
Wellentypwandler N 1
Wellentypwandlung K 28
Wellenwiderstand C 5, C 31, F 14, R 2
–, leistungsbezogener K 25
Wellenwiderstandskurve, inhomogene Leitung L 6
Wellenzahl B 4
Welligkeit P 22
Welligkeitsfaktor C 31
Wendel M 76
Wendelantenne N 35
–, Array N 36
Wendelbahn M 84
Wendelfilter Q 33
Wendelleitung K 43
Werkstoff, dielektrischer E 1
–, magnetischer E 4
–, piezoelektrischer E 16
Wettbewerbsrauschen R 64
Wetterkartensendung Q 39
Wheel-on-track-Prinzip R 57
Whispering-Gallery-Modes M 83
Wickelkondensator E 11
Widerstand C 4
–, Kühlung D 19
–, negativer G 15
–, spannungsabhängiger E 8
–, spezifischer E 1
–, thermischer G 38
– -Leitwert, Umrechnung C 25
Widerstandsanpassungsglied L 1
Widerstandsanpassungsschaltung L 1
Widerstandsbelag C 29
Widerstandsebene C 24
Widerstandsform C 13
Widerstandsschicht, Eigenschaft E 6
Wien-Brücke I 33
– -Robinson-Oszillator G 44
Wiener-Khintchine-Relation D 15, D 17
– -Khintchine-Theorem D 17
– -Lee-Theorem D 17
Wiensches Gesetz S 24
Wind, solarer H 15
Winkel, blinder N 62
Winkelauflösungsvermögen S 4
winkelkonstante Spiralantenne N 33
Winkelmeßgenauigkeit S 5
Wirkfläche N 17, Q12
Wirkleistung, maximal abgebbare C 21
–, verfügbare C 21
Wirkleistungsanpassung C 12
Wirkleistungsumsatz G 12
Wirkleistungsverhältnis C 22
Wirkleistungsverteilung G 8
Wirkleitwert, gesteuerter G 5
–, termisch rauschender G 10
wirksame Fläche N 2, N 10
– Länge N 3, N 10, N 13
– Selektion Q 2
Wirkungsgrad G 8, G 22, G 34, M 72, M 77, N 20, P 6, P 26, P 27
–, äußerer M 48
–, differentieller M 52
–, elektronischer M 79, M 84
–, Photodiode M 54
Wirkungsgradverbesserung P 8
Wirkwiderstand E 5
–, gesteuerter G 12
Wobbelrückflußmessung R 2
Wobbelung, kontinuierliche Q 55
Wolfram E 1
Wortleitung M 36
wortweise Speicherorganisation M 35
Wullenweverpeiler S 11

X-Band A 5
– -Struktur L 58

Y-Faktor G 21, I 30
– -Matrix C 37
– -MOS-FET M 17
Yagi-Struktur N 23
– -Uda Array N 25
– -Uda-Antenne N 25
YIG L 52
– -Oszillator G 45
– -Resonator F 15
Yttrium-Eisen-Granat E 5, L 51

Z-Ebene D 24
– -Matrix N 3
Zähldiskriminator O 18, Q 38
Zähler I 27
–, reziproker I 27
Zählpfeil C 4
Zählverfahren M 27

Zeichenalphabet R 32
Zeichenfehlerwahrscheinlichkeit Q 9
Zeichenkanal O 53
Zeigergröße, komplexe C 2
Zeilenrücklauf R 22
Zeilensprungverfahren R 22
Zeit-Bandbreite-Produkt, minimales F 8
Zeitbandbreiteprodukt F 3
Zeitbasispeiler S 12
Zeitbereich, Netzwerkanalyse I 22
zeitbezogene Kanalkapazität D 35
zeitdiskretes Filter F 17
Zeitentscheidung R 8
Zeitfenster I 22
Zeitinvariante H 18
Zeitkonstante, Resonator I 39
zeitlicher Mittelwert D 12, D 16
Zeitmessung, digitale I 28
Zeitmultiplex, TDMA O 53
Zeitmultiplextechnik O 51
Zeitmultiplexverfahren R 2
zeitselektiver Schwund H 21
Zeitselektivität H 21
zeitvarianter Schwund H 18
– Übertragungskanal H 18
zeitvariantes lineares Netzwerk D 27
Zeitverhalten F 7, F 11
Zeitwahrscheinlichkeit H 27, K 47
Zellenstruktur H 12
Zener-Diode M 12
– -Emission M 6
– -Referenz M 28
zentraler Grenzwert, Statistik D 14
Zentralmoment H 2
ZF-Ausgang Q 46
– -Bandbreite Q 10
– -Bildmodulator P 25
– -Durchschaltung R 34, R 36, R 37
– -Durchschlag Q 13
– -Filter I 23, L 55
– -Filter, 10,7 MHz L 61
– -Filter, 455 kHz L 60
– -Filter, piezokeramisches L 59
– -Hauptselektion Q 13
– -Selektion Q 32
– -Substitution I 12
– -Teil Q 32
– -Verstärker Q 33, R 52
– -Verstärker, digital geregelter Q 49
– -Verstärker, geschalteter Q 36
– -Vorselektion Q 12
Ziehbereich Q 24, Q 29
Zink E 1
Zinkoxid, ZnO E 21
Zinn E 1
zirkular polarisiertes Wechselmagnetfeld L 51
zirkulare Polarisation B 7, N 33, N 35
Zirkulator L 35, R 34
–, koaxialer L 38
–, konzentrierter L 40
ZnO, Zinkoxid E 21
Zone, tote H 15
Zonenteilung N 53
ZSB-AM-uT O 3
Zufallsprozeß D 12
Zufallssignal D 12
Zufallsvariable D 12
Zugentlastung R 12
zugeschnittene Größengleichung A 4
Zuleitungsinduktivität P 10
Zündstrom M 18
Zusammenfassung, entkoppelte P 10
Zusammenschaltung, Zweitor C 15
Zusatzinformation R 20
Zusatzrauschfaktor R 66
Zustandsanalyse C 7
Zustandsdichte, effektive M 4
Zuverlässigkeitsanalyse D 14
zwei Reflektometer, Netzwerkanalyse I 21
Zwei-Tonträger-Verfahren R 24
Zweidrahtleitung K 1
–, geschirmte K 3
–, Übergang L 12
Zweielement-Interferometer S 26
Zweikammerklystron M 73
zweikanaliges HF-Voltmeter I 3
zweikreisiges Bandfilter Q 19
– Topfkreisfilter F 17
Zweiphasenumtastung O 44
–, differentielle O 44
Zweipol C 10
–, aktiver C 12
–, passiver C 10
Zweipoloszillator G 42
Zweireflektorantenne R 53
Zweischicht-Metallisierungsprozeß M 71
Zweischichtenleiter B 15
Zweischleifen-Synthesizer Q 50
Zweiseitenband-Amplitudenmodulation O 1, P 21
– -Amplitudenmodulation m. unterdrücktem Träger O 3
– -Modulation G 8
– -Rauschzahl G 21
– -Rauschzahl, Kettenschaltung G 22
– -Zusatzrauschzahl G 21
Zweiseitenbandmodulation, dynamisches Regelverhalten Q 34
Zweiseitenbandübertragung O 44
zweite Zwischenfrequenz Q 13
Zweiton-FSK-Demodulator Q 43
–, Betriebsverhalten C 21
–, Ersatzschaltung C 16
–, Hybridform C 15
–, inverse Hybridform C 15
–, inverse Kettenform C 15
–, Kettenform C 15
–, Zusammenschaltung C 15
Zweitorbeschreibung, Wellengröße C 19
Zweitormatrix, Umrechnung C 14
Zweiwegemodell H 18, H 29
Zwischenfrequenz R 37
–, zweite Q 13
Zwischenfrequenzlage Q 5
Zwischenfrequenzmodulation P 24
Zwischenfrequenzseite G 8
Zwischenregenerator R 5
Zwischenstelle R 34
Zwischenverstärker R 5
Zykloide M 69
Zyklotronfrequenz M 69, M 79, M 82, M 84
Zyklotronresonanz S 20
Zyklotronresonanzmaser M 83
Zylinderkoordinaten B 2
Zylinderparabol N 52
Zylinderspule, einlagige E 15